纤维素气凝胶基
多功能纳米复合材料

李　坚　万才超　焦　月　著

科学出版社
北　京

内 容 简 介

纤维素气凝胶不仅在吸附、阻隔材料等传统领域拥有巨大的应用价值，还可作为理想的基质材料来调控微纳米异质单元的精准负载与限域生长，从而为研发环保、高性能的纤维素气凝胶基多功能纳米复合材料奠定基础。本书重点阐述纳米纤丝化纤维素气凝胶、再生纤维素气凝胶和细菌纤维素气凝胶这三种纤维素气凝胶产品的制备技术和理论基础，针对这三种气凝胶产品的“自上而下”拆解和“自下而上”组装过程进行了剖析；介绍了纤维素气凝胶的形态学、理化性能、生物学特性及相关的表征手段，近年来针对纤维素气凝胶量身定制的分子尺度修饰和微纳米掺杂手段，并分析了功能性小分子或微纳米异质功能单元与纤维素气凝胶母体材料之间的作用方式和组装机制；重点评述了纤维素气凝胶基多功能纳米复合材料在环境修复、催化、电磁屏蔽和电化学能量储存/转换等领域的应用现状。

本书可供木材科学、林产化工、材料化学、高分子科学、复合材料学、纳米材料学等专业的研究生学习，也可供从事相关工作的工程技术、科学研究、企业生产与管理等方面的人员参考。

图书在版编目(CIP)数据

纤维素气凝胶基多功能纳米复合材料/李坚，万才超，焦月著. —北京：科学出版社，2018.12

ISBN 978-7-03-059418-1

Ⅰ. ①纤… Ⅱ. ①李…②万…③焦… Ⅲ. ①纤维素-气凝胶-纳米材料-复合材料-研究 Ⅳ. ①TQ427.2②TB383

中国版本图书馆 CIP 数据核字(2018)第 253801 号

责任编辑：周巧龙/责任校对：樊雅琼

责任印制：吴兆东/封面设计：铭轩堂

科学出版社出版

北京东黄城根北街 16 号

邮政编码：100717

http://www.sciencep.com

北京凌奇印刷有限责任公司印刷

科学出版社发行 各地新华书店经销

*

2018 年 12 月第 一 版 开本：720×1000 B5

2018 年 12 月第一次印刷 印张：37 1/4

字数：752 000

POD定价： 180.00元

(如有印装质量问题，我社负责调换)

前　言

自然界中，纤维素的年产量高达 10^{11}～10^{12} 吨。作为地球上储量最为丰富的可再生、可生物降解的天然聚合物，纤维素是一种极具潜力的绿色资源，可用于制造各式各样的化学品，以满足多个行业的需求，如印刷、保健品、化妆品、油井钻进、纺织、制药等。作为纤维素在三维尺度上的一种典型自聚集产品，纤维素气凝胶不仅具有高比表面积、高孔隙率、交织的三维网络结构、丰富的表面活性基团等独特的结构特征，还具有超低密度、低热/声/电传导系数、生物相容性、可生物降解性等优良的理化性质。这些性质使得纤维素气凝胶不仅在吸附、阻隔材料等传统领域拥有巨大的应用价值，而且可作为理想的基质材料来调控微纳米异质单元的精准负载与限域生长，从而为研发环保、高性能的纤维素气凝胶基多功能纳米复合材料奠定基础。

纤维素气凝胶的形成主要包括“自上而下”拆解和“自下而上”组装两个过程。因此，根据拆解和组装方式的差异以及自聚集单元理化特性的区别，可将纤维素气凝胶分为纳米纤丝化纤维素气凝胶、再生纤维素气凝胶和细菌纤维素气凝胶三种类型。这三种气凝胶的物理性质（如密度、力学强度、柔性等）通常具有显著差异，在实际应用时可根据具体需求甄选合适的气凝胶产品来制备功能材料。近年来，针对纤维素气凝胶的研究焦点已经逐渐从制备工艺转向功能性应用，许多学者正在开展纤维素气凝胶基多功能纳米复合材料的研究。已有诸多研究证实，纤维素气凝胶在环境修复（水面浮油回收、含重金属离子废水净化、染料废水处理、二氧化碳捕捉等）、催化、热/声/电绝缘材料、海水淡化、生物医药、电磁屏蔽、电化学能量储存/转换等领域具有广阔的应用前景和发展潜力。由此可见，基于纤维素气凝胶发展绿色、高性能的多功能纳米复合材料来替代市面上现存的石化产品，从而实现纤维素资源的增值利用和缓解石油基聚合物的快速消耗，不仅符合可持续发展战略的需求，同时也与人类赖以生存的环境息息相关。

发展高性能的纤维素气凝胶基多功能纳米复合材料的主要问题在于深入理解纤维素气凝胶母体结构和功能性单元客体结构与复合材料的核心性能之间的关系，这是实现纤维素气凝胶基纳米复合材料功能“可订制”、“可调节”、“可耦合”的关键，也是实现纤维素资源高效增值利用的关键。目前，在相关领域国外已有一些著作和文献综述出版，诸如 *Aerogels Handbook*、“A Review on the Aerogel-type Oil Sorbents Derived from Nanocellulose”等。然而，这些著作和文献存在内容相对概括或论述过于专一等问题，且针对三种主要类型的纤维素气凝胶的合成机理、理化特性和多功能应用的介绍并不十分全面，对纤维素气凝胶基纳米复合材料的构效关系理解不深。近年来，国内一些高等院校和科研院所对纤维素气凝胶的结构调控、热解碳化、功能性组装等进行了深入研究，其中一些研究成果在国内外相关领域产生了积极的影响。然而，截至目前国内针对多类型的纤维素气凝胶及其多功能纳米复合材料的专著或教材仍不多见。为此，作者结合近年来的研究成果及国际上的前沿研究进展，编写了本书，旨在系统性地介绍纤维素气凝胶及其纳米复合材料的合成工艺、理化特性、作用机制及功能性应用。希望本书能够帮助读者深入理解纤维素气凝胶的合成工艺与功能化衍生产品，促进新型纤维素气凝胶基多功能纳米复合材料的创生，激发科研工作者对纤维素等绿色生物质资源增值利用的研究热情，提升我国在相关领域的科技创新水平和竞争力。

鉴于作者的水平有限，书中不妥、疏漏之处在所难免，在此恳请读者和同行不吝赐教，谨致谢忱！

作　者

2018 年 10 月 28 日

目　录

第1章 绪　　论

1.1 气凝胶的诞生

“气凝胶(aerogel)”一词最早是由美国科学家Kistler于1931年提出的，用来定义由气体代替凝胶中的液体但不致使凝胶的固态网络结构发生崩塌的一种凝胶材料[1, 2]。“Aerogel”是个组合词，此处“aero”是形容词，表示飞行的，“gel”显然是凝胶，字面意思是可以飞行的凝胶，即表示超轻的特性和大部分体积由气体填充的本质。任何物质的“gel”只要可以经干燥后除去内部溶剂，又可基本保持其形状不变，且产物具有高孔隙率、低密度和高比表面积，则皆可以称之为气凝胶。在Kistler开展研究之前，凝胶材料的干燥方式通常是采用普通的蒸发干燥，这种干燥方法由于存在较大的表面张力，因此通常会导致孔隙结构的坍塌和皱缩，致使体积和孔隙率急剧下降。然而，Kistler使用超临界干燥制备得到了疏松多孔的气凝胶，其孔隙率与被液体润湿时相似。超临界干燥的基本原理是：在超临界状态下，气体和液体之间不再有界面存在，而是成为介于气体和液体之间的一种均匀的流体。这种流体逐渐从凝胶中排出，由于不存在气-液界面，也就不存在毛细作用，因此不会引起凝胶体的收缩和结构的破坏，直至全部流体都从凝胶中排出，最后得到充满气体的、具有纳米孔结构的多孔材料[3]。超临界干燥使用的器具为高压釜，高压釜的密闭性要求高。通常超临界干燥工艺需要的实验周期相对较长、产量较低、成本较高，用来制备要求较严格的产品。Kistler正是采用该技术将湿润凝胶中的液体成分缓慢脱出，但不致使凝胶中的固体结构因为伴随的毛细作用而被挤压破碎。超临界二氧化碳(CO_2)干燥是近年来发展起来的一种新型分离和脱水干燥技术，它具有安全、快速等特点。以采用CO_2作为干燥介质进行超临界干燥为例，可说明应用超临界干燥制备气凝胶的要点。将醇凝胶置于超临界干燥的高压容器中，通过控温器将其温度降至4～6℃。打开CO_2钢瓶的减压阀，从高压容器上部通入CO_2，随着CO_2气体不断通入，CO_2达到液-气两相平衡，其中下层是液态CO_2，此时凝胶中的乙醇溶剂可逐步被液态CO_2完全所取代。然后以一定的速率升温，液态CO_2开始逐渐膨胀，压力首先达到临界压力，继续升温，通过释放少量CO_2，保持压力不变，最终达到预先所选择的临界温度，即达到临界状态。在临界状态下保持一定时间，使凝胶孔隙中的液体全部转化为临界液体，然后在保持临界温度不变的情况下，通过排泄阀缓慢地释放出干燥介质CO_2流体，直至达到常压为止。在 CO_2 流体释放过程中，体系点沿着临界等温线变化，临界流体不会逆转为液体，因而可在无液体表面张力的条件下将凝胶分散相驱除，当温度降至室温时，即制得气凝胶[4-6]。

总的来说，气凝胶指代一种具有高孔隙率、高比表面积、高孔容的干凝胶。值得一提的是，这些结构参数不仅与干燥方式有关也与自身的固态成分特性紧密相关。最常见的二氧化硅(SiO_2)气凝胶的孔隙率通常能达到 90%以上[7]，但是其他类型的气凝胶材料的孔隙率可能相对要低一些。图 1-1 展示了三氧化二钇(Y_2O_3)气凝胶和 SiO_2 气凝胶的透射电镜(TEM)图像及 Y_2O_3 气凝胶的宏观形貌图。此外，受 Y_2O_3 气凝胶和 SiO_2 气凝胶 TEM 图像的启发所绘制的气凝胶的局部区域结构模型如图 1-1(d)所示。

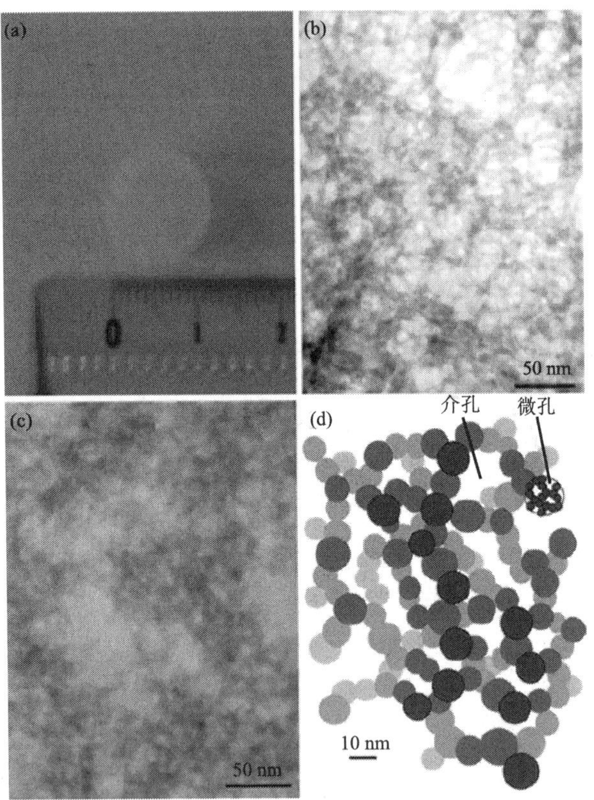

图 1-1　(a)根据 Gash[8]的方法制得的 Y_2O_3 气凝胶，干燥方法采用超临界干燥法[9]；(b)Y_2O_3 气凝胶的 TEM 图像；(c)由四甲氧基硅烷(TMOS)和甲基三甲氧基硅烷(MTMS)制得的 SiO_2 气凝胶的 TEM 图像，干燥方法采用超临界干燥法[10]；(d)受(b)和(c)的 TEM 图像启发所绘制的氧化物气凝胶的局部区域结构模型

考虑到近年来气凝胶的合成方法快速发展，有必要根据Kistler最初提出的概念来更加准确地界定不同方法合成的干燥凝胶，而不仅仅是简单地采用凝胶(gel)一词来笼统地代称。Kistler提出的概念界定了气凝胶(aerogel)和干凝胶(xerogel)之间的差异。根据国际理论和应用化学联合会(IUPAC)的定义，“xerogel”一词是指通过移除凝胶中的泡胀剂所形成的具有开孔网络结构的物质[11]，该词最初是由Freundlich 等引入用来定义皱缩(或润胀)的凝胶[12]。事实上，上文提到的空气干燥过程中所产生的毛细应力可能会使湿润凝胶的体积皱缩至原体积的30%甚至更低。在这一点上，气凝胶的皱缩率则明显优于干凝胶。

在Kistler的研究中，他合成了一系列具有不同特性的气凝胶材料[1]。Kistler所制备的SiO_2气凝胶加工起来相对容易且不会发生任何断裂损伤。相比之下，他所制备的三氧化二铝(Al_2O_3)气凝胶的力学强度则非常差。除此之外，在无机物领域，他还合成了基于钨氧化物、铁氧化物、锡氧化物或酒石酸镍络合物的气凝胶；在有机物领域，他合成了基于纤维素、硝基纤维素、胶质、琼脂或卵清蛋白基的气凝胶。另外，在超临界干燥过程中使用的液态介质也是多种多样的。SiO_2气凝胶是使用硅酸钠(Na_2SiO_3)作为原料所制备得到的。当使用水作为介质时，在接近水的超临界点时，水会转变为一种强溶剂使得SiO_2水凝胶发生解胶，最终形成粉末状的产品。为了得到块状的SiO_2气凝胶，Kistler利用透析工艺将凝胶中的水替换为乙醇，并以乙醇作为液态介质进行超临界干燥，形成了第一个真正意义上的气凝胶。Kistler还采用乙醚、丙烷和液态CO_2等作为液态介质进行超临界干燥。从这些研究中，Kistler很快意识到气凝胶潜在的工业应用主要是在催化剂、增稠剂、绝缘材料或疏水剂(当采用疏水成分来制备气凝胶时)等领域。在Kistler申请的多项专利中，其中一项在他供职于Monsanto公司期间用来生产商品化的SiO_2气凝胶产品(被命名为Santocel®)。该气凝胶产品当时是被用作化妆品及牙膏中的添加剂或触变剂。直到20世纪60年代，随着价格便宜的“烟雾状的(fumed)”SiO_2气凝胶的研制开发，Santocel®气凝胶的市场开始萎缩，Monsanto公司停止了Santocel®气凝胶的生产。此外，他也为由甲基三氯化硅所制备的具有疏水性的SiO_2气凝胶申请了专利[13]。可以看出，Kistler的工作为后续气凝胶的研究开创了许多新的方向。

继Kistler的研究之后，气凝胶的组成成分已经逐步趋向于多样化。20世纪70年代后期，法国政府向里昂第一大学(Université Claude Bernard Lyon Ⅰ)的Teichner寻求一种能储存氧气及火箭燃料的多孔材料。于是Teichner课题组在多次研究Kistler制备方法的基础上，用TMOS代替Kistler所使用的Na_2SiO_3，在甲醇溶液中通过TMOS水解一步产生凝胶(称为“醇凝胶”)[14, 15]。该制备方法消除了Kistler所报道方法的两个缺点，即需要用乙醇溶液替换湿凝胶中的水和凝胶中存在的无机盐杂质，这些杂质可能会影响气凝胶的导热系数。在超临界甲醇条件下干燥醇凝胶，就制备出高质量的SiO_2气凝胶。后人将这种方法扩展，制备了多种金属氧化物气凝胶产品，例如，Woignier 等[16]报道了基于 SiO_2-B_2O_3、SiO_2-P_2O_5 和 SiO_2-B_2O_3-P_2O_5 的多组分气凝胶。1985 年，美国劳伦斯伯克利国家实验室(Lawrence Berkeley National Laboratory)的微结构材料研究组(Microstructured Materials Group)发现毒性非常大的化合物 TMOS 可用正硅酸乙酯替代，并用液态 CO_2 代替乙醇作为超临界干燥介质，成功地对湿凝胶进行干燥，使其干燥温度降低至室温。此外，液态 CO_2 没有爆炸的危险且没有毒性，对人体的危害极小，这样就大大提高了气凝胶生产过程中的安全性，推动了气凝胶的商业化进程，至此气凝胶的研究才真正取得了长足进展。除了 SiO_2 气凝胶，美国桑迪亚国家实验室(Sandia National Laboratories)的 Brinker 等[17]报道了一种硼酸盐气凝胶。美国劳伦斯利弗莫尔国家实验室(Lawrence Livermore National Laboratory)的 Pekala[18]发明了一种由间苯二酚和甲醛缩聚而成的有机气凝胶，该气凝胶具有非常低的热导率[0.012W/(m·K)]，且在惰性气氛下热解可得到高电导率的碳气凝胶[18]。图 1-2 展示了超临界 CO_2 干燥前后的间苯二酚-甲醛气凝胶和氮气保护下高温热解所得到的碳气凝胶的宏观形貌及碳气凝胶的 TEM 图像。气凝胶材料性能的演变也遵循着溶胶-凝胶化学的进展步伐。之后，基于天然高分子聚合物的气凝胶[19]、有机物-SiO_2 复合气凝胶[20]和一些非氧化物(如硫化物)气凝胶[21]也陆续被报道出来。进入 20 世纪 90 年代以后，气凝胶领域的研究更为深入。美国的 *Science* 杂志把气凝胶列为十大热门科学之一。国内有关气凝胶的研究工作也是从 20 世纪 90 年代开始。2004 年国内第一家从事气凝胶材料产业化的公司纳诺高科成立。2013 年，浙江大学高分子科学与工程学系高超课题组制备出了一种超轻气凝胶[22]，它刷新了目前世界上最轻材料的纪录，拥有高弹性和强吸油能力。这种被称为“全碳气凝胶”的固态材料密度为每立方厘米 0.16mg。

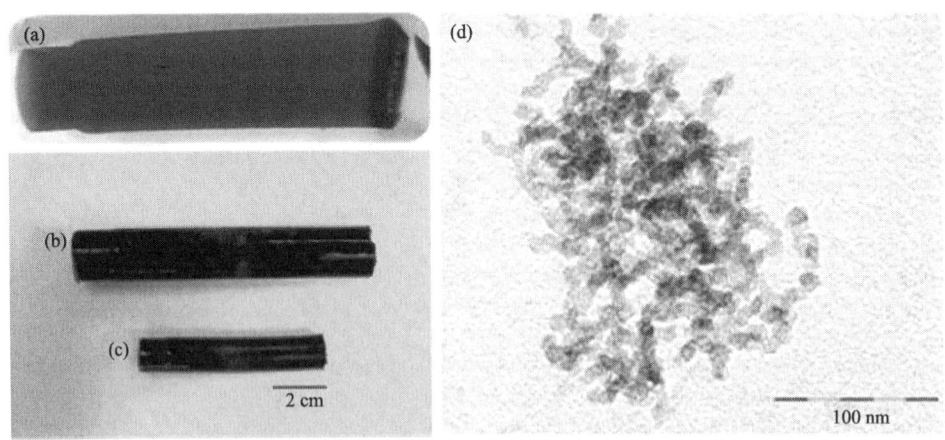

图 1-2　间苯二酚-甲醛气凝胶和碳气凝胶：(a)超临界 CO_2 干燥前的间苯二酚-甲醛凝胶；(b)超临界 CO_2 干燥后的间苯二酚-甲醛气凝胶；(c)间苯二酚-甲醛气凝胶在氮气保护下 1050℃ 热解所得到的碳气凝胶；(d)碳气凝胶的 TEM 图片

早期比较具有实用价值的块体介孔绝热材料是美国国家航空航天局(NASA)埃姆斯(Ames)研究中心为航天飞机开发的硅酸铝耐火纤维-SiO_2 气凝胶复合绝热瓦。这种材料是将气凝胶前驱体(尚未凝胶化)的溶胶体按照预定要求浇注入装有耐火纤维的模具中，经凝胶、老化和超临界干燥制得。该复合体以硅酸铝耐火纤维作为骨架，具有介孔结构的气凝胶填充于耐火纤维骨架之间的孔隙，其热导率不足传统耐火纤维制品的二分之一。该材料已经用于美国的航天飞机上，取得了良好的使用效果。根据这种材料表现出来的优良隔热性能，这种复合体完全可以用于冰箱、窑炉、汽车及催化反应器的隔热材料中。另外，美国的喷气推进实验室(Jet Propulsion Laboratory)制备的气凝胶已经在航天飞机的宇宙飞行中执行了几次特别任务，这些低密度的气凝胶被用来收集宇宙尘埃和作为航天飞机隔热层[23]。美国 Dunlop 体育器材公司已经成功研发了含有气凝胶的网球拍。这种网球拍据说击球的能力更强。2012 年年初，66 岁的鲍博·斯托克成为第一个将气凝胶用于住房的英国人。他告诉记者："保温的效果非常好，我将空调的温度下降了 5℃，结果室内的温度仍然非常舒适"。登山者也对气凝胶的运用充满了希望。英国登山家安尼·帕尔门特在 2011 年登珠穆朗玛峰时所穿的鞋子就使用了部分气凝胶材料，他所使用的睡袋也有一层这种新材料。除此之外，气凝胶还在激光、电/声绝缘材料、储能器件、处理生态灾难等领域具有良好的应用前景。

1.2 气凝胶的合成化学

在氧化物气凝胶的制备过程中，含有该氧化物阳离子的前驱物非常关键。例如，Kistler 在制备 SiO_2 气凝胶时所选用的一种前驱物(即 Na_2SiO_3)非常廉价。因此，德国巴斯夫(BASF)公司基于该前驱物发展了相应的工业化制备过程[24]。此外，当氧化物气凝胶的其他前驱物不易获得且需要精细的制备过程时，结构简单的金属盐是研究者们的一个主要选择。近年来，研究者们对以金属盐作为溶胶-凝胶前驱物重新燃起了兴趣。当向有机溶剂中加入可溶性金属盐和环氧化物(质子清除剂)时，可以得到均匀不流动的块状湿凝胶[8]。通过这一方法可以得到含有 Cr、Fe、Al、Zr 等元素阳离子的气凝胶。

为了消除 SiO_2 凝胶中由前驱物所引入的氯化钠(NaCl)成分，通常需要采用漫长的透析过程利用乙醇将水置换掉。目前最受欢迎的气凝胶前驱物是醇盐[$M(OR)_n$，即醇羟基上的氢原子被金属阳离子所取代的化合物，R 指代烷基，M 代表气凝胶组分中的阳离子]。将金属醇盐溶于有机溶剂中，形成均匀的溶液，然后加入其他组分，在一定温度下反应可形成凝胶。醇盐溶胶-凝胶法的基本工艺过程可简述如下[25]：①第一步是制取含金属醇盐和水的均相溶液，以保证醇盐的水解反应在分子的水平上进行。由于金属醇盐在水中的溶解度不大，一般选用醇作为溶剂，醇和水的加入应适量，习惯上以水/醇盐的摩尔比计量。催化剂对水解速率、缩聚速率、溶胶-凝胶在陈化过程中的结构演变都有重要影响，常用的酸性和碱性催化剂分别为 HCl 和 NH_4OH，催化剂加入量也常以催化剂/醇盐的摩尔比计量。为保证前驱溶液的均相性，在配制过程中需施以强烈搅拌。②第二步是制备溶胶。制备溶胶有两种方法：聚合法和粒子法，两者间的差别是加水量多少。聚合溶胶是在控制水解的条件下使水解产物及部分未水解的醇盐分子之间继续聚合而形成的，因此加水量很少，而粒子溶胶则是在加入大量水，使醇盐充分水解的条件下形成的。金属醇盐的水解反应和缩聚反应是均相溶液转变为溶胶的根本原因，控制醇盐水解、缩聚的条件如加水量、催化剂和溶液的 pH 及水解温度等，是制备高质量溶胶的前提。③第三步是将溶胶通过陈化得到湿凝胶。溶胶在敞口或密闭的容器中放置时，由于溶剂蒸发或缩聚反应继续进行而导致向凝胶的逐渐转变，此过程往往伴随粒子的 Oswald 熟化，即因大小粒子溶解度不同而造成的平均粒径增加。在陈化过程中，胶体粒子逐渐聚集形成网络结构，整个体系失去流动特性，溶胶从牛顿型流体向宾汉型流体转变，并带有明显的触变性，制品的成型如成纤、涂膜、浇注等可在此期间完成。④第四步是凝胶的干燥。湿凝胶内包裹着大量溶剂和水，干燥过程往往伴随着很大的体积收缩，因而很容易引起开裂，防止凝胶在干燥过程中开裂是至关重要而又较为困难的一环，特别对尺寸较大的块状材料，为此需要严格控制干燥条件，或添加控制干燥的化学添加剂，或采用超临界干燥技术。⑤最后对干凝胶进行热处理。其目的是消除干凝胶中的气孔，使制品的相组成和显微结构能满足产品性能要求。在热处理时发生导致凝胶致密化的烧结过程，由于凝胶的高比表面积、高活性，其烧结温度比通常的粉料坯体低数百摄氏度，采用热压烧结等工艺可以缩短烧结时间，提高制品质量。Ebelmen[26]最先使用醇盐来合成 SiO_2 干凝胶。由于醇盐可以存在于对应的母醇溶剂中，因此可以直接以该醇溶剂为干燥介质对所形成的醇凝胶进行超临界干燥。Peri[27]首先采用该合成途径以正硅酸乙酯［$Si(OEt)_4$ 或 TEOS］为前驱物合成了 SiO_2 气凝胶。此外，Teichner 团队也在该方向上开展了大量的研究[14, 15]。

美国桑迪亚国家实验室发展了一个动力学生长模型来控制 SiO_2 气凝胶的结构，同时他们提出一个两步酸碱催化过程来设计密度极低的块状 SiO_2 气凝胶[28]。不久之后，Tillotson 和 Hrubesh[29]改进了这种两步法。他们为了抑制水解的逆反应而采用非质子溶剂来代替乙醇，制备出当时密度最低的 SiO_2 气凝胶，密度低至 $3kg/m^3$，孔隙率高达 99.8%。这种气凝胶如今已被美国国家航空航天局用于航天领域(如捕捉星际尘埃)[23]。

分子凝胶的形成依赖于凝胶因子间的非共价相互作用，如氢键、π-π 相互作用、范德华力及静电力等，这些弱相互作用决定了凝胶的自组装可以用热、光、超声等外界刺激来调控。大部分已知的分子凝胶都是热可逆的，可以用加热-冷却的方法来控制凝胶的形成。近年来，人们发现一些不能用上述热处理方法形成凝胶的分子却可以在超声刺激下形成凝胶，即超声诱导凝胶[30-32]。超声波是频率高于 20 000Hz 的声波，其作为一种机械振动作用可以促使液体的乳化、固体的分散和凝胶的短暂液化。超声波对凝胶则表现出一对相互矛盾的影响，一方面，超声作用的机械效应可以促使非共价键断裂，从而诱导分子聚集体的机械破碎，最终导致凝胶化过程的抑制和凝胶网络结构的破坏。另一方面，超声波的空化作用及其化学效应可以诱导一些分子的聚集，从而促进凝胶化过程。超声诱导凝胶的形成主要取决于两方面的因素：内在因素，如凝胶因子的溶解性、分子间作用力的种类和强度等；外在因素，主要指超声的物理参数，如功率、频率、温度、超声时间等。在今后超声诱导凝胶的研究过程中，可从以下几个方面着手：首先从凝胶因子的设计合成出发，根据已知凝胶因子的分子结构，总结其中的规律，尝试设计合成易于通过超声作用形成凝胶的新颖凝胶因子，并研究其分子结构与凝胶性能的关系；其次从超声波的作用出发，研究不同超声条件或参数对凝胶结构与性能的影响，以期从根本上理解超声对非共价相互作用和自组装的精确影响；最后从超声诱导凝胶的应用出发，根据超声波能够改变自组装形貌、增强凝胶的强度及能够在室温下快速形成等特点，充分发掘其潜在应用价值，如其在智能材料、药物传输、组织工程、光电功能材料、漏油处理、准固态电解质等领域的应用。

目前，以乙醇为干燥介质的高温超临界干燥与以 CO_2 为干燥介质的低温超临界干燥之间的工艺参数具有显著差别。临界条件取决于填充在湿凝胶多孔结构中的流体的性质，如表 1-1 所示。不同的超临界干燥流体对所制备的气凝胶的性能(特别是疏水性)具有一定影响。Pajonk[33]调查了不同的干燥工艺参数(如加热-增压方式、样品上方的气压和各个步骤持续的时间)对气凝胶性能的影响。他发现为了得到最小化的应力差，需要对这些干燥工艺参数进行精确控制。

表 1-1 几种常见流体的临界点参数

液体	化学式	T_c/°C	P_c/MPa
水	H_2O	374.1	22.04
乙醇	C_2H_5OH	243.0	6.38
甲醇	CH_3OH	239.4	8.09
二氧化碳	CO_2	31.0	7.37
氟利昂®116	$(CF_3)_2$	19.7	2.97

除了金属醇盐以外，还有许多前驱物也受到研究者的青睐，包括“$XSi(OR)_3$”，其中 X 代表有机基团，采用其作为前驱物能够带来一些有趣的性质，如疏水性，根据这一特性可以设计一些新型的疏水气凝胶和有机-无机复合气凝胶。另外，有

研究表明溶剂的特性对最终得到的干燥气凝胶的结构有着重要的影响。根据Livage等[34]提出的部分电荷模型(partial charge model)，当两个原子化合时发生电荷转移，从而导致每个原子获得部分正或负的电荷，根据电负性平衡原理(electronegativity equilibrium principle)，当所有原子的电负性等于平均电负性时，电荷转移终止。在Ti、Zr或Al等元素对应的阳离子中的部分正电荷δ^+显著高于Si元素对应的阳离子中的部分正电荷，因此含Ti、Zr或Al等元素的醇盐的水解反应(OR被OH取代)通常比含Si元素的醇盐的水解反应更快。这些水解前驱物的缩合反应通常会形成致密的氧化物或氢氧化物。

溶胶-凝胶化学的快速发展使得不需要使用超临界干燥高压釜而仅通过常压干燥即可制得气凝胶[35]，这种气凝胶被称作"ambigel"。常压干燥工艺的基本原理是首先用一种或多种低表面张力的溶剂替换湿凝胶孔隙中的填充溶液并通过改性使凝胶表面疏水化，防止在干燥过程中发生过度收缩变形和结构破坏[35, 36]。研究表明，网络增强及表面改性方法可以减小或消除气凝胶的碎裂程度，经常压干燥得到的SiO_2气凝胶的性能与通过超临界干燥工艺得到的基本一致。常压干燥工艺的关键在于干燥前对湿凝胶的有效处理，一般可通过以下几种措施来进行：①增加凝胶网络的骨架强度，采用表面张力小的溶剂置换，减少凝胶干燥时孔洞间由于毛细管力所引起的破坏；②增大凝胶的孔径并使之大小均匀，在溶胶到凝胶过程中通过加入控制干燥的化学添加剂[37, 38]，如甲酰胺、乙酰胺、*N*,*N*-二甲基甲酰胺、甘油等来改善凝胶中孔洞的均匀性，减少干燥时产生的内应力差；③SiO_2颗粒表面改性，有效防止凝胶干燥时骨架颗粒表面羟基发生不可逆缩聚而引起收缩；④采取有机高聚物的骨架交联强化[39]，增强骨架结构强度。人们注意到向以正硅酸乙酯为基础的溶胶体系中适量加入有机添加剂有助于改善所形成凝胶的结构及性能，其中干燥控制化学添加剂(drying control chemical additives，简称DCCA)非常值得重视，这些添加剂(如甲酰胺、乙酰胺、*N*,*N*-二甲基甲酰胺、丙三醇、乙二醇、聚乙二醇、草酸等)可以抑制凝胶颗粒生长，使凝胶网络的质点和网络间隙大小均匀；还可以增加凝胶骨架的强度，更好地抵抗毛细管力的作用，从而避免干燥过程中由于应力不均匀而引起的收缩和开裂。因此，可以预期将这些DCCA引入到气凝胶的制备过程中将有助于实现气凝胶的常压干燥制备[40, 41]。添加DCCA可得到未开裂的干燥凝胶，且该凝胶的孔隙率高达97.4%。挪威理工学院(Norwegian Institute of Technology)的Einarsrud等[42]证实：湿凝胶在醇盐/乙醇溶液中陈化时，通过向构成固态凝胶网络的纳米粒子之间沉积一些SiO_2可有效地增强湿凝胶。为了赋予湿凝胶疏水性，可以对多孔结构的表面成分进行甲硅烷基化处理。Kistler[13]首先开展了这方面的研究，此后Schwertfeger等[43]在该方面也做了详细探讨。在甲硅烷基化处理过程中，—M—OR或—M—OH基团替换为具有疏水性的—M—O—Si—X基团。甲硅烷基化可以通过对凝胶化后的湿凝胶进行化学处理来实现，也可以通过直接使用具有≡Si—X 基团的前驱物来实现。这种甲硅烷基化处理的结果可以使得湿凝胶在溶剂干燥过程中不再遭受强的毛细收缩应力。此外，通过缩合反应可以将≡Si—X 基团转化为新的硅氧烷基≡Si—O—Si≡。美国桑迪亚国家实验室的 Smith 等采用甲硅烷基化法制备了体积保持率高达 96.9%的凝胶。相比之下，未经甲硅烷基化处理的湿凝胶在常压干燥后得到的干凝胶的体积保持率仅为 30.1%[44]。

由冷冻干燥法制得的凝胶通常被称为“冻干凝胶(cryogel)”，但实际表述时也常与“气凝胶(aerogel)”一词混用，这是因为冻干凝胶也符合 Kistler 对气凝胶的定义——由气体代替凝胶中的液体但不致使凝胶的固态网络结构发生崩塌的一种凝胶材料[1, 2]。同时，冻干凝胶通常也具有与气凝胶相似的极低密度、高孔隙率、大比表面积和高孔容等特征。19 世纪初即提出的真空冷冻干燥原理直到 1890 年才被首次运用于干燥生物器官和组织以制作标本。在之后的数十年内，冻干装置都只是实验室的小型玻璃装置。1935 年，第一台商业冻干机的问世标志着冻干技术实用阶段的开始。第二次世界大战期间对冻干人血浆和青霉素的大量需求推动了冷冻干燥技术的迅速发展，兴建了一批小规模的生产装置，以满足战争需求。但当时真空冷冻干燥技术的高难度、高投入、高能耗以及过小的生产规模限制了该技术向更广泛、更大众化的领域延伸，真空冷冻干燥技术的实际应用受到了挑战。在经历了更深入系统的理论研究后，该技术开始向大型装置推进以促使这一前景光明的技术更实用化。从 20 世纪 50 年代食品冻干系统的大规模试验开始，至 70 年代的近 20 年内，冻干技术取得了巨大成就，研究成果及专利不断涌现，冻干装置不断被改进，规模不断扩大，冻干技术向工业化、实用化又迈进一大步。许多国家相继建立了食品冻干工厂。但毕竟真空冷冻干燥的设备复杂、能耗大、产品成本高昂，并且冻干产品脱离了当时的消费观念和消费水平，这些工厂不久即陷入困境，纷纷破产、转产。真空冷冻干燥技术的发展一度陷入低谷。直到最近二十年，随着生活水平的提高，人们对加工食品的消费观念向高品质、营养保健、天然无公害转变，冻干技术才重新有了用武之地，焕发了生机，真空冷冻干燥技术的研究及应用重新趋于活跃。冻干设备也随之迅速发展，处理规模日益扩大、性能日趋稳定、生产操作的难度和费用大幅度降低，生产成本较过去有了明显下降，冻干产品逐渐被消费者所接受，并越来越受欢迎。生产过程逐步从间歇式向连续式转化；生产设备形成了系列化、标准化的系列产品；过程控制则借助于计算机的发展，实现了电脑自动控制。这一时期，出现了一批优秀的冻干设备生产厂商，它们生产的高性能设备及为此而开展的研究工作，有力地推动了冻干技术的发展。这些厂商中以丹麦的 At-las 公司最为著名，世界各地冻干机中的近三分之一出自该公司。其他如德国的 Leybold 公司、日本的真空株式会社和东洋株式会社以及美国的 Stokes 公司等都拥有先进的冻干技术和设备。与发达国家相比，我国真空冷冻干燥技术的发展历史较短。迟至60年代，才出于战略的需要在北京、上海、天津建立了试验性装置。70年代在广东、上海兴建工业装置，但经营困难，至1985年时已无一家能维持生产。但近十年来，随着国际上冻干技术和我国经济建设的快速发展，以及人民生活水平的不断提高，真空冷冻干燥技术在我国也重获生机，无论科研或应用均取得了可喜的进展。作为一种廉价和灵活的模板消除法，冷冻干燥法不仅可以赋予材料微米到纳米的尺寸以及长程有序、形貌可控的多孔结构，而且成本和危险性均比超临界干燥法较低，因此极大地促进了多孔材料的制备和发展。真空冷冻干燥技术涉及的理论内容非常丰富，但其最基本的原理可以简单地概括为：水有3种聚集态(又称相态)，即固态、液态和气态，这3种相态之间达到平衡时必有一定的条件，这种条件称为水相平衡关系。水相平衡关系是分析研究含水物质冷冻干燥原理的基础，根据热力学中相平衡理论，水的三相点温度为0.0098℃，三相点的压力为609.3Pa。在水发生相变的过程中，当压力低于三相点的压力时，固态冰可直接转化为气态的水蒸气。真空冷冻干燥即是把含水量大的物质预先冷冻，然后在真空条件下使物质中的冰晶升华，待冰晶升华后再除去物质中的部分吸附水，最终得到含水量很少(通常为1wt%～4wt%)的干制品[45]。除了水可以作为冻干溶剂以外，目前，在室温条件下可以冻结的有机溶剂包括叔丁醇、冰醋酸、环己烷和二甲基亚砜等。其中，叔丁醇被认为是最适合的冻干溶剂[46]。叔丁醇的凝固点高，纯的叔丁醇在室温下(25℃)就可以冻结，与水混合后也可以在零下几摄氏度冻结，在现有的冻干机中都可以完全冻结。叔丁醇的蒸气压较高，蒸气压高有利于升华，节省冻干时间。此外，叔丁醇与水可以任意比例混合，这一点极为重要，可以增大一些脂溶性药物在水中的溶解度，同时对一些在水溶液中不稳定的药物，适量叔丁醇的加入可以抑制药物的分解，增强药物的稳定性。另外，叔丁醇自身在冻结中形成针状结晶，能改变溶质的结晶方式，利于升华。而当少量的叔丁醇加入水中形成叔丁醇-水共溶剂后，可以改变水的结晶状态，在冻结过程中形成针状结晶，具有大的表面积，同时冰晶升华后，留下管状通道，使水蒸气流动阻力大大减小，升华速率显著提高，因此可用叔丁醇来加快冷冻干燥过程中的传质过程。然而，冷冻干燥技术的主要缺点是溶剂晶体的成核和生长可能会扰乱甚至破坏凝胶的网络结构，使得产生尺寸非常大的孔隙结构[47]。这一缺陷可以通过使用低膨胀系数和高蒸气压的溶剂，同时采用液氮快速冷冻法(也称为“闪冻”，冷却速率为10K/s)来缓解。Pajonk等[48]采用冷冻干燥法制备得到的冻干凝胶的微观结构与超临界萃取法所制备的气凝胶的微观结构相似。

1.3 气凝胶的特征与应用

除了 Kistler 所提出的一些潜在应用，气凝胶在火箭推进燃料的存储介质、杀虫剂、催化剂载体等领域均被证明拥有巨大的应用价值。为了更好地发展这些应用，科研工作者们针对气凝胶的特征和性能通过文献资料、专题研讨会等诸多的学术交流方式进行了广泛探讨。此外，也有一些与气凝胶应用相关的综述陆续出版[49-57]。德国的维尔茨堡大学(University of Würzburg)对气凝胶的热/声传导特性进行了研究[58]，他们发现具有低密度的 SiO_2 气凝胶是良好的隔热/声材料，这也使得高效的气凝胶基隔热/声材料得到迅猛发展。法国环境与能源控制署(ADEME)的两个项目组(PACTE 工程)与欧洲 JOULE Ⅱ 和Ⅲ项目组(HILIT 工程)在制备透明的块状气凝胶板时投入了大量的精力[59]。此外，作为欧洲 EUROSOL 项目组的一部分，瑞典 Airglass 公司制备出尺寸为 55cm×55cm×2cm 的透明气凝胶板[59]。图 1-3 展示了圆柱状 SiO_2 气凝胶、SiO_2 气凝胶板和 TiO_2 湿凝胶的宏观图片及 TiO_2 气凝胶的 TEM 图像。

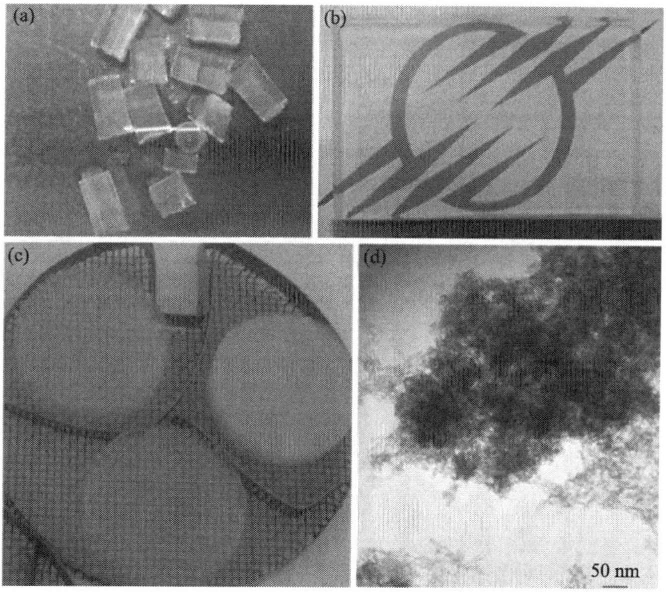

图 1-3 氧化物湿凝胶和氧化物气凝胶：(a) 以 TEOS 作为前驱物、无水乙醇作为溶剂，采用先酸(H_2SO_4)后碱(氨水)的两步催化法进行溶胶-凝胶过程合成凝胶，再经由超临界干燥处理得到的圆柱状 SiO_2 气凝胶；(b) 以 H_2SO_4 和 HF 为催化剂两步法催化制得凝胶，再经由超临界干燥处理得到的 SiO_2 气凝胶板；(c) 以 HNO_3 为催化剂由叔丁醇钛水解所得到的 TiO_2 湿凝胶；(d) (c) 中的 TiO_2 湿凝胶经超临界 CO_2 干燥所得到的 TiO_2 气凝胶的 TEM 图像

此后，Rao 和 Pajonk[60]又发明了高光透射率和低光漫反射率的疏水 SiO_2 气凝胶。与平坦的气凝胶板相比，气凝胶颗粒的光透明度虽然较差但它的制备成本明显较低，可用作制备半透明的屋顶或墙壁保温层/隔热层。气凝胶绝缘材料也被用于冷却系统或供热系统中，例如发展新型的气凝胶炉缸来更好地控制温度梯度。硼酸盐气凝胶、有机气凝胶、碳气凝胶和 SiO_2 气凝胶在惯性约束聚变（ICF）试验中有时以微球的形态来包裹液态氘和氚的混合物[61]。此外，气凝胶在隔音设备领域也具有良好的应用前景，例如发展超声换能器[62]、测距仪、扬声器[63]和消声室[64]。

虽然 SiO_2 气凝胶的力学强度足够用于承受普通加工，但它仍然属于易碎材料。因此，一些科学家为了改善这一缺陷，对 SiO_2 气凝胶的力学特性进行了深入探究。Woignier 和 Phalippou[65]及 Lemay 等[66]根据合成化学建立了 SiO_2 气凝胶的弹性杨氏模量和密度之间的关系模型。另外，该研究方向的另一个有趣的成果是低密度的气凝胶易于被压缩，因此能够用于设计能量吸附构件（包括冲击压缩）[67]。美国的喷气推进实验室在收集宇宙尘埃时则专门设计了一款能够有效吸收冲击能量的 SiO_2 气凝胶[23]。在该类型的应用中，一些其他的设计案例包括收集悬浮微粒[68]、保护空间反射镜或坦克挡板[52]。研究者们也采用了一些技术来改善 SiO_2 气凝胶的力学强度。一种方法是将气凝胶置于液态介质（特别是醇盐）中进行陈化[69]。另一种方法是掺杂无机粉末或有机黏合剂，虽然这些掺杂剂的加入会降低 SiO_2 气凝胶的透明性[70]。气凝胶板在用来支撑瓷砖地板时能够提供优异的隔音效果[53]。此外，气凝胶颗粒在用作绘画颜料、清漆和橡胶轮胎的填充剂时能够提高硬度、耐磨性和增稠特性[53]。部分烧结的气凝胶具有更高的抵抗毛细应力的能力，该特性也使得它适合用于存储或运输液体物质（如火箭燃料）[71]。气凝胶也能用于吸收或提取一些化学物质，如提纯废水[72]、过滤气体[73]、吸附放射性废料[74]、设计储热设备[75]。含有—（C—C）—共价键的有机聚合物也能直接形成机械性能优异的块状气凝胶[76]。在室温下，该有机气凝胶的热导率与 SiO_2 气凝胶的热导率在同一数量级，同时该有机气凝胶并不像 SiO_2 气凝胶那么易碎[61]。然而，与 SiO_2 气凝胶相比，有机气凝胶的主要劣势在于其通常不具有透明性。

SiO_2 气凝胶具有光学透明性，因此在一些光学器件上得到了广泛应用。如上文所述，采用两步法（即酸催化水解和碱催化缩合）可以有效地制备得到 SiO_2 气凝胶[77]。根据 Teichner 团队的研究[78]，SiO_2 气凝胶的折光指数可以控制在 1.01～1.03，因此适合应用于切伦科夫（Cerenkov）计数器。这些计数器可以辨别高能物理实验中的带电颗粒，区分宇宙射线中物质颗粒中的反物质。来自德国电子同步加速器研究所（Deutches Elektronen Synchrotron，DESY）的 Poelz 等[79]和来自欧洲核子研究中心（European Organization for Nuclear Research）的 Henning 等[80]承担了发展尺寸、密度可控的疏水 SiO_2 气凝胶的研究任务。Airgals AB 公司生产了尺寸为 60cm×60cm 的气凝胶片。德国电子同步加速器研究所利用强子–电子环加速器

(HERA)进行的 HERMES 试验中的环成像切伦科夫计数器也用到了相似的气凝胶片。同时，阈值型切伦科夫计数器(如日本 KEK B 生产的 BELLE 探测器[81]或俄罗斯生产的 KEDR 探测器[82])也用到了气凝胶片。由于 SiO_2 气凝胶的折射率与空气相近，因此 SiO_2 气凝胶的另一个重要应用是作为光导纤维的包覆膜(膜厚度约为 20mm)。这种 SiO_2 气凝胶包覆膜的存在使得光捕获比例可达到原先的 4 倍[83]。此外，气凝胶涂层的存在也减弱了太阳能电池的菲涅耳散射损失且提高了该太阳能电池的效率[84]。对于其他应用，气凝胶可用于捕获、包裹不同种类的客体物质，如光致发光掺杂剂[85]、广泛用于激光领域的镧系元素[86]或种类繁多的小离子(如高容量高温电池[87]或高能正极[88]中的 Li^+)。碳气凝胶自身是一种良导体，可用于制备超级电容器电极[89, 90]、电容去离子设备[91-93]和燃料电池[94]。碳气凝胶具有高比表面积，比普通的电容器存储的电能更多。向碳气凝胶中沉积二氧化钌(RuO_2)，其中 Ru 元素含量高于 50wt%时，能够将碳气凝胶的比电容值提高至 250F/g[95]。超级电容器能够快速释放电能，从而提供很高的瞬时功率[96]。人们所熟知的应用，如汽车的发动机启动和无线传输，就是利用储能装置的放电功率。因此，在这一方面，储能装置的瞬间放电功率远比其能够储存多少能量更为重要。超级电容器的瞬时功率比普通电池大 10 倍以上。瞬时功率对那些要求具备很高启动功率的应用领域十分关键。由于碳气凝胶也具有大孔容特性，它也可以用于捕捉大量的离子化合物，如电解产生的 NaCl 或其他液相污染物[94]。在相似的领域，有研究者提出将 SiO_2 气凝胶应用于存储锕(Ac)系废物，因为 SiO_2 气凝胶化学性质稳定、耐久性好且具有非常大的孔容。此外，经过短时间的加热处理(～1000℃)，SiO_2 气凝胶易转变为致密的玻璃态石英 SiO_2[74]。

SiO_2 气凝胶或有机气凝胶均为介电材料，且它们的介电常数值可以调节至接近 1F/m。该特性使得它们能够用于高速电脑的集成电路[97]或驻极体材料[98]。超声应用领域需要低声阻的多孔压电式转换器，因此研究者们设计了组成成分为 $PbZr_{0.53}Ti_{0.47}O_3$ 和孔隙率高达 90%的 PZT 气凝胶[99]。

由于具有高比表面积，气凝胶在催化剂领域也是一种先天的理想材料。在催化剂领域，气凝胶已被用于氧化[100]、选择性还原[101]、聚合[102]和选择性加氢[103]等反应。在选择性加氢反应中，起催化作用的主要是金属原子，而气凝胶通常作为载体。氧化物气凝胶中负载的活性金属粒子可以通过多组分的气凝胶直接制得[104]。气凝胶在催化剂领域的另一个有趣应用是作为酶的封装剂[105, 106]。这种固态的生物催化剂能够用于生化合成或作为生物传感器中的活性成分[107]。此外，气凝胶为许多基础研究提供了新的机遇。例如，在研究 ^3He-^4He 混合物流体在临界温度下的相互作用时，高比表面积的气凝胶能够在流体中诱导强的摄动[108]。

1.4　气凝胶的近期发展

在最近的十年里，气凝胶的合成技术被不断改进创新。例如，Roth 等[109]开展了一种新型、快速的超临界萃取实验，在该实验中溶胶-凝胶前驱物在一个加压模具中进入超临界状态。Rosa-Fox 等[110]研究了超声诱导凝胶结构的形成机理。Reichenauer 等[111]研究了气凝胶多孔结构中的光散射缩合反应。常压干燥法被延伸用到硅酸钠制备的 SiO_2 气凝胶中[112]。Gash 等发明的缓慢去质子化技术被扩展到一系列材料中，包括二氧化锡(SnO_2)[113]、三氧化二钇(Y_2O_3)稳定二氧化锆(ZrO_2)气凝胶[114]，含分散铝纳米颗粒的气凝胶铝热剂，含分散金属纳米颗粒[115]或硫化镉(CdS)纳米颗粒[116]的 SiO_2 气凝胶，含分散金粒子的壳聚糖-SiO_2 复合气凝胶[117]。

上述这些新型气凝胶都是在前期气凝胶研究的基础上继续发展的产物。其他类型的新型气凝胶还包括具有自清洁特性的超疏水气凝胶(即水接触角高于150°)[118]、硫酸化氧化锆气凝胶[119]、TiO_2 气凝胶[120]、复合气凝胶[121]和其他更加特殊的硫族化合物气凝胶[122]。在这些新型气凝胶中，值得一提的还包括基于纤维素[123]或间苯二酚-甲醛的有机气凝胶[124]及由这些有机气凝胶热解所得到的碳气凝胶[125, 126]。由水铝英石[127]或聚氨酯[128]所衍生得到的碳气凝胶也同样值得关注。另外，一些有机-无机复合气凝胶也被陆续报道，如异氰酸酯交联的氧化钒气凝胶[129]、氧化铜(CuO)/间苯二酚-甲醛气凝胶[130]和环氧树脂或聚苯乙烯交联的 SiO_2 气凝胶[131]。

研究者们投入的大量工作为人们更好地理解气凝胶的性能奠定了坚实的基础。在力学性能研究领域，Morales-Flórez 等[132]探究了有机-无机复合气凝胶的力学性能与有机物成分之间的关系。气凝胶的荧光、导电或磁学特性也都是非常有趣的。气凝胶在储能领域的应用也极具吸引力[133]。此外，气凝胶(特别是碳气凝胶)的热稳定性研究也非常重要[134]。

总的来说，气凝胶方向的研究已经进入到注重实际应用的阶段。研究者们提出的潜在应用或已付诸实践的应用包括：核废料处理[135]、CO_2 捕捉[136]、防水涂层[137]、化学传感器[138]、多相催化剂[139]、金属铸造模具[140]、声换能器[62]、储能设备[141]、药物载体[142]和研究超流体内相互作用的限制介质[143]。多家公司已经推出实际的气凝胶商品，如 Cabot 公司推出了窗户用的气凝胶微粒绝缘体、Nano HiTech 公司和 Okagel 公司也推出了一些绝缘产品、American Aerogel 公司推出了开孔泡沫塑料产品、Birdair 公司推出了薄膜状的气凝胶垫、Aspen Aerogels 公司推出了柔性的绝缘产品。气凝胶的未来不仅取决于科研院所的实验研究，也依赖于有效的大规模商业化和这些气凝胶公司的发展。

1.5 纤维素简介

纤维素是一种天然的线性大分子且广泛存在于高等植物的细胞壁结构中。自然界中纤维素的年产量高达十亿吨，是一种名副其实的取之不尽、用之不竭的绿色资源。从化学结构上看，纤维素是由β-D-吡喃型葡萄糖单元通过β-1, 4糖苷键连接而成的大分子多糖。这意味着椅式构象的β-D-吡喃型葡萄糖单元是通过氧桥键连接而成的线性长链，且单根纤维素分子链上的羟基之间所形成的氢键网络可有效增强纤维素分子链的刚性。

纤维素具有六种可相互转换的同质异晶体，即纤维素Ⅰ、Ⅱ、$Ⅲ_{Ⅰ}$、$Ⅲ_{Ⅱ}$、$Ⅳ_{Ⅰ}$和$Ⅳ_{Ⅱ}$型[144]。植物细胞壁中的纤维素是通过植物的光合作用来合成的。纤维素的合成是在细胞质膜上的蛋白复合体——终端复合体上合成的，这个蛋白复合体上包含多个纤维素合酶单元。在合成的过程中，多个纤维素合酶共同参与，还有其他的一些酶起辅助作用。大概的过程是纤维素合酶将葡萄糖供体上的葡萄糖基加到葡萄糖链上催化合成β-1, 4糖苷键连接的β-D-吡喃型葡萄糖单元。用于合成的葡萄糖供体是尿苷二磷酸葡萄糖(UDPG)。UDPG来源于蔗糖。蔗糖合酶将蔗糖中的葡萄糖转化为UDPG，然后加在纤维素链上，纤维素合酶中的糖基转移酶有两个催化位点，纤维素链延伸时每次都加入两个葡萄糖基，因此纤维素总是以二聚糖为重复单位。植物细胞壁中的纤维素、半纤维素和木质素三种成分的有机结合赋予了植物细胞壁良好的机械强度，这也为树木的生长提供了基础条件。对于商业应用，纤维素原料主要来源于棉花、亚麻、大麻、剑麻、黄麻或木材等天然植物。纤维素纤维的制备通常需要将纤维素成分从植物细胞壁中的木质素和半纤维素及一些其他的组成成分中分离出来。该过程可以通过化学法来实现，同时得到的纤维素产物可以进一步用于生产黏胶纤维。研究人员制备出了多种纤维素衍生物(如纤维素醚和纤维素酯)。纤维素衍生物是以纤维素高分子中的羟基与化学试剂发生酯化或醚化反应后的生成物。按照生成物的结构特点可以将纤维素衍生物分为纤维素醚和纤维素酯及纤维素醚酯三大类。实际商品化应用的纤维素酯类有：纤维素硝酸酯、纤维素乙酸酯、纤维素丁酸酯和纤维素磺酸酯等。纤维素醚类有：甲基纤维素、羧甲基纤维素、乙基纤维素、羟乙基纤维素、氰乙基纤维素、羟丙基纤维素和羟丙基甲基纤维素等。此外，还有酯醚混合衍生物。通过取代试剂的选择和工艺设计，使产品能溶于水、稀碱溶液或有机溶剂，或具有热塑性等性能，用来制造化学纤维、薄膜、塑料、绝缘材料、涂层、浆料、聚合分散剂、食品添加剂和其他的日用化工产品。事实上，纤维素的一大传统应用是制浆造纸，因为纤维素纤维通常具有高的强度和良好的耐久性。正如Zugenmaier[144]所提到的，纤维素纤维易于被水润湿且当达到饱和时呈现出较大的润胀率。同时，纤维素纤维具有吸湿性，当暴露在大气中时，它们能够吸附一定量的水分。然而，在润湿状态时，纤维素纤维的强度损失并不十分明显，这一特性对于纤维素纤维应用于纺织领域非常重要。不同来源的纤维素通常呈现出不同的聚合度。从木浆中提取的纤维素的单体单元数量在 6000～10 000。相比之下，棉花中纤维素的单体单元数量则高达 10 000～15 000。然而，化学处理通常会使得纤维素的单体单元数量降低至 1000 以下[144]。

针对纤维素的晶体结构，Hearle[145]于 1958 年提出了缨状原纤模型。该模型放弃了缨状微胞模型中关于晶区是微胞的假设，同时指出纤维素的结晶区是连续的缨状原纤，由许多的纤维素长链分子组成。分子沿着长度方向，在原纤的不同位置上分裂，部分进入无定形区，部分重新进入其他原纤，并可能产生晶格的缺陷和混乱。图 1-4(a)展示了纤维素的结晶区和非结晶区混合的状态(缨状原纤模型)。图 1-4(b)展示了纤维素从植物细胞壁中的大纤维逐渐剥离至聚合物链的结构示意图。

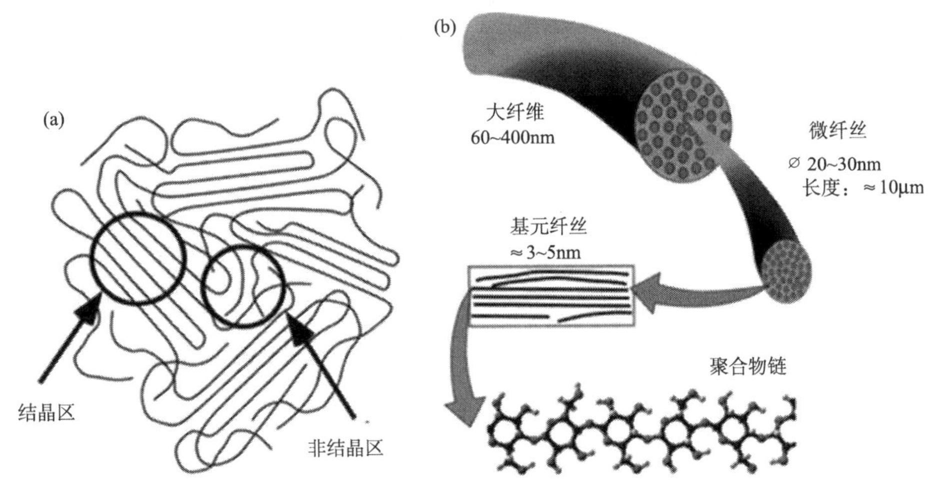

图 1-4　(a)纤维素的缨状原纤模型(由 Hearle 于 1958 年提出)；(b)植物细胞壁中的大纤维逐渐剥离至聚合物链的结构示意图。基元纤丝由 30～40 根纤维素分子链聚集而成

虽然纤维素具有亲水性且能够在水中发生大量润胀，但纤维素并不能溶于水和大部分的有机溶剂。此外，纤维素可生物降解，因此纤维素气凝胶是一种绿色材料。纤维素在高温浓酸的作用下可以分解成葡萄糖单元(生物炼制技术)。由于纤维素是一种化学稳定性良好的材料，因此以天然的生物质资源为原料制备气凝胶需要将生物质中的纤维素成分分离瓦解成纤维素基元纤丝甚至是纤维素链，且在此过程中应当尽可能地避免纤维素分子的降解和衍生化，随后采用“自下而上”加工的方法将这些纤维素基元纤丝或纤维素链重新组装成低密度、多孔的湿凝胶

材料，最后通过超临界干燥工艺得到具有三维网络结构的气凝胶。

1.6　纤维素气凝胶的诞生与发展

制备纤维素气凝胶的方法有很多种，时至今日仍然有很多的新方法或新进展被陆续报道出来。具体的纤维素气凝胶制备工艺取决于使用的原材料，这是因为生物质原料中的半纤维素成分的处理方式与纤维素成分或木质纤维素混合成分的处理方式不同。Weatherwax 团队[146]和 Alinče[147]是最先尝试保留纤维素浆润胀结构的科研工作者。他们使用不同的浆料，包括纸浆、棉浆、人造丝浆。这些浆料通过蒸馏水、乙二胺和氢氧化钠(NaOH)溶液进行润胀，这些试剂也是黏胶法过程中制备纺丝前驱物的常用试剂[148, 149]。润胀后的产物通过溶剂置换(通过乙醇或丙酮来置换水)和缓慢蒸发的方式进行干燥。根据他们的报道，所有的实验均能得到多孔材料，但不能避免这些多孔材料在干燥前后发生巨大皱缩。然而，这些材料仅通过吸附等温线进行表征，没有进行其他结构上或者物理性能上的表征测试。在他们的研究基础上，Weatherwax 和 Caulfield[146]采用超临界 CO_2 干燥法来处理溶胶置换后的产物，实验结果表明超临界 CO_2 干燥法所得到的纤维素气凝胶的比表面积可达 200m^2/g。

第一个广受人们关注的纤维素气凝胶是由 Tan 等[150]制备得到的。他们以纤维素乙酸酯为原料，首先将其溶解在丙酮中形成均匀溶液，随后加入甲苯-2,4-二异氰酸酯与纤维素乙酸酯发生交联(吡啶作为催化剂)。Tan 和他的同事观察到，当纤维素乙酸酯的浓度在 5wt%～30wt%时可以形成凝胶。经过超临界干燥所得到的纤维素气凝胶的比表面积在 400m^2/g 以内，密度在 100～350kg/m^3。此外，他们还发现，纤维素乙酸酯与丙酮的比例和纤维素乙酸酯与甲苯-2,4-二异氰酸酯交联剂的比例对纤维素气凝胶的密度和皱缩率有明显影响。纤维素乙酸酯的比例越小且交联剂的比例越大则会得到越大的皱缩率，这表明纤维素的骨架结构不完全是刚性的。他们测试了纤维素气凝胶片(厚度约为 5mm)的冲击强度，测试结果表明这种高孔隙率的纤维素气凝胶的强度超过了间苯二酚-甲醛气凝胶。从工程的角度来看，他们的测试技术可能仍然存在些许疑问，因为冲击实验并不十分适合检测气凝胶的强度，弯曲实验或者拉伸实验可能更加适合。

Jin 等[19]发明了另一种制备高质量纤维素气凝胶的方法。与 Tan 等[150]报道的方法相比，他们研发出的新技术避免了有毒异氰酸酯的使用，且消耗的纤维素的量也相对更少。他们的制备工艺是基于半结晶的天然纤维素，它具有无序的非结晶区和高度有序的结晶区彼此间相互穿插的混合结构。为了制备纤维素凝胶，需要改变纤维素纤维的形貌和结构。这可以通过使用合适的溶剂体系来实现[151, 152]，这种溶剂体系必须能够破坏沿着纤维素聚合物链的氢键网络，但应当尽可能地避免纤维素链发生降解或衍生化反应。

Jin 等[19]使用熔融无机盐水合物 $Ca(SCN)_2·4H_2O$ 作为纤维素溶剂。熔融无机盐水合物的溶解能力被 Phillip 等[153]最先描述且成功验证。他们借助“供体-受体”概念描述了极性溶剂和氢键之间的相互作用。$Ca(SCN)_2·4H_2O$ 熔融无机盐水合物可以将纤维素溶解形成胶体状[151]。将 $Ca(SCN)_2$ 与水以摩尔比 1∶4 均匀复合，得到的复合物 $Ca(SCN)_2·4H_2O$ 的熔融温度仅为 110～120℃。此外，所制得的纤维素/$Ca(SCN)_2·4H_2O$ 混合体系在 80℃左右可以实现可逆的溶胶-凝胶转换。图 1-5 展示了 $Ca(SCN)_2·4H_2O$ 熔融无机盐水合物溶解纤维素的过程示意图。

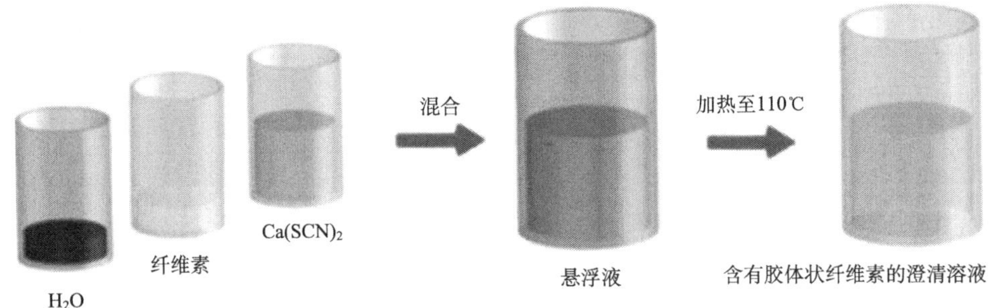

图 1-5　$Ca(SCN)_2·4H_2O$ 熔融无机盐水合物溶解纤维素的过程示意图[19]

Jin 等[19]将纤维素和 $Ca(SCN)_2·4H_2O$ 熔融无机盐水合物的混合物在玻璃片上铺展开，厚度控制为 1.0mm。待其固化后，将该玻璃片浸渍在甲醇的凝固浴中，甲醇则可以将其中的 $Ca(SCN)_2·4H_2O$ 抽提出来，从而诱导纤维素再生形成凝胶。采用去离子水洗涤纤维素凝胶直到电导率降至可忽略的程度。遗留在孔隙结构中的残余离子会产生漂亮的颜色(如粉色、绿色、蓝色等)，但这些离子的存在会在气凝胶的长期使用过程中引起结构皱缩[154]。对于随后的干燥工艺，Jin 等采用的是冷冻干燥法，且采用了多种不同的冷冻干燥处理方式：①将装有凝胶的玻璃瓶浸渍在液氮中后进行常规冷冻干燥(样品储存器无制冷装置)；②凝胶经过不同醇置换后进行液氮冷冻再进行常规冷冻干燥；③凝胶与保持在液氮温度的铜板相接触后转移到冷冻干燥腔中进行冷冻干燥。

Jin 等[19]并没有采用超临界干燥工艺。他们通过冷冻干燥所制得的气凝胶的比表面积通过氮气吸附测试进行表征，微观形貌通过扫描电镜(SEM)进行观察。拉伸强度测试的试样采用尺寸较大且厚度较薄的样品。他们的制备过程中至关重要的一点是采用低浓度的纤维素溶液(0.5wt%～3wt%)，这有助于得到密度极低的纤维素气凝胶产品，且纤维素气凝胶的密度随着纤维素含量的增加而升高。他们的研究数据显示，纤维素气凝胶密度与纤维素溶液浓度之间呈现抛物线增长的趋势。更新的研究结果表明，低纤维素含量的材料会呈现更大的皱缩率。这一现象也在比表面积数据上得到验证。当纤维素的含量从 3wt%降至 0.5wt%，导致纤维素气凝胶的比表面积从 200m^2/g 降至 105m^2/g。与超临界干燥相比，冷冻干燥处理通常会使得材料具有更高的密度和更低的比表面积。

图 1-6 展示了这些纤维素气凝胶的拉伸强度与纤维素浓度之间的关系。与 Tan 等[150]的工作相比，这些气凝胶的强度明显相对较低。有文献报道，经过亚临界干燥得到的间苯二酚-甲醛有机气凝胶的拉伸强度值也易于达到 120kPa[155]。低的拉伸强度可能与制备过程相关。与 Tan 等[150]的工作相比，Jin 等所制备的气凝胶中的纤丝结构并没有发生交联，因此限制了他们所制备的气凝胶的强度(气凝胶的强度主要来自于纤丝的机械互连)。图 1-7 展示了不同的冷冻干燥方法制备得到的纤维素气凝胶的微观结构。

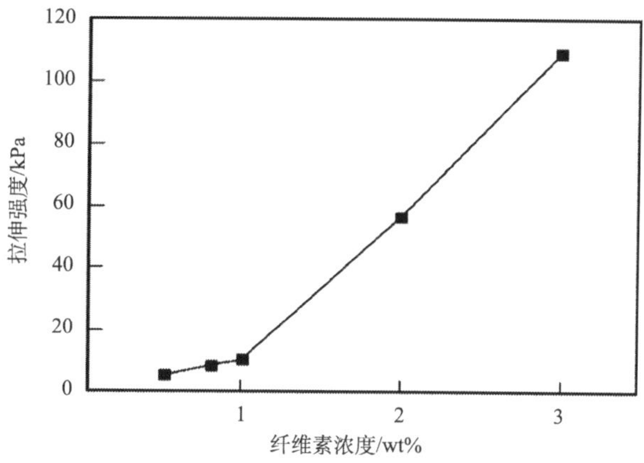

图 1-6 纤维素气凝胶的拉伸强度与纤维素浓度之间的关系。使用 $Ca(SCN)_2 \cdot 4H_2O$ 熔融无机盐水合物溶解纤维素，随后在醇中再生得到湿凝胶，再通过冷冻干燥得到纤维素气凝胶[19]

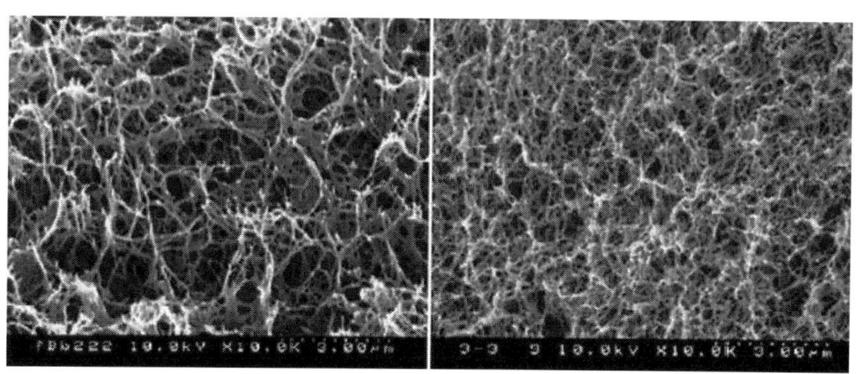

图 1-7 Jin 等所制备的纤维素气凝胶的微观结构[19]。纤维素的浓度为 2wt%。左图为常规冷冻干燥所得到的气凝胶样品，右图为快速冷冻干燥所得到的气凝胶样品(即将湿凝胶铺展在一块保持在液氮温度的铜板上)

为了将纤维素前驱物转化为碳气凝胶，Ishida 等[156]使用传统方法将微晶纤维素溶解在硫酸或氢氧化钠水溶液中，并将得到的纤维素水分散液（0.2wt%～1wt%）铺展在铜板上，随后将铜板部分浸渍在液氮中使得纤维素水分散液快速固化。经过冷冻干燥或超临界干燥（干燥前与乙醇和液态 CO_2 进行溶剂置换）可以得到非常精细的粉末材料。这种固态粉末的比表面积为 32～178m^2/g。另外，实验表明，快速固化和冷冻干燥可以维持湿凝胶的结构且产生的粉末状粒子具有高比表面积。SEM 分析证实其为多孔、海绵状的网络结构和相对较粗的纤维素纤维（厚度约为 5mm）。热解处理得到了更加精细的网络结构，由尺寸为 100～400nm 的碳纤丝构成，且比表面积可以达到 500m^2/g 以上。

2006 年有两篇文章报道了制备纤维素气凝胶的不同方法。Fischer 等[123]以纤维素乙酸酯为原料，采用聚异氰酸苯酯对纤维素乙酸酯进行交联。在室温下交联 7 天即可形成湿凝胶，再经过超临界干燥可以得到比表面积为 150～250m^2/g 和密度为 250～850kg/m^3 的气凝胶产品。Innerlohinger 等[157]通过将纤维素溶解在 *N*-甲基吗啉-*N*-氧化物（NMMO）中制备纤维素气凝胶。NMMO 是一种离子液体，可以直接溶解纤维素。该溶解过程是制备 Lyocell 纤维或 Tencel 纤维工艺过程的基本步骤之一。

Cibik[158]和 Walker 等[159]研究了 NMMO/纤维素混合溶液的相图，结果表明纤维素的完全溶解是可能实现的。纤维素来自于 Lenzing AG 公司提供的 13 种不同类型的纤维素浆料，纤维素的聚合度在 180～4600 范围内。Innerlohinger 等[157]的制备过程包括将纤维素溶解在 NMMO 溶剂中、成型、再生、溶剂置换和超临界 CO_2 干燥。他们使用的纤维素溶液的浓度在 0.5wt%～13wt%范围内，且制备了三种不同形状的气凝胶：圆柱状气凝胶（直径为 26mm）、气凝胶球形颗粒（直径为 2～4mm）和气凝胶薄膜。采用氮气吸附、SEM 和密度测试来分析这些气凝胶材料。图 1-8 展示了 Innerlohinger 等[157]制备的纤维素气凝胶的密度与初始的纤维素溶液

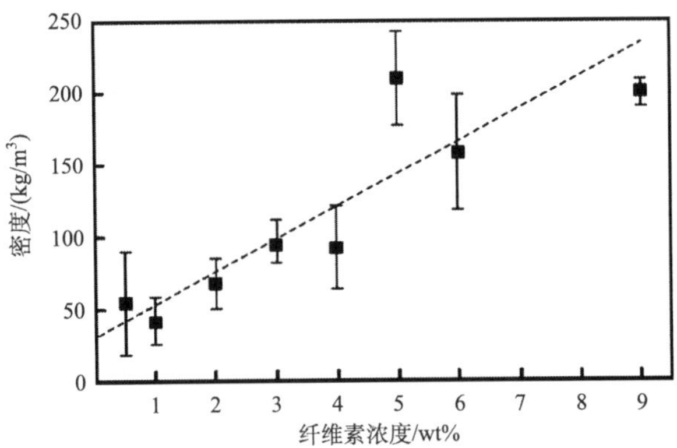

图 1-8　Innerlohinger 等[157]制备的纤维素气凝胶的密度与初始的纤维素溶液浓度之间的关系。纤维素气凝胶的制备基于 NMMO 溶剂体系和超临界 CO_2 干燥

浓度之间的关系。可以看出，随着纤维素溶液浓度的增加，纤维素气凝胶的密度呈现出线性增长的趋势。该纤维素气凝胶的密度可低至 50kg/m^3，然而该密度值与聚氨酯泡沫的密度相比仍然相对较高。

Innerlohinger 等[157]报道他们所制备的气凝胶在超临界干燥前后体积皱缩率高达 40%。这一皱缩率与其他报道的超临界干燥法所得到的气凝胶的皱缩率相比明显偏大，表明 Innerlohinger 等制备的纤维素气凝胶非常柔软且可发生塑性变形。该气凝胶的比表面积可达 100～400m^2/g。此外，该纤维素气凝胶的 SEM 图像呈现出片状的形貌特征，且在该片状结构中纤维素纤丝之间紧密地交联在一起。从溶剂置换和再生过程入手，可能有助于改善气凝胶的形貌结构特征。

Liebner 等[160, 161]以 NMMO 和 *N*-苄基-吗啉-*N*-氧化物(NBnMO)作为溶剂制备了纤维素气凝胶。在 NMMO 溶剂中，纤维素的含量设定为 1wt%～12wt%，以此制备得到尺寸稳定的纤维素湿凝胶。纤维素溶液的制备温度设定为 100～120℃，随着纤维素含量的增加而升高。具体的纤维素含量设定为 3wt%、5wt%、10wt%和 12wt%，明显高于上述熔融无机盐水合物中采用的纤维素含量(0.5wt%～3wt%)。他们利用乙醇或者乙醇-二甲基亚砜(DMSO)混合物进行再生过程。溶解、再生和溶剂置换过程通常要持续多天，所有的再生纤维素湿凝胶均采用超临界干燥移除液相。他们所制备的气凝胶的密度在 50～260kg/m^3 范围内，比表面积在 172～284m^2/g 范围内。根据 SEM 观察，与之前报道的一些纤维素气凝胶相比，这种纤维素气凝胶的微观结构相对密实且孔结构并不十分开放。

Hoepfner 等[162]使用 Jin 等[19]报道的方法制备了长条状的纤维素气凝胶。Hoepfner 等使用 $Ca(SCN)_2$ 与水的混合物作为纤维素溶剂，其中水分子数接近 $Ca(SCN)_2$ 中阳离子的配位数。微晶纤维素的溶解通过将混合物加热至 110～120℃，直到混合物变得澄清。将热的纤维素溶液倾倒入材质为聚丙烯酸的中空板(横切面为正方形且尺寸为 15mm×15mm，长度为 100mm)中，通过浸渍乙醇溶液进行再生处理。干燥工艺采用两种：一种是经过液氮快速冷冻后进行冷冻干燥，另一种是经液态 CO_2 溶剂置换后进行超临界干燥。如图 1-9 所示，根据上述过程所制得的气凝胶呈现白色、柔软的长条状。

图 1-10 展示了 Hoepfner 等[162]使用 Jin 等[19]报道的方法采用不同纤维素浓度所制备的纤维素气凝胶的密度情况。由图可见，随着纤维素浓度的增加(0.5wt%～3wt%)，所制得的气凝胶的密度从 10kg/m^3 增加至约 60kg/m^3。气凝胶的密度与纤维素浓度之间呈现线性的正比例关系表明只有熔融无机盐水合物中的纤维素浓度决定所制备的气凝胶的密度。熔融无机盐水合物的温度、冷却至凝胶点前的热处理时间和乙醇中的陈化时间对气凝胶密度的影响比较有限。另外，值得一提的是，这种气凝胶的最低密度仅是空气密度的八倍左右，

与聚苯乙烯泡沫的密度相近。

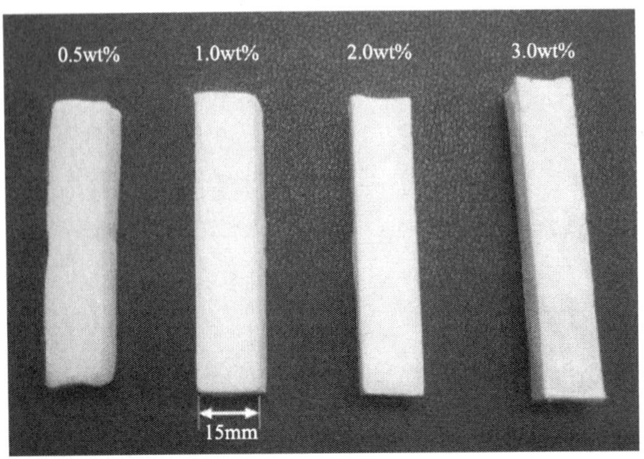

图 1-9 Hoepfner 等[162]根据 Jin 等[19]报道的方法采用不同纤维素浓度所制备的纤维素气凝胶，所有的纤维素气凝胶均呈现出白色的形貌且非常柔软易于压缩

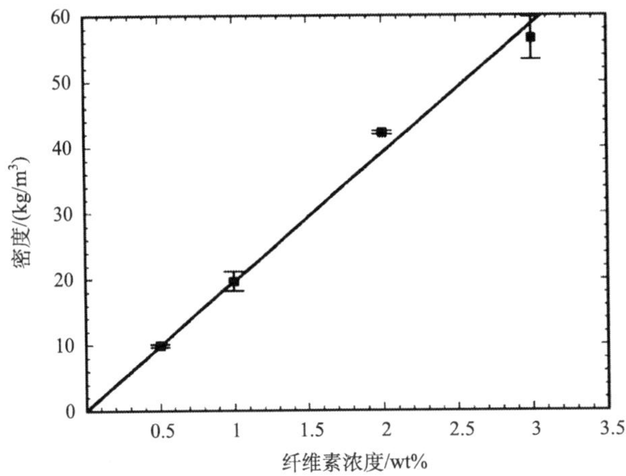

图 1-10 Hoepfner 等[162]使用 Jin 等[19]报道的方法采用不同纤维素浓度所制备的纤维素气凝胶的密度

纤维素气凝胶的密度和纤维素浓度之间的线性关系可以延伸到理论层面。ρ_A 代表气凝胶的密度，ω_c 代表熔融无机盐水合物的质量分数且其密度用 ρ_L 来表示。当 $\omega_c \ll 1$ 时，气凝胶的密度遵循方程式(1-1)：

$$\rho_A \cong \rho_L \omega_c \tag{1-1}$$

当 $\omega_c=0$ 时，该方程对应的直线并不会穿过原点。Hoepfner 等也在实验过程中观察到气凝胶在超临界干燥前后体积发生了皱缩，但其皱缩率仅为 15%左右，且随着纤维素的浓度呈现线性变化，该皱缩率低于 Innerlohinger 等[157]的报道。

在较低的纤维素浓度下发生大的皱缩表明凝胶的网络并不十分稳定，能够进行大量压缩。随着纤维素含量的增加，所制得的纤维素气凝胶的皱缩率明显更小，表明在更高的纤维素含量下纤维素气凝胶的抗皱缩能力更强。在这里必须要强调的是，Jin 等[19]制备的气凝胶的密度和所采用的纤维素浓度之间并没有呈现出线性关系，但该现象并不能证明他们的工作不是最优化的，因为制备过程中的陈化处理、溶剂置换、冷冻干燥所引起的应力梯度均可能会影响气凝胶的微观结构(特别是在纤维素浓度相对较低时，影响可能更加显著)。

Hoepfner 等[162]使用氮气吸附法测试了该气凝胶的比表面积为 $210m^2/g$，且该值与纤维素的浓度无关。采用简单的计算可以从理论上推断出该不相关性，但基础条件是干燥过程没有破坏凝胶的结构。首先假设所有的纤维素纳米纤丝均为圆柱状，平均半径和长度分别用 $<R>$ 和 $<L>$ 来表示。纤维素纤丝在气凝胶中的数密度用 n_F 来表示。因此，单位质量气凝胶的比表面积可以通过方程式(1-2)来表示：

$$S_m = \frac{2\pi<R><L>n_F}{\rho_A} \tag{1-2}$$

当纤维素纤丝的长度远大于纤丝的半径时，可以忽略其圆柱形的形状。引入方程 $\Phi_c = n_F<v_c>$ ($<v_c>$ 表示单根纤维素纤丝的平均体积，$<v_c>=\pi<R>^2<L>$) 可将方程式(1-2)转化成方程式(1-3)的形式：

$$S_m = \frac{2}{<R>\rho_A} \tag{1-3}$$

假设气凝胶网络中纤维素纤丝的半径为特定值且与纤维素的浓度无关，则根据方程式(1-3)可知比表面积 S_m 是一个与纤维素浓度无关的常数。此外，Hoepfner 等也报道了当纤维素的浓度越大时，气凝胶的网络结构越精细且孔结构越小。图 1-11 展示了 Hoepfner 等[162]通过超临界干燥制备的纤维素气凝胶的 SEM 图像。该图像清晰地表明该气凝胶的微观结构是由直径为 20～50nm 的纤维素纤丝所构成的。

Gavillon 和 Budtova[163]报道了一种气凝胶状的纯纤维素材料的制备工艺和形貌。他们将这种材料称为“气凝胶状的纤维素(aerocellulose)”，对应的制备过程包括纤维素在 NaOH 水溶液或 NMMO 一水合物中溶解和超临界 CO_2 干燥等步骤。他们的研究主要集中在基于 NaOH 水溶液制备“气凝胶状的纤维素”和制备工艺对该产品形貌的影响。他们采用不同聚合度(180～950)的微晶纤维素作为原料，微晶纤维素在低温的 NaOH 水溶液中发生润胀和溶解。纤维素溶液的浓度控制在 3wt%～8wt%范围内。将纤维素溶液倾倒入一个圆柱形的模具(直径为 8～10mm，长度为 30～40mm)中。经过凝胶化后，将样品置于蒸馏水中进行再生。在再生过

图 1-11　Hoepfner 等[162]通过超临界干燥制备的纤维素气凝胶的 SEM 图像，纤维素的含量为 2wt%，密度为 42kg/m^3

程中，样品的体积皱缩率约为10%。凝胶时间随着温度的增加呈指数性下降。例如，当温度为10℃时，凝胶时间约为3天；然而，当温度为40℃时，凝胶时间仅需6min。再生得到的纤维素湿凝胶首先采用丙酮进行溶剂置换，之后与液态CO_2发生溶剂置换并进行超临界干燥。该过程制备得到的“气凝胶状的纤维素”的孔隙率可达到90%以上，比表面积超过200m^2/g，密度在120～140kg/m^{3}范围内。为了降低“气凝胶状的纤维素”的密度，他们向纤维素溶液中加入不同浓度的表面活性剂(烷基多糖苷，APG)。实验结果表明，表面活性剂的加入使得纤丝构成的多孔网络结构变得更加紧密，同时也增大了孔尺寸和孔容。变化后的形貌结构通常在冷冻干燥的样品中可以观察到。由于表面活性剂的加入显著增大了平均孔径，因此略微减小了干燥终产品的密度。经过室温下水环境再生处理所形成的纤维素湿凝胶再经过超临界干燥后可以得到具有纤丝状结构的“气凝胶状的纤维素”。然而，当再生处理温度提升至70℃时，所得到的产物的形貌呈现出“浑浊态”，且这种浑浊态的出现与所使用的溶剂体系(即NaOH水溶液和NMMO水溶液)种类无关。这是因为在高温下，凝胶体系中所有成分都呈现出更快的扩散速率，从而使得纤维素链交联的时间变短，这种快速的沉淀作用导致凝胶结构的无序度增加和浑浊态结构的生成。

NaOH水溶液中润胀的纤维素通常可作为黏胶法纺丝的前驱物。黏胶法纺丝过程中，纤维素首先通过NaOH水溶液处理，随后与二硫化碳(CS_2)混合形成纤维素磺酸酯。得到的黏胶纺丝溶液通过喷丝头上的细孔形成细液进入酸浴，使纤维素磺酸酯凝固成为丝条，然后分解再生成水化纤维素。在此过程中，纤维素磺酸酯发生分解反应，重新生成纤维素并释放CS_2。其他的副反应包括中和反应和其他杂质的反应(如生成Na_2SO_4和H_2S)。对于成型机理，黏胶溶液的胶体可认为是带有磺酸基团和具有亲水性非离子羟基的阴离子胶体电解质。凝固过程应看作是分散胶体体系的固化，其中能自由移动的分子链聚集在一起形成较大的聚集体。凝固可以通过抽出溶剂（被酸中和）或加入电解质（Na_2SO_4 起强烈的脱水作用）而引发。Gavillon 和 Budtova[163]测试了再生浴的酸度（由硫酸调节）是否会改变气凝胶的孔隙结构。实验结果表明，再生浴的酸度越高，“气凝胶状的纤维素”的平均孔径和孔隙率越低。

Pinnow 等[164]利用在 NaOH 溶液或稀硫酸中高温陈化的纤维素氨基甲酸酯来制备纤维素气凝胶，采用 SEM、小角 X 射线散射（SAXS）、压汞法和氮气吸附分析来表征该纤维素气凝胶。虽然这些方法自身都具有一定的局限性，但是将这些表征方法的分析结果进行有机结合有助于有效分析气凝胶样品的大孔、介孔和微孔特性。此外，他们也借助这些表征方法探究了不同的制备和处理工艺（包括干燥和热解）对气凝胶样品孔隙结构的影响，认为以纤维素磺酸酯为原料制备气凝胶是一个非常有潜力的气凝胶制备途径。他们制备的气凝胶高度多孔，密度非常低，比表面积可以达到 430m^2/g。

Cai 等[165]以碱金属类氢氧化物/尿素为溶剂和胶凝剂制备了透明的纤维素气凝胶。图 1-12 展示了他们令人印象深刻的工作。他们使用不同的纤维素来源和两种溶剂（即 NaOH/尿素水溶液和 LiOH/尿素水溶液）在低温下溶解纤维素。溶解过程伴随着剧烈的搅拌，且通过超速离心法来移除气泡。纤维素的含量控制在 0.5wt%～7wt%范围内。将清澈的纤维素溶液铺展到一个玻璃片的表面（溶液的厚度约为 0.5mm），随后依次浸渍在不同的凝固浴（包括乙醇、稀硫酸、甲醇、丙酮、丙二醇和叔丁醇）中进行再生处理。使用蒸馏水洗涤再生纤维素，紧接着进行乙醇溶剂置换，最后进行超临界 CO_2 干燥即可得到这种透明的纤维素气凝胶。他们采

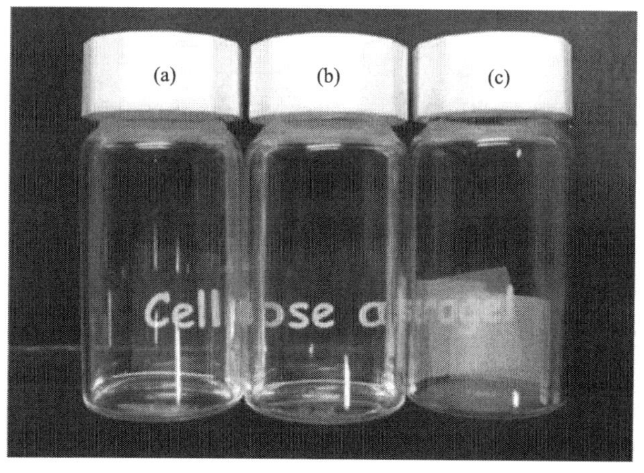

图 1-12 Cai 等[165]制备的纤维素水凝胶和气凝胶的宏观图像：(a) 存储在水中的纤维素水凝胶；(b) 存储在乙醇中的纤维素醇凝胶；(c) 经超临界 CO_2 干燥得到的纤维素气凝胶

用氮气吸附法来测量这种纤维素气凝胶的比表面积，通过 SEM 来观察它们的微观形貌，通过透射电镜（TEM）来观察它们的微观细节，通过 X 射线衍射（XRD）来探究它们的结晶度。同时，对该纤维素气凝胶的杨氏模量和密度也同样进行了测试。

表 1-2 展示了 Cai 等[165]报道的纤维素气凝胶的主要制备工艺参数和性能参数。从表中可以看出最优的透光率可达到 80%以上，与之前所报道的无机气凝胶的透光率相近。此外，该纤维素气凝胶的氮气吸附-脱附等温线在靠近饱和点的位置出现了非常明显的滞后环。正如 Reichenauer 和 Scherer[166]在 SiO_2 气凝胶的研究中所指出的，该现象可能是由于介孔中的毛细应力引起气凝胶发生弹性/塑性变形所导致的。从表 1-2 中还可以看出，相比于 NaOH/尿素水溶液，以 LiOH/尿素水溶液作为纤维素溶剂可以形成更加透明的纤维素水凝胶和气凝胶。相比于水作为凝固浴，采用有机溶剂作为凝固浴所制备的纤维素气凝胶的透光率相对更高。另外，以 LiOH/尿素水溶液作为纤维素溶剂和以乙醇作为凝固浴可以得到更加均匀、精细的纤丝结构和高度多孔的网络结构。以 LiOH/尿素水溶液作为纤维素溶剂制备的纤维素气凝胶的密度和比表面积与凝固浴中乙醇浓度之间的关系如图 1-13 所示。纤维素气凝胶的密度和比表面积随着乙醇浓度变化发生了显著的变化，表明精确控制再生过程的条件对制备纤维素气凝胶产品的重要性。

表 1-2　Cai 等[165]报道的纤维素气凝胶的主要制备工艺参数和性能参数

溶剂	纤维素浓度/wt%	凝固浴	透光率/%	密度/(kg/m^3)	S_{BET}/(m^2/g)
氢氧化钠/尿素水溶液	6	5wt%的硫酸	49.1	260	364
	4	乙醇	19.6	140	260
氢氧化锂/尿素水溶液	6	水	43.9	160	406
	6	乙醇	84.1	190	410
	6	硫酸	60	260	381
	4	乙醇	78.6	120	406
	4	叔丁醇	53	400	304

Deng 等[167]采用离子液体代替氢氧化物和熔融无机盐水合物来溶解纤维素，且通过冷冻干燥制备纤维素气凝胶。他们的制备过程首先是将低聚合度的微晶纤维素（DP=186）溶解在 130℃的 1-丁基-3-甲基咪唑氯盐（BMIMCl）中，直到混合物变澄清。随后，将该纤维素溶液铺展在一块玻璃板上得到厚度为 1mm 的薄膜。将薄膜浸渍在水中进行再生处理，当水中无法检测到氯离子时再生过程停止。采用不同的途径对该水凝胶进行干燥处理，如：①采用液氮快速冷冻（有利于保持水凝胶的网络结构）和常规冷冻干燥（可能会形成大冰晶导致软的纤维素网络发生破坏）；②50℃下烘箱干燥（该方法预计将不会形成气凝胶）。实验结果表明，液氮快

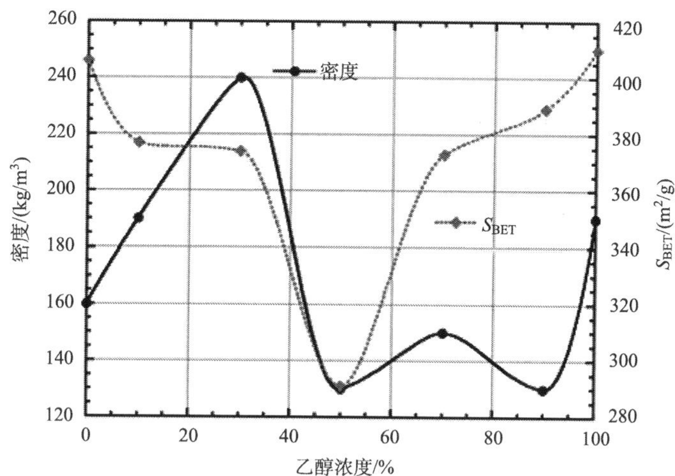

图 1-13 以 LiOH/尿素水溶液作为纤维素溶剂制备的纤维素气凝胶的密度和比表面积与凝固浴中乙醇浓度之间的关系，再生过程的温度为 20℃，纤维素的浓度为 6wt%[165]

速冷冻和常规冷冻干燥处理会产生具有三维开孔的纤丝网络的泡沫状材料，其比表面积和孔隙率分别可达 186m^2/g 和 99%。

Aaltonen 和 Jauhiainen[168]以微晶纤维素、云杉木和纤维素-木质素-木聚糖混合物为原料，以离子液体为溶剂制备得到了纤维素气凝胶。该工作的有趣之处在于他们使用了纤维素-木质素-木聚糖混合物和直接使用了木材作为原料。他们按照 1wt%～4wt%的浓度将纤维素加入到 1-丁基-3-甲基咪唑氯盐中，同时木质素的浓度控制在 1.4wt%～3wt%范围内，木聚糖的浓度设定为 2wt%。云杉木以两种浓度(3wt%和 4wt%)加入到离子液体中。溶解温度设定为 130℃，溶解时间在 2～27h 范围内。木质纤维素聚合物的凝胶化过程发生在不同比例的水/乙醇混合凝固浴中。并非所有的原料组分均能形成凝胶，但是特定比例的纤维素-木质素混合物、纤维素-木质素-木聚糖混合物和纯木材能经由上述过程形成凝胶。将凝胶切成截面为 5mm×5mm 的柱状，通过乙醇和 CO_2 进行溶剂置换后随即进行超临界干燥。所制得的这种生物聚合物气凝胶的堆积密度在 25～114kg/m^3 范围内，比表面积在 108～539m^2/g 范围内。这种气凝胶呈现出三维的纤丝网络结构，且该形貌结构易受具体制备工艺条件的影响。根据 Hoepfner 等[162]的报道，他们所制备的气凝胶通常是柔软的，通过手指按压所产生的微小压缩形变并不会自动恢复。与 Hoepfner 等[162]的报道不同，Aaltonen 和 Jauhiainen 表示他们所制备的气凝胶经过手指摩擦能快速瓦解成纤维状或粉末状的材料。这一特性与一些无机气凝胶相似。此外，他们也观察到通过木材制备的气凝胶质地非常坚硬，呈现出更高的力学强度，但他们没有对该气凝胶的力学性能进行具体的定量分析。

Liebner 等[169]最近继续开展他们之前对纤维素气凝胶的研究工作[160, 161]。他们依然使用之前报道的制备纤维素气凝胶的方法，该方法可简述如下：将 110～120℃的纤维素/NMMO 水合物溶液倾倒入模具中，经过凝胶化后样品在乙醇凝固浴进行再生并移除 NMMO 水合物，得到的湿凝胶通过超临界 CO_2 干燥除去液相成分。由纤维素浓度为 3wt%的纤维素溶液制备得到的纤维素气凝胶的密度为 46～69kg/m^3，孔尺寸约为 10nm，比表面积为 190～310m^2/g。低的密度表明他们的制备工艺良好地维持了湿凝胶的多孔结构。除了 Hoepfner 等[162]报道的结果之外，其他的研究人员以纤维素浓度为 3wt%的纤维素溶液制备的气凝胶的密度均大于 Liebner 等[169]的报道，表明在再生和溶剂置换过程降低皱缩率的重要性。Liebner 等[169]对该气凝胶进行了压缩力学性能测试，实验结果表明他们所制备的气凝胶在破裂之前可以抵抗 5%的应变，这与无机气凝胶的抗应变值相比明显更大。另外，这种气凝胶的杨氏模量相对较小(仅为 5～10MPa)。将纤维素的浓度增加一倍(即从 3wt%增加至 6wt%)，杨氏模量值则可以增加一个数量级。

参 考 文 献

[1] Kistler S S. Coherent expanded aerogels. Journal of Physical Chemistry, 1932, 36(1): 52-64.

[2] Kistler S S. Coherent expanded aerogels and jellies. Nature, 1931, 127(3211): 741.

[3] 李淑芬. 超临界流体技术及应用. 北京: 化学工业出版社, 2014.

[4] 相宏伟, 钟炳. 超临界流体干燥理论, 技术及应用. 材料科学与工程学报, 1995, 2: 38-42.

[5] 詹国武, 王宏涛. 应用超临界流体干燥技术制备气凝胶的研究进展. 干燥技术与设备, 2008, 4: 171-175.

[6] 张华东. 超临界流体技术在气凝胶和纳米粉体制备中的应用. 济南: 山东大学博士学位论文, 2009.

[7] Scherer C J B. Sol-Gel Science: The Physics and Chemistry of Sol-Gel Processing. New York: Academic Press, 1990.

[8] Gash A. New sol gel synthetic route to transition and main-group metal oxide aerogels using inorganic salt precursors. Journal of Non-Crystalline Solids, 2001, 285(1): 22-28.

[9] Eid J, Pierre A C, Baret G. Preparation and characterization of transparent Eu doped Y_2O_3 aerogel monoliths, for application in luminescence. Journal of Non-Crystalline Solids, 2005, 351(3): 218-227.

[10] Buisson P, Pierre A C. Immobilization in quartz fiber felt reinforced silica aerogel improves the activity of *Candida rugosa* lipase in organic solvents. Journal of Molecular Catalysis B Enzymatic, 2006, 39(1): 77-82.

[11] Alemán J V, Chadwick A V, He J, et al. Definitions of terms relating to the structure and processing of sols, gels, networks, and inorganic-organic hybrid materials (IUPAC Recommendations 2007). Pure and Applied Chemistry, 2007, 79(10): 1801-1829.

[12] Freundlich H, Hatfield H S. Colloid and Capillary Chemistry. London: Methuen And Co. Ltd, 1926.

[13] Kistler S S. Water-repellent aerogels: US Patent, 2589705. 1952-3-5.

[14] Nicolaon G A, Teichner S J. Preparation of silica aerogels from methyl orthosilicate in alcoholic medium and their properties. Bulletin de la Société Chimique de France, 1968, 5: 1906-1911.

[15] Teichner S J, Nicolaon G A, Vicarini M A, et al. Inorganic oxide aerogels. Advances in Colloid & Interface Science, 1976, 5(3): 245-273.

[16] Woignier T, Phalippou J, Zarzycki J. Monolithic aerogels in the systems SiO_2-B_2O_3, SiO_2-P_2O_5, SiO_2-B_2O_3-P_2O_5. Journal of Non-Crystalline Solids, 1984, 63(1): 117-130.

[17] Brinker C J, Ward K J, Keefer K D, et al. Synthesis and structure of borate based aerogels//Fricke J. Aerogels: Proceedings of the First International Symposium. Heidelberg: Springer Berlin Heidelberg, 1986: 57-67.

[18] Pekala R W. Organic aerogels from the polycondensation of resorcinol with formaldehyde. Journal of Materials Science, 1989, 24(9): 3221-3227.

[19] Jin H, Nishiyama Y, Wada M, et al. Nanofibrillar cellulose aerogels. Colloids & Surfaces A Physicochemical & Engineering Aspects, 2004, 240(1): 63-67.

[20] Sanchez C, Ribot F. Design of hybrid organic-inorganic materials synthesized via sol-gel chemistry. New Journal of Chemistry, 1994, 18: 1007-1047.

[21] Stanić V, Etsell T H, Pierre A C, et al. Metal sulfide preparation from a sol-gel product and sulfur. Journal of Materials Chemistry, 1997, 7(1): 105-107.

[22] Sun H, Xu Z, Gao C. Multifunctional, ultra-flyweight, synergistically assembled carbon aerogels. Advanced Materials, 2013, 25(18): 2554-2560.

[23] Tsou P. Silica aerogel captures cosmic dust intact. Journal of Non-Crystalline Solids, 1995, 186(2): 415-427.

[24] Broecker F J, Heckmann W, Fischer F, et al. Structural Analysis of Granular Silica Aerogels. Berlin: Springer Science & Business Media, 1986.

[25] 王家芳, 章文贡. 过渡金属醇盐溶胶-凝胶化学进展. 化学世界, 2001, 42(1): 47-51.

[26] Ebelmen J J. Sur les produits de la décomposition des espèces minérales de la famille des silicates. Annual Reviews Mines, 1885, 7: 3-66.

[27] Peri J B. Infrared study of OH and NH_2 groups on the surface of a dry silica aerogel. Journal of Physical Chemistry, 1966, 70(9): 2937-2945.

[28] Brinker C J, Keefer K D, Schaefer D W, et al. Sol-gel transition in simple silicates. Journal of Non-Crystalline Solids, 1982, 48: 47-64.

[29] Tillotson T M, Hrubesh L W. Transparent ultralow-density silica aerogels prepared by a two-step sol-gel process. Journal of Non-Crystalline Solids, 1992, 145: 44-50.

[30] 侯秋飞, 彭强, 王艳玲, 等. 超声诱导凝胶研究进展. 有机化学, 2011, 31(12): 1997-2008.

[31] 侯秋飞. 小分子凝胶因子的设计合成及其性质研究. 长春: 吉林大学博士学位论文, 2010.

[32] 湛含辉, 曹江, 阙永生. 超声凝胶对复合超滤膜结构与性能的影响研究. 中国矿业大学学报, 2011, 40(5): 804-809.

[33] Pajonk G M. A Short History of the Preparation of Aerogels and Carbogels. Berlin: Springer Science & Business Media, 1994.

[34] Livage J, Henry M, Sanchez C. Sol-gel chemistry of transition metal oxides. Progress in Solid State Chemistry, 1988, 18(4): 259-341.

[35] Land V D, Harris T M, Teeters D C. Processing of low-density silica gel by critical point drying or ambient pressure drying. Journal of Non-Crystalline Solids, 2001, 283(1): 11-17.

[36] Rao A V, Kulkarni M M, Amalnerkar D P, et al. Surface chemical modification of silica aerogels using various alkyl-alkoxy/chlorosilanes. Applied Surface Science, 2003, 206(1): 262-270.

[37] Lenza R F S, Vasconcelos W L. Study of the influence of some DCCAs on the structure of sol-gel silica membranes. Journal of Non-Crystalline Solids, 2003, 330(1): 216-225.

[38] Rao A V, Kulkarni M M. Effect of glycerol additive on physical properties of hydrophobic silica aerogels. Materials Chemistry & Physics, 2003, 77(3): 819-825.

[39] Shajesh P, Smitha S, Aravind P R, et al. Synthesis, structure and properties of cross-linked $R(SiO_{1.5})/SiO_2$ (R=3-glycidoxypropyl) porous organic inorganic hybrid networks dried at ambient pressure. Journal of Colloid & Interface Science, 2009, 336(2): 691-697.

[40] Zarzycki J, Prassas M, Phalippou J. Synthesis of glasses from gels: The problem of monolithic gels. Journal of Materials Science, 1982, 17(11): 3371-3379.

[41] Uchida N, Ishiyama N, Kato Z, et al. Chemical effects of DCCA to the sol-gel reaction process. Journal of Materials Science, 1994, 29(19): 5188-5192.

[42] Hæreid S, Einarsrud M A, Scherer G W. Mechanical strengthening of TMOS-based alcogels by aging in silane solutions. Journal of Sol-Gel Science and Technology, 1994, 3(3): 199-204.

[43] Schwertfeger F, Glaubitt W, Schubert U. Hydrophobic aerogels from $Si(OMe)_4/MeSi(OMe)_3$ mixtures. Journal of Non-Crystalline Solids, 1992, 145: 85-89.

[44] Smith D M, Stein D, Anderson J M, et al. Preparation of low-density xerogels at ambient pressure. Journal of Non-Crystalline Solids, 1995, 186: 104-112.

[45] 赵鹤皋, 林秀诚. 冷冻干燥技术. 武汉: 华中理工大学出版社, 1990.

[46] 左建国. 叔丁醇/水共溶剂的热分析及其冷冻干燥研究. 上海: 上海理工大学博士学位论文, 2005.

[47] Kocklenberg R, Mathieu B, Blacher S, et al. Texture control of freeze-dried resorcinol-formaldehyde gels. Journal of Non-Crystalline Solids, 1998, 225: 8-13.

[48] Pajonk G M, Repellin-Lacroix M, Abouarnadasse S, et al. From sol-gel to aerogels and cryogels. Journal of Non-Crystalline Solids, 1990, 121(1): 66-67.

[49] Fricke J, Emmerling A. Aerogels—Preparation, Properties, Applications. Berlin: Springer Science & Business Media, 1992.

[50] Fricke J, Emmerling A. Aerogels—recent progress in production techniques and novel applications. Journal of Sol-Gel Science and Technology, 1998, 13(1-3): 299-303.

[51] Burger T, Fricke J. Aerogels: Production, modification and applications. Berichte Der Bunsengesellschaft Für Physikalische Chemie, 2010, 102(11): 1523-1528.

[52] Hrubesh L W. Aerogel applications. Journal of Non-Crystalline Solids, 1998, 225(1): 335-342.

[53] Schmidt M, Schwertfeger F. Applications for silica aerogel products. Journal of Non-Crystalline Solids, 1998, 225(1): 364-368.

[54] Baetens R, Jelle B P, Gustavsen A. Aerogel insulation for building applications: A state-of-the-art review. Energy & Buildings, 2011, 43(4): 761-769.

[55] Cuce E, Cuce P M, Wood C J, et al. Toward aerogel based thermal superinsulation in buildings: A comprehensive review. Renewable & Sustainable Energy Reviews, 2014, 34(3): 273-299.

[56] Riffat S B, Qiu G. A review of state-of-the-art aerogel applications in buildings. International Journal of Low Carbon Technologies, 2013, 8(1): 1-6.

[57] Stergar J, Maver U. Review of aerogel-based materials in biomedical applications. Journal of Sol-Gel Science and Technology, 2016, 77(3): 738-752.

[58] Caps R, Döll G, Fricke J, et al. Thermal transport in monolithic silica aerogel. Journal de Physique Colloques : Tous les numéros, 1989, 50(C4): 113-118.

[59] Pajonk G M. Some applications of silica aerogels. Colloid & Polymer Science, 2003, 281(7): 637-651.

[60] Rao A V, Pajonk G M. Effect of methyltrimethoxysilane as a co-precursor on the optical properties of silica aerogels. Journal of Non-Crystalline Solids, 2001, 285(1): 202-209.

[61] Kim K, Jang K Y, Upadhye R S. Hollow silica spheres of controlled size and porosity by sol-gel processing. Journal of the American Ceramic Society, 1991, 74(8): 1987-1992.

[62] Nagahara H, Suginouchi T, Hashimoto M. P1M-8 acoustic properties of nanofoam and its applied air-borne ultrasonic transducers. Proceedings of the IEEE Ultrasonics Symposium, 2006, 1: 1541-1544.

[63] Gerlach R, Kraus O, Fricke J, et al. Modified SiO_2 aerogels as acoustic impedance matching layers in ultrasonic devices. Journal of Non-Crystalline Solids, 1992, 145: 227-232.

[64] Forest L, Gibiat V, Woignier T. Biot's theory of acoustic propagation in porous media applied to aerogels and alcogels. Journal of Non-Crystalline Solids, 1998, 225: 287-292.

[65] Woignier T, Phalippou J. Scaling law variation of the mechanical properties of silica aerogels. Le Journal De Physique Colloques, 1989, 50(C4): 179-184.

[66] Lemay J D, Tillotson T M, Hrubesh L W, et al. Microstructural dependence of aerogel mechanical properties. Materials Research Society Symposium Proceedings, 1990, 180: 321-324.

[67] Holmes N C, Radousky H B, Moss M J, et al. Silica at ultrahigh temperature and expanded volume. Applied Physics Letters, 1984, 45(6): 626-628.

[68] Guise M T, Hosticka B, Earp B C, et al. An experimental investigation of aerosol collection utilizing packed beds of silica aerogel microspheres. Journal of Non-Crystalline Solids, 2001, 285(1): 317-322.

[69] Hæreid S, Dahle M, Lima S, et al. Preparation and properties of monolithic silica xerogels from TEOS-based alcogels aged in silane solutions. Journal of Non-Crystalline Solids, 1995, 186(2): 96-103.

[70] Lu X, Wang P, Arduini-Schuster M C, et al. Thermal transport in organic and opacified silica monolithic aerogels. Journal of Non-Crystalline Solids, 1992, 145(145): 207-210.

[71] Gesser H D, Goswami P C. Aerogels and related porous materials. Chemical Reviews, 1989, 89(4): 765-788.

[72] Li L, Li B, Sun H, et al. Compressible and conductive carbon aerogels from waste paper with exceptional performance for oil/water separation. Journal of Materials Chemistry A, 2017,

5(28): 14858-14864.

[73] Amonette J E, Matyáš J. Functionalized silica aerogels for gas-phase purification, sensing, and catalysis: A review. Microporous and Mesoporous Materials, 2017, 250: 100-119.

[74] Woignier T, Reynes J, Phalippou J, et al. Sintered silica aerogel: A host matrix for long life nuclear wastes. Journal of Non-Crystalline Solids, 1998, 225(225): 353-357.

[75] Ye S, Zhang Q, Hu D, et al. Core-shell-like structured graphene aerogel encapsulating paraffin: Shape-stable phase change material for thermal energy storage. Journal of Materials Chemistry A, 2015, 3(7): 4018-4025.

[76] Barral K. Low-density organic aerogels by double-catalysed synthesis. Journal of Non-Crystalline Solids, 1998, 225(1): 46-50.

[77] Rao A V, Haranath D, Pajonk G M, et al. Optimisation of supercritical drying parameters for transparent silica aerogel window applications. Materials Science and Technology, 1998, 14(11): 1194-1199.

[78] Cantin M, Casse M, Koch L, et al. Silica aerogels used as Cherenkov radiators. Nuclear Instruments & Methods, 1974, 118(1): 177-182.

[79] Poelz G, Riethmüller R. Preparation of silica aerogel for Cherenkov counters. Nuclear Instruments & Methods in Physics Research, 1982, 195(3): 491-503.

[80] Henning S, Svensson L. Production of silica aerogel. Physica Scripta, 1981, 23(4B): 697.

[81] Sumiyoshi T, Adachi I, Enomoto R, et al. Silica aerogels in high energy physics. Journal of Non-Crystalline Solids, 1998, 225(98): 369-374.

[82] Barnyakov M Y, Bobrovnikov V S, Buzykaev A R, et al. Aerogel Cherenkov counters for the KEDR detector. Nuclear Instruments & Methods in Physics Research, 2000, 453(1): 326-330.

[83] Sprehn G A, Hrubesh L W, Poco J F, et al. Aerogel-clad optical fiber: US Patent, 5684907. 1997-11-4.

[84] Hrubesh L W, Poco J F. Thin aerogel films for optical, thermal, acoustic and electronic applications. Journal of Non-Crystalline Solids, 1995, 188: 46-53.

[85] Leventis N, Elder I A, Rolison D R, et al. Durable modification of silica aerogel monoliths with fluorescent 2, 7-diazapyrenium moieties. Sensing oxygen near the speed of open-air diffusion. Chemistry of Materials, 1999, 11(10): 2837-2845.

[86] Tillotson T M, Sunderland W E, Thomas I M, et al. Synthesis of lanthanide and lanthanide-silicate aerogels. Journal of Sol-Gel Science and Technology, 1994, 1(3): 241-249.

[87] Passerini S, Coustier F, Giorgetti M, et al. Li-Mn-O aerogels. Electrochemical and Solid-State Letters, 1999, 2(10): 483-485.

[88] Owens B B, Passerini S, Smyrl W H. Lithium ion insertion in porous metal oxides. Electrochimica Acta, 1999, 45: 215-224.

[89] Liu W, Li X, Zhu M, et al. High-performance all-solid state asymmetric supercapacitor based on Co_3O_4 nanowires and carbon aerogel. Journal of Power Sources, 2015, 282: 179-186.

[90] Yu X, Kang Y, Park H S. Sulfur and phosphorus co-doping of hierarchically porous graphene aerogels for enhancing supercapacitor performance. Carbon, 2016, 101: 49-56.

[91] Xu P, Drewes J E, Heil D, et al. Treatment of brackish produced water using carbon

aerogel-based capacitive deionization technology. Water Research, 2008, 42(10-11): 2605-2617.

[92] Zafra M C, Lavela P, Rasines G, et al. A novel method for metal oxide deposition on carbon aerogels with potential application in capacitive deionization of saline water. Electrochimica Acta, 2014, 135(22): 208-216.

[93] Jung H H, Hwang S W, Hyun S H, et al. Capacitive deionization characteristics of nanostructured carbon aerogel electrodes synthesized via ambient drying. Desalination, 2007, 216(1): 377-385.

[94] Pekala R W, Farmer J C, Alviso C T, et al. Carbon aerogels for electrochemical applications. Journal of Non-Crystalline Solids, 1998, 225(225): 74-80.

[95] Miller J M, Dunn B. Morphology and electrochemistry of ruthenium/carbon aerogel nanostructures. Langmuir, 1999, 15: 799-806.

[96] Gouérec P, Miousse D, Tran-Van F, et al. Characterization of pyrolized polyacrylonitrile aerogel thin films used in double-layer supercapacitors. Journal of New Materials for Electrochemical Systems, 1999, 2(4): 221-226.

[97] Kawakami N, Fukumoto Y, Kinoshita T, et al. Preparation of highly porous silica aerogel thin film by supercritical drying. Japanese Journal of Applied Physics, 2000, 39: 182.

[98] Cao Y, Xia Z, Li Q, et al. Study of porous dielectrics as electret materials. IEEE Transactions on Dielectrics & Electrical Insulation, 1998, 5(1): 58-62.

[99] Sinkó K, Cser L, Mezei R, et al. Structure investigation of intelligent aerogels. Physica B Physics of Condensed Matter, 2000, 276(8): 392-393.

[100] Cao S, Yeung K L, Yue P L. An investigation of trichloroethylene photocatalytic oxidation on mesoporous titania-silica aerogel catalysts. Applied Catalysis B Environmental, 2007, 76(1): 64-72.

[101] Fabrizioli P, Bürgi T, Baiker A. Environmental catalysis on iron oxide-silica aerogels: Selective oxidation of NH_3 and reduction of NO by NH_3. Journal of Catalysis, 2002, 206(1): 143-154.

[102] Xu Y, Yan M, Wang S, et al. Synthesis, characterization and electrochemical properties of carbon aerogels using different organic acids as polymerization catalysts. Journal of Porous Materials, 2017, 24(5): 1375-1381.

[103] Machado B F, Morales-Torres S, Pérez-Cadenas A F, et al. Preparation of carbon aerogel supported platinum catalysts for the selective hydrogenation of cinnamaldehyde. Applied Catalysis A General, 2012, 425-426(21): 161-169.

[104] Lacroix M, Pajonk G, Teichner S J. Activation for catalytic reactions of the silica gel by hydrogen spillover. Studies in Surface Science & Catalysis, 1981, 7: 279-290.

[105] Antczak T, Mrowiecbialon J, Bielecki S, et al. Thermostability and esterification activity of *Mucor javanicus* lipase entrapped in silica aerogel matrix and in organic solvents. Biotechnology Techniques, 1997, 11(1): 9-11.

[106] Pierre M, Buisson P, Fache F, et al. Influence of the drying technique of silica gels on the enzymatic activity of encapsulated lipase. Biocatalysis, 2000, 18(3): 237-251.

[107] Power M, Hosticka B, Black E, et al. Aerogels as biosensors: Viral particle detection by bacteria immobilized on large pore aerogel. Journal of Non-Crystalline Solids, 2001, 285(1): 303-308.

[108] Ma J, Kim S B, Hrubesh L W, et al. Phase separation of ^3He-^4He mixture in aerogel. Journal of Low Temperature Physics, 1993, 93(5-6): 945-955.

[109] Roth T B, Anderson A M, Carroll M K. Analysis of a rapid supercritical extraction aerogel fabrication process: Prediction of thermodynamic conditions during processing. Journal of Non-Crystalline Solids, 2008, 354(31): 3685-3693.

[110] Rosa-Fox N, Morales-Flórez V, Piñero M, et al. Nanostructured sonogels. Key Engineering Materials, 2009, 391: 45-78.

[111] Reichenauer G, Manara J, Weinläder H. Strong light scattering upon capillary condensation in silica aerogels. Studies in Surface Science & Catalysis, 2007, 160(160): 25-32.

[112] Bangi U K H, Rao A P, Hirashima H, et al. Physico-chemical properties of ambiently dried sodium silicate based aerogels catalyzed with various acids. Journal of Sol-Gel Science and Technology, 2009, 50(1): 87-97.

[113] Baumann T F, Kucheyev S O, Gash A E, et al. Facile synthesis of a crystalline, high-surface-area SnO_2 aerogel. Advanced Materials, 2010, 17(12): 1546-1548.

[114] Chervin C N, Clapsaddle B J, Chiu H W, et al. Aerogel synthesis of yttria-stabilized zirconia by a non-alkoxide sol-gel route. Chemistry of Materials, 2005, 17(13): 3345-3351.

[115] Hund J F, Bertino M F, Zhang G, et al. Synthesis of homogeneous alloy metal nanoparticles in silica aerogels. Journal of Non-Crystalline Solids, 2004, 350(24): 9-13.

[116] Bertino M F, Gadipalli R R, Story J G, et al. Laser writing of semiconductor nanoparticles and quantum dots. Applied Physics Letters, 2004, 85(24): 6007-6009.

[117] Kuthirummal N, Dean A, Yao C, et al. Photo-formation of gold nanoparticles: Photoacoustic studies on solid monoliths of Au(Ⅲ)-chitosan-silica aerogels. Spectrochimica Acta Part A Molecular & Biomolecular Spectroscopy, 2008, 70(3): 700-703.

[118] Venkateswara R A, Latthe S S, Nadargi D Y, et al. Preparation of MTMS based transparent superhydrophobic silica films by sol-gel method. Journal of Colloid & Interface Science, 2009, 332(2): 484-490.

[119] Mejri I, Younes M K, Ghorbel A. Comparative study of the textural and structural properties of the aerogel and xerogel sulphated zirconia. Journal of Sol-Gel Science and Technology, 2006, 40(1): 3-8.

[120] Zu G, Shen J, Wang W, et al. Heat-resistant, strong titania aerogels achieved by supercritical deposition. Journal of Supercritical Fluids, 2015, 106: 145-151.

[121] Gilani M S, Boone M N, Fife J L, et al. Structure of cellulose-silica hybrid aerogel at sub-micron scale, studied by synchrotron X-ray tomographic microscopy. Composites Science & Technology, 2016, 124: 71-80.

[122] Yao Q, Arachchige I U, Brock S L. Expanding the repertoire of chalcogenide nanocrystal networks: Ag_2Se gels and aerogels by cation exchange reactions. Journal of the American Chemical Society, 2009, 131(8): 2800-2801.

[123] Fischer F, Rigacci A, Pirard R, et al. Cellulose-based aerogels. Polymer, 2006, 47(22): 7636-7645.

[124] 蒋伟阳，张波. 间苯二酚-甲醛有机气凝胶的结构控制研究. 材料科学与工艺，1996，2: 69-75.

[125] Wu Z Y, Li C, Liang H W, et al. Ultralight, flexible, and fire-resistant carbon nanofiber aerogels from bacterial cellulose. Angewandte Chemie, 2013, 52(10): 2925-2929.

[126] 雷倩. 间苯二酚-甲醛基炭气凝胶的形貌控制及电化学性能研究. 北京：北京化工大学博士学位论文，2016.

[127] Chevallier T, Woignier T, Toucet J, et al. Fractal structure in natural gels: Effect on carbon sequestration in volcanic soils. Journal of Sol-Gel Science and Technology, 2008, 48(1-2): 231-238.

[128] Rigacci A, Marechal J C, Repoux M, et al. Preparation of polyurethane-based aerogels and xerogels for thermal superinsulation. Journal of Non-Crystalline Solids, 2004, 350: 372-378.

[129] Luo H, Churu G, Fabrizio E F, et al. Synthesis and characterization of the physical, chemical and mechanical properties of isocyanate-crosslinked vanadia aerogels. Journal of Sol-Gel Science and Technology, 2008, 48(1): 113-134.

[130] Leventis N, Chandrasekaran N, Sadekar A G, et al. One-pot synthesis of interpenetrating inorganic/organic networks of CuO/resorcinol-formaldehyde aerogels: Nanostructured energetic materials. Journal of the American Chemical Society, 2009, 131(13): 4576-4577.

[131] Meador M A, Weber A S, Hindi A, et al. Structure-property relationships in porous 3D nanostructures: Epoxy-cross-linked silica aerogels produced using ethanol as the solvent. ACS Applied Materials & Interfaces, 2009, 1(4): 894-906.

[132] Morales-Flórez V, Toledo-Fernández J A, Rosa-Fox N D L, et al. Percolation of the organic phase in hybrid organic-inorganic aerogels. Journal of Sol-Gel Science and Technology, 2009, 50(2): 170-175.

[133] Fan L, Li X, Yan B, et al. Amorphous SnO_2/graphene aerogel nanocomposites harvesting superior anode performance for lithium energy storage. Applied Energy, 2016, 175: 529-535.

[134] Drach V, Wiener M, Reichenauer G, et al. Determination of the anisotropic thermal conductivity of a carbon aerogel-fiber composite by a non-contact thermographic technique. International Journal of Thermophysics, 2007, 28(5): 1542-1562.

[135] Woignier T, Primera J, Lamy M, et al. The use of silica aerogels as host matrices for chemical species : Different ways to control the permeability and the mechanical properties. Journal of Non-Crystalline Solids, 2004, 350(24): 299-307.

[136] Balasubramanian R, Chowdhury S. Recent advances and progress in the development of graphene-based adsorbents for CO_2 capture. Journal of Materials Chemistry A, 2015, 3(44): 21968-21989.

[137] Latthe S S, Nadargi D Y, Rao A V. TMOS based water repellent silica thin films by co-precursor method using TMES as a hydrophobic agent. Applied Surface Science, 2009, 255(6): 3600-3604.

[138] Plata D L, Briones Y J, Wolfe R L, et al. Aerogel-platform optical sensors for oxygen gas.

Journal of Non-Crystalline Solids, 2004, 350(350): 326-335.

[139] Bali S, Huggins F E, Huffman G P, et al. Iron aerogel and xerogel catalysts for Fischer-Tropsch synthesis of diesel fuel. Energy & Fuels, 2009, 23(1): 14-19.

[140] Steinbach S, Ratke L. The microstructure response to fluid flow fields in Al-cast alloys. Transactions of the Indian Institute of Metals, 2007, 60(2): 167-171.

[141] Hong J Y, Bak B M, Wie J J, et al. Energy storage: Reversibly compressible, highly elastic, and durable graphene aerogels for energy storage devices under limiting conditions. Advanced Functional Materials, 2015, 25(7): 1159.

[142] Garcíagonzález C A, Jin M, Gerth J, et al. Polysaccharide-based aerogel microspheres for oral drug delivery. Carbohydrate Polymers, 2015, 117: 797-806.

[143] Nakagawa H, Kado R, Obara K, et al. Equal-spin-pairing superfluid phase of ^{3}He in an aerogel acting as an impurity. Physical Review B, 2007, 76: 172504.

[144] Zugenmaier P. Crystalline Cellulose and Derivatives. Berlin: Springer Science & Business Media, 2008.

[145] Hearle J W S. A fringed fibril theory of structure in crystalline polymers. Journal of Polymer Science, 1958, 28(117): 432-435.

[146] Weatherwax R C, Caulfield D F. Cellulose aerogels: An improved method for preparing a highly expanded form of dry cellulose. Tappi, 1971, 54: 985-986.

[147] Alinče B. Porosity of swollen solvent-exchanged cellulose and its collapse during final liquid removal. Colloid & Polymer Science, 1975, 253(9): 720-729.

[148] Marsh J T, Wood F C. An Introduction to the Chemistry of Cellulose. Orange: Chapman, 1945.

[149] Klemm D. Comprehensive Cellulose Chemistry. Hoboken: John Wiley & Sons, 1998.

[150] Tan C, Fung B M, Newman J K, et al. Organic aerogels with very high impact strength. Advanced Materials, 2010, 13(9): 644-646.

[151] Fischer S, Leipner H, Thümmler K, et al. Inorganic molten salts as solvents for cellulose. Cellulose, 2003, 10(3): 227-236.

[152] Frey M W, Theil M H. Calculated phase diagrams for cellulose/ammonia/ammonium thiocyanate solutions in comparison to experimental results. Cellulose, 2004, 11(1): 53-63.

[153] Philipp B, Schleicher H, Wagenknecht W. Non-aqueous solvents of cellulose. Cellulose Chemistry and Technology. 1977, 1: 278-297.

[154] Ratke L, Milow B, Lisinski S, et al. On an effect of fine ceramic particles on the structure of aerogels. Microgravity Science & Technology, 2014, 26(2): 103-110.

[155] Voss D, Brück S, Ratke L. Aeromats-Ultraleichte Konstruktionswerkstoffe Auf Aerogelbasis. Hoboken: John Wiley & Sons, 2006: 505-509.

[156] Ishida O, Kim D Y, Kuga S, et al. Microfibrillar carbon from native cellulose. Cellulose, 2004, 11(3-4): 475-480.

[157] Innerlohinger J, Weber H K, Kraft G. Aerocellulose: Aerogels and aerogel-like materials made from cellulose. Macromolecular Symposia, 2006, 244(1): 126-135.

[158] Cibik T. Untersuchungen Am System NMMO/H_2O/Cellulose. Berlin: Technische Universitaet Berlin Dissertation, 2003.

[159] Walker M, Zimmermann R L, Whitcombe G P, et al. *N*-methylmorpholinoxid (NMMO) -die entwicklung eines lösemittels zur industriellen produktion von zellulosefasern. Lenzinger Berichte, 1997, 76: 76-80.

[160] Liebner F, Potthast A, Rosenau T, et al. Cellulose aerogels: Highly porous, ultra-lightweight materials. Holzforschung, 2008, 62 (2): 129-135.

[161] Liebner F, Potthast A, Rosenau T, et al. Ultralight-weight cellulose aerogels from NBnMO-stabilized lyocell dopes. Advances in Materials Science and Engineering, 2007, 207: 1-4.

[162] Hoepfner S, Ratke L, Milow B. Synthesis and characterisation of nanofibrillar cellulose aerogels. Cellulose, 2008, 15 (1): 121-129.

[163] Gavillon R, Budtova T. Aerocellulose: New highly porous cellulose prepared from cellulose-NaOH aqueous solutions. Biomacromolecules, 2008, 9 (1): 269-277.

[164] Pinnow M, Fink H P, Fanter C, et al. Characterization of highly porous materials from cellulose carbamate. Macromolecular Symposia, 2010, 262 (1): 129-139.

[165] Cai J, Kimura S, Wada M, et al. Cellulose aerogels from aqueous alkali hydroxide-urea solution. Chemsuschem, 2010, 1 (1-2): 149-154.

[166] Reichenauer G, Scherer G W. Extracting the pore size distribution of compliant materials from nitrogen adsorption. Colloids & Surfaces A Physicochemical & Engineering Aspects, 2001, 187: 41-50.

[167] Deng M, Zhou Q, Du A, et al. Preparation of nanoporous cellulose foams from cellulose-ionic liquid solutions. Materials Letters, 2009, 63 (21): 1851-1854.

[168] Aaltonen O, Jauhiainen O. The preparation of lignocellulosic aerogels from ionic liquid solutions. Carbohydrate Polymers, 2009, 75 (1): 125-129.

[169] Liebner F, Haimer E, Potthast A, et al. Cellulosic aerogels as ultra-lightweight materials. Part 2: Synthesis and properties. Holzforschung, 2009, 63 (1): 3-11.

第 2 章　纤维素的来源、结构及理化特性

2.1　自然界中的纤维素资源

2.1.1　农、林、水生物质资源

2.1.1.1　农、林、水生物质资源中的纤维素含量

纤维素是由法国化学家 Payen 最先发现的。1838 年，Payen 在研究不同树种时发现一种新的物质，这种物质能够像淀粉一样水解形成葡萄糖。由于该物质是从植物细胞壁中得到的，因此他将这种新的物质命名为纤维素(cellulose)。Payen 不仅在植物细胞壁中成功分离出了纤维素成分，也在随后的研究中测定了纤维素的化学结构[1-3]。1870 年，Hyatt 制造公司首次使用纤维素合成了热塑性聚合物。1920 年，Staudinger 测定了纤维素的聚合结构。1992 年，Kobayashi 团队首次在不采用生物酶的条件下合成了纤维素[4]。

自然界中，纤维素的年产量高达 10^{11}～10^{12} 吨。作为地球上储量最为丰富的可再生、可生物降解的天然聚合物，纤维素是一种极具潜力的绿色资源，可用于制造各式各样的化学品，以满足多个行业的需求，如印刷、保健品、化妆品、油井钻进、纺织、制药、造纸等。纤维素可以从自然界中丰富的生物质资源(包括植物、微生物、动物)中分离得到。对于植物纤维素，除了少部分以高纯态的形式存在以外(如棉花纤维、木棉纤维)，大部分通常与半纤维素、果胶和木质素结合在一起，作为植物细胞壁的主要结构成分。不同类别的植物，其纤维素含量通常具有显著差别。在木材中，纤维素的含量占 40%～50%；在叶纤维中，以剑麻纤维为例，纤维素的含量占 55%～75%；在韧皮纤维中，亚麻的纤维素含量为 70%～75%，大麻的纤维素含量占 70%～80%，黄麻的纤维素含量占 60%～75%，苎麻的纤维素含量占 70%～80%，洋麻的纤维素含量占 35%～55%；在藤本植物中，竹子的纤维素含量为 40%～55%，甘蔗渣的纤维素含量为 33%～45%；在藻类植物中，丝状绿藻的纤维素含量为 20%～30%[5, 6]，刚毛藻的纤维素含量为 28%～47%[7]，石莼的纤维素含量为 1.8%～19%[8]；在谷类茎秆中，大麦的纤维素含量约占 48%，燕麦的纤维素含量占 44%～53%，水稻的纤维素含量占 43%～49%，黑麦的纤维素含量占 50%～54%,小麦的纤维素含量占 49%～54%；对于高纯度的纤维素资源，以棉籽的绒毛为例，它的纤维素含量高达 90%～99%[9, 10]。

2.1.1.2　农林废弃物及农林废弃物中纤维素组分的综合利用

我国是农林业生产大国，每年都产生数量庞大的农林废弃物，如秸秆、稻草、蔗渣等。长期以来，中国农村习惯以就地焚烧等粗放方式处理农林废弃物。这种处理方法不仅产生大量的温室气体，还对当地水土环境造成严重污染。以秸秆为例，农作物秸秆是农业生产的最大副产品，其总量是粮食总产量的 1.1～1.2 倍。据调查，我国每年产生约 6.5 亿吨的作物秸秆，其中工业原料 12%，饲料 13%，燃料 25%，还有 50%左右直接还田、焚烧或丢弃[11]。随着地球自然资源的日益枯竭和环境污染的日趋严重，废弃的农林生物质资源的综合利用已成为人们的关注热点之一。早在第九届全国人民代表大会第四次会议上就通过的《国民经济和社会发展第十个五年计划纲要》提出，要“开发燃料乙醇等石油替代品，采取措施节约石油资源”。《国民经济和社会发展第十一个五年计划纲要》又明确提出“大力发展可再生能源加快开发生物质能”，“支持发展秸秆、垃圾焚烧和垃圾填埋气发电，建设一批秸秆和林木质电站，扩大生物质固体成型燃料、燃料乙醇和生物柴油生产能力”。2009 年全国“两会”上提出将“大力推进生物质能源产业发展”列入国家“十二五”发展规划，生物质能源产业作为战略性新兴产业，应加以重点培育和扶持。可见国家已把发展生物质能源提高到国家战略的高度。

生物质碳化技术是近年来新兴的农林废弃物资源化利用新技术，是一种高效、低碳、生态、环保的农林废弃物处理技术。它主要是通过热解碳化(包括快速热解和缓慢热解)、水热碳化、闪蒸碳化等工艺将废弃的农林生物质资源转化为新型的生物炭产品[12-14]。不同的原料和碳化工艺对所形成的生物炭产品的孔隙率、比表面积、碳等宏量元素含量和微量元素含量等理化特性具有显著影响。生物炭的主要优点可以归纳为以下四个方面：①对土壤呈现稳定的惰性，能存留于土壤中很长时间，难以被微生物分解，因此将多孔的生物炭应用于农业土壤中，具有良好的固碳效应，可成为二氧化碳气体的重要储库，有利于缓解全球气候变化；②对 NH_4^+-N 等不同形态存在的营养元素有很强的吸附作用，并可促进氮素的形态转化，提高土壤 NO_3^--N 含量，且生物炭的多孔性也可进一步降低营养元素的流失；③可用于合成缓、控释肥，实现养分缓慢释放，增加肥效；④可通过对农药类有机污染物及 Pb^{2+}、Cr^{6+}、Cd^{2+}等重金属离子的吸附和迟滞作用，进而影响其迁移转化与生物有效性，最终起到污染土壤自修复的作用。农林废弃物除了能转化为生物炭产品，还可通过微生物的发酵将其转化为燃料酒精，再通过与汽油混配制成乙醇汽油用作汽车燃料[15-17]。农林废弃物也可与人畜粪便等各种有机物混合，在厌氧条件下发酵，生产沼气[18]。农林废弃物也可用于生产水泥碎料板，有利于降低成本、节约木材资源[19, 20]。此外，利用生物技术将农林废弃物中的纤维素、半纤维素、木质素等成分转化为蛋白质饲料，也是提升农林废弃物应用价值的重要途径之一[21-25]。

除了将废弃的农林生物质资源以原料的形式直接用于实际生产中这类略显粗放的应用形式，努力提升农林废弃物各组分在新兴、高尖端领域的应用(如微、纳米尺度材料)也同样具有重要的研究意义。纤维素是农林废弃物的重要构成成分，因此加大力度开发环保、高性能的新型纤维素基纳米复合功能材料，提高纤维素产品的应用价值，将农林废弃物“变废为宝”，符合全球经济、能源和新材料的发展趋势，更符合我国可再生资源战略的需要。目前国内外针对纤维素的研究主要集中在以下两个方面：①纤维素一维产品(如高长径比的纤维素纳米纤丝[26])、二维产品(如高透明度、高通透性的纤维素薄膜[27, 28])、三维产品(如三维多孔、超轻的纤维素水/气凝胶[29-32])的设计与合成。合成过程需要着重解决生物质原料组分的拆解、纤维素的绿色溶解、纤维素分子的组装及纤维素产品的结构特性调控等问题。②纤维素产品的功能化修饰。通过采用接枝共聚[33, 34]、气相沉积[35]、水热反应[36-38]等手段，合成功能各异的纤维素基纳米复合功能材料，以拓展纤维素产品在吸附、催化、抑菌、储能、传感器、生物医药等多个领域中的应用。本书的研究范围主要涉及三维纤维素气凝胶材料的合成与功能化应用，具体内容将在后续章节中深入探讨。

2.1.1.3　藻类植物及藻类植物中纤维素组分的综合利用

藻类植物是一种重要的水生生物质资源，是地球上最早出现的光合自养生物。作为最低等的光合生物，藻类植物的存在不仅改变了原始大气的组成，并且通过光合作用为随后通过进化形成的多种生命形态提供了至关重要的物质——氧气。近年来，随着经济的快速发展，生活及工农业生产中产生的含有大量氮、磷的废污水被直接排入江河湖海中，诱发了蓝藻、绿藻、硅藻等藻类植物的大量繁殖，使得我国水体资源多次出现大规模的水华/赤潮现象。仅以我国大型淡水湖泊为例，据统计，巢湖水华暴发总藻类量(干重)可达 50 万～70 万吨[39]，滇池中每年可用于资源化的藻类量(干重)约为 5000 吨[40]，太湖打捞藻类量(干重)在 2008 年已超过 2800 吨[41]。由于藻类植物对水资源中的氮、磷及有机污染物具有很强的消化作用，将水资源中的藻类植物打捞出来有利于降低水资源的富营养化水平，保护水资源生态环境。此外，如此巨大生物量的藻类资源的后期处理和综合利用，已成为一个备受研究者们关注的热点问题。

当前，藻类资源在多个领域拥有巨大的应用潜力。在能源领域，由于含水量高、脱水处理困难，藻类植物可直接用于发酵生产沼气[42, 43]；藻类植物的厌氧发酵也可以产生氢气、甲烷、丁酸和乙酸等物质，这也是目前最受关注的藻类植物的资源化利用方式之一[44-46]；高产油型藻类植物也可用作原料生产生物柴油，有利于节省成本、减少非再生资源的消耗[47-49]；藻类植物还可用于制备煤浆或焦炭，以及构建微生物燃料电池[50-52]。在生物肥料领域，藻类植物可作为反应物，通过发酵制备各种有机肥料[53]。土壤作为农业生产的基础，其质量是决定农业生产可持续发展的关键性因素之一。土壤藻类普遍存在于各种类型的土壤中，且能够进行光合放氧，因此土壤藻类在土壤形成、改善土壤微生态系统及提高土壤肥力等方面具有独特的生态学功能。另外，藻类植物可直接作为食品被人类食用。研究表明：藻类植物中富含人类所需要的 8 种必需氨基酸、蛋白质、脂肪、碳水化合物及多种微量元素等营养物质[54, 55]。因此，大力开发以藻类为原材料的食品、保健品具有十分广阔的市场前景。

纤维素是藻类植物细胞壁的重要组成成分。相对于红藻和褐藻，绿藻通常具有更高的纤维素含量(α-纤维素)。此外，藻类植物的纤维素含量与木材的纤维素含量处于同一数量级[56]。研究表明，从丝状绿藻中分离出的纤维素具有较大的比表面积和较高的结晶度，因此这类藻类纤维素可用于存储液体药物。藻类纤维素通常具有多孔的网状或海绵状结构，远不如高等植物纤维素密实[57]。如图 2-1 所示，单个的藻类微晶纤维素粒子的尺寸约为 10μm，低于高等植物微晶纤维素粒子的尺寸(约 30μm)。因此，高结晶度、大比表面积、小尺寸的藻类纤维素经过压缩后具有更加密实、紧凑的优点。研究表明：同一密度下，采用藻类纤维素压缩制备的药片径向拉伸强度是采用高等植物纤维素制备的药片的三倍多[图 2-2(a)]。此外，在相同的冲压力下，采用藻类纤维素压缩制备的药片的径向拉伸强度也略高于由高等植物纤维素制备的药片[图 2-2(b)]。藻类微晶纤维素的吸湿性也显著低于高等植物微晶纤维素。如图 2-3 所示，当湿度超过 80%时，两种样品的水分含量均显著增加。对于高等植物微晶纤维素，当利用极干燥的微晶纤维素制备药片时，所制得的药片往往具有相对较低的强度[58]。然而，对于藻类微晶纤维素，当其水分含量较低时，仍能通过压缩处理获得极高的密实性。因此，藻类微晶纤维素用于制备药片时具有明显的优势。此外，在高湿度情况下，藻类微

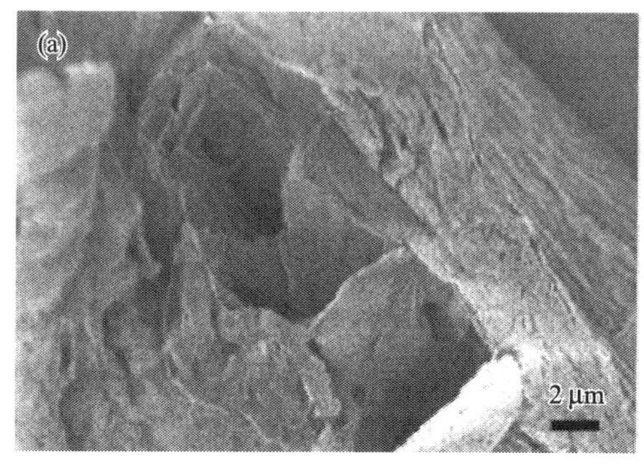

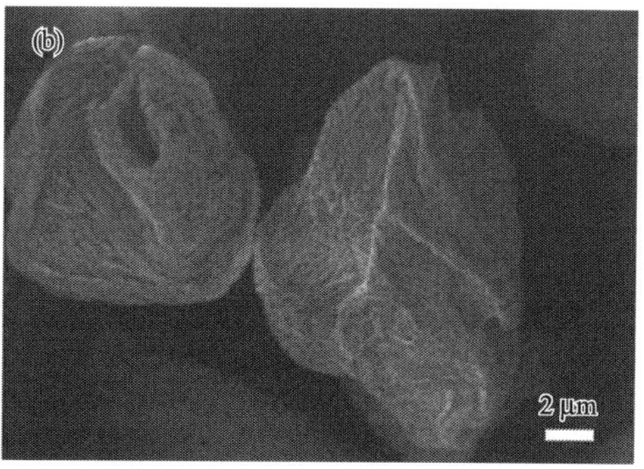

图 2-1　高等植物和藻类植物中微晶纤维素的扫描电镜图：(a)高等植物纤维素相对密实且具有粗糙不均匀的纹理；(b)藻类纤维素由薄纤丝构成，具有高度多孔的结构

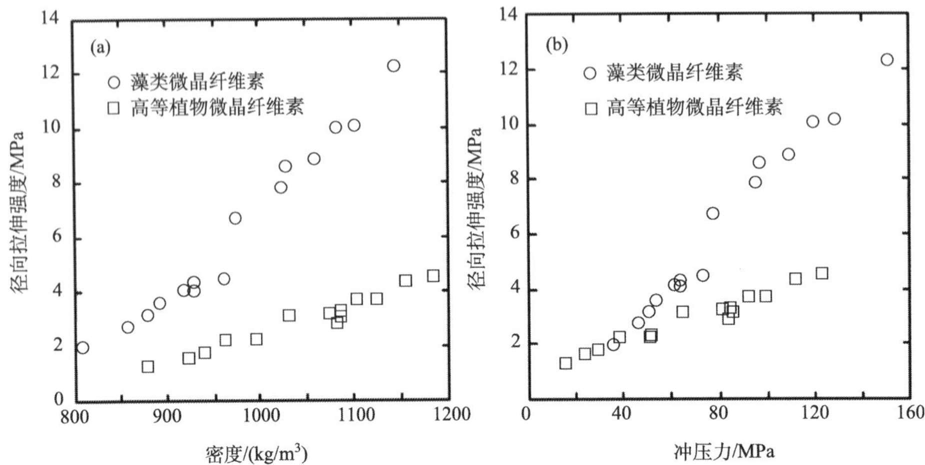

图 2-2　纤维素基药片的力学强度：(a)采用藻类微晶纤维素和高等植物微晶纤维素压缩制备的药片的径向拉伸强度与药片密度的关系；(b)采用藻类微晶纤维素和高等植物微晶纤维素压缩制备的药片的径向拉伸强度与冲压力的关系

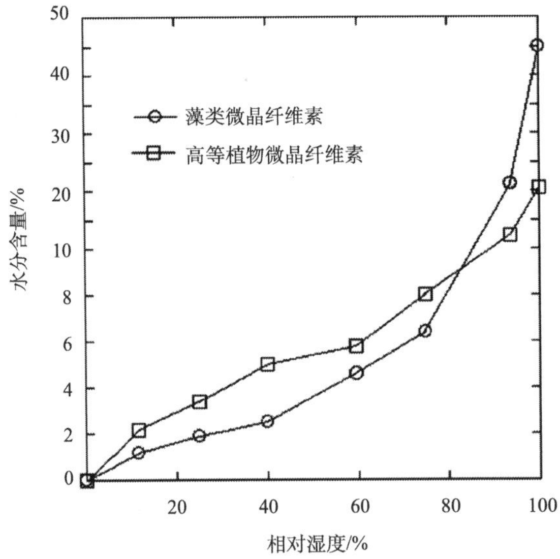

图 2-3　藻类微晶纤维素和高等植物微晶纤维素在不同环境湿度下的吸湿性

晶纤维素的吸湿性要高于高等植物微晶纤维素(图 2-3)，表明藻类微晶纤维素相较于高等植物微晶纤维素，具有更好的湿化性。实验表明：经过 4h 的吸水实验，1g 藻类微晶纤维素粉末能吸收 13.1mL 水，然而 1g 高等植物微晶纤维素仅能吸收 0.79mL 水。综上所述，经过提纯工艺，藻类微晶纤维素能够用于制备药用辅料。与其他纤维素资源相似，藻类微晶纤维素是一种无味、稳定、无毒的白色天然粉末。它具有大比表面积、高结晶度，经压缩后具有较大的密实度。因此，将藻类微晶纤维素用于制备药用辅料，可显著提高低密实性药品的可塑性，有利于含有压缩敏感性成分的药片的生产。此外，藻类微晶纤维素在空气中具有有限的吸湿性，将藻类微晶纤维素与湿敏性药物混合，有利于提高湿敏性药物的稳定性。

综上所述，农、林、水生物质资源的有效利用，不仅有利于缓解资源短缺、改善生态环境，而且催生了一系列具有显著商业价值的新型生物质产品。在可持续发展的今天，生物质废弃物将具有广阔的市场前景，将生物质废弃物资源化利用技术进行产业化是发展的必然趋势。同时，随着生物质资源应用技术的日新月异，废弃生物质资源对大气、水体和土壤等造成的环境污染有望逐步得以解决。

2.1.2 细菌纤维素

2.1.2.1 概述

众所周知，纤维素是由 Payen 从高等植物细胞壁中分离出来的，然而细菌纤维素却是一种胞外产物。1800 年，法国化学家和微生物学家 Louis Pasteur 首次发现酿醋微生物能产生一种“肿胀”、“凝胶状”、“光滑”、“潮湿”的外皮[59]，即今天为人们所熟知的细菌纤维素。虽然这种凝胶状的细菌纤维素的固体成分低于 1%，但是凝胶中的纤维素的纯度却非常高，几乎不含木质素等其他杂质。1886 年，英国科学家 Brown 首次报道了细菌合成纤维素的现象[60]。他在培养胶膜乙酸杆菌(*A. xylium*)时发现培养基表面形成了一层白色纤维状物质。后来在许多革兰氏阴性菌(如土壤杆菌和致瘤农杆菌)和革兰氏阳性菌(如八叠球菌)中也发现了细菌纤维素的产生。细菌纤维素可用作实验室原料，也可用作食材。高纤椰果(nata de coco)是菲律宾当地一种非常流行的食品。十分有趣的是，高纤椰果的制备过程与实验室细菌纤维素的制备过程十分相似，同时也产生了明显的经济效益。高纤椰果的英文名中，nata 在菲律宾的当地语言中表示纤维素的含义。此外，nata 是由微生物在高含糖量的椰汁或其他水性介质中发酵产生的，因此称这种食物为高纤椰果。高纤椰果的制备过程十分简便，先通过微生物作用将椰汁或其他天然水果浆经发酵培育、提炼、精制成乳白色或透明的凝胶状厚膜，然后切成方块状浸渍在糖浆中即可食用。其生长机理是通过酵母菌、胶膜乙酸杆菌、乳酸菌这三种不同的微生物在互惠共存的情况下以胶膜乙酸杆菌为主体，分泌出许多细小的细菌纤维素纤维所形成的一种集合体。过去人们推测，高纤椰果中的主要成分是右旋糖苷。直到 1960 年，研究人员证明纤维素是高纤椰果中的主要成分[61]。如今高纤椰果已经在菲律宾、印度尼西亚等国家通过家庭式工业进行大规模生产，并作为一种健康食品远销海外。

随着 X 射线衍射技术的出现，人们发现细菌纤维素与植物纤维素相同，均属于纤维素Ⅰ型结晶结构，即由两个纤维二糖单元平行排列于一个单位晶格中，且干燥膜中纤维素分子的取向趋向于一个特定平面[62]。此外，研究人员也针对干燥过程中纤维素分子的取向变化做了详细探讨[63]。在电子显微镜问世后，研究人员发现水溶胀性的细菌纤维素凝胶是由大量直径小于 100Å 的纳米纤丝随机组装而成(图 2-4)[64]。相比之下，植物细胞壁中的纤维素结构明显复杂得多。如图 2-5 所示，与高等植物纤维素的缨状微胞结构模型相比，细菌纤维素纳米纤丝的结构模型更加简单。细菌纤维素的长链分子以延伸的形式对齐平行排列，如此惊奇的结构可誉为大自然艺术中最出色的案例之一。图 2-6 展示了细菌纤维素的结构组织示意图。

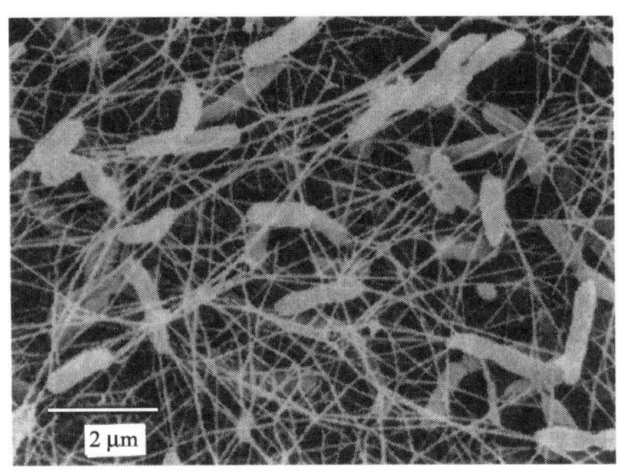

图 2-4　冷冻干燥得到的细菌纤维素凝胶表面的扫描电镜图

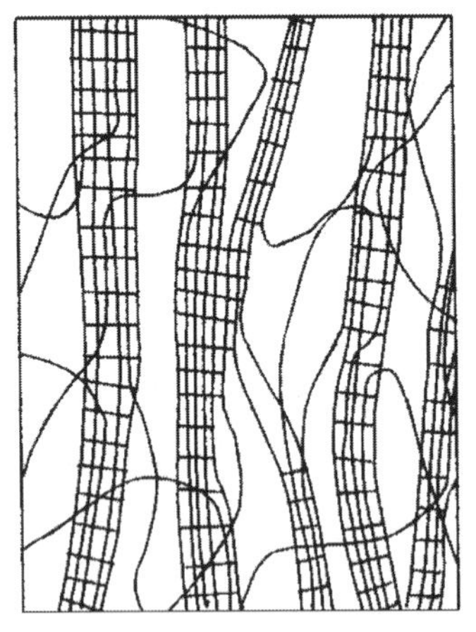

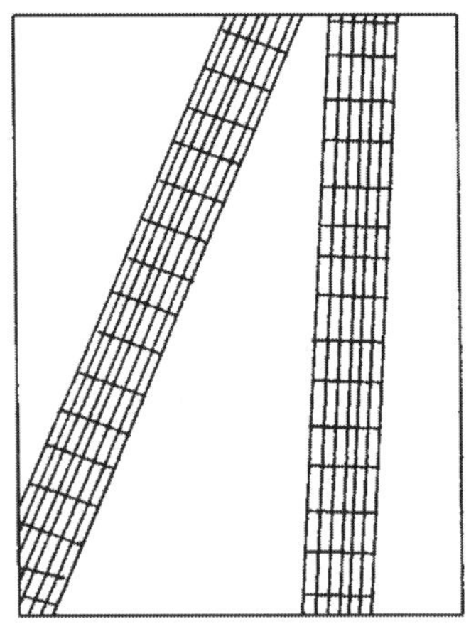

图 2-5　高等植物纤维素的缨状微胞结构模型(左图)
和细菌纤维素纳米纤丝的结构模型(右图)

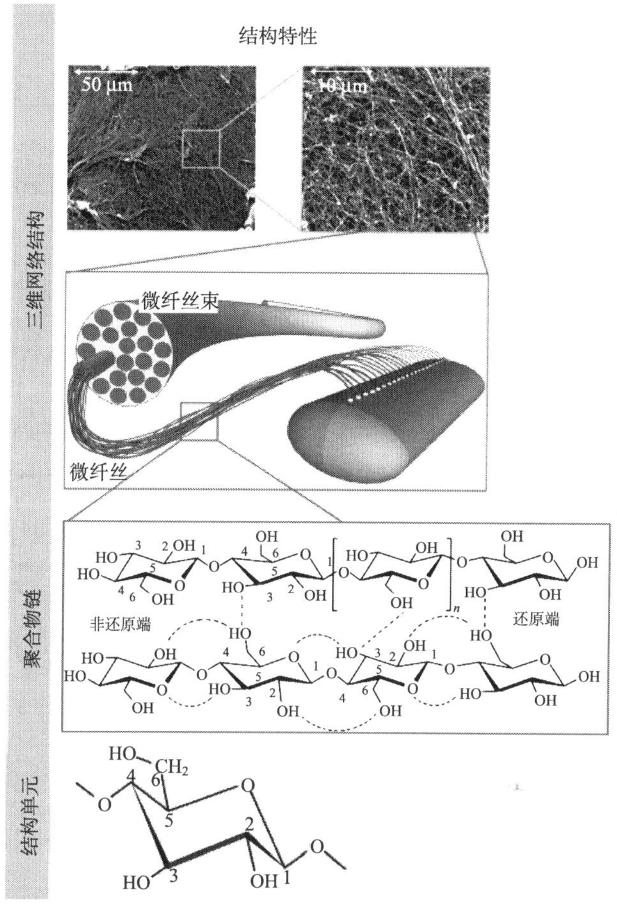

图 2-6　细菌纤维素的结构组织

根据 Brown 所描述的，细菌纤维素薄膜非常强韧，尤其是尝试在它的生长平面上施加剪切力时，该膜表现出十分惊人的力学强度[65]。此前，研究人员针对细菌纤维素膜的结构进行了大量研究，但并未关注细菌纤维素膜的物理特性。直到 1980 年，研究人员才利用应力–应变测试研究了该膜的力学性能[66, 67]。实验表明，细菌纤维素膜的杨氏模量可达 16～18GPa，甚至可进一步提高至 30GPa。对于一个二维的有机物来说，这些数值是极其惊人的。此外，研究人员发现细菌纤维素碎片对纸张等材料也具有良好的增强效果。在其他各种潜在用途中，细菌纤维素增强材料还可用作高保真度扬声器和耳机的声膜片。最近几十年以来，针对细菌纤维素的研究热情日益高涨。

2.1.2.2　细菌纤维素的制备过程

木醋杆菌是常用于制备细菌纤维素的一种菌种。在自然界中，木醋杆菌以超过三十种的形式出现[68]，如存在于腐烂的水果和蔬菜中。生物学家们一直在积极探索着微生物产生纤维素的原因。一部分研究人员认为好氧细菌通过在靠近培养液的表面产生纤维素来保持它们自身的位置[69]，另一部分研究人员则认为细菌纤维素的产生是为了保护细菌自身免受紫外线的侵害[70]。笔者认为，细菌产生纤维素架构不仅有利于保护自身免受天敌和重金属离子的侵害，而且该纤维素架构还可以允许营养物质扩散通过，这些有利条件对细菌的生存和繁殖起到了重要作用。

细菌纤维素是一种糖类化合物。实验室中常用的细菌纤维素培养基是通过溶解 50g 蔗糖、5g 酵母提取物、5g 硫酸铵［$(NH_4)_2SO_4$］、3g 磷酸二氢钾（KH_2PO_4）和 0.05g 七水合硫酸镁于 1L 水中所得到的[69]。根据一些研究人员的经验，除了上述成分，向细菌纤维素的培养基中添加少量的维生素可能更加有利于细菌纤维素的产生。此外，在高纤椰果的制备过程中，当使用天然树液作为原料时，并不要求必须添加无机营养物，但在实际生产中，工作人员常常习惯添加少量的含氮化合物，如硫酸铵和磷酸氢二铵。

细菌纤维素的培养过程通常是在 28～30℃的静态条件下进行的。将活性菌种加入培养基中，培养基随后逐渐变浑浊，不久会出现白色薄膜，而且薄膜的厚度随着时间的延长逐渐增加，4 周左右厚度可达 25mm，如图 2-7 所示。值得一提的

图 2-7　不同培养时间所得到的厚度不同的细菌纤维素层（从左至右，培养时间延长，最长培养时间为 4 周）

是，在细菌纤维素凝胶的生长过程中，好氧细菌仅仅在其表面形成纤维素，因此细菌纤维素的生产率是由容器的表面积而非容积所决定[71]。随着时间的延长，如果培养基保持原位静止，圆片形的细菌纤维素凝胶在内聚力的作用下会悬浮在容器的内壁上，并且随着厚度的增加而逐渐下沉。当使用锥形内壁(如锥形瓶)时，很难得到连续的细菌纤维素凝胶层。在高纤椰果的制备过程中，人们常常使用尺寸约为 50cm(宽度)×35cm(深度)×10cm(高度)的塑料容器。在接种后，容器通过旧报纸封盖，放置于储存室中 8～10 天即可。如果需要提纯，可将形成的凝胶浸渍在稀碱液中随后水洗以达到移除凝胶中菌种的目的。为了进一步提纯，还可以借助一些特殊的氧化剂[67]。此外，为了提高细菌纤维素的生产率，研究人员探讨了在搅拌条件下细菌纤维素的生长情况[72]，然而这种方法很难得到平坦的凝胶产品，而且产品的应用也非常有限(如造纸)。

2.1.2.3　细菌纤维素纳米纤丝和凝胶的形成机理

过去几十年，研究人员结合生物起源理论对细菌纤维素纳米纤丝的形成机理进行了大量的探讨[73, 74]。广泛为人们所接受的细菌纤维素纳米纤丝的形成机理如图 2-8 所示，纤维素分子首先通过纤维素合酶在细菌细胞内合成，随后通过“纤维素导出结构”喷出直径为 2～4nm 的基元纤丝，这些基元纤丝随后聚集成束，构成带状的细菌纤维素纳米纤丝[75]。

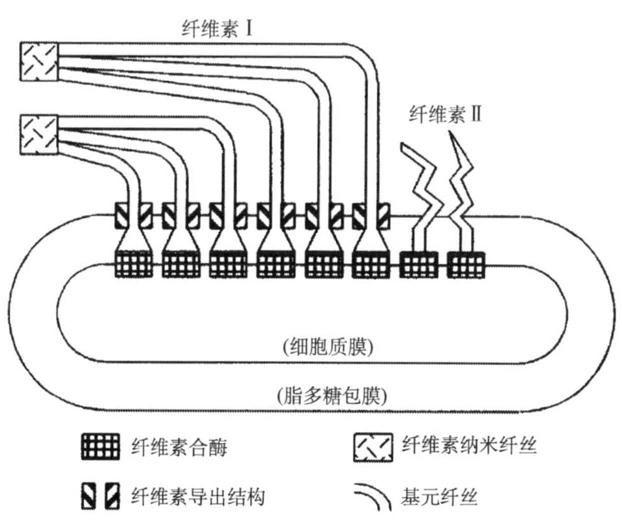

图 2-8　细菌纤维素纳米纤丝的形成机理

自 1950 年以来，研究人员逐渐开始探讨细菌纤维素产生的动力学过程。在持续搅拌和氧气充足的条件下，细菌纤维素的产量在最初阶段几乎以指数的形式随时间增长。一般认为，一个细菌在它的世代时间里可以产生一定数量的链引发剂来诱导单体单元形成纤维素分子，同时细菌的群体遵循细菌的生长定律，即可用方程式(2-1)表示：

$$N_t = N_0 e^{\alpha t} \tag{2-1}$$

式中，N_t和 N_0 分别表示在时间 t 和初始时的细菌数量。α 为常数，与细菌平均世代时间(τ)有关，可用方程式(2-2)表示：

$$\alpha = \left(\frac{1}{\tau}\right)\ln 2 \tag{2-2}$$

基于细菌的平均寿命和纤维素链增长，研究人员推断出一个理论来表示纤维素的产量和聚合度[76]，他们根据纤维素产量数据和平均分子量测试数据估算出 τ=220～330min。另外，一些其他相似的研究得出 τ=290～480min 或 τ=380～900min[59, 77]。至于纤维素链的增长周期，有证据表明：纤维素的平均分子量会持续增长，这种增长过程可能会贯穿几个甚至更多的细菌世代[78]。

细菌纤维素纳米纤丝结构在细胞分裂时的变化情况是一个值得深究的问题。如果纤维素纳米纤丝的挤出经历了由一个母细胞分裂成两个子细胞的过程，那么将不可避免地产生三个方向的分支过程。如果在细胞分裂的过程中没有正常数量的“纤维素导出结构”，分支点产生的纤丝可能相对较细，但是随着时间的延长，这类较细的纤丝可以逐渐恢复正常尺寸。实际上，细菌纤维素纳米纤丝在放大图片中所呈现的形状并不完全是线型。根据细菌的寿命和纤维素纳米纤丝的生长速率，分支点间的片段长度可估算为 580～960μm[79, 80]。根据细菌的数量，分支点间的片段长度可估算为 200～700μm。如果这些分支真的存在，则可能很大程度上影响所形成的细菌纤维素凝胶片的韧性和拉伸强度等性质。

至于细菌纤维素凝胶的形成机理，在初始阶段，细菌利用溶解的氧气大量繁殖，产生一定数量的纤维素。这些纤维素以液相存在，导致培养基的浊度明显增加。当溶解氧耗尽时，仅仅只有表面附近的细菌还保留有产生纤维素的活性。虽然这些细菌依然能够进行细胞分裂，但是表面区域的细菌数量不会再呈指数上升，而是达到一定的平衡数量[81]。过量的细菌会堵塞在凝胶的孔道中并沉入底部。这些表面下的细菌并非死亡而是处于休眠状态，因此这些细菌可以重新用作接种。此外，当培养基中的氧气压力高于空气中的氧气压力时是否会增加纤维素的产量，该问题仍有待进一步研究[82]。

至于在静止状态下凝胶层的生长情况，实验表明，凝胶层的厚度和纤维素的产量经过几天的诱导期后会显著上升，直到一周或者十天后，增长的速率会逐渐减缓[67, 71, 83]。图 2-9 展示了细菌纤维素凝胶的厚度、湿重、干重随培养时间的变化情况。如图所示，当蔗糖的添加量大于 1%时，细菌纤维素凝胶的厚度、湿重、干重呈现相似的变化趋势，且蔗糖添加量对上述参数的影响十分有限[84]。此外，一些本应该出现的蔗糖的水解产物(如果糖)并未被检测到，表明蔗糖的水解产物可能转化为其他物质。如图 2-10 所示，当所添加的蔗糖的浓度很高时，葡萄糖的浓度并未呈现持续增加状态，但蔗糖的浓度却呈现出整体逐渐下降的趋势。因此，研究人员推测，蔗糖的水解产物葡萄糖可能被细菌消化并转化成了纤维素。

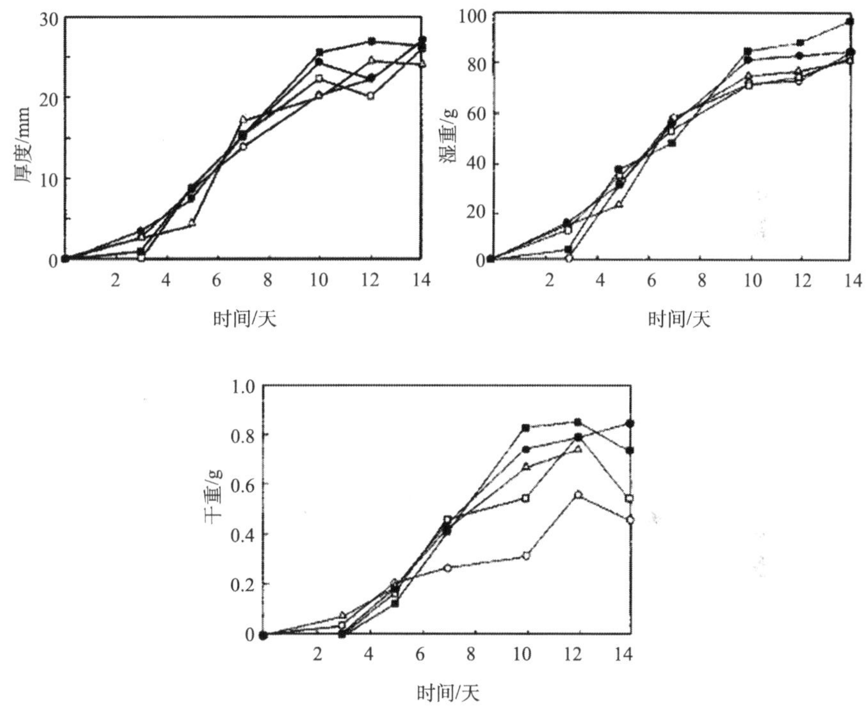

图 2-9　细菌纤维素凝胶的厚度、湿重、干重随培养时间的变化情况。培养基为椰汁、1%磷酸氢二铵和 1%～4%蔗糖的混合物

图 2-11 呈现了计算机模拟的葡萄糖消耗/纤维素生产曲线，根据方程式(2-3)和式(2-4)[84]：

$$-\frac{\partial C_o}{\partial t}=-\frac{D_o\partial^2 C_o}{\partial x^2}+KC_oC_g \tag{2-3}$$

$$-\frac{\partial C_g}{\partial t}=-\frac{D_g\partial^2 C_g}{\partial x^2}+KC_oC_g \tag{2-4}$$

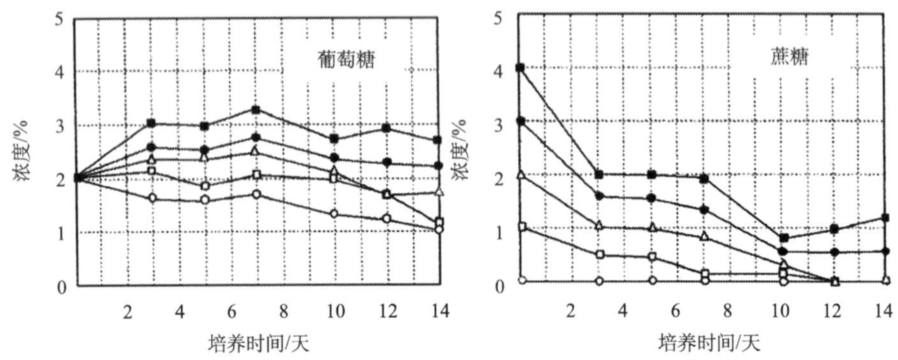

图 2-10　葡萄糖和蔗糖的浓度随培养时间的变化情况。培养基为椰汁、1%磷酸氢二铵和 1%～4%蔗糖的混合物

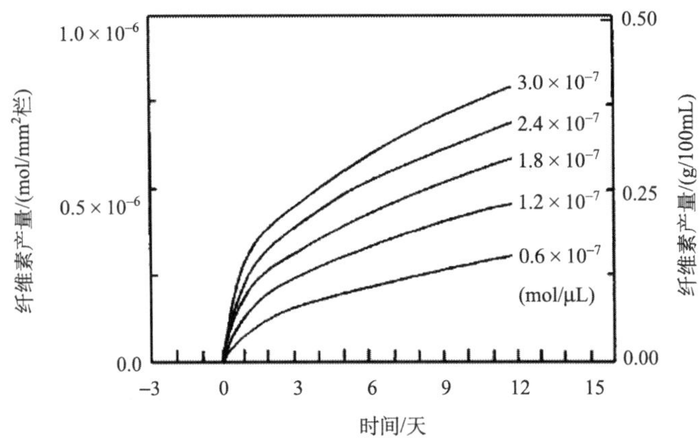

图 2-11　基于方程式(2-3)和式(2-4)所得纤维素产量与培养时间的关系曲线[$C_{g,0}=0.6\times10^{-7}$～3.0×10^{-7}mol/μL(初始浓度), $D_o=9.0\times10^{-12}$mm²/h, $D_g=4.0\times10^{-12}$mm²/h, $C_{o,0}=1.6\times10^{-8}$mol/μL(初始浓度)和 $K=1.5\times10^{-8}$ μL/(mol·h), Δt=1h]

式中，C_o 和 C_g 分别代表氧气和葡萄糖的浓度，D_o 和 D_g 分别代表氧气和葡萄糖的扩散系数，x 表示距离表面的深度，K 表示葡萄糖消耗的综合速率常数，忽略由对流导致的质量传递。另外，由于凝胶中固态组分的体积含量低于 1%，因此不考虑凝胶层对扩散的影响。根据葡萄糖和氧气浓度与表面深度的关系，可以得出葡萄糖从内部逐渐开始扩散，空气中氧气由于反应的消耗未能穿透至培养基深处。

2.1.2.4　细菌纤维素的应用

细菌纤维素独特的性能使得人们尝试着使用它来制备各式各样的商业用品。细菌纤维素的常见用途包括：轮胎、耳机膜、高性能的扬声器膜片、高档纸、化妆品衬垫、减肥食物和纺织品等[85, 86]。细菌纤维素最激动人心的用途当属生物医药领域。细菌纤维素可在伤口敷料、人造皮肤、人造血管、组织支架、牙种植体等领域发挥重要作用[87-92]。细菌纤维素膜可充当烧伤患者或者溃疡患者的临时皮肤[86, 93]。此外细菌纤维素还被提议用作环境友好的燃料电池的离子交换膜[94, 95]，也可用作可生物降解、生物可容的传感器和驱动器[96, 97]。

为了实现不同的用途，任何材料都需要经过特殊的改进和修饰以达到特定的功能。细菌纤维素的一些特性也限制了其本身的应用范围。例如，细菌纤维素可以提供湿润的环境，从而帮助伤口愈合，因此纤维素是一种理想的伤口包扎材料[98]。然而，细菌纤维素自身并没有抗菌性[99]，因此无法抑制伤口感染。此外，如果伤口包扎材料具有天然的抗氧化性，则有助于抵抗活性氧成分。然而，纯细菌纤维素并不具备这一性质。未经修饰的细菌纤维素也缺乏光学透明性、导电性、磁性、疏水性等特性，因此它不能直接用于电子器件、电池、传感器、电磁屏蔽、电致变色器件等领域[86, 100]。细菌纤维素虽然具有较高的力学强度，然而其自身众多的孔隙结构不利于其抵抗各种应力。

上述的不足限制了细菌纤维素在一些领域的应用。因此，需要对细菌纤维素进行修饰改性或掺杂特殊的活性成分，以得到功能各异的细菌纤维素基纳米复合材料。由于细菌纤维素具有独特的结构特性，细菌纤维素经常被用作基质材料或者增强材料来合成形式各异的复合产品[101-103]。研究人员通过合成细菌纤维素基纳米复合材料，赋予了细菌纤维素高机械强度、生物活性、导电性、磁性等特殊性能[86, 100, 102-107]。表 2-1 给出了一些细菌纤维素基纳米复合材料的合成方法和应用领域。如表 2-1 所示，相对于未修饰的细菌纤维素，采用各种合成手段制得的细菌纤维素基纳米复合材料获得了许多新的功能。

表 2-1　细菌纤维素基纳米复合材料的合成手段、材料类型、改进特性和应用领域

增强材料	合成手段	材料类型	改进特性	应用领域
壳聚糖[104]	非原位溶液渗透	聚合物-聚合物	物理、力学和抗真菌	生物医药和工业
明胶[106]	—	—	物理和力学	生物医药
聚苯胺[100]	—	—	导电和药用性能	电子器件和生物医药
聚乙二醇[108]	—	—	热稳定性和生物相容性	生物医药
氧化石墨烯[109]	—	—	热学、力学和导电性	电子器件和工业
胶原蛋白[110]	原位添加	—	组织工程支架	生物医药
芦荟凝胶[107]	—	—	物理和力学	生物医药和工业
蒙脱土[102, 103]	非原位粒子渗透	聚合物-粒子	物理、力学、热学和抗菌活性	生物医药和工业

续表

增强材料	合成手段	材料类型	改进特性	应用领域
纳米银[105]	—	—	抗菌活性	生物医药
钯[86]	—	—	导电性	传感器和电子器件
纳米金[111, 112]	—	—	光学、光催化和生物传感性	生物传感器和光学器件
羟磷灰石[113]	—	—	生物相容性	生物医药
碳纳米管[114, 115]	非原位粒子渗透/原位添加	—	力学和导电性	电子器件
二氧化硅[116]	—	—	力学性能	工业
无机粒子[117]	原位添加	—	力学性能	工业

细菌纤维素作为一种新型生物合成可降解材料，具有独特的生物亲和性、高持水性、良好的机械韧性、较好的生物相容性和细胞附着性、无毒性、无刺激性，且具备一定的孔径和孔隙率，具备作为纳米复合材料基材的潜能，在诸多领域拥有广阔的应用前景。中国共产党第十八次全国代表大会以来，政治、经济、文化、社会、生态、党建都在走向绿色化，充分表明“绿色＋”发展理念已经成为实实在在的治国方略，细菌纤维素这种生物源的生物可降解材料符合我国可再生资源战略的需要，必将在更广的领域得到推广和应用。

2.2　纤维素的化学结构

2.2.1　纤维素的分子结构

纤维素是一种多分散的线型均聚物，是 D-吡喃型葡萄糖单元通过 β-1,4 糖苷键(即由一个 D-葡萄糖单元 C1 位置上的羟基与相邻 D-葡萄糖单元 C4 位置上的羟基之间脱水所形成的连接键)连接而成的高分子多糖，其化学式为$(C_6H_{10}O_5)_n$。纤维素大分子链的重复单元是纤维素二糖基，长度为 1.03nm。每个纤维素链都具有定向的化学不对称性。纤维素链的右端基是一个半缩醛结构，具有化学还原性，因此也被称为还原性端基；纤维素链左端基悬挂着的羟基群，被称为非还原端。除了右端基的半缩醛结构具有一定的还原性，纤维素链上其他的葡萄糖基均为吡喃环式结构，一般情况下相对稳定。除了两端的葡萄糖基外，中间的每个葡萄糖基都具有三个游离羟基，分别位于 C2、C3 和 C6 位置上，在 C2 和 C3 位置上的羟基为仲醇羟基，在 C6 位置上的为伯醇羟基。这些羟基的反应活性有较大差异，对纤维素的理化性质有着重要影响，如纤维素的酯化、醚化、氧化和接枝共聚及纤维素分子间的氢键作用。纤维素分子中葡萄糖单元的数量(即聚合度)可达 20 000，一般高等植物纤维素的聚合度为 7000～15 000，初生壁中纤维素链的长度相对较短。纤维素的化学结构如图 2-12 所示。

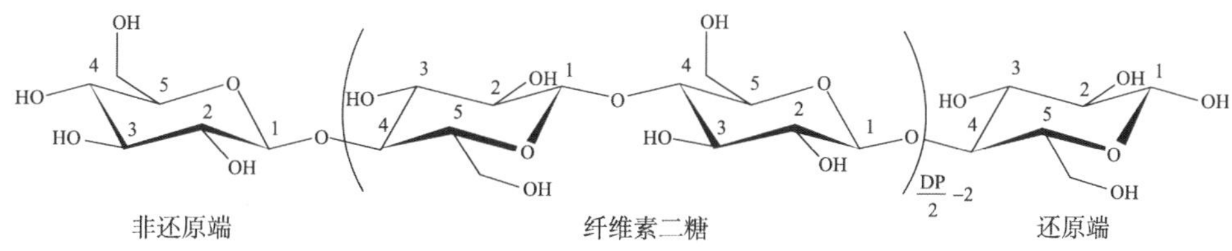

图 2-12　纤维素的化学结构

纤维素分子上所有的 β-D-吡喃式葡萄糖基均为椅式构象。在椅式构象中，连接取代基的键分为直立键和平伏键，β-D-吡喃式葡萄糖环中的羟基均处于平伏位置，而氢原子处于竖直位置。纤维素分子的特殊结构是通过分子内的氢键网络而达到稳定态的。分子内的氢键网络包括两种氢键形式，如图 2-13 所示，一种是由一个葡萄糖环上 O(3′)位置所在的羟基与另一个通过糖苷键相连的葡萄糖环上 O(5)位置上的氧原子间所形成的；另一种是由葡萄糖环上 O(2)位置所在的羟基与另一个相邻的葡萄糖环上 O(6′)位置上的氧原子间所形成的。

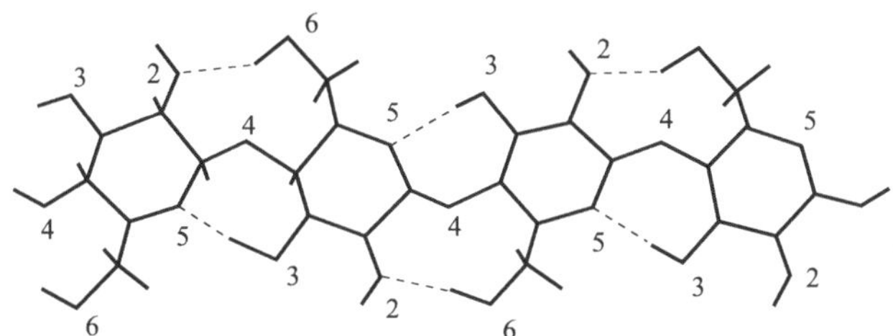

图 2-13　纤维素分子内氢键网络

关于纤维素分子中葡萄糖单元上伯醇羟基的空间位置，根据 C6—O6 键在空间围绕着 C5—C6 键旋转时，它与 C5—O5 和 C5—C4 键的立体关系可以形成三种构象：*gt*，*gg*，*tg*(*g* 代表旁式，*t* 代表反式)，如图 2-14 所示。*gt* 表示 C6—O6 键对 C5—O5 键为旁氏，对 C5—C4 键为反式；*tg* 表示 C6—O6 键对 C5—O5 键为反氏，对 C5—C4 键为旁式；*gg* 表示 C6—O6 键对 C5—O5 和 C5—C4 键均为旁式。

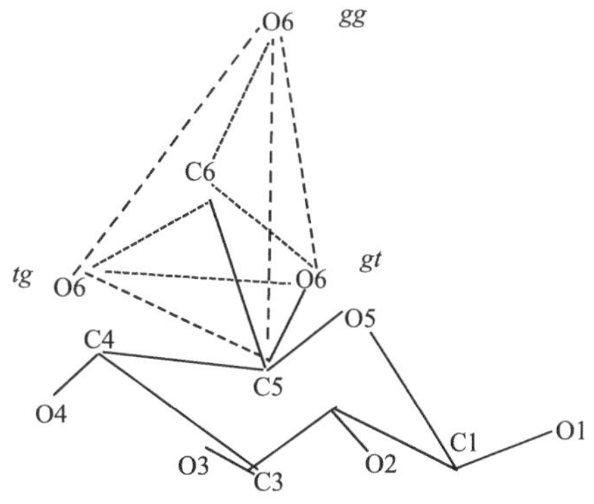

图 2-14　纤维素伯醇羟基的三种可能构象

自然界中，纤维素并不以一个孤立的

单分子状态存在，而是以众多纤维素链所形成的单个纤丝集合体的形式出现。这是因为纤维素是以单个分子合成的，且在生物合成的过程中按照特定的层级次序进行纺丝、组装。典型地，大约 36 个纤维素分子聚集在一起形成相对较大的单元，称为基元纤丝。这些基元纤丝随后组装成微纤丝，再进一步组装成为人们熟知的纤维素粗纤维(图 2-15)。然而，不同来源的纤维素由于生物合成条件的差异可能具有不同的堆积方式。如图 2-16 所示，纤维素的一系列生物活动(包括生物聚合、纺丝和结晶)均发生在一个直径为 30nm 的玫瑰花结的质膜复合体中，由特定的酶终端复合体作为生物喷丝头进行精细调控[118]。由于在同一个微纤丝中的所有纤

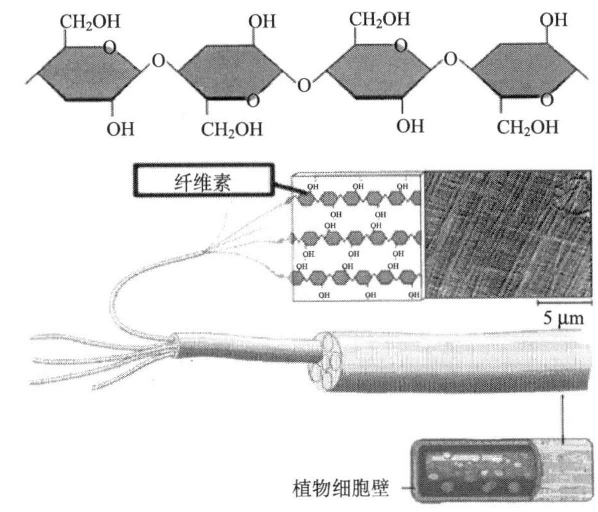

图 2-15　纤维素粗纤维的各级组装过程

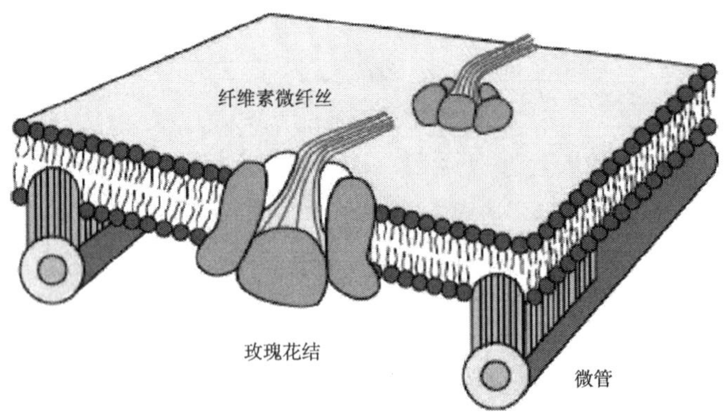

图 2-16　微管的取向控制了纤维素在细胞壁中的取向，微管可作为轨道来引导纤维素合酶在细胞膜中浮动

维素链必须通过酶终端复合体以相同的速率伸长，因此在纤维素的合成过程中结晶过程紧随着纤维素链的聚合发生[119, 120]。酶终端复合体是纤维素合酶复合体，属于糖基转移酶。目前，关于纤维素的合成和组装过程的反应机理仍处于推测阶段。纤维素微纤丝的结构反映了纤维素微纤丝的合成与组装涉及大约 36 个活性位点的协调活动[121]。然而，在各式各样的有机体中不同的纤维素结构反映了酶复合体是模块化的[122]。纤维素的活细胞成像研究结果表明在特定条件下微管对纤维素的堆积方向具有直接影响，然而微管并不适用于其他条件下纤维素的定向堆积。

在生物合成过程中，纤维素链聚集在微纤丝中，微纤丝的横切面直径为 2～20nm，具体尺寸与纤维素的来源相关。纤维素的聚集现象主要是通过范德华力和分子间及分子内氢键作用产生的。在不受干扰的情况下，酶终端复合体能够持续不断地产生缺陷和非结晶区数量极其有限的微纤丝[118, 122]。研究人员提出了一些微纤丝层级结构模型来描述纤维素的超分子结构。这些模型的主要区别是在描述非结晶区或低结晶区在微纤丝中的结构和分布这一部分。经过多年的争议，目前为人们所广泛接受的模型是非结晶区中的基元纤丝为无规则分布，且微纤丝由于内应力的作用而产生扭曲和倾斜。

2.2.2　纤维素的结晶结构

在结晶区，纤维素链紧密堆叠在一起，通过强的分子间和分子内氢键网络而保持稳定。纤维素的氢键网络和分子取向的变化产生了许多纤维素的同质异晶体，这些同质异晶体的出现与纤维素的来源、提纯方法、处理方式等因素紧密相关。纤维素具有六种可相互转换的同质异晶体，即纤维素Ⅰ、Ⅱ、$Ⅲ_{Ⅰ}$、$Ⅲ_{Ⅱ}$、$Ⅳ_{Ⅰ}$和$Ⅳ_{Ⅱ}$型。天然纤维素的晶型为纤维素Ⅰ型。1984 年，研究人员采用交叉极化魔角旋转(CP-MAS) ^{13}C 核磁共振法证明了纤维素Ⅰ型结晶结构存在纤维素 $Ⅰ_α$ 型和纤维素 $Ⅰ_β$ 型两种晶胞结构[123, 124]。不同的纤维素来源通常具有不同比例的纤维素 $Ⅰ_α$ 型和纤维素 $Ⅰ_β$ 型成分。纤维素 $Ⅰ_α$ 型广泛存在于藻类和细菌纤维素中，而在高等植物中，纤维素通常以纤维素 $Ⅰ_α$ 型和纤维素 $Ⅰ_β$ 型共存的形式存在。Atalla 和 Vanderhart 在采用固态核磁共振光谱研究细菌、藻类和高等植物纤维素时，发现了一些反常现象[125]。这些反常现象表明，高等植物可能只含有纤维素 $Ⅰ_β$ 型成分，纤维素 $Ⅰ_β$ 型以一种扭曲的形式替代纤维素 $Ⅰ_α$ 型驻留在表面之下。

对于纤维素 $Ⅰ_α$ 型和纤维素 $Ⅰ_β$ 型结构，虽然它们的纤维素链均采用平行结构，但它们的氢键结合形式不同，因此导致结晶结构的差异(图 2-17)。$Ⅰ_α$ 型对应三斜晶系 $P1$ 晶胞(a=6.717Å，b=5.962Å，c=10.400Å，α=118.08°，β=114.80°，γ=80.37°)，每个晶胞只含有一条纤维素链[126]；$Ⅰ_β$ 型属于单斜晶系 $P2_1$ 晶胞(a=7.784Å，b=8.201Å，c=10.38Å，α=β=90°，γ=96.5°)，每个晶胞含有两条纤维素链[127]。在

不同的媒介下，亚稳相的纤维素 $I_α$ 型可以通过高温退火转化为热力学更稳定的纤维素 $I_β$ 型[128]。纤维素 I 型(包括纤维素 $I_α$ 型和纤维素 $I_β$ 型)以平行的方式堆叠，伯羟基以 *tg* 构象取向，O6 原子则可以与相邻葡萄糖残基上的 O2 羟基产生氢键作用[129]。如果纤维素在与氢键层正交的平面内弯曲，则会诱导氢键层间的纤维素链片彼此间发生水平位移[130]。研究人员发现，当弯曲角度为 39°时能够有效地诱导纤维素 $I_α$ 型和纤维素 $I_β$ 型间的相互转换，特别是当微纤丝中纤维素链片以一组同心圆弧的形式组成聚集体时。酶终端复合体产生微纤丝的必要条件是在微纤丝相对于细胞壁内表面采用平行构象前必须进行剧烈扭转。因此，在嵌入细胞壁之前，纤维素的晶型可能会彻底发生变化。这种多晶型的差异首先是由红外光谱[131]和电子衍射[132]证明的，最近又通过固态交叉极化魔角旋转 ^{13}C 核磁共振得到了进一步验证[123]。纤维素 I 型的晶体结构和氢键模式还通过同步辐射 X 射线和中子衍射技术得到了更深入的研究[133]。之后，采用傅里叶差异性分析处理氢化和氘化的样品，可以确定氢键中氢原子的位置。通过这些先进的表征手段可以定义纤维素结晶结构中所有原子的空间坐标。

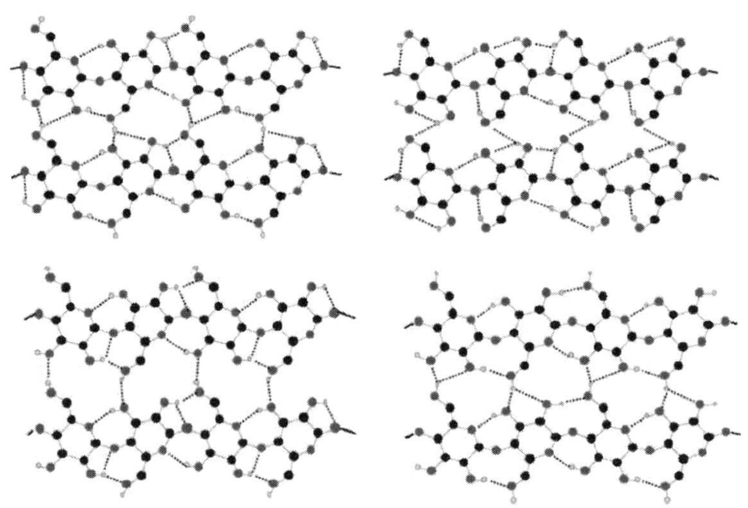

图 2-17　纤维素 I *α* 型和纤维素 I *β* 型的氢键结合形式。(上)纤维素 I *α* 型两种可选择的氢键网络形式；(下)纤维素 I *β* 型主要氢键网络形式；(左)位于晶胞初始部分的纤维素链结构；(右)位于晶胞中心部分的纤维素链结构

纤维素Ⅱ型是第二种最常研究的纤维素晶体结构，该晶体结构可以通过两种不同的方法获得。第一种方法是通过化学再生，即首先将纤维素 I 型溶于某种溶剂中，随后使它在凝固液中重新沉淀而获得Ⅱ型结构。合适的纤维素溶剂包括氢

氧化铜/氨水和亚乙基二胺铜溶液[134]、氨/硫氰酸铵[135]、肼/硫氰酸盐[136]、氯化锂/*N*,*N*-二甲基乙酰胺[137]、*N*-甲基吗啉-*N*-氧化物水溶液[138-140]等。第二种方法是通过丝光处理。该方法是通过将天然纤维素浸渍在浓的氢氧化钠溶液中使纤维素发生溶胀，随后移除溶胀剂即可获得纤维素Ⅱ型结晶结构[141]。其他的溶胀剂(如 65%硝酸)也能够将天然纤维素转化成纤维素Ⅱ型结晶结构[142]。此外，一些特殊的菌种自身能够生物合成纤维素Ⅱ型结晶结构[143]。

纤维素Ⅱ型以单斜晶体 $P2_1$ 相存在(a=8.10Å，b=9.03Å，c=10.31Å，α=β=90°，γ=117.10°)[144, 145]。当纤维素Ⅰ型转变为纤维素Ⅱ型时，伯羟基由 *tg* 构象转变为 *gt* 构象，使得氢键网络发生改变[146, 147]。与具有平行结构的纤维素Ⅰ型不同，纤维素Ⅱ型中的纤维素链是反平行排列的，结构相对更加稳定，因此更适于制备各种纺织产品和纸产品。纤维素Ⅰ型向纤维素Ⅱ型的转变过程目前被广泛认为是不可逆的，虽然已有研究报道纤维素Ⅱ型可以部分转化为纤维素Ⅰ型[148]。

当纤维素Ⅰ型或纤维素Ⅱ型暴露在气态或者液态的氨或者其他各种胺类化合物中，在去除溶胀剂后即可形成纤维素Ⅲ型晶体结构[149]。根据原材料为纤维素Ⅰ型或纤维素Ⅱ型，纤维素Ⅲ型晶体结构的最终形式分别为纤维素$Ⅲ_Ⅰ$型或纤维素$Ⅲ_Ⅱ$型。除了子午线方向强度，这两种晶型的衍射谱图极其相似。纤维素$Ⅲ_Ⅰ$型以单斜晶体 $P2_1$ 相存在(a=4.450Å，b=7.850Å，c=10.31Å，α=β=90°，γ=105.10°)，且呈现与纤维素Ⅰ型相似的平行排列[150]。然而，纤维素$Ⅲ_Ⅰ$型中的伯羟基是以 *gt* 构象的形式存在，层间的氢键网络类似于纤维素Ⅱ型。纤维素$Ⅲ_Ⅱ$型的精确结构目前尚不清楚，但是 Wada 等[151]通过晶体学和光谱学研究发现，纤维素$Ⅲ_Ⅱ$型是纤维素的一个无序相。该无序相主要含有由反平行排列的纤维素链所占据的晶胞结构($P2_1$ 空间群，a=4.45Å，b=7.64Å，c=10.36Å，α=β=90°，γ=106.96°)。交叉极化魔角旋转 ^{13}C 核磁共振表明该无序相还具有一个二级结构($P2_1$ 空间群，a=4.45Å，b=14.64Å，c=10.36Å，α=β=90°，γ=90.05°)。此外，当置于高温和潮湿的环境中时，纤维素$Ⅲ_Ⅰ$型和纤维素$Ⅲ_Ⅱ$型均可以恢复至原来的母体结构。

纤维素$Ⅳ_Ⅰ$型和$Ⅳ_Ⅱ$型可以通过将纤维素$Ⅲ_Ⅰ$型和纤维素$Ⅲ_Ⅱ$型置于甘油中加热至260℃所得[152]。与纤维素Ⅲ型的情况类似，这两种晶型均可以转化成母体结构纤维素Ⅰ型或纤维素Ⅱ型。除了天然的纤维素Ⅰ型结构，研究表明纤维素Ⅳ型存在于多种植物的初生壁中[153, 154]。纤维素晶型间的转化条件如图 2-18 所示。

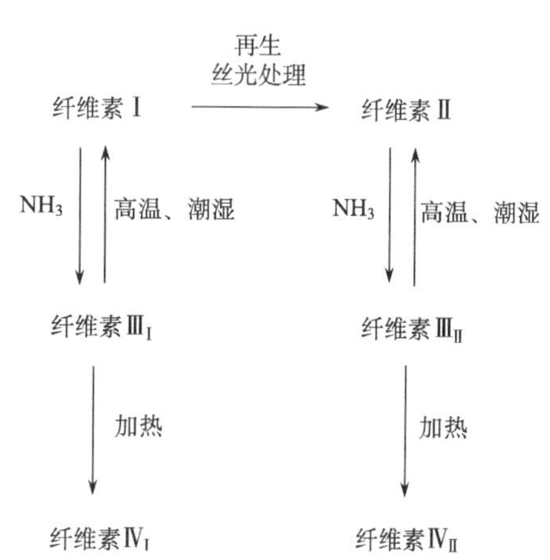

图 2-18 纤维素晶型间的转化条件

2.3　纤维素的理化特性

2.3.1　纤维素的润胀与溶解

2.3.1.1　分子结构和溶解性

作为一种广泛可得、可再生的生物聚合物，纤维素通常与木质素和半纤维素结合在一起，储存于植物的细胞壁中。从单个的D-吡喃型葡萄糖单元到微纤丝和粗纤丝，纤维素始终以一个极其紧密和层次高度清晰的模式进行组装。其中，氢键作用被认为是纤维素分子之间最基础的结合力[155]。最近的研究强调纤维素具有双亲性(图2-19)[156, 157]。纤维素的吡喃型葡萄糖环的平面方向上有三个羟基，因此具有亲水性。然而，吡喃型葡萄糖环的轴线方向上有多个C—H键，因此具有疏水性。具有各向异性的纤维素分子通过氢键作用，形成平坦的带状结构，且在不同方向上极性具有显著差别[158-160]。这一特殊结构对纤维素材料的微观特性(如相互作用)和宏观特性(如溶解性)均有重要影响。作为一种半结晶的聚合物，纤维素以多种形式存在于植物的细胞壁中，如低序的非结晶区和高序的结晶区。纤维素的结晶度取决于纤维素的来源和预处理方式，通常为40%～60%[155]。颇为有趣的是，自然界中广泛存在的平行排列的纤维素Ⅰ型结构并不是最稳定的纤维素晶体结构。经过溶解和再生后，纤维素由纤维素Ⅰ型转变为纤维素Ⅱ型，从平行排列转变为反平行排列，晶体结构反而更加稳定[161, 162]。研究人员发现，上述晶型的转变只涉及分子的平移运动[163]，具体的转变过程仍有待进一步研究。

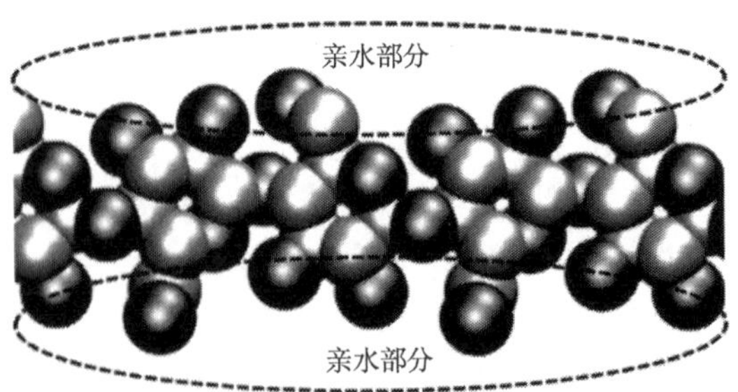

图2-19　纤维素的分子结构图(黑色为氧原子，灰色为碳原子；为表示清晰，氢原子未画出)，上图为侧视图，下图为俯视图。亲水部分和疏水部分均用椭圆形虚线标出

纤维素除了以天然形态(如木材、棉花等)进行直接利用，还可以从生物质材料中分离出来后，用于造纸或者一些更小范围的特殊应用(如莱赛尔纤维和黏胶纤维)。纤维素也可以经由化学法、酶催化法或微生物法进行修饰，得到新的纤维素衍生物。大规模地制备纤维素衍生物(主要包括醚化物和酯化物)和再生纤维素材料(如纤维素薄膜、食品包装袋、海绵等)常见于制膜、聚合物、涂料等行业[155]。

许多纤维素的重要应用都涉及纤维素的溶解这一步骤，然而这一步骤通常具有显著的挑战性。纤维素材料具有复杂的生物网络、局部的结晶结构和分子间非共价相互作用，因此不易对纤维素材料进行化学加工。纤维素既不是可熔化的，也不溶于普通的水或有机溶剂。

当前学术界的主流理论是将纤维素的溶解归因于溶剂分子能够破坏纤维素的分子内和分子间的氢键网络[164]。然而，纤维素分子间的其他相互作用对纤维素溶解的影响通常被忽略了。最近的研究揭示了纤维素具有双亲性，其中纤维素分子间的疏水相互作用对于纤维素的溶解效果有明显的影响[156, 157]。实际上，一些模拟计算的结果也证明了纤维素分子间的疏水相互作用有助于维持纤维素结晶结构的稳定性。根据低聚物的自由能模拟实验，研究人员估算出单个葡萄糖残基的疏水堆叠作用的能量贡献可达 2.0kcal/mol①，而估算出的氢键作用的能量贡献大约是疏水堆叠作用的八分之一[165]。

从热力学的角度来看，聚合物(如纤维素)在溶剂中的溶解过程由自由能控制[166]。当自由能变为负值时即代表溶解过程将会自发进行。聚合物的分子量越高，溶解过程中的熵驱动力越弱[167]。然而，聚合物的溶解是由动力学而非热力学控制的。理想的纤维素溶剂必须能够克服溶剂和纤维素相互作用过程中熵变较低的问题。由于纤维素是一种双亲性的物质，因此针对纤维素新溶剂的开发不仅需要着眼于消除纤维素的分子内和分子间氢键，还需要消除纤维素分子间的疏水相互作用。

纤维素的润胀过程通常要先于溶解过程。在润胀过程中，溶剂分子通过不同程度地克服大分子间的相互作用来诱导纤维素的分子有序度发生改变。此外，纤维素分子间的相互作用也可以通过化学衍生的手段来改变。当置于润胀剂中时，天然的纤维素纤维沿着纤维方向能够产生一些非常规的润胀现象。最有趣的润胀现象当属“充气”润胀现象(通常发生在碱性润胀剂中)，该现象沿着纤维方向选择性地出现在一些区域中(图 2-20)。“充气”润胀现象最早由 Nägeli 于 1864 年发现。之后，一些研究人员(如 Cuissinat 和 Navard)也对该现象进行了研究[168]。

① kcal/mol 为非法定计量单位，1kcal/mol=4.182kJ/mol。

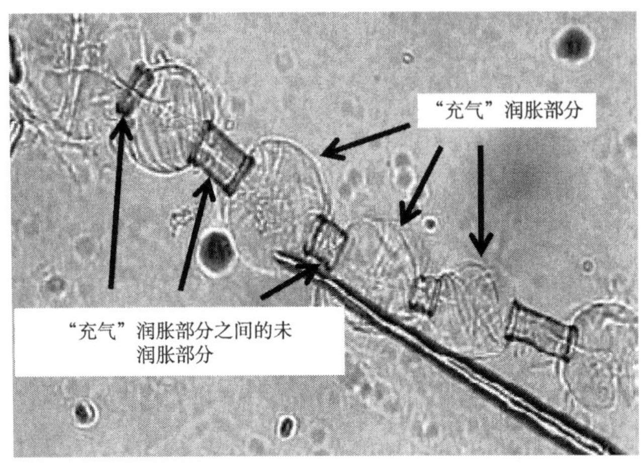

图 2-20　木纤维在 8wt%的氢氧化钠溶液中发生“充气”润胀现象的偏光显微照片

纤维素的结晶区和非结晶区都能够受到纤维素溶剂的影响。然而，纤维素的非结晶区由于具有较高的自由能，更易于溶剂分子浸入[157]。因此，在纤维素溶解之前，可采用一些活化手段将有序度更高、不易浸入的结晶区转化为低序、更易浸入的非结晶区。这一结构改变可促进溶剂分子浸入纤维素分子链[163]。目前，除了一些具有明显证据的案例，纤维素的结晶度对纤维素溶解效果的影响仍存有争议。例如，在特定的纤维素溶剂中，剑麻浆的溶解效果要好于棉短绒，这是由于剑麻浆的结晶度和结晶尺寸都低于后者。棉短绒经过预处理(如丝光处理)后溶解度显著增加，这一现象也是由于棉短绒的结晶度和平均结晶尺寸下降[169]。丝光处理通常是在浓碱液中进行，旨在提高纤维素的润胀性和溶剂分子的可浸入性。很多溶剂已被报道只具有润胀纤维素的功能，而不具备完全溶解纤维素的能力[163]。实际上，成分、温度、pH、含水量等因素的微小变化也可能会使一种有效的纤维素溶剂转变为无效溶剂(有时甚至失去基本的润胀能力)。在大多数情况下，纤维素不可能溶解至单个分子的层面，而是形成一种稳定的胶态分散体。该分散体是由数百根纤维素链所组成的有序聚集体，为具流苏的胶束。核心为圆柱状，由高度有序、排列整齐的纤维素链组成。同时，两个球形的冠状物环绕在该圆柱状核心的末端[170]。对于几乎所有已知的纤维素溶剂体系，要想达到分子级的分散状态仍是极具挑战性的。与非聚合物材料不同，聚合物的溶解速率很慢，且由聚合物链的解缠结速率或聚合物链向聚合物/溶剂界面毗邻的边界层扩散的速率所决定[171]。在溶剂中，纤维素首先转变为解离态，这使得纤维素链可以从纤维素基质迁移至溶剂中。该迁移过程通常取决于纤维素材料四周溶剂分子的对流效果。该对流过程可以首先剥离纤维素主颗粒附近的纤维素链，并引入新的溶剂分子继续浸入纤维素主颗粒。对流过程的另外一个主要作用是避免正在溶解的纤维素周围出现黏性的聚合物层，这种聚合物层通常会阻碍新的溶剂分子接触纤维素。

2.3.1.2　纤维素溶剂

根据 Lewis 酸碱理论，当未经化学修饰的纤维素直接用于溶解时，这种纤维素的溶解过程可以看作是一个酸碱反应过程，纤维素既能充当酸也能充当碱[172]。此外，当使用极性或者电离度有限的有机溶剂时，上述的酸碱反应概念则变得无足轻重[173]。根据上述理论，不难发现电子供体和受体之间的相互作用是溶解纤维素的驱动力，即纤维素羟基的氧原子和氢原子可以与溶剂或者溶剂的某些组分发生作用。Turbak 等将已知的纤维素溶剂系统性地分成了四种[174]。其中典型的两种分别为纤维素在碱溶剂中作为酸，而在酸溶剂中则充当碱。另外两种分别为纤维素作为配体与溶剂发生相互作用(溶剂充当配位剂)和纤维素作为活性物质(已进行化学修饰转变为可溶的衍生物或者中间体)。之后，Philipp 等又将这一分类改进成衍生化、非衍生化、水系溶剂和非水系溶剂四种[175]。

衍生化溶剂体系是指纤维素的溶解是通过共价修饰而产生不稳定的醚类、酯类或缩醛类中间体的溶剂体系。大量的纤维素溶剂均遵循这一概念，即首先产生不稳定的纤维素衍生物，随后转化为再生纤维素[173]。最先尝试完全溶解纤维素的实验可追溯至 170 多年前，且所用的纤维素溶剂属于衍生化溶剂体系。1845 年，Schoenbein 在合成炸药的实验中偶然发现在含有硝酸和硫酸的混合溶液中形成了硝化纤维素。纤维素的硝化修饰还可以采用另一种极具毒性的溶剂来实现，即 *N,N*-二甲基甲酰胺和四氧化二氮的混合物。19 世纪末，研究人员发现了黄原酸纤维素，它的制备方法涉及黏胶法的基本过程[176]。这一可溶的中间体是采用碱和二硫化碳处理棉花或木浆所得到的。该纤维素衍生物可在硫酸或者硫酸盐溶液(也被称为 Mueller 凝固浴)中进行再生处理得到纤维素产品。不考虑副产物所带来的环境问题和二硫化碳的挥发性，黏胶法可称作是一种重要的形成纤维素产品的方法。在特定条件下，纤维素与尿素反应可生成纤维素氨基甲酸酯[177]。这一有趣的产物为黏胶法制备黏胶纤维提供了新的选择。此外，醋酸纤维素[178]、甲酸纤维素[179]和二氯醋酸纤维素[180]也是一些典型可溶的纤维素中间体，也是通过复杂的衍生化溶剂所制得的。在各式各样的质子酸中，研究人员发现磷酸(85%)针对木浆和棉花具有最佳的溶解效果，该溶解过程涉及酯化反应形成磷酸纤维素[181]。纤维素的衍生化溶剂体系包含有大量的各种各样的有趣溶剂，感兴趣的读者可以查阅 Klemm 等[155]和 Liebert[173]等研究人员的相关综述进行深入的研究和学习。

非衍生化溶剂体系是指在溶解纤维素的过程中只涉及分子间相互作用的溶剂体系。1857 年，Schweizer 发明了一种具有重要历史意义的和实际应用价值的纤维素溶剂。该溶剂由铜盐和浓氨水组成，能有效溶解纤维素材料(如棉花)。50 年后，研究人员发现乙二胺可以有效地代替铜氨溶液中的氨水，且发明了一系列新的混合溶剂（如氢氧化镉/乙二胺和氧化镍/乙二胺溶液）[182]。已报道的一些其他相似溶剂均是由过渡金属化合物和胺类/氨基化合物所组成的。然而，这些溶剂在商业上都没有获得完全成功[135, 174]。此外，将三氯化铁、酒石酸二水合物和氢氧化钠在冷水中混合，可得到一种能完全溶解纤维素的溶剂。虽然该溶剂针对纤维素的溶解速率较慢，但是纤维素在该溶剂中的降解程度非常微小。

Sobue 等[183]证实当温度低于 268K 时，纤维素可溶于 7wt%～10wt%的氢氧化钠水溶液。这一溶剂相对廉价、无污染、易操作。将纤维素溶于氢氧化钠水溶液中这一构想最先是由日本科学家提出的[184, 185]。然而，碱性的水溶液通常不能完全破坏纤维素的半结晶结构，且该溶解过程仅限于聚合度相对较低的纤维素材料（DP<200）。其他的一些碱溶液（如二甲基二苄基氢氧化铵和三甲基苄基氢氧化铵）也具有溶解纤维素的能力[135, 163, 174]。近年来，研究人员将氢氧化钠水溶液与一些添加剂（如聚乙二醇、尿素和硫脲等）相混合，得到了一系列溶解效果更佳的纤维素溶剂[164, 186, 187]。据报道，9wt%的氢氧化钠和 1wt%的聚乙二醇混合溶液能够完全溶解高聚合度的纤维素材料（DP=800），且纤维素的含量高达 13wt%[186]。此外，武汉大学张俐娜团队也在尿素/氢氧化钠和硫脲/氢氧化钠溶剂方面开展了大量的研究工作。Jin 等认为尿素/硫脲/氢氧化钠三元溶剂体系相对于尿素/氢氧化钠和硫脲/氢氧化钠二元溶剂体系能够溶解更多的纤维素，且所得的纤维素溶液更加稳定，不易转变为凝胶[188]。除了上述溶剂，熔融态的无机盐水合物在溶解纤维素上的应用也受到了广泛关注[189]。根据 Turbak 等的分类，纤维素可作为碱被质子化或作为路易斯酸提供孤对电子。在这一理论背景下，金属熔融盐可被证明具有溶解纤维素的能力，金属阳离子作为路易斯酸能够为纤维素的溶解提供主要驱动力[137]。1932 年，Letters 研究了纤维素在氯化锌水溶液中的润胀和溶解效果，发现当溶剂中氯化锌的含量高达 63wt%时纤维素才会发生溶解[190]。Lukanoff 等[191]调查了 NaSCN/KSCN 共晶熔体和 NaSCN/KSCN/$Ca(SCN)_2 \cdot 3H_2O$ 共晶熔体针对纤维素的溶解能力。研究表明，只有 NaSCN/KSCN 与 $Ca(SCN)_2 \cdot 3H_2O$ 或二甲基亚砜混合时，才具有溶解纤维素的能力。Leipner 等[192]报道了熔融态的 $LiClO_4 \cdot 3H_2O$ 能够在短短的几分钟内获得透明的纤维素溶液，且不需要任何的预处理或者活化处理。此外，$LiClO_4 \cdot 3H_2O$ 和 $Mg(ClO_4)_2 \cdot H_2O$ 混合物也是一种极具潜力的纤维素溶剂。

非水系纤维素溶剂与纤维素的有机化学紧密相关。由于纤维素溶剂的种类繁多，因此可能的组合数量也非常庞大。从历史的角度来看，将一些简单的无机化合物（如液态二氧化硫和液氨）与适合的铵盐相组合，即可得到两个大类的非水系纤维素溶剂体系[135]。在第一类非水系纤维素溶剂体系中，最典型的当属极性有机溶剂、二氧化硫和脂肪胺或脂环胺的混合物[193]。其中，二氧化硫也可以采用氯化亚砜代替。极性有机溶剂包括 *N,N*-二甲基甲酰胺、二甲基亚砜、*N,N*-二甲基乙酰胺、甲酰胺等。在各种可能的组合中，二甲基亚砜/二氧化硫/二乙胺是一种效果较好的混合溶剂[194]。第二类非水系纤维素溶剂是由含氨基成分的物质与极性有机溶剂和无机盐所组成的，如液氨/氯化钠/二甲基亚砜和乙二胺/碘化钠/*N*,*N*-二甲基甲酰胺[193]。双组分的硫氰酸盐和某些特殊物质的混合物也是一种良好的非水系纤维素溶剂。例如，液氨/NH_4SCN[195]、肼/硫氰酸盐[136]、水合肼/硫氰酸盐和乙二胺/硫氰酸盐[196, 197]均能完全溶解纤维素。二甲基亚砜与一些特殊物质混合，也可用于溶解纤维素[193]，如二甲基亚砜/甲胺、二甲基亚砜/KSCN、二甲基亚砜/$CaCl_2$、二甲基亚砜/甲醛和二甲基亚砜/四丁基氟化铵。据报道，二甲基亚砜/四丁基氟化铵可在室温下快速溶解高聚合度的纤维素材料(DP=650)，且不需要任何的预处理[198]。另一种值得一提的纤维素溶剂是乙二胺/KSCN，该溶剂溶解纤维素的过程易于操控，且同样不需要任何的前期处理[199]。基于锂盐的非水系纤维素溶剂对于分析纤维素和制备各式各样的纤维素衍生物也同样重要。在该类溶剂中，Mccormick 等发明的 *N*,*N*-二甲基乙酰胺/LiCl 混合溶剂颇具盛名[200]。此外，对于单组分的纤维素溶剂，高温高压下的肼、叔胺 *N*-氧化物和 *N*-烷基吡啶卤化物是比较典型的[135]。*N*-甲基吗啉-*N*-氧化物(NMMO)水溶液能溶解高达 23wt%的纤维素[201]。该溶解过程已经在工业上用于大量生产莱赛尔纤维，但是该过程仍存在一些问题(如溶剂不稳定、再生纤维趋于原纤化等)[173]。

离子液体是不对称的有机熔融盐，在室温或接近室温下呈现液态[202]。离子液体含有裸离子、配位离子和超分子离子，是不含挥发性液体的溶剂体系。离子液体具有以下特性：热稳定性好、溶解能力强、零蒸气压、黏度合适、电导率高、催化性强，可广泛应用于有机合成、萃取分离、电化学、纳米材料制备、清洁燃料生产、环境科学等领域[203]。早在 1934 年，Graenacher 就发现熔融的 *N*-乙基吡啶氯盐可以溶解纤维素[204]。直到 2002 年，美国 Alabama 大学的 Rogers 等[205]率先开展了离子液体用作纤维素溶剂的研究，且发现 1-丁基-3-甲基咪唑氯盐(BMIMCl)离子液体可溶解纤维素，为纤维素溶剂体系的开发研究开辟了一个新领域。此外，离子液体的黏度较大，价格昂贵，存在反应物的提取、分离困难等难题，很大程度上也限制了它的应用。

2.3.1.3　溶解机理

在过去的 150 年里，研究人员发现了诸多具有不同理化特性的纤维素溶剂。溶剂组分、水介质或有机介质、温度、pH 等是影响纤维素溶解效果的重要因素。同时，纤维素在不同溶剂体系中的溶解机理也与这些影响因素紧密相关。下文将简要列举一些典型的纤维素溶剂的溶解机理。

根据已发表的相关文献，大多数的研究人员均认可纤维素溶解的必要条件是溶剂具备消除纤维素分子内和分子间氢键的能力。使聚合物带电(即离子化)通常有助于该聚合物的溶解。因此，在 pH 偏高或者偏低的溶剂中，纤维素更易于溶解且更易于被溶剂分子渗透。在氢氧化钠溶液中，针对纤维素溶解的主要观点是氢氧化钠可以与水分子形成水合物并破坏纤维素分子内和分子间的氢键结合[206]。这些氢氧化钠水合物可以与每个葡萄糖单元上的一个或两个羟基相结合，纤维素的非结晶区将首先发生溶解。然而，氢氧化钠溶液仅限于溶解聚合度相对较低的纤维素，且它能有效溶解纤维素的浓度范围非常窄，这与氢氧化钠水合物的尺寸紧密相关。当氢氧化钠溶液的浓度较低时，氢氧化钠水合物的尺寸相对较大，以至于不能渗透进入由纤维素分子致密堆叠的结晶区[207]。此外，氢氧化钠溶液中添加剂(如氧化锌、尿素和硫脲等)的作用时至今日仍具争议。有文章报道，氧化锌在氢氧化钠中可转变为稳定的 $Zn(OH)_4^{2-}$，且随后与纤维素形成较强的氢键结合[208]。在氢氧化钠溶液中，另一个重要的变量是溶解温度。为了解释纤维素溶解过程中的温度相关性，研究人员基于纤维素的构象变化提出了一些猜想。在相对较高的温度下，聚合物的极性下降，这也使得纤维素与极性溶剂的相互作用下降。相反，当温度较低时，聚合物转变为极性更高的构象，同时纤维素与极性溶剂的相互作用也随之提高(图 2-21)[157]。

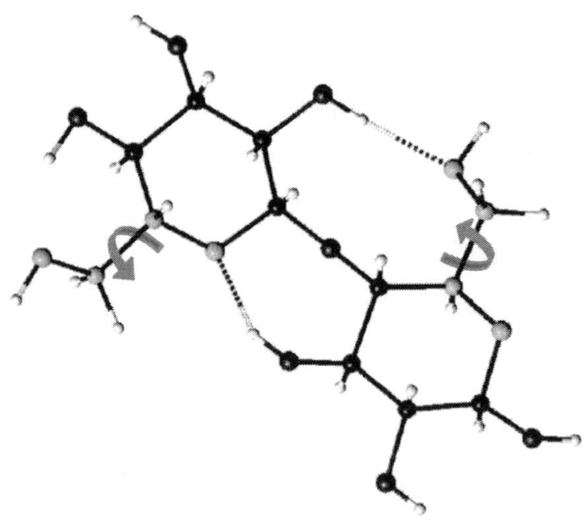

图 2-21　纤维素分子的部分片段。C—C 键(弯曲箭头处)周围可发生构象变化的 $O—CH_2—CH_2—O$ 片段已采用灰色标记。温度较低时，该片段可转化为极性较高的构象，促进与极性溶剂的相互作用；温度较高时，该片段转化为极性较低的构象，使得与极性溶剂的相互作用下降，导致溶解度降低

对于 NH_3/NH_4SCN 溶剂，相对于恒定的高/低温环境，研究人员发现连续的温度变化循环(冻、融处理)更有利于纤维素的溶解。基于固体交叉极化魔角旋转 ^{13}C 核磁共振法和 X 射线衍射分析，该溶解机理涉及纤维素分子内和分子间氢键

网络的破坏及纤维素晶型的逐渐转变(从纤维素Ⅰ型转变至纤维素Ⅱ型、Ⅲ型，最终转变成无定形态，即形成纤维素溶液)[195]。

正如前面提到的，NMMO 作为一种有机溶剂已经成功用于工业生产纤维素纤维。NMMO 溶剂的活性成分为 NO 基团，具有强偶极性。该基团上的氧原子能与纤维素的葡萄糖单元形成一个或两个氢键。研究人员认为，纤维素分子间氢键的断裂和纤维素羟基与 NMMO 的 NO 基团形成更强的氢键结合(该结合物具有可溶性)是纤维素溶于 NMMO 溶剂的主要机理(图 2-22)[135]。

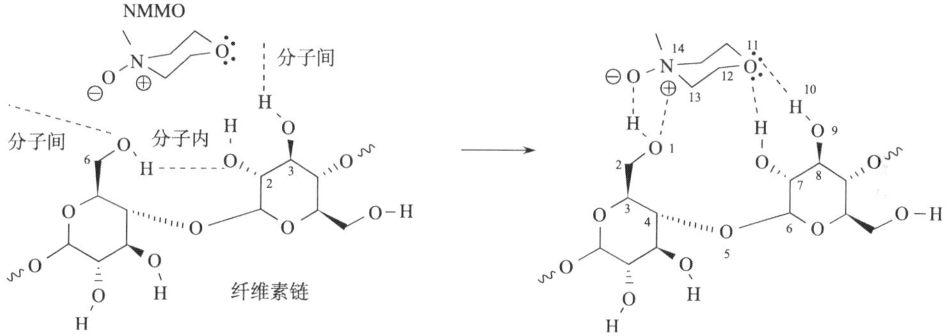

图 2-22 纤维素溶于 NMMO 溶剂的机理图。纤维素的分子间氢键发生断裂，NMMO 与纤维素的葡萄糖单元形成更强的氢键连接

对于有机/无机混合的纤维素溶剂(如 LiCl/*N,N*-二甲基乙酰胺)，研究人员提出了多种溶解机理。针对 LiCl/*N,N*-二甲基乙酰胺溶剂，Dawsey 和 Mccormick 指出，LiCl 溶解在 *N,N*-二甲基乙酰胺中形成大阳离子$[Li(DMAc)]^+$和游离的 Cl^-，纤维素分子链上的羟基先与 Cl^-形成氢键以打开原晶区的氢键网络，Cl^-再与$[Li(DMAc)]^+$成键，通过电荷-电荷排斥作用和大体积效应增强溶剂向纤维素晶区的渗透，进而溶解纤维素[137]。这一溶解过程可看作是一个聚电解质效应，聚合物分子由于电荷排斥而发生分离。该聚电解质效应机理也同样适用于四丁基氟化铵/二甲基亚砜溶剂。根据核磁共振数据解析，四丁基氟化铵中的氟离子具有极高的电负性，能够作为纤维素羟基的氢键受体，从而破坏纤维素分子间的氢键结合。与氟离子结合的纤维素链带有负电荷，在电荷排斥的作用下发生分离、溶解[209]。

对于熔融盐体系，纤维素溶解的关键在于纤维素的羟基是否与锂离子发生了配位。^7Li 核磁共振研究证明锂离子与纤维素羟基发生了直接作用[210]。之后，研究人员采用 ^{13}C 高分辨核磁共振探究了由几种熔融盐水合物所溶解的纤维素溶液。结果表明，与 $NaOH/H_2O$ 和 LiCl/*N,N*-二甲基乙酰胺所制得的纤维素溶液相比，这些熔融盐水合物所溶解的纤维素溶液的 ^{13}C 化学位移具有明显差异[211]。该现象可以由纤维素-溶剂间相互作用的强度差异来解释。明显地，纤维素-溶剂间作用强度的差异对再生纤维素材料的一些特性(如结晶度和宏观形貌)具有显著影响，这些特性与使用的熔融盐溶剂的种类紧密相关。此外，对于含锂离子的熔融盐水合物，当锂核的屏蔽作用较小时，该溶剂则不具备溶解纤维素的能力。以 $LiClO_4 \cdot 3H_2O$ 熔融盐为例，其溶解纤维素的能力主要是归因于熔融盐中的锂离子能与纤维素葡萄糖单元上的羟基发生配位。$LiNO_3 \cdot 3H_2O$ 是一种非纤维素溶剂，其不溶解纤维素的原因可能是由于锂离子的配位空间易于被水分子占据，因此不会再与纤维素羟基发生配位。熔融盐体系中的阴、阳离子结合控制着液体的特定结构，从而控制着其对纤维素的溶解能力。几乎所有的熔融盐溶剂均含有锂离子或锌离子。然而，并非所有含有锂离子或锌离子的熔融盐水合物均具有溶解纤维素的能力。

熔融盐中的水分子也是纤维素溶解的关键因素之一。例如，$LiCl \cdot 5H_2O$ 对纤维素润胀的效果极差。然而，$LiCl \cdot 2H_2O$ 却可以无限润胀纤维素[189]。同样，$ZnCl_2 \cdot 4H_2O$ 对纤维素润胀的效果也比较差，但 $ZnCl_2 \cdot 3H_2O$ 却能有效地溶解纤维素(可充分溶解 5.5wt%的细菌纤维素)[212]。这些现象发生的原因可能是纤维素分子能够争夺特定阳离子配位层上的水分子，这些配位水分子最终被纤维素的羟基所取代从而导致纤维素发生溶解[192]。除了探究熔融盐中具有强极性的阳离子(即锂离子和锌离子)与可极化的大阴离子和纤维素间的作用机理，其他影响纤维素溶解的因素也值得深究。我们已经探讨了熔融盐溶剂体系中的成分、水分子含量、配位层的水合作用均是影响纤维素溶解的重要因素。除了这些影响因素之外，酸度也是决定纤维素溶解的一个关键因素。为了有效地溶解纤维素，熔融盐水合物必须具有相对高的酸度[189]。研究人员探究了 $ZnCl_2/H_2O$ 和 $LiClO_4/H_2O$ 熔融盐的酸度，结果表明它们的酸度与一些无机酸的酸度相近[213]。

为了探究纤维素在离子液体中的溶解机理，研究人员开展了大量的实验和模拟计算，然而具体的溶解机制仍不完全清楚。当前，针对离子液体与纤维素间作用方式的主要观点可归纳为如下两种：

(1)纤维素的溶解过程是由阴离子与纤维素的相互作用所调控的，阳离子未发挥作用；

(2)纤维素的溶解是由于纤维素羟基与离子液体的阴、阳离子的共同作用。

探究纤维素在离子液体中溶解机理的文献非常多，本节仅列举若干典型案例。在 1-丁基-3-甲基咪唑氯盐溶剂中，核磁共振研究证明氯离子与纤维素羟基发生了相互作用[214]。同时，该体系中的阳离子与纤维素形成了氢键连接[215]。此外，也有研究人员通过核磁共振弛豫实验表明，1-丁基-3-甲基咪唑氯盐溶剂的高氯含量和高活性是溶解纤维素的关键因素，但是咪唑鎓盐部分并没有在纤维素溶解过程中发挥作用。Sashina 等[216]认为，即使溶剂中的阳离子没有直接与纤维素发生作用，但由于空间位阻作用，它的存在可能阻碍了溶解后的纤维素链间的相互作用。

在后续研究中，一些研究人员证实了离子液体中的阴、阳离子均在纤维素的溶解中起到关键作用。他们以纤维二糖和 1-乙基-3-甲基咪唑乙酸盐为研究模型，采用核磁共振进行了研究分析。结果表明，1-乙基-3-甲基咪唑乙酸盐中的阴、阳离子均能与纤维二糖的羟基形成氢键[217]。作用机制可简单表述为：体积相对较小的乙酸盐可作为氢键受体攻击纤维素的羟基，而体积相对较大的 1-乙基-3-甲基咪唑阳离子（$[EMIM]^+$）可以与空间位阻较小的羟基上的氧原子连接。通过计算机建模的手段，也证实了离子液体中的阳离子在纤维素的溶解过程中起到了重要作用[218]。最近，Rabideau 等[219]发现了纤维素溶于几种离子液体的共同机制。他们认为，离子液体中的阴离子与纤维素链的表面羟基发生强烈结合，这使得纤维素链内的氢键结合变弱，也降低了纤维素链的刚性。同时，阴离子与纤维素链的表面羟基间的结合也将纤维素转变为电负性物质。与四丁基氟化铵/二甲基亚砜和氯化锂/*N*,*N*-二甲基乙酰胺溶剂相似，在电荷排斥作用下，电负性的纤维素链发生彼此分离。此外，离子液体中的阳离子可插入纤维素链间，提供空间位阻，使得纤维素链彼此间进一步分离。

根据 Cho 等[215]的研究，离子液体中不可能只有阴离子或只有阳离子与纤维素的葡萄糖残基发生相互作用，离子液体中的阴、阳离子与葡萄糖残基的作用均在纤维素的溶解过程中起到至关重要的作用。此外，如果更换离子液体溶剂中的阳离子或阴离子，很可能会对溶剂溶解纤维素的能力产生巨大影响。当给一些良好的氢键受体阴离子配上某些特定的阳离子时，会使该溶剂失去原有溶解纤维素的能力。例如，将 1-丁基-3-甲基咪唑氯盐中的 1-丁基-3-甲基咪唑阳离子（$[BMIM]^+$）更换成吡咯烷鎓或者哌啶鎓阳离子，新生成的溶剂则不具备溶解纤维素的能力。如果将 1-丁基-3-甲基咪唑氯盐中的氯离子更换成双三氟甲磺酰亚胺阴离子（$[Tf_2N]^-$），同样也会使溶剂失去溶解纤维素的能力[220]。最近，Pinkert 等提出了一个一般性的纤维素溶解理论。该理论认为所有非衍生化溶剂均遵循一个相似的溶解模式[221]，即理想的纤维素溶剂均能将它们的离子成分或者强极性分子排列成积极有利的几何形状（即环形）。这种排列形式能够使溶剂成分与纤维素分子间形成更具稳定竞争力的氢键连接（图 2-23）。

离子液体的另一个颇具魅力之处在于它们的不对称性。与表面活性剂相似，离子液体也能在水中形成胶束[222]。然而，之前在探讨纤维素溶解机理的过程中，通常并未把离子液体双亲性的影响考虑在内。由于纤维素也具有双亲性，因此离子液体的双亲性对纤维素溶解的影响值得深入探究。纤维素分子的非极性平面在溶解过程中彼此间会配对成疏水的片状结构，这种相互作用的主要驱动力并不仅仅是分子间作用力[223]。Medronho 等和 Lindman 等强调了溶剂分子扰乱纤维素分子间的疏水缔合对纤维素溶解的重要性[156, 157]。他们认为，具有双亲性的聚合物在双亲性溶剂中有更好的溶解效果。相似地，一些氢氧化钠溶剂中的添加剂成分

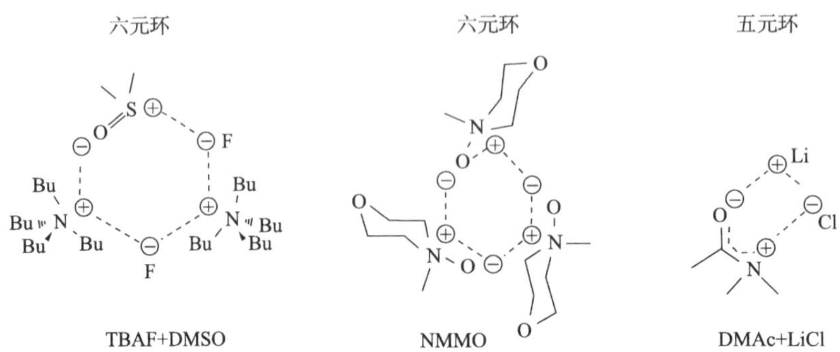

图 2-23　几种非衍生化溶剂的循环排列猜想：四丁基氟化铵+二甲基亚砜、*N*-甲基吗啉-*N*-氧化物和 *N,N*-二甲基乙酰胺+氯化锂

(如聚乙二醇、尿素、硫脲等)也能削弱纤维素分子间的疏水缔合，从而促进纤维素的溶解。此外，最近以 1-乙基-3-甲基咪唑乙酸盐和纤维素低聚物为研究对象的分子动力学模拟实验也证明了阳离子通过疏水作用与纤维素紧密接触[224]。

2.3.1.4　小结

根据上述针对纤维素溶解的研究概述，可以看出研究人员采用了多种角度来分析、解释纤维素的溶解机理。此外，由于具备溶解纤维素能力的溶剂种类相当繁多，因此很难总结出一个通用性的描述。虽然不同的溶剂体系针对纤维素的溶解机理差别较大，但根据一些简单的性质(如溶解度)对这些溶剂进行分类也具有重要意义。

纤维素的溶解度是由熵(特别是转换熵和构型熵)和焓所决定的。离子聚合物的转换熵通常要高于非离子聚合物。因此，通过向溶液中加入酸或碱，使纤维素发生质子化或去质子化，可以有效地润胀和溶解纤维素。同时，某些特定的金属氧化物也能诱导纤维素发生溶解。有效的离子化修饰不仅是由于离子化状态的改变，还可能是由于离子的吸附和结合。当非离子聚合物(如聚乙二醇和纤维素衍生物)与离子发生结合时，其溶解度显著增加。大阴离子(如碘离子)能够增加非离子型大分子的溶解度，而具有高电荷密度的小离子则会产生相反的效果。双亲性的纤维素分子在葡萄糖单元的轴线方向上具有强疏水性。消除纤维素分子间的疏水缔合无疑有益于纤维素的溶解。研究人员发现尿素能够促进纤维素的溶解。尿素具有比水更低的极性，因此能够在水溶液中消除纤维素的疏水缔合。其他具有适中极性的物质(如聚乙二醇、尿素衍生物等)也具有相似的作用，可以提高纤维素溶液的稳定性。

综上所述，纤维素溶剂在纤维素的研究和发展进程中发挥着重要作用。希望本节内容能帮助读者在分子层面上理解纤维素的溶解机理，认识纤维素溶解过程中多重作用间的微妙平衡。

2.3.2　纤维素的酸水解

2.3.2.1　传统的纤维素酸水解方法

20 世纪以来，研究人员发明了多种酸水解纤维素的途径(表 2-2)[225]。在过去的 100 年以来，虽然许多研究人员都将纤维素水解作为研究的主题，但纤维素水解在工业上却远不如油气催化裂化发展迅猛[226]。这也揭示了纤维素水解过程的成本效益并不高，难以获得工业上的成功。

表 2-2　传统的纤维素酸水解途径

年份	途径	类型	温度/℃	参考文献
1920	Scholler	稀硫酸	170	[227]
1937	Bergius	浓盐酸	25	[228]
1945	Madison	稀硫酸	180	[230]
1960	Noguchi	盐酸气体	45	[231，232]
1978	Grethlein	稀硫酸	240	[234]
1983	Hoechst	无水氢氟酸	40	[232，238]
1985	两阶段	稀硫酸	170(第一阶段) 190(第二阶段)	[235]

Scholler 水解法发明于 1920 年，是最早的酸水解纤维素的方法[227]。该方法是采用 0.5wt%稀硫酸流过装有压实碎木屑的衬砖过滤器。酸溶液在过滤器中保持 45min，温度和压力分别设定为 170℃和 20bar①。随后，将稀的糖溶液从过滤器中分离出来，再经由冷却、中和等处理即可得到发酵糖。发酵糖的产量可达 50%左右，剩余 50%的物质为部分水解的低聚糖和呋喃衍生物。

对于 Bergius 水解法，纤维素的水解过程是在室温下 40wt%的浓盐酸(约 12mol/L)中进行的[228]。在该条件下，生物质原料中的纤维素和半纤维素发生溶解，但木质素成分依然保持不溶。在数小时内，纤维素可水解成低聚糖和葡萄糖，且不会形成大量的脱水产物。半纤维素也发生水解，产物以低聚物为主，如甘露糖、木糖、半乳糖、葡萄糖和果糖。这些水解产物中还含有浓度为 1wt%～2wt%的盐酸，再经过 120℃加热 0.5h 即可得到发酵糖。通过 Bergius 水解法，一吨干燥木料最终可转化为 320L 乙醇(95%)。然而，高昂的耐腐蚀性设备和盐酸回收设备是阻碍该技术应用于工业的主要缺陷。

① bar 为非法定单位，1bar=100kPa。

也有研究人员采用浓度为 6～7mol/L 的盐酸来水解纤维素[229]。在该反应过程中，研究人员添加 $CaCl_2$(1.6mol/L)或 LiCl(6mol/L)来辅助纤维素的水解，水解温度设定为 90℃。该水解过程的葡萄糖产量高达 85%。研究人员指出，添加的金属盐对纤维素纤维的润胀作用是提高水解产量的关键因素。

Madison 水解法是采用 0.5wt%的 H_2SO_4 在 150～180℃下连续流过木料[230]。这种连续处理方法相对于 Scholler 水解法更加高效，因为该反应过程中的水解产物在高温下的滞留时间非常短。该条件下，降解产物的形成明显减少。根据研究人员报道，该方法 2.8h 内即可产生糖类产物。1 吨干燥、无皮的道格拉斯杉木料可有效产生 244L 乙醇(95%)[230]。

Noguchi 水解法是采用气态盐酸[231, 232]。气态盐酸吸附在干燥的木料上能够诱发半纤维素的水解。预水解过程是通过在 100～130℃下引入气态盐酸来进行的。逆向的水流能够提取半纤维素水解所产生的糖，木料随后通过热空气烘干。干燥的木料通过与冷的气态盐酸相接触，有利于提高木料中的酸浓度(可达 42%)。随后，木料在与盐酸的接触下被加热至 45℃，使得水解过程完全进行。根据研究人员的报道，该方法能够将原料中 90%可利用的碳水化合物转化为糖类物质[232]。此外，研究人员也报道了一些类似的采用高压下盐酸水解木料以制备糖类物质的方法[232, 233]。

Grethlein 等[234]报道了一种采用等温活塞流反应器进行木料糖化的方法。使用 1wt%的硫酸水溶液在 240℃下连续反应，可以得到至少 50%的潜在的葡萄糖，且产物的滞留时间非常短(仅为 0.22min)。这种等温活塞流反应器以稳定、连续的状态抽取浓度在 10wt%～30wt%范围内的纤维素浆料，并进行加热、酸混合及冷浸。几年后，Harris 等[235]发明了一种“两阶段”稀酸水解纤维素的方法。在该方法中，木料的糖化依旧采用的是稀硫酸，但是研究人员引入了“两阶段”的水解概念。在纤维素水解前将木料的半纤维素成分抽提出来，有利于得到高纯度的葡萄糖。在第一阶段，半纤维素在相对温和的条件下(170℃，0.4wt% H_2SO_4)发生水解。在第二阶段，相对于半纤维素更加稳定的纤维素在更加严酷的条件下进行水解(190℃，0.8wt% H_2SO_4)。水解产物经中和、提纯(去除糠醛和其他酵母抑制剂)[236]和发酵，最终可得到乙醇。纤维素水解过程中的残留物(如微晶纤维素)和木料中的木质素组分可用作发电用的锅炉燃料等[237]。

1983 年，化工企业 Hoechst 开发了一种采用无水氢氟酸来水解纤维素的过程[238]。相对于其他的无机酸，无水氢氟酸最大的优势是其较低的沸点(19.5℃)，有利于酸回收。采用无水氢氟酸水解木料，0℃下发酵糖的产量可达 45%，且仅有 0.05%～0.1%的氢氟酸在该反应过程中没有得到有效回收[232]。

本节介绍了表 2-2 中传统的木质纤维素酸水解糖化方法。然而，酸回收、设备腐蚀、酸中和过程和降解产物移除过程中所产生的化学废料等问题是这些方法的主要缺陷。相对于液体酸催化糖化方法，近年来，固体酸催化水解纤维素受到了广泛的关注。相关研究将在后文中具体介绍。

2.3.2.2　纤维素的酸水解机理

1935 年，Freudenberg 和 Blomqvist 最先研究了 1,4-β-葡聚糖的水解动力学过程[239]。研究表明，在 18℃和 30℃下，1,4-β-葡聚糖在硫酸（50wt%）中的水解速率随着聚合度的升高而显著下降。纤维素水解的表观活化能为 125kJ/mol，略微高于分子量更小的 1,4-β-葡聚糖（114～121kJ/mol）[239]。相反，Sharples 发现，温度在 75℃和 80℃时，纤维二糖在硫酸（0.5mol/L）中水解的活化能（131kJ/mol）却高于纤维素（118kJ/mol）[240]。Higgins 等[241]调查了 40℃和 50℃下纤维素在硫酸（0.5mol/L）中的反应活性。他们发现，纤维素的表观活化能在整个反应过程中持续变化，变化范围为 102～147kJ/mol。Saeman 针对纤维素在稀酸中的水解动力学过程（170～190℃）也作了详细调查[242]。纤维素水解与 H_3O^+浓度的变化关系符合一级动力学反应方程。Saeman 所得到的表观活化能为 179kJ/mol。

纤维素结构中的结晶区和非结晶区的存在对反应动力学过程具有决定性影响。纤维素的非结晶区更易于发生水解[243]，使得在反应初期纤维素呈现更高的水解速率。随着非结晶区逐渐水解完全，剩余的纤维素结晶区的水解速率则异常缓慢（几乎可忽略不计）。经过非结晶区的完全水解，纤维素的聚合度基本不会发生显著变化，此时的聚合度称为平衡聚合度（LODP）[244-246]。

过去，许多研究人员提出纤维素链中存在弱键连接[243]。他们推测，在纤维素弱键连接位置的水解速率是纤维素结晶区水解速率的几百甚至上千倍。这些弱键连接可能是在纤维素的生物合成过程中由其他非葡萄糖的糖类物质插入纤维素链中所产生的，也有可能是由于木质纤维素材料在组分分离的过程中葡萄糖酐发生部分氧化所产生的。此外，研究人员证明了氧化基团（如羧基、酮基、醛基等）对纤维素衍生物的水解速率也具有一定影响[247-251]。Hirosawa 等[252]报道，丝光棉花纤维素经过 2,2,6,6-四甲基哌啶-1-氧自由基（TEMPO）氧化后，反应活性显著提高。他们发现，水解速率与纤维素氧化产物上的羧基含量呈线性关系。该氧化产物的表观活化能比纤维素低 10kJ/mol。

也有研究人员提出，纤维素的水解机理与配糖体的酸催化水解机理类似[253-256]。如图 2-24 所示，该机理的第一步涉及糖苷键上氧原子（途径 I）或吡喃环上氧原子（途径 II）发生质子化。一般而言，考虑到 H_3O^+成分的性质和纤维素链沿着糖苷键方向的构象限制，可能出现两种类型氧原子均参与的局部质子化现象[257]。然而，目前并没有实验或理论证据可以证明该两种类型氧原子均参与的局部质子化现象确实存在。

该水解机理的关键一步是碳正离子的形成。该步骤可产生环状（途径 I）或非环状(途径Ⅱ)碳正离子。基于甲基葡萄糖苷对于酸水解的稳定性，Edward 提出该水解过程是通过生成环状碳正离子而继续进行的。这种环状中间体的形成要求呋喃环发生构象变化，即经过环翻转形成一个半椅式构象(图 2-25)。通过沿着 C2—C3 和 C4—C5 键旋转，C1、C2、O 和 C5 可处于同一平面。由于纤维素超分子结构中的分子内/分子间氢键会对环的转动产生约束，因此途径Ⅰ中的第二步在进行时需要消耗较大的能量[256]。在纤维素的均相水解过程(即纤维素溶解在反应介质中)中，这一约束相对缓和。因此，均相水解过程的水解速率比非均相水解时的水解速率高若干个数量级[258, 259]。第三步中，水分子与碳正离子发生反应，重新形成异头中心和 H_3O^+。

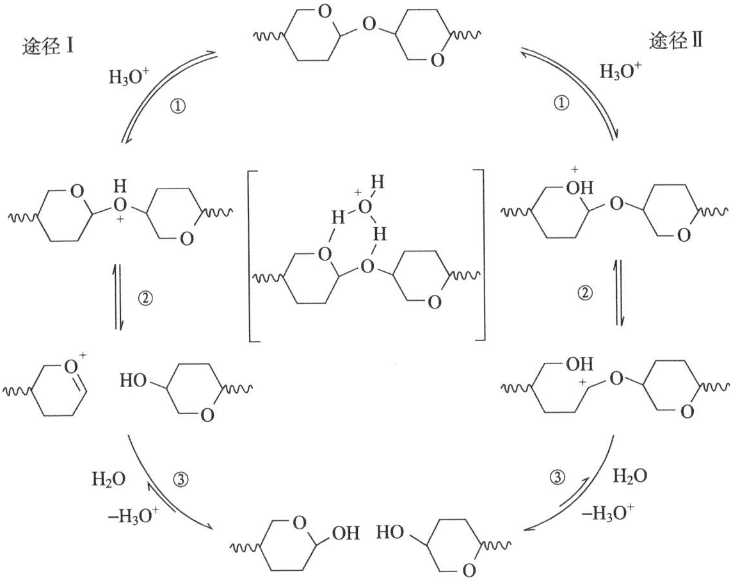

图 2-24　糖苷键的酸水解机理(为了表示清晰，氢原子和羟基均未画出)

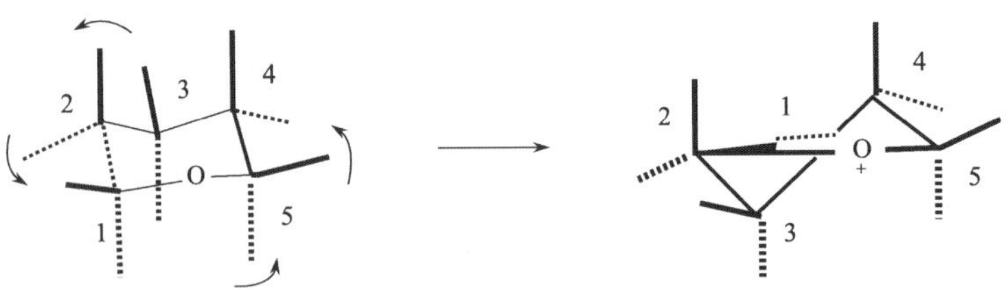

图 2-25　呋喃环在纤维素水解过程中发生构象变化(第二步，途径Ⅰ)(为了表示清晰，氢原子和羟基均未画出)

大部分已知的纤维素水解机理是基于相似的二糖水解过程，即上述的途径Ⅰ。然而，途径Ⅱ仍是纤维素一种可能的水解方式，但目前并不清楚该水解方式是否会对纤维素的整体水解过程产生重要影响。为了更好地在分子层面理解纤维素的水解，仍需开展进一步的实验和计算研究。

配糖体的均相酸水解过程的总体动力学规律可通过化学反应方程式(2-5)表示：

$$S+H_3O^+ \underset{k_{-1}}{\overset{k_1}{\rightleftharpoons}} SH^+ + H_2O \underset{\substack{k_{-2} \\ (k_2 \gg k_{-2})}}{\overset{k_2}{\rightleftharpoons}} P \qquad k_{total}=K_{SH}k_2 \tag{2-5}$$

其中，S、SH^+、P 和 K_{SH} 分别表示基质、质子化基质、反应产物和质子化过程的平衡常数。配糖体的均相酸水解方程式表明，水解速率与催化剂的酸度直接相关[257]。至于糖苷键氧原子的质子化过程，由于糖苷键的氧原子呈现弱碱性，强酸可能相对于弱酸更易实现这一过程。最近，Vanoye 等[260]研究表明，纤维二糖在离子液体中的水解速率与酸的 pK_a 紧密相关。图 2-26 概述了他们这一研究结果。

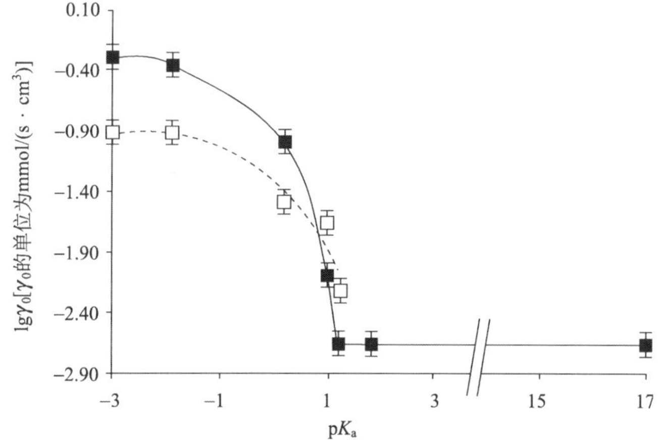

图 2-26　酸催化剂的 pK_a 对纤维二糖水解成葡萄糖的速率(■)和葡萄糖降解速率(□)的影响

纤维素水解过程中的一个常见问题是一部分纤维素水解所产生的糖类物质由于脱水而发生降解[261]。这一问题直接降低了糖类产物的可选择率和作为发酵原料的质量，同时也增加了生产成本[236, 261-263]。纤维素的水解和葡萄糖的降解具有相似的表观活化能[260, 263]。对于大部分传统的反应过程(表 2-2)，糖类物质的水解速率和降解速率在同一数量级[262, 263]。根据 Vanoye 等[260]的研究，酸的强度可用于优化糖类物质在离子液体(1-乙基-3-甲基咪唑氯盐)中的产量。当酸的 p$K_a \geq 1$ 时，葡萄糖的降解速率要比纤维二糖的水解速率更快。因此，为了获得高产量的发酵糖，该离子液体中的水解过程更适宜使用强酸(pK_a<1)[260]。Mosier 等[264]研究表

明，使用马来酸催化水解纤维素所产生的葡萄糖降解量要低于相同条件下稀硫酸催化水解纤维素所产生的葡萄糖降解量。此外，相比于稀硫酸，麦秸秆经过马来酸或富马酸预处理后更易被酶水解[265]。

2.3.2.3　纤维素的酸水解介质

纤维素不溶于大部分化学工业上的常用溶剂。一些典型的纤维素溶剂类型包括：碱性的过渡金属络合物溶液、熔融的金属盐水合物、离子液体和一些其他类型的多组分溶解体系(表 2-3)[174, 193]。之前的章节提到纤维素可溶于非衍生化溶剂

表 2-3　常见的纤维素溶剂

类别	类型	样例
水溶液	①含氨/胺配体的过渡金属络合物(氨或胺必须过量)	氢氧化镉乙二胺溶液、氢氧化铜乙二胺溶液、铜氨溶液、氢氧化锌乙二胺溶液
	②过渡金属与酒石酸的络合物	酒石酸铁钠($Na_6[Fe(C_4H_3O_6)_3]$)
	③季铵碱	苄基三甲基氢氧化铵、四乙基氢氧化铵、二甲基二苄基氢氧化铵、氢氧化胍
	④碱金属类氢氧化物	NaOH、LiOH
	⑤叔胺氧化物	*N*-甲基吗啉-*N*-氧化物/H_2O
熔融态金属水合物	①润胀剂	$LiCl \cdot xH_2O$ ($2 \leqslant x \leqslant 5$)、$Zn(NO_3)_2 \cdot 6H_2O$、$NaClO_4 \cdot H_2O$、$Mg(ClO_4)_2 \cdot H_2O$、$LiClO_4 \cdot 3H_2O/CaCl_2 \cdot 6H_2O$
	②溶剂	$ZnCl_2 \cdot 4H_2O$、$LiClO_4 \cdot 3H_2O$、$Zn(NO_3)_2 \cdot xH_2O$ ($x<6$)、$FeCl_3 \cdot 6H_2O$、$LiSCN \cdot 2H_2O$、$LiI \cdot 2H_2O$、$LiClO_4 \cdot 3H_2O/MgCl_2 \cdot 6H_2O$、$LiClO_4 \cdot 3H_2O/Mg(ClO_4)_2/H_2O$、$LiClO_4 \cdot 3H_2O/NaClO_4/H_2O$、$LiCl/ZnCl_2/H_2O$、$NaSCN/KSCN/LiSCN/H_2O$、$NaSCN/KSCN/Ca(SCN)_2/H_2O$
非水溶剂	①烷基咪唑鎓盐离子液体	EMIMCl：1-乙基-3-甲基咪唑氯盐
		BMIMCl：1-丁基-3-甲基咪唑氯盐
		EMIMAcO：1-乙基-3-甲基咪唑乙酸盐
		BMIMAcO：1-丁基-3-甲基咪唑乙酸盐
		$EMIMOP(O)(OMe)_2$：1,3-二甲基咪唑鎓二甲基磷酸酯
	②*N*-烷基吡啶盐	*N*-氯代烷基吡啶
	③叔胺氧化物	*N*-甲基吗啉-*N*-氧化物、三乙胺-*N*-氧化物、*N*-甲基哌啶-*N*-氧化物
	④含二甲基亚砜(DMSO)的溶剂	DMSO/甲胺、DMSO/KSCN、$DMSO/CaCl_2$、DMSO/四丁基氟化铵
	⑤含液氨溶剂	$NH_3/NaI(NH_4I)$、$NH_3/NaSCN(NH_4SCN)$
	⑥偶极非质子溶剂/LiCl	*N*,*N*-二甲基乙酰胺/LiCl、*N*-甲基吡咯烷酮/LiCl
	⑦三组分溶剂	$NH_3/NaCl/DMSO$、乙二胺/NaI/*N*,*N*-二甲基甲酰胺、二乙胺/SO_2/DMSO

体系，也可溶于衍生化溶剂体系(即将纤维素转化为可溶的纤维素衍生物)。例如，在生产黏胶纤维时，天然的纤维素原料与二硫化碳/氢氧化钠相混合、反应。这一过程使得纤维素的羟基被黄原酸基所取代，所得的衍生物可溶于 5%～8%的氢氧化钠水溶液。工业上另一个重要的纤维素溶剂是 NMMO。该溶剂适用于莱赛尔纤维的制备过程。熔融态的 NMMO(180℃)可直接用于溶解纤维素。然而，熔融态的 NMMO 和其他氧化叔胺在高温下会发生爆炸，因此 NMMO 的水溶液更适于实际应用[193]。

纤维素通常不溶于水。1938 年，Strachan 报道了高纯度的纤维素可微溶于水(10～25mg/L，15～18℃)[266]。过去几十年，这一报道并未引起足够的重视。为了更好地理解这一过程，值得采用一些现代分析技术来重新调查纤维素在水中的溶解度。纤维素的水解通常发生在非均相反应条件下。除了可分散纤维素的溶剂，能够润胀纤维素的溶剂介质同样有利于促进纤维素的水解[267]。对于未溶解的纤维素，水解首先发生在纤维素材料表面(图 2-27)。水解所产生的可溶性中间体则在溶液中发生进一步水解反应。在非均相反应体系中，通常很难实现纤维素的完全水解。当使用固体催化剂催化水解纤维素时，可能会产生一些难水解的纤维素聚集体。因此，固体催化剂和未反应的纤维素成分必须在水解末期进行有效分离。在许多情况下，固体催化剂和未反应的纤维素成分的混合现象限制了固体催化剂的回收。

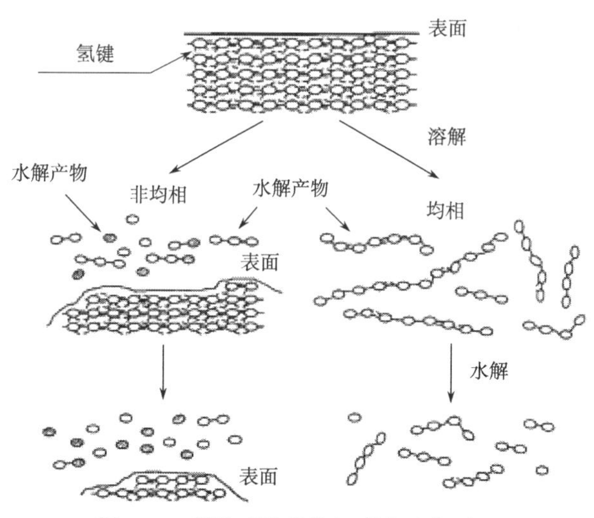

图 2-27　纤维素的非均相/均相水解过程

研究人员已经报道了纤维素在浓的无机酸[228, 252, 267, 268]、氢氧化镉乙二胺溶液[269]、亚临界水/超临界水[270, 271]和离子液体[272-274]中的均相水解过程。在均相水解的条件下，纤维素的一些物理结构障碍(如结晶结构、形貌、表面积等)均不再存在。因此，在这一条件下，可以实现纤维素的完全水解。Deguchi 等[275, 276]报道了结晶纤维素在 320℃的水热处理下可转化为无定形物质。当水热处理温度升高至 350℃时，晶型结构首先发生转化，随后可再转换成多种产品[270, 277]。此外，Yamamoto 等[278]报道了纤维素在高温水介质中的转化取决于该介质的 pH（图 2-28）。在酸性条件下，纤维素在相对较低的温度下即可发生水解，且形成可溶的糖类物质和分解产物[270, 279]。

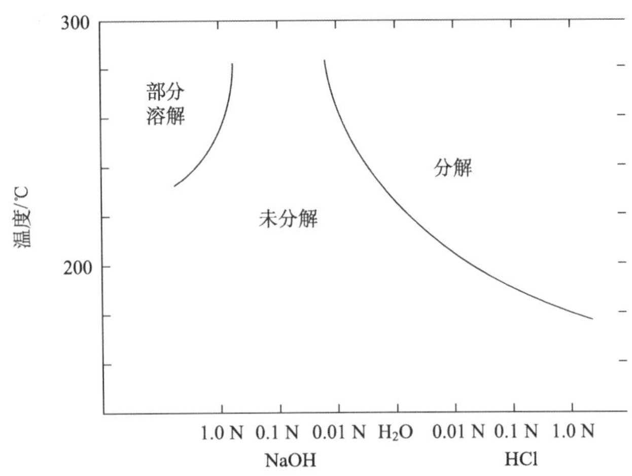

图 2-28 棉花纤维素样品在不同温度的酸/碱溶液中的表观结构变化（N 为非法定单位，为尊重学科和读者阅读习惯，本书仍沿用）

Rogers 等发现烷基甲基咪唑离子液体能够有效溶解纤维素[280]甚至木材[281]。这一研究成果是木质纤维素化学领域的突破性进展。该溶解过程破坏了纤维素纤维的结构，使得溶剂或其他试剂可接近纤维素链上的羟基和 β-糖苷键，因此提高了纤维素的反应活性[282]。虽然离子液体在生物质化学上有巨大潜力，但离子液体的回收和重复利用仍是该技术工业化的难点之一[283]。由于离子液体的价格高昂，因此高效回收离子液体十分必要。此外，离子液体目前不能溶解浓度超过 20wt%的纤维素，因为当浓度超过 20wt%时，所得到的纤维素溶液通常特别黏稠，甚至容易形成黏性凝胶[284]。因此，未来离子液体的发展需要着眼于在获得高浓度纤维素溶液的同时使该溶液保持合适的流变学性能[284]。从离子液体中有效分离出产物和原料中的杂质也非常关键，良好的分离技术无疑有利于离子液体的回收[226]。

2.3.2.4 固体酸催化纤维素水解/氢解

酸催化剂的回收问题一直是传统纤维素水解过程的一大主要缺点。在硫酸催化纤维素水解的过程中，从混合物中回收硫酸非常困难[262]。此外，水解结束后残余的硫酸还需要采用 CaO/$CaSO_4$ 混合物进行中和处理，这无疑会产生大量的 $CaSO_4$ 废弃物[235]。有研究人员认为采用气态盐酸和无水氢氟酸可以解决酸催化剂的回收问题[228, 232]。实际上，气态盐酸催化水解过程中酸回收率也非常低，使得该水解过程在经济上并不可行[232]。氢氟酸是强腐蚀性物质，这也限制了它在工业上的大规模应用[262]。

固体酸催化剂在生物质转化成生物燃料和化学品上的应用已受到了广泛关注[226]。固体酸催化剂在反应后易于分离，可实现重复使用，是应用于生物炼制中多相催化过程的一大优势。此外，固体酸催化剂对工业装置的腐蚀性比液体无机酸要小一些。近年来，多位研究者对固体酸催化剂催化纤维素转化过程进行了研究(表 2-4)。Dhepe 和 Fukuoka[285]对固体酸催化剂催化纤维素氢解过程作了简要的综述。该文还对固体酸催化剂在植物生物质处理过程中的实际应用方面进行了详细的讨论[226]。

表 2-4　纤维素在固体酸催化剂中的转化

条目	转化	催化剂	反应条件	溶剂	产物	转化率/%	产量/%	参考文献
1	氢解	无机物支撑 Pt 和 Ru(最优选择：$Pt/\gamma\text{-}Al_2O_3$)	190℃、5MPa H_2(室温)、24h	水	山梨醇和甘露醇	—	<30	[286，287]
2	氢解	Ru/C	245℃、6MPa H_2、5min	水	山梨醇、甘露醇和分子量更小的多元醇	38.5	22.2(己糖醇)	[288]
3	氢解	Ni/碳化钨	245℃、6MPa H_2、30min	水	乙二醇和其他多元醇	100	61(乙二醇)	[289]
4	水解	磺化活性炭	150℃、24h	水	葡萄糖和水溶性副产物	—	40.5(葡萄糖)	[290]
5	水解	层状的 $HNbMoO_6$	130℃、12h	水	葡萄糖和纤维二糖	—	8.5	[291]
6	水解	含 SO_3H、COOH 和 OH 基团的无定形炭	100℃、4h	水	葡萄糖和可溶性低聚糖	100	4(葡萄糖) 64(其他)	[292-294]
7	解聚/水解	Amberlyst 15DRY	100℃、1h	1-丁基-3-甲基咪唑氯盐	纤维素低聚物	100	>90	[274]

纤维素氢解过程的第一步是将纤维素水解成可溶性的低聚糖和葡萄糖。随后，葡萄糖能够进入多孔固体催化剂中的活性位点而发生氢解反应，形成多元醇[286-289]。Pt 和 Ru 基催化剂催化纤维素氢解过程的主要产物为己糖醇（山梨醇和甘露醇；表 2-4，条目 1 和 2）。以 Ni/碳化钨为催化剂，则可得到高产量的乙二醇（表 2-4，条目 3）。这些研究成果表明，纤维素的氢解过程是获得各种各样多元醇的有效途径。将温度调至 245℃，可实现更高的纤维素转化率和多元醇收益率（表 2-4，条目 2 和 3）。在这里，有两个重要的问题需要考虑。首先，在高温下，纤维素的水解反应速率明显更快，但是纤维素的结晶结构也发生了重要的转变，即纤维素的结晶结构转变成无定形状态，这一状态相对于纤维素的结晶态更容易发生水解。其次，纤维素的氢解过程属于放热反应，因此温度升高并不利于该反应的进行，也降低了多元醇的可选择性。

用固体酸催化纤维素水解（表 2-4，条目 4～6）所得的葡萄糖和纤维二糖的产量相对较低[290-294]。葡萄糖产量低的主要原因可能是因为在这些水解实验中所采用的温度比较低。当温度在 100℃时，纤维素表面仅有最容易接近的糖苷键参与反应。而且，纤维素纤维不能够进入固体酸催化剂的多孔结构中，因为这些微纤维的尺寸比固体酸催化剂的平均孔隙直径大几百倍[226]。另外，固体酸催化纤维素水解过程也可能发生在溶液中，这是由于水解所需的 H_3O^+基团被释放到反应的溶液介质中。

纤维素水解的速率直接与所使用酸的浓度和 pK_a 相关[257]。因此，固体酸催化剂表面的酸强度和酸密度对纤维素的水解过程有着重要影响。除—SO_3H 基团（pK_a 大约为–2.8），磺化活性炭的表面上还有其他几种酸性基团[295]，如羧基（pK_a 大约为 4.7）等[295]。这些弱酸性基团在糖苷键的水解过程中并未表现出高的反应活性，这是因为该反应需要使用强酸来促进其在合理的反应速率下进行（图 2-26）[260]。然而，这些弱酸性物质可以作为可溶性低聚糖在活性炭疏水表面上的吸附点，可提高整体的反应速率[296]。

纤维素转化成生物燃料和化学品的过程中涉及水作为反应试剂、产物或溶剂。就酸度、稳定性和不溶性而言，只有小部分材料适合作为纤维素水解/氢解过程的催化剂[297]。活性炭是一种好的选择，一些其他无机材料也能满足作为固体酸催化剂的需求，如沸石、固体杂多酸、铌酸、MoO_3-ZrO_2、钨酸锆、磷酸锆、磷酸镧、磷酸铌等[298]。层状的 $HNbMoO_6$ 对蔗糖和淀粉的水解呈现出良好的催化活性。然而，这种固体酸却不能在纤维素的水解过程中催化产生高产量的糖类物质（表 2-4，条目 5）[291]。

溶于离子液体（1-丁基-3-甲基咪唑氯盐，100℃）中的纤维素也可以由固体酸催化剂催化解聚（表 2-4，条目 7）[274]。采用固体酸性树脂（Amberlyst 15DRY）作为固体酸催化剂，可以使该反应以可控、高效的方式进行。虽然采用固体酸作催化剂会不可避免地向反应介质中排入 Brønsted 酸性物质(这一过程类似于传统的液体酸催化过程)，但是使用固体酸作催化剂仍有诸多液体酸(如无机酸[272, 273]和对甲苯磺酸[237])所不具备的优势。在该反应体系下，在纤维素低聚物产生阶段停止该反应的进程是非常有必要的。这是因为纤维素水解所产生的糖类产物和脱水产物易溶于离子液体[299]，在不移除离子液体的条件下很难分离出这些水解产物。液体酸催化纤维素的水解速率远高于固体酸催化过程。因此，很难逐步控制液体酸的反应进程。相比之下，在固体酸催化纤维素的水解过程中，停止反应的任何一个步骤都是有可能的。例如，通过向上述反应介质中加入水(图 2-29)、甲醇、二氯甲烷或液氨，可以分离得到以纤维素低聚物为主的水解产物。随后，这些纤维素低聚物可通过纤维素酶而进一步糖化[225]。

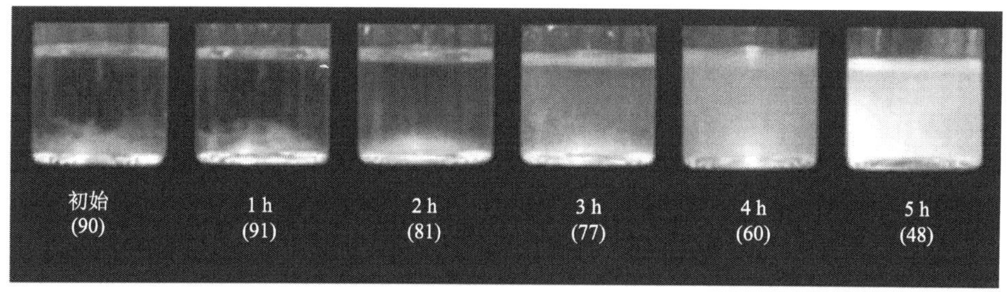

图 2-29　微晶纤维素的水解。通过向 1-丁基-3-甲基咪唑氯盐离子液体中加水可回收纤维素(括号中的数值代表分离的纤维素的百分比例)

2.3.2.5　展望

纤维素水解过程正经历着新的研究和发展周期。为了更高效地利用纤维素，这一过程可采用固体催化剂结合其他反应的方式来进行。纤维素水解是一个挑战与机遇并存的过程。就“机遇”而言，纤维素是一种制备葡萄糖的理想原料。纤维素来源广泛、可再生、可降解，且不与食物供应相冲突。就“挑战”而言，纤维素原料不溶于普通溶剂，不易于发生化学和生物转化。虽然研究人员针对固体酸催化纤维素水解持着乐观或悲观的态度，但目前的实践研究表明这一过程在工业上仍具有很大潜力。将糖类物质转化为交通燃料和化学商品目前受到的关注已远超过葡萄糖的生产本身。从长远来看，生物炼制的成功也取决于发展有效的过程来直接或间接将纤维素转化成生物燃料和化学品。如 Glesinger 在 1949 年所述且目前仍然适用的观点[300]，“将 60%～70%的生物质(纤维素和半纤维素)转化为数量几乎相等的糖类物质，这一过程并不仅仅是小的科学进步，而是工业革命性的成功”。

2.3.3 纤维素的酶解

2.3.3.1 概述

将木质纤维素转化为乙醇主要包括以下几个步骤：纤维素和半纤维素的水解，糖发酵，分离残留的木质素和回收、提纯乙醇产品以达到燃料标准。将木质纤维素水解成可发酵单糖仍是一个技术壁垒，这是因为纤维素的水解被多种理化因素、结构因素和成分因素所阻碍。由于木质纤维素具有特殊的结构属性，因此要通过木质纤维素的水解得到发酵糖，一些前期的预处理就显得十分必要。预处理的目的是为了破坏木质素结构和扰乱纤维素的结晶结构，以促进水解过程中酶与纤维素的接触[301]。

目前的预处理研究主要集中在辨别、评估、发展和论证有潜力的预处理方法，以使处理后的木质纤维素在酶水解过程中消耗更少的酶和更短的转化时间。木质纤维素材料的预处理不仅在技术上对生物转化过程至关重要，在成本上也是主要的评估点之一。实际上，在整个木质纤维素酶解制备乙醇的过程中，预处理过程的成本高居第二(仅次于原料成本)[301]。

由于不同的木质纤维素材料具有不同的理化特性，因此必须根据具体的原料特性采取合适的预处理技术。此外，预处理的选择会对整个生物转化过程产生巨大的影响，如纤维素的水解程度、酶活性抑制剂的形成、搅拌功率、预处理后续过程的能量需求、废水处理方式等[302]。本节综述了一些典型的预处理方法和有关木质纤维素转化为乙醇的研究进展，并分析了预处理、水解和发酵之间的相互影响。

2.3.3.2 木质纤维素预处理过程的主要需求

要得到低成本、先进的预处理方法，需要考虑可能涉及的多种因素[303]。

(1) 可处理来源不同的木质纤维素。研究者发展了多种预处理方法，而这些预处理方法更适合某些特定的木质纤维素原料。例如，碱基的预处理方法(如石灰、氨纤维爆破等)能有效地减少农业废弃物中的木质素含量，但是不适于处理针叶树材等[304]。酸基的预处理方法能够有效处理多种木质纤维素原料，但是成本相对较高[301]。

(2) 易被酶水解。通过预处理所得的纤维素成分易被酶水解，酶解时间 3～5 天，且处理 1g 纤维素所使用的酶低于 10FPU[303]。

(3) 不会导致大量糖分解。预处理过程不会导致纤维素和半纤维素水解所产生的糖类物质发生大量分解。

(4) 减少有毒物质的产生。预处理得到的液态水解产物必须经过一个低成本、高产量的途径进行发酵。预处理过程中较恶劣的处理条件会导致半纤维素的部分降解和有毒化合物的形成，这可能会影响水解和发酵反应的进程[305]。有毒化合物的形成与产生的量取决于预处理的条件和原材料。木质纤维素预处理所产生的降解产物可分为以下几种：羧酸、呋喃衍生物和酚类化合物。其中，呋喃衍生物主要包括由戊糖和己糖分别降解所得的糠醛和 5-羟甲基糠醛[236]。弱酸主要包括乙酸、甲酸和乙酰丙酸[306]。

(5) 预处理前不需要减小原料的尺寸。有些预处理方法需要在预处理前通过研磨等方法减小原料的尺寸和粒径，而这些物理处理过程也是相当耗时的，同时也会提高成本。

(6) 低成本的预处理反应装置。预处理的反应装置可以通过减小装置尺寸、选取价格合适的耐腐蚀/耐压构件来降低成本。

(7) 不产生固体废料。预处理过程所形成的废料或副产品(如固体残渣)不应该对随后的发酵等过程造成障碍。

(8) 得到高糖浓度。通过预处理和酶水解过程所得到的糖产物浓度需要高于10%，以确保随后转化为乙醇的过程中能得到比较合适的浓度，也有利于糖产物的回收和控制其他步骤的成本。

(9) 木质素的回收。需要有效回收预处理后的木质素和其他成分，以简化后续的操作步骤。同时，回收木质素等成分也有利于将这些产物转化成有价值的副产品[307]。

(10) 减少热量和能量需求。预处理过程中所需热量和能量要尽可能低，且与热供应系统相匹配。

2.3.3.3　酶水解的限制因素

预处理是改变木质纤维素结构特征的一个重要步骤，有利于促进酶接近葡萄糖和木聚糖等物质。如上所述，木质纤维素的结构改变主要取决于预处理的类型，同时也对随后的酶水解等过程有着重要影响[308, 309]。如何选择预处理技术取决于多个因素，其中一些因素直接与酶水解过程紧密相关(如糖释放的模式和酶的种类)。此外，木质纤维素成分的结合方式、预处理类型、酶用量和酶解能力都对木质纤维素的酶解效果有着重要影响。

影响纤维素酶解的因素可以分为两类，即与酶相关的因素和与原料相关的因素。实际上，这些因素通常在水解过程中相互联系。预处理的类型显著影响着产物的固、液成分，也影响着随后的酶解糖化过程。通常要求选择较温和的预处理条件，以减少经济成本。相对温和的预处理条件有利于减少糖的降解、得到更高的糖产量。另外，采用的酶必须能高效水解纤维素和半纤维素成分。因此，发展半纤维素酶和其他辅助酶用以完全降解木质纤维素组分则显得非常重要。最近有研究表明，选取最优的酶组合能够有效修饰木质纤维素材料的复杂结构[310, 311]。与原料相关的酶水解的限制因素直接影响着预处理手段。这些因素将逐条进行讨论。

1) 纤维素的结晶度

纤维素的聚合度和结晶度是确定纤维素原料水解速率的重要因素[312]。经过机械处理的木质纤维素原料的结晶度会发生显著下降。同时，结晶度的下降必然伴随着结构的变化，如粒子尺寸减小或可反应的表面积增加。有研究表明，木质纤维素经过预处理后可以提高它的可水解性，但有时也会导致纤维素成分结晶度的升高。这一现象被认为是由于预处理(如蒸汽爆破)导致了无定形态纤维素的移除或减少[313]。相反，高 pH 的预处理手段会降低纤维素成分的结晶度[314]。

2) 纤维素的聚合度(纤维素每条分子链上的葡萄糖残基数量)

虽然纤维素链长度并不固定，但是链长度必然对纤维素的水解产生影响[315]。纤维素的聚合度取决于纤维素原料的来源。在酶水解过程中，内切葡聚糖酶能够切断纤维素链的内部位点，这使得纤维素的聚合度显著下降。然而，不管如何酶解纤维素，纤维素的聚合度最终趋向于平稳，这可能与酶解残留的结晶纤维素的抗水解性有关[313]。Kumar 等[314]探讨了不同的预处理手段对木质纤维素中纤维素链长度的影响。研究结果表明，相对于木质素的移除，木聚糖的移除对纤维素链长度有更大的影响。

3) 木质纤维素原料的可反应表面积/孔容

纤维素酶对木质纤维素原料的可接近程度是影响水解过程的主要因素之一。因此，预处理的一大主要目标是增加纤维素酶与木质纤维素的反应面积。

4) 木质素障碍(含量和分布)

木质素和半纤维素形成牢固的结合层，紧紧地包围着纤维素，阻碍纤维素酶与纤维素的接触，因此会降低纤维素的水解效率。木质素作为结构上的障碍，能够阻止木质纤维素中易被酶催化水解的部分发生水解[313]。此外，由于原料中的木质素在纤维素酶解过程中，会与酶产生非反应性的结合，导致对酶的无效吸附，从而影响纤维素的酶解效率[316]。最近，研究人员报道了多种方法来克服木质素和纤维素酶之间的非反应性结合，如碱处理和加入蛋白质(如牛血清蛋白)或其他添加物(如聚乙二醇)[317, 318]。添加剂的使用虽然会增加乙醇生产的成本，但是有利于提高酶解效率。不同的纤维素酶受木质素的抑制程度不同，但葡萄糖苷酶和木聚糖酶受到木质素的影响则相对较小[319]。

木质素化学是目前生物炼制领域中的一大研究热点。木质素对酶催化水解过程具有显著影响，同时木质素也是木质纤维素的主要成分之一。因此，如何提高木质素的应用价值和如何将木质素转化成有用的化学品是木质素研究者最关注的问题。不同的预处理方法对木质素的影响将在后文中详细介绍。

5) 半纤维素含量

半纤维素的移除可增加木质纤维素的平均孔尺寸，因此能增加纤维素水解的可及度[304]。另外，预处理过程中回收半纤维素水解所产生的糖，有利于增加发酵糖的总产量。半纤维素的乙酰化程度是另一个重要的影响因素。木质素和乙酰基都附着在半纤维素基质上，能够阻碍多糖的分解[312]。

6) 原料的粒子尺寸

研究表明，原料粒子尺寸的减小可增加原料的比表面积，因此也能增加纤维素酶针对纤维素的可及度[320]。

7) 孔隙率

已有研究报道，木质纤维素的孔尺寸与酶尺寸的关系可影响木质纤维素的酶水解效率[304]。如果木质纤维素的内部面积远大于外部面积，则纤维素酶可困在孔结构中[321]。预处理过程中孔隙率的增加能够显著地提高水解效率。

8) 细胞壁厚度(粗糙度)

草的表皮和树皮中所含的蜡类物质能够阻碍酶的渗透。此外，甚至植物茎和木材组织中的某些成分也能限制液体的渗透。

2.3.3.4　酶水解前的预处理技术

由于生物质材料的来源极其广泛，因此很难找到一个合适统一的预处理方法。在过去的几十年内，研究者开发了多种预处理手段。根据作用方式的差异和能量消耗的差异，这些预处理方法可分为生物法、物理法、化学法和物理化学结合法。

1) 生物预处理法

经过真菌预处理的木质纤维素可应用于饲料和造纸。近年来，这种绿色方法重新受到人们的关注，因为该方法能够提高木质纤维素生产乙醇过程中的酶解糖化效率。生物预处理法采用的微生物主要是褐腐菌、白腐菌和软腐菌。这些菌种可以降解木质素和半纤维素，且对纤维素的降解程度非常小[322]。白腐菌降解木质素是一种最有效的生物预处理木质纤维素的方法，该方法是通过木质素降解酶(如过氧化物酶和漆酶)来实现的[323]。

多种白腐菌[如黄孢原毛平革菌(*Phanerochaete chrysosporium*)、撕裂蜡孔菌(*Ceriporia lacerata*)、虫拟蜡菌(*Ceriporiopsis subvermispora*)等]均对不同的木质纤维素呈现高的去木质素效果[323, 324]。一些研究表明，采用对木质素具有高降解能力但对纤维素降解能力较低的真菌菌株(RCK-1)预处理麦秸秆(处理周期为 10 天)，可降低水解过程的酸含量，增加发酵糖的释放量，以及减少发酵抑制剂的浓度。采用树干毕赤酵母(*Pichia stipitis*)处理木质纤维素所得到的乙醇产量为 0.48g/g，容产率为 0.54g/(L·h)[325]。Singh 等[326]采用八种不同的细菌/真菌对甘蔗渣进行生物预处理。同时，他们评估了甘蔗渣成分的定量变化、纤维素酶复合物的产生、还原糖的释放及不同化学参数的交互作用对预处理过程的影响。甘蔗渣的微生物预处理显著增加了酶水解糖的可及度。

通常，这一微生物预处理过程可提供多种优势，如低成本、低能耗、不需要复杂的化学品、温和的处理条件等。然而，发展微生物预处理方法的主要缺陷是与其他技术相比显著较低的水解效率[320]。因此，为了推动具有成本竞争力的木质纤维素的生物预处理方法的开发及提高水解效率并最终得到高的乙醇产量，研究者需要继续着眼于担子菌这一类菌种，该菌种能够快速、有效地脱除植物中的木质素。

2) 物理预处理法

a. 机械粉碎

机械预处理的目的是减小木质纤维素的粒子尺寸和结晶度，以增加反应的表面积和降低聚合度。根据终产物粒子尺寸的需求，可以采用切削(粒子尺寸可达10～30mm)和研磨(粒子尺寸可达0.2～2mm)的方法来处理木质纤维素原料[320]。不同的粉碎过程(球磨、双辊磨、锤磨、胶磨、立磨)均能用于提高木质纤维素的酶解效率[327]。这些机械预处理方法的能耗相对较高，能量消耗与最终所需的粒子尺寸和木质纤维素原料的来源有关。考虑到高能耗和能源价格的连续飙升，这些机械粉碎过程从经济的角度上并不可行[328]。

b. 挤制加工

挤制加工是一种新型、有潜力的用于生物质转化乙醇过程的物理预处理方法。在挤制加工过程中，木质纤维素材料被运送至挤出机中，经由加热、混合和剪切等过程进行物理化学修饰。螺杆转速和料筒温度会扰乱木质纤维素的结构，使得木质纤维素发生解纤、纤丝化和纤维变短，这些变化有利于增加酶接触碳水化合物的可及性[329]。为了得到最高的效率，需要考虑该过程所涉及的与反应器相关的多种参数。在最近的研究中发现，在挤制加工过程中加入酶是一种极具潜力的乙醇生产技术。

3) 化学预处理法

a. 碱预处理

碱预处理能够增加纤维素的可及度。相比于酸/水热预处理，碱预处理能够更加有效地溶解木质素，且对纤维素和半纤维素的溶解较小[330]。碱预处理可在室温下进行，处理时间可以短至几分钟长至几天。碱预处理所产生的糖降解程度要低于酸预处理。此外，碱预处理更适合用于处理农业残余物，但对于木质材料的处理效果较差[323]。

为了优化预处理条件，也需要考虑发酵糖的损失和抑制剂的产生。氢氧化钠、氢氧化钾、氢氧化钙和氢氧化铵都是合适的碱预处理试剂。氢氧化钠能够润胀纤维素，增加纤维素材料的内部面积和降低纤维素材料的聚合度和结晶度，还能破坏木质素的结构[327]。氢氧化钠能够将阔叶材的木质素含量从 24%～55%降低至 20%，从而将它的可消化性从 14%提升至 55%[323]。

氢氧化钙(也称为石灰)也是一种广泛使用的碱预处理剂。氢氧化钙预处理能够移除木质纤维素中的无定形物质(如木质素)，因此增加了它的结晶度。木质素的移除降低了酶在木质素上的非反应吸附位点，因此增加了纤维素的可及度，也增加了酶解效率[331]。氢氧化钙还能够移除半纤维素的乙酰基，因此减少了酶活动的空间位阻，提高了纤维素的可消化性[301]。研究人员已经证明，温度在 85～150℃下，氢氧化钙能在 3～13h 内有效处理玉米秸秆[331]或杨木[332]。相较于氢氧化钠或氢氧化钾预处理法，氢氧化钙预处理法明显具有较低的成本和更少的安全需求。此外，氢氧化钙可通过与二氧化碳反应而有效地从水解产物中回收[301]。

向碱(氢氧化钠/氢氧化钙)预处理过程中加入氧化剂(氧气/过氧化氢)，能有效促进木质素的移除从而提高预处理效果[330]。麦秸秆经过碱和过氧化物预处理后，再通过大肠杆菌(FBR5)进行糖化和共发酵，即可得到乙醇产物(产量可达 0.33g/g)[333]。此外，在碱和过氧化物预处理所得到的水解产物中没有检测到糠醛或羟甲基糠醛，这有利于乙醇生产过程中的发酵步骤[327]。

b. 酸预处理

酸预处理的主要目标是溶解生物质中的半纤维素成分，从而使得纤维素更易被酶接近。这种预处理方式可以采用浓酸或稀酸，但是在乙醇的生产过程中浓酸通常很少使用，这是因为使用浓酸会导致抑制剂的产生。同时，设备的腐蚀问题和浓酸的回收问题也是浓酸预处理法的主要缺陷。此外，高昂的运营费用和维护费用也大大降低了工业上使用浓酸预处理的热情[334]。

稀酸预处理作为一种更受工业欢迎的预处理方式，已被用来处理多种木质纤维素材料。研究者们也发明了不同类型的反应器(如渗流、活塞流、收缩床、逆流反应器)来预处理木质纤维素材料[327]。在相对较高的温度(如 180℃)下，反应周期较短；相反，当温度降低时(如 120℃)，则需要消耗更长的时间(30～90min)。稀酸预处理方法不仅可以溶解半纤维素(主要成分是木聚糖)，也能将溶解的半纤维素转化为发酵糖。在稀酸预处理过程中，仍可检测到一些糖降解产物(如糠醛和羟甲基糠醛)和木质素降解产物，这些物质会影响微生物在发酵过程中的新陈代谢[335]。然而，相比于浓酸预处理，稀酸预处理产生的降解产物相对较少。

采用稀硫酸预处理木质纤维素材料可得到高水解产量。除此之外，盐酸、磷酸和硝酸也可用作稀酸预处理试剂[336]。采用硫酸(0.75vol%)在 121℃下处理麦秸秆 1h，糖化率可达 74%[335]。采用硫酸(1.4vol%)在 210℃下处理橄榄树 1h，水解产量可达 76.5%[337]。最近，Rocha 等[338]采用稀硫酸在 121℃下处理腰果苹果残渣 15min，再经过发酵即可得到乙醇(产量高达 0.47g/g 葡萄糖)。有机酸(如富马酸、马来酸等)也可用来提高纤维素的水解性能。研究表明，虽然富马酸水解麦秸秆的效率低于马来酸，但总体来说这两种酸水解麦秸秆的效率都非常高。此外，相比于硫酸，采用马来酸或富马酸所产生的糠醛的量相对较少[339]。

c. 臭氧预处理

臭氧是一种氧化性较强的氧化剂，呈现很高的去木质素效果[320]。木质素的移除增加了随后酶水解的产量。臭氧预处理法通常在常温常压下进行，且不会产生影响水解和发酵的抑制剂。臭氧化反应可用于处理多种农业废弃物(如麦秸秆和黑麦秸秆)，能显著增加酶催化水解产量[340]。臭氧预处理法的最大缺陷是该方法需要大量的臭氧，这使得该方法在经济上变得不可行[320]。

d. 有机溶剂预处理

有机溶剂预处理法是一种颇具潜力的木质纤维素预处理方法[341]。许多有机溶剂/水混合物都能用于处理木质纤维素。这些溶剂能够溶解木质素，使得处理后的木质纤维素更适宜酶水解[342]。与其他的化学预处理方法相比，有机溶剂预处理法的主要优点是易于回收纯度较高的木质素作为副产物[342]。

在一些研究中，研究者们将这些溶剂与酸催化剂(如盐酸、硫酸、草酸、水杨酸等)相混合，以破坏半纤维素中的连接键。通过添加酸催化剂，可以得到高产量的木糖。此外，通过升高反应温度(超过 185℃)能得到较理想的去木质素效果。许多研究者建议将酸水解过程与有机溶剂预处理过程相结合，通过两个阶段来分离半纤维素和木质素。也有研究表明，这种酸水解-有机溶剂预处理结合法能够移除 70%的木质素，且能显著减少纤维素的损失(<2%)[341]。

从反应体系中移除溶剂需要使用合适的抽提和分离方法，如蒸发和冷凝。同时，这些回收的溶剂必须能重复利用，以减少经营成本。分离溶剂的原因之一在于这些溶剂分子可能会抑制酶的水解和微生物的发酵[320]。溶剂的价格是工业应用上另外一个需要考虑的重要因素。从经济的角度来看，在各种潜在的溶剂中，低分子量、低沸点的醇类物质(如乙醇和甲醇)更符合工业需求。

e. 离子液体预处理

使用离子液体来预处理纤维素基生物质材料已经受到了广泛关注。离子液体是一种盐类物质，是由体积较大的有机阳离子和体积较小的无机阴离子所构成的，通常在相对低的温度下(一般指室温)呈现液态。通过调整阴离子和阳离子的烷基成分，可以改变离子液体溶剂的性质(如化学/热稳定性、耐燃性、蒸气压、保持液态的温度范围等)[343]。离子液体不会产生有毒或易爆气体，因此离子液体也被称为绿色溶剂。碳水化合物和木质素上的羟基质子能够与离子液体中未水合的氯离子形成氢键连接，能同时溶于离子液体中。因此，离子液体处理被广泛认为能够有效地破坏纤维素、半纤维素和木质素间由于非共价连接所形成的复杂网络，同时也能减少降解产物的形成。目前大部分的研究主要是采用纯的结晶纤维素与离子液体相互作用。离子液体对木质纤维素复杂架构的处理效果还需进一步研究。然而，目前已有研究证明，离子液体可有效处理一些木质纤维素原料，如麦秸秆[344]和木材[345]。

为了实现离子液体的大规模应用，发展高效节能的离子液体回收工艺是先决条件。此外，离子液体对酶和发酵微生物的毒性也是决定离子液体是否能用于生物质预处理的重要因素[307, 346]。研究人员已观测到离子液体的残余物对纤维素酶的活性有显著的负面影响。因此，为了阻止糖最终浓度的下降，需要有效地移除离子液体残余物。

除了发展离子液体的回收工艺，提高离子液体预处理法的经济效益同样重要。离子液体预处理法的成本目前仍非常昂贵。此外，从离子液体中分离出纤维素后，还需要能够有效地分离出半纤维素和木质素[343]。除了这些当前的限制因素，一些先进的研究，如从碳水化合物中合成离子液体，也对减少离子液体的成本有着重要意义。发展离子液体预处理法为未来木质纤维素材料的生物炼制过程提供了一种极具潜力的选择。

4) 物理化学结合预处理法

a. 蒸汽爆破法

蒸汽爆破法是最常用的针对木质纤维素材料的物理化学结合预处理法。该方法属于一种水热预处理法，即将生物质材料置于高压蒸汽中一段时间（数秒至数分钟），随后突然减压。这种预处理法结合了机械力和化学作用。在高温下，乙酰基发生自发性水解生成乙酸。此外，暴发性减压的瞬间产生巨大的机械力，使得纤维发生分离。伴随着半纤维素的部分水解和溶解，木质素成分重新分布，且一定程度上从生物质材料中脱离[318]。半纤维素的移除增加了纤维素的暴露面积，促进了酶与纤维素微纤丝间的直接接触。

影响蒸汽爆破效率最重要的因素是粒子尺寸、温度和时间。温度(T)和时间(t)的综合效应可以采用强度系数(R_o)来表示，即 $R_o = t \times e^{[T-100/14.75]}$ 。研究表明，当强度系数值在 3.0～4.5 时，可以得到最高的糖产率[347]。此外，温度越高，半纤维素的移除率越高。高温虽然增加了纤维素的可消化性，但也导致了更高的糖降解量。

与其他预处理技术相比，蒸汽爆破法具有诸多吸引人的特质，如对环境影响小、投入资本小、能量效率高、危险工序少和糖回收率高[348]。在这些主要优势中，值得一提的是该方法能够采用大片材尺寸的原材料，且不需要添加酸催化剂（除了处理针叶材外）；同时，该方法具有高的糖回收率、高的酶水解得率及良好的工业应用潜力。值得注意的是，预处理前加工制得小片材尺寸所需能耗占整个生产过程中能耗的三分之一[349]。此外，虽然蒸汽爆破法可不添加酸催化剂，但是在处理过程中添加酸催化剂已成为增加纤维素可消化性、提高半纤维素水解和减少降解产物生成量的一种惯用方式。理想的预处理方法需要尽可能地降低成本和减少能耗，因此该过程最好在不涉及酸催化剂的同时具备处理大尺寸粒子的能力[349]。

虽然在蒸汽爆破法中使用酸催化剂会带来一些不利条件，但是很多的蒸汽爆破预处理方法(如 SO_2 蒸汽爆破法)还是需要一些酸的添加(H_2SO_4)来催化半纤维素的溶解、降低预处理的最优化温度及促进纤维素的部分水解[350, 351]。使用酸催化剂的主要缺点与设备需求和降解产物生成量有关[236, 301]。SO_2 蒸汽爆破法是处理针叶材最有效的预处理方法之一[351]。

蒸汽爆破法已被证明在乙醇生产过程中可以处理多种原材料，如白杨木[305]、橄榄残渣[352]、草本植物残渣(如玉米秸秆)[353]、麦秸秆[354]等。蒸汽爆破法已经成功用于处理阔叶材和农作物残渣，但是在处理针叶材时效果并不理想。这是由于针叶材中半纤维素的乙酰基含量较低[320]。为了最大化地实现糖回收，研究者发明了一种“两步”预处理法[351]。第一步，预处理在低温下进行，使得半纤维素成分发生溶解；第二步，残留的纤维素成分在更高温度下(>210℃)继续进行预处理。该两步预处理法具有一些额外的优势，如更高的乙醇产量、更高效的原料利用率和更少的酶用量[355]。

蒸汽爆破法的主要缺点是半纤维素成分的部分降解和有毒化合物的形成，且这些有毒化合物会影响随后的水解和发酵过程[305]。有毒化合物的生成量取决于原料类型和预处理条件。有毒化合物中的主要抑制成分是呋喃衍生物、弱酸和酚类化合物。呋喃衍生物主要是糠醛和 5-羟甲基糠醛，是由戊糖和己糖降解所形成的。这些物质会增加发酵微生物的环境压力[236]。弱酸主要是乙酸，是由半纤维素成分中的乙酰基水解所形成的。其他弱酸还包括甲酸和乙酰丙酸，它们是由呋喃和羟甲基糠醛降解所产生的。酚类化合物的种类比较多样，是由木质素分解所产生的，且不同的原料可能会产生不同的酚类化合物。为了降低有毒物质对酶和酵母菌的抑制效果，研究人员发明了一些脱毒方法。然而，考虑到这些脱毒方法的使用会引进额外的费用，因此应该尽可能避免使用脱毒方法。采用诸如基因修饰、进化工程等策略得到针对这些有毒化合物具有更强抵抗力的酵母菌也是一个极具潜力的研究方向[356]。

b. 高温液态水法

高温液态水法是另一种水热处理方法。该方法不需要快速减压，也不需要采用任何催化剂或化学药品。高压使得水在高温下(160～240℃)仍然保持液态，同时也诱发木质纤维素的结构发生变化。

高温液态水法的主要目标是溶解半纤维素使得纤维素成分更易接近酶，同时避免抑制剂的形成。通过高温液态水法预处理所得到的浆料经过过滤可得到两种成分：一种是富含纤维素的固态物质，另一种是富含半纤维素衍生的糖类物质的液体成分。为了避免抑制剂的形成，预处理过程中的 pH 必须保持在 4～7。在该范围内，半纤维素水解所产生的糖多以低聚物的形式存在，形成的单体成分非常少。因此，所形成的降解产物也较少[336]。高温液态水法已被证明能够移除高达 80%的半纤维素，同时能提高草本植物(如玉米秸秆[199]、甘蔗渣[357]和麦秸秆[358])预处理所得成分的酶解效果。在高温液态水法预处理过程中，木质素发生部分解聚和溶解，但是仅使用该方法很难实现完全的去木质素效果。这是因为木质素溶解后会发生再凝结现象。

从节省费用的角度来看，高温液态水法是非常吸引人的，因为它不需要催化剂。此外，受益于反应的低腐蚀性，反应器的造价也相对较低。另一个主要优势是该方法所溶解的半纤维素和木质素产品的浓度较低，这是由于该方法的注水量相对较高，因此也降低了降解产物的浓度。相比于蒸汽爆破法，高温液态水法可以得到更高的戊聚糖回收率、更少的抑制剂形成。然而，高温液态水法的主要缺点是对水和能量的需求都非常高，因此该方法目前并未在工业上得到广泛利用。

c. 湿法氧化

湿法氧化是一种氧化预处理方法，该方法是采用氧气或空气作为催化剂。该方法的反应温度较低，反应时间也相对较短[359]。根据前人的研究，该方法可以在温度为 170～200℃、氧气压力为 10～12bar 的范围内进行 10～15min[360]。在 170℃以上加入氧气能够促使反应过程放热，有利于减少总能量的消耗。

湿法氧化的主要反应是水解过程产生酸性物质和氧化反应。该方法可有效溶解半纤维素和木质素，以增加纤维素的可消化性。通过与发酵、糖化过程相结合，该方法已被广泛用于生产乙醇[361]。酚类化合物并不是湿法氧化过程的终产物，因为它们能进一步降解形成羧酸。与蒸汽爆破法和高温液态水法相比，湿法氧化法所产生的呋喃和羟甲基糠醛的量都相对更低。Na_2CO_3 的添加能够将 pH 稳定在中性至碱性的范围内，从而降低抑制剂的形成。Klinke 等报道，在湿法氧化法中添加 Na_2CO_3 来预处理麦秸秆，能够实现 96%的纤维素回收率(65%转化为葡萄糖)和 70%的半纤维素产量[306]。此外，Palonen 等报道，采用湿法氧化法来处理玉米秸秆和云杉木也能得到高的产率[359]。

通常，湿法氧化法能够有效地移除木质素和生成量极低的抑制剂。但是，氧气的消耗和催化剂的使用被认为是湿法氧化法发展的主要劣势。

d. 微波预处理

微波预处理法是将生物质原料浸渍在稀的化学试剂中，随后将浆料暴露在微波辐射下一定时间(5～20min)[362]。碱性物质被认为是合适的化学试剂，可用于微波预处理[363]。此外，通过对多种碱性物质进行评估，氢氧化钠被确定是最有效的碱性试剂。

e. 超声预处理

超声预处理法已被用来分离木质素、半纤维素和纤维素。然而，目前针对超声预处理对木质纤维素材料水解敏感性影响的相关研究并不多见[364]。此外，通过超声预处理还能有效提高纤维素的糖化率[365]。

通过超声预处理所得到的更高的酶水解产量是由于超声预处理所产生的空化效应显著促进了酶大分子进入基质表面，即超声形成的空化泡崩裂瞬间所产生的机械力增加了固体基质的表面积。此外，空化作用的最大效应发生在温度为50℃时，该温度也是很多酶处理的适宜温度[365]。

f. CO_2爆破法

CO_2 爆破法也是一种常见的木质纤维素材料的预处理方法。该方法是基于CO_2 超临界流体(温度及压力均处于临界点以上的液体称之为超临界流体)。超临界预处理条件能够有效地移除木质素并增加基质材料的可消化性。此外，添加一些助溶剂(如乙醇)能够提高去木质素效果。CO_2超临界流体常被用作一种萃取剂。这种流体具有很多的优点，因此还能用于一些其他用途[366]。

在水溶液中，CO_2 能够形成碳酸，有利于促进聚合物的水解。CO_2 分子的尺寸与水分子和氨气分子相近，因此也能进入到木质纤维素的小孔中。经过爆裂性地释放 CO_2，纤维素和半纤维素结构发生瓦解，因此酶接触基质的面积显著升高。与蒸汽爆破法和氨纤维爆破法相比，CO_2 爆破法操作温度更低，因此有利于抑制糖的降解，但 CO_2 爆破法所得到的糖产率相对较低。Zheng 等比较了不同的预处理方法针对不同基质的处理效果。研究结果表明，CO_2爆破法的成本相对于氨纤维爆破法更低，同时 CO_2爆破法所形成的抑制剂的量与蒸汽爆破法相比更少[367]。

总之，目前开展的一些改善 CO_2爆破预处理方法的研究并不能保证该方法的工业可行性。该方法中的高压要求仍是决定其工业可行性的主要关注点。另外，在乙醇发酵的过程中使用该方法能够一定程度上降低成本，因为该方法能够实现一些副产品的共同生产。

2.3.3.5 小结与展望

为了提高乙醇生产过程，研究者们采用不同的预处理方法来处理木质纤维素材料。所有这些方法的共同点都是使木质纤维素材料更易被酶处理。纤维素的结晶度、纤维素的可接触面积和木质素/半纤维素的处理方式都是与基质相关的影响酶解的重要因素。表 2-5 综述了常见木质纤维素材料预处理方法的主要优劣势。表 2-6 综述了不同预处理方法针对木质纤维素结构的作用效果。在不同的预处理方法中，化学法和热化学法被认为是最有效、最有工业发展前景的处理方法。另外，结合使用不同的预处理方法以实现不同组分的有效分离，这一设想也非常有意义。

表 2-5　常见木质纤维素材料预处理方法的主要优劣势

预处理方法	优势	劣势
生物法	降解木质素和半纤维素、低能耗	水解速率低
研磨法	降低纤维素的结晶度	高功率/能量消耗
蒸汽爆破法	引发木质素的转化和半纤维素的溶解、成本效益好、两步法所得到的葡萄糖和半纤维素的产率更高	形成有毒化合物、部分半纤维素发生降解
氨纤维爆破法	增加可接触的表面积、抑制剂的形成量低	对木质素含量较高的原材料处理效果较差、处理过程需要大量的氨(成本高)
CO_2爆破法	增加可接触的表面积、成本效益好、有毒物质的形成量低	没有对半纤维素和木质素成分产生影响、处理需要高压
湿法氧化法	可有效移除木质素、抑制剂的形成量低、能量消耗相对较低(放热过程)	处理所需氧气和碱催化剂的成本高
臭氧分解法	减少木质素的含量、有毒物质的形成量低	处理需要大量的臭氧(成本高)
有机溶剂法	引发木质素和半纤维素的水解	高成本、溶剂需要有效分离和回收
浓酸法	葡萄糖产量高、在室温下即可进行	酸的成本高且需要有效回收、反应器腐蚀、形成抑制剂
稀酸法	相对于浓酸法反应器腐蚀程度较低、抑制剂的形成量较低	形成降解产物、糖产物浓度低

表 2-6　不同预处理方法针对木质纤维素结构的作用效果

	研磨	蒸汽爆破	高温液态水	酸处理	氢氧化钠处理	氧化	氨纤维爆破	石灰	CO_2爆破
增加可接触的表面积	H	H	H	H	H	H	H	H	H
纤维素结晶度降低	H	—	n.d.	—	—	n.d.	H	n.d.	—
半纤维素溶解	—	H	H	H	L	—	M	M	H
木质素移除	—	M	L	M	M	M	H	H	—
有毒化合物形成量	—	H	L	H	L	L	L	M	—
木质素结构变化	—	H	M	H	H	H	H	H	—

注：H 指影响程度高；M 指影响程度适中；L 指影响程度低；n.d.指未确定。

虽然诸多文献都报道了不同预处理方法针对生物质成分和糖产率的影响，但比较预处理方法成本差异的文献却非常少。Eggeman 和 Elander 针对一些预处理方法做了定量经济分析[368]。表 2-7 呈现了几种不同预处理方法的资本成本。低成本的预处理反应装置通常需要更高成本的催化剂/乙醇产物的回收装置。

表 2-7　不同预处理方法的资本成本(原材料为玉米秸秆)

	预处理直接投资/百万美元	预处理投资分配(反应器/其他)	总固定投资/百万美元	乙醇产量/(百万加仑/年)	每加仑乙醇投资/美元
稀酸法	25.0	64/36	208.6	56.1	3.72
高温液态水法	4.5	100/0	200.6	44.0	4.57
氨纤维爆破法	25.7	26/74	211.5	56.8	3.72
石灰处理法	22.3	19/81	163.6	48.9	3.35
无预处理	0	—	200.3	9.0	22.26
理想预处理	0	—	162.5	64.7	2.51

进一步降低预处理成本的关键在于减少糖损失、增加固相浓度和控制反应装置及相关设备的运营成本。为了增加糖产量，有效地将半纤维素水解为糖至关重要。在该方向上，当前的研究重点在于得到新型的木糖发酵酵母和用于水解半纤维素的酶。从基础研究的角度来看，从更加基础的层次来研究预处理效应已经受到了广泛关注。植物细胞壁的结构非常复杂，从细胞层次、超微结构层次甚至分子层次对植物细胞壁结构进行研究，有助于更好地理解不同的催化反应与生物质材料的作用机制和热/化学预处理的作用效果。

2.3.4　纤维素的热降解

探究纤维素的热解行为有利于更好地进行生物质材料的热化学转换。早期针对纤维素热解的工作总结了一个经典的动力学方案，其中包括三个化学反应途径[369, 370]，即纤维素在低温时热解反应较为缓慢，形成“活性纤维素”；在高温时纤维素的热解可以通过两个相互竞争的降解反应来表示，一个主要形成焦炭和气体，另一个形成焦油(主要是左旋葡聚糖)。然而，Capart 等[371]排除了“活性纤维素”的概念，他们认为纤维素的热解仅包括两个相互竞争的反应途径，即一个形成焦油和炭，另一个形成气体。Piskorz 等[372]证明了热解过程中确实形成了“活性纤维素”，但是他们认为随后气体的形成并不直接与低温步骤或活性纤维素相关。为了更好地表示纤维素的热解过程，其他研究者们也提出了一些新的动力学方案(主要是一级动力学反应)[373-375]。这些动力学模型很大程度上简化了纤维素热解过程中初级反应和二次反应的复杂度。许多研究主要关注热解过程中的质量损失、动力学反应和热量，但并未针对热解过程中的二次反应和典型产物的形成途径进行深入探究。最近，一些研究者采用联合分析技术(如气相色谱-质谱联用和红外-质谱联用)来定量测定纤维素热解产品的产量[376-379]。

2.3.4.1　TG-FTIR 联用分析技术

图 2-30 为氮气气氛下纤维素在不同加热速率下的热重(TG)和微分热重(DTG)曲线。由图可见，在一个微小的温度范围内，纤维素发生了剧烈的质量损失，该剧烈降解阶段涵盖了一系列的化学反应[380]。表 2-8 列出了纤维素的 DTG 曲线特征。不难看出，随着加热速率的升高，最大质量损失速率逐渐下降且向高温方向移动。T^a 和 T^c 分别表示该剧烈降解阶段的起点和终点。随着加热速率的升高，这两个温度也向高温方向移动，但对应的温度间距变化甚微(5K/min：83℃，20K/min：92℃，60K/min：95℃)，表明纤维素在高加热速率下分解非常快，产物可以在短时间内集中释放。值得一提的是，当加热速率较低时，在最终温度 800℃时的炭残留物的质量反而较高。这恰好证实了之前的一项研究报道[381, 382]，即在低温(250～300℃)时预热时间越长，纤维素热解最终所产生的炭残留物的质量越高。在低温时，纤维素通过脱水和交联反应逐渐趋于碳化[383]，在低温时的预热过程使得纤维素的结构发生了重排[384]，最终促进了炭残留物产量的提高。

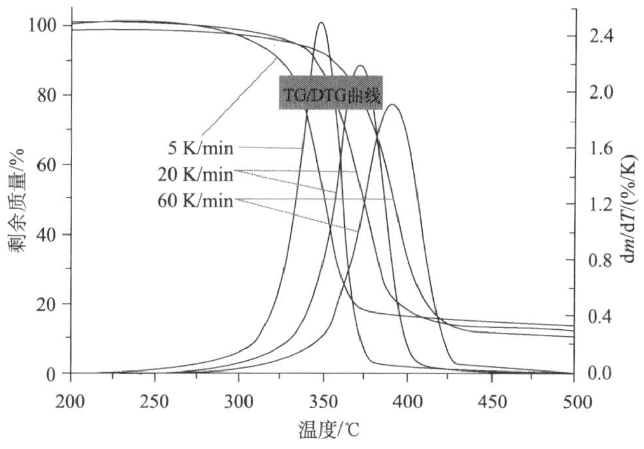

图 2-30　纤维素在不同加热速率下的 TG 和 DTG 曲线

表 2-8　不同加热速率下纤维素 DTG 曲线的特征点

加热速率/(K/min)	T^a/℃	m^a/%	T^b/℃	$(-dm/dT)^b$/(%/K)	m^b/%	T^c/℃	m^d/%
5	294	96.59	348	2.53	55.54	377	10.31
20	312	96.91	373	2.19	52.79	404	8.23
60	329	95.12	392	1.93	50.38	424	7.49

a. 质量损失速率在 0.1%/K 以上的起点；b. DTG 曲线的峰值点；c. 质量损失速率在 0.1%/K 以上的终点；d. 温度为 800℃。

图 2-31 为纤维素在加热速率为 20K/min 时的热重-傅里叶变换红外(TG-FTIR)三维谱图。气体混合物的成分可以通过特征吸收谱带来确定。产物的产量与时间的关系可以通过吸光度随时间的变化来确定。T_{max} 代表产物产量最大(即吸光度最高)时的热解温度。表 2-9 也证实随着加热速率的升高，T_{max} 向高温方向移动。在相同的加热速率下，表 2-9 中不同气体产物的 T_{max} 值接近表 2-8 中的 T^c 值，表明不同气体的产量几乎同时达到峰值，纤维素的降解集中在非常小的温度范围内。2071～2207cm^{-1} 和 632～702cm^{-1} 处的两组特征谱带分别对应 CO 和 CO_2。这两种气体的吸光度明显较高，表明它们的产量高于其他气体产物。由表 2-9 可知，甲烷的形成相对于其他气体较为滞后，这是由于甲烷的产生需要更多的能量来破坏 R—CH_3 键[376]。

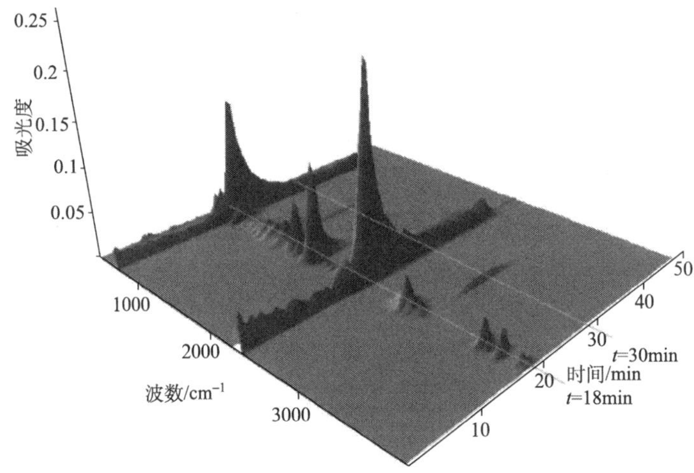

图 2-31　纤维素在加热速率为 20K/min 时的 TG-FTIR 三维谱图

表 2-9　纤维素气态热解产物的红外特征峰和不同加热速率下的 T_{max} 值

波数/cm^{-1}	化学键	振动类型	产物	T_{max}/℃		
				5K/min	20K/min	60K/min
2972～3018	C—H	伸缩	CH_4	530	560	590
2071～2207	C—O	伸缩	CO	370	400	420
2312～2380 632～702	C═O C═O	伸缩 指纹区振动	CO_2	380	410	425
1680～1750 2744～2897	C═O C—H	伸缩 弯曲	R—CHO	370	400	420

续表

波数/cm^{-1}	化学键	振动类型	产物	T_{max}/℃		
				5K/min	20K/min	60K/min
1250～1339	C—C	骨架振动	R—CO—R′	370	400	420
1700～1739	C═O	伸缩				
1073～1140	C—O	伸缩	R—OH	370	400	420
3523～3648	O—H	伸缩				
1210～1320	C—O	伸缩	R—COOH	370	400	420
1717～1775	C═O	伸缩				
3523～3586	O—H	伸缩				

2.3.4.2 固、液、气产物的分布

表 2-10 给出了不同温度和滞留时间下纤维素主要热解产物的产量。可以看出，温度升高，气体产物的产量增加，焦炭的产量降低，焦油的产量也增加了(温度超过 580℃后产量发生下降)。需要注意的是焦炭的产量非常低且在温度达到580℃后基本保持恒定(产量<5wt%)。因此，在高温下，气体的形成反应与焦油的形成反应具有直接竞争关系，且前者占有优先地位[372, 385, 386]。当温度固定在 530℃时，改变滞留时间对纤维素气、液、固三态产物产量的影响程度不一。焦炭的产量改变并不显著，但气体和焦油的产量变化相对明显。随着滞留时间的延长，焦油发生二次分解，使得气体产物的产量提高。目前暂不清楚是哪种反应机制决定了气体和焦油的形成，如竞争机制[371]、顺序反应机制[369]或者混合反应机制[387]。因此，为了进一步弄清气体和焦油的形成机制，需要开展长滞留时间的热解实验。

表 2-10 不同温度和滞留时间下纤维素热解产物的产量(单位：wt%)

产物	滞留时间: 0.44s							温度: 530℃	
	420℃	470℃	530℃	580℃	630℃	680℃	730℃	0.88s	1.32s
气体	20.1	24.8	26.4	27.3	29.8	34.0	42.5	29.6	32.5
焦油	30.6	60.9	68.9	72.2	67.6	63.7	56.6	63.1	60.1
焦炭	47.44	13.51	7.34	2.55	1.55	1.54	1.03	7.41	7.22

2.3.4.3 生物油成分

生物质热解所产生的生物油成分十分复杂，很难通过单一的分析技术来完

全表征。采用气相色谱-质谱联用技术能够有效地检测大量的极性有机化合物。表 2-11 给出了生物油中的主要成分(如左旋葡聚糖、5-羟甲基糠醛、糠醛、羟基丙酮、羟基乙醛等)，这些成分的产量受热解温度和进料速率的影响。

表 2-11　纤维素热解所产生的生物油中的主要化学成分和产量(由气相色谱–质谱联用技术测定所得)

滞留时间/min	化学成分		摩尔分数/% (530℃，600L/h)	摩尔分数/% (630℃, 600L/h)	摩尔分数/% (530℃, 200L/h)
	名称（缩写）	化学式			
2.19	己烷	C_6H_{14}	0.16	1.58	0.33
2.35	乙醛	C_2H_4O	0.12	0.57	0.37
2.89	丙酮	C_3H_6O	2.13	3.94	2.97
7.54	丙酮醛(PA)	C_3H_4O	0.17	0.35	1.16
10.43	羟基丙酮(HA)	$C_3H_6O_2$	2.22	4.69	3.43
13.61	羟基乙醛(HAA)	$C_2H_4O_2$	4.72	7.53	8.71
13.86	糠醛(FF)	$C_5H_4O_2$	0.75	0.97	0.92
15.65	2-呋喃甲醇	$C_5H_6O_2$	0.22	0.34	0.36
17.05	2-羟基-2-环戊烯-1-酮	$C_5H_6O_2$	0.55	0.88	0.92
17.55	2,4-戊二烯酸	$C_5H_6O_2$	0.18	0.36	0.30
19.23	2,2-二乙氧基丙酸乙酯	$C_9H_{18}O_4$	0.57	1.04	0.76
22.28	2,3-脱水-D-甘露糖(2, 3-AM)	$C_6H_8O_4$	0.44	0.92	1.09
23.37	脱水-D-甘露糖(AM)	$C_6H_{10}O_5$	2.32	1.61	3.01
24.32	5-羟甲基糠醛(5-HMF)	$C_6H_6O_3$	1.62	3.54	1.64
29.18	1,6-脱水-β-呋喃葡萄糖(1,6-AGF)	$C_6H_{10}O_5$	0.41	0.69	0.22
41.26	左旋葡聚糖(LG)	$C_6H_{10}O_5$	62.22	51.07	53.11

由表 2-11 可以看出，左旋葡聚糖(1,6-脱水-β-D-吡喃葡萄糖)是生物油中的主要成分(>50%)，证明在纤维素热解的初始阶段，纤维素发生解聚形成各种各样的脱水糖衍生物，而左旋葡聚糖是这些脱水糖衍生物中存在最普遍的。左旋葡聚糖的产量受纤维素的来源和实验条件所影响[388]。如表 2-11 所示，相比于其他一些产物(如羟基乙醛、羟基丙酮和 5-羟甲基糠醛)，左旋葡聚糖在高温下的产量明显下降，这反映了左旋葡聚糖的形成反应与其他产物的形成反应具有明显的竞争关系。在高温下，纤维素分子倾向于发生开环反应(图 2-32)[389]，使得左旋葡聚糖的产量下降。当进料速率下降(即滞留时间增加)时，也能观察到与温度升高时相似的结果，该现象可以通过左旋葡聚糖和其他产物间的顺序反应机理来解释[372, 378, 389, 390]。因此，可以推断左旋葡聚糖在纤维素热解过程中也能作为

形成其他产物的中间体。

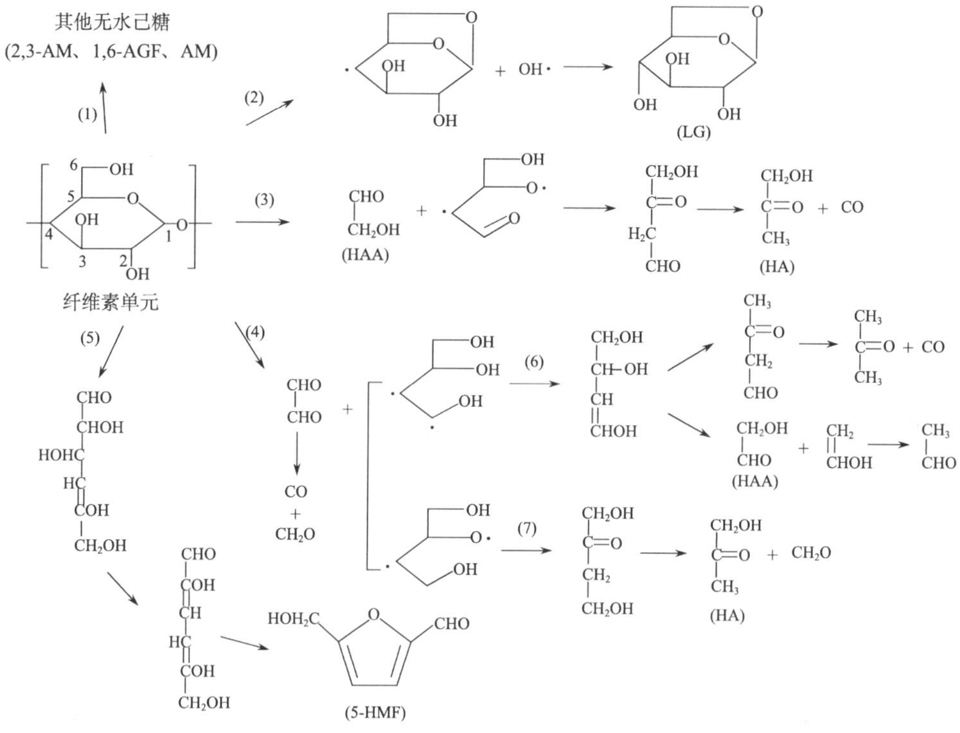

图 2-32　纤维素分子热解过程中可能的转化途径

Li 等[390]报道了左旋葡聚糖的形成首先是由纤维素分子的 1,4-糖苷键发生断裂，随后通过单体单元的分子内重排所形成的。图 2-32 的途径 2 展示了左旋葡聚糖的形成过程。首先纤维素的 C1 和 C6 间发生缩醛反应，使得 1,4-糖苷键发生断裂，同时形成羟基自由基；随后，该羟基自由基与 C4 结合形成左旋葡聚糖。可以认为从 C6 位置脱离的羟基自由基可能是形成左旋葡聚糖的引发剂。

其他的脱水已糖(如脱水-D-甘露糖和 1,6-脱水-β-呋喃葡萄糖)是左旋葡聚糖的同分异构体，它们的形成也是通过羟基自由基引发并随后通过化学结构重排所得到的(图 2-32 中的途径 1)。然而，这些重排反应往往需要更多的能量，且还需与二次裂解反应相竞争[372, 389]。因此，与左旋葡聚糖相比，这些脱水糖通常只占据生物油产物中的很小一部分(表 2-11)。值得注意的是，在温度升高后，2,3-脱水-D-甘露糖的产量增加，脱水-D-甘露糖的产量下降。在滞留时间增加后，这两种物质的产量都增加，这是由于它们的形成反应相对于对应的二次裂解反应更加占优。更高的温度可以为重排反应提供更多的能量，使得 1,6-脱水-β-呋喃葡萄糖的产量显著增加；滞留时间的延长导致 1,6-脱水-β-呋喃葡萄糖的产量下降，证明它的二次裂解反应更加占优。

图 2-33 显示了脱水糖(特别是左旋葡聚糖)的二次降解反应。由图可见，左旋葡聚糖的热分解首先进行开环反应破坏 1,6-缩醛键并水合形成吡喃葡萄糖单体(GP)，再随后发生一系列的二次分解。吡喃葡萄糖的分裂方式可能包括三种：途径 8 所示的开环反应是通过破坏 C1 位置上的半缩醛键和 C2—C3 键来形成羟基乙醛和丁糖；途径 9 所示的开环反应形成了甲醛和戊糖；途径 10 通过破坏 C1 位置上的半缩醛键形成了己糖。此外，图 2-33 也给出了(C4～C6)片段再次经过脱水、水合、分裂、脱羰、脱羧等反应所形成的各种各样的产物。

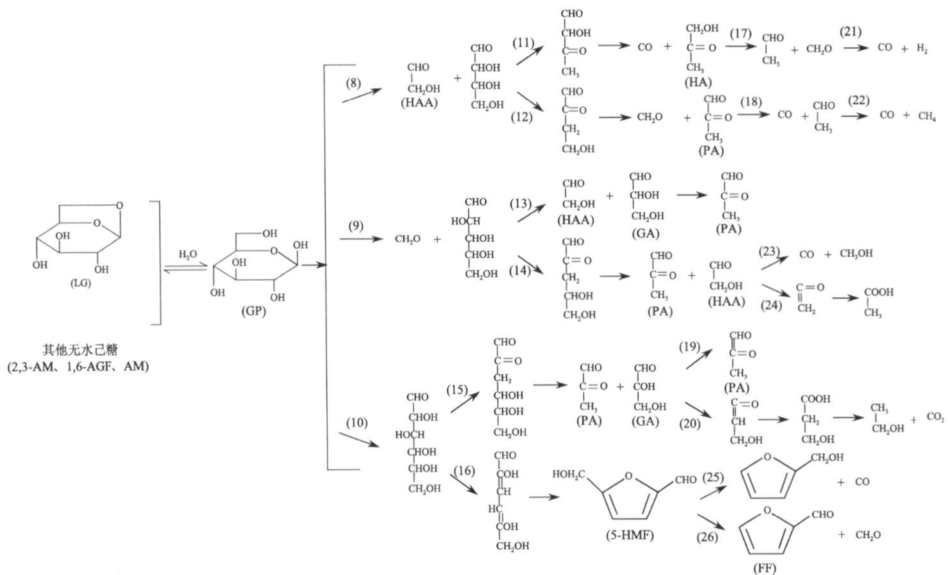

图 2-33　脱水糖(特别是左旋葡聚糖)可能的二次裂解反应途径

从表 2-11 可以看出，5-羟甲基糠醛和糠醛的产量随着温度的升高而增加。这暗示了 5-羟甲基糠醛可能是由与形成左旋葡聚糖所对应的竞争反应来合成的。可以确定的是，糠醛主要是由 5-羟甲基糠醛和 1-羟甲基糠醛分解所得到的[391]。在长滞留时间下，5-羟甲基糠醛的产量变化甚微，但糠醛的产量明显增加，表明左旋葡聚糖发生分解形成了 5-羟甲基糠醛以平衡 5-羟甲基糠醛的二次分解形成糠醛。如图 2-32 和图 2-33 所示，5-羟甲基糠醛可以由纤维素单元(途径 5)和左旋葡聚糖(途径 10→16)分解所得到。途径 5 最初是由纤维素单元的糖苷键发生断裂在 C1 位置形成一个醛基结构，并通过链结构重排在 C4 和 C5 之间形成一组双键。随后，C2 和 C3 的羟基之间通过脱水形成另一组双键。最后，C2 和 C5 的羟基之间发生缩醛反应形成 5-羟甲基糠醛。途径 10→16 首先是由吡喃环发生断裂形成己糖结构，随后通过羟基脱水和缩醛反应形成 5-羟甲基糠醛。糠醛的形成是由 5-羟甲基糠醛发生二次反应(即脱羟甲基反应)所得到的(途径 26)，同时还伴随有甲醛的生成。此外，5-羟甲基糠醛还可以发生重排反应[391]，生成芳基化合物，如苯和苯酚，这些物质可以被检测到但未列入表 2-11 中。

羟基乙醛、羟基丙酮、甘油醛和丙酮醛是纤维素热解所产生的生物油中主要的 C2～C4 产物。表 2-11 列出了一些产量较高的 C2～C4 产物。很明显可以看出，几乎所有 C2～C4 产物的产量都随着温度和滞留时间的增加而提高。图 2-32 中的途径 3 和图 2-33 中的途径 8 给出了羟基乙醛的形成途径。半缩醛键在加热状态下具有很高的活性，且 C2—C3 键要长于环中其他位置的键[372]，因此羟基乙醛非常容易通过上述这两个键的断裂而得到。图 2-32 中的途径 4→6 表明羟基乙醛是由重排的四碳片段断裂并分离出原先的 C5 和 C6 所形成的。图 2-33 中的途径 9→13 指出羟基乙醛是由五碳片段断裂并分离出原先的 C2 和 C3 所形成的，而途径 9→14 表明羟基乙醛是由五碳片段断裂并分离出原先的 C5 和 C6 所形成的。因此，可以推断羟基乙醛更倾向于基于 C1—C2 和 C5—C6 而形成。在高温下，羟基乙醛可以通过脱羰反应得到 CO 和甲醇(途径 23)及通过脱水反应得到烯酮结构(途径 24)和进一步水合得到乙酸。

图 2-32 中的途径 3 和途径 4→7 给出了羟基丙酮可能的形成途径，即通过由纤维素分子转化而成的四碳片段分裂所得。左旋葡聚糖也可以分解形成羟基丙酮(即途径 8→11)，四碳片段在 C5 和 C6 位置发生脱水反应且随后在 C3 位置发生脱羰反应形成 CO 和羟基丙酮[372]。更高的温度相比于更长的滞留时间更有利于提高羟基丙酮的产量(表 2-11)，因此可以推测羟基丙酮大部分是通过纤维素分子的直接转化所得，小部分是由左旋葡聚糖的二次分解所得。羟基丙酮经过途径 17 分解得到乙醛和甲醛，而这两种物质是形成甲烷和 CO 的前驱物[391]。

甘油醛(GA)是形成丙酮醛的重要中间体(脱水反应，见途径 9→13 和途径 10→15→19)。其他形成丙酮醛的途径包括 8→12 和 9→14，表明丙酮醛也可以由 C3～C6 产物的二次裂解所得。相比之下，丙酮醛很难直接通过纤维素分子的分解所得到，因此图 2-32 中并没有合成丙酮醛的途径。这表明丙酮醛主要是通过左旋葡聚糖的二次分解所得，且更长的滞留时间相比于更高的温度更有利于提高丙酮醛的产量。丙酮醛的分解可以产生 CO 和乙醛(脱羰基反应)[376]。

甘油醛经过途径 10→15→20 可以得到羟基丙酸，再通过脱羧反应即可得到 CO_2 和乙醇。纤维素热解所得到的生物油中的酸类物质是通过醛-醇结构脱水形成烯酮结构再水合形成的，如途径 9→14→24 所示[372, 390, 392]。具有醛-醇结构的 C2～C6 片段通过脱水、重排和水合等反应具有生成酸性化合物的潜力。

2.3.4.4　气态产物

表 2-12 给出不同温度和滞留时间下纤维素热解主要气体产物的产量。CO 和 CO_2 的产量明显高于 H_2 和 CH_4 的产量。随着温度的升高和滞留时间的延长，CO 的产量显著增加，但是 CO_2 的产量变化不大，这证明了 CO 的形成受低分子量产物二次反应的影响，而 CO_2 可能主要由纤维素热解的初级或早期反应所得到。多种化学途径(包括纤维素的直接分解和焦油的二次分解)都可能产生 CO，如途径 3、途径 4→6、途径 8→11、途径 9→14→23 和途径 10→16→25。几乎所有的 C1～C6 片段都含有醛基结构(如羟基乙醛、乙醛和甲醛)，都能够通过脱羰基反应生成 CO。相比之下，CO_2 主要是通过脱羧反应得到且主要发生在 C1 和 C2 位置[390]。烯酮结构(羧基的前驱物)多在温度相对较低的阶段产生[392]。此外，在高温下经过其他的二次反应可以得到具有醛基结构的化合物，这使得烯酮结构的形成黯然失色。例如，在高温下，途径 10→15→19 相比于途径 10→15→20 更加顺利。因此，随着温度的升高和滞留时间的延长，CO_2 的产量变化甚微。

表 2-12　不同温度和滞留时间下纤维素热解主要气体产物的产量(单位：wt%)

产物	滞留时间: 0.44s						温度: 530℃	
	420℃	470℃	530℃	580℃	630℃	730℃	0.88s	1.32s
CO	11.1	13.8	14.5	15.2	16.4	20.2	16.4	18.8
CO_2	8.6	9.8	10.1	9.6	9.6	9.5	9.6	10.2
CH_4	1.2	1.6	1.9	2.3	3.0	3.2	2.4	3.1
H_2	0.2	0.3	0.3	0.4	0.5	0.7	0.3	0.4

研究者们采用 TG-FTIR 和热解-气相色谱-质谱(Py-GC-MS)联用技术来探究纤维素热解的机理。实验结果发现：①大部分主要产物的产量会随着温度和滞留时间的增加而提高；②焦炭的产量相对较低且当温度高于 550℃时产量基本保持恒定；③当温度超过 580℃时，焦油的产量下降，温度的升高降低了左旋葡聚糖的产量；④羟基丙酮的形成主要是通过纤维素的直接转化，而丙酮醛的形成主要是通过左旋葡聚糖的二次分解。

2.3.5　纤维素的光降解

2.3.5.1　引言

聚合物在波长为 290～400nm 的紫外光照射下会吸收光能而降解，导致其分子量减小，材料变脆、散开，这种过程称为光降解。太阳光能使纤维素降解并发生化学变化，生成氧化纤维素和有强还原性的有机物。当在潮湿和有氧条件下，纤维素能很快被光降解，并产生羰基和羧基化合物[393]。Malešič 等[394]在研究光诱导降解纤维素时，发现用波长大于 340nm 的光照射纤维素可使纤维素发生光化学降解生成具有羟基自由基和羰基的化合物，且添加 $MgCO_3$ 能使纤维素的降解速率和生成羰基化合物的速率减小。

光催化是一种极具潜力的降解有机废料的技术。光催化技术通常采用半导体作为催化剂[395]。在各种各样针对光催化剂的研究中，薄膜状的纳米二氧化钛催化剂受到诸多研究者的关注[396-398]。此外，二氧化钛也被广泛认为是最有效、无毒和稳定的光催化剂。

在多相光催化反应中，研究者们通常将紫外光和二氧化钛催化剂结合使用[399]。Lanzalunga 等[400]和 Tanaka 等[401]比较了 C 类紫外光和 A 类紫外光的能量差异。结果表明，具有更高能量的 C 类紫外光能够通过两种不同的途径引发反应，即羟基自由基氧化和电子-空穴反应。C 类紫外光能够形成数量更多的羟基自由基[401]，羟基自由基的浓度越高越有利于纤维素的降解。紫外光/二氧化钛结合法已经成功用于处理纤维素漂白废水[402]，Machado 等使用光催化剂降解造纸废水中的有机化合物的效果优良[403]。光催化剂的主要优势是处理温度低和能量消耗少[404]。

未经化学修饰或衍生化处理的纤维素难溶于普通水或有机溶剂。常见的纤维素溶剂包括铜氨溶液、铜乙二胺溶液和氯化锂/*N*,*N*-二甲基乙酰胺、熔融态的金属盐水合物等。此外，一些研究人员发现纤维素在氯化锂/盐酸和氯化锂/ *N*,*N*-二甲基乙酰胺介质中发生了水解，他们在降解产物中发现了 5-羟甲基糠醛[405]。

本节着重介绍 Fan 等[406]利用紫外光/二氧化钛结合法催化降解纤维素的研究，纤维素首先溶解于氯化锌浓溶液中，然后置于圆柱形的光催化波纹板反应器中，反应器的内板表面涂覆有纳米多孔的二氧化钛薄膜。该方法相对简单、有效，且所得到的降解化合物易于分离，可用作高价值的工业产品。

2.3.5.2　催化剂和紫外光对纤维素光降解效果的影响

二氧化钛薄膜光催化剂的详细制备方法可参考 Fan 等[406]的报道。简要叙述如下：室温下将 12mL 的 $Ti(OC_4H_9)_4$ 逐滴加入 20mL 乙醇中并搅拌 15min，随后向混合溶液中加入 20mL 蒸馏水和少量乙酸，继续搅拌 30min，即可得到白色溶胶。将白色溶胶放置 24h 后置于 105℃下干燥，即可得到白色的二氧化钛粉末。将粉末研细并置于 550℃的马弗炉中煅烧 2h，即可得到纳米二氧化钛。此外，纳米二氧化钛溶胶是将 27g 纳米二氧化钛粉末与 900mL 聚乙二醇-1000 混合所得到的。铜板用作二氧化钛催化剂的制备基质。首先，将金属铜折叠成波纹板，然后依次采用乙醇、草酸和蒸馏水进行洗涤。一片干燥的铜波纹板（长度×宽度= 25cm×7cm）浸渍在纳米二氧化钛溶胶中 9s，然后以 1mm/s 的速度取出，使铜板表面形成湿的覆盖膜。经过室温干燥后，二氧化钛凝胶薄膜即可形成。通过改变浸渍-干燥的次数可以调节薄膜的厚度。

比较 5-羟甲基糠醛的产量，可以看出二氧化钛是纤维素光催化降解领域中最为重要的催化剂(图 2-34)。采用二氧化钛光催化剂处理所得到的 5-羟甲基糠醛的产量是未经任何处理和仅经受紫外光照射处理情况产量的十倍和八倍。由于 $ZnCl_2 \cdot H_2O$ 是一种路易斯酸，因此纤维素能够在该酸介质中进行水解，但是该水解过程通常需要较高的温度。例如，当纤维素的降解温度为 200℃时，酸水解所得到的 5-羟甲基糠醛的最高产量可达到 9%[407]。在采用二氧化钛光催化降解纤维素的过程中(50℃，紫外光照射，中性 $ZnCl_2$ 溶液)，羟基自由基在二氧化钛的表面形成。当该过程在酸性的 $ZnCl_2$ 溶液中进行时，可形成更多数量的羟基自由基，有助于在纤维素的自由基降解过程中得到更高的反应活性。

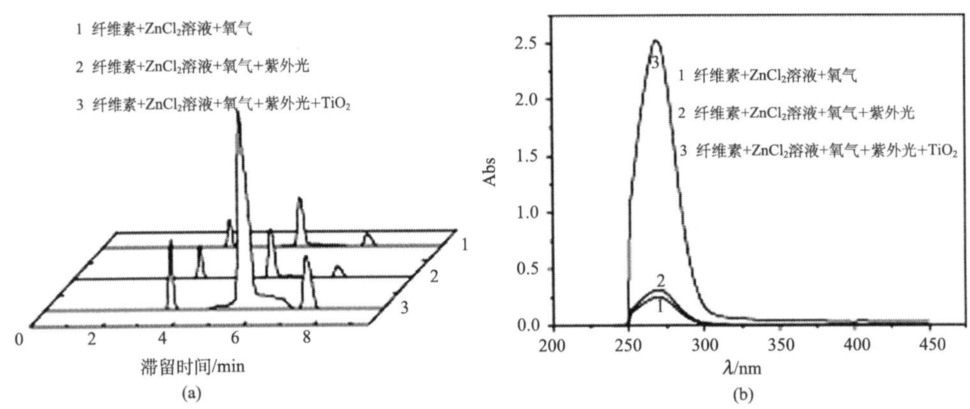

图 2-34　比较三种实验条件下 5-羟甲基糠醛的产量。(a) 高效液相色谱图；(b) 紫外光谱图

2.3.5.3　二氧化钛膜厚对纤维素光降解效果的影响

二氧化钛薄膜制备过程中的浸渍-干燥次数直接影响薄膜的表面积、孔容、大孔通道、厚度等结构特性和光催化活性[408]，因此必然对随后的光催化降解纤维素的效果产生一定影响。如图 2-35 所示，当浸渍-干燥次数为 9 次时光催化活性最高，同时 5-羟甲基糠醛的浓度高达 1.709g/L(光照 2h，$ZnCl_2$ 溶液)。这主要是归因于参与光催化反应的二氧化钛的含量增加。当浸渍-干燥次数超过 9 次时，纤维素光催化降解活性反而下降，同时 5-羟甲基糠醛的产量也相应降低。这是由于厚膜的透明度下降。此外，紫外光会沿着厚膜上二氧化钛粒子的聚集和生长方向发生散射，使得薄膜辐照效果下降[409]。因此，二氧化钛厚膜光催化降解纤维素的活性相对于较薄的二氧化钛膜低。

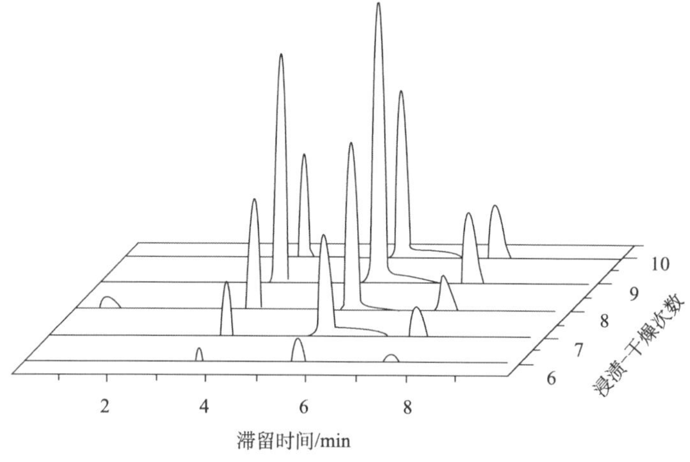

图 2-35　采用不同浸渍-干燥次数所制备的二氧化钛薄膜光催化降解纤维素产物的高效液相色谱图

2.3.5.4　紫外光辐射时间对纤维素光降解效果的影响

图 2-36 呈现了在辐照时间为 2h 时可以得到最高浓度的 5-羟甲基糠醛(1.709g/L)。二氧化钛表面所形成的羟基自由基能够分解纤维素链(图 2-37)。首先，β-1,4-糖苷键上 C4 所连接的氢原子与羟基自由基结合，形成碳自由基。碳自由基随后发生氧化，形成超氧自由基。超氧阴离子移除后，糖苷键发生断裂，形成一个碳自由基(C1 位置)和一个烷氧自由基[410]。前者与羟基自由基反应形成新的羟基。后者与羟基自由基反应形成氢过氧官能团，该基团随后与水分子发生氧

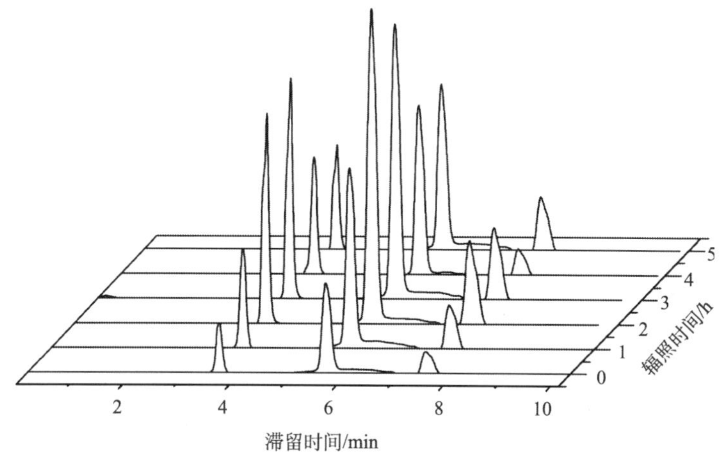

图 2-36　不同紫外光辐照时间下所得到的纤维素降解产物的高效液相色谱图

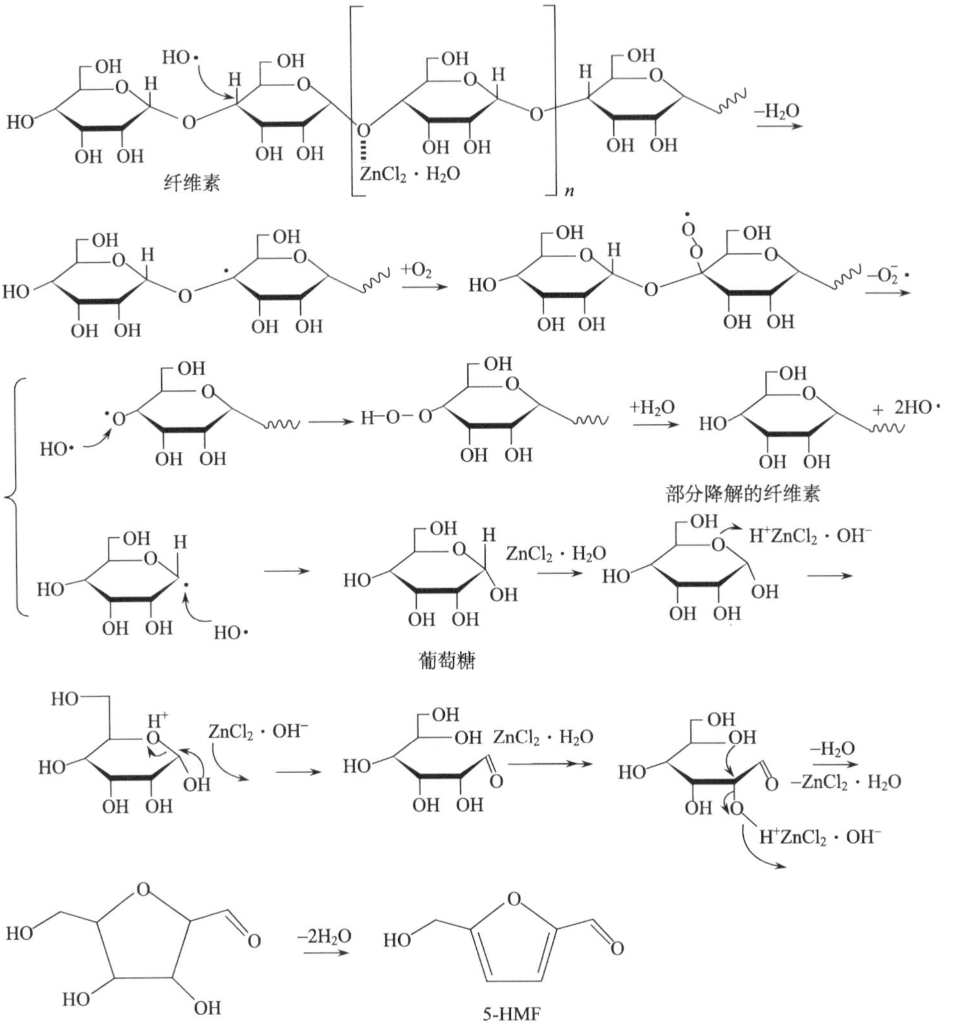

图 2-37　光催化降解纤维素机理

化反应生成羟基。在上述过程中，可以看出纤维素部分转化为单糖，如葡萄糖。当纤维素溶解于 $ZnCl_2$ 溶液时(配位效应)[407]，$ZnCl_2$ 作为路易斯酸有助于破坏纤维素分子中的糖苷键。葡萄糖单元开环形成醛糖，随后连续失去三个水分子形成5-羟甲基糠醛。紫外光照射时间越长，形成的羟基自由基越多。此外，部分产物(5-羟甲基糠醛)可分解成小分子物质，甚至最终分解成二氧化碳和水，这是由于羟基自由基的氧化不具有选择性。

2.3.5.5　结论

本节介绍了一种被锐钛矿型二氧化钛薄膜覆盖的圆柱形波纹板，该波纹板可用于光催化降解纤维素。此外，浓的 $ZnCl_2$ 溶液不仅能溶解纤维素，还能破坏纤维素分子的糖苷键，促进单糖的形成。当紫外光照射时间为 2h、浸渍–干燥次数为 9 次、波纹板角度为 42°时，5-羟甲基糠醛的产量可达 1.709g/L。由于紫外光照射的催化表面积和催化表面积上所能捕捉的光子数量的显著提高，采用波纹板生产 5-羟甲基糠醛的能量效率是平板的 19 倍。

2.3.6　纤维素的碱降解

纤维素在热碱液中的反应主要包括碱性水解、剥皮反应和终止反应[411]。纤维素碱性水解的程度与碱用量、温度、时间等因素有关[412]。当温度较低时，碱性水解反应甚微，温度越高水解越强烈。在碱液中，即使在很温和的条件下纤维素也能发生剥皮反应。在碱性末端基的葡萄糖基会逐个剥落，直到纤维素末端基转化为偏变糖酸基为止，剥落的葡萄糖基在溶液中最后转化为异变糖酸，并以其盐的形式存在。

2.3.6.1　剥皮反应

剥皮反应是一种聚糖末端降解反应。它是从各种聚糖的醛末端基开始的，同时醛末端基也发生了终止反应，即聚糖末端基稳定反应。由于终止反应速率慢，剥皮反应速率快，因此在终止反应完成前，聚糖末端往往早已剥下 50 个左右的糖基[413]。剥皮反应的进行必须有醛末端基存在，醛基随后转变为酮基，再进一步进行烯醇–酮互换。剥皮反应的关键性一步是烯醇基的 β-烷氧基消除反应。剥下来的葡萄糖基经过转化、重排形成异变糖酸(图 2-38)，在碱液中以其盐的状态存在。在烯醇基 β-烷氧基消除反应进行之前，若能转移烯醇基的位置，则可避免 β-烷氧基消除反应，进而进行终止反应，形成 α-和 β-偏变糖酸末端纤维素(图 2-39)。这种纤维素大分子不再继续进行剥皮反应[414]。

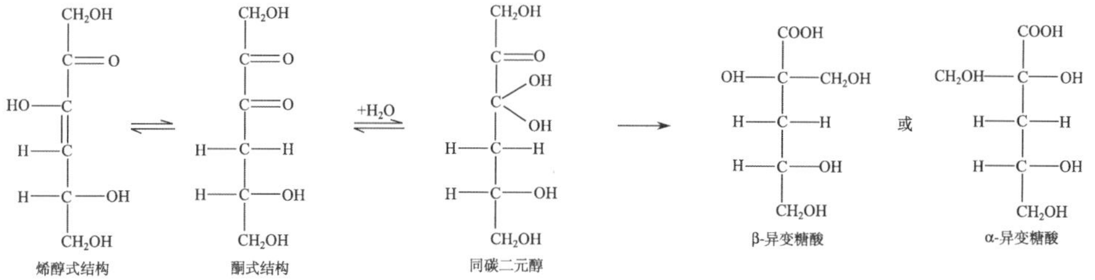

烯醇式结构　酮式结构　+H₂O　同碳二元醇　β-异变糖酸　或　α-异变糖酸

图 2-38　α-和 β-异变糖酸的形成机理

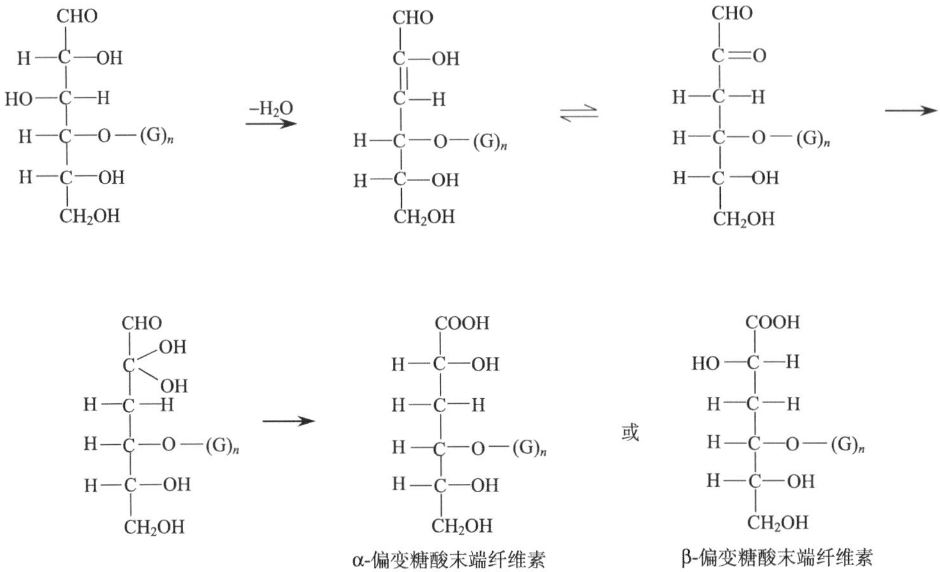

α-偏变糖酸末端纤维素　或　β-偏变糖酸末端纤维素

图 2-39　终止反应机理

2.3.6.2 碱性水解

一般在蒸煮温度升至 150℃，纤维素的碱性水解就开始了。纤维素大分子苷键的碱性水解在蒸煮升温阶段一般进行较慢，而在高温作用下，苷键水解断裂加速，使纤维素的聚合度迅速下降。碱性水解的结果增加了新的还原性末端基，为剥皮反应的进行提供了新条件，而如果碱性水解断裂的部位靠近大分子链的端部，则水解所产生的短链分子可直接溶于碱液，可见碱性水解危害很大。

2.3.6.3 碱纤维素的化学反应性

碱纤维素具有很强的化学反应能力，工业上可由碱纤维素制备一系列的纤维素衍生物。在纤维素酯醚化工业中，碱纤使纤维素原纤的晶区润胀，起消晶、提高反应性的作用，同时对酯醚化反应有催化作用。在纤维素醚的制备中，与碱纤有关的主要化学反应如下[415]。

（1）碱纤维素与卤代烃（或烷基硫酸酯）的主要化学反应如下[416, 417]：

$$\text{Cell-OH}\cdot\text{NaOH} + \text{RX} \longrightarrow \text{Cell}\cdot\text{OR} + \text{NaX} + H_2O$$

$$2\text{Cell-OH} + 2\text{NaOH} + (C_2H_5)_2SO_4 \longrightarrow 2\text{Cell-O}C_2H_5 + Na_2SO_4 + 2H_2O$$

这是生产甲基纤维素、乙基纤维素等烷基纤维素的反应。式中 X 为卤原子，R 为烷基。通常，只有较低级的卤代烷才能完全取代纤维素中羟基上的氢，较高级的卤代烷在碱中的溶解度低，扩散速率慢，阻碍共取代反应。在均相醚化反应中，反应能力为碘代烃>溴代烃>氯代烃。在多相反应中，碘代烃因尺寸大不适合制备甲基纤维素，溴代烃则因价格太贵，也不常用，所以最常用的是氯代烃，用它来制备烷基纤维素醚较为合理。

(2) 碱纤维素与卤代酸(盐)的反应：碱纤维素与一氯乙酸(钠)反应生成羧甲基纤维素(CMC)[418]。

(3) 碱纤维素与环氧化合物的反应：碱纤维素与环氧乙烷(或 2-氯乙醇)、环氧丙烷等反应生成乙基纤维素(EC)、丙基纤维素(PC)及它们的混合醚。

(4) 碱纤维素与丙烯腈的反应：碱纤维素与丙烯腈反应生成氰乙基纤维素，反应发生于纤维素碱性盐离子对和溶于水相中的丙烯腈之间，反应的推动力是负电性的纤维素氧原子上未共享电子对和丙烯腈端部带正电的碳原子之间的相互吸引力[419, 420]。

2.3.7　纤维素的机械降解

2.3.7.1　机械球磨引起的纤维素降解

由棉花和木材制备纤维素产品包含着复杂的转变技术，加工过程机械应力的作用大大改变了纤维素纤维的物理和化学性质，如纤维束分散、长度变短、还原端基增加，聚合度、结晶度和强度下降，对各种化学反应和酶水解的可及度和反应性提高等，研究机械力引起的纤维素纤维降解在纺织、制浆、造纸、纤维素衍生物、纤维素水解等方面都有十分现实的意义[421]。

相对于一般的机械加工手段，机械球磨处理更容易引起纤维素纤维的多方面变化。球磨过程可以产生压缩力和剪切力，当这些力集中在某些分子链片中时，可超过共价键的强度，导致分子链发生断裂降解。此外，球磨处理还可以导致纤维束分散、结晶度下降及还原端基和反应性增加等。在球磨过程中，机械能可以通过“吸收”和“扩散”两个途径传递至纤维素材料中。如果球磨产生的动能只被有效地扩散，则不引起纤维素材料聚合度下降、还原端基增加等化学变化；如果能量被吸收，则可有效地裂解纤维素的次价键(如分子间和分子内氢键)和共价键，使纤维束分散、聚合度下降[422, 423]。

表 2-13 给出棉纤维在空气中经 Norton 球磨后链断裂数和降解度[424]。棉纤维经 Norton 球磨后，纤维部分的 DP 损失较粉末部分少，当球磨时间由 50h 增加到 400h，纤维部分的 DP 损失由 16.8%增加到 50.4%，而粉末部分的 DP 损失由 54.1%增加到 77.6%。振动球磨产生的能量较 Norton 球磨更有效地转移到棉纤维中，由表 2-14 可见，当振动球磨时间由 50h 增加到 400h 时，纤维部分的 DP 损失由 29.5%增加到 55.2%，粉末部分的 DP 损失由 80.2%增加至 88.6%。木纤维在两种球磨机

中球磨的降解情况如表 2-15 所示，其 DP 降解速率类似于棉纤维，但由于开始时结晶度较低、纤维较短，吸收和存储的机械能较少，故产生粉末部分的比例也较少。此外，不同原料不同形式的球磨，在氮气保护下进行时可阻碍聚合度的降低。电子自旋共振(ESR)研究表明，在纤维素纤维裂解的新表面上可产生机械游离基(mechanoradical)，机械游离基可与空气中的氧迅速反应产生过氧化物游离基，然后转变为氢过氧化物(hydroperoxide)，氢过氧化物可看成纤维素自动氧化和游离基链反应的引发剂，因此当用氮气保护时，可防止这种降解，DP 降低速率减缓[425]。伴随着球磨过程 DP 的下降，具有还原性的半缩醛基增加，可以从铜值的观测看到(铜值：醛基能与斐林试剂作用，生成不溶性的氧化亚铜，100g 干燥纤维素与斐林试剂作用，将二价铜还原至一价铜的克数，称为纤维素的铜值)。如表 2-16 所示，球磨后粉末部分产生还原端基的速率较纤维部分快得多，同样，振动球磨较 Norton 球磨产生更多的还原端基。

表 2-13　棉纤维在空气中经 Norton 球磨后链断裂数和降解度

磨碎时间/h	纤维部分			粉末部分		
	DP	$\bar{S}$	$\bar{\alpha}$ (10^{-4})	DP	$\bar{S}$	$\bar{\alpha}$ (10^{-4})
对照组	3211	0	0	3211	0	0
50	2673 (2805)	0.20 (0.14)	0.63 (0.45)	1475 (1835)	1.18 (0.75)	3.67 (2.34)
100	2209 (2421)	0.45 (0.33)	1.41 (1.02)	1083 (1341)	1.96 (1.39)	6.12 (4.34)
200	1720 (1975)	0.87 (0.63)	2.70 (1.95)	881 (1103)	2.64 (1.91)	8.24 (5.95)
300	1630 (1832)	0.97 (0.75)	3.02 (2.34)	782 (989)	3.11 (2.25)	9.67 (7.00)
400	1593 (1718)	1.01 (0.87)	3.16 (2.71)	720 (892)	3.46 (2.60)	10.77 (8.10)

注：DP=聚合度；$\bar{S}$=平均链断裂数=(原样 DP/断裂后 DP)$^{-1}$；$\bar{\alpha}$=降解度=(1/断裂后 DP)－(1/原样 DP)；括号中数据表示氮气中磨碎的试样。

表 2-14　棉纤维在空气中经振动球磨后链断裂数和降解度

磨碎时间/h	纤维部分			粉末部分		
	DP	$\bar{S}$	$\bar{\alpha}$ (10^{-4})	DP	$\bar{S}$	$\bar{\alpha}$ (10^{-4})
对照组	3211	0	0	3211	0	0
50	2265 (2371)	0.42 (0.35)	1.30 (1.10)	635 (1014)	4.06 (2.17)	12.68 (6.75)
100	1795 (1883)	0.79 (0.71)	2.46 (2.20)	473 (741)	5.79 (3.33)	18.03 (10.38)
200	1578 (1635)	1.03 (0.96)	3.22 (3.00)	368 (624)	7.73 (4.15)	24.06 (12.91)
300	1512 (1547)	1.12 (1.08)	3.50 (3.35)	367 (579)	7.75 (4.55)	24.13 (14.15)
400	1437 (1479)	1.23 (1.17)	3.84 (3.65)	365 (537)	7.80 (4.98)	24.28 (15.01)

注：DP=聚合度；$\bar{S}$=平均链断裂数=(原样 DP/断裂后 DP)$^{-1}$；$\bar{\alpha}$=降解度=(1/断裂后 DP)－(1/原样 DP)；括号中数据表示氮气中磨碎的试样。

表 2-15　木纤维磨碎后链断裂数和降解度

磨碎时间/h	Norton 球磨			振动球磨		
	DP	$\bar{S}$	$\bar{\alpha}$ (10^{-4})	DP	$\bar{S}$	$\bar{\alpha}$ (10^{-4})
对照组	1135	0	0	1135	0	0
50	970(1004)	0.17(0.13)	1.50(1.15)	642(695)	0.77(0.63)	6.77(5.58)
100	726(835)	0.56(0.36)	4.96(3.17)	498(532)	1.30(1.13)	11.30(9.99)
200	605(642)	0.88(0.77)	7.72(6.77)	437(441)	1.60(1.57)	14.07(13.87)
300	575 (585)	0.97(0.94)	8.58(8.31)	402(440)	1.82(1.58)	16.07(13.92)
400	534(549)	1.13(1.07)	9.92(9.40)	397(425)	1.86(1.67)	16.38(14.72)

注：DP=聚合度；$\bar{S}$ =平均链断裂数=(原样 DP/断裂后 DP)$^{-1}$；$\bar{\alpha}$=降解度=(1/断裂后 DP)−(1/原样 DP)；括号中数据表示氮气中磨碎的试样。

表 2-16　棉纤维和木纤维在空气中经机械处理后铜值的变化

磨碎时间/h	Norton 球磨				振动球磨			
	纤维部分		粉末部分		纤维部分		粉末部分	
	棉花	木材	棉花	木材	棉花	木材	棉花	木材
0	0.41	0.22	0.41	0.22	0.41	0.22	0.41	0.22
50	0.65	0.54	1.65	—	0.89	0.69	2.49	—
100	0.82	0.58	2.32	—	0.96	0.73	3.93	—
200	0.97	0.65	2.89	—	1.24	0.78	4.41	—
300	1.16	0.69	3.51	—	1.37	0.83	5.67	—
400	1.21	0.73	3.64	1.71	1.59	1.31	7.24	4.29

2.3.7.2　机械球磨对纤维素结晶度和可及度的影响

作为高结晶性聚合物之一的纤维素纤维，其在球磨过程中可有效地吸收由机械能引起的形态和微细结构的变化，从而导致结晶度下降，可及度明显提高[393]。经 Norton 球磨 50h 后的棉纤维和木纤维的(002)晶面衍射完全消失，说明结晶性消失，按密度法推算测定，球磨过程中结晶度的变化如表 2-17 和表 2-18 所示[424]。经过 Norton 球磨 400h 后的棉纤维，其纤维部分的结晶度由 64.5%下降到 38%；碘吸附法测定的可及度，即每克试样吸附的碘由 10.1mg 增加到 42.2mg。相同球磨时间内振动球磨使棉纤维结晶度下降更大，可及度增加更多。木纤维经球磨后结构的变化类似棉纤维，但结晶度下降的速度和可及度增加的速度更快。球磨过程还可能会改变纤维素的结晶形态，氮气保护下的纤维素经长时间球磨后，可以成为完全的无定形态，X 射线衍射图成为弥散的散射晕，但当暴露在湿空气中时，可迅速重结晶(结晶度可达 30%～40%)，同时转变成纤维素 II 型结晶结构[424]。

表 2-17 棉纤维在空气中机械处理后结晶度和可及度的变化

磨碎时间/h	Norton 球磨				振动球磨			
	纤维部分		粉末部分		纤维部分		粉末部分	
	X/%	A/mg	X/%	A/mg	X/%	A/mg	X/%	A/mg
0	64.5	10.1	64.5	10.1	64.5	10.1	64.5	10.1
50	48.2	27.1	27.6	44.2	40.4	31.5	28.4	57.3
100	41.9	33.8	23.1	54.4	36.3	38.4	23.9	65.7
200	38.2	37.5	21.3	63.2	34.7	40.1	21.4	69.4
300	38.0	40.0	20.8	68.7	33.2	43.7	20.5	73.6
400	38.0	42.2	19.4	72.1	31.9	45.2	19.1	77.1

注：X 为结晶度；A 为可及度。

表 2-18 木纤维在空气中机械处理后结晶度和可及度的变化

磨碎时间/h	Norton 球磨				振动球磨			
	纤维部分		粉末部分		纤维部分		粉末部分	
	X/%	A/mg	X/%	A/mg	X/%	A/mg	X/%	A/mg
0	51.6	38	51.6	38	51.6	38	51.6	38
50	38.5	46	—	—	29.4	54	—	—
100	32.4	51	—	—	24.1	62	—	—
200	25.1	54	—	—	18.3	64	—	—
300	21.7	59	—	—	15.2	65	—	—
400	19.8	60	14.2	83	14.8	67	8.7	89

注：X 为结晶度；A 为可及度。

2.3.8 纤维素的液晶性

2.3.8.1 引言

液晶又称介晶相(mesophase)，是分子有序性介于液体和固体(晶体)之间的一种相态，是除气态、液态和固态外物质的第四态。处于液晶相下的物质既能像液体那样自由流动，又能像固体那样具有结构的有序性，从而存在着许多物理性质的各向异性，其中光学的各向异性是它的典型特征[426, 427]。

依据液晶高分子在空间排列的有序性不同，液晶高分子可分为近晶型、向列型、胆甾型三种不同的结构类型(图 2-40)[428]。近晶型液晶的基元相互之间排列成层状结构，它的轴向与片层平面垂直。近晶型液晶层内棒状结构的排列维持着大量的二维固体有序性，棒状结构在层内可以移动，但不能来往于层间。因此，不能发生垂直于片层方向的流动，而片层之间可以相互滑移。对于向列型液晶来说，液晶基元仅仅是彼此平行排列，分子能上下、左右、前后滑动，不形成层状，其重心是排列无序的，只保留固体的一维有序性，液晶基元可以沿着轴向移动，有很大的流动性。胆甾型液晶其名字起源于一些胆甾醇衍生物所形成的液晶态结构。胆甾型液晶是向列型液晶的一种特殊形式。事实上，许多同胆甾醇无关的其他分子也可呈这种状态。在这一类液晶中，液晶基元彼此之间平行排列形成层状结构，但与近晶型结构不同，其轴向在层面上，层内各基元之间的排列与向列型类似，重心是无序排布的，相邻的层与层之间，基元的轴向取向规律地依次扭曲一定的角度，层层累加而形成螺旋面结构，这些扭转作用，可以使反射光发生色散，透射光发生偏转，因此有独特的光学性质[426]。

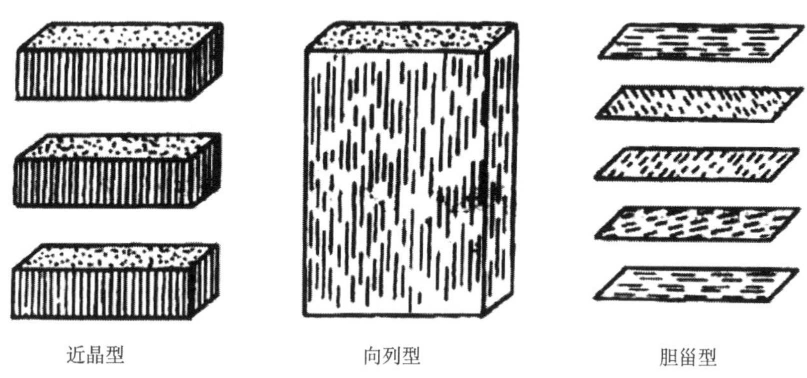

图 2-40　液晶高分子的三种结构类型

大多数液晶物质呈棒状结构，它们既可以是小分子量的，也可以是聚合物。1908 年，Vorlander 首先提出了关于液晶化合物结构的经验法则，即能产生液晶态的化合物，其分子可能为直线状[429]。此外，Vorlander 认为只要还能溶解且不发生分解，液晶分子就不存在长度的限制，这也解释了细长形刚性高分子溶液中的液晶态现象。此后，Onsager[430]和 Flory[431]对刚性长形大分子形成液晶溶液作出了理论解释。Onsager 方法更加适用于刚性长形大分子稀溶液，而 Flory 更适于刚性长形大分子浓溶液。之后，Saupe 和 Maier[432, 433]提出了与 Onsager 和 Flory 不同的理论，不再以分子的空间体积排斥效应为出发点，而是假定分子之间的范德华力作用才是形成液晶相的基础，而且范德华力作用与分子的取向有关。

2.3.8.2　纤维素及其衍生物的液晶溶液

1) 纤维素的液晶溶液

液晶态的分子一般具有适当的刚性和较大的长径比这两个特点，评价聚合物材料的刚性可由 Mark-Houwink 方程$[\eta]=KM_\eta^a$中的 a 值来反映[434]，其中方程中的$[\eta]$表示特征黏度；M_η代表黏均分子量；K 和 a 通常指代与分子量无关的常数。理论上完全柔性链聚合物 a 的值取 0.5，完全刚性链聚合物的 a 取值为 1.8。前者不可能形成液晶态物质，只能形成比液晶态更强的“构象无序晶体”这种中间态；后者的分子链活动性太差，热分解温度低于其熔点温度导致其不能显示热致液晶性，而且完全刚性链聚合物溶解时的熵增量 ΔS_M 很小，根据聚合物的溶解判据 $\Delta F_M=\Delta H_M-T\Delta S_M\leqslant 0$ 可知其溶解很难进行，故也不能显示溶致液晶性。因此，当 $0.5<a<1.8$ 时，即半刚性链聚合物才可能形成液晶态，所以具有半刚性链结构的纤维素及其衍生物，其长径比 X_K 与液晶态的临界浓度C_1^*的关系遵循 Flory 经验方程式(2-6)[435]：

$$C_1^*=8/[X_K(1-2/X_K)] \tag{2-6}$$

式中，长径比 $X_K=2q/d$，q 表示持续长度，是表征链刚性的参数，d 代表 Kuhn 链段直径。

纤维素是一种由 D-吡喃葡萄糖(即脱水葡萄糖)通过β-1,4-糖苷键连接起来的天然大分子聚合物。将纤维素分子上的羟基部分用其他基团取代形成纤维素衍生物。纤维素分子通常呈现伸直的螺旋结构且具一定的刚性，这是由于其分子内氢键、分子间氢键和空间位阻阻碍了苷键的自由旋转，从而限制了其构象的转变。研究表明多数纤维素衍生物的 a 参数值满足形成液晶态的条件。依据 Flory 理论可知，形成液晶态的聚合物有两个必不可少的条件，可分别概括为：①分子形状的不对称性；②棒状分子出现液晶态的最小长径比 $X_K\geqslant 3$。纤维素及其衍生物分子的高度不对称性满足 Flory 理论的第一个条件。研究表明，纤维素及多数纤维素衍生物的最小长径比 $X_K\geqslant 3$，符合 Flory 理论的第二个条件。这也充分说明纤维素及其衍生物有可能形成液晶态[436]。

Chanzy 等[437]最先报道了纤维素在 NMMO 和水的混合溶剂中能够形成液晶溶液。在纤维素浓度高于 20wt%时，通过偏光显微镜可以观察到溶液呈现出双折射现象。液晶相形成的临界浓度随纤维素聚合度的增大而减小。之后，研究者们又陆续发现纤维素在溶于三氟乙酸/氯代烷[438]、氯化锂/*N*,*N*-二甲基乙酰胺[439, 440]和液氨/硫氰酸铵[441]等混合溶剂体系后可以形成液晶溶液。这些液晶溶液也都具有很强的旋光性，表明它们都是胆甾型液晶体系。混合溶剂的组成比对液晶相形成的临界浓度有很大的影响。如在氨/硫氰酸铵溶剂体系中，当氨与硫氰酸铵的质量比为 27∶73 时，液晶相形成的临界浓度为 10%～16%[441]；在质量比为 30∶70 时，液晶相形成的临界浓度约为 3.5%。由此可见，纤维素溶致性液晶相的形成与溶剂的性质有密切的关系。同时，纤维素的分子量对临界浓度也有很大的影响。最近，Dong 等[442]报道了棒状纤维素晶体(长约 200nm、宽约 7nm)的悬浮体系在浓度很低的情况下就可以形成胆甾型液晶相。在临界浓度以上时，悬浮体系分为具有非常明显相界面的两相，下面的一相表现出胆甾型液晶相的光学特性。

2) 纤维素衍生物的液晶溶液

由于纤维素和纤维素衍生物(如醚类和酯类)具有半刚性的大分子主链，这些纤维素衍生物在适当的溶剂中理论上都可以形成液晶相。此外，对于羟基较多或取代度较低的纤维素衍生物(如甲基纤维素和羟乙基纤维素)的水溶液，随着聚合物的浓度增加，纤维素衍生物分子主链之间能够形成强的氢键作用，因此这些纤维素衍生物溶液相比于液晶相更易形成凝胶。一些高取代的纤维素衍生物，由于大分子具有较好的对称性，则可能与溶剂一同形成液晶相[443]。羟丙基纤维素是最先观察到能够形成液晶相的纤维素衍生物[444]。每个葡萄糖单元有 4 个羟丙基取代基且羟丙基纤维素的水溶液浓度为 20%～50%时，溶液呈现出强色彩和双折射。此后，研究者们陆续发现大量的纤维素衍生物可以形成液晶相，且绝大多数都属于胆甾型液晶[445]。

在溶致性液晶体系中，溶液的液晶性受到大分子链结构特性(如分子量、取代度和取代基的化学性质等)的影响。其中，取代基的性质直接影响大分子链的刚性。取代基的性质和取代度对分子链刚性的影响主要包括三个方面：①具有或不具有取代基的相邻吡喃环之间的空间相互作用；②分子内的氢键作用；③空间阻碍。温度对溶液的液晶性也有一定影响，温度升高会降低分子链的刚性，从而使临界浓度值增大。此外，取代基的化学性质和取代度也会影响胆甾型液晶溶液中液晶相的旋光性。当乙基醋酸纤维素/甲酚体系中的乙酰基取代度低于 0.19 时，液晶溶液的旋光性呈现左旋，高于该值则呈现右旋[446]。

在纤维素衍生物液晶溶液的形成过程中，溶剂的性质(如酸性、极性和溶剂与纤维素衍生物分子间的相互作用强弱等)也是非常重要的。在醋酸纤维素和乙基醋酸纤维素溶液中，液晶相形成的临界浓度与溶剂的 pH 呈线性关系，即溶剂的酸性越强，临界浓度值越低[447]。此外，溶剂与纤维素衍生物大分子链之间的相互作用越强，临界浓度值就越低[448, 449]。除了影响到临界浓度，溶剂还对液晶体系的性质(如胆甾型液晶相的手性)有重要的影响，如乙基纤维素在乙酸与二氯乙酸混合溶剂体系中形成的液晶相的旋光性随着溶剂组成比的变化而改变[450]。

2.3.8.3　纤维素衍生物热致性液晶

液晶态既可以通过改变双亲性分子在水溶液(或者更复杂的多组分体系)中的浓度和温度得到，也可以通过加热纯的化合物获得，前者被称为溶致液晶，后者被称为热致液晶。在热致液晶中，分子形状的各向异性(如棒状分子或盘状分子)及分子内不同化学结构单元之间的微相分离作用(刚性核与柔性链之间的不相容性)是形成液晶态的主要驱动力。当分子内化学结构不同的各部分之间的微相分离作用使得分子内性质不同的结构单元聚集起来，便形成具有一维、二维乃至三维位置序的复杂液晶态结构，如各种近晶相及结构更为复杂的立方相等。如今，热致液晶研究涉及化学、物理、工程等多个领域。

许多纤维素醚都呈现出热致液晶性[451]。乙酰乙酸基羟丙基纤维素[452]、三氟乙酸基羟丙基纤维素[453]、羟丙基纤维素及其衍生物[454, 455]、乙基羟丙基纤维素[456]、三甲基硅纤维素和丁基二甲基硅纤维素[457]、庚基纤维素和丁氧基乙基纤维素[458]、羟乙基纤维素乙酸酯[459]等都显示出热致胆甾型液晶性。此外，一些纤维素酯(如纤维素苯甲酸酯、对甲氧基苯甲酸酯和对甲基苯甲酸酯、纤维素庚酸酯等)都可以形成热致性胆甾型液晶[457, 458]。庚基纤维素大分子链的增长即分子量增加导致了从胆甾相向各向同性转变的温度升高。羟乙基纤维素乙酸酯的相转变温度也随着分子量的增加而升高，而相转变温度的范围随着分子量分布的增大而变宽[459]。在取代基尺寸几乎相同的情况下，取代基的化学性质及其与主链的化学连接方式对其热致液晶性有很大的影响[458]。如庚基纤维素在 80～130℃形成热致性液晶，而纤维素庚酸酯却在 100℃左右，即在很窄的温度范围形成热致性液晶[460]。

2.3.8.4　纤维素液晶材料的应用

纤维素液晶材料具备液晶在机械性能方面的优点，同时还具有可再生、原料来源广及生物相容性良好等优点。通过对纤维素进行嫁接、改性，使纤维素及其衍生物的分子结构达到形成液晶态的条件，并通过控制反应条件制备机械性能较好的纤维素液晶，还可以通过机械共混制得纤维素液晶材料与其他高分子材料的复合物。Geng 等[461]使用膜状的纤维素液晶材料制备了一种利用湿度差异作为能量来源的蒸汽发动机。这种发动机所采用的原料是羟丙基纤维素液晶材料，利用干空气与湿空气湿度差所产生的化学势的差值，使液晶膜发生形变，带动主动轮转动，同时水蒸气被带入空气较干燥的一端。当液晶膜上的水在干燥空气的一端干燥后，液晶膜恢复原状，而潮湿空气一侧的液晶膜因为带有水而发生形变，推动主动轮转动。

胆甾型液晶材料存在特殊的螺旋状结构。胆甾型液晶材料具备圆二色性、选择性反射、双折射等光学特性，可作为制造液晶激光器、光控开关、光子晶体等元件的材料[462, 463]。纤维素液晶材料也具有选择性反射、双折射、圆二色性等特殊的光学性质，故纤维素液晶材料具有其他类型液晶材料在光学材料及光电材料方面所具有的应用价值。在聚合物材料中，加入一定量的液晶化合物可以改善材料的血液相容性，而且添加胆甾型液晶化合物对材料血液相容性改善的效果最佳[464]。纤维素具有良好的生物相容性，纤维素液晶态可模拟生命体内结构，有望满足生命科学界及医学界对于新型仿生组织工程支架材料的需求[465]。因此，以纤维素为原材料制备的纤维素液晶材料在生命科学与医用材料领域具有很大的实用性。

2.3.8.5　结语

近年来液晶材料得到飞速发展，液晶已经走进人们的日常生活。随着有关液晶理论研究的不断跟进，液晶材料科学肯定会在高性能材料、医学领域、信息记录等方面发挥越来越重要的作用。石油、天然气的衍生产品是当前制备液晶材料的主要原料。然而，在石油资源日渐匮乏和环境污染日益严重的今天，努力开发环境友好、廉价、性能满足特殊需求的纤维素及其衍生物基液晶材料具有深远的意义。

参 考 文 献

[1] Crawford R L. Lignin Biodegradation and Transformation. Hoboken: John Wiley & Sons, 1981.

[2] Nevell T P, Zeronian S H. Cellulose Chemistry and Its Applications. Chichester: Ellis Horwood, 1985.

[3] Stamm A J. Wood and Cellulose Science. New York: Ronald Press, 1900.

[4] Kobayashi S, Kashiwa K, Shimada J, et al. Enzymatic polymerization: The first in vitro synthesis of cellulose via nonbiosynthetic path catalyzed by cellulase. Makromolekulare Chemie Macromolecular Symposia, 1992, 54-55(1): 509-518.

[5] Lewin R A. Physiology and Biochemistry of Algae. New York: Academic Press, 1962.

[6] Mihranyan A. Cellulose from cladophorales green algae: From environmental problem to high-tech composite materials. Journal of Applied Polymer Science, 2010, 119: 2449-2460.

[7] 卢芸, 李坚. 生物质纳米材料与气凝胶. 北京: 科学出版社, 2015.

[8] Yaich H, Garna H, Besbes S, et al. Chemical composition and functional properties of *Ulva lactuca* seaweed collected in Tunisia. Food Chemistry, 2011, 128(4): 895-901.

[9] Kalia S, Kaith B S, Kaur I. Cellulose Fibers: Bio-and Nano-Polymer Composites. Berlin: Springer Science & Business Media, 2011.

[10] Khalil H P S A, Bhat A H, Yusra A F I. Green composites from sustainable cellulose nanofibrils: A review. Carbohydrate Polymers, 2012, 87(2): 963-979.

[11] 艾平, 张衍林, 李善军, 等. 农业废弃物处理利用技术与农业机械化发展. 农机化研究, 2009, 31(9): 234-237.

[12] 吕豪豪, 刘玉学, 杨生茂. 生物质炭化技术及其在农林废弃物资源化利用中的应用. 浙江农业科学, 2015, 56(1): 19-22.

[13] 孟凡彬, 孟军. 生物质炭化技术研究进展. 生物质化学工程, 2016, 50(6): 61-66.

[14] 高永伟, 林吴薇. 生物质炭化成型技术工艺的研究进展. 太阳能, 2012, 5: 20-23.

[15] 盛晓晓, 周如金, 唐玉斌. 纤维素原料制取燃料酒精的研究概述. 食品与发酵工业, 2012, 38(1): 138-142.

[16] 金兆元. 用纤维素废弃物生产酒精华东理工大学成功开发再生能源. 上海节能, 2006, 2: 37.

[17] Laser M, Jin H, Jayawardhana K, et al. Projected mature technology scenarios for conversion of cellulosic biomass to ethanol with coproduction thermochemical fuels, power, and/or animal feed protein. Biofuels, Bioproducts and Biorefining, 2009, 3(2): 231-246.

[18] 周颖, 张克强, 刘丽丽, 等. 木质纤维类农林加工废弃物厌氧发酵产甲烷潜力研究. 可再生能源, 2015, 33(4): 586-591.

[19] 杨庆, 雷亚芳, 时蒙萌, 等. 麦秸碎料板贴面性能研究. 西北林学院学报, 2016, 31(5): 286-290.

[20] 孙玉慧. 水泥/芦苇碎料复合材料的研究. 北京: 北京林业大学硕士学位论文, 2012.

[21] 徐娟娟. 利用农业废弃物混合发酵生产 L-乳酸及饲料的初步研究. 合肥: 安徽农业大学硕士学位论文, 2010.

[22] 黄士忠, 王继军, 陈国光. 农林牧废弃物资源饲料化的新途径. 农业环境科学学报, 1993, 5: 43-45.

[23] Mane V P, Patil S S, Syed A A, et al. Bioconversion of low quality lignocellulosic agricultural waste into edible protein by *Pleurotus sajor-caju* (Fr.) singer. Journal of Zhejiang University Science B, 2007, 8(10): 745-751.

[24] Das H, Singh S K. Useful byproducts from cellulosic wastes of agriculture and food industry—a critical appraisal. Critical Reviews in Food Science and Nutrition, 2005, 44(2): 77-89.

[25] Ugwuanyi J O. Yield and protein quality of thermophilic *Bacillus* spp. biomass related to thermophilic aerobic digestion of agricultural wastes for animal feed supplementation. Bioresource Technology, 2008, 99(8): 3279-3290.

[26] Abdul Khalil H P S, Bhat A H, Ireana Yusra A F. Green composites from sustainable cellulose nanofibrils: A review. Carbohydrate Polymers, 2012, 87(2): 963-979.

[27] Mohamed M A, Salleh W N, Jaafar J, et al. Regenerated cellulose membrane as bio-template for in-situ growth of visible-light driven C-modified mesoporous titania. Carbohydrate Polymers, 2016, 146: 166-173.

[28] Liu P, Chen Q, Li L, et al. Anti-biofouling ability and cytocompatibility of the zwitterionic brushes-modified cellulose membrane. Journal of Materials Chemistry B, 2014, 2(41): 7222-7231.

[29] Nguyen S T, Feng J, Ng S K, et al. Advanced thermal insulation and absorption properties of recycled cellulose aerogels. Colloids and Surfaces A: Physicochemical and Engineering Aspects, 2014, 445: 128-134.

[30] Wan C, Li J. Facile synthesis of well-dispersed superparamagnetic γ-Fe_2O_3 nanoparticles encapsulated in three-dimensional architectures of cellulose aerogels and their applications for Cr(Ⅵ) removal from contaminated water. ACS Sustainable Chemistry & Engineering, 2015, 3(9): 2142-2152.

[31] Wang Q, Cai J, Zhang L, et al. A bioplastic with high strength constructed from a cellulose hydrogel by changing the aggregated structure. Journal of Materials Chemistry A, 2013, 1(22): 6678-6686.

[32] He M, Zhao Y, Duan J, et al. Fast contact of solid-liquid interface created high strength multi-layered cellulose hydrogels with controllable size. ACS Applied Materials & Interfaces, 2014, 6(3): 1872-1878.

[33] Thakur V K, Thakur M K, Gupta R K. Graft copolymers from cellulose: Synthesis, characterization and evaluation. Carbohydrate Polymers, 2013, 97(1): 18-25.

[34] Thakur V K, Thakur M K, Gupta R K. Rapid synthesis of graft copolymers from natural cellulose fibers. Carbohydrate Polymers, 2013, 98(1): 820-828.

[35] Javanbakht T, Raphael W, Tavares J R. Physicochemical properties of cellulose nanocrystals treated by photo-initiated chemical vapour deposition (PICVD). The Canadian Journal of Chemical Engineering, 2016, 94(6): 1135-1139.

[36] Yang G, Xie J, Deng Y, et al. Hydrothermal synthesis of bacterial cellulose/AgNPs composite: A "green" route for antibacterial application. Carbohydrate Polymers, 2012, 87(4): 2482-2487.

[37] Wan C, Li J. Embedding ZnO nanorods into porous cellulose aerogels via a facile one-step low-temperature hydrothermal method. Materials & Design, 2015, 83: 620-625.

[38] Wei L, Sevilla M, Fuertes A B, et al. Hydrothermal carbonization of abundant renewable natural organic chemicals for high-performance supercapacitor electrodes. Advanced Energy Materials, 2011, 1(3): 356-361.

[39] 蒋雪英. 巢湖“水华”的形成和防治对策. 当代水产, 2000, 12: 38-39.

[40] 周婧斐, 沈峥, 周雪飞, 等. 藻类资源化的研究进展. 工业用水与废水, 2011, 42(2): 6-10.

[41] 王惠, 朱喜. 太湖蓝藻打捞和资源化利用的实践与思考. 江苏水利, 2009, 7: 35.

[42] Park S, Li Y. Evaluation of methane production and macronutrient degradation in the anaerobic co-digestion of algae biomass residue and lipid waste. Bioresource Technology, 2012, 111: 42-48.

[43] Hansson G. Methane production from marine, green macro-algae. Resources and Conservation, 1983, 8(3): 185-194.

[44] Chi Z, Pyle D, Wen Z, et al. A laboratory study of producing docosahexaenoic acid from biodiesel-waste glycerol by microalgal fermentation. Process Biochemistry, 2007, 42(11): 1537-1545.

[45] Harun R, Singh M, Forde G M, et al. Bioprocess engineering of microalgae to produce a variety of consumer products. Renewable and Sustainable Energy Reviews, 2010, 14(3): 1037-1047.

[46] Mulbry W, Kondrad S, Buyer J. Treatment of dairy and swine manure effluents using freshwater algae: Fatty acid content and composition of algal biomass at different manure loading rates. Journal of Applied Phycology, 2008, 20(6): 1079-1085.

[47] Amin S. Review on biofuel oil and gas production processes from microalgae. Energy Conversion and Management, 2009, 50(7): 1834-1840.

[48] Demirbas A, Fatih Demirbas M. Importance of algae oil as a source of biodiesel. Energy Conversion and Management, 2011, 52(1): 163-170.

[49] Tang H, Abunasser N, Garcia M E D, et al. Potential of microalgae oil from *Dunaliella tertiolecta* as a feedstock for biodiesel. Applied Energy, 2011, 88(10): 3324-3330.

[50] Strik D P B T B, Terlouw H, Hamelers H V M, et al. Renewable sustainable biocatalyzed electricity production in a photosynthetic algal microbial fuel cell (PAMFC). Applied Microbiology and Biotechnology, 2008, 81(4): 659-668.

[51] González Del Campo A, Cañizares P, Rodrigo M A, et al. Microbial fuel cell with an algae-assisted cathode: A preliminary assessment. Journal of Power Sources, 2013, 242:

638-645.

[52] Thangalazhy-Gopakumar S, Adhikari S, Chattanathan S A, et al. Catalytic pyrolysis of green algae for hydrocarbon production using H^+ZSM-5 catalyst. Bioresource Technology, 2012, 118: 150-157.

[53] Zhang M, Li R, Cao L, et al. Algal sludge from Taihu Lake can be utilized to create novel PGPR-containing bio-organic fertilizers. Journal of Environmental Management, 2014, 132: 230-236.

[54] 贤惠. 藻类食品有利老年人健康. 健身科学, 2008, 11: 42.

[55] 胡启山. 藻类食品——补益强身的先锋. 绿化与生活, 2008, 6: 32.

[56] Sjostrom E. Wood Chemistry: Fundamentals and Applications. New York: Academic Press, 1981.

[57] Strømme M, Mihranyan A, Ek R. What to do with all these algae? Materials Letters, 2002, 57(3): 569-572.

[58] Doelker E, Massuelle D, Veuillez F, et al. Morphological, packing, flow and tableting properties of new avicel types. Drug Development and Industrial Pharmacy, 1995, 21(6): 643-661.

[59] Brown R M. Cellulose and Other Natural Polymer Systems. New York: Plenum Press, 1982.

[60] Brown A J. XLIII.—On an acetic ferment which forms cellulose. Journal of the Chemical Society Transactions, 1886, 49: 432-439.

[61] Iguchi M, Yamanaka S, Budhiono A. Bacterial cellulose—a masterpiece of nature's arts. Journal of Materials Science, 2000, 35(2): 261-270.

[62] Mühlethaler K. The structure of bacterial cellulose. Biochimica Et Biophysica Acta, 1949, 3(49): 527-535.

[63] Sisson W A. X-ray studies of crystallite orientation in cellulose fibers. II. Synthetic fibers from'bacterial cellulose membranes. The Journal of Physical Chemistry, 1936, 40(3): 343-359.

[64] Franz E, Schiebold E. Beiträge zur struktur der bakteriencellulose. Journal Für Praktische Chemie, 1943, 1(1-6): 4-16.

[65] Brown A J. XIX.—The chemical action of pure cultivations of bacterium aceti. Journal of the Chemical Society Transactions, 1886, 49: 172-187.

[66] Iguchi M, Mitsuhashi S, Ichimura K, et al. Bacterial cellulose-containing molding material having high dynamic strength: US Patent, 4742164. 1988-5-3.

[67] Yamanaka S, Watanabe K, Kitamura N, et al. The structure and mechanical properties of sheets prepared from bacterial cellulose. Journal of Materials Science, 1989, 24(9): 3141-3145.

[68] Gallardo D J E, Andres R M, Magno E T. Study on the isolation and screening of microorganisms for production of diverse-textured nata. Philippine Journal Science, 1973, 69: 1-6.

[69] Schramm M, Hestrin S. Factors affecting production of cellulose at the air/liquid interface of a culture of *Acetobacter xylinum*. Journal of General Microbiology, 1954, 11(1): 123-129.

[70] Williams W S, Cannon R E. Alternative environmental roles for cellulose produced by *Acetobacter xylinum*. Applied & Environmental Microbiology, 1989, 55(10): 2448-2452.

[71] Masaoka S, Ohe T, Sakota N. Production of cellulose from glucose by *Acetobacter xylinum*.

Journal of Fermentation & Bioengineering, 1993, 75(1): 18-22.

[72] Yoshinaga F, Tonouchi N, Watanabe K. Research progress in production of bacterial cellulose by aeration and agitation culture and its application as a new industrial material. Bioscience Biotechnology & Biochemistry, 1997, 61(2): 219-224.

[73] Brown R M, Willison J H, Richardson C L. Cellulose biosynthesis in *Acetobacter xylinum*: Visualization of the site of synthesis and direct measurement of the in vivo process. Proceedings of the National Academy of Sciences of the United States of America, 1976, 73: 4565-4569.

[74] Zaar K. The biogenesis of cellulose by *Acetobacter xylinum*. European Journal of Cell Biology, 1977, 16(1): 1-15.

[75] Phillips G O, Kennedy J F, Williams P A. Cellulose: Structural and Functional Aspects. Chichester: Ellis Horwood, 1989.

[76] Brown A M. The mechanism of cellulose biosynthesis by *Acetobacter acetigenum*. Journal of Polymer Science, 1962, 59(167): 155-169.

[77] Marx-Figini M, Pion B G. Kinetic investigations of biosynthesis of cellulose by *Actobacter xylinum*. Biochimica et Biophysica Acta (BBA)-General Subjects, 1974, 338(2): 382-393.

[78] Okajima K, Matsuda Y, Kamide K. Study on change in the degree of polymerisation of bacterial cellulose produced by *Acetobacter xylinum* during its cultivation. Polymer International, 1991, 25(3): 145-151.

[79] Marx-Figini M, Pion B. Kinetic investigations on biosynthesis of bacterial cellulose, 2. Distribution of the degree of polymerization for different numbers of bacterial generations. Macromolecular Chemistry & Physics, 1976, 177(4): 1013-1020.

[80] 甲斐昭, 小薬次郎, 小林靖二. *Acetobacter xylinum* 菌が合成したセルロースミクロフィブリルの染色性. 日本化学会誌, 1982, 1: 148-150.

[81] Yamanaka S, Watanabe K, Iguchi M, et al. Production, property, and application of bacterial cellulose. Journal of the Agricultural Chemical Society of Japan, 1998, 72(9): 1039-1044.

[82] Watanabe K, Yamanaka S. Effects of oxygen tension in the gaseous phase on production and physical properties of bacterial cellulose formed under static culture conditions. Bioscience Biotechnology & Biochemistry, 1995, 59(1): 65-68.

[83] Borzani W, Souza S J D. Mechanism of the film thickness increasing during the bacterial production of cellulose on non-agitated liquid media. Biotechnology Letters, 1995, 17(11): 1271-1272.

[84] Budhiono A, Rosidi B, Taher H, et al. Kinetic aspects of bacterial cellulose formation in nata-de-coco culture system. Carbohydrate Polymers, 1999, 40(2): 137-143.

[85] Cannon R E, Anderson S M. Biogenesis of bacterial cellulose. Critical Reviews in Microbiology, 1991, 17(6): 435-447.

[86] Evans B R, O'neill H M, Malyvanh V P, et al. Palladium-bacterial cellulose membranes for fuel cells. Biosensors & Bioelectronics, 2003, 18(7): 917-923.

[87] Ciechańska D. Multifunctional bacterial cellulose/chitosan composite materials for medical applications. Fibres & Textiles in Eastern Europe, 2004, 12(4): 69-72.

[88] Czaja W, Krystynowicz A, Bielecki S, et al. Microbial cellulose—the natural power to heal

wounds. Biomaterials, 2006, 27(2): 145-151.

[89] Czaja W K, Young D J, Kawecki M, et al. The future prospects of microbial cellulose in biomedical applications. Biomacromolecules, 2007, 8(1): 1-12.

[90] Klemm D, Schumann D, Udhardt U, et al. Bacterial synthesized cellulose-artificial blood vessels for microsurgery. Progress in Polymer Science, 2001, 26(9): 1561-1603.

[91] Shezad O, Khan S, Khan T, et al. Production of bacterial cellulose in static conditions by a simple fed-batch cultivation strategy. Korean Journal of Chemical Engineering, 2009, 26(6): 1689-1692.

[92] Oksman K, Sain M. Cellulose Nanocomposites: Processing, Characterization, and Properties. New York: American Chemical Society, 2006.

[93] Fontana J D, Souza A M D, Fontana C K, et al. Acetobacter cellulose pellicle as a temporary skin substitute. Applied Biochemistry and Biotechnology, 1990, 24-25(1): 253-264.

[94] Yong-Jin C, Yeonghee A, Kang M S, et al. Preparation and characterization of acrylic acid-treated bacterial cellulose cation-exchange membrane. Journal of Chemical Technology & Biotechnology Biotechnology, 2010, 79(1): 79-84.

[95] Finkenstadt V L. Natural polysaccharides as electroactive polymers. Applied Microbiology and Biotechnology, 2005, 67(6): 735-745.

[96] Jeon J H, Oh I K, Kee C D, et al. Bacterial cellulose actuator with electrically driven bending deformation in hydrated condition. Sensors & Actuators B Chemical, 2010, 146(1): 307-313.

[97] Kim J, Seo Y B. Electro-active paper actuators. Smart Material Structures, 2002, 11(3): 355.

[98] Shezad O, Khan S, Khan T, et al. Physicochemical and mechanical characterization of bacterial cellulose produced with an excellent productivity in static conditions using a simple fed-batch cultivation strategy. Carbohydrate Polymers, 2010, 82(1): 173-180.

[99] Maria L, Santos L C S, Oliveira P C, et al. Preparation and antibacterial activity of silver nanoparticles impregnated in bacterial cellulose. Polímeros, 2010, 20(1): 72-77.

[100] Shi Z, Zang S, Jiang F, et al. In situ nano-assembly of bacterial cellulose-polyaniline composites. RSC Advances, 2011, 2(3): 1040-1046.

[101] Kim J, Cai Z, Lee H S, et al. Preparation and characterization of a bacterial cellulose/chitosan composite for potential biomedical application. Journal of Polymer Research, 2011, 18(4): 739-744.

[102] Ul-Islam M, Khan T, Park J K. Water holding and release properties of bacterial cellulose obtained by in situ and ex situ modification. Carbohydrate Polymers, 2012, 88(2): 596-603.

[103] Ul-Islam M, Khan T, Park J K. Nanoreinforced bacterial cellulose-montmorillonite composites for biomedical applications. Carbohydrate Polymers, 2012, 89(4): 1189-1197.

[104] Kim J, Cai Z, Lee H S, et al. Preparation and characterization of a bacterial cellulose/chitosan composite for potential biomedical application. Journal of Polymer Research, 2011, 121(4): 1488-1494.

[105] Maneerung T, Tokura S, Rujiravanit R. Impregnation of silver nanoparticles into bacterial cellulose for antimicrobial wound dressing. Carbohydrate Polymers, 2008, 72(1): 43-51.

[106] Nakayama A, Kakugo A, Gong J P, et al. High mechanical strength double-network hydrogel

with bacterial cellulose. Advanced Functional Materials, 2004, 14(11): 1124-1128.

[107] Ongard S, Muenduen P. Novo aloe vera-bacterial cellulose composite film from biosynthesis. Carbohydrate Polymers, 2010, 79(2): 455-460.

[108] Cai Z, Kim J. Bacterial cellulose/poly(ethylene glycol) composite: Characterization and first evaluation of biocompatibility. Cellulose, 2010, 17(1): 83-91.

[109] Feng Y, Zhang X, Shen Y, et al. A mechanically strong, flexible and conductive film based on bacterial cellulose/graphene nanocomposite. Carbohydrate Polymers, 2012, 87: 644-649.

[110] Luo H, Xiong G, Huang Y, et al. Preparation and characterization of a novel COL/BC composite for potential tissue engineering scaffolds. Materials Chemistry & Physics, 2008, 110(2-3): 193-196.

[111] Zhang T, Wang W, Zhang D, et al. Biotemplated synthesis of gold nanoparticle-bacteria cellulose nanofiber nanocomposites and their application in biosensing. Advanced Functional Materials, 2010, 20(7): 1152-1160.

[112] Pinto R J, Marques P A, Martins M A, et al. Electrostatic assembly and growth of gold nanoparticles in cellulosic fibres. Journal of Colloid & Interface Science, 2007, 312(2): 506-512.

[113] Hong L, Wang Y L, Jia S R, et al. Hydroxyapatite/bacterial cellulose composites synthesized via a biomimetic route. Materials Letters, 2006, 60(13-14): 1710-1713.

[114] Yoon S H, Jin H J, Kook M C, et al. Electrically conductive bacterial cellulose by incorporation of carbon nanotubes. Biomacromolecules, 2006, 7(4): 1280.

[115] Yan Z, Chen S, Wang H, et al. Biosynthesis of bacterial cellulose/multi-walled carbon nanotubes in agitated culture. Carbohydrate Polymers, 2008, 74(3): 659-665.

[116] Yano S, Maeda H, Nakajima M, et al. Preparation and mechanical properties of bacterial cellulose nanocomposites loaded with silica nanoparticles. Cellulose, 2008, 15(1): 111-120.

[117] Serafica G, Mormino R, Bungay H. Inclusion of solid particles in bacterial cellulose. Applied Microbiology and Biotechnology, 2002, 58(6): 756-760.

[118] Brown Jr R M. The biosynthesis of cellulose. Journal of Macromolecular Science, Part A: Pure and Applied Chemistry, 1996, 33(10): 1345-1373.

[119] Williamson R E, Burn J E, Hocart C H. Towards the mechanism of cellulose synthesis. Trends in Plant Science, 2002, 7(10): 461-467.

[120] Haigler C H. Biosynthesis and Biodegradation of Cellulose. Boca Raton: CRC Press, 1990.

[121] Vincent J F. Survival of the cheapest. Materials Today, 2002, 5(12): 28-41.

[122] Brown R M. Cellulose structure and biosynthesis: What is in store for the 21st century? Journal of Polymer Science Part A: Polymer Chemistry, 2004, 42(3): 487-495.

[123] Atalla R H, Vanderhart D L. Native cellulose: A composite of two distinct crystalline forms. Science, 1984, 223: 283-286.

[124] Vanderhart D L, Atalla R. Studies of microstructure in native celluloses using solid-state carbon-^{13}NMR. Macromolecules, 1984, 17(8): 1465-1472.

[125] Atalla R, Vanderhart D L. The role of solid state ^{13}C NMR spectroscopy in studies of the nature of native celluloses. Solid State Nuclear Magnetic Resonance, 1999, 15(1): 1-19.

[126] Nishiyama Y, Sugiyama J, Chanzy H, et al. Crystal structure and hydrogen bonding system in cellulose Ⅰα from synchrotron X-ray and neutron fiber diffraction. Journal of the American Chemical Society, 2003, 125(47): 14300-14306.

[127] Nishiyama Y, Langan P, Chanzy H. Crystal structure and hydrogen-bonding system in cellulose Ⅰβ from synchrotron X-ray and neutron fiber diffraction. Journal of the American Chemical Society, 2002, 124(31): 9074-9082.

[128] Sugiyama J, Okano T, Yamamoto H, et al. Transformation of *Valonia* cellulose crystals by an alkaline hydrothermal treatment. Macromolecules, 1990, 23(12): 3196-3198.

[129] Wada M, Nishiyama Y, Chanzy H, et al. The structure of celluloses. Powder Diffraction, 2008, 23(2): 92-95.

[130] Jarvis M C. Interconversion of the Ⅰα and Ⅰβ crystalline forms of cellulose by bending. Carbohydrate Research, 2000, 325(2): 150-154.

[131] Liang C, Marchessault R. Infrared spectra of crystalline polysaccharides. Ⅰ. Hydrogen bonds in native celluloses. Journal of Polymer Science, 1959, 37(132): 385-395.

[132] Honjo G, Watanabe M. Examination of cellulose fibre by the low-temperature specimen method of electron diffraction and electron microscopy. Nature, 1958, 181(4605): 326-328.

[133] Nishiyama Y, Chanzy H, Wada M, et al. Synchrotron X-ray and neutron fiber diffraction studies of cellulose polymorphs. Advances in X-Ray Analysis, 2002, 45: 385-390.

[134] Schweizer E. Das kupferoxyd-ammoniak, ein auflösungsmittel für die pflanzenfaser. Advanced Synthesis & Catalysis, 1857, 72(1): 109-111.

[135] Hudson S M, Cuculo J. The solubility of cellulose in liquid ammonia/salt solutions. Journal of Polymer Science: Polymer Chemistry Edition, 1980, 18(12): 3469-3481.

[136] Hattori K, Cuculo J A, Hudson S M. New solvents for cellulose: Hydrazine/thiocyanate salt system. Journal of Polymer Science Part A: Polymer Chemistry, 2002, 40(4): 601-611.

[137] Dawsey T, Mccormick C L. The lithium chloride/dimethylacetamide solvent for cellulose: A literature review. Journal of Macromolecular Science—Reviews in Macromolecular Chemistry and Physics, 1990, 30(3-4): 405-440.

[138] Chanzy H, Paillet M, Peguy A. Spinning of exploded wood from amine oxide solutions. Polymer Communication, 1986, 1: 171-172.

[139] Al Katrib F, Chambat G, Joseleau J. Utilisation du solvant organique *N*-méthylmorpholine *N*-oxyde pour la solubilisation et la séparation des composés du bois. Cellulose Chemistry and Technology, 1988, 22(3): 305-314.

[140] Maia E, Peguy A, Perez S. Cellulose organic solvents. Ⅰ. The structures of anhydrous *N*-methylmorpholine *N*-oxide and *N*-methylmorpholine *N*-oxide monohydrate. Acta Crystallographica Section B: Structural Crystallography and Crystal Chemistry, 1981, 37(10): 1858-1862.

[141] Okano T, Sarko A. Mercerization of cellulose. Ⅱ. Alkali-cellulose intermediates and a possible mercerization mechanism. Journal of Applied Polymer Science, 1985, 30(1): 325-332.

[142] Chedin J, Marsaudon A. Progress in the understanding of liquid reaction mediums, and

interpretation of their reactions with cellulosic fibers: Mercerization-nitration. Chim Ind (Paris), 1954, 71: 55-68.

[143] Kuga S, Takagi S, Brown R M. Native folded-chain cellulose Ⅱ. Polymer, 1993, 34(15): 3293-3297.

[144] Langan P, Nishiyama Y, Chanzy H. X-ray structure of mercerized cellulose Ⅱ at 1 Å resolution. Biomacromolecules, 2001, 2(2): 410-416.

[145] Langan P, Sukumar N, Nishiyama Y, et al. Synchrotron X-ray structures of cellulose Ⅰβ and regenerated cellulose Ⅱ at ambient temperature and 100 K. Cellulose, 2005, 12(6): 551-562.

[146] Langan P, Nishiyama Y, Chanzy H. A revised structure and hydrogen-bonding system in cellulose Ⅱ from a neutron fiber diffraction analysis. Journal of the American Chemical Society, 1999, 121(43): 9940-9946.

[147] Šturcová A, His I, Wess T J, et al. Polarized vibrational spectroscopy of fiber polymers: Hydrogen bonding in cellulose Ⅱ. Biomacromolecules, 2003, 4(6): 1589-1595.

[148] Whitmore R, Atalla R. Factors influencing the regeneration of cellulose Ⅰ from phosphoric acid. International Journal of Biological Macromolecules, 1985, 7(3): 182-186.

[149] Marrinan H, Mann J. Infrared spectra of the crystalline modifications of cellulose. Journal of Polymer Science, 1956, 21(98): 301-311.

[150] Wada M, Chanzy H, Nishiyama Y, et al. Cellulose IIII crystal structure and hydrogen bonding by synchrotron X-ray and neutron fiber diffraction. Macromolecules, 2004, 37(23): 8548-8555.

[151] Wada M, Heux L, Nishiyama Y, et al. X-ray crystallographic, scanning microprobe X-ray diffraction, and cross-polarized/magic angle spinning ^{13}C NMR studies of the structure of cellulose $Ⅲ_{Ⅱ}$. Biomacromolecules, 2008, 10(2): 302-309.

[152] Gardiner E S, Sarko A. Packing analysis of carbohydrates and polysaccharides. 16. The crystal structures of celluloses $Ⅳ_{Ⅰ}$ and $Ⅳ_{Ⅱ}$. Canadian Journal of Chemistry, 1985, 63(1): 173-180.

[153] Chanzy H, Imada K, Mollard A, et al. Crystallographic aspects of sub-elementary cellulose fibrils occurring in the wall of rose cells cultured in vitro. Protoplasma, 1979, 100(3-4): 303-316.

[154] Helbert W, Sugiyama J, Ishihara M, et al. Characterization of native crystalline cellulose in the cell walls of *Oomycota*. Journal of Biotechnology, 1997, 57(1-3): 29-37.

[155] Klemm D, Heublein B, Fink H P, et al. Cellulose: Fascinating biopolymer and sustainable raw material. Angewandte Chemie International Edition, 2005, 44(22): 3358-3393.

[156] Medronho B, Romano A, Miguel M G, et al. Rationalizing cellulose (in) solubility: Reviewing basic physicochemical aspects and role of hydrophobic interactions. Cellulose, 2012, 19(3): 581-587.

[157] Lindman B, Karlström G, Stigsson L. On the mechanism of dissolution of cellulose. Journal of Molecular Liquids, 2010, 156(1): 76-81.

[158] Biermann O, Hädicke E, Koltzenburg S, et al. Hydrophilicity and lipophilicity of cellulose crystal surfaces. Angewandte Chemie International Edition, 2001, 40(20): 3822-3825.

[159] Yamane C, Aoyagi T, Ago M, et al. Two different surface properties of regenerated cellulose

due to structural anisotropy. Polymer Journal, 2006, 38(8): 819-826.

[160] Miyamoto H, Umemura M, Aoyagi T, et al. Structural reorganization of molecular sheets derived from cellulose Ⅱ by molecular dynamics simulations. Carbohydrate Research, 2009, 344(9): 1085-1094.

[161] Kolpak F, Blackwell J. The structure of regenerated cellulose. Macromolecules, 1975, 8(4): 563-564.

[162] Raymond S, Kvick A, Chanzy H. The structure of cellulose Ⅱ: A revisit. Macromolecules, 1995, 28(24): 8422-8425.

[163] Newman R H. Estimation of the lateral dimensions of cellulose crystallites using ^{13}C NMR signal strengths. Solid State Nuclear Magnetic Resonance, 1999, 15(1): 21-29.

[164] Zhang L, Ruan D, Gao S. Dissolution and regeneration of cellulose in NaOH/thiourea aqueous solution. Journal of Polymer Science Part B: Polymer Physics, 2002, 40(14): 1521-1529.

[165] Bergenstråhle M, Wohlert J, Himmel M E, et al. Simulation studies of the insolubility of cellulose. Carbohydrate Research, 2010, 345(14): 2060-2066.

[166] Brandrup J, Immergut B, Grulke E. Polymer Handbook. Hoboken: John Wiley & Sons, 1999.

[167] Kronberg B, Lindman B. Surfactants and Polymers in Aqueous Solution. Hoboken: John Wiley & Sons, 2003.

[168] Cuissinat C, Navard P, Heinze T. Swelling and dissolution of cellulose. Part Ⅳ: Free floating cotton and wood fibres in ionic liquids. Carbohydrate Polymers, 2008, 72(4): 590-596.

[169] Ramos L A, Morgado D L, Gessner F, et al. A physical organic chemistry approach to dissolution of cellulose: Effects of cellulose mercerization on its properties and on the kinetics of its decrystallization. Arkivoc, 2011, 7: 416-425.

[170] Morgenstern B, Kammer H-W. On the particulate structure of cellulose solutions. Polymer, 1999, 40(5): 1299-1304.

[171] Miller-Chou B A, Koenig J L. A review of polymer dissolution. Progress in Polymer Science, 2003, 28(8): 1223-1270.

[172] Hudson S M, Cuculo J A. The Solubility of unmodified cellulose: A critique of the literature. Journal of Macromolecular Science-Reviews in Macromolecular Chemistry, 1980, 18(1): 1-82.

[173] Liebert T. Cellulose Solvents-Remarkable History, Bright Future. Oxford: Oxford University Press, 2010.

[174] Turbak A, Hammer R, Davies R, et al. Cellulose solvents. Chemtech, 1980, 10(1): 51-57.

[175] Philipp B, Lukanoff B, Schleicher H, et al. Homogenous reactions of cellulose in organic-solvents systems. Zeitschrift Fur Chemie, 1986, 26(2): 50-58.

[176] Woodings C. Regenerated Cellulose Fibres. Witney: Woodhead Publishing, 2001.

[177] Guo Y, Zhou J, Song Y, et al. An efficient and environmentally friendly method for the synthesis of cellulose carbamate by microwave heating. Macromolecular Rapid Communications, 2009, 30(17): 1504-1508.

[178] Lonsdale H, Merten U, Riley R. Transport properties of cellulose acetate osmotic membranes. Journal of Applied Polymer Science, 1965, 9(4): 1341-1362.

[179] Takahashi S I, Fujimoto T, Barua B M, et al. ^{13}C-NMR spectral studies on the distribution of substituents in some cellulose derivatives. Journal of Polymer Science Part A: Polymer Chemistry, 1986, 24(11): 2981-2993.

[180] Liebert T, Klemm D. A new soluble and hydrolytically cleavable intermediate in cellulose functionalization: Cellulose dichloroacetate (CDCA). Acta Polymerica, 1998, 49(2-3): 124-128.

[181] Boerstoel H, Maatman H, Westerink J, et al. Liquid crystalline solutions of cellulose in phosphoric acid. Polymer, 2001, 42(17): 7371-7379.

[182] Nevell T P, Zeronian S H. Cellulose Chemistry and Its Applications. Hoboken: John Wiley & Sons, 1985.

[183] Sobue H, Kiessig H, Hess K. Das system cellulose-natriumhydroxyd-wasser in abhängigkeit von der temperatur. Zeitschrift für Physikalische Chemie, 1939, 43(1): 309-328.

[184] Kamida K, Okajima K, Matsui T, et al. Study on the solubility of cellulose in aqueous alkali solution by deuteration IR and ^{13}C NMR. Polymer Journal, 1984, 16(12): 857-866.

[185] Isogai A, Atalla R. Dissolution of cellulose in aqueous NaOH solutions. Cellulose, 1998, 5(4): 309-319.

[186] Yan L, Gao Z. Dissolving of cellulose in PEG/NaOH aqueous solution. Cellulose, 2008, 15(6): 789.

[187] Cai J, Zhang L. Rapid dissolution of cellulose in LiOH/urea and NaOH/urea aqueous solutions. Macromolecular Bioscience, 2005, 5(6): 539-548.

[188] Jin H, Zha C, Gu L. Direct dissolution of cellulose in NaOH/thiourea/urea aqueous solution. Carbohydrate Research, 2007, 342(6): 851-858.

[189] Fischer S, Leipner H, Thümmler K, et al. Inorganic molten salts as solvents for cellulose. Cellulose, 2003, 10(3): 227-236.

[190] Letters K. Viskosimetrische untersuchungen über die reaktion von zellulose mit konzentrierten chlorzinklösungen. Colloid & Polymer Science, 1932, 58(2): 229-239.

[191] Lukanoff B, Schleicher H, Philipp B. Untersuchungen zur auflösung und verformung von cellulose in schmelzen und konzentrierten lösungen verschiedener thiocyanate. Cellulose Chemistry and Technology, 1983, 17(6): 593-600.

[192] Leipner H, Fischer S, Brendler E, et al. Structural changes of cellulose dissolved in molten salt hydrates. Macromolecular Chemistry and Physics, 2000, 201(15): 2041-2049.

[193] Heinze T, Koschella A. Solvents applied in the field of cellulose chemistry: A mini review. Polímeros, 2005, 15(2): 84-90.

[194] Isogai A, Ishizu A, Nakano J. Dissolution mechanism of cellulose in SO_2-amine-dimethylsulfoxide. Journal of Applied Polymer Science, 1987, 33(4): 1283-1290.

[195] Cuculo J, Smith C, Sangwatanaroj U, et al. A study on the mechanism of dissolution of the cellulose/NH_3/NH_4SCN system. Ⅰ. Journal of Polymer Science Part A: Polymer Chemistry, 1994, 32(2): 229-239.

[196] Hattori K, Abe E, Yoshida T, et al. New solvents for cellulose. Ⅱ. Ethylenediamine/thiocyanate salt system. Polymer Journal, 2004, 36(2): 123-130.

[197] Frey M W, Chan H, Carranco K. Rheology of cellulose/KSCN/ethylenediamine solutions and coagulation into filaments and films. Journal of Polymer Science Part B: Polymer Physics, 2005, 43(15): 2013-2022.

[198] Heinze T, Dicke R, Koschella A, et al. Effective preparation of cellulose derivatives in a new simple cellulose solvent. Macromolecular Chemistry and Physics, 2000, 201(6): 627-631.

[199] Frey M W, Li L, Xiao M, et al. Dissolution of cellulose in ethylene diamine/salt solvent systems. Cellulose, 2006, 13(2): 147-155.

[200] Mccormick C, Lichatowich D K. Homogeneous solution reactions of cellulose, chitin, and other polysaccharides to produce controlled-activity pesticide systems. Journal of Polymer Science Part C: Polymer Letters, 1979, 17(8): 479-484.

[201] McCorsley C C, Varga J K. Process for making a precursor of a solution of cellulose: US Patent, 4142913. 1979-3-6.

[202] 赵地顺, 刘猛帅, 李贺, 等. 离子液体对纤维素溶解性能的研究进展. 材料导报, 2011, 25(11): 84-87.

[203] 张星辰. 离子液体: 从理论基础到研究进展. 北京: 化学工业出版社, 2009.

[204] Graenacher C. Cellulose solution: US Patent, 1943176. 1934-1-9.

[205] Swatloski R P, Spear S K, Holbrey J D, et al. Dissolution of cellose with ionic liquids. Journal of the American Chemical Society, 2002, 124(18): 4974-4975.

[206] Cai J, Zhang L, Liu S, et al. Dynamic self-assembly induced rapid dissolution of cellulose at low temperatures. Macromolecules, 2008, 41(23): 9345-9351.

[207] Yamashiki T, Kamide K, Okajima K, et al. Some characteristic features of dilute aqueous alkali solutions of specific alkali concentration (2. 5 mol l^{-1}) which possess maximum solubility power against cellulose. Polymer Journal, 1988, 20(6): 447-457.

[208] Liu W, Budtova T, Navard P. Influence of ZnO on the properties of dilute and semi-dilute cellulose-NaOH-water solutions. Cellulose, 2011, 18(4): 911-920.

[209] Ostlund A, Lundberg D, Nordstierna L, et al. Dissolution and gelation of cellulose in TBAF/DMSO solutions: The roles of fluoride ions and water. Biomacromolecules, 2009, 10(9): 2401-2407.

[210] Brendler E, Fischer S, Leipner H. ^{7}Li NMR as probe for solvent-cellulose interactions in cellulose dissolution. Cellulose, 2001, 8(4): 283-288.

[211] Nehls I, Wagenknecht W, Philipp B, et al. Characterization of cellulose and cellulose derivatives in solution by high resolution ^{13}C-NMR spectroscopy. Progress in Polymer Science, 1994, 19(1): 29-78.

[212] Lu X, Shen X. Solubility of bacteria cellulose in zinc chloride aqueous solutions. Carbohydrate Polymers, 2011, 86(1): 239-244.

[213] Fischer S. Unconventional dissolution and derivatization of cellulose. Lenzinger Berichte, 2004, 83: 71-78.

[214] Remsing R C, Swatloski R P, Rogers R D, et al. Mechanism of cellulose dissolution in the ionic liquid 1-*n*-butyl-3-methylimidazolium chloride: A ^{13}C and $^{35/37}$Cl NMR relaxation study on model systems. Chemical Communications, 2006, (12): 1271-1273.

[215] Cho H M, Gross A S, Chu J-W. Dissecting force interactions in cellulose deconstruction reveals the required solvent versatility for overcoming biomass recalcitrance. Journal of the American Chemical Society, 2011, 133(35): 14033-14041.

[216] Sashina E, Novoselov N. Effect of structure of ionic liquids on their dissolving power toward natural polymers. Russian Journal of General Chemistry, 2009, 79(6): 1057-1062.

[217] Zhang J, Zhang H, Wu J, et al. NMR spectroscopic studies of cellobiose solvation in EmimAc aimed to understand the dissolution mechanism of cellulose in ionic liquids. Physical Chemistry Chemical Physics, 2010, 12(8): 1941-1947.

[218] Kahlen J, Masuch K, Leonhard K. Modelling cellulose solubilities in ionic liquids using COSMO-RS. Green Chemistry, 2010, 12(12): 2172-2181.

[219] Rabideau B D, Agarwal A, Ismail A E. Observed mechanism for the breakup of small bundles of cellulose Ⅰα and Ⅰβ in ionic liquids from molecular dynamics simulations. Journal of Physical Chemistry B, 2013, 117(13): 3469-3479.

[220] Pinkert A, Marsh K N, Pang S, et al. Ionic liquids and their interaction with cellulose. Chemical Reviews, 2009, 109(12): 6712-6728.

[221] Pinkert A, Marsh K N, Pang S. Reflections on the solubility of cellulose. Industrial & Engineering Chemistry Research, 2010, 49(22): 11121-11130.

[222] Le K A, Sescousse R, Budtova T. Influence of water on cellulose-EMIMAc solution properties: A viscometric study. Cellulose, 2012, 19(1): 45-54.

[223] Cousins S K, Brown R M. Cellulose Ⅰ microfibril assembly: Computational molecular mechanics energy analysis favours bonding by van der Waals forces as the initial step in crystallization. Polymer, 1995, 36(20): 3885-3888.

[224] Liu H, Sale K L, Holmes B M, et al. Understanding the interactions of cellulose with ionic liquids: A molecular dynamics study. Journal of Physical Chemistry B, 2010, 114(12): 4293-4301.

[225] Rinaldi R, Schüth F. Acid hydrolysis of cellulose as the entry point into biorefinery schemes. ChemSusChem, 2009, 2(12): 1096-1107.

[226] Rinaldi R, Schüth F. Design of solid catalysts for the conversion of biomass. Energy & Environmental Science, 2009, 2(6): 610-626.

[227] Faith W. Development of the scholler process in the United States. Industrial & Engineering Chemistry, 1945, 37(1): 9-11.

[228] Bergius F. Conversion of wood to carbohydrates. Industrial & Engineering Chemistry, 1937, 29(3): 247-253.

[229] Ragg P, Fields P, Tinker P. The development of a process for the hydrolysis of lignocellulosic waste. Philosophical Transactions of the Royal Society of London A: Mathematical, Physical and Engineering Sciences, 1987, 321(1561): 537-547.

[230] Harris E E, Beglinger E. Madison wood sugar process. Industrial & Engineering Chemistry, 1946, 38(9): 890-895.

[231] Herrera A, Téllez-Luis S J, González-Cabriales J J, et al. Effect of the hydrochloric acid concentration on the hydrolysis of sorghum straw at atmospheric pressure. Journal of Food

Engineering, 2004, 63(1): 103-109.

[232] Antonoplis R, Blanch H, Freitas R, et al. Production of sugars from wood using high-pressure hydrogen chloride. Biotechnology and Bioengineering, 1983, 25(11): 2757-2773.

[233] Linnett P E, Sanders J P M. Process for the preparation of oligosaccharides-containing products from biomass: US Patent, 4677198. 1987-6-30.

[234] Thompson D R, Grethlein H E. Design and evaluation of a plug flow reactor for acid hydrolysis of cellulose. Industrial & Engineering Chemistry Product Research and Development, 1979, 18(3): 166-169.

[235] Harris J F, Baker A, Jeffries T, et al. Two-stage, dilute sulfuric acid hydrolysis of wood. General Technical Report FPL, 1985, 45: 1-72.

[236] Palmqvist E, Hahn-Hägerdal B. Fermentation of lignocellulosic hydrolysates. Ⅱ: Inhibitors and mechanisms of inhibition. Bioresource Technology, 2000, 74(1): 25-33.

[237] Aden A, Foust T. Technoeconomic analysis of the dilute sulfuric acid and enzymatic hydrolysis process for the conversion of corn stover to ethanol. Cellulose, 2009, 16(4): 535-545.

[238] Erckel R, Franz R, Woernle R, et al. Process for hydrolyzing cellulose-containing material with gaseous hydrogen fluoride: US Patent, 4589924. 1986-5-20.

[239] Freudenberg K, Blomqvist G. Die hydrolyse der cellulose und ihrer oligosaccharide. Berichte der Deutschen Chemischen Gesellschaft (A and B Series), 1935, 68(11): 2070-2082.

[240] Sharples A. The hydrolysis of cellulose and its relation to structure. Transactions of the Faraday Society, 1957, 53: 1003-1013.

[241] Higgins H, Goldsmith V, Mckenzie A. The reactivity of cellulose. Ⅳ. The activation energy for heterogeneous acid hydrolysis. Journal of Polymer Science, 1958, 32(124): 247-252.

[242] Saeman J F. Kinetics of wood saccharification-hydrolysis of cellulose and decomposition of sugars in dilute acid at high temperature. Industrial & Engineering Chemistry, 1945, 37(1): 43-52.

[243] Krässig H A. Cellulose: Structure, Accessibility and Reactivity. New York: Gordon and Breach Science Publishers, 1993.

[244] Calvini P. The influence of levelling-off degree of polymerisation on the kinetics of cellulose degradation. Cellulose, 2005, 12(4): 445-447.

[245] Battista O A. Hydrolysis and crystallization of cellulose. Industrial & Engineering Chemistry, 1950, 42(3): 502-507.

[246] Battista O, Coppick S, Howsmon J, et al. Level-off degree of polymerization. Industrial & Engineering Chemistry, 1956, 48(2): 333-335.

[247] Ivanov V I, Kuznetsova Z I. Chemical nature of the weak linkages communication 1. Effect of carboxy groups in the cellulose molecule on the stability of the glucosidic link. Russian Chemical Bulletin, 1958, 7(5): 630-632.

[248] Rånby B G, Marchessault R H. Inductive effects in the hydrolysis of cellulose chains. Journal of Polymer Science, 1959, 36(130): 561-564.

[249] Ivanov V I, Lenshina N Y, Ivanova V S. Effect of pyran ring on acid hydrolysis of cellulose. Russian Chemical Bulletin, 1960, 9(6): 1061-1063.

[250] Timell T. The acid hydrolysis of glycosides: Ⅰ. General conditions and the effect of the nature of the aglycone. Canadian Journal of Chemistry, 1964, 42(6): 1456-1472.

[251] Timell T, Enterman W, Spencer F, et al. The acid hydrolysis of glycosides: Ⅱ. Effect of substituents at C-5. Canadian Journal of Chemistry, 1965, 43(8): 2296-2305.

[252] Hirosawa S, Minato K, Nakatsubo F. Influence of carboxyl group on the acid hydrolysis of cellulose. Journal of Wood Science, 2001, 47(2): 141-144.

[253] Bemiller J. Acid-catalyzed hydrolysis of glycosides. Advances in Carbohydrate Chemistry, 1967, 22: 25-108.

[254] Moiseev Y V, Khalturinskii N A, Zaikov G E. The mechanism of the acid-catalysed hydrolysis of glucosides. Carbohydrate Research, 1976, 51(1): 23-37.

[255] Fengel D, Wegener G. Wood: Chemistry, Ultrastructure, Reactions. Berlin: Walter de Gruyter, 1983.

[256] Nevell T P, Upton W R. The hydrolysis of cotton cellulose by hydrochloric acid in benzene. Carbohydrate Research, 1976, 49: 163-174.

[257] Ioelovich M, Morag E. Effect of cellulose structure on enzymatic hydrolysis. BioResources, 2011, 6(3): 2818-2835.

[258] Xiang Q, Kim J S, Lee Y Y. A comprehensive kinetic model for dilute-acid hydrolysis of cellulose. //Scott C D. Biotechnology for Fuels and Chemicals. Clifton: Humana Press, 2003: 337-352.

[259] Xiang Q, Lee Y, Pettersson P O, et al. Heterogeneous aspects of acid hydrolysis of α-cellulose. //Scott C D. Biotechnology for Fuels and Chemicals. Clifton: Humana Press, 2003: 505-514.

[260] Vanoye L, Fanselow M, Holbrey J D, et al. Kinetic model for the hydrolysis of lignocellulosic biomass in the ionic liquid, 1-ethyl-3-methyl-imidazolium chloride. Green Chemistry, 2009, 11(3): 390-396.

[261] Davison B H. Twenty-sixth Symposium on Biotechnology for Fuels and Chemicals. Berlin: Springer Science & Business Media, 2005.

[262] Ladisch M R. Fermentable sugars from cellulosic residues. Process Biochemistry, 1979, 11: 21-25.

[263] Mok W S, Antal Jr M J, Varhegyi G. Productive and parasitic pathways in dilute acid-catalyzed hydrolysis of cellulose. Industrial & Engineering Chemistry Research, 1992, 31(1): 94-100.

[264] Mosier N S, Ladisch C M, Ladisch M R. Characterization of acid catalytic domains for cellulose hydrolysis and glucose degradation. Biotechnology & Bioengineering, 2002, 79(6): 610-618.

[265] Kootstra A M J, Beeftink H H, Scott E L, et al. Comparison of dilute mineral and organic acid pretreatment for enzymatic hydrolysis of wheat straw. Biochemical Engineering Journal, 2009, 46(2): 126-131.

[266] Strachan J. Solubility of cellulose in water. Nature, 1938, 141: 332-333.

[267] Lenihan P, Orozco A, O'neill E, et al. Dilute acid hydrolysis of lignocellulosic biomass. Chemical Engineering Journal, 2010, 156(2): 395-403.

[268] Wei S, Kumar V, Banker G. Phosphoric acid mediated depolymerization and decrystallization

of cellulose: Preparation of low crystallinity cellulose—a new pharmaceutical excipient. International Journal of Pharmaceutics, 1996, 142(2): 175-181.

[269] Ladisch M R, Ladisch C M, Tsao G T. Cellulose to sugars: New path gives quantitative yield. Science, 1978, 201(4357): 743-745.

[270] Sasaki M, Fang Z, Fukushima Y, et al. Dissolution and hydrolysis of cellulose in subcritical and supercritical water. Industrial & Engineering Chemistry Research, 2000, 39(8): 2883-2890.

[271] Ogihara Y, Smith R L, Inomata H, et al. Direct observation of cellulose dissolution in subcritical and supercritical water over a wide range of water densities (550-1000 kg/m^3). Cellulose, 2005, 12(6): 595-606.

[272] Li C, Zhao Z K. Efficient acid-catalyzed hydrolysis of cellulose in ionic liquid. Advanced Synthesis & Catalysis, 2007, 349(11-12): 1847-1850.

[273] Li C, Wang Q, Zhao Z K. Acid in ionic liquid: An efficient system for hydrolysis of lignocellulose. Green Chemistry, 2008, 10(2): 177-182.

[274] Rinaldi R, Palkovits R, Schüth F. Depolymerization of cellulose using solid catalysts in ionic liquids. Angewandte Chemie International Edition, 2008, 47(42): 8047-8050.

[275] Deguchi S, Tsujii K, Horikoshi K. Cooking cellulose in hot and compressed water. Chemical Communications, 2006, 31: 3293-3295.

[276] Deguchi S, Tsujii K, Horikoshi K. Crystalline-to-amorphous transformation of cellulose in hot and compressed water and its implications for hydrothermal conversion. Green Chemistry, 2008, 10(2): 191-196.

[277] Sasaki M, Kabyemela B, Malaluan R, et al. Cellulose hydrolysis in subcritical and supercritical water. The Journal of Supercritical Fluids, 1998, 13(1): 261-268.

[278] Yamamoto H, Horii F, Odani H. Structural changes of native cellulose crystals induced by annealing in aqueous alkaline and acidic solutions at high temperatures. Macromolecules, 1989, 22(10): 4130-4132.

[279] Deguchi S, Tsujii K, Horikoshi K. Effect of acid catalyst on structural transformation and hydrolysis of cellulose in hydrothermal conditions. Green Chemistry, 2008, 10(6): 623-626.

[280] Swatloski R P, Rogers R D, Holbrey J D. Dissolution and processing of cellulose using ionic liquids: US Patent, 6824599. 2004-11-30.

[281] Fort D A, Remsing R C, Swatloski R P, et al. Can ionic liquids dissolve wood? Processing and analysis of lignocellulosic materials with 1-*n*-butyl-3-methylimidazolium chloride. Green Chemistry, 2007, 9(1): 63-69.

[282] El Seoud O A, Koschella A, Fidale L C, et al. Applications of ionic liquids in carbohydrate chemistry: A window of opportunities. Biomacromolecules, 2007, 8(9): 2629-2647.

[283] Zhu S. Use of ionic liquids for the efficient utilization of lignocellulosic materials. Journal of Chemical Technology & Biotechnology, 2008, 83(6): 777-779.

[284] Kosan B, Michels C, Meister F. Dissolution and forming of cellulose with ionic liquids. Cellulose, 2008, 15(1): 59-66.

[285] Dhepe P L, Fukuoka A. Cellulose conversion under heterogeneous catalysis. ChemSusChem,

2008, 1(12): 969-975.

[286] Fukuoka A, Dhepe P L. Catalytic conversion of cellulose into sugar alcohols. Angewandte Chemie International Edition, 2006, 45(31): 5161-5163.

[287] Dhepe P L, Fukuoka A. Cracking of cellulose over supported metal catalysts. Catalysis Surveys from Asia, 2007, 11(4): 186-191.

[288] Luo C, Wang S, Liu H C, et al. Cellulose conversion into polyols catalyzed by reversibly formed acids and supported ruthenium clusters in hot water. Angewandte Chemie International Edition, 2007, 119(40): 7636-7639.

[289] Ji N, Zhang T, Zheng M, et al. Direct catalytic conversion of cellulose into ethylene glycol using nickel-promoted tungsten carbide catalysts. China Basic Science, 2008, 47(44): 8510-8513.

[290] Onda A, Ochi T, Yanagisawa K. Selective hydrolysis of cellulose into glucose over solid acid catalysts. Green Chemistry, 2008, 10: 1033-1037.

[291] Takagaki A, Tagusagawa C, Domen K. Glucose production from saccharides using layered transition metal oxide and exfoliated nanosheets as a water-tolerant solid acid catalyst. Chemical Communications, 2008, 42: 5363-5365.

[292] Suganuma S, Nakajima K, Kitano M, et al. Hydrolysis of cellulose by amorphous carbon bearing SO_3H, COOH, and OH groups. Journal of the American Chemical Society, 2008, 130(38): 12787-12793.

[293] Yamaguchi D, Kitano M, Suganuma S, et al. Hydrolysis of cellulose by a solid acid catalyst under optimal reaction conditions. Journal of Physical Chemistry C, 2016, 113(8): 3181-3188.

[294] Kitano M, Yamaguchi D, Suganuma S, et al. Adsorption-enhanced hydrolysis of beta-1, 4-glucan on graphene-based amorphous carbon bearing SO_3H, COOH, and OH groups. Langmuir, 2009, 25(9): 5068-5075.

[295] Schüth F, Sing K S W, Weitkamp J. Handbook of Porous Solids. Hoboken: John Wiley & Sons, 2008.

[296] Brown Jr R D, Jurasek L. Hydrolysis of Cellulose: Mechanisms of Enzymatic and Acid Catalysis. New York: American Chemical Society, 1979.

[297] Okuhara T. Water-tolerant solid acid catalysts. Chemical Reviews, 2002, 102(10): 3641-3666.

[298] Besson M, Gallezot P. Deactivation of metal catalysts in liquid phase organic reactions. Catalysis Today, 2003, 81(4): 547-559.

[299] Liu Q, Janssen M H A, Rantwijk F V, et al. Room temperature ionic liquids that dissolve carbohydrates in high concentrations. Green Chemistry, 2004, 7(1): 39-42.

[300] Glesinger E. The Coming Age of Wood. London: Secker and Warburg, 1949.

[301] Mosier N, Wyman C, Dale B, et al. Features of promising technologies for pretreatment of lignocellulosic biomass. Bioresource Technology, 2005, 96(6): 673-686.

[302] Galbe M, Zacchi G. Pretreatment of Lignocellulosic Materials for Efficient Bioethanol Production. Berlin: Springer Science & Business Media, 2007.

[303] Yang B, Wyman C E. Pretreatment: The key to unlocking low-cost cellulosic ethanol. Biofuels Bioproducts & Biorefining, 2010, 2(1): 26-40.

[304] Scheper T, Faurie R, Thommel J. Advances in Biochemical Engineering/Biotechnology. Berlin: Springer Science & Business Media, 2008.

[305] Oliva J M, Sáez F, Ballesteros I, et al. Effect of lignocellulosic degradation compounds from steam explosion pretreatment on ethanol fermentation by thermotolerant yeast *Kluyveromyces* marxianus. Applied Biochemistry and Biotechnology, 2003, 105 (1-3) : 141-153.

[306] Klinke H B, Ahring B K, Schmidt A S, et al. Characterization of degradation products from alkaline wet oxidation of wheat straw. Bioresource Technology, 2002, 82 (1) : 15-26.

[307] Alvira P, Tomás-Pejó E, Ballesteros M J, et al. Pretreatment technologies for an efficient bioethanol production process based on enzymatic hydrolysis: A review. Bioresource Technology, 2010, 101 (13) : 4851-4861.

[308] Kumar R, Mago G, Balan V, et al. Physical and chemical characterizations of corn stover and poplar solids resulting from leading pretreatment technologies. Bioresource Technology, 2009, 100 (17) : 3948-3962.

[309] Liu Z-H, Qin L, Li B-Z, et al. Physical and chemical characterizations of corn stover from leading pretreatment methods and effects on enzymatic hydrolysis. ACS Sustainable Chemistry & Engineering, 2014, 3 (1) : 140-146.

[310] García-Aparicio M P, Ballesteros M, Manzanares P, et al. Xylanase contribution to the efficiency of cellulose enzymatic hydrolysis of barley straw. //Mielenz J R, Klasson K T, Adney W S, et al. Applied Biochemistry and Biotechnology. Clifton: Humana Press, 2007: 353-365.

[311] Merino S, Cherry J. Progress and challenges in enzyme development for biomass utilization. Biofuels, 2007, 108: 95-120.

[312] Chang V S, Holtzapple M T, Finkelstein M, et al. Fundamental factors affecting biomass enzymatic reactivity. Applied Biochemistry and Biotechnology, 2000, 84-86 (1) : 5-37.

[313] Mansfield S D, Mooney C, Saddler J N. Substrate and enzyme characteristics that limit cellulose hydrolysis. Biotechnology Progress, 1999, 15 (5) : 804-816.

[314] Kumar R, Wyman C E. Does change in accessibility with conversion depend on both the substrate and pretreatment technology? Bioresource Technology, 2009, 100 (18) : 4193-4202.

[315] Puri V P. Effect of crystallinity and degree of polymerization of cellulose on enzymatic saccharification. Biotechnology & Bioengineering, 1984, 26 (10) : 1219-1222.

[316] Esteghlalian A R. An overview of factors influencing the enzymatic hydrolysis of lignocellulosic feedstocks. Acs Symposium, 2000, 769: 100-111.

[317] Börjesson J, Engqvist M, Sipos B, et al. Effect of poly (ethylene glycol) on enzymatic hydrolysis and adsorption of cellulase enzymes to pretreated lignocellulose. Enzyme & Microbial Technology, 2007, 41 (2) : 186-195.

[318] Pan X, Xie D, Gilkes N, et al. Strategies to enhance the enzymatic hydrolysis of pretreated softwood with high residual lignin content. Applied Biochemistry and Biotechnology, 2005, 124 (1) : 1069-1079.

[319] Berlin A, Balakshin M, Gilkes N, et al. Inhibition of cellulase, xylanase and β-glucosidase activities by softwood lignin preparations. Journal of Biotechnology, 2006, 125 (2) : 198-209.

[320] Sun Y, Cheng J. Hydrolysis of lignocellulosic materials for ethanol production: A review. Bioresource Technology, 2002, 83(1): 1-11.

[321] Zhang Y H P, Lynd L R. Toward an aggregated understanding of enzymatic hydrolysis of cellulose: Noncomplexed cellulase systems. Biotechnology and Bioengineering, 2004, 88(7): 797-824.

[322] Sánchez C. Lignocellulosic residues: Biodegradation and bioconversion by fungi. Biotechnology Advances, 2009, 27(2): 185-194.

[323] Kumar R, Wyman C E. Effects of cellulase and xylanase enzymes on the deconstruction of solids from pretreatment of poplar by leading technologies. Biotechnology Progress, 2009, 25(2): 302-314.

[324] Shi J, Chinn M S, Sharma-Shivappa R R. Microbial pretreatment of cotton stalks by solid state cultivation of *Phanerochaete chrysosporium*. Bioresource Technology, 2008, 99(14): 6556-6564.

[325] Kuhar S, Nair L M, Kuhad R C. Pretreatment of lignocellulosic material with fungi capable of higher lignin degradation and lower carbohydrate degradation improves substrate acid hydrolysis and the eventual conversion to ethanol. Canadian Journal of Microbiology, 2008, 54(4): 305-313.

[326] Singh P, Suman A, Tiwari P, et al. Biological pretreatment of sugarcane trash for its conversion to fermentable sugars. World Journal of Microbiology and Biotechnology, 2008, 24(5): 667-673.

[327] Taherzadeh M J, Karimi K. Pretreatment of lignocellulosic wastes to improve ethanol and biogas production: A review. International Journal of Molecular Sciences, 2008, 9(9): 1621-1651.

[328] Hendriks A T, Zeeman G. Pretreatments to enhance the digestibility of lignocellulosic biomass. Bioresource Technology, 2009, 100(1): 10-18.

[329] Delgado S, Villarroel R, González E. Effect of the shear intensity on fouling in submerged membrane bioreactor for wastewater treatment. Journal of Membrane Science, 2008, 311(1-2): 173-181.

[330] Carvalheiro F, Duarte L C, Gírio F M. Hemicellulose biorefineries: A review on biomass pretreatments. Journal of Scientific & Industrial Research, 2008, 67(11): 849-864.

[331] Kim S, Holtzapple M T. Delignification kinetics of corn stover in lime pretreatment. Bioresource Technology, 2006, 97(5): 778-785.

[332] Chang V S, Nagwani M, Kim C-H, et al. Oxidative lime pretreatment of high-lignin biomass. Applied Biochemistry and Biotechnology, 2001, 94(1): 1-28.

[333] Saha B C, Cotta M A. Ethanol production from alkaline peroxide pretreated enzymatically saccharified wheat straw. Biotechnology Progress, 2006, 22(2): 449-453.

[334] Wyman C. Handbook on Bioethanol: Production and Utilization. Boca Raton: CRC Press, 1996.

[335] Saha B C, Iten L B, Cotta M A, et al. Dilute acid pretreatment, enzymatic saccharification and fermentation of wheat straw to ethanol. Process Biochemistry, 2005, 40(12): 3693-3700.

[336] Mosier N, Hendrickson R, Ho N, et al. Optimization of pH controlled liquid hot water pretreatment of corn stover. Bioresource Technology, 2005, 96(18): 1986-1993.

[337] Cara C, Ruiz E, Oliva J M, et al. Conversion of olive tree biomass into fermentable sugars by dilute acid pretreatment and enzymatic saccharification. Bioresource Technology, 2008, 99(6): 1869-1876.

[338] Rocha M V P, Rodrigues T H S, De Macedo G R, et al. Enzymatic hydrolysis and fermentation of pretreated cashew apple bagasse with alkali and diluted sulfuric acid for bioethanol production. Applied Biochemistry and Biotechnology, 2009, 155(1-3): 104-114.

[339] 常丽敏. 玉米秸秆酶法水解预处理技术研究. 大连: 大连工业大学硕士学位论文, 2010.

[340] García-Cubero M T, González-Benito G, Indacoechea I, et al. Effect of ozonolysis pretreatment on enzymatic digestibility of wheat and rye straw. Bioresource Technology, 2009, 100(4): 1608-1613.

[341] Papatheofanous M, Billa E, Koullas D, et al. Two-stage acid-catalyzed fractionation of lignocellulosic biomass in aqueous ethanol systems at low temperatures. Bioresource Technology, 1995, 54(3): 305-310.

[342] Zhao X, Cheng K, Liu D. Organosolv pretreatment of lignocellulosic biomass for enzymatic hydrolysis. Applied Microbiology and Biotechnology, 2009, 82(5): 815.

[343] Hayes D J. An examination of biorefining processes, catalysts and challenges. Catalysis Today, 2009, 145(1): 138-151.

[344] Li Q, He Y-C, Xian M, et al. Improving enzymatic hydrolysis of wheat straw using ionic liquid 1-ethyl-3-methyl imidazolium diethyl phosphate pretreatment. Bioresource Technology, 2009, 100(14): 3570-3575.

[345] Lee S H, Doherty T V, Linhardt R J, et al. Ionic liquid-mediated selective extraction of lignin from wood leading to enhanced enzymatic cellulose hydrolysis. Biotechnology and Bioengineering, 2009, 102(5): 1368-1376.

[346] Zhao H, Jones C L, Baker G A, et al. Regenerating cellulose from ionic liquids for an accelerated enzymatic hydrolysis. Journal of Biotechnology, 2009, 139(1): 47-54.

[347] Alfani F, Gallifuoco A, Saporosi A, et al. Comparison of SHF and SSF processes for the bioconversion of steam-exploded wheat straw. Journal of Industrial Microbiology & Biotechnology, 2000, 25(4): 184-192.

[348] Avellar B K, Glasser W G. Steam-assisted biomass fractionation. Ⅰ. Process considerations and economic evaluation. Biomass and Bioenergy, 1998, 14(3): 205-218.

[349] Hamelinck C N, Van Hooijdonk G, Faaij A P. Ethanol from lignocellulosic biomass: Techno-economic performance in short-, middle-and long-term. Biomass and Bioenergy, 2005, 28(4): 384-410.

[350] Brownell H, Yu E, Saddler J. Steam-explosion pretreatment of wood: Effect of chip size, acid, moisture content and pressure drop. Biotechnology and Bioengineering, 1986, 28(6): 792-801.

[351] Tengborg C, Stenberg K, Galbe M, et al. Comparison of SO_2 and H_2SO_4 impregnation of softwood prior to steam pretreatment on ethanol production. Applied Biochemistry and Biotechnology, 1998, 70(1): 3-15.

[352] Cara C, Ruiz E, Ballesteros I, et al. Enhanced enzymatic hydrolysis of olive tree wood by steam explosion and alkaline peroxide delignification. Process Biochemistry, 2006, 41 (2): 423-429.

[353] McMillan J D. Twenty-seventh Symposium on Biotechnology for Fuels and Chemicals. Berlin: Springer Science & Business Media, 2006.

[354] Ballesteros I, Negro M J, Oliva J M, et al. Ethanol production from steam-explosion pretreated wheat straw. Applied Biochemistry and Biotechnology, 2006, 130 (1-3): 496-508.

[355] Söderström J, Pilcher L, Galbe M, et al. Two-step steam pretreatment of softwood with SO_2 impregnation for ethanol production. Applied Biochemistry and Biotechnology, 2002, 98 (1-9): 5-21.

[356] Liu Z L, Slininger P J, Gorsich S W. Enhanced biotransformation of furfural and hydroxymethylfurfural by newly developed ethanologenic yeast strains. Applied Biochemistry and Biotechnology, 2005, 121 (1-3): 451-460.

[357] Laser M, Schulman D, Allen S G, et al. A comparison of liquid hot water and steam pretreatments of sugar cane bagasse for bioconversion to ethanol. Bioresource Technology, 2002, 81 (1): 33-44.

[358] Pérez J, Ballesteros I, Ballesteros M, et al. Optimizing liquid hot water pretreatment conditions to enhance sugar recovery from wheat straw for fuel-ethanol production. Fuel, 2008, 87 (17): 3640-3647.

[359] Palonen H, Thomsen A B, Tenkanen M, et al. Evaluation of wet oxidation pretreatment for enzymatic hydrolysis of softwood. Applied Biochemistry & Biotechnology, 2004, 117 (1): 1-17.

[360] Sarkar N, Ghosh S K, Bannerjee S, et al. Bioethanol production from agricultural wastes: An overview. Renewable Energy, 2012, 37 (1): 19-27.

[361] Martin C, Thomsen M, Hauggaard-Nielsen H, et al. Wet oxidation pretreatment, enzymatic hydrolysis and simultaneous saccharification and fermentation of clover-ryegrass mixtures. Bioresource Technology, 2008, 99 (18): 8777-8782.

[362] Keshwani D R. Microwave Pretreatment of Switchgrass for Bioethanol Production. Raleigh: North Carolina State University Press, 2009.

[363] Zhu S, Wu Y, Yu Z, et al. Comparison of three microwave/chemical pretreatment processes for enzymatic hydrolysis of rice straw. Biosystems Engineering, 2006, 93 (3): 279-283.

[364] Sun R C, Tomkinson J. Characterization of hemicelluloses obtained by classical and ultrasonically assisted extractions from wheat straw. Carbohydrate Polymers, 2002, 50 (3): 263-271.

[365] Yachmenev V, Condon B, Klasson T, et al. Acceleration of the enzymatic hydrolysis of corn stover and sugar cane bagasse celluloses by low intensity uniform ultrasound. Journal of Biobased Materials & Bioenergy, 2009, 3 (1): 25-31 (27).

[366] Schacht C, Zetzl C, Brunner G. From plant materials to ethanol by means of supercritical fluid technology. Journal of Supercritical Fluids, 2008, 46 (3): 299-321.

[367] Zheng Y, Lin H, Tsao G T. Pretreatment for cellulose hydrolysis by carbon dioxide explosion. Biotechnology Progress, 1998, 14 (6): 890-896.

[368] Eggeman T, Elander R T. Process and economic analysis of pretreatment technologies. Bioresource Technology, 2005, 96(18): 2019-2025.

[369] Kilzer F J, Broido A. Speculations on the nature of cellulose pyrolysis. Pyrodynamics. 1965, 2: 151-163.

[370] Bradbury A G, Sakai Y, Shafizadeh F. A kinetic model for pyrolysis of cellulose. Journal of Applied Polymer Science, 1979, 23(11): 3271-3280.

[371] Capart R, Khezami L, Burnham A K. Assessment of various kinetic models for the pyrolysis of a microgranular cellulose. Thermochimica Acta, 2004, 417(1): 79-89.

[372] Piskorz J, Radlein D, Scott D S. On the mechanism of the rapid pyrolysis of cellulose. Journal of Analytical and Applied Pyrolysis, 1986, 9(2): 121-137.

[373] Agrawal R K. Kinetics of reactions involved in pyrolysis of cellulose Ⅰ. The three reaction model. The Canadian Journal of Chemical Engineering, 1988, 66(3): 403-412.

[374] Alves S, Figueiredo J. Pyrolysis kinetics of lignocellulosic materials by multistage isothermal thermogravimetry. Journal of Analytical and Applied Pyrolysis, 1988, 13(1-2): 123-134.

[375] Conesa J A, Caballero J, Marcilla A, et al. Analysis of different kinetic models in the dynamic pyrolysis of cellulose. Thermochimica Acta, 1995, 254: 175-192.

[376] Liao Y F, Wang S R, Luo Z Y, et al. Research on cellulose rapid pyrolysis. Journal of Zhejiang University, 2003, 37(5): 582-587.

[377] Hosoya T, Kawamoto H, Saka S. Different pyrolytic pathways of levoglucosan in vapor-and liquid/solid-phases. Journal of Analytical and Applied Pyrolysis, 2008, 83(1): 64-70.

[378] Kawamoto H, Morisaki H, Saka S. Secondary decomposition of levoglucosan in pyrolytic production from cellulosic biomass. Journal of Analytical and Applied Pyrolysis, 2009, 85(1): 247-251.

[379] Zhang L, Li K, Zhu X. Study on two-step pyrolysis of soybean stalk by TG-FTIR and Py-GC/MS. Journal of Analytical and Applied Pyrolysis, 2017, 127: 91-98.

[380] Shen D K, Gu S. The mechanism for thermal decomposition of cellulose and its main products. Bioresource Technology, 2009, 100(24): 6496-6504.

[381] Broido A, Nelson M A. Char yield on pyrolysis of cellulose. Combustion and Flame, 1975, 24: 263-268.

[382] Koullas D, Lois E, Koukios E. Effect of physical pretreatments on the prepyrolytic behaviour of lignocellulosics. Biomass and Bioenergy, 1991, 1(4): 199-206.

[383] Arseneau D F. Competitive reactions in the thermal decomposition of cellulose. Canadian Journal of Chemistry, 1971, 49(4): 632-638.

[384] Maschio G, Koufopanos C, Lucchesi A. Pyrolysis, a promising route for biomass utilization. Bioresource Technology, 1992, 42(3): 219-231.

[385] Rath J, Staudinger G. Cracking reactions of tar from pyrolysis of spruce wood. Fuel, 2001, 80(10): 1379-1389.

[386] Hosoya T, Kawamoto H, Saka S. Cellulose-hemicellulose and cellulose-lignin interactions in wood pyrolysis at gasification temperature. Journal of Analytical and Applied Pyrolysis, 2007, 80(1): 118-125.

[387] Mamleev V, Bourbigot S, Yvon J. Kinetic analysis of the thermal decomposition of cellulose: The main step of mass loss. Journal of Analytical and Applied Pyrolysis, 2007, 80(1): 151-165.

[388] Shafizadeh F, Furneaux R H, Cochran T G, et al. Production of levoglucosan and glucose from pyrolysis of cellulosic materials. Journal of Applied Polymer Science, 1979, 23(12): 3525-3539.

[389] Richards G N. Glycolaldehyde from pyrolysis of cellulose. Journal of Analytical and Applied Pyrolysis, 1987, 10(3): 251-255.

[390] Li S, Lyons-Hart J, Banyasz J, et al. Real-time evolved gas analysis by FTIR method: An experimental study of cellulose pyrolysis. Fuel, 2001, 80(12): 1809-1817.

[391] Shafizadeh F, Lai Y. Thermal degradation of 1, 6-anhydro-. beta. -D-glucopyranose. The Journal of Organic Chemistry, 1972, 37(2): 278-284.

[392] Banyasz J L, Li S, Lyons-Hart J L, et al. Cellulose pyrolysis: The kinetics of hydroxyacetaldehyde evolution. Journal of Analytical and Applied Pyrolysis, 2001, 57(2): 223-248.

[393] 高洁, 汤烈贵. 纤维素科学. 北京: 科学出版社, 1996.

[394] Malešič J, Kolar J, Strlič M, et al. Photo-induced degradation of cellulose. Polymer Degradation & Stability, 2005, 89(1): 64-69.

[395] Pérez M, Torrades F, Peral J, et al. Multivariate approach to photocatalytic degradation of a cellulose bleaching effluent. Applied Catalysis B Environmental, 2001, 33(2): 89-96.

[396] And T N, Fujishima A, Sawunyama P, et al. Photocatalytic degradation of gaseous formaldehyde using TiO_2 film. Environmental Science & Technology, 1998, 32(23): 3831-3833.

[397] Sang B K, Hong S C. Kinetic study for photocatalytic degradation of volatile organic compounds in air using thin film TiO_2 photocatalyst. Applied Catalysis B Environmental, 2002, 35(4): 305-315.

[398] Keshmiri M, Mohseni M, Troczynski T. Development of novel TiO_2 sol-gel-derived composite and its photocatalytic activities for trichloroethylene oxidation. Applied Catalysis B Environmental, 2004, 53(4): 209-219.

[399] Blanco J, Malato S, Fernández P, et al. Compound parabolic concentrator technology development to commercial solar detoxification applications. Solar Energy, 1999, 67(4-6): 317-330.

[400] Lanzalunga O, Bietti M. Photo-and radiation chemical induced degradation of lignin model compounds. Journal of Photochemistry and Photobiology B: Biology, 2000, 56(2-3): 85-108.

[401] Tanaka K, Calanag R C R, Hisanaga T. Photocatalyzed degradation of lignin on TiO_2. Journal of Molecular Catalysis A Chemical, 1999, 138(2-3): 287-294.

[402] Sonawane R S, Kale B B, Dongare M K. Preparation and photo-catalytic activity of Fe-TiO_2 thin films prepared by sol-gel dip coating. Materials Chemistry & Physics, 2004, 85(1): 52-57.

[403] Machado A E H, Miranda J A D, Freitas R F D, et al. Destruction of the organic matter present in effluent from a cellulose and paper industry using photocatalysis. Journal of Photochemistry

& Photobiology A Chemistry, 2003, 155(1): 231-241.

[404] He C, Yu Y, Hu X, et al. Influence of silver doping on the photocatalytic activity of titania films. Applied Surface Science, 2002, 200(1): 239-247.

[405] Binder J B, Raines R T. Simple chemical transformation of lignocellulosic biomass into furans for fuels and chemicals. Journal of the American Chemical Society, 2009, 131(5): 1979-1985.

[406] Fan H, Li G, Yang F, et al. Photodegradation of cellulose under UV light catalysed by TiO_2. Journal of Chemical Technology & Biotechnology, 2011, 86(8): 1107-1112.

[407] Amarasekara A S, Ebede C C. Zinc chloride mediated degradation of cellulose at 200 ℃ and identification of the products. Bioresource Technology, 2009, 100(21): 5301-5304.

[408] Diebold U. The surface science of titanium dioxide. Surface Science Reports, 2003, 48(5-8): 53-229.

[409] Yu J, Zhao X, Zhao Q. Effect of surface structure on photocatalytic activity of TiO_2 thin films prepared by sol-gel method. Thin Solid Films, 2000, 379(1-2): 7-14.

[410] Henriksson G, Johansson G, Pettersson G. A critical review of cellobiose dehydrogenases. Journal of Biotechnology, 2000, 78(2): 93-113.

[411] Knill C J, Kennedy J F. Degradation of cellulose under alkaline conditions. Carbohydrate Polymers, 2003, 51(3): 281-300.

[412] 丁文慧. 纤维素碱性降解反应影响因素研究. 天津: 天津科技大学硕士学位论文, 2011.

[413] Pavasars I, Hagberg J, Borén H, et al. Alkaline degradation of cellulose: Mechanisms and kinetics. Journal of Polymers and the Environment, 2003, 11(2): 39-47.

[414] Glaus M A, Van Loon L R. Degradation of cellulose under alkaline conditions: New insights from a 12 years degradation study. Environmental Science & Technology, 2008, 42(8): 2906-2911.

[415] 许冬生. 纤维素衍生物. 北京: 化学工业出版社, 2001.

[416] 耿刚. 阳离子化羟烷基纤维素及其制备方法. 纤维素醚工业, 2003, 2: 30-35.

[417] Kondo T, Gray D G. Facile method for the preparation of tri-O-(alkyl) cellulose. Journal of Applied Polymer Science, 1992, 45(3): 417-423.

[418] 李外, 赵雄虎, 季一辉, 等. 羧甲基纤维素制备方法及其生产工艺研究进展. 石油化工, 2013, 42(6): 693-702.

[419] Bianchi E, Marsano E, Ricco L, et al. Free radical grafting onto cellulose in homogeneous conditions 1. Modified cellulose-acrylonitrile system. Carbohydrate Polymers, 1998, 36(4): 313-318.

[420] Kamel S, Hassan E, E-Sakhawy M. Preparation and application of acrylonitrile-grafted cyanoethyl cellulose for the removal of copper (Ⅱ) ions. Journal of Applied Polymer Science, 2006, 100(1): 329-334.

[421] Ott R L. Mechanism of the mechanical degradation of cellulose. Journal of Polymer Science Part A: General Papers, 1964, 2(2): 973-982.

[422] Marx-Figini M, Figini R V. Studies on the mechanical degradation of cellulose. Die Angewandte Makromolekulare Chemie, 1995, 224(1): 179-189.

[423] 袁丽. 球磨结合稀酸、真菌和超声处理法降解木质纤维素的研究. 长沙: 湖南大学博士学

位论文, 2013.

[424] Kennedy J F. Cellulose and Its Derivatives: Chemistry, Biochemistry, and Applications. Canberra: Halsted Press, 1985.

[425] 许洪林, 张文辉. 木材机械自由基与辐射引发自由基的研究. 中国核科技报告, 1994, S1: 2-13.

[426] 周其凤, 王新久. 液晶高分子. 北京: 科学出版社, 1994.

[427] 王新久. 液晶光学和液晶显示. 北京: 科学出版社, 2006.

[428] 姜丽萍, 王久芬. 液晶聚合物的研究进展. 中北大学学报(自然科学版), 2000, 21(4): 328-333.

[429] Demus D. Plenary Lecture. One hundred years of liquid-crystal chemistry: Thermotropic liquid crystals with conventional and unconventional molecular structure. Liquid Crystals, 1989, 5(1): 75-110.

[430] Onsager L. The effects of shape on the interaction of colloidal particles. Annals of the New York Academy of Sciences, 1949, 51(1): 627-659.

[431] Flory P J. Statistical thermodynamics of semi-flexible chain molecules. Proceedings of the Royal Society A Mathematical Physical & Engineering Sciences, 1956, 234(1196): 60-73.

[432] Maier W, Saupe A. Eine einfache molekulare theorie des nematischen kristallinflüssigen zustandes. Zeitschrift Für Naturforschung A, 1958, 13(7): 564-566.

[433] Maier W, Saupe A. Eine einfache molekular-statistische theorie der nematischen kristallinflüssigen phase teil I1. Zeitschrift für Naturforschung A, 1959, 14(10): 882-889.

[434] 穆笛, 俞力为, 陈亮, 等. Mark-Houwink 方程中系数的意义及应用探索——K 值的意义及对高分子特性的评估. 高分子学报, 2003, 6: 789-793.

[435] Chung T S. The recent developments of thermotropic liquid crystalline polymers. Polymer Engineering & Science, 2010, 26(13): 901-919.

[436] 王慧芳. 纤维素及其衍生物液晶. 中国塑料, 1999, 9: 20-24.

[437] Chanzy H, Peguy A, Chaunis S, et al. Oriented cellulose films and fibers from a mesophase system. Journal of Polymer Science Polymer Physics Edition, 1980, 18(5): 1137-1144.

[438] Patel D L, Gilbert R D. Lyotropic mesomorphic formation of cellulose in trifluoroacetic acid-chlorinated-alkane solvent mixtures at room temperature. Journal of Polymer Science Polymer Physics Edition, 1981, 19(8): 1231-1236.

[439] Conio G, Corazza P, Bianchi E, et al. Phase equilibria of cellulose in *N*, *N*-dimethylacetamide/LiCl solutions. Journal of Polymer Science Polymer Letters Edition, 1984, 22(5): 273-277.

[440] Bianchi E, Ciferri A, Conio G, et al. Mesophase formation and chain rigidity in cellulose and derivatives. 4. Cellulose in *N*, *N*-dimethylacetamide-lithium chloride. Macromolecules, 1985, 18(4): 640-646.

[441] Chen Y S, Cuculo J A. Lyotropic mesophase of cellulose in ammonia/ammonium thiocyanate solution. Journal of Polymer Science Part A Polymer Chemistry, 1986, 24(9): 2075-2084.

[442] Dong X, Revol J, Gray D. Effect of microcrystallite preparation conditions on the formation of colloid crystals of cellulose. Cellulose, 1998, 5(1): 19-32.

[443] Viney C, Windle A H. Ternary phase equilibria for a nitrocellulose/solvent/non-solvent system. Liquid Crystals, 1986, 1(4): 379-396.

[444] Werbowyj R S, Gray D G. Liquid crystalline structure in aqueous hydroxypropyl cellulose solutions. Molecular Crystals & Liquid Crystals, 1976, 34(4): 97-103.

[445] 马静, 宣英男, 周雪松, 等. 新型复合型纤维素衍生物液晶的研究进展. 高分子材料科学与工程, 2005, 21(4): 28-32.

[446] Guo J X, Gray D G. Preparation and liquid-crystalline properties of (acetyl)(ethyl) cellulose. Macromolecules, 1989, 22(5): 2082-2086.

[447] Aharoni S M. Rigid backbone polymers XIII: Effects of the nature of the solvent on the lyotropic mesomorphicity of cellulose acetate. Molecular Crystals & Liquid Crystals, 1980, 56(7): 237-241.

[448] 黄勇, 陈鸣才, 李历生. 乙基氰乙基纤维素溶致性液晶的研究. 化学学报, 1988, 4: 61-65.

[449] 黄勇, 李泮通. 氰乙基纤维素溶致性液晶的研究. 高分子学报, 1988, 1(3): 51-55.

[450] Guo J X, Gray D G. Preparation, characterization, and mesophase formation of esters of ethylcellulose and methylcellulose. Journal of Polymer Science Part A Polymer Chemistry, 1994, 32(5): 889-896.

[451] Tseng S L, Valente A, Gray D G. Cholesteric liquid crystalline phases based on (acetoxypropyl) cellulose. Macromolecules, 1981, 14(3): 715-719.

[452] Aharoni S M. Rigid backbone polymers. XXIII. Thermotropic and lyotropic trifluoroacetoxypropyl cellulose. Journal of Polymer Science Polymer Letters Edition, 1981, 19(10): 495-496.

[453] Dayan S, Maissa P, Vellutini M J, et al. Phase diagram of mesomorphic cellulose derivatives solutions. Journal of Polymer Science Part C Polymer Letters, 2010, 20(1): 33-43.

[454] Bhadani S N, Gray D G. Liquid crystal formation from the benzoic acid ester of hydroxypropylcellulose. Macromolecular Rapid Communications, 1982, 3(6): 449-455.

[455] Bhadani S N, Gray D G. Cellulose-based liquid crystalline polymers; esters of (hydroxypropyl) cellulose. Molecular Crystals & Liquid Crystals, 1983, 99(1): 29-38.

[456] Ritcey A M, Gray D G. Circular reflectivity from the cholesteric liquid crystalline phase of (2-ethoxypropyl) cellulose. Macromolecules, 1988, 21(5): 1251-1255.

[457] Pawlowski W P, Gilbert R D, Fornes R E, et al. The liquid-crystalline properties of selected cellulose derivatives. Journal of Polymer Science Part B Polymer Physics, 1988, 26: 1101-1110.

[458] Yamagishi T, Fukuda T, Miyamoto T, et al. Thermotropic cellulose derivatives with flexible substituents. Polymer Bulletin, 1988, 20(4): 373-377.

[459] Huang Y. Thermotropic behavior of hydroxyethyl cellulose acetate. Journal of Applied Polymer Science, 1994, 51(11): 1979-1984.

[460] Takada A, Fukuda T, Miyamoto T, et al. Effects of chain length and its distribution on thermotropic mesophase structure of tri-*O*-heptyl cellulose. Cellulose Chemistry and Technology, 1990, 24(6): 693-701.

[461] Geng Y, Almeida P, Fernandes S, et al. A cellulose liquid crystal motor: A steam engine of the

second kind. Scientific Reports, 2013, 3: 1028.

[462] 韩国志, 王普, 耿欣, 等. 胆甾相液晶在光学材料中的研究进展. 化学通报, 2013, 76(9): 791-794.

[463] 于天池, 王佳菱. 胆甾相液晶光学性质的研究. 哈尔滨商业大学学报(自然科学版), 2007, 23(4): 446-448.

[464] 屠美, 牟善松, 周长忍. 基材与液晶种类对液晶复合膜血液相容性的影响. 材料科学与工程学报, 2005, 23(3): 357-360.

[465] 方一山, 朱剑铭. 液晶在医学上的应用. 生物医学工程学进展, 2006, 27(4): 242-243.

第 3 章　纤维素气凝胶

3.1　纳米纤丝化纤维素气凝胶

3.1.1　引言

纤维素气凝胶是一种绿色可生物降解的纳米多孔材料。它既结合了传统二氧化硅气凝胶和聚合物基气凝胶的优异性能，如低密度、高比表面积和高孔隙率等[1-4]，同时又具备天然纤维素自身的独特性能，如亲水性和生物相容性等[5, 6]，这些特征使得纤维素气凝胶具有成为一些石油化工产品替代品的潜力，有望应用于催化剂[7]、吸附剂[8, 9]、燃料电池[10, 11]和热绝缘材料等领域[12-14]。

植物纤维素气凝胶通常可被划分为再生纤维素气凝胶和纳米纤丝化纤维素(NFC)气凝胶两类，制备再生纤维素气凝胶的主要过程包括前驱物的溶解、再生和冷冻干燥或超临界干燥等步骤[15, 16]。然而，纤维素通常很难在普通的水溶液或在有机溶剂中溶解，这主要是因其具有较强的分子间或分子内氢键、高聚合度、高结晶度等[17]。因此，常采用一些特殊的溶剂，如硫氰酸盐(硫氰酸铵[18]、硫氰酸钙和硫氰酸钠[19]等)、氯化锂/*N*,*N*-二甲基乙酰胺[20]、离子液体[21]和 NaOH/聚乙二醇水溶液[22]等，对纤维素进行溶解。对于这些种类繁多的纤维素溶剂体系，部分溶剂价格昂贵(如离子液体)，部分溶剂具有很强的毒性(如硫氰酸盐)，部分溶剂甚至可能会引起严重的环境污染问题(如铜氨溶液)。相比之下，从环境保护的视角来看，制备 NFC 气凝胶的过程中不涉及纤维素的溶解，其制备过程主要包括 NFC 的分离和特殊干燥处理[23]。此外，再生纤维素气凝胶的制备过程也非常耗时，如溶解和凝胶化过程，而在制备 NFC 气凝胶的过程中无须考虑这些问题，与之替代的是一些快速、温和的过程，如化学法结合超声细胞破碎法获取 NFC[24]。对于 NFC 气凝胶来说，其组成单元(即纳米纤丝化纤维素，NFC)的尺寸在纳米级(直径只有几纳米到几十纳米)，因此在密度、吸附等方面具有许多不同寻常的性能[25-28]。在本节中主要介绍利用化学预处理、超声处理、溶剂置换和叔丁醇冷冻干燥等简单的制备工艺从椰壳中成功分离 NFC 并进一步制备超轻 NFC 气凝胶的过程。采用扫描电子显微镜(SEM)、氮气吸附-脱附测试、X 射线衍射(XRD)和热重分析(TG)等表征手段对所制备的 NFC 气凝胶样品进行分析。

3.1.2　NFC 气凝胶的制备与表征方法

表 3-1 和表 3-2 列举出在制备 NFC 气凝胶的实验过程中需要用到的主要试剂和仪器。此外，实验过程中还用到索氏抽提器、圆底烧瓶、布氏漏斗、烧杯、量筒、容量瓶、玻璃棒等实验室常规仪器。

表 3-1　主要试剂

试剂名称	化学式	纯度	生产厂家
苯	C_6H_6	分析纯	天津市福晨化学试剂厂
无水乙醇	C_2H_5OH	分析纯	天津市福晨化学试剂厂
亚氯酸钠	$NaClO_2$	分析纯	天津市福晨化学试剂厂
冰醋酸	CH_3COOH	分析纯	天津市福晨化学试剂厂
氢氧化钾	KOH	分析纯	天津市福晨化学试剂厂
盐酸	HCl	分析纯	天津市福晨化学试剂厂
叔丁醇	$C_4H_{10}O$	分析纯	天津市福晨化学试剂厂
蒸馏水	H_2O	—	—

表 3-2　主要仪器

仪器	仪器型号	生产厂家
恒温水浴锅	HHS-11-2	上海博迅实业有限公司
真空泵	SHZ-D(III)	浙江台州求精真空泵有限公司
电热恒温鼓风干燥箱	DHG-9245A	上海一恒科学仪器有限公司
分析天平	FA2004	上海舜宇恒平科学仪器有限公司
离心机	TG16-WS	长沙湘麓离心机仪器有限公司
超声波细胞破碎仪	JY99-IID	宁波新芝生物科技股份有限公司
冷冻干燥机	SCIENTZ-18N	宁波新芝生物科技股份有限公司

椰壳经过粉碎和过 60 目筛网，收集所得的粉末，在真空下 60℃干燥 12h。所有使用的化学试剂均由天津市福晨化学试剂厂提供，且使用前没有经过任何处理。利用化学预处理过程从椰壳粉末中提纯得到纤维素，详细的化学预处理过程可参见笔者团队已发表的文章[29]，其过程可简述如下：①准确称取 2g 椰壳粉末，置于索氏抽提器中，利用体积比为 2∶1 的苯/乙醇溶液在 90℃下抽提 6h，脱除果胶等抽提物；②将得到的物质混入 65mL 1wt% $NaClO_2$ 溶液中，在酸性条件下(pH=4～5，冰醋酸调节)75℃加热 1h 脱除木质素，得到综纤维素；③综纤维素经多次洗涤之后，90℃下利用 50mL 2wt% KOH 溶液处理 1h，脱除半纤维素，用蒸馏水反复洗涤数次，直至洗液不呈碱性；④将残渣移入锥形瓶中，倒入 30mL 1wt%

HCl 溶液，80℃处理 2h，将产物用蒸馏水反复洗涤数次后，放入电热恒温鼓风干燥箱中，60℃干燥 24h，得到较为纯净的椰壳纤维素。

将一定量干燥的纤维素均匀地分散在蒸馏水中，通过磁力搅拌形成 0.5wt%的纤维素水分散液，随后将得到的混合物进行超声处理 60min。超声过程使用的是超声波细胞破碎仪，输出功率为 900W，50%的工作周期(即超声处理 1s 后停滞 1s，以此循环重复)，且超声波处理过程中样品始终盛放在冰水浴中。超声处理之后，将所得到的 NFC 分散液装入透析袋中且将透析袋浸渍在叔丁醇中。该溶剂置换过程持续 12h，即可获得浓缩的 NFC 叔丁醇悬浮液。所得到的浓缩液呈现出高黏度和凝胶状。将其置于冷冻干燥机中冷冻干燥 48h(−35℃和 25Pa)，随即得到超轻的 NFC 气凝胶。

扫描电子显微镜是依据电子与物质的相互作用，获取被测样品本身的各种物理、化学性质的信息，如形貌、组成、晶体结构、电子结构和内部电场或磁场等。本实验采用的扫描电子显微镜为荷兰飞利浦公司生产的 Quanta 200 扫描电子显微镜。样品在观测之前需进行干燥、喷金处理，使物体表面具有导电性。样品在加速电压为 10～15kV 下进行观察。将样品在 100℃下脱气 6h 后，参照标准 GB/T 19587—2004 进行氮气吸附-脱附实验，采用 TriStar Ⅱ 3020 型(美国 Micromeritics 仪器公司)吸附仪。比表面积采用 Brunauer-Emmett-Teller 方法计算，孔容和孔径由等温线吸附分支采用 Barrett-Joyner-Halenda 模型计算，其中孔容由相对压力 P/P_0=0.99 处的吸附量计算得到。采用日本理学株式会社生产的 D/MAX 2000 型 X 射线衍射仪测量秸秆(或椰壳)原料、纤维素及相应 NFC 气凝胶的结晶结构。测试采用铜靶，射线波长为 1.5418Å，扫描角度范围 2θ 为 5°～40°，扫描速率为 4°/min，步距 0.02°，管电压为 40kV，管电流为 30mA。秸秆(或椰壳)原料、纤维素及相应 NFC 气凝胶的热稳定性由美国 TA 公司生产的 Q600 同步热分析仪表征，测试条件如下：整个过程在氮气气氛下进行，样品的质量为 3～8mg，起始温度和终止温度分别为 25℃和 800℃，升温速率为 10℃/min。

3.1.3　NFC 气凝胶的微观结构、结晶结构和热稳定性

如图 3-1(a)所示，NFC 气凝胶主要由大量相互交错缠绕的一维 NFC(细长的丝状结构)和二维薄膜结构所构成。该薄膜结构可能是由于纳米纤丝在冷冻干燥过程中受冰晶生长压迫而形成的。在更高放大倍率的 SEM 图像中[图 3-1(b)]，我们观察到细长的 NFC 相互缠绕并且有较大的长径比，直径在 30～180nm 范围内，且这些 NFC 的平均直径大约是 80.6nm。通过 NFC 气凝胶的质量除以所测量的体积可以得到 NFC 气凝胶的堆积密度，该值低至 0.84mg/cm^3。该密度值与单壁碳纳米管气凝胶(2.7mg/cm^3)[30]、氮掺杂石墨烯气凝胶(2.1mg/cm^3)[31]、三维分层次氮化硼泡沫(1.6mg/cm^3)[32]、镍泡沫(0.9mg/cm^3)[33]等轻质材料的密度相当，仅略大于之前

所报道的拥有全球最低密度的固体材料——超轻全碳气凝胶(0.16mg/cm^3)[34]。此外，如图 3-1(a)插图所示，NFC 气凝胶能够稳定地放置在树叶上，进一步证明其超轻的特性。

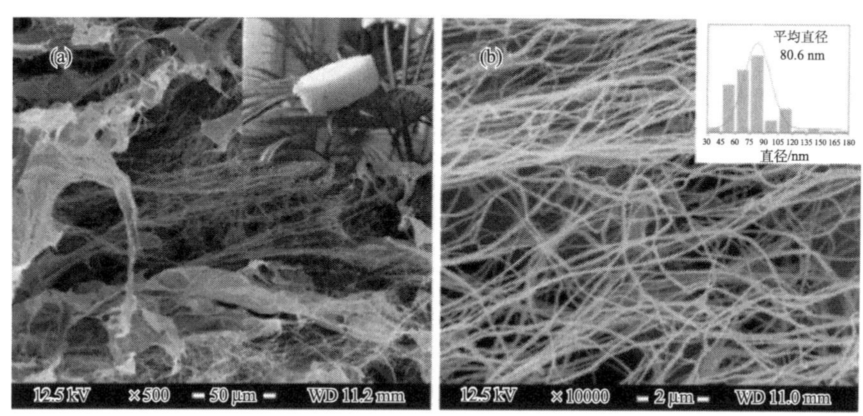

图 3-1　不同放大倍率下 NFC 气凝胶的 SEM 图像。(a) 中插图为超轻 NFC 气凝胶的数码照片，(b) 中插图为 NFC 的直径分布

通过氮气吸附-脱附曲线可知，NFC 气凝胶呈现典型的Ⅳ型吸附等温线[图 3-2(a)]。在吸附-脱附曲线之间存在明显的滞后环，这是由于毛细凝聚现象所导致的[35]，这也证明了 NFC 气凝胶中有介孔(2～50nm)存在。此外，孔径分布曲线如图 3-2(b)所示，气凝胶的孔径尺寸分布在 1～60nm 范围内，进一步证明 NFC 气凝胶属于介孔材料。采用 Barrett-Joyner-Halenda 和 Brunauer-Emmett-Teller 方法计算 NFC 气凝胶的孔隙特征参数，结果显示该样品的比表面积和孔容分别为 9.1m^2/g 和 0.025cm^3/g。

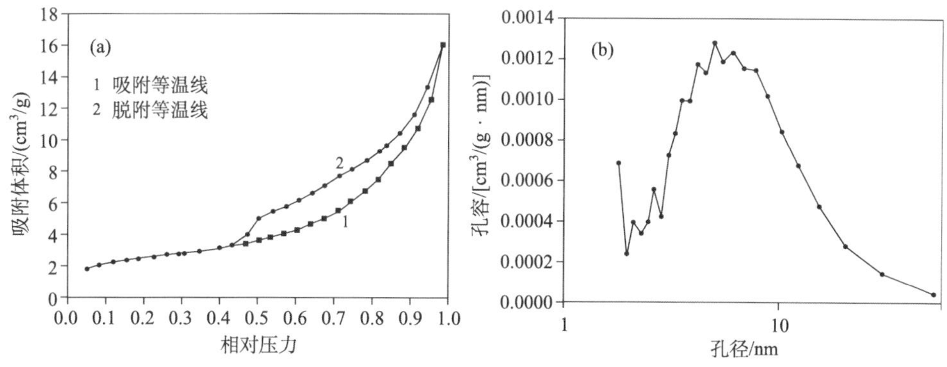

图 3-2　NFC 气凝胶的(a)氮气吸附-脱附等温线和(b)孔径分布

图 3-3 为椰壳粉末和 NFC 气凝胶的 XRD 谱图。我们观察到两个样品都呈现出典型的纤维素 I 型结晶结构，其特征峰在 15.1°、16.8°和 22.2°三处，这些峰分别与(101)、($10\bar{1}$)和(002)晶面相对应[36]，说明化学预处理和超声过程并没有改变纤维素的结晶结构。图 3-3 插图为根据 Segal 法所计算得到的结晶度指数[37]。相比于椰壳粉末，NFC 气凝胶的结晶度指数明显提高，由 33.1%提升至 52.3%，这是由于化学预处理过程中移除了一些无定形物质(如半纤维素和木质素)[38]。此外，更高的结晶度有助于增强纤维素材料的热稳定性[39]。

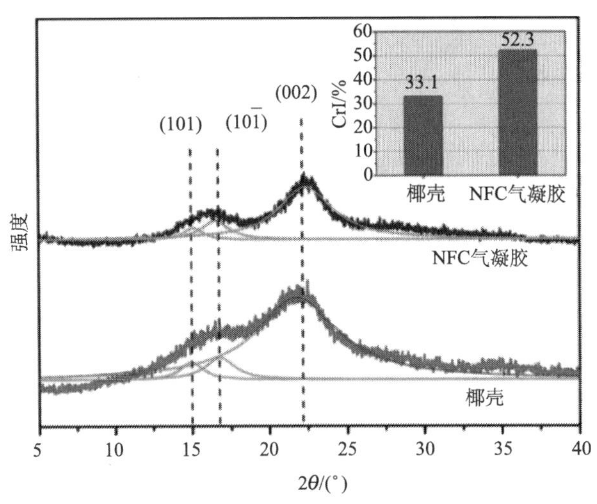

图 3-3　椰壳粉末和 NFC 气凝胶的 XRD 谱图。插图为两者的结晶度指数(CrI)

图 3-4 为椰壳粉末和 NFC 气凝胶的热重(TG)和微分热重(DTG)曲线。两种样品均在 150℃前呈现出微小的质量损失，这是由样品水分蒸发导致的。对于椰壳粉末的热解，与之前研究的一样，DTG 曲线显示出两个主要的分解区域[40]：第一个区域(200～310℃)主要与半纤维素的分解有关，表现出明显的肩峰；第二个区域(310～400℃)主要由于纤维素的降解，达到了最大降解速率。在植物细胞壁的三个主要成分中木质素是最难分解的，它的分解非常缓慢且发生在整个温度范围内，同时较宽的分解温度范围也导致它没有呈现出明显的热解特征峰。对于 NFC 气凝胶，由于大规模地移除了无定形态成分，如半纤维素和木质素，因此仅存在纤维素剧烈分解阶段。与椰壳粉末相比(349℃)，NFC 气凝胶样品的最大降解速率发生在更高的温度(357℃)，表明化学提纯、超声破碎等处理过程提高了纤维素气凝胶的热稳定性。

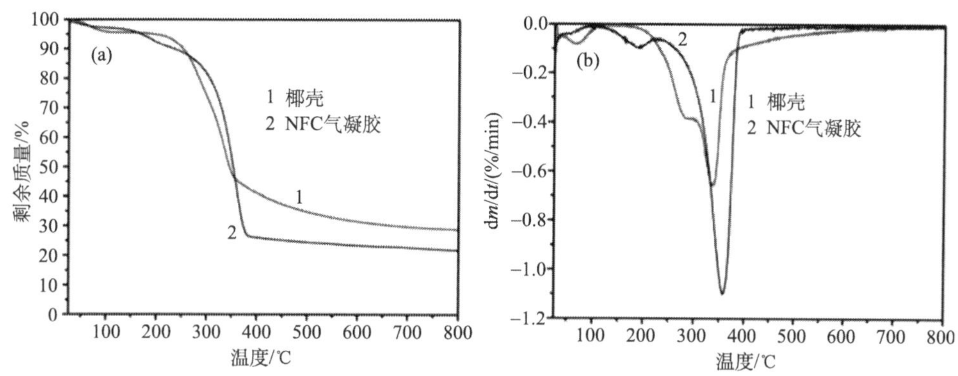

图 3-4　椰壳粉末和 NFC 气凝胶的(a)TG 和(b)DTG 曲线

3.1.4　小结

通过与化学预处理相结合，采用常见的高频超声法从椰壳中制备出了高质量的 NFC。所制备出的 NFC 具有均一的直径分布(平均直径为 80.6nm)，且仍保持纤维素 I 型结晶结构，结晶度指数可达 52.3%。本节证明了化学预处理结合高频超声法是一种制备生物质 NFC 的便捷途径。得到的直径均一、高长径比的 NFC 可以直接用于制备密度极低的气凝胶材料。除了这些材料本身具有的功能特性，这些材料有望成为先进材料功能化的新平台。

3.2　再生纤维素气凝胶

3.2.1　引言

气凝胶具有大比表面积、高孔隙率和低密度等特性，目前已被广泛认为在多领域具有广阔的应用前景[41]。然而，气凝胶的脆性和制备过程中需要依赖超临界干燥等高成本技术等缺点限制了气凝胶产品的商品化生产[42, 43]。针对高成本、复杂的制备工艺(如超临界干燥)等问题，可通过一些特殊的改进方法和替换措施达到满意的效果。然而在脆性问题上(一些无机和热固性聚合物气凝胶中普遍存在脆性问题)，该缺陷将使材料在之后的改性和长期使用过程中受到严重的限制。最近，利用具有生物相容性的纤维素为原料制备的绿色纤维素气凝胶受到了越来越多的关注[44, 45]。与此同时，纤维素气凝胶并没有发现明显的脆性问题，而且根据相关文献得知其经常表现出极好的柔性[46-48]。虽然经掺杂增强剂可改善纤维素气凝胶的机械性能[49, 50]，但目前针对具有高强度的纯纤维素气凝胶的研究并不是十分丰富。因此，本节主要介绍利用 NaOH/聚乙二醇(PEG)绿色溶剂溶解纤维素，随后进行再生和冷冻干燥过程，最终制备一种高机械强度、轻质的纤维素气凝胶产品。

该产品的微观形貌、结构和性能将分别通过扫描电子显微镜(SEM)、氮气吸附-脱附测试、X 射线衍射(XRD)和万能力学试验机进行分析。

3.2.2　基于氢氧化钠/聚乙二醇溶剂体系制备轻质高强的再生纤维素气凝胶

将洁净、干燥的竹纤维加入到 10wt% NaOH/PEG-4000(质量比 9∶1)水溶液中，室温下磁力搅拌 6h 形成 2wt%的均匀纤维素溶液。然后，将该纤维素溶液在–15℃下冷冻 12h，随后将冷冻的样品在室温下解冻并进行磁力搅拌 30min。再次将样品放置在–15℃下冷冻 5h 后，依次使用 1vol% HCl、蒸馏水和叔丁醇进行置换，直到得到圆柱状的白色水凝胶。最后，将制备得到的水凝胶放置在–30℃、25Pa 下冰冻后进行冷冻干燥处理。经 48h 干燥后，即可得到多孔的纤维素气凝胶样品。

3.2.3　表征方法

本实验采用的扫描电子显微镜为荷兰飞利浦公司生产的 Quanta 200 扫描电子显微镜。样品在观测之前需进行干燥、喷金处理，使物体表面具有导电性。样品在加速电压为 10～15kV 下进行观察。样品的氮气吸附-脱附测试是在–196℃下，采用全自动比表面和孔隙分析仪(3H-2000PS2，贝士德仪器科技有限公司)进行。在进行氮气吸附-脱附测试前，所有的样品需在真空条件下 90℃预先脱气处理 10h 除去样品中的水分和吸附的污染物。纤维素气凝胶的比表面积和孔隙特征通过 Brunauer-Emmett-Teller(BET)方法计算，孔容和孔径由 Barrett-Joyner-Halenda(BJH)模型计算所得，其中孔容用相对压力 P/P_0=0.99 处的吸附量计算得到，P 为气体的真实压力，P_0 为气体在测量温度下的饱和蒸气压。原材料竹纤维和纤维素气凝胶的结晶结构采用日本理学株式会社生产的 D/MAX 220 型 X 射线衍射仪进行表征，测试采用铜靶(λ=1.5418Å)，射线波长为 0.154nm，扫描角度(2θ)范围为 5º～40º，扫描速率为 4º/min，步距 0.02°，管电压为 40kV，管电流为 30mA。压缩测试在万能力学试验机(Suns,UTM4304X)下进行，压缩速度设定为 2mm/min。

3.2.4　微观形貌、孔隙特性、结晶结构和力学性能

图 3-5 为纤维素气凝胶的 SEM 照片。从图 3-5(a)中我们可以观察到纤维素气凝胶具有均匀的三维网状结构。图 3-5(b)为更高放大倍率下纤维素气凝胶的 SEM 图像。由图中可以看出，纤维素气凝胶是由相互层叠、交织的多尺度孔隙结构所构成的。图 3-5(a)中插图为纤维素气凝胶的宏观照片，纤维素气凝胶样品保持良好的圆柱状特征，没有显著的结构塌陷，证明其具有良好的成型能力。纤维素气凝胶的堆积密度可通过样品的质量除以样品的体积计算得知。较低的堆积密度值(约 0.054g/cm^3)证明该方法所制备的纤维素气凝胶的轻质特性。

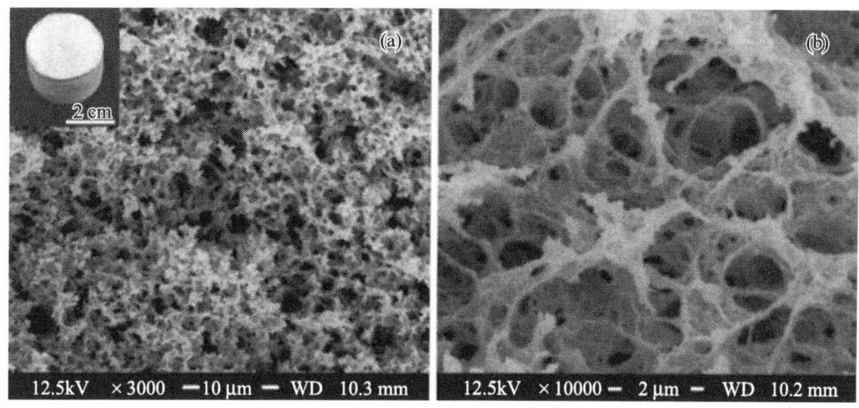

图 3-5　不同放大倍率下纤维素气凝胶的 SEM 图。(a) ×3000；(b) ×10 000。(a) 中插图为纤维素气凝胶的宏观照片

图 3-6 为纤维素气凝胶的氮气吸附-脱附等温线和孔径分布。正如图 3-6(a) 所示，根据 IUPAC 气体吸附等温线的分类标准，该曲线符合Ⅳ型吸附曲线，表明该气凝胶含有介孔且吸附质-吸附剂存在较强的相互作用[51]。此外，该纤维素气凝胶的比表面积和孔容分别为 204m^2/g 和 0.99cm^3/g，孔隙度高达 97%。这些数值并不低于其他途径所制备的纤维素气凝胶材料的孔隙特性[5, 52]。这将促使纤维素气凝胶在催化剂载体、超级电容器、燃料电池和药物缓释等领域的应用。由图 3-6(b) 可知，纤维素气凝胶的孔径尺寸主要分布在 1～60nm，表明该气凝胶主要是由微孔 (>2nm) 和介孔 (2～50nm) 所构成的。

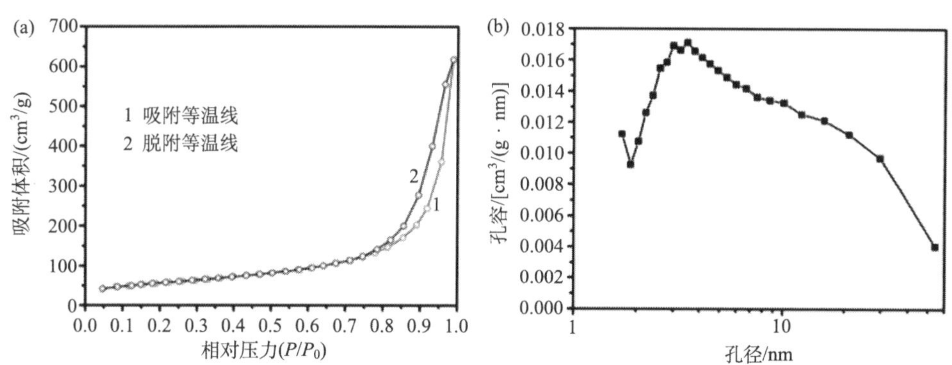

图 3-6　纤维素气凝胶的 (a) 氮气吸附-脱附等温线和 (b) 孔径分布

图 3-7 为纤维素气凝胶和竹纤维的 XRD 谱图。竹纤维在 14.9°、16.4°、22.1°和 34.7°处的衍射峰分别对应于纤维素Ⅰ型结晶结构的 (101)、(10$\bar{1}$)、(002) 和 (040) 晶面。而对于纤维素气凝胶来说，衍射峰出现在 12.0°、20.0°和 21.6°处，

表明纤维素由原来的纤维素Ⅰ型结晶结构转变成纤维素Ⅱ型结晶结构[36]。纤维素气凝胶的压缩力学性能可通过万能力学试验机进行测试。图 3-8 为纤维素气凝胶的压缩应力-应变曲线和宏观照片。从中可观察到气凝胶样品可承受质量为 2.5kg 的载荷且没有出现明显的塌陷和变形[图 3-8 中的插图(a)]，证明其具有较强的耐压能力。该纤维素气凝胶的压缩应力-应变曲线可划分为四个阶段[4]：第一阶段为线性弹性变形阶段[图 3-8 中的插图(b)]，归因于细胞壁在低应变时发生的弹性弯曲(<6%)；第二阶段，在高应变时曲线逐渐从线性转变为非线性，这个阶段材料将会发生塌陷；第三阶段，达到屈服应力后出现趋近于水平的平台区，由此产生塑性变形导致材料进一步塌

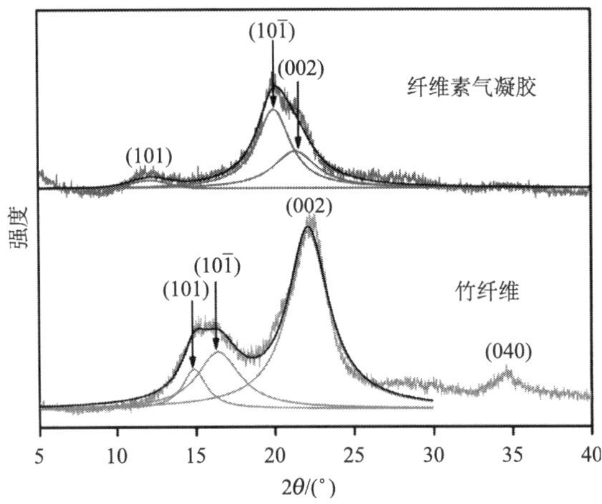

图 3-7　纤维素气凝胶和竹纤维的 XRD 谱图

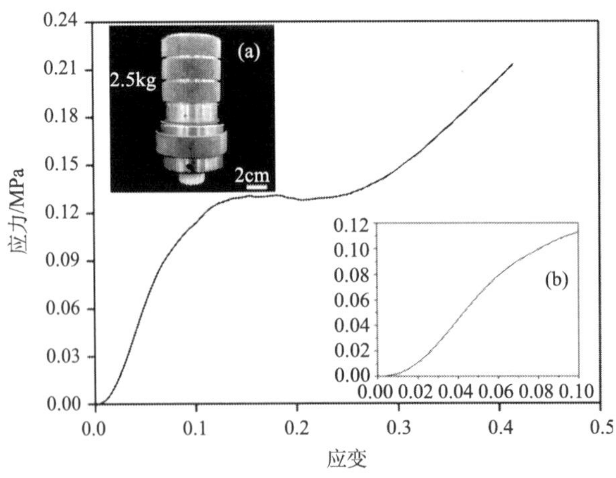

图 3-8　纤维素气凝胶的压缩应力-应变曲线。插图(a)为气凝胶样品承受质量为 2.5kg 的载荷，插图(b)为低应力段的放大图像

陷；最后，原先疏松、多孔的三维网络结构开始相互接触并进行致密化过程。基于图中的曲线可计算出，该纤维素气凝胶的杨氏模量高达 1.85MPa，屈服应力可达 83.57kPa，韧性达 52.34kJ/m^3。值得一提的是，纤维素气凝胶相互交联和分层次的微纳米孔隙结构可有效地抵抗压缩载荷和延缓变形。

3.2.5 小结

将竹纤维溶解在绿色、廉价的 NaOH/PEG 溶液中，随后通过冻融、再生和冷冻干燥等过程，成功地制备出具有纤维素Ⅱ型结晶结构、机械强度高、轻质多孔的纤维素气凝胶。该纤维素气凝胶具有分层次的孔隙结构、优异的孔隙特征[如高比表面积(204m^2/g)、孔容(0.99cm^3/g)和孔隙率(97%)]及低密度(0.054g/cm^3)。与此同时，该气凝胶材料也表现出较强的抵抗压缩变形的能力。

3.3 细菌纤维素气凝胶

3.3.1 引言

细菌纤维素气凝胶是纤维素气凝胶的主要类型之一，且与具有纤维素Ⅱ型结晶结构的再生纤维素气凝胶之间形成很好的互补。纤维素的晶型结构是区分纤维素气凝胶的主要特征之一，同时晶型结构也很大程度上影响着气凝胶的理化性质。纤维素气凝胶的晶型结构取决于制备工艺、纤维素来源等因素。

(1)纤维素Ⅱ型气凝胶：经过溶解、再生处理的纤维素(无论是植物纤维素还是细菌纤维素)通常具有热力学更加稳定的纤维素Ⅱ型结晶结构[1, 5, 52-60]。

(2)纤维素Ⅰ型气凝胶($Ⅰ_α$和$Ⅰ_β$)：对于晶型通常为纤维素$Ⅰ_α$型的细菌纤维素(三斜晶系，$P1$)和晶型通常为纤维素$Ⅰ_β$型的植物纤维素(单斜晶系，$P21$)，为了保持晶型不变都需要规避溶解-再生处理。此外，细菌纤维素通常可以直接使用，不需要预处理[61]。然而，用植物纤维素制备气凝胶时，通常需要进行机械拆解、酶解或者化学拆解等处理，以制备结晶度或长径比更高的纯纤维素原料(如纤维素纳米纤丝[47]、纤维素纳米晶须[62]等)。

研究者们对具有纤维素Ⅰ型结构的纤维素原料(如细菌纤维素、纤维素纳米纤丝、纤维素纳米晶须等)的独特兴趣可能是归因于该晶型通常具有高比例的结晶区，可以有效改善纤维素网络的力学强度。在纤丝长径比一定的情况下，一些具有纤维素Ⅰ型结构的水凝胶可直接通过常规干燥方法转化为轻质的气凝胶，这是因为增强的纤维素Ⅰ型框架结构具有更好的抵抗毛细力的能力；相比之下，再生的纤维素Ⅱ型水凝胶则需要超临界干燥、冷冻干燥等特殊的干燥工艺来减少毛细力引起的网络结构的坍塌。

细菌纤维素不仅具有高的平均分子量、结晶度和机械稳定性[63]，同时也具有高纯度和生物相容性等优良特性[64, 65]，这使得细菌纤维素可作为多孔支架从而应用于生物医药和卫生保健等领域[66]。生物医药领域的应用主要包括利用开孔的细菌纤维素支架作为人造血管[67, 68]、药物缓释[69]和烧伤皮肤的伤口敷料[70]等。这种在润湿状态下还保持着高强度的细菌纤维素产品非常适合用作临时皮肤代替物。细菌纤维素具有高透氧性和保水能力，因此也有利于促进皮肤组织的再生和限制感染[71]。此外，具有合适孔隙率的细菌纤维素气凝胶是一种潜在的器官代替物或用作组织移植，因为该材料能够通过细胞培养而直接进行组织再生[72]。

3.3.2 细菌纤维素气凝胶的制备

细菌纤维素的静态培养是在 Hestrin-Schramm(HS)培养基中进行的。HS 培养基是由 α-甘露醇、胰蛋白胨、酵母浸膏组成，具有细菌纤维素产率高、培养时间短等优点。经过向培养基中接种木葡糖酸醋杆菌野生型菌株悬浮液和一定的迟滞阶段后，具有纤维素 I 型的纤维素产物开始出现在培养基表面。经过 30 天的连续培养(温度为 30℃)，大部分的葡萄糖被逐渐消耗掉且纤维素层的厚度可增至 3～4cm。所得到的纤维素可按所需尺寸切成片状或块状，随后进行碱处理(90℃下采用 0.1mol/L 氢氧化钠溶液处理 20min，重复三次)除去蛋白质残留和副产物，最后通过蒸馏水洗涤进行中和。所得到的纯净的细菌纤维素可以储存在 70%的乙醇水溶液中待用。细菌纤维素水凝胶很容易通过冷冻干燥的方法制备成相应的气凝胶。然而，冷冻干燥会降低细菌纤维素气凝胶 10%的再润湿性，表明在干燥过程中一些强度较弱的纤维素孔隙壁发生了坍塌。如果需要保留孔隙率，超临界干燥是一个更令人满意的选择。

Maeda 等[73]在期刊 *Kobunshi Kagaku* 上最先报道了细菌纤维素气凝胶。他们采用超临界乙醇干燥法将细菌纤维素醇凝胶转化为超轻(≥6mg/cm^3)、开孔的气凝胶材料。气凝胶的网络结构由直径为 20～60nm 的纤维素纳米纤丝所构成且孔隙率高达 99%。然而，超临界乙醇干燥法的实验条件非常严酷(6.38MPa，243℃)，因此可以猜测纤维素凝胶的完整性必然发生破坏。研究表明，在应变为 60%时液体的干燥会使应力从 20kPa(水凝胶)剧增至 54kPa(气凝胶)[73]。此外，当木质纤维素的热干燥处理温度高于 200℃时会导致聚合物结构发生显著的硬化现象。

采用超临界 CO_2 来置换醇凝胶中的乙醇则能够避免上述缺陷[61, 73]，这是因为 CO_2 具有极低的临界点(31.1℃，7.38MPa)。超临界 CO_2 干燥过程的干燥介质超临界流体就相当于萃取中的溶剂，由外向内渗入凝胶，凝胶中的分散介质乙醇就相当于萃取物，乙醇溶入临界流体后由凝胶内部向外部扩散，并逐步达到扩散平衡。在这一过程中，凝胶内部形成一个由内而外并逐渐减小的乙醇浓度梯度，因此质量传递的方向是由内而外，被传递的是乙醇分子。采用超临界流体对凝胶进行干燥时，当超临界流体与凝胶接触时，在分子间吸引力作用下，超临界流体的分子就会在乙醇分子的周围集聚起来，乙醇分子被超临界流体分子层层包裹在中间而形成超临界流体-乙醇的混合物，然后在浓度梯度作用下扩散至凝胶外表面。当乙醇不断地从凝胶内部扩散到外部然后由超临界流体带出系统，最后系统内剩下的就是干燥的分散相，分散介质也由原来的乙醇变成气体，而形成气凝胶[74]。在采用超临界 CO_2 置换之前，需要采用有机溶剂(最好是乙醇)置换掉水凝胶中的水分，这是因为超临界 CO_2 与水不相容。溶剂置换可以通过将水凝胶置于体积为水凝胶 20 倍的乙醇中进行轻柔振荡。每隔 6h 更换一次乙醇溶液，振荡过程重复三次。超临界干燥过程将醇凝胶装入高压釜中，将干冰级的 CO_2 经过低温冷却后通过柱塞计量泵调压后送入高压釜中，控制干燥釜温度、压力使超临界流体连续通过醇凝胶，由于超临界流体具有很强的溶解能力，醇凝胶中的乙醇逐步溶解于超临界流体中。携带着乙醇的 CO_2 进入分离器降压，乙醇析出回收，经湿式流量计计量后排空，高压釜中醇凝胶脱去乙醇后得到气凝胶。

3.3.3　细菌纤维素气凝胶的结构稳定性

图 3-9(a)为细菌纤维素醇凝胶在超临界 CO_2 干燥(40℃，10MPa，2h)前后的宏观状态。细菌纤维素醇凝胶中的纤维素含量仅为 1wt%，经过溶剂置换和超临界 CO_2 干燥得到了意想不到的形状和孔隙率的维持效果。相比于纤维素Ⅱ型气凝胶(再生纤维素原料由 Lyocell 法制得，即商品纸浆溶于 *N*-甲基吗啉-*N*-氧化物后进行再生处理)，极低的皱缩率是细菌纤维素气凝胶的典型特征。对于超临界干燥所得的纤维素Ⅱ型气凝胶，它们的皱缩率可超过其自身体积的 60%[图 3-9(b)][1]。

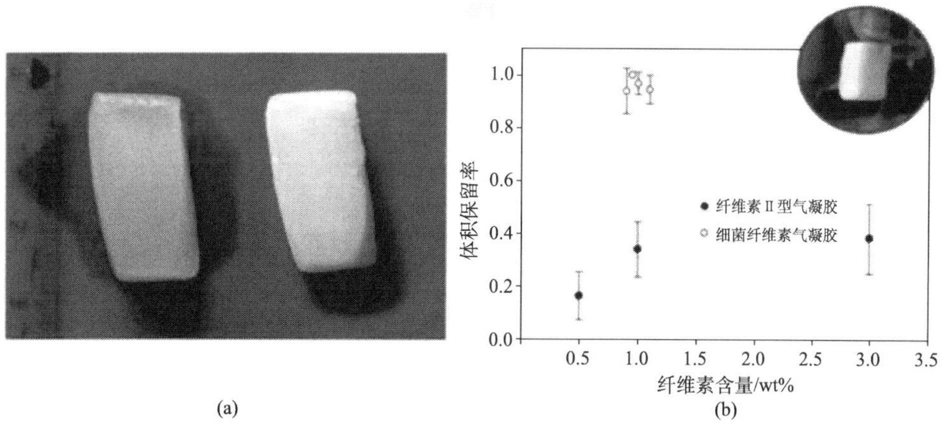

图 3-9　(a)细菌纤维素醇凝胶在经过溶剂置换和超临界 CO_2 干燥之后所得到的气凝胶产品(左为干燥前，右为干燥后)；(b)细菌纤维素醇凝胶和不同纤维素含量的纤维素Ⅱ型醇凝胶经超临界 CO_2 干燥后的体积保留率

对于纤维素含量低于 1wt%的醇凝胶，皱缩率甚至能达到 80%[54]。因此，可以预见纤维素Ⅱ型气凝胶的密度是相对较高的。相比之下，细菌纤维素醇凝胶经过超临界 CO_2 干燥后，密度低至(8.25±0.7) mg/cm^3[61]。

细菌纤维素气凝胶在潮湿的条件下能够长时间抵抗体积的皱缩。研究表明，细菌纤维素气凝胶在相对湿度(RH)为 98%的环境下能够数天内保持体积完全不变。然而，将纤维素Ⅱ型气凝胶放置于特定的相对湿度下 14 天，体积发生明显皱缩(30% RH：皱缩率 15.5%，65% RH：皱缩率 50.9%，98% RH：皱缩率 84.2%)。细菌纤维素气凝胶经过超临界 CO_2 干燥和露天储藏后零皱缩率现象可能主要归因于细菌纤维素中高比例的结晶区。根据 Zugenmaier 的研究[75]，细菌纤维素的结晶度高达 65%～79%，而莱赛尔纤维(纤维素Ⅱ型)的结晶度仅为 35%。此外，纤维素原料的平均分子量也是影响纤维素气凝胶尺寸稳定的重要因素。虽然细菌纤维素的聚合度(4000～6000)低于棉花纤维素的聚合度(≤15 000)或木材纤维素的聚合度(≤10 000)，但这些植物纤维素经过分离、提纯和溶解后聚合度会发生显著下降(通常≤1000)。然而，细菌纤维素由于不需要经历上述的处理工艺，因此聚合度不会发生显著变化。

细菌纤维素气凝胶经过溶剂置换(水→乙醇→超临界 CO_2)后，孔结构依然保持完好，同时细菌纤维素气凝胶在水环境中仍然呈现出优异的抗皱缩能力，这些特征都预示了细菌纤维素气凝胶具有惊人的完全再润湿性。该优良特性结合高纯度、交联的多孔结构和高比表面积使得细菌纤维素气凝胶在药物缓释领域具有广阔的应用前景。

3.3.4　细菌纤维素气凝胶的孔隙率和机械特性

对超轻、软质材料的性能进行表征(如孔隙率、机械性能等)是一个具有挑战性的任务。对于孔隙率的研究，样品在制备过程中需要经历溶剂置换过程，且应用的干燥技术很容易改变样品的表面结构[76]。此外，这类产品测试标样的制备技术(如切片机切割或更简易的剃刀刀片切割)也通常具有很大的加工风险。即使细菌纤维素气凝胶经过液氮深冻后再进行后续加工依然存在一些加工风险，这是由于单独的细菌纤维素具有高弹性和拉伸强度。同时气凝胶的纤维素含量很低，因此密度非常小，这也加剧了加工的难度。制备气凝胶的切面样品必然会同时产生拉伸和弯曲两种状态[1]。

扫描电子显微镜(SEM)证实了细菌纤维素醇凝胶经过溶剂置换和超临界 CO_2 干燥(40℃，10MPa)后所得到的细菌纤维素气凝胶具有致密的纳米纤丝网络结构(图 3-10)。小角 X 射线散射(SAXS)、氮气吸附-脱附[比表面积等特征由 Brunauer-Emmett-Teller(BET)和 Benjamin-Johnson-Hui(BJH)模型计算得到]、热孔隙实验等表征结果证实纳米纤丝之间的孔隙尺寸对应相互交联的微孔、介孔和大孔。

尺寸较小的大孔(～100nm)对细菌纤维素气凝胶整体孔隙率的贡献最为重要。

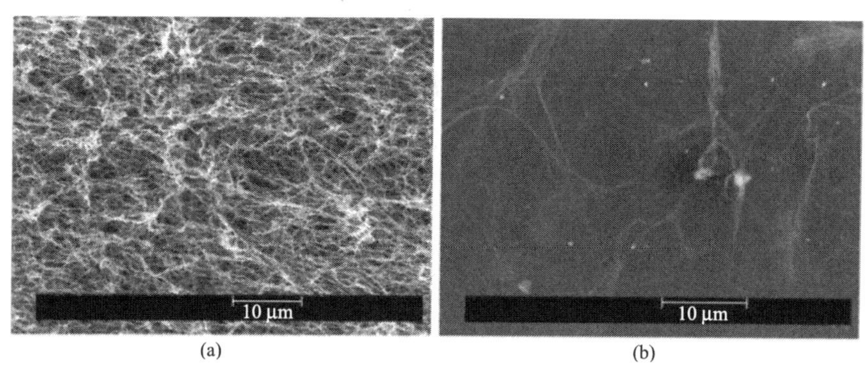

图 3-10　(a)经过溶剂置换和超临界 CO_2 干燥(40℃，10MPa)后所得到的细菌纤维素气凝胶的 SEM 图和(b)环境扫描电子显微镜(ESEM)图

由于热孔隙实验(表征软材料多尺度孔隙结构的有力工具)针对孔结构的检测上限为 5μm，因此该方法无法检测到尺寸更大的孔隙结构。根据差示扫描量热法(DSC)的基本原则，小孔中的受限溶剂(confined solvent)会在 DSC 曲线上较低温度处产生一个与自由溶剂(free solvent)冰点相关的次峰。对受限溶剂具有高屏蔽势的小孔的尺寸分布可以通过该次峰的相对位移和峰面积进行计算。然而，对于直径大于 5μm 的大孔，大孔中的溶剂很难与自由溶剂区分开，因此该方法不能用于检测直径大于 5μm 的大孔结构。

压汞仪法是一种常用的研究大孔的方法，但是不能用于纤维素气凝胶，因为纤维素气凝胶的孔结构在高压下可能会发生完全坍塌。这不仅仅针对细菌纤维素气凝胶，同样也适用于由植物纤维素[16]、醋酸纤维素[45]、聚氨酯[77]和二氧化硅[78, 79]所制备的气凝胶材料。

对单轴压应力的机械响应性证明细菌纤维素气凝胶的力学行为与多孔固体的力学行为特别相似。如图 3-11 所示，应变低于 3%的区域(左 a)属于调整区，使试样几何形状的不规则部分变得平坦。在应变为 5%附近(左 b)，应力和应变之间呈现线性关系，斜率保持恒定，该区域可用于计算压缩弹性模量。当压缩应变继续增加(左 c)，试样发生非线性弹性变形导致斜率下降，同时该阶段开始发生塑性变形(即孔隙壁崩溃)。随后，应力-应变曲线经历平台区(左 d)，该区域发生很大的尺寸变化(应变从 15%增加至 40%)。最终，试样发生致密化现象(左 e)，使得应力随着应变的增大呈指数性增加。细菌纤维素气凝胶的应力-应变曲线整体呈现平滑状态且经历过线性弹性区域后没有峰产生，表明细菌纤维素气凝胶在微观尺度上是以柔性的方式发生压缩变形的，这与易碎的泡沫和二氧化硅气凝胶的变形模式截然不同。

在整个压缩过程中样品并没有发生屈曲现象。二氧化硅气凝胶的泊松比(即横向变形系数，反映材料横向变形的弹性常数，描述机械应力下横切面面积的变化情况)在 0.1～0.3 范围内。然而，细菌纤维素气凝胶的泊松比几乎为零且与载荷方向无关。这与 Sescousse 等[16]的报道相似，即基于离子液体(EMIMAc)所制备的纤维素气凝胶的泊松比也接近于零。三个正交方向的压缩测试证实了细菌纤维素气凝胶是横向各向同性的。与单向的纤维增强复合材料不同，细菌纤维素气凝胶在两个方向上具有更高的刚性和强度，在第三个方向上则性能相对较差。性能较差的方向是细菌纤维素垂直于培养基和空气之间界面的生长方向。两个性能更好的方向(1 和 2)的弹性模量分别为 0.149MPa 和 0.140MPa。性能较差的方向(3)的弹性模量则相比之下低了 60%(0.057MPa)。相似地，两个性能更好的方向(1 和 2)的强度分别为 7.05kPa 和 7.84kPa，性能较差的方向(3)的强度仅为 4.65kPa。

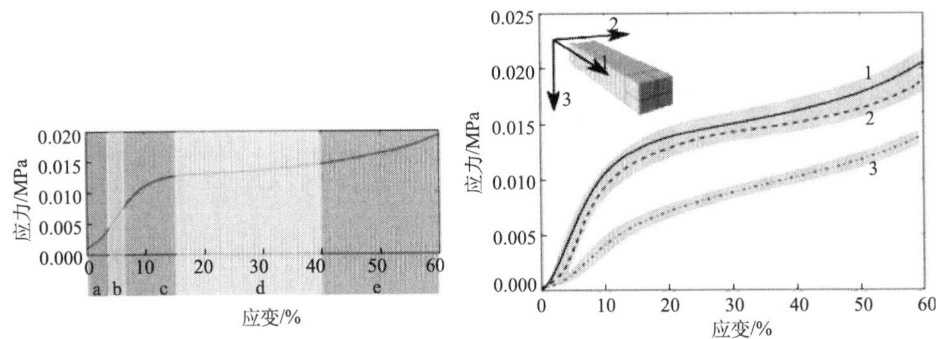

图 3-11　(左)细菌纤维素气凝胶的应力-应变曲线(a：调整区，b：线性弹性变形，c：非线性弹性变形和塑性变形，d：平台区，e：致密化区)；(右)三个正交方向上的压缩应力-应变曲线(方向 3 为细菌纤维素的生长方向；线代表应力的平均值，实线、点线和虚线代表不同的方向；灰色区域代表标准偏差)

3.3.5　细菌纤维素气凝胶的增强

超低的密度是细菌纤维素气凝胶最吸引人的一大特质。然而，该特质也使得细菌纤维素气凝胶的力学强度和刚度在某些特殊应用场合并不足够令人满意，因此需要对细菌纤维素气凝胶进行力学增强。采用无机材料(如二氧化硅[80])和有机聚合物(如聚甲基丙烯酸甲酯[81])来掺杂细菌纤维素气凝胶以形成具有多组分相互贯穿的网络结构是一种极具潜力的增强细菌纤维素气凝胶力学性能的方法。为了形成多组分相互贯穿的网络结构，一种途径是同时形成两种网络结构的组分并随后在凝胶化过程中将其共混即实现将增强相插入细菌纤维素母体中这一目的。另一种途径是将增强相直接负载/沉淀在具有成型网络结构的细菌纤维素凝胶中。

超临界 CO_2 是一种良好的介质，可用于负载和沉积活性材料进入细菌纤维素凝胶的网络结构中：①可溶于超临界 CO_2 的化合物首先预溶于该超临界流体中且随着流体均匀地分布在多孔基质中，随后减压将 CO_2 逐渐移除使得活性材料沉积在多孔骨架上；②对于不溶于超临界 CO_2 但可溶于能够被超临界 CO_2 萃取的溶剂中的化合物，这种化合物能够在超临界 CO_2 干燥过程中直接发生沉淀，因为 CO_2 作为抗溶剂能够逐渐稀释细菌纤维素凝胶中的溶剂分子，使得溶质发生过饱和并逐渐沉淀。采用途径②可制备细菌纤维素/醋酸纤维素复合气凝胶，其实验过程简述如下：细菌纤维素水凝胶首先浸渍在醋酸纤维素丙酮溶液中，随后采用超临界 CO_2 作为抗溶剂稀释/移除细菌纤维素凝胶中的丙酮溶液，使得醋酸纤维素发生原位沉淀。

抗溶剂沉淀法是基于两个点来实现的：①可与超临界 CO_2 共混的溶剂的溶解能力；②压力快速降至二元混合溶液的临界压力附近（温度保持恒定）[82]将 CO_2 转变为抗溶剂。对于 CO_2 与丙酮的混合物，当温度为 40℃时临界压力约为 8MPa[83]，进一步增压会导致溶质在多孔基质中发生沉淀。该方法的优势是在经过活性物质沉淀后复合凝胶能够立即转变为干燥的气凝胶产物。

为了确保在干燥过程中的超临界条件，需要使用比抗溶剂沉淀法所要求的更高的 CO_2 压力（10MPa）。醋酸纤维素的浓度和所得到的细菌纤维素/醋酸纤维素复合气凝胶的表观密度之间具有很强的相关性［R^2=0.998，如图 3-12(a)所示］。回归线的截距约为 10mg/cm^3，与丙酮凝胶所制得的纯细菌纤维素气凝胶的表观密度相近（9.63mg/cm^3）。细菌纤维素/醋酸纤维素复合气凝胶的机械性能也与表观密度之间呈现良好的比例关系。在整个探究范围内，压缩弹性模量从 0.235MPa 增加了 15 倍至 3.561MPa［图 3-12(b)］。相似地，屈服强度从 13kPa 增加至 123kPa（表 3-3）。

醋酸纤维素的增强效应可以通过比较修饰和未修饰的细菌纤维素凝胶在经历条件更加严酷的超临界 CO_2 干燥后的微观形貌差异看出。短干燥时间和快速减压容易导致未修饰的细菌纤维素气凝胶孔隙结构的崩溃和大孔隙（>100μm）的形成（图 3-13 左图）。然而，如果细菌纤维素网络在干燥前经过醋酸纤维素的均匀增强，则会显著改善凝胶网络抵抗毛细力的能力，减小甚至避免孔隙结构的坍塌和上述大孔结构的形成（图 3-13 中图和右图）。

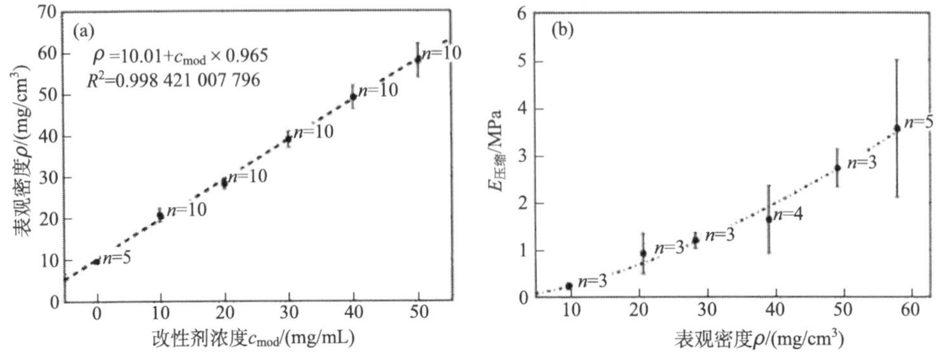

图 3-12　(a)细菌纤维素/醋酸纤维素复合气凝胶的表观密度与醋酸纤维素(改性剂)浓度间的关系；(b)压缩弹性模量与表观密度间的关系。实心圆和 Y 轴方向的短线分别代表平均值(n 为样品数量)和标准偏差，(b)中虚线代表数据点的幂律拟合

表 3-3　不同浓度的醋酸纤维素修饰的细菌纤维素气凝胶的表观密度(D)、弹性模量(E)和屈服强度($Rp_{0.2}$)

浓度/(mg/mL)	D/(mg/cm³)	E/MPa	$Rp_{0.2}$/MPa
0	9.63	0.235	0.013
10	20.69	0.921	0.024
20	28.31	1.193	0.051
30	39.05	1.634	0.070
40	49.12	2.722	0.101
50	57.94	3.561	0.123

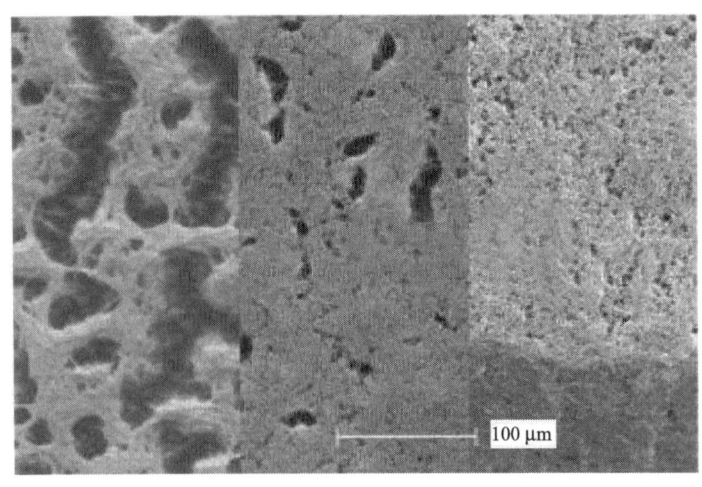

图 3-13　快速减压所得的细菌纤维素气凝胶或醋酸纤维素增强的细菌纤维素复合气凝胶的SEM 图像。(左)未修饰的，(中)醋酸纤维素增强的(细菌纤维素与醋酸纤维素的质量比为1∶1)，(右)醋酸纤维素增强的(细菌纤维素与醋酸纤维素的质量比为 1∶3)

3.3.6 小结

公众意识在限制石化资源的使用和开发可再生资源上已经达到前所未有的高度。可再生资源在当下还是主要应用于新能源的开发。随着风能、水能、太阳能及核能技术的日益完善，可再生资源的研究必将从新能源转移至可代替石化产品的新型材料/化学品。对于许多学科的科学家们来说，利用可再生资源发展新型功能材料都是一个前景和挑战并存的研究方向。超轻、高度多孔的纤维素气凝胶具有诸多迷人的性能和巨大的应用潜力，是这类可再生资源衍生产品的一大代表作。在过去的几十年里，纤维素气凝胶已经被证明有潜力应用于多种领域，如声/热阻隔、气体吸附、过滤、催化剂等。最近针对纤维素气凝胶的研究又将目光投向性能可控的导电、电磁、荧光等材料。细菌纤维素气凝胶的高纯度和一些其他的机械、结构、表面性能使得它在化妆品、生物医药、建筑、绝缘材料等领域具有一定的应用潜力。细菌纤维素气凝胶作为基质来实现生物活性化合物的可控释放或者作为支架材料用于软骨修复等案例很好地证明了它的研究价值。

3.4 纤维素衍生的碳气凝胶

3.4.1 引言

具有大比表面积、高孔隙率和高电导率的纤维素气凝胶已被广泛认为是非常有前景的高性能材料，其潜在的应用领域包括吸附材料、催化剂、人造肌肉、双电层超级电容器电极和气体传感器等[84-86]。碳气凝胶一般是由有机单体通过溶胶–凝胶缩聚得到有机气凝胶再经碳化所得到的[85]。其中具有代表性的间苯二酚-甲醛体系是最广泛使用的制备碳气凝胶的原材料，调整合成与处理条件可实现碳气凝胶的孔隙结构可控，从而可以设计出各种具有独特性能的材料。除了上述涉及的众多优点外，间苯二酚-甲醛有机气凝胶的一些参数(如脆性、毒性和环境污染性)极大地阻碍了这类材料及其碳气凝胶的工业发展和应用[87, 88]。最近，使用天然聚合物材料如用葡萄糖或细菌纤维素作为前驱体通过热解方法制备的碳气凝胶显示出优越的柔性、吸附性能、耐火性和电学性能[89-93]。然而，对于碳气凝胶来说，再生纤维素气凝胶与细菌纤维素都是由相似的相互交联的三维网络结构组成，故纤维素气凝胶也可能会成为制备碳气凝胶的理想前驱体。因此，本节主要介绍通过再生纤维素气凝胶的热解而制备的碳气凝胶的结构与性能。再生纤维素气凝胶的合成过程主要包括将纤维素溶解在 NaOH/PEG 绿色溶剂、冻融处理、再生和冷冻干燥等。通过扫描电子显微镜(SEM)、能量色散 X 射线谱(EDX)、氮气吸附-脱附测试、X 射线衍射(XRD)、拉曼光谱和接触角(WCA)等表征手段对上述制备的碳气凝胶进行分析。此外，该碳气凝胶呈现强疏水性、导电性和阻燃性。

3.4.2　高温热解制备碳气凝胶

收集经研磨和 60 目筛分所得的麦秸秆粉末，使用前在 60℃下真空干燥 24h。洁净干燥的麦秸秆粉末经之前提及的化学预处理方法纯化后得到纤维素[29]。使用绿色的 NaOH/PEG-4000 水溶液(NaOH 与 PEG-4000 的质量比为 9∶1)溶解纤维素[94]，混合溶液在磁力搅拌 6h 后形成 2wt%的纤维素溶液。在–15℃下冷冻 12h，溶液在室温下解冻并进行磁力搅拌 30min，随后获得均匀的纤维素溶液。再次将溶液在–15℃冷冻 3h，冷冻的纤维素溶液经 1%的 HCl、水和叔丁醇等溶剂置换直到水凝胶形成且确保过程中没有残余的氯离子存在。然后，水凝胶经–35℃下真空冷冻干燥 48h，即可得到再生纤维素气凝胶。随后将纤维素气凝胶置于管式炉中，在氩气气氛下，升温加热至 1000℃且保持 2h 后自然冷却至室温，即可形成碳气凝胶。

3.4.3　表征方法

样品的微观形貌和表面元素成分通过装配有 EDX 的 SEM(FEI，Quanta 200)测定。氮气吸附-脱附测试在比表面积和孔隙度测量仪(3H-2000PS2)上进行，利用 Brunauer-Emmet-Teller(BET)和 Barrett-Joyner-Halenda (BJH)方法计算孔隙特征参数。结晶结构可通过 XRD(Rigaku, D/MAX 2200)分析。使用拉曼光谱仪(Renishaw, inVia)记录碳气凝胶的拉曼光谱图。润湿性通过水接触角测定仪(JC2000C)进行分析表征。

3.4.4　微观形貌、孔隙特性和结晶结构

经过前期化学预处理，大量移除了麦秸秆中的半纤维素和木质素，获得了纯化纤维素。随后，利用 NaOH/PEG 溶液溶解、冻融、再生和冷冻干燥成功制备了再生纤维素气凝胶，最后经热解得到碳气凝胶。纤维素气凝胶和相应碳气凝胶的 SEM 照片显示在图 3-14 中。从图中可以清晰地看到纤维素气凝胶具有典型的三维网络结构，孔径尺寸范围从几十纳米到几微米。热解之后的碳气凝胶保留了纤维素气凝胶原有的相互交联且纳米多孔的网络结构，但相比之下其网络结构变得稀疏和不均匀。相比于纤维素气凝胶，碳气凝胶的 EDX 图谱中的氧元素峰几乎完全消失[图 3-14(a)中插图]，且碳元素峰变得十分尖锐，证明在热解期间含氧官能团大量分解，这有利于其疏水性的形成。

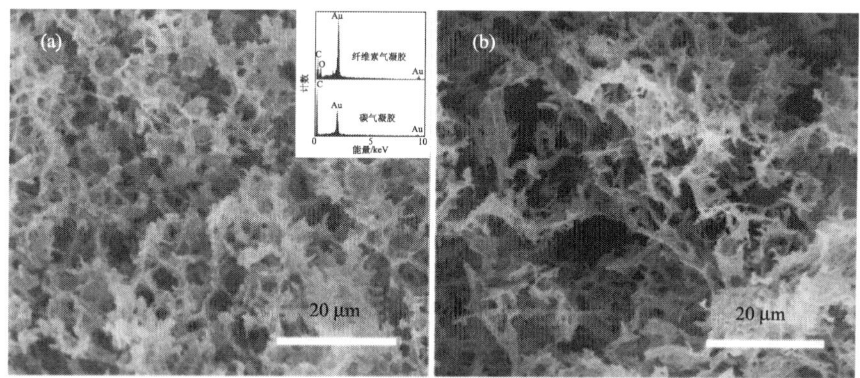

图 3-14　(a)纤维素气凝胶和(b)碳气凝胶的 SEM 照片。(a)中插图为对应的 EDX 谱图

更加详细的碳气凝胶孔隙分析可通过氮气吸附-脱附测试得知。如图 3-15(a)所示，根据 IUPAC 分类可知碳气凝胶呈现典型的Ⅳ型吸附等温线，且吸附-脱附等温线之间存在的滞后环通常被认为是由于介孔中发生的毛细凝聚现象所引起的。

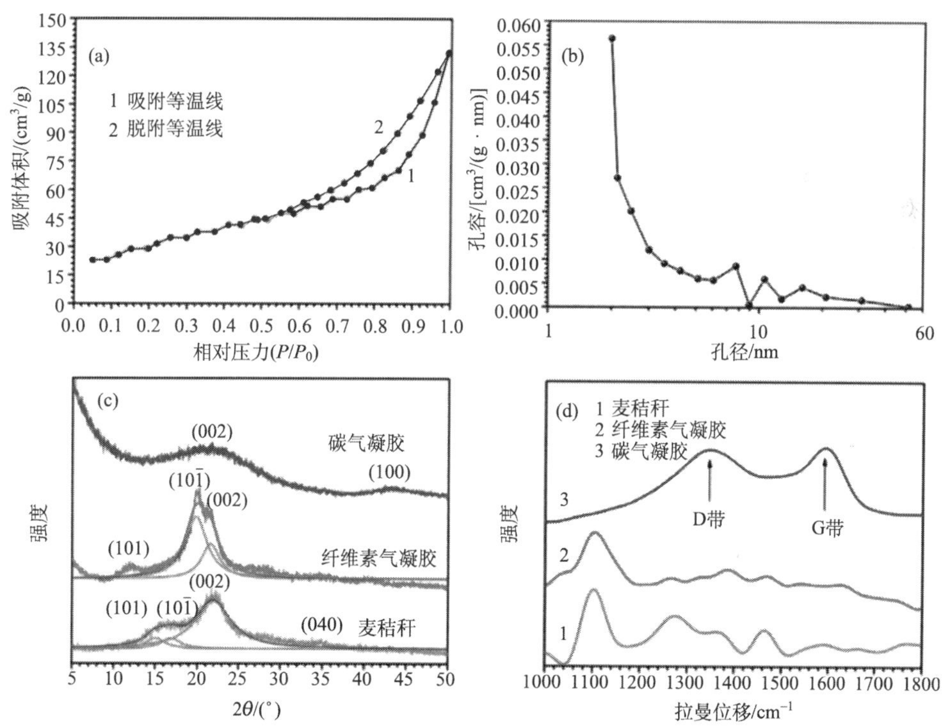

图 3-15　碳气凝胶的(a)氮气吸附-脱附等温线和(b)孔径分布；麦秸秆、纤维素气凝胶和碳气凝胶的(c) XRD 谱图和(d)拉曼谱图

经过计算得到，碳气凝胶的比表面积和孔容可达 $113m^2/g$ 和 $0.21cm^3/g$，平均孔径为 7.2nm。此外，由图 3-15(b)可观察到碳气凝胶的孔径分布在 1～60nm 范围内，进一步表明气凝胶主要是由介孔构成的(2～50nm)。

麦秸秆粉末的 XRD 谱图显示典型的纤维素 I 型结晶结构[图 3-15(c)]，在 15.1°、16.9°和 21.9°处出现的特征峰对应于(101)、$(10\bar{1})$和(002)晶面。经过 NaOH/PEG 溶剂体系制备的纤维素气凝胶在 12.0°、19.8°和 21.6°处显示出强峰，证明纤维素Ⅱ型结晶结构的形成。在 1000℃热解之后，纤维素的特征峰完全消失，在 22.0°和 43.3°处出现两个新的宽峰，分别对应于石墨的(002)和(100)晶面，这证明了碳材料的形成[92]。由图 3-15(d)所示的拉曼光谱可知，麦秸秆粉末和纤维素气凝胶的特征峰大约在 $1101cm^{-1}$、$1378cm^{-1}$ 和 $1460cm^{-1}$ 处，主要是由于纤维素的组成成分而产生的[95]。然而，在碳气凝胶的拉曼光谱中这些纤维素的特征峰均消失，且在 $1346cm^{-1}$ 和 $1594cm^{-1}$ 处出现石墨所对应的 D 和 G 带(由于石墨的 sp^2 基团产生)。G 带从 $1581cm^{-1}$ 到 $1594cm^{-1}$ 的迁移与纳米晶(高度无序)石墨和芳环层[96]的存在有关。此外，宽的 D 带也反映了无序的石墨结构。

3.4.5 疏水、导电和阻燃特性

碳气凝胶的一些宏观性能呈现在图 3-16 中。图 3-16(a)显示碳气凝胶的 WCA 值为 139°，且水滴可以稳定地停留在碳气凝胶表面，证明其具有较强的疏水性，可能被用作高性能的分离或吸附材料。在图 3-16(b)中可以观察到当纤维素气凝

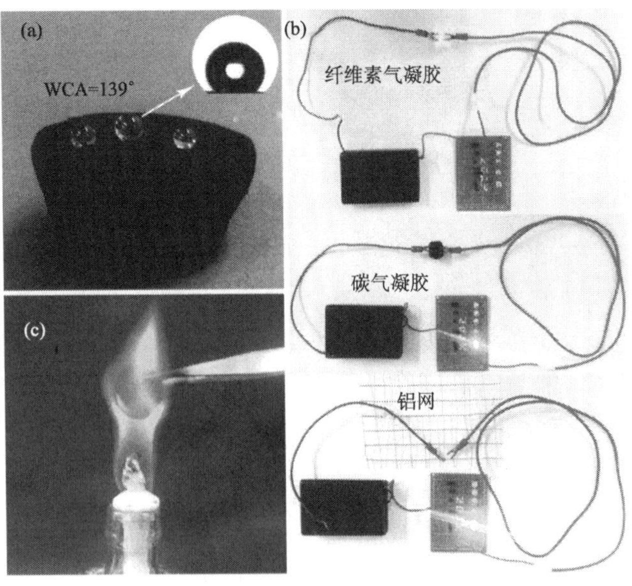

图 3-16　(a)水滴可稳定地停留在疏水的碳气凝胶表面，插图显示其对应的接触角测试；(b)纤维素气凝胶、碳气凝胶和铝网的导电效果测试；(c)碳气凝胶在酒精灯焰中的图像

胶连接到闭合电路时，由于电导率极低，不支持电流通过导致小灯泡不发光。相反，碳气凝胶具有良好的导电性并允许电流通过从而使小灯泡发光。灯泡的亮度与铝网连接的闭合电路中的小灯泡相当，证明碳气凝胶的高导电性。碳气凝胶也是良好的阻燃材料，如图 3-16(c)所示，当置于酒精灯火焰中时，它不支持任何燃烧，且没有释放明显的烟雾。该再生纤维素气凝胶衍生的碳材料与之前所报道的基于细菌纤维素的碳气凝胶有着相似的强疏水性能、导电性能和耐火性[90, 91, 93]。因此，该碳气凝胶也有望被探索出更多的优异性能和潜在应用。

3.4.6　小结

本节主要介绍通过热解再生纤维素气凝胶可成功制备出多功能的碳气凝胶。在热解之后，碳气凝胶仍然保留原有纤维素气凝胶相互交联的三维网络结构，并且由于其内部介孔结构的存在而展现出典型的Ⅳ型吸附等温线。热解过程导致大量的含氧官能团分解、纤维素结晶结构破坏和高度无序石墨的形成。因此，该热解过程赋予了碳气凝胶强的疏水性、导电性和阻燃性。

参 考 文 献

[1] Liebner F, Haimer E, Potthast A, et al. Cellulosic aerogels as ultra-lightweight materials. Part 2: Synthesis and properties. Holzforschung, 2009, 63(1): 3-11.

[2] Yang W, Wu D, Fu R. Porous structure and liquid-phase adsorption properties of activated carbon aerogels. Journal of Applied Polymer Science, 2010, 106(4): 2775-2779.

[3] Mihranyan A. Cellulose from cladophorales green algae: From environmental problem to high-tech composite materials. Journal of Applied Polymer Science, 2010, 119(4): 2449-2460.

[4] Sehaqui H, Salajková M, Zhou Q, et al. Mechanical performance tailoring of tough ultra-high porosity foams prepared from cellulose Ⅰ nanofiber suspensions. Soft Matter, 2010, 6(8): 1824-1832.

[5] Tsioptsias C, Stefopoulos A, Kokkinomalis I, et al. Development of micro- and nano-porous composite materials by processing cellulose with ionic liquids and supercritical CO_2. Green Chemistry, 2008, 10(9): 965-971.

[6] Heath L, Thielemans W. Cellulose nanowhisker aerogels. Green Chemistry, 2010, 12(8): 1448-1453.

[7] Xiong R, Lu C, Wang Y, et al. Nanofibrillated cellulose as the support and reductant for the facile synthesis of Fe_3O_4/Ag nanocomposites with catalytic and antibacterial activity. Journal of Materials Chemistry A, 2013, 1(47): 14910-14918.

[8] Gebald C, Wurzbacher J A, Tingaut P, et al. Amine-based nanofibrillated cellulose as adsorbent for CO_2 capture from air. Environmental Science & Technology, 2011, 45(20): 9101-9108.

[9] Isobe N, Chen X, Kim U J, et al. TEMPO-oxidized cellulose hydrogel as a high-capacity and reusable heavy metal ion adsorbent. Journal of Hazardous Materials, 2013, 260(1): 195-201.

[10] Guilminot E, Fischer F, Chatenet M, et al. Use of cellulose-based carbon aerogels as catalyst

support for PEM fuel cell electrodes: Electrochemical characterization. Journal of Power Sources, 2007, 166(1): 104-111.

[11] Osman M H, Shah A A, Walsh F C. Recent progress and continuing challenges in bio-fuel cells. Part Ⅰ: Enzymatic cells. Biosensors & Bioelectronics, 2011, 26(7): 3087-3102.

[12] Tingaut P, Zimmermann T, Sèbe G. Cellulose nanocrystals and microfibrillated cellulose as building blocks for the design of hierarchical functional materials. Journal of Materials Chemistry, 2012, 22(38): 20105-20111.

[13] Shi J, Lu L, Guo W, et al. Heat insulation performance, mechanics and hydrophobic modification of cellulose-SiO_2 composite aerogels. Carbohydrate Polymers, 2013, 98(1): 282-289.

[14] Shi J, Lu L, Guo W, et al. An environment-friendly thermal insulation material from cellulose and plasma modification. Journal of Applied Polymer Science, 2014, 130(5): 3652-3658.

[15] Cai J, Kimura S, Wada M, et al. Cellulose aerogels from aqueous alkali hydroxide-urea solution. Chemsuschem, 2008, 1(1-2): 149-154.

[16] Sescousse R, Gavillon R, Budtova T. Aerocellulose from cellulose-ionic liquid solutions: Preparation, properties and comparison with cellulose-NaOH and cellulose-NMMO routes. Carbohydrate Polymers, 2011, 83(4): 1766-1774.

[17] Zhang X, Liu X, Zheng W, et al. Regenerated cellulose/graphene nanocomposite films prepared in DMAC/LiCl solution. Carbohydrate Polymers, 2012, 88(1): 26-30.

[18] Frey M W, Theil M H. Calculated phase diagrams for cellulose/ammonia/ammonium thiocyanate solutions in comparison to experimental results. Cellulose, 2004, 11(1): 53-63.

[19] Hattori M, Shimaya Y, Saito M. Solubility and dissolved cellulose in aqueous calcium- and sodium-thiocyanate solution. Polymer Journal, 1998, 30(1): 49-55.

[20] Dupont A L. Cellulose in lithium chloride/*N,N*-dimethylacetamide, optimisation of a dissolution method using paper substrates and stability of the solutions. Polymer, 2003, 44(15): 4117-4126.

[21] Li J, Lu Y, Yang D, et al. Lignocellulose aerogel from wood-ionic liquid solution（1-allyl-3-methylimidazolium chloride）under freezing and thawing conditions. Biomacromolecules, 2011, 12(5): 1860-1867.

[22] Wan C, Lu Y, Jiao Y, et al. Preparation of mechanically strong and lightweight cellulose aerogels from cellulose-NaOH/PEG solution. Journal of Sol-Gel Science and Technology, 2015, 74(1): 256-259.

[23] Dong H, Snyder J F, Tran D T, et al. Hydrogel, aerogel and film of cellulose nanofibrils functionalized with silver nanoparticles. Carbohydrate Polymers, 2013, 95(2): 760-767.

[24] Saito T, Kuramae R, Wohlert J, et al. An ultrastrong nanofibrillar biomaterial: The strength of single cellulose nanofibrils revealed via sonication-induced fragmentation. Biomacromolecules, 2013, 14(1): 248-253.

[25] Valo H, Arola S, Laaksonen P, et al. Drug release from nanoparticles embedded in four different nanofibrillar cellulose aerogels. European Journal of Pharmaceutical Sciences, 2013, 50(1): 69-77.

[26] Carlsson D O, Nyström G, Zhou Q, et al. Electroactive nanofibrillated cellulose aerogel composites with tunable structural and electrochemical properties. Journal of Materials

Chemistry, 2012, 22(36): 19014-19024.

[27] Cervin N T, Aulin C, Larsson P T, et al. Ultra porous nanocellulose aerogels as separation medium for mixtures of oil/water liquids. Cellulose, 2012, 19(2): 401-410.

[28] Aulin C, Netrval J, Wågberg L, et al. Aerogels from nanofibrillated cellulose with tunable oleophobicity. Soft Matter, 2010, 6(14): 3298-3305.

[29] Li J, Wan C, Lu Y, et al. Fabrication of cellulose aerogel from wheat straw with strong absorptive capacity. Frontiers of Agricultural Science and Engineering, 2014, 1(1): 46-52.

[30] Jung S M, Jung H Y, Dresselhaus M S, et al. A facile route for 3D aerogels from nanostructured 1D and 2D materials. Scientific Reports, 2012, 2(11): 849.

[31] Zhao Y, Hu C, Hu Y, et al. A versatile, ultralight, nitrogen-doped graphene framework. Angewandte Chemie International Edition, 2012, 51(45): 11371-11375.

[32] Yin J, Li X, Zhou J, et al. Ultralight three-dimensional boron nitride foam with ultralow permittivity and superelasticity. Nano Letters, 2013, 13(7): 3232-3236.

[33] Schaedler T A, Carter W B. Ultralight metallic microlattices. Science, 2011, 334(6058): 962-965.

[34] Sun H, Xu Z, Gao C. Multifunctional, ultra-flyweight, synergistically assembled carbon aerogels. Advanced Materials, 2013, 25(18): 2554-2560.

[35] Wan C, Lu Y, Jiao Y, et al. Fabrication of hydrophobic, electrically conductive and flame-resistant carbon aerogels by pyrolysis of regenerated cellulose aerogels. Carbohydrate Polymers, 2015, 118: 115-118.

[36] Sang Y O, Dong I Y, Shin Y, et al. Crystalline structure analysis of cellulose treated with sodium hydroxide and carbon dioxide by means of X-ray diffraction and FTIR spectroscopy. Carbohydrate Research, 2005, 340(15): 2376-2391.

[37] Segal L C, Creely J, Martin A E J, et al. An empirical method for estimating the degree of crystallinity of native cellulose using the X-ray diffractometer. Textile Research Journal, 1959, 29(10): 786-794.

[38] Fahma F, Iwamoto S, Hori N, et al. Effect of pre-acid-hydrolysis treatment on morphology and properties of cellulose nanowhiskers from coconut husk. Cellulose, 2011, 18(2): 443-450.

[39] Filho G R, Assunção R M N D, Vieira J G, et al. Characterization of methylcellulose produced from sugar cane bagasse cellulose: Crystallinity and thermal properties. Polymer Degradation & Stability, 2007, 92(2): 205-210.

[40] Grønli M G, Várhegyi G, Di Blasi C. Thermogravimetric analysis and devolatilization kinetics of wood. Industrial & Engineering Chemistry Research, 2002, 41(17): 4201-4208.

[41] Hrubesh L W. Aerogel applications. Journal of Non-Crystalline Solids, 1998, 225(1): 335-342.

[42] Wei T Y, Lu S Y, Chang Y C. Transparent, hydrophobic composite aerogels with high mechanical strength and low high-temperature thermal conductivities. Journal of Physical Chemistry B, 2008, 112(38): 11881-11886.

[43] Cai J, Liu S, Feng J, et al. Cellulose-silica nanocomposite aerogels by in situ formation of silica in cellulose gel. Angewandte Chemie, 2012, 51(9): 2118-2121.

[44] Chin S F, Romainor A N B, Pang S C. Fabrication of hydrophobic and magnetic cellulose

aerogel with high oil absorption capacity. Materials Letters, 2014, 115(2): 241-243.

[45] Fischer F, Rigacci A, Pirard R, et al. Cellulose-based aerogels. Polymer, 2006, 47(22): 7636-7645.

[46] Olsson R T, Azizi Samir M A, Salazaralvarez G, et al. Making flexible magnetic aerogels and stiff magnetic nanopaper using cellulose nanofibrils as templates. Nature Nanotechnology, 2010, 5(8): 584-588.

[47] Pääkkö M, Vapaavuori J, Silvennoinen R, et al. Long and entangled native cellulose I nanofibers allow flexible aerogels and hierarchically porous templates for functionalities. Soft Matter, 2008, 4(12): 2492-2499.

[48] Liu S, Yan Q, Tao D, et al. Highly flexible magnetic composite aerogels prepared by using cellulose nanofibril networks as templates. Carbohydrate Polymers, 2012, 89(2): 551-557.

[49] Zhang J, Cao Y, Feng J, et al. Graphene-oxide-sheet-induced gelation of cellulose and promoted mechanical properties of composite aerogels. Journal of Physical Chemistry C, 2012, 116(14): 8063-8068.

[50] Gawryla M D, Berg O V D, Weder C, et al. Clay aerogel/cellulose whisker nanocomposites: A nanoscale wattle and daub. Journal of Materials Chemistry, 2009, 19(15): 2118-2124.

[51] Sehaqui H, Zhou Q, Berglund L A. High-porosity aerogels of high specific surface area prepared from nanofibrillated cellulose (NFC). Composites Science & Technology, 2011, 71(13): 1593-1599.

[52] Deng M, Zhou Q, Du A, et al. Preparation of nanoporous cellulose foams from cellulose-ionic liquid solutions. Materials Letters, 2009, 63(21): 1851-1854.

[53] Jin H, Nishiyama Y, Wada M, et al. Nanofibrillar cellulose aerogels. Colloids & Surfaces A Physicochemical & Engineering Aspects, 2004, 240(1-3): 63-67.

[54] Innerlohinger J, Weber H K, Kraft G. Aerocellulose: Aerogels and aerogel-like materials made from cellulose. Macromolecular Symposia, 2006, 244(1): 126-135.

[55] Gavillon R, Budtova T. Aerocellulose: New highly porous cellulose prepared from cellulose-naoh aqueous solutions. Biomacromolecules, 2008, 9(1): 269-277.

[56] Liebner F, Potthast A, Rosenau T, et al. Cellulose aerogels: Highly porous, ultra-lightweight materials. Holzforschung, 2008, 62(2): 129-135.

[57] Sescousse R, Budtova T. Influence of processing parameters on regeneration kinetics and morphology of porous cellulose from cellulose-NaOH-water solutions. Cellulose, 2009, 16(3): 417-426.

[58] Aaltonen O, Jauhiainen O. The preparation of lignocellulosic aerogels from ionic liquid solutions. Carbohydrate Polymers, 2009, 75(1): 125-129.

[59] Duchemin B J C, Staiger M P, Tucker N, et al. Aerocellulose based on all-cellulose composites. Journal of Applied Polymer Science, 2010, 115(1): 216-221.

[60] Sescousse R, Gavillon R, Budtova T. Wet and dry highly porous cellulose beads from cellulose-NaOH-water solutions: Influence of the preparation conditions on beads shape and encapsulation of inorganic particles. Journal of Materials Science, 2011, 46(3): 759-765.

[61] Liebner F, Haimer E, Wendland M, et al. Aerogels from unaltered bacterial cellulose: Application of $scCO_2$ drying for the preparation of shaped, ultra-lightweight cellulosic aerogels.

Macromolecular Bioscience, 2010, 10(4): 349-352.

[62] Edgar C D, Gray D G. Influence of dextran on the phase behavior of suspensions of cellulose nanocrystals. Macromolecules, 2002, 35(19): 7400-7406.

[63] Bodin A, Bäckdahl H, Fink H, et al. Influence of cultivation conditions on mechanical and morphological properties of bacterial cellulose tubes. Biotechnology & Bioengineering, 2007, 97(2): 425-434.

[64] Helenius G, Bäckdahl H, Bodin A, et al. In vivo biocompatibility of bacterial cellulose. Journal of Biomedical Materials Research Part A, 2006, 76(2): 431-436.

[65] Nishi Y, Uryu M, Yamanaka S, et al. The structure and mechanical properties of sheets prepared from bacterial cellulose. Journal of Materials Science, 1990, 25(6): 2997-3001.

[66] Barud H S, Barrios C, Regiani T, et al. Self-supported silver nanoparticles containing bacterial cellulose membranes. Materials Science & Engineering C, 2008, 28(4): 515-518.

[67] Klemm D, Schumann D, Udhardt U, et al. Bacterial synthesized cellulose—artificial blood vessels for microsurgery. Progress in Polymer Science, 2001, 26(9): 1561-1603.

[68] Schumann D A, Wippermann J, Klemm D O, et al. Artificial vascular implants from bacterial cellulose: Preliminary results of small arterial substitutes. Cellulose, 2009, 16(5): 877-885.

[69] Haimer E, Wendland M, Schlufter K, et al. Loading of bacterial cellulose aerogels with bioactive compounds by antisolvent precipitation with supercritical carbon dioxide. Macromolecular Symposia, 2010, 294(2): 64-74.

[70] Czaja W, Krystynowicz A, Bielecki S, et al. Microbial cellulose—the natural power to heal wounds. Biomaterials, 2006, 27(2): 145-151.

[71] Sutherland I W. Novel and established applications of microbial polysaccharides. Trends in Biotechnology, 1998, 16(1): 41-46.

[72] Nge T T, Nogi M, Yano H, et al. Microstructure and mechanical properties of bacterial cellulose/chitosan porous scaffold. Cellulose, 2010, 17(2): 349-363.

[73] Maeda H, Nakajima M, Hagiwara T, et al. Preparation and properties of bacterial cellulose aerogel. Kobunshi Kagaku, 2006, 63(2): 135-137.

[74] 贾继宁. 超临界 CO_2 干燥法制备 ZrO_2 气凝胶研究. 杭州: 浙江工业大学硕士学位论文, 2006.

[75] Zugenmaier P. Conformation and packing of various crystalline cellulose fibers. Progress in Polymer Science, 2001, 26(9): 1341-1417.

[76] Moss C E, Butler M F, Müller M, et al. Microfocus small-angle X-ray scattering investigation of the skin-core microstructure of lyocell cellulose fibers. Journal of Applied Polymer Science, 2010, 83(13): 2799-2816.

[77] Pirard R, Rigacci A, Maréchal J C, et al. Characterization of hyperporous polyurethane-based gels by non-intrusive mercury porosimetry. Polymer, 2003, 44(17): 4881-4887.

[78] Scherer G W, Smith D M, Qiu X, et al. Compression of aerogels. Journal of Non-Crystalline Solids, 1995, 186: 316-320.

[79] Majling J, Komarneni S, Fajnor V S. Mercury porosimeter as a means to measure mechanical properties of aerogels. Journal of Porous Materials, 1995, 1: 91-95.

[80] Litschauer M, Neouze M A, Haimer E, et al. Silica modified cellulosic aerogels. Cellulose, 2011, 18(1): 143-149.

[81] Sakaguchi M, Ohura T, Lwata T. Diblock copolymer of bacterial cellulose and poly(methyl methacrylate) initiated by chain-end-type radicals produced by mechanical scission of glycosidic linkages of bacterial cellulose. Biomacromolecules, 2010, 11: 3059-3066.

[82] Mukhopadhyay M. Partial molar volume reduction of solvent for solute crystallization using carbon dioxide as antisolvent. Journal of Supercritical Fluids, 2003, 25(3): 213-223.

[83] Knez Ž, Mojca Ž, Ljiljana I, et al. Vapor-liquid equilibrium of binary CO_2-organic solvent systems (ethanol, tetrahydrofuran, ortho-xylene, meta-xylene, para-xylene). Journal of Supercritical Fluids, 2008, 43(3): 383-389.

[84] Li J, Wang X, Huang Q, et al. Studies on preparation and performances of carbon aerogel electrodes for the application of supercapacitor. Journal of Power Sources, 2006, 158(1): 784-788.

[85] Moreno-Castilla C, Maldonado-Hódar F J. Carbon aerogels for catalysis applications: An overview. Carbon, 2005, 43(3): 455-465.

[86] Waghuley S A, Yenorkar S M, Yawale S S, et al. Application of chemically synthesized conducting polymer-polypyrrole as a carbon dioxide gas sensor. Sensors & Actuators B Chemical, 2008, 128(2): 366-373.

[87] Fu R, Zheng B, Liu J, et al. The fabrication and characterization of carbon aerogels by gelation and supercritical drying in isopropanol. Advanced Functional Materials, 2010, 13(7): 558-562.

[88] Wu D, Fu R, Dresselhaus M S, et al. Fabrication and nano-structure control of carbon aerogels via a microemulsion-templated sol-gel polymerization method. Carbon, 2006, 44(4): 675-681.

[89] Chen L F, Huang Z H, Liang H W, et al. Flexible all-solid-state high-power supercapacitor fabricated with nitrogen-doped carbon nanofiber electrode material derived from bacterial cellulose. Energy & Environmental Science, 2013, 6(11): 3331-3338.

[90] Liang H W, Guan Q F, Chen L F, et al. Macroscopic-scale template synthesis of robust carbonaceous nanofiber hydrogels and aerogels and their applications. Angewandte Chemie, 2012, 51(21): 5101-5105.

[91] Liang H W, Guan Q F, Zhu Z, et al. Highly conductive and stretchable conductors fabricated from bacterial cellulose. NPG Asia Materials, 2012, 4(6): 19.

[92] Wu Z Y, Li C, Liang H W, et al. Ultralight, flexible, and fire-resistant carbon nanofiber aerogels from bacterial cellulose. Angewandte Chemie, 2013, 125(10): 2925-2929.

[93] Wu Z Y, Li C, Liang H W, et al. Carbon nanofiber aerogels for emergent cleanup of oil spillage and chemical leakage under harsh conditions. Scientific Reports, 2014, 4: 4079.

[94] Yan L, Gao Z. Dissolving of cellulose in PEG/NaOH aqueous solution. Cellulose, 2008, 15(6): 789.

[95] Agarwal U P, Ralph S A. FT-Raman spectroscopy of wood: Identifying contributions of lignin and carbohydrate polymers in the spectrum of black spruce (*Picea mariana*). Applied Spectroscopy, 1997, 51(11): 1648-1655.

[96] Sevilla M, Fuertes A B. The production of carbon materials by hydrothermal carbonization of cellulose. Carbon, 2009, 47(9): 2281-2289.

第4章 纤维素气凝胶基纳米复合材料的合成工艺

4.1 概　　论

21世纪，世界普遍关注的科学技术发展的重要焦点之一是新型材料的创生。我国林木资源短缺，木质废弃物、木材加工剩余物、废旧木制品等生物质资源的高效再加工和循环利用，对我国“低碳经济”发展和建立“节约型社会”具有十分重要的意义[1-3]。木质废弃物、木材加工剩余物、废旧木制品等生物质资源的高效再加工和循环利用不仅可以缓解木材供需矛盾，其更重要的意义在于，将这些资源巨大的废弃物通过科学的加工，形成新的产品或材料，有利于实现生物质基复合材料在多个领域发挥重要作用，也有利于原本储存的碳素进一步重新固定、封存，以保持减排低碳，减少温室效应，保护人们赖以生存的生态环境[4-6]。

随着社会的进步和人们生活质量的逐步提高，生物质基功能材料为满足社会和人们的需求，将被要求赋予越来越多的功能，如越来越简便的加工工艺、越来越绿色的环保性及越来越感应人体需求等。因此，我们应顺应国际前沿，科学合理引进先进学科理念，以纳米技术为助推剂，积极开发高附加值、具有特殊功能的新型生物质基纳米复合材料[7-9]。

农、林、水生物质废弃物的科学利用中的生物质这一概念泛指加入地球生物圈内生物循环系统的生物体或从生物体派生的有机物的集积。农、林、水生物质废弃物的主要化学组分与木材相同或相似，是由纤维素、半纤维素和木质素组成的天然有机复合体，是具有众多细胞组成的生物结构，不仅包括木材、竹材、农作物、海藻等本原型农、林、水产资源，而且包括纸浆废物、各种草本禾本植物的根茎、各种作物秸秆(稻秸、麦秸、麻秆、棉秆、芦苇秆、玉米秆、高粱秆、甘蔗秆)和工业纤维素基废弃物(如蔗渣、废旧棉花、废旧报纸)等。具有可再生(renewable)、可存储与替代(storable and substitutive)、巨大的存储量(abundant)、碳平衡(carbon neutral)等典型特征。我国每年有7亿多吨作物秸秆，相当于3.5亿吨标准煤，其中2亿吨被就地焚烧，污染大气(因局部烟气影响能见度而造成交通隐患，并且会破坏土壤生态结构，影响后续的农业生产)，还有2亿多万吨林地废弃物未被利用并构成火灾隐患[10]。据2010年统计，我国纸张消费量9173万吨，废纸资源量巨大[11]。同时我国每年的各类木制品废弃物约6000万吨，如果将这些源于木材的废弃资源加以有效利用，相当于短期内营造出一片“隐形森林”。在欧美一些国家，政府要求对回收木材实行二次加工处理，并作为高质量的二次原料加以利用。这是一项已经成熟的技术，多年来，废旧木材已用于人造板生产原料，有的刨花板厂甚至 100%用废旧木材生产。我国在废旧木材回收利用领域还处于起步阶段，木材的综合利用率较低，约为 60%，而科技发达国家已高达 90%，因此急需采用各种新方法、新技术、新途径，对这些宝贵的资源予以合理加工和高效利用。

对农、林、水生物质废弃物的高效利用复合循环经济的发展趋势，即组成“资源—产品—再生资源”的物质反复和循环流动，各国政府已经开始采取行动。美国有 27 个州用减免税收的做法鼓励和促进对回收物品的使用。德国政府规定，各木材加工企业都要做到生产的产品在使用期满后能回收，作为原料循环利用。我国政府也开始重视材料的循环利用问题，对资源综合利用企业和废弃物资回收企业给予相应的优惠政策。生物质种类繁多，形态各异，依据其形态、尺寸、性质及用途需要，其开发利用途径亦多种多样。

木质纤维素气凝胶是将木材中所有组分包括纤维素、半纤维素和木质素等不需经过分离和化学处理，而通过溶解、冻融和干燥工艺制备的一种新型木质纤维素基材料[12-14]。木质纤维素气凝胶材料不但充分利用了生物质材料中的各种组分，而且依据气凝胶所具有的特殊性能，诸如极低的密度、极大的比表面积和极高的绝缘性等，可被广泛地用于组织工程、控释系统、血液净化、传感器、废水处理、色谱分析、生物医药等方面，另外在高效可充电电池、超级电容器、催化剂及载体、化妆品、气体过滤和超级高效隔热隔声材等方面也有广阔的应用前景[15]。此外，通过物理/化学/生物法从植物细胞壁中分离出的纤维素成分也是制备气凝胶的理想原料。纤维素原料经由溶解、再生、干燥等工艺实现纤维素分子的分散和重新交联，经过干燥后即可得到多孔的气凝胶。由于纤维素分子发生了溶解和重新结合，因此这种气凝胶称为“再生纤维素气凝胶(regenerated cellulose aerogels)”[16-18]。在这种气凝胶的发展进程中，诞生了诸多重要的纤维素溶剂体系，如铜氨溶液[19]、二硫化碳/氢氧化钠溶液(CS_2/NaOH)[20]、氯化锂/*N*,*N*-二甲基乙酰胺(LiCl/DMAc)[21]、多聚甲醛/二甲基亚砜(PF/DMSO)[22]、四氧化二氮/*N*,*N*-二甲基甲酰胺(N_2O_4/DMF)[23]、NMMO/H_2O[24]等。纳米纤丝化纤维素气凝胶(nanofibrillated cellulose aerogels)是另外一类重要的纤维素气凝胶。纳米纤丝化纤维素(nanofibrillated cellulose，NFC)具有卓越的光学性能、机械性能和结构性能，可在组织工程、纳米复合材料、纳米器件中有非常广泛的用途[25]。NFC 在植物细胞壁中被半纤维素和木质素紧密包埋，这就使得人们开始寻找各种手段分离和制备 NFC。由于纤维素分子链中存在高活性的羟基，因此 NFC 之间可以通过分子内和分子间的氢键作用实现凝胶化，发生物理交联形成三维网络结构。NFC 气凝胶正是基于这一自组装过程和后续的溶剂置换、超临界干燥等工艺所制备得到的。细菌纤维素气凝胶(bacterial cellulose aerogels)也是一类特殊的纤维素气凝胶，它是由本身即具有多孔特性的细菌纤维素经特殊干燥处理所得到的[26]。当前，对于木质纤维素气凝胶和纯纤维素气凝胶的研究已成为国内外研究重点。其中，以木质纤维素气凝胶和纯纤维素气凝胶为模板，结合新型的微纳米制造工艺，合成新型、多功能的气凝胶基纳米复合材料更是这些研究中的重中之重。研制和开发这些新兴的气凝胶基纳米复合材料对于促进我国生物质纳米材料发展及相关学科协同创新具有深远的影响和重要的战略意义。

纳米材料科学的发展为复合材料的研究开辟了新的领域[27, 28]。纳米复合材料通常定义为，在多元复合组成中，至少有一种固相处于纳米尺度范围内，其中采用的纳米单元成分可以是有机相，也可以是无机相。这种复合材料不同于传统的无机相/无机相、无机相/有机相等填料体系，并非两物质相的简单加合，而是由两物质相在纳米至亚微米范围内结合形成，两相界面之间存在着较强或较弱的化学键(范德华力、氢键)。由于纳米粒子较大的比表面积，两相界面间存在强相互作用，同时纳米粒子具有的尺寸效应、局域场效应、量子效应能使纳米材料表现出常规大尺寸材料所不具备的优异性能，这为制备高性能、多功能的新一代复合材料提供了可能[29]。因而纳米复合材料的研究成为目前材料科学的研究热点。作为纳米复合材料研究、应用的基础，制备方法显得尤为重要。

4.2　溶胶-凝胶法

4.2.1　引言

溶胶-凝胶(sol-gel)法是指用含高化学活性组分的化合物作前驱体，在液相下将原料均匀混合，并进行水解、缩合等化学反应，在溶液中形成稳定的透明溶胶体系，溶胶经陈化，胶粒间缓慢聚合，形成具有三维网络结构的凝胶，凝胶网络间充满失去流动性的溶剂。凝胶经过干燥、烧结固化制备出分子乃至纳米亚结构的材料[30]。

溶胶-凝胶法初始研究可追溯到 1846 年，Ebelmen 等用 $SiCl_4$ 与乙醇混合后，发现在湿空气中发生水解并形成了凝胶，这一发现当时未引起化学界和材料界的注意。直到 20 世纪 30 年代，Geffcken 等证实用这种方法可以制备氧化物薄膜。1971 年，德国 Dislich 报道通过金属醇盐水解得到溶胶，经凝胶化，再在 923～973K 的温度和 100N 的压力下进行处理，制备了 SiO_2-B_2O_3-Al_2O_3-Na_2O-K_2O 多组分玻璃，才引起材料科学界的极大兴趣和重视。20 世纪 80 年代以来，溶胶-凝胶技术在玻璃、氧化物涂层、功能陶瓷粉料，尤其是传统方法难以制备的复合氧化物材料、高临界温度氧化物超导材料的合成中均得到成功的应用[31-34]。

4.2.2　溶胶–凝胶法的工艺过程和反应原理

利用溶胶–凝胶法可以制备各种形态的材料包括单晶、纤维、薄膜材料等[35]。溶胶–凝胶法最基本的反应可表示如下：

(1) 溶剂化：能电离的前驱体——金属盐的金属阳离子 M^{z+} 吸引水分子形成溶剂单元 $[M(H_2O)_n]^{z+}$（z 为 M 离子的价数），为保持它的配位数而具有强烈释放 H^+ 的趋势［式(4-1)］。

$$[M(H_2O)_n]^{z+} \!=\!=\!= [M(H_2O)_{n-1}(OH)]^{(z-1)+} + H^+ \tag{4-1}$$

(2) 水解反应：非电离式分子前驱体，如金属醇盐 $M(OR)_n$（n 为金属 M 的原子价，R 代表烷基），与水反应，反应可延续进行，直至生成 $M(OH)_n$［式(4-2)］。

$$M(OR)_n + xH_2O \longrightarrow M(OH)_x(OR)_{n-x} + xROH \tag{4-2}$$

(3) 缩聚反应。可分为失水缩聚和失醇缩聚。

失水缩聚：$—M—OH + HO—M \longrightarrow M—O—M— + H_2O$　(4-3)

失醇缩聚：$—M—OR + HO—M \longrightarrow —M—O—M + ROH$　(4-4)

缩聚反应后的生成物是各种尺寸和结构的溶胶粒子。

溶胶–凝胶过程的主要影响因素有水的加入量、pH、滴加速率、反应温度等[36, 37]。

(1) 水的加入量。水的加入量低于按化学计量关系所需要的消耗量时，随着水量的增加，溶胶的时间会逐渐缩短，超过化学计量关系所需量时，溶胶时间又会逐渐增长，这是因为若加水量少，醇盐水解速率较慢而延长了溶胶时间；若加水量大于化学计量，溶液相对稀释，溶液黏度下降而使成胶难；按化学计量加入时，成胶的质量好，而且成胶时间相对短。

(2) 滴加速率。醇盐易吸收空气中的水而水解凝固，因此在滴加醇盐醇溶液时，在其他因素一致的情况下观察滴加速率，发现滴加速率明显影响溶胶时间，滴加速率越快，凝胶速率也快，但速率快易造成局部水解过快而聚合胶凝生成沉淀；同时另一部分溶胶液未发生水解，最后导致无法获得均一的凝胶，所以在反应时还应辅以均匀搅拌，以保证得到均一的凝胶。

(3) 反应液的 pH。反应液的 pH 不同，其反应机理不同，因而对同一种金属醇盐的水解缩聚，往往产生结构、形态不同的缩聚。研究表明，pH 较小时，缩聚反应速率远远大于水解反应，水解由 H^+ 的亲电机理引起，缩聚反应在完全水解前已经开始，因此缩聚物交联度低；pH 较大时，体系的水解反应由 OH^- 的亲核取代引起，水解速率大于亲核速率，形成大分子聚合物，有较高的交联度。因此，可按具体要生产的材料要求选择适宜的酸碱催化剂。

(4) 反应温度。温度升高，水解速率相应增大，胶粒分子动能增加，碰撞概率也增大，聚合速率快，从而导致溶胶时间缩短；另外，较高温度下溶剂醇的挥发也加快，相当于增加了反应物浓度，也在一定程度上加快了溶胶速率，但温度升高也会导致生成的溶胶相对不稳定，且易生成多种水解产物。因此，在保证生成溶胶的情况下，尽可能在较低温度下进行，多以室温条件进行。

经缩聚反应形成的溶胶溶液在陈化时，聚合物进一步聚集长大成为小粒子簇，它们相互碰撞连接成大粒子簇，同时液相被包于固相骨架中失去流动性，形成凝胶。陈化形成凝胶的过程中，会发生 Ostward 熟化，即大小粒子因溶解度的不同而造成平均粒径的增加。陈化时间过短，颗粒尺寸反而不均匀；时间过长，粒子长大、团聚，不易形成超细结构，由此可见，陈化时间的选择对产物的微观结构非常重要。

凝胶干燥的目的是把湿凝胶膜包裹的大量溶剂和水通过干燥除去，得到干凝胶膜。因干燥过程体积收缩，很易导致干凝胶膜的开裂，导致开裂的应力主要来源于毛细管力，而该力又是因充填于凝胶骨架孔隙中液体的表面张力所引起的，因此干燥过程中应注意在减少毛细管力和增强固相骨架这两方面入手。目前干燥方法主要有以下两种：①控制干燥，即在溶胶制备中，加入控制干燥的化学添加剂，如甲酰胺、草酸等。由于它们的低蒸气压、低挥发性，能把不同孔径中醇溶剂的不均匀蒸发大大减少，从而减小干燥应力，避免干凝胶的开裂。②超临界干燥，即将湿凝胶中的有机溶剂和水加热加压到超过临界温度、临界压力，则系统中的液气界面将消失，凝胶中毛细管力也不复存在，从而从根本上消除导致凝胶开裂应力的产生。

进一步热处理，消除干凝胶的气孔，使其致密化，并使制品的相组成和显微结构能满足产品性能的要求。在加热过程中，须先在低温下脱去干凝胶吸附在表面的水和醇，在升温过程中速率不宜太快，因为热处理过程中伴随较大的体积收缩、各种气体的释放(二氧化碳、水、醇)，且须避免发生碳化而在制品中留下炭质颗粒(—OR 基在非充分氧化时可能碳化)。热处理的设备主要有真空炉、干燥箱等。

4.2.3 溶胶-凝胶法的优缺点

溶胶-凝胶法的优点主要表现如下[38]：①设备要求不高，工艺过程简单，反应过程易于控制；②制品形态多样化，可得到纤维、粉末、涂层、块体等；③材料掺杂范围宽，多元掺杂组分化学均匀性及产物的纯度都较高；④与传统制备工艺相比，采用溶胶-凝胶工艺所得产物为比表面积很大的凝胶体，具有烧结温度较低，材料强度和韧性较高等特点；⑤可得到一些传统制备工艺无法获得的材料，如无机材料大多经高温处理制备，而有机物高温下会分解，通过溶胶-凝胶工艺可在较低温度下制备有机-无机复合材料。

采用溶胶-凝胶法制备材料也存在一些问题，如：①原料大多数是有机化合物，所以成本较高，而且有机溶剂一般对人体有伤害；②反应涉及大量的过程变量如 pH、反应温度等；③热处理时若温度处理不当，可能会导致残留碳，使制品带黑色；④较长的反应时间，有时长达 1～2 个月；⑤制品易产生开裂，这是由于凝胶中液体量大，干燥时产生收缩引起。

4.2.4　溶胶-凝胶法制备材料的几种类型

溶胶-凝胶法可制得的材料主要有以下几大类型：纤维材料、涂层和薄膜材料、超细粉末材料等。

溶胶-凝胶法可用于制备纤维材料[39-42]。当分子前驱体经化学反应形成类线性无机聚合物或络合物间呈类线性缔合时，体系黏度不断提高，当黏度值达 10～100Pa·s 时，通过挑丝法可从凝胶中拉制成凝胶纤维，经热处理后可转变成相应玻璃或陶瓷纤维。近年来，溶胶-凝胶法在制备 ABO_3 钙钛矿型钛酸盐系列陶瓷纤维中已得到广泛应用，如 $BaTiO_3$[43]、$PbTiO_3$[44]、钛酸锆铅(PZT)[45]等。

制备薄膜涂层材料是溶胶-凝胶法最有前途的应用方向，工艺过程：溶胶制备→基材预备→涂膜→干燥→热处理，目前已经制备出光学膜、波导膜、着色膜、电光效应膜、分离膜、保护膜等[46-49]。

运用溶胶-凝胶法，将所需成分的前驱体配制成混合溶液，形成溶胶后，继续加热使之成为凝胶，将样品放于电热真空干燥箱在高温抽真空下烘干，得干凝胶，取出在玛瑙研钵中研碎，放于高温电阻炉中煅烧，取出产品，冷却至室温后研磨即可得超细粉末[50-52]。目前采用此法已制备出种类众多的氧化物粉末和非氧化物粉末，如 $NdFeO_3$ 的制备[53]。

4.3　水　热　法

4.3.1　引言

长期以来人们一直在探寻一种污染小、易操作、产品性能优良且生产成本低的材料合成方法。无机粉体材料的合成方法主要有固相法、液相法和气相法。其中液相法中的共沉淀法制成的粉体粒径难以控制，团聚严重，由于要求各种组分具有相同或相近的水解或沉淀条件，因此不适宜合成复杂的多组分粉体；溶胶-凝胶法能较好地控制反应过程、产物的均匀程度及粒度，且煅烧温度低于固相法，但需消耗大量昂贵的有机酸和醇盐，成本较高，反应时间长，不适于大规模工业化生产。而水热法是近年来研究比较多的一种制备方法，也是公认的比较有发展前途的方法之一。

水热法(hydrothermal method)，属液相化学的范畴，是指在特制的密闭反应器(高压釜)中，采用水溶液作为反应体系，通过对反应体系加热、加压(或自生蒸气压)，创造一个相对高温、高压的反应环境，使得通常难溶或不溶的物质溶解并且重结晶而进行无机合成与材料处理的一种有效方法[54-56]。

关于水热法的概念已经有比较一致的认识。日本山崎仲岛把它定义为“在加热水溶液情况下，研究物质的物理化学变化方法”，庞文琴把水热法定义为“水热合成法是指在密闭体系中，以水为溶剂，在一定温度和水的自生压力下，原始混合物进行反应的一种方法”[57]。水热法的基本原理是把在常温常压下溶液中不易被氧化的物质或者不易合成的物质，通过将物系置于封闭的高温高压条件下来加速氧化反应的进行，主要特点是：①在水溶液中离子混合均匀；②水随温度升高和自生压力增大变成一种气态矿化剂，具有非常大的解聚能力，水热物系在一定矿化剂存在下，化学反应速率快，能制备出多组分或单一组分的超微结晶粉末；③离子能够比较容易地按照化学计量反应，晶粒按其结晶习性生长，在结晶过程中，可把有害杂质自排到溶液当中，生成纯度较高的结晶粉末。水热法的这些特点和作用，早已引起人们的关注。水热法生长晶体，是 19 世纪中叶地质学家模拟自然界成矿作用而开始研究的，地质学家 Murchison 首次使用“水热”一词。1845 年，Eschafhautl 以硅酸为原料在水热条件下制备石英晶体。一些地质学家采用水热法制备得到了许多矿物，到 1900 年已制备出约 80 种矿物，如石英、长石、硅灰石等。1900 年以后，Morey 和他的同事在华盛顿地球物理实验室开始进行相平衡研究，建立了水热合成理论，并研究了众多矿物系统，以后又开始转向功能材料的研究。1982 年 4 月在日本横滨举行第一届水热反应和溶剂热反应(hydrothermal reactions and solvothermal reactions)国际会议。目前用水热法已制备出百余种晶体。水热反应依据反应类型的不同可分为水热氧化、水热还原、水热沉淀、水热合成、水热水解、水热结晶等，其中水热结晶用得最多。近几年，用水热法合成无机材料，制备各种超细结晶粉末的研究与应用，在我国也引起了许多团队的关注。例如，东北林业大学李坚院士团队利用水热合成工艺对木材表面进行修饰、改性，构建了具有抗紫外、耐腐蚀、尺寸稳定性好、阻燃等多种功能的木质基复合材料[58-66]。此外，在纤维素气凝胶领域，李坚院士团队也采用水热法向纤维素气凝胶的多孔三维网络结构中掺杂 TiO_2 纳米粒子[67]、ZnO 纳米棒[68]等活性纳米材料，旨在拓展纤维素气凝胶的应用领域。

4.3.2　水热法的分类

按研究目的不同，水热法可分为水热晶体生长(用来生长各种单晶)[69]、水热反应(用来制备各种功能陶瓷粉体)[70]、水热处理反应(完成某些有机反应或对一些危害人类生存环境的有机废弃物进行处理)[71-73]、水热烧结反应(在相对较低的温度下完成对某些陶瓷材料的烧结)[74]等。

按反应方式的不同，水热法可分为水热氧化、水热沉淀、水热合成、水热还原、水热分解、水热结晶等几种类型。

(1) 水热氧化：高温高压水等溶剂与金属或合金可直接反应生成化合物[75]。例如：$xM + y[O] \longrightarrow M_xO_y$，其中 M 为铬、铁及合金等。

(2) 水热沉淀：某些化合物在通常条件下无法或很难生成沉淀，而在水热条件下却生成新的化合物沉淀[76]。

(3) 水热合成：可允许在很宽的范围内改变参数，使两种或两种以上的化合物发生反应，合成新的化合物。例如：$FeTiO_3 + 2KOH \longrightarrow K_2O \cdot TiO_2 + FeO + H_2O$。

(4) 水热还原：一些金属类氧化物、氢氧化物、碳酸盐或复盐用水调浆，无需或只需极少量试剂，控制适当温度和氢分压等条件，即可制得超细金属粉体[77]。例如：$Me_xO_y + yH_2 \longrightarrow xMe + yH_2O$，其中 Me 为银、铜等。

(5) 水热分解：某些化合物在水热条件下分解成新的化合物，进行分离而得单一化合物超细粉体[78]。例如：$ZrSiO_4 + 2NaOH \longrightarrow ZrO_2 + Na_2SiO_3 + H_2O$。

(6) 水热结晶：可使一些非晶化合物脱水结晶。例如：$2Al(OH)_3 \longrightarrow Al_2O_3 \cdot 3H_2O$。

按反应设备分类，可分为釜式间歇水热反应(以反应釜作为反应容器，间歇性投料和获取产品，非稳态)和管式连续水热反应(以金属列管作为反应容器，仪器控制连续投料并获取产品)。此外，按反应温度分类，可分为中温中压(100～240℃，1～20MPa)和高温高压(＞240℃，＞20MPa)。

4.3.3　水热合成装置

水热釜是进行高温高压水热合成的基本设备。水热釜由外罩和内芯两部分组成，其中不锈钢部分是外罩，聚四氟乙烯衬是内芯。外罩是用来防止高温、高压下内芯可能发生的膨胀和变形，而内芯则可以形成一个密闭的反应室，能够适用于任何 pH 的酸、碱环境。水热合成中填充度(FC)，即反应混合物密闭反应釜空间的体积分数。它在水热合成实验中极为重要，填充度一定时，反应温度越高，晶体生长速率越大；在相同反应温度下填充度越大，体系压力越高，晶体生长速率越大。因此在实验中我们既要保持反应物处于液相传质的反应状态，又要防止由于过大的填充度而导致的过高压力。实验上，为安全起见，填充度一般控制在 60%～80%。水热釜按密封方式分类可分为自紧式高压釜和外紧式高压釜；水热釜按密封的机械结构分类可分为法兰盘式、内螺塞式、大螺帽式和杠杆压机式；水热釜按压强产生方式分类可分为内压釜(靠釜内介质加温形成压强，根据介质填充度可计算其压强）和外压釜（压强由釜外加入并控制）；水热釜按加热方式分类可分为外热高压釜（在釜体外部加热）和内热高压釜（在釜体内部安装加热电炉）；水热釜按实验体系分类可分为高压釜（用于封闭体系的实验）、流动反应器和扩散反应器（后两者用于开放系统的实验，能在高温高压下使溶液缓慢地连续通过反应器，可随时提取反应液）。图 4-1 为简易的水热高压反应釜实物图。一般的水热合成实验程序，即釜式工艺，包括以下 4 个步骤：①选择反应前驱体，确定反应前驱体的计量比；②摸索前驱体加入顺序，混料搅拌；③装釜、封釜、置入烘箱；④确定反应温度、时间、状态（静态或动态晶化）进行反应。

图 4-1　简易的水热高压反应釜实物图

4.3.4　水热法的优缺点

水热法是制备结晶良好、无团聚超细陶瓷粉体的优选方法之一。与其他化学方法相比，水热法具有以下特点[55, 79]：

(1) 水热法可直接得到结晶良好的粉体。水热过程不需作高温灼烧处理，避免了此过程中可能形成的粉体硬团聚。例如，以 $ZrOCl_2$ 加氨水制得的 $Zr(OH)_4$ 胶体为前驱体，水热反应后得到结晶性好且分散性好的 ZrO_2 晶粒。

(2) 粉体晶粒物相和形貌与水热条件有关。例如，以 $ZrOCl_2$ 加氨水制得的 $Zr(OH)_4$ 胶体为前驱体，在酸性和强碱性溶液中，水热反应制得的为单斜相 ZrO_2 晶粒。在中性介质中可得到四方/立方相的 ZrO_2 晶粒。此外，所用的反应介质也会对其形貌有影响。

(3) 晶粒线度适度可调。水热法制得的粉体晶粒线度与反应条件（反应温度、反应时间、前驱体形式等）有关。如采用锐钛矿型 TiO_2 和 $Ba(OH)_2$ 为前驱体，经过水热反应得到线度 100～400nm 规整的晶粒；若用钛酸四丁酯水解制得的

$Ti(OH)_4$和$Ba(OH)_2$为前驱体，则可得到线度80nm左右、球状的$BaTiO_3$晶粒。

(4)低耗能高产出。水热法制得的粉体在烧结过程中表现出很强的活性，所以这种方法是低能耗、低污染、低投入的，而且粉体质量好，产量较高。

(5)可制备的粉体种类多。水热法制得的粉体可以是简单氧化物：ZrO_2、Al_2O_3、Cr_2O_3、CrO_2、Fe_2O_3、MnO_2、MoO_3、TiO_2、HfO_2、UO_2、Nb_2O_5、CeO_2等；也可以是混合氧化物：ZrO_2-SiO_2、ZrO_2-HfO_2、UO_2-ThO_2等；还可以是复合氧化物：$BaFe_{12}O_{19}$、$BaZrO_3$、$CaSiO_3$、$PbTiO_3$、$LaFeO_3$、$LaCrO_3$、$NaZr_2P_3O_{12}$(NZP)$_{33}$等；羟基化合物、羟基金属粉、$Ca_{10}(PO_4)_6(OH)_2$(HAP)、羰基铁、羰基镍；复合材料粉体：ZrO_2-C、ZrO_2-$CaSiO_3$、TiO_2-C、TiO_2-Al_2O_3等。

(6)工艺较为简单。相比于其他工艺手段，水热法所需设备单一，工艺流程简单，深受实验室科研人员的青睐。

水热法也存在一些缺点。由于水热反应在高温高压下进行，因此对高压反应釜进行良好的密封成为水热反应的先决条件，这也造成水热反应的一个缺点：水热反应的非可视性。只有通过对反应产物的检测才能决定是否调整各种反应参数。Shubnikov结晶化学研究所的Popolitov等在1990年报道了用大块水晶晶体制造透明高压反应釜，使得人们第一次直接看到了水热反应过程，实现根据反应随时调节条件的理想[80]。另外，水热法往往只适用于氧化物功能材料或少数一些对水不敏感的硫属化合物的制备与处理。这些缺陷已被溶剂热法所弥补。

4.3.5　水热反应的主要影响因素

水热过程中温度、压力、处理时间、pH、分散剂和加料方式、原料颗粒度和辅助剂对粉末的粒径和形状有很大的影响，同时还会影响反应速率、晶型等[55]：

(1)水热温度和压力。水热法中微晶生长速率与反应条件(温度、压力、生长区与溶解区之间的温度梯度ΔT)的关系表明水热晶体生长动力学的基本特性：填充度一定时，反应温度越高，晶体生长速率越大；在相同的反应温度下，填充度越大，体系压力越高，晶体生长速率越大；在一定的反应温度(指溶解区温度)和填充度下，ΔT越大，晶体生长速率越大；在一定的反应温度下，晶体生长速率与填充度成正比。上述动力学基本特征概括了水热温度、压力和填充度与晶体生长速率之间的关系，也证明了它们是水热反应中至关重要的影响因素。人们可以通过控制温度和压力来控制反应环境的条件，进而制备符合不同要求的产品。

(2)水热处理时间。水热处理时间对制备镍锌铁氧体有较大的影响。在相同的水热温度下，水热处理时间越长，晶化越完整。

(3)溶液的pH。必须调节好溶液的pH，才能制得合格产品。溶液pH是影响水热反应的重要因素之一。

(4)分散剂和加料方式。

(5) 原料颗粒度。原料的颗粒度会对粉体的晶型产生很大的影响。

(6) 辅助剂对形貌的影响。在水热法中，引入辅助剂可以调整产物的形貌。利用水热法制备纳米 WO_x，并在有机小分子辅助制备二维 WO_3 方面的研究表明，以酒石酸为辅助剂能制得 h-WO_3 纳米立方体；以柠檬酸为辅助剂能得到均匀分散的 o-WO_3 纳米片；以对硝基苯甲酸为辅助剂能够得到具有中空缺陷的 h-WO_3 四方纳米片。

4.3.6 水热反应介质的性质变化

在水热或溶剂热条件下，物质的化学行为与该条件下的反应介质——水或非水溶剂的物理化学性质(如蒸气压、热扩散系数、黏度、介电常数、表面张力等)有密切关系。在常温常压下一些从热力学分析看可以进行的反应，往往因反应速率极慢，以至于在实际上没有价值，但在水热条件下却可能使反应得以实现。这主要是因为在水热条件下，水的物理化学性质(与常温常压下的水相比)将发生下列变化：①蒸气压变高；②黏度和表面张力变低；③离子积变高；④密度变低；⑤热扩散系数变高等。水热条件下水的主要作用包括：①溶剂作用，提高物质的溶解度；②起压力传递介质的作用；③促进反应和重排的作用；④有时作为反应物参与反应。

(1) 水的性质变化。在高温高压的水热体系中，水的性质变化体现在蒸气压变高、密度变低、表面张力变低、黏度变低、离子积变高。此外，水的介电常数随温度升高而下降，随压力增加而升高。

(2) 离子积升高。水作为水热反应的介质，其活性增强，会促进水热反应的进行。水的离子积随压力和温度的增加迅速增大。

(3) 反应速率增加。在高温高压水热条件下，反应速率自然会增大，根据 Arrhenius 方程，反应速率常数随温度的增加呈指数函数，因此水热条件下物质的反应性能明显增加的主要原因是水的电离常数随反应温度、压力的上升而增加，常温常压不溶于水的矿物或有机物，水热条件下也能诱发离子反应或促进水解反应。

(4) 黏度和表面张力降低。水的黏度和表面张力随温度升高而下降。例如，在 300～500℃，水热溶液的黏度较常温常压下水溶液的黏度约低两个数量级，这使得离子和分子的活动性大为增加，在水热溶液中存在着十分有效的扩散，从而使得水热晶体生长较其他水溶液晶体生长具有更快的生长速率。

(5) 介电常数的变化。水的介电常数随温度的升高而下降，随压力的增加而升高。介电常数下降对水作为溶剂时的能力和行为产生影响。例如，在通常情况下，电解质在水溶液中完全离解，而在水热条件下，随温度上升，水的介电常数降低，电解质趋向于重新结合，不能更为有效地分解。

(6) 热扩散系数增大。水热条件下水的热扩散系数比其在常温常压下有较大的增加，说明水热液体比常温常压液体具有更大的对流驱动力。

(7) 蒸气压变高。压力的作用可以增加分子间碰撞的机会而加速反应，压强与温度、填充度关系密切(自生压力)：工作条件下压强的大小依赖于反应容器中溶剂的原始填充度，填充度通常在 50%～80%为宜。

4.4　磁控溅射法

4.4.1　引言

磁控溅射是物理气相沉积(physical vapor deposition，PVD)的一种。一般的溅射法可被用于制备金属、半导体、绝缘体等材料，且具有设备简单、易于控制、镀膜面积大和附着力强等优点，而 20 世纪 70 年代发展起来的磁控溅射法更是实现了高速、低温、低损伤[81]。因为是在低气压下进行高速溅射，必须有效地提高气体的离化率。磁控溅射通过在靶阴极表面引入磁场，利用磁场对带电粒子的约束来提高等离子体密度以增加溅射率。现如今，磁控溅射技术已经在镀膜领域占有举足轻重的地位，在工业生产和科学领域发挥着极大的作用。随着对薄膜质量要求的不断改变，此项技术也将不断地完善和发展下去。

1852 年，格罗夫(Grove)发现阴极溅射现象，从而为溅射技术的发展开创了先河。采用磁控溅射沉积技术制取薄膜是在 20 世纪三四十年代开始的，但在 20 世纪 70 年代中期以前，采用蒸镀的方法制取薄膜要比采用磁控溅射方法更加广泛。这是因为当时的溅射技术刚刚起步，其溅射的沉积率很低，而且溅射的压强基本在 1Pa 以上。但是与溅射同时发展的蒸镀技术由于其镀膜速率比溅射镀膜高一个数量级，使得溅射镀膜技术一度在产业化的竞争中处于劣势。溅射镀膜产业化是在 1963 年，美国贝尔实验室和西屋电气公司采用长度为 10m 的连续溅射镀膜装置，镀制集成电路中的钽膜时首次实现的。在 1974 年，由 Chapin 发现平衡磁控溅射后，使高速、低温溅射成为现实，磁控溅射更加快速地发展起来。磁控溅射技术在过去的几十年里发展快速，如今它已经成为在工业上进行广泛沉积覆层的重要技术。正是近来市场上各方面对高质量薄膜日益增长的需求促使它不断地发展。在许多方面，磁控溅射薄膜的表现都比由物理蒸发沉积制成的要好，而且在同样的功能下，采用磁控溅射技术制得的薄膜能够比采用其他技术制得的厚。因此，磁控溅射技术在许多应用领域包括制造硬的、抗磨损的、低摩擦的、抗腐蚀的、装潢的及光电学薄膜等方面具有重要的影响[82-84]。

4.4.2　磁控溅射法的工艺过程

一般的磁控溅射镀膜过程可以简述如下：

(1)用酒精清洗衬底玻璃基板、靶材，清洗完毕后用电吹风吹干。

(2)实验前仔细检查各开关的状态，接通电源。电源接通后打开水循环开关，完成此两步后，按下充气按钮，待充气结束后，将待镀金属材料置入电极凹槽内，同时在真空室顶部装载玻璃基片，注意装载过程中确保玻璃面的整洁。置入内衬，关闭充气阀门。

(3)将工作状态选择开关从“断开”打到“机械泵”工作档位，机械泵开始工作。开启复合真空计电源。

(4)观察热偶计示数的变化，待真空室的真空度达到 10Pa 时，关闭粗抽阀。

(5)依次打开旁抽阀、分子泵开关、板阀。

(6)打开电离硅管，观察压强示数，至压强到 4×10^{-4}Pa 左右。

(7)充入氩气，开始镀膜(镀膜前一定要确定蒸发挡板是关闭的)，打开电流开关，慢慢加大电流至起辉，待溅射一段时间后，打开挡板，开始镀膜，完成后关闭挡板。然后逐渐调小电流至 0，关闭电流开关。

(8)依次关闭板阀、旁抽阀、分子泵。

(9)关闭机械泵。

(10)充气，打开真空室取出样品。

(11)在真空系统停止工作时，如无特殊要求，应将系统各元件保持在真空状态下封存。故需重新安装好仪器，将工作选择开关打到“机械泵”档位，对真空室进行粗抽真空，待真空室压强达到 10Pa 左右时关闭机械泵，同时关闭真空计，最后关闭整个系统，镀膜实验完成。

4.4.3　磁控溅射法的原理

磁控溅射的工作原理是指电子在电场 E 的作用下，在飞向基片过程中与氩原子发生碰撞，使其电离产生 Ar 正离子和新的电子；新电子飞向基片，Ar 正离子在电场作用下加速飞向阴极靶，并以高能量轰击靶表面，使靶材发生溅射。在溅射粒子中，中性的靶原子或分子沉积在基片上形成薄膜，而产生的二次电子会受到电场和磁场作用，产生 E(电场) $\times B$(磁场)所指的方向漂移，简称 $E\times B$ 漂移，其运动轨迹近似于一条摆线。若为环形磁场，则电子就以近似摆线形式在靶表面做圆周运动，它们的运动路径不仅很长，而且被束缚在靠近靶表面的等离子体区域内，并且在该区域中电离出大量的 Ar 正离子来轰击靶材，从而实现高的沉积速率。随着碰撞次数的增加，二次电子的能量消耗殆尽，逐渐远离靶表面，并在电场 E 的作用下最终沉积在基片上。由于该电子的能量很低，传递给基片的能量很小，致使基片温升较低。磁控溅射是入射粒子和靶的碰撞过程。入射粒子在靶中经历复杂的散射过程，和靶原子碰撞，把部分动量传给靶原子，此靶原子又和其他靶原子碰撞，形成级联过程。在这种级联过程中某些表面附近的靶原子获得向外运动的足够动量，离开靶被溅射出来[82, 85]。图 4-2 为磁控溅射过程的工作原理示意图。

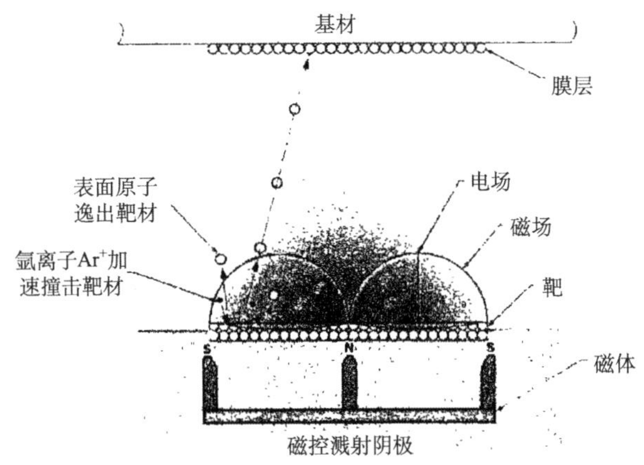

图 4-2　磁控溅射过程的工作原理示意图

4.4.4　磁控溅射法的优缺点

磁控溅射自问世后就获得了迅速的发展和广泛的应用，有力地冲击了其他镀膜方法的地位，这主要是由它以下的优点决定的：①沉积速率快、基材温升低、对膜层的损伤小；②对于大部分材料，只要能制成靶材，就可以实现溅射；③溅射所获得的薄膜与基片结合较好；④溅射所获得的薄膜纯度高、致密性好、成膜均匀性好；⑤溅射工艺可重复性好，可以在大面积基片上获得厚度均匀的薄膜；⑥能够精确控制镀层的厚度,同时可通过改变参数条件控制组成薄膜的颗粒大小；⑦不同的金属、合金、氧化物能够进行混合，同时溅射于基材上；⑧易于实现工业化。

磁控溅射也存在一些典型问题，主要有：

(1)磁控溅射所利用的环状磁场迫使二次电子跳栏式地沿着环状磁场转圈。相应地，环状磁场控制的区域是等离子体密度最高的部位。在磁控溅射时，可以看见溅射气体——氩气在这部位发出强烈的淡蓝色辉光，形成一个光环。处于光环下的靶材是被离子轰击最严重的部位，会溅射出一条环状的沟槽。环状磁场是电子运动的轨道，环状的辉光和沟槽将其形象地表现出来。磁控溅射靶的溅射沟槽一旦穿透靶材，就会导致整块靶材报废，所以靶材的利用率不高，一般低于

40%。

(2) 等离子体不稳定。

(3) 不能实现强磁性材料的低温高速溅射，因为几乎所有的磁通都通不过磁性靶子，所以在靶面附近不能外加强磁场。

4.4.5 磁控溅射法的分类

4.4.5.1 平衡磁控溅射

平衡磁控溅射即传统的磁控溅射，是在阴极靶材背后放置芯部与外环磁场强度相等或相近的永磁体或电磁线圈，在靶材表面形成与电场方向垂直的磁场[84]。沉积室充入一定量的工作气体，通常为 Ar，在高压作用下 Ar 电离成为 Ar^+和电子，产生辉光放电，Ar^+经电场加速轰击靶材，溅射出靶材原子、离子和二次电子等。电子在相互垂直的电磁场作用下，以摆线方式运动，被束缚在靶材表面，延长了其在等离子体中的运动轨迹，增加了其参与气体分子碰撞和电离的过程，电离出更多的离子，提高了气体的离化率，在较低的气体压力下也可维持放电，因而磁控溅射既降低了溅射过程中的气体压力，同时也提高了溅射的效率和沉积速率。但平衡磁控溅射也有不足之处，例如：由于磁场作用，辉光放电产生的电子和溅射出的二次电子被平行磁场紧紧地约束在靶面附近，等离子体区被强烈地束缚在靶面大约 60mm 的区域，随着离开靶面距离的增大，等离子体浓度迅速降低，这时只能把工件安放在磁控靶表面 50～100mm 的范围内，以增强离子轰击的效果。这样短的有效镀膜区限制了待镀工件的几何尺寸，不适于较大的工件或装炉量，制约了平衡磁控溅射技术的应用。且在平衡磁控溅射时，飞出的靶材粒子能量较低，膜基结合强度较差，低能量的沉积原子在基体表面迁移率低，易生成多孔粗糙的柱状结构薄膜。提高被镀工件的温度固然可以改善膜层的结构和性能，但是在很多情况下，工件材料本身不能承受所需的高温。

4.4.5.2 非平衡磁控溅射

非平衡磁控溅射的出现部分克服了平衡磁控溅射的缺点，将阴极靶面的等离子体引到溅射靶前 200～300mm 的范围内，使基体沉浸在等离子体中。一方面，溅射出来的原子和粒子沉积在基体表面形成薄膜；另一方面，等离子体以一定的能量轰击基体，起到离子束辅助沉积的作用，大大改善了膜层的质量[86]。1986 年，Window 和 Savvides[87, 88]首先引入非平衡磁控溅射的概念。不久，多种不同形式的非平衡磁场设计相继出现，磁场有的边缘强，也有的中部强，导致溅射靶表面磁场的“非平衡”。磁控溅射靶的非平衡磁场不仅由通过改变内外磁体大小和强度的永磁体获得，也可由两组电磁线圈产生，或采用电磁线圈与永磁体混合结构，还有在阴极和基体之间增加附加的螺线管，用来改变阴极和基体之间的磁场，并以它来控制沉积过程中离子和原子的比例。非平衡磁控溅射系统有两种结构，一种是其芯部磁场强度比外环高，磁力线没有闭合，被引向真空室壁，基体表面的等离子体密度低，因此该方式很少被采用。另一种是外环磁场强度高于芯部磁场强度，磁力线没有完全形成闭合回路，部分外环的磁力线延伸到基体表面，使得部分二次电子能够沿着磁力线逃逸出靶材表面区域，同时再与中性粒子发生碰撞电离，等离子体不再被完全限制在靶材表面区域，而是能够到达基体表面，进一步增加了镀膜区域的离子浓度，使衬底离子束流密度提高。这样溅射源同时又是轰击基体表面的离子源，基体离子束流密度与靶材电流密度成正比，靶材电流密度提高，沉积速率提高，同时基体离子束流密度提高，对沉积膜层表面起到一定的轰击作用。

4.4.5.3 反应磁控溅射

现代表面工程的发展越来越多地需要用到各种化合物薄膜，反应磁控溅射技术是沉积化合物薄膜的主要方式之一[89, 90]。沉积多元成分的化合物薄膜，可以使用化合物材料制作的靶材溅射沉积，也可以在溅射纯金属或合金靶材时，通入一定的反应气体，如氧气、氮气，反应沉积化合物薄膜，后者被称为反应磁控溅射。通常纯金属靶和反应气体较容易获得很高的纯度，因而反应磁控溅射被广泛地应用于沉积化合物薄膜。

4.4.5.4 中频磁控溅射

将直流磁控溅射电源改为交流中频电源即成为中频磁控溅射。在中频磁控溅射过程中，当靶上所加的电压处在负半周期时，靶材表面被正离子轰击溅射，在正半周期，等离子体中的电子加速飞向靶材表面，中和了靶材表面沉积化合物层累积的正电荷，从而抑制了打弧现象的发生。在确定的工作场强下，频率越高，等离子体中正离子被加速的时间越短，正离子从外电场吸收的能量就越少，轰击靶时的能量就越低，溅射速率就会下降，因此为了维持较高的溅射速度，中频磁控溅射电源的频率一般为 10～80kHz。中频磁控溅射常同时溅射两个靶，并排配置的两个靶的尺寸与外形完全相同，通常称为孪生靶。在溅射过程中，两个靶周期性轮流作为阴极和阳极，既抑制了靶面打火，而且消除了普通直流磁控溅射使阳极消失现象，使溅射过程得以稳定进行[91, 92]。

4.4.5.5 脉冲磁控溅射

脉冲磁控溅射是采用矩形波电压的脉冲电源代替传统直流电源进行磁控溅射沉积。脉冲磁控溅射技术可以有效地抑制电弧产生进而消除由此产生的薄膜缺陷，同时可以提高溅射沉积速率，降低沉积温度等，具有一系列显著优点[93]。脉冲可分为双向脉冲和单向脉冲。双向脉冲在一个周期内存在正电压和负电压两个阶段：负电压段，电源工作于靶材的溅射；正电压段，引入电子中和靶面累积的正电荷，并使表面清洁，裸露出金属表面。加在靶材上的脉冲电压与一般磁控溅射相同(400～500V)，脉冲磁控溅射通常采用方波脉冲波形，在中频段(20～200kHz)即可有效消除异常弧光放电的发生，控制靶材放电的时间，保证靶材不中毒、不出现电弧放电，然后断开靶电压甚至使得靶材带正电[94]。

脉冲磁控溅射的主要参数包括溅射电压、脉冲频率和占空比。由于等离子体中的电子相对离子具有更高的能动性，因此正电压值只需要负电压值的 10%～20%，就可以有效中和靶表面累积的正电荷。脉冲频率通常在中频范围，频率下限取决于保证靶面累积电荷形成的场强低于击穿场强的临界值，频率上限的确定主要考虑到沉积速率，一般在保证稳定放电的前提下，尽可能取较低的频率。在保证溅射时靶表面累积的电荷能在正电压阶段被完全中和的前提下，尽可能提高占空比，以实现电源的最大效率。

4.4.6　磁控溅射法的潜在应用

(1)功能性薄膜。例如：具有吸收、透射、反射、折射、偏光等作用的薄膜[95]。低温沉积氮化硅减反射膜[96]，以提高太阳能电池的光电转换效率。

(2)装饰领域。例如：各种全反射膜及半透明膜等[97]，如手机外壳、鼠标等。

(3)无法或者难以采用化学气相沉积(CVD)法生长的薄膜材料，可以尝试采用磁控溅射法进行生长，而且可以获得大面积非常均匀的薄膜。

(4)在光学领域：中频闭合场非平衡磁控溅射技术也已在光学薄膜(如增透膜)[98]、低辐射玻璃[99]和透明导电玻璃[100]等方面得到应用。特别是透明导电玻璃，目前广泛应用于平板显示器件、太阳能电池、微波与射频屏蔽装置和器件、传感器等。

(5)在机械加工行业中，表面功能膜、超硬膜、自润滑薄膜的表面沉积技术自问世以来得到长足发展。磁控溅射技术能有效地提高表面硬度、复合韧性、耐磨损性和抗高温化学稳定性能，从而大幅度地提高涂层产品的使用寿命[101, 102]。

(6)除上述已被大量应用的领域，磁控溅射还在高温超导薄膜、铁电体薄膜、巨磁阻薄膜、薄膜发光材料、太阳能电池、记忆合金薄膜研究方面发挥重要作用。

4.5　其他典型方法

4.5.1　共混法

共混法类似于聚合物的共混改性，是有机物(聚合物)与无机纳米粒子的共混，该法是制备杂化材料最简单的方法，适合于各种形态的纳米粒子。共混法制备技术虽然简单易操作，组分浓度容易控制，但所制备的杂化材料中有机或无机组分容易聚集，相分离现象严重，不利于杂化材料的均匀化。为了防止无机粒子的团聚，在共混前需要对其进行表面处理，如采用分散剂、偶联剂和(或)表面功能改性剂等综合处理。此外，还可用超声波辅助分散。

纳米粒子的种类、形态、尺寸可选择控制，方法简便、经济、易于实现工业化是共混法的典型优点。此外，由于纳米粒子存在很大的界面自由能，极易发生团聚，因此要将无机纳米粒子直接分散于有机基体中制备聚合物纳米复合材料，必须通过必要的化学预分散或物理机械分散方法，以打开纳米粒子团聚体，再将其均匀分散到聚合物基体中，并使之与基体材料有良好的亲和性。由于纳米微粒是不稳定体系，分散过程中需利用流体力学和表面物理化学作用使团聚体重新分散并使其稳定化。共混法可分为溶液共混、乳液共混和熔融共混。

(1)溶液共混。将聚合物基体完全溶解于适当的溶剂中，加入纳米粒子，充分搅拌溶液，使粒子在溶液中分散混合均匀，除去溶剂或使之聚合制得纳米复合材料[103]。

(2)悬浮液或乳液共混。该法理论上同溶液共混相似，不同的只是以悬浮液或乳液取代溶液，在不适合溶液共混的情况下使用。聚合物乳液与纳米粒子均匀混合，最后除去溶剂(水)而成型，乳液共混中有自乳化型与外乳化型两种复合体系。自乳化型复合体系既能使纳米粒子更加稳定，分散更加均匀，又能克服外加乳化剂对纳米复合材料性能的影响，比外乳化型复合体系更可取[104, 105]。

(3)熔融共混。纳米粒子和聚合物在熔融状态通过各种分散方法均匀混合，其中所选聚合物的分解温度应高于其熔点。该法简便、经济，易于实现工业化生产[106, 107]。

4.5.2　原位分散聚合法

原位分散聚合法又称在位分散聚合法，是一类最简单、最具有代表性的复合材料制备法，一般是将无机分子前驱体和有机分子制成混合溶液，接着加入水和催化剂使无机前驱体发生缩聚，随后加入氧化剂引发原位聚合，所得原料经后续干燥处理，即得有机-无机纳米复合材料[108]。该方法的优点是由于聚合物单体分子较小，黏度低，容易使表面改性后的无机纳米粒子均匀分散并在复合材料中保持分散均匀，粒子的纳米特性完好无损。同时在原位填充过程中只经过一次聚合成型，不需要热加工，避免了由此产生的降解，从而保持了基体各种性能的稳定。缺点是这种工艺需要专用的分散设备，制造工艺相对比较繁琐，成本较高。

4.5.3 共沉淀法

共沉淀法是指在溶液中含有两种或多种阳离子，它们以均相存在于溶液中，加入沉淀剂，经沉淀反应后，可得到各种成分均一的沉淀，它是制备含有两种或两种以上金属元素复合氧化物超细粉体的重要方法[109, 110]。共沉淀法的优点在于：其一是通过溶液中的各种化学反应直接得到化学成分均一的纳米粉体材料，其二是容易制备粒度小而且分布均匀的纳米粉体材料。此外，共沉淀法具有制备工艺简单、成本低、制备条件易于控制、合成周期短等优点，已成为目前研究非常广泛的制备方法。共沉淀法的缺点是沉淀剂的加入可能会使局部浓度过高，产生团聚或组成不够均匀。

工业上许多催化剂在制备时都离不开沉淀操作，它们大都是在金属盐的水溶液中加入沉淀剂，从而制成水合氧化物或难溶和微溶金属盐类的结晶或凝胶，从溶液中沉淀、分离，再经洗涤、干燥、焙烧等工序处理后制成。即使是浸渍法制备的负载型催化剂，无论是采用天然产物作为载体，或是用人工合成物作载体，在其过程中的某处也会使用沉淀操作。一般希望在催化剂制备时能严格控制实验条件，尤其是避免高温，而沉淀法正是符合这一要求。通常所讲的沉淀法是指单组分沉淀法，它是借助于沉淀剂与一种金属盐溶液作用制备单组分催化剂或载体的一种方法。由于沉淀物只含单种组分，所以操作比较简单，条件容易控制。然而，共沉淀法是将两个或两个以上组分同时沉淀的一种方法。其特点是一次可以同时获得几个组分，而且各个组分之间的比例较为恒定，分布也比较均匀。如果组分之间能够形成固溶体，那么分散度和均匀性则更为理想。共沉淀法的分散性和均匀性好，这是它较之于固相混合法等的最大优势。共沉淀法常用于制备多组分催化剂，也是将一种或多种活性组分负载于载体上的方法。

共沉淀法又可分成单相共沉淀和混合物共沉淀。

(1) 单相共沉淀。沉淀物为单一化合物或单相固溶体时，称为单相共沉淀，亦称化合物沉淀法。溶液中的金属离子是以具有与配比组成相等的化学计量化合物形式沉淀的。因而，当沉淀颗粒的金属元素之比就是产物化合物的金属元素之比时，沉淀物具有在原子尺度上的组成均匀性。但是，对于由两种以上金属元素组成的化合物，当金属元素之比按倍比法则，是简单的整数比时，保证组成均匀性是可以的，而当要定量地加入微量成分时，保证组成均匀性常常很困难。如果是利用形成固溶体的方法，就可以收到良好效果。但是，形成固溶体的系统是有限的，适用范围窄，仅对有限的草酸盐沉淀适用。

(2) 混合物共沉淀（多相共沉淀）。沉淀产物为混合物时，称为混合物共沉淀。为了获得均匀的沉淀，通常是将含多种阳离子的盐溶液慢慢加到过量的沉淀剂中并进行搅拌，使所有沉淀离子的浓度大大超过沉淀的平衡浓度。尽量使各组分按比例同时沉淀出来，从而得到较均匀的沉淀物。但由于组分之间产生沉淀时的浓度及沉淀速率存在差异，故溶液的原始原子水平的均匀性可能部分失去，沉淀通常是氢氧化物或水合氧化物，但也可以是草酸盐、碳酸盐等。此法的关键在于如何使组成材料的多种离子同时沉淀。一般通过高速搅拌、加入过量沉淀剂及调节 pH 来得到较均匀的沉淀物。

无论是沉淀法或共沉淀法，它们的操作原理基本相同。沉淀可以看作是溶解的逆过程，当固体在溶剂中不断溶解时，浓度逐渐上升，在一定温度下溶解达到饱和时，固体与溶液呈动态平衡。这时溶液中溶质的浓度就是饱和浓度。而在沉淀过程中，当溶质在液相中的浓度达到饱和时，如果没有同相浓度存在，仍然没有沉淀产生，只有当溶质在溶液中的浓度超过临界饱和度时，沉淀方能自发进行。因此过饱和溶液是沉淀的必要条件，要使溶液结晶沉淀，首先应该配制过饱和溶液，提高溶质浓度，降低溶液温度。

4.5.4　浸渍法

将固体粉末或一定形状及尺寸已成型的固体(载体或含主体的催化剂)浸泡在含有活性组分(主、助催化组分)的可溶性化合物溶液中，接触一定时间后分离残液。这样，活性组分就以离子或化合物的形式附着在固体上，这种方法称为浸渍法。

以浸渍为关键和特殊步骤的制造方法称浸渍法，也是目的催化剂工业生产中广泛应用的一种方法。浸渍法是基于活性组分(含助催化剂)，以盐溶液形态浸渍到多孔载体上并渗透到内表面，而形成高效催化剂的原理。通常将含有活性物质的液体去浸渍各类载体，当浸渍平衡后，去掉剩余液体，再进行与沉淀法相同的干燥、焙烧、活化等工序后处理。经干燥，将水分蒸发逸出，可使活性组分的盐类遗留在载体的内表面上，这些金属和金属氧化物的盐类均匀分布在载体的细孔中，经加热分解及活化后，即得高度分散的载体催化剂。活性溶液必须浸在载体上，常用的多孔性载体有气凝胶、氧化铝、氧化硅、活性炭、硅酸铝、硅藻土、浮石、石棉、陶土、氧化镁、活性白土等，可以用粉状的，也可以用成型后的颗粒状的。这些多孔材料很容易被水溶液浸湿。另外，毛细管作用力可确保液体被吸入到整个多孔结构中，甚至一端封闭的毛细管也将被填满，而气体在液体中的溶解则有助于过程的进行。但也有些载体难于浸湿，例如：高度石墨化或没有化学吸附氧的碳就是这样，可用有机溶剂或将载体在抽真空下浸渍。

浸渍法的基本原理，一方面是因为固体的孔隙与液体接触时，由于表面张力的作用而产生毛细管压力，使液体渗透到毛细管内部；另一方面是活性组分在载体表面上的吸附。为了增加浸渍量或浸渍深度，有时可预先抽空载体内空气，而使用真空浸渍法；提高浸渍液温度(降低其黏度)和增加搅拌，效果相近。浸渍法虽然操作很简单，但是在制备过程中也常遇到许多复杂的问题。如在催化剂干燥时，有时因催化活性物质向外表面的移动而使部分内表面活性物质的浓度降低，甚至载体未被覆盖。

浸渍法具有下列优点：①可以用既成外形与尺寸的载体，省去催化剂成型的步骤；②可选择合适的载体，提供催化剂所需物理结构特性，如比表面、孔半径、机械强度、热导率等；③负载组分多数情况下仅仅分布在载体表面上，利用率高，用量少，成本低，这对铂、钯、铱等贵金属催化剂特别重要。正因为如此，浸渍法可以说是一种简单易行而且经济的方法，广泛用于制备负载型催化剂，尤其是低含量的贵金属负载型催化剂。其缺点是焙烧分解工序常产生废气污染。

浸渍法可以分为四类，即过量浸渍法、等体积浸渍法、多次浸渍法和浸渍沉淀法。

(1) 过量浸渍法。所谓的过量浸渍法就是浸渍溶液的体积大于载体。该过程是活性组分在载体上的负载达到吸附平衡后，再滤掉(而不是蒸发掉)多余的溶液，此时活性组分的负载量需要重新测定。该方法的优点是活性组分分散比较均匀，并且吸附量能达到最大值，当然这也是它的缺点——不能控制活性组分的负载量，很多时候并不是负载量越大活性越好，负载量过多离子也容易聚集。

(2) 等体积浸渍法。等体积浸渍就是载体的体积(一般情况下是指孔体积)和浸渍液的体积一致，浸渍液刚好能完全进入到孔里面。该方法的特点与过量浸渍法相反：活性组分的分散度很差，有的地方颗粒小，有的地方颗粒则很大(因为载体倒入时有前后顺序，先与溶液接触的载体通常会吸附更多的活性相)，但是它能比较方便地控制活性组分的负载量，并且负载量很容易计算出来。对颗粒大小要求不是很严的催化剂，该方法效果较好。

(3) 多次浸渍法。多次浸渍法即浸渍、干燥、焙烧反复进行数次。使用这种方法的原因有两点：一是浸渍化合物的溶解度很小，一次浸渍不能得到足够的负载量，需要重复浸渍多次；二是为避免多组分浸渍化合物各组分之间的竞争吸附，应将各组分按顺序先后浸渍。

(4) 浸渍沉淀法。该法是在浸渍法的基础上辅以均匀沉淀法发展起来的一种新方法，即在浸渍液中预先加入沉淀剂母体，待浸渍单元操作完成后，加热升温使沉淀组分沉积在载体表面上。此法可以用来制备比浸渍法分布更均匀的金属或金属氧化物负载型催化剂。

图 4-3 展示了上海三研实验仪器有限公司生产的 sydc-100 型浸渍提拉镀膜机。浸渍提拉镀膜机又称垂直提拉机，是一款专门为液相制备薄膜材料而设计的精密仪器，可在不同液体中浸渍提拉生长薄膜。提拉速度、提拉高度、浸渍时间、镀膜次数(多次多层镀膜)、镀膜间隔时间均连续可调，对镀膜基质无特殊要求，运行稳定，可极大提高实验精度与实验效率，适用于硅片、晶片、玻璃、陶瓷、金

属等所有固体材料表面涂覆工艺。

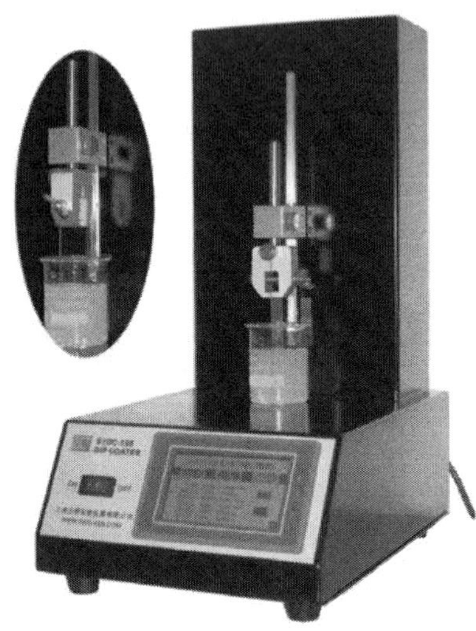

图 4-3　上海三研实验仪器有限公司生产的 sydc-100 型浸渍提拉镀膜机

4.5.5　电沉积法

一些绝缘材料(如纤维素气凝胶)经掺杂导电活性成分(如导电聚合物、金属纳米颗粒和碳材料)获取导电性后，可采用电沉积法进行进一步改性。此外，纤维素气凝胶经高温热解处理也可以得到具有导电性的碳气凝胶。

电沉积是指金属或合金从其化合物水溶液、非水溶液或熔盐中电化学沉积的过程，是金属电解冶炼、电解精炼、电镀、电铸过程的基础。这些过程在一定的电解质和操作条件下进行，金属电沉积的难易程度及沉积物的形态与沉积金属的性质有关，也依赖于电解质的组成、pH、温度、电流密度等因素。电氧化还原过程与传统的化学反应过程相比有下列一些优点：①在电沉积中能够提供高电子转移的功能，这种功能可以使之达到一般化学试剂所不具有的那种氧化还原能力；②合成反应体系及其产物不会被还原剂(或氧化剂)及其相应的氧化产物(或还原产物)所污染；③由于电氧化还原过程的特殊性，因而能制备出其他方法不能制备的许多物质和聚集态[111, 112]。

电沉积法主要包括直流电沉积[113]、脉冲电沉积[114]、喷射电沉积[115]和复合电沉积[116, 117]。

(1)直流电沉积。电沉积过程中非常关键的步骤是新晶核的生成和晶体的成长，这两个步骤的竞争直接影响到镀层中生成晶粒的大小，其决定因素是由吸附表面的扩散速率和电荷传递反应速率不一致造成的。如果在阴极表面具有高的表面扩散速率，由于较慢的电荷传递反应引起的少量吸附原子及低的过电势将有利于晶体的成长；相反，低的表面扩散速率和大量的吸附原子及高的过电势，都将增加成核速率。研究表明，高的阴极过电势、高的吸附原子总数和低的吸附原子表面迁移率是大量形核和减少晶粒生长的必要条件。

(2) 脉冲电沉积。脉冲电沉积过程中，除可以选择不同的电流波形外，还有三个独立的参数可调，即脉冲电流密度、脉冲导通时间和脉冲关断时间。采用脉冲电沉积时，当给一个脉冲电流后，阴极-溶液界面处消耗的沉积离子可在脉冲间隔内得到补充，因而可采用较高的峰值电流密度，得到的晶粒尺寸比直流电沉积的小。此外，采用脉冲电流时由于脉冲间隔的存在，使增长的晶体受到阻碍，减少了外延生长，生长的趋势也发生改变，从而不易形成粗大的晶体。目前电沉积纳米晶较多采用脉冲电沉积法，所用脉冲电流的波形一般为矩形波。脉冲电沉积与直流电沉积相比，更容易得到纳米晶镀层。脉冲电沉积可通过控制波形、频率通断比及平均电流密度等参数，从而可以获得具有特殊性能的纳米镀层。

(3) 喷射电沉积。喷射电沉积是一种局部高速电沉积技术，由于其特殊的流体动力学特性，兼有高的热量和物质传递速率，尤其是高的沉积速率而引人注目。电沉积时，一定流量和压力的电解液从阳极喷嘴垂直喷射到阴极表面，使得电沉积反应在喷射流与阴极表面冲击的区域发生。电解液的冲击不仅对镀层进行了机械活化，同时还有效地减少了扩散层的厚度，改善了电沉积过程，使镀层组织致密，晶粒细化，性能提高。喷射电沉积法能有效地提高电沉积极限扩散电流密度和沉积速率，并能有效提高镀层的硬度等，将脉冲技术引入喷射电沉积中，利用脉冲喷射电沉积，可以比较容易地得到纳米晶材料。

(4) 复合电沉积。纳米复合电沉积（纳米复合镀）技术是将纳米微粒嵌镶于金属镀层中，使纳米微粒与金属离子共沉积的过程。将纳米微粒独特的物理及化学性能赋予金属镀层，使其具备很多优异性能，如硬度、耐磨性、耐蚀性和润湿性等。可以预言，纳米复合镀技术必将得到迅速发展和应用。纳米复合镀层与普通镀层相比，具有以下特点：①由纳米微粒与基质金属组成的复合镀层，具有多相结构，并具有两者的优点，使镀层性能发生巨变；②纳米微粒与基质金属共沉积过程中，纳米微粒的存在将影响电结晶过程，使基质金属的晶粒大为细化，基质金属的晶粒成为纳米晶；③纳米复合镀层的纳米微粒质量分数通常都在10%以内。

影响纳米复合镀层的因素主要有微粒表面的有效电流密度、纳米微粒的尺寸和形状、电流密度、搅拌强度、镀液类型、添加剂、工艺参数、极化度等。另外，纳米微粒的表面状态对沉积层的性能也有很大的影响，添加适量的添加剂可以改善微粒的润湿性和表面电荷的极性，使纳米微粒有利于向阴极迁移、传递和容易被阴极表面俘获。纳米微粒与金属离子共沉积的机理，现在都采用复合电镀的机理来描述，实际上复合电镀的机理至今还不十分清楚，因此用它来解释纳米复合镀的机理是牵强附会的。为了便于理解，通常将纳米复合电沉积过程大致分为 3 个步骤：①悬浮于镀液中的纳米微粒，由镀液深处向阴极表面输送，其主要动力是搅拌形成的动力场；②纳米微粒黏附于阴极表面，其动力学因素比较复杂，与微粒、电极基金属、镀液、添加剂和工艺条件等因素有关；③纳米微粒被阴极上析出的基质金属牢固嵌镶在一起。

4.5.6　化学镀法

化学镀(chemical plating)是一种新型的金属表面处理技术，该技术以其工艺简便、节能、环保日益受到人们的关注。化学镀使用范围很广，镀层均匀、装饰性好。在防护性能方面，能提高产品的耐蚀性和使用寿命；在功能性方面，能提高加工件的耐磨导电性、润滑性能等特殊功能，因而成为全世界表面处理技术的一个发展。近年来，化学镀技术得到了越来越广泛的应用，在各种非金属纤维、微球、微粉等粉体材料上施镀成为研究的热点之一；用化学镀方法可以在非金属纤维、微球、微粉镀件表面获得完整的非常薄而均匀的金属或合金层，而且镀层厚度可根据需要确定。这种金属化的非金属纤维、微球、微粉镀件具有良好的导电性，作为填料混入塑料时能获得较好的防静电性能及电磁屏蔽性能，有可能部分取代金属粉用于电磁波吸收或电磁屏蔽材料。

化学镀也称无电解镀(electroless plating)或者自催化镀(auto-catalytic plating)，是在无外加电流的情况下借助合适的还原剂，使镀液中金属离子还原成金属，并沉积到零件表面的一种镀覆方法[118]。化学镀技术是在金属的催化作用下，通过可控制的氧化还原反应产生金属的沉积过程。与电镀相比，化学镀技术具有镀层均匀、针孔小、不需直流电源设备、能在非导体上沉积和具有某些特殊性能等特点。另外，由于化学镀技术废液排放少，对环境污染小及成本较低，在许多领域已逐步取代电镀，成为一种环保型的表面处理工艺。目前，化学镀技术已在电子、阀门制造、机械、石油化工、汽车、航空航天等工业中得到广泛的应用。

需进行化学镀的镀件一般不溶于水或者难溶于水。化学镀工艺的关键在于预处理，预处理的目的是使镀件表面生成具有显著催化活性效果的金属粒子，这样才能最终在基体表面沉积金属镀层。由于镀件微观表面凹凸不平，必须进行严格的镀前预处理，否则易造成镀层不均匀、密着性差，甚至难于施镀的后果。预处理主要包括以下几个步骤[119]：①化学除油。镀件材料在存放、运输过程中难免沾有油污，为保证预处理效果，必须首先进行除油处理，去除其表面污物，增加基体表面的亲水性，以确保基体表面能均匀地进行金属表面活化。化学除油试剂分有机除油剂和碱性除油剂两种，有机除油剂为丙酮(或乙醇)等有机溶剂，一般用于无机基体如鳞片状石墨、膨胀石墨、碳纤维等除油；碱性除油剂用于有机基体如聚乙烯、聚氯乙烯、聚苯乙烯等除油。②化学粗化。化学粗化的目的是利用强氧化性试剂的氧化侵蚀作用改变基体表面微观形状，使基体表面形成微孔或刻蚀沟槽，并除去表面其他杂质，提高基体表面的亲水性和形成适当的粗糙度，以增强基体和镀层金属的结合力，以保证镀层有良好的附着力。③敏化。敏化处理是使粗化后的有机基体(或除油后的无机基体)表面吸附一层具有还原性的二价锡离子 Sn^{2+}，以便在随后的活化处理时，将银或钯离子由金属离子还原为具有催化性能的银或钯原子。④活化。活化处理是化学镀预处理工艺中最关键的步骤，活化程度的好坏，直接影响后序的施镀效果。化学镀镀前预处理的其他各个工序归根结底都是为了优化活化效果，以保证催化剂在镀件表面附着的均匀性和选择性，从而决定化学镀层与镀件基体的结合力及镀层本身的连续性。活化处理的目的是使活化液中的钯离子 Pd^{2+}或银离子 Ag^{+}被镀件基体表面的 Sn^{2+}还原成金属钯或银微粒并紧附于基体表面，形成均匀催化结晶中心的贵金属层，使化学镀能自发进行。目前，普遍采用的活化液有银氨活化液和胶体钯活化液两种，化学镀铜比较容易，用银即能催化；化学镀钴、化学镀镍较困难，用银不能催化，必须使用催化性强的贵金属如钯、铂等催化。⑤解胶。镀件基体经过胶体钯活化后，表面吸附的是以钯原子为核心的胶团，为使金属钯能起催化作用，需要将吸附在钯原子周围的二价锡胶体层去除以显露出活性钯位置，即进行解胶处理。

化学镀镀液一般由主盐、还原剂、络合剂、缓冲剂组成，对某些特殊材料的镀件施镀时镀液中还需要添加稳定剂、表面活性剂等功能添加剂。主盐与还原剂是获得镀层的直接来源，主盐提供镀层金属离子，还原剂提供还原主盐离子所需要的电子[120]。①主盐。主盐即含镀层金属离子的盐。一般情况下，主盐含量低时沉积速率慢、生产效率较低；主盐含量高时沉积速率快，但含量过大时反应速率过快，易导致表面沉积的金属层粗糙，且镀液易发生自分解现象。②还原剂。还原剂是提供电子以还原主盐离子的试剂。在酸性镀镍液中采用的还原剂主要为次磷酸盐，此时得到磷合金；用硼氢化钠、氨基硼烷等硼化物作还原剂时可得硼合金；用肼作还原剂，可获得纯度较高的金属镀层。还原剂含量增大时，其还原能力增强，使得溶液的反应速率加快，但是含量过高则易使溶液发生自分解，难于控制，获得的镀层外观也不理想。③络合剂。络合剂的作用是通过与金属离子的络合反应来降低游离金属离子的浓度，从而防止镀液因金属离子的水解而产生自然分解，提高镀液的稳定性。络合剂含量增加将使金属沉积速率变慢，因此需要调整较适宜的络合剂浓度。④缓冲剂。缓冲剂的作用是维持镀液的 pH，防止化学镀过程中由于大量析氢所引起的 pH 下降。⑤稳定剂。稳定剂的作用是提高镀液的稳定性，防止镀液在受到污染、存在有催化活性的固体颗粒、装载量过大或过小、pH 过高等异常情况下发生自发分解反应而失效。稳定剂加入量不能过大，否则镀液将产生中毒现象失去活性，导致反应无法进行，因此需要控制镀液中稳定剂的含量在最佳添加量范围。常用的稳定剂有重金属离子、含氧酸盐和有机酸衍生物、硫脲等。⑥表面活性剂。加入表面活性剂可提高镀液对基体的浸润效果，使粉末、颗粒、纤维状镀件很好地分散于镀液中，形成比较稳定的悬浮液。表面活性剂的浓度在一定程度上直接影响粉末、颗粒、纤维状镀件表面上金属镀层的性能。表面活性剂含量过高时生产成本较高，且会产生较大的泡沫，较大的泡沫会吸附粉末、颗粒、纤维状的镀件材料，导致化学镀难以进行，尚需再适当加入消泡剂。表面活性剂含量过低则会影响其在粉体表面的吸附，达不到充分浸润的效果，导致镀件表面活化程度降低，使金属难以沉积在镀件表面。

化学镀是在催化条件下发生的氧化-还原反应过程。化学镀能够顺利实施的必要条件是金属的沉积反应只发生在具有催化作用的工件表面，溶液本身相对稳定，自发发生氧化-还原反应的速率极慢，以保证溶液在较长的时间内不会因自然分解而失效。在化学镀中，溶液内的金属离子是依靠得到由还原剂提供的电子而还原成相应的金属的。完成化学镀的过程有以下 3 种方式。

(1) 置换沉积：利用被镀金属的电位比沉积金属更负，将沉积金属离子从溶液中置换在工件表面上。其化学反应可表述为

$$Me_1 + Me_2^{n+} \longrightarrow Me_2 + Me_1^{m+} \tag{4-5}$$

溶液中金属离子被还原沉积的同时，伴随着基体金属的溶解，当基体金属表面被沉积金属完全覆盖时，反应即自动停止。所以，采用这种方法得到的镀层非常薄。

(2) 接触沉积：利用电位比被镀金属高的第三金属与被镀金属接触，让被镀金属表面富积电子，从而将沉积金属还原在被镀金属表面。其化学反应实际上与置换沉积相同，只是不是基体金属，而是第三金属。其缺点是第三金属离子会在溶液中积累。

(3) 还原沉积：利用还原剂被氧化时释放出的自由电子，把沉积金属还原在镀件表面。其反应过程可表述为

$$Me^{n+} + Re \longrightarrow Me + Ox \tag{4-6}$$

式中，Re 为还原剂，Ox 为氧化剂。一般意义上的化学镀主要是指还原沉积化学镀，它只在具有催化作用的表面上发生。如果沉积金属(如镍、铜等)本身就是反应的催化剂，则该化学镀过程就称为自催化化学镀，它可以得到所需的镀层厚度。

与电镀相比，化学镀的优点是不需要外加直流电源、不存在电力线分布不均匀的影响，因而无论工件的几何形状多复杂，各部位镀层的厚度都是均匀的；只要经过适当的预处理，它可以在金属、非金属、半导体材料上直接镀覆；得到的镀层致密，孔隙少、硬度高，因而具有极好的化学和物理性能。用化学镀的方法能获得镍、铜、银、金、钴、锡、钯、铂等单金属镀层和合金镀层，并已在工业生产中得到应用。其中，以化学镀镍、化学镀铜应用最为普遍。

4.5.7 自组装法

自组装技术是指分子及纳米颗粒等结构单元在平衡条件下，通过非共价键作用自发地缔结成热力学上稳定的、结构上确定的、性能上特殊的聚集体的过程。其最大特点是，自组装过程一旦开始，将自动进行到某个预期的终点，分子等结构单元将自动排列成有序的图形，即使是形成复杂的功能体系也不需要外力的作用。研究表明，内部驱动力是实现自组装的关键，包括范德华力、氢键、静电力等只能作用于分子水平的非共价键力和那些能作用于较大尺寸范围的力，如表面张力、毛细管力等[121]。自组装技术的优点可归纳如下：

(1) 在合成材料和制备功能体系时，可以更广泛地选择原料；

(2) 是一个自发过程，组装过程中无须人的参与，避免人为误差的干扰；

(3) 自组装材料多样性，不仅可用于不同尺度组分的组装，而且可用于组装不同的材料；

(4) 自组装产物的缺陷度最低，各组分之间按最佳结构和组合方式组装；

(5) 自组装技术所需设备比较廉价，自组装过程比较迅速，利于大规模生产，降低成本。

自组装技术的缺点可归纳如下：

(1) 组装体的缺陷问题一直是自组装的关键问题；

(2) 自组装的组装机理及规则需要进一步的探索与发现；

(3) 自组装过程的可靠性、重复性、集成度、成本等方面还有大量工作要做。

自组装普遍存在于自然界中，如生物体的细胞即是由各种生物分子自组装而成，而运用各种分子的自组装亦是建构纳米材料非常重要的方法，这种所谓由下而上(bottom-up)的方法目前被广泛应用来制备具光、电、磁、感测与催化功能的纳米材料[122]。分子聚集体化学是化学发展的新层次。分子聚集体化学以分子之间的弱相互作用及其协同效应为基础，自组装是创造具有新颖结构和功能的有序分子聚集体的重要手段。分子聚集体化学为实现化学学科的知识创新提供了契机，同时它与物理、生物、材料等学科交叉融合，而成为产生新概念和高技术的重要源头之一[123, 124]。

LB(Langmuir-Blodgett)膜技术和层层自组装(layer by layer self-assembly，LBL)膜技术是自组装技术的典型代表。LB 膜法是利用具有疏水端和亲水端的两亲性分子在气-液界面的定向性质，来制备纳米复合材料。LB 薄膜技术是一种可以在分子水平上精确控制薄膜厚度的制膜技术。这种技术是 20 世纪二三十年代由美国科学家 Langmuir 及其学生 Blodgett 建立的一种单分子膜制备技术。将兼具亲水头和疏水尾的两亲性分子分散在水面上，经逐渐压缩其水面上的占有面积，使其排列成单分子层，再将其转移沉积到固体基底上所得到的一种膜，即为 LB 膜。

根据此技术首创者的姓名首字母，将此技术称为LB膜技术[125]。该方法的优点是可以在分子水平上进行设计，按预想的次序排列和取向，制成分子组合体系。这是实现分子工程的重要手段。缺点是LB膜技术要求两亲性分子，两亲性分子以弱色散力结合，降低了LB膜的热学及力学性能，限制了LB膜技术的应用。LBL薄膜是指利用共价键或离子键等将分子、纳米粒子等逐层连接到自组装单层膜上，而该过程相应的技术被称为LBL技术[126]。基于自组装驱动力的不同，一般可分为共价键力和离子键力的层层自组装。该方法的优点是可从分子水平控制无机粒子的形状、空间取向和结构，以共价键或离子键力为自组装驱动力的LBL薄膜成膜稳定。用该技术制备的纳米复合材料不仅具有纳米粒子的量子尺寸效应，还具有LB膜的分子层次有序、膜厚可控、易于组装等优点。此外，该技术无须特殊的设备，制备方法简便易行。缺点是由于共价键的空间障碍，膜上的反应性基团不可能完全参加反应，从而出现空位，产生结构缺陷，使多层的规则变得困难。

参 考 文 献

[1] 李坚. 木材科学. 北京: 科学出版社, 2014.
[2] 李坚. 创生新型木质基复合材料实现低质材的高值利用. 科技导报, 2013, 31(15): 3.
[3] 王红彦, 左旭, 王道龙, 等. 中国林木剩余物数量估算. 中南林业科技大学学报, 2017, 37(2): 29-38.
[4] 陆仁书, 花军. 木材节约的重要途径: 城市废弃木材利用. 木材工业, 2006, 20(2): 69-71.
[5] 刘曼红, 周玉申, 马延军. 城市废弃木材的回收利用及其处理工艺. 林业与环境科学, 2010, 26(2): 55-59.
[6] 虞华强, 段新芳, 张训亚, 等. 我国废弃木材回收利用标准评析. 木材工业, 2015, 29(2): 38-41.
[7] 王丹, 宋湛谦, 商士斌. 热塑性树脂基纳米复合材料研究与应用. 生物质化学工程, 2008, 42(5): 51-55.
[8] 董晓英. 木材基和木质纤维素基纳米复合材料研究. 哈尔滨: 东北林业大学博士学位论文, 2016.
[9] 周凤羽. 基于生物质的纳米孔碳复合材料的制备及电容性能研究. 上海: 上海交通大学博士学位论文, 2015.
[10] 张强, 周永春, 张俊祥. 工业生物技术为我国提供历史性战略机遇. 国际技术经济研究, 2006, 9(2): 1-5.
[11] 任林. 中国纸业总公司废纸资源产业化经营战略研究. 湘潭: 湘潭大学硕士学位论文, 2013.
[12] 李坚. 木质纤维素气凝胶及纳米纤丝化纤维素. 科技导报, 2014, 32(z1): 1.
[13] 卢芸, 邱坚, 孙庆丰, 等. 木质纤维素气凝胶在离子液体中的制备及表征. 科技导报, 2014, 32(4): 29-33.
[14] 万才超, 卢芸, 孙庆丰, 等. 新型木质纤维素气凝胶的制备、表征及疏水吸油性能. 科技导报, 2014, 32(z1): 79-85.

[15] 卢芸, 李坚. 生物质纳米材料与气凝胶. 北京: 科学出版社, 2015.
[16] Isobe N, Kim U J, Kimura S, et al. Internal surface polarity of regenerated cellulose gel depends on the species used as coagulant. Journal of Colloid & Interface Science, 2011, 359(1): 194-201.
[17] Wang S, Lu A, Zhang L. Recent advances in regenerated cellulose materials. Progress in Polymer Science, 2016, 53: 169-206.
[18] Yang X, Fei B, Ma J, et al. Porous nanoplatelets wrapped carbon aerogels by pyrolysis of regenerated bamboo cellulose aerogels as supercapacitor electrodes. Carbohydrate Polymers, 2018, 180: 385-392.
[19] 张须友. 纤维素在铜氨溶液和铜乙二胺溶液中的溶解及再生. 青岛: 青岛大学硕士学位论文, 2012.
[20] 刘会茹, 刘猛帅, 张星辰, 等. 纤维素溶剂体系的研究进展. 材料导报, 2011, 25(7): 135-139.
[21] Aono H, Tatsumi D, Matsumoto T. Characterization of aggregate structure in mercerized cellulose/LiCl·DMAc solution using light scattering and rheological measurements. Biomacromolecules, 2006, 7(4): 1311-1317.
[22] 张俐娜, 王浩. 二甲亚砜/多聚甲醛制纤维素膜孔径的研究. 膜科学与技术, 1995, 4: 33-37.
[23] Nobuo S, Tadayo M, Tokuo Y, et al. Preparation of higher aliphatic acid esters of wood in an N_2O_4-DMF cellulose solvent medium. Journal of Applied Polymer Science, 2010, 24(12): 2347-2359.
[24] Zhao H, Kwak J H, Wang Y, et al. Interactions between cellulose and *N*-methylmorpholine-*N*-oxide. Carbohydrate Polymers, 2007, 67(1): 97-103.
[25] 卿彦, 蔡智勇, 吴义强, 等. 纤维素纳米纤丝研究进展. 林业科学, 2012, 48(7): 145-152.
[26] 王静. 细菌纤维素基复合气凝胶的制备与性能研究. 无锡: 江南大学硕士学位论文, 2015.
[27] 牟国栋, 王晓刚, 贺丽, 等. 纳米科学技术的发展和纳米材料的特性. 西安科技大学学报, 1998, 4: 332-335.
[28] 陈琦, 张来新. 纳米材料科学研究的新进展. 化工科技, 2017, 5: 62-65.
[29] 李国荣, 曾华荣, 郑嘹赢, 等. 无机、有机及其复合电介质的纳米尺寸效应及研究进展. 材料导报, 2010, 24(1): 1-4.
[30] 黄剑锋. 溶胶-凝胶原理与技术. 北京: 化学工业出版社, 2005.
[31] 丁子上, 翁文剑. 溶胶-凝胶技术制备材料的进展. 硅酸盐学报, 1993, 5: 443-449.
[32] 朱冬生, 赵朝晖, 吴会军, 等. 溶胶-凝胶法制备纳米薄膜的研究进展. 材料导报, 2003, 17(s1): 53-55.
[33] 武志刚, 高建峰. 溶胶-凝胶法制备纳米材料的研究进展. 精细化工, 2010, 27(1): 21-25.
[34] 奚愚生, 杨晓东, 刘光明. 溶胶-凝胶法制备杂化材料的研究进展. 表面技术, 2012, 41(3): 120-123.
[35] Brinker C J, Scherer G W. Sol-gel Science: The Physics and Chemistry of Sol-Gel Processing. New York: Academic Press, 1990.
[36] Hench L L, West J K. The sol-gel process. Chemical Reviews, 1990, 90(1): 33-72.
[37] 余桂郁, 杨南如. 溶胶-凝胶法简介: 第三讲 溶胶-凝胶法工艺过程. 硅酸盐通报, 1993, 6:

60-66.
[38] 杨南如, 余桂郁. 溶胶-凝胶法简介: 第一讲——溶胶-凝胶法的基本原理与过程. 硅酸盐通报, 1993, 2: 58-65.
[39] 杨宁, 王剑华, 郭玉忠, 等. 溶胶凝胶模板法制备氧化锡纳米纤维. 稀有金属材料与工程, 2008, 37(4): 694-696.
[40] 邓橙, 宋永才. 溶胶-凝胶法制备镍纤维及其电磁性能研究. 材料工程, 2006, 11: 40-44.
[41] 郝雅娟, 郭向云. 碳化硅纳米纤维的溶胶-凝胶法合成. 功能材料, 2004, 35(z1): 2856-2858.
[42] Kumar A, Malik A K, Tewary D K. A review on development of solid phase microextraction fibers by sol-gel methods and their applications. Analytica Chimica Acta, 2008, 610(1): 1-14.
[43] Zhan S, Yu H, Li Y, et al. Co-electrospun $BaTiO_3$ hollow fibers combined with sol-gel method. Journal of Dispersion Science & Technology, 2008, 29(9): 1345-1348.
[44] Selvaraj U, Prasadarao A V, Komarneni S, et al. Sol-gel processing of $PbTiO_3$ and $Pb(Zr_{0.52}Ti_{0.48})O_3$ fibers. Journal of Materials Research, 1992, 7(4): 992-996.
[45] 李坤, 曹大呼, 李金华, 等. 锌铌酸铅-锆钛酸铅(PZN-PZT)压电陶瓷和陶瓷纤维的制备. 无机材料学报, 2005, 20(5): 1099-1105.
[46] 潘建平, 彭开萍, 陈文哲. 溶胶-凝胶法制备薄膜涂层的技术与应用. 腐蚀与防护, 2001, 22(8): 339-342.
[47] 张兴旺. 氧化物透明导电薄膜的溶胶-凝胶法制备. 西安: 西安理工大学硕士学位论文, 2002.
[48] 陈健, 张江, 高善民, 等. 溶胶-凝胶旋涂法制备 ITO 薄膜. 微纳电子技术, 2007, 44(3): 132-136.
[49] 雅菁, 杨宁宁. 溶胶-凝胶法制备 TiO_2 薄膜及其光学性能的研究. 功能材料, 2015, 47(13): 13014-13017.
[50] 余忠清, 赵秦生, 张启修. 溶胶-凝胶法制备超细球形氧化铝粉末. 无机材料学报, 1994, 4: 475-479.
[51] 丛昱, 宁桂玲, 黄新, 等. 溶胶-凝胶法合成纳米级 ZnO 超细粉末. 仪器仪表学报, 1995, 1: 309-313.
[52] 王佰娜. 溶胶-凝胶碳热还原法制备超细硼化锆粉体. 昆明: 昆明理工大学硕士学位论文, 2016.
[53] 于锦, 孙雅茹, 李灿权, 等. 超微粉末 $NdFeO_3$ 的制备及催化作用. 稀土, 1998, 6: 70-72.
[54] 施尔畏, 夏长泰, 王步国, 等. 水热法的应用与发展. 无机材料学报, 1996, 2: 193-206.
[55] 席国喜, 姚路, 路迈西. 水热法在无机粉体材料制备中的研究进展. 材料导报, 2007, 21(s1): 134-136.
[56] 张昌龙, 左艳彬, 何小玲, 等. 水热法生长晶体新进展. 人工晶体学报, 2012, 1: 242-246.
[57] 陈少杰, 张教强, 郭银明. 纳米复合材料制备方法的研究进展. 玻璃钢/复合材料, 2008, 5: 41-46.
[58] Sun Q, Yun L, Yang D, et al. Preliminary observations of hydrothermal growth of nanomaterials on wood surfaces. Wood Science & Technology, 2014, 48(1): 51-58.
[59] Sun Q, Lu Y, Zhang H, et al. Improved UV resistance in wood through the hydrothermal growth of highly ordered ZnO nanorod arrays. Journal of Materials Science, 2012, 47(10): 4457-4462.

[60] Wan C, Lu Y, Sun Q, et al. Hydrothermal synthesis of zirconium dioxide coating on the surface of wood with improved UV resistance. Applied Surface Science, 2014, 321: 38-42.

[61] Wan C, Jiao Y, Li J. In situ deposition of graphene nanosheets on wood surface by one-pot hydrothermal method for enhanced UV-resistant ability. Applied Surface Science, 2015, 347: 891-897.

[62] Gan W, Gao L, Zhan X, et al. Hydrothermal synthesis of magnetic wood composites and improved wood properties by precipitation with $CoFe_2O_4$/hydroxyapatite. RSC Advances, 2015, 5(57): 45919-45927.

[63] Hui B, Li G, Li J, et al. Hydrothermal deposition and photoresponsive properties of WO_3 thin films on wood surfaces using ethanol as an assistant agent. Journal of the Taiwan Institute of Chemical Engineers, 2016, 64: 336-342.

[64] Li J, Yu H, Sun Q, et al. Growth of TiO_2 coating on wood surface using controlled hydrothermal method at low temperatures. Applied Surface Science, 2010, 256(16): 5046-5050.

[65] Hui B, Li G, Zhao X, et al. h-MoO_3 microrods grown on wood substrates through a low-temperature hydrothermal route and their optical properties. Journal of Materials Science: Materials in Electronics, 2017, 28(4): 3264-3271.

[66] Gao L, Lu Y, Cao J, et al. Reversible photocontrol of wood-surface wettability between superhydrophilicity and superhydrophobicity based on a TiO_2 film. Journal of Wood Chemistry & Technology, 2015, 35(5): 365-373.

[67] Wan C, Lu Y, Jin C, et al. A facile low-temperature hydrothermal method to prepare anatase titania/cellulose aerogels with strong photocatalytic activities for rhodamine B and methyl orange degradations. Journal of Nanomaterials, 2015, 2015: 717016.

[68] Wan C, Li J. Embedding ZnO nanorods into porous cellulose aerogels via a facile one-step low-temperature hydrothermal method. Materials & Design, 2015, 83: 620-625.

[69] 王立明, 韦志仁, 吴峰. 水热条件下影响晶体生长的因素. 河北大学学报(自然科学版), 2002, 22(4): 345-350.

[70] 王辉, 徐建梅, 沈上越. 水热法工艺对合成陶瓷粉体性能的影响. 宝鸡文理学院学报(自科版), 2006, 26(4): 291-296.

[71] 衣宝葵, 马春元, 卢申卿, 等. 超临界水热分解有机废物资源化技术. 环境工程, 2008, 26(2): 50-52.

[72] 孔令照, 李光明, 贺文智, 等. 超(亚)临界水热法处理有机废物的研究进展. 化工进展, 2006, 25(5): 469-474.

[73] 曾其林. 生物质有机废弃物水热解机理及资源化工程利用研究. 保定: 华北电力大学硕士学位论文, 2013.

[74] 宗宫重行, 翟启丽. 氧化铬的水热反应烧结. 人工晶体学报, 1984, 1: 59-65.

[75] 赖琼钰, 卢集政. $Co_xFe_{3-x}O_4$ 纳米晶的水热氧化合成研究. 化学世界, 2000, 41(3): 124-127.

[76] 王展, 李继文, 魏世忠, 等. 水热共还原法制备 La_2O_3 掺杂 W-Cu 复合粉末工艺研究. 中国稀土学报, 2015, 33(4): 461-468.

[77] 常艳丽, 陈胜, 曹傲能. 压力促进氧化石墨烯水热还原反应的机理. 上海大学学报(自然科学版), 2010, 16(6): 577-581.

[78] 朱振峰, 孙洪军, 刘辉, 等. 表面活性剂辅助水热-热分解法制备介孔氧化铝纤维. 无机材料学报, 2009, 24(5): 1003-1007.
[79] 何赐全, 杜海燕, 孙家跃. 无机纳米材料的水热合成及其衍生方法. 化工新型材料, 2007, 35(10): 19-21.
[80] 孙银弟. 水热法制备氧化物中空微球. 哈尔滨: 哈尔滨工业大学硕士学位论文, 2008.
[81] 张以忱. 真空镀膜技术. 北京: 冶金工业出版社, 2009.
[82] 李芬, 朱颖, 李刘合, 等. 磁控溅射技术及其发展. 真空电子技术, 2011, 3: 49-54.
[83] 何文. 浅谈磁控溅射镀膜工艺及其在我国的发展现状. 山东建材, 1994, 6: 9-12.
[84] 余东海, 王成勇, 成晓玲, 等. 磁控溅射镀膜技术的发展. 真空, 2009, 46(2): 19-25.
[85] 赵嘉学, 童洪辉. 磁控溅射原理的深入探讨. 真空, 2004, 41(4): 74-79.
[86] 董骐, 范毓殿. 非平衡磁控溅射及其应用. 真空科学与技术学报, 1996, 1: 51-57.
[87] Window B, Savvides N. Unbalanced dc magnetrons as sources of high ion fluxes. Journal of Vacuum Science & Technology A Vacuum Surfaces & Films, 1986, 4(3): 453-456.
[88] Savvides N, Window B. Unbalanced magnetron ion-assisted deposition and property modification of thin films. Journal of Vacuum Science & Technology A Vacuum Surfaces & Films, 1986, 4(3): 504-508.
[89] 茅昕辉, 陈国平. 反应磁控溅射的进展. 真空, 2001, 4: 1-7.
[90] 王进霞, 洪瑞金, 张涛, 等. 直流反应磁控溅射制备单一相 Cu_2O 薄膜及光电性能研究. 功能材料, 2017, 48(4): 4096-4099.
[91] 于翔, 刘阳, 王成彪, 等. 中频磁控溅射法制备厚类金刚石碳膜. 润滑与密封, 2006, 10: 25-28.
[92] 林小东, 宋绪丁, 傅高升, 等. 电弧离子镀与中频磁控溅射复合制备 TiAlN 薄膜. 中国表面工程, 2008, 21(4): 40-44.
[93] 黄辨琳. 脉冲磁控溅射电源关键技术的研究. 西安: 西安理工大学硕士学位论文, 2015.
[94] 梁凤敏, 周灵平, 彭坤, 等. 脉冲磁控溅射沉积微晶硅薄膜工艺研究. 材料导报, 2012, 26(22): 47-50.
[95] 黄烽. 新型功能光学薄膜的磁控溅射工艺及物性研究. 合肥: 中国科学技术大学博士学位论文, 2009.
[96] 贾晓昀. 磁控溅射制备氮化硅薄膜特性研究. 北京: 北京交通大学硕士学位论文, 2007.
[97] 范丽琴. 磁控溅射制备掺铝氧化锌薄膜及其特性研究. 福州: 福建师范大学硕士学位论文, 2009.
[98] 徐均琪, 杭凌侠, 惠迎雪, 等. 非平衡磁控溅射无氢 DLC 增透膜的研制. 真空, 2005, 42(5): 22-25.
[99] 辛荣生, 林钰. 磁控溅射法镀制红外低辐射膜的研究进展. 真空, 2008, 45(5): 42-45.
[100] 倪佳苗, 赵青南, 王鹏, 等. 射频磁控溅射法在玻璃上制备紫外吸收和透明导电双功能薄膜. 硅酸盐学报, 2006, 34(10): 1182-1186.
[101] 韩士萍, 马辉. TC_4 合金表面磁控溅射 W-Al-N 复合膜的摩擦磨损和高温抗氧化性能. 材料保护, 2016, 49(4): 14-18.
[102] 张金林. 磁控溅射金属增韧的 TiN/AlN 纳米多层膜制备与性能研究. 沈阳: 沈阳大学硕士学位论文, 2012.

[103] 邓建国, 李新跃. 溶液共混法制备 PET/纳米 SiO_2 复合材料. 四川理工学院学报(自科版), 2008, 21(2): 112-114.
[104] 孟玥. 聚丙烯悬浮接枝聚苯乙烯及其与聚丙烯共混的研究. 长春: 长春理工大学硕士学位论文, 2012.
[105] 陈沛智, 张高文, 李小勤, 等. VAE/PA 乳液共混体系研究. 高分子材料科学与工程, 1998, 3: 71-74.
[106] 黄锐, 王旭, 张玲, 等. 熔融共混法制备聚合物/纳米无机粒子复合材料. 中国塑料, 2003, 4: 20-23.
[107] 王志苗, 张兴祥, 王学晨, 等. 熔融共混法制备羧基化多壁碳纳米管/PA66 复合纤维及其性能. 复合材料学报, 2011, 28(2): 16-21.
[108] 梁晓波. 原位分散聚合制备防吸湿煅白及其机理研究. 太原: 太原理工大学硕士学位论文, 2015.
[109] 梁健, 黄惠忠, 谢有畅. 共沉淀法制备 ZrO_2-Al_2O_3 纳米复合氧化物的物相表征. 物理化学学报, 2016, 19(1): 30-34.
[110] 李东风, 孟哲, 贾振斌, 等. 化学共沉淀法制备纳米级软磁铁氧体研究进展. 应用科技, 2003, 30(4): 54-56.
[111] 杨建明, 朱荻, 雷卫宁. 电沉积法制备纳米晶材料的研究进展. 材料保护, 2003, 36(4): 1-4.
[112] 王博, 黄剑锋, 夏常奎. 电化学沉积法制备薄膜、涂层材料研究进展. 陶瓷, 2010, 1: 57-61.
[113] 喻辉, 戴品强, 林宇, 等. 直流电沉积法制备纳米晶体镍. 福州大学学报, 2004, 32(6): 706-710.
[114] 常季, 陈吉, 崔霄, 等. 脉冲电沉积 WC-Co-Ni 镀层的制备及性能研究. 表面技术, 2015, 44(11): 35-39.
[115] 刘志东, 王景丽, 陈劲松, 等. 喷射电沉积多孔镍. 材料科学与工程学报, 2008, 26(6): 869-873.
[116] 群家, 马莒生. 复合电沉积的研究及进展. 电镀与环保, 1998, 6: 3-7.
[117] 汪骥, 陈昌毅, 李瑞, 等. 纳米复合电沉积制备钢基超疏水表面工艺探究. 哈尔滨工程大学学报, 2016, 37(5): 660-665.
[118] 伍学高, 李铭华, 黄渭成. 化学镀技术. 成都: 四川科学技术出版社, 1985.
[119] 姜晓霞, 沈伟. 化学镀理论及实践. 北京: 国防工业出版社, 2000.
[120] 郭海祥. 化学镀技术应用新进展. 金属热处理, 2001, 1: 9-12.
[121] 李建波, 许群. 层-层自组装技术的发展与应用. 世界科技研究与发展, 2007, 29(3): 31-38.
[122] 赵愚, 余海湖, 姜德生. 技术创新与全球纳米自组装技术的发展. 科技进步与对策, 2002, 19(5): 75-77.
[123] Wang Y, Zhou W. A review on inorganic nanostructure self-assembly. Journal of Nanoscience & Nanotechnology, 2010, 10(3): 1563-1583.
[124] Thorkelsson K, Bai P, Xu T. Self-assembly and applications of anisotropic nanomaterials: A review. Nano Today, 2015, 10(1): 48-66.
[125] 毕亚东, 韩恩山, 张西慧. LB 膜技术的应用研究进展. 化工进展, 2002, 21(12): 894-902.
[126] 郭敏. 复合型薄膜的逐层自组装制备方法及其特性. 厦门: 厦门大学博士学位论文, 2012.

第5章 纤维素气凝胶及其纳米复合材料的常规表征手段

5.1 概 论

气凝胶根据其成分可以分为无机气凝胶、有机气凝胶和有机-无机复合气凝胶三类[1, 2]。纤维素气凝胶作为新生的第三代材料，超越了硅气凝胶和聚合物基气凝胶，在具备传统气凝胶特性(低密度[3-6]、高比表面积[7]、高孔隙率[8,9]及孔径分布小等)的同时融入了自身的优异性能，如良好的生物相容性和可降解性，在制药业、化妆品、环境修复、催化剂、能量储存、光电器件、绝缘材料等方面具有很广泛的应用，是一个不断发展的生物类聚合物材料。

纤维素气凝胶主要包括以下三类：纳米纤丝化纤维素气凝胶(也称为纤维素纳米纤丝气凝胶)、再生纤维素气凝胶和细菌纤维素气凝胶。纳米纤丝化纤维素(nanofibrillated cellulose，NFC)具有卓越的光学性能、机械性能和结构性能，在组织工程、纳米复合材料、纳米器件中有非常广泛的用途[10]。通过高压匀质法[11, 12]，高压乳化法[13-15]，精磨/胶磨法[16-18]，打浆、研磨、匀质结合法，高速剪切法，冷冻压碎法[19-22]和球磨法等可以成功分离NFC。此外，一些预处理方法可以降低直接机械处理的能耗，主要包括：酶预处理法[23]、羧甲基化法[24]和 2,2,6,6-四甲基哌啶氧自由基(TEMPO)氧化伯羟基法[25]。经过NFC的自组装和超临界干燥等工艺即可制备NFC气凝胶。对于再生纤维素气凝胶，其制备过程主要包括纤维素的溶解、再生和超临界干燥或冷冻干燥等过程[26-28]。对于细菌纤维素气凝胶，木醋杆菌是常用于制备细菌纤维素的一种常见菌种[29]。细菌纤维素经化学提纯、超临界干燥或冷冻干燥等处理即可得到细菌纤维素气凝胶[30-32]。

如上所述，这三类纤维素气凝胶的制备方法截然不同，因此导致它们在宏观特性(如质地、密度、透光率和力学强度)和微观特性(如微观形貌、结晶度、晶型和孔隙结构)上截然不同的差异。此外，同一种类的纤维素气凝胶的宏、微观的理化特性也易受具体的制备工艺所影响。因此，有必要采用合适的表征手段对纤维素气凝胶的宏、微观的理化特性(特别是微观性能)进行表征分析。

5.2　微观形貌表征

5.2.1　电子光学基础

光学显微镜的发明为人类认识微观世界提供了重要的工具。随着科学技术的发展，光学显微镜因其有限的分辨本领而难以满足许多微观分析的需求。20 世纪 30 年代后，电子显微镜的发明将分辨本领提高到纳米量级，同时也将显微镜的功能由单一的形貌观察扩展到集形貌观察、晶体结构、成分分析等于一体。人类认识微观世界的能力从此有了长足的发展。

分辨本领指显微镜能分辨样品上两点间的最小距离。以物镜的分辨本领来定义显微镜的分辨本领。人的眼睛仅能分辨 0.1～0.2mm 的细节。借助光学显微镜，人们可观察到像细菌那样小的物体。然而，受光学显微镜分辨本领(或分辨率)的限制，用光学显微镜来揭示更小粒子的显微组织结构是不可能的。光学透镜分辨率公式如方程式(5-1)所示[33]：

$$\Delta r_0 = \frac{0.61\lambda}{n\sin\alpha} \tag{5-1}$$

式中，λ 是照明束波长，α 是透镜孔径半角，n 是物方介质折射率，$n\cdot\sin\alpha$ 称为数值孔径。对于光学透镜，当 $n\cdot\sin\alpha$ 最大时($n\approx1.5$，$\alpha\approx70°\sim75°$)，光学透镜分辨率公式可按方程式(5-2)表示：

$$\Delta r_0 \approx \frac{\lambda}{2} \tag{5-2}$$

从公式中可以看出，波长是透镜分辨率大小的决定因素。半波长是光学显微镜分辨率的理论极限。若用波长最短的可见光(λ=390nm)作照明光源，则 $\Delta r_0 \approx$200nm。200nm 是光学显微镜分辨本领的极限。根据透镜分辨率的公式，要想提高显微镜的分辨率，关键是降低照明光源的波长。顺着电磁波谱朝短波长方向寻找，紫外光的波长为 13～390nm，比可见光短得多，但是大多数物质都强烈地吸收紫外光，因此紫外光难以作为照明光源。更短的波长是 X 射线(0.01～10nm)。但是，迄今为止还没有找到能使 X 射线改变方向、发生折射和聚焦成像的物质，也就是说还没有 X 射线的透镜存在，因此 X 射线也不能作为显微镜的照明光源。除了电磁波谱外，在物质波中，电子波不仅具有短波长，而且存在使之发生折射聚焦的物质，所以电子波可以作为照明光源，由此形成电子显微镜。

根据德布罗意(de Broglie)的观点，运动的电子除了具有粒子性外，还具有波动性。这一点和可见光相似。电子波的波长取决于电子运动的速度和质量，即可表示为方程式(5-3)：

$$\lambda = \frac{h}{mv} \tag{5-3}$$

式中，h 为普朗克常数，h=6.626×10^{-34}J·s；m 为电子质量；v 为电子运动速度，它和加速电压 U 之间存在如下关系：

$$\frac{1}{2}mv^2 = eU \tag{5-4}$$

式中，e 为电子所带电荷，e=1.6×10^{-19}C。将方程式(5-3)和方程式(5-4)合并可以得到方程式(5-5)：

$$\lambda = \frac{h}{\sqrt{2emU}} = \frac{1.226}{\sqrt{U}} \tag{5-5}$$

表 5-1 为不同加速电压下的电子波波长。可以看出在高加速电压下，电子波的波长非常小，甚至低于 X 射线的波长。

表 5-1　不同加速电压下的电子波波长

加速电压 U/kV	电子波波长 λ/nm	加速电压 U/kV	电子波波长 λ/nm
20	0.008 59	120	0.003 34
40	0.006 01	160	0.002 85
60	0.004 87	200	0.002 51
80	0.004 18	500	0.001 42
100	0.003 71	1 000	0.000 87

5.2.2　透射电子显微镜

透射电子显微镜(transmission electron microscope，TEM)是观察纤维素气凝胶微观形貌的一个重要工具。具有高放大倍率的 TEM 也适于观察纤维素气凝胶复合材料中掺杂的客体小物质(如纳米颗粒、纳米针、纳米花、纳米片等)。TEM 在材料科学、生物学上应用较多[34-36]。由于电子易散射或被物体吸收，故穿透力低，样品的密度、厚度等都会影响到最后的成像质量，必须制备超薄切片，通常为 50～100nm，所以用 TEM 观察时样品需要处理得很薄。常用的方法有：超薄切片法、冷冻超薄切片法、冷冻蚀刻法、冷冻断裂法等。切好的薄片被放在铜网上，经过染色和干燥后才能用于观察。

恩斯特·阿贝最开始指出，对物体细节的分辨率受到用于成像的光波波长的限制，因此使用光学显微镜仅能对微米级的结构进行放大观察。通过使用由奥古斯特·柯勒和莫里茨·冯·罗尔研制的紫外光显微镜，可以将极限分辨率提升约一倍。然而，由于常用的玻璃会吸收紫外线，这种方法需要更昂贵的石英光学元件。当时人们认为由于光学波长的限制，无法得到亚微米分辨率的图像。1858 年，尤利乌斯·普吕克认识到可以通过使用磁场来使阴极射线弯曲。这个效应早在 1897 年就曾经被费迪南德·布劳恩用来制造一种被称为阴极射线示波器的测量设备。1928 年，柏林科技大学的高电压技术教授阿道夫·马蒂亚斯让马克斯·克诺尔领导一个研究小组来改进阴极射线示波器。这个研究小组由几个博士生组成，这些博士生包括恩斯特·鲁斯卡和博多·冯·博里斯。这组研究人员考虑了透镜设计和示波器的排列，试图通过这种方式来找到更好的示波器设计方案，同时研制可以用于产生低放大倍数(接近 1∶1)的电子光学元件。1931 年，这个研究小组成功地获得了在阳极光圈上放置的网格电子放大图像。这个设备使用两个磁透镜来达到更高的放大倍数，因此被称为第一台电子显微镜。通过这个设备，人们成功地得到了铝片的衍射图像和正常图像，然而其超过光学显微镜分辨率的特点仍然没有得到完全的证明。直到 1933 年，通过对棉纤维成像，才正式证明了 TEM 的高分辨率。然而由于电子束会损害棉纤维，成像速度需要非常快。1936 年，西门子公司继续对电子显微镜进行研究，他们的研究目的是改进 TEM 的成像效果，尤其是对生物样品的成像。此时，电子显微镜已经由不同的研究组制造出来，1939 年，第一台商用的电子显微镜安装在 I. G Farben-Werke 的物理系。由于西门子公司建立的新实验室在第二次世界大战中的一次空袭中被摧毁，同时两名研究人员丧生，电子显微镜的进一步研究工作受到阻碍。第二次世界大战之后，鲁斯卡在西门子公司继续他的研究工作。在这里，他继续研究电子显微镜，生产了第一台能够放大十万倍的显微镜。这台显微镜的基本设计仍然在今天的现代显微镜中使用。第一次关于电子显微镜的国际会议于 1942 年在代尔夫特举行，参加者超过 100 人。随后的会议包括 1950 年的巴黎会议和 1954 年的伦敦会议。随着 TEM 的发展，相应的扫描透射电子显微镜(STEM)技术被重新研究，而在 1970 年芝加哥大学的阿尔伯特·克鲁发明了场发射枪，同时添加了高质量的物镜从而发明了现代的 STEM。这种设计可以通过环形暗场成像技术来对原子成像。克鲁和他的同事还发明了冷场电子发射源，同时建造了一台能够对很薄的碳衬底上的重原子进行观察的 STEM[37]。图 5-1 为美国 FEI 公司生产的 Tecnai G2 F30 型 TEM。

TEM 的工作原理可以简述如下。如图 5-2 所示，TEM 通常采用热阴极电子枪来获得电子束作为照明光源。热阴极发射的电子，在阳极加速电压的作用下，高速穿过阳极孔，然后被聚光镜会聚成具有一定直径的束斑照到样品上。具有一定能量的电子束与样品发生作用，产生反映样品微区厚度、平均原子序数、晶体结构或位向差别的多种信息。透过样品的电子束强度(取决于上述信息)，经过物镜聚焦放大在其像平面上形成一幅反映这些信息的透射电子像，经过中间镜和投影镜进一步放大，在荧光屏上得到三级放大的最终电子图像，还可将其记录在电子感光板或胶卷上[38]。TEM 和普通光学显微镜的光路是相似的。表 5-2 比较了光学显微镜与 TEM 的部分结构与性能。

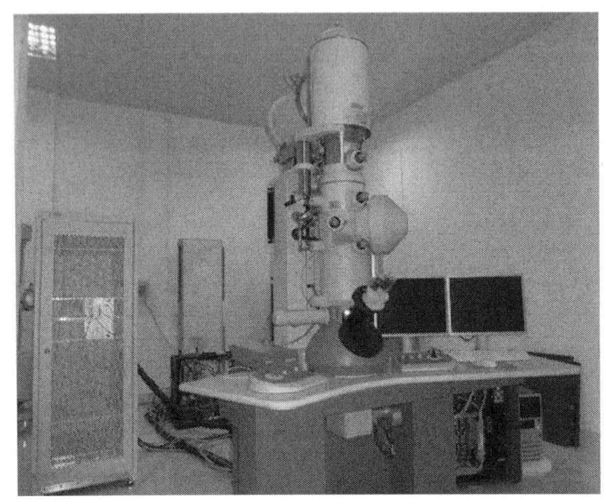

图 5-1　美国 FEI 公司生产的 Tecnai G2 F30 型 TEM

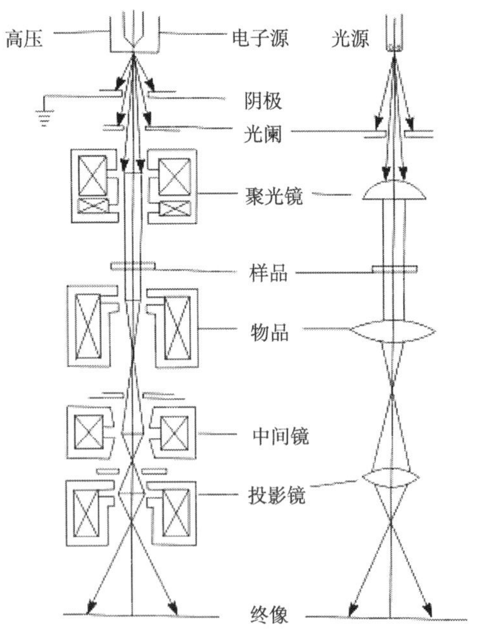

图 5-2　(左)TEM 和(右)光学显微镜的结构示意图

表 5-2　光学显微镜与 TEM 的部分结构与性能比较

结构与性能	光学显微镜	TEM
光源	可见光	电子源(电子枪)
照明控制	玻璃聚光镜	电子聚光镜
样本	1mm 厚的载玻片	200～500nm 厚的薄膜
放大成像系统	玻璃透镜	电子透镜
介质	空气和玻璃	高度真空
像的观察	直接用眼	利用荧光屏
聚焦方法	移动透镜	改变线圈电流或电压
分辨本领	200nm	0.2～0.3nm
有效放大倍数	$\times 10^3$	$\times 10^6$
物镜孔径角	约 70°	＜1°
景深	较小	较大
焦长	较短	较长
像的记录	照相底板	照相底板

TEM 成像系统可以实现两种成像操作：一种是将物镜的像放大成像，即试样形貌观察；另一种是将物镜背焦面的衍射花样放大成像，即选区电子衍射分析(SAED)。TEM 成像系统中的物镜是显微镜的核心，它的分辨率就是显微镜的分辨率。TEM 的显著特点是分辨本领高。目前世界上最先进的 TEM 的分辨本领已达到 0.1nm，可用来直接观察原子像。早期的 TEM 功能主要是观察样品形貌，后来发展到可以通过电子衍射原位分析样品的晶体结构。兼具形貌和晶体结构原位分析的特殊功能是其他结构分析仪器(如光镜和 X 射线衍射仪)所不具备的。TEM 增加附件后，其功能可以从原来的样品内部组织形貌观察、原位的电子衍射分析，发展到还可以进行原位的成分分析[39, 40]。结合样品台设计成高温台、低温台和拉伸台，TEM 还可以在加热状态、低温冷却状态和拉伸状态下观察样品动态的组织结构、成分的变化，使得 TEM 的功能进一步拓宽。TEM 功能的拓宽意味着一台仪器在不更换样品的情况下可以进行多种分析，尤其是可以针对同一微区位置进行形貌、晶体结构、成分(价态)的全面分析。

TEM 发展的另一个表现是分辨率的不断提高。目前 200kV TEM 的分辨率好于 0.2nm，1000kV TEM 的分辨率达到 0.1nm。TEM 分辨率的提高取决于电磁透镜的制造水平不断提高，球差系数逐渐下降；TEM 的加速电压不断提高，从 80kV、100kV、120kV、200kV、300kV 直到 1000kV 以上；为了获得高亮度且相干性好的照明光源，电子枪由早期的发夹式钨灯丝，发展到 LaB_6 单晶灯丝，现在又开发出场发射电子枪。提高 TEM 分辨率的关键在于物镜制造和上下极靴之间的间隙，舍弃各种分析附件可以使 TEM 的分辨率进一步提高，由此产生了 TEM 的另一个分支——高分辨 TEM(HRTEM)。HRTEM 是 TEM 的一种，它可以将晶面间距通过明暗条纹形象地表示出来。通过测定明暗条纹的间距，然后与晶体的标准晶面间距对比，确定属于哪个晶面。这样很方便地标定出晶面取向或者材料的生长方向。用 HRTEM 研究纳米颗粒可以通过结合高分辨像和能谱分析结果来得到纳米颗粒的结构和成分信息[41]。

5.2.3　扫描电子显微镜

纤维素气凝胶多孔材料的微观形貌观察的另一种重要设备是扫描电子显微镜(scanning electron microscope，SEM)。SEM 是自 20 世纪 60 年代作为商用电镜面世以来迅速发展起来的一种新型的电子光学仪器，现已被广泛地应用于化学、生物、医学、冶金、材料、半导体制造、微电路检查等各个研究领域和工业部门。图 5-3 为美国 FEI 公司生产的 Q250 型 SEM 的外观图。SEM 主要是利用二次电子信号成像来观察样品的表面形态，即用极狭窄的电子束去扫描样品，通过电子束与样品的相互作用产生各种效应，其中主要是样品的二次电子发射。二次电子能够产生样品表面放大的形貌图像，这个图像是在样品被扫描时按时序建立起来的，即使用逐点成像的方法获得放大像[42]。SEM 的优点是：①有较高的放大倍数，放大倍数在 20～200 000 范围之间连续可调；②有很大的景深，视野大，成像富有立体感，可直接观察各种表面凹凸不平试样的细微结构；③试样制备简单，对于导电材料，可直接放入样品室进行分析，对于导电性差或绝缘的样品则需要喷镀导电层[43]。目前的 SEM 都配有 X 射线能谱仪装置，这样可以同时进行显微组织形貌的观察和微区成分分析，因此它是当今十分有用的科学研究仪器。

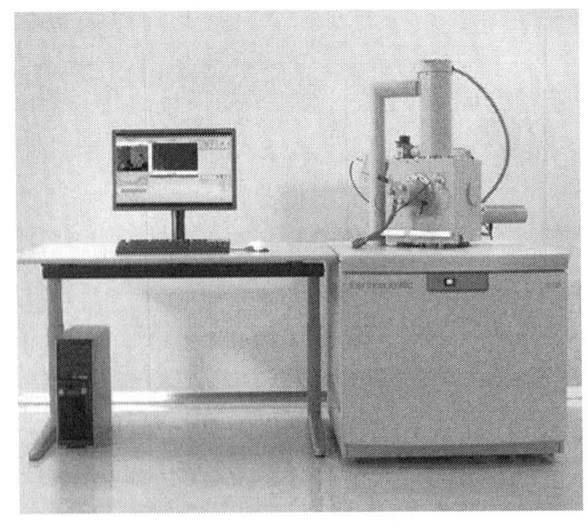

图 5-3　美国 FEI 公司生产的 Q250 型 SEM 的外观图

SEM 的工作原理可简述如下。如图 5-4 所示，通过对电子枪内的钨灯丝加 –20kV 的高电压，使电子枪处于热激发状态，在阳极的作用下，处于热激发状态的电子枪就可以激发出电子束，这个电子束就是光源。但是刚刚激发出的电子束束斑比较粗，大概 7～10μm，不利于清晰成像，因此有必要对该电子束进行细化，这就需要在样品与电子枪之间加 3 级“聚光镜”。我们这里的“聚光镜”不是光学中应用的棱镜，而是一对对的电磁透镜。因为在真空状态下，磁场中高速运行的电子束会发生偏转，我们利用这个原理对电子束进行“聚焦”约束。三个电磁透镜中的前两个是强磁透镜，可起到把电子束光斑缩小的作用，而第三个非对称磁场为弱磁透镜，它起到的作用是延长焦距。布置这个末级透镜(习惯上成为物镜)的目的在于使样品和透镜之间留有一定的空间，以便装入各种信号探测器。扫描电子显微镜中照射到样品上的电子束直径越小，就相当于成像单元尺寸越小，相应的分辨率就越高。采用普通的热阴极电子枪时，扫描电子束的束径可达到 6nm。若采用六硼化镧阴极和场发射电子枪，电子束束径可进一步缩小。在扫描线圈作用下，在样品表面扫描，激发出各种物理信号，其强度随样品表面特征而变化。通过检测器检测信号并经放大，调制图像[44, 45]。

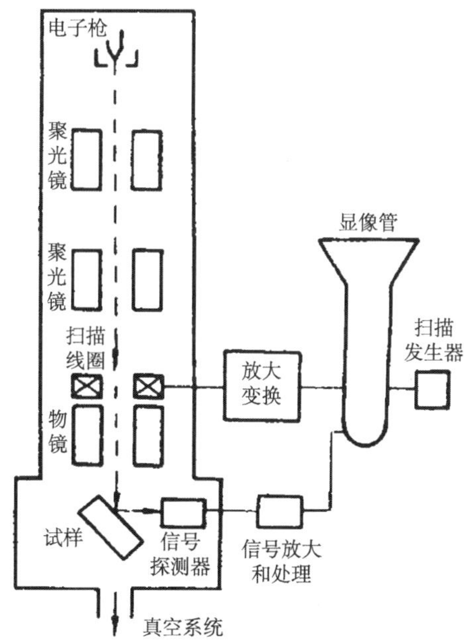

图 5-4　SEM 各个组成单元的工作原理示意图

对于 SEM 样品的制样方法，根据样品的状态需要采用不同的制样手段[46, 47]。对于块状的气凝胶样品，则需切割成要求的尺寸，粘在样品台上。如果样品数量多，注意样品尺寸最好一致。对于样品的断口面，要选择起伏不大的部位，最好是分析点附近有小的平坦区。样品表面和底面应该平行。非导电或导电性较差的材料，要先进行镀膜处理，在材料表面形成一层导电膜，以避免电荷积累，影响图像质量，并可防止试样的热损伤。对于粉末状的气凝胶样品，则可采用抖落法(图 5-5)、分散法(图 5-6)和压片法等手段进行制样。对于截面样品的制作，以硅片为例，用玻璃刀划的时候要让开观察的面，需要观察的截面上一定不能用玻璃刀划过，否则会损伤样品细节，同时再用镊子夹时也要小心不要碰到观察面，也就是说可以上面和下面各划一下，然后再掰就可以了。根据不同样品材质，有的时候是正面掰好，有的时候是从背面掰好(图 5-7)。对于薄膜类的样品，可以用液氮脆断法制备截面试样，如图 5-8 所示。

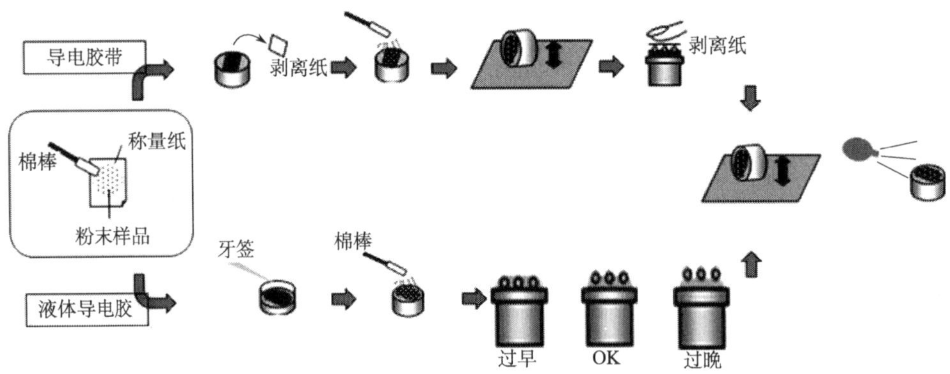

图 5-5　采用抖落法制备粉末状的 SEM 试样

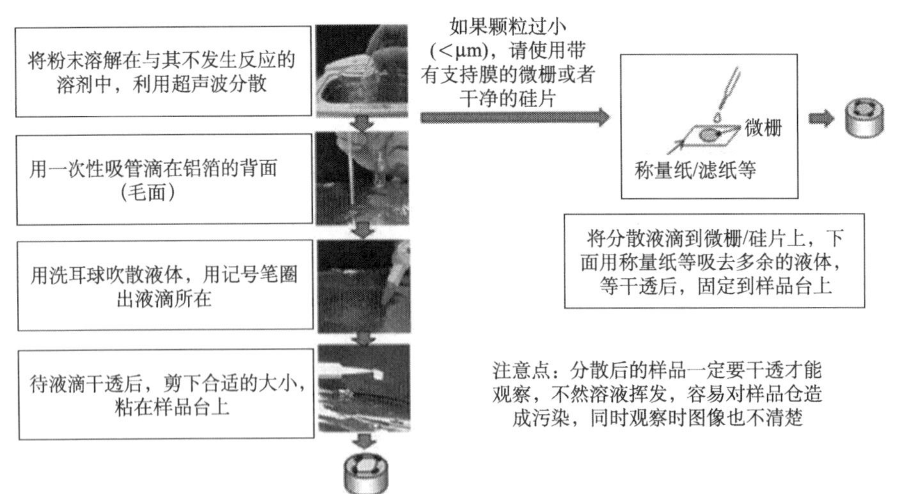

图 5-6　采用分散法制备粉末状的 SEM 试样

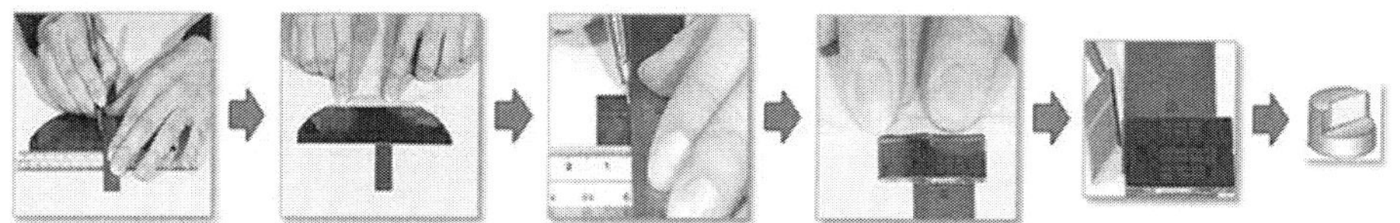

图 5-7　以硅片为例制备截面样品

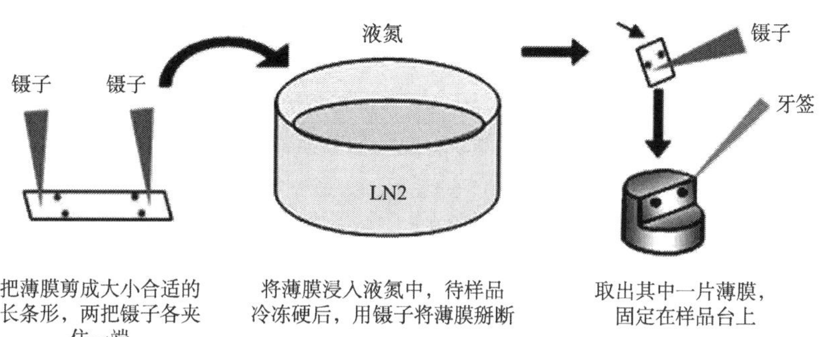

图 5-8　薄膜类样品通过液氮脆断法制备截面样品

SEM 是一种多功能的仪器，具有很多优越的性能，是用途最为广泛的一种仪器[48]。它可以进行如下基本分析：①观察纳米材料，其具有很高的分辨率，可以观察组成材料的颗粒或微晶尺寸在 0.1～100nm 范围内，因此可以清晰地观察纤维素气凝胶的网络结构及直径通常为几十纳米的纤维素纳米纤丝。②观察纤维素气凝胶的横截面，其景深大，图像富立体感，具有三维形态，可直接观察各种表面凹凸不平试样的细微结构。③直接观察大试样的原始表面，它能够直接观察直径 100mm，高 50mm，或更大尺寸的试样，对试样的形状没有任何限制，粗糙表面也能观察，免除了制备样品的麻烦，而且能真实观察试样本身物质成分不同的衬度(背散射电子像)。④观察厚试样，其在观察厚试样时，能得到高的分辨率和最真实的形貌。⑤观察试样各个区域的细节，试样在样品室中可动的范围非常大，可以在三维空间内有 6 个自由度运动(即三度空间平移、三度空间旋转)，这对观察不规则形状试样的各个区域带来极大的方便。⑥进行从高倍到低倍的连续观察，SEM 的放大倍数范围很宽(从 20～200 000 倍连续可调)，且一次聚焦好后即可从高倍到低倍、从低倍到高倍连续观察，不用重新聚焦，这对进行分析特别方便。⑦观察生物试样，由于电子照射面发生试样的损伤和污染程度很小，对观察一些生物试样特别重要。⑧进行动态观察，如果在样品室内装有加热、冷却、弯曲、拉伸和离子刻蚀等附件，则可以观察相变、断裂等动态的变化过程。⑨从试样表面形貌获得多方面资料，因为扫描电子像不是同时记录的，它是由分解为近百万个逐次依次记录构成的，使得 SEM 除了观察表面形貌外还能进行成分和元素的分析，以及通过电子通道花样进行结晶学分析，选区尺寸可以从 10μm 到 3μm。

目前的扫描电镜都配有能量色散 X 射线(EDX)探测器装置，可以同时进行显微组织形貌的观察和微区成分分析，因此它是当今十分有用的科学研究仪器。其基本工作原理可简述如下[49]：当电子束轰击样品时，在作用体积内激发出特征 X 射线，各种元素具有各自的 X 射线特征波长。特征波长的大小则取决于能级跃迁过程中释放出的特征能量 ΔE。EDX 就是利用不同元素发射的 X 射线光子特征能量不同这一特点来进行成分分析的。目前最常用的锂漂移硅固态 X 射线能量探测器，即 Si(Li)检测器，是 EDX 的关键部件。当 X 射线光子进入检测器后，在 Si(Li)晶体内激发出一定数目的电子空穴对。产生一个空穴对的最低平均能量 ε 是一定的(在低温下平均为 3.8eV)，而由一个 X 射线光子造成的空穴对的数目为 $N=\Delta E/\varepsilon$，因此，入射 X 射线光子的能量越高，N 就越大。利用加在晶体两端的偏压收集电子空穴对，经过前置放大器转换成电流脉冲，电流脉冲的高度取决于 N 的大小。电流脉冲经过主放大器转换成电压脉冲进入多道脉冲高度分析器，脉冲高度分析器按高度把脉冲分类进行计数，这样就可以描出一张 X 射线按能量大小分布的图谱(图 5-9)。EDX 可以分析高分子、陶瓷、混凝土、生物、矿物、纤维等无机或有机固体材料。EDX 可以进行材料表面微区成分的定性和定量分析，在材料表面做元素的面、线、点分布分析。因此，EDX 是一种定量和定性分析纤维素气凝胶成分的有效手段。

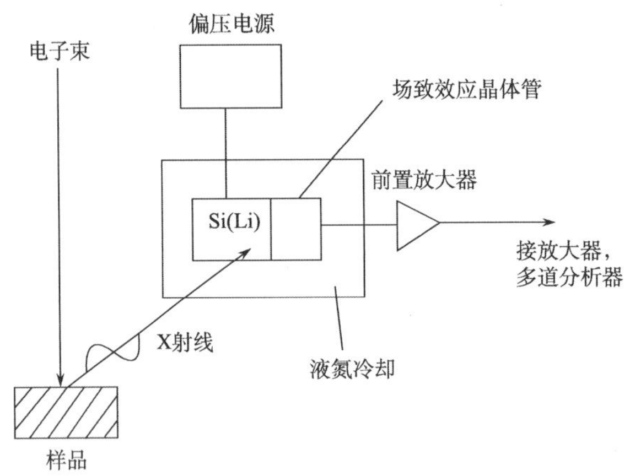

图 5-9　锂漂移硅能谱仪原理图

5.3　化学成分与晶体结构分析

5.3.1　红外光谱

红外光谱(infrared spectra，IR)分析指的是利用红外光谱对物质分子进行分析和鉴定。在 19 世纪初就发现了红外线，到 1892 年有人利用岩盐棱镜和测热辐射计（电阻温度计）测定了 20 多种有机化合物的红外光谱。1905 年科伯伦茨发表了 128 种有机和无机化合物的红外光谱，红外光谱与分子结构间的特定联系才被确认。到 1930 年前后，随着量子理论的提出和发展，红外光谱的研究得到全面发展，大量物质的红外光谱被获取。1947 年第一台实用的双光束自动记录的红外分光光度计问世，这是一台以棱镜作为色散元件的第一代红外分光光度计。到了 20 世纪 60 年代，用光栅代替棱镜作分光器的第二代红外光谱仪投入使用，这种以计算机化的光栅为分光部件的第二代红外分光光度计仍在应用。70 年代后期，干涉型傅里叶变换红外光谱仪（FTIR）投入使用，这就是第三代红外分光光度计。近来，已采用可调激光器作为光源来代替单色器，研制成功了激光红外分光光度计，即第四代红外分光光度计，它具有更高的分辨率和更广的应用范围，但目前还未普及[50, 51]。

通常将红外光谱分为三个区域：近红外区（0.75～2.5μm）、中红外区（2.5～25μm）和远红外区（25～300μm）。一般来说，近红外光谱是由分子的倍频、合频产生的；中红外光谱属于分子的基频振动光谱；远红外光谱则属于分子的转动光谱和某些基团的振动光谱[52]。由于绝大多数有机物和无机物的基频吸收带都出现在中红外区，因此中红外区是研究和应用最多的区域，积累的资料也最多，仪器技术最为成熟，通常所说的红外光谱即指中红外光谱。按吸收峰的来源，可以将 2.5～25μm 的红外光谱图大体上分为特征频率区（2.5～7.7μm）及指纹区（7.7～16.7μm）两个区域。其中特征频率区中的吸收峰基本是由基团的伸缩振动产生，数目不是很多，但具有很强的特征性，因此在基团鉴定工作上很有价值，主要用于鉴定官能团，如羰基，不论是在酮、酸、酯或酰胺等类化合物中，其伸缩振动总是在 5.9μm 左右出现一个强吸收峰，若谱图中 5.9μm 左右有一个强吸收峰，则大致可以断定分子中有羰基。指纹区的情况不同，该区峰多而复杂，没有强的特征性，主要是由一些单键 C—O、C—N 和 C—X（卤素原子）等的伸缩振动及 C—H、O—H 等含氢基团的弯曲振动，以及 C—C 骨架振动产生。当分子结构稍有不同时，该区的吸收就有细微的差异。这种情况就像每个人都有不同的指纹一样，因而称为指纹区。指纹区对于区别结构类似的化合物很有帮助。

图 5-10 为 Thermo Fisher Scientific 公司生产的 Nicolet iS5 型红外光谱仪。红外光谱仪的种类有：①棱镜和光栅光谱仪，属于色散型，它的单色器为棱镜或光栅，属单通道测量。②傅里叶变换红外光谱仪，它是非色散型的，其核心部分是一台双光束干涉仪。滤光片型近红外光谱仪器以滤光片作为分光系统，即采用滤光片作为单色器。滤光片型近红外光谱仪器可分为固定式滤光片和可调式滤光片两种形式，其中固定滤光片型的仪器是近红外光谱仪最早的设计形式。仪器工作时，由光源发出的光通过滤光片后得到一宽带的单色光，与样品作用后到达检测

器。该类型仪器优点是仪器的体积小，可以作为专用的便携仪器；制造成本低，适于大面积推广。该类型仪器缺点是单色光的谱带较宽，波长分辨率差；对温湿度较为敏感；得不到连续光谱；不能对谱图进行预处理，得到的信息量少，故只能作为较低档的专用仪器。色散型近红外光谱仪器的分光元件可以是棱镜或光栅。为获得较高分辨率，现代色散型仪器中多采用全息光栅作为分光元件，扫描型仪器通过光栅的转动，使单色光按照波长的高低依次通过样品，进入检测器检测。根据样品的物态特性，可以选择不同的测样器件进行投射或反射分析。该类型仪器的优点是使用扫描型近红外光谱仪可对样品进行全谱扫描，扫描的重复性和分辨率较滤光片型仪器有很大程度的提高，个别高端的色散型近红外光谱仪还可以作为研究级的仪器使用。化学计量学在近红外中的应用是现代近红外分析的特征之一。采用全谱分析，可以从近红外谱图中提取大量的有用信息，通过合理的计量学方法将光谱数据与训练集样品的性质(组成、特性数据)相关联可得到相应的校正模型，进而预测未知样品的性质。该类型仪器的缺点是光栅或反光镜的机械轴承长时间连续使用容易磨损，影响波长的精度和重现性；由于机械部件较多，仪器的抗震性能较差；图谱容易受到杂散光的干扰；扫描速率较慢，扩展性能差。由于使用外部标准样品校正仪器，其分辨率、信噪比等指标虽然比滤光片型仪器有了很大的提高，但与傅里叶型仪器相比仍有质的区别。傅里叶变换近红外分光光度计简称为傅里叶变换红外光谱仪，它利用干涉图与光谱图之间的对应关系，通过测量干涉图并对干涉图进行傅里叶积分变换的方法来测定和研究近红外光谱，其工作原理如图 5-11 所示。其基本组成包括五部分：①分析光发生系统，由光源、分束器、样品等组成，用以产生负载了样品信息的分析光；②以传统的迈克耳孙干涉仪为代表的干涉仪，以及以后的各类改进型干涉仪，其作用是使光源发出的光分为两束后，造成一定的光程差，用以产生空间(时间)域中表达的分析光，即干涉光；③检测器，用以检测干涉光；④采样系统，通过数模转换器把检测器检测到的干涉光数字化，并导入计算机系统；⑤计算机系统和显示器，将样品干涉光函数和光源干涉光函数分别经傅里叶变换为强度-频率分布图，二者的比值即样品的近红外图谱，并在显示器中显示。在傅里叶变换近红外光谱仪器中，干涉仪是仪器的心脏，它的好坏直接影响到仪器的表征效果。傅里叶变换红外光谱仪的优点主要包括以下三点[53]：①信噪比高。傅里叶变换红外光谱仪所用的光学元件少，没有光栅或棱镜分光器，降低了光的损耗，而且通过干涉进一步增加了光的信号，因此到达检测器的辐射强度大，信噪比高。②重现性好。傅里叶变换红外光谱仪采用傅里叶变换对光的信号进行处理，避免了电机驱动光栅分光时带来的误差，所以重现性比较好。③扫描速率快。傅里叶变换红外光谱仪是按照全波段进行数据采集的，得到的光谱是对多次数据采集求平均后的结果，而且完成一次完整的数据采集只需要一至数秒，而色散型仪器则需要在任一瞬间只测试很窄的频率范围，一次完整的数据采集需要 10～20min。

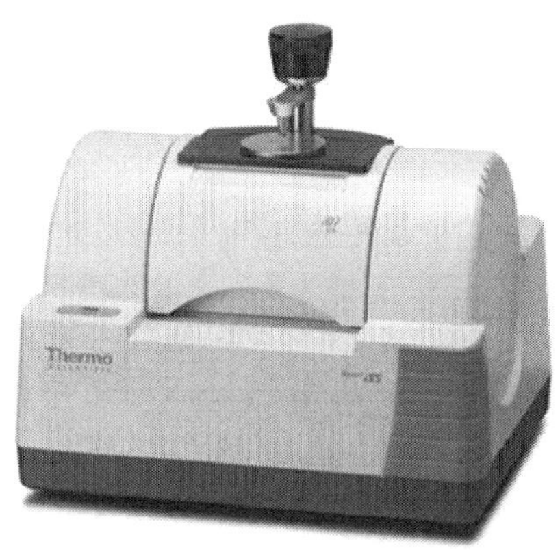

图 5-10　Thermo Fisher Scientific 公司生产的 Nicolet iS5 型红外光谱仪

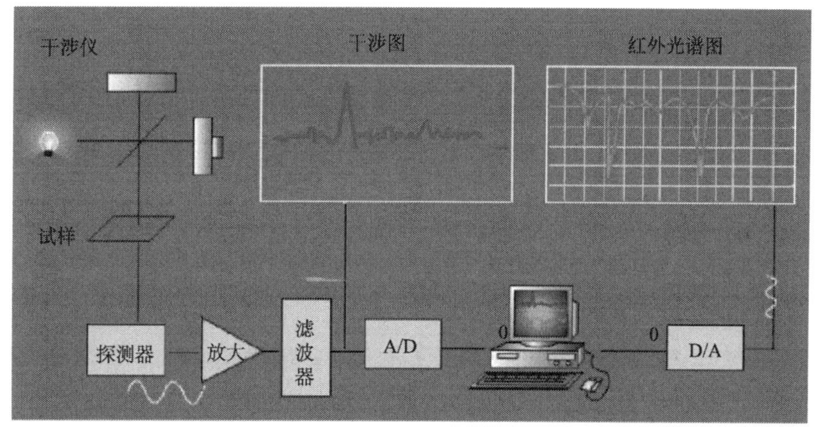

图 5-11　傅里叶变换红外光谱仪的工作原理图

红外光谱的工作原理简述如下[54]。当一束具有连续波长的红外光通过物质，物质分子中某个基团的振动频率或转动频率和红外光的频率一样时，分子就吸收能量由原来的基态振(转)动能级跃迁到能量较高的振(转)动能级，分子吸收红外辐射后发生振动和转动能级的跃迁，该处波长的光就被物质吸收。所以，红外光谱法实质上是一种根据分子内部原子间的相对振动和分子转动等信息来确定物质分子结构和鉴别化合物的分析方法。将分子吸收红外光的情况用仪器记录下来，就得到红外光谱图。红外光谱图通常用波长(λ)或波数(σ)为横坐标，表示吸收峰的位置，用透光率(T)或者吸光度(A)为纵坐标，表示吸收强度。当外界电磁波照射分子时，如照射的电磁波的能量与分子的两能级差相等，该频率的电磁波就被该分子吸收，从而引起分子对应能级的跃迁，宏观表现为透射光强度变小。电磁波能量与分子两能级差相等为物质产生红外吸收光谱必须满足的条件之一，这决定了吸收峰出现的位置。红外吸收光谱产生的第二个条件是红外光与分子之间有偶合作用，为了满足这个条件，分子振动时其偶极矩必须发生变化。这实际上保证了红外光的能量能传递给分子，这种能量的传递是通过分子振动偶极矩的变化来实现的。并非所有的振动都会产生红外吸收，只有偶极矩发生变化的振动才能引起可观测的红外吸收，这种振动称为红外活性振动；偶极矩等于零的分子振动不能产生红外吸收，称为红外非活性振动。分子的振动形式可以分为两大类：伸缩振动和弯曲振动。前者是指原子沿键轴方向的往复运动，振动过程中键长发生变化。后者是指原子垂直于化学键方向的振动。通常用不同的符号表示不同的振动形式，例如，伸缩振动可分为对称伸缩振动和反对称伸缩振动，分别用 Vs 和 Vas 表示。弯曲振动可分为面内弯曲振动(δ)和面外弯曲振动(γ)。从理论上来说，每一个基本振动都能吸收与其频率相同的红外光，在红外光谱图对应的位置上出现一个吸收峰。实际上有一些振动分子没有偶极矩变化，是红外非活性的；另外有一些振动的频率相同，发生简并；还有一些振动频率超出了仪器可以检测的范围，这些都使得实际红外谱图中的吸收峰数目大大低于理论值。组成分子的各种基团都有自己特定的红外特征吸收峰。不同化合物中，同一种官能团的吸收振动总是出现在一个窄的波数范围内，但它不是出现在一个固定波数上，具体出现在哪一波数，与基团在分子中所处的环境有关。引起基团频率位移的因素是多方面的，其中外部因素主要是分子所处的物理状态和化学环境，如温度效应和溶剂效应等。对于导致基团频率位移的内部因素，迄今已知的有分子中取代基的电性效应：如诱导效应、共轭效应、中介效应、偶极场效应等；机械效应：如质量效应、张力引起的键角效应、振动之间的耦合效应等。这些问题虽然已有不少研究报道，并有较为系统的论述，但是若想按照某种效应的结果来定量地预测有关基团频率位移的方向和大小，却往往难以做到，因为这些效应大都不是单一出现的。这样，在进行不同分子间的比较时就很困难。另外氢键效应和配位效应也会导致基团频率位移，如果发生在分子间，则属于外部因素，若发生在分子内，则属于分子内部因素。红外谱带的强度是一个振动跃迁概率的量度，而跃迁概率与分子振动时偶极矩的变化大小有关，偶极矩变化越大，谱带强度越大。偶极矩的变化与基团本身固有的偶极矩有关，故基团极性越强，振动时偶极矩变化越大，吸收谱带越强；分子的对称性越高，振动时偶极矩变化越小，吸收谱带越弱。

红外光谱的特点可以表述如下：①红外光谱是依据样品吸收谱带的位置、强度、形状、个数，推测分子中某种官能团的存在与否，推测官能团的邻近基团，确定化合物结构。②红外光谱测试不破坏样品，并且对任何样品的存在状态都适用，如气体、液体、可研细的固体或薄膜似的固体都可以分析。测定方便，制样简单。③红外光谱特征性高。由于红外光谱信息多，可以对不同结构的化合物给出特征性的谱图，从“指纹区”就可以确定化合物的异同，所以人们也常把红外光谱称为“分子指纹光谱”。④红外光谱分析时间短。一般红外光谱做一个样可在10～30min 内完成，如果采用傅里叶变换红外光谱仪在一秒钟以内就可完成扫描，为快速分析的动力学研究提供了十分有用的工具。⑤所需样品用量少，且可以回收。红外光谱分析一次用样量少，一般为 1～5mg，有时甚至可以只用几十微克。

红外光谱分析可用于研究分子的结构和化学键，也可以作为表征和鉴别化学物种的方法[55]。红外光谱具有高度特征性，可以采用与标准化合物的红外光谱对比的方法来做分析鉴定。已有几种汇集成册的标准红外光谱集出版，可将这些图谱储存在计算机中，用以对比和检索，进行分析鉴定。利用化学键的特征波数来鉴别化合物的类型，并可用于定量测定。由于分子中邻近基团的相互作用，使同一基团在不同分子中的特征波数有一定变化范围。此外，在高聚物的构型、构象、力学性质的研究，以及物理、天文、气象、遥感、生物、医学等领域[56, 57]，也广泛应用红外光谱。

5.3.2　拉曼光谱

常见的光谱包括发射光谱［如原子发射光谱（AES）、原子荧光光谱（AFS）、X 射线荧光光谱法（XFS）、分子荧光光谱法（MFS）等］和吸收光谱［紫外-可见光谱（UV-Vis）、原子吸收光谱（AAS）、红外光谱（IR）、核磁共振（NMR）等］[58]。然而，拉曼光谱（Raman spectra）是一种散射光谱。拉曼光谱分析法是基于拉曼（Raman）所发现的拉曼散射效应，对与入射光频率不同的散射光谱进行分析以得到分子振动、转动方面信息，并应用于分子结构研究的一种分析方法[59]。

1928 年，拉曼首次发现拉曼散射效应，并于 1930 年获得诺贝尔物理学奖。1928～1940 年，拉曼光谱成为研究分子结构的主要手段。因为拉曼光谱的拉曼频率及强度、偏振等标志着散射物质的性质，从这些资料可以导出物质结构及物质组成成分的知识，这就是拉曼光谱具有广泛应用的原因。1940～1960 年，拉曼光谱的地位一落千丈。主要是因为拉曼效应太弱（约为入射光强的 10^{-6}），并要求被测样品的体积必须足够大、无色、无尘埃、无荧光等。20 世纪 40 年代中期，红外技术的进步和商品化更使拉曼光谱的应用一度衰落。1960 年以后，激光技术的发展使拉曼技术得以复兴。激光束因具有高亮度、方向性和偏振性等优点，成为拉曼光谱的理想光源。随探测技术的改进和对被测样品要求的降低，目前拉曼光谱在物理、化学、医药、工业等各个领域得到了广泛的应用，越来越受研究者的重视[60]。图 5-12 为 Thermo Fisher Scientific 公司生产的 DXR2xi 型显微拉曼成像光谱仪。

图 5-12　Thermo Fisher Scientific 公司生产的 DXR2xi 型显微拉曼成像光谱仪

1928 年拉曼发现，当光穿过透明介质时，被分子散射的光会发生频率变化，这一现象称为拉曼散射，同年稍后苏联和法国科学家也观察到该现象。在透明介质的散射光谱中，频率与入射光频率 υ_0 相同的成分称为瑞利散射；频率对称分布在 υ_0 两侧的谱线或谱带 $\upsilon_0 \pm \upsilon_1$ 即为拉曼光谱，其中频率较小的成分 $\upsilon_0 - \upsilon_1$ 称为斯托克斯线，频率较大的成分 $\upsilon_0 + \upsilon_1$ 称为反斯托克斯线。靠近瑞利散射线两侧的谱线称为小拉曼光谱；远离瑞利散射线两侧出现的谱线称为大拉曼光谱。瑞利散射线的强度只有入射光强度的 1/1000，拉曼光谱强度大约只有瑞利散射线的 1/1000。小拉曼光谱与分子的转动能级有关，大拉曼光谱与分子振动-转动能级有关。拉曼光谱的理论解释是，入射光子与分子发生非弹性散射，分子吸收频率为 υ_0 的光子，发射 $\upsilon_0 - \upsilon_1$ 的光子(即吸收的能量大于释放的能量)，同时分子从低能态跃迁到高能态(斯托克斯线)；分子释放频率为 υ_0 的光子，发射 $\upsilon_0 + \upsilon_1$ 的光子(即释放的能量大于吸收的能量)，同时分子从高能态跃迁到低能态(反斯托克斯线)。分子能级的跃迁仅涉及转动能级，发射的是小拉曼光谱；涉及振动-转动能级，发射的是大拉曼光谱。与分子红外光谱不同，极性分子和非极性分子都能产生拉曼光谱。激光器的问世，提供了优质高强度单色光，有力推动了拉曼散射的研究及其应用[61]。拉曼光谱的应用范围遍及化学、物理学、生物学和医学等各个领域，对于纯定性分析、高度定量分析和测定分子结构都有很大价值[62]。

拉曼光谱技术可以提供快速、简单、可重复且无损伤的定性定量分析，样品可直接通过光纤探头或通过玻璃、石英和光纤测量。拉曼光谱的优越性主要包括以下五点[63]：①由于水的拉曼散射很微弱，拉曼光谱是研究水溶液中生物样品和化学化合物的理想工具。②拉曼一次可以同时覆盖 10～4000cm^{-1} 的区间，可对有机物及无机物进行分析。相反，若让红外光谱覆盖相同的区间则必须改变光栅、光束分离器、滤波器和检测器。③拉曼光谱谱峰清晰尖锐，更适合定量研究、数据库搜索及运用差异分析进行定性研究。在化学结构分析中，独立的拉曼区间的强度可以和功能基团的数量相关。④因为激光束的直径在它的聚焦部位通常只有0.2～2mm，常规拉曼光谱只需要少量的样品就可以得到，这是拉曼光谱相对常规红外光谱一个很大的优势。而且，拉曼显微镜物镜可将激光束进一步聚焦至 20μm 甚至更小，可分析更小面积的样品。⑤共振拉曼效应可以用来有选择性地增强大生物分子各发色基团的振动，这些发色基团的拉曼光强能被选择性地增强 1000～10 000 倍。

红外光谱和拉曼光谱是常见的两种光谱分析方法，下述将分析它们的特点和异同。红外光谱又称红外吸收光谱，它是红外光子与分子振动、转动的量子化能级共振产生吸收而形成的特征吸收光谱曲线。要产生这一种效应，需要分子内部有一定的极性，也就是说存在分子内的电偶极矩。在光子与分子相互作用时，通过电偶极矩跃迁发生相互作用。因此，那些没有极性的分子或者对称性的分子，因为不存在电偶极矩，基本上是没有红外吸收光谱效应的。拉曼光谱一般也是发生在红外区，它不是吸收光谱，而是在入射光子与分子振动、转动量子化能级共振后以另外一个频率出射光子。入射和出射光子的能量差等于参与相互作用的分子振动、转动跃迁能级。与红外吸收光谱不同，拉曼光谱是一种阶数更高的光子–分子相互作用，要比红外吸收光谱的强度弱很多。但是由于它产生的机理是电四极矩或者磁偶极矩跃迁，并不需要分子本身带有极性，因此特别适合那些没有极性的对称分子的检测[64]。

红外光谱和拉曼光谱的相同点在于：对于一个给定的化学键，其红外吸收频率与拉曼位移相等，均代表第一振动能级的能量。因此，对某一给定的化合物，某些峰的红外吸收波数和拉曼位移完全相同，红外吸收波数与拉曼位移均在红外光区，两者都反映分子的结构信息[65]。拉曼光谱和红外光谱一样，也是用来检测物质分子的振动和转动能级。红外光谱和拉曼光谱的不同点在于：两者产生的机理不同；红外光谱的入射光及检测光均为红外光，而拉曼光谱的入射光大多数是可见光，散射光也是可见光；红外光谱测定的是光的吸收，而拉曼光谱测定的是光的散射；红外光谱对于水溶液、单晶和聚合物的检测比较困难，但拉曼光谱几乎可以不必特别制样处理就可以进行分析，比较方便；红外光谱不可以用水作溶剂，但是拉曼光谱可以，水是拉曼光谱的一种优良溶剂；拉曼光谱是利用可见光获得的，所以拉曼光谱可用普通的玻璃毛细管作样品池，拉曼散射光能全部透过玻璃，而红外光谱的样品池需要特殊材料做成。表 5-3 列举了红外光谱和拉曼光谱的异同点。

表 5-3　红外光谱和拉曼光谱的异同点

	红外光谱	拉曼光谱
产生机理	振动引起偶极矩或电荷分布变化	电子云分布瞬间极化产生诱导偶极
入射光	红外光	可见光

续表

	红外光谱	拉曼光谱
检测光	红外光的吸收	可见光的散射
谱带范围	400～4000cm^{-1}	10～4000cm^{-1}
水	不能作溶剂	可以作溶剂
样品测试装置	不能用玻璃仪器	玻璃毛细管作样品池
制样	需要研磨制成溴化钾片	固体样品可以直接测
信号强弱	强，容易测量	弱，不易测量
检测方法	直接用红外光检测处于红外区的分子振动和转动能量	用可见激光(也有用紫外激光或红外激光)来检测处于红外区的分子振动和转动能量，属于间接检测
基团敏感性	极性基团的谱带强烈(C═O、C—Cl) 较容易测定链上的取代基	非极性基团的谱带强烈(C—C、S—S) 容易表征碳链振动

5.3.3 X 射线光电子能谱

X 射线光电子能谱(XPS)技术是重要的表面分析技术之一。它不但为化学研究提供分子结构和原子价态方面的信息，还能为材料研究提供各种化合物的元素组成和含量、化学状态、分子结构、化学键方面的信息[66, 67]。它在分析材料时，不但可提供总体方面的化学信息，还能给出表面、微小区域和深度分布方面的信息。另外，因为入射到样品表面的 X 射线束是一种光子束，所以对样品的破坏性非常小。这一点对分析有机材料和高分子材料非常有利。

1887 年，海因里希·鲁道夫·赫兹发现了光电效应。1905 年，爱因斯坦解释了该现象(并为此获得 1921 年的诺贝尔物理学奖)。1907 年，Innes 用伦琴管、亥姆霍兹线圈、磁场半球(电子能量分析仪)和照相平版做实验来记录宽带发射电子和速度的函数关系，他的实验事实上记录了人类第一条 X 射线光电子能谱。其他研究者如亨利·莫塞莱、罗林逊和罗宾逊等则分别独立进行了多项实验，试图研究这些宽带所包含的细节内容。第二次世界大战后瑞典物理学家凯·西格巴恩及其研究小组在研发 X 射线光电子能谱设备中获得了多项重大进展，并于 1954 年获得氯化钠的首条高能高分辨 X 射线光电子能谱，显示了 X 射线光电子能谱技术的强大潜力。1967 年之后的几年间，西格巴恩就 X 射线光电子能谱技术发表了一系列学术成果，使 X 射线光电子能谱的应用被世人所公认。在与西格巴恩的合作下，美国惠普公司于 1969 年制造了世界上首台商业单色 X 射线光电子能谱仪。1981 年西格巴恩获得诺贝尔物理学奖，以表彰他将 X 射线光电子能谱发展为一个重要分析技术所作出的杰出贡献[68, 69]。图 5-13 为 Thermo Fisher Scientific 公司生产的 Escalab 250Xi 型 X 射线光电子能谱仪。

图 5-13　ThermoFisher Scientific 公司生产的 Escalab 250Xi 型 XPS 仪

XPS 的基本原理可简述如下[70]。一定能量的 X 射线照射到样品表面，和待测物质表面上的原子或分子发生作用，可以使某一壳层的电子脱离核的束缚并以一定的动能发射出去。其现象称为光电离或光致发射（图 5-14）。对于气态原子或分子，光电离过程的能量守恒关系可通过方程式（5-6）表示：

$$h\nu = E_b + E_k + E_r \tag{5-6}$$

式中，$h\nu$ 为 X 射线光子的能量；E_k 为光电子的动能；E_b 为电子的结合能；E_r 为原子的反冲能量。其中 E_r 很小，可以忽略。则式（5-6）可写成

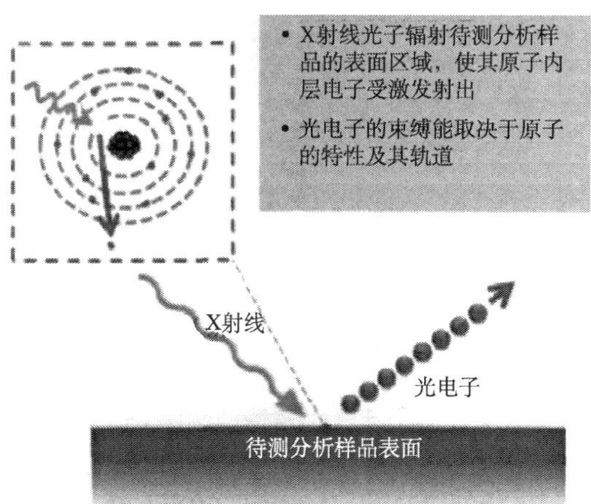

图 5-14　光电离或光致发射现象

$$E_b = h\nu - E_k \tag{5-7}$$

根据方程式(5-7)可以看出，测定发射的光电子动能 E_k，即可确定结合能 E_b。对于固态样品，能量分配为：①内层电子跃迁到费米能级，即克服该电子的结合能 E_b；②电子由费米能级进入真空成为静止电子，即克服功函数 Φ_s；③自由光电子的动能 E_k。对于固态样品，光电离过程的能量守恒关系可通过方程式(5-8)表示：

$$h\nu = E_b + E_k + \Phi_s \tag{5-8}$$

当试样置于仪器中的试样架上时，试样材料与仪器试样架材料的不同而产生接触电势 ΔE，由两者的功函数不同所致。若仪器功函数 $\Phi_{sp}>\Phi_s$，ΔE 将对激发电子产生加速作用，使自由电子所具有的动能增大。功函数随试样改变，而仪器功函数为定值，若照射光能量和仪器功函数为已知时，测定光电子动能即可得到该电子的结合能，进而确定原子种类，即定性的依据。由于各种原子轨道中电子的结合能是一定的，因此 XPS 可用来测定固体表面的化学成分，又称为化学分析光电子能谱法(electron spectroscopy for chemical analysis，简称 ESCA)。能谱中表征样品内层电子结合能的一系列光电子谱峰称为元素的特征峰(图 5-15)。通常采用被激发电子所在能级来标志光电子。

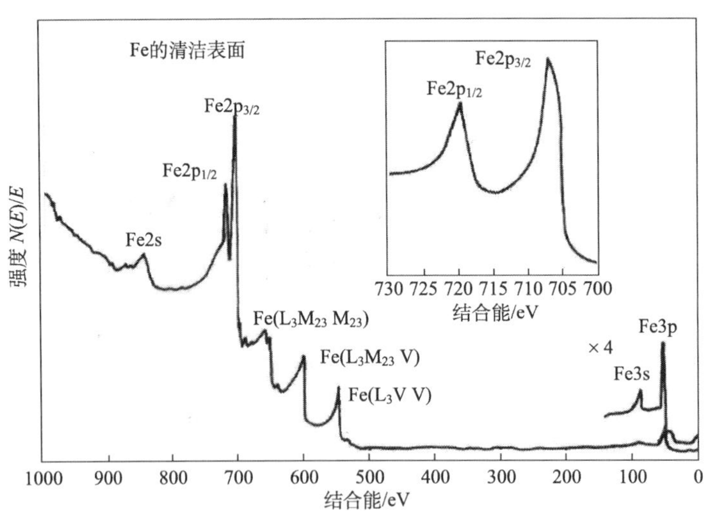

图 5-15　Fe 的 XPS 全扫描谱图

化学位移现象起因及规律。内层电子一方面受到原子核强烈的库仑作用而具有一定的结合能，另一方面又受到外层电子的屏蔽作用。当外层电子密度减少时，屏蔽作用将减弱，内层电子的结合能增加；反之结合能将减少。因此当被测原子的氧化价态增加，或与电负性大的原子结合时，都导致其 XPS 峰向结合能增加的方向位移。因原子所处化学环境不同，使原子芯层电子结合能发生变化，则 XPS 峰位置发生移动，称之为 XPS 峰的化学位移(图 5-16)。

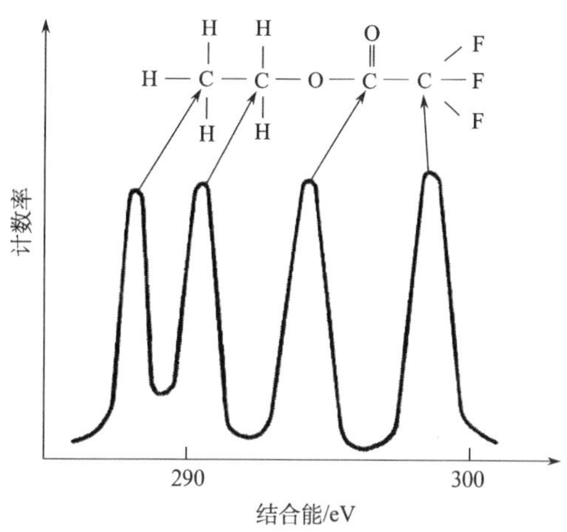

图 5-16　三氟乙酸酯的 C1s 电子能谱的化学位移

一台 XPS 仪的基本构成包括真空系统、样品输运系统、X 射线源、能量分析系统、检测器和计算机操作系统，如图 5-17 所示。真空系统：为使光电子不被分析室中的残余气体分子散射，以及样品表面不被残余气体分子吸附引起污染，X 射线光电子能谱必须在超高真空条件(<10^{-4}Torr①)下工作。X 射线源：用来自热灯丝并经电场加速的高能电子轰击阳极靶，便可产生 X 射线。X 射线源通常采用铝或镁为阳极靶元素的 X 射线管，或同步加速器产生的 keV 范围内的光电子。经石英晶体聚焦后可获得半宽度为 0.3eV 以下的单色 X 射线，能聚焦于直径为 10～

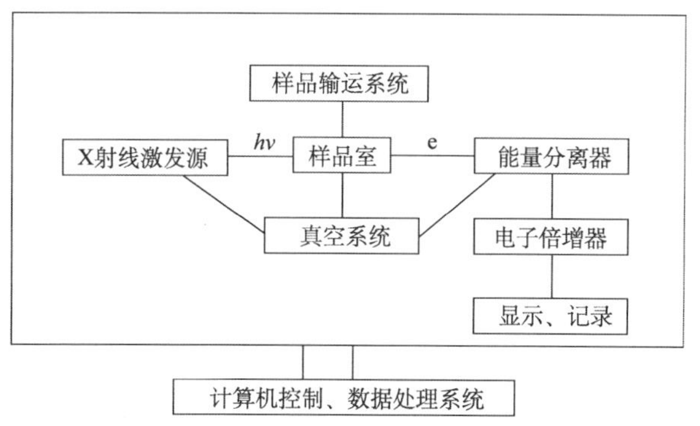

图 5-17　XPS 仪的工作原理示意图

① Torr 为非法定单位，1Torr=133.3Pa。

200μm 的试样点上。能量分析系统：照射后样品产生的光电子经过能量分离器，能量分离器分两种：磁场型和静电型。当电子束通过半球形静电场电子能量分离器时，连续改变电场，可使不同能量的电子产生不同的偏转，而一次到达检测器。检测器：经过分离器分离后光电子到达检测器。检测器采用单道或多道电子倍增器。

XPS 分析与应用主要体现在以下几个方面：①元素及其化学状态的定性分析。以实测 XPS 谱图与标准谱图相对照，根据元素特征峰位置及其化学位移确定固态样品表面中存在哪些元素及这些元素存在于何种化合物中，常用 Perkin-Elmer 公司的 XPS 手册。定性分析原则上可以鉴定除氢、氦以外的所有元素。分析时首先通过对样品(在整个光电子能量范围)进行全扫描，以确定样品中存在的元素，然后再对所选择的谱峰进行窄扫描，以确定化学状态。②化学结构分析。通过谱峰化学位移的分析不仅可以确定元素原子存在于何种化合物中，还可以研究样品的化学结构。③在固体研究方面的应用。对于固体样品，XPS 平均自由程只有 0.5～2.5nm(对于金属及其氧化物)或 4～10nm(对于有机物和聚合材料)，因而 XPS 是一种表面分析方法。XPS 以表面元素定性分析、定量分析、表面化学结构分析等基本应用为基础，可以广泛应用于表面科学与工程领域的分析、研究工作，如表面氧化、表面涂层、表面催化机理等的研究，表面能带结构分析(半导体能带结构测定等)，以及高聚物的摩擦带电现象分析等。XPS 图谱具有一些显著特点：①主量子数 n 越小，峰强度越大；②主量子数相同时，角量子数 L 大的峰强度越大；③对于两个自旋分裂峰，内量子数 J 大的峰强度越大；④通过确定化学位移则可研究元素在固体微区的存在形态；⑤峰面积与分子中化学环境相同的原子个数成正比。此外，XPS 分析方法的特点可归纳如下：①可以分析除 H 和 He 以外的所有元素，可以直接测定来自样品单个能级光电发射电子的能量分布，且直接得到电子能级结构的信息。②试样用量少。③XPS 是一种无损分析。④XPS 是一种高灵敏表面分析技术，样品分析深度约 2nm。⑤XPS 分析相对灵敏度不高，通常只能检测出样品中含量在 0.1%以上的组分。

5.3.4　X 射线衍射分析

1895 年，德国物理学家伦琴在研究阴极射线时，发现了 X 射线，并为其夫人拍下了世界上第一张 X 射线照片。伦琴也因该研究获得首届诺贝尔物理学奖(1901 年)。1912 年，德国物理学家劳厄等发现了 X 射线在胆矾晶体中的衍射现象，它的意义在于一方面确认了 X 射线是一种电磁波，另一方面又为 X 射线研究晶体材料开辟了道路。劳厄也因此项研究获得 1914 年诺贝尔物理学奖。1913～1914 年，英国物理学家 Bragg 父子首次利用 X 射线衍射(XRD)方法测定了 NaCl 晶体的结构并提出了 Bragg 方程，开创了 X 射线晶体结构分析的历史，他们共同获得 1915

年诺贝尔物理学奖。1953 年，英国科学家沃森等利用 XRD 技术成功揭示了 DNA 分子具有双螺旋结构，获得 1962 年诺贝尔医学奖。1953 年，Ziegler 和 Natta 借助X射线晶体结构分析手段发明了可实现α烯烃定向聚合的Ziegler-Natta催化剂，有力促进了塑料、橡胶的工业化应用，他们也因此获得 1962 年诺贝尔化学奖。自劳厄证实 XRD 效应及 Bragg 父子提出 Bragg 方程以来，XRD 分析技术至今已有显著发展，已成为固体晶体结构分析的最重要而基本的测试手段，广泛应用于化学领域、材料的制备/改性/加工领域、矿物成分分析、生物医学领域等[71]。X 射线在近代科学和工艺上的应用主要包括以下三个方面：①X 射线透视技术。医学上作用，"照 X 光"。②X 射线光谱技术。物质成分的定量分析和化学态研究。③X 射线物相分析。利用 X 射线通过晶体时会发生衍射效应这一特性来确定结晶物质物相的方法，称为 X 射线物相分析法。目前，X 射线物相分析法作为鉴别物相的一种有效的手段，已在冶金、石油、化工、地质、建材、土壤、高分子物质、药物、食品等许多领域中得到广泛的应用[72, 73]。

X 射线本质上和无线电波、可见光、γ 射线一样，也是一种电磁波，具有波粒二象性，其波长为 0.01～10nm，介于紫外线和 γ 射线之间，但没有明显的界限，其短波段与 γ 射线长波段相重叠，其长波段则与紫外线的短波段相重叠，如图 5-18 所示。高速运动的电子与物体碰撞时，发生能量转换，电子的运动受阻失去动能，其中一小部分(1%左右)能量转变为 X 射线，而绝大部分(99%左右)能量转变成热能使物体温度升高，这是 X 射线产生的原理。图 5-19 为常规的 X 射线产生装置。X 射线的产生条件可归纳如下：①产生自由电子——电子源，如加热钨丝产生热电子；②使电子作定向的高速运动——施加在阳极和阴极(钨丝)间的电压；③在其运动的路径上设置一个障碍物使电子突然减速或停止；④真空——把阴极和阳极密封在真空度高于 10^{-3}Pa 的真空中，保持两极洁净并使加速电子无阻地撞击到阳极靶上。图 5-20 为 X 射线管的剖面示意图。封闭式 X 射线管实质上就是一个大的真空(10^{-7}～10^{-5}mmHg①)二极管。基本组成包括：①阴极。阴极是发射电子的部位。②阳极。靶，是使电子突然减速和发射 X 射线的部位。③窗口。窗口是 X 射线从阳极靶向外射出的部位。④焦点。焦点是指阳极靶面被电子束轰击的部位，正是从这一部位发射出 X 射线。从常规 X 射线管发出的 X 射线束并不是单一波长的辐射，X 射线强度 I 随波长 λ 变化的关系曲线称为 X 射线谱。X 射线的强度大小取决于单位时间内通过与 X 射线传播方向垂直的单位面积上的光量子数。X 射线管产生的 X 射线谱分为两类：连续 X 射线和特征 X 射线。

① mmHg 为非法定单位，1mmHg＝133.33Pa。

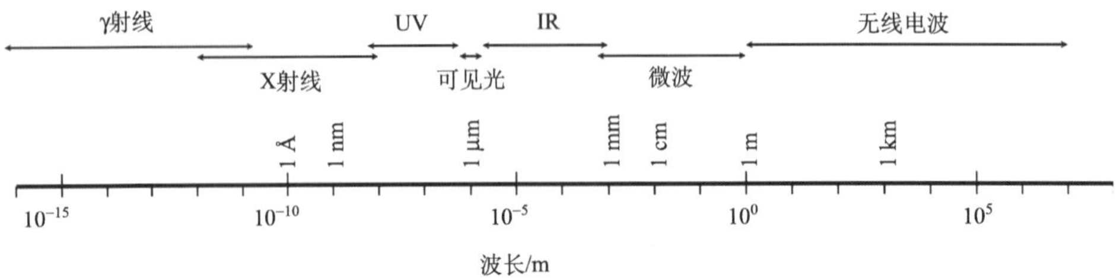

图 5-18　电磁波谱

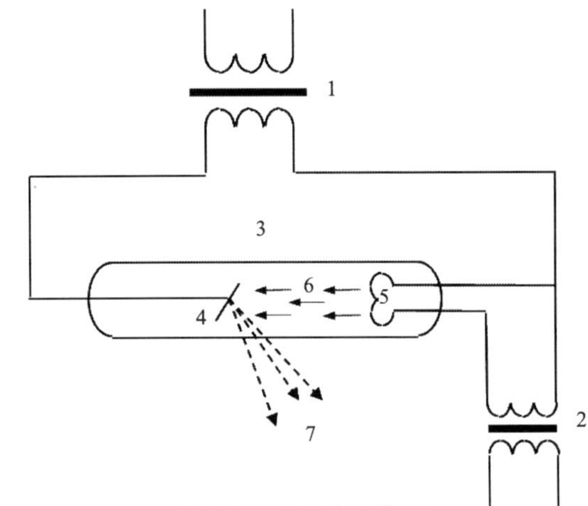

1. 高压变压器；2. 钨丝变压器；
3. X射线管；4. 阳极；
5. 阴极；6. 电子；7. X射线

图 5-19　常规的 X 射线产生装置

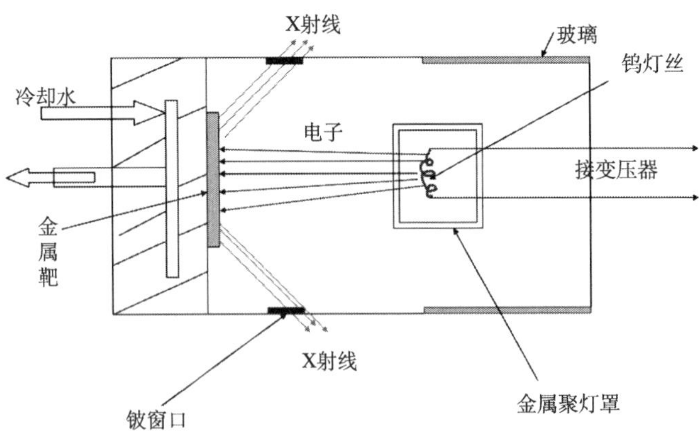

图 5-20　X 射线管的剖面示意图

X 射线透过物质后会变弱，这是入射 X 射线与物质相互作用的结果。在一般条件下，X 射线照射到物质上时，不能被反射，也不发生折射。其能量可分为三部分：一部分光子由于和原子碰撞而改变了前进的方向，造成散射线；另一部分光子可能被原子吸收，产生光电效应；再有部分光子的能量可能在与原子碰撞过程中传递给了原子，成为热振动能量。当 X 射线穿过物质时，由于受到散射、光电效应等的影响，强度会减弱，这种现象称为 X 射线的衰减。而其强度是按指数规律[式(5-9)]下降的。

$$I=I_0e^{-\mu x} \tag{5-9}$$

式中，μ 为线吸收系数，它相应于单位厚度的该种物体对 X 射线的吸收；x 是穿过物质的厚度。线吸收系数对于一定波长的 X 射线和一定的吸收体而言为常数，但它与吸收体的原子序数 Z、吸收体的密度及 X 射线波长 λ 有关。除光电吸收，入射光子还可与原子碰撞，在各个方向发生散射。X 射线与物质的散射是由于 X 射线与外层电子的相互作用而产生。散射作用分为两种，即相干散射和非相干散射。如果被散射光子能量与入射光子能量相同，则称为相干散射或弹性散射。相干散射与光干涉现象相互作用的结果可产生 XRD，XRD 图与晶格排列等密切相关，故可被用于研究物质结构，即 XRD 分析。相干散射又称为 Thomson 散射，没有能量损失。非相干散射又称为 Compton 散射，会出现能量变化或损失。因此，可以看出相干散射是 XRD 分析的工作基础。而非相干散射对于分析有两种影响作用：①散射构成光谱背景，特别是对于微量分析有害，降低分析灵敏度；②散射靶线或散射背景可作为内标线使用。

如果让一束连续 X 射线照射到某一晶体上，且在晶体后面放一黑纸包着的照相底片来探测 X 射线，会发现在底片上存在有规律分布的斑点(图 5-21)。这些斑点称为劳厄斑点，其实这就是相干散射干涉加强的结果。对于一维劳厄方程的导出(图 5-22)，设 s_0 及 s 分别为入射线及任意方向上原子散射线单位矢量，a 为点阵基矢，α_0 及 α 分别为 s_0 与 a 及 s 与 a 的夹角，则原子列中任意两相邻原子(A 与 B)散射线间光程差(δ)为 [74]

$$\delta=AM-BN=a\cos\alpha-a\cos\alpha_0 \tag{5-10}$$

散射线干涉一致加强的条件为$\delta=H\lambda$时，即得到方程式(5-11)：

$$a(\cos\alpha-\cos\alpha_0)=H\lambda \tag{5-11}$$

同样方法可得方程式(5-12)和方程式(5-13)：

$$b(\cos\beta-\cos\beta_0)=K\lambda \tag{5-12}$$

$$c(\cos\gamma-\cos\gamma_0)=L\lambda \tag{5-13}$$

劳厄方程是描述衍射线空间方位与晶体结构关系的方程：H、K、L 均为整数；a、b、c 分别为三个晶轴方向的晶体点阵常数；α_0、β_0、γ_0 是 X 射线入射方向与三

个晶轴 a、b、c 的交角，而 α、β、γ 是衍射方向与三个晶轴 a、b、c 的交角；λ 是波长。因此，对于一组给定的 H、K、L，方程组将决定三个变量 α、β、γ。所以只有当选择适当的入射线波长 λ，才能使方程组有解。在用劳厄法做 XRD 时，λ 是要连续变化的，其他方法不用。图 5-23 给出了晶胞示意图。

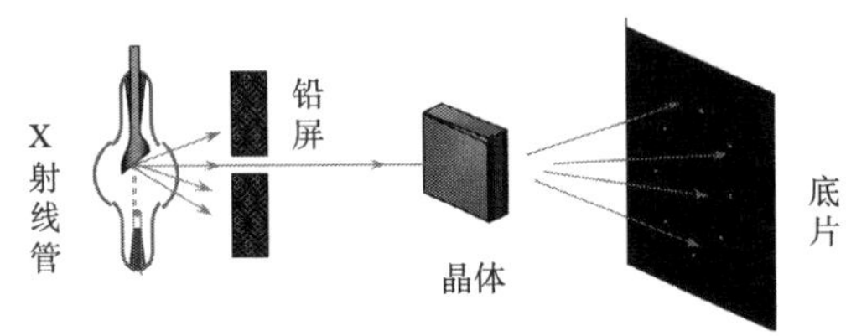

图 5-21　劳厄斑点的产生实验

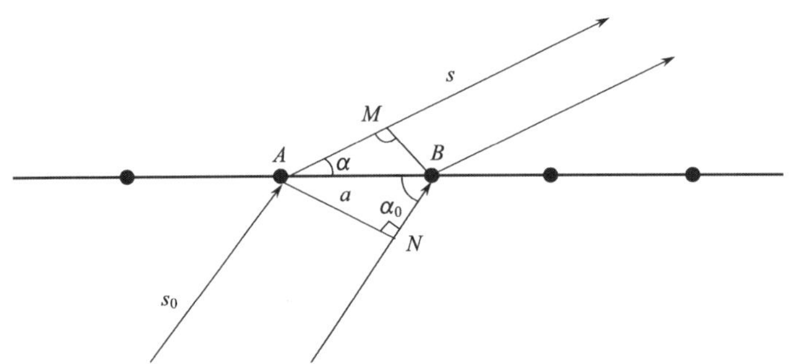

图 5-22　一维劳厄方程的导出

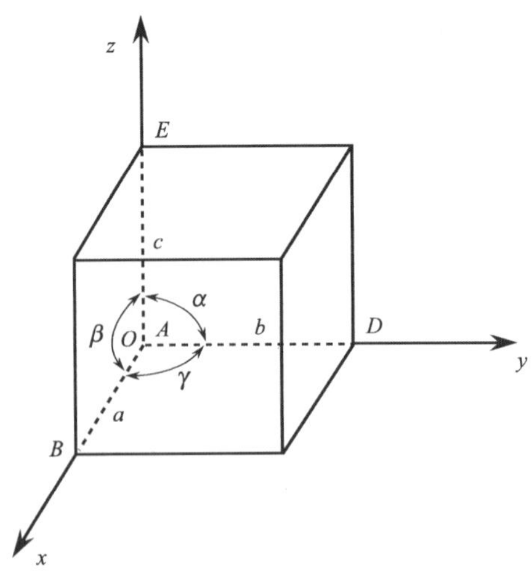

图 5-23　晶胞示意图

1912 年，英国物理学家 Bragg 父子导出了一个决定衍射线方向的形式简单、使用方便的公式，常称为 Bragg 方程[75]。Bragg 方程给出了衍射角 2θ、晶面间距 d 和 X 射线波长λ之间的关系，这个方程就是我们采用 X 射线测定材料物相的基础和依据。如图 5-24 所示，首先在推导 Bragg 方程之前，先假定两个前提条件：假定晶体是由许多平行等距的原子面层层叠合而成的。例如：可以认为晶体是由晶面指数(hkl)的晶面堆垛而成的，晶面之间的距离为 d_{hkl}(简写为 d)，如图，其中 A、B、C…代表第 1、2、3…个原子面(晶面)。假定入射线的方向为 I，其中某一束衍射线的方向 I'，为了处理问题方便，找一组与入射线和衍射线夹角相等的晶面(hkl)，把衍射线看成是这组晶面的反射线。

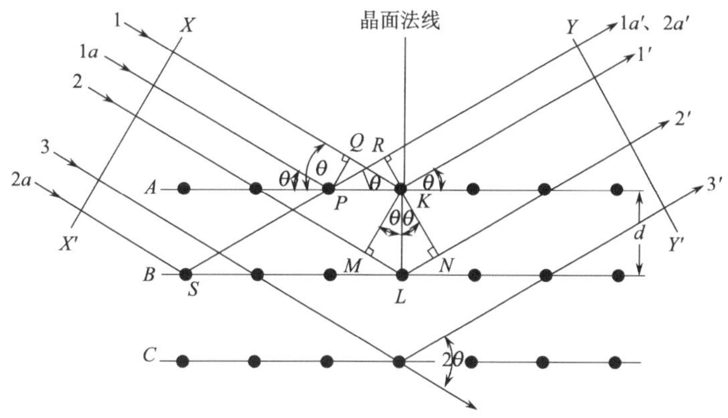

图 5-24　晶体对 X 射线的衍射

(1) 同一层晶面相邻原子反射线之间的光程差，如晶面 A 上 P 原子和 K 原子散射线光程差(Δ)可表示为

$$\Delta=QK-PR=PK\cos\theta-PK\cos\theta=0 \tag{5-14}$$

同一层晶面相邻原子光程差为零——散射线相互加强。

(2) 相邻两层平行晶面上原子反射线之间的光程差。由于 X 射线具有相当强的穿透能力，它可以穿透上万个原子面，因此我们必须考虑各个平行的原子面间反射波的相互干涉问题。晶面 A 上 K 原子和晶面 B 上 L 原子散射线的光程差为：$\Delta=ML+NL$，因为 $ML=NL=d\sin\theta$，所以$\Delta=2d\sin\theta$，这也正是 S 和 P 在该方向上散射光线发生重叠时的光程差，因为在这个方向上，S 和 L、P 和 K 上散射光线之间是没有光程差的。而$\Delta=2d\sin\theta=n\lambda$——散射线互相加强，产生衍射。因此，可得 Bragg 方程：$2d\sin\theta=n\lambda$，θ为 Bragg 角，n 为衍射级数。Bragg 方程表达了发生衍射时所必须满足的基本条件。在 $n=1$ 的情形下称为第一级反射，如果波 1′和 2′之间的光程差为波长的一倍，而 1′和 3′的光程差为波长的两倍……以此类推，我们可以认为，凡是在满足 Bragg 方程方向上所有晶面上的所有原子散射波的位相完全相同，振幅互相加强。在与入射线成 2θ角的方向上就会出现衍射线，而在其他方向散射线的振幅互相抵消，X 射线的强度减弱或者等于零。根据 Bragg 方程，利用已知波长的特征 X 射线，通过测量θ角，可以计算出晶面间距 d。由此可测定物质的结构。

根据 Bragg 方程，我们知道，并不是在任何情况下晶体都能产生衍射，产生衍射的必要条件是满足 Bragg 方程的要求。当采用一定波长的单色 X 射线来照射固定(决定θ)的单晶体时，则λ、θ 和 d 值都定下来了。一般来说，它们的数值未必能满足 Bragg 方程，也即不一定能产生衍射现象，因此要观察到衍射现象，必须设法连续改变λ或θ，以使有满足 Bragg 方程反射条件的机会，据此可有几种不同的衍射方法。最基本的衍射方法如表 5-4 所示。X 射线粉末衍射法采用单色(特征)X 射线作辐射源，被分析试样多数情况为很细(10^{-5}～10^{-3}cm)的粉末多晶体，故亦称为粉末法。根据需要也可以采用多晶体的块、片、丝等作试样。如果衍射花样用照相底片来记录，则称为粉末照相法；如果衍射花样用辐射探测器接收后，再经测量电路系统放大处理并记录和显示，则称为粉末衍射仪法。由于电子计算机和工业电视等先进技术与 XRD 技术结合，使 XRD 仪具有高稳定、高分辨率、多功能和全自动等性能，可以自动地给出大多数衍射实验工作结果，应用十分普遍。图 5-25 为日本理学株式会社生产的 MiniFlex 600 型 XRD 仪。

表 5-4　基本的 XRD 方法

衍射方法	λ	θ	实验条件
劳厄法	变	不变	连续 X 射线照射固定的单晶体
转动晶体法	不变	部分变化	单色 X 射线照射转动的单晶体
粉末照相法	不变	变	单色 X 射线照射粉晶或多晶试样
粉末衍射仪法	不变	变	单色 X 射线照射多晶体或转动的多晶体

XRD 线的三大要素是：衍射线的峰位、线形(半高宽)和强度，如图 5-26 所示。X 射线能够进行物相分析原因：每种结晶物质都有自己特定的晶体结构参数，如点阵类型、晶胞大小、原子数目和原子在晶胞中的位置等。X 射线在某种晶体上的衍射必然反映出带有晶体特征的特定的衍射花样(衍射位置θ、衍射强度)。根据衍射线条的位置，只要把试样的衍射花样与标准的衍射花样相对比，从中选出相同者就可以确定物相是什么，这就是定性分析；根据衍射线条的位置和强度就可以确定物相有多少，这便是定量分析[76]。

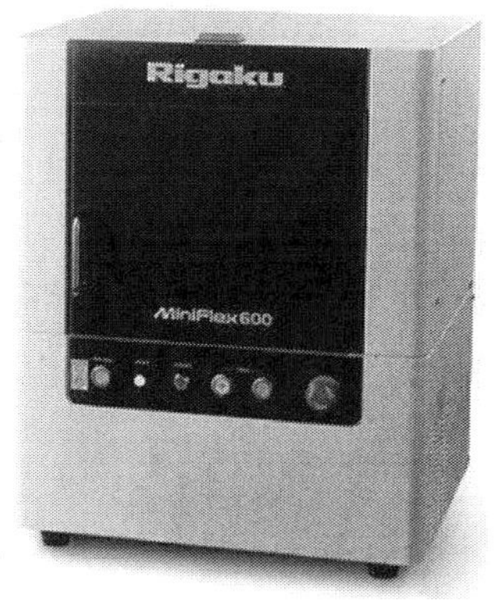

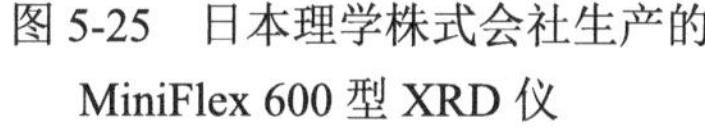
图 5-25 日本理学株式会社生产的 MiniFlex 600 型 XRD 仪

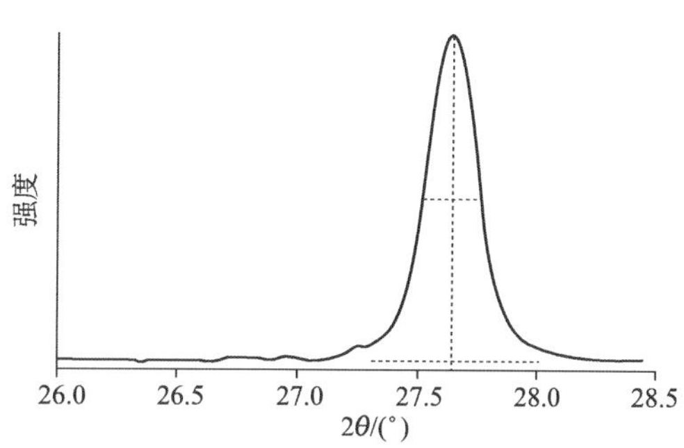

图 5-26 XRD 线的峰位、半高宽和强度测量

在 XRD 分析技术中，另一个重要公式是 Scherrer 公式(又称作 Debye-Scherrer 公式)，由德国著名化学家 Debye 和他的研究生 Scherrer 首先提出的，是 XRD 分析微晶粒尺寸的著名公式。在尺度为 10^{-7}～10^{-5}cm 相干散射区内，会引起可观测的衍射线宽化。利用微晶相干散射导致衍射宽化的原理，Scherrer 导出了微晶宽化表达式及其使用条件[77, 78]：

$$D_{hkl}=\frac{K\lambda}{\beta_{hkl}\cos\theta} \tag{5-15}$$

式中，D_{hkl} 为垂直于反射面(hkl)的晶粒平均尺度；β_{hkl} 为衍射线的半高宽；λ 为波长；θ 为衍射角；K 为常数。Scherrer 公式适用范围为 1～100nm。Scherrer 公式求得的是平均晶粒尺寸，且是晶面法向尺寸。除非晶粒是均匀的球形，才能代表单个晶粒。如果薄膜由一层多晶构成，通过 Scherrer 公式计算晶粒尺寸能推出薄膜厚度。

5.4 比表面积及孔径分析

5.4.1 引言

纤维素是自然界中储量最为丰富的一种天然高分子。作为继无机气凝胶和合成聚合物气凝胶之后的第三代气凝胶，纤维素基气凝胶材料兼具绿色可再生纤维素材料和多孔气凝胶材料两者的优点，成为纤维素材料研究与应用中的一个热点。高比表面积、高孔隙率及分层次多尺度的微纳米孔径结构是纤维素气凝胶的典型特点[1]。因此，采取合理的表征手段对纤维素气凝胶的孔隙结构进行定性和定量分析则显得非常有必要。

固体表面由于多种原因总是凹凸不平的，凹坑深度大于凹坑直径就称为孔。有孔的物质称为多孔体，没有孔的物质是非孔体。多孔体具有各种各样的孔直径、孔径分布和孔容积。孔的吸附行为因孔直径而异。国际理论和应用化学联合会(IUPAC)定义的孔大小(孔宽)分为：微孔(micropore)<2nm、中孔(mesopore)2～50nm、大孔(macropore)50～7500nm、巨孔(megapore)>7500nm(大气压下水银可进入)。随后，Dubinin 认为，微孔可以再细分为超微孔(<0.7nm)和亚微孔(0.7～2nm)。此外，把微粉末填充到孔中，粒子(粉末)间的空隙也构成孔。虽然在粒径小、填充密度大时形成小孔，但一般都是形成大孔。分子能从外部进入的孔称为开孔(open pore)，分子不能从外部进入的孔称为闭孔(closed pore)。单位质量的孔容积称为物质的孔容积或孔隙率(porosity)。比表面积是指单位质量物料所具有的总面积，分外表面积、内表面积两类，国标单位 m^2/g。理想的非孔性物料只具有外表面积，如硅酸盐水泥、一些黏土矿物粉粒等；有孔和多孔物料具有外表面积和内表面积，如石棉纤维、岩(矿)棉、硅藻土、泡沫、气凝胶等。比表面积是评价多孔材料工业利用潜力的重要指标之一。比表面积的大小对多孔材料的热稳定性、吸附能力、力学强度等特性均有明显的影响。

针对不同大小的孔结构通常采用不同的测试方法，有气体吸附法[79]、压汞法[80]、气体渗透法、泡点法[81]、小角 X 射线衍射法和电镜观察法等。由于各种孔结构测试技术原理不同，适用范围也不同。微孔和中孔的测试，一般采用低温氮气吸附法。在液氮温度 77.4K 下，以氮气作为吸附气体，测定多孔材料的吸附等温线，并解析得到比表面积、孔容、孔径分布[82]。这种方法可以比较全面地反映所测试多孔材料的比表面积和孔径分布等特征。大孔的测试一般采用压汞法测定。在不同压力下汞被压入多孔材料不同孔径的孔隙中。根据压力和体积的变化量，换算出孔容、孔径分布等数据。泡点法也用于测量大孔，但是它主要测试分离膜材料的孔径大小[83]。

5.4.2　气体吸附法

对于气体吸附过程，当气体与干净的固体接触时，一部分气体被固体捕获，若气体体积恒定，则压力下降；若压力恒定，则气体体积减小。从气相中消失的气体分子或进入固体内部，或附着于固体表面[84]。前者被称为吸收(absorption)，后者被称为吸附(adsorption)。多孔固体因毛细凝结(capillary condensation)而引起的吸着作用也称为吸附作用。固体表面上的气体浓度由于吸附而增加时，为吸附过程；反之，当气体在固体表面上的浓度减少时，则为脱附过程。吸附速率与脱附速率相等时，表面上吸附的气体量维持不变，这种状态即为吸附平衡[85]。吸附平衡与压力、温度、吸附剂的性质、吸附质的性质等因素有关。吸附平衡有三种：等温吸附平衡、等压吸附平衡和等量吸附平衡。按吸附作用力性质的不同，可将吸附分为物理吸附和化学吸附。物理吸附是由范德华力引起的气体分子在固体表面及孔隙中的冷凝过程，而化学吸附是气体分子与材料表面的化学键合过程。物理吸附可发生单层吸附、多层吸附和非选择性吸附且具有可逆性。相比之下，化学吸附只发生单层吸附、选择性吸附(体系中功能组分对特定气体的特定吸附)且通常无可逆性。一般而言，物理吸附很快可以达到平衡，而化学吸附则很慢。在恒定温度下，对应一定的吸附质压力，固体表面上只能存在一定量的气体吸附[86]。

气体吸附法是测量材料比表面积和孔径分布最常用的方法。其原理是依据气体在固体表面的吸附特性，在一定的压力下，被测样品表面在超低温下对气体分子可逆物理吸附作用，通过测定出一定压力下的平衡吸附量，利用理论模型求出被测样品的比表面积和孔径分布等与物理吸附有关的物理量[87]。其中，氮气低温吸附法是测量材料比表面积和孔径分布比较成熟而且广泛使用的方法。在液氮温度下，其在固体表面的吸附量取决于氮气的相对压力(P/P_0)，P 为氮气分压，P_0 为液氮温度下氮气的饱和蒸气压。当 P/P_0 在 0.05～0.35 范围内时，吸附量与相对压力 P/P_0 符合 BET 方程，这是氮气吸附法测定比表面积的依据；当 $P/P_0 \geqslant 0.4$ 时，由于产生毛细凝聚现象，氮气开始在微孔中凝聚，通过实验和理论分析，可以测定孔容-孔径分布(孔容随孔径的变化率)[88, 89]。

采用氮气低温吸附法测定多孔材料的比表面积和孔径分布曲线，一般先将样品通过加热和抽真空脱气，去掉表面吸附的杂质气体，然后称量，再放置于液氮中。在液氮温度下，在预先设定的不同压力点测定样品的氮气吸附量，得到吸附等温线，然后通过计算机处理数据，从吸附等温线计算比表面积、孔容、平均孔径和孔径分布等。目前几乎所有的比表面积和孔径分布测定仪都采用自动控制，可得到 BET 比表面积、Langmuir 比表面积、BJH 中孔孔分布及总孔容等多种数据。图 5-27 为贝士德仪器科技有限公司生产的 3H-2000PS1 型比表面积及孔径分析仪。3H-2000PS1 型比表面积及孔径分析仪具有 2 个样品预处理脱气站，1 个样品分析站。测试范围为比表面积 0.0005m^2/g 以上，微孔：0.35～2nm，介孔：2～50nm，大孔：50～500nm，样品类型：粉末、颗粒、纤维及片状材料等可装入样品管的材料。仪器的工作原理为等温物理吸附静态容量法。比表面积及孔径的测试方法主要分连续流动法(即动态法)和静态法。静态法根据确定吸附量方法的不同分为质量法

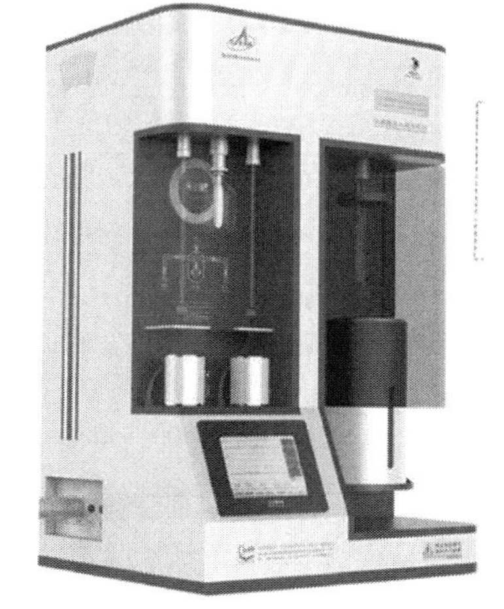

图 5-27　贝士德仪器科技有限公司生产的 3H-2000PS1 型比表面积及孔径分析仪

和容量法。质量法是根据吸附前后样品质量变化来确定被测样品对吸附质分子(如 N_2)的吸附量，由于分辨率低、准确度差、对设备要求很高等缺陷已很少被使用；容量法是将待测粉体样品装在一定体积的一段封闭试管状样品管内，向样品管内注入一定压力的吸附质气体，根据吸附前后的压力或质量变化来确定被测样品对吸附质分子(如 N_2)的吸附量。动态法是将待测粉体样品装在 U 形样品管内，使含有一定比例吸附质的混合气体流过样品，根据吸附前后气体浓度变化来确定被测样品对吸附质分子(如 N_2)的吸附量。两种方法比较而言，动态法比较适合快速比表面积测试过程和测试中小吸附量样品的比表面积(对于大吸附量样品，静态法和动态法都可以准确地测定比表面积)。虽然静态法也具有比表面积测试和孔径测试的功能，但静态法由于样品真空处理耗时较长、吸附平衡过程较慢、易受外界环境影响等，使得测试效率相对动态法的快速直读法低，对小比表面积样品测试结果稳定性也较动态法低，所以静态法在比表面积测试的效率、分辨率、稳定性方面，相对动态法并没有优势。实际上，动态法和静态法的目的都是确定吸附质气体的吸附量。吸附质气体的吸附量确定后，就可以由该吸附质分子的吸附量来计算待测粉体的比表面积了。

采用比表面积及孔径分析仪对多孔材料进行测试分析时，一般按以下步骤进行：

(1) 将待测样品(30～500mg，根据样品比表面积不同而异)装入样品管内。

(2) 将样品管装到脱气站，安装样品管时必须将样品管对准端口，拧紧螺丝，确保密封安全，然后将加热包套在样品管上，并将文件信息和脱气温度等参数设置好，打开真空泵，开始对样品进行加热、真空脱气处理，以便除去材料表面吸附的气体。

(3) 脱气结束后，关闭加热电源，待样品冷却至室温后，回填氦气。待充入氦气到常压后，卸下样品管并立即盖上橡皮塞，称量至 0.1mg，并记录该氦气填充的样品管、塞子和填充棒的质量，这是样品管的毛重。用同样的样品管、塞子和填充棒进行以下工作。样品称量采用减量法：①将支架放入天平(准确至 0.1mg)，去皮归零。②将样品管塞上密封滤塞或者将塞子放在支架上，记下读数 m_1。③将样品通过漏斗装入样品管，塞上密封滤塞或塞子，称量并记下读数 m_2。④将样品管装入脱气站脱气。⑤将脱气后冷却好的样品管放入归零操作后的支架上，称量并记下读数 m_3。⑥将读数 m_3 减去读数 m_1 即得到样品质量。

(4) 将称量后的样品管装到分析站。在杜瓦瓶中加入液氮，并将样品质量输入到分析文件中。设置测试参数，开始进行吸附和脱附测试过程。

(5) 测试结束后，将样品管取出。洗涤样品管，烘干备用。

吸附法测定比表面积和孔结构的关键是吸附质分子吸附在被测颗粒表面或孔隙中，样品内外表面的洁净程度对测试准确性至关重要，所以在测试前要对样品进行预处理，其目的是将吸附在样品表面的杂质分子和非吸附质分子占据的吸附位尽可能地释放出来，以便有利于测试过程中吸附质分子的表面吸附。含大量微孔或吸附特性很强的多孔材料，在常温常压下很容易吸附杂质分子，或者在制备过程中其表面吸附了很多其他分子。为了有效地脱去这些吸附气体，通常要在较高温度(不能破坏多孔材料的结构)和真空条件下进行脱气处理。有时还必须在预处理过程中通入惰性保护气氛，以利于样品表面杂质的脱附。总之，样品预处理的目的是使样品表面变得洁净，以确保比表面积及孔径测量的准确性和有效性。样品处理的一般过程如下：根据材料的比表面积预期值取不同样品量，装入已称量的样品管。样品质量应使样品管内多孔材料的总表面积保持在 20～50m^2 之间。因此，预期样品比表面积越大，所需的样品量越少。将样品管放入加热包，再安装到脱气站上，开始脱气，并且设置预处理温度为 300℃。若样品在 300℃会分解，则应设置较低温度。脱气开始后，计算机将自动控制样品管内压力逐渐降低并加热。对于含有较多水分的样品，应该首先在真空干燥箱中尽量干燥，去除水分后再转到比表面积及孔径分析仪的脱气站处理。对于粉末样品的脱气，需要执行以下过程，以避免样品因抽真空扬到管径并阻塞脱气站中的滤网，甚至污染阀门系统造成漏气，特别是轻质粉末和可能含有大量水气或碳氢化合物的样品。样品前处理过程如下：

(1) 将空样品管连同其填充棒一起称毛重，方法同前述。

(2) 将样品装入样品管后，插回填充棒，并在样品管颈口处填塞少量合适的玻璃。

(3) 设置初始温度 90℃，并在该温度下抽真空 30min。

(4) 升高温度至 100℃，再抽真空 10min。

(5) 在 110℃重复步骤(3)，这时所有的水分被有效地去除。

(6) 升高温度至 300℃，如果样品吸附的杂质气较多，则应先在 150℃真空脱气 2～4h。

最少脱气 2h，检查样品以确保脱气完全。分子筛、高比表面积活性炭和其他吸湿性样品应该至少脱气 4h。待脱气结束后，关掉加热包，轻轻地将样品管从加热包中取出。将样品管冷却至室温，然后回填氦气到样品管中，随即可以从脱气站取下。如使用了玻璃毛塞，需取出并立即盖上与称空管时相同的塞子。称量至 0.1mg，减除毛重，即为脱气样品的质量。

在测试软件中，分别设定好以下参数：样品名(sample ID)、操作者(operator)、吸附气(adsorbate gas，一般为 N_2)、样品质量(weight)、脱气时间(outgas time)、脱气温度(outgas temp)、抽真空(evacuation)。对块状或大颗粒样品一般选择粗抽，而对粉末样品，为了防止抽气时将粉末带出，选择细抽，然后设置最小进气量和 P/P_0 吸附测量点。设定以上参数后即可开始测试。仪器将对管道进行再一次初始化，杜瓦瓶上升并自动调节高度，按照设置进行吸附量/脱附量的测量，得到的曲线即为吸附-脱附等温线。吸附平衡等温线以相对压力(P/P_0)为横坐标，恒温条件下单位质量固体吸附剂所吸附的吸附质的量或体积[一般换算成标准状态]为纵坐标。其中 P 为气体的真实压力，P_0 为气体在测量温度下的饱和蒸气压。吸附-脱附等温线类型可直接反映出试样的孔结构，除此之外，还可利用吸附等温线对其他参数进行分析，得到所需的各种数据和曲线。可分析的参数有：多点 BET(multi-point BET)、单点 BET(single-point BET)、吸附层厚度(statistical thickness)、孔容(pore volume)、Langmuir 数据、孔径分布(pore size distribution)等。

根据 IUPAC 分类，有 6 种不同类型的吸附等温线[90-93]，如图 5-28 所示。Ⅰ型吸附等温线：Ⅰ型等温线在较低的相对压力下吸附量迅速上升，达到一定相对压力后吸附出现饱和值，类似于 Langmuir 型吸附等温线。只有在非孔性或者大孔吸附剂上，该饱和值相当于在吸附剂表面上形成单分子层吸附，但这种情况很少见。大多数情况下，Ⅰ型等温线往往反映的是微孔吸附剂(分子筛、微孔活性炭)上的微孔填充现象，饱和吸附值等于微孔的填充体积。可逆的化学吸附也应该是这种吸附等温线。Ⅱ型吸附等温线(S 型等温线)：Ⅱ型等温线反映非孔性或者大孔吸附剂上典型的物理吸附过程，这是 BET 方程最常说明的对象。由于吸附质与表面存在较强的相互作用，在较低的相对压力下吸附量迅速上升，曲线上凸。等温线拐点通常出现于单层吸附附近，随相对压力的继续增加，多层吸附逐步形成，达到饱和蒸气压时，吸附层无穷多，导致实验难以测定准确的极限平衡吸附值。Ⅲ型吸附等温线：在整个压力范围内凸向下，曲线没有拐点。在憎液性表面发生多分子层吸附，或固体和吸附质的吸附相互作用小于吸附质之间的相互作用时，呈现这种类型。例如水蒸气在石墨表面上吸附或在进行过憎水处理的非多孔性金属氧化物上的吸附。在低压区的吸附量少，且不出现拐点，表明吸附剂和吸附质之间的作用力相当弱。相对压力越高，吸附量越多，表现出有孔充填。有一些物系(例如氮在各种聚合物上的吸附)出现逐渐弯曲的等温线，没有可识别的拐点，在这种情况下吸附剂和吸附质的相互作用是比较弱的。Ⅳ型吸附等温线：低 P/P_0 区曲线凸向上，与Ⅱ型等温线类似。在较高 P/P_0 区，吸附质发生毛细凝聚，等温线迅速上升。当所有孔均发生凝聚后，吸附只在远小于内表面积的外表面上发生，曲线平坦。在相对压力 1 附近时，在大孔上吸附，曲线上升。由于发生毛细凝聚，在这个区内可观察到滞后现象，即在脱附时得到的等温线与吸附时得到的等温线不重合，脱附等温线在吸附等温线的上方，产生吸附滞后(adsorption hysteresis)现象，即呈现滞后环。这种脱附滞后现象与孔的形状及其大小有关，因此通过分析吸附-脱附等温线能知道孔的大小及其分布。Ⅴ型吸附等温线的特征是向相对压力轴凸起。与Ⅲ型吸附等温线不同，在更高相对压力下存在一个拐点。Ⅴ型吸附等温线来源于微孔和介孔固体上的弱气-固相互作用，微孔材料的水蒸气吸附常见此类线型。Ⅵ型吸附等温线以其吸附过程的台阶状特性而著称。这些台阶来源于均匀非孔表面的依次多层吸附。液氮温度下的氮气吸附不能获得这种等温线的完整形式，而液氩下的氩气吸附则可以实现。

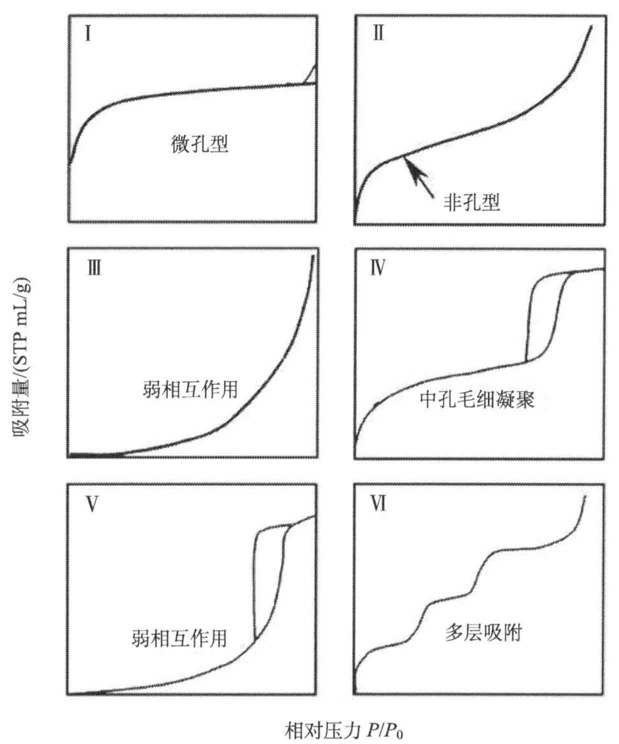

图 5-28　6 种不同类型的吸附等温线

若吸附-脱附不完全可逆，则吸附-脱附等温线是不重合的，这一现象称为滞后效应，即结果与过程有关，多发生在Ⅳ型吸附等温线。低比压区与单层吸附有关，由于单层吸附的可逆性，所以在低比压区不存在滞后现象。在与吸附相同的比压下脱附时仅毛细管液面上的蒸气发生脱附，却不能使相同比压下吸附的分子脱附。要使其脱附，就需要更小的比压，故出现脱附的滞后现象。脱附滞后现象通常是来源于介孔材料中的毛细凝聚作用。根据 Kelvin 公式，凹液面上的蒸气压小于平液面上的饱和蒸气压，所以在小于饱和蒸气压时就有可能在凹液面上发生蒸气的凝结，发生这种蒸气凝结的作用总是从小孔向大孔，随着气体压力的增加，发生气体凝结的毛细孔越来越大，这种现象被称为毛细凝结现象[94]。研究者们在初步的孔几何学分析的基础上提出了一些吸附-脱附作用的机理，滞后环的形状本身被简单地解释成孔穴的几何效应。按照 IUPAC 分类标准，存在如图 5-29 所示的五类吸附滞后环[95]。

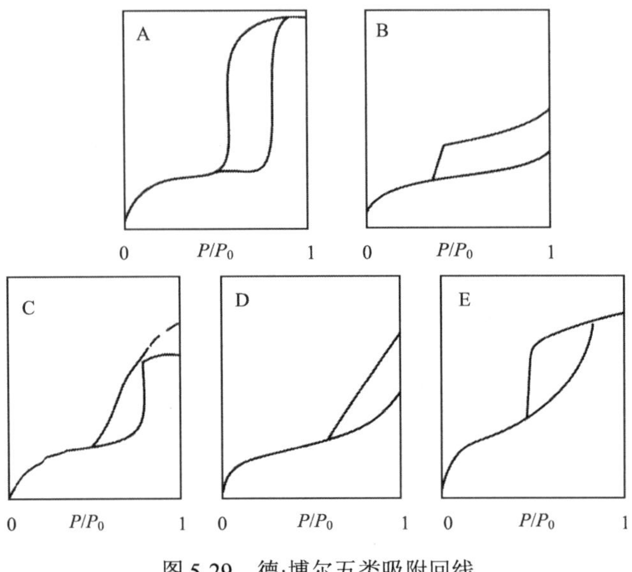

图 5-29　德·博尔五类吸附回线

A 类回线：吸附和脱附都很陡(几乎垂直)并且两部分几乎平行，发生凝聚和脱附的相对压力比较居中。具有这类回线的吸附剂常见的孔结构有独立的圆筒形细长孔道且孔径大小均一，分布较窄，其中最典型的是两端开口圆柱孔。对于两端开口的圆柱孔，由于孔壁表面的吸附势较大，吸附质首先一层一层地吸附在孔壁的内表面，使孔径变小。毛细凝聚和脱附发生在不同的压力下，从而出现滞后现象。发生毛细凝聚时，气液界面是圆柱形[图 5-30(a)]，$r_1=r_k$，$r_2=r_\infty$，$r_m=2r_k$，由 Kelvin 方程，相对压力都可以表示为

$$\ln\left(\frac{P}{P_0}\right)_{\mathrm{a}}=-\frac{\sigma V_L}{RT}\cdot\frac{1}{r_k} \tag{5-16}$$

P 为温度 T 时半径为 r 的球形液滴的蒸气压，P_0 是平面液体在相同温度下的饱和蒸气压，V_{L} 为液体的摩尔体积，R 为摩尔气体常量，T 为温度，a 代表吸附，d 代表脱附，σ 为液体的表面张力，r_k 为孔的半径。

发生脱附时，气液界面是球形[图 5-30(b)]，$r_1=r_k=r_m$，相对压力都可以表示为

$$\ln\left(\frac{P}{P_0}\right)_{\mathrm{d}}=-\frac{2\sigma V_L}{RT}\cdot\frac{1}{r_k} \tag{5-17}$$

两式比较，$P_{\mathrm{d}}<P_{\mathrm{a}}$，这时，吸附与脱附分支就会发生回线，且脱附曲线在吸附曲线的左侧，所以吸附-脱附等温线如图 5-31 所示。并非所有中孔材料的吸附等

温线都有滞后回线，还有些没有滞后环的孔结构，如图 5-32 所示，有一端封闭的圆筒形孔、一端封闭的平行板孔和尖楔形孔等。

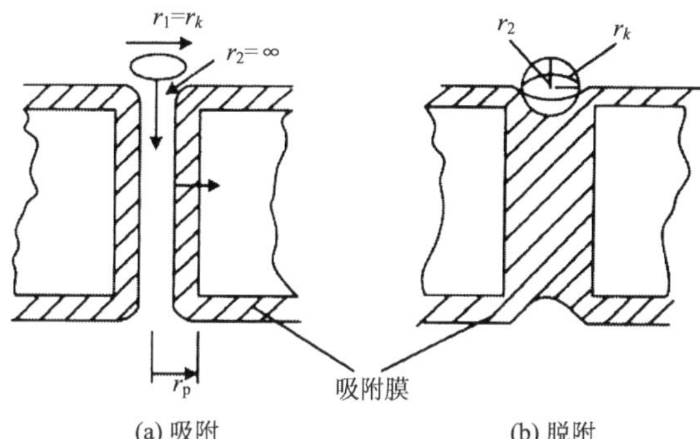

图 5-30　毛细孔凝聚时吸附和脱附的气液界面

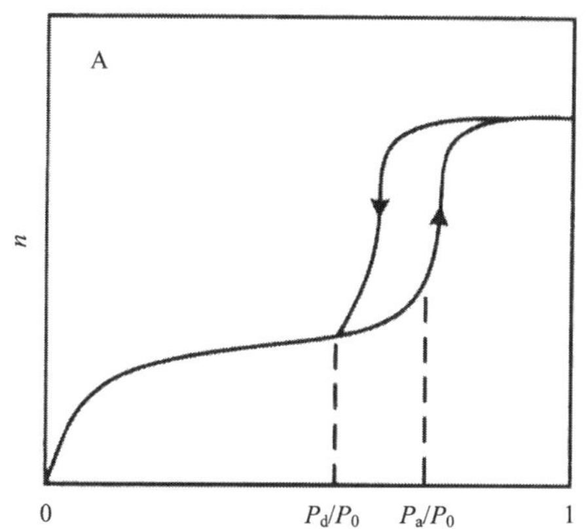

图 5-31　两端开口圆柱孔的吸附-脱附等温线

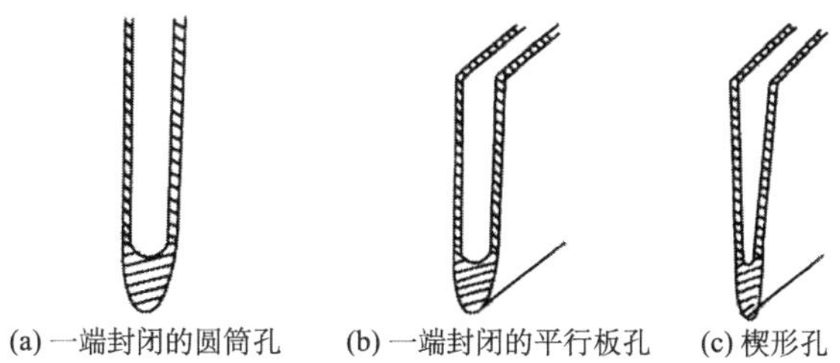

图 5-32　无滞后环的孔结构示意图

对于一端开口 (θ=0)，一端封闭的圆筒形孔，发生凝聚和脱附时，气液界面都是球形曲面 $r_1=r_2=r_k$，无论是凝聚还是脱附，相对压力都可以表示为

$$\ln\frac{P}{P_0}=-\frac{2\sigma V_L}{RT}\cdot\frac{1}{r_k} \tag{5-18}$$

因此吸附和脱附分支之间没有回线，如图 5-33 所示。

B 类回线：如图 5-34 所示，典型例子是具有平行板结构的狭缝孔，如蒙脱土等层状黏土矿类多孔材料。开始凝聚时，由于气液界面是大平面，只有当压力接近饱和蒸气压时才发生毛细凝聚，难以形成凹液面，吸附等温线类似Ⅱ型。脱附时，气液界面是圆柱状，只有当压力满足方程式(5-19)时，脱附才能开始。

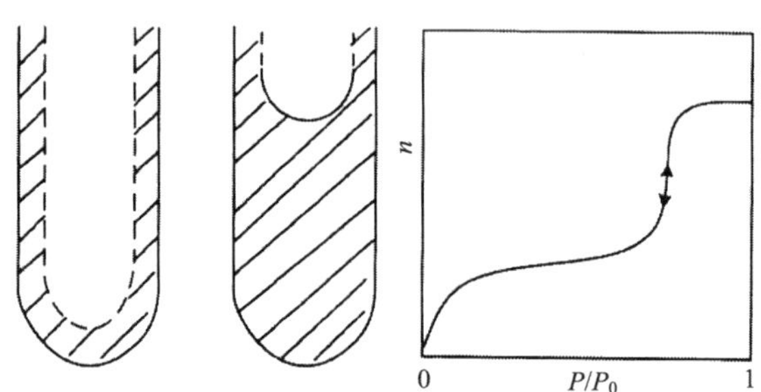

图 5-33　一端开口的圆筒形孔的吸附-脱附等温线

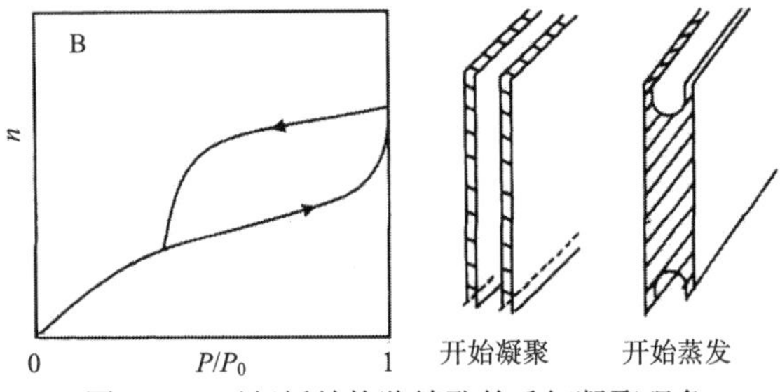

图 5-34　平行板结构狭缝孔的毛细凝聚现象

$$\ln\left(\frac{P}{P_0}\right)_{\mathrm{d}} = -\frac{\sigma V_L}{RT}\cdot\frac{1}{r_k} \tag{5-19}$$

C 类回线：典型材料是具有锥形或双锥形孔结构的吸附剂，如图 5-35 所示。当相对压力达到与小口半径 r 相对应的值时，开始发生凝聚。一旦气液界面由

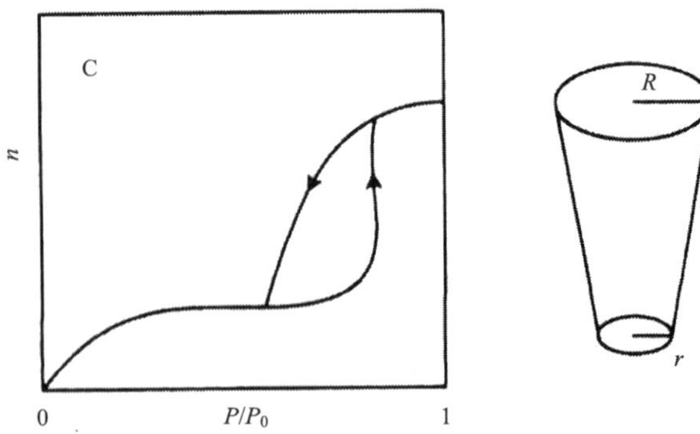

图 5-35　锥形或双锥形孔结构的毛细凝聚现象

柱状变为球形，发生凝聚所需要的压力迅速降低，吸附量上升很快，直到将孔填满。当相对压力达到与大口半径 R 相对应的值时，开始脱附，其脱附时是逐渐蒸发的。

D 类回线：典型的例子是具有锥形结构的狭缝孔吸附剂，如图 5-36 所示。与平行板模型相同，只有当压力接近饱和蒸气压时才发生毛细凝聚，脱附时，由于板间不平行，Kelvin 半径是变化的，因此曲线并不像平行板孔那样急剧下降，而是缓慢下降。如果窄端处间隔很小，只有几个分子直径大小，回线往往消失。

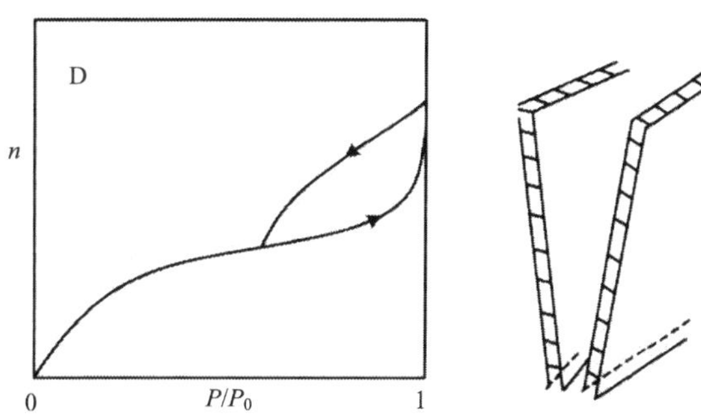

图 5-36　锥形结构狭缝孔的毛细凝聚现象

E 类回线：吸附等温线的吸附支由于发生毛细凝聚现象而逐渐上升，而脱附支在较低的相对压力下突然下降，几乎直立。具有这类回线的典型例子是具有“墨水瓶”状的孔结构及细颈的管状孔结构，如图 5-37 所示。吸附从半径大的瓶底开始，曲率半径逐渐增大，瓶体逐渐充满，直到孔口；脱附从半径小的瓶口开始，由于孔口曲率半径远小于瓶体内，脱附支很陡，这就是所谓的“墨水瓶”效应。这类情况还有存在于具有网络孔的中孔材料，如有些二氧化硅凝胶材料，孔径分布比 A 类回线更宽。如图 5-37 所示，“墨水瓶”状孔结构在 r 处凝聚时遵循方程式(5-20)。

$$\left(\ln\frac{P}{P_0}\right)_{\mathrm{a},r}=-\frac{\sigma V_L}{RT}\cdot\frac{1}{r}\tag{5-20}$$

如在 R 处凝聚时，遵循方程式(5-21)。

$$\left(\ln\frac{P}{P_0}\right)_{\mathrm{a},R}=-\frac{2\sigma V_L}{RT}\cdot\frac{1}{R}\tag{5-21}$$

如果 $\frac{R}{r}<2$，则可得到 $\left(\ln\frac{P}{P_0}\right)_{\mathrm{a},R}<\left(\ln\frac{P}{P_0}\right)_{\mathrm{a},r}$。凝聚首先发生在瓶底，而后相继将整个孔填满。发生脱附时，当相对压力降至与小口处半径 r 相对应的值时，开始发生凝聚液的脱附过程[方程式(5-22)]。

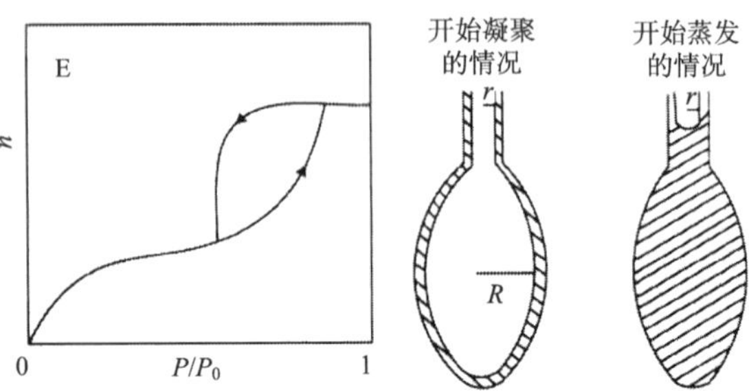

图 5-37　“墨水瓶”状孔结构的毛细凝聚现象

$$\left(\ln\frac{P}{P_0}\right)_{\mathrm{d},r}=-\frac{2\sigma V_L}{RT}\cdot\frac{1}{r}\tag{5-22}$$

如果$\frac{R}{r}>2$，则可得到$\left(\ln\frac{P}{P_0}\right)_{\mathrm{d},R}>\left(\ln\frac{P}{P_0}\right)_{\mathrm{d},r}$。此时相对压力已经低于在 R 处脱附时对应的相对压力，脱附很快完成。凝聚首先发生在瓶颈 r 处，凝聚液堆积在瓶颈处，直到压力达到与 R 相对应的某一值时，才开始在瓶底发生凝聚；脱附过程也在 r 处进行。在较低相对压力下发生滞后现象的滞后环底部(吸附-脱附曲线相交处)的位置与吸附剂及其孔分布无关，而与吸附质的性质有关。对于氮气，77.4K 下，滞后环交汇的位置在相对压力约为 0.42；对于 Ar，在 87.3K 和 77.4K 时的吸附滞后环交汇位置，在相对压力为 0.34 和 0.26。

5.4.3　压汞法

气体吸附法主要用于具有微孔和中孔材料的测试，其设备和理论发展得比较成熟，但是该方法不能用于测定较大孔径的孔隙。而压汞法可以测得 4～7500nm 的孔结构，弥补了吸附法的不足，所以对大孔材料的测试一般采用压汞法[96]。由于压汞仪的普及，压汞法广泛用于多孔材料孔径分布和比表面积测试。由于表面张力的原因，汞对多数固体是非润湿的，汞与固体的接触角大于 90°，需外加压力才能进入固体孔中。将汞在给定的压力下进入多孔材料的开口孔中，当均衡地增加压力时，能使汞浸入材料的细孔，被浸入的细孔大小和所加的压力成反比。测量压力和汞体积的变化关系，通过数学模型即可换算出孔径分布等数据。采用仪器所配置的软件分析可以得出以下结果：累计进汞量与压力关系曲线、孔径分布曲线、进汞体积与压力关系曲线、孔容和压力关系曲线及数据表等[97]。

目前国内外的压汞仪类型很多，结构各异，但其主要的差别有两点：一是工作压力，包括增减压力的方法、所用传递介质、最高工作压力、压力计量方法及工作的连续性等；二是汞体积变化的测量方法。而保证增减压力的连续性和使用高精度计量方法计量微量汞体积是提高压汞仪测试水平的根本途径。图 5-38 为美国 Micromeritics 仪器公司生产的 AutoPoreⅣ系列压汞仪。压汞仪一般按照下列四步进行测量：

(1)制取样品。样品可以为圆柱形、球形、粉末、片、粒等形状。因为标准样品管的样品室体积较小，一般只有几毫升，故样品的体积需要更小。

(2)放入试样。实验时将试样置于膨胀计中，并放入充汞装置内，在真空条件下(根据不同的准确度要求，真空度可用 10^{-4}～10^{-2}mmHg) 向膨胀计充汞，使试样外部为汞所包围。

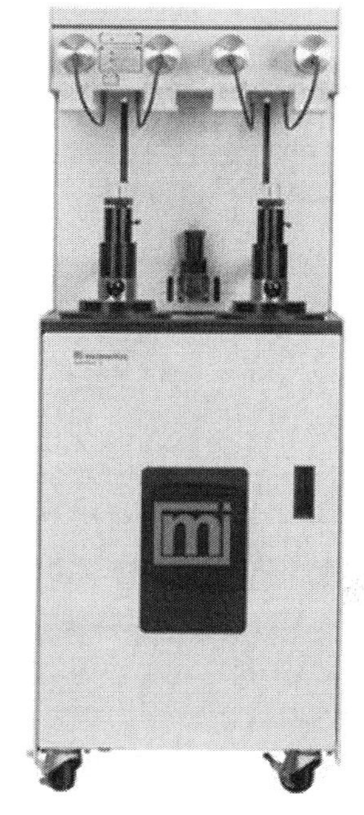

图 5-38　美国 Micromeritics 仪器公司生产的 AutoPoreⅣ系列压汞仪

(3)汞加压，使汞逐渐地充满到小孔中，直至达到饱和，从而获得压入量与压力关系曲线。压入的汞体积是以与试样部分相联结的膨胀计毛细管中汞柱的高度变化来表示的。测定方法有：①直接用测高仪读出高差，求得体积的累计变化量；②通过电桥测定在膨胀计毛细管中细金属丝的电阻，来求出汞的体积变化；③在毛细管内外之间加上高频电压测其电容；④在毛细管中插入电极触点。对汞所施加附加压强，当低于大气压强时，可向充汞装置中倒入大气，从而使膨胀计中的汞获得半径大于 7.5μm 的孔所需的压强。但是由于装置结构必然具有一定的汞头压力，所以最大孔径的测定是有限度的，一般为 100～200μm，特殊设计可达 300μm。为了使汞充入半径小于 7.5μm 的孔，必须对汞施加高压。高压的获得一般是通过液压装置实现的，它主要包括液压泵、电磁阀、压力倍增器、高压缸、控制阀、压力表(或控制记录系统)及安全装置等。当所需压力为数百大气压时，可以用更简易的方法，例如：使用压缩氮气或手摇压力泵等获得。

(4)处理数据，修正实测的表压，求解其孔径分布。在处理数据时，须将实测的表压进行修正。因为不管什么样的膨胀计，由于充汞和汞在进入试样孔隙的过程中，膨胀计毛细管中的汞柱高都在发生变化，因此由于汞的自重而带来的压力修正也随之变化，这个修正就是所谓汞头压力修正；另外由于装置和汞在高压下体积要发生一定的变化，因此要对膨胀计的体积读数进行修正，其修正值可由膨胀计的空白实验得到。

采用压汞法测定多孔材料的孔径分布，重复性较好。但是测试过程中仍然有误差存在，其主要原因有如下几点[98-100]：

(1) 在压汞法中，假设孔的横断面为圆形截面，其与真实截面间的差别是产生误差的主要来源。

(2) 液体和固体之间正确的浸润角数据的测得是比较困难的，而且在具体的测试条件下，由于材料的吸湿浸润角也可能偏高，因此该偏差对测定结果会带来影响。

(3) 汞的表面张力系数变化，也会对孔径的测定带来影响。纯度、清洁程度和温度等都会使表面张力系数改变，因此在严格的情况下要对膨胀计进行恒温。

(4) 在压汞法常规测定的情况下，它所表征的孔径，往往是孔隙开口处的大小，因此测得的孔径分布量将比真实的分布向小的方向移动。这个差别的大小可以用汞压入的滞后曲线来判断，并且可应用试样的这种滞后曲线来测定具有不同形状的孔径分布。

(5) 压汞法假定在高压下固体的结构不变，这与实际情况不完全相同。

(6) 在对汞施压的过程中，膨胀计中白金丝的比电阻也会发生变化，这往往要以空白实验加以修正。同时由于汞受压而挤入孔隙的过程中，在时间上有滞后，因此作业时要给予一定的时间。

(7) 为了得到正确的实验结果，试样必须首先进行清洗等预处理。为了获得较高的精确度，在膨胀计充汞前，采用比较高的真空度排气也是必要的，残余气体的影响不仅与真空度有关，也与充汞装置的容积有关。

参 考 文 献

[1] 卢芸, 李坚. 生物质纳米材料与气凝胶. 北京: 科学出版社, 2015.

[2] 任洪波. 气凝胶手册. 北京: 原子能出版社, 2014.

[3] 孙达, 周长灵, 陈恒, 等. 二氧化硅气凝胶的研究现状及应用前景. 现代技术陶瓷, 2015, 36(4): 24-31.

[4] Mecklenburg M, Schuchardt A, Mishra Y K, et al. Aerographite: Ultra lightweight, flexible nanowall, carbon microtube material with outstanding mechanical performance. Advanced Materials, 2012, 24(26): 3486-3490.

[5] Sun H, Xu Z, Gao C. Multifunctional, ultra-flyweight, synergistically assembled carbon aerogels. Advanced Materials, 2013, 25(18): 2554-2560.

[6] Si Y, Yu J, Tang X, et al. Ultralight nanofibre-assembled cellular aerogels with superelasticity and multifunctionality. Nature Communications, 2014, 5: 5802.

[7] Sehaqui H, Zhou Q, Berglund L A. High-porosity aerogels of high specific surface area prepared from nanofibrillated cellulose (NFC). Composites Science & Technology, 2011, 71(13): 1593-1599.

[8] Zhu H, Yang X, Cranston E D, et al. Flexible and porous nanocellulose aerogels with high loadings of metal-organic-framework particles for separations applications. Advanced Materials,

2016, 28(35): 7652-7657.

[9] Cervin N T, Aulin C, Larsson P T, et al. Ultra porous nanocellulose aerogels as separation medium for mixtures of oil/water liquids. Cellulose, 2012, 19(2): 401-410.

[10] 卢芸，孙庆丰，李坚．高频超声法纳米纤丝化纤维素的制备与表征．科技导报，2013, 31(15): 17-22.

[11] Herrick F W, Casebier R L, Hamilton J K, et al. Microfibrillated cellulose: Morphology and accessibility. Journal of Applied Polymer Science: Polymer Symposium, 1983, 37: 815-827.

[12] Klemm D, Kramer F, Moritz S, et al. Nanocelluloses: A new family of nature-based materials. Angewandte Chemie International Edition, 2011, 50(24): 5438-5466.

[13] Henriksson M, Henriksson G, Berglund L A, et al. An environmentally friendly method for enzyme-assisted preparation of microfibrillated cellulose (MFC) nanofibers. European Polymer Journal, 2007, 43(8): 3434-3441.

[14] Zimmermann T, Pöhler E, Geiger T. Cellulose fibrils for polymer reinforcement. Advanced Engineering Materials, 2004, 6(9): 754-761.

[15] Zimmermann T, Pöhler E, Schwaller P. Mechanical and morphological properties of cellulose fibril reinforced nanocomposites. Advanced Engineering Materials, 2005, 7(12): 1156-1161.

[16] Taniguchi T. Microfibrillation of natural fibrous materials. Journal of the Society of Materials Science Japan, 1996, 45: 472-473.

[17] Iwamoto S, Nakagaito A N, Yano H, et al. Optically transparent composites reinforced with plant fiber-based nanofibers. Applied Physics A, 2005, 81(6): 1109-1112.

[18] Taniguchi T, Okamura K. New films produced from microfibrillated natural fibres. Polymer International, 1998, 47(3): 291-294.

[19] Janardhnan S, Sain M. Isolation of cellulose microfibrils—an enzymatic approach. Bioresources, 2006, 1(2): 176-188.

[20] Wang B, Sain M. Isolation of nanofibers from soybean source and their reinforcing capability on synthetic polymers. Composites Science & Technology, 2007, 67(11-12): 2521-2527.

[21] Wang B, Sain M, Oksman K. Study of structural morphology of hemp fiber from the micro to the nanoscale. Applied Composite Materials, 2007, 14(2): 89-103.

[22] Wang B, Sain M. Dispersion of soybean stock-based nanofiber in a plastic matrix. Polymer International, 2007, 56(4): 538-546.

[23] Pääkkö M, Ankerfors M, Kosonen H, et al. Enzymatic hydrolysis combined with mechanical shearing and high-pressure homogenization for nanoscale cellulose fibrils and strong gels. Biomacromolecules, 2007, 8(6): 1934-1941.

[24] Lindstroem T, Carlsson G. The effect of carboxyl groups and their ionic form during drying on the hornification of cellulose fibers [pH, paper properties, tensile strength, swelling]. Svensk Papperstidning, 1982, 85(15): R146-R151.

[25] Isogai A, Saito T, Fukuzumi H. TEMPO-oxidized cellulose nanofibers. Nanoscale, 2011, 3(1): 71-85.

[26] Wan C, Lu Y, Jiao Y, et al. Fabrication of hydrophobic, electrically conductive and flame-resistant carbon aerogels by pyrolysis of regenerated cellulose aerogels. Carbohydrate

Polymers, 2015, 118: 115-118.
[27] Cai J, Liu S, Feng J, et al. Cellulose-silica nanocomposite aerogels by in situ formation of silica in cellulose gel. Angewandte Chemie, 2012, 124(9): 2118-2121.
[28] Wan C, Jiao Y, Li J. Influence of pre-gelation temperature on mechanical properties of cellulose aerogels based on a green NaOH/PEG solution—a comparative study. Colloid & Polymer Science, 2016, 294(8): 1281-1287.
[29] 杨礼富. 细菌纤维素研究新进展. 微生物学通报, 2003, 30(4): 95-98.
[30] 张海悦, 张宁. 细菌纤维素生物合成的研究. 中国酿造, 2008, 27(19): 24-27.
[31] 王静. 细菌纤维素基复合气凝胶的制备与性能研究. 无锡: 江南大学硕士学位论文, 2015.
[32] 马书荣, 米勤勇, 余坚, 等. 基于纤维素的气凝胶材料. 化学进展, 2014, 26(5): 796-809.
[33] 钟锡华. 现代光学基础. 北京: 北京大学出版社, 2003.
[34] 郝立宏, 邵淑娟. 电子显微镜技术在医学领域中的应用. 沈阳: 辽宁科技出版社, 2014.
[35] 付洪兰. 实用电子显微镜技术. 北京: 高等教育出版社, 2004.
[36] 张静武. 材料电子显微分析. 北京: 冶金工业出版社, 2012.
[37] 赵云龙. 透射电子显微镜的发展趋势. 电大理工, 2014, 2: 29-30.
[38] 郭素枝. 电子显微镜技术与应用. 厦门: 厦门大学出版社, 2008.
[39] 储昭琴, 朱晓光, 孔明光. JEM-2010 型透射电镜设备改进与功能扩展. 电子显微学报, 2013, 1: 127-128.
[40] 高峰, 李智丽, 杨维宇. 场发射透射电子显微镜及能谱功能开发. 包钢科技, 2014, 40(4): 42-45.
[41] 王淑荷. 超细粉末的组织结构分析:高分辨电镜的应用. 粉末冶金技术, 1992, 1: 49-53.
[42] 干蜀毅, 陈长琦, 朱武, 等. 环境扫描电子显微镜工作原理及实现. 真空电子技术, 2003, 6: 29-32.
[43] 干蜀毅. 常规扫描电子显微镜的特点和发展. 分析仪器, 2000, 1: 51-53.
[44] 王英姿, 侯宪钦. 带能谱分析的扫描电子显微镜在材料分析中的应用. 制造技术与机床, 2007, 9: 80-83.
[45] 朱琳. 扫描电子显微镜及其在材料科学中的应用. 吉林化工学院学报, 2007, 24(2):81-84.
[46] 李剑平. 扫描电子显微镜对样品的要求及样品的制备. 分析测试技术与仪器, 2007, 13(1): 74-77.
[47] 田中敬一, 永谷隆同. 图解扫描电子显微镜:生物样品制备. 北京: 科学出版社, 1984.
[48] 蔡璐. 扫描电子显微镜在材料分析和研究中的应用. 南京工程学院学报(自然科学版), 2003, 1(4): 39-42.
[49] 张清敏. 扫描电子显微镜和 X 射线微区分析. 天津: 南开大学出版社, 1988.
[50] 马旭, 丁永生, 朱益民, 等. 红外光谱分析技术的应用. 大连海事大学学报, 2003, 29(1): 63-67.
[51] 陆婉珍. 现代近红外光谱分析技术. 北京: 中国石化出版社, 2007.
[52] 张剑荣, 余晓冬, 屠一峰, 等. 仪器分析实验. 2 版. 北京: 科学出版社, 2009.
[53] 刘国庆. 傅里叶变换红外光谱仪. 电子器件, 1987, 3: 19-22.
[54] 翁诗甫. 傅里叶变换红外光谱仪. 北京: 化学工业出版社, 2005.
[55] 吕蕴嵘. 红外光谱技术在物证检验中的应用. 北京: 中国人民大学, 2005.

[56] 郝建明. 傅里叶变换红外光谱仪若干关键技术研究. 合肥: 合肥工业大学, 2016.
[57] 杨琨. 傅里叶变换红外光谱仪若干核心技术研究及其应用. 武汉: 武汉大学, 2010.
[58] 邓勃, 辛仁轩. 原子光谱分析技术丛书:等离子体发射光谱分析. 北京: 化学工业出版社, 2005.
[59] 朱自莹, 顾仁敖, 陆天虹. 拉曼光谱在化学中的应用. 沈阳: 东北大学出版社, 1998.
[60] 胡军, 胡继明. 拉曼光谱在分析化学中的应用进展. 分析化学, 2000, 28(6): 764-771.
[61] 大连化物所分子光谱组. 改用激光器做光源的拉曼光谱仪. 分析化学, 1975, 3: 68-71.
[62] 刘玲. 激光拉曼光谱及其应用进展. 山西大学学报(自然科学版), 2001, 24(3): 279-282.
[63] 杨序纲, 吴琪琳. 拉曼光谱的分析与应用. 北京: 国防工业出版社, 2008.
[64] 南景宇. 红外光谱与拉曼光谱产生机理的比较——双原子分子的情形. 物理通报, 2002, 7: 8-9.
[65] 杨金梅, 张海明, 王旭, 等. 红外光谱和拉曼光谱的联系和区别. 物理与工程, 2014, 24(4): 26-29.
[66] 左志军. X 光电子能谱及其应用. 北京: 中国石化出版社, 2013.
[67] 刘世宏. X 射线光电子能谱分析. 北京: 科学出版社, 1988.
[68] 袁欢欣, 欧阳健明. X 射线光电子能谱在配合物研究中的应用及其研究进展. 光谱学与光谱分析, 2007, 27(2): 395-399.
[69] 卢炯平. X 射线光电子能谱在材料研究中的应用. 分析测试技术与仪器, 1995, 1: 1-12.
[70] 朱和国, 杜宇雷, 赵军. 材料现代分析技术. 北京: 国防工业出版社, 2012.
[71] Moore D M, Reynolds R C. X-ray Diffraction and the Identification and Analysis of Clay Minerals. New York: Oxford University Press, 1989.
[72] 刘粤惠, 刘平安. X 射线衍射分析原理与应用. 北京: 化学工业出版社, 2003.
[73] 姜传海, 杨传铮. X 射线衍射技术及其应用. 上海: 华东理工大学出版社, 2010.
[74] 莫志深. 晶态聚合物结构和 X 射线衍射. 北京: 科学出版社, 2010.
[75] 李亚玲, 李文博, 李宓善, 等. 光栅衍射和布拉格公式. 大学物理, 2005, 24(9): 30-32.
[76] 南京大学. 粉晶 X 射线物相分析. 北京: 地质出版社, 1980.
[77] 郭金玲, 沈岳年. 用 Scherrer 公式计算晶粒度应注意的几个问题. 内蒙古师大学报(自然汉文版), 2009, 38(3): 357-358.
[78] Holzwarth U, Gibson N. The Scherrer equation versus the 'Debye-Scherrer equation'. Nature Nanotechnology, 2011, 6(9): 534.
[79] 陈金妹, 谈萍, 王建永. 气体吸附法表征多孔材料的比表面积及孔结构. 粉末冶金工业, 2011, 21(2): 45-49.
[80] 陈悦, 李东旭. 压汞法测定材料孔结构的误差分析. 硅酸盐通报, 2006, 25(4): 198-201.
[81] 丁祥金, 张继周, 宝志琴, 等. 泡点法测定微孔孔径分布的改进算法. 无机材料学报, 2000, 15(3): 493-498.
[82] 杨通在, 罗顺忠, 许云书. 氮吸附法表征多孔材料的孔结构. 炭素, 2006, 1: 17-22.
[83] 曹涛涛, 宋之光, 刘光祥, 等. 氮气吸附法-压汞法分析页岩孔隙、分形特征及其影响因素. 油气地质与采收率, 2016, 23(2): 1-8.
[84] 杨庆贤, 卢学栋. 气体吸附理论的研究. 应用科学学报, 1998, 2: 191-199.
[85] 李明, 周理, 吴琴, 等. 多组分气体吸附平衡理论研究进展. 化学进展, 2002, 14(2): 93-97.

[86] 刘大中, 王锦. 物理吸附与化学吸附. 齐鲁工业大学学报:自然科学版, 1999, 2: 22-25.
[87] 杨全红, 李峰, 侯鹏翔, 等. 吸附法表征纳米碳管中空管内径分布. 科学通报, 2001, 46(7): 600-603.
[88] 杨庆贤. 等温吸附方程式的普遍形式. 厦门大学学报(自然版), 1993, s2: 273-275.
[89] 戴闽光, 郑威, 卞发春. 重量法测定氮吸附等温线的系统装置. 福州大学学报, 1983, 2: 109-113.
[90] 吴焕领, 魏赛男, 崔淑玲. 吸附等温线的介绍及应用. 染整技术, 2006, 28(10): 12-14.
[91] 金彦任, 黄振兴. 吸附与孔径分布. 北京: 国防工业出版社, 2015.
[92] 刘培生, 马晓明. 多孔材料检测方法. 北京: 冶金工业出版社, 2006.
[93] Bhambhani M R, Cutting P A, Sing K S W, et al. Analysis of nitrogen adsorption isotherms on porous and nonporous silicas by the BET and αs methods. Journal of Colloid and Interface Science, 1972, 38(1): 109-117.
[94] 汪政德, 张茂林, 梅海燕, 等. 毛细凝聚和吸附-脱附回路的物理化学解释. 新疆石油地质, 2002, 23(3): 233-235.
[95] 陈永. 多孔材料制备与表征. 合肥: 中国科学技术大学出版社, 2010.
[96] 刘培生, 陈国锋. 多孔固体材料(高新技术科普丛书). 北京: 化学工业出版社, 2014.
[97] 刘培生. 多孔材料引论. 北京: 清华大学出版社, 2012.
[98] 王红梅. 压汞法测定多孔材料孔结构的误差. 广州化工, 2009, 37(1): 109-111.
[99] 汤永净, 汪鹏飞, 邵振东. 压汞实验和误差分析. 实验技术与管理, 2015, 32(5): 50-54.
[100] 房俊卓, 李鹏, 张立根, 等. 多孔材料表征方法的可靠性研究. 宁夏大学学报(自然版), 2012, 33(2): 195-197.

第 6 章　纤维素气凝胶基吸附材料

6.1　有机液体吸附材料及油水分离材料

6.1.1　甲基三氯硅烷改性纳米纤丝化纤维素气凝胶

6.1.1.1　采用甲基三氯硅烷改性纳米纤丝化纤维素气凝胶

纳米纤丝化纤维素(NFC)气凝胶的制备过程可参见 3.1.2 节所述，随后使用甲基三氯硅烷(MTCS)对 NFC 气凝胶样品进行疏水处理从而提高其疏水性和亲油性。具体改性过程可描述如下：通过化学气相沉积法使用 MTCS 疏水改性剂改性 NFC 气凝胶，将 NFC 气凝胶样品放置在一个密封的干燥器中，干燥器中放有一个含 300μL MTCS 的烧杯，避免样品和改性剂之间发生直接接触。在干燥器内，样品和具有挥发性的 MTCS 在室温下自由反应 24h，随后即可得到疏水的 NFC 气凝胶。NFC 气凝胶和 MTCS 改性剂之间的相互作用通过傅里叶变换红外光谱(FTIR)进行分析。改性后的气凝胶样品用作有机液体吸附和油水分离测试。样品的水接触角采用接触角测试仪(JC2000C)进行测定。

6.1.1.2　FTIR 分析和油水分离特性

使用 MTCS 改性剂改性 NFC 气凝胶有利于形成低能表面，这是由于纤维素表面的亲水性羟基被疏水性硅氧键所取代，导致疏水性的生成[1]。图 6-1(a)为未改性的 NFC 气凝胶和经过 MTCS 改性的 NFC 气凝胶的 FTIR 谱图。如图所示，在两个谱图中的峰十分相似。3325cm^{-1} 处较为宽泛的吸收峰是由于 O—H 的伸缩振动产生的，2895cm^{-1} 处的峰主要来源于 C—H 的伸缩振动。然而，NFC 气凝胶在 2925cm^{-1} 和 2854cm^{-1} 处的两个峰分别对应 C—H 的不对称和对称伸缩振动，1632cm^{-1}、1427cm^{-1}、1371cm^{-1} 和 1315cm^{-1} 处的峰分别对应吸收水、CH_2 的对称弯曲振动、O—H 弯曲振动和 C—H 的弯曲振动[2]。经 MTCS 改性剂处理的 NFC 气凝胶的 FTIR 谱图在 1273cm^{-1} 和 776cm^{-1} 处出现两个新的强峰，这是由于 Si—C 的伸缩振动和—CH_3 与硅氧烷化合物的变形振动引起的[3]，证明了 NFC 气凝胶表面疏水涂层的形成。如图 6-1(b)所示，MTCS 改性的 NFC 气凝胶具有疏水性，疏水角可达 139°，其表面可形成稳定的水滴。此外，MTCS 改性的 NFC 气凝胶可稳定地悬浮在油层中，且没有由于重力的作用而下沉至水层中，如图 6-1(c)所示。图 6-1(d)为 MTCS 改性的 NFC 气凝胶的油吸附测试。结果表明：由于气凝胶的密度极低，因此呈现出极高的油吸附倍率(吸附后的质量大约为原始干重的 542 倍)。将一小块 MTCS 改性的 NFC 气凝胶投掷到油水混合物中，整个过程持续约 10min，测试前后混合物颜色明显不同[图 6-1(e)]，且油层厚度从 4.1mm 降至 1.9mm[图 6-1(f)]，这些现象表明纤维素气凝胶具有良好的油水分离性能。

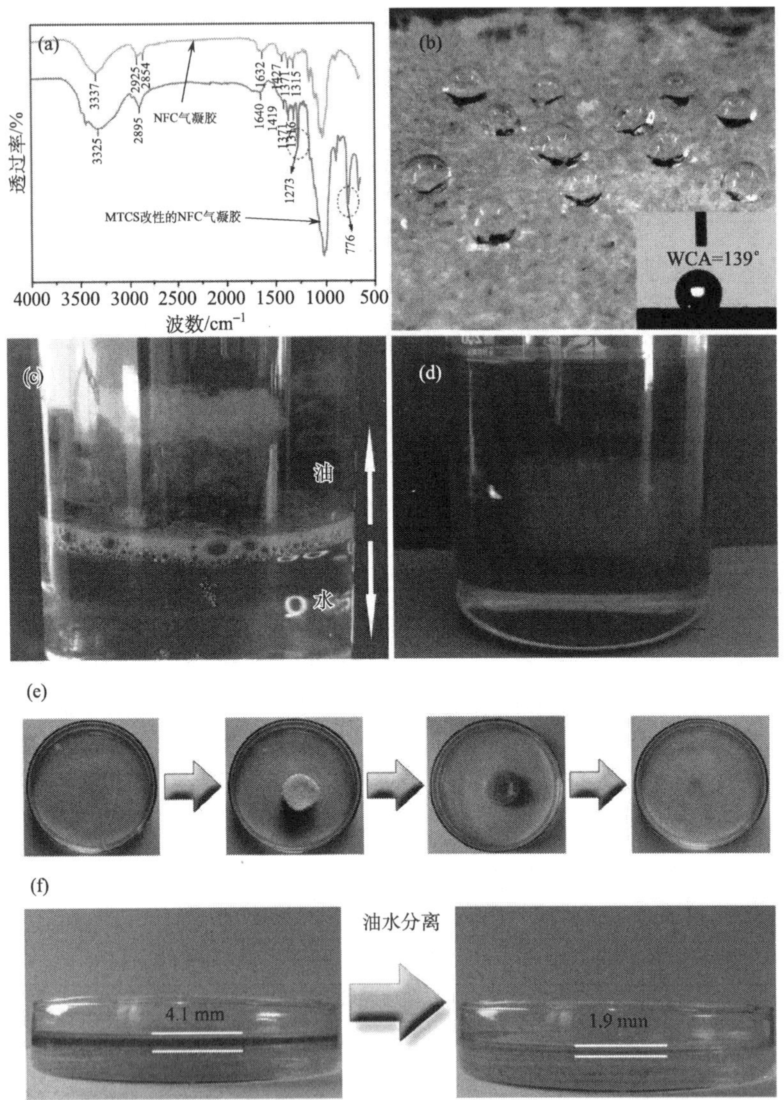

图 6-1　(a)未改性的 NFC 气凝胶和经过 MTCS 改性的 NFC 气凝胶的 FTIR 谱图；(b)MTCS 改性的 NFC 气凝胶表面可形成稳定的水滴，插图为对应的水接触角测试；(c)MTCS 改性的 NFC 气凝胶由于疏水性可稳定悬浮在油层中而不下沉至水层；(d)MTCS 改性的 NFC 气凝胶的油吸附测试；(e)和(f)MTCS 改性的 NFC 气凝胶的油水分离实验

6.1.1.3　吸附性能

图 6-2(a)为疏水气凝胶针对一些典型有机液体(如醇类、芳香族化合物、商业油)的吸附实验，这些有机液体很容易在日常生活或工业中形成污染物。吸附率可通过单位质量 MTCS 改性的 NFC 气凝胶所吸收有机液体的质量来衡量。MTCS 改性的 NFC 气凝胶对所有测试的有机液体均呈现出较大的吸附率。如图 6-2(b)所示，NFC 气凝胶所吸附液体的质量可达自身质量的 296～669 倍，该吸附率与许多其他高性能吸附材料的吸附率相当，如碳纳米纤维气凝胶(106～312 倍)[4]、超轻全碳气凝胶(215～743 倍)[5]、碳纳米管/氧化石墨烯气凝胶(215～913 倍)[6]。由于 NFC 气凝胶的柔性较差，目前这种气凝胶材料并不具备循环使用能力，这一缺陷将在今后的工作中进一步改善。

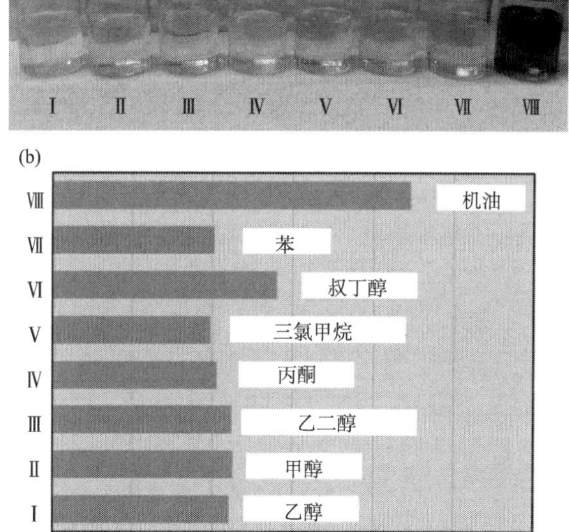

图 6-2　MTCS 改性的 NFC 气凝胶针对多种有机液体的吸附测试

6.1.1.4　小结

MTCS 改性的 NFC 气凝胶具有疏水性(WCA 为 139°)，可吸附自身干重 542 倍的油，且展现出良好的油水分离效果。此外，MTCS 改性的 NFC 气凝胶对于多种有机液体也显示出较强的吸附能力(所吸附液体的质量为气凝胶干重的 296～669 倍)。目前该材料的柔性较差，因此为了在石油泄漏等领域得到应用还需进一步改进该缺陷。

6.1.2　碳纤维气凝胶

6.1.2.1　引言

石油泄漏、化学泄漏和工业有机污水排放带来的环境污染日益严重，已成为一个亟待解决的问题。因此，研发新型高性能吸附材料的研究已广泛开展。例如，Hrubesh 等[7-9]制备了疏水的二氧化硅气凝胶材料，这种气凝胶可高效地从水溶液或混合体系中移除有机液体；Zheng 等[10]报道了一种由聚乙烯醇和纤维素纳米纤丝组成的复合气凝胶材料，该复合材料使用甲基三氯硅烷处理之后具有超疏水和超亲油性，改性后的气凝胶不仅对不同类型的油或有机液体展现出优异的吸附性能，而且有较强的重金属离子移除能力；Zhai 等[11]合成了超疏水的聚乙烯醇/纤维素纳米纤丝气凝胶微球，该微球对原油和有机溶剂的吸附能力可分别达到微球自身质量的 116 倍和 140 倍。最近几十年，人们一直在强调绿色化学的概念，故天然、可再生、可降解资源已经广泛引起广大科研人员的研究兴趣。使用不同的生物质材料或衍生物去除废水中有机污染物的研究已经广泛开展。例如，Rashwan 和 Girgis[12]报道了一种通过热解制备活性炭的方法，文章中指出这种活性炭展现出优异的吸附能力，对亚甲基蓝、刚果红、苯酚和对硝基苯酚的吸附量可分别达到 139mg/g、154mg/g、59mg/g 和 149mg/g。最近，Srinivasan 和 Viraraghavan[13]使用核桃壳吸附多种油类物质，而且可通过对吸附后的物质施加压力将吸附的油从核桃壳中分离出来，其油吸附能力可达 0.3～0.74g/g。近期，Venkatanarasimhan 和 Raghavachari[14]利用天然橡胶和磁铁矿纳米颗粒经温和的环氧化反应合成了环境友好的纳米复合材料，这种可磁驱动的纳米复合材料对汽油的吸附量为 7g/g，而且吸附过程中没有任何的质量损失。此外，一些类似的基于生物质材料(如松树皮[15]、鳄梨核种子[16]、百香果皮[17]、竹子[18]和橘皮[19])的吸附剂也已经被多次报道。

作为植物的一种主要成分，纤维素是一种典型的碳水化合物聚合物，是由重复的β-D-吡喃葡萄糖分子通过 C4 和 C1(β-1,4-葡萄糖)上的羟基经缩聚后形成的共价键所构成的，其结构如图 6-3 所示。然而，纤维素气凝胶自身的强亲水性不利于其吸附疏水性液体(如大多数的有机溶剂)。因此，在吸附有机液体之前，需先对天然、亲水的生物质材料进行疏水处理(如乙酰化反应[20]、酯化反应[21]和硅烷化反应[22])来接枝亲脂性基团。而且，一些纳米材料涂层(如二氧化钛)已被验证亦可用来制备低能耗和疏水性的表面[23]。最近，一种简单的热解法制备疏水性材料已引起研究者的高度重视，该过程的关键在于通过破坏亲水性的基团将亲水性的纤维素材料转变成疏水性的碳产品[24, 25]。此外，该文作者发现，热解前后样品的微观形貌变化不大。相比于上述传统的化学改性技术，这种热解技术相对容易操作且更具环保价值，在处理过程中不涉及任何有毒的化学药品。尽管已有一些文献[25-27]采用热解技术将纤维素基产品转化为碳基吸附剂(如细菌纤维素等)，但是直接使用廉价且广泛存在的天然生物质作为原材料制备新型、高性能的碳产品仍然值得研究。

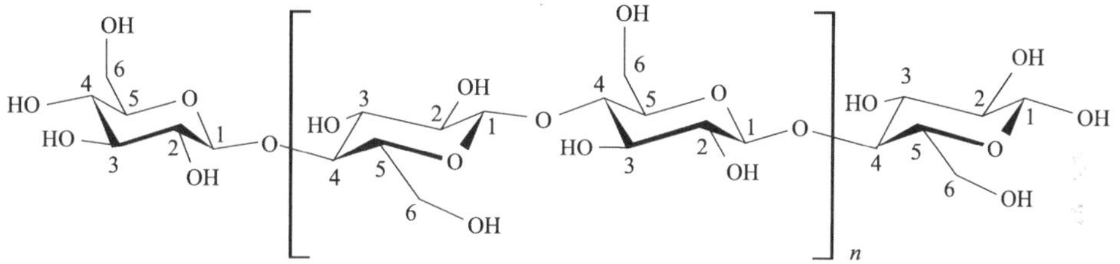

图 6-3　纤维素的化学结构

竹纤维是一种典型的纤维素纤维，来自于储量丰富、廉价且可再生的生物质资源(即竹子)，因此可确保竹纤维的连续供应。研究[28, 29]表明竹纤维在化学成分上与韧皮纤维相似，纤维素是最主要的成分(73.83%)，其他成分包括半纤维素(12.49%)、木质素(10.15%)、果胶、单宁、色素等。由于竹纤维具有疏松的结构和结晶无序的非纤维素物质，因此竹纤维相比棉、苎麻和亚麻纤维等具有更大的吸湿性能。另外，竹纤维有较高的保水率，这些特性促使竹纤维具有成为吸附材料的潜力。然而，竹纤维对有机液体薄弱的吸附能力、较差的疏水性和不令人满意的循环使用性能极大地限制了其应用，如从废水中吸附和分离有机污染物等。因此，在本小节中，我们将介绍一种利用天然竹纤维为原料通过环保的热解技术合成碳纤维气凝胶(CFA)的过程[30]。热解处理前后样品的微观形貌、化学成分、结晶结构和亲水性的改变可分别通过扫描电子显微镜(SEM)、能量色散 X 射线谱(EDX)、傅里叶变换红外光谱(FTIR)、X 射线衍射(XRD)和水接触角(WCA)测试等进行分析。此外，针对 CFA 对各种有机溶剂的吸附量、油水混合物的吸附选择性和循环使用能力也进行了详细探究。

6.1.2.2　材料和方法

1) 材料

天然的竹纤维使用去离子水反复冲洗几次，然后在真空下 60℃干燥 24h。所有的其他化学试剂均为分析纯等级，使用前未经任何处理。

2) CFA 的制备

将一块干燥的竹纤维放进圆柱形石英容器中，然后将容器放入管式炉中。热解处理前，管式炉和样品中的空气可通过真空泵排出，随后通入氮气 15min，确保剩余的空气除去。之后，样品以 5℃/min 的升温速率加热到 500℃，在该温度下保持 1h，然后以 5℃/min 的升温速率从 500℃升温到 1000℃并且在该温度下保持 2h 使样品完全热解。随后，温度以 5℃/min 的速率下降到 500℃，之后使之自然冷却到室温，即可获得 CFA 样品。整个热解过程均在氮气保护下进行。

3) CFA 对油/有机液体的吸附性能

典型的吸附测试过程包括以下几个步骤：首先在测试之前称量 CFA 样品的质量，随后直接放置在有机溶剂或油中使之直接接触直到气凝胶的孔隙结构中完全充满液体（对于有机液体大约 3min，对于油一般 10min），最后将其取出称其质量。为了避免吸附质的蒸发对称量结果造成影响（尤其是一些低沸点强挥发性的物质），称量过程一定要迅速完成。吸附性能通过样品吸附后的湿重除以样品初始干重来计算。吸附循环能力可通过重复上述吸附过程 5 次来检测吸附性能的变化。根据吸附质的属性，可通过以下三种方法来移除 CFA 中的吸附质：①对于相对廉价、易燃、有毒的液体可采用燃烧的方法去除；②对于低成本和低黏度的有机液体可采用挤压的方式去除；③对于价格昂贵和高黏度的有机液体可采用溶剂萃取的方式去除，对于目标液体和萃取剂的混合物可以采用分馏等方法进行分离，CFA 中残留的廉价萃取剂可通过燃烧的方式去除。

4) 表征

微观形貌可通过 SEM（Hitachi，TM3030）进行观察，工作电压为 15.0kV。元素分析由能谱仪完成。FTIR 谱图通过 FTIR 仪器（Nicolet 6700，Thermo Fisher Scientific，美国）记录，检测波长范围为 725～4000cm^{-1}，分辨率为 4cm^{-1}。原材料和 CFA 的晶型结构采用 X 射线衍射仪（D/MAX 220 型，日本理学株式会社）进行表征，测试采用铜靶 Kα 辐射（λ=1.5418Å），射线波长为 0.154nm，扫描角度（2θ）为 5°～40°，扫描速率为 4°/min，步距为 0.02°，管电压为 40kV，管电流为 30mA。WCA 通过 Powereach JC2000C 接触角分析仪进行测试。CFA 的比表面积和孔隙特性采用全自动比表面积和孔隙分析仪（TriStar II 3020 型，美国 Micromeritics 仪器公司）在–196℃通过 Brunauer-Emmett-Teller（BET）模型进行测量。测试前，样品在真空条件下 100℃预先脱气 6h。孔容和孔径采用 Barrett-Joyner-Halenda（BJH）模型计算所得。

6.1.2.3　结果与讨论

如图 6-4（a）所示，SEM 图像为竹纤维的微观结构，即长纤维相互交织形成三维（3D）网络结构。这种独特的 3D 多孔框架为吸附提供了先天条件[31]，根据直径频率分布直方图计算可知，竹纤维的平均直径（d）和标准偏差（σ）分别为 15.33μm

和 2.27μm［图 6-4(b)］。此外，竹纤维的主要元素及含量显示在图 6-4(c)中，通过 EDX 分析可知被检测到的 C 和 O 元素的含量分别占 64.5wt%和 35.5wt%。Au 元素是源自于 SEM 观察前为了形成导电涂层所进行的喷金处理。经热解后所制备

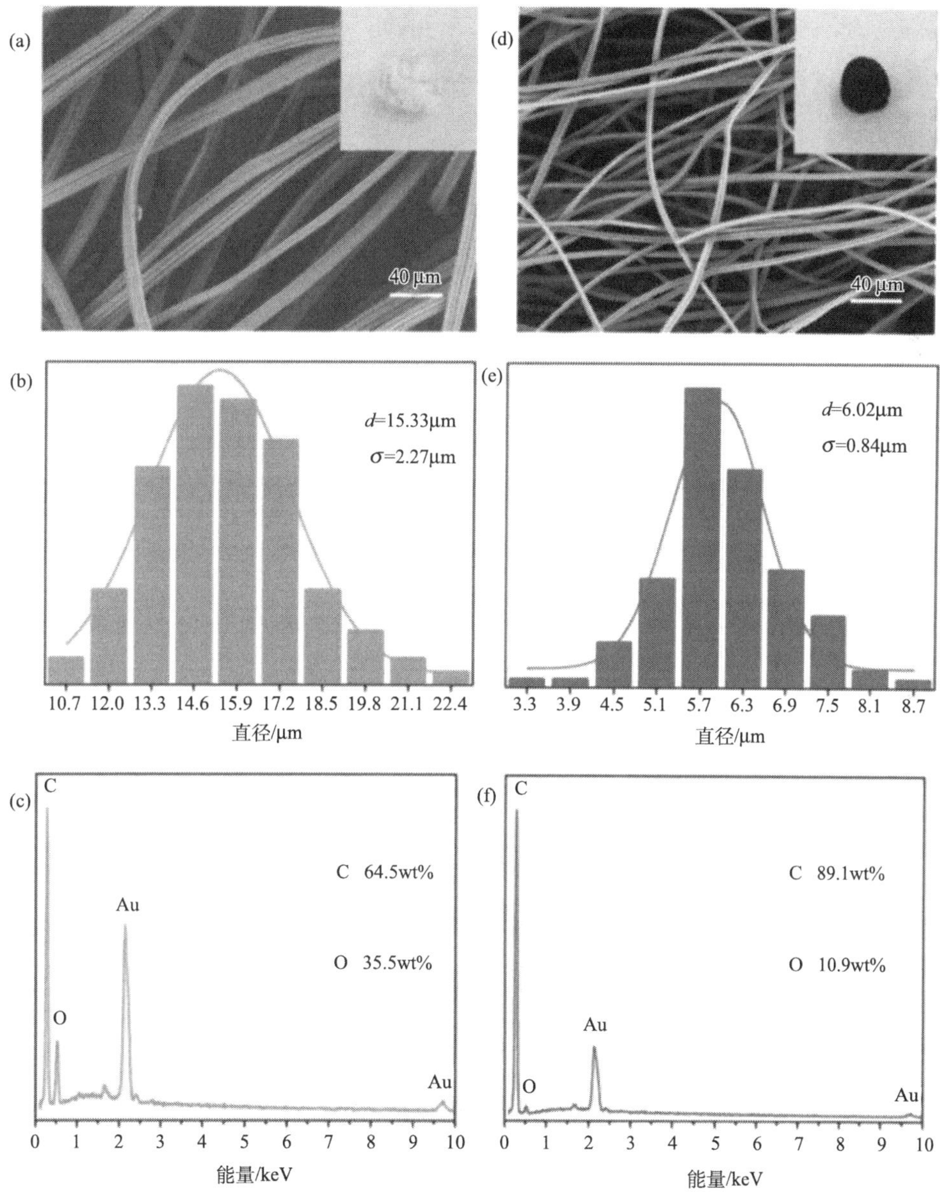

图 6-4 竹纤维的 SEM 图像(a)、直径分布(b)和 EDX 谱图(c)；CFA 的 SEM 图像(d)、直径分布(e)和 EDX 谱图(f)。(a)和(d)中的插图分别为对应的宏观图像

得到的 CFA 很明显是由更加纤细的纤维所组成的[图 6-4(d)]。不难发现，热解后 CFA 仍然保留 3D 网络结构并且变得更加致密。根据图 6-4(e)中的直径频率分布直方图可知，纤维的平均直径和标准偏差分别降低至 6.02μm 和 0.84μm。此外，图 6-4(f)显示 C、O 两种元素含量的比值显著提高(由 1.8 提高到 8.2)，这充分证明了绝大多数含氧官能团已经被破坏。通过样品的质量除以样品的体积可粗略计算 CFA 的堆积密度，计算结果表明其密度低至 39.6mg/cm^3。

图 6-5(a)中竹纤维的 XRD 谱图，表明竹纤维具有典型的纤维素Ⅰ型结晶结构(即平行排列的纤维素链)。在 22.1°处的尖峰是由(002)晶面产生的，在 15.8°处的宽峰是由(101)和(10$\bar{1}$)晶面的混合峰产生的[32]。热解之后，纤维素的特征峰明显消失，位于 22.7°处的宽峰对应于石墨的(002)晶面[33]。这些结果证明竹纤维的结晶结构在热解过程中被破坏，并且转化成无定形石墨碳结构[34]。FTIR 谱图进一步确认了竹纤维的亲水性官能团被移除[图 6-5(b)]。表 6-1 为竹纤维中一些典型的 FTIR 特征峰[35]，其中对应着一些亲水基团(如 C═O、C—O 和 O—H)。然而，在热解之后生成的 CFA 的 FTIR 谱图中，没有观察到任何与亲水性基团有关的峰，进一步证明了疏水性的形成。

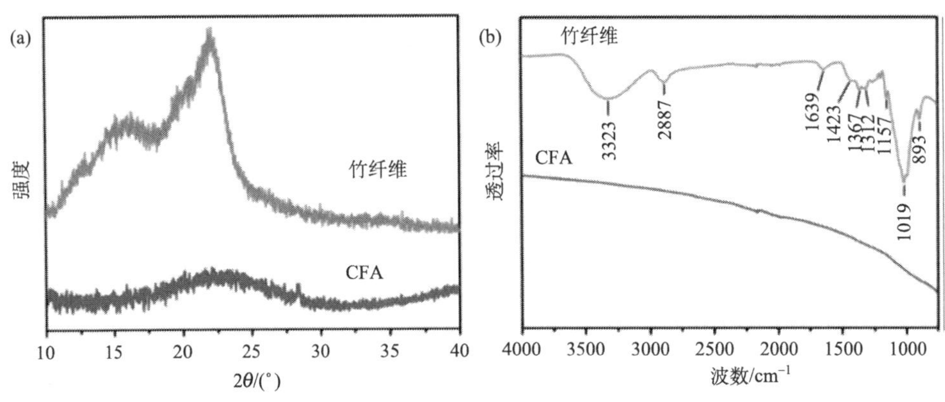

图 6-5　竹纤维和 CFA 的 XRD(a)和 FTIR(b)谱图

表 6-1　竹纤维的 FTIR 特征峰

波数/cm^{-1}	振动模式
3323	氢键键合的 O—H 伸缩振动
2887	CH_2 伸缩振动
1639	C═O 伸缩振动
1423	CH_2 剪切振动
1367	CH_3 中的 C—H 伸缩振动
1312	CH_2 面内摇摆振动

续表

波数/cm^{-1}	振动模式
1157	C—O—C 不对称价振动
1019	吡喃糖环 C—O—C 骨架振动
893	C_1—H 变形、环价振动

氮气吸附-脱附等温线可为样品的孔隙结构提供许多有用的信息。正如图 6-6(a)所示，根据 IUPAC 分类标准可知 CFA 的吸附等温线为典型的Ⅳ型吸附等温线。吸附等温线和脱附等温线之间存在明显的滞回线，这通常归因于在介孔中发生的毛细凝聚现象[36]。其吸附-脱附滞回线属于 H2 型滞回线[37]，它证实了“墨水瓶”型孔的存在。根据 BET 和 BJH 方法计算得到，CFA 的比表面积和孔容分别约为 26.2m^2/g 和 0.095cm^3/g。使用 BJH 方法获得的孔隙尺寸分布曲线显示在图 6-6(b)中，两个区域可以确认：①介孔(2～50nm)和三个峰分别出现在 2.1nm、2.7nm 和 3.7nm 处；②大孔(50～170nm)，表明 CFA 主要是由介孔和大孔所构成的。CFA 的平均孔隙直径大约为 14.0nm。

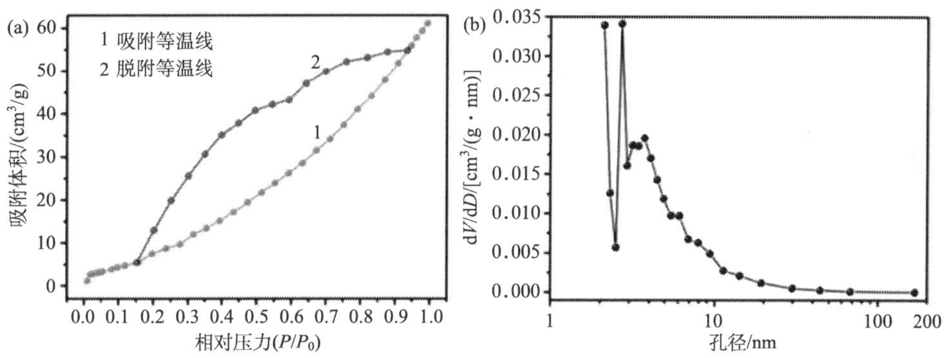

图 6-6　CFA 的(a)氮气吸附-脱附等温线和(b)孔隙尺寸分布

发展具有吸附选择性的材料(如吸附水很少却能够迅速吸附大量的亲油性溶剂)在处理多组分污水时具有更显著的实际价值。具有良好吸附选择性的材料拥有潜力成为油水分离材料或处理有机废水的高性能吸附剂。在图 6-7(a)中，当水接触到竹纤维原料时，竹纤维因吸水变重很快淹没在水中，表明该材料具有强亲水性和薄弱的浮力等特征。因此，天然竹纤维不适合应用于从水中分离有机污染物。相反，热解后的产品(即 CFA)很容易漂浮在水面上[图 6-7(b)]。根据 Marmur 和 Ras 的研究结果可知[38]，CFA 良好的漂浮性主要是由于它对水的排斥性所导致的，而材料本身的低密度对其影响不大。此外，当水滴滴到 CFA 表面时，水滴可以稳定地停留在 CFA 表面上并且保持完整的球形[图 6-7(c)]，表明 CFA 具有优异的疏水性。图 6-7(d)为 CFA 的 WCA 测试，其 WCA 值可达 151°，表明 CFA 具有超疏水性。前文的 EDX、XRD 和 FTIR 分析也验证了上述结论。使用 CFA 吸附在液面下或液面上与苏丹红Ⅲ共混的庚烷，如图 6-7(e)和(f)所示，当 CFA 接触到庚烷进行吸附时(庚烷被苏丹红Ⅲ染色)，很明显其不吸附水而是迅速吸附庚烷，几乎在 8s 内将红色的有机液体完全吸附，该现象证明 CFA 可以有效地从水中去除有机液体。考虑到 CFA 的强疏水性、良好的吸附选择性和轻质等特性，CFA 无疑是一种用于净化含有机污染物废水的潜在材料。

图 6-7　(a)竹纤维浸在水中；(b)CFA 漂浮在水面上；(c)一个水滴稳定地停留在 CFA 的表面；(d)CFA 的 WCA 测量；(e)在液面下使用 CFA 吸附庚烷的过程(庚烷被苏丹红Ⅲ染色)；(f)利用 CFA 吸附漂在水面上庚烷的过程(庚烷被苏丹红Ⅲ染色)

除了研究上述 CFA 的吸附选择性，定量地研究 CFA 对各种有机溶剂和油的吸附性能也同样具有重要意义，例如研究来自工业废水及我们日常生活中常见的污染物——苯、三氯甲烷、*N*,*N*-二甲基甲酰胺、乙醇、乙酸乙酯、油酸、四氯化碳、甲苯等有机液体。图 6-8 为 CFA 针对各种有机液体的吸附性能。可以看出，CFA 对这些有机液体都呈现出很高的吸附量(23～51g/g)。忽略由于有机吸附质类型所产生的误差，吸附量等于甚至高于在一些文献中报道过的吸附剂，详细的结果汇总在表 6-2 中，包括活性炭(<1g/g)[39]、碳/膨胀蛭石(1～4g/g)[40]、纳米线薄膜(4～20g/g)[41]、共轭微孔聚合物(5～25g/g)[42]、磁性膨胀石墨(30～50g/g)[43]、石墨烯海绵(20～86g/g)[44]和掺硼的多壁碳纳米管(25～125g/g)[45]。此外，考虑到

材料的成本效益和环保的制备过程，CFA 明显更具潜力。

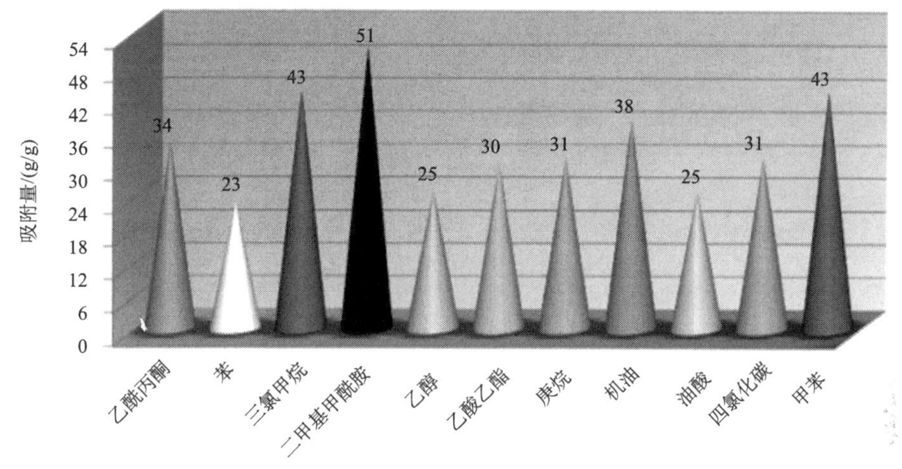

图 6-8　CFA 针对各种有机液体的吸附性能

表 6-2　CFA 与其他最近报道的有机液体吸附剂的吸附性能比较

吸附剂	制备方法	吸附量/(g/g)
活性炭	活化法	＜1
碳/膨胀蛭石	化学气相沉积	1～4
纳米线薄膜	水热法和气相沉积技术	4～20
共轭微孔聚合物	偶联聚合	5～25
磁性膨胀石墨	溶胶-凝胶法	30～50
石墨烯海绵	还原和改性	20～86
掺硼的多壁碳纳米管	气溶胶辅助化学气相沉积	25～125
碳纤维气凝胶	热解	23～51

除了较强的吸附选择性和显著的吸附量，对吸附剂来说，良好的循环吸附性能也是必不可少的重要参数。良好的循环吸附性能有利于节省成本，降低制备过程的能耗，以及减少废弃物的产生。为了得到良好的循环吸附性能，需要在下次吸附之前从吸附剂中分离出所吸附的液体。在这里，我们采用三个简单的方法来回收或去除被吸附物，即：①采用燃烧方法来去除廉价、易燃和有毒的液体污染物；②通过挤压的方法获取低成本和低黏度的溶剂；③利用萃取的手段回收昂贵和高黏度的溶剂(残留在 CFA 中的萃取剂可通过燃烧除去)。如图 6-9 所示，有毒的苯一般可通过燃烧 CFA 进行移除；廉价和低黏度的乙醇可以通过挤压的方法从 CFA 中分离；使用乙醇可从 CFA 中分离高黏度的机油，所得的机油可通过分馏进一步纯化。

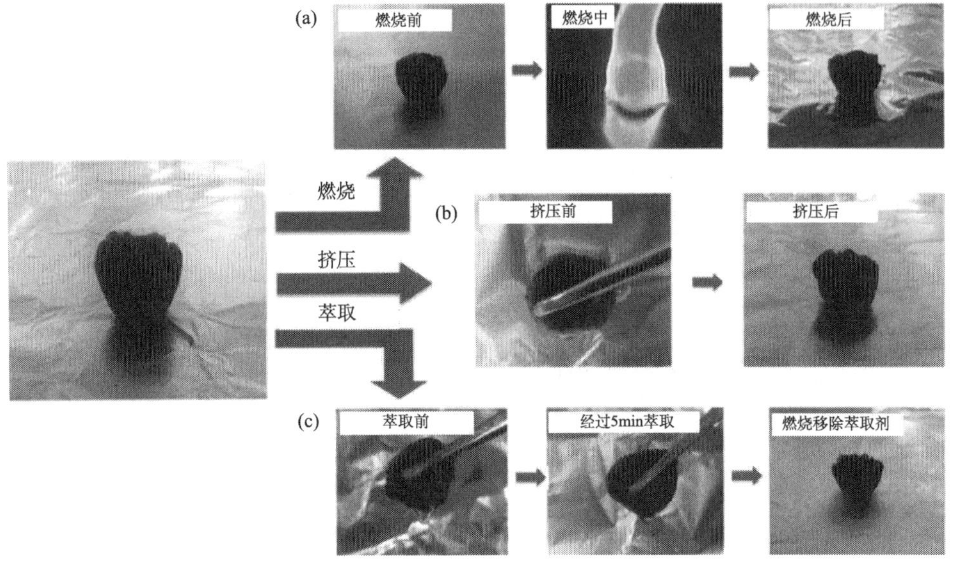

图 6-9　被吸附物从 CFA 中的分离过程：(a)用于分离苯的燃烧过程；(b)用于分离乙醇的挤压过程；(c)使用乙醇分离机油的萃取过程

所有的吸附-脱附过程重复五次，吸附量的变化和残余吸附剂的质量如图 6-10 所示。直接在空气中燃烧 CFA 以移除 CFA 中的吸附质，可以很便捷地回收 CFA，在这种情况下燃烧所产生的热值可以用于其他途径(如发电等)。如图 6-10(a)所示，在循环五个周期后，CFA 的质量从 0.135g 减少到 0.130g，苯的吸附质量从 3.056g 下降到 2.963g。采用挤压方法是另一个简单回收 CFA 的方法[图 6-10(b)]。如上所述，此方法更适合低黏度或无毒的污染物(如乙醇等)。在第一个周期时，吸附乙醇的质量为 CFA 自身质量的 28.7 倍，但残余质量增加到 669mg(大约为原始质量的五倍)，这是由于挤压不能完全去除 CFA 中的乙醇。从第二个周期开始，吸附性能趋于稳定并大约降低到 5.0g/g。这种减少不仅归因于残余质量的提高，而且可能是重复压缩对多孔结构造成的损伤所导致的(在五个周期后吸附质量从 3.7g 下降到 3.3g)。至于吸附-萃取循环测试，该方法比较适合高黏度或高成本的有机液体(如油类物质)，该实验以废机油作为测试案例。我们采用乙醇萃取 CFA 中的机油，并且利用沸点差异采用分馏的方法将油分离出来。此外，可通过燃烧的方法将残余的乙醇萃取剂从 CFA 中去除。从图 6-10(c)中可以看到，五个周期后 CFA 的吸附性能并没有改变很多。因此，结合上述三种简单的方法包括焚烧、挤压和萃取或这几种方法的组合(取决于有机液体的类型)可以实现 CFA 的循环使用。

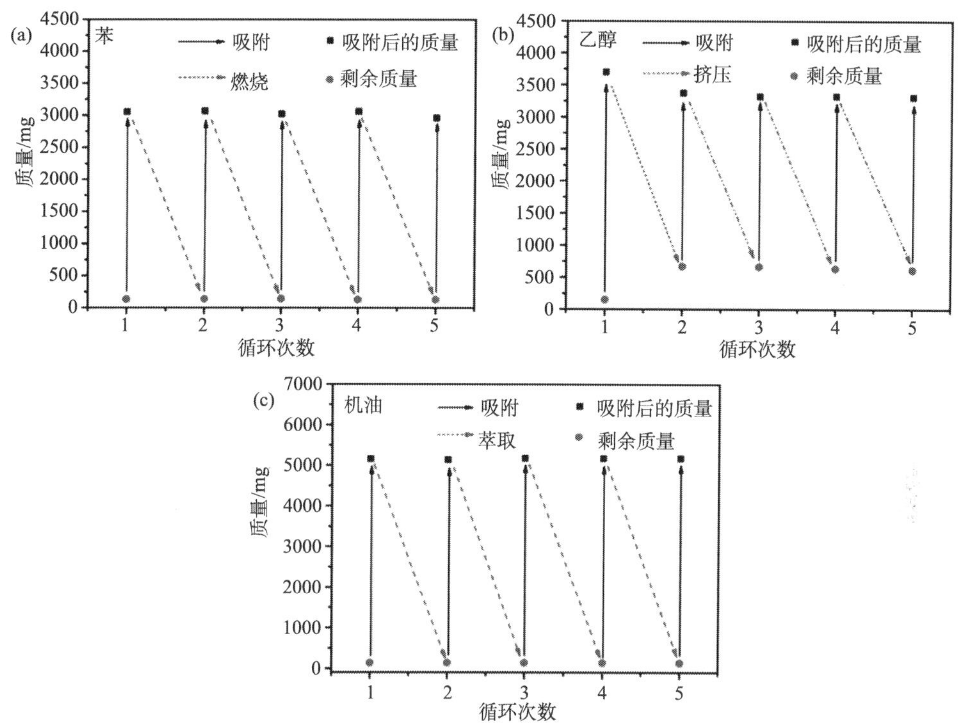

图 6-10　CFA 的循环使用性能测试(循环次数为 5 次)：(a)利用燃烧法去除 CFA 中吸附的苯；(b)利用挤压法回收 CFA 中吸附的乙醇；(c)利用萃取法回收 CFA 中吸附的机油，并采用燃烧法去除 CFA 中的乙醇萃取剂

6.1.2.4　小结

我们成功地使用广泛可得、低成本的天然材料(即竹纤维)为原料制备了超疏水、轻质的 CFA，通过简单和廉价的热解方法获得的 CFA 具有令人满意的吸附性能和优异的循环吸附能力。疏水性的 CFA 具有良好的吸附选择性，它可以迅速有效地吸附废水中的有机液体，但不吸附水。此外，CFA 可以吸收自身质量 23～51 倍的各种有机液体。结合几种简单的途径(如燃烧、挤压和萃取或它们的组合)，不仅可以实现 CFA 的循环使用，而且已吸附的有机液体或油亦可重新利用和回收。因此，考虑到轻质、良好的吸附选择性、高吸附性能和优异的循环吸附能力等特性，CFA 可以作为一种有潜力的绿色材料应用于油泄漏、有机废水处理等方面。更重要的是，这项工作在低成本的生物质资源的高附加值应用领域提供了一个很好的示范。

6.1.3 TiO_2/纤维素复合气凝胶

6.1.3.1 引言

在水环境中清理浮油是一件具有挑战性的任务。当前的处理途径可以粗略地分为三类：①从水面上回收浮油；②使用溢油分散剂(俗称“消油剂”)减少溢油与水之间的界面张力，从而使油迅速乳化分散在水中，促进油的自然降解；③原位燃烧水面上的浮油。途径①通常更受人们的青睐，因为该途径能产生更低的污染，同时回收的浮油能进行二次利用。为了提高浮油的回收率，可采用高性能的吸附材料来处理水面浮油。锯屑是一种典型的传统选择，然而这种材料不具有吸附选择性，在吸收油的同时也会吸收大量的水。因此，在吸附之后需要通过离心、过滤或者重力沉降等方式来将所吸附的油与水区分开[46]。为了避免这些繁杂的后续分离工艺，有必要发展具有吸附选择性的吸附剂(即能够快速吸油但不吸水或微量吸水)。这类新型吸附材料还需要兼具高力学强度、可浮于水面、可回收、可重复使用且绿色环保等特质。

市售的聚丙烯纤维垫能够用于吸附水面浮油且吸油量能够达到自身干重的15倍左右($50\sim90mg/cm^3$)[47, 48]。然而该聚丙烯纤维垫吸附剂的主要缺点是很难将油完全从自身分离出来，分离处理后聚丙烯纤维垫仍然保持50%的油[48]。二氧化硅气凝胶也被用作吸附水面上的油和其他有机液体，然而它的主要缺陷是力学性能不够理想、结构易碎[49-51]。有研究者将碳纳米管生长在蛭石上用于吸附油，油吸附量可达自身质量的3～4倍，用于处理油水混合物时油水选择率可达7∶1[40]。有研究报道碳纳米管气凝胶针对各种各样有机溶剂的吸附量高达自身质量的80～180倍[52]。氧化锰纳米纤维膜也用作选择性吸附剂和分离膜，它对油的吸附能力可达自身质量的20倍[41]。虽然这些研究成果都非常让人为之振奋，但仍然有必要继续开发力学性能强、可循环使用、原料来源广泛且可再生的绿色新型吸附材料。

纳米纤维素是一种具有实际应用价值的材料，它的原料成本低、可再生且分布广泛。同时，纳米纤维素还能通过健全的木材工业方法来大规模制备和加工。高长径比的纤维素纳米纤丝(直径为3～15nm)能够通过多种方法从木浆中分离出来并用于制备纳米纤维素水凝胶[53-56]。水凝胶通过真空干燥、冷冻干燥或超临界CO_2干燥处理后能够形成高度多孔的纳米纤维素气凝胶[57, 58]。这种气凝胶具有高力学强度[59, 60]，已在光转换吸收[61]、浮选[62]、磁性材料[63]和湿度传感器[58]等领域得到应用。

6.1.3.2 TiO_2/纤维素复合气凝胶的制备及形貌观察

Ikkala 教授团队[23]以低密度($20\sim30mg/cm^3$)、高孔隙率(98%)的纳米纤维素气凝胶为基质，在结构单元(即纳米纤丝)表面负载纳米级二氧化钛(TiO_2)构建具有疏水亲油性的涂层。这种改性后的气凝胶不仅能够吸附各种各样的有机溶剂，还对水具有很强的排斥性(高水接触角)。图 6-11(a)和(b)给出了纳米纤维素气凝胶的扫描电镜图。大量的片状结构是由于纳米纤丝在冷冻干燥过程中受冰晶生长压迫而形成的，这些由纤丝构成的片状结构增强了气凝胶的力学稳定性[57]。为了赋予纤维素气凝胶疏水性和亲油性，采用原子层沉积技术在气凝胶表面沉积 TiO_2。异丙醇钛用作 TiO_2 的前驱体，水作为氧原子的来源。具体的实验流程可以参考文献[58, 61]。由图 6-11(c)的透射电镜图(TEM)可见，纤维素纳米纤丝被厚度为 7nm 的 TiO_2 层所覆盖。

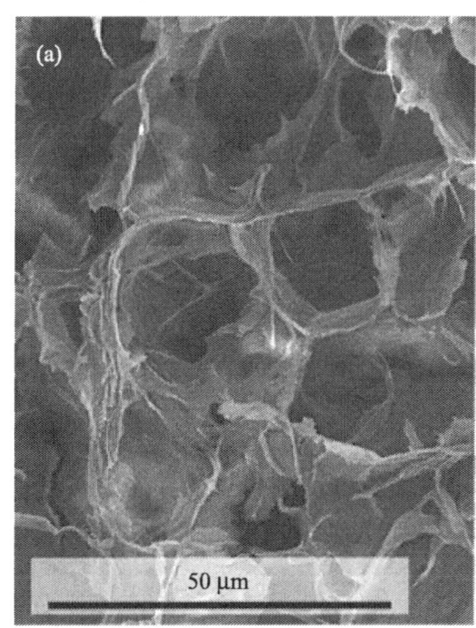

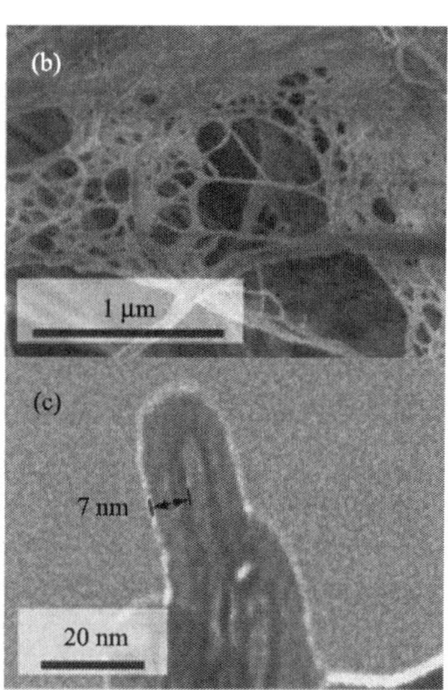

图 6-11　冷冻干燥所得到的纳米纤维素气凝胶的 SEM 图像：(a)纤丝堆叠成片状结构随后相互连接形成多孔结构；(b)片状结构的放大图像，片状结构由纳米纤丝构成且纳米纤丝之间相互缠绕形成纳米级孔结构；(c)纳米纤丝被厚度为 7nm 的 TiO_2 层所覆盖的 TEM 图像

6.1.3.3　TiO_2/纤维素复合气凝胶的疏水亲油特性

纤维素气凝胶骨架结构表面的 TiO_2 涂层构建了新的低能表面[61]。图 6-12(a)为该复合气凝胶的宏观图片，石蜡油滴和矿物油滴能很快被气凝胶吸收(1～3s)且吸收速度与油的黏度相关；相比之下，水滴和甘油滴(极性黏稠液体)能够在气凝胶表面保持圆润、饱满的状态(接触角>90°)，验证了该复合气凝胶具有疏水性。图 6-12(b)展示了 TiO_2/纤维素复合气凝胶漂浮在水面上的情形。研究表明，疏水气凝胶在水面的漂浮性主要是由于它的斥水性，低密度只扮演一个次要角色[38]。

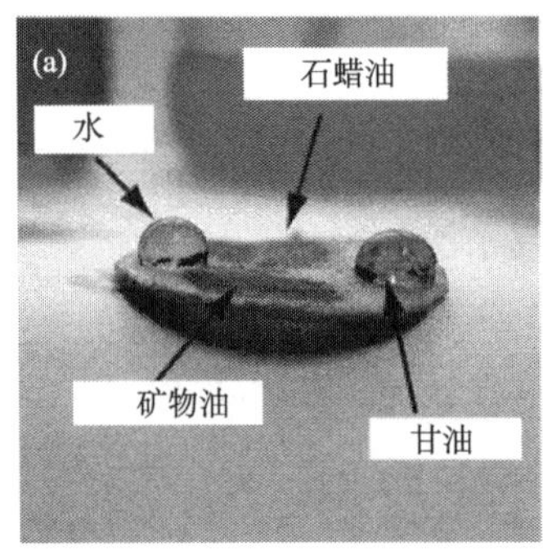

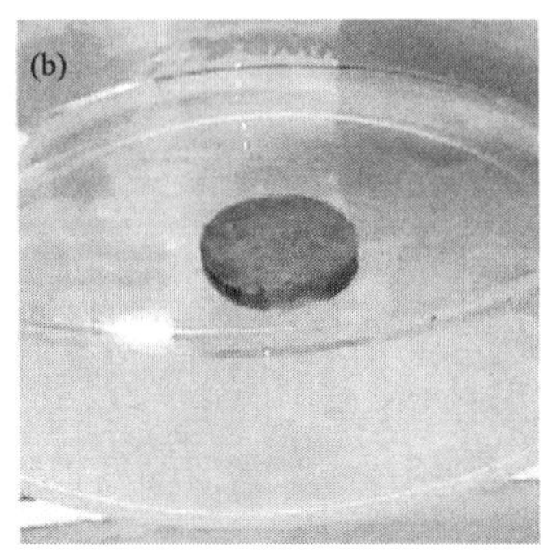

图 6-12　(a) TiO_2/纤维素复合气凝胶具有疏水亲油特性：水滴和甘油滴(为了清晰，采用活性蓝染料染色)能够在气凝胶表面保持液滴状态，然而石蜡油滴和矿物油滴能很快被气凝胶吸收；(b) TiO_2/纤维素复合气凝胶能够漂浮在水面上

当疏水的 TiO_2/纤维素复合气凝胶浸渍在水中时，水并不会大量涌入气凝胶内部。少量的水黏附在气凝胶表面可能主要是由于钉扎效应，这些水可以采用纸巾轻柔地擦拭去除。相反，TiO_2/纤维素复合气凝胶能够将水面上的油吸附入自身的内部孔隙中(图 6-13)。将 TiO_2/纤维素复合气凝胶放置在水面上的石蜡浮油上(为了清晰，石蜡油采用尼罗红染料染色)，该气凝胶几乎能吸收与自身体积相同的浮油。所吸收油的质量是气凝胶干重的 30 倍左右。将 TiO_2/纤维素复合气凝胶直接浸渍在纯石蜡油中，吸附量可增至气凝胶干重的 40 倍。增量主要来源于吸附在气凝胶表面的油，这部分油可以通过纸巾去除，去除后的结果与油水混合物中吸附结果相似。将被油填充的气凝胶放置在水面上，观察发现并没有水进入到气凝胶的孔结构中或者孔结构中的油扩散至水中。经过 24h 的静置，气凝胶的质量仅仅减少 5%，且超过 80%的质量损失发生在静置最开始的 1h 内，这暗示了只有气凝胶表面过量的油扩散至水中。将被油填充的气凝胶放置在被活性蓝染料染色的水中，静置结束后并没有在气凝胶内部发现染料颜色的存在，这也证明了孔隙结构中的油并没有被水置换出来。

更为重要的是气凝胶中吸附的石蜡油可以通过将被油填充的气凝胶浸渍在有机溶剂(如乙醇或辛烷)中而分离掉。由图 6-13(d)可见，将被石蜡油填充的气凝胶浸渍在乙醇溶液中后，孔隙中的油立即流出(如红色条痕所示)。经过在乙醇中浸渍 12h，然后将气凝胶取出、干燥。经过油吸附、移除过程，气凝胶的质量变化非常低(仅为 0.6%)。将石蜡油填充的气凝胶浸渍在辛烷中则会得到更快的油分离速度，整个油分离过程只需 30min。将石蜡油替换为矿物油进行上述实验，也可得到相同的实验结果。因此，选择合适的溶剂即可有效地将气凝胶中填充的油分离掉。

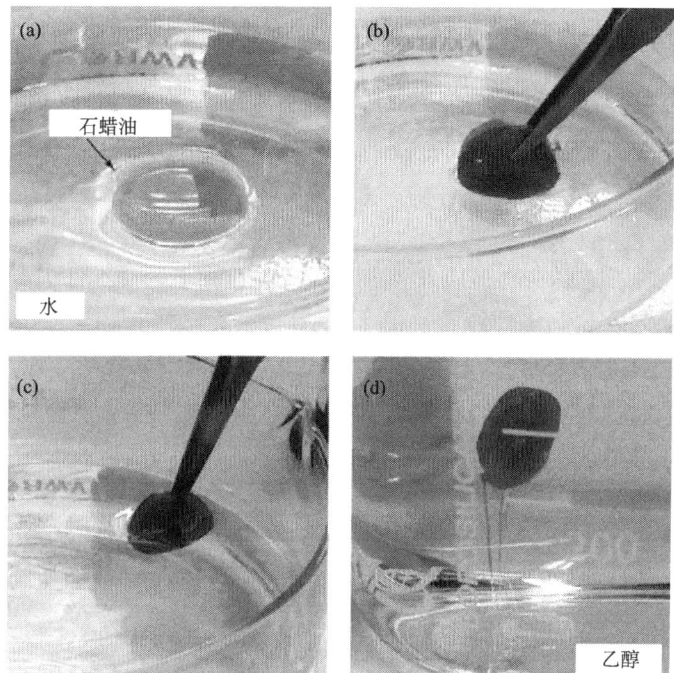

图 6-13　(a)石蜡油浮在水面上；(b)石蜡油被吸附入气凝胶内；(c)所有的浮油都被气凝胶吸附干净；(d)被油填充的气凝胶通过浸渍在乙醇中可将油从自身分离

6.1.3.4　TiO_2/纤维素复合气凝胶的循环使用能力

为了测试 TiO_2/纤维素复合气凝胶的循环使用能力，将该气凝胶浸渍在甲苯中并随后干燥。重复浸渍–干燥过程 10 次，记录气凝胶样品在干燥前后的质量变化。如图 6-14(a)所示，重复使用多次后 TiO_2/纤维素复合气凝胶的吸附性能没有发生退化且气凝胶的干重也没有发生显著变化。在该循环吸附实验中，为了得到更加定量的实验结果，气凝胶的干燥条件设定为 60℃下真空干燥。然而，将干燥方法替换为更加简便的室温干燥时，也能得到相同的循环使用效果。经过循环吸附实验后，将该气凝胶浸渍在水中，气凝胶仍然不会吸水，表明气凝胶在实验后并没有丧失疏水性。图 6-14(b)为气凝胶浸渍在甲苯中的状态。干燥的纳米纤维素气凝胶是不透明的，但是湿的气凝胶呈半透明状。不透明性是来源于纤维素气凝胶中纤丝的光散射。降低纤丝和周围介质之间的折射率差异会降低散射强度，从而使得气凝胶变得半透明。图片中显示出气凝胶捕捉了一些气泡，这些气泡的存在略微降低了气凝胶的吸附性能。经过循环实验，气凝胶的干重和吸附性能无明显变化，表明该复合气凝胶具有良好的耐久性和重复使用性。将 TiO_2/纤维素复合气凝胶浸渍在各种各样的有机液体中，并计算浸渍前后的质量比，所得的结果如图6-14(c)所示。实验中的浸渍时间设定为几秒钟(油中的浸渍时间为10s)。虽然浸渍时间的延长能够得到更高的吸附量，但通过外部观察可以发现气凝胶能够很快被目标溶剂润湿。气凝胶针对石蜡油的吸附量约为700mg/cm^3，是吸水量的30倍左右(吸水量约为24mg/cm^3)。此外，文献中广泛使用的质量吸附能力(m/m_0)并不能充分表述低密度吸附剂的吸附能力，因为该值并不恒定且随着所吸附液体密度的增加而增加，换句话说该值并不能反映材料的固有性质，同时质量吸附能力也特别易受吸附剂密度变化的影响。相比之下，体积吸附能力V_{abs}/V_0并不与溶剂密度直接相关，可能更适于描述吸附剂的吸附能力。由图6-14(c)所示，气凝胶针对大部分液体的体积吸附能力V_{abs}/V_0都能达到80%～90%。将TiO_2/纤维素复合气凝胶的吸附能力与碳纳米管海绵[52]进行对比，体积吸附能力与质量吸附能力之间的关系可以通过一个简单的方程表述：$V_{abs}/V_0 \cong (m/m_0)/(\rho_0/\rho_{abs})$，$\rho_0$和$\rho_{abs}$分别表示吸附剂和吸附质的密度。碳纳米管海绵的密度为5～10mg/cm^3[52]，它的质量吸附能力可达到90(针对己烷)～180(针对三氯甲烷)，而针对己烷的体积吸附能力可达70%～140%和针对三氯甲烷的体积吸附能力可达60%～120%。相比之下，TiO_2/

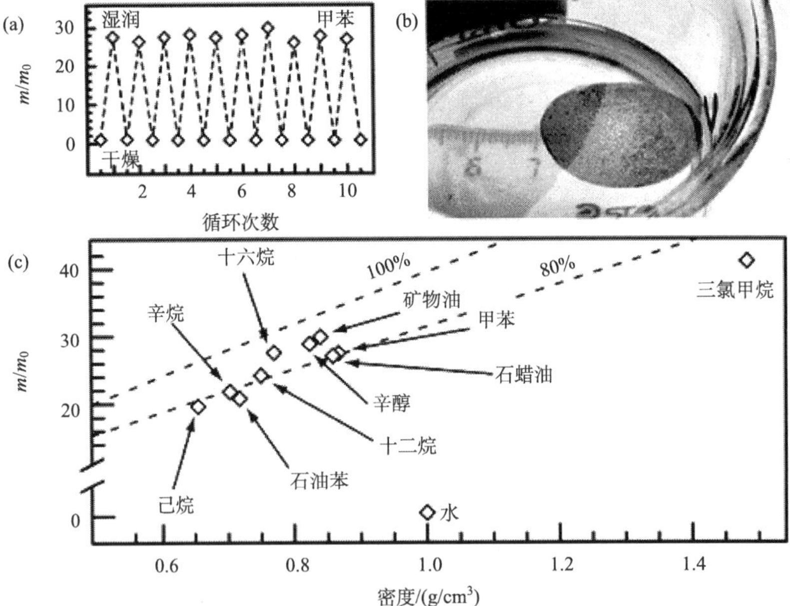

图6-14　(a) TiO_2/纤维素复合气凝胶针对甲苯的质量吸附能力(m/m_0)，m_0为气凝胶的干重，m为吸附后的总质量，经过10次循环后，气凝胶的吸附能力基本无变化；(b)半透明的TiO_2/纤维素复合气凝胶浸渍在甲苯中，可以观察到一些气泡吸附在气凝胶上；(c) TiO_2/纤维素复合气凝胶针对一些有机液体的质量吸附能力与液体密度之间的关系。上方的虚线代表气凝胶被液体完全填充时的理论体积吸附能力，下方的虚线代表气凝胶被液体填充80%时的理论体积吸附能力

纤维素复合气凝胶的体积吸附能力针对己烷和三氯甲烷分别为 80%和 70%，但是质量吸附能力则相对较低。通过这些数据可以看出，几乎所有的气凝胶内部空间都能被用于吸附。当吸附量达到自身 100%的体积容量时，吸附质的密度越低则质量吸附能力值越低。此外，降低气凝胶的密度也能够提高质量吸附能力值，但密度的下降会降低气凝胶的机械耐久性。

6.1.3.5　小结

通过在纳米纤维素气凝胶的纳米纤丝表面负载 TiO_2 纳米薄层可以得到具有选择性吸附非极性液体和油的 TiO_2/纤维素复合气凝胶。该复合气凝胶具有良好的储油能力，将其放入水中或从水中取出均不会导致油的溢出。其体积吸附能力能够达到 80%～90%，质量吸附能力可达 20～40 且取决于所吸附液体的密度。气凝胶所吸附的液体很容易通过浸渍在合适的溶剂(如乙醇)中而实现分离。经过反复的浸渍和干燥处理，气凝胶的吸附性能几乎无变化，表明该气凝胶适合循环使用。该气凝胶的主要成分是纤维素和无毒的 TiO_2，因此可以通过简单的燃烧方式来移除所吸附的油。构建低能表面的核心物质是纳米 TiO_2，采用其他类似的无机涂层或表面活性剂也能得到相似的效果。纳米纤维素已可进行大规模生产，同时冷冻干燥和原子层沉积技术也是非常普遍、成熟的生产技术，因此这类 TiO_2/纤维素复合气凝胶具备解决实际环境问题(特别水面浮油问题)的能力和生产条件。

6.1.4　磺化纤维素纳米纤丝气凝胶

6.1.4.1　引言

近年来，工业含油废水的排放和石油泄漏事故的频发带来了许多环境问题[64-68]。因此，发展高效、环保的途径来处理油水混合物则显得至关重要[69]。将油水混合物中的油成分通过简单、高效、廉价的途径分离出来一直是许多研究人员的追求。同时实现空气中的超疏水和超亲水表面并不是一个难题。一般来说，油的表面张力较低，只要实现了超疏油，超疏水就不成问题。例如，构建特殊的微纳结构，让更多的空气进入表面的粗糙结构中，实现超疏液。但是，实现水下超疏油和油下超疏水就没那么容易了。当表面处在另一种介质中，原先的气/液/固三相界面被液/液/固界面所取代，此时，为了降低体系的能量，在空气中表现出超双疏的表面在水中则会表现出亲油性。因此，发展在水下具有超亲水性和超疏油性的功能材料(即允许水透过但不允许油透过)已经吸引了许多研究者的关注[70, 71]。

薄膜材料已经被广泛用于分离油水混合物，即由允许一相通过而排斥另一相来实现分离效果。Liu 等[72]报道了一种可连续分离油水混合物的系统，该系统是基于润湿性完全相反的两种薄膜(图 6-15)。铜网用作基质材料来制备这两种超疏水和超亲水/水下超疏油膜。超疏水膜是通过溶液氧化和氟硅烷改性所得到的。具有超亲水/水下超疏油性的膜是通过表面负载聚丙烯酰胺水凝胶所得到的。超疏水膜允许油通过，但是阻止水通过；相反，超亲水/水下超疏油膜允许水通过，但是阻止油通过。这两种膜分别固定在 T 形双通道器件的两个出口上。如果油的密度比水低，则需要将超亲水/水下超疏油膜固定在较低的出口上，同时将超疏水膜固定在较高的出口上。这种设置能够使密度较大的水由较低出口的超亲水/水下超疏油膜通过，而密度较小浮在水上方的油可通过较高出口的超疏水膜通过，从而实现油水分离。如果水的密度比油低，则交换两个膜的位置即可。相较于常见的油水分离器件，这种功能集成系统能够连续分离油和水。同时，该系统还能够避免

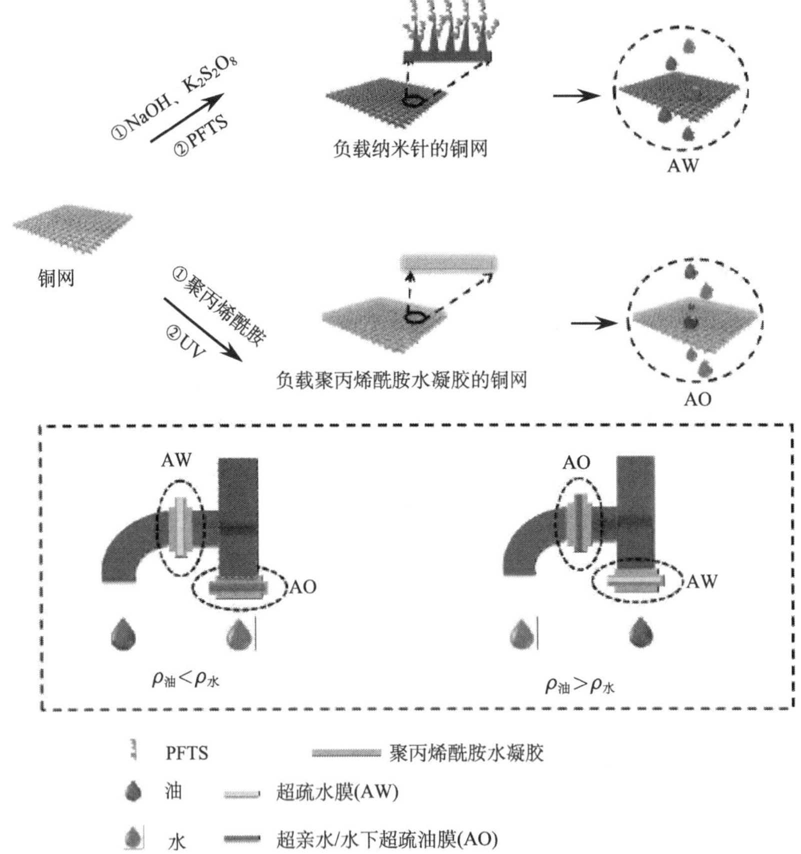

图 6-15　双膜分离系统的结构示意图。铜网通过 NaOH 和 $K_2S_2O_8$ 氧化及 1*H*,1*H*,2*H*,2*H*-全氟十七烷三甲基氧硅烷(PFTS)修饰得到超疏水膜，通过负载聚丙烯酰胺水凝胶得到超亲水/水下超疏油膜。这两种膜固定在 T 形双通道器件的两个出口。根据油和水的密度调整两个膜的位置，可以连续分离油水混合物

液体阻挡层和高渗透压力的问题，因此可获得较高的分离效率。Ou 等[73]设计了一种具有热响应性的由聚异丙基丙烯酰胺水凝胶修饰的聚氨酯微纤丝。该复合材料具有可转换的超亲水/超疏水性，能够有效用于油水分离。具有超亲水性的 TiO_2/聚偏二氟乙烯膜也能用于分离油水混合物[74]。此外，通过电化学方法制备的 Cu_2S/铜网[75]、镍纳米粒子/铜网[66]、$CuWO_4$@Cu_2O/铜网[76]也被用于油水分离。这些自组装的功能性成分通常很难单独形成固体薄膜，因此需要负载在不锈钢或铜网等基质上[77-79]。然而，这些金属基架构通常价格昂贵且加工较为复杂，因此限制了它们的实际应用。

纳米纤维素是一种可再生、储量丰富的天然材料，具有高比表面积、高力学强度和易修饰的表面结构。这些优点使得纤维素适合用来制备去油材料[80-82]。“吸油型”材料在实际应用中存在一些明显劣势，如亲油性强易导致孔结构被油堵塞且不适用于重力沉降分离(因为大部分油和有机溶剂的密度都比水小)[83]。因此，研究者们发展了超亲水和超疏油的“除水型”材料。He 等[84]将纤维素与聚酰胺-环氧氯丙烷交联形成了具有亲水性和水下超疏油性的气凝胶并用于油水分离。Paul 等[85]在纤维素表面负载石蜡和 PDMS-*b*-PEO 二嵌段共聚物双层结构，得到具有超亲水/水下超疏油的复合材料，可用于油水分离。水下超疏油的纤维素气凝胶的制备通常包含冗长、复杂的修饰过程，这明显限制了它在恶劣的含油废水环境中的应用价值。此外，纳米纤维素表面具有大量的羟基，这使得它们易于通过氢键连接而发生团聚。因此，十分有必要发展具有稳定的水下超疏油特性的纤维素功能材料。Sun 等[86]以磺化纤维素纳米纤丝为原料，采用冷冻干燥的方法制备了气凝胶材料。将带负电的磺酸基(SO_3^-)引入到纤维素纳米纤丝的表面上可以降低纤维素纳米纤丝由于氢键连接所引起的自聚集现象。这种磺化纤维素纳米纤丝气凝胶具有超亲水/水下超疏油性，能够用作一种高效的油水分离滤片。

6.1.4.2　磺化纤维素纳米纤丝气凝胶的制备

纤维素纳米纤丝的化学修饰过程可简述如下[87]：首先将 73.5g 纤维素纳米纤丝悬浮液(3.4wt%)分散在 100mL 高碘酸钠溶液(0.0514mol/L)中，温度和 pH 分别设定为 38℃和 4。悬浮液随后在氮气气氛下避光搅拌 1h 使得纤维素纳米纤丝被高碘酸钠充分氧化。氧化后，纤维素纳米纤丝经过离心收集并再次分散于蒸馏水中；分散液搅拌 20min 后，再次采用离心法收集氧化所得的纤维素纳米纤丝。该分散-搅拌-离心收集过程重复三次，以除去氧化反应过程残留的杂质。在常温下，采用亚硫酸钠(0.145mol/L)处理氧化的纤维素纳米纤丝 2h，随后采用蒸馏水洗涤磺化纤维素纳米纤丝并离心收集。洗涤-离心过程重复 4～5 次。该氧化和磺化反应如图 6-16 所示。

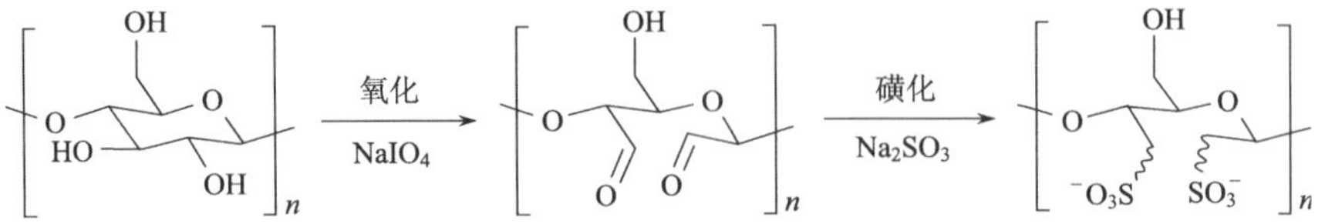

图 6-16　纤维素纳米纤丝的氧化和磺化反应

采用 50mL 的离心管作为制备气凝胶的模具。将 3wt%未处理的纤维素纳米纤丝和磺化纤维素纳米纤丝悬浮液分别装入特定的模具中。搅拌均匀后置于液氮(−196℃)中冷冻 15min。随后采用冷冻干燥法对冻结的悬浮液进行干燥处理(干燥时间为 4 天)，即可得到对应的气凝胶材料。

6.1.4.3　磺化纤维素纳米纤丝气凝胶的表面润湿性

固体表面的润湿性与其几何结构紧密相关[70]。采用扫描电镜(SEM)来观察未修饰的纤维素纳米纤丝气凝胶和磺化纤维素纳米纤丝气凝胶的断面形态(图 6-17)。从未修饰的纤维素纳米纤丝气凝胶的 SEM 图像中可以清晰地观察到密集的纤维素聚集束[颜色较暗部分，图 6-17(a)和(b)]。由于纤维素纳米纤丝表面存在大量的羟基，可以推测这些聚集束是由氢键诱导纳米纤丝发生自聚集所形成的[图 6-17(c)]。由于聚集效应，未修饰的纤维素纳米纤丝气凝胶的形貌呈现出不均匀的孔隙结构，这些较大的孔尺寸能够允许部分油水混合物穿透，因此不利于将油从混合物中分离出来。通过氧化和磺化反应，纤维素上的羟基被磺酸基所取代。如图 6-17(d)和(e)所示，经过氧化和磺化后原先的聚集束明显消失。与未修饰的纤维素纳米纤丝气凝胶相比，磺化纤维素纳米纤丝气凝胶的纳米纤丝呈现出更加精细的分散效果[图 6-17(d)]。这主要是归因于带负电的 SO_3^- 基团彼此间的排斥作用降低了纤维素纳米纤丝之间的聚集，因此得到了更好的分散效果。磺化纤维素纳米纤丝所形成的孔隙结构也更加均匀。此外，相对于未修饰的纤维素纳米纤丝气凝胶的平均密度(39.49mg/cm^3)，磺化纤维素纳米纤丝气凝胶的平均密度更高(52.24mg/cm^3)。

利用水下油接触角来评价纤维素纳米纤丝气凝胶的油润湿性。将磺化纤维素纳米纤丝气凝胶切成等厚的片状且完全浸渍在水中，以测定它们的水下疏油性质。采用五种不同的典型商品油作为测试液体。将 2.5μL 油滴在气凝胶片的不同位置上，油接触角值取三个位置上的平均值。图 6-18 为油接触角测试时的数码照片和所记录的油接触角值。可以看出，针对不同的油类型所得到的水下油接触角值也明显不同。该磺化纤维素纳米纤丝气凝胶针对十六烷、己烷、甲苯、石蜡油和煤油的水下平均油接触角值分别可达 173.9°、167.1°、160.9°、172.7°和 172.5°。所有的油接触角值都高于 160°，且大部分都高于 170°。因此，这些油接触角测试结果证实了磺化纤维素纳米纤丝气凝胶的水下超疏油特性，为油水分离应用提供了良好的前提条件。

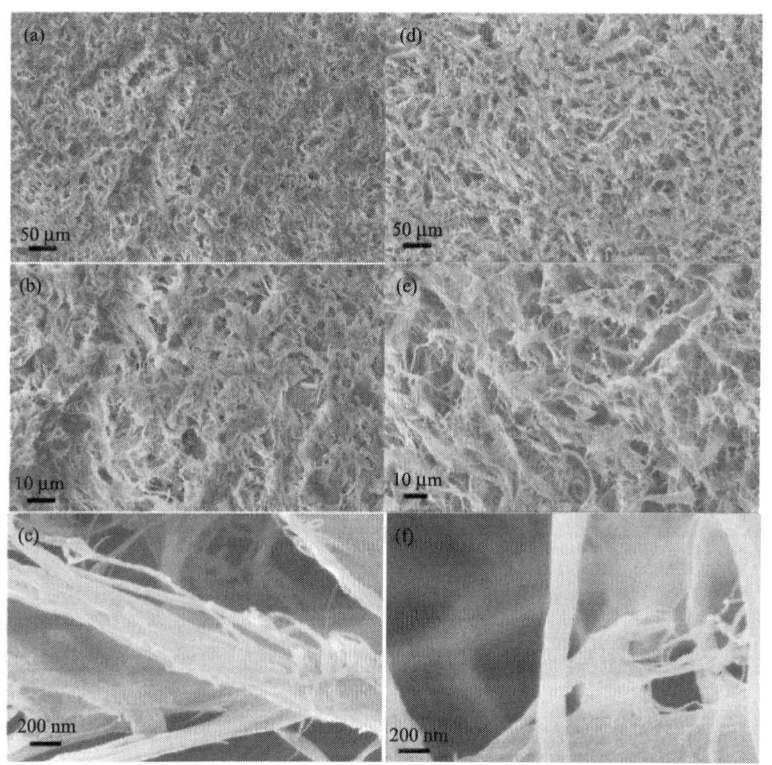

图 6-17　(a)～(c)未修饰的纤维素纳米纤丝气凝胶的横断面 SEM 图像；(d)～(f)磺化纤维素纳米纤丝气凝胶的横断面 SEM 图像

6.1.4.4　磺化纤维素纳米纤丝气凝胶的 FTIR 和 XPS 表征

正如所预期的，经过氧化和磺化反应后，气凝胶样品呈现出水下超疏油特性。为了证实化学修饰效果，采用 FTIR 分析探究纤维素纳米纤丝气凝胶的功能性基团。如图 6-19 所示，对于未修饰的纤维素纳米纤丝气凝胶，3440cm^{-1} 处的特征峰对应纤维素纳米纤丝的羟基。2912cm^{-1}、1432cm^{-1} 和 1383cm^{-1} 处的敏感峰对应—CH 的伸缩和弯曲振动。对于磺化纤维素纳米纤丝气凝胶，羟基敏感峰的位置虽然没有发生变化，但它的强度显著下降，暗示了羟基数量的降低。同时，在 2919cm^{-1}、2848cm^{-1} 和 1465cm^{-1}、1380cm^{-1} 处(分别对应—CH_2 的伸缩和弯曲振动)出现强峰，这暗示了纤维素的六元环在 C2 和 C3 位置打开。由于高碘酸钠的氧化，C2 和 C3 位置毗邻的羟基被氧化成羰基，再经过磺化反应，羰基转化为磺酸基，这使得 C2

和 C3 位置上的—CH 转化为—CH_2，导致了相关特征峰的强度增加。840cm^{-1}、819cm^{-1} 和 719cm^{-1} 三个峰属于 SO_3^- 基团的特征峰[88, 89]，这证明了所制备的磺化纤维素纳米纤丝气凝胶上确实存在磺酸基。

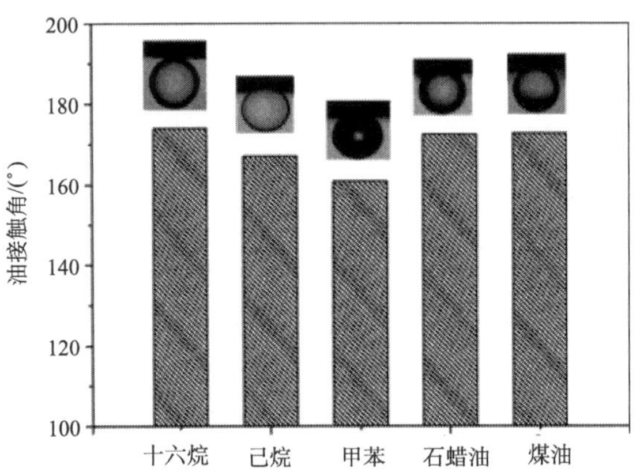

图 6-18　五种不同的典型商品油在磺化纤维素纳米纤丝气凝胶表面的水下油接触角

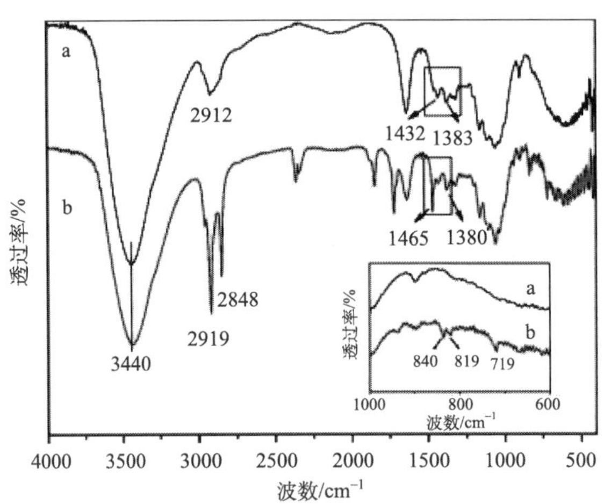

图 6-19　(a)未修饰的纤维素纳米纤丝气凝胶和(b)磺化纤维素纳米纤丝气凝胶的红外谱图

采用 X 射线光电子能谱(XPS)进一步探究氧化-磺化修饰的效果。图 6-20(a)给出了未修饰的纤维素纳米纤丝气凝胶和磺化纤维素纳米纤丝气凝胶的 XPS 全扫描谱，两个样品在 532.8eV 和 287.5eV 都呈现出 O1s 和 C1s 的特征峰。此外，磺化纤维素纳米纤丝气凝胶的 XPS 全扫描谱出现了 S 元素的特征峰，证实了在氧化和磺化处理后纤维素上引入了硫元素。图 6-20(e)为磺化纤维素纳米纤丝气凝胶中 S2p 的高分辨 XPS 扫描图，168.4eV 处的特征峰对应 C—S/S—O 基团。图 6-20(b)和(c)分别

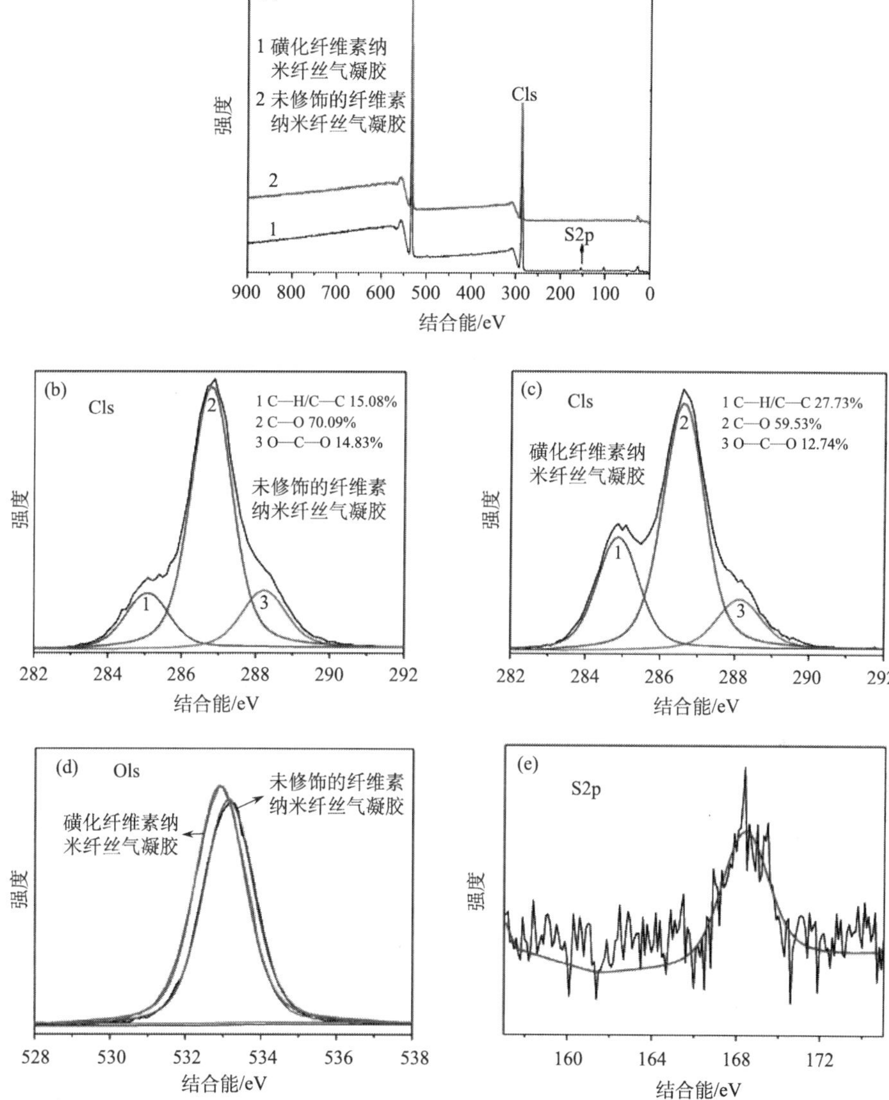

图 6-20　(a)未修饰的纤维素纳米纤丝气凝胶和磺化纤维素纳米纤丝气凝胶的 XPS 全扫描谱；(b)未修饰的纤维素纳米纤丝气凝胶中 C1s 的高分辨 XPS 扫描图；(c)磺化纤维素纳米纤丝气凝胶中 C1s 的高分辨 XPS 扫描图；(d)未修饰的纤维素纳米纤丝气凝胶和磺化纤维素纳米纤丝气凝胶中 O1s 的高分辨 XPS 扫描图；(e)磺化纤维素纳米纤丝气凝胶中 S2p 的高分辨 XPS 扫描图

为未修饰的纤维素纳米纤丝气凝胶和磺化纤维素纳米纤丝气凝胶中 C1s 的高分辨 XPS 扫描图。XPS 曲线经过去卷积可以得到三个拟合峰，即 C1(C—H 或 C—C)、C2(C—O)和 C3(O—C—O 或 C═O)[90, 91]。与未修饰的纤维素纳米纤丝气凝胶相比，磺化纤维素纳米纤丝气凝胶的 C1 强度明显更强且 C1 的比例由 15.08%增加至 27.73%。由于氧化开环反应，六元环上的—CH 基团转化为—CH_2 基团，因此—CH_2 基团的含量增加，导致 C1 比例上升。相比之下，在氧化和磺化反应后，C2 峰强度和原子分数都显著下降，这是由于经过氧化和磺化反应原先的—C2—O 和—C3—O 键转化成 C—S 键，因此—C—O 比例下降。如图 6-20(d)所示，磺化纤维素纳米纤丝气凝胶中 O1s 的特征峰强度要高于未修饰的纤维素纳米纤丝气凝胶，氧含量的增加可能是归因于 SO_3^- 的引入。FTIR 和 XPS 分析都证实纤维素发生了开环反应，C2/3 所连接的羟基发生氧化随后被 SO_3^- 基团所取代。

6.1.4.5　磺化纤维素纳米纤丝气凝胶的热稳定性和表面电荷

采用热重分析(TG)和微分热重分析(DTG)来评估未修饰的纤维素纳米纤丝气凝胶和磺化纤维素纳米纤丝气凝胶的热稳定性，所得到的曲线如图 6-21 所示。实验结果表明：两种样品均在 302～392℃范围内呈现出剧烈的失重现象，且后者的降解速率明显更快，这一阶段主要是纤维素骨架结构的燃烧。由 DTG 曲线可以发现，未修饰的纤维素纳米纤丝气凝胶的最大降解速率发生在 345℃，低于磺化纤维素纳米纤丝气凝胶(368℃)。更高的分解温度主要是由于经过氧化和磺化处理后的纤维素纳米纤丝具有更好的分散状态、更加均匀的孔结构和相对较大的平均密度。

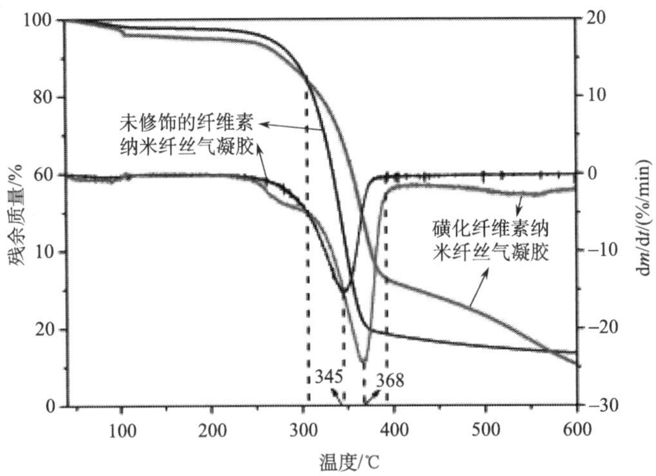

图 6-21　未修饰的纤维素纳米纤丝气凝胶和磺化纤维素纳米纤丝气凝胶的热重曲线(左侧纵轴)和微分热重曲线(右侧纵轴)

氧化和磺化反应在纤维素表面引入了负电荷。采用电荷滴定法测定纤维素的负电荷密度。带负电的 0.001N 聚乙烯硫酸钾(PVSK)溶液用作标准滴定溶液。首先采用 0.001N 聚二烯丙基二甲基氯化铵(PDADMAC)阳离子聚合电解质对纤维素纳米纤丝进行稀释和中和，处理时间为 2h，使得一定量的 PDADMAC 吸附在纤维素纳米纤丝表面。所得的悬浮液随后通过 220nm 尼龙筛过滤，滤去纤维素纳米纤丝和 PDADMAC 的复合物。取 10mL 滤液置于粒子电荷分析仪的腔室中，随后采用 0.001N 带负电的 PVSK 溶液滴定待测溶液至等电点(泳动电势为 0mV)。纤维素纳米纤丝的表面电荷采用方程式(6-1)[92]计算：

$$q = \frac{(V_P - V_b) \times c \times 1000}{\omega} \tag{6-1}$$

式中，q 为电荷密度(mmol/kg)，V_P 为滴定过滤所得的 PDADMAC 溶液所消耗的滴定剂的体积，V_b 为滴定未与纤维素纳米纤丝混合的 PDADMAC 原始溶液所消耗的滴定剂的体积(空白滴定)，c 为滴定剂的浓度(mol/L)，ω 为纤维素纳米纤丝的固体含量(g)。图 6-22 给出了用于滴定与未修饰的纤维素纳米纤丝和磺化纤维素纳米纤丝结合的 PDADMAC 所消耗的 PVSK 的体积和计算的电荷密度。空白滴定是通过采用 0.001N PVSK 溶液滴定 0.001N PDADMAC 原始溶液。如图 6-22 所示，为了中和 PDADMAC 原始溶液，需要消耗 10.912mL PVSK 溶液。相比之下，经过未修饰的纤维素纳米纤丝和磺化纤维素纳米纤丝处理过的 PDADMAC 溶液则分别需要消耗 10.514mL 和 7.662mL PVSK 溶液。根据方程式(6-1)可以计算出未修饰的纤维素纳米纤丝和磺化纤维素纳米纤丝的电荷密度分别为−39.8mmol/kg

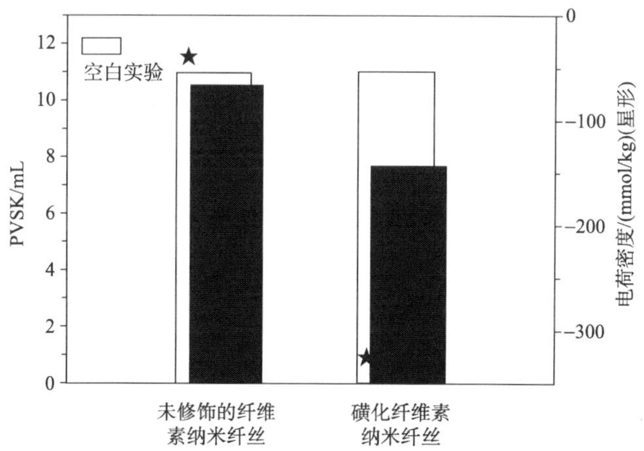

图 6-22　纤维素纳米纤丝的电荷滴定和电荷密度(白色：空白滴定消耗的 PVSK 体积；黑色：经过未修饰的纤维素纳米纤丝和磺化纤维素纳米纤丝处理过的 PDADMAC 溶液所消耗的 PVSK 的体积；★：电荷密度)

和−325mmol/kg，证明了经过氧化和磺化反应后大量的 SO_3^- 基团固定在纳米纤丝的骨架结构上。当磺化纤维素纳米纤丝重新溶解在水溶液中，纳米纤丝上的 SO_3^- 基团彼此之间具有很强的排斥力。润湿的磺化纤维素纳米纤丝之间不易形成氢键连接，因此限制了纤丝的团聚现象，使得纤维素纳米纤丝在制备气凝胶的过程中分布更加均匀。

6.1.4.6　磺化纤维素纳米纤丝气凝胶的油水分离特性

由于磺化纤维素纳米纤丝气凝胶具有优异的水下超疏油特性，因此可将其用于分离油水混合物。在用于分离之前，对磺化纤维素纳米纤丝气凝胶的机械压缩性能进行测试，测试所得的应力-应变曲线(最大应变值设定为 80%)如图 6-23 所示。整个压缩过程存在两个显著不同的阶段。在初始的线弹性阶段(应变<50%)，压缩应力随着应变的增加而逐渐增大，该阶段主要发生纳米纤丝的弹性弯曲。随后进入到密实化阶段(应变 50%～80%)，在该阶段应力随着应变的增加而剧增。当压缩应变增至 80%时压缩应力高达 400kPa，反映了该磺化纤维素纳米纤丝气凝胶具有较好的机械性能。较好的机械性能和多孔特性有助于该气凝胶应用于实际的油水分离环境中。

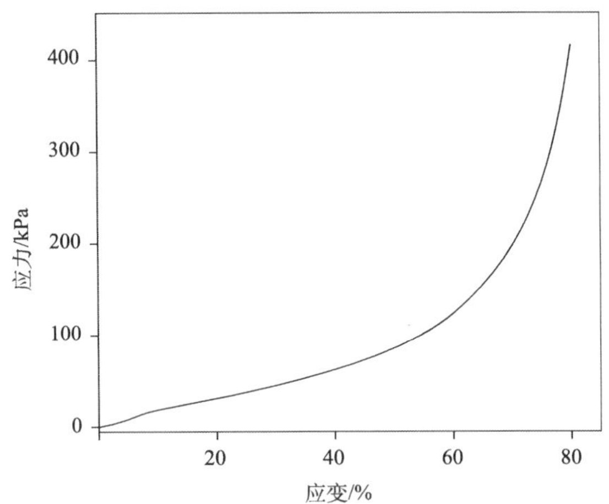

图 6-23　磺化纤维素纳米纤丝气凝胶的压缩应力-应变曲线

油水分离步骤如图 6-24 所示。在分离之前，将气凝胶片固定在两个导管之间且通过水溶液润湿。由于高电荷密度和均匀的微观结构，磺化纤维素纳米纤丝气凝胶具有很高的吸水性[87]。当磺化纤维素纳米纤丝气凝胶吸收足够的水时，SO_3^- 基团间的排斥作用使得纳米纤丝呈伸展状。当油水混合物倾倒入气凝胶表面时，具有高极性的水分子能够顺利通过磺化纤维素纳米纤丝气凝胶片，同时部分水分子被捕捉到气凝胶的孔结构中且在固/液界面间形成一个低能态[93]。漂浮在水上方的油与水具有完全相反的亲和性，因此油被完全排斥在磺化纤维素纳米纤丝气凝胶片上，如图 6-24(c)所示。经过完全过滤之后，并没有油残留物吸附在磺化纤维素纳米纤丝气凝胶表面，气凝胶呈现出干净、无色的表面[图 6-24(a)]。在整个分离过程中，重力是唯一的主要驱动力。对于未修饰的纤维素纳米纤丝气凝胶，油水混合物无选择性地通过气凝胶片。甚至在第一次分离测试时，红色油渍就已经黏附在气凝胶表面上[图 6-24(b)]。

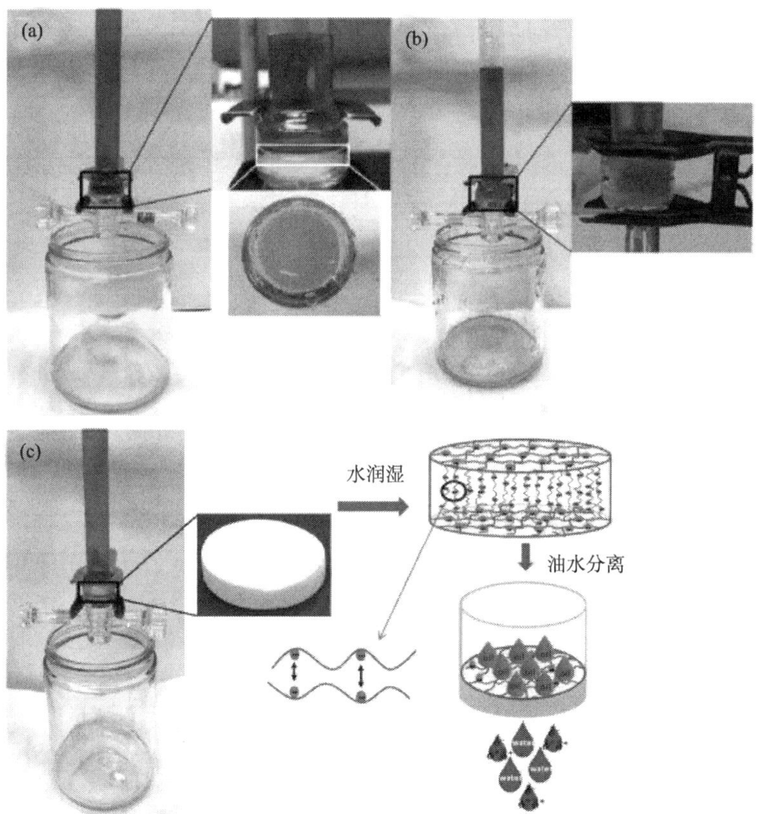

图 6-24　油水分离装置与分离过程：(a)通过磺化纤维素纳米纤丝气凝胶片成功实现了油水分离，分离过后气凝胶材料仍保持无色；(b)通过未修饰的纤维素纳米纤丝气凝胶片得到了明显较差的油水分离效果，气凝胶被红色油渍污染；(c)磺化纤维素纳米纤丝气凝胶片用于选择性分离的示意图。经过预润湿后，在 SO_3^- 基团彼此间的排斥作用下纤丝呈伸展状态。当油水混合物倾倒入气凝胶表面时，非极性的油受到气凝胶片的排斥，但极性的水分子可以顺利通过

为了定量测定磺化纤维素纳米纤丝气凝胶的分离效率，Sun 等[86]开展了一系列的油水混合物分离实验。考虑到磺化纤维素纳米纤丝气凝胶的重复使用性能的

重要性，首先探究气凝胶的水下强度和稳定性。将未修饰的纤维素纳米纤丝气凝胶和磺化纤维素纳米纤丝气凝胶切片后浸渍在水中，如图 6-25(a)所示。由于力学性能较差或纳米纤丝与水分子间的氢键作用，未修饰的纤维素纳米纤丝气凝胶在浸渍 15min 后发生断裂[图 6-25(b)]；相比之下，磺化纤维素纳米纤丝气凝胶能够在水下长时间稳定静置[图 6-25(c)]。磺化纤维素纳米纤丝气凝胶在水中的稳定性确保了其能反复用于油水分离实验。经过五种不同的油水混合物分离实验来检验预润湿的磺化纤维素纳米纤丝气凝胶的水下超疏油性。如图 6-26(a)所示，磺化纤维素纳米纤丝气凝胶针对不同的油水混合物均呈现出优异的油水分离能力。经过第一次分离，不同种类的油在水中的残留量均低于 330ppm(<0.03wt%)，该结果证明了磺化纤维素纳米纤丝气凝胶具有高分离效率，且没有在滤液中观察到明显的油渍。采用煤油-水混合物(含 15mL 煤油和 10mL 水)作为样例来调查磺化纤维素纳米纤丝气凝胶的循环使用能力。正如所预期的，磺化纤维素纳米纤丝气凝胶经过 20 次循环后仍能保持原始的形状和高分离效率，且水通量一直保持在 360L/(m^2·h)左右[图 6-26(b)]。在第 12 次分离实验时，滤液中的油含量仅为 18.26ppm。在整个 20 次分离实验中，油残留量也低于 2000ppm(<0.2wt%)。此外，经过最后一次分离后，该磺化纤维素纳米纤丝气凝胶能够稳定保存所分离的油超过 24h 且无任何泄露，证明了气凝胶的稳定性足够用于油水分离。综上所述，这些分离实验表明磺化纤维素纳米纤丝气凝胶具有稳定的性质和良好的循环使用能力。这些良好的性能也预示了经过氧化和磺化处理所得到的纤维素纳米纤丝气凝胶可用于工业油水分离和水面浮油处理。

图 6-25　(a)未修饰的纤维素纳米纤丝气凝胶(左)和磺化纤维素纳米纤丝气凝胶(右)浸渍在水中；(b)未修饰的纤维素纳米纤丝气凝胶浸渍在水中 15min 后发生断裂；(c)磺化纤维素纳米纤丝气凝胶浸渍在水中 20min 后形状保持完好

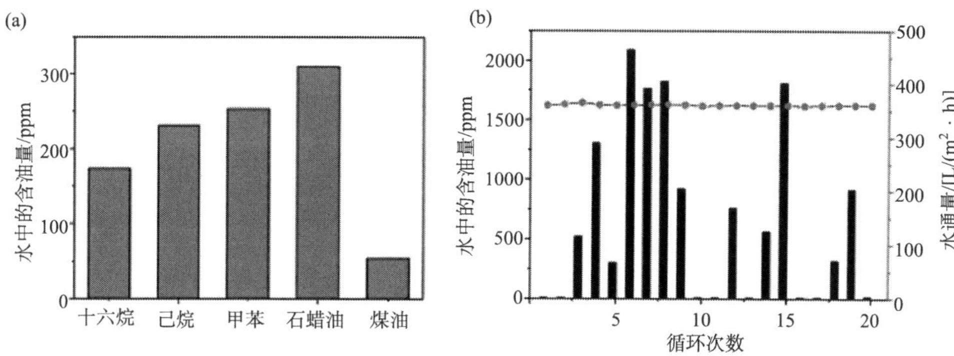

图 6-26　磺化纤维素纳米纤丝气凝胶的油水分离实验：(a)针对不同类型油水混合物的分离效率；(b)循环次数与分离效率和水通量之间的关系(以分离煤油-水混合物为例)。注：ppm 代表百万分率(1ppm=0.001‰)

6.1.4.7　小结

采用区域选择性氧化和磺化处理制得了超亲水/水下超疏油的磺化纤维素纳米纤丝气凝胶。这些化学修饰在纤维素分子上引入了 SO_3^- 基团，因此增加了电荷密度且限制了冷冻干燥过程中纤维素间氢键的形成。这种磺化纤维素纳米纤丝气凝胶具有超亲水/水下超疏油性是由于纤维素纳米纤丝的极性增加和均匀的微观结构。通过简单的过滤方法能够很容易地分离油水混合物。磺化纤维素纳米纤丝气凝胶具有优异的循环使用能力和稳定的湿强度。因此，这种磺化纤维素纳米纤丝气凝胶是一种极具潜力的油水分离材料。此外，采用结构优化的方式来增加纤维素材料的电荷密度有助于发展新型的油水分离材料。

6.2　重金属离子吸附材料

6.2.1　γ-Fe_2O_3/纤维素气凝胶纳米复合材料

6.2.1.1　引言

纳米尺度的铁氧化物，无论是从理论还是实际应用的角度出发，均被广泛认为是一类引人注目的材料，其在催化材料、水净化、气体传感器、离子交换器、磁性记录装置、磁共振成像、生物分离等[94-98]应用方面展现了巨大潜力。作为最重要的氧化铁形式之一，立方尖晶石结构的磁赤铁矿(γ-Fe_2O_3)与氧原子形成面心立方(fcc)密堆积结构，呈现出无毒性、生物相容性、热化学稳定性、良好的滞回性能及优异的磁性能。当粒子尺寸小于临界尺寸时(热能超过磁各向异性能)，γ-Fe_2O_3 能够展现出不同寻常的超顺磁行为。此外，当去除外加磁场之后，超顺磁的粒子不会保留任何磁性，这有利于它们的稳定性和分散性。在此之前，这些特性使得γ-Fe_2O_3 频繁地与各种基质材料相结合，以制备具有磁响应性的多功能性γ-Fe_2O_3/聚合物复合材料，这些基质材料通常都能保留原单独组分各自的优点。这些聚合物主要包括聚丙烯酸酯(PEA)、聚苯胺(PANI)、聚吡咯(PPy)、聚苯乙烯(PS)、聚乙烯二氧噻吩(PEDOT)、聚异丙基丙烯酰胺(PNIPAAm)、聚甲基丙烯酸甲酯(PMMA)、聚氯乙烯(PVC)等[99-102]。

随着公众对绿色化学概念的日渐重视，开发环境友好型基质材料合成γ-Fe_2O_3/聚合物复合材料变得越来越重要[103, 104]。纤维素气凝胶作为一种可生物降解的基质材料越来越引起人们的重视，它是由纤维素链自组装形成的交联三维(3D)结构。这种独特的结构特征赋予了纤维素气凝胶低密度、大比表面积和高孔隙度等特征。事实上，纤维素气凝胶有序的内部孔隙结构可为插入纳米粒子提供存储的空间(微、纳米级)[105]。与此同时，其表面丰富的羟基基团和γ-Fe_2O_3 纳米颗粒之间会发生强烈的相互作用，这对固定纳米粒子是有利的。这种方法的特别优势在于可大大地减少粒子聚集，有利于形成独立、均匀分布的纳米粒子。除上述优点外，这种模板法一般都具有低成本、使用的实验设备简单和合成方法温和等特点，并且可按照实际需求灵活地设计出所需的形态、结构和尺寸等[106]。因此，模板法适合制备纳米材料。到目前为止，许多研究都采用模板法来合成各种各样的氧化铁(如α-Fe_2O_3、γ-Fe_2O_3、Fe_3O_4 等)[107-113]。涉及的模板包括碳纳米管、离子液体、金属有机骨架材料、介孔二氧化硅、聚乙二醇(PEG)、表面活性剂胶束(十六烷基三甲基溴化铵)等。然而，使用多孔生物质模板(即纤维素气凝胶)制备的各种氧化铁的研究仍然很少见[114]。因此，利用纤维素气凝胶作为模板来固定磁性氧化铁，并研究该复合材料的潜在应用，具有一定的实际意义。此外，纤维素气凝胶一般都是在纤维素溶解后经冷冻干燥或超临界干燥过程所制备得到的。然而，由于其较强的分子内和分子间氢键、高聚合度、高结晶度，原材料(即纤维素)很难在一些普通的水溶液或有机溶剂中溶解或处理。至今为止，研究者们已经发现了一些对人体健康和环境危害较小且有效的绿色纤维素溶剂，如离子液体、*N*-甲基吗啉-*N*-氧化物(NMMO)和 NaOH/PEG 溶液等[115-117]。

在本小节和后续章节中，主要介绍利用简单的化学共沉淀法在纤维素气凝胶 3D 网络结构中合成具有良好分散性、超顺磁性的γ-Fe_2O_3 纳米粒子[118]。而且，采用一种绿色、低成本的 NaOH/PEG 水溶液来制备纤维素水凝胶(纤维素气凝胶的前驱体)，并且使用废弃的麦秸秆作为纤维素原料。通过调整初始反应物的浓度，可以灵活地调整合成的 γ-Fe_2O_3@纤维素气凝胶(γ-Fe_2O_3@CA)中纳米颗粒的尺寸、孔隙特征参数、磁性能和机械性能。为了证明 γ-Fe_2O_3@CA 的实际应用潜力，将这种绿色环保的 γ-Fe_2O_3@CA 纳米复合材料用作环境友好型的吸附剂进而处理废水中的重金属离子[六价铬，Cr(Ⅵ)]。另外，与之前所报道的一些模板法的研究不同[109-111, 113]，γ-Fe_2O_3@CA 纳米复合材料的制备过程最终并不去除纤维素气凝胶模板基质。这是由于纤维素气凝胶具有许多的优良特性(如大比表面积和高孔隙率)，并且其在吸附特性上起着至关重要的作用及对纳米颗粒的分散效果也具有显著的影响。此外，γ-Fe_2O_3@CA 纳米复合材料具有较强的磁响应性，在处理含 Cr(Ⅵ)的重金属离子废水后，可以通过外加磁场将该复合材料从废水中分离出来。

6.2.1.2　材料与方法

1) 材料与试剂

天然的麦秸秆被磨碎，然后经过 60 目筛网过滤收集，使用前在 60℃真空干燥箱中干燥 24h。所有的化学试剂都购自天津科密欧化学试剂有限公司，均为分析纯等级且没有经过任何的后续处理。

2) 制备 γ-Fe_2O_3@CA 纳米复合材料

用一种简单的化学预处理方法，将纤维素从天然的麦秸秆中分离出来，具体实验过程可以简述如下[119]：①准确称取已粉碎的秸秆粉末 2g，置于索氏抽提器中，加入体积比为 2∶1 的苯/乙醇溶液混合均匀后在 90℃下抽提 6h；②向该混合物中加入 65mL 1wt% $NaClO_2$ 溶液，在酸性条件下(pH=4～5，冰醋酸调节) 75℃加热 1h 脱除木质素，得到综纤维素；③综纤维素经多次洗涤之后，在 90℃下用 50mL 2wt% KOH 溶液处理 1h，脱除半纤维素，用蒸馏水反复洗涤数次，直至洗液不呈碱性；④将残渣移入锥形瓶中，倒入 30mL 1wt% HCl 溶液，在 80℃下处理 2h。将得到的产物用蒸馏水反复洗涤数次后，放入电热恒温鼓风干燥箱中，在 60℃下干燥 24h，最终得到较为纯净的秸秆纤维素。

纤维素水凝胶的制备请参见 3.2.2 节。将纤维素水凝胶浸渍在新配制的 $FeCl_3$ 和 $FeSO_4$ 混合溶液(摩尔比$[Fe^{3+}]/[Fe^{2+}] = 2$，溶液体积为 50mL)中，随后把混合物加热到 90℃并且在该温度下保持 2h。在此之后，将水凝胶放置在 NaOH 溶液中(2mol/L，60mL)，样品的颜色立即从橙色转变为黑色，证明无机纳米粒子在纤维素水凝胶基质中形成。继续在 90℃下保持 5h。所有的化学反应都是在空气中进行的。最后，将终产物进行彻底清洗，以便去除残留的化学物质，在−35℃下进行叔丁醇冷冻干燥处理，最终生成 γ-Fe_2O_3@CA 纳米复合材料。此外，纯纤维素气凝胶(PCA)是由纤维素水凝胶直接经叔丁醇冷冻干燥处理所制备的，没有经历上述的加热和浸渍过程。

3) 表征方法

使用场发射 FEI 公司生产的 Tecnai G2 F20 透射电子显微镜(TEM)观察样品的微观形貌，工作电压 200kV。选区电子衍射(SAED)也是通过该仪器进行的。将样品分散在乙醇溶液中，并在室温下将分散液滴到含碳涂层的铜网上(200 目)。

氮气吸附-脱附测试使用比表面积和孔隙度测量仪（3H-2000PS2，贝士德仪器科技有限公司）在–196℃下进行测试。在测量之前，所有的样品均在90℃的环境下保持10h以便去除水分或吸附的污染物。具体的比表面积是在相对压力（P/P_0）为0.05～0.30范围内使用Brunauer-Emmett-Teller（BET）方法计算得到。相对压力为0.994处的氮气吸附容量被用来确定孔容。利用等温线吸附部分的数据结合Barrett-Joyner-Halenda（BJH）方法计算出孔径分布。X射线光电子能谱（XPS）是利用Thermo Fisher Scientific公司生产的Escalab 250Xi XPS仪测试得到。重叠峰值的反褶积是用混合高斯-洛伦兹拟合程序进行分析（Origin 8.5，Originlab公司）。

X射线衍射（XRD）谱图是使用Bruker D8 Advance TXS XRD仪器在Cu Kα（靶）辐射（λ=1.5418Å）扫描速率（2θ）为4°/min下进行的，扫描范围为5°～90°。傅里叶变换红外光谱（FTIR）谱图是使用Nicolet Nexus 670 FTIR仪器获得的，扫描范围为400～4000cm^{-1}，扫描速率为4cm^{-1}。所有的样品被研磨成粉末，然后与KBr混合，将混合物研磨成超细的粉末后压片进行测试分析。热稳定性使用热重（TG）分析仪（TA公司，Q600）在氮气气氛下从室温加热到800℃，加热速率为10℃/min。利用装有超导量子干涉传感器（SQUID）的磁强计（MPMS XL-7）测量应用磁场中复合材料的磁性特性，其范围从–20 000～+20 000Oe，在298K下进行测试分析。

压缩实验通过万能力学试验机（Suns, UTM4304X）进行，压缩速度设为2mm/min。在测试之前，气凝胶的直径大约是30mm，长度为10mm。样品的压缩弹性模量是以应力-应变曲线的初始线性区域（应变<6%）计算的。样品的能量吸收以应力-应变曲线在应变为0～90%范围内计算得到。

Cr(Ⅵ)吸附实验。用$K_2Cr_2O_7$作为重金属离子Cr(Ⅵ)的来源，分别制备不同浓度的Cr(Ⅵ)溶液。配制浓度为0.1mol/L的HCl，并利用其调节pH，保持pH在3左右。已制备的PCA和γ-Fe_2O_3@CA被用作Cr(Ⅵ)吸附剂。在吸附动力学研究中，将100mg吸附剂加入到初始浓度为10mg/L的Cr(Ⅵ)溶液（50mL）中。在达到特定的吸附时间后，通过离心从溶液中分离出吸附剂，并利用电感耦合等离子体质谱仪（ICP-MS，Agilent 7700，安捷伦科技公司）检测剩余溶液中的Cr(Ⅵ)浓度。对于吸附等温线的研究，将50mg吸附剂加到不同浓度的25mL Cr(Ⅵ)溶液中，室温下磁力搅拌2h，经离心分离之后检测上清液中Cr(Ⅵ)的浓度，所有的吸附实验均在室温下进行。

6.2.1.3 结果与讨论

使用TEM、SAED、XPS、XRD和FTIR分别表征获得的PCA和γ-Fe_2O_3@CA样品。气凝胶微纳米尺寸的3D框架是合适的反应位点，表明其允许外来分子进入到它们的内部空间[图6-27(a)]。同时，Fe^{2+}/Fe^{3+}和纤维素分子之间存在较强的静电相互作用，即极性羟基中带负电的氧原子与带正电的过渡金属阳离子间的相互作用。这种相互作用将导致阳离子在气凝胶基质中固定，使其均匀性和稳定性得到提高[120-122]。经过随后的浸渍-加热过程，最终可原位形成 γ-Fe_2O_3 纳米粒子，而且这些纳米颗粒牢牢固定在纤维素气凝胶表面的选择性位点上，没有发生剧烈的团聚现象，如图 6-27(b)所示。

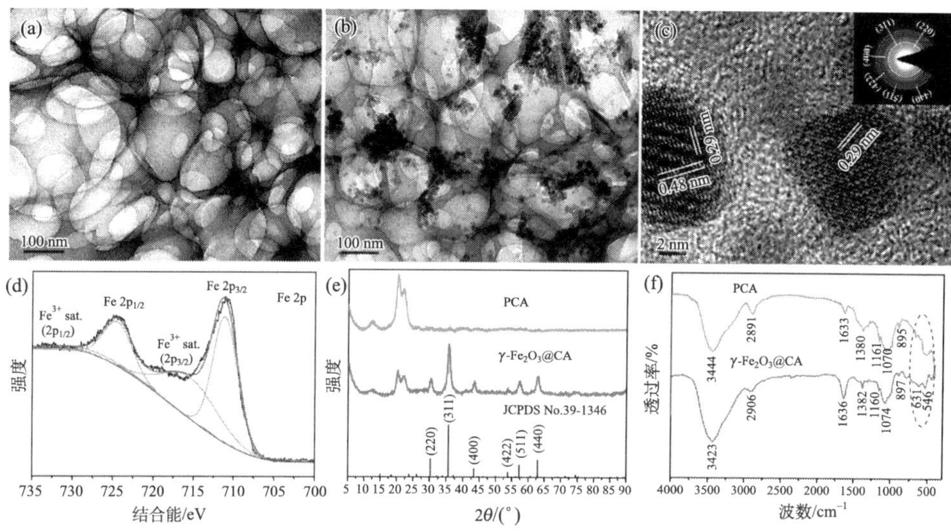

图 6-27　(a) PCA 的 TEM 图像；(b) γ-Fe_2O_3@CA 的 TEM 图像；(c)和(d)分别为 γ-Fe_2O_3@CA 的 HRTEM 图像和 XPS 谱图，(c)中的插图为 γ-Fe_2O_3@CA 的 SAED 谱图；(e)和(f)分别为 PCA 和 γ-Fe_2O_3@CA 的 XRD 谱图和 FTIR 谱图

在图 6-27(c)中，γ-Fe_2O_3@CA 的 HRTEM 图像揭示了 γ-Fe_2O_3 的存在，晶格条纹的间距大约为 0.48nm 和 0.29nm，与 γ-Fe_2O_3 的(111)和(220)晶面的晶格间距一致[123]。此外，γ-Fe_2O_3@CA 的 SAED 谱图显示该复合材料具有典型纳米晶材料的均匀衍射环，并且对应于 γ-Fe_2O_3 的特征晶格间距[图 6-27(c)的插图]。XPS 是用来精确测定合成粒子的氧化价态。Fe2p 的峰值在结合能为 711.2eV 和 724.7eV 处[图 6-27(d)]，与 γ-Fe_2O_3 的 $Fe2p_{3/2}$ 和 $Fe2p_{1/2}$ 的自旋轨道劈裂峰相对应[124]。在大约 719.3eV 处的卫星峰是另一个证明 Fe^{3+}存在的证据。为了进一步阐明合成粒子的晶体结构和纯度，对样品进行 XRD 分析。如图 6-27(e)所示，PCA 和 γ-Fe_2O_3@CA 样品的纤维素特征峰均出现在大约 12.3°、20.2°和 22.0°处，与相应的(101)、$(10\bar{1})$和(002)晶面对应。此外，γ-Fe_2O_3@CA 在大约 30.2°、35.6°、43.4°、53.7°、57.4°和 62.9°处的峰属于 γ-Fe_2O_3 的特征峰，而且计算得到的 d 间距也与 JCPDS 中的值相匹配(表 6-3 和图 6-28)，进一步证明立方尖晶石晶体结构 γ-Fe_2O_3 的形成。同时，γ-Fe_2O_3@CA 的 XRD 谱图中没有任何其他铁氧体晶型存在的迹象。图 6-27(f)为

PCA 和 γ-Fe_2O_3@CA 的 FTIR 谱图，除了纤维素的 FTIR 特征峰外(在 3039～3710cm^{-1} 处的吸收峰是由于 O—H 的伸缩振动产生的，在 2891cm^{-1} 处的吸收峰是由于 C—H 伸缩振动产生的[125]，在大约 1633cm^{-1} 处的尖峰是由于吸收水的弯曲振动形成的，而且在 1380cm^{-1} 和 1070cm^{-1} 左右的峰主要是由于 O—H 的弯曲振动和 C—O—C 吡喃环骨架振动引起的[126]，在 1161cm^{-1} 和 895cm^{-1} 处的吸收峰是纤维素的特征峰，分别对应于芳香环面外的 C—O 反对称伸缩振动和 C—H 伸缩振动)，γ-Fe_2O_3@CA 的 FTIR 谱图显示了两个位于 546cm^{-1} 和 631cm^{-1} 处的新峰，其归属于 Fe—O 的伸缩振动[127]，进一步证明了 γ-Fe_2O_3 的生成。而且，3039～3710cm^{-1} 处的基团归属于羟基基团的伸缩振动，从 3444cm^{-1} 处移动到低波数 3423cm^{-1}，证明纤维素气凝胶的羟基与固定的 γ-Fe_2O_3 纳米粒子之间存在强烈的相互作用。综上所述，通过上述的化学共沉淀法成功制备了 γ-Fe_2O_3 纳米粒子，并且将其稳定、均匀地固定在纤维素气凝胶的 3D 网络结构中。

表 6-3　γ-Fe_2O_3@CA 中 γ-Fe_2O_3 纳米粒子的 *d* 间距

d/Å	γ-Fe_2O_3/Å*	晶面
2.9502	2.9530	(220)
2.5178	2.5177	(311)
2.0858	2.0886	(400)
1.6052	1.6073	(511)
1.4767	1.4758	(440)

*JCPDS No.39-1346 卡片中γ-Fe_2O_3 的 *d* 间距。

纳米粒子的尺寸可以通过改变 $FeCl_3$/$FeSO_4$ 盐的总浓度(摩尔比固定为 2)进行调控。由总浓度为 0.01mol/L、0.05mol/L 和 0.1mol/L 所制备得到的复合材料分别被标记为 γ-Fe_2O_3@CA-001、γ-Fe_2O_3@CA-005 和 γ-Fe_2O_3@CA-01。如图 6-29(a)～(c)所示，纳米粒子表现出良好的分散性，而它们的尺寸明显随初始反应物浓度的变化而变化。它们的尺寸分布显示在图 6-29(d)～(f)中，可以看到，随着初始反应物浓度的增加，所合成的 γ-Fe_2O_3 纳米粒子的平均尺寸从 8.1nm 增加到 9.4nm 最终达到 11.7nm，这种增长趋势可能归因于纳米粒子的成核-生长阶段。当初始物质的浓度达到过饱和时，成核阶段就会发生，核通过原子的絮凝或聚集到更大的粒子进行生长，直到获得最终的尺寸。因此，反应物浓度的增加有助于更快地达到成核和生长阶段，从而形成更多的小晶体。根据 Ostwald 熟化理论，小的晶体会收缩，而大的晶体会生长[128]。因此，由于强烈的相互作用和较高的反应浓度，这些小晶体快速结合形成更大的尺寸。

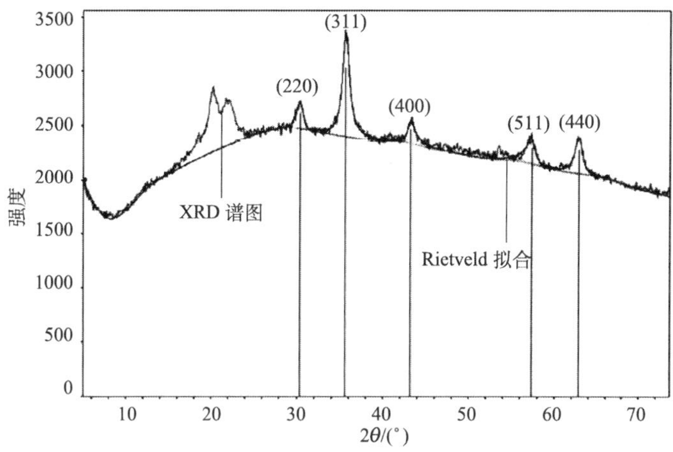

图 6-28　γ-Fe_2O_3@CA 的 XRD 谱图和 Rietveld 拟合

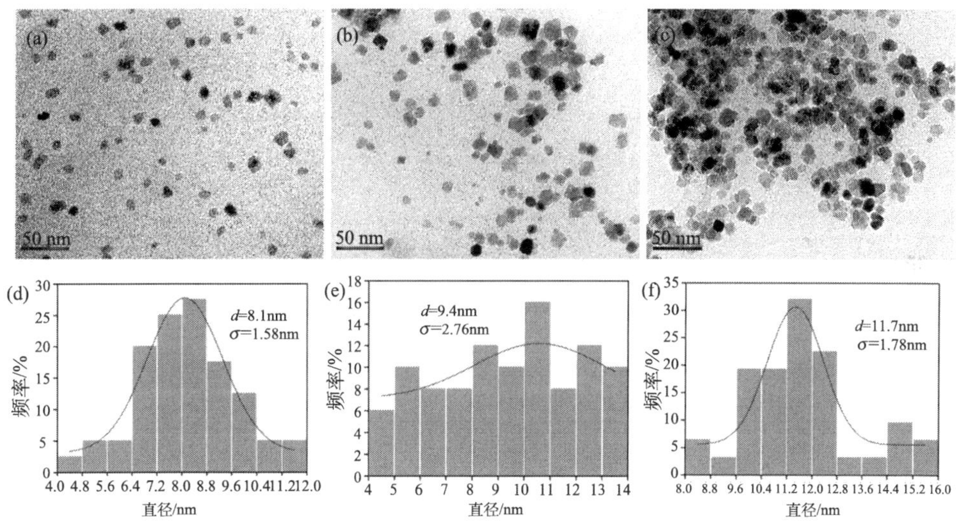

图 6-29　(a)～(c)分别为γ-Fe_2O_3@CA-001、γ-Fe_2O_3@CA-005 和γ-Fe_2O_3@CA-01 的 TEM 图片；(d)～(f)分别为γ-Fe_2O_3@CA-001、γ-Fe_2O_3@CA-005 和γ-Fe_2O_3@CA-01 的粒子直径分布图

从样品的氮气吸附-脱附等温线中可获得很多有用的孔结构信息[图 6-30(a)]。根据 IUPAC 分类，这些吸附等温线都属于Ⅳ型吸附等温线[129]，并且吸附-脱附环属于 H3 型[130]，揭示了介孔的存在。在相对压力(P/P_0)为 0～0.6 范围内，所有样品的吸附量增加缓慢，说明几乎没有微孔存在。在此期间，氮分子从单层到多层逐渐吸附在多孔结构的内部表面上。其后，在相对压力为 0.6～1 范围内，吸附量迅速增加且产生明显的滞回线，在相对压力为 1 时仍未达到平衡，该现象证明介孔和大孔的存在。氮气吸附-脱附等温线的分析结果与 TEM 图像的观测结果正好

相符。此外，孔径分布图也证明了介孔和大孔的存在[图 6-30(b)]。由图可知，孔径尺寸分布在 3～140nm 范围内。在大约 3.8nm 和 16.1nm 处的两个峰也可清晰辨别。BET 和 BJH 分析给出了 PCA 的比表面积和孔容分别为 $136.8m^2/g$ 和 $0.88cm^3/g$，γ-Fe_2O_3@CA-001 为 $140.8m^2/g$ 和 $0.92cm^3/g$，γ-Fe_2O_3@CA-005 为 $156.3m^2/g$ 和 $0.97cm^3/g$，γ-Fe_2O_3@CA-01 为 $173.5m^2/g$ 和 $1.02cm^3/g$，这些值均列于表 6-4 中。可以看出，与 PCA 相比，γ-Fe_2O_3 的插入改善了纤维素气凝胶的孔隙特征参数。这也证明了，该复合材料的比表面积和孔容均可有效地通过插入的 γ-Fe_2O_3 纳米粒子含量进行调控。随着 γ-Fe_2O_3 纳米粒子含量的增加，这些孔隙特征参数值明显增加。这些增强现象可能是由于纳米粒子的插入更加有效地增强了气凝胶的 3D 骨架结构，使其在干燥处理过程中具有更强的耐缩性和抗皱性。

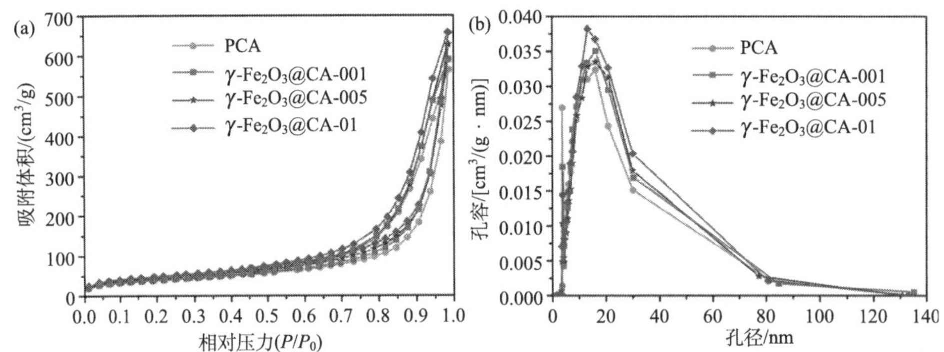

图 6-30　PCA、γ-Fe_2O_3@CA-001、γ-Fe_2O_3@CA-005 和 γ-Fe_2O_3@CA-01 的氮气吸附-脱附等温线(a)和孔径分布图(b)

表 6-4　PCA 和 γ-Fe_2O_3@CA 样品的物理性能

样品	γ-Fe_2O_3 质量分数/wt%	粒子尺寸/nm	比表面积/(m^2/g)	孔容/(cm^3/g)	弹性模量/MPa	能量吸收/(kJ/m^3)	饱和磁化强度/(emu/g)
PCA			136.8	0.88	1.58	240.8	
γ-Fe_2O_3@CA-001	14.1	8.1±1.58	140.8	0.92	2.09	338.9	1.6
γ-Fe_2O_3@CA-005	26.2	9.4±2.76	156.3	0.97	2.68	487.8	9.9
γ-Fe_2O_3@CA-01	34.1	11.7±1.78	173.5	1.02	3.19	658.0	18.0

考虑到热稳定性在纳米复合材料应用中的重要性，采用 TG 和 DTG 技术对合成的 γ-Fe_2O_3@CA 纳米复合材料和 PCA 的热学性能进行研究。这些材料的 TG 和 DTG 曲线显示出三个主要的质量损失区域，范围为 40～120℃、217～400℃和 585～648℃[图 6-31(a)和(b)]。前两个峰的形成主要是由于吸收水分的蒸发和纤维素的分解所造成的[131]。针对在 585～648℃这一失重区域，我们选择

γ-Fe_2O_3@CA-01 作为研究对象，在不同的温度下进行热处理。热处理是在管式炉中进行的。在氮气气氛下，处理温度从室温上升到目标温度，升温速率为 10℃/min，在目标温度下保持 10min 后，管式炉经自然冷却至室温，操作条件与 TG 测试的操作条件相同。不同温度所得到的产物经 XRD 测试，以确定其成分。如图 6-32 所示，经 610℃热处理之后，γ-Fe_2O_3@CA-01 还原为 Fe(JCPDS No. 65-4899，用梅花符号表示)，可能是由于 γ-Fe_2O_3 纳米粒子和由纤维素热解产生的炭之间的反应所形成的。当温度从 610℃升温到 660℃最终达到 800℃时，γ-Fe_2O_3 的特征峰逐渐减弱并消失，且生成了 $CFe_{15.1}$(JCPDS No. 52-0512)。此外，不考虑低含量的杂质(如 $CFe_{15.1}$ 和炭的残余物)，我们假设 800℃的样品仅仅是由 Fe 组成的。γ-Fe_2O_3@CA-001、γ-Fe_2O_3@CA-005 和 γ-Fe_2O_3@CA-01 中 γ-Fe_2O_3 的含量可以粗略估计为 14.1wt%、26.2wt%和 34.1wt%。

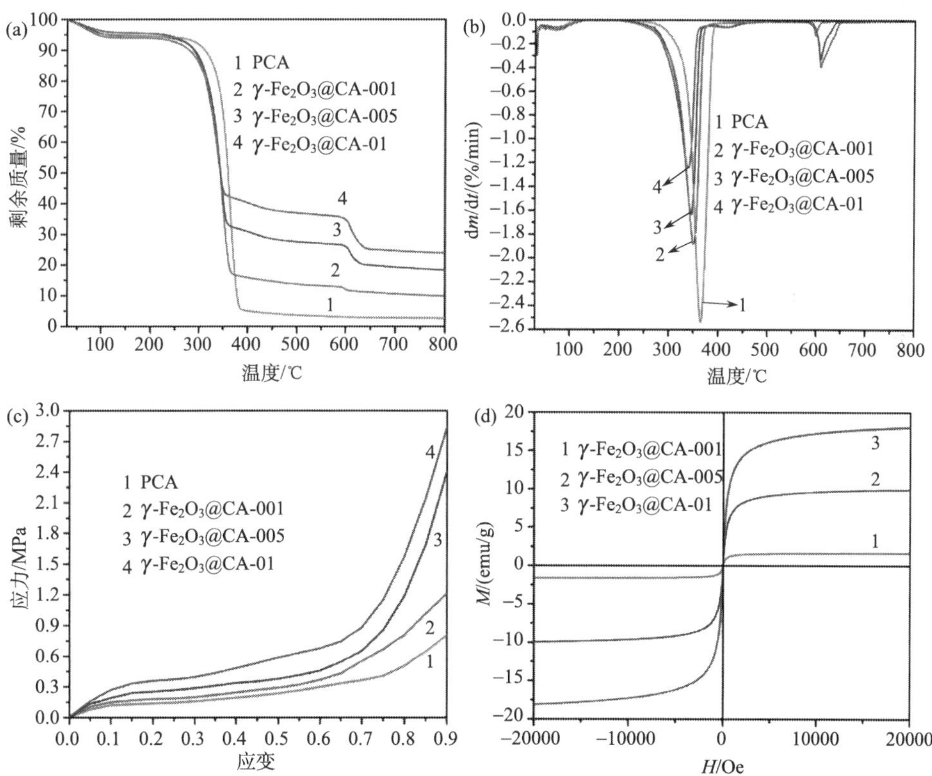

图 6-31　PCA、γ-Fe_2O_3@CA-001、γ-Fe_2O_3@CA-005 和 γ-Fe_2O_3@ CA-01 的 TG 曲线(a)、DTG 曲线(b)和压缩应力-应变曲线(c)；(d)γ-Fe_2O_3@CA-001、γ-Fe_2O_3@CA-005 和 γ-Fe_2O_3@ CA-01 的磁滞回线

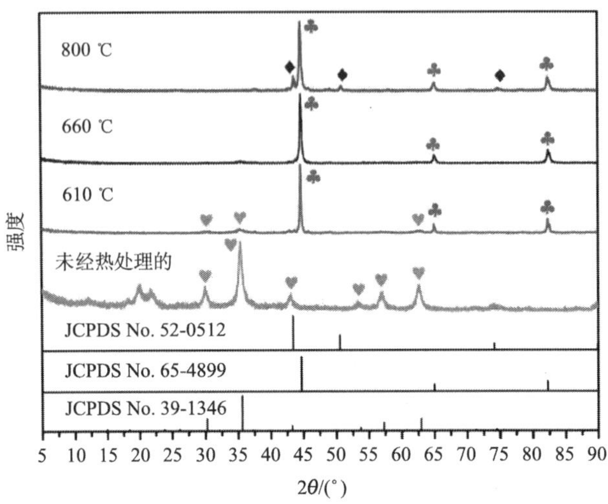

图 6-32　γ-Fe_2O_3@CA-01 经过不同温度热处理后的 XRD 谱图，底部的三部分竖线从上至下分别为 $CFe_{15.1}$（方块）、单质 Fe（梅花）和 γ-Fe_2O_3（桃心）的 JCPDS 标准卡片（No.52-0512、No. 65-4899 和 No. 39-1346）

众所周知，这类多孔的纤维素气凝胶的机械性能较差，主要是由于其结构存在高度多孔特性[132]，因此需要采用有效的手段进行改进。根据相关文献可知，气凝胶与各种填料的组合，如 $CoFe_2O_4$、黏土、石墨烯氧化物、二氧化硅和聚合物，有助于提高气凝胶的力学性能[63, 133-136]。因此，我们期望 γ-Fe_2O_3 的加入有助于提高混合气凝胶的机械强度。采用万能力学试验机测量 PCA 和 γ-Fe_2O_3@CA 的压缩应力-应变曲线。如图 6-31（c）所示，压缩应力-应变曲线大致可以分为四个阶段[60]。首先，在低应变时（<6%），细胞壁发生线性弹性弯曲；第二，在高应变时，曲线逐渐由线性向非线性转变；第三，在达到屈服压力后，出现水平区域，这时孔隙结构发生崩溃；最后，松散多孔的 3D 网络结构开始相互接触，发生致密化过程。复合材料的压缩力学性能比 PCA 的高。PCA 的压缩弹性模量为 1.58MPa，而复合材料的压缩弹性模量从 γ-Fe_2O_3@CA-001 的 2.09MPa 增加到 γ-Fe_2O_3@CA-005 的 2.68MPa，最终增加到 γ-Fe_2O_3@CA-01 的 3.19MPa。此外，PCA、γ-Fe_2O_3@CA-001、γ-Fe_2O_3@CA-005 和 γ-Fe_2O_3@CA-01 在压缩过程中的能量吸收分别为 240.8kJ/m^3、338.9kJ/m^3、487.8kJ/m^3 和 658.0kJ/m^3。数值越高，证明对压缩变形的抵抗力越强。这些结果表明，γ-Fe_2O_3 的插入对复合材料的压缩力学性能有明显的改善。与此同时，越高的粒子负载量可能会导致机械性能的进一步增强，如从 γ-Fe_2O_3@CA-001 到 γ-Fe_2O_3@CA-01。

由于 γ-Fe_2O_3 的粒子尺寸小于相应的临界单畴尺寸，复合材料的磁滞回线上没有出现滞后环和矫顽力[图 6-31（d）]，属于超顺磁性的特征[137]。此外，曲线的磁化强度随着外加磁场强度的增加而迅速增加，逐渐达到饱和磁化强度值（M_s）。

γ-Fe_2O_3@CA-001、γ-Fe_2O_3@CA-005 和 γ-Fe_2O_3@CA-01 的 M_s 值分别为 1.6emu/g、9.9emu/g 和 18emu/g。很明显，随着 $FeCl_3$/$FeSO_4$ 盐浓度的增加，M_s 值明显增加，表明复合材料的磁性特征可以通过反应物的浓度进行调控。考虑到样品中纳米颗粒的含量分别为 14.1wt%、26.2wt%和 34.1wt%，实际的 M_s 值可以计算为 11.3emu/g、37.8emu/g 和 52.8emu/g。这些值远小于 γ-Fe_2O_3 的理论 M_s 值 76emu/g。这些差异可以用小尺寸效应来解释[138]。具体来说，宏观尺寸的 γ-Fe_2O_3 有共线亚铁磁结构。然而，粒子表面或接近表面的非共线自旋排列在小尺寸粒子上更加显著，这对磁性质有显著影响。同时，粒子周围的阳离子无序或磁无序的表面层也可能导致较低的饱和磁化强度值。此外，碳化物杂质(如 $CFe_{15.1}$)等不纯物的存在也会降低粒子的饱和磁化强度值。这些在相对较低的磁场强度即可达到饱和磁化强度的磁性材料在某些特殊场合具有独特的应用价值，如磁共振成像、磁分离、药物传输等[139]。

图 6-33 展示了一些 γ-Fe_2O_3 纳米粒子、γ-Fe_2O_3@纤维素水凝胶和 γ-Fe_2O_3@CA 的磁响应宏观现象。从图中可以看出，在外加磁铁的作用下，纳米粒子可以很容易从黑色的悬浮液体中分离出来。水凝胶对外加磁场同样敏感，在外加磁铁的作用下，水凝胶可以灵活地漂浮在水中。不同的反应物浓度所制备的复合气凝胶材料(γ-Fe_2O_3@CA-001、γ-Fe_2O_3@CA-005 和 γ-Fe_2O_3@CA-01)均表现出良好的磁性响应能力，它们可以紧紧地吸附在磁铁表面，并保持良好的形状。因此，这种具有高机械强度和良好磁性响应性的气凝胶材料在磁驱动领域也具有一定的应用潜力，如用作可磁回收的绿色吸附材料(将在后文中详细介绍)。

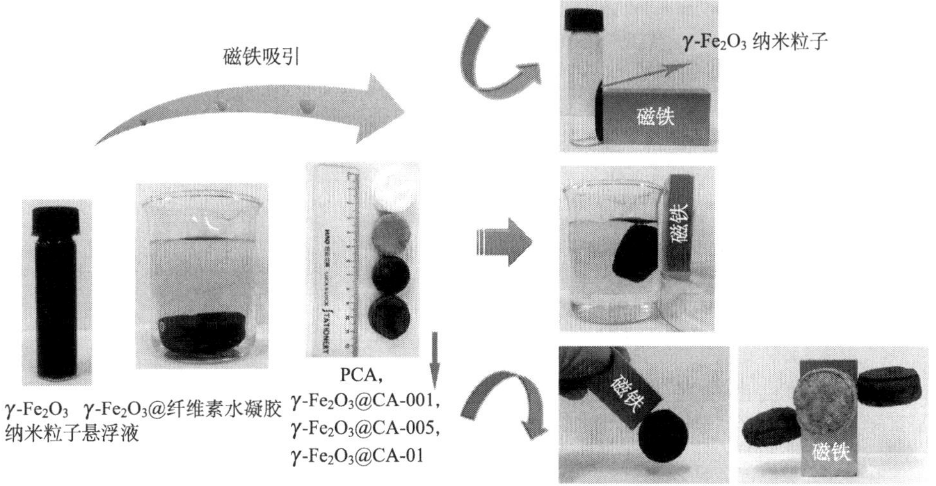

图 6-33　γ-Fe_2O_3 纳米粒子、γ-Fe_2O_3@纤维素水凝胶和 γ-Fe_2O_3@CA 的磁响应性

图 6-34 为 γ-Fe_2O_3@CA 的制备示意图。正如前面所提到的，金属离子通过强静电相互作用(例如离子–偶极作用)紧紧地固定在纤维素链的表面。随后经 NaOH 溶液浸泡导致 γ-Fe_2O_3 纳米粒子的形成，这些纳米粒子在先前的离子选择位点上稳定下来，从而形成良好的分散性。此外，特殊的干燥方法(即冷冻干燥)会造成有限的收缩，这有助于维持水凝胶的 3D 骨架结构。同时，γ-Fe_2O_3 的插入进一步增强了气凝胶的 3D 骨架，增强了其抵抗收缩和坍塌的能力[140]。

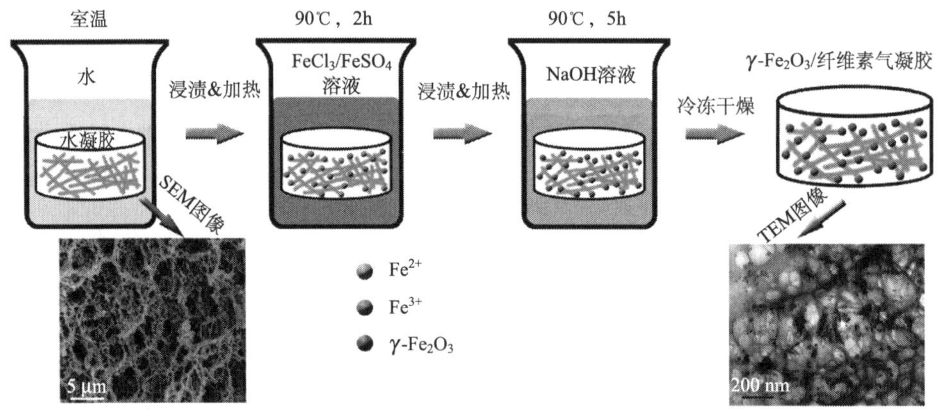

图 6-34　γ-Fe_2O_3@CA 的制备流程示意图

为了探究 γ-Fe_2O_3@CA 的潜在应用，我们使用这类纳米复合材料作为环境友好型吸附剂对含重金属离子的废水进行处理。Cr(Ⅵ)是一种非常常见的重金属污染物，由于它的致癌性及对人类和动物的毒性，被美国环境保护署列为最优先禁止的有毒污染物之一。Cr(Ⅵ)通常从各种工业操作中释放出来，如铬酸盐生产、采矿和冶金、石油精炼、电镀、皮革鞣制等[141]。不合理的处理或未经处理的含 Cr(Ⅵ)废水的任意排放将导致严重的 Cr(Ⅵ)污染。毫无疑问，有效地从废水中去除 Cr(Ⅵ)是非常重要的。到目前为止，各种各样的吸附物包括天然材料(如黏土、稻壳灰、活性氧化铝、富勒烯球、粉煤灰、木屑)和合成材料(如活性炭、介孔二氧化硅、聚苯胺乙基纤维素)已被用来处理含 Cr(Ⅵ)废水[142-147]。显然，与这些吸附剂相比，γ-Fe_2O_3@CA 不仅具有良好的环境效益和较强的吸附选择性，而且具有良好的磁响应性，通过施加外加磁场即可实现磁分离，有利于减少分离过程中的能耗。此外，由于气凝胶模板的大比表面积和分层次的 3D 多孔结构与纳米颗粒的良好分散性，我们预计这些特性的协同效应有助于 γ-Fe_2O_3@CA 获得很强的 Cr(Ⅵ)吸附能力。

图 6-35(a)显示了 PCA、γ-Fe_2O_3@CA-001、γ-Fe_2O_3@CA-005 和 γ-Fe_2O_3@CA-01 对 Cr(Ⅵ)的吸附动力学过程。有趣的是，这四种材料对 Cr(Ⅵ)都有快速吸附的能

力，并在几分钟内即可达到吸附平衡。而且，γ-Fe_2O_3@CA-01 对 Cr(Ⅵ)的移除效率可达 91.8%，高于 γ-Fe_2O_3@CA-005(42.7%)、γ-Fe_2O_3@CA-001(12.3%)和 PCA(6.7%)，表明 γ-Fe_2O_3@CA-01 对 Cr(Ⅵ)的去除性能更强。如图 6-35(b)所示，吸附动力学数据可以很好地与准二阶动力学模型相拟合，如方程式(6-2)所示[148]：

$$\frac{t}{Q_t}=\frac{t}{Q_e}+\frac{1}{K_2Q_e^{\,2}} \tag{6-2}$$

式中，Q_e 和 Q_t 分别是指在平衡态时和时间 t 时所吸附的 Cr(Ⅵ)量(mg/g)；K_2 是吸附速率常数[g/(mg·min)]。PCA、γ-Fe_2O_3@CA-001、γ-Fe_2O_3@CA-005 和 γ-Fe_2O_3@CA-01 的相关系数(R^2)分别是 0.9988、0.9992、0.9999 和 0.9999，证明复合材料对 Cr(Ⅵ)的吸附遵循准二阶动力学模型。根据斜率和截距计算出 PCA、γ-Fe_2O_3@CA-001、γ-Fe_2O_3@CA-005 和 γ-Fe_2O_3@CA-01 的 K_2 值分别为 0.3433g/(mg·min)、0.3800g/(mg·min)、0.6035g/(mg·min)和 0.7364g/(mg·min)。很明显，K_2 值随 γ-Fe_2O_3 含量的增加而增加，表明较高的 γ-Fe_2O_3 含量有助于提高复合材料对 Cr(Ⅵ)的吸附速率。

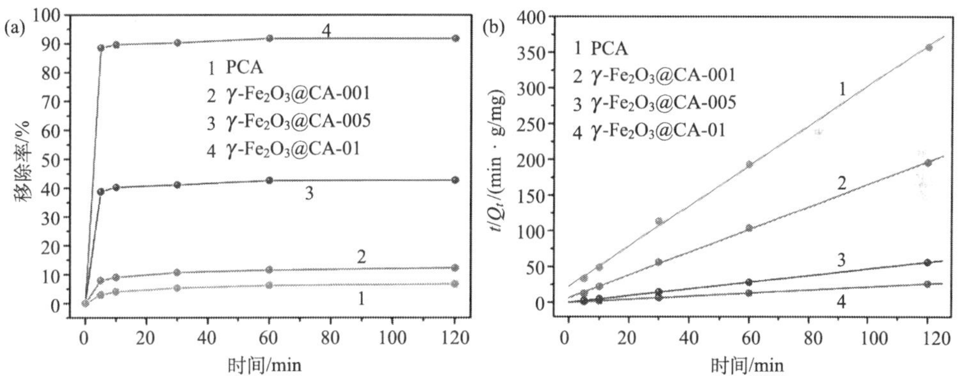

图 6-35　PCA、γ-Fe_2O_3@CA-001、γ-Fe_2O_3@CA-005 和 γ-Fe_2O_3@CA-01 对 Cr(Ⅵ)的吸附动力学过程(a)和吸附动力学数据的准二阶动力学模型拟合(b)

此外，γ-Fe_2O_3@CA 对 Cr(Ⅵ)的吸附机理主要是静电吸引[147, 149]。纤维素和 γ-Fe_2O_3 表面在低 pH 下发生质子化过程，因此表面带正电荷。然而，当 pH 低于 6.8 时，$HCrO_4^-$ 是溶液中 Cr(Ⅵ)存在的主要形式。因此，强烈的静电吸引会发生在带正电荷的 γ-Fe_2O_3@CA 和带负电荷的 Cr(Ⅵ)($HCrO_4^-$)之间，从而使 Cr(Ⅵ)牢牢地吸附在吸附剂表面。如上所述，γ-Fe_2O_3 的含量与 Cr(Ⅵ)吸附速率之间存在正相关关系，可能是由于 γ-Fe_2O_3 含量较高的 γ-Fe_2O_3@CA 样品表面提供了更多的 Cr(Ⅵ)吸附位点。

图 6-36(a)为 PCA、γ-Fe_2O_3@CA-001、γ-Fe_2O_3@CA-005 和 γ-Fe_2O_3@CA-01 对

不同浓度(10～100mg/L) Cr(Ⅵ)溶液的吸附等温线。显然，对于所有样品来说，在较低的浓度区域等温线均迅速增加，在高浓度区域等温线的增加幅度逐渐变缓。采用 Langmuir 吸附模型来拟合所得到的吸附平衡数据，并计算最大吸附能力。Langmuir 模型的线性形式如方程式(6-3)所示[150]：

$$\frac{C_e}{Q_e}=\frac{1}{K_L Q_m}+\frac{C_e}{Q_m} \tag{6-3}$$

式中，Q_e 是指达到平衡时每单位质量吸附剂上所吸附的 Cr(Ⅵ)量(mg/g)，C_e 是 Cr(Ⅵ)的平衡浓度(mg/L)，K_L 是指 Langmuir 的吸附平衡常数，Q_m 是最大吸附能力(mg/g)。如图 6-36(b)所示，实验数据符合 Langmuir 吸附模型，PCA、γ-Fe_2O_3@CA-001、γ-Fe_2O_3@CA-005 和 γ-Fe_2O_3@CA-01 的相关系数 R^2 分别为 0.9992、0.9993、0.9989 和 0.9997。这些样品针对 Cr(Ⅵ)的最大吸附能力(Q_m)在表 6-5 中列出。一些文献中所提到的其他类型的铁氧体基吸附剂针对 Cr(Ⅵ)的 Q_m 值也在表 6-5 中列出[151-154]。在研究的这四种吸附剂中，PCA 的 Q_m 值最低，其值仅为 0.64mg/g。Dupont 和 Guillon[155]也观察到类似的低吸附值现象，他们在 pH 为酸性时对纤维素材料的 Cr(Ⅵ)吸附量做了研究，结果也证实在纤维素上没有明显的 Cr(Ⅵ)吸附。然而，PCA 的 Q_m 值接近商业 α-Fe_2O_3(0.68mg/g)。随着 γ-Fe_2O_3 的加入，Q_m 值明显提高。γ-Fe_2O_3@CA-001 增加至 1.14mg/g，γ-Fe_2O_3@CA-005 增加至 3.94mg/g，γ-Fe_2O_3@CA-01 增加至 10.2mg/g。很明显，γ-Fe_2O_3 的含量与 Cr(Ⅵ)的吸附量呈正相关。因此，通过调整 γ-Fe_2O_3(即初始反应物的浓度)含量，可对 Cr(Ⅵ)的吸附能力进行调控。与表 6-5 中列出的其他类型的铁氧体基吸附剂的 Q_m 值相比，γ-Fe_2O_3@CA-01 的 Q_m 值是比较高的，证明其对 Cr(Ⅵ)优异的吸附能力。除此之外，γ-Fe_2O_3@CA 具有绿色环保、制备工艺简单、大比表面积和高机械强度、易于回收且 Cr(Ⅵ)吸附能力可调，因此这类 γ-Fe_2O_3@CA 更适合用于去除废水中的 Cr(Ⅵ)。

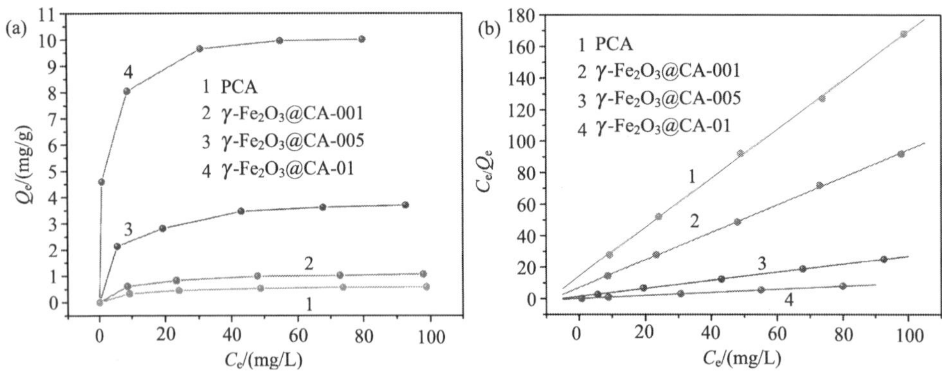

图 6-36　PCA、γ-Fe_2O_3@CA-001、γ-Fe_2O_3@CA-005 和 γ-Fe_2O_3@CA-01 的 Cr(Ⅵ)吸附等温线(a)和 Langmuir 等温线拟合(b)

表 6-5　PCA、γ-Fe_2O_3@CA-001、γ-Fe_2O_3@CA-005 和 γ-Fe_2O_3@CA-01 与其他类型的铁氧体基吸附剂对 Cr(Ⅵ)的最大吸附能力和吸附实验所用的 pH

吸附剂	Q_m/(mg/g)	pH
PCA	0.64	3
γ-Fe_2O_3@CA-001	1.14	3
γ-Fe_2O_3@CA-005	3.94	3
γ-Fe_2O_3@CA-01	10.2	3
市售的α-Fe_2O_3	0.68	3
Fe_3O_4@SiO_2 纳米粒子	3.78	2
嵌入橙皮髓的氧化铁纳米粒子	5.37	1
三维花状的α-Fe_2O_3	5.4	3
由 PAA 包裹和氨基功能化的 Fe_3O_4	11.2	2
硅藻土支撑的 Fe_3O_4 纳米粒子	11.4	2～2.5

6.2.1.4　小结

基于 NaOH/PEG 绿色溶剂所制备的纤维素气凝胶的 3D 网络结构可作为一种合适的模板来固定超顺磁性的 γ-Fe_2O_3 纳米粒子。γ-Fe_2O_3 纳米粒子可通过简单的化学共沉淀方法来制备。合成的 γ-Fe_2O_3@CA 纳米复合材料中的孔隙特征参数、磁学性能、机械强度和 γ-Fe_2O_3 纳米粒子尺寸等特性可通过调整 $FeCl_3$/$FeSO_4$ 盐的总浓度实现灵活控制。此外，γ-Fe_2O_3@CA 纳米复合材料具有优越的磁响应能力，可以很容易地利用外加磁场进行驱动。同时，γ-Fe_2O_3@CA 纳米复合材料也呈现出快速的 Cr(Ⅵ)吸附动力学过程和较高的 Cr(Ⅵ)最大吸附能力。因此，这类 γ-Fe_2O_3@CA 纳米复合材料有望成为一种新型、环境友好型、可磁回收的吸附材料，用于处理含 Cr(Ⅵ)废水。

6.2.2　聚乙烯醇/纤维素纳米纤丝复合气凝胶基超吸附材料

6.2.2.1　引言

频发的石油泄漏和化学品泄露事故给水环境带来许多不可逆转的危害，这也在一定程度上造成世界部分地区淡水资源的短缺。水中的污染物包括油类、有机溶剂、重金属离子等，这些物质能够危害人类和其他生物的健康[156]。因此，这也促使研究者们积极探索具有高吸附量、高选择性的新型吸附材料[156, 157]。近年来，不同类型的材料(如棉花纤维[158]、碳材料[44, 159, 160]、金属氧化物纳米线基复合材料[157]、聚合物[161, 162]等)都已被用作吸附剂。在这些材料中，具有疏水性和三维多孔结构的材料通常具有潜在的高吸附能力，这是由于该结构特性可赋予这些材料低质量、高孔隙率和大比表面积，使它们能够快速、大量地吸附水面上的油渍[44, 159, 160, 163-166]。然而，一些普遍存在的因素(如复杂的制备工艺或昂贵的原料)限制了它们更广泛的应用。因此，仍需进一步发展可持续/可再生、价格低廉、力学性能优异和高吸附性能的新型吸附材料。

通过冷冻干燥技术可以制备环境友好的聚乙烯醇(PVA)/纤维素纳米纤丝(CNF)复合气凝胶[167]。这种有机气凝胶能够呈现出许多卓越的性能，包括超低的密度、高孔隙率、高比表面积和优异的机械性能(如高的弹性模量和强度)[168-171]。纤维素是地球上储量最丰富的天然可再生聚合物，具有良好的生物相容性和生物可降解性[172]。CNF 具有高比表面积和长径比，因此易于形成缠结的网络状结构[173, 174]。CNF 可以通过机械剪切法[175, 176]、2,2,6,6-四甲基哌啶-1-氧自由基(TEMPO)氧化法[56, 177]、酶水解结合高压均质法[178, 179]、超声法[180, 181]等制备得到。CNF 气凝胶通常具有极低的密度、高比表面积和较弱的机械强度[57, 60, 182]。CNF 气凝胶已经被广泛用于制备抗菌剂[183]、热绝缘[184]和油吸附[23, 61]等领域。PVA 是一种廉价的聚合物，具有良好的水溶性、生物相容性和生物可降解性[185]。

通过精准控制表面化学特性可以形成超疏水的表面。例如，选用合适的硅烷改性剂可以很容易地形成超疏水表面[161, 186, 187]。某些具有可水解基团的硅烷(如氯硅烷或硅烷醇盐)与水反应形成硅醇，随后与其他硅醇或固体材料(如 PVA/CNF 复合气凝胶)表面上的羟基发生反应形成硅烷层[186]。PVA/CNF 复合气凝胶具有极低的密度($<15kg/m^3$)和高孔隙率(>98%)。此外，PVA/CNF 复合气凝胶经过甲基三氯硅烷处理(热化学气相沉积法)可以获得超疏水和超亲油性。硅烷改性的 PVA/CNF 复合气凝胶针对不同种类的油和有机溶剂均呈现出优异的吸附效果(吸附量可达自身干重的 44～96 倍)且具有强烈的疏水性。该硅烷改性的 PVA/CNF 复合气凝胶也具有优异的重金属离子清除能力。同时，该气凝胶还具有卓越的弹性和机械耐久性。因此，这种气凝胶在处理石油泄漏和化学品泄露等领域具有一定的应用潜力。下节内容将着重介绍该 PVA/CNF 复合气凝胶的合成工艺和改性方法及形貌、结构和吸附等特性。

6.2.2.2 PVA/CNF 复合气凝胶的制备与改性

1) 制备 CNF

以 TEMPO 为催化剂，在 60℃下采用次氯酸钠氧化已经漂白过的桉树纤维，氧化时间为 48h。该氧化纤维充分水洗后，采用盘式精磨机进行精制。纤维中较粗糙的部分采用离心的方法分离，所得到的较均匀的 CNF 分散液通过超滤的方法浓缩至 0.65wt%。最后一个精炼步骤是将 CNF 分散液通过一个 M-110EH-30 微射流机进一步精制。将所得到的 CNF 悬浮液置于 4℃下存储待用。根据美国纸浆与造纸工业技术协会(TAPPI) T237cm-98 测定方法，CNF 的羧基含量可以通过滴定法测定，实验结果显示每克 CNF 中 COONa 的含量为 0.64mmol。

2) 制备 PVA 溶液

将 5.0g PVA (分子质量为 95 000g/mol) 溶解在 100mL 水中，随后在 85℃下搅拌 12h 直至 PVA 完全溶解。该 PVA 溶液用于制备气凝胶。

3) 制备 PVA 气凝胶

将 PVA 溶液 (4.0mL，0.05g/mL) 和一定量的水混合，且大力搅拌 1h。然后，将戊二醛溶液 (80mL，25wt%) 和硫酸 (80mL，1.0vol%) 加入到该稀释后的 PVA 溶液中搅拌 1h，混合溶液的 pH 控制在 4～6 之间。将混合物置于超声波浴中超声 1h，去除所有的气泡。将所得到的水凝胶转移到铝盘中，置于 75℃下交联 3h，随后将水凝胶置于 4℃的冰柜中 12h，以避免后续的冷冻干燥过程引起宏观裂缝。将预冷的水凝胶置于–78℃下的干冰-丙酮溶液中冰冻，所得到的冻块置于冷阱温度为 87℃、近真空 (0.0014mbar) 条件下冷冻干燥 3 天，即可得到 PVA 气凝胶。

4) 制备 PVA/CNF 复合气凝胶

将 PVA 溶液 (2.0mL，0.05g/mL)、CNF 悬浮液 (15.4g，0.65wt%) 和一定量的水混合后大力搅拌 1h。PVA/CNF 气凝胶中 PVA 和 CNF 的质量比为 1∶1。随后，将戊二醛溶液 (80mL，25wt%) 和硫酸 (80mL，1.0vol%) 加入到 PVA 和 CNF 的混合溶液中持续搅拌 1h。所得到的混合溶液置于超声波浴中超声 1h，去除所有的气泡。将所得到的水凝胶转移到铝盘中，置于 75℃下交联 3h。最后，采用上述相同的冷冻干燥方法制备得到 PVA/CNF 复合气凝胶。

5) 制备超疏水的 PVA/CNF 复合气凝胶

采用热化学气相沉积技术对 PVA/CNF 复合气凝胶进行表面修饰处理。将装有甲基三氯硅烷 (1mL) 的玻璃小瓶置于放有气凝胶样品的真空干燥器中，将压强调节至低于大气压 80kPa。随后将干燥器密封，加热至 50℃且在该温度下保持 12h。为了移除过量的未反应的硅烷和副产品 (HCl)，将气凝胶继续放置在近真空状态下的干燥器中 1h。

6.2.2.3　PVA/CNF 复合气凝胶的油/有机溶剂吸附和重金属离子清除能力测试

1) 油/有机溶剂吸附能力测试

为了测试针对油/有机溶剂的吸附性能，将硅烷改性的 PVA/CNF 复合气凝胶 (30mg) 浸渍在不同类型的油/有机溶剂和水的混合物 (体积比 1∶1) 中。由于三氯甲烷的密度比水大，因此直接将气凝胶样品浸渍在该溶剂中进行吸附测试。吸附过程非常快速，通常只需要几分钟即可达到吸附平衡。一旦完成吸附过程，立即将浸透的气凝胶材料取出，用滤纸小心擦去气凝胶表面的油/有机溶剂，随后称量。吸附量 (Q) 通过质量增量来表示 [方程式 (6-4)]：

$$Q(\%) = \frac{(W - W_0) \times 100\%}{W_0} \tag{6-4}$$

式中，W_0和 W 分别为气凝胶吸附前后的质量。称量过程必须快速进行，以避免油/有机溶剂的挥发。

2) 重金属离子清除能力测试

采用一些典型的重金属离子(Pb^{2+}、Hg^{2+}、Ag^{+}和 Cu^{2+})来探究该气凝胶针对重金属离子的清除能力。将硅烷化修饰的 PVA/CNF 复合气凝胶(～30mg)与重金属离子溶液(50mL，50mg/L)混合后，持续搅拌 3 天以达到结合平衡。在混合之前，在气凝胶表面滴加几滴乙醇。溶液中的重金属离子浓度采用原子发射光谱仪进行测试。气凝胶与重金属离子的结合能力通过方程式(6-5)计算：

$$结合能力 = \frac{(C_{\mathrm{i}} - C_{\mathrm{eq}}) \times V}{M} \tag{6-5}$$

式中，C_{i}和 C_{eq}分别为初始状态和平衡状态下溶液中的重金属离子浓度(mg/L)。V 是重金属离子溶液的体积(L)，M 是气凝胶的质量(g)。

6.2.2.4　扫描电镜观察和能谱分析

采用冷冻干燥法成功制备了 PVA 气凝胶和 PVA/CNF 复合气凝胶。在最佳的制备条件下，可以实现极小的皱缩率。为了制备疏水的气凝胶，通过热气相沉积法使得气凝胶多孔表面上的羟基与气相的甲基三氯硅烷发生反应。表 6-6 为未修饰的 PVA/CNF 复合气凝胶和硅烷化修饰的 PVA/CNF 复合气凝胶的一些物理性能。在硅烷化修饰前后，PVA 气凝胶和 PVA/CNF 复合气凝胶的密度分别为 11.7kg/m^3、14.2kg/m^3 和 10.6kg/m^3、13.0kg/m^3。此外，所有的气凝胶均呈现出非常高的孔隙率(>98%)。图 6-37 为硅烷化修饰前后 PVA 气凝胶和 PVA/CNF 复合气凝胶底面的微观结构。由图可见，硅烷化修饰前后 PVA 气凝胶和 PVA/CNF 复合气凝胶均呈现出相互交联、高度多孔的微观结构，且孔尺寸比较均匀(2～6mm)。经过硅烷化修饰后，气凝胶表面可以观察到更多的纳米纤维状结构[图 6-37(b)和(d)]，这可能是由于硅氧纳米线的形成[161, 185]。研究发现根据硅烷化反应的条件可以得到不同类型的涂层[188, 189]。在相对干燥的条件下，有机硅烷可以形成自组装的单分子层(水平聚合)或共价结合的单分子层。在相对湿润的条件(即相对湿度为35%～65%时)，有机硅烷则形成共价结合、交联的多层聚合纤维(垂直聚合)[189]。

图 6-38(c)和(d)分别为硅烷化修饰前后 PVA/CNF 复合气凝胶的横截面微观结构。由图可见，PVA/CNF 复合气凝胶在横截面上仍然呈现出比较均匀的多孔结构，孔尺寸处于 10～20mm 范围内，比底面的孔尺寸更大一些。一些研究者们在采用冷冻干燥法制备的纤维素气凝胶[60]和聚(N-异丙基丙烯酰胺)/黏土复合气

表 6-6　硅烷化修饰前后 PVA 气凝胶和 PVA/CNF 气凝胶的物理性质变化

样品	密度/(kg/m^3)	孔隙率/%	S_{BET}/(m^2/g)
硅烷化修饰前的 PVA 气凝胶	11.7	99.08	92±8
硅烷化修饰后的 PVA 气凝胶	14.2	98.80	76±6
硅烷化修饰前的 PVA/CNF 气凝胶	10.6	99.22	195±18
硅烷化修饰后的 PVA/CNF 气凝胶	13.0	99.01	172±13

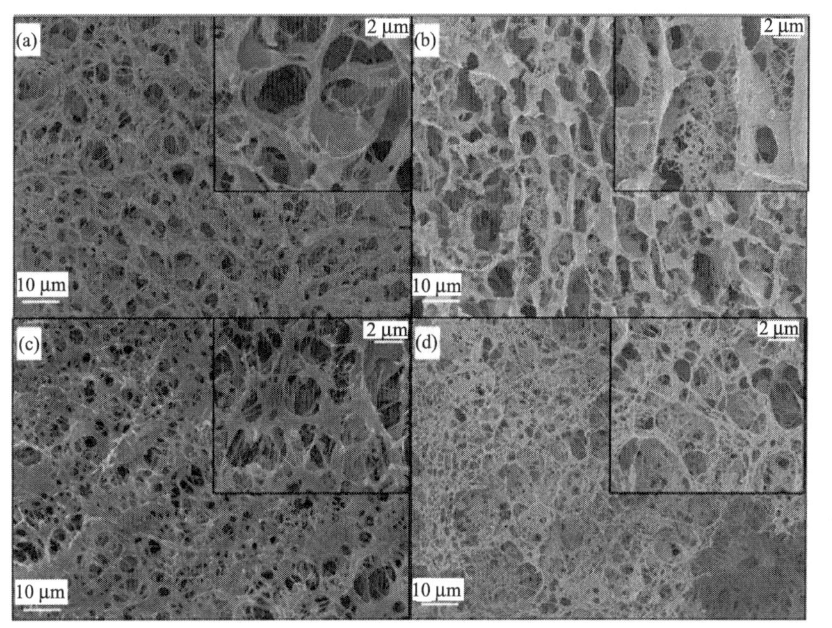

图 6-37　气凝胶底面的 SEM 图：(a)未修饰的 PVA 气凝胶；(b)硅烷化修饰的 PVA 气凝胶；(c)未修饰的 PVA/CNF 复合气凝胶；(d)硅烷化修饰的 PVA/CNF 复合气凝胶

凝胶[190]中也观察到类似的不同部位的孔形貌差异现象。与气凝胶的底面现象相似，硅烷化修饰的 PVA/CNF 复合气凝胶的横截面上也出现了许多纳米纤维状结构，这可归因于硅氧纳米线的形成[图 6-38(d)]。图 6-38(a)和(b)为 PVA 气凝胶横截面上的微观结构。与 PVA/CNF 复合气凝胶横截面上的微观结构和 PVA 气凝胶底面上的微观结构不同，PVA 气凝胶横截面上呈现出独特的层状结构，这可能是由于 PVA 气凝胶的前驱体溶液具有低黏度，因此使得 PVA 聚合物链易于沿着冰晶生长方向排列。相比之下，PVA/CNF 复合水凝胶溶液由于形成三维网络结构(高长径比的 CNF 彼此之间发生缠结)，因此具有更高的黏度，这影响了冰晶的生长与成核[191]。由表 6-6 可知，PVA/CNF 复合气凝胶的比表面积显著高于 PVA 气凝胶，这可能是由于 PVA/CNF 复合气凝胶的孔尺寸更小且 CNF 也具有高比表面积[173]。

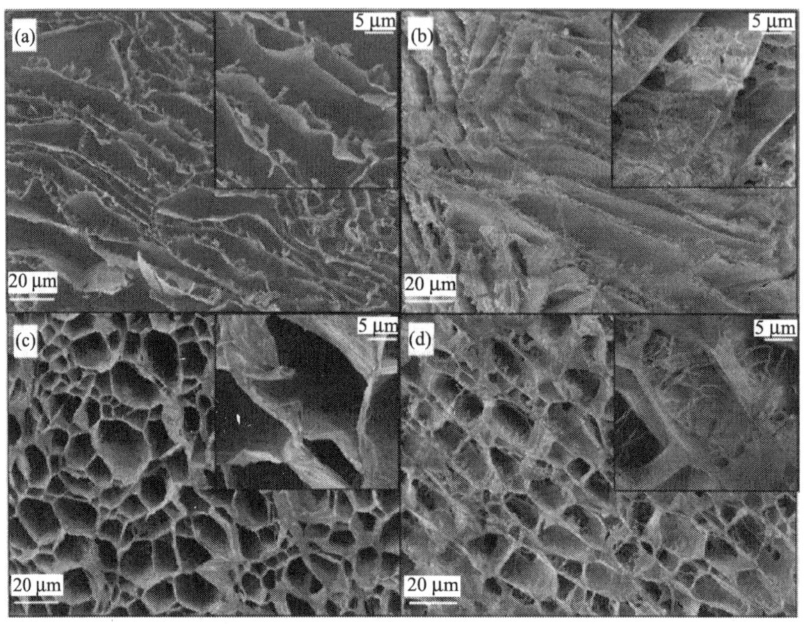

图 6-38　气凝胶横截面的 SEM 图：(a)未修饰的 PVA 气凝胶；(b)硅烷化修饰的 PVA 气凝胶；(c)未修饰的 PVA/CNF 复合气凝胶；(d)硅烷化修饰的 PVA/CNF 复合气凝胶

PVA/CNF 复合气凝胶的硅烷化修饰可以通过能量色散 X 射线分析(EDX)所验证(图 6-39)。未修饰的 PVA/CNF 复合气凝胶呈现出碳、氧和钠峰，没有检测到硅元素。硅烷化修饰后，能谱出现了碳、氧、钠、氯和硅峰，硅元素的相对原子分数为 4.44%。气相的活性前驱体具有很高的移动性，这使得它们易于渗透到气凝胶的多孔结构中，有利于实现均匀修饰。PVA/CNF 复合气凝胶的硅烷化修饰也可以通过傅里叶变换红外光谱(FTIR)分析来鉴定。如图 6-40 所示，位于 780cm^{-1}和 1272cm^{-1}处的吸收峰分别来源于 C—Si—O 部分的 Si—O—Si 振动和 C—Si 非对称伸缩振动[166]。

6.2.2.5　表面润湿性

采用接触角测试来探究 PVA/CNF 复合气凝胶的表面润湿性。如图 6-41(a)所示，未修饰的气凝胶可在 1s 内将水滴吸收掉，但是硅烷化修饰后的气凝胶却呈现超疏水性，且在 10s 时接触角仍保持(150.3±1.2)°[图 6-41(b)]。放置 120s 后，硅烷化修饰的气凝胶仍能保持初始时的水接触角值。当使用外力将超疏水气凝胶浸渍在水中时，在外力移除后气凝胶立刻上升至水面且不吸附任何的水滴，表明

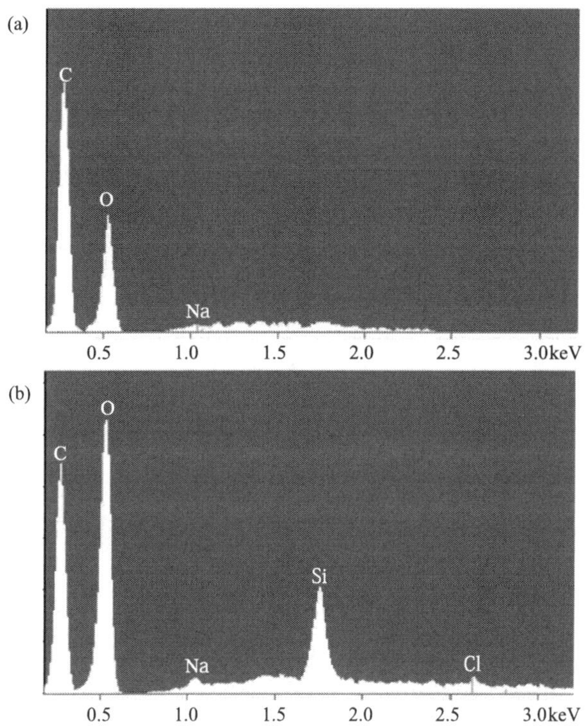

图 6-39　PVA/CNF 复合气凝胶的 EDX 图：(a) 未修饰的；(b) 已修饰的

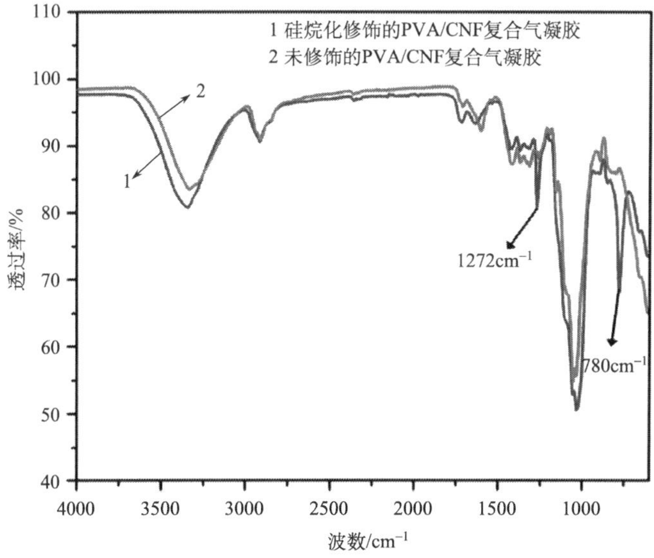

图 6-40　硅烷化修饰前后 PVA/CNF 复合气凝胶的 FTIR 图

改性后的超疏水 PVA/CNF 复合气凝胶可用于吸附水面上的有机溶剂或油类物质。硅烷化修饰的气凝胶对水也呈现出极低的黏附力。如图 6-41(c)所示，水珠极易从改性的气凝胶表面滑落。相比之下，油滴却能牢牢吸附在改性的气凝胶表面上[图 6-41(d)]，表明硅烷化修饰的 PVA/CNF 复合气凝胶具有高亲油性。这些卓越的超疏水性和超亲油性使得硅烷化修饰的 PVA/CNF 复合气凝胶能够用于吸附有机溶剂/油。

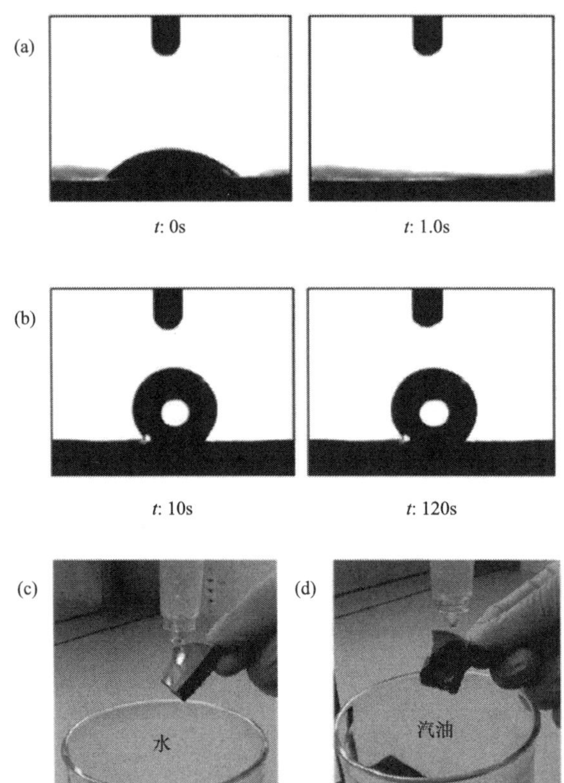

图 6-41　PVA/CNF 复合气凝胶的水接触角测试：(a)未修饰的 PVA/CNF 复合气凝胶；(b)硅烷化修饰的 PVA/CNF 复合气凝胶；(c)和(d)分别为水和油滴在硅烷化修饰的 PVA/CNF 复合气凝胶表面上的现象

6.2.2.6　油/有机溶剂吸附性能

油水分离材料已经吸引了学术界和商界的共同兴趣，这是因为该材料能够用于清除工业生产中存在的有害副产品(如含油废水、水面浮油和化学溢出物等)。具有超疏水性和超亲油性的硅烷化修饰的 PVA/CNF 复合气凝胶是一种理想的油/有机溶剂-水分离材料。这种复合气凝胶经过硅烷化修饰后的密度为 13.0kg/m^3，使用该密度下的复合气凝胶来探究油/有机溶剂吸附性能。将该气凝胶置于油水混合物中，可以观察到气凝胶在短短几分钟内即可将油快速吸附[图 6-42(a)]。吸附后的气凝胶可以继续稳定地漂浮在水中且不发生任何的油泄露或水吸附。

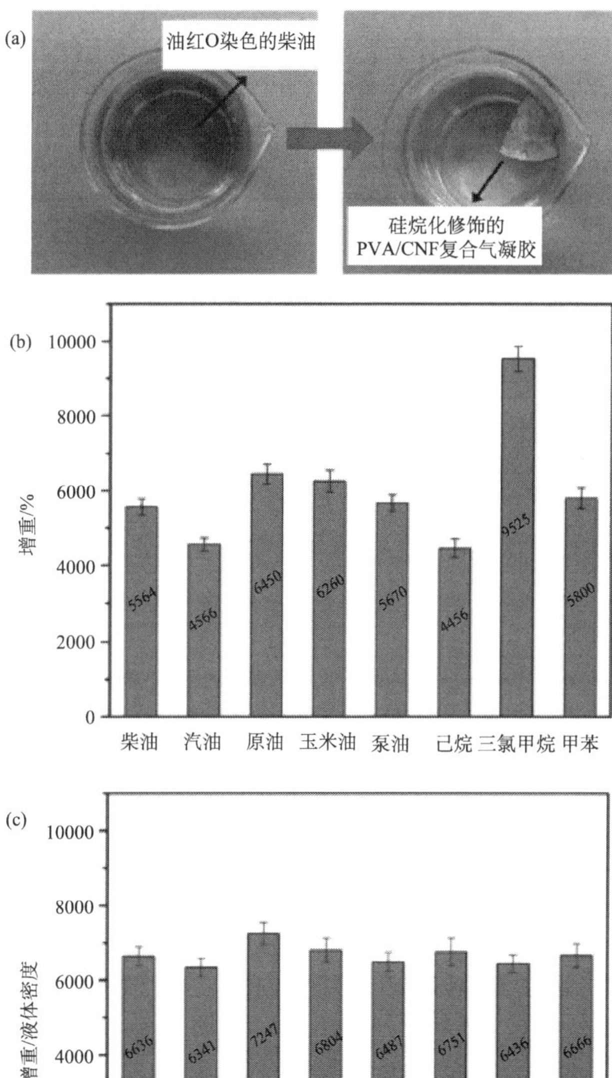

图 6-42　(a)硅烷化修饰的 PVA/CNF 复合气凝胶能够在 90s 内快速吸附水面上的油(为了视觉清晰，采用油红 O 对油进行染色)；(b)硅烷化修饰的 PVA/CNF 复合气凝胶针对不同的有机溶剂/油的吸附量；(c)吸附量除以所吸附液体的密度所得的数值

图 6-42(b)展示出了硅烷化修饰的 PVA/CNF 复合气凝胶针对不同的油类和有机溶剂的吸附量。如图所示，吸附量可达气凝胶干重的 44～96 倍，显著高于许多之前报道的吸油材料[23, 41, 42, 44, 50, 162, 163, 166, 192, 193]。优异的油/有机溶剂吸附性能可归因于气凝胶的高度多孔结构和均匀覆盖的超疏水、超亲油硅烷层。针对不同类型有机液体的吸附量差异主要是归因于它们之间的密度差异。将吸附量除以各自所吸附的有机液体密度后，可以观察到所得到的数值之间的差异并不大[图 6-42(c)]。为了比较，也探究了硅烷化修饰的 PVA 气凝胶(密度相似：14.2kg/m^3)针对各种有机液体的吸附性能。实验结果表明，硅烷化修饰的 PVA/CNF 复合气凝胶的吸附量是 PVA 气凝胶吸附量的 2～3 倍，这可能是由于 PVA/CNF 复合气凝胶独特的微观结构包含了更加均匀、细小和高度交联的多孔结构。

6.2.2.7　重金属离子清除能力

图 6-43 显示了 PVA/CNF 复合气凝胶和 PVA 气凝胶的重金属离子清除能力。这两种气凝胶针对 Hg^{2+}、Pb^{2+}、Cu^{2+}和 Ag^{+}四种典型的重金属离子的吸附量分别为 157.5mg/g/22.0mg/g、110.6mg/g/24.5mg/g、151.3mg/g/28.9mg/g 和 114.3mg/g/39.5mg/g。明显可以看出，PVA/CNF 复合气凝胶呈现出非常高的重金属离子清除能力，高于一些之前所报道的材料[3, 194, 195]和 PVA 气凝胶。PVA/CNF 复合气凝胶针对上述重金属离子的清除机理主要是归因于静电吸引作用[194]和金属离子与气凝胶上羰基间的络合作用[196, 197]。在 CNF 的制备过程中涉及 TEMPO 氧化过程，因此 PVA/CNF 复合气凝胶上存在大量的羧基，这也解释了 PVA/CNF 复合气凝胶具有比 PVA 气凝胶更高重金属离子清除能力的原因。至于气凝胶针对不同重金属

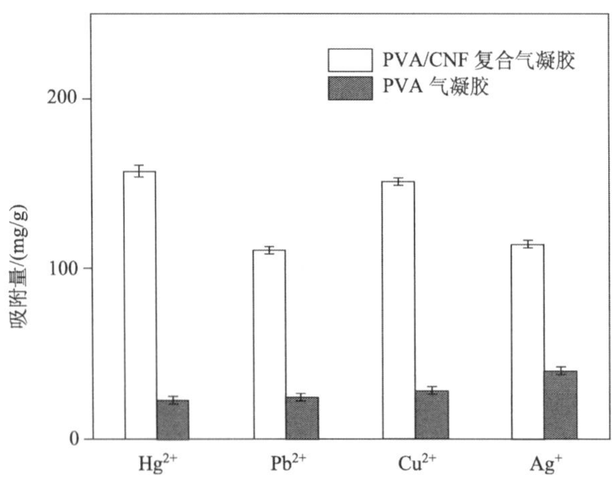

图 6-43　PVA/CNF 复合气凝胶和 PVA 气凝胶的重金属离子清除能力

离子清除能力的差异，这可能是由于羧基或其他官能团与不同重金属离子间的亲和力存在差异。优异的油水分离性能和重金属离子清除能力使得该 PVA/CNF 复合气凝胶在水净化领域具有良好的应用前景。

6.2.2.8　热稳定性

采用热重(TG)分析来探究硅烷化修饰前后 PVA/CNF 复合气凝胶的热稳定性。实验在氮气气氛下进行，温度范围为 30～600℃。如图 6-44 所示，硅烷层的存在并没有改变气凝胶在 270℃之前的热稳定性。当温度超过 270℃(直至 495℃)，硅烷化修饰的 PVA/CNF 复合气凝胶的热稳定性有所改善。对于硅烷化修饰前后 PVA/CNF 复合气凝胶，当质量损失达到 30%时温度分别为 302.5℃和 320.7℃。这主要是归因于气凝胶的热分解被 PVA/CNF 复合气凝胶表面的硅烷层所阻碍[184]。

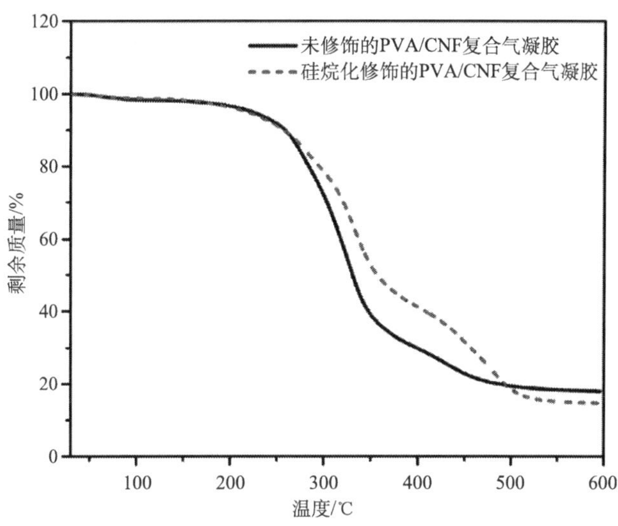

图 6-44　硅烷化修饰前后 PVA/CNF 复合气凝胶的 TG 曲线

6.2.2.9　力学性能

为了探究硅烷化修饰的 PVA/CNF 复合气凝胶的力学性能，图 6-45 展示了该气凝胶的压缩应力随着应变的变化情况。由于高孔隙率特性，在硅烷化修饰前后，PVA/CNF 复合气凝胶的厚度均可以被压缩 90%以上。然而，在硅烷化修饰之前，PVA/CNF 复合气凝胶的弹性并不是非常优越，当压缩应变达到 20%以上时即发生永久性变形。令人惊奇的是，硅烷化修饰的 PVA/CNF 复合气凝胶甚至在达到 80%的应变条件下依然能够恢复原始的形状且没有出现机械性破损[图 6-45(a)]。图 6-45(b)为硅烷化修饰的 PVA/CNF 复合气凝胶在最大应变分别为 40%、60%和

80%时的循环压缩应力-应变曲线。对于每个应变状态，在载荷卸掉之后，气凝胶均能完全恢复它们的原始形状。将应变为80%时所对应的应力除以气凝胶密度所得到的数值为3.8±0.2，这个数值高于很多其他类型的聚合物气凝胶[133, 160, 166, 198]。在不同的应变范围(0～40%、0～60%和 0～80%)下，对硅烷化修饰的 PVA/CNF 复合气凝胶进行疲劳循环压缩测试，加载/卸载循环次数为 100 次[图 6-45(c)～(e)]。经过这些循环压缩测试后，并没有观察到明显的结构变化，气凝胶仍然保持良好的弹性。经过 100 次循环后，压缩应力-应变滞回线也仅仅出现少量的变形。

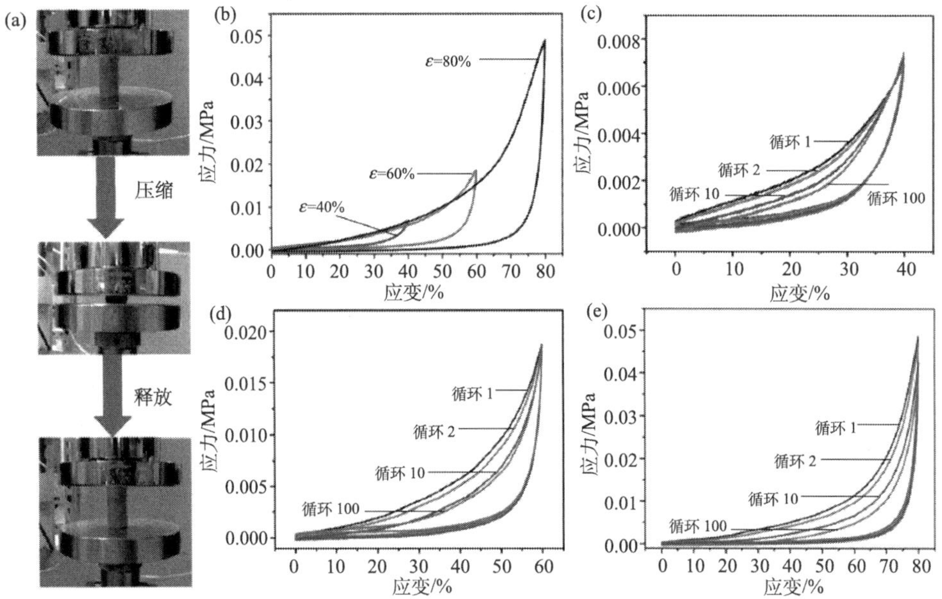

图 6-45　硅烷化修饰的 PVA/CNF 复合气凝胶的力学性能：(a)硅烷化修饰的 PVA/CNF 复合气凝胶甚至在达到 80%的应变条件下依然能够恢复原始的形状；(b)硅烷化修饰的 PVA/CNF 复合气凝胶在最大应变为 40%、60%和 80%时的循环压缩应力-应变曲线；不同的应变范围[(c)0～40%、(d)0～60%和(e)0～80%]下，硅烷化修饰的 PVA/CNF 复合气凝胶的循环压缩应力-应变曲线，加载/卸载循环次数为 100 次

6.2.2.10　小结

通过冷冻干燥和热气相沉积法可以制备得到兼具超疏水性和超亲油性的 PVA/CNF 复合气凝胶。该气凝胶具有极低的密度(<15kg/m^3)、优异的油/有机溶剂吸附性能(吸附量可达自身干重的 44～96 倍)、卓越的重金属离子清除能力及良好的弹性和机械耐久性。此外，该复合气凝胶的原料来源广泛、环保且可再生，

制备过程也非常简单，使得该材料在水净化领域(包括处理水面浮油、水面有机溶剂或水中的重金属离子等)具有良好的应用前景。

6.2.3 TEMPO 氧化的纤维素水凝胶

6.2.3.1 引言

由于高毒性和不可生物降解性，废水中的重金属离子污染物是一个巨大隐患。现有的重金属离子移除方法包括吸附法、化学沉淀法、膜分离法和电化学处理法等[199]。其中，吸附法被广泛认为是在处理大量污水时最为有效的方法之一[200]。由于一些市售的吸附剂(如活性炭)比较昂贵，因此一些基于天然资源的廉价吸附材料(如多糖、黏土和粉煤灰等)已经吸引了许多研究人员的广泛关注[201-206]。

在各种各样的廉价天然材料中，多糖是一种极具潜力的资源，这主要是由于自然界中多糖的储量极其丰富且可再生。纤维素是植物的主要成分之一，也是自然界中储量最丰富的天然聚合物。目前，纤维素已经被广泛用于多个领域(如造纸、过滤、薄膜、纺织等)[172]。氢氧化锂/尿素水溶液是一种高效的纤维素溶剂[207, 208]。除了低温下优异的纤维素溶解能力，该溶剂体系的溶解过程也非常绿色、环保[209, 210]。经过再生处理后，基于该溶剂体系可以制备出透明的纤维素水凝胶。已经有学者报道，这种纤维素水凝胶具有高度多孔的结构且孔径尺寸分布在纳米范围内(50～100nm)。另外，它的比表面积可达 300～400m^2/g，因此有望代替一些传统的吸附材料[210, 211]。

为了将纤维素更好地用于吸附重金属离子，一些针对纤维素羟基基团的化学修饰(如酯化、醚化和氧化等)是非常关键的[212, 213]。1995 年，de Nooy 等[214]在次氯酸钠/溴化物存在的情况下采用 TEMPO 氧化法可以选择性地氧化多糖的伯醇羟基。此后，Isogai 等建立了 TEMPO 氧化纤维素的最优工艺[56, 215]。氧化体系中包括 TEMPO、溴化钠、次氯酸钠和水。由此可见，TEMPO 氧化法是一种有效、环保的方法，可在纤维素分子的 C6 位置上引入羧基基团。已有研究报道，TEMPO 氧化的纤维素纤维或球形纤维素针对重金属离子具有高亲和力。此外，当 pH 高于 4.0 时，这些吸附材料的吸附性能不会受到 pH 变化的影响[216, 217]。后续章节将着重介绍这种具有高比表面积的 TEMPO 氧化的纤维素水凝胶在重金属离子处理领域的潜在应用价值[218]。

6.2.3.2 纤维素水凝胶的制备和 TEMPO 氧化过程

1)纤维素水凝胶的制备

纤维素溶液的制备方法源于 Cai 和 Zhang 的报道[208]。首先，将含有 4.6wt%氢氧化锂和 15wt%尿素的水溶液冷却至–15℃。随后，将一定量的干燥纤维素加入到上述混合溶液中并大力搅拌 10min，即可得到透明的纤维素溶液。该溶液随后离心 20min 除去溶液中的气泡。将所得到的溶液缓慢倾倒在玻璃板上得到厚度为 1mm 的薄层，随后将其置于室温下的凝固液(甲醇)中 1h。采用蒸馏水将所得到的纤维素水凝胶充分洗涤干净。

2) 纤维素水凝胶的 TEMPO 氧化过程

将 15g 纤维素水凝胶(包含 250 片尺寸为 1cm×1cm 的水凝胶)浸渍在含有 0.16g TEMPO 和 1.0g 溴化钠的水溶液中，随后加入次氯酸钠引发 TEMPO 氧化反应。反应在室温下进行，pH 设定为 10.5。次氯酸钠与纤维素的含量比值分别设定为 5mmol/g、7.5mmol/g 和 15mmol/g，所得到的产物分别标记为 T-1、T-2 和 T-3。经过 2h 的氧化反应后，通过向反应体系中加入乙醇使得氧化反应停止。采用过滤的方法将 TEMPO 氧化的纤维素水凝胶充分洗涤，目标产物的产量高达 95%。此外，TEMPO 氧化的纤维素水凝胶中羧酸盐的含量采用电导滴定法测定[219]。

6.2.3.3　固体含量与水分含量测定

采用玻璃称量瓶来盛装纤维素水凝胶，以避免水分的散失，称其质量(记录为 M_h)。称量之后将样品置于 105℃下干燥 3h，称量所得到的干燥样品的质量(记录为 M_d)。采用式(6-6)和式(6-7)计算纤维素水凝胶中的固体含量(M_c)和水分含量(W_c)：

$$M_c = 100 - W_c \tag{6-6}$$

$$W_c = 100 - \frac{M_d}{M_h} \times 100 \tag{6-7}$$

6.2.3.4　重金属离子吸附性能测定

1) 吸附平衡实验

45mg TEMPO 氧化的纤维素水凝胶(固体物质含量约为 2mg)浸渍在不同浓度的 $CuSO_4$(1mL，2～80mmol/L)水溶液中搅拌 3 天(25℃)，确保达到吸附平衡。采用紫外分光光度计测量上清液的吸光度(810nm)。上清液中的 Cu^{2+}浓度采用校准测量法来测定。水凝胶针对 Cu^{2+}的吸附量通过上清液中的 Cu^{2+}浓度变化可计算得到。

2) 重复利用实验

TEMPO 氧化的纤维素水凝胶的重复利用能力采用以下过程探究。45mg TEMPO 氧化的纤维素水凝胶浸渍在 1mL 的 $CuSO_4$(40mmol/L)水溶液中搅拌 3 天(25℃)，确保达到吸附平衡。将吸附后的水凝胶浸渍在 0.1mol/L 的 HCl 溶液中即可实现 Cu^{2+}脱附。将脱附后的水凝胶洗涤干净后，继续进行下一次吸附实验。该吸附-脱附循环重复 3 次，Cu^{2+}浓度采用上述的紫外分光光度计测定。

3) 吸附其他重金属离子实验

45mg TEMPO 氧化的纤维素水凝胶浸渍在 1mL 的 Zn^{2+}、Fe^{3+}、Cd^{2+}和 Cs^{+}标准溶液中(1mg/mL)。混合物搅拌 3 天(25℃)，确保达到吸附平衡。上清液中的 Zn^{2+}、Fe^{3+}和 Cd^{2+}浓度采用重金属检测试剂盒来测定。Cs^{+}浓度采用电感耦合等离子发射光谱来测定。如上所述，当 pH 高于 4.0 时，TEMPO 氧化的纤维素水凝胶的吸附性能不会受到 pH 变化的影响[217]。由于这些重金属离子吸附实验是在 pH 为 5.0～6.0 范围内进行的，因此后续章节没有探究 pH 的影响。

6.2.3.5 TEMPO 氧化的纤维素水凝胶的形貌

如图 6-46 所示，TEMPO 氧化的纤维素水凝胶保持了它们的凝胶结构、透明性和大比表面积(S_{BET}=330～370m^2/g)。虽然 TEMPO 氧化使得纤维素水凝胶的弹性模量略微下降，但是当压缩应变达到 80%时 TEMPO 氧化的纤维素水凝胶依然没有发生崩溃。随着次氯酸钠含量的增加，羧基含量也随之增加，表明羧基含量可以通过次氯酸钠的添加量进行调控。此外，含水量随着纤维素上羧基含量的增加而增加，这主要是由于羧基的高亲水性(表 6-7)。

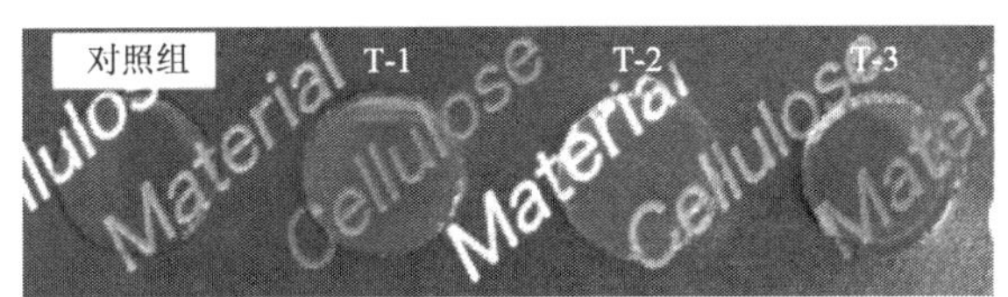

图 6-46 TEMPO 氧化的纤维素水凝胶

表 6-7 水凝胶的羧基含量、比表面积、压缩模量和含水量

	对照组	T-1	T-2	T-3
羧基含量/(mmol/g)	0.04	0.57	1.23	1.50
氧化葡萄糖/100 葡萄糖单元	0.6	9.3	20.3	24.9
$S_{BET}{}^{a}$/(m^2/g)	332.5	349.7	350.2	370.5
压缩模量/kPa	863.3	540.0	567.0	541.3
含水量/wt%	92.4	93.9	94.5	96.9

a. 基于 Brunauer-Emmett-Teller(BET)法通过计算吸附等温线所得到。

如图 6-47 所示，光学显微镜照片展示了 TEMPO 氧化的纤维素水凝胶中被钌红染色部分的微观结构。钌红可以选择性地染色羧基[220]。未氧化的纤维素水凝胶(对照组)依然保持透明。然而，TEMPO 氧化的纤维素水凝胶(T-1、T-2 和 T-3)呈现出红色染色区域，且该区域位于水凝胶的边缘(深度约 20μm 处)。随着羧基含量的增加，该区域颜色逐渐变深。该现象表明只有纤维素水凝胶表面发生了氧化反应。透射电镜(TEM)照片进一步证实了表面羧基化现象(图 6-48)。采用四氧化锇对钌红染色区域进一步染色有助于 TEM 观察更加形象化[220]。未氧化的纤维素水凝胶(对照组)呈现出低电子密度图像，但是 TEMPO 氧化的纤维素水凝胶(T-1、T-2 和 T-3)则呈现出颜色更加鲜明的纤丝状结构，这是由于四氧化锇沉积在钌红染料上所导致的。随着羧基含量的增加，纤丝状结构与背景的对比度变得更强。

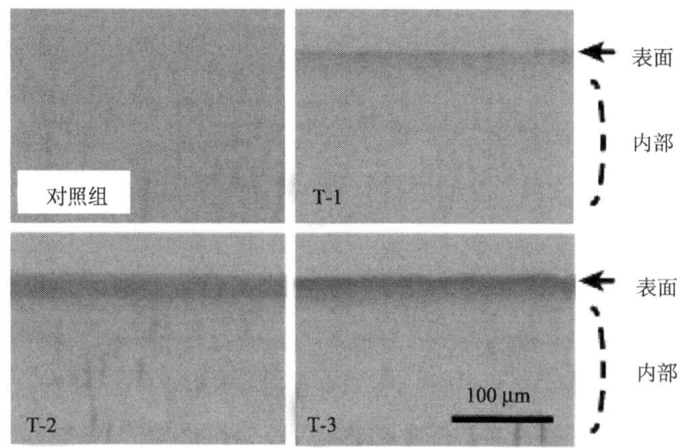

图 6-47　TEMPO 氧化的纤维素水凝胶横切面的光学显微镜图像。有色区域对应钌红(可选择性地染色羧基)的染色区域

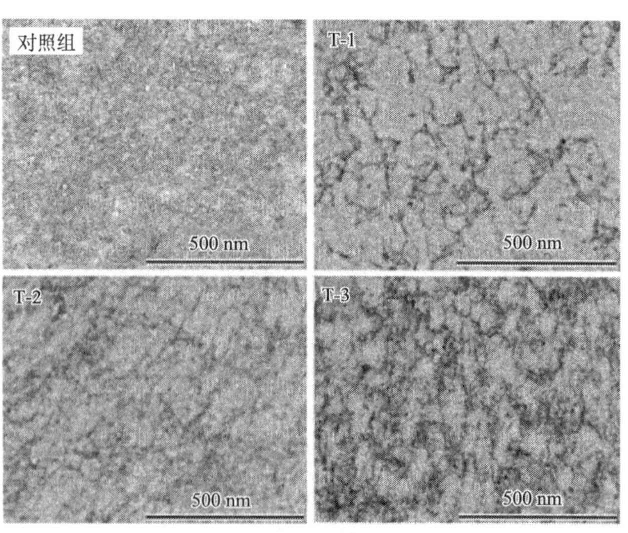

图 6-48　TEMPO 氧化的纤维素水凝胶的 TEM 照片。观测位置为图 6-47 中所示的染色区域

扫描电镜(SEM)照片展示了 TEMPO 氧化的纤维素水凝胶的纳米尺度结构(图 6-49)。通过引入羧基基团，凝胶表面的纤丝状结构变得粗糙，纤丝的宽度也逐渐变细，但是凝胶内部的横切面结构没有出现明显变化。表明在 TEMPO 氧化的纤维素水凝胶的表面区域上发生了部分溶解，这是由于羧基纤维素具有水溶性[221]。这些具有更细纤丝的粗糙结构可能引起了 S_{BET} 表面积的增加(表 6-7)。

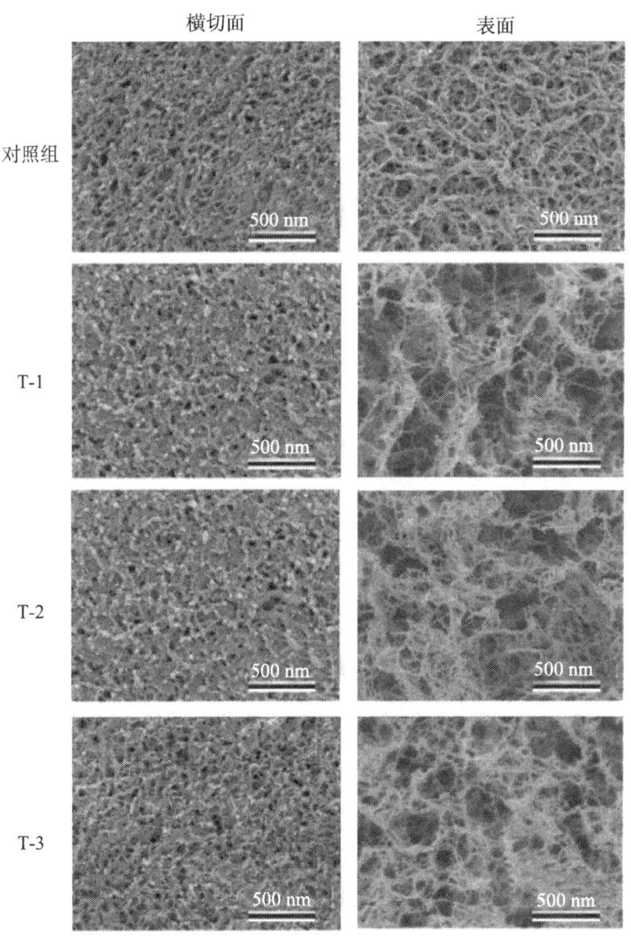

图 6-49　TEMPO 氧化的纤维素水凝胶的 SEM 照片。横切面的照片来源于凝胶的内部，对应于图 6-47 中的透明区域。表面的照片来源于凝胶的表面，对应于图 6-47 中的染色区域

基于上述讨论，纤维素水凝胶的 TEMPO 氧化过程示意图如图 6-50 所示。经过溶解于氢氧化锂/尿素水溶液和后续的再生处理即可得到纤维素水凝胶。纤维素分子的缠结和纤维素Ⅱ型结晶结构的形成可作为凝胶的相互结合区域[210, 211]。为了避免纤维素水凝胶的完全溶解，必须对 TEMPO 氧化的条件(主要是氧化剂的量

和氧化时间)加以调控。有学者报道，这种经过甲醇再生的纤维素水凝胶具有纤丝状结构和疏水表面[211]。这种疏水特性可能会降低 TEMPO 的氧化速率。因此，只有纤维素水凝胶的表面区域被氧化，使得纤维素水凝胶的溶解部分大大减小(<5%)，水凝胶的结构得以保留。此外，由图 6-47 可知，氧化区域的位置与羧基含量无关(均位于深度约 20μm 处)，且 T-1、T-2 和 T-3 样品氧化区域的厚度相差不大。因此，这可能导致不同羧基含量的 TEMPO 氧化的纤维素水凝胶仍具有相似的压缩模量(540～567kPa，表 6-7)。

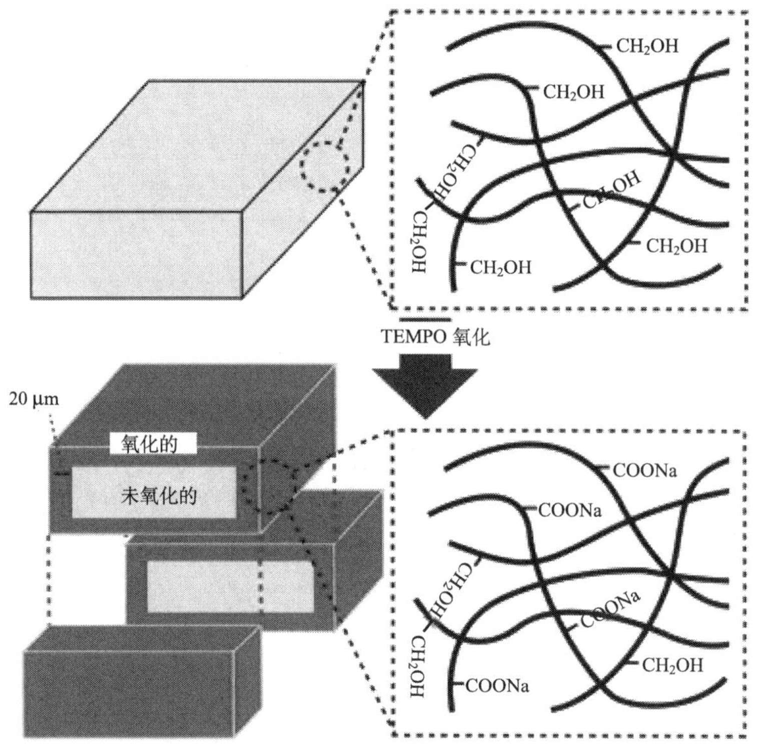

图 6-50　纤维素水凝胶的 TEMPO 氧化过程示意图

6.2.3.6　TEMPO 氧化的纤维素水凝胶的重金属离子吸附性能

1)吸附等温线

以 Cu^{2+}溶液为例，采用吸附平衡测试探究 TEMPO 氧化的纤维素水凝胶针对重金属离子的吸附能力和相互作用效应。图 6-51 为 TEMPO 氧化的纤维素水凝胶针对 Cu^{2+}的吸附等温线。未氧化的纤维素水凝胶也呈现出好的吸附行为，即使它的羧基含量非常低，这是因为纤维素水凝胶的羟基对 Cu^{2+}也具有很高的亲和性[222, 223]。

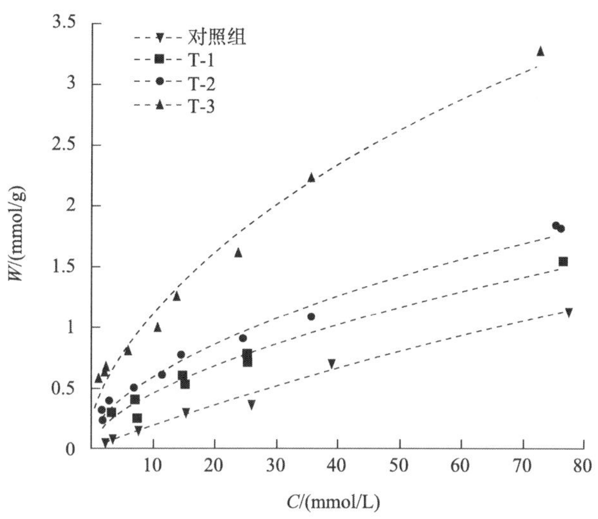

图 6-51　TEMPO 氧化的纤维素水凝胶针对 Cu^{2+}的吸附等温线。虚线代表 Freundlich 模型的回归曲线。C 代表平衡浓度，W 代表 Cu^{2+}的吸附量

随着羧基的引入，TEMPO 氧化的纤维素水凝胶(T-3)针对 Cu^{2+}的吸附量可达未氧化的纤维素水凝胶吸附量的四倍以上。分别采用 Langmuir 和 Freundlich 两种模型对吸附等温线进行拟合。Langmuir 模型可表述如下：

$$q_e = q_{max}\frac{K_L C}{1 + K_L C} \tag{6-8}$$

式中，q_e和 C 分别为吸附量(mmol/g)和吸附质的平衡浓度(mmol/L)；q_{max}代表吸附剂的最大吸附能力(mmol/g)；K_L是 Langmuir 常数(L/mmol)，与结合位点的亲和力有关，可以度量吸附能。

Freundlich 模型可表述如下：

$$q_e = K_F C^{1/n} \tag{6-9}$$

式中，K_F和 n 是经验常数，可分别反映吸附能力和吸附强度；q_e和 C 分别为吸附量(mmol/g)和吸附质的平衡浓度(mmol/L)。

如表 6-8 和表 6-9 所示，未氧化的纤维素水凝胶通过 Langmuir 和 Freundlich 两种模型均能良好拟合($R^2 \geqslant 0.99$)，但是 TEMPO 氧化的纤维素水凝胶通过 Freundlich 模型拟合的效果($R^2 \geqslant 0.98$)相对于 Langmuir 模型稍好一些($R^2 \approx 0.94$～0.96)。通常认为 Freundlich 模型适于描述多相吸附体系[224-226]。TEMPO 氧化的纤维素水凝胶针对 Cu^{2+}的吸附主要涉及两种吸附机制：①通过静电吸引吸附在纤维素羟基上；②与羧基的离子交换作用。这种多相吸附位点的存在可能使得 Freundlich 模型更适用于拟合。此外，常数 n 处于 1～10 范围内且随着羧基含量

的增加而增加，表明 Cu^{2+}在纤维素水凝胶上的吸附在羧基引入后逐渐增强[227, 228]。采用 Langmuir 模型计算水凝胶针对 Cu^{2+}的最大吸附量(表 6-8)，不难看出，水凝胶的最大吸附量(T-1：2.24mmol/g 和 T-2：2.53mmol/g)随着羧基含量的增加而增加，最大羧基化的水凝胶样品(T-3)则呈现出最高的吸附量(4.22mmol/g，268.2mg/g)，该数值高于许多其他类型基于天然资源的吸附剂，如氧化铝/壳聚糖复合材料(200mg/g)[202]、改性甘蔗渣(139mg/g)[203]、蟹壳粒子(164～244mg/g)[204]和壳聚糖/珍珠岩复合材料(104mg/g)[206]。将 T-1、T-2 和 T-3 样品的 q_{max} 值减去对照组样品的 q_{max} 值后所得到的数值是它们分别所引入的羧基含量(表 6-7)的 1～2 倍，这粗略地验证了金属离子与羧基基团的结合比例为 1∶1[216]。

表 6-8　针对 Cu^{2+}吸附的 Langmuir 等温线的相关参数

样品	Langmuir 模型		
	q_{max}/(mmol/g)	K_L/(L/mmol)	R^2
对照组	1.15	0.023	0.99
T-1	2.24	0.025	0.95
T-2	2.53	0.029	0.96
T-3	4.22	0.035	0.94

表 6-9　针对 Cu^{2+}吸附的 Freundlich 等温线的相关参数

样品	Freundlich 模型		
	n	K_F	R^2
对照组	1.20	0.03	0.99
T-1	1.81	0.14	0.99
T-2	1.95	0.19	0.99
T-3	1.97	0.36	0.98

2)重复利用能力

吸附-脱附循环重复三次，实验结果如图 6-52 所示。经过重复使用，羧基含量和含水量略微降低。随着 HCl 溶液(0.1mol/L)的加入，所吸附的 Cu^{2+}与水凝胶发生分离，且呈现出极高的回收率(>98%)。然而，TEMPO 氧化的纤维素水凝胶针对 Cu^{2+}的吸附量随着循环次数的增加而发生下降(如 T-3 从 1.88mmol/g 降至 1.23mmol/g)，这可能是归因于酸处理导致水凝胶皱缩和活性面积下降。通过酸处理和随后的洗涤，羧基从羧酸钠的形式转变成羧酸的形式。在羧酸状态下，有研究报道羧基会失去它的电子斥力而发生聚集，从而彼此之间形成氢键[229]。因此，经过酸处理后可用于吸附 Cu^{2+}的羧基数量降低。此外，

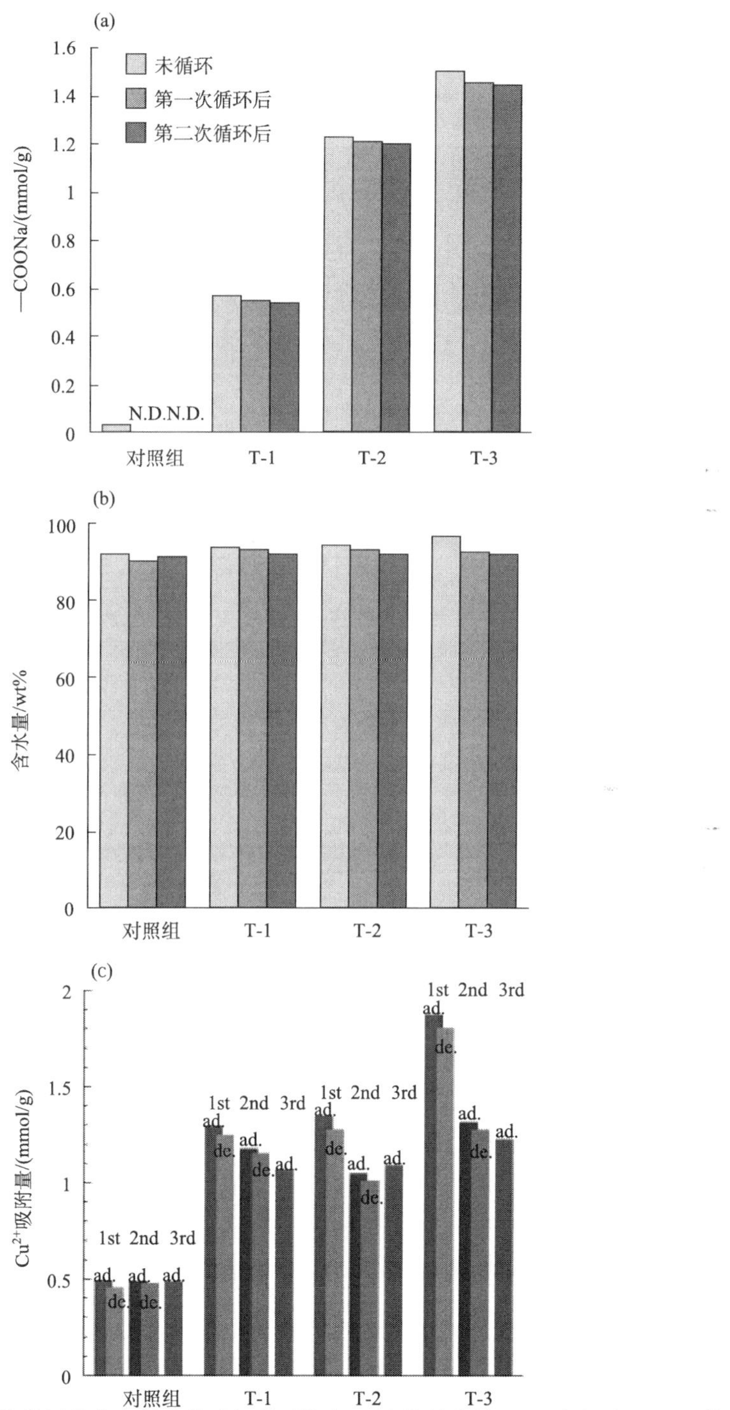

图 6-52　TEMPO 氧化的纤维素水凝胶的重复利用能力：(a) 羧基含量；(b) 含水量；(c) Cu^{2+}吸附量的变化。N.D.代表低于检测限。ad.和 de.分别代表吸附和脱附

羧酸的电离作用会逐渐导致 pH 的下降，这可能会阻碍其他羧基的电离，最终导致离子交换性能的下降。尽管如此，所有经过吸附-脱附循环的 TEMPO 氧化的纤维素水凝胶针对 Cu^{2+}的吸附量均是未氧化的纤维素水凝胶吸附量的两倍以上。

3)吸附其他重金属离子

探究 TEMPO 氧化的纤维素水凝胶针对其他重金属离子的吸附量也是非常有必要的(图 6-53)。由图可见，TEMPO 氧化的纤维素水凝胶可以高效地吸附所有测试的重金属离子(Zn^{2+}、Fe^{3+}、Cd^{2+}和 Cs^{+})，表明该水凝胶是一种多用途的吸附剂。此外，可以观察到 Cs^{+}的吸附量由于 TEMPO 氧化而剧烈提高(最高可达133.8mg/g)。该数值与最近报道的 Cs^{+}吸附剂的吸附量(q_{max}=166.67mg/g)相近[230]。由于最近所报道的 Cs^{+}吸附剂主要是基于无机材料[230-232]，因此有机水凝胶可作为一种新型的 Cs^{+}吸附剂。在实际应用中，水溶液中存在多种离子。因此，针对吸附动力学和吸附选择性的研究也非常重要。

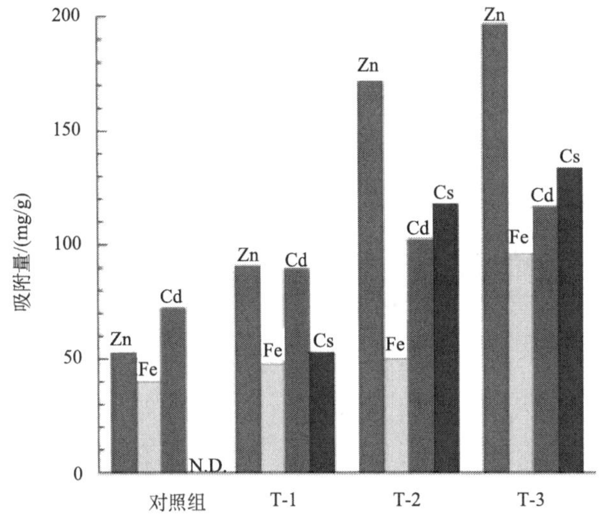

图 6-53　TEMPO 氧化的纤维素水凝胶针对不同重金属离子的吸附量。N.D.代表低于检测限

6.2.3.7　小结

使用 TEMPO 氧化法，可以在纤维素水凝胶上成功引入羧基基团，同时保留水凝胶的纳米多孔特性。根据 Cu^{2+}的吸附平衡测试，TEMPO 氧化的纤维素水凝胶呈现出优异的吸附能力和高吸附量(268.2mg/g)。此外，TEMPO 氧化的纤维素水凝胶还具有良好的重复利用能力和高效吸附其他重金属离子的特性。综上所述，这种通过环保的水溶液过程所制备得到的纤维素基吸附材料在处理重金属离子领

域具有良好的应用前景。同时，与其他的无机吸附剂相比，纤维素水凝胶吸附剂在使用后的处理工艺上具有更多的优势。例如，可以通过简单的燃烧方式处理吸附后的废弃物。由于纤维素的可再生，燃烧所排放的二氧化碳也不会导致大气中二氧化碳总量的增加。

6.3　二氧化碳捕捉材料

6.3.1　纳米纤丝化纤维素/聚乙烯亚胺复合气凝胶

6.3.1.1　引言

近年来，二氧化碳(CO_2)捕捉和封存技术已经被许多研究者广泛提及，这两个研究领域被视为是非常有前瞻性的有助于降低大气中 CO_2 浓度的研究[233]。通过一些工业技术(如空气低温分馏工艺[234]和碱性燃料电池[235])可以捕捉空气中的 CO_2 气流。此外，通过光热循环可以将捕捉的 CO_2 转化成可再生的燃料[236, 237]。对于现有所设想的各种各样的 CO_2 捕捉技术，这些设想的可行性对于该技术未来的成熟化发展都极其重要，因为每处理 1L CO_2 都需要涉及约 2600L 空气，因此 CO_2 捕捉技术所涉及的任何预处理过程都是非常耗能的[238-242]。使用氧化钙/氢氧化钙或者碱性离子交换树脂来实现 CO_2 捕捉需要非常高的能耗或者所得到的 CO_2 气流的纯度非常低[243, 244]。使用氢氧化钠溶液来实现 CO_2 捕捉原则上不需要任何的空气调节系统，但是需要在温度高于 800℃以上实现再生[245]。相比之下，固体吸附剂能够在较低的温度下实现再生，因此更受研究者们的欢迎[246-249]。从这层意义上说，氨基功能化的固体吸附剂受到人们的广泛推崇。使用氨基功能化材料的 CO_2 吸附过程涉及化学反应，因此有必要知道氨基的性质是如何影响吸附速率和动力学。两性离子机理最初由 Caplow[250]提出，之后由 Danckwerts[251]再次提出，一般认为是伯胺和仲胺与 CO_2 之间的反应。该机理包括两个步骤：形成两性离子，接着通过碱催化实现两性离子的脱质子化[250, 252]。采用蒸汽脱附等过程施加低位热(～90℃)可将高纯的 CO_2 缓慢地释放出来[253]。CO_2 吸附剂包括金属有机骨架[254]和多孔聚合物网络，但是大部分的氨基功能化吸附剂是以无机材料(如二氧化硅、碳系材料等)作为基质[255-263]。

纤维素是地球上储量最丰富的天然聚合物，具有良好的环境友好性且广泛存在于自然界的植物资源中[172]。通过水基拆解过程[56, 179, 264, 265]，可以从纤维素纸浆中拆解得到纳米纤丝化纤维素(NFC)，且纤丝的直径分布在 5～100nm 的范围内。这种纤丝具有优异的成型能力[266-268]和大比表面积，易于进行各种功能化修饰[269-271]。此外，在拆解处理前对纤维素纸浆进行 TEMPO 氧化预处理，可以得到直径分布在 3～5nm 的均匀纤丝。同时，该氧化处理可以选择性地将 C6 上的羟基转化为羧酸盐[173]。通过冷冻干燥方法可以很容易得到高度多孔的 NFC 气凝胶[57, 60]。这种多孔材料有望用作合成 CO_2 吸附剂的基质材料。

一些研究者们使用氨基硅烷对 NFC 进行改性，所得到的材料在用作 CO_2 捕捉剂时呈现出非常好的 CO_2 吸附能力和可再生性[272]，且在 100 次吸附-脱附循环测试中保持着非常优异的稳定性[273, 274]。聚乙烯亚胺(PEI)是一种代替氨基硅烷的潜在物质。将NFC模板和PEI进行结合所得到的复合材料有望用于取代无机物(如二氧化硅或碳系材料)/PEI 复合材料。已有学者证实，采用逐层沉积技术可以有效形成 NFC/PEI 复合材料，该技术可以在碱性条件下使单分子层的 PEI 和羧甲基化的 NFC 交替结合。该技术既限制了 PEI 链的自密实化又促进了 PEI 的氨基和 NFC 的羟基/羧基间的相互作用[275-278]。根据这些发现，Sehaqui 等[279]采用冷冻干燥法制备了 NFC/PEI 复合气凝胶，这种复合气凝胶可以用作 CO_2 捕捉剂。后续章节将着重介绍一些重要的 NFC/PEI 复合气凝胶制备参数(如 PEI 含量)和 CO_2 捕捉过程的操作参数(如相对湿度)对 CO_2 吸附量和吸附稳定性的影响。此外，Sehaqui 等对该 NFC/PEI 复合气凝胶的可再生性(即循环使用性能)也进行了探究。

6.3.1.2　NFC/PEI 复合气凝胶的合成

1) NFC 的制备与氧化

NFC 的制备与氧化遵循 Saito 等报道的方法[56]。NFC 的原材料为山毛榉纸浆纤维。将溴化钠和 TEMPO 加入到机械打碎的纤维素纸浆中(添加量分别为 1mmol/g 纸浆和 0.1mmol/g 纸浆)，水含量设定为 2wt%。氧化反应通过向纤维素悬浮液中逐滴加入次氯酸钠溶液开始，同时向反应体系中添加 NaOH 使得 pH 维持在 10 左右。在所有的次氯酸钠(10mmol/g)都消耗殆尽后，将氧化后的纸浆洗涤干净并重新分散在水中，得到浓度为 0.65wt%的分散液。该分散液随后倒入微射流机中进行机械拆解，即可得到氧化的 NFC 水悬浮液。采用电导滴定法[280]测定，得到 TEMPO 氧化的 NFC 上羧酸盐含量为 1.95mmol/g。

2) NFC/PEI 复合气凝胶的制备

将 0.65g NFC(干重，pH 为 6.8)与 PEI 以不同的质量比混合(NFC∶PEI=4∶1、2∶1、1∶1、1∶2 或 1∶4)，随后加水得到体积为 250mL 的混合液。所有悬浮液的 pH 均为 11.2。将混合物彻夜搅拌后在 4500*g* 下离心 15min，移除上清液中未吸附在 NFC 上的 PEI。该阶段即可形成 NFC/PEI 复合水凝胶。将水凝胶置于液氮中冷冻，随后在近真空状态下进行冷冻干燥处理，得到 NFC/PEI 复合气凝胶。

6.3.1.3　CO_2 吸附-脱附测试(CO_2 捕捉实验)

CO_2 吸附-脱附测试在填充床式反应器中进行。将 40～230mg 吸附剂置于内径为 27mm、高度为 23mm 的不锈钢容器中。将该容器置于可控温的水槽中。采用红外传感仪对反应器入口和出口的 CO_2 浓度进行分析、监测。每一次 CO_2 吸附-脱附循环都涉及一个 25℃下的等温吸附过程和紧接着的一个 85℃下的脱附过程(从 25℃升至 85℃的升温速率为 5℃/min)。在 CO_2 的吸附过程中，周围的空气以 1L/min 的流速流过样品，直至达到吸附饱和状态。在吸附过程中，相对湿度分别设定为 20%、40%、60%和 80%。在 CO_2 的脱附过程中，N_2 以 0.5L/min 的流速流过样品。脱附过程中所脱除的 CO_2 量即为吸附剂所吸附的 CO_2 量。

6.3.1.4　NFC 气凝胶和 NFC/PEI 复合气凝胶的纹理、结构与化学特性

图 6-54 为不同放大倍率下 TEMPO 氧化的 NFC 的扫描电镜(SEM)图。由图可观察到，NFC 呈现出典型的相互缠结的纳米纤丝状结构及高的长径比。这种纳米纤丝网络的高比表面积特性有利于增加 PEI 与 NFC 间的相互作用，从而使得 PEI 均匀分布在 NFC 上。PEI 与 NFC 的结合是在碱性条件(pH>11)下进行的，这是因为碱性条件下可以限制 PEI 链的自密实化和将与 NFC 相互作用的游离氨基暴露出来[275]。表 6-10 为不同 NFC 和 PEI 混合比所制备出的 NFC/PEI 气凝胶的性质。氮含量在 6.3wt%～20.2wt%范围内，通过计算可以得到 PEI 的含量在 19wt%～62wt%范围内，表明 PEI 的含量可以通过改变 PEI 在 NFC 水凝胶中的初始浓度来调控。采用 PEI-*x* 来代表不同 PEI 含量的 NFC/PEI 复合气凝胶，*x* 代表 PEI 在复合气凝胶中的质量分数。

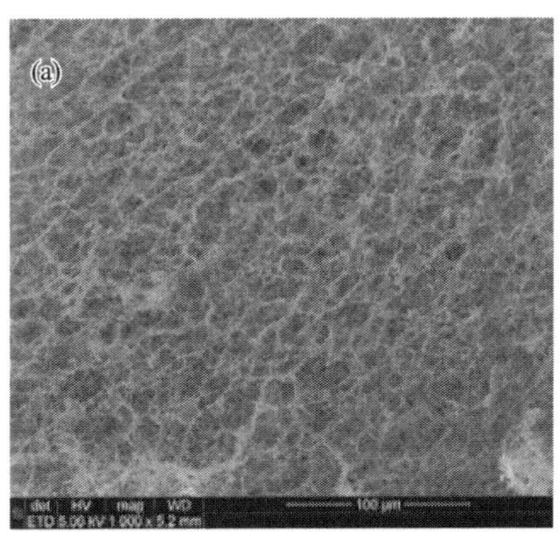

图 6-54　不同放大倍率下 TEMPO 氧化的 NFC 的 SEM 图

表 6-10　NFC 气凝胶和 NFC/PEI 复合气凝胶的氮含量、PEI 含量、密度、孔隙率、吸水能力、吸附半衰期和胺效率等

样品	N 含量/wt%	PEI 含量/wt%	BET 比表面积/(m^2/g)	密度/(kg/m^3)	孔隙率/%	胺效率 E	相对湿度 80%时的吸水能力/(gH_2O/g)	吸附半衰期 $t_{1/2}$/min
PEI-0		0	18.7	7.0	99.5		0.28	
PEI-19	6.3	19.3	7.9	9.5	99.3	0.05	0.32	5.0
PEI-31	10.1	31.0	5.9	12.9	99.0	0.17	0.39	10.5
PEI-44	14.4	44.2	8.3	12.3	99.0	0.22	0.54	10.6
PEI-52	17.1	52.5	7.1	21.0	98.2	0.18	0.60	33.2
PEI-62	20.2	62.0	2.7	30.8	97.3	0.12	0.71	47.3

如图 6-55 所示，未掺杂的 NFC 气凝胶的红外光谱图呈现出典型的纤维素特征谱带，3340cm^{-1}、2900cm^{-1}、1410cm^{-1}和 1055cm^{-1}处的特征峰分别代表 O—H 伸缩振动、C—H 伸缩振动、CH_2对称弯曲振动和 C—O—C 骨架振动，1600cm^{-1}处的峰为羰基的伸缩振动峰[56]，来源于纤维素上羧酸盐基团。TEMPO 氧化法可以选择性氧化纤维素葡萄糖单元 C6 位置上的羟基基团(伯羟基)[221, 281-284]。NFC/PEI 复合气凝胶的红外光谱图证明了含氮聚合物的存在。3280cm^{-1}、2825cm^{-1}、1660cm^{-1}、1460cm^{-1}和 1305cm^{-1}处的特征峰分别对应于 N—H 伸缩振动、C—H 伸缩振动、N—H 弯曲振动(伯胺)、C—H 弯曲振动和 C—N 伸缩振动。随着 PEI 含量的增加(从 PEI-19 到 PEI-62)，这些 PEI 特征峰的强度逐渐增强。红外谱图上没有观察到酰胺键的存在，表明 PEI 和 NFC 之间并没有发生共价相互作用。

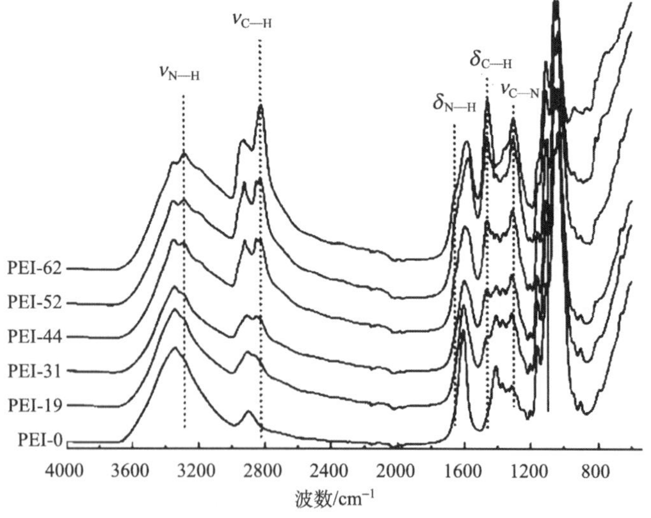

图 6-55　NFC 气凝胶和 NFC/PEI 复合气凝胶的红外光谱图

不同 PEI 含量的 NFC/PEI 复合气凝胶的 BET 比表面积数据如表 6-10 所示。NFC/PEI 复合气凝胶的 BET 比表面积处于 2.7～8.3m^2/g 范围内，这与其他文献中报道的冷冻干燥所得的 NFC 材料的 BET 比表面积相近[82, 285]，也与 NFC/氨丙基甲基二甲氧基硅烷(AEAPDMS) CO_2 吸附剂的 BET 比表面积相似[272]。在不同 PEI 含量的 NFC/PEI 复合气凝胶中，比表面积最低的为 PEI 含量最多的 NFC/PEI 复合气凝胶(即 PEI-62，2.7m^2/g)，这是由于高含量的 PEI 发生团聚现象导致孔结构的堵塞所致。

图 6-56 为不同 PEI 含量的 NFC/PEI 复合气凝胶的 SEM 图像。NFC 气凝胶和 NFC/PEI 复合气凝胶均由薄片结构组合而成，该结构是由于冷冻干燥处理所致[59, 82, 270, 272, 285]。在悬浮液的冰冻过程中，当冰晶形成且将纤维素纤丝挤压在冰晶之间的间隙中即可形成这种片状结构。随后经过升华过程将冰晶移除，则形成薄片环绕的多孔结构[59, 286]。从图 6-56 中可以看出，所有的样品均呈现出丰富的孔隙结构，且孔尺寸分布在微米范围内。对比不同 PEI 含量的 NFC/PEI 复合气凝胶，可以发现孔尺寸随着 PEI 含量的增加而逐渐减小。此外，所有的气凝胶样品未受 PEI 含量的影响，均呈现出极高的孔隙率(≥97.3%)，有利于气体渗透进气凝胶的孔隙结构中。

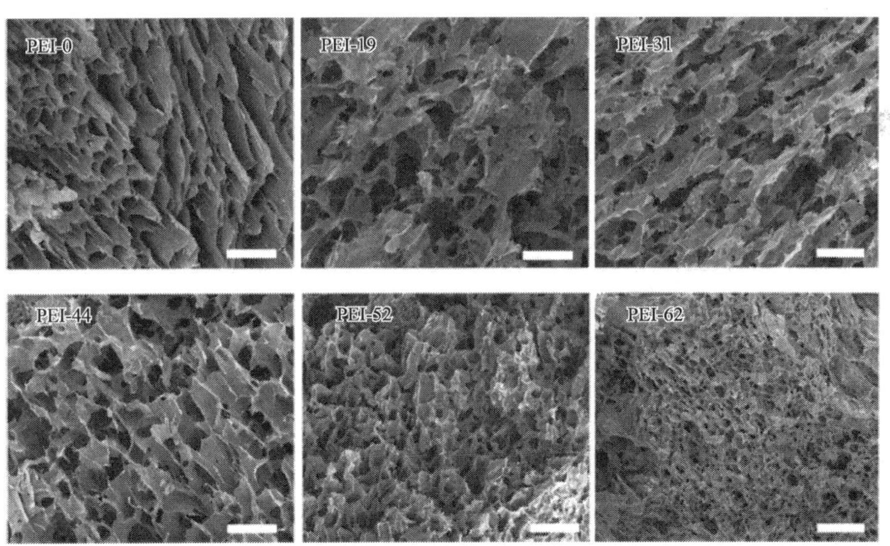

图 6-56　NFC 气凝胶和 NFC/PEI 复合气凝胶的 SEM 图，图中标尺为 100μm

图 6-57 证实了 NFC 纤维素骨架结构在温度高于 200℃后开始发生降解反应。由于 PEI 含量的增加，所得到的 NFC/PEI 复合气凝胶的热稳定性也随之增强，这主要表现在 NFC/PEI 复合气凝胶的热重(TG)曲线逐渐向更高温度区域移动

[图 6-57(a)]。由图 6-57(b)所示，PEI 的降解温度也随着 PEI 含量的增加从 379℃(PEI-19)升高至 409℃(PEI-62)。该现象可能是由于 PEI 在不同复合气凝胶中的结构并不完全一样，因此影响了它自身的降解温度。例如，在 PEI 含量最高的 NFC/PEI 复合气凝胶中，PEI 链发生大量的聚集现象，因此导致 PEI 降解温度的升高。

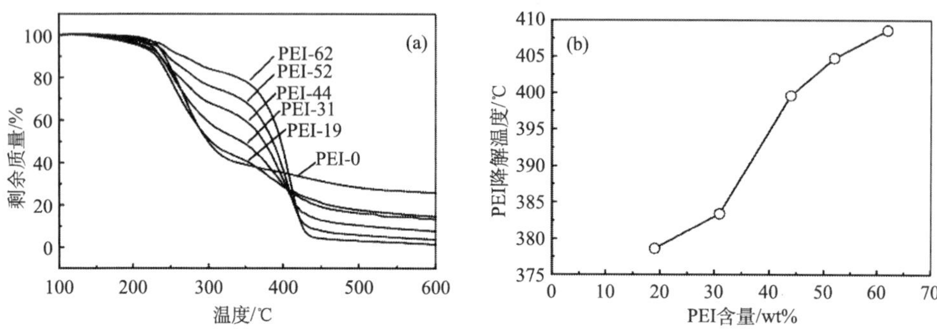

图 6-57 (a)NFC 气凝胶和 NFC/PEI 复合气凝胶的 TG 曲线；(b)PEI 降解温度与 PEI 在复合气凝胶中的含量关系

6.3.1.5 CO_2 吸附量与 PEI 含量的关系

NFC/PEI 复合气凝胶的 CO_2 平衡吸附量测试是在相对湿度为 80%的条件下进行，实验结果如图 6-58 所示。此外，不同 PEI 含量的 NFC/PEI 复合气凝胶的吸水量可参见表 6-10。正如所预期的，由于表面没有氨基官能团，NFC 气凝胶没有吸附任何的 CO_2。将 PEI 引入到 NFC 气凝胶上后，CO_2 平衡吸附量随着 PEI 含量的增加（从 19wt%增加至 44wt%）呈现线性增加状态，且最高可达 2.2mmol/g(PEI-44)。在该 PEI 含量范围内(19wt%～44wt%)，PEI 在 NFC 气凝胶中均匀分布且牢牢固定在 NFC 表面，使得外部进入的空气更易于充分接近氨基官能团。进一步增加 PEI 含量则导致 CO_2 吸附量的下降，这可能是由于 PEI 的聚集现象(图 6-56)导致氨基官能团的可及度下降。已有学者在探究蒙脱土/PEI 吸附剂时发现该复合材料中存在一个最佳的 PEI 含量[263]。此外，Gebald 等在探究 CO_2 吸附剂时也发现氨基官能团的可及性比总氮含量更加重要[287]。几乎所有的文献都认同，当氨基聚合物的负载量超过基质材料的承载能力时，不利于得到最佳的 CO_2 吸附效果。相对于一些其他的现有文献[253, 254, 257, 261, 272]，尽管 NFC/PEI 复合气凝胶的比表面积相对其他“基质/胺类”形式的 CO_2 吸附剂的比表面积要低，但 PEI-44 在相对湿度为 80%条件下所得到的 CO_2 吸附量(2.2mmol/g)已经相对较高。

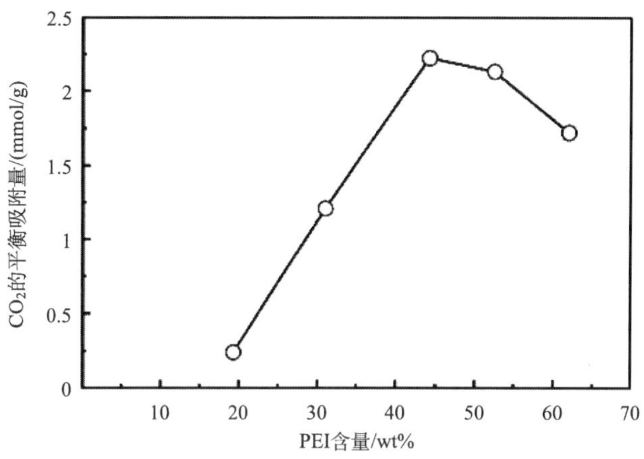

图 6-58　不同 PEI 含量的 NFC/PEI 复合气凝胶针对 CO_2 的平衡吸附量(以每克气凝胶所吸附的 CO_2 的 mmol 量来表示)，相对湿度设定为 80%

胺效率(*E*)定义为所捕捉的 CO_2 与气凝胶上所负载的氨基官能团的摩尔比。对于不同 PEI 含量的 NFC/PEI 复合气凝胶，*E* 值处在 0.05～0.22 范围内，且 PEI-44 获得最高的 *E* 值，这与一些其他 CO_2 捕捉剂的 *E* 值相近[253, 257, 261, 288]。也有报道得到 *E* 值更高的 CO_2 捕捉剂，如 NFC/AEAPDMS 复合气凝胶(干燥条件下为 0.26，相对湿度为 21%的条件下为 0.34，相对湿度为 91%的条件下为 0.51)[273]和介孔二氧化硅气凝胶(干燥状态下为 0.3)[289]。由于 PEI 上只有 64%的氨基官能团能用作 CO_2 捕捉，其余 36%的氨基官能团为叔胺且对 CO_2 捕捉的贡献微乎其微[289]，因此在只考虑伯胺和仲胺的情况下，*E* 值实际上为 0.35。该值是相当高的，因为 CO_2 化学吸附的理论最大效率仅为 0.5。

6.3.1.6　CO_2 吸附稳定性

考虑到环境问题和成本问题，CO_2 捕捉剂通常被设计成一种可循环使用的材料。不同 PEI 含量的 NFC/PEI 复合气凝胶在 5 次吸附-脱附循环测试中的 CO_2 吸附稳定性如图 6-59 所示。在 PEI 含量增加至 44wt%之前，NFC/PEI 复合气凝胶的 CO_2 吸附量基本保持稳定。例如，PEI-31 和 PEI-44 经过 5 次吸附-脱附循环测试后，CO_2 吸附量仅仅下降 4%和 3%。随着 PEI 含量的进一步升高，经过几次吸附-脱附循环测试后，CO_2 吸附量发生显著下降。例如，PEI-52 和 PEI-62 经过 5 次吸附-脱附循环测试后，CO_2 吸附量下降 16%和 27%。因此，可以看出当 PEI 含量低于 44wt%时，NFC/PEI 复合气凝胶的 CO_2 吸附稳定性更高。

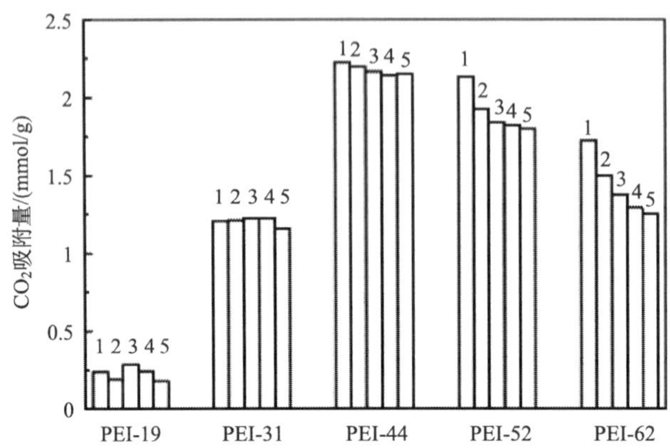

图 6-59　在 5 次吸附-脱附循环测试中 NFC/PEI 复合气凝胶的 CO_2 吸附量

6.3.1.7　CO_2 吸附动力学

Choi 等采用吸附半衰期($t_{1/2}$)，即实现 50%的总吸附量所需要的时间，来评估 CO_2 吸附剂的动力学行为[290]。图 6-60(a)为 NFC/PEI 复合气凝胶的 $t_{1/2}$ 与 PEI 含量的关系。在 PEI 含量为 19wt%～44wt%时，所对应的复合气凝胶呈现出较低的 $t_{1/2}$ 值(5.0～10.6min)，这可能是归因于复合气凝胶的高孔隙率和丰富的大孔特性，使得 CO_2 易于渗透进气凝胶的孔隙结构中且有利于 CO_2 与氨基官能团的相互作用。当 PEI 的含量进一步升高时，CO_2 的吸附过程显著变慢，PEI-52 和 PEI-62 的 $t_{1/2}$ 增加至 33.2min 和 47.3min。$t_{1/2}$ 的显著增加主要是归因于高 PEI 含量的 NFC/PEI 复合气凝胶中存在剧烈的致密化现象，这限制了 CO_2 的进入和氨基官能团的可及度。

NFC/PEI 复合气凝胶的 $t_{1/2}$ 值低于之前报道的一些 CO_2 吸附剂。图 6-60(b)为 NFC/PEI 复合气凝胶的 CO_2 吸附量和 $t_{1/2}$ 与 NFC/AEAPDMS[272]和不同的 PEI/二氧化硅吸附剂[259]的对比。PEI-44 位于图中的右下角，表示其具有低的 $t_{1/2}$ 值和高的 CO_2 吸附量。PEI-44 的 $t_{1/2}$ 值为 10.6min，所对应的 CO_2 平均吸附速率为 105μmol/(g·min)，该 CO_2 平均吸附速率数值几乎比上述所引用文献中的数据高一个数量级。例如，NFC/AEAPDMS 的 $t_{1/2}$ 值为 92min，所对应的 CO_2 平均吸附速率仅为 7.6μmol/(g·min) [272]。PEI/二氧化硅的 $t_{1/2}$ 值和 CO_2 平均吸附速率分别为 309min 和 3.8μmol/(g·min)，硅烷稳定的 PEI/二氧化硅的 $t_{1/2}$ 值和 CO_2 平均吸附速率分别为 196min 和 5.8μmol/(g·min)，钛酸盐稳定的 PEI/二氧化硅的 $t_{1/2}$ 值和 CO_2 平均吸附速率分别为 210min 和 5.2μmol/(g·min)，HAS6 的 $t_{1/2}$ 值和 CO_2 平均吸附速率分别为 167min 和 5.2μmol/(g·min)[290]。与这些文献中所报道的 CO_2 吸附材料相比，NFC/PEI 复合气凝胶的吸附动力学过程明显更快，这主要是归因于其更高的孔隙率和更大的孔径尺寸。PEI-44 的孔隙率高达 99%，明显高于 NFC/AEAPDMS 的孔隙率(96%)和硅基吸附剂的孔隙率，且硅基吸附剂的孔尺寸通常在纳米范围内。然而，值得注意的是，此处的粒子尺寸、滞留时间、进气的线速度和填充床的尺寸都与Choi 等[259]和Gebald 等[272-274]的实验参数有明显出入，因此可能会影响 CO_2 吸附的动力学参数。此外，NFC/PEI 复合气凝胶具有更快的 CO_2 吸附动力学过程，这一点使它们在单位时间内能够处理更多的 CO_2，在 CO_2 捕捉的实际应用中更具优势。

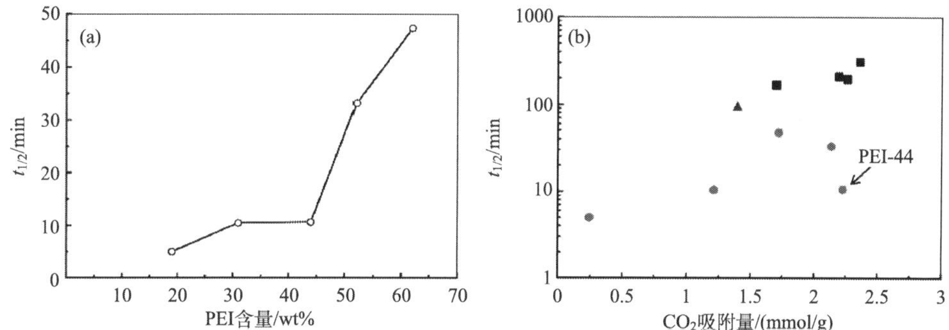

图 6-60　(a) NFC/PEI 复合气凝胶的吸附半衰期与 PEI 含量的关系；(b) NFC/PEI 复合气凝胶的 CO_2 吸附量和吸附半衰期(圆形)与 NFC/AEAPDMS(三角形)[272]和不同的 PEI/二氧化硅吸附剂(方块)的对比[259]

如图 6-61 所示，在 5 次吸附-脱附循环测试中，PEI 含量低于 44wt%的 NFC/PEI 复合气凝胶均呈现出相对稳定的 $t_{1/2}$ 值，这与它们在吸附-脱附循环测试中所呈现出的稳定 CO_2 吸附量的变化趋势相一致(图 6-59)。对于 PEI-52 和 PEI-62，它们在第 1 次吸附测试中分别呈现出最低的 $t_{1/2}$ 值(33.2min 和 47.3min)，在它们的第 5 次吸附测试中 $t_{1/2}$ 值分别增加至 47min 和 66min。

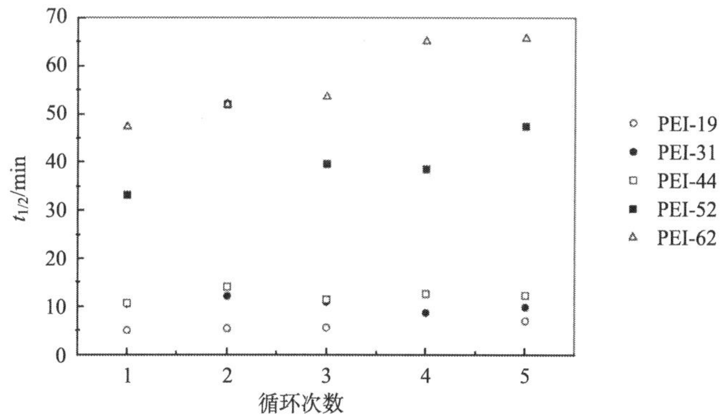

图 6-61　NFC/PEI 复合气凝胶的吸附半衰期与吸附-脱附循环次数的关系

6.3.1.8　相对湿度对 CO_2 吸附量的影响

以 $t_{1/2}$ 值较低且在吸附-脱附循环测试中性能最稳定的 NFC/PEI 复合气凝胶(即 PEI-31 和 PEI-44)作为样例，来研究相对湿度对 CO_2 吸附量的影响，实验结果如图 6-62 所示。当相对湿度为 20%时，这些吸附剂的 CO_2 吸附量相对较低，且随着相对湿度的增加而持续增加。这种变化趋势也出现在 NFC/丙基甲基二乙氧基硅烷(APDES)吸附剂中，该吸附剂在干燥条件下 CO_2 吸附量仅为 1.42mmol/g，当相对湿度增加至 91%时 CO_2 吸附量增加至 2.13mmol/g[274]。在潮湿状态下 CO_2 吸附量更高的现象是由于在潮湿状态下一个 CO_2 分子只需要一个氨基基团来捕捉，然而在干燥状态下则需要两个氨基基团(图 6-63)。水分子的存在对 CO_2 吸附是有利的，它可以通过抑制类尿素结构的形成从而稳定一些 PEI 基吸附剂[291]。然而，这种变化趋势也不适用于所有的 PEI 基吸附剂，有的 PEI 基吸附剂在干燥条件下反而具有更高的 CO_2 吸附量。例如，PEI 含量为 50wt%的煅制二氧化硅在相对湿度为 67%时的 CO_2 吸附量为 62mg/g，在干燥条件下 CO_2 吸附量却为 75mg/g[257]。当相对湿度为 40%～80%时，PEI-44 的 CO_2 吸附量为 1.5～2.2mmol/g，吸附半衰期为 10.6～15.3min，CO_2 平均吸附速率为 55～105μmol/(g·min)。更高的相对湿度通常伴随着大量的水分吸附。在相对湿度为 40%～80%时，PEI-31 和 PEI-44 的吸水量分别为 7～21mmolH_2O/g 和 9～28mmolH_2O/g。有文献报道，在潮湿状态下，NFC/PEI 多层结构的吸水量在 0.4～0.73gH_2O/g 范围内[275, 276]。相比之下，NFC/APDES 吸附剂在相对湿度为 71%时，吸水量明显更低(仅为 5.45mmolH_2O/g)，这可能是由于该吸附剂具有较低的胺含量和大量的甲基所带来的疏水特性。当使用氨基含量来衡量吸水量时，PEI-44 的吸水量可表示为 2.7gH_2O/gN

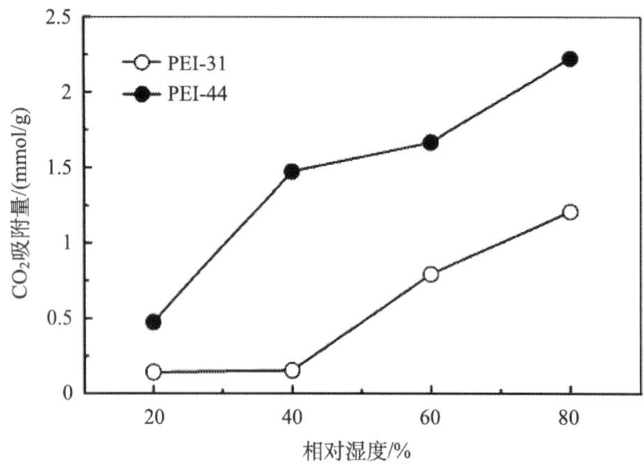

图 6-62　PEI-31 和 PEI-44 的 CO_2 吸附量与相对湿度的关系

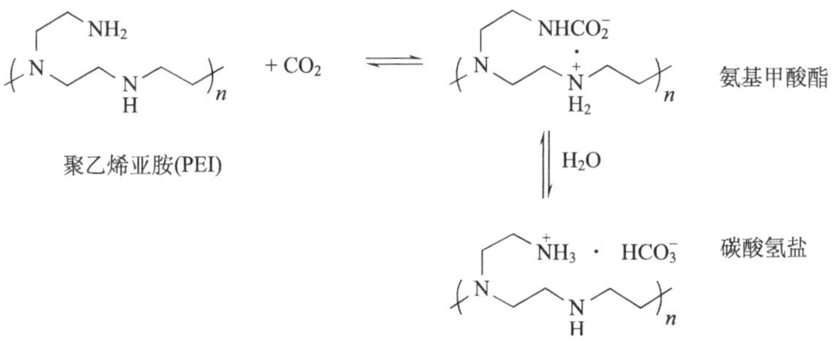

图 6-63　在潮湿和干燥状态下氨基基团捕捉 CO_2 分子机理

(每克氮所吸收的水的质量，相对湿度为 70%)，而 NFC/APDES 吸附剂的吸水量可表示为 1.7gH_2O/gN(相对湿度为 71%)。为了更好地将 NFC/PEI 复合气凝胶应用于实际情况中，需要探究出廉价的水分移除方法来实现它的再生回收利用。

6.3.1.9　小结

理想的 CO_2 吸附剂必须是廉价、环保和可重复使用的，同时必须具有非常快的 CO_2 吸附-脱附动力学行为，且在潮湿环境下也能保持良好的吸附效果和适中的吸水性。NFC/PEI 复合气凝胶满足上述的大部分需求，且最优化的使用条件需要通过考虑上述所有情况后进行多指标分析来最终确定。此外，需要探寻 CO_2 吸附量和吸水量之间的最优平衡，因为高吸水量会在吸附剂再生过程中造成极高的能量消耗。

6.3.2　纤维素纤维衍生的多孔碳

6.3.2.1　引言

近年来，全球气候变化危机已经引起公众广泛的关注，这也驱使研究者们寻找降低温室气体(如 CO_2)的新方法和新材料[292-295]。迄今为止，已有一些降低 CO_2 排放的策略问世，其中最受人关注的策略是 CO_2 的捕捉和分离技术[296]。许多分离技术(如吸附、薄膜分离等)可以伴随着燃烧后的捕集过程来进行。常用的固态多孔 CO_2 吸附剂包括沸石、多孔二氧化硅、金属有机骨架材料和多孔碳等，这些吸附剂可以通过变温吸附或变压吸附实现再生[297-300]。沸石在温和的条件下可以实现高吸附量，然而它的吸附量会由于不纯物的存在而显著下降[301]。多孔二氧化硅(如 MCM-41 和 SBA-15)与 CO_2 间不存在强的相互作用[302, 303]。金属有机骨架材料的价格非常昂贵，且它的吸附-脱附性能会随着多次循环而显著下降[303-305]。相比于上述这几种多孔材料，多孔碳具有一些独特的优势：①多孔碳具有几种与生俱来的特性(如快速的吸附动力学过程、高比表面积、疏水性)[306-310]，使得它极其适合用作 CO_2 吸附剂；②多孔碳的制备原材料来源广泛且价格低廉，如煤炭和生物聚合物(如纤维素)[311-313]；③使用变压吸附过程可以很容易地将 CO_2 从多孔碳中脱附出来，即多孔碳的再生只需要消耗非常低的能量[314-316]。纤维素纤维也可作为制备多孔碳材料的前驱体。纤维素纤维是储量最丰富的天然生物聚合物，广泛存在于木材、棉花和其他的植物中。因此，纤维素纤维具有经济可行性和环境友好性，是一种理想的多孔碳前驱体[317-319]。近年来针对碳基吸附剂的研究主要是尝试使用一些活化工艺来增加比表面积和调整孔结构[320-322]，且这些活化工艺可以分为两类(即物理法和化学法)。化学活化方法无疑更有利于提高比表面积和创生高度多孔的结构。然而，化学活化方法也有一些明显的缺陷：①在化学活化过程中，需要消耗大量的化学试剂，并且会产生废水，对环境造成污染；②化学活化方法相对复杂；③化学活化方法通常需要更高的成本(如腐蚀设备的维修费等)[323-325]。物理活化方法(如蒸汽法)是一个好的选择。与 CO_2 活化法相比，采用蒸汽活化法可以得到更宽的孔尺寸分布和更加发达的微孔和介孔，有利于得到窄的微孔隙率。此外，相对于化学活化法，物理活化法通常成本更低且更加绿色环保[326-328]。

Heo 等[329]成功使用可控的蒸汽活化法创生了结构有序的多孔碳材料，可用于 CO_2 捕捉。这种多孔碳是由纤维素纤维衍生的碳纤维经蒸汽物理活化所得到的。后续章节将具体介绍这种蒸汽活化所得的多孔碳材料的制备方法、微观形貌、常规理化特性、CO_2 吸附量、CO_2/N_2 吸附选择性和循环使用能力等性质。

6.3.2.2　实验与表征

1) 多孔碳的制备

纤维素纤维购自 Sigma-Aldrich 公司，用作制备高比表面积多孔碳的前驱体。图 6-64 为多孔碳的制备过程，可简述如下：①将纤维素纤维置于管式炉中，随后在氮气气氛保护下于 200℃处理 60min(预热解过程)；②将干燥的纤维素纤维加热至目标温度(700～850℃)，且在该温度下保持 30min；③采用蒸汽活化法(5mL/h)处理碳化产物 60min。为了得到最大化的活化效果，管式炉中的表压力保持在 1.2bar。活化之后，样品冷却至室温。采用乙醇和蒸馏水依次洗涤产物，经室温干燥后即可得到多孔碳。在后文中，纤维素纤维衍生的碳纤维和蒸汽活化的纤维素纤维衍生的碳纤维(即多孔碳)根据不同的目标温度分别标记为 CF-700～850 和 CF-700～850-act。

2) 表征方法

微观形貌采用扫描电镜(Model SU8010，Hitachi Co., Ltd)进行观察，加速电压为 1kV。孔隙特性采用氮气吸附-脱附测试进行分析(BelSorp Max 比表面积和

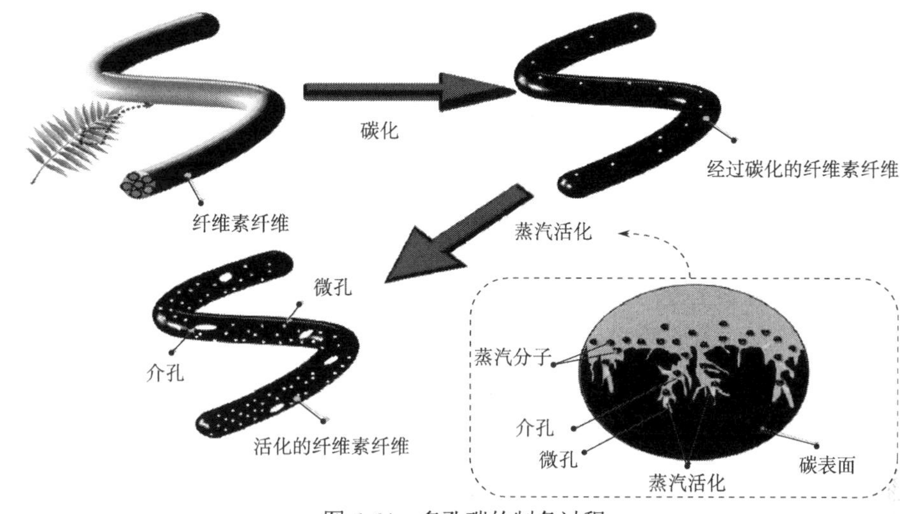

图 6-64　多孔碳的制备过程

孔隙分析仪)，测试温度为–196℃。在测试前，所有的样品都在 200℃下脱气 10h。比表面积根据 Brunauere-Emmette-Teller(BET)方程进行计算，数据取相对压力(P/P_0)为 0.000 03～0.5 部分。总孔容在 P/P_0=0.99 处计算。微孔容采用 Dubinine-Radushkevich(D-R)方程计算。孔径分布通过 Barrett-Joyner-Halenda(BJH)模型计算。微孔尺寸分布采用 Horvathe-Kawazoe(H-K)方程计算。

3) CO_2 吸附-脱附等温线

CO_2 吸附-脱附等温线在 273K 和 298K 下测试得到，测试压力为 1bar，测试仪器采用 BelSorp Max 比表面积和孔隙分析仪。孔容测试用来度量样品针对 CO_2 的吸附量。在测试前，样品在 200℃下脱气 10h 直到剩余压力降至 0.01kPa 以下，随后冷却至室温。

4) CO_2/N_2 选择性吸附

为了计算样品针对 CO_2/N_2 混合气体的吸附选择性，CO_2/N_2 吸附-脱附等温线在 298K 下分别测试得到，测试压力为 1bar，测试仪器采用 BelSorp Max 比表面积和孔隙分析仪。

5) CO_2 吸附-脱附循环测试

样品针对 CO_2 的循环吸附-脱附性能采用热重(TG)分析来探究，具体实验过程简述如下：①将 5～10mg 样品放置在铂盘中，随后在氮气保护下加热至 200℃，加热速率为 5℃/min；②在该温度下保持 30min 对样品进行脱气，然后冷却至 40℃(冷却速率为 5℃/min)，整个过程在氮气气氛下进行；③改变气流成分，将原先的氮气改为 15%CO_2-85%N_2 混合气体(类似于火力发电厂中的废气成分)，使样品在该气流中保持 60min(40℃)。采用两种方法脱除样品中的 CO_2：①非热学方法，将 15%CO_2 气流改成纯 N_2 气流，在 N_2 气流中保持 60min；②热学方法，系统仍然保持 15%CO_2 气流，但温度提高至 80℃和 100℃实现 CO_2 脱附。

6.3.2.3　形貌特征

图 6-65 为蒸汽活化前后 CF 样品的 SEM 图像。由图可见，所有的样品均呈现出相似的微观形貌。经过蒸汽活化后，CF 样品仍然保持纤维素纤维的原始形状，但其表面出现新的孔隙结构。活化温度的升高导致更多新孔隙结构的出现和孔尺寸的扩大[图 6-65(d)～(f)]，表明蒸汽分子既是表面孔隙结构产生的关键因素，也是比表面积增加的关键因素[321]。

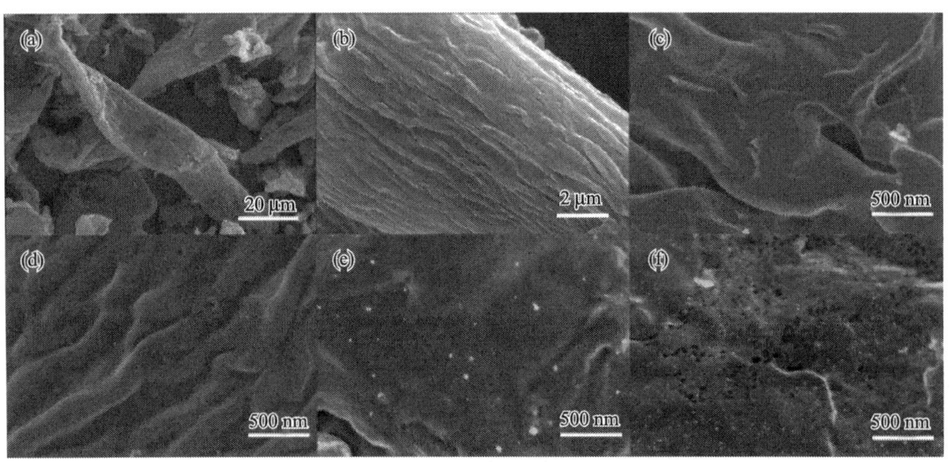

图 6-65　(a)～(c)CF-800、(d)CF-800-act、(e)CF-700-act 和(f)CF-850-act 的 SEM 图像

蒸汽活化过程在惰性气体保护下和温度超过 700℃以上进行是为了避免所形成的多孔碳发生氧化腐蚀。蒸汽活化机理可能会导致已经出现的超微孔发生膨胀和促进蒸汽分子与碳基质作用形成新的超微孔结构。然而，该活化过程也可能会破坏石墨结构，将孔尺寸增加至 2nm 以上从而转变为介孔。

6.3.2.4　氮气吸附-脱附等温线和孔尺寸分布

采用氮气吸附-脱附等温线来探究 CF 和 CF-act 样品的孔隙结构特性。如图 6-66 所示，所有样品均呈现 I 型吸附等温线，表明它们属于微孔材料。在低压区($P/P_0<0.1$)，吸附等温线呈现出快速吸附，证明有大量的微孔结构存在。微孔孔容通过 Dubinine-Radushkevich(D-R)方程[方程式(6-10)]计算：

$$W = W_0 \exp\left[-B\left(\frac{T}{\beta}\right)\lg^2\left(\frac{P_0}{P}\right)\right] \tag{6-10}$$

式中，W 为在特定的相对压力(P/P_0)下所吸附的液体吸附质的量，W_0 为微孔的总吸附量，B 为吸附常数，β 为亲和系数(氮气为 0.34)。

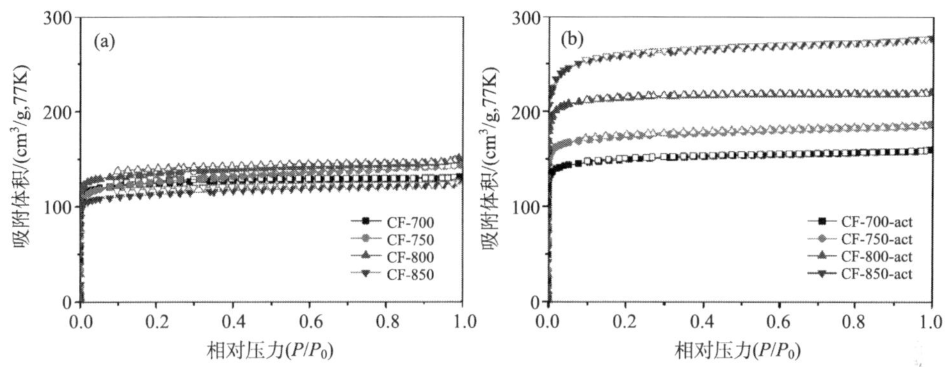

图 6-66　(a) CF 和 (b) CF-act 样品的氮气吸附-脱附等温线(同一形状的实心和空心符号分别代表吸附和脱附)

表 6-11 列举出 CF 和 CF-act 样品的一些孔隙结构特性参数。在蒸汽活化前，CF 样品的比表面积为 452～540m^2/g，总孔容为 0.198～0.234cm^3/g。经过蒸汽活化后，CF-act 样品的比表面积和总孔容分别增加至 599～1018m^2/g 和 0.248～0.429cm^3/g。不难发现，蒸汽活化处理有助于增加样品的孔隙率、比表面积和孔容等特性。此外，随着蒸汽活化处理温度的升高，比表面积和孔容进一步增大。该变化趋势并不难理解，因为孔的形成机理取决于蒸汽活化处理的温度。

表 6-11　CF 和 CF-act 样品的物理特性

试样	S_{BET} /(m^2/g)	总孔容 /(cm^3/g)	微孔容 /(cm^3/g)	介孔容 /(cm^3/g)	微孔容所占比例 /%
CF-700	499	0.205	0.193	0.012	94.2
CF-750	494	0.224	0.193	0.031	86.2
CF-800	540	0.234	0.209	0.025	89.4
CF-850	452	0.198	0.174	0.024	88.0
CF-700-act	599	0.248	0.229	0.019	92.5
CF-750-act	696	0.289	0.267	0.022	92.4
CF-800-act	863	0.341	0.334	0.007	98.1
CF-850-act	1018	0.429	0.393	0.036	91.5

图 6-67 为 CF 和 CF-act 样品的微孔和介孔尺寸分布，分别采用 H-K 法和 BJH 法计算得到。根据国际理论和应用化学联合会(IUPAC)分类，孔尺寸在 0.7～2nm

范围内称为极微孔，低于 0.7nm 的微孔称为超微孔。如图 6-67(a)和(b)所示，孔尺寸在0.7nm以下时，CF和CF-act样品均只存在单峰。其中，CF-700样品在0.66nm处出现最高峰，其他的 CF 样品则在 0.64nm 处出现最高峰。此外，CF-700-act 在 0.61nm 和 0.64nm 处出现新的峰，且原先 0.66nm 处的峰经过蒸汽活化处理后强度变弱。当活化温度超过 700℃时，CF-act 样品在 0.61nm 处出现峰，且在 0.64nm 处峰的强度变弱。根据图 6-67(c)和(d)，介孔部分主要由孔尺寸低于 30nm 的孔隙结构所构成。随着温度的升高，初始时 CF 样品在介孔区域的峰强度增强；当温度超过 750℃后，峰强度发生下降。对于 CF-act 样品的介孔区域，峰强度随着温度的升高而增强，表明蒸汽活化创生了新的微孔，且将微孔的尺寸扩展到 2nm 以上，即转变为介孔。这些结果也证明了 CF-act 样品的多孔结构取决于活化温度。

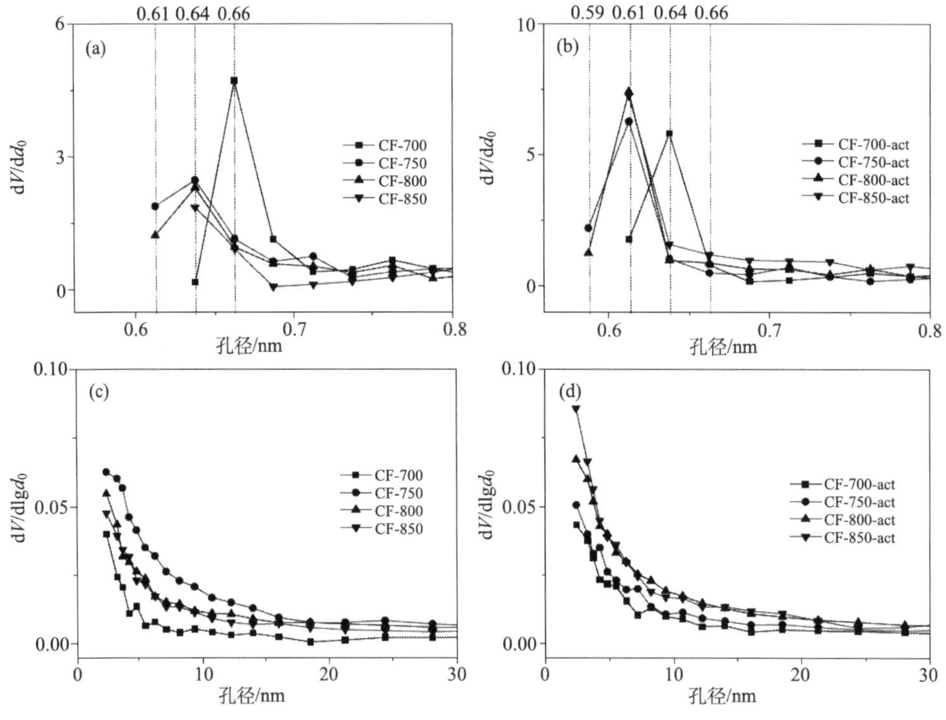

图 6-67　CF 和 CF-act 样品的微孔(a, b)和介孔(c, d)尺寸分布

6.3.2.5　CO_2吸附-脱附等温线

CF 和 CF-act 样品的 CO_2 吸附-脱附等温线在 298K 下测试得到，实验采用变压分析。CO_2 吸附量与比表面积、微孔容和微孔尺寸相关[330]。如图 6-68 所示，CF 样品针对 CO_2 的吸附量可达 97.1～139.9mg/g(2.206～3.179mmol/g)；CF-act

样品针对 CO_2 的吸附量可达 114.8～166.2mg/g（2.608～3.776mmol/g）。由此可见，CO_2 吸附量在蒸汽活化处理后显著增加。在 800℃以下，CO_2 吸附量随着蒸汽活化温度的升高而升高；当温度超过 800℃时，CO_2 吸附量反而下降。当蒸汽活化温度为 800℃时，样品针对 CO_2 的吸附量达到最高。在该温度下，CF-800 的 CO_2 吸附量为 139.9mg/g，而蒸汽活化所得到的 CF-800-act 的 CO_2 吸附量为 166.2mg/g，增量为 18.8%。当温度升至 850℃时，样品的比表面积和微孔容继续增加；然而，CF-850-act 的 CO_2 吸附量降至 136.2mg/g。该现象表明 CO_2 吸附量不仅与比表面积和微孔容有关，还和超微孔特性有关。由表 6-11 可以看出，CF-800-act 样品的微孔容比例是所有样品中最高的，这可能在提高 CF-800-act 的 CO_2 吸附量中起到了关键作用[328]。

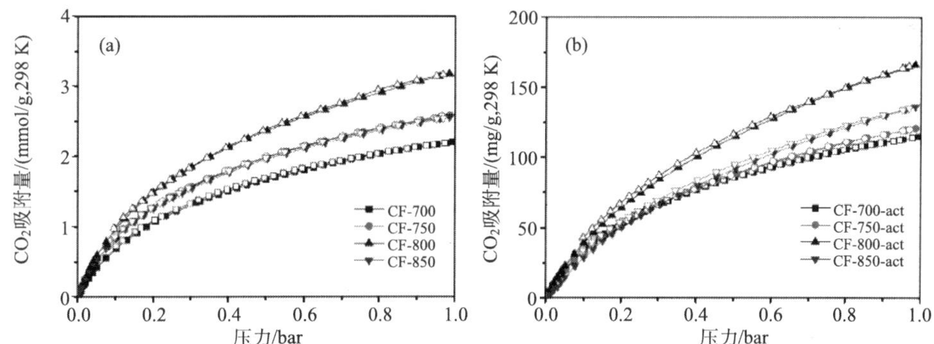

图 6-68　(a) CF 和 (b) CF-act 样品的 CO_2 吸附-脱附等温线（同一形状的实心和空心符号分别代表吸附和脱附）

6.3.2.6　CO_2/N_2 选择性吸附和 CO_2 吸附热

根据 Toth 模型［方程式(6-11)］[331]所计算得到的 Henry 选择性定律可以定量地评估吸附剂的吸附选择性。为了计算 CF-800-act 样品针对 CO_2/N_2 混合气体的吸附选择性，所对应的吸附等温线如图 6-69 所示。

$$Q = Q_{\max} A^{(1/n)} P(1 + AP)^{(1/n)} \tag{6-11}$$

式中，Q 为气体吸附量(mmol/g)，$Q_{\max}$ 为最大气体吸附量(mmol/g)，P 为压力(Pa)，A 和 n 均为拟合常数。

Henry 选择性定律中的常数 K 可以表示为方程式(6-12)：

$$K = \left.\frac{\mathrm{d}N}{\mathrm{d}P}\right|_{P\to 0} = A^{(1/n)} Q_{\max} \tag{6-12}$$

Henry 选择性定律可表示为方程式(6-13)：

$$S_{x,y} = \frac{K_x}{K_y} \tag{6-13}$$

其中，x 和 y 分别代表不同的气体成分。

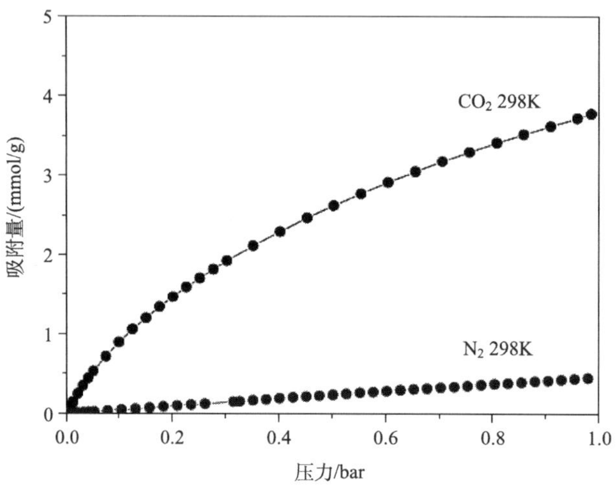

图 6-69　CF-800-act 针对 CO_2/N_2 混合气体的吸附等温线

基于方程式(6-11)～式(6-13)进行计算，样品的吸附选择性在 26～48 范围内。由表 6-12 可见，所有的 CF-act 样品的选择性都比 CF 样品高。CF-800-act 的选择性比 CF-800 高 70%。因此，可以推断蒸汽活化处理显著提高了 CF 样品针对 CO_2/N_2 混合气体的选择性吸附能力。这种提高现象可能是由于 CO_2 与吸附剂之间相互作用的增强。吸附热(ΔH_{ads})定义为吸附质被吸附剂所吸附的过程中所产生的热量，与吸附质和吸附剂之间的吸引力强度相关。CO_2 吸附热可以根据 Clausiuse-Clapeyron 方程[方程式(6-14)][332, 333]通过 CO_2 吸附-脱附等温线的斜率进行计算。

$$\ln\left(\frac{P_2}{P_1}\right) = -\frac{\Delta H_{ads}}{R}\left(\frac{1}{T_2} - \frac{1}{T_1}\right) \tag{6-14}$$

式中，R 为气体常数，T_1 和 T_2 分别为温度 273K 和 298K，P_1 和 P_2 分别为 273K 和 298K 下的 CO_2 平衡分压。

表 6-12　CF 和 CF-act 样品的 CO_2 吸附量、CO_2/N_2 的吸附选择性和 CO_2 吸附热

试样	1bar 下 CO_2 的吸附量/(mmol/g)		[a]15%CO_2 吸附量/(mmol/g)	CO_2/N_2 的吸附选择性	[b]ΔH_{ads}/(kJ/mol)
	273K	298K	313K	298K	
CF-700	2.846	2.206	0.491	28.7	27.2～20.1
CF-750	3.271	2.587	0.622	26.4	24.5～21.6

续表

试样	1bar 下 CO_2 的吸附量 /(mmol/g)		[a]15%CO_2 吸附量 /(mmol/g)	CO_2/N_2 的吸附选择性	[b]ΔH_{ads}/(kJ/mol)
	273K	298K	313K	298K	
CF-800	3.664	3.179	0.645	27.6	25.1～19.2
CF-850	3.189	2.561	0.551	27.9	25.7～21.0
CF-700-act	3.395	2.608	0.734	35.1	29.5～24.8
CF-750-act	3.792	2.655	0.968	36.7	31.0～27.8
CF-800-act	4.192	3.776	1.429	47.1	37.8～27.2
CF-850-act	4.416	3.096	1.216	39.2	33.4～25.7

a. “15%CO_2 吸附量” 指 CO_2 吸附量是在废气流（15%CO_2-85%N_2 混合气体）下测试的；

b.ΔH_{ads} 是指在吸附体积为 0.5～50cm^3/g 范围内所测定的 CO_2 吸附热。

图 6-70 为不同的 CO_2 吸附量所对应的吸附热。CF-act 样品的初始吸附热值在 29～38kJ/mol 范围内，且该值随着 CO_2 吸附量的增加缓慢降低。CF-800-act 在较低的 CO_2 吸附量下呈现出最高的吸附热值(37.8kJ/mol)，该值随着吸附量的增加而降至 27.1kJ/mol。该结果表明超微孔是 CO_2 吸附的关键，这可能归因于 CO_2 分子与窄孔间具有更强的相互作用。

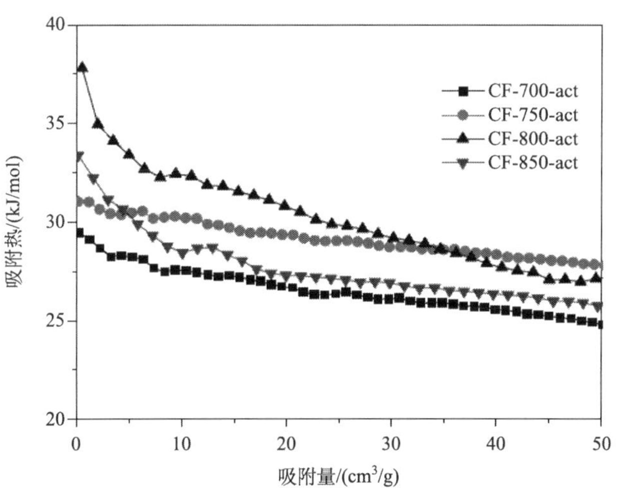

图 6-70　CF-act 样品的 CO_2 吸附热随 CO_2 吸附量的变化

这些吸附热数据低于沸石和金属有机骨架材料的 CO_2 吸附热[334, 335]，表明 CO_2 分子并没有牢牢地束缚在多孔碳表面，因此在多孔碳表面实现 CO_2 的脱附则相对于沸石和金属有机骨架材料更加容易，这明显有利于多孔碳材料的再生和重复使用。所有这些吸附热数据都在物理吸附范围内，因此实现 CF-act 样品的再生并不十分困难。

6.3.2.7　CO_2 吸附-脱附循环测试

TG 是一种有效的方法来测试样品的多组分 CO_2 吸附-脱附性能[336, 337]。相比于单组分吸附方法，多组分吸附方法更接近于实际需求。图 6-71 为 CF-800 和 CF-800-act 针对 15%CO_2 的吸附-脱附曲线。经过氮气气流的脱气和稳定，将 CO_2-N_2 混合气体(15%CO_2-85%N_2)流过样品以开始 CO_2 吸附过程。在混合气体引入后，CO_2 分子通过物理吸附与样品表面相结合，使得样品质量快速增加。经过饱和吸附和稳定后，将混合气体转变为 100%N_2，使得样品发生 CO_2 脱附。表 6-12 列举了样品针对 15%CO_2-85%N_2 混合气体的吸附结果。从这些结果中可以看出，蒸汽活化处理使得 CO_2 吸附量从 0.491～0.645mmol/g 增加至 0.734～1.429mmol/g。CF-800-act 样品呈现出最高的 CO_2 吸附量(1.429mmol/g)。

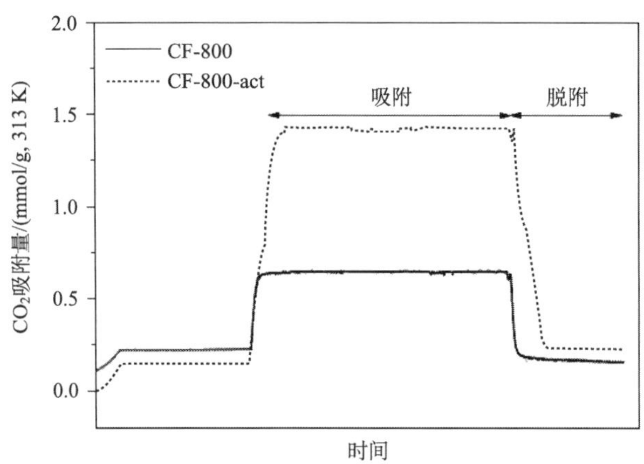

图 6-71　CF-800 和 CF-800-act 的 CO_2 吸附-脱附实验(15%CO_2-85%N_2 混合气体)

从经济学角度上看，在评估 CO_2 吸附剂在实际应用中的使用寿命时，再生性能是一个关键参数。许多研究者[292, 337]都通过反复的吸附-脱附实验探讨了 CO_2 吸附剂的循环使用能力。采用 10 次 CO_2 吸附-脱附实验探究 CF-800-act 的再生性能和循环使用能力。如图 6-72(a)所示，CO_2 脱附过程通过气体交换的方法来进行，可以看出 CO_2 分子易于从吸附剂上脱附，表明 CO_2 分子是通过物理吸附与 CF-800-act 样品结合。在实际应用中(如燃烧后的 CO_2 捕捉)，更适于采用变温吸附的方法来探究 CF-800-act 样品的循环使用能力。对于该方法，TG 吸附-脱附循环是通过改变吸附过程(313K)和脱附过程(353K 和 373K)之间的温度来进行的，而通入的气体成分并没有发生变化。

图 6-72(b)和(c)分别为 CF-800-act 在温度为 353K 和 373K 时的吸附-脱附曲

线。图 6-72(b)表明吸附的 CO_2 分子不能在温度为 353K 下实现完全脱附，这可能是由于该温度下缺乏足够的脱附热使得 CO_2 分子从 CF-800-act 表面脱附并不完全。另外，图 6-72(c)表明吸附的 CO_2 分子在温度为 373K 时几乎实现了完全脱附，这可能归因于更高的温度下赋予了更高的脱附热。在所有测试的样品中，CF-800-act 呈现出最高的 CO_2 吸附量，且在多次吸附-脱附循环测试中表现出卓越的可再生性。表 6-13 列举出一些碳基吸附剂的 CO_2 捕捉性能[292, 306, 310, 312, 321, 329, 338-342]。如上所述，碳基吸附剂是一种最具潜力的 CO_2 捕捉剂。许多研究者证实了，经过结构或表面修饰，可以显著增加碳基吸附剂的 CO_2 捕捉性能。CF-800-act 能够成功地在废气($15\%CO_2$-$85\%N_2$)中捕捉 CO_2。可以推断，CF-800-act 是一种极具潜力的 CO_2 捕捉剂，在实际应用中具有良好的利用前景。

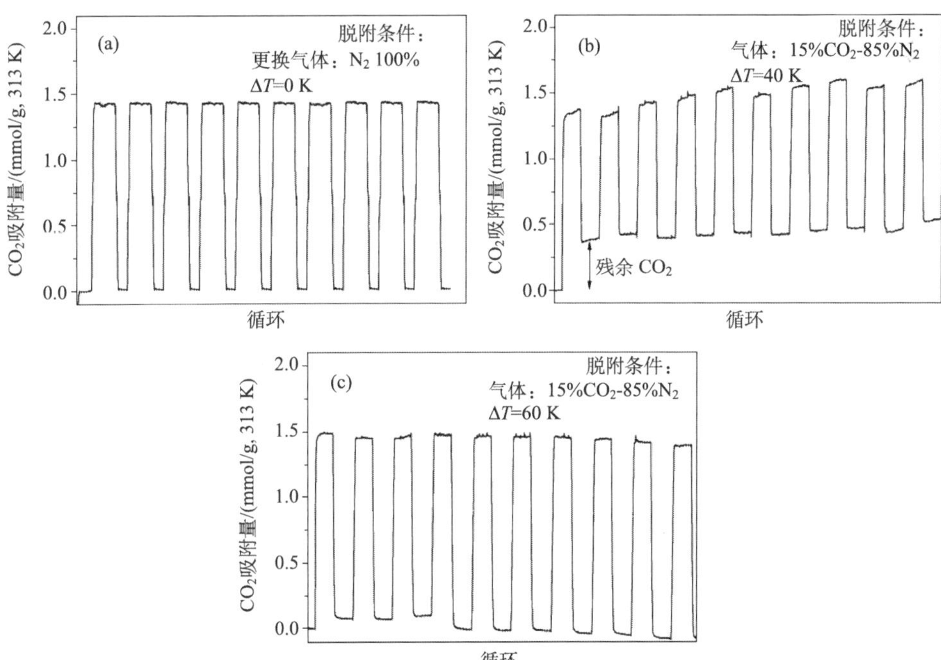

图 6-72　CF-800-act 的 CO_2 吸附-脱附循环实验：(a)改变气体实现脱附；(b)和(c)改变温度实现脱附

表 6-13　一些碳基吸附剂的 CO_2 捕捉性能

碳类型	改性	CO_2 吸附能力		CO_2/N_2 吸附选择性
		100% CO_2(1bar)(单一组分)	15% CO_2(1bar)(多组分)	
活性炭	KOH 活化	4.18mmol/g 298K	—	12
活性炭	物理活化	2.11mmol/g 298K	—	72
活性炭	蒸汽活化	3.78mmol/g 298K	1.43mmol/g 313K	47

续表

碳类型	改性	CO_2吸附能力		CO_2/N_2吸附选择性
		100% CO_2（1bar）（单一组分）	15% CO_2（1bar）（多组分）	
掺S炭	S-掺杂	4.50mmol/g 298K	—	51
N改性炭	N-改性	2.07mmol/g 298K	—	24
掺N炭	N-掺杂	2.00mmol/g 298K	—	—
掺N炭	N-掺杂	3.10mmol/g 298K	—	38
介孔碳氮化物	EDA改性	1.40mmol/g 298K	—	—
活性炭纤维	KOH活化	5.68mmol/g 298K	—	—
活性炭纤维	蒸汽活化	2.92mmol/g 298K	—	—
多壁碳纳米管	PEI改性	2.14mmol/g 298K	0.34mmol/g 313K	—

6.3.2.8　小结

通过蒸汽活化处理可以增加纤维素纤维衍生的多孔碳的CO_2捕捉性能。蒸汽活化处理有效地创生了众多的微孔结构，有利于增加CO_2的吸附量。这种物理活化方法相对于一些化学活化法成本更低且更加绿色环保。蒸汽活化处理也使得针对CO_2/N_2混合气体的吸附选择性增强，这是由于CO_2与多孔碳表面相互作用的增强。此外，高活化温度有助于形成高度发达的孔隙结构和高孔隙率，这也证实了可以采用蒸汽活化法来控制多孔碳的表面性能和孔隙特性。这些实验结果强调了孔隙率对于提高CO_2捕捉性能和CO_2/N_2选择吸附性能的重要性。与其他的碳基吸附剂相比（表6-13），CF-800-act具有极高的CO_2吸附量（3.776mmol/g）和良好的吸附选择性（47.1）。以化石燃料发电厂废弃物为研究对象，使用变温吸附法成功实现CF-800-act样品针对CO_2的吸附-脱附过程，反映了该吸附剂以较低的能耗实现CO_2吸附-脱附的可行性。因此，不难看出，CF-800-act是一种极具潜力的高能效的CO_2捕捉剂，可以用于燃烧后的CO_2/N_2分离。

6.3.3　氨基纳米纤丝化纤维素

6.3.3.1　引言

从大气中捕获二氧化碳（CO_2）通常被称为“CO_2捕捉技术”，随后与地质层中储藏的CO_2相结合或者转化成碳氢燃料，可有效地减少大气中的CO_2含量[236, 343, 344]。美国物理学会最近的一份报告质疑了CO_2捕捉技术的经济可行性和设计观念。该领域最近的研究证实氨基吸附剂在空气中捕捉CO_2的能力与在燃烧后的废气中捕捉CO_2的能力相当[259, 345, 346]。用于CO_2捕捉的化学试剂包括氧化钙和氢氧化钙[243, 347-349]、氢氧化钠[350-355]、氢氧化钾[356]、氨基改性介孔二氧化硅[288]、浸渍胺类物质的天然纤维[357]和碱性离子交换树脂等[244, 358]。

由于捕捉 1mol CO_2 需要处理 2600mol 的空气，所以 CO_2 捕捉系统的可行性取决于该系统是否能够容忍水分的存在，且在处理空气时是否需要对空气进行压缩、加热或冷却等处理。氨基吸附剂特别适合这一宗旨，在室温和正常大气压下，氨基吸附剂可以选择性地与大气中的 CO_2 发生反应，且当温度加热到 100℃时又可以将较纯的 CO_2 释放出来[359]。在之前的研究中，经常使用介孔二氧化硅作为基质材料，然后通过共价结合或物理吸附将胺类物质负载在基质材料上[299]。在吸附-脱附循环期间，共价键的存在能有效减少胺类物质挥发的风险[299]。基质上固定的胺类物质与 CO_2 之间的反应机理已经通过以氨基硅烷改性的二氧化硅基质为案例进行了详细分析。对于干燥 CO_2 的吸附，研究者们观察到硅基丙酸铵、氨基甲酸铵和氨基甲酸的形成[360-363]。但是，Danon 等进行干燥 CO_2 的吸附之后没有确认观察到氨基甲酸的存在[362]。在潮湿 CO_2 的吸附过程中，氨基甲酸铵的形成被认为是最主要的反应机制(即 $CO_2 + 2RNH_2 \rightleftharpoons RNHCOO^- + RNH_3^+$)，且与干燥 CO_2 的吸附过程相比，潮湿 CO_2 的吸附过程中氨基甲酸的形成要少得多[360]。

据报道，干燥 CO_2 吸附过程中每吸附 1mol CO_2 的焓变为–118～–50kJ[364-371]。对于潮湿 CO_2 吸附过程中，每吸附 1mol CO_2 的焓变为–56kJ。此外，每吸附 1mol H_2O 的焓变为–53～–47kJ[364, 365]。对于一些氨基吸附剂，它们从空气中可逆捕捉 CO_2 的量可达(0.9±0.09) mmol CO_2/g(TRI-PE-MCM-41，一种三氨基硅烷改性的介孔二氧化硅)[288]、1.72mmol CO_2/g(HAS6，超支化氨基硅烷)[290]、2.26mmol CO_2/g(聚乙烯亚胺改性的多孔二氧化硅)、2.26mmol CO_2/g(3-氨丙基三乙氧基硅烷稳定的聚乙烯亚胺改性的多孔二氧化硅，简写为“A-PEI/二氧化硅”)和 2.19mmol CO_2/g(钛酸正丙酯稳定的聚乙烯亚胺改性的多孔二氧化硅，简写为“T-PEI/二氧化硅”)[259]。

在之前的报道中，氨基吸附剂材料的合成主要是以无机材料为基质[345]。为了促进可再生材料的应用，我们建议使用纳米纤丝化纤维素(NFC)作为固体支撑材料。NFC 是一种由纤维素纤丝聚集体构成的天然物质，直径为 10～100nm，长度可达微米量级[172, 372]。此外，NFC 表面含有大量的羟基，因此可以通过共价结合将化学基团固定在 NFC 骨架上。

通过接枝氨基硅烷可以实现 NFC 的氨基功能化修饰，已有研究者证实可以采用共价结合将胺类物质引入到介孔二氧化硅[373]、纤维素纤维[374-380]和 NFC[381]上。然而，氨基硅烷的三个烷氧基的快速水解和自缩合反应会导致三维网络的形成[382, 383]，这种特性不利于 CO_2 捕捉效果，因为氨基功能性位点和孔很可能被硅氧烷网络堵塞，该问题可以通过使用无水的有机溶剂进行改善[299]。另外，使用含两个烷氧基的氨基硅烷代替含三个烷氧基的氨基硅烷，含两个烷氧基的氨基硅烷在自缩合的作用下只会形成二维的线性结构或环状结构[384]，避免了三维硅氧烷网络发生的堵塞现象。使用含两个烷氧基的氨基硅烷时可以使用水作为溶剂。最近，有报道证实，相对于水/酒精混合物，采用水作为溶剂更有利于在纤维素上接枝氨基硅烷。

后续章节主要介绍一种新型的适合 CO_2 捕捉的胺类吸附剂[272]。采用氮气吸附、扫描电镜(SEM)、傅里叶变换红外光谱(FTIR)、能量色散 X 射线谱(EDX)等对该吸附剂进行表征分析。该吸附剂的 CO_2 吸附量和吸附速率通过在相对湿度为 40%的潮湿空气中进行吸附和 90℃下的氩气中进行脱附而计算得到。

6.3.3.2　实验部分

1) 材料与试剂

从 ABCR(德国)公司获得 *N*-氨乙基-3-氨丙基甲基二甲氧基硅烷(AEAPDMS，纯度为 97%)。山毛榉木浆悬浮液用作制备 NFC 的原料(13.5wt%)。

2) 合成

0.5wt% NFC 水凝胶通过两步机械分离过程从精制纤维山毛榉木浆悬浮液中获得[385]。AEAPDMS 加入到 NFC 水凝胶中，硅烷的总浓度为 4wt%。在搅拌 24h 之后，将分散液在 3600r/min 下离心分离 20min，其余的水经冷冻干燥去除。对于冷冻干燥过程，将离心产物倒进一个铜缸中，然后将其浸渍在液氮中，冷冻后的样品在冷冻干燥器中干燥。干燥完成后，将这些材料从铜缸中取出，在氩气气氛和温度为 120℃下热处理 2h。生成的产品标记为 AEAPDMS-NFC-FD。作为参照，没有硅烷处理的 NFC 重复上述过程，所得到的样品称为 NFC-FD。

3) 材料表征

样品的微观形貌通过 SEM(Nova NanoSEM 230，FEI 公司)观察。将样品在干燥的 N_2 气流下 105℃脱气 24h 后进行氮气吸附测试(Micrometritics TriStar)，使用 Brunauer-Emmett-Teller(BET)方法获得比表面积参数。样品的密度是通过计算质量和体积之比所获得的，测量干燥柱状样品的直径和高度来确定其体积。其成分通过 EDX 和 FTIR 获得。

4) CO_2 吸附-脱附测试

CO_2 吸附-脱附测试是在一个完全自动化的系统下进行的，实验装置如图 6-73 所示。一个直径为 40mm、高为 30mm 的圆柱形填充床中装有 1.2g 吸附材料。AEAPDMS-NFC-FD 样品被破碎成不规则形状，平均粒径大小约为 10mm。填充床的温度通过 K 型热电偶来测量。气流通过 25℃恒温水浴流出，气体流量由两个电子质量流控制器控制。填充层前后的相对湿度通过两个电子湿度传感器(Vaisala HMP110)进行测量。在通过过滤器和冷凝器之后，CO_2 的含量通过配备两个探测器的红外分析仪(Siemens Ultramat 23)进行监测，CO_2 浓度的可监测范围为 0～

1000ppm(ppm 为百万分比浓度)和 0～5%，采样率为 1Hz，检测限为 0.2%。CO_2 浓度为 506ppm 的压缩空气用于 CO_2 吸附过程。所有的 CO_2 吸附实验是在气流速度为 1L/min、温度为 25℃、相对湿度为 40%的条件下进行。

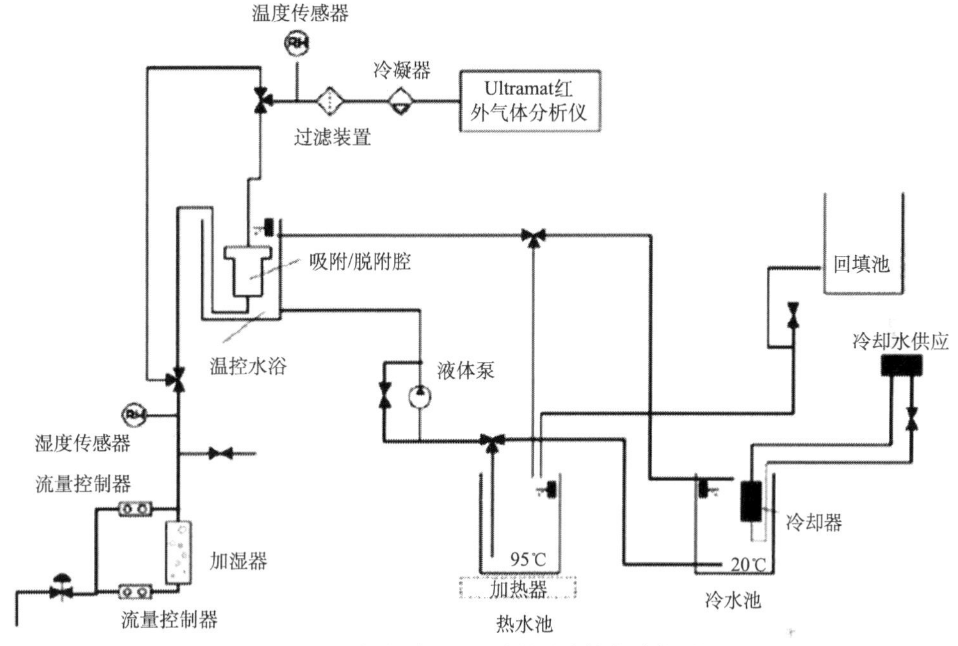

图 6-73　二氧化碳吸附-脱附测试的实验装置图

CO_2 脱附实验是在氩气流速为 0.8L/min、温度为 25℃、相对湿度为 40%的条件下进行。在该实验中，脱附过程中使用的氩气被用作一种吹扫气体，以精确测量样品中所脱除的 CO_2 量。在工业应用中，通过变温/变压吸附过程可以得到较浓的 CO_2 气流[246]。随着 CO_2 的脱附，采用外界的水浴(温度恒定为 95℃)对填充床装置进行加热，直到填充床的温度达到(90±1)℃。在 CO_2 脱附完成后，采用温度为 20℃的水浴对填充床进行冷却，直到填充床的温度降至 25℃。在 CO_2 吸附测试之前，在指定的条件下将样品中预吸附的 CO_2 脱除掉，该过程持续 1h。为了确保已经达到样品对 CO_2 的吸附平衡，CO_2 的吸附过程直到出口处 CO_2 的浓度高于入口处 CO_2 浓度的 97%时才停止。在本研究中，该过程大约持续 12h。为了测定样品针对 CO_2 的循环吸附性能和接枝的 AEAPDMS 的稳定性，进行吸附 2h/脱附 1h 的连续循环。对于所有的吸附和脱附实验，CO_2 的吸收和释放量差值 Δq，通过对红外气体分析仪的信号进行积分所计算得到[方程式(6-15)]。

$$\Delta q = \int_{t=0}^{t=t_{\text{ads/des}}} \frac{\dot{n}_{\text{gas}}(c_0 - c_1)}{m_{\text{s}}} \mathrm{d}t \tag{6-15}$$

式中，$t_{ads/des}$ 分别为吸附和脱附的时间，$\dot{n}_{gas}$ 为气流的摩尔流速，c_0 和 c_1 分别为填充床入口处和出口处 CO_2 的浓度，m_s 为填充床中吸附剂的质量。分别记录样品在 CO_2 吸附和脱附之后的 FTIR 谱图。

6.3.3.3 结果与讨论

1) 材料表征结果

冷冻干燥前后 NFC 的 SEM 图像分别显示在图 6-74 (a) 和 (b) 中。在冷冻干燥之前，NFC 水凝胶的形貌由相互缠绕的直径为亚微米级的纤维素纳米纤丝组成。在冷冻干燥之后，NFC-FD 的形貌由纤维素薄片构成，不规则分布的纤维素纳米纤丝附着在纤维素薄片上。在冷冻和干燥的过程中，之前观察到的纤维素纳米纤丝聚合形成了薄片[57, 60, 285]。在冷冻过程中，纤维素薄片的形成可通过冰的晶体生长来解释。冰晶周围的纤维素纳米纤丝以纤维素薄片的形式被冰晶压缩[60]。在 NFC 分散液中，AEAPDMS 的存在进一步增加了片状结构的形成趋势并且消除了单一的纤维素纳米纤丝的存在，如图 6-74 (c) 所示。冰的晶体生长可能会导致纤维素纳米纤丝的聚集，而溶液中水解的硅烷分子则会被推入到冰晶间的空隙中，形成致密的纤维素-硅烷聚集物。对图 6-74 (a) 和 (c) 进行比较，可以发现 AEAPDMS-NFC-FD 样品的潜能：寻找方法确保 NFC 结构在氨基改性和干燥处理后依然保持良好的完整性，这样有利于其表面上更多的氨基基团与 CO_2 反应，从而提高 AEAPDMS-NFC-FD 样品对 CO_2 的吸附量。NFC-FD 的 BET 比表面积为 26.8m^2/g，密度为 26kg/m^3 (表 6-14)，这些值可以与用 NFC 制备的纤维素气凝胶相媲美[57, 60, 285]。AEAPDMS-NFC-FD 的 BET 比表面积是 7.1m^2/g，密度是 61kg/m^3，证明表面改性减少了有效的比表面积而且增加了样品的密度。

有研究表明，当 CO_2 吸附过程所采用的气流中 CO_2 的分压不超过 0.01atm① 时，吸附剂的 CO_2 平衡吸附量主要受氨基负载量的影响，受比表面积的影响小[386]。通过元素分析获得 AEAPDMS-NFC-FD 的氨基负载量为 4.9mmol N/g。相比较而言，TRI-PE-MCM-41 的氨基负载量为 7.95mmol N/g[373]，HAS6 为 9.9mmol N/g[346]，T-PEI/二氧化硅为 10.5mmol N/g[259]。

NFC-FD 和 AEAPDMS-NFC-FD 的红外谱图显示在图 6-75 中。NFC-FD 的谱图中显示了典型纤维素的 FTIR 特征峰，如 3345cm^{-1} 处的 O—H 伸缩振动、2900cm^{-1} 处的 C—H 伸缩振动、1430cm^{-1} 处的 CH_2 对称弯曲振动、1380cm^{-1} 处的 O—H 和 C—H 弯曲振动、1317cm^{-1} 处的 C—C 伸缩振动、1256cm^{-1} 处的 C—O 伸缩振动、1055cm^{-1} 处的 C—O—C 骨架振动、898cm^{-1} 处的 C_1—H 环变形振动和 O—H 弯曲振动、666cm^{-1} 处的 O—H 面外弯曲振动[387, 388]。热处理之后的 AEAPDMS-NFC-FD

① atm 为非法定单位，1atm=101.325kPa。

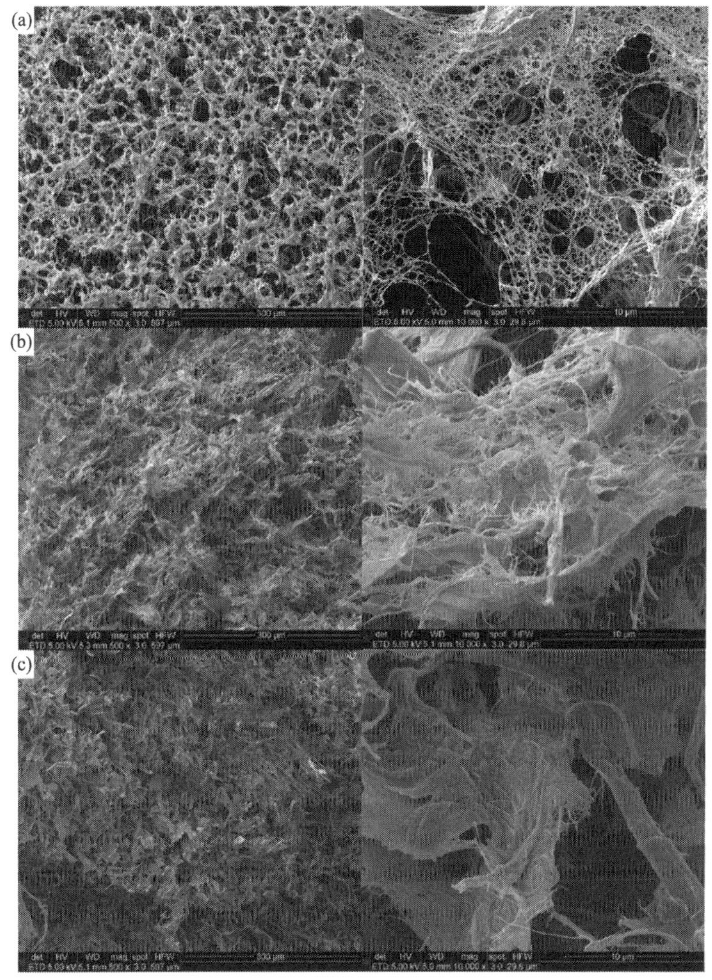

图 6-74　(a) NFC 水凝胶、(b) NFC-FD 和 (c) AEAPDMS-NFC-FD 的 SEM 图像(右图为相应左图的放大图像，左右图的标尺分别为 300μm 和 10μm)

表 6-14　NFC-FD 和 AEAPDMS-NFC-FD 的 BET 比表面积、密度和氨基负载量

样品	BET 比表面积/(m^2/g)	密度/(kg/m^3)	氨基负载量/(mmol N/g)
NFC-FD	26.8	26	
AEAPDMS-NFC-FD	7.1	61	4.9

的 FTIR 谱图在 1600cm^{-1} 处出现的峰对应 NH_2 的弯曲振动，证明 AEAPDMS 成功地接枝在 NFC 上[389-392]。与使用 AEAPDMS 改性的介孔二氧化硅相似[389]，1662cm^{-1} 处的峰归属于氨基硅烷的特征峰，且与 NH_3^+ 的非对称变形振动相关，是由伯胺与水或硅醇基团相互作用而形成[393]。2917cm^{-1}、2877cm^{-1} 和 2810cm^{-1} 处的峰对

应于 C—H 伸缩振动。1446cm^{-1} 处的峰对应于硅烷丙基链的 CH_2 弯曲振动[391]。此外，这些硅基键信号的存在[1256cm^{-1}(ν_{Si-C})、1180～700cm^{-1}(ν_{Si-OH}、$\nu_{as(Si-O-C)}$和$\nu_{as(Si-O-Si)}$)等][375, 381]证明这里所使用的接枝反应条件足以满足 NFC 与硅烷分子间的共价结合。

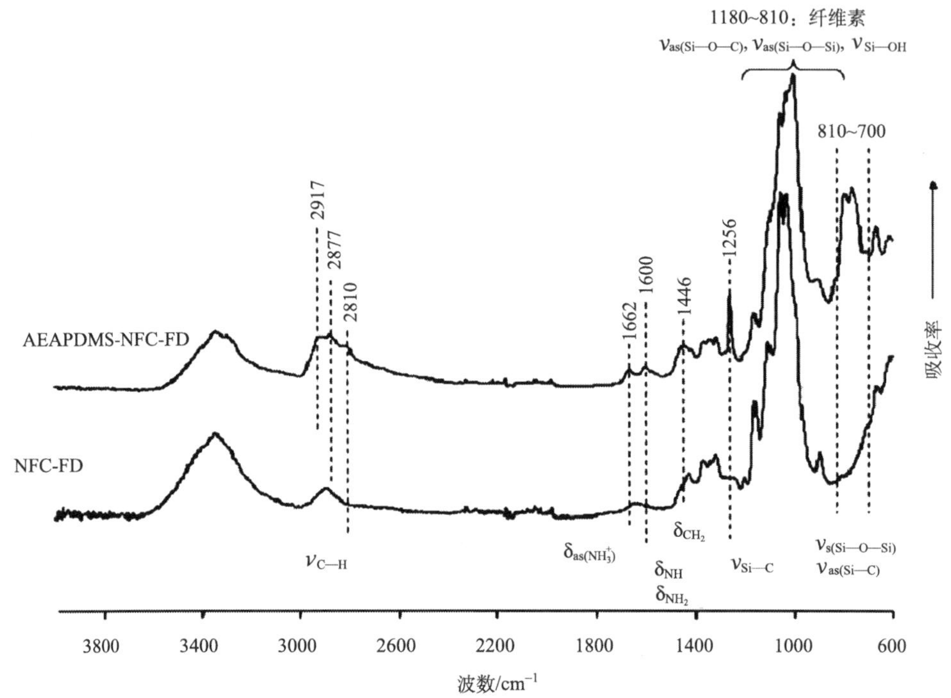

图 6-75　NFC-FD 和 AEAPDMS-NFC-FD 的 FTIR 谱图

2) CO_2 的吸附-脱附测试

图 6-76 展示了出口处 CO_2 浓度与 AEAPDMS-NFC-FD 吸附时间的函数关系。当 CO_2 吸附速率变小[0.67μmol/(g·min)]且出口处 CO_2 浓度达到入口处 CO_2 浓度的 97%时，AEAPDMS-NFC-FD 的吸附实验进行了 12h。通过积分计算，AEAPDMS-NFC-FD 的 CO_2 吸附量为 1.39mmol CO_2/g。AEAPDMS-NFC-FD 的氨基效率为 28%。Choi 等[259]使用 PEI/二氧化硅复合材料在 CO_2 浓度为 400ppm 的干燥氩气中进行 CO_2 吸附，获得迄今为止最高的 CO_2 吸附量(即 2.36mmol CO_2/g)。由于 PEI/二氧化硅复合材料的氨基负载量为 10.5mmol N/g，因此氨基效率可以计算为 22%。值得注意的是 Choi 等[259]是从干燥的气体中吸附 CO_2，当使用湿气流时，吸附量通常会增加。而且，Choi 等[346]采用 HAS6 在 CO_2 浓度为 400ppm 的湿空气中实现了 1.72mmol CO_2/g 的 CO_2 吸附量。HAS6 的氨基负载量为 9.9mmol N/g，因此

氨基效率可以计算为 17%。Belmabkhout 等[288]采用 TRI-PE-MCM-4 在 CO_2 浓度为 400ppm 的干燥空气中实现了 0.98mmol CO_2/g 的 CO_2 吸附量，氨基效率为 12%。当在 5%CO_2 气流中引入水分子时，TRI-PE-MCM-4 的 CO_2 吸附能力从 1.9mmol CO_2/g 增加到 2.04mmol CO_2/g。Lackner[358]报道了一种市售的强碱性离子交换树脂，其电荷密度为 1.7mmol/g，理论 CO_2 吸附量可达 0.85mmol CO_2/g。在一篇专利文献中，Olah 等[394]报道了一种氨基修饰的煅制二氧化硅纳米粒子，这种粒子在 CO_2 浓度为 380ppm 的干燥空气中的 CO_2 吸附量可达 0.61mmol CO_2/g。Gebald 等[357]报道了一种经氨基改性和空气氧化的碳纤维，该纤维在 CO_2 浓度为 500ppm 的湿润空气中的 CO_2 吸附量可达 1.87mmol CO_2/g。

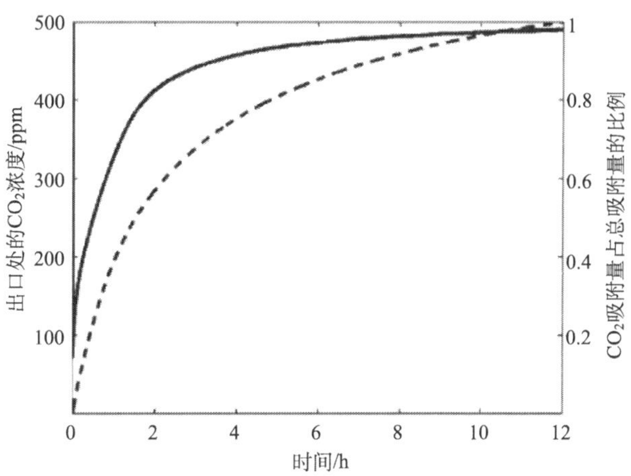

图 6-76 在 AEAPDMS-NFC-FD 吸附潮湿的 CO_2 期间，出口处的 CO_2 浓度(实线)和 CO_2 吸附量占总吸附量的比例(虚线)与吸附时间的关系

为了更全面地表征氨基吸附剂，CO_2 吸附量和 CO_2 吸附速率随吸附时间的变化如图 6-77 所示。Choi 等[259, 346]报道了吸附半衰期(达到 50%的最终吸附量所需要的时间)的动力学数据，但是这种指标仅与 CO_2 的吸附能力相结合时才有实际意义，因为小的吸附半衰期并不一定代表高的 CO_2 吸附速率。为了比较，图 6-78 列出了各种吸附剂的吸附半衰期。值得注意的是，这里的粒子尺寸、滞留时间、进气的线速度和填充床的长径比等参数均不同于 Choi 等的研究中所使用的[259, 346]。AEAPDMS-NFC-FD 的吸附半衰期为 92min，在吸附半衰期期间的 CO_2 平均吸附速率为 7.6μmol/(g·min)。此外，PEI/二氧化硅、A-PEI/二氧化硅、T-PEI/二氧化硅、HAS6 的吸附半衰期和 CO_2 平均吸附速率分别为 309min 和 3.8μmol/(g·min)、196min 和 5.8μmol/(g·min)、210min 和 5.2μmol/(g·min)、167min 和 5.2μmol/(g·min)[259, 346]。用 Belmabkhout 等[288]合成的氨基固体吸附剂 TRI-PE-MCM-41 进行 CO_2 吸附时(CO_2 浓度为 1000ppm 的干燥气体)，需要 15min 达到 90%的 CO_2 平衡吸附量。根据 Lackner[358]的报道，为了每秒从空气捕获 0.25mol CO_2，需要使用 2500kg 强碱性

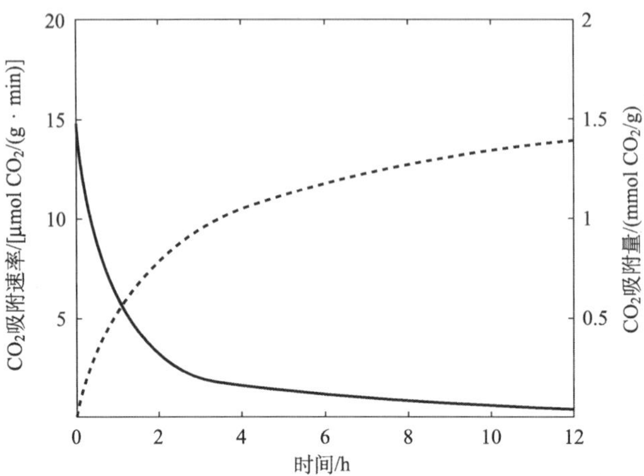

图 6-77　AEAPDMS-NFC-FD 的 CO_2 吸附速率（实线）和 CO_2 吸附量（虚线）随吸附时间的变化曲线

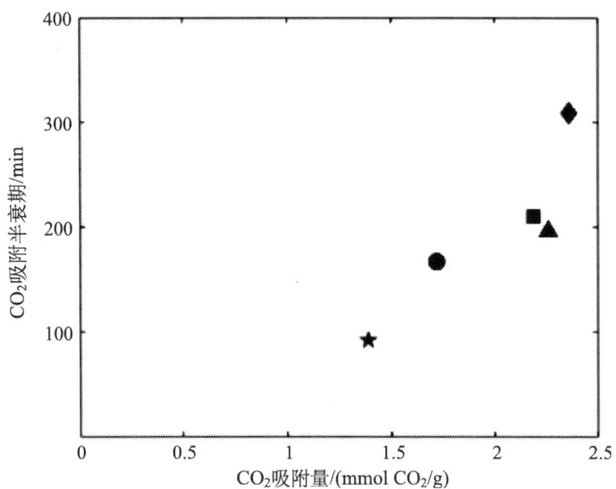

图 6-78　AEAPDMS-NFC-FD（星形）、HAS6（球形）、PEI/二氧化硅（菱形）、A-PEI/二氧化硅（三角形）、T-PEI/二氧化硅（正方形）的 CO_2 吸附量和吸附半衰期

离子交换树脂，CO_2 吸附速率为 6μmol/(g·min)，这与 AEAPDMS-NFC-FD 在前 120min 时的 CO_2 吸附速率相近[6.7μmol/(g·min)]。尽管 AEAPDMS-NFC-FD 具有相对比较小的 BET 比表面积和粒子尺寸（10mm），AEAPDMS-NFC-FD 的 CO_2 吸附速率可以与 HAS6、PEI/二氧化硅、A-PEI/二氧化硅和以粉末状形式存在的 T-PEI/二氧化硅相媲美[259, 346]，如图 6-79 所示，文献中吸附剂的 CO_2 吸附速率被假定为常数。从结果我们可以推断，粒径为 10mm 的 AEAPDMS-NFC-FD 粒子可用于捕获空气中的 CO_2。良好的 CO_2 吸附速率可以通过 AEAPDMS-NFC-FD 的高

孔隙结构来解释，该结构是由孔结构分隔的微米级薄片所构成的(图 6-74)。为了比较，对 NFC-FD 也进行了 CO_2 吸附测试。在通气后，出口处 CO_2 的浓度在气体引入后立即达到入口处 CO_2 的浓度值，表明未经任何改性的 NFC 材料不会发生 CO_2 吸附。

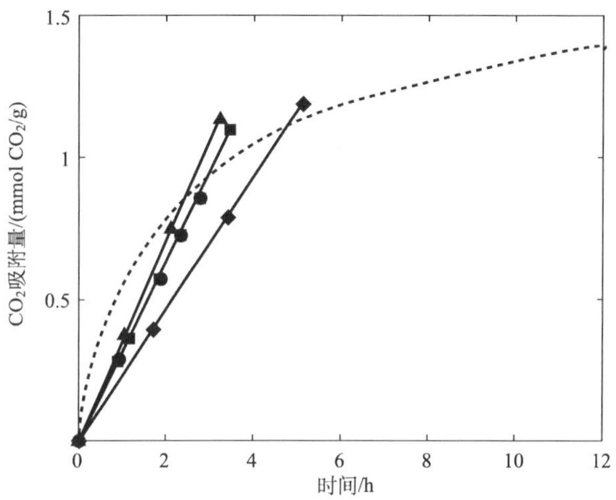

图 6-79　AEAPDMS-NFC-FD(虚线)、HAS6(球形)、PEI/二氧化硅(菱形)、A-PEI/二氧化硅(三角形)和 T-PEI/二氧化硅(正方形)的 CO_2 吸附量随时间的变化

经吸附潮湿的 $CO_2$12h 后，AEAPDMS-NFC-FD 的 FTIR 谱图如图 6-80 所示。目前还没有文献报道经氨基硅烷改性的 NFC 经过 CO_2 吸附后的 FTIR 谱图。将

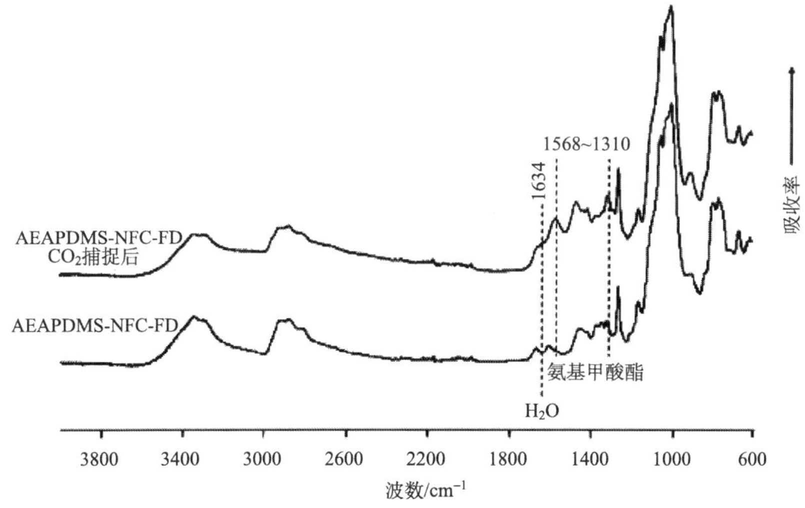

图 6-80　AEAPDMS-NFC-FD 经过吸附潮湿的 CO_2 后的 FTIR 谱图

AEAPDMS-NFC-FD在CO_2吸附后获得的FTIR谱图与氨基改性的二氧化硅在CO_2吸附后获得的FTIR谱图进行比较。1568cm^{-1}处的峰归因于(N)COO^-非对称伸缩振动[392]，1466cm^{-1}处的峰为NH_3^+的对称变形振动，1410cm^{-1}、1369cm^{-1}和1310cm^{-1}处的峰对应于(N)COO^-的对称伸缩振动[360]。从胺液吸收CO_2的过程中可知，CO_2可以与伯胺和仲胺发生反应形成氨基甲酸、氨基甲酸盐和碳酸氢盐[395, 396]。通过比较本项工作中FTIR光谱和吸收了CO_2的胺液的FTIR光谱，1369cm^{-1}处的峰被进一步归因于源自碳酸氢盐[395]。然而，这个结论仍让人怀疑。氨基甲酸盐的形成是通过氨基甲酸发生去质子化。对于伯胺和仲胺来说，相比于碳酸氢盐的形成，从动力学和热动力学的角度来看氨基甲酸盐的形成更易于发生[395, 396]。

AEAPDMS-NFC-FD的CO_2脱附速率非常快，大约需要30min即可完成，如图6-81所示。通过积分计算，CO_2的脱附量大约是1.41mmol CO_2/g，与CO_2的吸附量之间的误差在1.5%之内。在填充床的温度低于80℃时，超过85%的CO_2在19min之内实现脱附。CO_2脱附后的AEAPDMS-NFC-FD的FTIR谱图显示在图6-82中。可以看出，其谱图与原始AEAPDMS-NFC-FD的FTIR谱图(捕捉CO_2前)吻合。

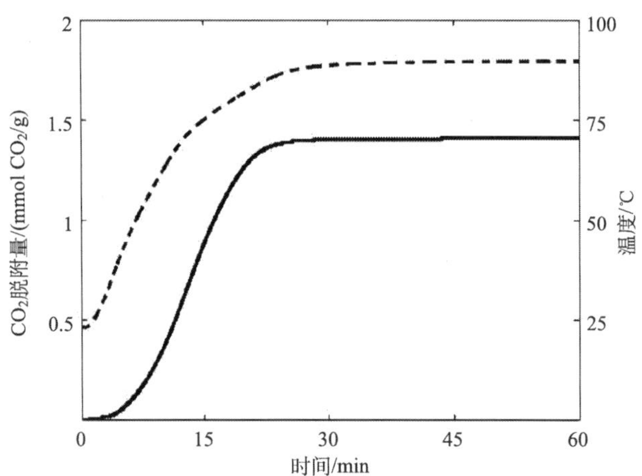

图6-81　AEAPDMS-NFC-FD的CO_2脱附量(实线)和填充床在CO_2脱附过程中温度的变化(虚线)

图6-83为AEAPDMS-NFC-FD 20个连续的CO_2吸附-脱附循环实验。可以观察到，AEAPDMS-NFC-FD循环能力没有下降，表明AEAPDMS-NFC-FD在该实验条件下稳定的重复使用能力。在温度为25℃、相对湿度为40%的情况下进行2h的CO_2吸附，在温度为90℃、相对湿度为40%的氩气气氛下进行1h的CO_2脱附，CO_2的平均吸附量为0.695mmol CO_2/g。在CO_2脱附期间，增加湿度有利

于避免尿素的形成和氨基官能团的损失[291]。在实际的工业应用中，循环时间可能与本研究中使用的循环时间不同。短循环时间有利于使每克吸附剂在单位时间内所吸收的 CO_2 量最大化，从而降低资金成本。长循环时间有利于获得高的 CO_2 负载量，从而降低脱附过程的能量需求。最佳的循环时间是根据实际情况在这两个选择之间进行合理权衡。

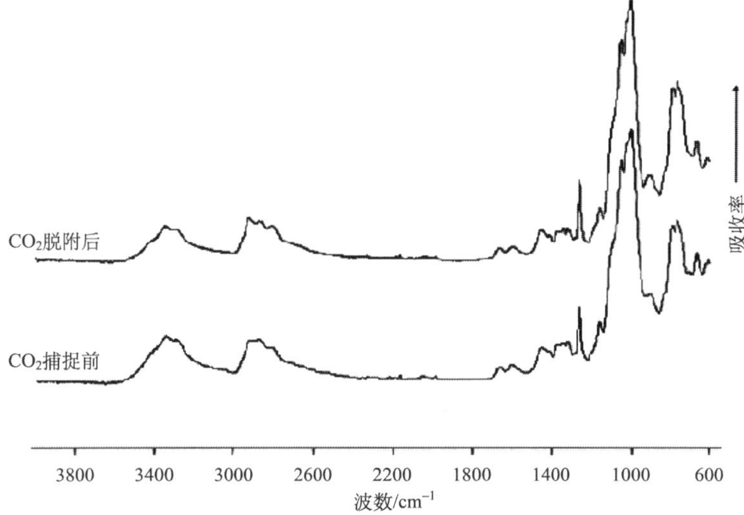

图 6-82　AEAPDMS-NFC-FD 在 CO_2 脱附后及捕捉前的 FTIR 谱图

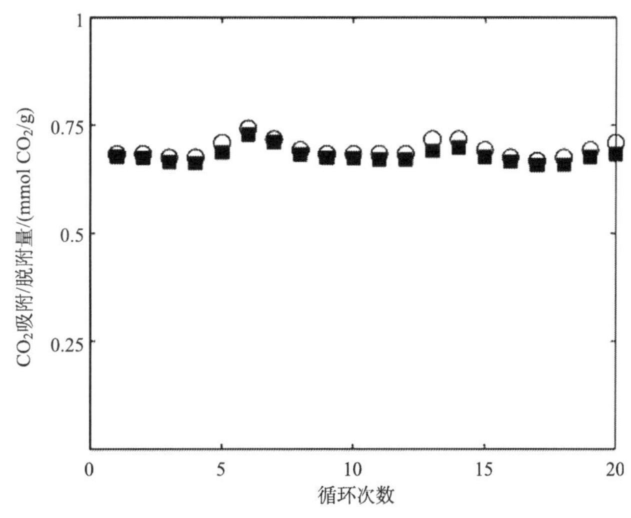

图 6-83　AEAPDMS-NFC-FD 的 CO_2 吸附(正方形)和脱附(球形)循环实验

参 考 文 献

[1] Shewale P M, Rao A V, Rao A P, et al. Synthesis of transparent silica aerogels with low density and better hydrophobicity by controlled sol-gel route and subsequent atmospheric pressure drying. Journal of Sol-Gel Science and Technology, 2009, 49(3): 285-292.

[2] Lan W, Liu C F, Yue F X, et al. Ultrasound-assisted dissolution of cellulose in ionic liquid. Carbohydrate Polymers, 2011, 86(2): 672-677.

[3] Shirgholami M A, Khalil-Abad M S, Khajavi R, et al. Fabrication of superhydrophobic polymethylsilsesquioxane nanostructures on cotton textiles by a solution-immersion process. Journal of Colloid & Interface Science, 2011, 359(2): 530-535.

[4] Wu Z Y, Li C, Liang H W, et al. Ultralight, flexible, and fire-resistant carbon nanofiber aerogels from bacterial cellulose. Angewandte Chemie, 2013, 125(10): 2925-2929.

[5] Sun H, Xu Z, Gao C. Multifunctional, ultra-flyweight, synergistically assembled carbon aerogels. Advanced Materials, 2013, 25(18): 2554-2560.

[6] Pan H, Zhu S, Mao L. Graphene nanoarchitectonics: Approaching the excellent properties of graphene from microscale to macroscale. Journal of Inorganic & Organometallic Polymers & Materials, 2015, 25(2): 179-188.

[7] Hrubesh L W, Coronado P R, Satcher J H. Solvent removal from water with hydrophobic aerogels. Journal of Non-Crystalline Solids, 2001, 285(1-3): 328-332.

[8] Reynolds J G, Coronado P R, Hrubesh L W. Hydrophobic aerogels for oil-spill clean up-synthesis and characterization. Journal of Non-Crystalline Solids, 2001, 292(1): 127-137.

[9] Reynolds J G, Coronado P R, Hrubesh L W. Hydrophobic aerogels for oil-spill cleanup? Intrinsic absorbing properties. Energy Sources, 2001, 23(9): 831-843.

[10] Zheng Q, Cai Z, Gong S. Green synthesis of polyvinyl alcohol (PVA)-cellulose nanofibril (CNF) hybrid aerogels and their use as superabsorbents. Journal of Materials Chemistry A, 2014, 2(9): 3110-3118.

[11] Zhai T, Zheng Q, Cai Z, et al. Synthesis of polyvinyl alcohol/cellulose nanofibril hybrid aerogel microspheres and their use as oil/solvent superabsorbents. Carbohydrate Polymers, 2016, 148: 300-308.

[12] Rashwan W E, Girgis B S. Adsorption capacities of activated carbons derived from rice straw and water hyacinth in the removal of organic pollutants from water. Adsorption Science & Technology, 2004, 22(3): 181-194.

[13] Srinivasan A, Viraraghavan T. Removal of oil by walnut shell media. Bioresource Technology, 2008, 99(17): 8217-8220.

[14] Venkatanarasimhan S, Raghavachari D. Epoxidized natural rubber-magnetite nanocomposites for oil spill recovery. Journal of Materials Chemistry A, 2013, 1(3): 868-876.

[15] Björklund K, Li L. Evaluation of low-cost materials for sorption of hydrophobic organic pollutants in stormwater. Journal of Environmental Management, 2015, 159: 106-114.

[16] Elizalde-González M P, Mattusch J, Peláez-Cid A A, et al. Characterization of adsorbent materials prepared from avocado kernel seeds: Natural, activated and carbonized forms. Journal

of Analytical & Applied Pyrolysis, 2007, 78(1): 185-193.

[17] Pavan F A, Mazzocato A C, Gushikem Y. Removal of methylene blue dye from aqueous solutions by adsorption using yellow passion fruit peel as adsorbent. Bioresource Technology, 2008, 99(8): 3162-3165.

[18] Guo J Z, Li B, Liu L, et al. Removal of methylene blue from aqueous solutions by chemically modified bamboo. Chemosphere, 2014, 111: 225-231.

[19] Namasivayam C, Muniasamy N, Gayatri K, et al. Removal of dyes from aqueous solutions by cellulosic waste orange peel. Bioresource Technology, 1996, 57(1): 37-43.

[20] Tserki V, Zafeiropoulos N E, Simon F, et al. A study of the effect of acetylation and propionylation surface treatments on natural fibres. Composites Part A Applied Science & Manufacturing, 2005, 36(8): 1110-1118.

[21] Sidik S M, Jalil A A, Triwahyono S, et al. Modified oil palm leaves adsorbent with enhanced hydrophobicity for crude oil removal. Chemical Engineering Journal, 2012, 203(5): 9-18.

[22] Likon M, Saarela J. The conversion of paper mill sludge into absorbent for oil spill sanitation-the life cycle assessment. Macromolecular Symposia, 2012, 320(1): 50-56.

[23] Korhonen J T, Kettunen M, Ras R H, et al. Hydrophobic nanocellulose aerogels as floating, sustainable, reusable, and recyclable oil absorbents. ACS Applied Materials & Interfaces, 2011, 3(6): 1813-1816.

[24] Wan C, Lu Y, Jiao Y, et al. Fabrication of hydrophobic, electrically conductive and flame-resistant carbon aerogels by pyrolysis of regenerated cellulose aerogels. Carbohydrate Polymers, 2015, 118: 115-118.

[25] Liang H W, Wu Z Y, Chen L F, et al. Bacterial cellulose derived nitrogen-doped carbon nanofiber aerogel: An efficient metal-free oxygen reduction electrocatalyst for zinc-air battery. Nano Energy, 2015, 11: 366-376.

[26] Bi H, Yin Z, Cao X, et al. Carbon fiber aerogel made from raw cotton: A novel, efficient and recyclable sorbent for oils and organic solvents. Advanced Materials, 2013, 25(41): 5916-5921.

[27] Savova D, Apak E, Ekinci E, et al. Biomass conversion to carbon adsorbents and gas. Biomass & Bioenergy, 2001, 21(2): 133-142.

[28] Li L J, Wang Y P, Wang G, et al. Evaluation of properties of natural bamboo fiber for application in summer textiles. Journal of Fiber Bioengineering & Informatics, 2010, 3(2): 94-99.

[29] Khalil H P S A, Bhat I U H, Jawaid M, et al. Bamboo fibre reinforced biocomposites: A review. Materials & Design, 2012, 42: 353-368.

[30] Jiao Y, Wan C, Li J. Synthesis of carbon fiber aerogel from natural bamboo fiber and its application as a green high-efficiency and recyclable adsorbent. Materials & Design, 2016, 107: 26-32.

[31] Maji T K, Masaaki Ohba A, Kitagawa S. Transformation from a 2D stacked layer to 3D interpenetrated framework by changing the spacer functionality: Synthesis, structure, adsorption, and magnetic properties. Inorganic Chemistry, 2005, 44(25): 9225-9231.

[32] Nishiyama Y, Langan P, Chanzy H. Crystal structure and hydrogen bonding system in cellulose

I_α from synchrotron X-ray and neutron fiber diffraction. Journal of the American Chemical Society, 2002, 124(31): 9074-9082.

[33] Mao Y, Duan H, Xu B, et al. Lithium storage in nitrogen-rich mesoporous carbon materials. Energy & Environmental Science, 2012, 5(7): 7950-7955.

[34] Qiu W, Xia J, He S, et al. Facile synthesis of hollow MoS_2 microspheres/amorphous carbon composites and their lithium storage properties. Electrochimica Acta, 2014, 117(4): 145-152.

[35] Abidi N, Cabrales L, Haigler C H. Changes in the cell wall and cellulose content of developing cotton fibers investigated by FTIR spectroscopy. Carbohydrate Polymers, 2014, 100(2): 9-16.

[36] Lu Y, Sun Q, Yang D, et al. Fabrication of mesoporous lignocellulose aerogels from wood via cyclic liquid nitrogen freezing-thawing in ionic liquid solution. Journal of Materials Chemistry, 2012, 22(27): 13548-13557.

[37] Leofanti G, Padovan M, Tozzola G, et al. Surface area and pore texture of catalysts. Catalysis Today, 1998, 90(4): 207-219.

[38] Marmur A, Ras R H A. The porous nano-fibers raft: Analysis of load-carrying mechanism and capacity. Soft Matter, 2011, 7(16): 7382-7385.

[39] Lillo-Ródenas M A, Cazorla-Amorós D, Linares-Solano A. Behaviour of activated carbons with different pore size distributions and surface oxygen groups for benzene and toluene adsorption at low concentrations. Carbon, 2005, 43(8): 1758-1767.

[40] Moura F C C, Lago R M. Catalytic growth of carbon nanotubes and nanofibers on vermiculite to produce floatable hydrophobic "nanosponges" for oil spill remediation. Applied Catalysis B Environmental, 2009, 90(3-4): 436-440.

[41] Yuan J, Liu X, Akbulut O, et al. Superwetting nanowire membranes for selective absorption. Nature Nanotechnology, 2008, 3(6): 332-336.

[42] Li A, Sun H X, Tan D Z, et al. Superhydrophobic conjugated microporous polymers for separation and adsorption. Energy & Environmental Science, 2011, 4(6): 2062-2065.

[43] Wang G L, Sun Q R, Zhang Y Q, et al. Sorption and regeneration of magnetic exfoliated graphite as a new sorbent for oil pollution. Desalination, 2010, 263(1): 183-188.

[44] Bi H, Xie X, Yin K, et al. Graphene: Spongy graphene as a highly efficient and recyclable sorbent for oils and organic solvents. Advanced Functional Materials, 2012, 22(21): 4421-4425.

[45] Hashim D P, Narayanan N T, Romoherrera J M, et al. Covalently bonded three-dimensional carbon nanotube solids via boron induced nanojunctions. Scientific Reports, 2012, 2(4): 363.

[46] Nordvik A B, Simmons J L, Bitting K R, et al. Oil and water separation in marine oil spill clean-up operations. Spill Science & Technology Bulletin, 1996, 3(3): 107-122.

[47] Choi H M, Cloud R M. Natural sorbents in oil spill cleanup. Environmental Science & Technology, 1992, 26(4): 772-776.

[48] Wei Q F, Mather R R, Fotheringham A F, et al. Evaluation of nonwoven polypropylene oil sorbents in marine oil-spill recovery. Marine Pollution Bulletin, 2003, 46(6): 780-783.

[49] Wu L, Li L, Li B, et al. Magnetic, durable, and superhydrophobic polyurethane@Fe_3O_4@SiO_2@fluoropolymer sponges for selective oil absorption and oil/water separation. ACS Applied Materials & Interfaces, 2015, 7(8): 4936-4946.

[50] Rao A V, Hegde N D, Hirashima H J. Absorption and desorption of organic liquids in elastic superhydrophobic silica aerogels. Journal of Colloid & Interface Science, 2007, 305(1): 124-132.

[51] Gurav J L, Rao A V, Nadargi D Y, et al. Ambient pressure dried TEOS-based silica aerogels: Good absorbents of organic liquids. Journal of Materials Science, 2010, 45(2): 503-510.

[52] Gui X, Wei J, Wang K, et al. Carbon nanotube sponges. Advanced Materials, 2010, 22(5): 617-621.

[53] Haraguchi K, Takehisa T. Nanocomposite hydrogels: A unique organic-inorganic network structure with extraordinary mechanical, optical, and swelling/de-swelling properties. Advanced Materials, 2002, 14(16): 1120-1124.

[54] Spence K L, Venditli R A, Rojas O J, et al. A comparative study of energy consumption and physical properties of microfibrillated cellulose produced by different processing method. Cellulose, 2011, 18(4): 1097-1111.

[55] Abe K, Iwamoto S, Yano H. Obtaining cellulose nanofibers with a uniform width of 15 nm from wood. Biomacromolecules, 2007, 8(10): 3276-3278.

[56] Saito T, Kimura S, Nishiyama Y, et al. Cellulose nanofibers prepared by TEMPO-mediated oxidation of native cellulose. Biomacromolecules, 2007, 8(8): 2485-2491.

[57] Pääkkö M, Vapaavuori J, Silvennoinen R, et al. Long and entangled native cellulose Ⅰ nanofibers allow flexible aerogels and hierarchically porous templates for functionalities. Soft Matter, 2008, 4(12): 2492-2499.

[58] Korhonen J T, Hiekkataipale P, Malm J, et al. Inorganic hollow nanotube aerogels by atomic layer deposition onto native nanocellulose templates. ACS Nano, 2011, 5(3): 1967-1974.

[59] Svagan A J, Samir M A S A, Berglund L A. Biomimetic foams of high mechanical performance based on nanostructured cell walls reinforced by native cellulose nanofibrils. Advanced Materials, 2008, 20(7): 1263-1269.

[60] Sehaqui H, Salajková M, Zhou Q, et al. Mechanical performance tailoring of tough ultra-high porosity foams prepared from cellulose Ⅰ nanofiber suspensions. Soft Matter, 2010, 6(8): 1824-1832.

[61] Kettunen M, Silvennoinen R J, Houbenov N, et al. Photoswitchable superabsorbency based on nanocellulose aerogels. Advanced Functional Materials, 2011, 21(3): 510-517.

[62] Jin H, Kettunen M, Laiho A, et al. Superhydrophobic and superoleophobic nanocellulose aerogel membranes as bioinspired cargo carriers on water and oil. Langmuir, 2011, 27(5): 1930-1934.

[63] Olsson R T, Azizi Samir M A, Salazaralvarez G, et al. Making flexible magnetic aerogels and stiff magnetic nanopaper using cellulose nanofibrils as templates. Nature Nanotechnology, 2010, 5(8): 584-588.

[64] Li J, Li D, Yang Y, et al. A prewetting induced underwater superoleophobic or under oil (super) hydrophobic waste potato residue-coated mesh for selective efficient oil/water separation. Green Chemistry, 2015, 18(2): 541-549.

[65] Hayase G, Hayase G, Kanamori K, et al. Facile synthesis of marshmallow-like macroporous gels usable under harsh conditions for the separation of oil and water. Angewandte Chemie, 2013,

52(7): 1986-1989.

[66] Luo Z Y, Chen K X, Wang Y Q, et al. Superhydrophilic nickel nanoparticles with core-shell structure to decorate copper mesh for efficient oil/water separation. Journal of Physical Chemistry C, 2016, 120(23): 12685-12692.

[67] Liao Q, Su X, Zhu W, et al. Flexible and durable cellulose aerogels for highly effective oil/water separation. RSC Advances, 2016, 6(68): 63773-63781.

[68] Wang G, He Y, Wang H, et al. A cellulose sponge with robust superhydrophilicity and under-water superoleophobicity for highly effective oil/water separation. Green Chemistry, 2015, 17(5): 3093-3099.

[69] Kintisch E. Gulf oil spill. An audacious decision in crisis gets cautious praise. Science, 2010, 329(5993): 735-736.

[70] Liu Y, Zhang K, Yao W, et al. A facile electrodeposition process for the fabrication of superhydrophobic and superoleophilic copper mesh for efficient oil-water separation. Industrial & Engineering Chemistry Research, 2016, 55(10): 2704-2712.

[71] Murakami R, Moriyama H, Noguchi T, et al. Effects of the density difference between water and oil on stabilization of powdered oil-in-water emulsions. Langmuir, 2014, 30(2): 496-500.

[72] Liu J, Wang L, Guo F, et al. Opposite and complementary: A superhydrophobic-superhydrophilic integrated system for high-flux, high-efficiency and continuous oil/water separation. Journal of Materials Chemistry A, 2016, 4(12): 4365-4370.

[73] Ou R, Wei J, Jiang L, et al. Robust thermoresponsive polymer composite membrane with switchable superhydrophilicity and superhydrophobicity for efficient oil-water separation. Environmental Science & Technology, 2016, 50(2): 906-914.

[74] Shi H, He Y, Pan Y, et al. A modified mussel-inspired method to fabricate TiO_2 decorated superhydrophilic PVDF membrane for oil/water separation. Journal of Membrane Science, 2016, 506: 60-70.

[75] Pi P, Hou K, Zhou C, et al. A novel superhydrophilic-underwater superoleophobic Cu_2S coated copper mesh for efficient oil-water separation. Materials Letters, 2016, 182: 68-71.

[76] Zhou C, Cheng J, Hou K, et al. Preparation of $CuWO_4$@Cu_2O film on copper mesh by anodization for oil/water separation and aqueous pollutant degradation. Chemical Engineering Journal, 2017, 307: 803-811.

[77] Liu L, Chen C, Yang S, et al. Fabrication of superhydrophilic-underwater superoleophobic inorganic anti-corrosive membranes for high-efficiency oil/water separation. Physical Chemistry Chemical Physics, 2016, 18(2): 1317-1325.

[78] Li J, Yan L, Hu W, et al. Facile fabrication of underwater superoleophobic TiO_2 coated mesh for highly efficient oil/water separation. Colloids & Surfaces A Physicochemical & Engineering Aspects, 2016, 489: 441-446.

[79] Liu J, Li P, Chen L, et al. Superhydrophilic and underwater superoleophobic modified chitosan-coated mesh for oil/water separation. Surface & Coatings Technology, 2016, 307: 171-176.

[80] Voisin H, Bergström L, Liu P, et al. Nanocellulose-based materials for water purification.

Nanomaterials, 2017, 7(3): 57.

[81] Mahfoudhi N, Boufi S. Nanocellulose as a novel nanostructured adsorbent for environmental remediation: A review. Cellulose, 2017, 24(3): 1171-1197.

[82] Cervin N T, Aulin C, Larsson P T, et al. Ultra porous nanocellulose aerogels as separation medium for mixtures of oil/water liquids. Cellulose, 2012, 19(2): 401-410.

[83] Xue Z, Cao Y, Liu N, et al. Special wettable materials for oil/water separation. Journal of Materials Chemistry A, 2014, 2(8): 2445-2460.

[84] He Z, Zhang X, Batchelor W. Cellulose nanofibre aerogel filter with tuneable pore structure for oil/water separation and recovery. RSC Advances, 2016, 6(26): 21435-21438.

[85] Paul U, Fragouli D, Bayer I, et al. Functionalized cellulose networks for efficient oil removal from oil-water emulsions. Polymers, 2016, 8(2): 52.

[86] Sun F, Liu W, Dong Z, et al. Underwater superoleophobicity cellulose nanofibril aerogel through regioselective sulfonation for oil/water separation. Chemical Engineering Journal, 2017, 330: 774-782.

[87] Zhang J, Jiang N, Dang Z, et al. Oxidation and sulfonation of cellulosics. Cellulose, 2008, 15(3): 489-496.

[88] Suganuma S, Nakajima K, Kitano M, et al. Hydrolysis of cellulose by amorphous carbon bearing SO_3H, COOH, and OH groups. Journal of the American Chemical Society, 2008, 130(38): 12787-12793.

[89] Liimatainen H, Sirviö J, Sundman O, et al. Use of nanoparticular and soluble anionic celluloses in coagulation-flocculation treatment of kaolin suspension. Water Research, 2012, 46(7): 2159-2166.

[90] Mitchell R, Carr C M, Parfitt M, et al. Surface chemical analysis of raw cotton fibres and associated materials. Cellulose, 2005, 12(6): 629-639.

[91] Topalovic T, Nierstrasz V A, Bautista L, et al. XPS and contact angle study of cotton surface oxidation by catalytic bleaching. Colloids & Surfaces A Physicochemical & Engineering Aspects, 2007, 296(1): 76-85.

[92] Bhardwaj N K, Hoang V, Nguyen K L. Effect of refining on pulp surface charge accessible to polydadmac and FTIR characteristic bands of high yield kraft fibres. Bioresource Technology, 2007, 98(4): 962-966.

[93] Ma Q, Cheng H, Fane A G, et al. Recent development of advanced materials with special wettability for selective oil/water separation. Small, 2016, 12(16): 2186-2202.

[94] Laurent S, Forge D, Port M, et al. Magnetic iron oxide nanoparticles: Synthesis, stabilization, vectorization, physicochemical characterizations, and biological applications. Chemical Reviews, 2008, 108(6): 2064-2110.

[95] Pouran S R, Raman A A A, Wan M A W D. Review on the application of modified iron oxides as heterogeneous catalysts in Fenton reactions. Journal of Cleaner Production, 2014, 64(2): 24-35.

[96] Urbanova V, Magro M, Gedanken A, et al. Nanocrystalline iron oxides, composites, and related materials as a platform for electrochemical, magnetic, and chemical biosensors. Chemistry of

Materials, 2014, 26(23): 6653-6673.

[97] Gallo J, Kamaly N, Lavdas I, et al. CXCR4-targeted and MMP-responsive iron oxide nanoparticles for enhanced magnetic resonance imaging. Angewandte Chemie, 2014, 53(36): 9550-9554.

[98] Dhadge V L, Morgado P I, Filomena F, et al. An extracellular polymer at the interface of magnetic bioseparations. Journal of the Royal Society Interface, 2014, 11(100): 942-949.

[99] Lin Y, Wu S, Hung Y, et al. Multifunctional composite nanoparticles: Magnetic, luminescent, and mesoporous. Chemistry of Materials, 2006, 18(22): 5170-5172.

[100] Rubioretama J, Zafeiropoulos N E, Frick B, et al. Investigation of the relationship between hydrogen bonds and macroscopic properties in hybrid core-shell γ-Fe_2O_3-P(NIPAM-AAS) microgels. Langmuir, 2010, 26(10): 7101-7106.

[101] Yang X, Xu L, Ng Siu C, et al. Magnetic and electrical properties of polypyrrole-coated γ-Fe_2O_3 nanocomposite particles. Nanotechnology, 2003, 14(14): 624.

[102] Wang Y, Teng X, Wang J, et al. Solvent-free atom transfer radical polymerization in the synthesis of Fe_2O_3@polystyrene core-shell nanoparticles. Nano Letters, 2003, 3(6): 85-100.

[103] Yang J, Zhang H, Yu M, et al. High-content, well-dispersed γ-Fe_2O_3 nanoparticles encapsulated in macroporous silica with superior arsenic removal performance. Advanced Functional Materials, 2014, 24(10): 1354-1363.

[104] Behrens S. Preparation of functional magnetic nanocomposites and hybrid materials: Recent progress and future directions. Nanoscale, 2011, 3(3): 877-892.

[105] Guo Y, Wang X, Sun R. Cellulose-based self-assembled nanoparticles for antitumor drug delivery. Journal of Controlled Release, 2013, 172(1): e85.

[106] Cao G, Liu D. Template-based synthesis of nanorod, nanowire, and nanotube arrays. Advances in Colloid and Interface Science, 2008, 136(1-2): 45-64.

[107] Sun Z, Yuan H, Liu Z, et al. A highly efficient chemical sensor material for H_2S: α-Fe_2O_3 nanotubes fabricated using carbon nanotube templates. Advanced Materials, 2010, 17(24): 2993-2997.

[108] Zhu X, Liu Y, Zhou C, et al. Novel and high-performance magnetic carbon composite prepared from waste hydrochar for dye removal. ACS Sustainable Chemistry & Engineering, 2014, 2(4): 969-977.

[109] Lian J, Duan X, Ma J, et al. Hematite (α-Fe_2O_3) with various morphologies: Ionic liquid-assisted synthesis, formation mechanism, and properties. ACS Nano, 2009, 3(11): 3749-3761.

[110] Xu X, Cao R, Jeong S, et al. Spindle-like mesoporous α-Fe_2O_3 anode material prepared from MOF template for high-rate lithium batteries. Nano Letters, 2012, 12(9): 4988-4991.

[111] Manukyan K V, Chen Y S, Rouvimov S, et al. Ultrasmall α-Fe_2O_3 superparamagnetic nanoparticles with high magnetization prepared by template-assisted combustion process. The Journal of Physical Chemistry C, 2014, 118(29): 16264-16271.

[112] Luo X, Guo B, Luo J, et al. Recovery of lithium from wastewater using development of Li ion-imprinted polymers. ACS Sustainable Chemistry & Engineering, 2015, 3(3): 460-467.

[113] Liu X M, Fu S Y, Xiao H M, et al. Preparation and characterization of shuttle-like α-Fe_2O_3 nanoparticles by supermolecular template. Journal of Solid State Chemistry, 2005, 178(9): 2798-2803.

[114] Xiong R, Lu C, Wang Y, et al. Nanofibrillated cellulose as the support and reductant for the facile synthesis of Fe_3O_4/Ag nanocomposites with catalytic and antibacterial activity. Journal of Materials Chemistry A, 2013, 1(47): 14910-14918.

[115]Yan L, Gao Z. Dissolving of cellulose in PEG/NaOH aqueous solution. Cellulose, 2008, 15(6): 789.

[116] Hao Z, Jin W, Zhang J, et al. 1-Allyl-3-methylimidazolium chloride room temperature ionic liquid: A new and powerful nonderivatizing solvent for cellulose. Macromolecules, 2005, 38(20): 8272-8277.

[117] Fink H P, Weigel P, Purz H J, et al. Structure formation of regenerated cellulose materials from NMMO-solutions. Progress in Polymer Science, 2001, 26(9): 1473-1524.

[118] Wan C, Li J. Facile synthesis of well-dispersed superparamagnetic γ-Fe_2O_3 nanoparticles encapsulated in three-dimensional architectures of cellulose aerogels and their applications for Cr(Ⅵ) removal from contaminated water. ACS Sustainable Chemistry & Engineering, 2015, 3(9): 2142-2152.

[119] Wan C, Lu Y, Jiao Y, et al. Cellulose aerogels from cellulose-NaOH/PEG solution and comparison with different cellulose contents. Materials Science & Technology, 2014, 31(9): 1096-1102.

[120] He J, Kunitake T, Aiko N. Facile in situ synthesis of noble metal nanoparticles in porous cellulose fibers. Chemistry of Materials, 2003, 15(23): 4401-4406.

[121] Liu S, Yan Q, Tao D, et al. Highly flexible magnetic composite aerogels prepared by using cellulose nanofibril networks as templates. Carbohydrate Polymers, 2012, 89(2): 551-557.

[122] Tingaut P, Zimmermann T, Sèbe G. Cellulose nanocrystals and microfibrillated cellulose as building blocks for the design of hierarchical functional materials. Journal of Materials Chemistry, 2012, 22(38): 20105-20111.

[123] Stagi L, Toro J A D, Ardu A, et al. Surface effects under visible irradiation and heat treatment on the phase stability of γ-Fe_2O_3 nanoparticles and γ-Fe_2O_3-SiO_2 core-shell nanostructures. Journal of Physical Chemistry C, 2014, 118(5): 2857-2866.

[124] Liu S, Zhou J, Zhang L. In situ synthesis of plate-like Fe_2O_3 nanoparticles in porous cellulose films with obvious magnetic anisotropy. Cellulose, 2011, 18(3): 663-673.

[125] Oh S Y, Yoo D I, Shin Y, et al. FTIR analysis of cellulose treated with sodium hydroxide and carbon dioxide. Carbohydrate Research, 2005, 340(3): 417-428.

[126] Asrofi M, Abral H, Kasim A, et al. XRD and FTIR studies of nanocrystalline cellulose from water hyacinth (eichornia crassipes) fiber. Journal of Metastable & Nanocrystalline Materials, 2017, 29: 9-16.

[127] Zhu H Y, Jiang R, Xiao L, et al. A novel magnetically separable γ-Fe_2O_3/crosslinked chitosan adsorbent: Preparation, characterization and adsorption application for removal of hazardous azo dye. Journal of Hazardous Materials, 2010, 179(1-3): 251-257.

[128] Yin Y, Alivisatos A P. Colloidal nanocrystal synthesis and the organic-inorganic interface. Nature, 2005, 437(7059): 664.

[129] Rudaz C, Courson R, Bonnet L, et al. Aeropectin: Fully biomass-based mechanically strong and thermal superinsulating aerogel. Biomacromolecules, 2014, 15(6): 2188-2195.

[130] Yang H, Zhu W, Sun S, et al. Preparation of monolithic titania aerogels with high surface area by a sol-gel process combined surface modification. RSC Advances, 2014, 4(62): 32934-32940.

[131] Jiao Y, Wan C, Li J. Room-temperature embedment of anatase titania nanoparticles into porous cellulose aerogels. Applied Physics A, 2015, 120(1): 341-347.

[132] Sescousse R, Gavillon R, Budtova T. Aerocellulose from cellulose-ionic liquid solutions: Preparation, properties and comparison with cellulose-NaOH and cellulose-NMMO routes. Carbohydrate Polymers, 2011, 83(4): 1766-1774.

[133] Gawryla M D, Berg O V D, Weder C, et al. Clay aerogel/cellulose whisker nanocomposites: A nanoscale wattle and daub. Journal of Materials Chemistry, 2009, 19(15): 2118-2124.

[134] Ouyang W, Sun J, Memon J, et al. Scalable preparation of three-dimensional porous structures of reduced graphene oxide/cellulose composites and their application in supercapacitors. Carbon, 2013, 62(62): 501-509.

[135] Cai J, Liu S, Feng J, et al. Cellulose-silica nanocomposite aerogels by in situ formation of silica in cellulose gel. Angewandte Chemie, 2012, 124(9): 2118-2121.

[136] Shi Z, Gao H, Feng J, et al. In situ synthesis of robust conductive cellulose/polypyrrole composite aerogels and their potential application in nerve regeneration. Angewandte Chemie, 2014, 126(21): 5380-5384.

[137] Gaudisson T, Artus M, Acevedo U, et al. On the microstructural and magnetic properties of fine-grained $CoFe_2O_4$ ceramics produced by combining polyol process and spark plasma sintering. Journal of Magnetism & Magnetic Materials, 2014, 370(23): 87-95.

[138] Shafi K V P M, Ulman A, Dyal A, et al. Magnetic enhancement of γ-Fe_2O_3 nanoparticles by sonochemical coating. Chemistry of Materials, 2002, 14(4): 1778-1787.

[139] Gutfleisch O, Willard M A, Brück E, et al. Magnetic materials and devices for the 21st century: Stronger, lighter, and more energy efficient. Advanced Materials, 2011, 23(7): 821-842.

[140] Zhang J, Cao Y, Feng J, et al. Graphene-oxide-sheet-induced gelation of cellulose and promoted mechanical properties of composite aerogels. Journal of Physical Chemistry C, 2012, 116(14): 8063-8068.

[141] Jiang W, Pelaez M, Dionysiou D D, et al. Chromium(Ⅵ) removal by maghemite nanoparticles. Chemical Engineering Journal, 2013, 222(15): 527-533.

[142] Unuabonah E I, Günter C, Weber J, et al. Hybrid clay: A new highly efficient adsorbent for water treatment. ACS Sustainable Chemistry & Engineering, 2013, 1(8): 966-973.

[143] Bhattacharya A K, Naiya T K, Mandal S N, et al. Adsorption, kinetics and equilibrium studies on removal of Cr(Ⅵ) from aqueous solutions using different low-cost adsorbents. Chemical Engineering Journal, 2008, 137(3): 529-541.

[144] Li J, Wang L, Qi T, et al. Different N-containing functional groups modified mesoporous

adsorbents for Cr(Ⅵ) sequestration: Synthesis, characterization and comparison. Microporous & Mesoporous Materials, 2008, 110(2): 442-450.

[145] Khezami L, Capart R. Removal of chromium(Ⅵ) from aqueous solution by activated carbons: Kinetic and equilibrium studies. Journal of Hazardous Materials, 2005, 123(1): 223-231.

[146] Qiu B, Xu C, Sun D, et al. Polyaniline coated ethyl cellulose with improved hexavalent chromium removal. ACS Sustainable Chemistry & Engineering, 2014, 2(8): 2070-2080.

[147] Wang P, Lo I M C. Synthesis of mesoporous magnetic γ-Fe_2O_3 and its application to Cr(Ⅵ) removal from contaminated water. Water Research, 2009, 43(15): 3727-3734.

[148] Sağ Y, Aktay Y. Kinetic studies on sorption of Cr(Ⅵ) and Cu(Ⅱ) ions by chitin, chitosan and *Rhizopus arrhizus*. Biochemical Engineering Journal, 2002, 12(2): 143-153.

[149] Miretzky P, Fernandez Cirelli A. Cr(Ⅵ) and Cr(Ⅲ) removal from aqueous solution by raw and modified lignocellulosic materials: A review. Journal of Hazardous Materials, 2010, 180(1-3): 1-19.

[150] Jia Z, Wang Q, Ren D, et al. Fabrication of one-dimensional mesoporous α-Fe_2O_3 nanostructure via self-sacrificial template and its enhanced Cr(Ⅵ) adsorption capacity. Applied Surface Science, 2013, 264: 255-260.

[151] Zhong L S, Hu J S, Liang H P, et al. Self-assembled 3D flowerlike iron oxide nanostructures and their application in water treatment. Advanced Materials, 2006, 18(18): 2426-2431.

[152] Srivastava V, Sharma Y C. Synthesis and characterization of Fe_3O_4@n-SiO_2 nanoparticles from an agrowaste material and its application for the removal of Cr(Ⅵ) from aqueous solutions. Water Air & Soil Pollution, 2014, 225(1): 1-16.

[153] López-Téllez G, Barrera-Díaz C E, Balderas-Hernández P, et al. Removal of hexavalent chromium in aquatic solutions by iron nanoparticles embedded in orange peel pith. Chemical Engineering Journal, 2011, 173(2): 480-485.

[154] Yuan P, Fan M, Yang D, et al. Montmorillonite-supported magnetite nanoparticles for the removal of hexavalent chromium [Cr(Ⅵ)] from aqueous solutions. Journal of Hazardous Materials, 2010, 173(1): 614-621.

[155] Dupont L, Guillon E. Removal of hexavalent chromium with a lignocellulosic substrate extracted from wheat bran. Environmental Science & Technology, 2003, 37(18): 4235-4241.

[156] Shannon M A, Bohn P W, Elimelech M, et al. Science and technology for water purification in the coming decades. Nature, 2008, 452(7185): 301-310.

[157] Ghaedi M, Khajesharifi H, Yadkuri A H, et al. Cadmium hydroxide nanowire loaded on activated carbon as efficient adsorbent for removal of bromocresol green. Spectrochimica Acta Part A: Molecular and Biomolecular Spectroscopy, 2012, 86: 62-68.

[158] Deschamps G, Caruel H, Borredon M E, et al. Oil removal from water by selective sorption on hydrophobic cotton fibers. 1. Study of sorption properties and comparison with other cotton fiber-based sorbents. Environmental Science & Technology, 2003, 37(5): 1013-1015.

[159] Toyoda M, Inagaki M. Heavy oil sorption using exfoliated graphite: New application of exfoliated graphite to protect heavy oil pollution. Carbon, 2000, 38(2): 199-210.

[160] Liang H W, Guan Q F, Chen L F, et al. Macroscopic-scale template synthesis of robust

carbonaceous nanofiber hydrogels and aerogels and their applications. Angewandte Chemie, 2012, 51 (21): 5101-5105.

[161] Zhang J, Seeger S. Polyester materials with superwetting silicone nanofilaments for oil/water separation and selective oil absorption. Advanced Functional Materials, 2015, 21 (24): 4699-4704.

[162] Ceylan D, Dogu S, Karacik B, et al. Evaluation of butyl rubber as sorbent material for the removal of oil and polycyclic aromatic hydrocarbons from seawater. Environmental Science & Technology, 2009, 43 (10): 3846-3852.

[163] Wu T, Chen M, Zhang L, et al. Three-dimensional graphene-based aerogels prepared by a self-assembly process and its excellent catalytic and absorbing performance. Journal of Materials Chemistry A, 2013, 1 (26): 7612-7621.

[164] Venkateswara R A, Hegde N D, Hirashima H. Absorption and desorption of organic liquids in elastic superhydrophobic silica aerogels. Journal of Colloid & Interface Science, 2007, 305 (1): 124-132.

[165] Korhonen J T, Kettunen M, Ras R H, et al. Hydrophobic nanocellulose aerogels as floating, sustainable, reusable, and recyclable oil absorbents. ACS Applied Materials & Interfaces, 2011, 3 (6): 1813.

[166] Zhu Q, Chu Y, Wang Z, et al. Robust superhydrophobic polyurethane sponge as a highly reusable oil-absorption material. Journal of Materials Chemistry A, 2013, 1 (17): 5386-5393.

[167] Tamon H, Ishizaka H, Yamamoto T, et al. Influence of freeze-drying conditions on the mesoporosity of organic gels as carbon precursors. Carbon, 2000, 38 (7): 1099-1105.

[168] Wu D, Xu F, Sun B, et al. Design and preparation of porous polymers. Chemical Reviews, 2012, 112 (7): 3959-4015.

[169] Tan C, Fung B M, Newman J K, et al. Organic aerogels with very high impact strength. Advanced Materials, 2010, 13 (9): 644-646.

[170] Pierre A C, Pajonk G M. Chemistry of aerogels and their applications. Chemical Reviews, 2003, 34 (4): 4243-4265.

[171] Hüsing N, Schubert U. Aerogele-luftige materialien: Chemie, struktur und eigenschaften. Angewandte Chemie, 1998, 110 (1-2): 22-47.

[172] Klemm D, Heublein B, Fink H P, et al. Cellulose: Fascinating biopolymer and sustainable raw material. Angewandte Chemie, 2005, 44 (22): 3358-3393.

[173] Klemm D, Kramer F, Moritz S, et al. Nanocelluloses: A new family of nature-based materials. Angewandte Chemie, 2011, 50 (24): 5438-5466.

[174] Moon R J, Martini A, Nairn J, et al. Cellulose nanomaterials review: Structure, properties and nanocomposites. Chemical Society Reviews, 2011, 40 (7): 3941-3994.

[175] Carlsson D O, Nyström G, Zhou Q, et al. Electroactive nanofibrillated cellulose aerogel composites with tunable structural and electrochemical properties. Journal of Materials Chemistry, 2012, 22 (36): 19014-19024.

[176] Iwamoto S, Abe K, Yano H. The effect of hemicelluloses on wood pulp nanofibrillation and nanofiber network characteristics. Biomacromolecules, 2008, 9 (3): 1022-1026.

[177] Saito T, Hirota M, Tamura N, et al. Individualization of nano-sized plant cellulose fibrils by direct surface carboxylation using TEMPO catalyst under neutral conditions. Biomacromolecules, 2009, 10(7): 1992-1996.

[178] Pääkkö M, Ankerfors M, Kosonen H, et al. Enzymatic hydrolysis combined with mechanical shearing and high-pressure homogenization for nanoscale cellulose fibrils and strong gels. Biomacromolecules, 2007, 8(6): 1934-1941.

[179] Henriksson M, Henriksson G, Berglund L A, et al. An environmentally friendly method for enzyme-assisted preparation of microfibrillated cellulose (MFC) nanofibers. European Polymer Journal, 2007, 43(8): 3434-3441.

[180] Tischer P C, Sierakowski M R, Westfahl H, et al. Nanostructural reorganization of bacterial cellulose by ultrasonic treatment. Biomacromolecules, 2010, 11(5): 1217-1224.

[181] Wågberg L, Decher G, Norgren M, et al. The build-up of polyelectrolyte multilayers of microfibrillated cellulose and cationic polyelectrolytes. Langmuir, 2008, 24(3): 784-795.

[182] Chen W, Yu H, Li Q, et al. Ultralight and highly flexible aerogels with long cellulose I nanofibers. Soft Matter, 2011, 7(21): 10360-10368.

[183] Díez I, Eronen P, Osterberg M, et al. Functionalization of nanofibrillated cellulose with silver nanoclusters: Fluorescence and antibacterial activity. Macromolecular Bioscience, 2011, 11(9): 1185-1191.

[184] Javadi A, Zheng Q, Payen F, et al. Polyvinyl alcohol-cellulose nanofibrils-graphene oxide hybrid organic aerogels. ACS Applied Materials & Interfaces, 2013, 5(13): 5969-5975.

[185] Matsumura S, Kurita H, Shimokobe H. Anaerobic biodegradability of polyvinyl alcohol. Biotechnology Letters, 1993, 15(7): 749-754.

[186] Artus G R J, Jung S, Zimmermann J, et al. Silicone nanofilaments and their application as superhydrophobic coatings. Advanced Materials, 2010, 18(20): 2758-2762.

[187] Jin M, Wang J, Yao X, et al. Underwater oil capture by a three-dimensional network architectured organosilane surface. Advanced Materials, 2011, 23(25): 2861-2864.

[188] And A Y F, Mccarthy T J. Self-assembly is not the only reaction possible between alkyltrichlorosilanes and surfaces: Monomolecular and oligomeric covalently attached layers of dichloro- and trichloroalkylsilanes on silicon. Langmuir, 2000, 16(18): 7268-7274.

[189] Shirgholami M A, Shateri-Khalilabad M, Yazdanshenas M E. Effect of reaction duration in the formation of superhydrophobic polymethylsilsesquioxane nanostructures on cotton fabric. Textile Research Journal, 2013, 83(1): 100-110.

[190] Haraguchi K, Matsuda K. Spontaneous formation of characteristic layered morphologies in porous nanocomposites prepared from nanocomposite hydrogels. Chemistry of Materials, 2005, 17(5): 931-934.

[191] Zheng Q, Javadi A, Sabo R, et al. Polyvinyl alcohol (PVA)-cellulose nanofibril (CNF)-multiwalled carbon nanotube (MWCNT) hybrid organic aerogels with superior mechanical properties. RSC Advances, 2013, 3(43): 20816-20823.

[192] Tao S, Wang Y, An Y. Superwetting monolithic SiO_2 with hierarchical structure for oil removal. Journal of Materials Chemistry, 2011, 21(32): 11901-11907.

[193] Choi S J, Kwon T H, Im H, et al. A polydimethylsiloxane (PDMS) sponge for the selective absorption of oil from water. ACS Applied Materials & Interfaces, 2011, 3(12): 4552-4556.

[194] Carro L, Herrero R, Barriada J L, et al. Mercury removal: A physicochemical study of metal interaction with natural materials. Journal of Chemical Technology & Biotechnology, 2010, 84(11): 1688-1696.

[195] Sreeprasad T S, Maliyekkal S M, Lisha K P, et al. Reduced graphene oxide-metal/metal oxide composites: Facile synthesis and application in water purification. Journal of Hazardous Materials, 2011, 186(1): 921-931.

[196] Liu A M, Hidajat K, Kawi S, et al. A new class of hybrid mesoporous materials with functionalised organic monolayers for selective adsorption of heavy metal ions. Chemical Communications, 2000, 230(13): 1145-1146.

[197] Benitez M, Das D, Ferreira R, et al. Urea-containing mesoporous silica for the adsorption of Fe(Ⅲ) cations. Chemistry of Materials, 2006, 18(23): 5597-5603.

[198] Gibson L J, Ashby M F. Cellular Solids: Structure and Properties. Cambridge: Cambridge University Press, 1997.

[199] Kurniawan T A, Chan G Y S, Lo W H, et al. Physico-chemical treatment techniques for wastewater laden with heavy metals. Chemical Engineering Journal, 2006, 118(1-2): 83-98.

[200] Volesky B. Detoxification of metal-bearing effluents: Biosorption for the next century. Hydrometallurgy, 2001, 59(2-3): 203-216.

[201] Babel S, Kurniawan T A. Low-cost adsorbents for heavy metals uptake from contaminated water: A review. Journal of Hazardous Materials, 2003, 97(1-3): 219-243.

[202] Crini G. Recent developments in polysaccharide-based materials used as adsorbents in wastewater treatment. Progress in Polymer Science, 2005, 30(1): 38-70.

[203] Ngah W S W, Hanafiah M A K M. Removal of heavy metal ions from wastewater by chemically modified plant wastes as adsorbents: A review. Bioresource Technology, 2008, 99(10): 3935-3948.

[204] Febrianto J, Kosasih A N, Sunarso J, et al. Equilibrium and kinetic studies in adsorption of heavy metals using biosorbent: A summary of recent studies. Journal of Hazardous Materials, 2009, 162(2): 616-645.

[205] Huang L, Xiao C, Chen B. A novel starch-based adsorbent for removing toxic Hg(Ⅱ) and Pb(Ⅱ) ions from aqueous solution. Journal of Hazardous Materials, 2011, 192(2): 832-836.

[206] Ngah W S W, Teong L C, Hanafiah M A K M. Adsorption of dyes and heavy metal ions by chitosan composites: A review. Carbohydrate Polymers, 2011, 83(4): 1446-1456.

[207] Cai J, Zhang L, Zhou J, et al. Novel fibers prepared from cellulose in NaOH/urea aqueous solution. Macromolecular Rapid Communications, 2004, 25(17): 1558-1562.

[208] Cai J, Zhang L. Rapid dissolution of cellulose in LiOH/urea and NaOH/urea aqueous solutions. Macromolecular Bioscience, 2005, 5(6): 539-548.

[209] Chen X, Burger C, Wan F, et al. Structure study of cellulose fibers wet-spun from environmentally friendly NaOH/urea aqueous solutions. Biomacromolecules, 2007, 8(6): 1918-1926.

[210] Cai J, Kimura S, Wada M, et al. Cellulose aerogels from aqueous alkali hydroxide-urea solution. ChemSusChem, 2008, 1(1-2): 149-154.

[211] Isobe N, Kim U J, Kimura S, et al. Internal surface polarity of regenerated cellulose gel depends on the species used as coagulant. Journal of Colloid & Interface Science, 2011, 359(1): 194-201.

[212] Gurgel L V, Júnior O K, Gil R P, et al. Adsorption of Cu(Ⅱ), Cd(Ⅱ), and Pb(Ⅱ) from aqueous single metal solutions by cellulose and mercerized cellulose chemically modified with succinic anhydride. Bioresource Technology, 2008, 74(4): 922-929.

[213] O'connell D W, Birkinshaw C, O'dwyer T F. Heavy metal adsorbents prepared from the modification of cellulose: A review. Bioresource Technology, 2008, 99(15): 6709-6724.

[214] de Nooy A E J, Besemer A C, van Bekkum H. Highly selective nitroxyl radical-mediated oxidation of primary alcohol groups in water-soluble glucans. Carbohydrate Research, 1995, 269(1): 89-98.

[215] Isogai A, Saito T, Fukuzumi H. TEMPO-oxidized cellulose nanofibers. Nanoscale, 2011, 3(1): 71-85.

[216] Saito T, Isogai A. Ion-exchange behavior of carboxylate groups in fibrous cellulose oxidized by the TEMPO-mediated system. Carbohydrate Polymers, 2005, 61(2): 183-190.

[217] Hirota M, Tamura N, Saito T, et al. Surface carboxylation of porous regenerated cellulose beads by 4-acetamide-TEMPO/NaClO/$NaClO_2$ system. Cellulose, 2009, 16(5): 841-851.

[218] Isobe N, Chen X, Kim U J, et al. TEMPO-oxidized cellulose hydrogel as a high-capacity and reusable heavy metal ion adsorbent. Journal of Hazardous Materials, 2013, 260(1): 195-201.

[219] Saito T, Isogai A. TEMPO-mediated oxidation of native cellulose. The effect of oxidation conditions on chemical and crystal structures of the water-insoluble fractions. Biomacromolecules, 2004, 5(5): 1983-1989.

[220] Luft J H. Ruthenium red and violet. Ⅰ. Chemistry, purification, methods of use for electron microscopy and mechanism of action. Anatomical Record, 1971, 171(3): 347-368.

[221] Isogai A, Kato Y. Preparation of polyuronic acid from cellulose by TEMPO-mediated oxidation. Cellulose, 1998, 5(3): 153-164.

[222] Baugh P J, Oscar H, Arthur J C, et al. ESR spectra of copper complexes of cellulose. Journal of Applied Polymer Science, 1968, 12(2): 249-265.

[223] Norkus E, Vaičiūnien≐ J, Vuorinen T, et al. Equilibria of Cu(Ⅱ) in alkaline suspensions of cellulose pulp. Carbohydrate Polymers, 2004, 55(1): 47-55.

[224] Dinu M V, Dragan E S. Evaluation of Cu^{2+}, Co^{2+} and Ni^{2+} ions removal from aqueous solution using a novel chitosan/clinoptilolite composite: Kinetics and isotherms. Chemical Engineering Journal, 2010, 160(1): 157-163.

[225] Foo K Y, Hameed B H. Insights into the modeling of adsorption isotherm systems. Chemical Engineering Journal, 2010, 156(1): 2-10.

[226] Hubbe M A, Hasan S H, Ducoste J J. Cellulosic substrates for removal of pollutants from aqueous systems: A review. 1. Metals. Bioresources, 2011, 6(2): 2161-2287.

[227] Aksu Z. Biosorption of reactive dyes by dried activated sludge: Equilibrium and kinetic

modelling. Biochemical Engineering Journal, 2001, 7(1): 79-84.

[228] Gulnaz O, Kaya A, Matyar F, et al. Sorption of basic dyes from aqueous solution by activated sludge. Journal of Hazardous Materials, 2004, 108(3): 183-188.

[229] Saito T, Uematsu T, Kimura S, et al. Self-aligned integration of native cellulose nanofibrils towards producing diverse bulk materials. Soft Matter, 2011, 7(19): 8804-8809.

[230] Hu B, Fugetsu B, Yu H, et al. Prussian blue caged in spongiform adsorbents using diatomite and carbon nanotubes for elimination of cesium. Journal of Hazardous Materials, 2012, s217-218(6): 85-91.

[231] Volchek K, Miah M Y, Kuang W, et al. Adsorption of cesium on cement mortar from aqueous solutions. Journal of Hazardous Materials, 2011, 194(5): 331-337.

[232] Galamboš M, Magula M, Daňo M, et al. Comparative study of cesium adsorption on dioctahedral and trioctahedral smectites. Journal of Radioanalytical & Nuclear Chemistry, 2012, 293(3): 829-837.

[233] Lackner K S. A guide to CO_2 sequestration. Science, 2003, 300(5626): 1677-1678.

[234] Rege S U, Yang R T, Buzanowski M A. Sorbents for air prepurification in air separation. Chemical Engineering Science, 2000, 55(21): 4827-4838.

[235] Kordesch K, Hacker V, Gsellmann J, et al. Alkaline fuel cells applications. Journal of Power Sources, 2000, 86(1-2): 162-165.

[236] Chueh W C, Steinfeld A. High-flux solar-driven thermochemical dissociation of CO_2 and H_2O using nonstoichiometric ceria. Science, 2010, 330(6012): 1797-1801.

[237] Olah G A, Prakash G K S, Goeppert A. Anthropogenic chemical carbon cycle for a sustainable future. Journal of the American Chemical Society, 2011, 133(33): 12881-12898.

[238] Kapica-Kozar J, Kusiak-Nejman E, Wanag A, et al. Alkali-treated titanium dioxide as adsorbent for CO_2 capture from air. Microporous & Mesoporous Materials, 2015, 202(202): 241-249.

[239] Lackner K S. The thermodynamics of direct air capture of carbon dioxide. Energy, 2013, 50(1): 38-46.

[240] Zhang W, Liu H, Sun C, et al. Capturing CO_2 from ambient air using a polyethyleneimine-silica adsorbent in fluidized beds. Chemical Engineering Science, 2014, 116: 306-316.

[241] Derevschikov V S, Veselovskaya J V, Kardash T Y, et al. Direct CO_2 capture from ambient air using K_2CO_3/Y_2O_3 composite sorbent. Fuel, 2014, 127(7): 212-218.

[242] Wang T, Liu J, Fang M, et al. A moisture swing sorbent for direct air capture of carbon dioxide: Thermodynamic and kinetic analysis. Energy Procedia, 2013, 37: 6096-6104.

[243] Nikulshina V, Gebald C, Steinfeld A. CO_2 capture from atmospheric air via consecutive CaO-carbonation and $CaCO_3$-calcination cycles in a fluidized-bed solar reactor. Chemical Engineering Journal, 2009, 146(2): 244-248.

[244] Wang T, Lackner K S, Wright A. Moisture swing sorbent for carbon dioxide capture from ambient air. Physical Chemistry Chemical Physics, 2011, 45(15): 6670-6675.

[245] Zeman F. Energy and material balance of CO_2 capture from ambient air. Environmental

Science & Technology, 2007, 41(21): 7558-7563.

[246] Wurzbacher J A, Gebald C, Steinfeld A. Separation of CO_2 from air by temperature-vacuum swing adsorption using diamine-functionalized silica gel. Energy & Environmental Science, 2011, 4(9): 3584-3592.

[247] Li W, Choi S, Drese J H, et al. Steam-stripping for regeneration of supported amine-based CO_2 adsorbents. ChemSusChem, 2010, 3(8): 899-903.

[248] Goeppert A, Zhang H, Czaun M, et al. Easily regenerable solid adsorbents based on polyamines for carbon dioxide capture from the air. ChemSusChem, 2014, 7(5): 1386.

[249] Li F S, Qiu W, Lively R P, et al. Polyethyleneimine-functionalized polyamide imide (Torlon) hollow-fiber sorbents for post-combustion CO_2 capture. Chemsuschem, 2013, 6(7): 1216-1223.

[250] Caplow M. Kinetics of carbamate formation and breakdown. Journal of the American Chemical Society, 1968, 90(24): 6795-6803.

[251] Danckwerts P V. The reaction of CO_2 with ethanolamines. Chemical Engineering Science, 1979, 34(4): 443-446.

[252] Donaldson T L, Nguyen Y N. Carbon dioxide reaction kinetics and transport in aqueous amine membranes. Industrial & Engineering Chemistry Fundamentals, 1980, 19(3): 260-266.

[253] Chaikittisilp W, Kim H J, Jones C W. Mesoporous alumina-supported amines as potential steam-stable adsorbents for capturing CO_2 from simulated flue gas and ambient air. Energy & Fuels, 2011, 25(11): 5528-5537.

[254] Shekhah O, Belmabkhout Y, Chen Z, et al. Made-to-order metal-organic frameworks for trace carbon dioxide removal and air capture. Nature Communications, 2014, 5: 4228.

[255] Lu W, Sculley J P, Yuan D, et al. Carbon dioxide capture from air using amine-grafted porous polymer networks. Journal of Physical Chemistry C, 2013, 117(8): 4057-4061.

[256] Goeppert A, Meth S, Prakash G K S, et al. Nanostructured silica as a support for regenerable high-capacity organoamine-based CO_2 sorbents. Energy & Environmental Science, 2010, 3(12): 1949-1960.

[257] Goeppert A, Czaun M, May R B, et al. Carbon dioxide capture from the air using a polyamine based regenerable solid adsorbent. Journal of the American Chemical Society, 2011, 133(50): 20164-20167.

[258] Wang X, Ma X, Schwartz V, et al. A solid molecular basket sorbent for CO_2 capture from gas streams with low CO_2 concentration under ambient conditions. Physical Chemistry Chemical Physics, 2012, 14(4): 1485-1492.

[259] Choi S, Gray M L, Jones C W. Amine-tethered solid adsorbents coupling high adsorption capacity and regenerability for CO_2 capture from ambient air. ChemSusChem, 2011, 4(5): 628-635.

[260] Choi S, Watanabe T, Bae T H, et al. Modification of the Mg/DOBDC MOF with amines to enhance CO_2 adsorption from ultradilute gases. Journal of Physical Chemistry Letters, 2012, 3(9): 1136-1141.

[261] Kuwahara Y, Kang D Y, Copeland J R, et al. Dramatic enhancement of CO_2 uptake by

poly (ethyleneimine) using zirconosilicate supports. Journal of the American Chemical Society, 2012, 134 (26): 10757-10760.

[262] Mcdonald T M, Lee W R, Mason J A, et al. Capture of carbon dioxide from air and flue gas in the alkylamine-appended metal-organic framework mmen-Mg_2(dobpdc). Journal of the American Chemical Society, 2012, 134 (16): 7056-7065.

[263] Wang W, Xiao J, Wei X, et al. Development of a new clay supported polyethylenimine composite for CO_2 capture. Applied Energy, 2014, 113 (6): 334-341.

[264] Fan L T, Lee Y H, Beardmore D H. Mechanism of the enzymatic hydrolysis of cellulose: Effects of major structural features of cellulose on enzymatic hydrolysis. Biotechnology and Bioengineering, 1980, 22 (1): 177-199.

[265] Lavoine N, Desloges I, Dufresne A, et al. Microfibrillated cellulose-its barrier properties and applications in cellulosic materials: A review. Carbohydrate Polymers, 2012, 90 (2): 735-764.

[266] Sehaqui H, Liu A, Zhou Q, et al. Fast preparation procedure for large, flat cellulose and cellulose/inorganic nanopaper structures. Biomacromolecules, 2010, 11 (9): 2195-2198.

[267] Sehaqui H, Zhou Q, Berglund L A. High-porosity aerogels of high specific surface area prepared from nanofibrillated cellulose (NFC). Composites Science & Technology, 2011, 71 (13): 1593-1599.

[268] Sehaqui H, Zhou Q, Ikkala O, et al. Strong and tough cellulose nanopaper with high specific surface area and porosity. Biomacromolecules, 2011, 12 (10): 3638-3644.

[269] Habibi Y. Key advances in the chemical modification of nanocelluloses. Chemical Society Reviews, 2014, 43 (5): 1519-1542.

[270] Zhang Z, Sèbe G, Rentsch D, et al. Ultralightweight and flexible silylated nanocellulose sponges for the selective removal of oil from water. Chemistry of Materials, 2014, 26 (8): 2659-2668.

[271] Sehaqui H, Zimmermann T, Tingaut P. Hydrophobic cellulose nanopaper through a mild esterification procedure. Cellulose, 2014, 21 (1): 367-382.

[272] Gebald C, Wurzbacher J A, Tingaut P, et al. Amine-based nanofibrillated cellulose as adsorbent for CO_2 capture from air. Environmental Science & Technology, 2011, 45 (20): 9101-9108.

[273] Gebald C, Wurzbacher J A, Tingaut P, et al. Stability of amine-functionalized cellulose during temperature-vacuum-swing cycling for CO_2 capture from air. Environmental Science & Technology, 2013, 47 (17): 10063-10070.

[274] Gebald C, Wurzbacher J A, Borgschulte A, et al. Single-component and binary CO_2 and H_2O adsorption of amine-functionalized cellulose. Environmental Science & Technology, 2014, 48 (4): 2497-2504.

[275] Aulin C, Varga I, Claesson P M, et al. Buildup of polyelectrolyte multilayers of polyethyleneimine and microfibrillated cellulose studied by in situ dual-polarization interferometry and quartz crystal microbalance with dissipation. Langmuir, 2008, 24 (6): 2509-2518.

[276] Karabulut E, Wågberg L. Design and characterization of cellulose nanofibril-based

freestanding films prepared by layer-by-layer deposition technique. Soft Matter, 2011, 7(7): 3467-3474.

[277] Aulin C, Johansson E, Wagberg L, et al. Self-organized films from cellulose Ⅰ nanofibrils using the layer-by-layer technique. Biomacromolecules, 2010, 11(4): 872-882.

[278] Cranston E D, Eita M, Johansson E, et al. Determination of Young's modulus for nanofibrillated cellulose multilayer thin films using buckling mechanics. Biomacromolecules, 2011, 12(4): 961-969.

[279] Sehaqui H, Gálvez M E, Becatinni V, et al. Fast and reversible direct CO_2 capture from air onto all-polymer nanofibrillated cellulose—polyethylenimine foams. Environmental Science & Technology, 2015, 49(5): 3167-3174.

[280] Katz S, Beatson R P, Scallan A M. The determination of strong and weak acidic groups in sulfite pulps. Svensk Papperstidning, 1984, 87(6): 48-53.

[281] Shibata I, Isogai A. Nitroxide-mediated oxidation of cellulose using TEMPO derivatives: HPSEC and NMR analyses of the oxidized products. Cellulose, 2003, 10(4): 335-341.

[282] Shibata I, Isogai A. Depolymerization of cellouronic acid during TEMPO-mediated oxidation. Cellulose, 2003, 10(2): 151-158.

[283] Shibata I, Yanagisawa M, Saito T, et al. SEC-MALS analysis of cellouronic acid prepared from regenerated cellulose by TEMPO-mediated oxidation. Cellulose, 2006, 13(1): 73-80.

[284] Saito T, Yanagisawa M, Isogai A. TEMPO-mediated oxidation of native cellulose: SEC-MALLS analysis of water-soluble and -insoluble fractions in the oxidized products. Cellulose, 2005, 12(3): 305-315.

[285] Aulin C, Netrval J. Aerogels from nanofibrillated cellulose with tunable oleophobicity. Soft Matter, 2010, 6(14): 3298-3305.

[286] Chen C, Han D, Cai C, et al. An overview of liposome lyophilization and its future potential. Journal of Controlled Release, 2010, 142(3): 299-311.

[287] Gebald C. Development of Amine-functionalized Adsorbent for Carbon Dioxide Capture From Atmospheric Air. Zurich: Eth Zurich Doctoral Dissertation, 2014.

[288] Belmabkhout Y, Serna-Guerrero R, Sayari A. Amine-bearing mesoporous silica for CO_2 removal from dry and humid air. Chemical Engineering Science, 2010, 65(11): 3695-3698.

[289] Didas S A, Kulkarni A R, Sholl D S, et al. Role of amine structure on carbon dioxide adsorption from ultradilute gas streams such as ambient air. ChemSusChem, 2012, 5(10): 2058-2064.

[290] Drese J H, Choi S, Lively R P, et al. Synthesis-structure-property relationships for hyperbranched aminosilica CO_2 adsorbents. Advanced Functional Materials, 2009, 19(23): 3821-3832.

[291] Sayari A, Belmabkhout Y. Stabilization of amine-containing CO_2 adsorbents: Dramatic effect of water vapor. Journal of the American Chemical Society, 2010, 132(18): 6312-6314.

[292] Lee M S, Lee S Y, Park S J. Preparation and characterization of multi-walled carbon nanotubes impregnated with polyethyleneimine for carbon dioxide capture. International Journal of Hydrogen Energy, 2015, 40(8): 3415-3421.

[293] Ciferno J P, Fout T E, Jones A P, et al. Capturing carbon from existing coal-fired power plants. Chemical Engineering Progress, 2009, 105(4): 33-41.

[294] Smol J P. Climate change: A planet in flux. Nature, 2012, 483(7387): 12-15.

[295] Greer T, Bedelbayev A, Igreja J M, et al. A simulation study on the abatement of CO_2 emissions by de-absorption with monoethanolamine. Environmental Technology, 2010, 31(1): 107-115.

[296] Višković A, Franki V, Valentić V. CCS (carbon capture and storage) investment possibility in South East Europe: A case study for Croatia. Energy, 2014, 70(3): 325-337.

[297] Gomes J, Santos S, Bordado J. Choosing amine-based absorbents for CO_2 capture. Environmental Technology, 2015, 36(1): 19-25.

[298] Wang M, Lawal A, Stephenson P, et al. Post-combustion CO_2 capture with chemical absorption: A state-of-the-art review. Chemical Engineering Research & Design, 2011, 89(9): 1609-1624.

[299] Wang Q, Luo J, Zhong Z, et al. CO_2 capture by solid adsorbents and their applications: Current status and new trends. Energy & Environmental Science, 2010, 4(1): 42-55.

[300] Mondal M K, Balsora H K, Varshney P. Progress and trends in CO_2 capture/separation technologies: A review. Energy, 2012, 46(1): 431-441.

[301] Jänchen J, Möhlmann D T F, Stach H. Water and carbon dioxide sorption properties of natural zeolites and clay minerals at martian surface temperature and pressure conditions. Studies in Surface Science & Catalysis, 2007, 170(7): 2116-2121.

[302] Mello M R, Phanon D, Silveira G Q, et al. Amine-modified MCM-41 mesoporous silica for carbon dioxide capture. Microporous & Mesoporous Materials, 2011, 143(1): 174-179.

[303] Ferey G, Serre C, Devic T, et al. Why hybrid porous solids capture greenhouse gases? Chemical Society Reviews, 2011, 40(2): 550-562.

[304] Banerjee R, Phan A, Wang B, et al. High-throughput synthesis of zeolitic imidazolate frameworks and application to CO_2 capture. Science, 2008, 319(5865): 939-943.

[305] Furukawa H, Ko N, Go Y B, et al. Ultrahigh porosity in metal-organic frameworks. Science, 2010, 329(5990): 424-428.

[306] Meng L Y, Meng W, Chen T, et al. CO_2 Adsorption capacity of activated N-doping porous carbons prepared from graphite nanofibers/polypyrrole. Journal of Applied Polymer Science, 2014, 131(15): 338-347.

[307] Meng L Y, Park S J. Influence of MgO template on carbon dioxide adsorption of cation exchange resin-based nanoporous carbon. Journal of Colloid & Interface Science, 2012, 366(1): 125-129.

[308] Meng L Y, Park S J. Effect of heat treatment on CO_2 adsorption of KOH-activated graphite nanofibers. Journal of Colloid & Interface Science, 2010, 352(2): 498-503.

[309] Sayari A, Belmabkhout Y, Serna-Guerrero R. Flue gas treatment via CO_2 adsorption. Chemical Engineering Journal, 2011, 171(3): 760-774.

[310] Lee S Y, Park S J. Determination of the optimal pore size for improved CO_2 adsorption in activated carbon fibers. Journal of Colloid & Interface Science, 2013, 389(1): 230-235.

[311] Sircar S, Golden T C, Rao M B. Activated carbon for gas separation and storage. Carbon, 1996,

34(1): 1-12.

[312] Ding N, Liu J, Wen M. Electrospun phenolic resin-based carbon ultrafine fibers with abundant ultra-small micropores for CO_2 adsorption. Chemical Engineering Journal, 2015, 276: 44-50.

[313] Davini P. Flue gas treatment by activated carbon obtained from oil-fired fly ash. Carbon, 2002, 40(11): 1973-1979.

[314] Hao G P, Jin Z Y, Sun Q, et al. Porous carbon nanosheets with precisely tunable thickness and selective CO_2 adsorption properties. Energy & Environmental Science, 2013, 6(12): 3740-3747.

[315] Przepiórski J, Skrodzewicz M, Morawski A W. High temperature ammonia treatment of activated carbon for enhancement of CO_2 adsorption. Applied Surface Science, 2004, 225(1-4): 235-242.

[316] Balsamo M, Budinova T, Erto A, et al. CO_2 adsorption onto synthetic activated carbon: Kinetic, thermodynamic and regeneration studies. Separation & Purification Technology, 2013, 116(1): 214-221.

[317] Tan Y L, Islam M A, Asif M, et al. Adsorption of carbon dioxide by sodium hydroxide-modified granular coconut shell activated carbon in a fixed bed. Energy, 2014, 77: 926-931.

[318] Siró I, Plackett D. Microfibrillated cellulose and new nanocomposite materials: A review. Cellulose, 2010, 17(3): 459-494.

[319] Rashidi N A, Yusup S, Hameed B H. Kinetic studies on carbon dioxide capture using lignocellulosic based activated carbon. Energy, 2013, 61(4): 440-446.

[320] Nowicki P, Pietrzak R, Kazmierczak J. Comparison of physicochemical and sorption properties of activated carbons prepared by physical and chemical activation of cherry stones. Powder Technology, 2015, 269: 312-319.

[321] Plaza M G, González A S, Pis J J, et al. Production of microporous biochars by single-step oxidation: Effect of activation conditions on CO_2 capture. Applied Energy, 2014, 114(2): 551-562.

[322] Kong J, Yue Q, Huang L, et al. Preparation, characterization and evaluation of adsorptive properties of leather waste based activated carbon via physical and chemical activation. Chemical Engineering Journal, 2013, 221(2): 62-71.

[323] Meng L Y, Park S J. MgO-templated porous carbons-based CO_2 adsorbents produced by KOH activation. Materials Chemistry & Physics, 2012, 137(1): 91-96.

[324] Heidari A, Younesi H, Rashidi A, et al. Adsorptive removal of CO_2 on highly microporous activated carbons prepared from *Eucalyptus camaldulensis* wood: Effect of chemical activation. Journal of the Taiwan Institute of Chemical Engineers, 2014, 45(2): 579-588.

[325] Park S J, Kim K D. Adsorption behaviors of CO_2 and NH_3 on chemically surface-treated activated carbons. Journal of Colloid & Interface Science, 1999, 212(1): 186-189.

[326] Fu K, Yue Q, Gao B, et al. Preparation, characterization and application of lignin-based activated carbon from black liquor lignin by steam activation. Chemical Engineering Journal, 2013, 228(25): 1074-1082.

[327] Román S, González J F, González-García C M, et al. Control of pore development during CO_2 and steam activation of olive stones. Fuel Processing Technology, 2008, 89(8): 715-720.

[328] Lee S Y, Park S J. Effects of CO_2 activation on electrochemical performance of microporous carbons derived from poly(vinylidene fluoride). Journal of Solid State Chemistry, 2013, 207(11): 158-162.

[329] Heo Y J, Park S J, Lund H, et al. A role of steam activation on CO_2 capture and separation of narrow microporous carbons produced from cellulose fibers. Energy, 2015, 91: 142-150.

[330] Presser V, Mcdonough J, Yeon S H, et al. Effect of pore size on carbon dioxide sorption by carbide derived carbon. Energy & Environmental Science, 2011, 4(8): 3059-3066.

[331] Delgado J A, Uguina M A, Gomez J M, et al. Adsorption equilibrium of carbon dioxide, methane and nitrogen onto Na- and H-mordenite at high pressures. Separation & Purification Technology, 2006, 48(3): 223-228.

[332] Chen Q, Luo M, Hammershøj P, et al. Microporous polycarbazole with high specific surface area for gas storage and separation. Journal of the American Chemical Society, 2012, 134(14): 6084-6087.

[333] Hao G P, Li W C, Qian D, et al. Structurally designed synthesis of mechanically stable poly(benzoxazine-co-resol)-based porous carbon monoliths and their application as high-performance CO_2 capture sorbents. Journal of the American Chemical Society, 2011, 133(29): 11378-11388.

[334] Cheung O, Bacsik Z, Liu Q, et al. Adsorption kinetics for CO_2 on highly selective zeolites NaKA and nano-NaKA. Applied Energy, 2013, 112(4): 1326-1336.

[335] Jung J Y, Karadas F, Zulfiqar S, et al. Limitations and high pressure behavior of MOF-5 for CO_2 capture. Physical Chemistry Chemical Physics, 2013, 15(34): 14319.

[336] Han Y, Hwang G, Kim H, et al. Amine-impregnated millimeter-sized spherical silica foams with hierarchical mesoporous-macroporous structure for CO_2 capture. Chemical Engineering Journal, 2015, 259: 653-662.

[337] Li K, Jiang J, Yan F, et al. The influence of polyethyleneimine type and molecular weight on the CO_2 capture performance of PEI-nano silica adsorbents. Applied Energy, 2014, 136: 750-755.

[338] Song J, Shen W, Wang J, et al. Superior carbon-based CO_2 adsorbents prepared from poplar anthers. Carbon, 2014, 69(4): 255-263.

[339] Seema H, Kemp K C, Le N H, et al. Highly selective CO_2 capture by S-doped microporous carbon materials. Carbon, 2014, 66(1): 320-326.

[340] Mahurin S M, Gorka J, Nelson K M, et al. Enhanced CO_2/N_2 selectivity in amidoxime-modified porous carbon. Carbon, 2014, 67: 457-464.

[341] Yu J, Guo M, Muhammad F, et al. One-pot synthesis of highly ordered nitrogen-containing mesoporous carbon with resorcinol-urea-formaldehyde resin for CO_2 capture. Carbon, 2014, 69(2): 502-514.

[342] Lakhi K S, Wang S C, Joseph S, et al. Cage type mesoporous carbon nitride with large mesopores for CO_2 capture. Catalysis Today, 2015, 243: 209-217.

[343] Graves C, Ebbesen S D, Mogensen M, et al. Sustainable hydrocarbon fuels by recycling CO and HO with renewable or nuclear energy. Renewable & Sustainable Energy Reviews, 2011, 15(1): 1-23.

[344] Keith D W. Why capture CO_2 from the atmosphere? Science, 2009, 325(5948): 1654-1655.

[345] Choi S, Drese J H, Jones C W. Adsorbent materials for carbon dioxide capture from large anthropogenic point sources. ChemSusChem, 2009, 2(9): 796-854.

[346] Choi S, Drese J H, Eisenberger P M, et al. Application of amine-tethered solid sorbents for direct CO_2 capture from the ambient air. Environmental Science & Technology, 2011, 45(6): 2420-2427.

[347] Nikulshina V, Gálvez M E, Steinfeld A. Kinetic analysis of the carbonation reactions for the capture of CO_2 from air via the $Ca(OH)_2$-$CaCO_3$-CaO solar thermochemical cycle. Chemical Engineering Journal, 2007, 129(1-3): 75-83.

[348] Nikulshina V, Hirsch D, Mazzotti M, et al. CO_2 capture from air and co-production of H_2 via the $Ca(OH)_2$-$CaCO_3$ cycle using concentrated solar power—thermodynamic analysis. Energy, 2006, 31(12): 1715-1725.

[349] Nikulshina V, Steinfeld A. CO_2 capture from air via CaO-carbonation using a solar-driven fluidized bed reactor—effect of temperature and water vapor concentration. Chemical Engineering Journal, 2009, 155(3): 867-873.

[350] 赖春芳, 杨波, 张国亮,等. PVDF 中空纤维膜吸收器捕获烟气 CO_2 的工艺技术. 化工学报, 2012, 63(2):500-507.

[351] Zeman F. Experimental results for capturing CO_2 from the atmosphere. Aiche Journal, 2008, 54(5): 1396-1399.

[352] Stolaroff J K, Keith D W, Lowry G V. Carbon dioxide capture from atmospheric air using sodium hydroxide spray. Environmental Science & Technology, 2008, 42(8): 2728-2735.

[353] Nikulshina V, Ayesa N, Gálvez M E, et al. Feasibility of Na-based thermochemical cycles for the capture of CO_2 from air—thermodynamic and thermogravimetric analyses. Chemical Engineering Journal, 2008, 140(1-3): 62-70.

[354] Baciocchi R, Storti G, Mazzotti M. Process design and energy requirements for the capture of carbon dioxide from air. Chemical Engineering & Processing Process Intensification, 2006, 45(12): 1047-1058.

[355] Mahmoudkhani M, Keith D W. Low-energy sodium hydroxide recovery for CO capture from atmospheric air—thermodynamic analysis. International Journal of Greenhouse Gas Control, 2009, 3(4): 376-384.

[356] Stucki S, Schuler A, Constantinescu M. Coupled CO_2 recovery from the atmosphere and water electrolysis: Feasibility of a new process for hydrogen storage. International Journal of Hydrogen Energy, 1995, 20(8): 653-663.

[357] Li P, Zhang S, Chen S, et al. Preparation and adsorption properties of polyethylenimine containing fibrous adsorbent for carbon dioxide capture. Journal of Applied Polymer Science, 2008, 108(6): 3851-3858.

[358] Lackner K S. Capture of carbon dioxide from ambient air. European Physical Journal Special

Topics, 2009, 176(1): 93-106.

[359] Hicks J C, Drese J H, Fauth D J, et al. Designing adsorbents for CO_2 capture from flue gas-hyperbranched aminosilicas capable of capturing CO_2 reversibly. Journal of the American Chemical Society, 2008, 130(10): 2902-2903.

[360] Bacsik Z, Ahlsten N, Ziadi A, et al. Mechanisms and kinetics for sorption of CO_2 on bicontinuous mesoporous silica modified with n-propylamine. Langmuir, 2011, 27(17): 11118-11128.

[361] Knöfel C, Martin C, Hornebecq V, et al. Study of carbon dioxide adsorption on mesoporous aminopropylsilane-functionalized silica and titania combining microcalorimetry and in situ infrared spectroscopy. Journal of Physical Chemistry C, 2009, 113(52): 21726-21734.

[362] Danon A, Stair P C, Weitz E. FTIR Study of CO_2 adsorption on amine-grafted SBA-15: Elucidation of adsorbed species. Journal of Physical Chemistry C, 2011, 115(23): 11540-11549.

[363] Pinto M L, Mafra L, Guil J M, et al. FTIR Study of CO_2 adsorption on amine-grafted SBA-15: Elucidation of adsorbed species. Chemistry of Materials, 2017, 23(23): 1387-1395.

[364] Sunita S, Filburn T, Trela J, et al. Performance and properties of a solid amine sorbent for carbon dioxide removal in space life support applications. Energy & Fuels, 2015, 15(2): 250-255.

[365] Knowles G P, And S W D, Chaffee A L. Diethylenetriamine[propyl(silyl)]-functionalized (DT) mesoporous silicas as CO_2 adsorbents. Industrial & Engineering Chemistry Research, 2006, 45(8): 2626-2633.

[366] Knowles G P, Graham J V, Delaney S W, et al. Aminopropyl-functionalized mesoporous silicas as CO_2 adsorbents. Fuel Processing Technology, 2005, 86(14-15): 1435-1448.

[367] Knöfel C, Descarpentries J, Benzaouia A, et al. Functionalised micro-/meso-porous silica for the adsorption of carbon dioxide. Microporous & Mesoporous Materials, 2007, 99(1-2): 79-85.

[368] Wei J, Shi J, Pan H, et al. Adsorption of carbon dioxide on organically functionalized SBA-16. Microporous & Mesoporous Materials, 2008, 116(1-3): 394-399.

[369] Zukal A, Dominguez I, Mayerová J, et al. Functionalization of delaminated zeolite ITQ-6 for the adsorption of carbon dioxide. Langmuir, 2009, 25(17): 10314-10321.

[370] Belmabkhout Y, Sayari A. Effect of pore expansion and amine functionalization of mesoporous silica on CO_2 adsorption over a wide range of conditions. Adsorption, 2009, 15(3): 318-328.

[371] Serna-Guerrero R, Belmabkhout Y, Sayari A. Modeling CO_2 adsorption on amine-functionalized mesoporous silica: 1. A semi-empirical equilibrium model. Chemical Engineering Journal, 2010, 161(1): 173-181.

[372] Eichhorn S J, Dufresne A, Aranguren M, et al. Review: Current international research into cellulose nanofibres and nanocomposites. Journal of Materials Science, 2010, 45(1): 1-33.

[373] Harlick P J E, Sayari A. Applications of pore-expanded mesoporous silica. 5. Triamine grafted material with exceptional CO_2 dynamic and equilibrium adsorption performance. Industrial & Engineering Chemistry Research, 2007, 46(2): 446-458.

[374] Abdelmouleh M, Boufi S, Salah A B, et al. Interaction of silane coupling agents with cellulose.

Langmuir, 2002, 18(8): 3203-3208.

[375] Abdelmouleha M, Boufia S, Belgacemb M N, et al. Modification of cellulosic fibres with functionalised silanes: Development of surface properties. International Journal of Adhesion & Adhesives, 2004, 24(1): 43-54.

[376] Abdelmouleh M, Boufi S, Belgacem M N, et al. Modification of cellulose fibers with functionalized silanes: Effect of the fiber treatment on the mechanical performances of cellulose & ndash;thermoset composites. Journal of Applied Polymer Science, 2010, 98(3): 974-984.

[377] Bel-Hassen R, Boufi S, Salon M C B, et al. Adsorption of silane onto cellulose fibers. Ⅱ. The effect of pH on silane hydrolysis, condensation, and adsorption behavior. Journal of Applied Polymer Science, 2008, 108(3): 1958-1968.

[378] Salon M C, Abdelmouleh M, Boufi S, et al. Silane adsorption onto cellulose fibers: Hydrolysis and condensation reactions. Journal of Colloid & Interface Science, 2005, 289(1): 249-261.

[379] Salon M C B, Gerbaud G, Abdelmouleh M, et al. Studies of interactions between silane coupling agents and cellulose fibers with liquid and solid-state NMR. Magnetic Resonance in Chemistry, 2007, 45(6): 473-483.

[380] Xie Y, Hill C A S, Xiao Z, et al. Silane coupling agents used for natural fiber/polymer composites: A review. Composites Part A, 2010, 41(7): 806-819.

[381] Lu J, Askeland P, Drzal L T. Surface modification of microfibrillated cellulose for epoxy composite applications. Polymer, 2008, 49(5): 1285-1296.

[382] Beari F, Brand M, Jenkner P, et al. Organofunctional alkoxysilanes in dilute aqueous solution: New accounts on the dynamic structural mutability. Journal of Organometallic Chemistry, 2001, 625(2): 208-216.

[383] Salon M C B, Belgacem M N. Competition between hydrolysis and condensation reactions of trialkoxysilanes, as a function of the amount of water and the nature of the organic group. Colloids & Surfaces A Physicochemical & Engineering Aspects, 2010, 366(1-3): 147-154.

[384] Bennevault-Celton V, Maciejak O, Desmazières B, et al. Condensation of alkoxysilanes in alcoholic media: Ⅱ. Oligomerization of aminopropylmethyldiethoxysilane and co-oligomerization with dimethyldiethoxysilane. Polymer International, 2010, 59(9): 1273-1281.

[385] Zimmermann T, Bordeanu N, Strub E. Properties of nanofibrillated cellulose from different raw materials and its reinforcement potential. Carbohydrate Polymers, 2010, 79(4): 1086-1093.

[386] Tang Y, Kai L. CO_2-sorption properties of organosilicas with bridging amine functionalities inside the framework. The Journal of Physical Chemistry C, 2010, 114(6): 2494-2498.

[387] Liang C Y, Marchessault R H. Infrared spectra of crystalline polysaccharides. Ⅱ. Native celluloses in the region from 640 to 1700 cm^{-1}. Journal of Polymer Science, 1959, 39(135): 269-278.

[388] Liu C F, Ren J L, Xu F, et al. Isolation and characterization of cellulose obtained from ultrasonic irradiated sugarcane bagasse. Journal of Agricultural and Food Chemistry, 2006, 54(16): 5742-5748.

[389] Hiyoshi N, Yogo K, Yashima T. Adsorption characteristics of carbon dioxide on organically functionalized SBA-15. Microporous & Mesoporous Materials, 2005, 84(1-3): 357-365.

[390] Khatri R A, Chuang S S C, Soong Y, et al. Carbon dioxide capture by diamine-grafted SBA-15: A combined fourier transform infrared and mass spectrometry study. Industrial & Engineering Chemistry Research, 2005, 44(10): 3702-3708.

[391] Huang H Y, Yang R T, Chinn D, et al. Amine-grafted MCM-48 and silica xerogel as superior sorbents for acidic gas removal from natural gas. Industrial & Engineering Chemistry Research, 2003, 42(12): 2427-2433.

[392] Bacsik Z, Atluri R, Garcia-Bennett A E, et al. Temperature-induced uptake of CO_2 and formation of carbamates in mesocaged silica modified with n-propylamines. Langmuir, 2010, 26(12): 10013-10024.

[393] Wang X, Schwartz V, Clark J C, et al. Infrared study of CO_2 sorption over "molecular basket" sorbent consisting of polyethylenimine-modified mesoporous molecular sieve. The Journal of Physical Chemistry C, 2009, 113(17): 7260-7268.

[394] Olah G A, Goepert A, Meth S, et al. Nano-structure supported solid regenerative polyamine and polyamine polyol absorbents for the separation of carbon dioxide from gas mixtures including the air: US Patent, 7795175. 2010-9-14.

[395] Robinson K, Mccluskey A, Attalla M I. An FTIR spectroscopic study on the effect of molecular structural variations on the CO_2 absorption characteristics of heterocyclic amines. Chemphyschem, 2011, 12(6): 1088-1099.

[396] Versteeg G F, van Dijck L A J, van Swaaij W P M. On the kinetics between CO_2 and alkanolamines both in aqueous and non-aqueous solutions. An overview. Chemical Engineering Communications, 1996, 144(1): 113-158.

第 7 章　纤维素气凝胶基催化材料

7.1　光催化处理有机染料污水

7.1.1　有机染料污水的污染现状和常规处理方法

7.1.1.1　有机染料污水的污染现状

水资源是一种非常宝贵的自然资源。然而，随着全球人口的增加、社会的发展及经济的繁荣，大量的工业废水和生活废水排入水体，导致水资源环境不断遭受破坏。目前，水污染已被称作“世界头号杀手”，引发了一系列负面效应。因此，保护水资源、治理水污染已经成为当务之急。早在 1979 年美国环境保护署提出的 129 种“优先监测污染物”中有 114 种是有机物，我国原环境保护部提出的“中国环境优先控制污染物黑名单”共 68 种化合物，其中有机物就占 58 种。我国主要河流水质污染监测结果显示，有近 60%的河流污染问题是由于有机物的污染所致[1-3]。因此，有机物污染是水污染急待解决的主要问题之一，有必要在传统的水处理方法基础上创新思维、完善和开发新型的水处理方法，旨在对水中有机污染物进行快速有效的处理。考虑到染料和五氯酚是水体中两种重要的有机污染物，其污染现状及危害不容忽视，对其进行有效处理刻不容缓。随着印染工业的发展，染料的生产规模日益增大，种类也日益繁多。在排放的大量污水中，染料废水主要来源于染料生产和印染工业，是重要的污染源之一。据纺织行业的统计，我国染料年产量一直维持在 20 万～25 万吨，已超过世界染料总产量的 1/4，每年排出的印染废水总量约为 5.5 亿吨，对环境造成的污染已日趋严重。据报道，某些染料在自然水体中的浓度超过 1μg/L 时，就会影响水体的透明度、破坏水体的景观、降低水体的溶氧量，许多合成染料还具有较高的生物毒性[4-6]。一些偶氮染料、蒽醌染料和三芳基甲烷染料具有致癌性，某些非致癌的三芳基甲烷染料对眼睛有很大损伤。总之，染料废水不仅容易引起视觉污染，还减少水中的阳光渗透或直接导致有机生物体中毒，从而影响自然水体中的水生生物生存，且经过生物积聚作用进入人体，最终影响人类健康[7, 8]。因此，染料废水进入水体将会造成严重的环境污染、生态破坏和健康风险，如何对染料废水进行妥善处理[主要包括消除印染废水中高色度和高化学需氧量(COD)值]之后再进行排放，已经成为长期困扰印染废水治理的关键问题。染料废水具有有机物含量高、水量大、色度高、成分复杂多变、可生化性差等特点，是当前国内外水污染控制领域急需解决的一大难题[9]。目前，常规的染料废水处理方法主要有：物理化学法、生物处理法和化学氧化法三种，其中涵盖絮凝沉降法[10, 11]、吸附法[12-14]、离子交换法[15]、纳滤超滤法[16, 17]、渗析法[18]、电解法[19-21]、超声波降解法[22]、化学氧化法[23, 24]、光催化氧化法[25, 26]、电化学氧化法[27]及生物法[28-30]等。

7.1.1.2　吸附法

吸附法对于去除废水中的染料、臭味、有机和无机物质是十分有效的。处理染料废水的吸附剂有活性炭、沸石、硅藻土、炉渣、黏土、粉煤灰、纤维素、树脂、黑炭等[31, 32]。活性炭吸附法是一种应用较早的方法，该法对去除水中溶解性有机物非常有效，但它再生比较困难，处理成本较高，因此应用面窄，一般可用于浓度较低的染料废水处理或深度处理。活性炭是目前最有效的吸附剂之一，但由于活性炭去除色度和 COD 时大多数是和其他工艺耦合的，因此活性炭吸附多用于深度处理或将活性炭作为载体和催化剂，单独使用活性炭处理较高浓度的染料废水的研究还比较少[33, 34]。近年来，很多科学家通过对活性炭吸附过程的进一步了解，在吸附机理和活性炭预处理技术方面都取得了很大的进展。Walker 等[35, 36]研究了 3 种酸性染料在活性炭上的吸附行为，发现只有 14%的比表面积发挥了吸附作用。一方面原因是存在多分子层的吸附，另一方面原因是活性炭中很多微孔孔径太小，不能吸附染料大分子。Hu 等[37]用 $ZnCl_2$ 溶液浸泡活性炭，然后在 110℃的炉子中用 N_2 活化，然后炉温升至 800℃，把活化气体换作 CO_2，最后用盐酸和脱离子水清洗后烘干，得到更高活性的活性炭，其比表面积大于 2400m^2/g，孔分布以中孔为主，对大分子染料有良好的吸附作用，主要原因在于 CO_2 的使用，CO_2 在 800℃下有着适中的氧化性，能够开辟新的微孔或者将部分微孔扩大为中孔，所以可以通过控制气体流量来控制活性炭的孔结构，以得到对吸附某种特定染料分子最合适的活性炭。生物活性炭吸附法是将吸附法和生化法综合起来的方法[38-40]。该法中作为固定媒介的活性炭提高了微生物的活力，从而可以提高对染料废水的处理效果。对于那些可生化性相对较好的染料来说，由于活性炭的吸附作用，微生物附着的活性炭表面染料浓度升高，所以提高了处理效果，而对那些难降解的染料分子，效果较好的原因可能仅仅在于生物附着造成活性炭孔分布向中孔集中(部分大孔中生长了微生物)。当然要注意微生物的浓度，如果微生物浓度过高，将活性炭的孔道堵住，处理效果就会很差。该技术如果能够发展完善的话，不用组合工艺处理染料废水就可变为现实。目前国内外关于活性炭的再生也有诸多报道，主要包括高温热解、溶剂溶解、生物降解、电化学再生及超临界流体萃取等方法[41, 42]。这些方法目前都不完善，还存在炭流失量大、溶解效率低、生物降解难、处理费用高及反应条件苛刻等问题，因此限制了活性炭吸附在染料废水处理中的应用。20 世纪后期，随着离子交换树脂和吸附树脂等功能材料的工业应用，树脂吸附法也被引入废水处理领域。余颖等[43]对树脂 NKY 对活性艳蓝 KN-R 染料的吸附行为进行研究，并取得较好的效果。陆朝阳等[44]也对此开展了研究工作，但目前对于树脂吸附染料的机理研究尚不完善。余颖等[45]研究了活性染料在改性后树脂上的吸附行为，实验表明，吸附过程符合一级动力学方程，其吸附包括物理吸附和化学吸附，但以物理吸附为主。天然矿物主要包括各种黏土、矿石、煤炭等，一般储量都比较丰富，我国炉渣、煤渣、粉煤灰等废物量也很多，成本更为低廉，因此这些无机吸附剂的应用前景比较广阔[46-48]。Ramakrishna 等[49]将泥煤、钢渣、膨润土、粉煤灰等无机吸附剂和活性炭对染料的吸附性能进行比较，实验结果表明，钢渣、粉煤灰对酸性染料及泥煤、膨润土对碱性染料的吸附效果可以和活性炭相媲美，而这四种吸附剂对分散染料的吸附效果都优于活性炭，这一结果为低成本的吸附剂走向工业化应用提供了科学依据。李虎杰和郑自立[50]研究了酸化后的坡缕石黏土对阳离子染料(桃红 FG，质量浓度为 500mg/L)的吸附性能，发现当吸附剂投加质量浓度为 2400mg/L 时，染料的吸附率达 92%。在应用这些矿物和废物时，还要注意防止二次污染，由于这些物质中通常含有重金属等污染物，要调节合适的反应条件特别是 pH，防止这些污染物溶出。很多科学家对一些天然的原料和农业精制炭进行了进一步处理，并研究了这些物质的吸附行为。其中桉树皮、稻壳、竹子、麦秆、椰子壳、野草、木薯皮、花生壳、李子核、棕榈果等天然碳纤维经过处理后对染料都有很好的吸附效果[51-54]，但是这些吸附剂吸附饱和后如何处置是有待解决的难点。另外一些植物干燥后，植物内部的细胞结构形成空腔，可以用来吸附染料，生物内部的酶会促进这些染料的进一步分解，其中水葫芦的根，一些菌类，某种水棉属的绿藻等都可以这样利用。近年来科学家们为了进一步提高吸附法处理染料废水的效果，克服上述吸附剂的缺点，对一些新合成的材料进行了吸附行为的研究。Werbowesky 等[55]用聚氨酯泡沫体从水中提取染料，以达到净化水质和资源回收的目的。他们在研究 pH、染料浓度和盐浓度对分离的影响时，发现双模式模型可以解释所有的现象，并认为聚氨酯泡沫体对染料的作用包括溶剂萃取和表面吸附，而且表面吸附发挥了更大的作用。由于交联多聚糖或壳聚糖含有大量的羟基和氨基等功能基，对活性染料、直接染料和酸性染料有强烈的吸附作用，另外其来源丰富、无毒抗菌、可生物降解，将来可能实现工业应用。实验证明，交联的多聚糖派生物对染料具有良好的吸附能力，主要吸附机理是离子交换、氢键作用和聚合物内部网状结构所形成的物理吸附[56-58]。此外，还出现了一些特殊的无机吸附剂，如新生态的氢氧化镁[59]和二氧化锰[60, 61]。

7.1.1.3　生物处理法

生物处理方法是世界范围内处理染料废水一直使用的主要方法，然而，单一的好氧法和厌氧法对染料废水的处理一般都未能达到理想的降解效果[62]。好氧法对生物需氧量(BOD)的去除率较高，但对色度的去除效果却不佳，出水难以达到排放标准；同时，好氧法需要通入氧气，耗能较多，且污泥产量较大，给后续处理带来困难[63]。厌氧法处理的主要构筑物是厌氧罐，因为染料中的某些基团可以通过厌氧分解，且通常在中温条件下进行，所以该法能直接处理较高浓度染料工业废水，但操作条件较为苛刻(如停留时间长、容器体积大、影响因素多、造价高)，且 BOD 去除率低[64]。多种生物处理工艺联用，尤其是厌氧-好氧联用技术处理染料废水的研究屡见报道。厌氧-好氧联用的基本原理是厌氧条件下偶氮键的断裂及好氧条件下芳香族分子的降解，且某些氧化还原剂的投加可以加快厌氧段的反应速率从而对色度的去除效率得到提高[65]。Frijters 等[66]报道了荷兰帕克公司应用厌氧-好氧连续工艺，成功处理了荷兰 Ten Cate 纺织厂的漂白和染色废水，同时运用 Microtox 法监测发现原废水和预酸化过的废水都是有毒性的，厌氧处理出水也含有很高的毒性，然而经厌氧-好氧处理后，毒性消失。洪俊明等[67]采用厌氧-好氧膜生物反应器组合工艺处理蒽醌活性染料废水，考察其处理效果，指出该组合工艺对蒽醌染料废水中 COD 的平均去除率为 90%，脱色率平均为 48%，且投加 $MnSO_4$ 可提高系统的脱色率。Sponza 等[68]研究了上流式厌氧活性污泥反应器(UASB)和完全搅拌反应釜(CSTR)的联用技术对活性黑工业废水的降解，UASB 中色度及 COD 的去除率分别为 90%～95%和 40%～60%，随后 CSTR 中剩余 COD 去除率达 85%～90%。总之，厌氧-好氧法是目前处理染料废水常用的生物处理技术，经过该联合处理可以实现较高的 BOD、COD 和色度去除率，但微生物对营养物质、温度、pH 等条件要求较高，而且设备占地面积大，管理复杂。因此，生物处理法的研究和应用还具有一定的发展空间。

7.1.1.4　膜分离技术

膜分离技术是在 20 世纪初出现、20 世纪 60 年代迅速崛起的一门分离新技术，膜分离技术作为新的分离净化和浓缩方法，与传统分离操作(如蒸发、吸附、萃取、深冷分离等)相比较，过程不发生相变，可以在常温下操作，具有能耗低、效率高、工艺简单等特点，受到世界各技术先进国家的高度重视，投入大量资金和人力，促进膜分离技术迅速发展，使用范围日益扩大，广泛应用于工业废水等处理过程，给人类带来了巨大的环境效应[69-71]。膜分离技术应用到工业废水的处理中，不仅使渗透液达到排放标准或循环生产，而且能回收有价资源。利用水溶液(原水)中的水分子具有透过分离膜的能力，而溶质或其他杂质不能透过分离膜，在外力作用下对水溶液(原水)进行分离，获得纯净的水，从而达到提高水质的目的。总的说来，分离膜之所以能使混在一起的物质分开，不外乎两种手段：①根据混合物物理性质的不同——主要是质量、体积大小和几何形态差异，用过筛的办法将其分离，微滤膜分离过程就是根据这一原理将水溶液中孔径大于 50nm 的固体杂质去掉[72]；②根据混合物的不同化学性质，物质通过分离膜的速度取决于以下两个步骤的速度，首先是从膜表面接触的混合物中进入膜内的速度(称溶解速度)，其次是进入膜内后从膜的表面扩散到膜的另一表面的速度，二者之和为总速度。总速度越大，透过膜所需的时间越短；总速度越小，透过膜所需的时间越久[73]。膜分离技术是以高分子分离膜为代表的一种新型流体分离单元操作技术。在膜分离技术出现前，已有很多分离技术在生产中得到广泛应用。例如，蒸馏、吸附、吸收、萃取、深低温分离等[74]。与这些传统的分离技术相比，膜分离技术具有以下特点：①膜分离通常是一个高效的分离过程。例如，在按物质颗粒大小分离的领域，以重力为基础的分离技术最小极限是微米，而膜分离却可以做到将相对分子质量为几千甚至几百的物质进行分离(相应的颗粒大小为纳米)。②膜分离过程的能耗(功耗)通常比较低，大多数膜分离过程都不发生“相”的变化。③多数膜分离过程的工作温度在室温附近，特别适用于对热过敏物质的处理。④膜分离设备本身没有运动的部件，工作温度又在室温附近，所以很少需要维护，可靠度很高。⑤膜分离过程的规模和处理能力可在很大范围内变化，而它的效率、设备单价、运行费用等都变化不大。⑥膜分离由于分离效率高，通常设备的体积比较小，占地较少，而且膜分离通常可以直接插入已有的生产工艺流程，不需要对生产线进行大的改变[75-78]。

关于膜的分离性能，有以下两个要点：①分离膜必须对被分离的混合物具有选择透过(即具有分离)的能力；②分离能力要适度。它是根据被分离混合物的原始状态和分离后要达到的目标来合理确定的。能够对被分离的混合物进行有选择的透过是分离膜的最基本条件。需要除去的物质透过速度与通过的物质透过速度之比为分离效率。分离膜的透过性能是它处理能力的主要标志。我们希望在达到所需要的分离率之后，分离膜的透量越大越好。目前所用的分离膜大多数是以高聚物为膜材料，需要定期更换。这是因为高聚物在长期使用中，与光、热、氧气或酸、碱相接触，容易老化。膜分离过程中除上述因素外，还有其他因素。例如，有些反渗透过程或气体分离过程是在几十到上百个大气压下进行的，高聚物膜长期处在高压下，会发生被压密现象，它会使膜在长期使用中透量慢慢减少(这种变化是不可逆的)，终至达到不能使用的极限。又如，膜在使用过程中与混合物接触的表面会被各种各样的杂质所污染，它们遮住了膜的表面，阻碍了被分离混合物的直接接触，等于减少了膜的有效使用面积，还有一些污染物会破坏高聚物的结构。污染造成的膜性能减退大部分可以通过清洗的方法使它基本上恢复[79-81]。膜的更换周期关系着生产成本，十分重要。分离膜的价格不能太贵，否则生产上就无法采用。分离膜的价格取决于膜材料和制造工艺两个方面。综上所述，具有适度的分离率、较高的透量、较好的物理化学稳定性和便宜的价格是一张具有工业实用价值分离膜的最基本条件。膜分离技术在工业水处理中的主要应用方向为工业用水中的物质回收与水资源再利用、工业废水的治理等。下面着重介绍其在淀粉污水、含酚废水、含氰废水、含重金属废水和含油废水处理中的应用。针对传统污水处理方法中蛋白质去除率较低，而 COD 负荷增加问题，采用膜处理装置进行实验研究。周晶晶和金鹰[82]在膜分离技术的基础上，以调节豆浆废水、淀粉废水等电位点作为预处理，采用中空纤维膜装置进行超过滤，并对温度影响作定性分析。结果表明，膜分离技术可以大大提高这两种废水中 COD 的去除率，分别为 76.13%和 82.19%。另外，适当的温度可以提高污水处理的效率，实验得出20℃时效率最佳。石油工业的含酚废水中酚类物质毒性很大，必须脱出后才能排放。贺增第和晋日亚[83]进行了中空纤维膜萃取酚的实验研究，膜材料为聚砜，配合萃取剂为 50%磷酸三丁酯(TBP)-煤油溶液，经过 2 级膜萃取，废水中酚的质量浓度由 1223.53mg/L 降到 45.85mg/L，去除率达到 96.3%。李健生和王连军[84]采用聚偏氟乙烯为中空纤维膜，以煤油-50%磷酸三丁酯为萃取剂，对含酚废水进行实验，废水中酚的质量浓度可从 1223mg/L 降到 45mg/L，去除率达 96%以上，排出的废水中酚含量符合国家排放标准。王志强[85]采用一种新型的硅橡胶复合中空纤维超滤膜处理苯酚废水，较前人使用硅橡胶管处理废水时苯酚的透过速率大大加快。该超滤膜在处理高质量浓度(8.1977g/L)和低质量浓度(0.1939g/L)的苯酚废水时，去除效果分别能达到 99.19%和 96.19%。并发现，氯化钠的存在可大大增加苯酚的传质系数。我国处理含氰废水主要使用四效蒸发和焚烧的方法，此方法不仅成本高，而且焚烧过程会产生大量的 CO_2 和氮氧化物，对环境同样会造成一定程度的污染。张力等[86]根据膜分离过程的不同特点，结合含氰废水的特点，利用超滤和反渗透两种膜分离过程来处理丙烯腈装置的含氰废水。结果表明，丙烯腈装置所产生的含氰废水中氰根浓度一般在 0.3‰～0.4‰，COD 一般在 4000～5000mg/L，而装置外排废水中氰根的允许浓度是<0.005‰，COD<1500mg/L。含油废水是一种量大面广的工业废水，含油废水对环境危害极大，随着国家不断加大环保力度，对含油废水处理和排放要求越来越高。一般炼油厂处理含油废水主要是去除浮油、乳化油、COD、BOD 等。大多数的废水在排放前虽都已进行了物化处理，但物化处理只能除去水中的浮油和分散油，而更稳定的乳化油尤其是含有溶解油的废水依然以很高的浓度排入受纳水体中，因此众多的水处理工作者正在竭力寻找其他更有效的处理方法。膜分离法处理炼油厂含油废水有了较大的发展，但采用单一的膜分离法处理含油废水，膜污染严重。针对以上问题，李爱阳等[87]采用絮凝沉降和膜分离法联合处理含油废水，废水中油、COD_{Cr}、SS(指悬浮物)的含量由原来的 1000mg/L、2000mg/L、1000mg/L 分别降到 14mg/L、87mg/L、63mg/L，总去除率分别达到 98%、95%和 93%以上。膜分离技术近年来发展迅速，已在众多领域中得到广泛的应用，与常规的分离方法相比膜分离过程具有节能、

分离效率高等特点，是解决当代能源、资源和环境污染等问题的重要技术。我国的膜分离技术在废水深度处理领域的应用与世界先进水平尚有较大差距。今后膜分离技术发展趋势如下：①开发、制造高强度、长寿命、抗污染、高通量的膜材料，对于不同的污染源采用不同的膜分离技术及相应的配套工艺，以达到降低投资和运行成本的目的，在膜使用中着重解决膜污染、浓差极化及清洗等关键问题；②新型膜材料的开发利用，新型膜材料有金属膜、有机-无机混合膜和新型有机膜等，可以预期，随着膜材料的继续改善，膜分离技术在水处理中的运用前景将更为广阔；③专业膜反应器开发，为分离某种物质而开发专用膜反应器，主要应用于化工行业中成分复杂、性质相近的物质的回收与分离；④共混超滤膜的开发。与国际产品相比，国产超滤膜组件品种单一，通量和截流率综合性能较低，抑制了膜分离技术在水处理以外领域的应用进展步伐。目前已有许多共混超滤膜的研究。由于共混超滤膜具有单一组分膜所无法比拟的优点，因此这是一个重要的发展趋势。

7.1.1.5　光催化氧化法

光催化氧化法是近 20 年才出现的水处理技术，在足够的反应时间内通常可以将有机物完全矿化为 CO_2 和 H_2O 等简单无机物，避免了二次污染，简单高效而有发展前途[88-90]。所谓光催化反应，就是在光的作用下进行的化学反应。光化学反应需要分子吸收特定波长的电磁辐射，受激产生分子激发态，然后会发生化学反应生成新的物质，或者变成引发热反应的中间化学产物[91, 92]。光化学反应的活化能来源于光子的能量，在太阳能的利用中光电转化及光化学转化一直是十分活跃的研究领域。由于以二氧化钛粉末为催化剂的光催化氧化法存在催化剂分离回收的问题，影响了该技术在实际中的应用，因此将催化剂固定在某些载体上以避免或更容易使其分离回收的技术引起了国内外学者的广泛兴趣[93-99]。

光降解通常是指有机物在光的作用下，逐步氧化成低分子中间产物最终生成 CO_2、H_2O 及其他的离子如 NO_3^-、PO_4^{3-}、Cl^-等。有机物的光降解可分为直接光降解、间接光降解。前者是指有机物分子吸收光能后进一步发生的化学反应。后者是周围环境存在的某些物质吸收光能成激发态，再诱导一系列有机污染物参与的反应。间接光降解对环境中难生物降解的有机污染物更为重要。利用光化学反应降解污染物的途径，包括无催化剂和有催化剂参与的光化学氧化过程。前者多采用氧和过氧化氢作为氧化剂，在紫外光的照射下使污染物氧化分解；后者又称光催化氧化，一般可分为均相和非均相催化两种类型。均相光催化降解中较常见的是以 Fe^{2+}或 Fe^{3+}及 H_2O_2 为介质，通过光-Fenton 反应产生 HO·使污染物得到降解，非均相光催化降解中较常见的是在污染体系中投加一定量的光敏半导体材料，同时结合一定量的光辐射，使光敏半导体在光的照射下激发产生电子-空穴对，吸附在半导体上的溶解氧、水分子等与电子-空穴作用，产生 HO·等氧化性极强的自由基，再通过与污染物之间的羟基加成、取代、电子转移等使污染物全部或接近全部矿化。

新型高效光催化氧化的原理就是在表面催化剂存在的条件下，利用一定波长的紫外光波在常温常压下催化、通过一定量的曝气来氧化废水中的有机污染物，或直接氧化有机污染物，或将大分子有机污染物氧化成小分子有机污染物，提高废水的可生化性，较好地去除有机污染物。在降解 COD 的过程中，通过催化氧化来打断有机分子中的双键发色团，如偶氮基、硝基、硫化羟基、碳亚氨基等，达到脱色的目的，同时有效地提高 BOD/COD 值，使之易于生化降解。这样，光催化氧化反应在高浓度、高毒性、高含盐量废水中充当常规物化预处理和生化处理之间的桥梁。该技术的核心为三相催化氧化。这三相分别是：由风机送入罐内的压缩空气曝气(气相)，一定波长的紫外光波(光相)和固定在载体上的催化剂(固相)，其中催化剂为我们自行研制的复合型贵金属化合物。废水经预处理除去水中杂物后，进入催化氧化罐，水中有机污染物在催化剂的作用下被氧化分解，苯环、杂环类有机物被开环、断链，大分子变成小分子，小分子再进一步被氧化为二氧化碳和水，从而使废水中的 COD 值大幅度降低，去除率在 99%以上，色泽基本褪尽，同时提高了 BOD/COD 的比值，去除废水的毒性，使废水处理后达标排放。

现代科学研究发现，当物质被粉碎到纳米级并制成纳米材料时将具有多种物理效应，不仅其光、电、热、磁等特性发生变化，而且具有辐射、吸收、催化、杀菌、吸附等许多新特性[100-102]。在众多纳米科学技术中，纳米材料学、纳米电子学和纳米医药学是目前备受重视的三个研究方面。有研究者指出，纳米技术对水中粒径为 200nm 污染物的去除能力是其他技术不可替代的，认为纳米技术可在污染修复、低成本脱盐等领域发挥作用[103]。在水处理中，应用最广泛的纳米催化材料应是 n 型半导体纳米材料。而在常规催化氧化法基础上发展起来的以纳米材料为催化剂的催化氧化水处理技术将具有更加独特的功效。

一般认为，光催化活性是由催化剂的吸收光能力、电荷分离和向底物转移的效率决定的。当纳米半导体粒子受到大于禁带宽度能量的光子照射后，电子从价带跃迁到导带而产生电子-空穴对。电子具有还原性，空穴具有氧化性，从而促进了有机物的合成或使有机物降解。纳米半导体材料的特性和催化效果各有不同，但作为光催化剂它们的催化活性与相应的体相材料相比有显著提高，其原理在于：①通过量子尺寸限域造成吸收边的蓝移；②由散射的能级和跃迁选律造成光谱吸收和发射行为结构化；③与体相材料相比，量子阱中的热载流子冷却速度下降，量子效率提高；④纳米半导体粒子所具有的量子尺寸效应使其导带和价带能级变成分立的能级，能隙变宽，导带电位变得更负，而价带电位变得更正，这意味着纳米半导体粒子获得了更强的还原及氧化能力，从而催化活性随尺寸量子化程度的提高而提高。除此以外，还在于纳米半导体粒子的粒径和吸收特性[104, 105]。

纳米半导体粒子的粒径通常小于空间电荷层的厚度。在此情况下，空间电荷层的任何影响都可忽略，光生载流子可通过简单的扩散从粒子内部迁移到粒子表面而与电子供体或受体发生还原或氧化反应。粒径越小则电子与空穴复合概率越小，电荷分离效果越好，从而导致催化活性的提高。在光催化反应中，反应物吸附在催化剂的表面是光催化反应的一个前置步骤，催化反应的速率与该物质在催化剂上的吸附量有关。纳米半导体粒子强的吸附效应甚至允许光生载流子优先与吸附的物质进行反应而不管溶液中其他物质的氧化还原电位顺序。在催化反应过程中，纳米材料的表面特性和缺陷数量具有同样重要的作用。

纳米催化剂的催化效果还与其材料类型有关[106-108]。研究发现，禁带宽度大的金属氧化物因具有抗光腐蚀性而更具有实用价值。CdS 的禁带宽度较窄，对可见光敏感，在起催化作用的同时晶格硫以硫化物和 SO_3^{2-} 形式进入溶液中。ZnO 比 TiO_2 的催化活性高，但自身会发生光腐蚀。α-Fe_2O_3 能吸收可见光(激发波长为 560nm)，但是催化活性低。与其他 n 型半导体纳米材料相比，TiO_2 具有化学稳定性好、反应活性大等特点，是一种优异的光电功能材料，并以其优越的催化性能被广泛应用于污染物的降解，取得了令人鼓舞的进展。用纳米 TiO_2 作催化剂氧化水中污染物的实验是目前研究工作的热点(主要围绕不同类型污染物的降解效果这一主题，同时进行水处理体系中 TiO_2 的存在形式、反应器类型等应用技术的研究)。研究结果显示，纳米 TiO_2 光催化氧化技术有良好的应用前景。

光催化氧化法是近些年出现的水处理技术，在足够的反应时间内通常可以将有机物完全矿化为 CO_2 和 H_2O 等简单无机物，避免了二次污染，简单高效而有发展前途。有机磷农药废水排放量大、毒性强，对这类废水的治理已成为水处理工作者的研究重点[109, 110]。目前，国内处理有机磷农药废水大多采用生化法，但处理后的 COD 不能达到国家排放标准，有机磷高达数十 mg/L，在生物降解过程中几天甚至几周才能完成，而在光解过程中几小时即可实现，且出水水质达到了国家工业废水一级排放标准，具有理想的处理效果。纽太力研制的光催化剂，其化学性质稳定、难溶、无毒、成本低，作为理想的半导体光催化剂在环境治理领域中已显示广阔的应用前景。应用表明其可以经历反复使用而保持光分解效率基本不变，并可连续保持其光活性。由于有机磷农药的 P—O 和 P—S 键的键能相对较低，容易吸收太阳光形成激发态分子，使 P—O 和 P—S 键断裂，所以有机磷农药易发生光解。催化剂可将农药废水中对硫磷、久效磷、马拉硫磷、甲拌磷彻底降解为 PO_4^{3-}、SO_2、Cl^-、CO_2、H_2O；将表面活性剂废水中氯化苄基十二烷基二甲基铵彻底降解为 CO_2、H_2O、NO_3^-、Cl^-；将十二烷基苯磺酸钠彻底降解为 CO_2、H_2O、SO_4^{2-}，从而使农药废水无害化排放。纺织印染废水的水量大，色度高，成分复杂，废水中含有染料、助剂、油剂、酸碱、纤维杂质及无机盐等，随着染料工业的发展，大量新型印染助剂、染料、浆料等难以生物降解的有机物在印染行业中的广泛应用，致使印染废水中有机物成分越来越复杂多变，其 BOD_5/COD_{Cr} 比值下降，色度高，可生化性降低。消除印染废水中高色度和高 COD_{Cr} 值，已成为长期困扰印染废水治理的两个关键问题。目前国内处理印染废水多以生化法为主，但存在处理效果不佳、COD_{Cr} 和色度去除困难等缺点。近年来，随着光化学技术的发展和进步，利用半导体氧化物光催化消除环境中各种污染物的研究已引起人们的广泛关注。

7.1.2 锐钛矿型二氧化钛/纤维素气凝胶纳米复合材料

7.1.2.1 引言

近年来，随着社会的不断进步，带动着工业的大力发展，使人们生活水平不断提高，但由于工业产品生产线的不完善所带来的弊端也日益引起人们的重视，工业污水就是其中之一。工业污水不但严重影响动植物的生存和发展，并且对人类身体健康亦造成不可忽略的危害[111, 112]。有机染料污水是化工行业排放的首要工业污水之一，其导致的水体污染尤其严峻。有机染料广泛使用于纺织、造纸、印染、涂层等领域，在产品生产工艺过程中有 10%～20%的有机染料将随工业污水排放到江河湖泊、土壤和大气中。然而，有机染料主要以芳烃和杂环化合物为母体利用其衍生物合成的，其毒性大，化学成分十分复杂，难分解，在水体、土壤及大气中不断积存,对人类及人类赖以生存的生态环境都产生极其严重的危害。有机染料种类繁多，在给人们生活带来五彩缤纷色彩的同时也带来了不容忽视的环境污染问题，其中水体污染最为直观，如图 7-1 所示，其主要危害如下。

图 7-1　有机染料污水

(1) 有机染料的色度危害，即使存在的有机染料的浓度很低，其水溶液也可产生显著的颜色，大大降低了水体的透明度[113]。有机染料污水有很强的吸光能力，可消耗水体中含有的氧，影响水生生物和微生物的生存与生长，最终造成水体污染。

(2) 有机染料主要是由芳香族化合物苯环上的氢被某些取代基取代后生成的化合物组成，其生物毒性较大。一般含有“三致”物质，即具有致癌、致畸形、致突变的物质[60]。

(3) 有机染料中含有多种重金属盐类，如汞、铬、铅、镉、砷等盐[114]。这些重金属盐类通常无法生物降解，并将长期存在于自然环境中，尤其是存在于水体中的重金属盐类将会通过食物链不断地传递，最终在人体内积累引发多种疾病，如最常见的水俣病。

鉴于上述有机染料污水的种种危害，如果有机染料污水不加以处理而直接排放到周围环境中，将会给周围的动植物带来极大的威胁，尤其是人们日常的饮用水质量将无法得到保障，因此对有机染料污水的净化尤为重要，其不仅可减轻环境污染、保护水质、确保人们身体健康，还可以减少水资源浪费，实现水资源的循环利用，更能帮助我们实现可持续发展，其意义深远重大。

有机染料污水的危害逐渐为人们所关注，但由于其毒性大、难降解等特点，污染问题一直得不到解决，人们不断地探索更高效、更经济、更简便、更环保的方法来解决这一难题。目前，治理有机染料污水的重要方法可概括为如下几种[115, 116]。

(1) 物理化学法：活性炭吸附法、天然矿物吸附剂分离法、煤及煤渣吸附剂分离法、膜过滤法、气浮法、超声波气振法、高能物理法等。

(2) 化学法：絮凝沉淀法、高温深度氧化法、化学氧化法、光催化氧化法、电化学法、生物化学法、离子交换法、化学沉淀法等。

在上述有机染料污水的处理方法中，许多方法如吸附法、絮凝沉淀法、膜过滤法等都存在着不同程度的劣势，从而导致它们在实际工业应用中受到限制。例如，吸附法是将有机染料污染物富集或将其从一个物相转移到另一个物相中以达到除去物质的方法，但并没有从根本上降解或消除这些有机染料污染物，有的甚至会导致二次污染，造成更严重的环境污染；电化学法则因其设备复杂、处理污水成本高等缺点而受到限制。光催化氧化法利用光催化剂在光照的条件下，经过进一步发生氧化分解将有机污染物降解为二氧化碳和水等小分子无机物，因其操作简便、高效、绿色、无二次污染、节能、产物可循环利用等优点而受到人们的普遍关注和认可。

二氧化钛一般可分为金红石(rutile)、锐钛矿(anatase)、青铜矿(TiO_2-B)、板钛矿(brookite)四种晶型。不同晶型的二氧化钛结构单元连接方式如图 7-2 所示。

金红石型 TiO_2 属四方晶系，其结构单元是沿着 c 轴方向呈链状方式排列，通过共用一条棱相互连接形成，禁带宽度为 3.0eV，被广泛应用于航空、航天、航海、机械、化工、海水淡化等方面；锐钛矿型 TiO_2 也属四方晶系，是通过 TiO_6 配位体共享四条边和顶点连接形成，禁带宽度为 3.2eV，被广泛用于光电化学电池、光催化去污、光催化杀菌、光解水制氢等领域；板钛矿型 TiO_2 属于斜方晶系，其配位结构单元 TiO_6 以共顶点和棱连接构成；TiO_2-B 为单斜晶系，是以 TiO_6 八面体为配位结构单元，共用边和顶点连接构成。通常用作光催化剂的主要为金红石型和锐钛矿型 TiO_2，但由于锐钛矿型 TiO_2 的还原电位稍高于金红石型 TiO_2，锐钛矿型 TiO_2 的光催化活性优于金红石型 TiO_2，故锐钛矿型 TiO_2 应用更为广泛。

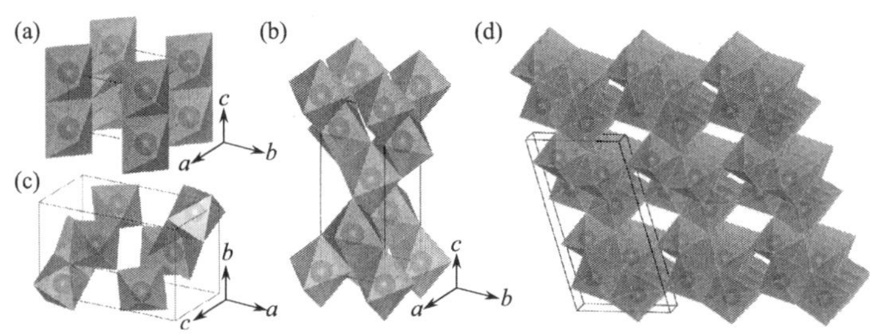

图 7-2 (a)金红石型 TiO_2，(b)锐钛矿型 TiO_2，(c)板钛矿型 TiO_2 和(d)TiO_2-B 的晶体结构示意图

常用的制备二氧化钛纳米粒子的方法如下[117-121]：

(1) $TiCl_4$ 气相氧化法，使用该法生产的二氧化钛主要应用于催化剂、化妆品及纺织中的抗紫外线剂、热稳定剂等行业。

(2) $TiCl_4$ 高温气相水解法，用其制备的二氧化钛粒径小，表面活性较大，分散性良好，而且团聚程度较小，但对设备材质要求较严，对工艺参数控制要求准确，因此产品成本较高，不适合用于实际工业生产。

(3)溶胶-凝胶法，其产物粒径小，均匀性较高，反应过程便于控制，可得到用其他方法难以得到的产品。另外，反应在低温下进行，避免了高温杂相的出现，产物的纯度高。但缺点是该法采用金属醇盐做原料，不仅成本较高，工艺流程较长，而且粉体的后处理过程中易产生硬团聚，大大影响光催化效果。

(4)化学共沉淀法，操作简单易行，产品成本较低，对设备、技术要求不高，产品纯度高，但其原溶液中的阴离子难控制，粒子粒径分布较宽，分散性差。

(5)水热合成法，水热法合成的纳米粒子主要用于实验室研究，国内尚没有实现工业化生产。

二氧化钛属电子导电的 n 型半导体，其能带结构由低能价带(valence band，VB)和空的高能导带(conduction band，CB)组成。价带与导带间存在 3.2eV 的禁带宽度[122]。当使用波长小于或等于 385nm 的紫外光照射时，二氧化钛纳米粒子的光催化活性立刻被激发，在充满电子的 VB 上的电子(e^-)会从 VB 激发到 CB 上，而在 VB 处留下空穴(h^+)，形成电子-空穴对，如图 7-3 所示。电子-空穴对分别与二氧化钛纳米粒子表面吸附的 H_2O 和 O_2 发生一系列化学反应，生成羟基自由基(·OH)和超氧阴离子自由基($\cdot O_2^-$)，由于这两类自由基具有较高的氧化活性，且高于有机物中各类化学键的能量，故可将大分子有机物完全降解成 CO_2 和 H_2O 等小分子无机物，无二次污染，可实现绿色安全降解。

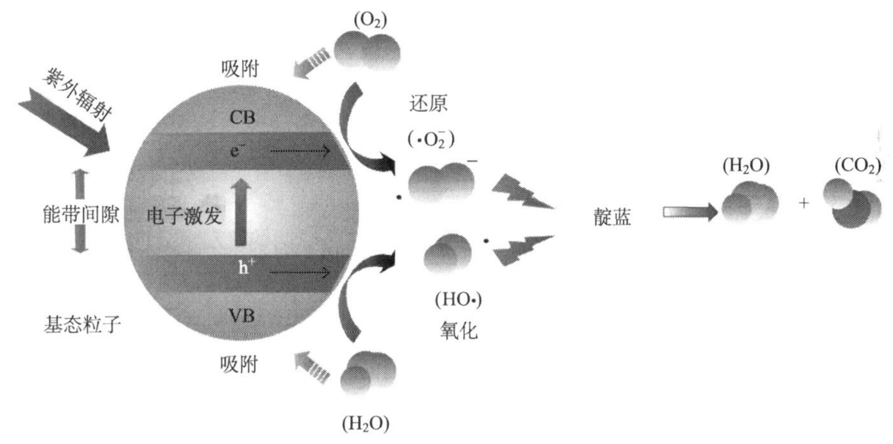

图 7-3　二氧化钛的光催化作用原理示意图

二氧化钛具有较好的光学特性、化学稳定性、热稳定性、无毒性等特点，在诸多领域均有较好的发展前景，如可用作光催化剂、催化剂载体、化妆品、抗紫外线剂、吸附剂、抗菌防霉、空气及尾气净化、脱臭、污水处理、汽车面漆等。由于安全、节能及无二次污染等特点，二氧化钛是一种极具潜力的光催化剂，适合净化有机染料污染物，在环保领域拥有广阔的应用前景。

按照原料的来源和制备工艺一般可将气凝胶分为四类：无机气凝胶、有机气凝胶、纤维素气凝胶及碳气凝胶[123]。纤维素在自然界中储量大，来源广泛。与合成高分子相比，纤维素可生物降解、可再生、无毒，且具有良好的生物相容性。因此，纤维素气凝胶已经吸引了来自科学界与工业界的广泛关注。纤维素气凝胶作为新型纤维素产品，具有独特的结构特性。

(1)纤维素气凝胶由大量的微纳米尺度的孔结构构成，具有极高的孔隙率。

(2)具有发达的自组装的三维网络骨架构造，具有极大的比表面积。

纤维素气凝胶具有传统无机气凝胶的高孔隙率、高比表面积、低密度、优异的隔音及隔热性能、较低的介电常数等特点，因此在医用生物材料、吸音隔热材料、过滤材料和模板材料等领域具有巨大的应用价值。

纤维素气凝胶的制备方法可简单概括为以下三类：①将前期生成的细菌纤维素凝胶经过直接干燥后得到纤维素气凝胶。②从天然生物质中提取较纯的纤维素，并将其溶解在特殊溶剂中，随后通过非溶剂沉淀再生和超临界干燥方法制备高孔隙率的纤维素气凝胶。③从植物细胞壁中大规模拆解出纳米纤丝化纤维素，并以其为结构单元重新组装制备柔性的多孔气凝胶[124]。

纤维素气凝胶材料发展迅速、应用前景广泛，未来可能通过探索温和的干燥条件，制备更高强度的气凝胶，寻找清洁高效的溶剂及低成本、大规模的工业化制备技术等，都将成为纤维素基气凝胶材料未来发展的主要研究方向。

纤维素气凝胶作为一种绿色、可持续发展的材料，利用其作为模板材料而制备的复合材料也备受关注。例如，Guilminot 等[125]以醋酸纤维素作为骨架结构制备醋酸纤维素气凝胶，经过热处理最终形成碳气凝胶，这种复合气凝胶具有良好的电化学活性，可用作燃料电池的交换膜。Korhonen 等[126]通过冷冻干燥法制备得到纤维素气凝胶，经过可控沉积一定厚度的无机粒子，再经过煅烧、超声分散成膜，可用作药物载体、生物传感器等。此外，通过物理共混或化学改性，可赋予纤维素气凝胶疏水性、导电性、抗菌性等新性能。纤维素气凝胶复合材料不仅继承了纤维素可生物降解、生物相容性好等优异特性，而且被赋予新的特性如光学性能、电化学性能、磁学性能、生物活性、吸附特性、催化性能等，极大地拓展了纤维素气凝胶的应用范畴。纤维素气凝胶作为一种极具潜力的绿色材料，有望早日实现工业化生产，逐步走进人们的生活中。

虽然二氧化钛纳米粒子在治理有机染料污水领域具有巨大的应用前景，但研究人员一直因其在实际应用中难于回收而苦恼。纤维素气凝胶作为一种良好的基质材料，其表面含有大量的羟基基团，纳米粒子可通过静电吸引或氢键结合等作用有效地被固定在纤维素气凝胶基质上。将二氧化钛纳米粒子固定在纤维素气凝胶基质上，不仅解决了二氧化钛纳米粒子的回收问题，又利用了纤维素气凝胶比表面积大、孔隙率高等特性，以提高对有机染料污水的物理吸附，有助于更加高效地处理有机染料污水。此外，纤维素气凝胶具有分层次微纳米尺度的多孔结构，该结构不仅有助于引导纳米粒子的可控生长，还能有效地抑制纳米粒子由于自身较高的表面能所引起的粒子团聚，从而使纳米粒子均匀地分散在纤维素气凝胶中。综上所述，TiO_2/纤维素气凝胶不仅继承了纤维素气凝胶的高孔隙率、大比表面积等优良特性，又拥有二氧化钛的光催化活性、杀菌等性能[127]，这种多功能的复合材料有望应用于诸多的前沿领域。图 7-4 为纤维素气凝胶与二氧化钛纳米粒子的结合示意图。

万昆等[128]以钛酸四丁酯为原料，采用逐渐升高体系温度的方法合成了 TiO_2/纤维素复合材料。该材料可生物降解，且能利用太阳光反复催化降解甲基橙水溶液。彭超豪[129]以纤维素为模板，四氯化钛为钛源，在低温常压下获得 TiO_2/纤维素

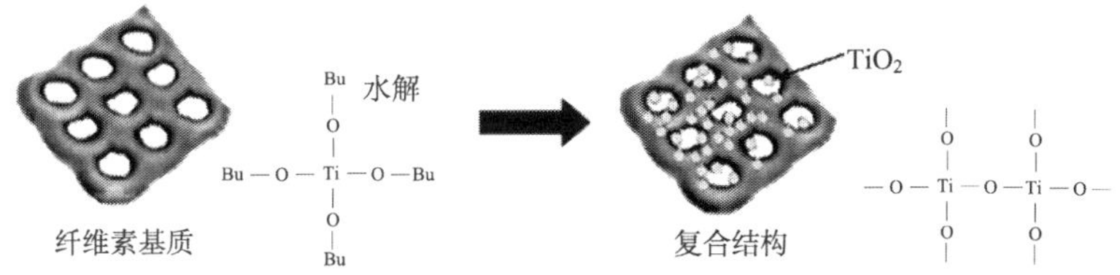

图 7-4　纤维素气凝胶与二氧化钛的结合示意图

纳米晶粒复合物。该复合物在可见光的光照下，能够快速光催化降解罗丹明 B 水溶液，且具有良好的循环催化能力。TiO_2/纤维素复合材料在有机染料污水治理等环境保护方面具有独特优势，研究人员正广泛尝试使用不同的原材料、不同的制备方法合成性能优异、环境友好的 TiO_2/纤维素复合材料。

纤维素在自然界中含量多、来源广，以纤维素为原料制备功能材料较为经济，且有助于缓解环境污染。例如，秸秆一般都作为废弃物而被烧掉，可引发大气污染[130]。纤维素气凝胶可利用废弃的生物质原料秸秆为原料，经化学提纯、纤维素溶解、再生等工艺制备而成。TiO_2 一直被人们视为较为绿色的材料，其光催化活性、杀菌等特性一直被人们所关注。将两种材料复合在一起并充分发挥各自的特性，可有效避免常规有机染料污水处理时出现的成本高、过程复杂、引入二次污染等问题。TiO_2/纤维素气凝胶复合材料为处理有机染料废水提供了新的途径。

有机染料污水给我们的生活带来了严重的危害，每年因纺织、造纸、印染、涂层等行业排放的有机染料污水给水生生物、微生物、土壤、植物及大气环境带来不可估量的危害。伴随《生活饮用水卫生标准》的不断提高，研发新型高效的饮用水净化分离技术迫在眉睫。目前，实际污水净化工程中常用的水处理方法为物理吸附法。现阶段，常用的工业吸附剂主要有活性炭、硅藻土等，但是此类吸附剂的吸附容量较小、难脱附，因此亟待寻找新型吸附剂以弥补常规吸附剂的缺陷。

纤维素气凝胶具有独特发达的三维网络结构、高孔隙率、高比表面积、低密度等优异性能，且具有可生物降解、原料来源广泛等优点，因此被广泛应用于吸附、催化、隔热等诸多领域。高孔隙率和较大的比表面积赋予了纤维素气凝胶良好的吸附能力[131]。此外，纤维素气凝胶通常具有良好的柔性，因此可以重复多次使用。以纤维素气凝胶为基质，构建高效吸附降解体系，可为快速、高效净化废水提供新思路。TiO_2 因其对有机物的高效降解能力而备受人们关注。在 TiO_2 的四种晶型中锐钛矿型 TiO_2 纳米粒子的光催化活性更为突出，因此锐钛矿型 TiO_2/纤维素气凝胶既具备 TiO_2 纳米颗粒的光催化活性，又具有大比表面积、高孔隙率，且能够形成宏观块体结构，可有效解决实际应用时纳米颗粒的回收难题。

在此背景下，本节以废弃的秸秆为原料制备纤维素气凝胶，并将锐钛矿型 TiO_2 镶嵌到纤维素气凝胶中制备出具有光催化活性的复合材料。本节的研究内容主要包含以下几个方面。

(1) 以钛酸四丁酯、无水乙醇及硝酸为配方在室温下制备锐钛矿型 TiO_2 溶胶。

(2) 采用化学法从废弃的生物质材料秸秆中提取纤维素，使用氢氧化钠/聚乙二醇混合溶剂溶解提纯的纤维素，再经过再生历程得到纤维素水凝胶，并与上述的 TiO_2 结合后经冷冻干燥制备锐钛矿型 TiO_2/纤维素气凝胶复合材料。

(3) 利用 SEM、TEM、XRD、XPS、氮气吸附及 TG 等分析手段对制备的锐钛矿型 TiO_2/纤维素气凝胶进行表征分析，探究其宏观结构、表面及内部孔径微观结构、结晶结构及结晶类型、化学及元素成分、比表面积及孔隙特征和热稳定性等。

(4) 通过光催化降解实验探究锐钛矿型 TiO_2/纤维素气凝胶复合材料的光催化性能。

7.1.2.2　制备与表征方法

1) 锐钛矿型 TiO_2 溶胶的制备

锐钛矿型 TiO_2/纤维素气凝胶复合材料制备所需要的试剂和仪器如表 7-1～表 7-3 所示。室温下将 20mL 的无水乙醇与 5mL 的钛酸四丁酯在磁力搅拌器下搅拌 30min，使其混合均匀，随后将该混合溶液逐滴加入到 200mL 摩尔浓度为 0.04mol/L 的硝酸溶液中，继续搅拌 48h，使混合物完全水解，此过程完成 TiO_2 的成核和生长。最后，将混合溶剂再次搅拌 48h，获得淡蓝色的锐钛矿型 TiO_2 纳米溶胶。在这 96h 的搅拌过程中，可以很明显地看到混合物由最初的白色乳液转变成透明的溶胶，如图 7-5 所示。经验证，此溶胶可以在室温下长期稳定地保存几个月而不发生沉淀或分层。

图 7-5　锐钛矿型 TiO_2 溶胶的制备

表 7-1　制备锐钛矿型二氧化钛溶胶的主要试剂

试剂名称	化学式	纯度	生产厂家
钛酸四丁酯	$C_{16}H_{36}O_4Ti$	分析纯	天津市福晨化学试剂厂
硝酸	HNO_3	分析纯	天津市福晨化学试剂厂
无水乙醇	C_2H_5OH	分析纯	天津市大茂化学试剂厂
蒸馏水	H_2O	—	—

表 7-2　制备秸秆纤维素气凝胶的主要试剂

试剂名称	化学式	纯度	生产厂家
苯	C_6H_6	分析纯	天津市福晨化学试剂厂
亚氯酸钠	$NaClO_2$	分析纯	天津市福晨化学试剂厂
冰醋酸	CH_3COOH	分析纯	天津市福晨化学试剂厂
氢氧化钾	KOH	分析纯	天津市福晨化学试剂厂
盐酸	HCl	分析纯	天津市福晨化学试剂厂
叔丁醇	$C_4H_{10}O$	分析纯	天津市福晨化学试剂厂
无水乙醇	C_2H_5OH	分析纯	天津市大茂化学试剂厂
蒸馏水	H_2O	—	—

表 7-3　主要仪器

仪器名称	仪器型号	生产厂家
高速万能粉碎机	FW-80	杭州汇尔仪器设备有限公司
恒温水浴锅	HH-8	江苏省金坛市环宇科学仪器厂
真空泵	SHZ-D(Ⅲ)	浙江台州求精真空泵有限公司
电热恒温鼓风干燥箱	DHG-9245A	上海一恒科学仪器有限公司
分析天平	FA2004	上海舜宇恒平科学仪器有限公司
磁力搅拌器	JB-12	上海梅香仪器有限公司
冷冻干燥机	SCIENTZ-18N	宁波新芝生物科技股份有限公司

2) 锐钛矿型 TiO_2/纤维素气凝胶复合材料的制备

以天然的麦秸秆为原料制备纤维素，该提纯方法请参见 6.2.1.2 节。提纯后的纤维素经溶解、冻融、再生等过程即可制得纤维素水凝胶，具体过程请参见 3.2.2 节。将获得的纤维素水凝胶放置到新制备的锐钛矿型 TiO_2 溶胶中，浸渍 3h。随后，将该混合体系置入 60℃的恒温水浴中加热 5min，再置入 100℃的恒温水浴中加热处理 5min，使锐钛矿型 TiO_2 充分地镶嵌在三维多孔的纤维素气凝胶上。然后，依次使用蒸馏水、叔丁醇反复冲洗锐钛矿型 TiO_2/纤维素水凝胶，以除去未结合的锐钛矿型 TiO_2 纳米粒子和其他杂质。最后，将该复合水凝胶置于–30℃下真空冷冻干燥 48h，即得到锐钛矿型 TiO_2/纤维素气凝胶复合材料。

3) 表征方法

采用的扫描电子显微镜配备有 EDX 仪（Quanta 200）。样品在检测之前需进行干燥、喷金处理，使物体表面具有导电性。样品在加速电压为 10～15kV 下观察样品的表面形貌。采用荷兰飞利浦公司生产的高分辨透射电子显微镜（Tecnai G F20）进一步观察样品形貌，加速电压为 200kV。用乙醇分散少量的样品并将混合溶液置于超声波下超声 30min，随后将一滴超声好的分散液滴到碳膜覆盖的网上，并在室温下进行干燥，用于观察。采用日本理学株式会社生产的 D/MAX 2000 型 X 射线衍射仪测量纤维素气凝胶及锐钛矿型 TiO_2/纤维素气凝胶复合材料的结晶结构。测试采用铜靶，射线波长为 1.5418Å，扫描角度 2θ 为 5°～70°，扫描速率为 4°/min，步距为 0.02°，管电压和管电流分别为 40kV 和 30mA。X 射线光电子能谱仪为 Escalab 250Xi 型，分析在配有多频检测器的超高真空型电子能谱仪上进行，利用 X 射线辐射样品，激发原子的内层电子或价电子，从而获得元素组成信息，X 射线光电子能谱的记录范围是 0～1400eV。将秸秆纤维素气凝胶及锐钛矿型 TiO_2/纤维素气凝胶在 100℃下脱气 6h 后，参照标准 GB/T 19587—2004 进行氮气吸附-脱附实验，采用 3H-2000PS2 型比表面积及孔隙度测量仪。比表面积采用 Brunauer-Emmett-Teller 方法计算，孔容和孔径由等温线吸附采用 Barrett-Joyner-Halenda 模型计算，其中孔容由相对压力 P/P_0=0.99 处的吸附量计算得到。秸秆纤维素气凝胶及锐钛矿型 TiO_2/纤维素气凝胶的热稳定性由美国 TA 公司生产的 Q600 同步热分析仪表征。整个测试过程在氮气气氛下进行，样品的质量为 5～10mg，起始温度和终止温度分别为室温和 800℃，升温速率为 10℃/min。

7.1.2.3　宏观/微观形貌

图 7-6　锐钛矿型 TiO_2/纤维素气凝胶复合材料的宏观形貌

本实验以废弃的秸秆为原料，经化学提纯、溶解、再生、浸渍及冷冻干燥等过程成功地制备出锐钛矿型 TiO_2/纤维素气凝胶复合材料。TiO_2 溶胶浸渍前后，纤维素气凝胶的形貌没有发生明显变化。此复合气凝胶可形成宏观的块状结构，且具有良好的机械性能，图 7-6 为锐钛矿型 TiO_2/纤维素气凝胶复合材料的宏观形貌。

图 7-7 为锐钛矿型 TiO_2/纤维素气凝胶的扫描电镜图。从图片中，我们可以看到锐钛矿型 TiO_2/纤维素气凝胶在经过浸渍及加热处理后仍然保持交联的

三维网络结构。该三维网络结构的形成可能是归因于纤维素链表面丰富的羟基间的相互作用所诱导的纤维素链的自组装过程[132]。然而，锐钛矿型 TiO_2 纳米粒子在如此复杂的三维网络结构中是很难区分的，即使高放大倍数的扫描电镜图(50 000 倍)仍然不能清楚地分辨 TiO_2 纳米粒子，如图 7-7(b)所示。这可能是由 TiO_2 纳米粒子的微小尺寸所致，因此我们采用透射电子显微镜进一步观测该复合材料的微观形貌，相关结果将在后续内容具体分析。图 7-7(b)给出了纯纤维素气凝胶和锐钛矿型 TiO_2/纤维素气凝胶的能谱图。如图所示，除 C、O 两种主要元素外，锐钛矿型 TiO_2/纤维素气凝胶的能谱中呈现出很强的 Ti 元素信号，表明有大量的含钛化合物存在。此外，复合气凝胶的 C/O 原子比为 0.83，明显低于纯纤维素气凝胶的 C/O 原子比(1.12)。该结果暗示了复合气凝胶中的纤维素表面可能负载了大量的 TiO_2 纳米粒子。

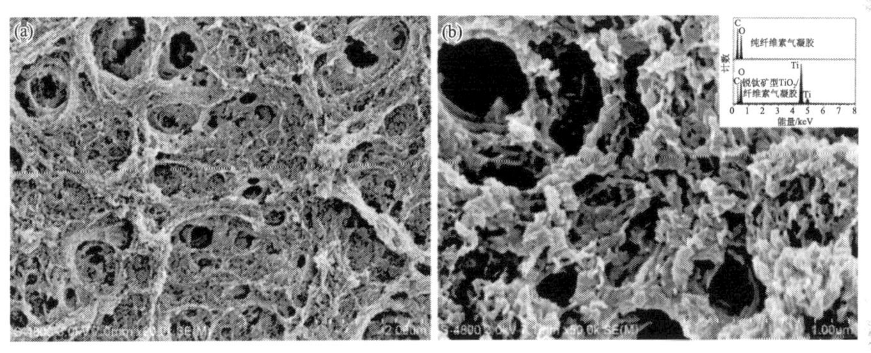

图 7-7　不同放大倍率下锐钛矿型 TiO_2/纤维素气凝胶的 SEM 图：(a)×20 000；(b)×50 000。(b)中插图为纯纤维素气凝胶和锐钛矿型 TiO_2/纤维素气凝胶的 EDX 图

纳米复合材料的性质与纳米粒子的尺寸和分散状态密切相关。如图 7-8 所示，TiO_2 纳米粒子(图中小黑点)在纤维素气凝胶中均匀分散并且有效固定，表明纤维素气凝胶的三维网络结构适合负载纳米粒子。此外，我们绘制了 TiO_2 纳米粒子的频率分布直方图，并利用高斯-洛伦兹函数分布拟合了该直方图。结果表明，合成的 TiO_2 纳米粒子是多分散的，它们的平均直径(d)和标准偏差(σ)分别为 3.69nm 和 0.77nm。

7.1.2.4　结晶结构与化学价态

为了确定合成的 TiO_2 纳米粒子的晶型及纯度，我们采用 X 射线衍射对该材料进行分析，并利用高斯-洛伦兹拟合程序对重叠峰进行解卷积。如图 7-9 所示，由 TiO_2 溶胶直接干燥所得到的 TiO_2 纳米粒子的 X 射线衍射光谱在 2θ=25.14°、37.64°、47.74°、54.14°、55.62°、62.76°和 68.89°处出现多个衍射峰。这些衍射峰

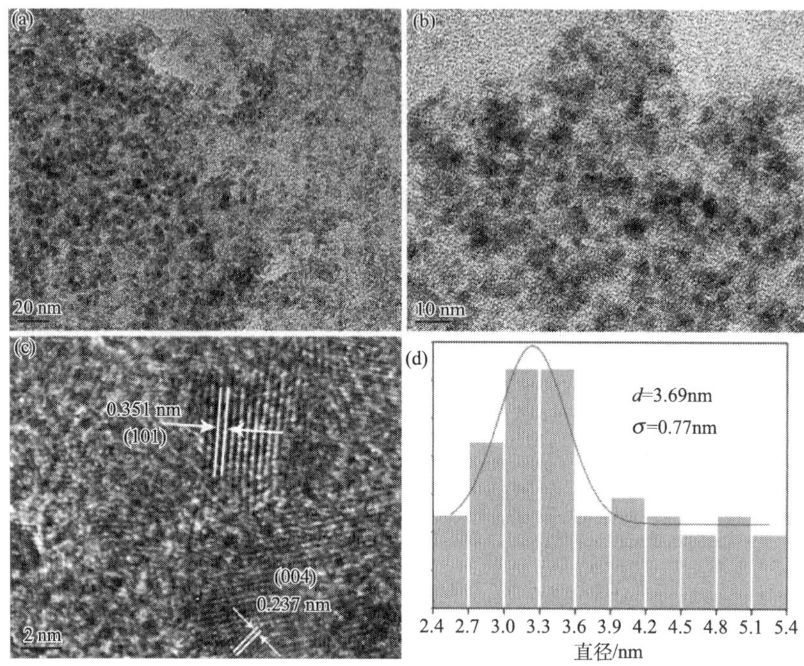

图 7-8　(a)和(b)不同放大倍率下锐钛矿型 TiO_2/纤维素气凝胶的 TEM 图；(c)锐钛矿型 TiO_2/纤维素气凝胶的 HRTEM 图；(d)锐钛矿型 TiO_2/纤维素气凝胶中 TiO_2 纳米颗粒的尺寸分布图

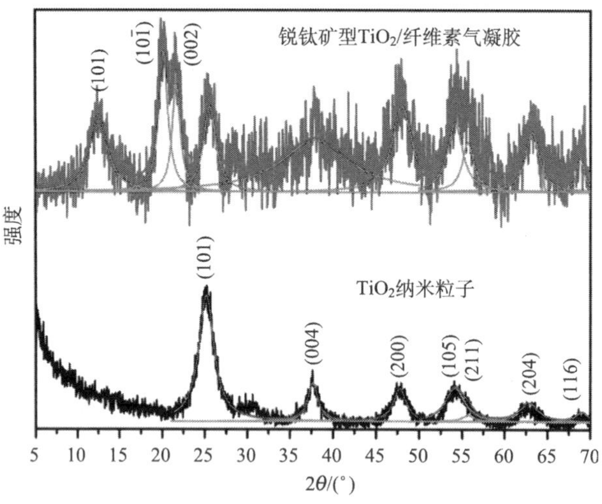

图 7-9　锐钛矿型 TiO_2/纤维素气凝胶及 TiO_2 纳米粒子的 XRD 图谱

与锐钛矿型 TiO_2 的标准衍射峰高度吻合，且没有出现金红石型、板钛矿型 TiO_2 的特征衍射峰[133]，这意味着我们的实验方案成功地制备了高纯度的锐钛矿型 TiO_2

纳米粒子。锐钛矿型 TiO_2/纤维素气凝胶的 X 射线衍射光谱也呈现典型的锐钛矿型 TiO_2 的衍射峰。此外，三个新衍射峰（2θ=12.56°、20.20°和 21.68°）分别对应于Ⅱ型纤维素的（101）、（10$\bar{1}$）和（002）晶面，是纤维素气凝胶的特征峰。

如图 7-10 所示，我们可以清晰看出样品表面主要包括 Ti、C 和 O 三种元素。图 7-10（b）为 Ti2p 光谱，钛的 $2p_{3/2}$ 和 $2p_{1/2}$ 结合能分别是 458.6eV 和 464.4eV，这是典型的 Ti^{4+}存在的证明[134, 135]。图 7-10（c）是 O1s 光谱，530eV 处显示的是与 Ti^{4+}相对应的晶格氧，而在 532.8eV 处表示的是氧元素形成羟基的结合能。图 7-10（d）给出了 C1s 光谱，利用高斯多峰拟合后出现三个拟合峰。284.8eV 处代表 C—C 基团、C═C 基团和 C—H 基团，286.4eV 处代表 C—O 基团，287.8eV 代表 C═O 基团。因此，X 射线光电子能谱的结果进一步证实了上述方法成功制备了 TiO_2 纳米粒子并且掺入到纤维素气凝胶基质中。

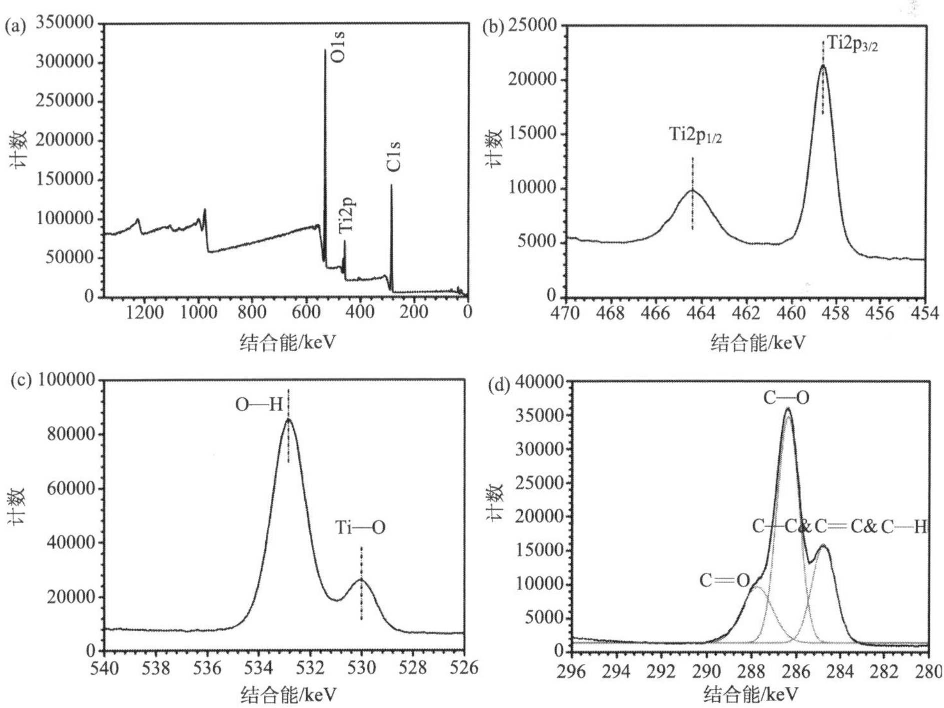

图 7-10　锐钛矿型 TiO_2/纤维素气凝胶的（a）XPS 全扫描谱；（b）Ti2p 高分辨 XPS 谱；（c）O1s 高分辨 XPS 谱；（d）C1s 高分辨 XPS 谱

7.1.2.5　比表面积与孔径分析

氮气吸附测试可用于测量样品的比表面积和孔容特征。图 7-11 为纯纤维素气

凝胶和锐钛矿型 TiO_2/纤维素气凝胶的氮气吸附-脱附等温线。根据 IUPAC 分类，两者均属于Ⅳ型吸附等温线[136]。在低压区，吸附等温线增长缓慢，两者无明显区别。该过程中，氮分子吸附逐渐从单层过渡到多层。在中压区，样品的吸附-脱附等温线间显示出明显的偏差(P/P_0=0.6～0.9)，这可能是由毛细凝聚引起的，同时表明该材料具有介孔结构。在高压区(P/P_0>0.9)，样品呈现较大的吸附量(没有明显的吸附限制)，充分证明了大孔(>50nm)的存在。比表面积和孔隙率是气凝胶两个重要的特征参数。对纯纤维素气凝胶和锐钛矿型 TiO_2/纤维素气凝胶进行 BET 分析，计算其比表面积分别大约为 185m^2/g 和 201m^2/g；通过 BJH 方法进行孔径分析得到纯纤维素气凝胶和锐钛矿型 TiO_2/纤维素气凝胶的孔容分别约为 1.0cm^3/g 和 1.3cm^3/g。基于上述数据，可以算出，锐钛矿型 TiO_2/纤维素气凝胶的比表面积和孔容相对于纯纤维素气凝胶分别增大 8.6%和 30%。充分表明，锐钛矿型 TiO_2 纳米粒子与多孔的纤维素气凝胶材料结合后显著提高了气凝胶材料的比表面积和孔容。

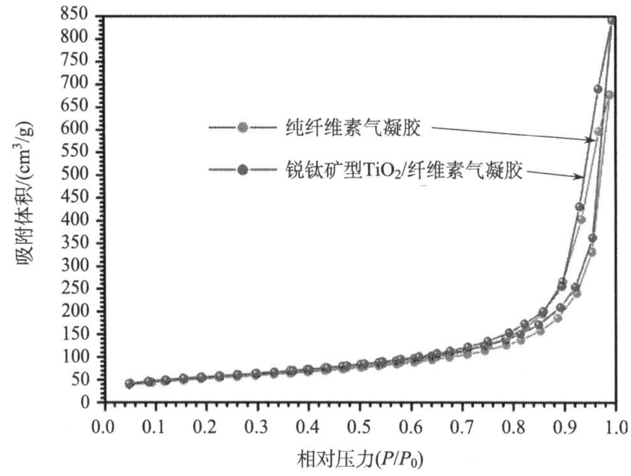

图 7-11　纯纤维素气凝胶和锐钛矿型 TiO_2/纤维素气凝胶的氮气吸附-脱附等温线

7.1.2.6　热学性能

图 7-12 为纯纤维素气凝胶和锐钛矿型 TiO_2/纤维素气凝胶的 TG 和 DTG 曲线。纯纤维素气凝胶的 DTG 曲线仅在 364℃处出现强峰，对应于纤维素的热降解。然而，锐钛矿型 TiO_2/纤维素气凝胶复合材料的 DTG 曲线在 297℃和 353℃出现两个强峰，分别对应于残留有机物的氧化分解和纤维素的热降解。此外，复合气凝胶的纤维素热降解特征峰的峰位相对于纯纤维素气凝胶降低了 11℃，主要原因可归咎于以下三方面。

(1) 镶嵌的锐钛矿型 TiO_2 纳米粒子的催化特性。

(2) 在浸渍锐钛矿型 TiO_2 纳米粒子时纤维素分子链的结晶区域松弛。

(3) 纤维素的分子链被硝酸溶液破坏[137]。

当热解温度升高至 800℃时，纯纤维素气凝胶的残炭量为 4.3%，而锐钛矿型 TiO_2/纤维素气凝胶复合材料的残炭量为 22%。由于锐钛矿型 TiO_2 纳米粒子的热降解温度在 1000℃，故在 800℃时其含量基本保持不变，因此可以大致估算出锐钛矿型 TiO_2/纤维素气凝胶复合材料中 TiO_2 的负载量大约为 17.7%。

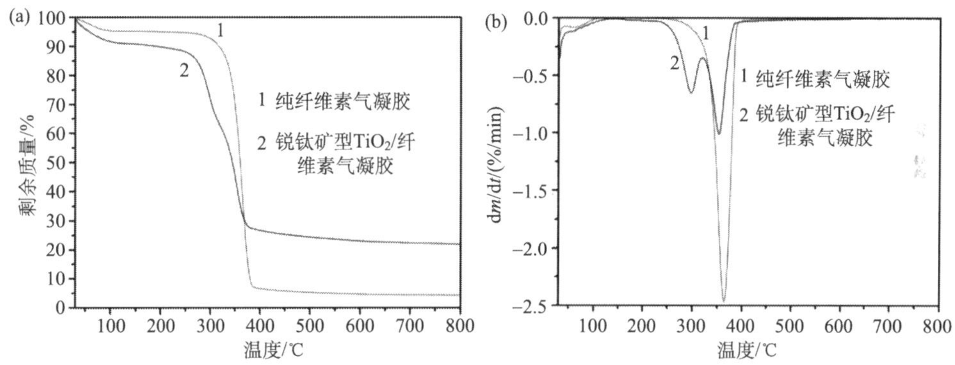

图 7-12　纯纤维素气凝胶和锐钛矿型 TiO_2/纤维素气凝胶的 (a) TG 和 (b) DTG 曲线

7.1.2.7　光催化降解有机染料

我国是工业污水排放大国，在我国的工业污水中，印染污水所占有的比例较高。与其他行业排放的污水相比，污水排放量大、水质情况复杂、有机污染物含量高、色度深、氧化产生的有毒物质危害大、含重金属盐类种类多、量高等特点是印染污水处理及净化的难点，因而成为难处理的工业污水之一。目前常用的净化处理方法主要包括絮凝沉淀、电解、氧化、吸附和生物降解法等[138]。但在处理效果、成本及后期产物产生二次污染等方面均不能令人满意。本节利用锐钛矿型 TiO_2 优异的光催化性能，以纤维素气凝胶为基质材料，制备锐钛矿型 TiO_2/纤维素气凝胶复合材料，并探究该复合气凝胶对有机染料污水的降解能力。

为了研究锐钛矿型 TiO_2/纤维素气凝胶的光催化降解能力，我们设计了一个简单的光催化降解食用靛蓝染料的实验。将 6.43×10^{-5}mol/L 的食用靛蓝染料溶液放置在实验室的紫外灯下，为了排除纤维素气凝胶本身吸附作用的干扰，在使用紫外灯照射之前，将气凝胶样品浸渍在食用靛蓝染料溶液中，搅拌 0.5h 后达到吸附平衡。虽然气凝胶样品从原来的白色变为淡蓝色，但是可清晰地看到食用靛蓝溶液仍然保持蓝色。在紫外灯下照射 1h，每隔 20min 进行一次照片采集。

整个光催化降解过程如图 7-13 所示，在紫外灯照射下，食用靛蓝染料溶液的颜色发生明显变化，随着时间的延长溶液颜色逐渐由淡蓝色转变为无色，说明锐钛矿型 TiO_2/纤维素气凝胶复合材料利用其独特的光催化性能在处理有机染料污水方面具有一定的应用前景。而且，在整个处理过程中，锐钛矿型 TiO_2/纤维素气凝胶复合材料在紫外光照射下均保持良好的形状，没有发生任何塌陷，有助于实现该复合气凝胶材料的循环利用。

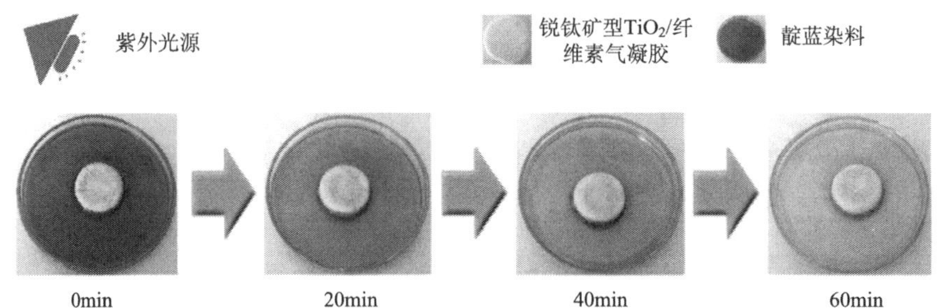

图 7-13 锐钛矿型 TiO_2/纤维素气凝胶纳米复合材料光催化降解靛蓝染料的过程示意图

7.1.2.8 小结

本研究以废弃的生物质材料秸秆为原料，通过化学方法提纯纤维素，经溶解与再生等过程制备了纤维素水凝胶，并采用一种简易可行的方法室温下合成了锐钛矿型 TiO_2 溶胶，最终通过浸渍和冷冻干燥制备了锐钛矿型 TiO_2/纤维素气凝胶复合材料。本研究利用 SEM、TEM、XRD、XPS、氮气吸附和 TG 等手段对该复合材料的微观形貌、结晶结构、化学组成、比表面积及孔径分布和热学性能进行表征分析。此外，经过紫外灯照射，该复合材料可快速降解靛蓝溶液，表明该材料具有良好的光催化活性。具体结论包括以下几点：

(1) 基于氢氧化钠/聚乙二醇绿色溶剂所制备的纤维素水凝胶具有良好的成型能力。经锐钛矿型 TiO_2 溶胶浸渍前后，纤维素的晶型未发生变化，仍保持纤维素Ⅱ型结晶结构。TEM 观察表明，TiO_2 纳米粒子的直径为 (3.69 ± 0.77) nm，且在纤维素气凝胶基质中分散良好。此外，锐钛矿型 TiO_2 纳米粒子的插入显著提升了复合气凝胶的比表面积和孔容，但其热稳定性能略微下降。

(2) 经紫外灯照射，该锐钛矿型 TiO_2/纤维素气凝胶复合材料可快速降解靛蓝染料，表明该复合材料具有良好的光催化活性。

7.1.3 生物质碳掺杂介孔二氧化钛纳米棒

7.1.3.1 引言

近年来，研究者们积极探索基于多糖材料(如纤维素、甲壳素、木质素等)的生物模板技术在金属氧化物合成领域的潜在应用价值[139-141]。生物模板技术具有合成过程环保、温和、能耗低且成本效益高等特点。与其他的多糖材料相比，纤维素材料是最常见的生物模板，这是因为纤维素难溶于普通的有机/水溶剂。该特性使得纤维素材料相对于控制纳米粒子生长更适于生物复制过程[142]。生物复制过程是充分借助生物体特殊的分层次微纳米结构来人工合成相似结构的技术手段[143-145]。例如，Lu 等[146]成功地以竹纤维为模板制备了直径在纳米范围而长度达到毫米级的二氧化钛(TiO_2)纤维。纤维素材料不仅能作为生物模板，也能用于形成有机-无机复合材料。例如，Chen 等[139]以细菌纤维素膜为基质与 Zn^{2+}(来源于乙酸锌)结合，随后作为纳米反应器促进乙酸锌在多元醇介质中水解生成 ZnO。Zhou 等[147]也采用相似的合成理念，成功地制备了静电纺丝醋酸纤维素支撑的 Ag@AgCl 复合材料。该复合材料具有良好的机械性能和高催化活性，可用于降解甲基橙染料废水。

近年来，研究者们对发展可见光响应的 TiO_2 光催化剂的兴趣愈发浓厚，这是因为传统的 TiO_2 材料具有相对较宽的禁带宽度，表明它仅在紫外光范围内具有活性，该特性限制了传统 TiO_2 材料应用太阳能的效率。采用非金属原子对 TiO_2 进行掺杂是一种有效改善 TiO_2 禁带宽度的办法，该方法同时也避免了降低 TiO_2 晶格结构的热稳定性[148]。已有报道证明，相对于其他的非金属原子，采用碳元素掺杂 TiO_2 时改善 TiO_2 的可见光响应性和光催化活性的效果更加明显[149]。许多化合物都已被用作碳源来制备碳掺杂的 TiO_2，如葡萄糖、碳粒子、油酸等[150-154]。此外，钛酸四丁酯是最常见的 TiO_2 前驱体。然而，最常见的制备碳掺杂的 TiO_2 的方法需要首先在 400～600℃的温度下制得碳源，这无疑是非常耗能和不经济的。

在这种情况下，多糖基的生物模板依然已经被多次用于原位制备碳掺杂的 TiO_2 所需的碳源。例如，Shao 等[155]引入甲壳素为天然的碳源来制备具有高可见光催化活性的 TiO_2。近期，Mohamed 等[156]采用再生纤维素膜(RCM)作为生物模板纳米反应器和原位碳源来制备碳掺杂的 TiO_2 纳米粒子。此外，Mohamed 等[157]采用回收的废报纸作为纤维素原料来制备具有低平均孔尺寸[(2.48±0.41) nm]的 RCM。这种 RCM 具有三维多孔结构和合适的纳米孔尺寸分布，因此能够作为有效的生物模板纳米反应器来控制 TiO_2 纳米结构的生长。Mohamed 等以 RCM 作为纳米反应器采用低温溶胶-凝胶生物模板法成功制备了碳掺杂介孔 TiO_2 纳米棒。该方法和原料明显绿色环保、价格低廉、能耗低且相对温和。后续章节将主要介绍这种碳掺杂的介孔 TiO_2 纳米棒材料的微观结构、理化特性和可见光催化活性。

7.1.3.2　实验部分

1) 材料与试剂

回收的废报纸的未打印区域用作纤维素原料。氢氧化钠、异丙醇、硫酸和硝酸购自 QreC(马来西亚)。氯化钠和钛酸四丁酯[$Ti(OBu)_4$]购自 Sigma-Aldrich 公司。所有的化学品均为分析纯，且在使用前未经过任何提纯。

2) RCM 的制备

RCM 的制备过程可描述如下：①将一定量的纤维素溶于预冷却的 7wt%氢氧化钠/12wt%尿素水溶液中，连续大力搅拌直到得到 4wt%的纤维素溶液；②得到的纤维素溶液进行离心(4000r/min，1h)，移除溶液中的气泡和未溶解的纤维素原料；③将离心得到的纤维素溶液铺展在玻璃板上，且立即浸渍在 5wt%的 H_2SO_4 凝固液中 10min；④采用蒸馏水洗涤得到的薄膜，除掉过量的 H_2SO_4；⑤湿膜铺展到玻璃板上，在室温下干燥。

3) 原位模板生长碳掺杂的介孔 TiO_2

将 1g 干燥的 RCM 浸渍在 200mL 蒸馏水中，大力搅拌 30min。同时，通过连续磁力搅拌将 0.1mol 的 $Ti(OBu)_4$ 溶解在 100mL 异丙醇中，得到的均匀混合物逐滴滴加到 200mL 含有 RCM 的蒸馏水中，混合物大力搅拌 30min。然后，向混合物中逐滴加入 65%的硝酸，继续大力搅拌 60min。得到的溶胶在气密条件下陈化 3 天(室温)，直到形成凝胶。将得到的凝胶放置在 75℃的真空烘箱中热处理 3 天，得到淡黄色的固态物质。该固体物质标记为 C-MTiO_2。

4) 表征方法

傅里叶变换红外光谱(FTIR)采用 Perkin Elmer 公司生产的衰减全反射 FTIR 仪(ATR-FTIR)进行测定，测试范围均为 650～4000cm^{-1}。样品的结晶结构采用 Siemens 公司生产的 X 射线衍射仪(D5000)进行测试，测试电压和电流分别为 40kV 和 40mA，扫描范围为 5°～60°，扫描速率为 2°/min。氮气吸附-脱附实验在 −196℃下进行，实验过程中的相对压力(P/P_0)范围为 0.03～0.99。采用相对压力范围 P/P_0=0.05～0.30 来确定 BET(Brunauer-Emmett-Teller)比表面积。基于 BJH(Barrett-Joyner-Halenda)方程，采用吸附-脱附等温线计算孔尺寸分布。形貌采用装备有 EDX 仪的透射电镜(TEM，日本电子株式会社 JEM-2010HR)进行观察。采用紫外-可见-近红外分光光度计(UV-3101PC Shidmadzu)测试样品的光学性能(200～800nm)。X 射线光电子能谱采用岛津/KRATOS 高性能成像 X 射线光电子能谱仪进行测量。

5) 光催化活性评价

C-MTiO_2 的光催化活性评价是通过室温下降解甲基橙溶液来开展的。实验在可见光下进行，光源选择白光发光二极管泛光灯(CS-FL-30W，λ>420nm，30W)。在光催化实验开始前，将 35mg/L 的甲基橙溶液(150mL)和 0.15g C-MTiO_2 混合物置于暗处 60min，实现吸附-脱附平衡。甲基橙溶液在 463nm 处的差示吸收采用 Perkin Elmer 紫外-可见分光光度计监测，随后与空白对照实验(未加入 C-MTiO_2)所得到的数值进行比较。在相同的实验条件下对市售的 TiO_2 P25 的光催化活性进行测试分析。甲基橙的降解率通过 $(C_0-C_t)/C_0\times100$ 计算，其中 C_0 为初始甲基橙溶液的浓度，C_t 为时间 t 时甲基橙溶液的浓度。

7.1.3.3　结果与讨论

1) FTIR 分析

采用 FTIR 研究在 RCM 上溶胶-凝胶原位生长所得到的 C-MTiO_2 纳米棒的表面化学性质。如图 7-14 所示，3300～3700cm^{-1} 处的宽峰来源于 O—H 伸缩振动。2895cm^{-1} 处的峰归因于 C—H 伸缩振动。基于 FTIR 谱图可以观察到，除了 TiO_2 P25，RCM 和 C-MTiO_2 纳米棒在 890～1700cm^{-1} 范围内均呈现出明显吸收峰。1015cm^{-1} 处的峰归因于 C—O 和 C—C 伸缩振动，1154cm^{-1} 处的峰归因于 C—O 反对称伸缩振动，1313cm^{-1} 和 1419cm^{-1} 处的峰分别归因于 CH_2 摇摆振动和 CH_2 对称弯曲振动[157]。这些特征振动主要是来源于 RCM 的分子结构。1650cm^{-1} 处的峰归因于 RCM 中吸收水的 O—H 弯曲振动。1625cm^{-1} 处的峰归因于 TiO_2 表面吸收水的 O—H 弯曲振动[158]。TiO_2 表面的羟基在光催化活性上具有很重要的作用[159, 160]。此外，相对于 RCM，C-MTiO_2 纳米棒在 890～1700cm^{-1} 范围内的峰强度较弱，表明在 TiO_2 纳米棒的形成过程中 RCM 成分减少。C—O—C 吡喃糖环伸缩振动在 1053cm^{-1} 出现肩峰，对应 RCM 中的纤维素成分[161]。891cm^{-1} 处的峰对

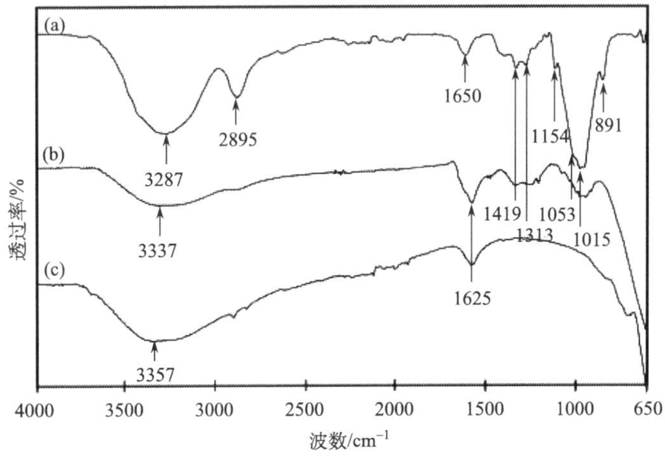

图 7-14　(a) RCM、(b) C-MTiO_2 纳米棒和(c) TiO_2 P25 的 FTIR 谱图

应于纤维素Ⅱ型结晶结构 β-连接葡萄糖单元的 C—O—C 伸缩振动。然而这两个特征峰均无法在 C-MTiO_2纳米棒的 FTIR 谱图中观察到，这是由于 RCM 的分子结构在浓硝酸存在的条件下发生了拆解。在浓硝酸和 75℃下处理 3 天，TiO_2纳米棒晶体在 RCM 基质中发生原位生长。该过程也伴随着糖苷键的劈裂及其他 C—O 和 C—C 键的断裂，最终造成 RCM 结构的破坏[162]。

根据 FTIR 分析，可以推断 RCM 在介孔 TiO_2纳米棒的形成过程中起着关键的作用。图 7-15 为 C-MTiO_2纳米棒在 RCM 基质中原位生长过程的示意图。根据之前的报道，RCM 具有低的平均孔尺寸(2.48nm±0.41nm)[157]，这保证了 TiO_2纳米粒子可以在 RCM 生物模板中形成。由于大量羟基的存在，RCM 通常具有高亲水性。RCM 富电子的羟基基团有助于与 TiO_2相互作用，从而促进 TiO_2纳米粒子的形成。随着溶胶溶液加入到含有 RCM 的蒸馏水中，钛离子很容易渗透到 RCM 的纳米孔结构中，嵌入的钛离子可以紧紧地与纤维素大分子结合，这主要是由于纤维素极性羟基上的氧原子富电子，可以与带正电的过渡金属阳离子发生静电吸引作用[163]。RCM 的长聚合物链可以加速 TiO_2粒子的成核和生长，同时有利于诱导一些特定晶面和独特结构的 TiO_2粒子的形成[164]。之前已有报道证明，RCM 的羟基与 TiO_2的 Ti—O 键之间的强相互作用可以通过羟基的伸缩振动峰从高波数区域迁移至低波数区域来辨别[160]。从当前研究中可以观察到随着 C-MTiO_2纳米棒的形成，羟基的伸缩振动峰从低波数区域迁移至高波数区域，证明 RCM 的羟基与 TiO_2的 Ti—O 键之间的相互作用强度随着 RCM 结构的拆解而减弱。在溶胶-凝胶体系下，酸性介质中的热处理过程借助浓硝酸的氧化和腐蚀作用缓慢地破坏了 RCM 的结构，最终导致 C-MTiO_2纳米棒的形成。

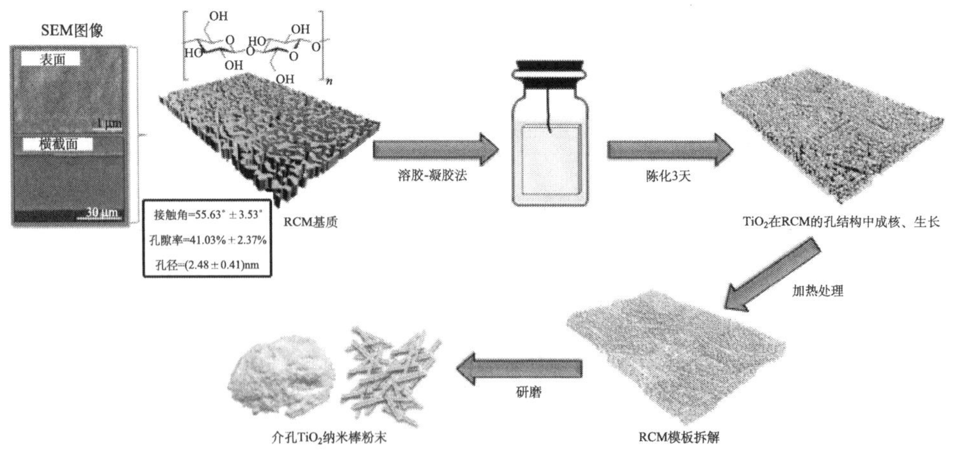

图 7-15　C-MTiO_2纳米棒在 RCM 基质中原位生长过程的示意图

之前已有研究报道，纤维素在高浓度酸中的降解过程是通过两个连续不可逆的一级反应来进行的，且与 H_3O^+的浓度紧密相关。在第一个反应中，纤维素解聚形成葡萄糖单元，随后进一步反应形成许多种产物，如 5-羟甲基糠醛、乙酰丙酸和甲酸[165]。在浓硝酸存在的条件下，C-MTiO$_2$ 纳米棒形成之前的 RCM 分子结构可能的变化情况如图 7-16 所示。

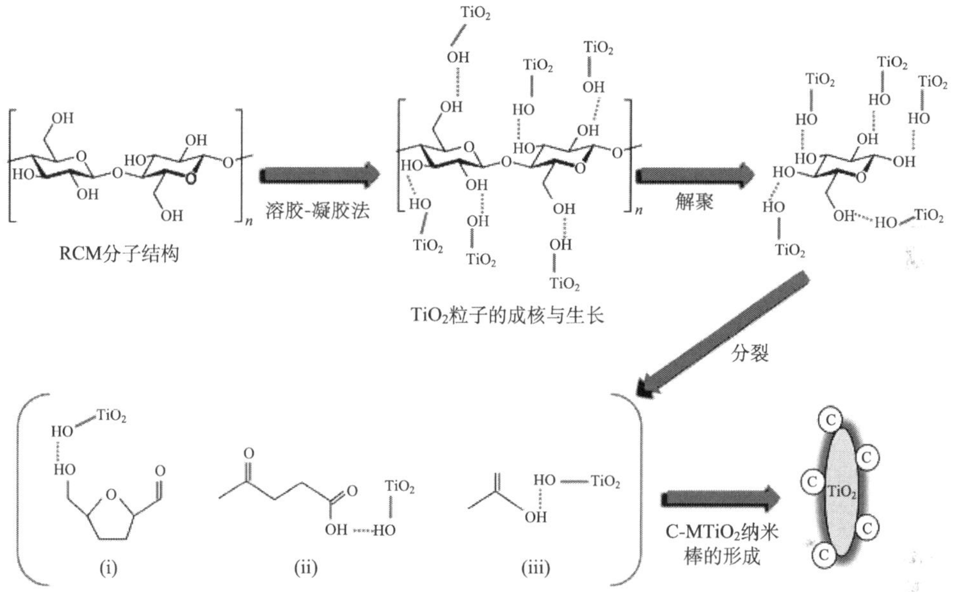

图 7-16　在浓硝酸存在的条件下，C-MTiO$_2$ 纳米棒形成之前的 RCM 分子结构可能的变化情况

2）结晶结构和 BET 比表面积分析

采用 XRD 谱图来分析 C-MTiO$_2$ 纳米棒的结晶结构。图 7-17(a)为 C-MTiO$_2$ 纳米棒的 XRD 谱图。由图可见，该 XRD 谱图呈现出高度结晶的金红石相，主要的(110)、(101)和(200)晶面对应的 XRD 特征峰都非常明显。此外，11.6°和 21.6°处的两个弱峰分别对应 RCM 纤维素Ⅱ型结晶结构的(110)和(200)晶面[166]。这两个峰的存在证明 C-MTiO$_2$ 纳米棒粉末的表面存在残留的结构未完全破坏的 RCM。C-MTiO$_2$ 纳米棒的 XRD 谱图上也能观察到微量的锐钛矿相的存在，可以观察到它对应的(101)晶面的特征峰。计算结果表明，C-MTiO$_2$ 纳米棒中金红石相和锐钛矿相的质量分数分别为 92.4wt%和 7.60wt%。高纯度的金红石相的形成可能是由于浓硝酸的添加所导致的。浓硝酸的加入降低了反应体系的 pH，也增加了 TiO$_2$ 的溶解度。此外，该溶胶是在低温(75℃)下形成的，因此缓慢的溶解-结晶过程将会导致金红石相 TiO$_2$ 的形成。已有研究证明硝酸的胶溶作用可以明显地促进金红石相 TiO$_2$ 的形成[167]。在当前的反应体系中，RCM 的羟基在 C-MTiO$_2$ 纳米棒中金

红石相的稳定化过程中也起到了重要的作用。C-MTiO$_2$ 纳米棒是通过钛成分与羟基成分的强相互作用在 RCM 的纳米孔结构中形成的[168]。使用 Scherrer 公式来计算 TiO$_2$ 的结晶尺寸[169]。计算结果表明 C-MTiO$_2$ 纳米棒中 TiO$_2$ 的平均尺寸为 32nm。

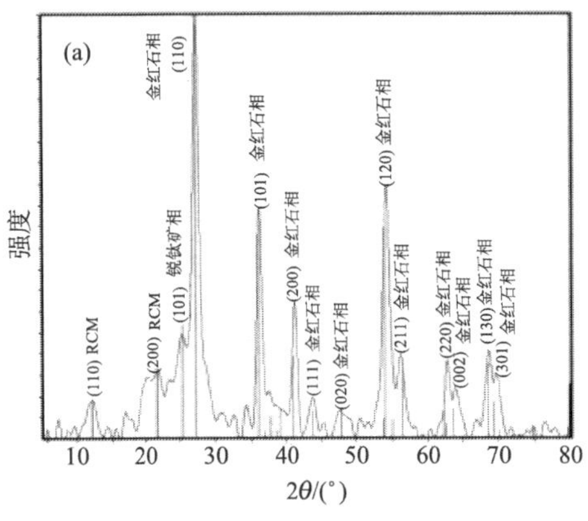

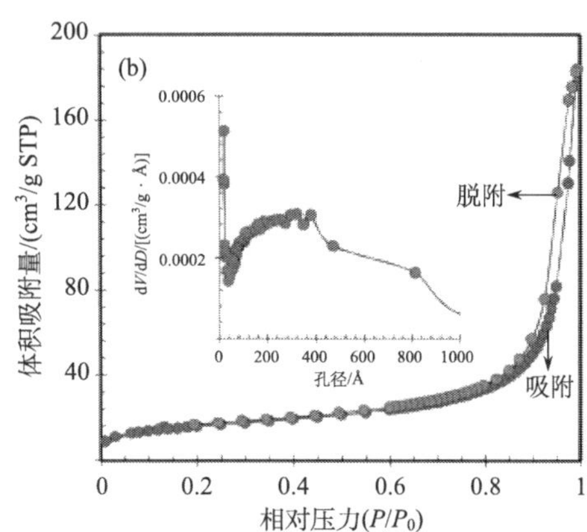

图 7-17　C-MTiO$_2$ 纳米棒的 XRD 谱图(a)和氮气吸附-脱附等温线(b)，(b)中的插图对应 C-MTiO$_2$ 纳米棒的 BJH 孔径分布图

采用氮气吸附-脱附等温线来探究 C-MTiO$_2$ 纳米棒的比表面积。C-MTiO$_2$ 纳米棒的 BET 比表面积为 55.73m^2/g，与商业 TiO$_2$ P25 的 BET 比表面积相近(52.80m^2/g)，但高于之前报道的一些 TiO$_2$ 材料的 BET 比表面积[170, 171]。C-MTiO$_2$ 纳米棒呈现出窄的孔尺寸分布[图 7-17(b)中插图]，平均孔径在 16～40nm 范围内。此外，根据国际理论和应用化学联合会(IUPAC)分类标准，C-MTiO$_2$ 纳米棒的等温线属于Ⅳ型吸附等温线，滞回线属于典型的 H3 型，表明 C-MTiO$_2$ 纳米棒中存在大量的介孔[172]。氮气吸附-脱附等温线在相对压力低于 0.6($P/P_0 \leqslant 0.6$)时相对平坦，该部分的吸附主要发生在样品的微孔中(孔尺寸小于 2nm)。随着相对压力的增加($0.6 < P/P_0 \leqslant 1.0$)，吸附量的增加主要是源于 C-MTiO$_2$ 纳米棒介孔中氮分子的单分子层或多分子层吸附。Liang 等[141]以纤维素纳米晶(CNC)为模板采用溶胶-凝胶工艺成功合成了介孔 α-Fe$_2$O$_3$。Bagheri 等[173]采用模板法也成功地合成了介孔 TiO$_2$。因此，可以推断，模板法是一种形成介孔材料的理想方法。

3)形貌分析

采用 TEM 来分析 C-MTiO$_2$ 纳米棒的内部结构。如图 7-18(a)所示，TiO$_2$ 具有纳米棒状结构，且长度约为 45nm、直径约为 10nm。图 7-18(b)中的 HRTEM 照片证明了 TiO$_2$ 纳米棒是高度结晶的，两个 0.33nm 和 0.35nm 的晶格间距分别对应于金红石相的(101)晶面和锐钛矿相的(110)晶面。该结果与 SAED 谱图中的结果相一致[图 7-18(b)中的插图]。TEM 和 HRTEM 的分析结果也与之前的 XRD 分析结果相一致。采用 EDX 谱图来分析 C-MTiO$_2$ 纳米棒的元素组成。如图 7-18(c)所示，C-MTiO$_2$ 纳米棒的主要元素成分包括 Ti、O 和 C，且原子分数分别为 84.24%、9.66%和 6.10%。C 元素的存在表明 C 元素已经成功地嵌入到 TiO$_2$ 粒子的网络结构中。从图 7-18(b)中也能清晰地观察到 TiO$_2$ 纳米棒的表面存在碳层。相似的结果也能在其他的一些报道中得到[174]。Sakthivel 和 Kisch[175]认为 C 元素是来源于 RCM 在酸介质中的不完全降解所形成的有机碳中的含碳组分。此外，值得注意的是，RCM 不仅为 TiO$_2$ 纳米棒的形成提供了模板，也作为天然的原位碳源与 TiO$_2$ 纳米棒相结合。

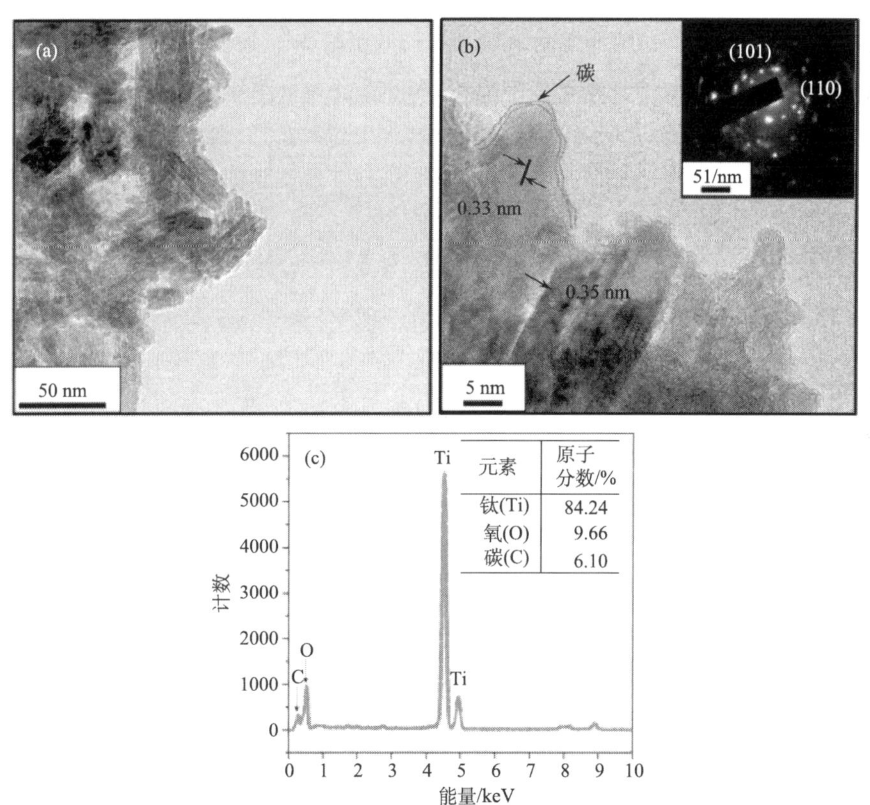

图 7-18　C-MTiO$_2$ 纳米棒的(a)TEM 照片；(b)高分辨 TEM(HRTEM)和选区电子衍射(SAED)照片；(c)EDX 谱图

4)光学性能

采用紫外-可见-近红外分光光度计探究 C-MTiO$_2$ 纳米棒和 TiO$_2$ P25 的光吸收和带隙能。如图 7-19(a)所示，C-MTiO$_2$ 纳米棒的吸收光谱向更高波数区域移动，反映了带隙能的降低。与 TiO_2 P25 相比，C-MTiO_2 纳米棒在紫外光和可见光区域均呈现更加优异的光响应性。C-MTiO_2 纳米棒的带隙能估算为 2.95eV[图 7-19(b)]，适用于在可见光辐射下光催化降解有机污染物。相比之下，TiO_2 P25 的带隙能为 3.16eV，只能对紫外光响应。C-MTiO_2 纳米棒较窄的带隙能主要归因于碳材料插入 TiO_2 的晶格结构中，通过取代氧位点或进入 TiO_2 的晶格间隙而增强了 TiO_2 的可见光吸收能力[176]。

采用 XPS 分析来进一步理解可见光吸收提高的原因。如图 7-19(c)所示，C-MTiO_2 纳米棒的 XPS 全扫描谱检测到 Ti、O 和 C 元素的存在，与 EDX 分析结果相一致。图 7-19(d)为 C 1s 的高分辨 XPS 谱图。C 1s 峰可以拟合成 4 个小峰，分别位于 282.7eV、284.6eV、286.4eV 和 287.9eV。284.6eV、286.4eV 和 287.9eV 处的峰来源于 XPS 测试过程中外来的碳污染成分[177]。之前的研究证实可见光吸收能力的提高是由于 TiO_2 晶格中的氧原子被碳原子取代从而形成了 O—Ti—C 键所导致的，该键所对应的 XPS 峰通常位于 282.3eV 和 282.5eV 处[171, 178]。在当前

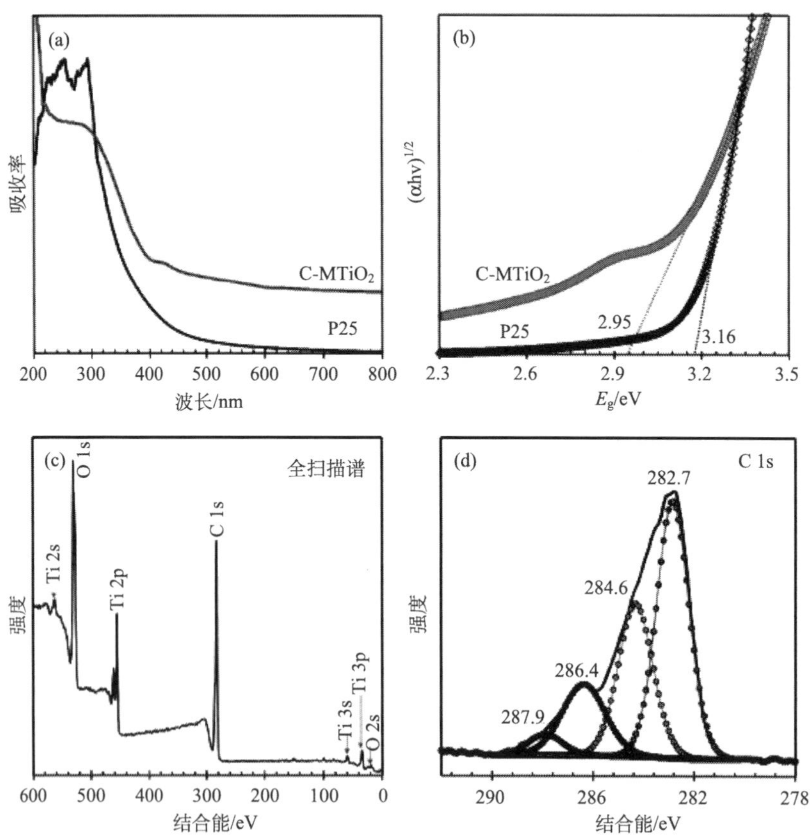

图 7-19　C-MTiO_2 纳米棒的光学性能(a 和 b)和 XPS 谱图(c 和 d)

的研究中，O—Ti—C 键对应的 XPS 峰出现在 282.7eV，与之前研究所报道的值相近，也与紫外-可见-近红外吸收光谱的分析结果相一致。因此，在温和的热处理条件下，聚合物碳层通过 Ti—O—C 和 Ti—OCO 键接枝到 TiO_2 的表面[179, 180]。这种结构有利于在可见光辐照条件下经过光激发促使电荷转移[181, 182]。

5) 光催化活性

基于紫外-可见-近红外吸收光谱和 XPS 的分析结果，可以推测 C-MTiO_2 纳米棒可以用于可见光辐照下光催化降解废水中的有机污染物。在当前研究中，C-MTiO_2 纳米棒和 TiO_2 P25 在可见光(λ>420nm)下针对甲基橙的光催化降解效果如图 7-20 所示。在无光催化剂存在的条件下，甲基橙在可见光的辐照下非常稳定，只发生非常微小的降解。在光催化剂存在的条件下，C-MTiO_2 纳米棒呈现出最高的光催化活性，经过 510min 的光催化降解，甲基橙的降解程度高达 96.6%。相比之下，在采用 TiO_2 P25 进行光催化降解时，510min 后甲基橙的降解程度仅为 28%。两种样品降解能力的巨大差异主要是由于两者在可见光下形成羟基自由基的能力不同。正如紫外-可见-近红外吸收光谱和 XPS 分析所证实的，大量的碳掺杂物的存在促进了 C-MTiO_2 纳米棒的可见光催化活性。通过 Ti—O—C 和 Ti—OCO 键连接在 C-MTiO_2 上的碳材料可以作为光生电子的捕获中心[181]。碳材料和 TiO_2 之间强的相互作用促进了光生载流子的转移和分离。此外，碳材料还可以作为敏化剂在可见光辐照下来敏化 TiO_2[183]。因此，C-MTiO_2 的可见光催化活性显著提高。C-MTiO_2 纳米棒的可见光催化机理可表述如下：①当 C-MTiO_2 被可见光辐照时，表面的碳成分作为敏化剂提高了 C-MTiO_2 对可见光的吸收和减少了光反射；②敏化剂被可见光激发形成了电荷，同时也促进了电子和空穴的分离，使得样品保持

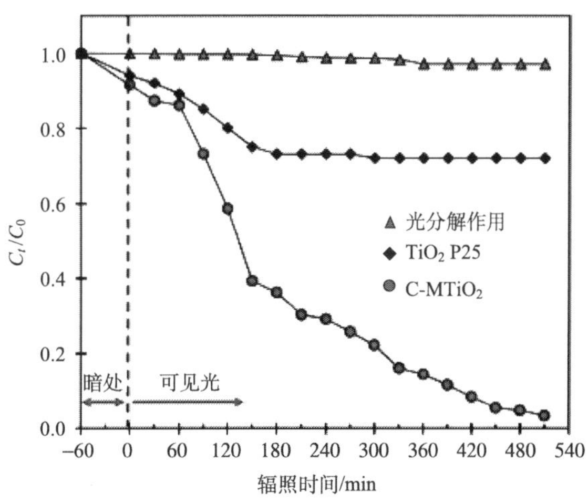

图 7-20 可见光辐照下 C-MTiO_2 纳米棒光催化降解甲基橙

高的反应活性；③强氧化性的空穴使得水中的氢氧根离子失去电子形成羟基自由基；④羟基自由基从附近的甲基橙分子中获得电子，转变为稳定的物质；⑤失去电子的甲基橙发生矿化，形成小分子物质(如二氧化碳和水)。

7.1.3.4 小结

以再生纤维素膜为生物模板纳米反应器，通过环保、廉价和温和的反应途径原位生长可见光驱动的碳掺杂的棒状介孔 TiO_2。富电子 RCM 的羟基基团对于具有介孔结构的 TiO_2 纳米棒的形成起着至关重要的作用。此外，RCM 具有低的平均孔尺寸[(2.48±0.41)nm]，为 C-MTiO_2 在纳米尺度范围内形成独特形状提供了反应场所。另外，值得注意的是，在热酸性溶胶环境下，RCM 也为具有高结晶度和金红石相可见光驱动的光催化剂的形成提供了原位碳源。紫外-可见-近红外吸收光谱和 XPS 的分析结果证明，通过 O—Ti—C、Ti—O—C 和 Ti—OCO 键所连接的 TiO_2 纳米棒表面的碳层是 C-MTiO_2 禁带宽度变窄的主要原因。效果显著的可见光催化甲基橙降解实验证明，C-MTiO_2 纳米棒在可见光辐照下催化降解污水中的有机污染物领域具有良好的应用前景。

7.2 “芬顿”催化处理有机染料污水

7.2.1 “芬顿”催化氧化反应机理

水是基础性自然资源，又是战略性经济资源。21 世纪全球可持续发展所面临的“人口、资源、环境”三大问题，无一不与水问题息息相关。我国水资源人均占有量仅为世界人均的 1/4，时空分布又极不均匀，水资源总体利用效率不高，水量灾害(旱、涝)的威胁远未解除，而未来水质灾害(水质劣变总体态势)的威胁又正步步紧逼。因此，水环境安全问题将深刻影响 21 世纪我国第三步战略目标的实现，成为国家可持续发展的重大制约因素。有人预测，在能源危机之后，人类将面临的最大危机就是水资源危机，而且这种危机将比能源危机更难解决。水环境质量的恶化、水资源的短缺，已引起世界各国的广泛关注。据 2016 年中国环境状况公报显示[184]：水质为优良级、良好级、较好级、较差级和极差级的监测点分别占 10.1%、25.4%、4.4%、45.4%和 14.7%。我国主要河流有机污染普遍，主要湖泊富营养化严重。全国多数城市地下水受到一定程度的污染，地下水水质污染有逐年加重的趋势。我国日趋严重的水污染不仅降低了水体的使用功能，进一步加剧了水资源短缺，而且还严重地威胁到城乡居民的饮水安全和人民群众的健康。我国受污染水体的修复工作和水污染控制工作非常繁重和艰巨，如不抓紧研究解决，将威胁饮水和食品安全，直接影响人体健康。有机污染物是最重要的污染物之一，尤其是持久性难降解有机污染物的危害更为严重。而持久性难降解有机污染物多为多环芳烃类物质。持久性难降解有机污染物在水中存在时间长、范围广、危害大、处理难度大，一直是环境保护领域的一个研究重点，其处理技术一直深受国内外科学家的关注[185-189]。Fenton（芬顿）氧化法是一种高级氧化处理技术[190-193]，采用这一技术对难降解有机废水进行处理具有高效低耗、无二次污染的优势，近年来已成为水处理研究热点。

1894 年，英国 H. J. H. Fenton 发现在酸性条件下亚铁离子与过氧化氢组成的体系能氧化多种有机物。后人为纪念他，将此种体系的组合称为 Fenton 试剂。Fenton 反应的实质是在过氧化氢和亚铁离子的催化作用下，生成具有极高反应活性的羟基自由基(·OH)，它能够高效处理废水中的各种有机物，特别是对于传统处理工艺技术难以去除的难降解有机物。随着学者们的不断深入研究，人们发现将紫外光(UV)或草酸盐($C_2O_4^{2-}$)等引入 Fenton 试剂中，可以使得 Fenton 的氧化能力大大增强。广义上说，Fenton 技术是利用催化剂或电化学或光辐射作用，通过过氧化氢产生·OH 氧化降解有机物的技术。

在亚铁离子的催化作用下过氧化氢分解产生·OH，因其拥有极高氧化电位(可达到 2.8V)，可通过电子转移等途径将复杂有机物氧化分解成小分子物质[194]。反应过程中，还因亚铁离子被氧化成三价铁离子产生混凝沉淀作用，从而去除大量有机物。可见，在反应过程中 Fenton 试剂同时存在氧化作用和混凝作用。Fenton 试剂廉价易得，并且无须光照就能降解有机物，节省了设备投资，但缺点是过氧化氢的利用率不高，有机物矿化度低。有学者研究发现，利用 Mn^{2+}、Fe^{3+}等催化剂和石墨、铁粉、铁或锰的氧化矿物等非均相催化剂同样可催化过氧化氢分解产生·OH，其反应过程与 Fenton 试剂类似，因而称之为类 Fenton 体系。Fenton 试剂拥有极强的氧化能力，主要是因为过氧化氢被 Fe^{2+}催化分解生成羟基自由基，反应过程中同时引发产生更多的其他自由基[195]。其反应机理如反应式(7-1)～式(7-9)所示。

$$Fe^{2+} + H_2O_2 \longrightarrow Fe^{3+} + OH^- + \cdot OH \tag{7-1}$$

$$Fe^{3+} + H_2O_2 \longrightarrow Fe^{2+} + HO_2\cdot + H^+ \tag{7-2}$$

$$Fe^{2+} + \cdot OH \longrightarrow Fe^{3+} + OH^- \tag{7-3}$$

$$Fe^{3+} + HO_2\cdot \longrightarrow Fe^{2+} + O_2 + H^+ \tag{7-4}$$

$$\cdot OH + H_2O_2 \longrightarrow H_2O + HO_2\cdot \tag{7-5}$$

$$Fe^{2+} + HO_2\cdot \longrightarrow Fe^{3+} + HO_2^- \tag{7-6}$$

$$RH + \cdot OH \longrightarrow R\cdot + H_2O \tag{7-7}$$

$$R\cdot + Fe^{3+} \longrightarrow R^{+} + Fe^{2+} \tag{7-8}$$

$$R\cdot + H_2O \longrightarrow RH + \cdot OH \tag{7-9}$$

Fenton 体系的反应过程十分复杂，众多学者对其反应机制仍存在争议，但均认为其关键是 Fe^{2+}在反应中的激发和传递作用，使得链式反应能够持续进行直至 H_2O_2 消耗殆尽[196]。Fenton 技术的优点包括：①氧化能力强。反应中产生的羟基自由基的氧化还原电位为 2.80V，仅次于氟(2.87V)，这表示其氧化能力远超过普通的氧化剂，并且·OH 对不同的有机物氧化选择性很小[197]，因此能快速高效氧化绝大多数有机物。②便捷经济。Fenton 技术在使用过程中操作简单，相对投资小。均相体系没有质量传输的阻碍，而且投加的试剂没有毒性。③·OH 具有很强的电负性和亲电性。这一性质决定了 Fenton 试剂在氧化降解含氯基、硝基、磺酸基等电子密度较高的有机物时，具有独特优势[198]。

Fenton 反应虽然能够快速有效氧化降解有机废水，但其在实际应用当中仍存在诸多问题：①Fenton 体系 pH 适用范围窄。在 Fenton 反应中，Fe^{2+}在强酸性条件下(一般 pH 为 2～3)才能有效催化 H_2O_2 产生·OH，因此需在反应前调节水体的 pH，且容易对反应设备产生腐蚀等问题。反应结束后需要用大量的碱中和水体中的酸，增加处理成本的同时，也使水体中的盐度升高，增加了后续生物处理的难度。②易形成二次污染。铁离子的投加增加了水的色度。同时，用碱中和后会形成大量铁泥，造成铁离子流失和二次污染。实际应用中，后续铁泥处理的成本要远远大于投加药剂的成本和反应过程中的能耗。③H_2O_2 利用率低。Fe^{2+}和 H_2O_2 既是体系所需的催化剂和氧化剂，又是·OH 的捕获剂，因此当其投入量不足时反应速率低，而投入量过高时·OH 的猝灭反应又使得 H_2O_2 的利用率降低。由于 Fenton 技术存在的不足，学者们开始研究铁离子的固定及非均相 Fenton 催化剂的开发。

非均相 Fenton 技术是用固体催化剂代替 Fenton 试剂中的亚铁离子来催化 H_2O_2 分解产生·OH 的反应。该技术不仅解决了均相 Fenton 技术中 pH 范围过窄、铁离子流失、二次污染等问题，同时减少了反应对设备的腐蚀，实现了催化剂的回收与再利用。与传统均相 Fenton 技术相比，非均相 Fenton 技术具有非常大的应用前景，受到了广大学者的关注。

非均相 Fenton 技术实质上是将铁离子固定到载体上的 Fenton 反应，本质上还是 Fe^{2+}催化 H_2O_2 分解产生·OH 的过程。这个过程通常可以分为以下五个步骤。①H_2O_2 从溶液中扩散到催化剂表面上；②目标污染物被催化剂吸附，富集于催化剂表面；③Fe^{2+}催化分解 H_2O_2 产生·OH；④污染物被羟基自由基分解，生成反应产物；⑤反应产物从固液界面扩散到溶液中。

德国科学家 Gonzalez-Olmos 也提出了相似的理论[199]，反应原理大致可分为以下三个步骤：①Fe^{2+}催化分解 H_2O_2 产生羟基自由基(可用反应式(7-10)～式(7-12)来表示[201])；②目标污染物富集于催化剂表面；③羟基自由基对目标污染物降解。在反应初始阶段，H_2O_2和污染物扩散到催化剂表面并被吸附，在催化剂活性位点的作用下，铁离子催化 H_2O_2 分解产生·OH，进而氧化降解污染物，最后降解产物从催化剂表面脱附并扩散到溶液中去[200]。

$$\equiv Fe^{III} + H_2O_2 \longrightarrow \equiv Fe^{III}H_2O_2 \tag{7-10}$$

$$\equiv Fe^{III}H_2O_2 \longrightarrow \equiv Fe^{II} + HO_2 \cdot + H^+ \tag{7-11}$$

$$\equiv Fe^{II} + H_2O_2 \longrightarrow \equiv Fe^{III} + \cdot OH + OH^- \tag{7-12}$$

不同载体制备而成的非均相 Fenton 催化剂，其催化降解的效果会明显不同。一方面是因为铁在不同载体上有不同的存在形态，其价态和颗粒大小均有区别；另一方面是因为不同的载体选择，会影响催化剂中铁的负载量和稳定性，最终影响催化剂的活性和使用效果[202]。因此国内外学者对各种类型载体的非均相 Fenton 做了实验研究，常见的载体有二氧化硅[203]、树脂[204]、氧化铝[205]、活性炭[206]、二氧化钛[207]、甲壳素[208]及多聚体材料[209]。

与均相 Fenton 技术相比，非均相 Fenton 技术具有以下优点：①通过活性炭、沸石等载体，有利于有机物的吸附，可在铁颗粒周围形成富集，有利于污染物降解；②通过负载形式，对铁进行固定，减少了铁的流逝，避免了铁离子的二次污染；③拓宽了反应体系的 pH 适用范围，传统均相 Fenton 体系需要调节 pH 强酸性，而非均相 Fenton 在中性条件下同样有较好的处理效果；④pH 调节液用量及铁泥形成量减少，降低了对反应设备的损耗。但对目前研究而言，非均相 Fenton 技术仍然存在生产制备成本较高、使用寿命偏短、污染物矿化程度低等缺点，因此需要后续的研究者们不断完善与改进。

零价铁参与的非均相 Fenton 体系不同于可溶态铁的均相 Fenton 体系，它是利用零价铁在酸性溶液中缓慢溶蚀产生 Fe^{2+}，并在外加过氧化氢的情况下发生 Fenton 反应，从而实现对目标污染物的无选择性氧化降解。在铁粉-Fenton 体系的研究中，人们一般以废铁屑作为 Fenton 反应的铁源，以期通过以废治废的方式降低处理成本。这种方法一般被称为铁屑法。

该法中铁屑被氧化生成具有较高活性的亚铁离子，Fe^{2+}再催化过氧化氢生成羟基自由基，使该体系具有很强的氧化性，从而将难降解物质转化为易降解物质、大分子物质分解为小分子物质。同时，二价铁被氧化后生成三价铁离子，三价铁离子的水解产物具有很强絮凝性和吸附性，因此该法可以用于同时去除水中多种有毒有害物质。但是铁屑法存在处理效率较低、反应时间过长等缺点，有研究者为克服这些缺点，在废铁屑中加入颗粒活性炭，使活性炭与废铁屑形成原电池反应，对污染物进行氧化降解，同时因形成原电池反应，加快了铁屑腐蚀和二价铁的溶出速率，强化了 Fenton 体系，在该体系中既存在 Fenton 试剂氧化反应，又存在铁碳微电解反应，由此可提高铁屑法的反应速率，强化降解污染物的能力[210, 211]。

采用铁粉-Fenton 体系处理难降解有机废水，需在酸性 pH 条件下进行，该体系中过氧化氢投加量较高，COD 去除效果较好。综合可知，虽然铁粉-Fenton 体系在废水处理特别是对难降解有机污染物的去除可以达到较高的效能，但是大多数情况需要在酸性 pH 条件下进行，而且铁粉投加量过多会导致铁离子大量富存于水体中，增加水体色度，造成二次污染，因此也限制了该体系在有机废水处理领域的广泛应用。为了提高零价铁-Fenton 体系的处理效果，研究人员开始尝试使用粒径更小、比表面积更大的纳米零价铁代替普通铁粉作为非均相 Fenton 体系氧化反应的催化剂。纳米零价铁与普通的铁粉相比，具有极小的颗粒直径，超高的比表面积，以及极大的表面原子数量，当铁颗粒直径由微米级别缩小至纳米级别时，铁颗粒表面原子占总原子的数量也由 1%～2%急剧增加到 50%[212]。同时，纳米零价铁粒径的减小也增大了其比表面积，提高了纳米零价铁的表面能，使得纳米零价铁材料具有更高的反应活性。大体而言，纳米零价铁的制备方法可以分成物理制备方法和化学制备方法。物理制备方法主要包括高能机械球磨法、蒸发凝聚法及溅射法等，这些方法易于批量生产，因而适合用于工业生产制备。化学制备方法包括气相热分解法、液相化学还原法、气相化学还原法及活性氢-熔融金属反应法等。

在紫外光条件下的类 Fenton 反应可表示为反应式(7-13)和式(7-14)[213]：

$$R\cdot + O_2 \longrightarrow ROO^{+} \longrightarrow CO_2 + H_2O \tag{7-13}$$

$$H_2O_2 + h\nu \longrightarrow 2\cdot OH \tag{7-14}$$

光-Fenton 法将紫外光、可见光等光源引入到 Fenton 反应中形成 UV-Fenton 系统，紫外光和亚铁离子对 H_2O_2 催化分解存在协同效应，对 Fenton 试剂氧化性有很大的改善作用。该法的优点[214]是在紫外光作用下可以直接降解部分有机物，降低 Fe^{2+}的用量，提高 H_2O_2 的利用率和有机物矿化程度。UV-Fenton 系统在高效氧化降解废水的同时，也存在太阳能利用率低，能耗较大，处理设备费用较高的缺点，所以光-Fenton 法下一步的发展方向应是加强对聚光式反应器的研制，提高紫外光利用率，降低运行成本。

电-Fenton 法是将氧气喷射到电解池阴极上产生 H_2O_2，能迅速与溶液中外加的 Fe 阳极氧化产生的 Fe^{2+}反应生成·OH 和 Fe^{3+}，利用·OH 无选择性的强氧化能力催化降解难降解的有机物，而 Fe^{3+}又能在阴极被还原成 Fe^{2+}，从而使氧化反应循环进行[215, 216]。电-Fenton 法的主要优点是可自动产生 H_2O_2，降低成本，除羟基自由基的氧化作用外，还有阳极氧化、电吸附等。但由于目前所用的阴极材料多是石墨、玻璃碳棒和活性炭纤维，这些材料电流效率低，H_2O_2 产量不高，因而限制了它的广泛应用。

超声-Fenton 法具有操作过程简单、反应物易得、处理成本低等优点，在去除有毒有害及难降解有机废水方面具有极大潜力[217, 218]，但由于能量转化效率和能耗的关系，去除有机物的能耗较高，还未在实际中大规模应用。今后超声-Fenton 法的研究方向是开发高能效的超声波发生器，提高反应速率。

微波-Fenton 法[219]的作用机理与超声-Fenton 法类似，都是使体系局部温度提高，促使 H_2O_2 分解产生·OH，加速污染物分子极化来实现与氧化剂的协同作用，催化降解废水中的有机物。微波-Fenton 法处理难降解有机废水具有处理效率高、反应时间短、操作简单、易控制、无二次污染等优点，但至今微波-Fenton 法的研究尚处于探索阶段。今后微波-Fenton 法的研究方向主要是设计连续运行的微波辐射反应器，提高微波的利用率，降低处理成本，最终实现工业化应用。

Fenton 试剂作为一种强氧化剂，具有活性高、反应速率快、反应条件温和及适用范围广的特点，在难降解污染物处理中有较好的降解效率及较大的应用范围，既可提高废水的可生化性，又可在处理系统的末端进行深度处理，使外排废水的水质达到排放要求。随着研究不断深入，Fenton 氧化法在不断地改进和发展，相信其必将在废水处理中得到更为广泛的应用。作为高级氧化技术（AOPs）中的一种主流技术，Fenton 反应的应用范围正在不断扩展。除了水处理外，Fenton 反应也常应用于污泥处理、土壤修复、金属抛光、材料合成、荧光成像及癌症治疗等方面。通过列举类 Fenton 处理技术可以看出，每种处理技术都有它的优缺点。使用紫外光、电、超声、微波成本较高，因此需要不断努力不断创新，深入研究，开发出投资小、效率高的类 Fenton 技术，不仅能有效处理工业废水，而且能降低处理工业废水的成本，具有较好的环境效益及社会效益。

7.2.2　氧化石墨烯-Fe(Ⅲ)-纤维素纳米纤丝复合气凝胶

7.2.2.1　引言

相比于传统的污水处理技术，最近研制出的许多新型的污水处理技术已经在处理效率和处理条件等关键技术障碍上取得新的突破。例如，一些吸附技术已经着眼于使用低价的吸附剂来取代高成本的活性炭吸附剂[220, 221]。吸附剂的成本是评估吸附剂潜在价值的重要指标之一。除此之外，吸附性能、重复使用能力和吸附后吸附剂的回收方式等特性也是衡量吸附剂的重要指标。工厂废水具有排放连续、排放量大等特点。因此，需要寻求一种专一、快速、高效的污水处理措施。在此之前，研究者们已经研制出许多微、纳米尺度的吸附剂来实现工厂污水的高效移除，如改性活性炭[222]、纳米尺寸的金属氧化物[223]、三氧化二铝纳米粒子[224]、介孔二氧化硅[225]和纤维素纳米纤丝(CNF)[226]等。纤维素是一种可持续利用、可再生的天然资源，可以从广泛存在的木质纤维素生物质材料中提取。纤维素是一种相对稳定的聚合物，具有高轴向刚性和高结晶度，且纳米尺寸的纤维素纤丝的结晶度更高[227, 228]。因此，纤维素在许多领域(如造纸、食品、制膜等)都得到广泛应用。CNF 一词是用来指代通过化学法、酶解法或物理法从木浆中解纤出来的纤丝状产物[229, 230]。因此，为了得到 CNF，需要采用机械和物理等拆解方法。研究者们开发了许多方法来解纤，如搅拌法[231]、高压均质法[232]、蒸汽爆破法[233]和研磨法[234]等。CNF 具有很多潜在应用，如复合材料增强剂[235]、增稠剂[236]、电子产品基质[237]、组织生长骨架[238]、阳离子染料吸附[226]等。

近年来，在许多领域针对石墨烯的研究变得非常火热，这主要是得益于石墨烯卓越的物理学和电子学特性[239]。氧化石墨烯(GO)是石墨烯的氧化产物，它的表面具有丰富的活性含氧官能团(如羟基、环氧基、羰基和羧基)，这些基团有利于 GO 与客体物质发生强烈的静电相互作用，同时也赋予了 GO 亲水性[240-242]。与传统的活性炭吸附剂相比，这些特征有利于 GO 在阳离子染料水溶液中获得较高的吸附效果[243]。然而，GO 较小的尺寸和强烈的亲水性限制了其在污水处理领域的应用，因此直接使用 GO 处理污水需要在吸附完成后采用一些额外的分离步骤(如离心)[244]。为了克服分离障碍，研究者们也开发了一些新型的方法，如直接形成 GO 水凝胶[245]和气凝胶[246]或采用宏观基质材料对 GO 纳米片进行包裹[247-249]，再从中掺杂磁性纳米粒子实现吸附剂在外加磁场下的驱动和回收[250, 251]。

CNF 和 GO 都已被证实是一种快速、有效和极具潜力的处理阳离子染料污水的吸附剂[226, 243]。Sajab 等[252]将 GO 固定在 CNF 气凝胶上，用于移除水溶液中的亚甲基蓝染料。为了进一步提高染料移除效率，他们在 GO 片上负载三价铁离子[Fe(Ⅲ)]，借助 Fenton 氧化反应辅助移除亚甲基蓝染料。此外，Sajab 等研究了不同 GO-Fe(Ⅲ)负载量的复合气凝胶的吸附特性(吸附动力学、最大吸附量和重复使用能力)。后续章节将主要介绍这种复合气凝胶的制备方法、微观结构、理化特性和针对阳离子染料的移除效果。

7.2.2.2 实验与表征

1) 材料与试剂

红麻芯杆粉末(来源于马来西亚农业研究和发展研究院)、亚氯酸钠(80%)和冰醋酸(95%)是制备 CNF 的基本原料。GO 是通过片状石墨制备而成的。其他原料还包括：磷酸(85%)、高锰酸钾(99.9%)、过氧化氢(30%)和氯化铁。制备并稀释亚甲基蓝原液，所得到的亚甲基蓝稀释液的浓度由紫外分光光度计进行测量(Jenway 7315 分光光度计)，最大吸收波长 λ_{max} 为 664nm。

2) GO-Fe(Ⅲ)-CNF 复合气凝胶的制备

以红麻芯杆粉末为原料，CNF 的制备过程可简述如下[226]：①采用蒸馏水对红麻芯杆粉末进行多次洗涤，除去不纯物和杂质；②采用冰醋酸-亚氯酸钠漂白的方法除去粉末中的木质素(该漂白过程重复 6 次)，得到综纤维素；③采用高速搅拌机(Vitamix，Vita-Prep)对黏度为 0.7wt%的综纤维素进行解纤，0.1mmol/L NaCl 用作反离子。整个解纤过程持续 30min，即可得到 CNF 分散液。将 CNF 分散液储存于 4℃下待用。

采用 Hummer 法[243]制备 GO。首先，将 H_2SO_4(360mL)、H_3PO_4(40mL)、$KMnO_4$(18g)和片状石墨(3g)混合在一起，搅拌 3 天。搅拌结束后，将溶液与冰冻的蒸馏水(400mL)和 H_2O_2(27mL)混合，使得氧化反应终止。在随后的过滤过程中采用 1mol/L 盐酸洗涤混合物三次和蒸馏水洗涤混合物十次，使溶液的 pH 在 4～5 范围内。向所得到的 GO 悬浮液中加入 1.0wt% Fe(Ⅲ)溶液($FeCl_3$ 的质量为 0.01g)，随后搅拌 60min，得到 GO-Fe(Ⅲ)纳米复合材料。将一定量的 GO-Fe(Ⅲ)纳米复合材料加入到 20mL CNF 分散液中，CNF 分散液的质量分数为 5wt%。该混合物在室温下磁力搅拌 30min，随后在冷冻干燥机中进行 24h 的冷冻干燥处理，形成气凝胶材料。根据上述方法制备不同 GO-Fe(Ⅲ)纳米复合材料含量(5wt%、10wt%、15wt%、20wt%和 30wt%)的 GO-Fe(Ⅲ)-CNF 复合气凝胶，标记为 X%GO-Fe-CNF。此外，制备纯的 CNF 气凝胶和 GO 气凝胶，用作对照实验。

3) 表征方法

采用透射电镜(TEM)观察样品的微观形貌。首先将样品稀释在乙醇中，稀释后样品的质量分数约为 0.01wt%。随后将样品沉积在铜网上，并采用 3wt%的乙酸铀酰进行染色。冷冻干燥后样品的官能团采用衰减全反射-傅里叶变换红外光谱(ATR-FTIR)进行分析，分析范围为 4000～650cm^{-1}，分辨率为 1cm^{-1}。

4) 吸附动力学测试

吸附动力学测试是在装有 100mL 不同浓度亚甲基蓝溶液的烧瓶中进行。参照之前的研究[226]，染料溶液的初始 pH 固定在 7 左右。在磁力搅拌器下，采用恒定的搅拌速度(250r/min)对吸附剂-亚甲基蓝溶液混合物进行搅拌，直到达到吸附平衡。在不同的时间间隔下，取混合物的上清液于尼龙膜针筒过滤器中进行过滤，随后采用蒸馏水进行稀释，所得到的溶液采用紫外分光光度计进行测试。吸附剂在时间 t 时的亚甲基蓝吸附量(q_t，mg/g)采用方程式(7-15)进行计算：

$$q_t = \frac{(C_0 - C_t)V}{m} \tag{7-15}$$

式中，C_0 和 C_t 分别是染料溶液的初始浓度和时间 t 时的浓度(mg/L)，V 是溶液的体积(mL)，m 是吸附剂的质量(g)。

采用准二级动力学方程[253]对吸附动力学数据进行拟合。该方程可表示如下：

$$q_t = \frac{k_2 q_e^{\ 2} t}{1 + k_2 q_e t} \tag{7-16}$$

其中，k_2是准二级动力学方程的速率常数[g/(mg·min)]。

5)等温吸附测试

等温吸附测试是在一系列不同浓度的亚甲基蓝溶液中进行的(50mg/L、100mg/L、200mg/L、300mg/L、400mg/L、500mg/L 和 600mg/L)。将 25mL 亚甲基蓝溶液和 0.025g 吸附剂置于旋转振荡器中振荡 2h，转速设定为 200r/min。采用紫外分光光度计对亚甲基蓝溶液在平衡状态下的最终浓度(C_e)进行测试。根据方程式(7-17)计算平衡时吸附剂对亚甲基蓝的吸附量(q_e，mg/g)：

$$q_e = \frac{(C_0 - C_e)V}{m} \tag{7-17}$$

6)吸附-Fenton 氧化协同作用实验

将吸附剂与亚甲基蓝溶液混合，以恒定的速度(250r/min)对混合物进行磁力搅拌，直到达到吸附平衡。随后，向混合物中加入 40mmol/L H_2O_2，H_2O_2 作为氧化剂。采用紫外分光光度计对亚甲基蓝溶液的浓度变化进行监测。其他的实验条件与吸附动力学实验相似。

7)重复使用能力测试

吸附实验是在 100mg/L 亚甲基蓝溶液中进行的。为了达到饱和吸附，吸附时间设定为 2h。采用蒸馏水洗涤吸附剂，以移除过量的亚甲基蓝。Fenton 氧化过程是通过将洗涤过的吸附剂与 25mL H_2O_2(40mmol/L)混合 24h。采用蒸馏水洗涤吸附剂，除去过量的 H_2O_2。该吸附-Fenton 氧化协同实验在室温下重复 5 次。

7.2.2.3　微观形貌、FTIR 分析和抗压性能

如图 7-21(a)所示，根据实验部分所述的红麻芯杆粉末的解纤方法成功制得了聚集态的 CNF，且 CNF 的尺寸在纳米范围内。与之前所报道的由红麻芯杆粉末制备的 CNF 相似，此处制备的单根纳米纤丝的直径在 3.3～8.9nm 范围内，平均直径为 5.9nm。另外，20% GO-Fe(Ⅲ)-CNF 悬浮液的 TEM 照片显示 CNF 的网络结构被 GO 薄层所覆盖[图 7-21(b)]。根据图 7-21(b)插图不难看出，GO 片上多个位置牢牢地黏附在 CNF 上。在分散液(或悬浮液)状态下，GO 和 CNF 通过分子间氢键进行相互作用，使得 CNF 和 GO 片之间均匀排布、牢固结合。GO-CNF 间的相互作用阻止了 GO 片之间的堆叠，避免了因为堆叠引起的 GO 活性表面积的减小[241, 242]。

图 7-21(c)和(d)分别为 CNF 气凝胶和 20% GO-Fe(Ⅲ)-CNF 气凝胶的 SEM 图片。如图 7-21(c)所示，CNF 气凝胶具有高度多孔的结构，这可能是在冷冻干燥过程中形成的。CNF 之间的分子间氢键作用导致 CNF 的缠结，因此在移除水

分子后即形成多孔结构[254]。相比之下，20% GO-Fe(Ⅲ)-CNF 气凝胶的孔隙结构则更加发达，这可能归因于 GO 纳米片的存在。GO 和 CNF 间的相互作用和 GO 之间的作用促进了三维网络结构的形成[255]。GO 的存在有利于 CNF 与 GO 通过分子间的氢键作用而形成交联效应[256]。此外，由于 Fe 元素的含量比较少，因此很难通过 SEM 和 TEM 观察到。

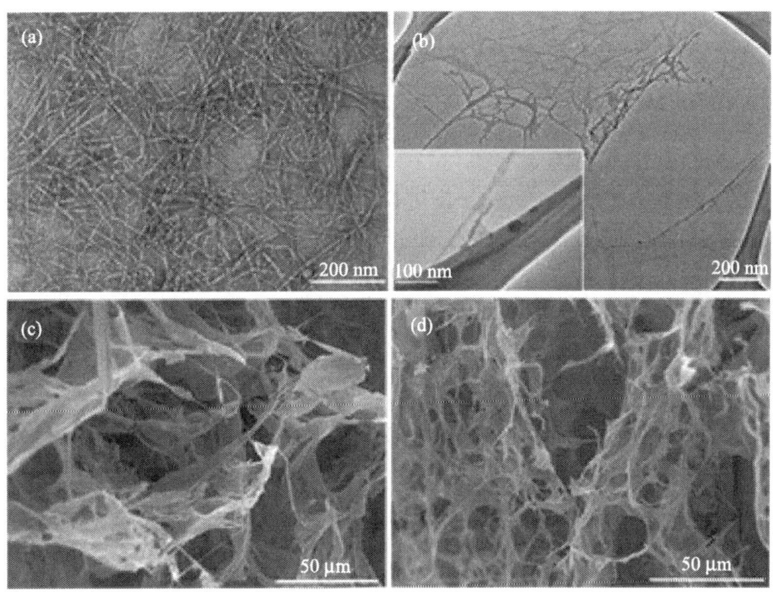

图 7-21　(a) CNF 分散液和(b) 20% GO-Fe(Ⅲ)-CNF 悬浮液的 TEM 照片；(c) CNF 气凝胶和(d) 20% GO-Fe(Ⅲ)-CNF 气凝胶的扫描电镜(SEM)照片

图 7-22 为 CNF、GO、20% GO-CNF 和 20% GO-Fe(Ⅲ)-CNF 的 FTIR 图谱。其中，CNF 的 FTIR 图谱呈现出许多纤维素的 FTIR 特征峰，如 3341cm^{-1}、2915cm^{-1}、和 1160cm^{-1} 处的峰分别对应于 O—H 伸缩振动、C—H 伸缩振动和吡喃糖的醚键[226]。GO 的 FTIR 图谱出现了羧基的特征峰，即 1391cm^{-1} 和 1737cm^{-1}，分别对应羧基的 C—O—H 变形振动和 C═O 伸缩振动。1072cm^{-1} 和 1249cm^{-1} 处的峰分别对应于环氧环变形振动和 C—O 伸缩/C—OH 弯曲振动[243]。此外，20% GO-CNF 和 20% GO-Fe(Ⅲ)-CNF 的 FTIR 图谱均在 1419cm^{-1}、1621cm^{-1} 和 1719cm^{-1} 处出现峰，这些峰分别对应 GO 和 CNF 表面的特征官能团[241]。

采用质量为 100g 的砝码放置在 GO 气凝胶、CNF 气凝胶和 20% GO-Fe(Ⅲ)-CNF 气凝胶的顶部，来测试它们的抗压性能。GO 气凝胶是一种低密度材料，具有非常低的力学性能，很容易被砝码压瘪(图 7-23)。相比之下，CNF

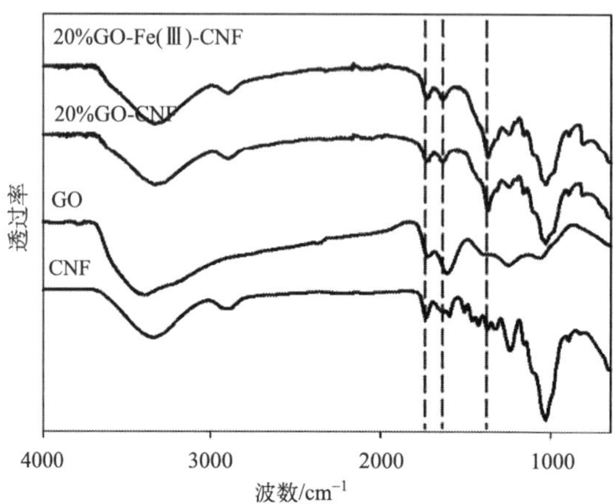

图 7-22　CNF、GO、20% GO-CNF 和 20% GO-Fe(Ⅲ)-CNF 的 FTIR 图谱

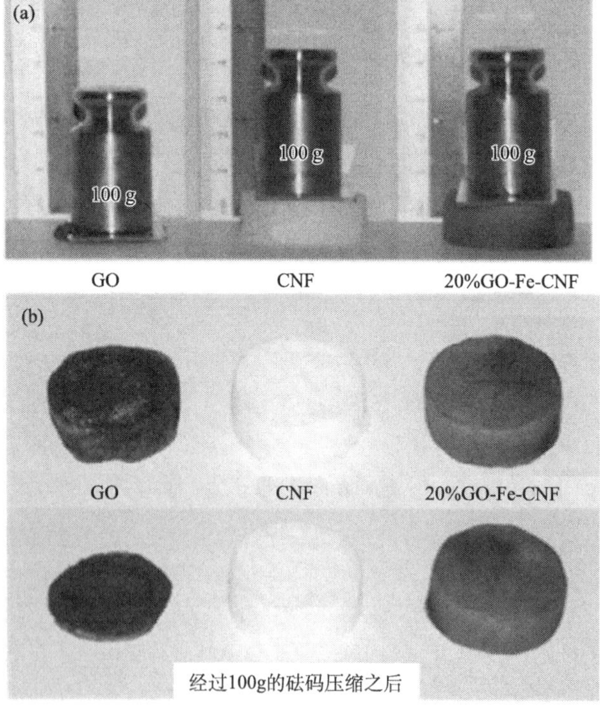

图 7-23　GO 气凝胶、CNF 气凝胶和 20% GO-Fe(Ⅲ)-CNF 气凝胶的抗压实验(a)和压缩前后的形状变化(b)

气凝胶和 GO-Fe(Ⅲ)-CNF 气凝胶则呈现出较好的抗压性能，在压缩前后保持稳定的形状。这主要是归因于 CNF 之间、GO 之间和 CNF 与 GO 之间存在很强的相互作用(如分子间氢键作用)[254]。因此，通过对比可以看出 GO 的存在也有助于 GO-Fe(Ⅲ)-CNF 气凝胶抵抗压缩变形。

7.2.2.4　吸附动力学分析

GO 表面具有丰富的含氧官能团(如羟基、羰基、羧基等)和大的比表面积，这些特性有助于得到较高的吸附量和较快的吸附速率[243]。随着 GO 悬浮液通过冷冻干燥转化为 GO 气凝胶，其针对亚甲基蓝的吸附量降低了大约 50%至 384mg/g(图 7-24)，这可能是 GO 的总暴露面积降低导致的[247]。除了大吸附量以外，吸附剂针对亚甲基蓝的快速吸附速率也是极其重要的。如图 7-25(a)所示，CNF 气凝胶在 5min 以内即可实现吸附平衡。根据表 7-4，CNF 气凝胶的吸附速率常数 (k_2) 为 0.0218g/(mg·min)，高于 GO 悬浮液的吸附速率常数[0.0007g/(mg·min)]。CNF 气凝胶能快速移除阳离子染料的现象在之前的报道中也有所体现[226]。

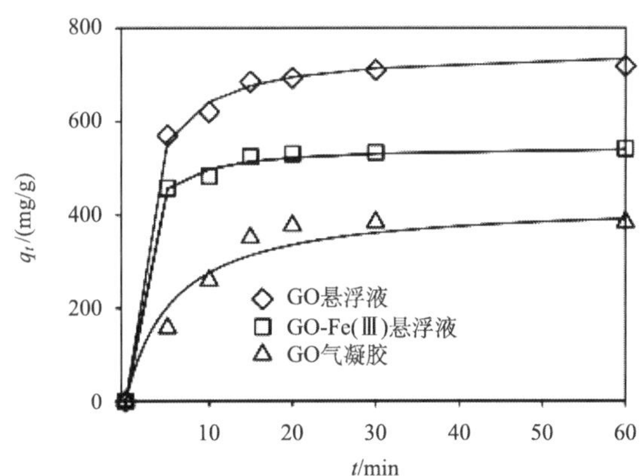

图 7-24　GO 悬浮液、GO-Fe(Ⅲ)悬浮液和 GO 气凝胶的吸附动力学曲线

为了得到更高的吸附量，以 GO 悬浮液为表面修饰剂来修饰 CNF，以得到 GO-CNF 纳米复合材料吸附剂。通过添加 5wt%的 GO，GO-CNF 气凝胶的吸附量增加 16%，即从 100.3mg/g 增加至 116.5mg/g[图 7-25(a)]。GO 和 CNF 表面的化学官能团和高比表面积是吸附量提高的主要原因。另外，如图 7-21(d)所示，GO 的加入并没有破坏 CNF 的多孔结构，反而促进了三维网络结构的形成。在负载 1wt%的 Fe(Ⅲ)后，GO-Fe(Ⅲ)悬浮液的吸附量反而下降 28%(图 7-24)。如图 7-25(a)所示，将相似含量的 Fe(Ⅲ)负载在 CNF 上也会导致制备所得的

Fe(Ⅲ)-CNF 气凝胶的亚甲基蓝吸附量下降(5.4mg/g)。Fe(Ⅲ)的添加导致 GO 和 CNF 吸附量下降的原因主要是由于带正电的 Fe^{3+}与 GO 和 CNF 表面带负电的含氧官能团发生静电吸引作用，导致 GO 和 CNF 表面与亚甲基蓝相互作用的活性位点数量降低[257]。

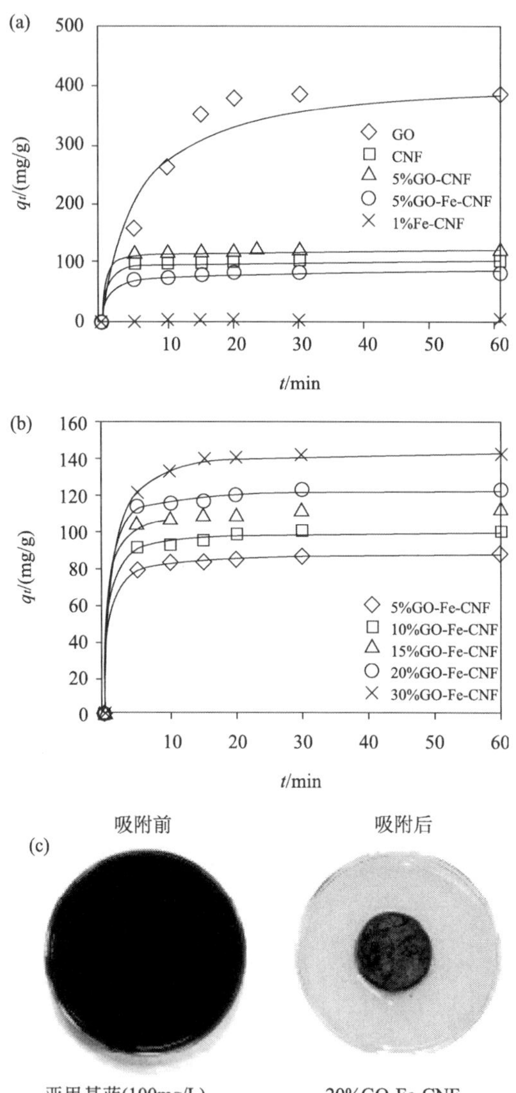

图 7-25　(a)CNF 气凝胶、GO 气凝胶、5% GO-CNF 气凝胶、5% GO-Fe(Ⅲ)-CNF 气凝胶和 1% Fe(Ⅲ)-CNF 气凝胶的吸附动力学曲线；(b)含有不同质量分数 GO-Fe(Ⅲ)复合物的 GO-Fe(Ⅲ)-CNF 气凝胶的吸附动力学曲线；(c)使用 20% GO-Fe(Ⅲ)-CNF 气凝胶处理 100mg/L 亚甲基蓝溶液前后的颜色变化。所有的吸附动力学曲线均采用准二阶动力学方程拟合

为了确定 GO-Fe(Ⅲ)-CNF 气凝胶吸附剂的最佳 GO-Fe(Ⅲ)负载量，对含有不同质量分数 GO-Fe(Ⅲ)复合物(5wt%、10wt%、15wt%、20wt%和 30wt%)的 GO-Fe(Ⅲ)-CNF 气凝胶的吸附动力学过程进行分析[图 7-25(b)]。由于 GO-Fe(Ⅲ)复合物的吸附量高于 CNF 气凝胶的吸附量，因此在 CNF 气凝胶中加入 GO-Fe(Ⅲ)复合物很可能有利于提高气凝胶的吸附量。在 CNF 气凝胶中添加 30wt%的 GO-Fe 复合物时，吸附量增加至 143mg/g。然而，GO-Fe(Ⅲ)复合物比例的增加导致吸附平衡时间的延长和吸附速率的下降[即从 0.0091g/(mg·min)下降至 0.0036g/(mg·min)]。这可能是由于当 GO-Fe(Ⅲ)复合物的比例较高时，GO 片彼此间相互堆叠，相比之下，较低的 GO 含量更有利于 GO 充分地与 CNF 相互作用，从而降低 GO 片的相互堆叠[241, 242]。

表 7-4　GO 悬浮液、CNF 气凝胶和含有不同质量分数 GO-Fe(Ⅲ)复合物的 GO-Fe(Ⅲ)-CNF 气凝胶的吸附动力学性能数据

吸附剂	$q_{e\,exp}$ /(mg/g)	准一阶			准二阶		
		$q_{e\,cal}$ /(mg/g)	k_1 /min^{-1}	r^2	$q_{e\,cal}$ /(mg/g)	k_2/[g/(mg·min)]	r^2
GO	752.04	726.20	0.264	0.882	756.83	0.0007	0.998
CNF	100.63	99.14	0.545	0.964	100.63	0.0218	0.999
5%GO-Fe-CNF	87.50	86.18	0.237	0.960	87.96	0.0091	0.999
10%GO-Fe-CNF	100.74	99.20	0.240	0.933	101.43	0.0075	0.984
15%GO-Fe-CNF	112.17	110.57	0.267	0.962	112.47	0.0090	0.992
20%GO-Fe-CNF	123.01	121.28	0.267	0.947	123.53	0.0078	0.996
30%GO-Fe-CNF	142.96	141.78	0.182	0.995	145.65	0.0036	0.999

7.2.2.5　等温吸附分析

Langmuir 方程假设吸附质和吸附剂之间仅发生单分子层吸附，而 Freundlich 方程则解释多相吸附过程。Langmuir 方程可表示如下：

$$q_e = \frac{Q_0 b C_e}{1 + b C_e} \tag{7-18}$$

式中，Q_0 是单位质量吸附剂的最大吸附量(mg/g)，b 是与吸附能相关的常数(L/mg)[258]。采用一个无量纲的分离系数或平衡参数(R_L)来判定吸附过程是否优惠，R_L 可以采用方程式(7-19)进行计算得到：

$$R_L = \frac{1}{1 + b C_m} \tag{7-19}$$

式中，b 是 Langmuir 常数(L/mg)，C_m 是亚甲基蓝溶液的最高初始浓度(mg/L)。R_L 的值代表等温吸附类型，$R_L=0$ 时代表吸附过程不可逆，$0<R_L<1$ 时代表优惠吸附，$R_L=1$ 时代表线性吸附，$R_L>1$ 时代表非优惠吸附。

Freundlich 方程可表示如下：

$$q_e = K_F C_e^{1/n_F} \tag{7-20}$$

式中，K_F 和 $1/n_F$ 是 Freundlich 常数，K_F 代表吸附剂的相对吸附量，n_F 代表吸附过程与亚甲基蓝溶液平衡浓度的相关程度。

采用非线性的 Freundlich 和 Langmuir 方程来拟合等温吸附实验数据，计算所得的等温常数列在表 7-5 中。由图 7-26 和表 7-5 所示，Langmuir 方程可以很好地拟合 CNF 气凝胶和 GO-CNF 气凝胶的等温吸附数据，相关系数(r^2)约为 0.99，表示这两种吸附剂针对亚甲基蓝分子的吸附主要是单分子层吸附，这与 GO 悬浮液和 CNF 分散液针对亚甲基蓝分子的吸附机理相似[226, 243]。根据 Langmuir 方程，CNF 气凝胶、20% GO-CNF 气凝胶和 20% GO-Fe(Ⅲ)-CNF 气凝胶的最大吸附量

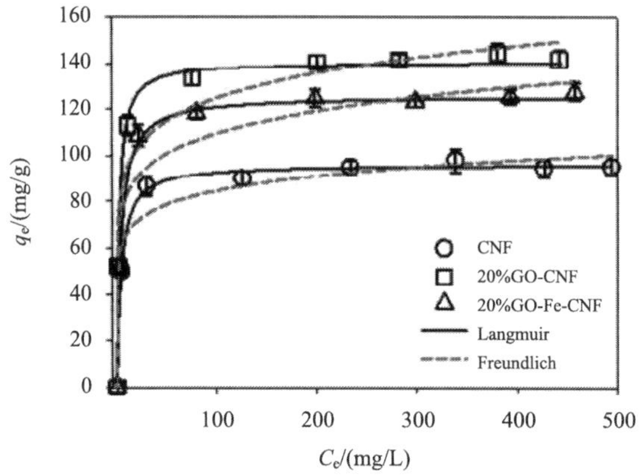

图 7-26　CNF 气凝胶、20% GO-CNF 气凝胶和 20% GO-Fe(Ⅲ)-CNF 气凝胶的非线性吸附等温线及对应的 Freundlich 和 Langmuir 方程拟合(吸附温度：20℃，吸附质浓度：50～600mg/L)

表 7-5　采用 Freundlich 和 Langmuir 方程对 CNF 气凝胶、20% GO-CNF 气凝胶和 20% GO-Fe(Ⅲ)-CNF 气凝胶的等温吸附数据进行拟合

吸附剂	Langmuir 方程				Freundlich 方程		
	Q_0	b	R_L	r^2	K_F	n	r^2
CNF	97.1	0.15	0.011	0.994	2.65	6.01	0.901
20%GO-CNF	142.3	0.42	0.004	0.997	50.3	6.86	0.904
20%GO-Fe-CNF	126.6	0.25	0.006	0.997	9.15	7.02	0.885

注：Q_0 是单位质量吸附剂的最大吸附量(mg/g)，b 是与吸附能相关的常数(L/mg)，R_L 代表分离系数，K_F 代表相对吸附量[(mg/g) (L/mg)$^{1/n}$]，n 代表吸附相关性，r^2 代表相关系数。

分别为 97.1mg/g、142.3mg/g 和 126.6mg/g。与 GO 悬浮液相比，GO-CNF 气凝胶的吸附性能明显较差(表 7-6)。该现象也出现在最近报道的一些 GO 基的复合材料中。如表 7-6 所示，许多 GO 基的复合材料针对亚甲基蓝的吸附量均低于 GO 悬浮液，这可能是归因于 GO 与基底物质相互作用降低了自身的表面活性位点。

表 7-6　不同的 GO 或 GO 基复合材料针对亚甲基蓝的最大吸附量

吸附剂	最大吸附量 Q_0/(mg/g)
GO 悬浮液	752.1
GO 水凝胶	7.9
GO-聚醚砜	62.5
GO-藻酸钙	181.8
GO-磁性壳聚糖	180.8
20% GO-CNF 气凝胶	142.3
20% GO-Fe(Ⅲ)-CNF 气凝胶	126.6

7.2.2.6　吸附-Fenton 氧化协同效应

图 7-27 为在吸附-Fenton 氧化协同作用下，亚甲基蓝溶液的浓度随时间的变化情况。在实验初期，20% GO-CNF 气凝胶和 20% GO-Fe(Ⅲ)-CNF 气凝胶针对亚甲基蓝均呈现出较快速的吸附速率，在 30min 左右即可达到饱和吸附。对于 GO-Fe(Ⅲ)-CNF 气凝胶，随着 H_2O_2 的加入，亚甲基蓝的浓度开始逐渐下降。相反，由于没有 Fe(Ⅲ)的存在，20% GO-CNF 气凝胶在亚甲基蓝溶液中并没有发生 Fenton 氧化反应，因此亚甲基蓝溶液的浓度基本保持不变。20% GO-Fe(Ⅲ)- CNF

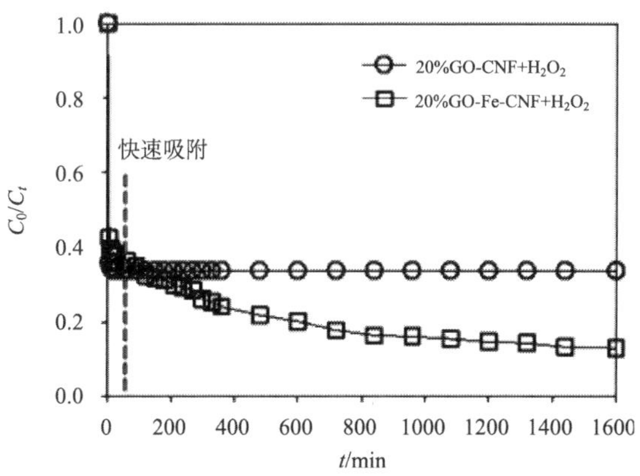

图 7-27　在 Fenton 氧化辅助下 20% GO-CNF 气凝胶和 20% GO-Fe(Ⅲ)-CNF 气凝胶针对溶液中亚甲基蓝分子的移除能力(吸附温度：20℃，吸附质浓度：200mg/L，H_2O_2 浓度：40mmol/L)

气凝胶针对亚甲基蓝的移除性能在 Fenton 氧化的辅助下增加了 62.4%～86.7%。这是因为 Fe(Ⅲ)与 H_2O_2 的相互作用会生成羟基自由基(·OH)，该自由基具有极强的氧化性，能够将亚甲基蓝分子氧化降解成小分子，使得亚甲基蓝溶液的浓度进一步降低[206]。

基于 20% GO-Fe(Ⅲ)-CNF 气凝胶针对溶液中亚甲基蓝分子的移除活性，对该气凝胶的循环使用能力进行测试。测试重复 5 次，结果如图 7-28 所示。20% GO-Fe(Ⅲ)-CNF 气凝胶的重复使用结果证实该气凝胶的吸附量随着使用次数的增加而逐渐下降。吸附能力的下降可能是由于重复的洗涤和干燥过程导致吸附剂中 Fe(Ⅲ)的损失。相比之下，20% GO-CNF 气凝胶的吸附量在第二次使用时即发生急剧下降。相比于纯的 CNF 气凝胶，20% GO-CNF 气凝胶脱附亚甲基蓝分子的性能较差，这是因为亚甲基蓝分子与 GO-CNF 之间具有很强的相互作用[226]。此外，在之前的一些报道中，负载 Fe 元素的吸附剂(如活性炭、蒙脱土)也呈现出好的循环使用能力[206, 257, 259]。

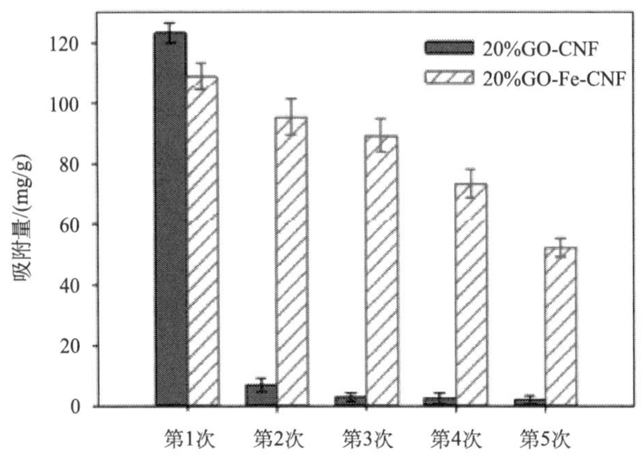

图 7-28　20% GO-CNF 气凝胶和 20% GO-Fe(Ⅲ)-CNF 气凝胶的循环使用能力(吸附温度：20℃，吸附质浓度：100mg/L，H_2O_2 浓度：40mmol/L)

7.2.2.7　小结

由 GO 和 CNF 构成的气凝胶纳米复合材料呈现出快速吸附亚甲基蓝的特性。同时，GO-CNF 气凝胶的吸附量要高于纯的 CNF 气凝胶。通过在 GO 的表面活性位点上负载 Fe(Ⅲ)，所制备得到的 GO-Fe(Ⅲ)-CNF 气凝胶在吸附和 Fenton 氧化协同作用下对亚甲基蓝分子的移除能力明显强于单一的吸附作用对亚甲基蓝分子的移除能力。虽然采用 Fenton 氧化移除水溶液中的亚甲基蓝分子需要消耗更长的时间，但是该过程实现了气凝胶吸附剂的重复利用。与 GO-CNF 气凝胶相比，

GO-Fe(Ⅲ)-CNF 气凝胶经过 5 次使用后仍然保持相对较高的亚甲基蓝分子移除能力。尽管 GO 与基底物质的相互作用会降低 GO 表面上与吸附质分子结合的活性位点，但是 GO-CNF 气凝胶相比于 GO 悬浮液更易回收，因此更加适合实际应用。

7.2.3　磁铁矿/纤维素纳米纤丝复合催化剂

7.2.3.1　引言

纤维素已经被广泛用作新型生物质基功能材料的前驱体[260-262]。对于常见的植物细胞壁结构，由葡萄糖单元构成的线性纤维素分子链通过在分子尺度进行组装、结合，形成被半纤维素和木质素等成分紧紧包埋的纤维素纳米纤丝(NFC)[263-265]。在剥离掉半纤维素和木质素等成分后，再经过解纤处理可得到直径在纳米尺度、长度在微米尺度的 NFC，高长径比的 NFC 可分散在水中形成稳定的悬浮液[266]。

纤维素的分离过程，通常是由化学或物理方法对生物质原料进行处理，具体的处理类型会影响最终获得的 NFC 产品的理化性质[267]。机械解纤法是一种物理方法。该方法是将纤维素纤维流过研磨机，通过摩擦作用减小其尺寸。在一定的尺度范围内，NFC 可以形成凝胶状的悬浮液[268, 269]。机械解纤法是一种物理过程，且在分离 NFC 的过程中不需要有毒的化学试剂，因此减少了处理步骤和污染。

NFC 可以用来制备各式各样的商业产品，如气凝胶、干凝胶、水凝胶、球形纤维素珠体等[270-275]。气凝胶材料具有低密度、高强度和大比表面积[276]，并且经超临界干燥的 NFC 悬浮液能够形成一种轻质、多孔的凝胶产品[277]。NFC 悬浮液经过空气干燥会导致凝胶结构坍塌，从而形成干凝胶(xerogel)[271]。然而，不需要高成本超临界干燥处理的干凝胶可能在某些方面具有与气凝胶同样的优点，适用于某些特殊领域。

由纤维素制备的气凝胶和干凝胶可用作基质材料来固定铁离子，从而用于制备化学催化剂[278]。这些铁掺杂的气凝胶具有高磁响应性、良好的机械性能、轻质、柔性、高孔隙率并且具有较大的比表面积从而可提供大量的活性位点[279]，有望应用于多种工业领域。除了天然的可再生资源(如麦秸秆等农业废弃物)[275]，还可以使用其他的日常生活用品来制备纤维素气凝胶(如打印纸、棉布等)。广泛的原料来源进一步增强了纤维素气凝胶作为一种绿色产品的可接受性。Olsson 和他的同事们使用高柔性、多孔的纤维素气凝胶作为模板构建了固态、刚性的纳米复合材料[280]。

在强氧化剂(如 H_2O_2)存在的条件下，铁离子可以进行类芬顿反应催化 H_2O_2

生成羟基自由基。由于羟基自由基具有很强的氧化能力，因此可有效降解有机分子，如纺织废液中的染料[281]。由于铁氧化物是一种储量非常丰富的天然矿物且价格非常低廉，因此铁基芬顿催化体系具有非常明显的优势。一些铁氧化物具有磁性，因此可以很容易通过外加磁场从水溶液中将其移除，从而实现重复利用[282]。磁铁矿是一种深色的铁氧化物，其分子式为 Fe_3O_4，构建 Fe_3O_4 基的复合材料不仅可以赋予复合材料良好的磁响应性，同时还可以为类芬顿催化反应提供铁离子。Arantes 等[283]将 Fe_3O_4 负载在 NFC 上，并将得到的复合材料用于芬顿降解亚甲基蓝染料。该复合材料的制备工艺、微观结构、理化特性及催化效率将在后续章节详细介绍。

7.2.3.2　实验部分

1) NFC 悬浮液的制备和表征方法

在进行解纤处理之前，将市售的桉木硫酸盐浆浸泡在蒸馏水中 48h，浓度为 1wt%。采用 MKCA6-3 型超微粒磨碎机（日本增幸产业株式会社）对桉木硫酸盐浆进行机械解纤处理即可得到 NFC，转速设定为 1500r/min[268, 284]。得到的 NFC 悬浮液使用尼康 Eclipse E200 型生物显微镜（产地日本）进行形貌观测，随机选择 10 个区域进行图像分析。扫描电子显微镜（SEM）观察使用日立 S4700 场发射 SEM 进行。使用双面导电胶将冷冻干燥的样品粘在铝制的样品台上，然后将这些样品台固定到 Denton Desk Ⅱ 喷金装置上进行喷金处理。SEM 图片拍摄的分辨率大小为（2650×1920）pixels。对于透射电子显微镜（TEM）观察，首先是将 NFC 悬浮液与乙酸双氧铀混合在一起，增加纤维素表面的电子密度，从而提高 TEM 照片中的对比度。将一滴 NFC 悬浮液滴在 400 目的碳网上，自然风干后，采用 FEI Tecnai 12 TEM 进行拍摄，工作电压设定为 120kV。根据 TEM 图片，采用数字图像分析软件测定 NFC 的平均直径。在统计分析之前，至少从 TEM 图片中获取 100 个测量值。

2) 磁性复合材料的制备和表征方法

磁性复合材料的合成主要参照 Schwertmann 和 Cornell 报道的方法[285]。在氮气气流下将 Fe^{2+} 和 Fe^{3+} 盐（6.314g $FeCl_3$ 和 2.343g $FeCl_2$）溶解在 200mL 的 NFC 水溶液中，向混合溶液中加入 NH_4OH 直到 pH 为 11，即可获得包含磁铁矿和纤维素的沉淀物。用蒸馏水反复洗涤沉淀物直到 pH 为 7，随后在 60℃进行干燥，最后通过球磨机对干燥样品进行研磨。纤维素与磁铁矿的质量比为 1∶1 (Cel:Mag)。为了得到该比例，采用相似的方法制备纯磁铁矿样品，参考磁铁矿样品的得率设计 NFC 的用量。

采用氮气吸附法来探究样品的比表面积，使用的仪器为美国 Quantachrome 公司生产的 Autosorb-1 型物理吸附分析仪，实验在−196℃下进行。样品预先在

110℃下处理 10h，比表面积通过使用 Brunauer-Emmett-Teller（BET）模型进行计算。材料的磁性能通过 ADE/DMS Model 880 振动样品磁强计（VSM）（MicroSense 公司）进行测试。热重分析（TG）采用 DTG-60AH TGA 仪（日本岛津公司）。样品质量大约为 10mg，加热温度范围为 25～800℃，加热速率为 10℃/min，气体流量为 30mL/min。使用日本岛津公司生产的 IRAffinity-1s 红外分光光度计记录样品的傅里叶变换红外光谱（FTIR）。测试范围为 400～4000cm^{-1}，扫描速率为 4cm^{-1}。X 射线衍射（XRD）光谱使用日本岛津公司生产的 XRD-6000 设备进行记录，扫描速率为 0.02°/s，扫描角度范围为 4°～70°。

3）催化实验

催化降解实验是通过 Cel:Mag 或纯磁铁矿与 H_2O_2 之间反应生成强氧化性羟基自由基来实现的。整个实验在连续搅拌下进行，Cel:Mag 催化剂或纯磁铁矿的质量为 30mg，水和 H_2O_2 的体积分别为 5mL 和 2mL。氧气的产量通过监测圆柱物中水的置换量进行估测，监测时间为 30min。对于铁离子流失实验，首先将 60mg Cel:Mag 或纯磁铁矿置于 10mL 水中搅拌 180min；随后，取 5mL 滤液加入到 H_2O_2 中，检测是否有氧气生成。对于染料降解测试，将 10mg Cel:Mag 催化剂或纯磁铁矿、9.9mL 亚甲基蓝溶液（50ppm）和 0.1mL H_2O_2 混合。反应时间为 0min、15min、30min、60min、90min、120min 和 180min 时，采用紫外-可见分光光度计在波长为 665nm 处对溶液浓度进行测量。此外，对未掺杂 Fe_3O_4 的纯纤维素产品针对染料的吸附动力学过程也进行了探究。

7.2.3.3　结果与讨论

1）NFC 的微观形貌和理化特性

通过机械解纤法可以成功获得 NFC，确定 NFC 存在的一个重要特征是其可以在水中形成一种类似凝胶的悬浮液[286]。当桉木硫酸盐浆通过机械解纤机时，其细胞壁发生拆解，因此导致纤维的表面结构和尺寸发生变化。由于化学键的断裂和重新形成，结构的改变导致黏度也发生变化。随着连续的结构变化，纤维素产品的结晶度和聚合度也随之变化[287]。光学显微镜照片［图 7-29（a）和（b）］为经机械解纤前后纤维素纤维的形貌变化。从图中可清晰地观察到纤维素纤维在尺寸上发生了显著的改变。图 7-29（c）为机械解纤法获得的 NFC 的 TEM 照片。机械解纤过程显著降低了纤维的平均长度但增加了纤丝的可润胀性，因此导致比表面积的增长[284, 288, 289]。在机械解纤过程的高速剪切作用下，纤维素纤维分解成小碎片，并在一定程度上可分离出单根的纳米纤丝。在图 7-29（d）中给出了 NFC 的直径分布。由图可见，NFC 的平均直径是（50±41）nm，大约有 55%的 NFC 直径小于 40nm。

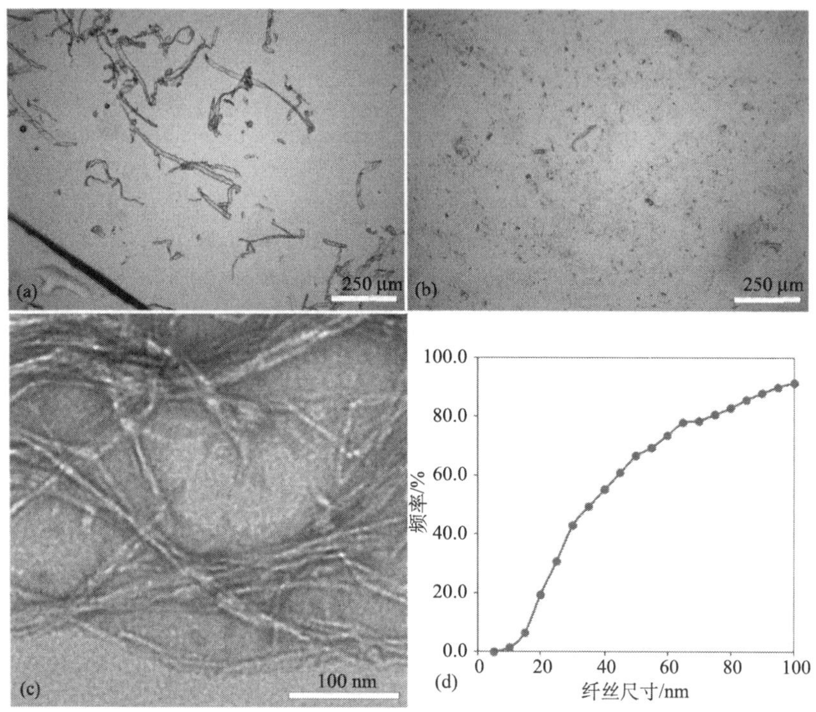

图 7-29　(a)纤维素纤维在机械解纤处理前的光学显微镜图像；机械解纤得到的 NFC 的(b)光学显微镜图像和(c)TEM 图像；(d)NFC 的尺寸分布

尽管 NFC 悬浮液中仍然可以观察到少量超过纳米尺度的纤维素纤维存在，但它们不会阻止催化剂的形成，因为悬浮液保持非常稳定且分散性良好的状态，并没有出现明显的分层现象[图 7-30(a)]。研磨过程会减少催化剂的生产成本，这是未来应用于大规模生产的一个重要过程。没有经过机械解纤处理的纤维素产品中的纤维素纤维趋向于相互聚集，不能形成稳定的悬浮液[图 7-30(b)]。因此，在催化剂的合成过程中未采用机械解纤处理将会得到活性成分分布不均的多相溶液，在此过程中，长度较长的纤维素纤维易相互缠结，导致分层。

根据上述过程可以制备结构均匀的磁性材料(即 Cel:Mag)。准确地说，该材料属于干凝胶，因为缓慢的烘箱干燥导致其微孔结构的损失。将 Cel:Mag 材料进行研磨处理可减少颗粒的尺寸且增加其比表面积。高比表面积是理想催化材料的一个重要性能参数。合成产物的最终产量为 94%，该产品同时兼具两亲性[图 7-30(c)]和磁性[图 7-30(d)]。这两种特性增加了其在不同反应介质中应用的可能性，并促进了材料的循环利用。磁铁矿本身在水溶液中容易形成簇，导致其在类芬顿反应过程中比表面积减少，同时也降低了其产生活性铁离子的能力，最终导致芬顿催化活性的降低。为了提高催化剂的催化效率，将磁铁矿负载在 NFC 上是一个不错的选择。由于纤维素不能溶于常见的水或有机溶剂，因此 NFC 通常能在液相介质中保持大的比表面积，可以推测磁铁矿分散在 NFC 中，可以形成稳定的悬浮液。此外，这种具有大比表面积的基质材料会增加催化位点的可及度，从而延长催化剂的寿命。为了验证反应位点数量的增加，对两种材料(Cel:Mag 和纯磁铁矿)的比表面积进行分析，两者的 N_2 吸附-脱附等温线如图 7-31(a)所示。由图可见，两种材料均呈现出典型介孔材料的Ⅳ型吸附等温线，表明吸附剂和吸附质之间存在很强的作用力[290]。此外，两种材料的孔隙尺寸分布如图 7-31(a)中的插图所示。纯磁铁矿和 Cel:Mag 的比表面积经计算分别为 $30m^2/g$ 和 $112m^2/g$。比表面积的显著提高表明在 NFC 上固定磁铁矿纳米粒子是一个好的选择。

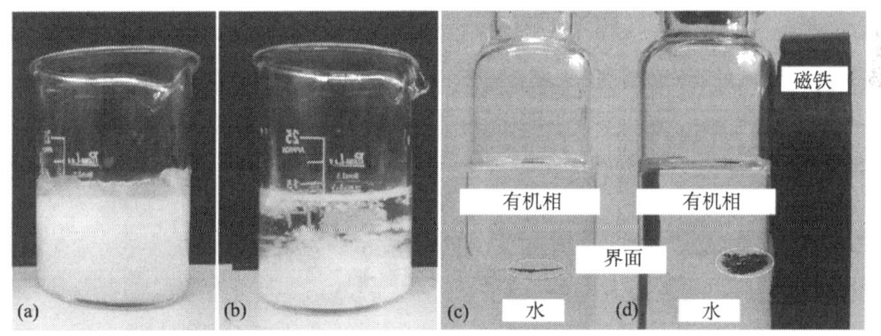

图 7-30　纤维素纤维悬浮液在机械解纤处理之后(a)和之前(b)的分散状况，在机械解纤处理之前，纤维在水中呈现不均匀分布，在机械解纤处理之后，NFC 在水中分散良好；(c)复合催化剂存在于有机相和水相的界面之间，呈现出两亲性；(d)当施加外加磁场时，复合催化剂呈现出良好的磁响应性

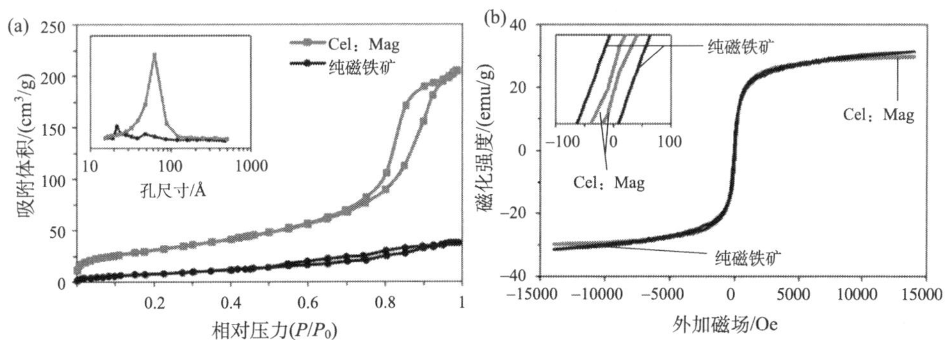

图 7-31　由 NFC 和磁铁矿构成的复合催化剂(Cel:Mag)和纯磁铁矿的(a)氮气吸附-脱附等温线(插图显示对应的孔径尺寸分布)和(b)磁滞回线(插图显示磁滞回线初始阶段的放大图像)

磁学性能使用 VSM 进行研究分析。图 7-31(b)为 Cel:Mag 和纯磁铁矿的磁滞回线。两个样品的磁滞现象和矫顽力特性均呈现出超顺磁材料的典型特征。

Cel:Mag 复合材料的饱和磁化强度为 29.74emu/g，与纯磁铁矿的饱和磁化强度(31.58emu/g)相近，表明纤维素基质的存在不会影响磁铁矿的超顺磁性。

纯磁铁矿和 Cel:Mag 的 SEM 图像如图 7-32(a)和(b)所示。从图 7-32(a)中可以看出，纯磁铁矿易发生相互聚集从而形成簇，这种聚集体在水介质中很难分散，因此会影响其催化效率。根据图 7-32(b)，Cel:Mag 也形成了簇状结构；然而，磁铁矿纳米颗粒在 NFC 的网络结构中分布均匀。Cel:Mag 复合材料的比表面积高于纯磁铁矿，因此增加了 Cel:Mag 复合材料表面催化位点的可及度。由于纤维素不溶于水，因此有利于该系统在反应介质中保持稳定、良好的分散状态。在稳定的基质中实现磁性材料的回收和重复利用相比于不稳定的状况更加容易，因此从水溶液中回收和重复利用 Cel:Mag 相比于纯磁铁矿更加容易。TEM 图像也显示了 NFC 网络中磁铁矿纳米颗粒的分布情况[图 7-32(c)和(d)]。纤维素在蘸上乙酸双氧铀后，纤维素区域与磁铁矿区域相比电子密度较低，这是由于磁铁矿自身的金属特性使其表面电子更加密集。因此，反映在图 7-32(c)和(d)中，纤维素基质的颜色相对较轻，磁铁矿纳米颗粒则呈现为深色的斑点状。

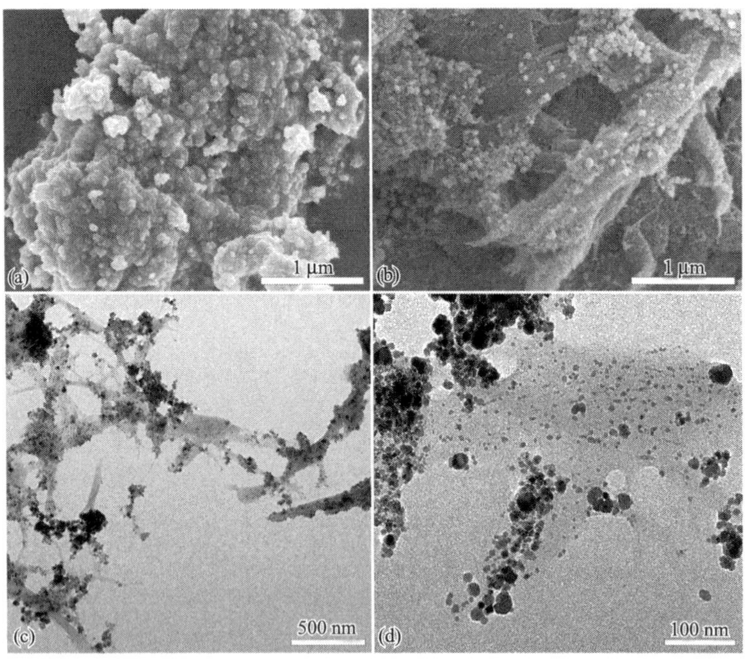

图 7-32 (a)纯磁铁矿簇和(b)由 NFC 和磁铁矿构成的复合催化剂(Cel:Mag)的 SEM 图像，从(b)中可以发现磁铁矿纳米颗粒均匀地分散在 NFC 的网络结构中；(c)和(d)Cel:Mag 复合催化剂的 TEM 图像，反映了磁铁矿纳米颗粒在 NFC 基质中均匀分散

在大约100℃之前，TG曲线上的质量损失与吸附水的蒸发有关[图7-33(a)]。更高温度发生的质量损失则与相转变、材料的降解和结构水的蒸发有关。当温度超过 300℃时，纤维素发生剧烈降解，直至温度达到 530℃时趋于稳定(该阶段的降解率占总质量损失的 98%)。对于纯磁铁矿，在大约 200℃处的质量损失与吸附水的蒸发有关。在此之后，纯磁铁矿未发生明显的质量损失。然而，在纯磁铁矿的 DTA 曲线中可以观察到明显的放热峰[图 7-33(b)]。该放热峰与磁铁矿的相转化有关，即由磁铁矿转变为磁赤铁矿。此外，磁铁矿也可能直接转变为赤铁矿，但是这种转换不会表现在 DTA 曲线中[291]。磁赤铁矿(γ-Fe_2O_3)、赤铁矿(α-Fe_2O_3)和磁铁矿(Fe_3O_4)均属于铁氧化物，但是在组成成分和分子排列上具有显著差异。正如预期的，纤维素成分和磁铁矿成分各占 50%的 Cel:Mag 复合材料的质量损失大约为 50%，且剧烈降解阶段出现在 300℃左右，对应纤维素的降解[图 7-33(c)]，表明 Cel:Mag 复合材料的热解过程主要发生纤维素的降解，剩余50%的磁铁矿部分并未发生分解。

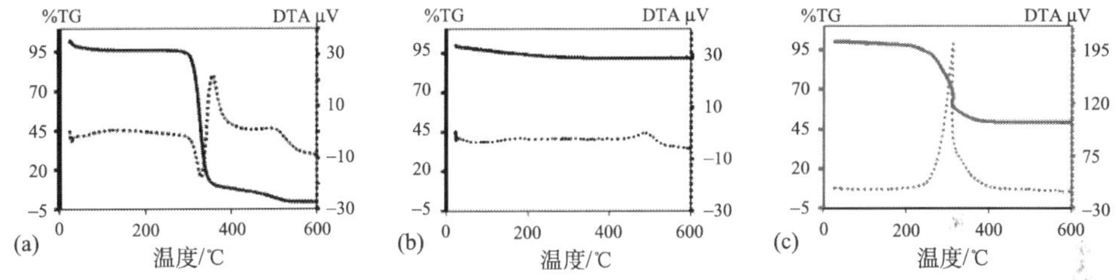

图 7-33　(a)经机械解纤得到的 NFC、(b)合成的纯磁铁矿和(c)由 NFC 和磁铁矿构成的复合催化剂(Cel:Mag)的 TG(实线)和差热分析(DTA，虚线)曲线

图 7-34(a)为经机械解纤得到的 NFC、合成的纯磁铁矿和由 NFC 和磁铁矿构成的复合催化剂(Cel:Mag)的 FTIR 曲线。对于 NFC 来说，在 3600～3200cm^{-1} 处观察到的宽峰来源于羟基的伸缩振动；在 2900cm^{-1} 处的峰可归因于 C—H 的伸缩振动；在 1640cm^{-1} 和 1400cm^{-1} 处的峰分别对应于初级和次级羟基的变形振动；在 1100cm^{-1} 处的峰属于 C—O 的伸缩振动，波长低于 1000cm^{-1} 的峰主要与醇基相关[292-294]。对于纯磁铁矿来说，在 590cm^{-1} 处的特征峰归因于 Fe—O 的伸缩振动[291]。对于 Cel:Mag 来说，纤维素和磁铁矿的 FTIR 特征峰均很容易辨识，证明两种成分的共同存在。

图 7-34(b)为经机械解纤得到的 NFC、合成的纯磁铁矿和由 NFC 和磁铁矿构成的复合催化剂(Cel:Mag)的 XRD 谱图。对于 NFC 成分，在大约 18°和 22°处出现的衍射峰来源于纤维素 I 型结晶结构[295]。其中，18°处的 XRD 重叠峰为(101)和($10\bar{1}$)晶面特征峰的混合，而 22°处的 XRD 峰对应于(002)晶面。在合成的纯磁铁矿的 XRD 谱图上可以观察到结晶良好的磁铁矿的 XRD 特征峰，证明上述的

合成方法可以有效地合成磁铁矿。根据粉末衍射标准联合委员会(JCPDS)数据库中的 88–315 号卡片,可以得知合成的磁铁矿晶体是具有反尖晶石结构的立方晶系铁氧化物[296]。对于 Cel:Mag 复合材料，它的 XRD 衍射图与纯磁铁矿的衍射图几乎完全相同，表明磁铁矿在 NFC 基质中分散良好。

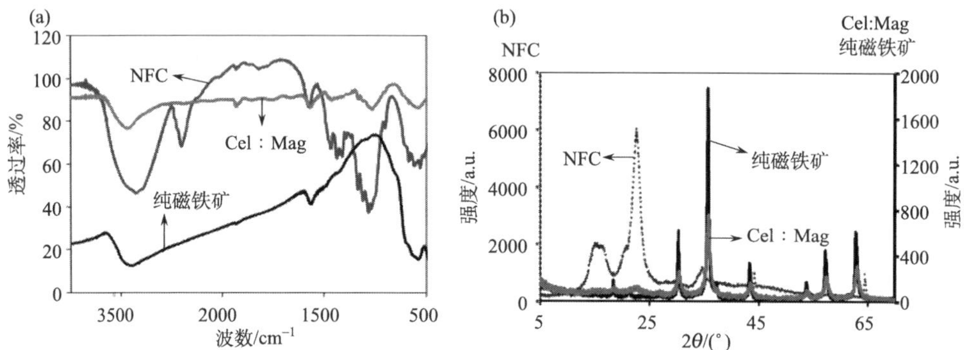

图 7-34 经机械解纤得到的 NFC、合成的纯磁铁矿与由 NFC 和磁铁矿构成的复合催化剂(Cel:Mag)的(a)FTIR 谱图和(b)XRD 谱图

2)催化性能

材料的催化性能可以通过 H_2O_2 的分解实验进行验证。该反应过程会在连续反应步骤中产生羟基自由基，强氧化剂羟基自由基会攻击大多数的有机分子[297]。整个反应过程需要测量氧气的形成量，因此氧气的形成量与 H_2O_2 的分解量成正比，即 $H_2O_2 \longrightarrow H_2O+1/2O_2$。针对 Cel:Mag 和纯磁铁矿的实验结果均显示两种材料都可以分解 H_2O_2。随着时间的推移,氧气的生成量逐渐增加(图 7-35)。在相同的条件下，纯磁铁矿催化生成的氧气比 Cel:Mag 催化生成的氧气多，这可能是因为在纯磁铁矿中 Fe 元素的含量比 Cel:Mag 中 Fe 元素的含量多一倍。

类芬顿反应是一个复杂的过程，在多相体系中很难预测具体的反应机理。前人针对芬顿降解机制进行了大量的研究[297, 298]。有证据表明 Fe^{2+}和 Fe^{3+}可以催化 H_2O_2 生成游离的羟基自由基，该羟基自由基具有强氧化性，可降解大多数有机化合物[297-300]。因此，为了维持催化剂的活性且实现催化剂的循环使用，铁离子应该保留在催化剂中，而不应该流失到水相中。针对铁离子流失实验，将复合催化剂 Cel:Mag 或纯磁铁矿与水的混合物的滤液加入到 H_2O_2 中，通过检测是否有氧气生成来判断铁离子是否流失到水相中。如果铁离子流失到水溶液中，则必然会导致 H_2O_2 的分解和氧气的生成。如图 7-35 所示，将复合催化剂 Cel:Mag 或纯磁铁矿与水的混合物的滤液加入到 H_2O_2 中后，没有发现明显的氧气产生现象，表明当纯磁铁矿和 Cel:Mag 加入到水溶液中时没有发生铁离子流失，因此没有降低其催化活性。

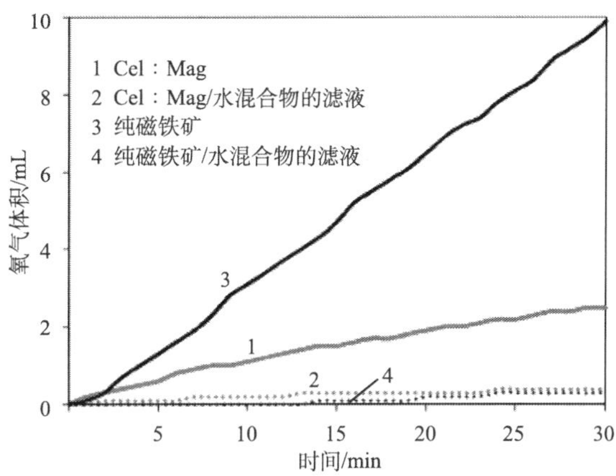

图 7-35　由 NFC 和磁铁矿构成的复合催化剂(Cel:Mag)、纯磁铁矿、复合催化剂 Cel:Mag/水混合物的滤液、纯磁铁矿/水混合物的滤液催化分解 H_2O_2 产生的氧气体积与时间的关系

亚甲基蓝是一种典型的有机染料，此处用作有机染料污染物模型。由 NFC 和磁铁矿构成的复合催化剂(Cel:Mag)催化活性的稳定性通过连续 10 次亚甲基蓝分解实验来测定。如图 7-36(a)所示，在使用相同催化剂样品的条件下，经过 10 次循环测试，染料分子的降解率都达到 95%以上，表明 Cel:Mag 复合催化剂具有优异的循环使用能力。同时，这种有效的降解效果证明了 Cel:Mag 复合催化剂可被用于处理含有机污染物的废水。

复合催化剂 Cel:Mag 和纯磁铁矿的催化效率通过亚甲基蓝的降解动力学过程来评价[图 7-36(b)]。在 180min 内，Cel:Mag 和纯磁铁矿对亚甲基蓝的褪色率分别达到 100%和 90%，证明有机污染物有效降解。Cel:Mag 和纯磁铁矿的降解动力

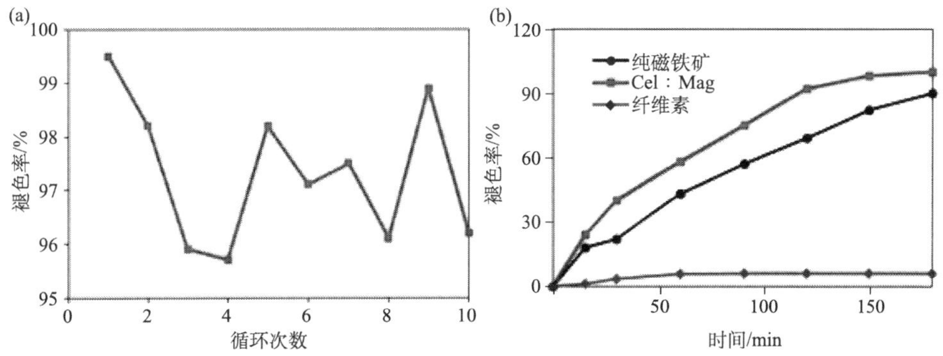

图 7-36　(a)由 NFC 和磁铁矿构成的复合催化剂(Cel:Mag)在多次重复使用时针对亚甲基蓝溶液降解能力的变化情况；(b)Cel:Mag、纯磁铁矿和纯纤维素针对亚甲基蓝溶液(50ppm)的褪色动力学过程。注：ppm 代表百万分率(1ppm=0.001‰)

学过程非常相似。由于 Cel:Mag 中有一半成分是纤维素，因此 Cel:Mag 中的铁元素含量仅为纯磁铁矿的一半。然而，由图 7-36(b)中可以看到 Cel:Mag 具有更加优异的催化效果，这可能是由于在 Cel:Mag 中铁离子的可及度高于磁铁矿中铁离子的可及度，使得铁元素仅为纯磁铁矿一半的 Cel:Mag 的反应速率与纯磁铁矿的反应速率相近。此外，纯纤维素针对亚甲基蓝溶液的褪色动力学实验表明，在只有纤维素存在的条件下，亚甲基蓝的降解率仅为 8%，表明 Fe 元素是类芬顿降解体系中的关键元素，纤维素对染料的吸附作用对溶液变色的贡献非常微小。

7.2.3.4 小结

一种结合磁铁矿和 NFC 可重复使用的复合催化剂被成功制备。该复合催化剂有望应用于类芬顿降解有机染料污染物。磁铁矿中的铁离子可催化 H_2O_2 生成羟基自由基，再利用羟基自由基的强氧化性来降解纺织废水中的亚甲基蓝染料。NFC 可通过机械解纤法产生，得到的分散液中 NFC 的平均直径为(50±41) nm，约 55%的 NFC 直径小于 40nm。通过 SEM、TEM、比表面积测试、VSM、TG、FTIR 和 XRD 对 Cel:Mag 复合催化剂进行分析、表征，结果证实磁铁矿纳米颗粒在 NFC 基质中分布均匀。催化剂材料的铁离子流失实验证实了当催化剂材料加入到水相中时铁离子并没有脱离催化剂流失到水中，因此没有导致催化剂活性的降低。亚甲基蓝的褪色动力学过程显示，Cel:Mag 复合催化剂和纯磁铁矿在 180min 内的亚甲基蓝褪色率分别高达 100%和 90%。此外，Cel:Mag 复合催化剂经过 10 次循环测试，亚甲基蓝的降解率都达到 95%以上，表明 Cel:Mag 复合催化剂具有优异的循环使用能力。同时，这种有效的降解效果证明了 Cel:Mag 复合催化剂可用于处理含有机污染物的废水。

7.2.4 Fe_3O_4/纤维素气凝胶纳米复合材料

7.2.4.1 引言

近年来，许多方法如吸附[301, 302]、凝聚[303, 304]和化学氧化[305, 306]等，已广泛应用于移除排放到水环境中的有机污染物。在众多的处理方法中，一种绿色、有效的化学氧化降解法(即芬顿反应)引起了强烈的关注。芬顿反应是一种无机化学反应，过程是过氧化氢(H_2O_2)与二价铁离子 Fe(Ⅱ)的混合溶液将很多已知的有机化合物如羧酸、醇、酯类氧化为无机态[307]。该反应具有去除难降解有机污染物的能力，在印染废水、含油废水、含酚废水、焦化废水、含硝基苯废水、二苯胺废水等废水处理中有很广泛的应用[308]。芬顿反应是为数不多的以人名命名的无机化学反应之一。1894 年，英国化学家 Fenton 首次发现，在酸性条件下，H_2O_2 与 Fe(Ⅱ)相混合具有强氧化性，可以有效地将当时许多已知的有机化合物如羧酸、醇、酯类等有机化合物氧化为无机态，氧化效果十分显著。后人为了纪念这一发现，将 Fe(Ⅱ)/H_2O_2 混合溶液命名为芬顿试剂[309, 310]。芬顿试剂氧化性极强，很难作为有机合成反应中的选择性氧化剂，因此在此后的半个多世纪中，人们对它的研究应用并不多。20 世纪 70 年代，水污染成了世界性难题，而持久性难生物降解的有机污染物的降解问题，成为污染控制化学研究的重点。1965 年，加拿大科学家 Eisenhauer 首次将芬顿试剂用于 ABS 废水处理，得到 99%的去除率[311]，由此沉寂了半个多世纪之久的芬顿试剂才在环境化学中找到了它的位置。由于芬顿氧化技术具有简单、高效、廉价、氧化范围广等优点，引起了国内外专家学者的极大关注并在环境污染处理领域得到广泛的应用。如姜波等[312]利用芬顿高级氧化技术研究了苯酚废水的处理效果，并考察了催化剂、氧化剂、粉煤灰的用量和 pH 对芬顿试剂氧化苯酚废水的影响，研究结果表明，当体系中 H_2O_2 投加量为 0.3mol，Fe(Ⅱ)的投加量为 0.5mmol 的条件下，10min 后，苯酚的降解去除率高达 97%；当芬顿试剂组分不变，向体系中投加 0.16g/L 的粉煤灰时，苯酚的降解去除率上升至 99%以上，且去除效果稳定。Neamtu 等[313]比较了 UV/Fe(Ⅱ)/H_2O_2、Fe(Ⅱ)/H_2O_2、UV/Fe(Ⅲ)/H_2O_2 体系降解偶氮染料的效能，结果发现，偶氮染料的降解效率为 UV/Fe(Ⅱ)/H_2O_2>UV/Fe(Ⅲ)/H_2O_2>Fe(Ⅱ)/H_2O_2 体系，说明紫外光对芬顿反应及类芬顿反应均有较高的促进作用。芬顿试剂被人们认识并研究已有百年的历史，在环境污染治理领域的应用也有五十多年的历史了。在氧化降解持久性有机污染物方面，芬顿法以其氧化机理简单、反应速率快、氧化范围广，一直都是研究的热点。目前，关于芬顿高级氧化技术的研究主要集中在两个方面，一是关于芬顿反应氧化机理的研究探讨。当 Fenton 发现芬顿试剂时，尚不清楚过氧化氢与二价铁离子反应到底生成了什么氧化剂具有如此强的氧化能力。数十年来，关于 Fe(Ⅱ)与 H_2O_2 相互反应生成的氧化活性物质的性质一直都有诸多争议。一种观点认为芬顿反应中所生成的高活性氧化物为·OH，1934 年，Haber 和 Weiss 首先提出了·OH 理论[314]，之后科研工作者用电子自旋共振谱和探针复合物所生成的氧化产物为证据证明了·OH 机理[315]。另一种观点则基于非羟基氧化产物的生成和羟基自由基清除剂并不能阻止探针复合物的氧化为依据，认为 Fe(Ⅱ)与 H_2O_2 反应生成的活性物质为高价态的铁离子 Fe(Ⅳ)[316, 317]。二是关于强化芬顿反应氧化效能的研究。主要有光助芬顿反应，电助芬顿反应，超声、磁场强化芬顿反应等。芬顿氧化法以其氧化机理简单、氧化范围广、氧化效率高等优点，在废水处理领域引起了国内外专家学者的极大关注。然而经典芬顿氧化法有一个不容忽视的缺点：其适用 pH 范围较窄，一般为 2.5～3.5。而一般电镀废水的 pH 为中性和碱性，在进行芬顿氧化处理前，需要加入大量的酸对废水进行酸性前处理，处理达标排放前，又要加入大量的碱将废水的 pH 调整到适宜排放的范围，这样不仅增加了处理工序，更加大了工业废水的处理成本。

总而言之，芬顿反应可以提供一种环境友好、廉价和温和的反应过程，其在反应过程中产生的强大氧化能力可以氧化降解污染性水体中的有机污染物，它可以将有机物分解为低分子量的无机化合物(如 CO_2 和 H_2O)[318-320]。芬顿反应可以分为两类，一种是标准的芬顿反应，利用溶解的 Fe(Ⅱ)作为氧化剂；而另一种被称为类芬顿反应，常使用含有 Fe(Ⅲ)的化学物质，如 FeOOH[321]和铁螯合物[322]等。此外，一些其他的金属离子[如 Co(Ⅱ)、Cr(Ⅲ)、Cu(Ⅱ)、Mn(Ⅱ)和 Ni(Ⅱ)]也被发现可以进行类芬顿反应[323]。具反尖晶石型结构的磁铁矿(Fe_3O_4)晶体被广泛认为是一种良好的类芬顿催化剂[324, 325]，因为它具有储量丰富、低毒、不挥发、高稳定性和低成本等优势。而且，在类芬顿体系中，Fe_3O_4 的高催化活性已经通过实验得到了验证[300, 326]。研究表明，Fe(Ⅱ)在芬顿降解机制中起到了关键作用，并且·OH 是降解有机污染物的主要活性物质[327, 328]。以 Fe_3O_4 作为芬顿催化剂为例，所涉及的芬顿降解机理可简述如下[329, 330]：在酸性或碱性条件下，Fe_3O_4 中的 $\equiv Fe^{Ⅲ}$ 成分(三条水平线“≡”代表着 Fe_3O_4 在基质材料表面的结合位点)和 H_2O_2 之间首先形成复合物，定义为 $\equiv Fe^{Ⅲ}H_2O_2$[反应式(7-21)]；$\equiv Fe^{Ⅲ}H_2O_2$ 随后转化为 $\equiv Fe^{Ⅱ}$ 和 $HO_2\cdot$[反应式(7-22)]；生成的 $HO_2\cdot$ 进一步与 $\equiv Fe^{Ⅲ}$ 反应，将 $\equiv Fe^{Ⅲ}$ 转化为 $\equiv Fe^{Ⅱ}$[反应式(7-23)]；上述过程产生的 $\equiv Fe^{Ⅱ}$[反应式(7-22)和式(7-23)]均与 H_2O_2 反应生成强氧化性的羟基自由基(·OH)[反应式(7-24)]，将有机污染物降解成小分子无机物[反应式(7-25)]。

$$\equiv Fe^{Ⅲ} + H_2O_2 \longrightarrow \equiv Fe^{Ⅲ}H_2O_2 \tag{7-21}$$

$$\equiv Fe^{Ⅲ}H_2O_2 \longrightarrow \equiv Fe^{Ⅱ} + HO_2\cdot + H^+ \tag{7-22}$$

$$\equiv Fe^{Ⅲ} + HO_2\cdot \longrightarrow \equiv Fe^{Ⅱ} + O_2 + H^+ \tag{7-23}$$

$$\equiv Fe^{Ⅱ} + H_2O_2 \longrightarrow \equiv Fe^{Ⅲ} + \cdot OH + OH^- \tag{7-24}$$

$$\text{有机污染物} + \cdot OH \longrightarrow \cdots CO_2 + H_2O \tag{7-25}$$

由于 Fe_3O_4 纳米粒子的比表面能大且具有很强的各向异性的偶极矩作用，很容易团聚形成大颗粒，导致纳米粒子的分散性和活性降低[331]。因此，有必要将 Fe_3O_4 纳米粒子固定在一些特殊的多孔、高比表面积基质上以获取分散性良好的纳米粒子。Gu 等[332]将 Fe_3O_4 纳米颗粒与污泥衍生的多孔碳相结合，在 H_2O_2 存在条件下利用该复合材料来吸附、降解 1-重氮-2-萘酚-4-磺酸。实验结果表明，该复合材料的性能要优于纯 Fe_3O_4 磁性纳米粒子。Deng 等[333]通过一种类芬顿催化剂(Fe_3O_4/多壁碳纳米管)降解酸性橙Ⅱ。相似地，这种复合催化剂呈现出比纳米尺寸 Fe_3O_4 更高的活性。Hua 等[334]采用氧化石墨烯来固定 Fe_3O_4 纳米粒子，其在降解双酚 A 时展现出良好的稳定性和可重复利用性。除了这些碳基材料，一些其他类型的物质也可以被用作基质材料与 Fe_3O_4 相结合来发展各种类芬顿催化剂，如

SiO_2[335]、天然的麦饭石[336]、壳聚糖中空纤维[337]和多元酚[338]。除此以外，纤维素产品被广泛认为是一种绿色的、具有良好成本效益的基质材料。纤维素产品具有原料来源广泛(纤维素广泛存在于自然界中，是构成植物细胞壁的基础物质)、可生物降解性、生物相容性和许多独特的结构特征(如高度多孔、大比表面积和大孔容等[335])。与一维(如纤维)或二维(如薄膜)的纤维素产品相比，三维的纤维素产品(如泡沫和气凝胶)不仅具有上述提到的这些优越的结构特征，同时有利于获得负载量更高的纳米颗粒[275, 280, 339-341]。特别地，纤维素的含氧官能团(羟基)和 Fe_3O_4 纳米粒子之间具有很强的相互作用，这可能是固定纳米颗粒的关键因素[342-344]。与此同时，纤维素气凝胶的存在也为 Fe_3O_4/纤维素气凝胶复合材料引入了一系列新的功能。

在本节中，采用一种温和、简单、低成本的水热方法合成 Fe_3O_4 纳米粒子，并将其固定在纤维素气凝胶的三维网络结构中。制备得到的 Fe_3O_4@纤维素气凝胶(标记为 Fe_3O_4@CA)纳米复合材料用作环境友好型催化剂，通过类芬顿反应降解含有罗丹明 B(RhB)的染料废水。为了验证 Fe_3O_4 与 H_2O_2 之间的催化活性机理，通过三种不同的成分[即(Ⅰ)H_2O_2、(Ⅱ)Fe_3O_4@CA 和(Ⅲ)H_2O_2+Fe_3O_4@CA]来处理含有 RhB 的废水。此外，在 H_2O_2 的存在下，比较纯 Fe_3O_4 粒子与 Fe_3O_4@CA 的催化活性，从而研究纤维素气凝胶在类芬顿反应中的贡献。Fe_3O_4@CA 的可重复使用性通过重复六次类芬顿降解 RhB 实验进行研究。

7.2.4.2　实验部分

1) 材料与试剂

采用竹纤维作为纤维素原料。竹纤维的黏均分子量 M_η 约为 1.9×10^5g/mol，利用 Mark-Houwink 方程 $[\eta]=kM_\eta^\alpha$ 计算得到。试剂包括氯化铁($FeCl_3\cdot6H_2O$)、乙二醇、氢氧化钠(NaOH)、乙酸钠(CH_3COONa)和聚乙二醇-4000(PEG-4000)等，均购自天津科密欧化学试剂有限公司，并且使用前没有经过进一步纯化。RhB 和 H_2O_2 由中国国药集团化学试剂有限公司提供。

2) Fe_3O_4@CA 的合成

纤维素水凝胶的制备方法可以参考 3.2.2 节。使用水热方法制备 Fe_3O_4@CA 复合材料[345]。首先将纤维素水凝胶(大约 5g)浸渍在 $FeCl_3\cdot6H_2O$(1.35g，5mmol)和乙二醇(40mL)的混合溶液中超声分散 10min，随后将混合溶液在室温下放置 24h。在浸渍之后，将 CH_3COONa(3.6g)和 PEG-4000(1.0g)添加到上述混合溶液中并在室温下搅拌 10min 后转移到聚四氟乙烯内衬的高压反应釜中。高压釜密封后将温度升高到 200℃并在此温度下保持 8h。将得到的产品浸渍在蒸馏水中 3h 后更换蒸馏水，重复该过程 5 次以便去除残留的化学物质。使用叔丁醇置换掉样品中的水分子，然后在一个近似真空(25Pa)和低温(–30℃)的条件下进行冷冻干燥，制备得到 Fe_3O_4@CA 复合材料。根据上述工艺制备纯纤维素气凝胶（标记为PCA）和纯 Fe_3O_4 纳米粒子。

3）表征方法

通过扫描电子显微镜（SEM，日立 S4800）观察样品的微观形貌，其配有 EDX 仪，可用于元素分析。透射电子显微镜（TEM）、高分辨 TEM（HRTEM）观察和选区电子衍射（SAED）使用 FEI 公司的 Tecnai G2 F20 型 TEM 进行。结晶结构和化学价态分别通过 X 射线衍射（XRD）仪和 X 射线光电子能谱（XPS）仪进行分析表征。XRD 谱图使用布鲁克公司 D8 Advance TXS XRD 仪测试，扫描速率（2θ）为 4°/min，扫描范围为 5°～80°。XPS 数据通过 Escalab 250Xi XPS 仪获得。傅里叶变换红外光谱（FTIR）通过尼高力公司的 Nexus 670 FTIR 仪记录，范围为 600～4000cm^{-1}，分辨率为 4cm^{-1}。热重分析（TG）使用同步热分析仪（SDTQ600，USA）在氮气气氛下进行，以 10℃/min 的加热速率从室温加热到 800℃。使用超导量子干涉磁强计（MPMS XL-7）来测量样品的磁学特性，实验在 298K 下进行，测量范围为–20 000～20 000Oe。

4）类芬顿降解实验

Fe_3O_4@CA 和纯 Fe_3O_4 纳米粒子的类芬顿反应活性通过监测 RhB 的降解速率来评价。所有的实验都是在 100mL 的烧杯中进行的，黑暗下暴露在 298K 的空气中。采用 0.1mol/L HCl 将 RhB 溶液（10mg/L）的 pH 调节到 3。Fe_3O_4@CA 的剂量为 0.3g。纯 Fe_3O_4 纳米粒子催化剂的剂量等于 Fe_3O_4@CA 中 Fe_3O_4 纳米粒子的负载量（通过 TG 实验测得）。类芬顿反应过程持续 64h。每隔 8h 收集一次反应液体中的上清液，测量上清液中的 RhB 浓度。RhB 的浓度通过 TU-1901 紫外-可见分光光度计进行测量，同时记录相应的紫外-可见吸收光谱。RhB 的降解速率通过方程式（7-26）进行计算：

$$\eta = \frac{A_0 - A_t}{A_0} \times 100\% \tag{7-26}$$

式中，A_0 和 A_t 分别代表初始吸光度和时间 t 时的吸光度。

7.2.4.3　结果与讨论

1）形貌观察和成分分析

图 7-37 为 Fe_3O_4@CA 的制备过程示意图。首先将竹纤维溶解在 NaOH/PEG 水溶液中形成均匀的纤维素溶液。通过一次冻融处理后，将重新冰冻的溶液冻块浸渍在盐酸溶液中进行再生过程，盐酸溶液更换多次直到形成圆柱形的纤维素水凝胶。然后将纤维素水凝胶浸渍在 $FeCl_3·6H_2O$、CH_3COONa、PEG-4000 和乙二醇混合溶液中。浸渍结束后，将该混合物转移到聚四氟乙烯内衬的高压反应釜中进行水热处理，以实现在纤维素水凝胶的三维网络结构中插入 Fe_3O_4 纳米粒子。最

终将水热处理得到的产品进行冷冻干燥处理即可得到 Fe_3O_4@CA 复合材料。此外，根据之前的报道，纤维素的羟基和 Fe_3O_4 纳米粒子之间可能存在一些相互作用[137, 346, 347]，这些相互作用将有助于在纤维素气凝胶中固定 Fe_3O_4 纳米粒子。如图 7-38 所示，在 3000～3600cm^{-1} 处出现的宽峰对应于纤维素羟基的伸缩振动。PCA 的羟基伸缩振动峰的中心位置位于 3339cm^{-1}，而 Fe_3O_4@CA 的羟基伸缩振动峰的中心位置则向低波数移动至 3295cm^{-1}。该位移现象与上述提及的纤维素羟基和 Fe_3O_4 纳米粒子之间的相互作用有关[137]。

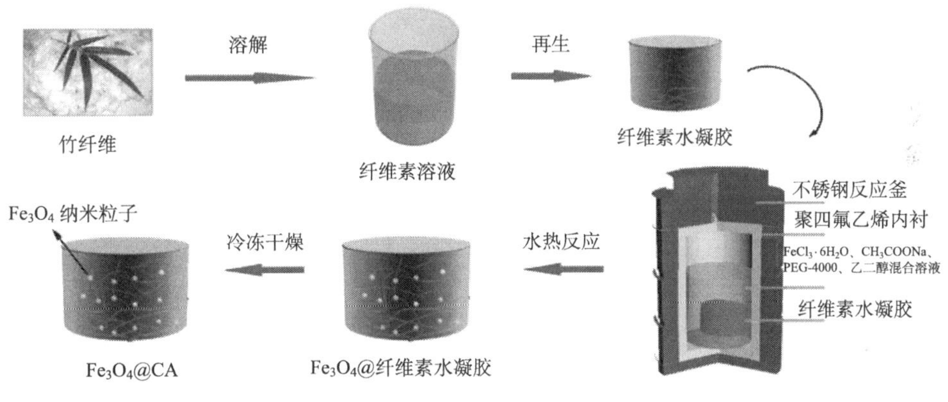

图 7-37　Fe_3O_4@CA 的制备过程示意图

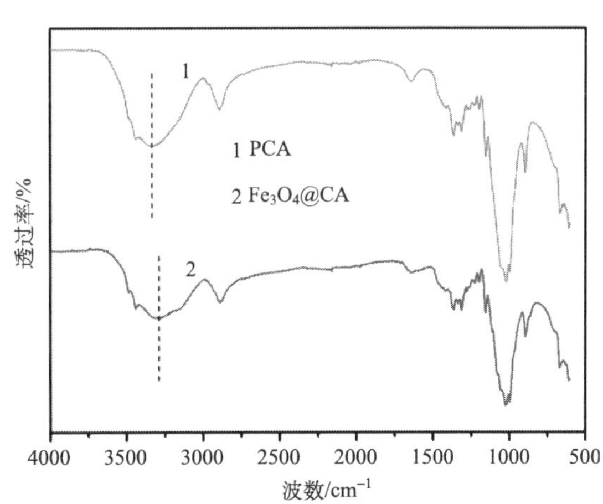

图 7-38　PCA 和 Fe_3O_4@CA 的 FTIR 谱图

图 7-39(a)的 SEM 图像证明经过浸渍和水热合成之后 Fe_3O_4@CA 仍然保留着交联的三维网络结构。然而，当放大倍数达到 20 000 倍时，仍然很难从复杂的网络结构中分辨出合成的 Fe_3O_4 纳米粒子[图 7-39(b)]，这可能是由纳米粒子的尺寸

太小导致的。此外，如图 7-39(c)所示，Fe_3O_4@CA 的 EDX 谱图中出现属于 Fe 元素的强峰(含量大约为 22.84wt%)，证明存在大量的铁氧化物。

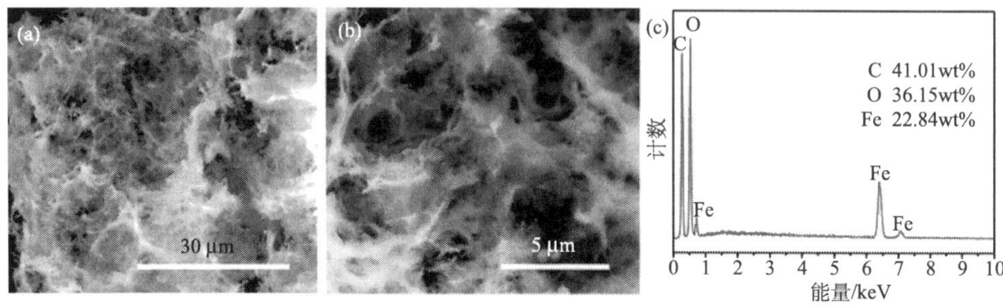

图 7-39　(a)和(b)Fe_3O_4@CA 不同放大倍数的 SEM 图像和(c)EDX 谱图

TEM 图像[图 7-40(a)和(b)]显示了均匀分散并固定在纤维素气凝胶三维网络结构中的 Fe_3O_4 纳米粒子(即图中的黑色斑点)，图中没有出现严重的纳米粒子聚集现象。更高放大倍数的 TEM 图像[图 7-40(c)]清晰地展现出纳米颗粒为准球形且分散良好。毋庸置疑，良好的分散性有利于纳米材料充分发挥其纳米尺寸效应。纳米粒子的尺寸分布可通过 TEM 图像软件进行统计学分析。如图 7-40(d)

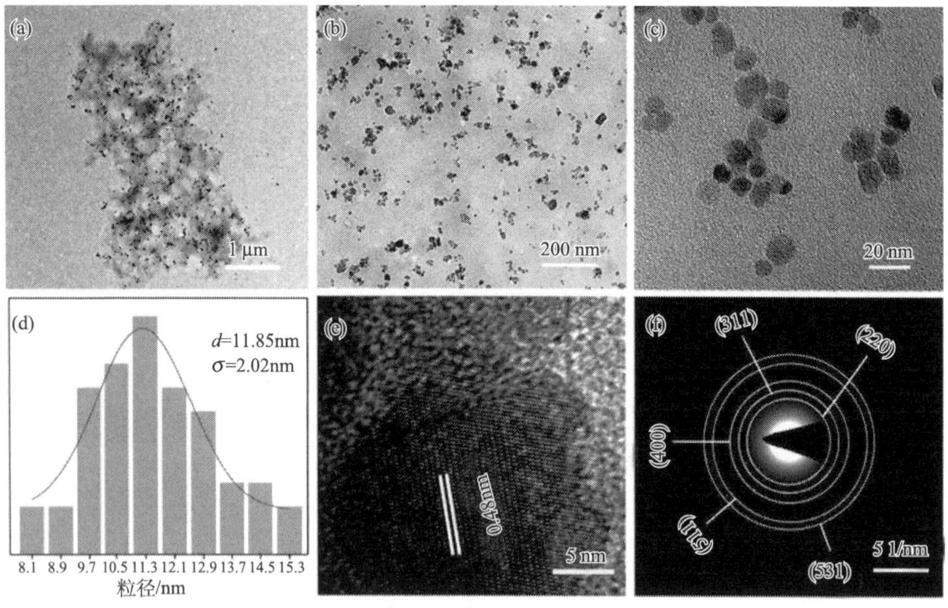

图 7-40　(a)～(c)Fe_3O_4@CA 不同放大倍数的 TEM 图像；(d)Fe_3O_4@CA 中 Fe_3O_4 纳米粒子的尺寸分布；Fe_3O_4@CA 的(e)HRTEM 图像和(f)SAED 谱图

所示，Fe_3O_4 纳米粒子的平均粒径(d)和标准偏差(σ)经计算分别为 11.85nm 和 2.02nm。HRTEM 图像证明在 Fe_3O_4@CA 中存在 Fe_3O_4，如图 7-40(e)所示，晶格条纹间距为 0.48nm，与 Fe_3O_4(111)晶面的晶格间距相一致。此外，对单独的 Fe_3O_4 纳米粒子进行 SAED 测试，结果表明衍射环对应 Fe_3O_4 的多个晶面[图 7-40(f)]。

图 7-41 为通过相同的水热合成方法但不含纤维素气凝胶的纯 Fe_3O_4 纳米粒子的微观形貌。可以观察到，在没有纤维素气凝胶基质的条件下，Fe_3O_4 纳米粒子易发生聚集从而生成粒径较大的块状结构[图 7-41(a)]。根据图 7-41(b)中放大的 SEM 图像可以进一步分辨出，这些块状结构是由大量的纳米颗粒团聚所形成的。这些图像证实了，由于缺少纤维素气凝胶基质，在水热合成过程中产生的 Fe_3O_4 纳米颗粒发生了严重聚集。另外，这一现象也证明纤维素气凝胶的存在有助于在纳米尺度内保持 Fe_3O_4 的分散性。

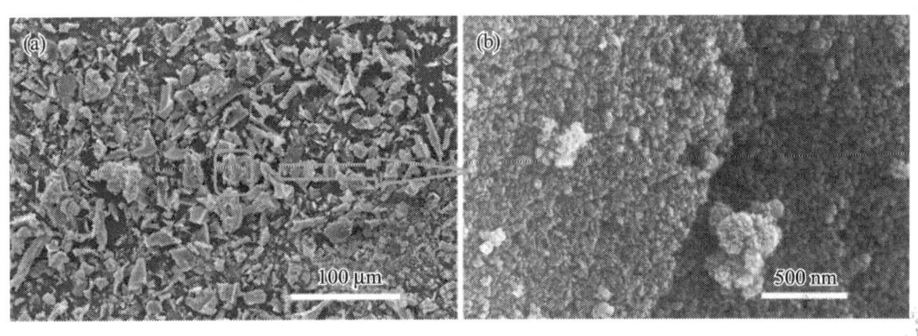

图 7-41　(a)通过相同的水热方法合成的纯 Fe_3O_4 纳米粒子的 SEM 图像；(b)为(a)中方框区域的放大图像

通过 XRD 研究 PCA 和 Fe_3O_4@CA 的晶体结构，如图 7-42(a)所示，PCA 在 11.8°、20.3°和 21.9°三处的峰与纤维素Ⅱ型结晶结构的($\bar{1}$10)、(110)和(200)晶面相对应[348]。在插入 Fe_3O_4 之后，复合材料(Fe_3O_4@CA)的 XRD 谱图验证了纤维素与 Fe_3O_4 共存。在 29.9°、35.4°、43.2°、57.0°和 62.5°处出现的新峰与 Fe_3O_4 的(220)、(311)、(400)、(511)和(440)晶面相对应(JCPDS 卡片 no. 19-0629)，进一步证明在纤维素气凝胶中成功插入了 Fe_3O_4。通过 XPS 分析探究 Fe_3O_4@CA 中 Fe 元素的化合价态。Fe_3O_4@CA 的 Fe 2p 高分辨率 XPS 谱图如图 7-42(b)所示。711.2eV 和 725.0eV 处的两个峰分别对应于 Fe_3O_4 的 Fe $2p_{3/2}$ 和 Fe $2p_{1/2}$[349]。较宽的 Fe 2p 的两个自旋轨道分裂峰是由于 Fe_3O_4 中 Fe^{2+} 和 Fe^{3+} 之间微弱的化学位移差异所产生的[350]。此外，通常在 719eV 处出现的伴峰也没有在图 7-42(b)中观察到，而该伴峰通常是 Fe_2O_3 存在的一大特征，因此也证明了上述的水热过程合成了 Fe_3O_4 而不是 Fe_2O_3。Fe_3O_4@CA 的 C 1s 高分辨率 XPS 谱图可以使用 Gaussian 方法拟合成三个峰，如图 7-42(c)所示，处于 288.0eV、286.5eV 和 284.8eV 处的三

个峰分别对应于 O—C═O、C—OH 和 C—C 或者 C—H[351]，主要来自于纤维素的组成成分。

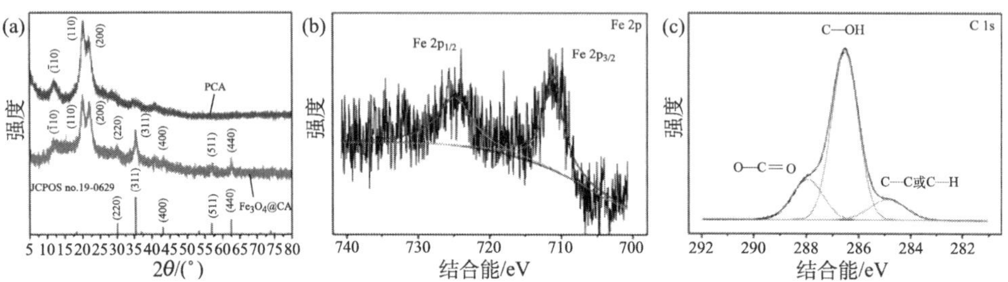

图 7-42　(a) PCA 和 Fe_3O_4@CA 的 XRD 谱图，底部竖线为 Fe_3O_4 的标准 JCPDS 卡片 no.19-0629；Fe_3O_4@CA 的 (b) Fe 2p 和 (c) C 1s 的高分辨率 XPS 谱图

2) 热稳定性和磁学行为

PCA 和 Fe_3O_4@CA 的热稳定性可通过 TG 和 DTG 来探究。如图 7-43 所示，对于这两个样品，低于 150℃的失重主要是因为吸附水的蒸发，在 300～400℃的强峰主要是由于纤维素的热解[352]。基于之前的报道可知，在 569.9℃的峰[图 7-43(b)]可能是由于纤维素热解反应产生的碳和铁氧化物之间发生了氧化还原反应所产生的[341]。通过在 800℃时剩余物的质量(PCA 为 2.7wt%和 Fe_3O_4@CA 为 27.3wt%)可以粗略地计算 Fe_3O_4 在复合材料中的含量大约为 34.0wt%(根据之前的报道 800℃的主要成分是单质铁)。此外，Fe_3O_4@CA 的最高热解速率出现在 337.7℃，比 PCA 的最高热解速率对应的温度低 26.5℃(大约为 364.2℃)，表明 Fe_3O_4@CA 的热稳定性下降。Fe_3O_4@CA 的热稳定性下降可能是由于高温和高压的水热合成过程破坏了纤维素的晶体结构。结晶度指数可通过整个区域的结晶相所占的比例进行计算。如图 7-44 所示，经计算 PCA 中纤维素的结晶度指数大约为 56.86%，高于 Fe_3O_4@CA 的结晶度指数(大约 47.22%)。

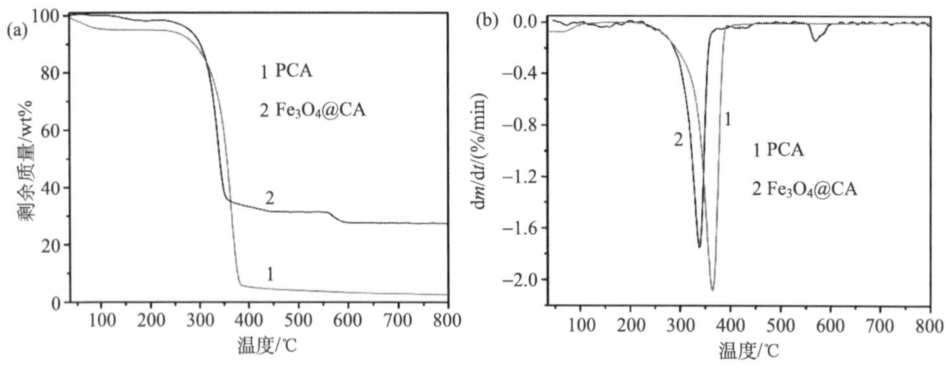

图 7-43　PCA 和 Fe_3O_4@CA 的 (a) TG 和 (b) DTG 曲线

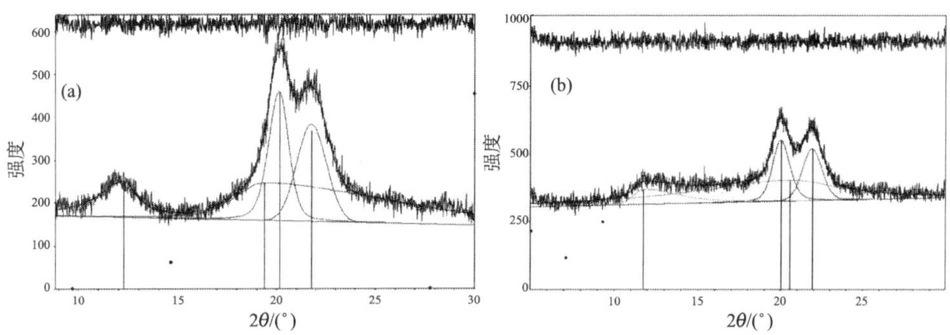

图 7-44　(a) PCA 和 (b) Fe_3O_4@CA 的 XRD 谱图中纤维素峰的拟合

在图 7-45 (a) 中，Fe_3O_4@CA 的磁化曲线没有显示任何的剩磁和矫顽力，即超顺磁现象，这可能是由于合成的 Fe_3O_4 纳米粒子的尺寸小于相应的单畴临界尺寸所导致的[353]。随着磁场强度的增加，曲线迅速升高并且快速趋于饱和。这种磁性材料可以在相对较低的外加磁场强度 (大约 5kOe) 下达到饱和磁化的能力在一些特殊的场合中可能存在潜在的应用价值，如磁分离、磁储能等[354, 355]。其饱和磁化强度 (M_s) 值大约为 6.7emu/g。考虑到样品中 Fe_3O_4 纳米粒子的含量为 34.0wt%，因此 Fe_3O_4 成分的 M_s 值可以达到 19.7emu/g。在图 7-45 (b) 中，Fe_3O_4@CA 很容易通过磁铁吸引牢牢地吸附在磁铁表面。而且，即使在磁铁和 Fe_3O_4@CA 之间放置有 2mm 厚的木片，Fe_3O_4@CA 仍然能紧密地吸附在磁铁表面。所有的这些现象均可证明 Fe_3O_4@CA 具有很强的磁响应性能。

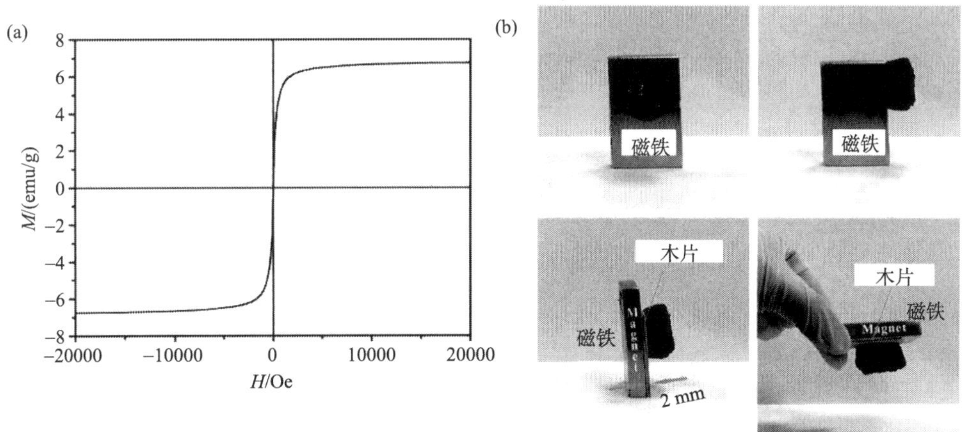

图 7-45　(a) Fe_3O_4@CA 的磁化曲线 (室温下测定) 和 (b) 磁响应现象

3) 类芬顿降解性能

选择 RhB 作为有机污染物代表来评价在类芬顿体系中 Fe_3O_4@CA 的催化活

性。如图 7-46(a)所示，没有添加催化剂和 H_2O_2 的 RhB 溶液的自降解程度非常微小，放置 64h 后仅有 1%的 RhB 分子发生降解。RhB 溶液的颜色基本没有发生明显变化[图 7-46(b)]。此外，我们观察到在 RhB 水溶液中仅有 Fe_3O_4@CA 存在时，在 64h 后 RhB 的降解率大约是 11.4%。该 RhB 浓度的下降可能是由于 Fe_3O_4@CA 的多孔结构对 RhB 染料分子的吸附作用所导致的。当仅有 H_2O_2 存在时，经过 64h 后，RhB 的降解率可达 29%。相比之下，当同时使用 Fe_3O_4@CA 和 H_2O_2 处理 RhB 溶液时 RhB 的浓度显著减少(可实现 100%移除)。由于·OOH 和·O_2^- 的氧化电位低于·OH[356, 357]，因此在整个类芬顿反应体系中，H_2O_2 的·OOH 和·O_2^- 相比于类芬顿反应生成的·OH 对 RhB 氧化降解的贡献较少。此外，100%的 RhB 移除证明了以 Fe_3O_4@CA 为催化剂进行的类芬顿反应可有效使 RhB 脱色。为了证明在类芬顿反应中纤维素气凝胶基质的贡献，我们也测量了在 H_2O_2 和纯 Fe_3O_4 纳米粒子共存情况下的催化活性。很明显，使用 Fe_3O_4 纳米粒子作为催化剂时，RhB 溶液的降解速率比使用 Fe_3O_4@CA 作为催化剂时慢。而且，在经过 64h 的类芬顿降解实验之后，仍然有 7%的 RhB 保留在溶液中。该结果证明 Fe_3O_4@CA 的催化活性比 Fe_3O_4 纳米粒子的催化活性高。除了良好的去除效果，快速的去除速率也是非常关键的。采用拟二级反应动力学方程来拟合 RhB 的降解动力学过程，拟二级反应动力学方程如方程式(7-27)所示：

$$\frac{t}{Q_t}=\frac{t}{Q_e}+\frac{1}{K_2Q_e^2} \tag{7-27}$$

式中，Q_e 和 Q_t 分别代表在平衡时和时间 t 时 RhB 的降解量(mg/g)，K_2 是动力学速率常数[g/(mg·min)]。经计算，Fe_3O_4 和 Fe_3O_4@CA 的速率常数分别为 8.7×10^{-5}g/(mg·min)和 1.0×10^{-4}g/(mg·min)。速率常数较大表明 RhB 的降解速率更快。Fe_3O_4@CA 的活性增强可能主要是由于纤维素气凝胶中 Fe_3O_4 纳米粒子的均匀分散增加了类芬顿反应的活性位点[333]。相比于没有纤维素气凝胶存在时制备的纯 Fe_3O_4 纳米粒子，Fe_3O_4@CA 中 Fe_3O_4 纳米粒子的尺寸明显更小，也可能有助于更快速移除 RhB。至于该类芬顿反应机理，正如上述所提到的，$Fe^{Ⅲ}$和 $Fe^{Ⅱ}$能与 H_2O_2 反应产生强氧化性的羟基自由基(·OH)，并且自由基的强氧化能力将 RhB 分子降解成 CO_2 和 H_2O，如图 7-46(c)所示。

可重复使用性也是评估催化剂实际应用潜力的重要参数。对于可重复使用性测试过程，Fe_3O_4@CA 在每次 RhB 溶液降解过程结束后通过外加磁场将其从水相中移除，然后从溶液中收集上清液测定 RhB 浓度。使用蒸馏水洗涤分离出的 Fe_3O_4@CA 样品以移除残留的化学试剂，随后再用于下一次降解实验中。图 7-47(a)为在每次类芬顿反应过程前后 RhB 溶液颜色的改变。我们观察到所有的 RhB 溶液在反应后几乎呈现无色。RhB 溶液的降解速率展现在图 7-47(b)中，相

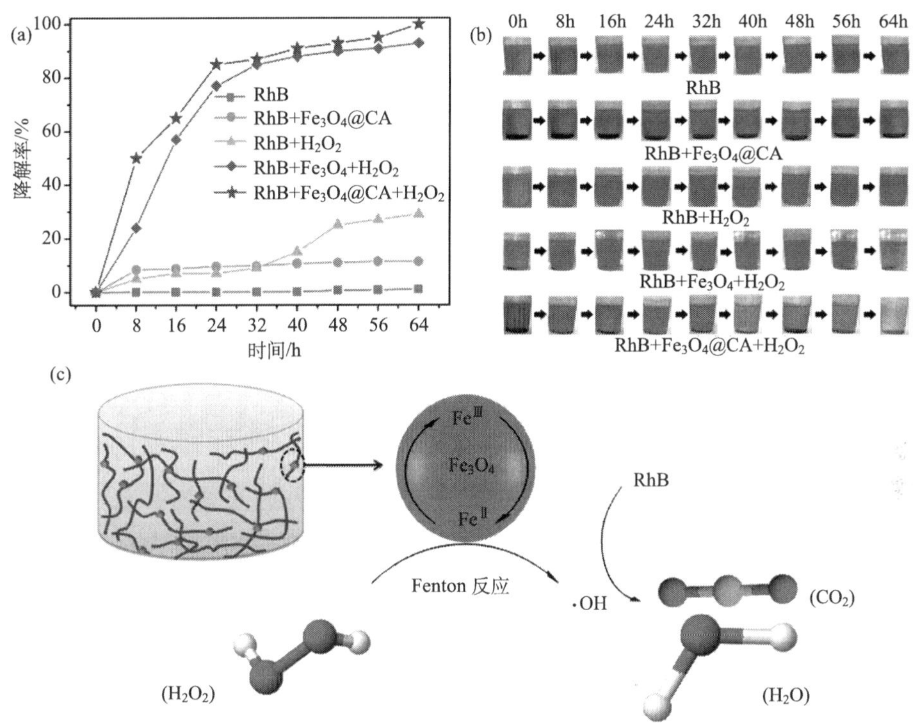

图 7-46　采用四种不同的成分[(Ⅰ)Fe_3O_4@CA、(Ⅱ)H_2O_2、(Ⅲ)Fe_3O_4+H_2O_2 和 (Ⅳ)Fe_3O_4@CA+H_2O_2]处理 RhB 溶液的(a)降解动力学过程和(b)颜色变化；(c)类芬顿反应降解 RhB 机理

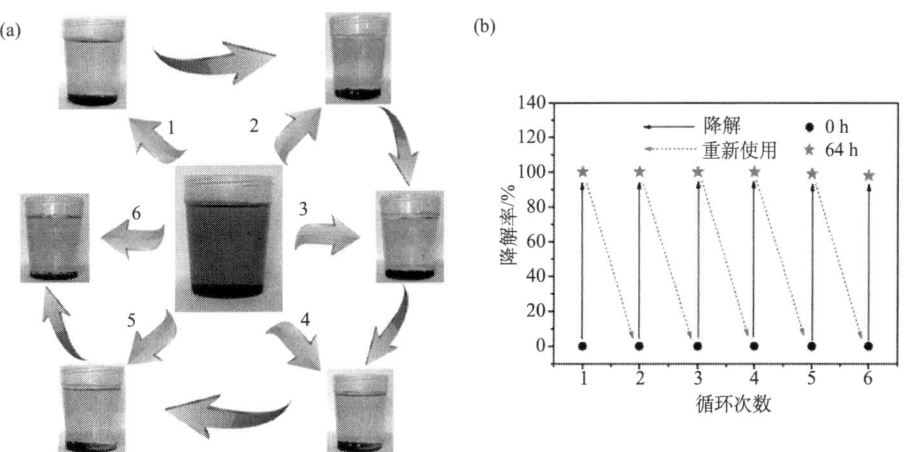

图 7-47　以 Fe_3O_4@CA 作为催化剂时每次类芬顿降解过程前后 RhB 溶液的(a)颜色变化和(b)降解率

应的紫外-可见吸收光谱如图 7-48 所示。类芬顿反应体系在整个重复使用性测试过程中，经六次循环之后可以保持 97%～100%的 RhB 降解率，表明 Fe_3O_4@CA 具有良好的可重复使用性。

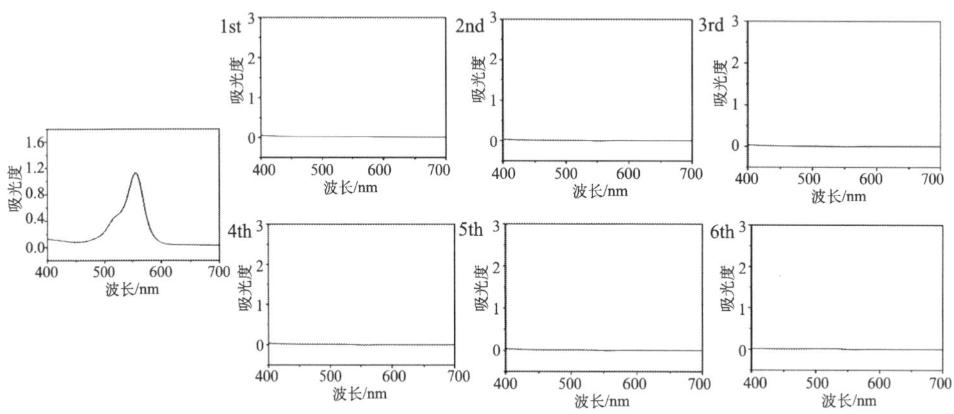

图 7-48　以 Fe_3O_4@CA 作为催化剂时每次类芬顿降解过程后 RhB 溶液的紫外-可见吸收光谱

7.2.4.4　小结

使用简单、温和、快速的水热合成方法可制备 Fe_3O_4 纳米粒子并将其有效地嵌插入纤维素气凝胶的三维网络结构中，即可得到 Fe_3O_4@CA 复合材料。实验结果证明 Fe_3O_4@CA 是一类有效的类芬顿催化剂。由于 Fe_3O_4@CA 具有良好的催化效果，因此在类芬顿体系中，RhB 的降解率在经过 64h 反应后可达到 100%。Fe_3O_4@CA 与纯 Fe_3O_4 粒子相比具有更高的催化活性。除此之外，Fe_3O_4@CA 在六次循环使用后仍然保持着高催化活性，反映了其具有良好的可重复使用性，这是实际应用的一个关键因素。另外，Fe_3O_4@CA 的强磁响应性为废水中分离和回收 Fe_3O_4@CA 提供了有力支撑。因此，Fe_3O_4@CA 复合材料可作为环保、廉价、有效的类芬顿催化剂来处理有机染料废水。

参 考 文 献

[1] 温玲宁, 李刚, 都林娜. 染料废水污染现状及其处理方法研究进展. 浙江农业科学, 2014, 1(2): 1-5.

[2] 冀滨弘, 章非娟. 染料工业废水处理的现状与进展. 污染防治技术, 1998, 4: 250-253.

[3] 石美霞. 化工染料废水处理技术浅析. 污染防治技术, 2015, 1: 11-12.

[4] 程云. 活性 X-3B 红染料污染生态毒理效应及机理研究. 北京: 中国科学院研究生院博士学位论文, 2002.

[5] 章杰. 活性染料和直接染料的生态毒理特性. 印染, 2001, 27(11): 36-42.

[6] 鹏搏. 活性染料和直接染料的生态毒理特性分析. 上海染料, 2001, 29(5): 10-17.
[7] 吴笛. 氨基酚类化合物的生态毒理学研究. 南京: 南京大学硕士学位论文, 2003.
[8] 罗鸥. 微生物产电强化 ABR 反应器对偶氮染料废水的脱色脱毒. 广州: 广东工业大学硕士学位论文, 2016.
[9] 郭永贤, 忻浩忠, 庄德虎. 活性染料废水对环境污染程度的预测. 东华大学学报(自然科学版), 2000, 5: 85-90.
[10] 朱丽. PFZSS-CTS 复合絮凝剂的制备及其对染料废水的脱色应用研究. 桂林: 桂林理工大学硕士学位论文, 2015.
[11] 王代芝. 絮凝沉降/粉煤灰吸附法处理印染废水. 印染助剂, 2009, 26(4): 32-34.
[12] 刘明强. 超支化结构磁性纳米复合材料对污染物吸附行为研究. 天津: 天津工业大学硕士学位论文, 2017.
[13] 胡翠茹. 季铵纤维素对苋菜红染料废水吸附特性及脱色研究. 合肥: 合肥工业大学硕士学位论文, 2017.
[14] 韩闯. 污泥生物炭水热制备及其对染料脱色研究. 上海: 东华大学硕士学位论文, 2017.
[15] 胡凯. 离子交换膜对染料的吸解性能研究. 苏州: 苏州大学硕士学位论文, 2012.
[16] 丛纬, 项海, 张国亮, 等. 超滤/纳滤双膜技术资源化处理印染废水. 水处理技术, 2008, 34(10): 75-78.
[17] 赵媛媛. 超滤和纳滤处理模拟工业废水实验研究. 天津: 天津大学硕士学位论文, 2005.
[18] 孙湛童, 何召龙, 王新艳, 等. 电渗析耦合生化深度处理染料中间体废水. 水处理技术, 2016, 6: 55-58.
[19] 杨卫身, 周集体, 杨凤林, 等. 微电解法降解染料的研究. 上海环境科学, 1996, 7: 30-32.
[20] 余琼卫, 周元全. 直接电解法处理染料废水的研究. 环境工程学报, 2004, 5(7): 64-69.
[21] 徐峰, 徐应星, 邢雅囡. 微电解法处理染料化工厂废水工程设计与运行. 污染防治技术, 2015, 4: 83-86.
[22] 周烈, 刘绍刚, 周泽广. 超声波降解染料废水的实验研究. 广西民族大学学报: 自然科学版, 2006, 12(4): 96-99.
[23] 张丽宏. 化学氧化法处理染料废水的研究进展. 煤炭与化工, 2007, 30(10): 70-71.
[24] 张成. 基于硫酸根自由基的过硫酸钠高级氧化法氧化降解染料的研究. 广州: 华南理工大学硕士学位论文, 2012.
[25] 张颖. 光催化氧化法处理染料废水. 大连: 大连理工大学硕士学位论文, 1998.
[26] 王琦. 纳米碳/TiO_2 复合光催化材料的制备及其在印染废水处理中的应用. 上海: 东华大学硕士学位论文, 2016.
[27] 周剑, 丁燕燕. 电化学氧化法处理酸性染料废水的试验研究. 工业用水与废水, 2011, 42(6): 37-39.
[28] 冯凯, 邱木清. 生物法处理染料废水的研究与进展. 工业水处理, 2009, 29(2): 19-21.
[29] 王慧, 周月霞, 柏仕杰, 等. 染料废水生物法处理技术的研究进展. 厦门大学学报(自然版), 2008, 47(s2): 286-290.
[30] 杨继. 几种活性染料的生物降解特性研究. 上海: 东华大学硕士学位论文, 2016.
[31] 裴媛媛, 刘敬勇, 王靖宇, 等. 农业废弃物再生吸附剂制备及其在染料废水处理中的研究进展. 安徽农学通报, 2011, 17(14): 91-93.

[32] 黄中华. 天然无机吸附剂的表面改性及在染料废水处理中的试验研究. 南京: 南京理工大学硕士学位论文, 1998.
[33] 李颖, 岳钦艳, 高宝玉, 等. 活性炭纤维对活性染料的吸附动力学研究. 环境科学, 2007, 28(11): 2637-2641.
[34] 尹炳奎, 朱石清, 朱南文, 等. 生物质活性炭的制备及其染料废水中的应用. 环境污染与防治, 2006, 28(8): 608-611.
[35] Walker G M, Weatherley L R. Adsorption of acid dyes on to granular activated carbon in fixed beds. Water Research, 1997, 31(8): 2093-2101.
[36] Walker G M, Weatherley L R. Fixed bed adsorption of acid dyes onto activated carbon. Environmental Pollution, 1998, 99(1): 133-136.
[37] Hu Z, Srinivasan M P. Mesoporous high-surface-area activated carbon. Microporous & Mesoporous Materials, 2001, 43(3): 267-275.
[38] 李安婕, 刘红, 王文燕, 等. 生物活性炭法吸附降解正十六烷的研究. 化工环保, 2005, 25(4): 63.
[39] 李秋瑜. 生物活性炭纤维水处理关键技术研究. 上海: 同济大学硕士学位论文, 2005.
[40] 刘宏英. 生物活性炭法降解水中四种微量邻苯二甲酸酯性能研究. 广州: 广州大学硕士学位论文, 2016.
[41] 林冠烽, 牟大庆, 程捷, 等. 活性炭再生技术研究进展. 林业科学, 2008, 44(2): 150-154.
[42] 岳宗豪, 郑经堂, 曲降伟, 等. 活性炭再生技术研究进展. 应用化工, 2009, 38(11): 1667-1670.
[43] 余颖, 庄源益, 谷文新, 等. 树脂 NKY 对染料活性艳蓝 KN-R 的吸附特性. 离子交换与吸附, 2000, 16(5): 432-440.
[44] 陆朝阳, 王学江, 张全兴, 等. 树脂吸附法处理分散蓝 NKF 脱磺母液. 化工环保, 2002, 22(6): 342-346.
[45] 余颖, 张永刚, 庄源益. NKY 功能化树脂静态吸附混合染料的研究. 环境化学, 2003, 22(4): 353-358.
[46] 李静. 氢氧化镁改性硅藻土吸附染料特性研究. 兰州: 西北师范大学硕士学位论文, 2012.
[47] 李振兴. 膨润土的机械力化学改性及其吸附性能研究. 南京: 南京工业大学硕士学位论文, 2006.
[48] 蔡宽, 熊世威, 张欣欣, 等. 天然黄铁矿对阳离子有机染料 RhB 吸附特性研究. 岩石矿物学杂志, 2014, 33(2): 370-376.
[49] Ramakrishna K R, Viraraghavan T. Dye removal using low cost adsorbents. Water Science & Technology, 1997, 36(2-3): 189-196.
[50] 李虎杰, 郑自立. 坡缕石粘土的吸附性能研究. 矿产综合利用, 2002, 5: 24-27.
[51] 刘茹, 黄晓霞, 王春英. 工业、农林废弃物吸附染料废水的静态吸附性质. 江苏农业科学, 2012, 40(2): 305-307.
[52] 赵旭. 水稻秸秆的改性及其对染料废水的处理研究. 成都: 四川农业大学硕士学位论文, 2013.
[53] 王慧. 废弃农作物制备的活性炭和膨润土吸附环境中的污染物. 济南: 山东师范大学硕士学位论文, 2011.

[54] 黄瑶瑶. 农业废弃物作为生物质吸附剂对废水处理的研究进展. 应用化工, 2017, 46(2): 173-178.

[55] Werbowesky R, Chow A. Extraction of azo dyes by polyurethane foam. Talanta, 1996, 43(2): 263-274.

[56] 任泳. 改性壳聚糖磁性吸附剂的合成、表征及在吸附重金属、染料方面的应用. 武汉: 华中科技大学硕士学位论文, 2014.

[57] 李玲. 壳聚糖衍生物在棉织物活性染料无盐染色中的应用研究. 上海: 东华大学硕士学位论文, 2009.

[58] 李素. 壳聚糖-金属配合物无纺布的制备及其对染料和痕量四环素的吸附研究. 上海: 东华大学硕士学位论文, 2017.

[59] 王琳琳. 氧化镁吸附材料及其表面功能化(光催化)的净水应用研究. 北京: 北京工业大学硕士学位论文, 2016.

[60] 赵岩. 水合二氧化锰对模拟染料的脱色作用研究. 环境科学与管理, 2013, 10: 116-120.

[61] Cai D. Removal of methylene blue from aqueous solution onto manganese oxide with various crystal structures. Acta Scientiae Circumstantiae, 2006, 26(12): 1971-1976.

[62] 盛多红. 厌氧、好氧微生态菌剂法模拟处理印染废水. 武汉: 中国科学院武汉病毒研究所, 1998.

[63] 安虎仁, 钱易, 顾夏声. 染料在好氧条件下的生物降解性能. 环境科学, 1994, 6: 16-19.

[64] 虞磊. 高效厌氧处理偶氮染料废水系统和脱色机理研究. 合肥: 中国科学技术大学博士学位论文, 2011.

[65] Wang C, Wang S, Zhang M, et al. Material balance of anaerobic-poor oxygen-aerobiotic biological contact oxidation process treating sewage with low carbon/nitrogen ratio. Transactions of the Chinese Society of Agricultural Engineering, 2014, 30(19): 273-281.

[66] Frijters C T M J, Vos R H, Scheffer G, et al. Decolorizing and detoxifying textile wastewater, containing both soluble and insoluble dyes, in a full scale combined anaerobic/aerobic system. Water Research, 2006, 40(6): 1249-1257.

[67] 洪俊明, 洪华生. 厌氧-好氧 MBR 组合工艺处理蒽醌活性染料废水. 中国给水排水, 2008, 24(1): 51-53.

[68] Sponza D T, Demirden P. Treatability of sulfamerazine in sequential upflow anaerobic sludge blanket reactor (UASB)/completely stirred tank reactor (CSTR) processes. Separation & Purification Technology, 2007, 56(1): 108-117.

[69] 姚红娟, 丁宁, 王晓琳. 膜分离技术在染料行业中的应用研究进展. 现代化工, 2003, 23(12): 15-18.

[70] 陈浩兵, 汪建, 潘洪良. 谈膜分离技术的现状及其在染料化工中的应用. 化工管理, 2015, 24: 60.

[71] 刘艳, 解立平, 费学宁, 等. 一体式光催化-膜分离反应器处理酸性红 B 染料废水. 天津工业大学学报, 2011, 30(2): 60-64.

[72] 陈猛. 无机微滤膜纳米涂层修饰改性与仿生化学模拟研究. 景德镇: 景德镇陶瓷学院硕士学位论文, 2009.

[73] 侯维敏. 超疏水性 Al_2O_3 微滤膜的制备与性能研究. 北京: 中国科学院大学硕士学位论文,

2013.

[74] 吕一波. 分离技术. 武汉: 中国矿业大学出版社, 2000.

[75] 王湛. 膜分离技术基础. 北京: 化学工业出版社, 2006.

[76] 王华, 刘艳飞, 彭东明, 等. 膜分离技术的研究进展及应用展望. 应用化工, 2013, 42(3): 532-534.

[77] 黄英, 王利. 水处理中膜分离技术的应用. 工业水处理, 2005, 25(4): 8-11.

[78] 郑领英, 袁权. 展望 21 世纪的膜分离技术. 水处理技术, 1995, 3: 125-131.

[79] 郭春禹, 原学贵, 杨晓伟, 等. 膜清洗技术应用研究. 清洗世界, 2010, 26(12): 1-7.

[80] 张国俊, 刘忠洲. 膜过程中膜清洗技术研究进展. 水处理技术, 2003, 29(4): 187-190.

[81] 史闳戈, 李鸥, 田晶, 等. 超滤膜清洗技术研究进展. 清洗世界, 2015, 31(10): 33-35.

[82] 周晶晶, 金鹰. 膜分离技术处理淀粉污水试验研究. 水资源保护, 2008, 24(5): 91-93.

[83] 贺增第, 晋日亚. 中空纤维膜萃取法处理含酚废水. 河南化工, 2000, 3: 10-12.

[84] 李健生, 王连军. 中空纤维膜萃取法处理含酚废水的试验研究. 污染防治技术, 2001, 4: 4-6.

[85] 王志强. PDMS/PS 复合中空纤维膜处理含酚废水的研究. 大连: 大连理工大学硕士学位论文, 2006.

[86] 张力, 陈波, 曹利江. 膜分离技术处理含氰废水. 长春大学学报, 2008, 18(6): 86-90.

[87] 李爱阳, 唐有根, 蔡玲. PFSS 絮凝-膜分离法处理炼油废水. 化学研究与应用, 2008, 20(9): 1224-1227.

[88] 李振强. 纳米 TiO_2 光催化氧化法处理氨氮废水研究. 昆明: 昆明理工大学硕士学位论文, 2011.

[89] 魏宏斌, 李田. 水中有机污染物的光催化氧化. 环境工程学报, 1994, 3: 50-57.

[90] 张晓. 无机阴离子-板钛矿、磷酸钴-锐钛矿光催化氧化水中有机物及其反应机理. 杭州: 浙江大学硕士学位论文, 2017.

[91] 赵毅, 许勇毅, 赵莉, 等. 纳米级 TiO_2 光催化氧化机理及其在污染治理中的应用. 电力科技与环保, 2005, 21(4): 43-47.

[92] 李晓娥, 祖庸. 纳米 TiO_2 光催化氧化机理及应用. 化工进展, 1999, 18(4): 35-37.

[93] 文明, 郑水林, 刘月, 等. 蛋白土/纳米二氧化钛复合材料的制备与应用研究. 非金属矿, 2008, 31(6): 41-42.

[94] 杨青, 张宝华, 毛志平, 等. 聚丙烯/改性纳米二氧化钛复合材料的制备与性能. 高分子材料科学与工程, 2009, 25(1): 48-51.

[95] 谷晓稳, 吕学举, 贾琼, 等. 石墨烯/二氧化钛复合材料富集-石墨炉原子吸收光谱法测定铅和镉. 分析化学, 2013, 41(3): 417-421.

[96] 王珊, 高奕红, 高丰琴, 等. 壳聚糖/二氧化钛复合材料的制备及性能研究. 皮革与化工, 2016, 33(2): 11-14.

[97] Woan K, Pyrgiotakis G, Sigmund W. Photocatalytic carbon-nanotube-TiO_2 composites. Advanced Materials, 2009, 21: 2233-2239.

[98] Perera S D, Mariano R G, Vu K, et al. Hydrothermal synthesis of graphene-TiO_2 nanotube composites with enhanced photocatalytic activity. ACS Catalysis, 2012, 2(6): 949-956.

[99] Zhu P, Nair A S, Shengjie P, et al. Facile fabrication of TiO_2-graphene composite with enhanced photovoltaic and photocatalytic properties by electrospinning. ACS Applied Materials &

Interfaces, 2012, 4(2): 581-585.
[100] 姜如. 几种纳米材料相变的尺寸效应. 湘潭: 湘潭大学硕士学位论文, 2013.
[101] 高春华. 纳米材料的基本效应及其应用. 江苏大学学报(自然科学版), 2001, 22(6): 45-49.
[102] Liu Y, Shindo D, Sellmyer D J. Handbook of Advanced Magnetic Materials. Beijing: Tsinghua University Press, 2005.
[103] 房安富, 刘建勇, 相会强. 纳米技术在水污染控制中的应用. 现代化工, 2006, 26(s2): 74-76.
[104] 高濂, 郑珊, 张青红. 纳米氧化钛光催化材料及应用. 北京: 化学工业出版社, 2002.
[105] 朱永法, 姚文清, 宗瑞隆. 光催化: 环境净化与绿色能源应用探索. 北京: 化学工业出版社, 2015.
[106] 刘子传, 郑经堂, 赵东风, 等. TiO_2 禁带宽度和光吸收系数对其光催化性能的影响. 发光学报, 2012, 33(12): 1329-1334.
[107] 邱剑勋, 王承遇, 陶瑛, 等. TiO_2 与 $ZnFe_2O_4$ 薄膜禁带宽度测定及对光催化效率的影响. 材料导报, 2003, 17(3): 81-82.
[108] 周浩. 过渡金属元素 Fe、Cu、Ni、Zn 对 CeO_2 禁带宽度的影响及光催化降解罗丹明 B 性能研究. 上海: 上海应用技术学院硕士学位论文, 2015.
[109] 刘春英, 弓晓峰, 张政辉. 光催化氧化法降解有机磷农药的研究. 四川环境, 2006, 25(6): 5-8.
[110] 葛湘锋. 高级光催化氧化技术处理有机磷农药废水的研究. 广州: 暨南大学硕士学位论文, 2005.
[111] 张晓. 中国水污染趋势与治理制度. 中国软科学, 2014, 10: 11-24.
[112] 曹慧玲. 功能复合材料降解有机染料的研究. 广州: 华南师范大学硕士学位论文, 2007.
[113] 金淑娟, 吴丽. 纺织品中有害物质对人体的危害性. 中国纤检, 2010, 12: 78-79.
[114] 李绍兴. 活性染料引起的变应性皮肤病和呼吸道疾病. 国际皮肤性病学杂志, 1989, 3: 184.
[115] 王绍温, 陈胜, 孙德智. 物化法处理印染废水的研究进展. 工业水处理, 2010, 30(1): 8-12.
[116] 董丽丽. 有机染料废水处理的新技术研究. 环境科学导刊, 2002, 21(3): 49-51.
[117] 吕滨, 臧颖波, 张树峰, 等. $TiCl_4$ 气相氧化法制备金红石型 TiO_2 的工艺. 应用化工, 2011, 40(8): 1326-1328.
[118] 李玲玲. 纳米 TiO_2 制备和应用的综述. 科技致富向导, 2012, 20: 56.
[119] 吴腊英, 李长江. 纳米二氧化钛粉末的溶胶-凝胶法合成及晶相转化. 无机化学学报, 2002, 18(4): 399-403.
[120] 李志杰, 侯博, 徐耀, 等. 共沉淀法制备氧化硅改性的纳米二氧化钛及其性质. 物理化学学报, 2005, 21(3): 229-233.
[121] 刘泽, 李永祥, 吴冲若. 水热法制备二氧化钛晶须. 硅酸盐学报, 1998, 3: 392-394.
[122] 于向阳, 梁文, 杜永娟, 等. 二氧化钛光催化材料的应用进展. 材料导报, 2000, 14(2): 38-40.
[123] 陶丹丹, 白绘宇, 刘石林, 等. 纤维素气凝胶材料的研究进展. 纤维素科学与技术, 2011, 19(2): 64-75.
[124] 李婧, 刘志明, 金春德. 毛竹纳米纤丝化纤维素/TiO_2 气凝胶的制备及表征. 生物质化学工程, 2016, 50(2): 19-23.

[125] Guilminot E, Fischer F, Chatenet M, et al. Use of cellulose-based carbon aerogels as catalyst support for PEM fuel cell electrodes: Electrochemical characterization. Journal of Power Sources, 2007, 166(1): 104-111.

[126] Korhonen J T, Hiekkataipale P, Malm J, et al. Inorganic hollow nanotube aerogels by atomic layer deposition onto native nanocellulose templates. ACS Nano, 2011, 5(3): 1967-1974.

[127] Chen S, Chu W, Huang Y Y, et al. Preparation of porous nitrogen-doped titanium dioxide microspheres and a study of their photocatalytic, antibacterial and electrochemical activities. Materials Research Bulletin, 2012, 47(12): 4514-4521.

[128] 万昆, 彭湘红, 陈晨, 等. 纤维素/二氧化钛复合材料的光催化性研究. 江汉大学学报(自然科学版), 2010, 38(4): 41-44.

[129] 彭超豪. 新型纤维素-二氧化钛纳米晶复合材料的制备和其光催化性能研究. 北京: 中国化学会第 29 届学术年会摘要集, 2014.

[130] 朱彬, 苏继锋, 韩志伟, 等. 秸秆焚烧导致南京及周边地区一次严重空气污染过程的分析. 中国环境科学, 2010, 30(5): 585-592.

[131] Delmelle P, Villiéras F, Pelletier M. Surface area, porosity and water adsorption properties of fine volcanic ash particles. Bulletin of Volcanology, 2005, 67(2): 160-169.

[132] Tingaut P, Zimmermann T, Sèbe G. Cellulose nanocrystals and microfibrillated cellulose as building blocks for the design of hierarchical functional materials. Journal of Materials Chemistry, 2012, 22(38): 20105-20111.

[133] Rezaee M, Khoie S M M, Liu K H. The role of brookite in mechanical activation of anatase-to-rutile transformation of nanocrystalline TiO_2: An XRD and Raman spectroscopy investigation. CrystEngComm, 2011, 13(16): 5055-5061.

[134] 王荣, 齐宏进. 磁控溅射法制备 PET 基纳米 TiO_2 膜的 XPS 表征. 青岛大学学报(工程技术版), 2004, 19(1): 42-46.

[135] 顾剑锋, 闻明, 刘刚, 等. TiO_2 纳米孔结构的 XPS 研究. 稀有金属材料与工程, 2011, 40(3): 523-525.

[136] Zhang J, Liu L, Liu H, et al. Highly porous aerogels based on imine chemistry: Syntheses and sorption properties. Journal of Materials Chemistry A, 2015, 3(20): 10990-10998.

[137] Zeng J, Liu S, Cai J, et al. TiO_2 immobilized in cellulose matrix for photocatalytic degradation of phenol under weak UV light irradiation. Journal of Physical Chemistry C, 2010, 114(17): 7806-7811.

[138] 孙吉灵, 张鹏, 应冬梅. 污水处理工艺. 大化科技, 2009, 2: 37-39.

[139] Chen S, Zhou B, Hu W, et al. Polyol mediated synthesis of ZnO nanoparticles templated by bacterial cellulose. Carbohydrate Polymers, 2013, 92(2): 1953-1959.

[140] Chen X, Kuo D H, Lu D, et al. Synthesis and photocatalytic activity of mesoporous TiO_2 nanoparticle using biological renewable resource of un-modified lignin as a template. Microporous & Mesoporous Materials, 2016, 223: 145-151.

[141] Liang H, Liu K, Ni Y. Synthesis of mesoporous α-Fe_2O_3 via sol-gel methods using cellulose nano-crystals (CNC) as template and its photo-catalytic properties. Materials Letters, 2015, 159: 218-220.

[142] Boury B, Plumejeau S. Metal oxides and polysaccharides: An efficient hybrid association for materials chemistry. Green Chemistry, 2015, 46(9): 72-88.

[143] Chen H, Zhang X, Zhang D, et al. Large-scale equal-proportional amplification bio-replication of shark skin based on solvent-swelling PDMS. Journal of Applied Polymer Science, 2013, 130(4): 2383-2389.

[144] Pulsifer D P, Lakhtakia A, Martín-Palma R J. Improved conformal coatings by oblique-angle deposition for bioreplication. Applied Physics Letters, 2009, 95(19): 193701.

[145] Fazil A A, Bhanu J U, Amutha A, et al. A facile bio-replicated synthesis of SnO_2 motifs with porous surface by using pollen grains of *Peltophorum pterocarpum* as a template. Microporous & Mesoporous Materials, 2015, 212(2015): 91-99.

[146] Lu Y, Sun Q, Liu T, et al. Fabrication, characterization and photocatalytic properties of millimeter-long TiO_2 fiber with nanostructures using cellulose fiber as a template. Journal of Alloys & Compounds, 2013, 577(45): 569-574.

[147] Zhou Z, Peng X, Zhong L, et al. Electrospun cellulose acetate supported Ag@AgCl composites with facet-dependent photocatalytic properties on degradation of organic dyes under visible-light irradiation. Carbohydrate Polymers, 2016, 136: 322-328.

[148] Kumar S G, Devi L G. Review on modified TiO_2 photocatalysis under UV/visible light: Selected results and related mechanisms on interfacial charge carrier transfer dynamics. Journal of Physical Chemistry A, 2011, 115(46): 13211-13241.

[149] He Z, Que W, Chen J, et al. Surface chemical analysis on the carbon-doped mesoporous TiO_2 photocatalysts after post-thermal treatment: XPS and FTIR characterization. Journal of Physics & Chemistry of Solids, 2013, 74(7): 924-928.

[150] Dong F, Wang H, Wu Z. One-step green synthetic approach for mesoporous C-doped titanium dioxide with efficient visible light photocatalytic activity. Journal of Physical Chemistry C, 2009, 113(38): 16717-16723.

[151] Kim M S, Liu G, Nam W K, et al. Preparation of porous carbon-doped TiO_2 film by sol-gel method and its application for the removal of gaseous toluene in the optical fiber reactor. Journal of Industrial & Engineering Chemistry, 2011, 17(2): 223-228.

[152] Likodimos V, Han C, Pelaez M, et al. Anion-doped TiO_2 nanocatalysts for water purification under visible light. Industrial & Engineering Chemistry Research, 2013, 52(39): 13957-13964.

[153] Mattle M J, Thampi K R. Photocatalytic degradation of Remazol Brilliant Blue® by sol-gel derived carbon-doped TiO_2. Applied Catalysis B: Environmental, 2013, 140-141: 348-355.

[154] Xu P, Xu T, Lu J, et al. Visible-light-driven photocatalytic S- and C-codoped meso/nanoporous TiO_2. Energy & Environmental Science, 2010, 3(8): 1128-1134.

[155] Shao Y, Cao C, Chen S, et al. Investigation of nitrogen doped and carbon species decorated TiO_2 with enhanced visible light photocatalytic activity by using chitosan. Applied Catalysis B: Environmental, 2015, 179: 344-351.

[156] Mohamed M A, Salleh W N W, Jaafar J, et al. Regenerated cellulose membrane as bio-template for in-situ growth of visible-light driven C-modified mesoporous titania. Carbohydrate Polymers, 2016, 146: 166-173.

[157] Mohamed M A, Salleh W N W, Jaafar J, et al. Feasibility of recycled newspaper as cellulose source for regenerated cellulose membrane fabrication. Journal of Applied Polymer Science, 2015, 132 (43): 1-10.

[158] Li S, Ye G, Chen G. Low-temperature preparation and characterization of nanocrystalline anatase TiO_2. Journal of Physical Chemistry C, 2009, 113 (10): 4031-4037.

[159] Liao Y, Que W, Jia Q, et al. Controllable synthesis of brookite/anatase/rutile TiO_2 nanocomposites and single-crystalline rutile nanorods array. Journal of Materials Chemistry, 2012, 22 (16): 7937-7944.

[160] Mohamed M A, Salleh W N W, Jaafar J, et al. Physicochemical characteristic of regenerated cellulose/N-doped TiO_2 nanocomposite membrane fabricated from recycled newspaper with photocatalytic activity under UV and visible light irradiation. Chemical Engineering Journal, 2016, 284: 202-215.

[161] Mandal A, Chakrabarty D. Isolation of nanocellulose from waste sugarcane bagasse (SCB) and its characterization. Carbohydrate Polymers, 2011, 86 (3): 1291-1299.

[162] Park S J, Heo G Y. Precursors and Manufacturing of Carbon Fibers. Berlin: Springer Science & Business Media, 2015.

[163] Liu S, Zhang L, Zhou J, et al. Fiberlike Fe_2O_3 macroporous nanomaterials fabricated by calcinating regenerate cellulose composite fibers. Chemistry of Materials, 2008, 20 (11): 3623-3628.

[164] Zhou Y, Ding E Y, Li W D. Synthesis of TiO_2 nanocubes induced by cellulose nanocrystal (CNC) at low temperature. Materials Letters, 2007, 61 (28): 5050-5052.

[165] Cabiac A, Guillon E, Chambon F, et al. Cellulose reactivity and glycosidic bond cleavage in aqueous phase by catalytic and non catalytic transformations. Applied Catalysis A: General, 2011, 402 (1-2): 1-10.

[166] Qi H, Chang C, Zhang L. Properties and applications of biodegradable transparent and photoluminescent cellulose films prepared via a green process. Green Chemistry, 2009, 11 (2): 177-184.

[167] Colón G, Sánchez-España J M, Hidalgo M C, et al. Effect of TiO_2 acidic pre-treatment on the photocatalytic properties for phenol degradation. Journal of Photochemistry & Photobiology A Chemistry, 2006, 179 (1): 20-27.

[168] He J, Kunitake T, Nakao A. Facile in situ synthesis of noble metal nanoparticles in porous cellulose fibers. Chemistry of Materials, 2003, 15 (23): 4401-4406.

[169] Bakardjieva S, Šubrt J, Štengl V, et al. Photoactivity of anatase-rutile TiO_2 nanocrystalline mixtures obtained by heat treatment of homogeneously precipitated anatase. Applied Catalysis B: Environmental, 2005, 58 (3): 193-202.

[170] Chen D, Jiang Z, Geng J, et al. Carbon and nitrogen Co-doped TiO_2 with enhanced visible-light photocatalytic activity. Industrial & Engineering Chemistry Research, 2007, 46 (9): 2741-2746.

[171] Huang Y, Ho W, Lee S, et al. Effect of carbon doping on the mesoporous structure of nanocrystalline titanium dioxide and its solar-light-driven photocatalytic degradation of NO_x. Langmuir, 2008, 24 (7): 3510-3516.

[172] Yu L, Ruan H, Zheng Y, et al. A facile solvothermal method to produce ZnS quantum dots-decorated graphene nanosheets with superior photoactivity. Nanotechnology, 2013, 24(37): 375601.

[173] Bagheri S, Hir Z A M, Yousefi A T, et al. Progress on mesoporous titanium dioxide: Synthesis, modification and applications. Microporous & Mesoporous Materials, 2015, 218: 206-222.

[174] Fu G, Zhou P, Zhao M, et al. Carbon coating stabilized Ti^{3+}-doped TiO_2 for photocatalytic hydrogen generation under visible light irradiation. Dalton Transactions, 2015, 44(28): 12812-12817.

[175] Sakthivel S, Kisch H. Daylight photocatalysis by carbon-modified titanium dioxide. Angewandte Chemie International Edition, 2003, 42(40): 4908-4911.

[176] Wu X, Yin S, Dong Q, et al. Synthesis of high visible light active carbon doped TiO_2 photocatalyst by a facile calcination assisted solvothermal method. Applied Catalysis B: Environmental, 2013, 142-143(5): 450-457.

[177] Mcevoy J G, Cui W, Zhang Z. Degradative and disinfective properties of carbon-doped anatase-rutile TiO_2 mixtures under visible light irradiation. Catalysis Today, 2013, 207(2): 191-199.

[178] Dong F, Guo S, Wang H, et al. Enhancement of the visible light photocatalytic activity of C-doped TiO_2 nanomaterials prepared by a green synthetic approach. The Journal of Physical Chemistry C, 2011, 115(27): 13285-13292.

[179] Mohamed M A, Salleh W N W, Jaafar J, et al. Structural characterization of N-doped anatase-rutile mixed phase TiO_2 nanorods assembled microspheres synthesized by simple sol-gel method. Journal of Sol-Gel Science and Technology, 2015, 74(2): 513-520.

[180] Xing M, Li X, Zhang J. Synergistic effect on the visible light activity of Ti^{3+} doped TiO_2 nanorods/boron doped graphene composite. Scientific Reports, 2014, 4(4): 5493.

[181] Wang D H, Jia L, Wu X L, et al. One-step hydrothermal synthesis of N-doped TiO_2/C nanocomposites with high visible light photocatalytic activity. Nanoscale, 2012, 4(2): 576-584.

[182] Zhao L, Chen X, Wang X, et al. One-step solvothermal synthesis of a carbon@TiO_2 dyade structure effectively promoting visible-light photocatalysis. Advanced Materials, 2010, 22(30): 3317-3321.

[183] Moustakas N G, Kontos A G, Likodimos V, et al. Inorganic-organic core-shell titania nanoparticles for efficient visible light activated photocatalysis. Applied Catalysis B: Environmental, 2013, 130-131(4): 14-24.

[184] 国家环境保护总局. 2005 中国环境状况公报. 环境保护, 2006, 12: 10-19.

[185] 李宝惠. 淘汰持久性有机污染物(POPs)最新进展. 山东环境, 2001, 1: 40-41.

[186] 伊茜. 新型芬顿法降解持久性多环芳烃有机污染物研究. 重庆: 重庆大学硕士学位论文, 2007.

[187] Chiang L C, Chang J E, Tseng S C. Electrochemical oxidation pretreatment of refractory organic pollutants. Water Science & Technology, 1997, 36(2): 123-130.

[188] Katsoyiannis A, Samara C. Persistent organic pollutants (POPs) in the conventional activated

sludge treatment process: Fate and mass balance. Environmental Research, 2005, 97(3): 245-257.

[189] Cao Q, Wang H, Zhang L, et al. Contamination of persistent organic pollutants (POPs) and its progress in treatment technology in China. Chinese Agricultural Science Bulletin, 2006, 22(2): 361-365.

[190] Pérez M, Torrades F, Domènech X, et al. Fenton and photo-Fenton oxidation of textile effluents. Water Research, 2002, 36(11): 2703-2710.

[191] Bautista P, Mohedano A F, Casas J A, et al. An overview of the application of Fenton oxidation to industrial wastewaters treatment. Journal of Chemical Technology & Biotechnology, 2008, 83(10): 1323-1338.

[192] Kim T H, Park C, Yang J, et al. Comparison of disperse and reactive dye removals by chemical coagulation and Fenton oxidation. Journal of Hazardous Materials, 2004, 112(1-2): 95-103.

[193] Li R, Jin X, Megharaj M, et al. Heterogeneous Fenton oxidation of 2, 4-dichlorophenol using iron-based nanoparticles and persulfate system. Chemical Engineering Journal, 2015, 264: 587-594.

[194] 魏玉江. 芬顿的原理与应用. 能源与节能, 2014, 3: 172-173.

[195] 徐楠楠. 铁系层状双金属氢氧化物非均相类芬顿反应及其机理研究. 上海: 上海大学硕士学位论文, 2015.

[196] 李春娟. 芬顿法和类芬顿法对水中污染物的去除研究. 哈尔滨: 哈尔滨工业大学硕士学位论文, 2009.

[197] 黎华恒, 张平, 严丹燕. 芬顿高级氧化技术在废水处理上的研究进展. 能源与环境, 2012, 3: 73-74.

[198] 程丽华, 黄君礼, 王丽. 草酸铁芬顿、UV/芬顿、暗芬顿降解对硝基酚的效果研究. 哈尔滨建筑大学学报, 2001, 34(2): 74-78.

[199] Gonzalez-Olmos R, Holzer F, Kopinke F D, et al. Indications of the reactive species in a heterogeneous Fenton-like reaction using Fe-containing zeolites. Applied Catalysis A General, 2011, 398(1-2): 44-53.

[200] 池勇志, 崔维花, 习钰兰, 等. Fe/Ce 负载型非均相芬顿法催化剂的制备及优化. 工业用水与废水, 2012, 43(3): 52-57.

[201] 邓小晖, 张海涛, 曹国民, 等. 芬顿试剂处理废水的研究与应用进展. 上海化工, 2007, 32(8): 1-5.

[202] 陈建新. 铁柱撑膨润土催化 UV-Fenton 降解染料的性能及其机理研究. 杭州: 浙江大学博士学位论文, 2007.

[203] Cui Z M, Chen Z, Cao C Y, et al. A yolk-hell structured Fe_2O_3@mesoporous SiO_2 nanoreactor for enhanced activity as a Fenton catalyst in total oxidation of dyes. Chemical Communications, 2013, 49(23): 2332-2334.

[204] Zhao Y, Hu J, Chen H. Elimination of estrogen and its estrogenicity by heterogeneous photo-Fenton catalyst β-FeOOH/resin. Journal of Photochemistry & Photobiology A Chemistry, 2010, 212(2): 94-100.

[205] Parida K M, Pradhan A C. Fe/meso-Al_2O_3: An efficient photo-Fenton catalyst for the

adsorptive degradation of phenol. Industrial & Engineering Chemistry Research, 2010, 49(18): 8310-8318.

[206] Yao Y, Wang L, Sun L, et al. Efficient removal of dyes using heterogeneous Fenton catalysts based on activated carbon fibers with enhanced activity. Chemical Engineering Science, 2013, 101(14): 424-431.

[207] 李芸. UV-Fenton/纳米 TiO_2 催化氧化法处理印染废水的研究. 武汉: 武汉理工大学硕士学位论文, 2010.

[208] Youngmin L, Woojin L. Degradation of trichloroethylene by Fe(Ⅱ) chelated with cross-linked chitosan in a modified Fenton reaction. Journal of Hazardous Materials, 2010, 178(1-3): 187-193.

[209] Shin S, Yoon H, Jang J. Polymer-encapsulated iron oxide nanoparticles as highly efficient Fenton catalysts. Catalysis Communications, 2009, 10(2): 178-182.

[210] 杨健, 杨嬗. 微电解预处理提高酒精废水可生化性的试验研究. 环境科学与技术, 2004, 27(6): 39-41.

[211] 陈芳艳, 钟宇, 何军, 等. 铁屑/焦炭/H_2O_2 法预处理焦化废水的试验研究. 环境科学与技术, 2007, 30(8): 90-92.

[212] 梁震, 王焰新. 纳米级零价铁的制备及其用于污水处理的机理研究. 环境保护, 2002, 4: 14-16.

[213] 邱贞龙, 李立, 丁利群, 等. 紫外光助类 Fenton 氧化法催化 1, 2-二氟-1, 1, 2, 2-四氯乙烷脱氟反应的研究. 西北农林科技大学学报: 自然科学版, 2013, 41(1): 103-108.

[214] 吴跃辉, 李明俊, 唐星华, 等. 光助芬顿法处理苯酚废水研究. 南昌航空大学学报(自然科学版), 2004, 18(4): 54-56.

[215] 张佳发, 姜成春. 电 Fenton 和电类 Fenton 法去除染料的研究. 南开大学学报(自然科学版), 2009, 42(5): 15-20.

[216] 张芳, 李光明, 赵修华, 等. 电 Fenton 法废水处理技术的研究现状与进展. 工业水处理, 2004, 24(12): 9-13.

[217] 任百祥, 杨春维. 超声 Fenton 氧化法处理中药废水的试验研究. 工业水处理, 2012, 32(8): 59-62.

[218] 任百祥, 刘伟, 王冬婉. 超声 Fenton 氧化法处理洗涤废水的研究. 吉林师范大学学报(自然科学版), 2015, 3: 101-104.

[219] 文军. 微波场强化 Fenton 反应. 广州: 华南理工大学硕士学位论文, 2002.

[220] Bhatnagar A, Hogland W, Marques M, et al. An overview of the modification methods of activated carbon for its water treatment applications. Chemical Engineering Journal, 2013, 219(3): 499-511.

[221] Rafatullah M, Sulaiman O, Hashim R, et al. Adsorption of methylene blue on low-cost adsorbents: A review. Journal of Hazardous Materials, 2010, 177(1-3): 70-80.

[222] Asfaram A, Ghaedi M, Hajati S, et al. Rapid removal of auramine-O and methylene blue by ZnS: Cu nanoparticles loaded on activated carbon: A response surface methodology approach. Journal of the Taiwan Institute of Chemical Engineers, 2015, 53: 80-91.

[223] Hua M, Zhang S, Pan B, et al. Heavy metal removal from water/wastewater by nanosized metal

oxides: A review. Journal of Hazardous Materials, 2012, 211-212: 317-331.

[224] Banerjee S, Gautam R K, Jaiswal A, et al. Rapid scavenging of methylene blue dye from aqueous solutions by adsorption on nanoalumina. RSC Advances, 2015, 5 (19): 14425-14440.

[225] Shahat A, Awual M R, Khaleque M A, et al. Large-pore diameter nano-adsorbent and its application for rapid lead(Ⅱ) detection and removal from aqueous media. Chemical Engineering Journal, 2015, 273: 286-295.

[226] Chan C, Chia C, Zakaria S, et al. Cellulose nanofibrils: A rapid adsorbent for the removal of methylene blue. RSC Advances, 2015, 5 (24): 18204-18212.

[227] Eichhorn S J, Dufresne A, Aranguren M, et al. Review: Current international research into cellulose nanofibres and nanocomposites. Journal of Materials Science, 2009, 45 (1): 1-33.

[228] Khalil H P S A, Bhat A H, Yusra A F I. Green composites from sustainable cellulose nanofibrils: A review. Carbohydrate Polymers, 2012, 87 (2): 963-979.

[229] Siqueira G, Bras J, Dufresne A. Cellulosic bionanocomposites: A review of preparation, properties and applications. Polymers, 2010, 2 (4): 728-765.

[230] Klemm D, Kramer F, Moritz S, et al. Nanocelluloses: A new family of nature-based materials. Angewandte Chemie International Edition, 2011, 50 (24): 5438-5466.

[231] Saito T, Nishiyama Y, Putaux J L, et al. Homogeneous suspensions of individualized microfibrils from TEMPO-catalyzed oxidation of native cellulose. Biomacromolecules, 2006, 7 (6): 1687-1691.

[232] Pääkkö M, Ankerfors M, Kosonen H, et al. Enzymatic hydrolysis combined with mechanical shearing and high-pressure homogenization for nanoscale cellulose fibrils and strong gels. Biomacromolecules, 2007, 8 (6): 1934-1941.

[233] Deepa B, Abraham E, Cherian B M, et al. Structure, morphology and thermal characteristics of banana nano fibers obtained by steam explosion. Bioresource Technology, 2011, 102 (2): 1988-1997.

[234] Wang Q Q, Zhu J Y, Gleisner R, et al. Morphological development of cellulose fibrils of a bleached eucalyptus pulp by mechanical fibrillation. Cellulose, 2012, 19 (5): 1631-1643.

[235] Cheng Q, Wang S, Rials T G. Poly (vinyl alcohol) nanocomposites reinforced with cellulose fibrils isolated by high intensity ultrasonication. Composites Part A Applied Science & Manufacturing, 2009, 40 (2): 218-224.

[236] Dimicmisic K, Gane P A C, Paltakari J. Micro- and nanofibrillated cellulose as a rheology modifier additive in CMC-containing pigment-coating formulations. Industrial & Engineering Chemistry Research, 2013, 52 (45): 16066-16083.

[237] Zheng G, Cui Y, Karabulut E, et al. Nanostructured paper for flexible energy and electronic devices. MRS Bulletin, 2013, 38 (4): 320-325.

[238] Ninan N, Muthiah M, Park I K, et al. Pectin/carboxymethyl cellulose/microfibrillated cellulose composite scaffolds for tissue engineering. Carbohydrate Polymers, 2013, 98 (1): 877-885.

[239] Basu S, Bhattacharyya P. Recent developments on graphene and graphene oxide based solid state gas sensors. Sensors & Actuators B Chemical, 2012, 173: 1-21.

[240] Yang S T, Chen S, Chang Y, et al. Removal of methylene blue from aqueous solution by

graphene oxide. Journal of Colloid & Interface Science, 2011, 359(1): 24-29.

[241] Liu Y, Zhou J, Zhu E, et al. Facile synthesis of bacterial cellulose fibres covalently intercalated with graphene oxide by one-step cross-linking for robust supercapacitors. Journal of Materials Chemistry C, 2015, 3(5): 1011-1017.

[242] Wang B, Lou W, Wang X, et al. Relationship between dispersion state and reinforcement effect of graphene oxide in microcrystalline cellulose-graphene oxide composite films. Journal of Materials Chemistry, 2012, 22(25): 12859-12866.

[243] Chia C H, Razali N F, Sajab M S, et al. Methylene blue adsorption on graphene oxide. Sains Malaysiana, 2013, 42(6): 819-826.

[244] Zhou X, Yang X. Improved dispersibility of graphene oxide in *o*-dichlorobenzene by adding a poly(3-alkylthiophene). Carbon, 2012, 50(12): 4566-4572.

[245] Tiwari J N, Mahesh K, Le N H, et al. Reduced graphene oxide-based hydrogels for the efficient capture of dye pollutants from aqueous solutions. Carbon, 2013, 56(5): 173-182.

[246] Mi X, Huang G, Xie W, et al. Preparation of graphene oxide aerogel and its adsorption for Cu^{2+} ions. Carbon, 2012, 50(13): 4856-4864.

[247] Yu B, Xu J, Liu J H, et al. Adsorption behavior of copper ions on graphene oxide-chitosan aerogel. Journal of Environmental Chemical Engineering, 2013, 1(4): 1044-1050.

[248] Algothmi W M, Bandaru N M, Yang Y, et al. Alginate-graphene oxide hybrid gel beads: An efficient copper adsorbent material. Journal of Colloid & Interface Science, 2013, 397(5): 32-38.

[249] Zhang X, Cheng C, Zhao J, et al. Polyethersulfone enwrapped graphene oxide porous particles for water treatment. Chemical Engineering Journal, 2013, 215-216(2): 72-81.

[250] Fan L, Luo C, Sun M, et al. Highly selective adsorption of lead ions by water-dispersible magnetic chitosan/graphene oxide composites. Colloids & Surfaces B Biointerfaces, 2013, 103(1): 523-529.

[251] Fan L, Luo C, Sun M, et al. Preparation of novel magnetic chitosan/graphene oxide composite as effective adsorbents toward methylene blue. Bioresource Technology, 2012, 114(2): 703-706.

[252] Sajab M S, Chia C H, Chi H C, et al. Bifunctional graphene oxide-cellulose nanofibril aerogel loaded with Fe(Ⅲ) for the removal of cationic dye via simultaneous adsorption and Fenton oxidation. RSC Advances, 2016, 6(24): 19819-19825.

[253] Ho Y S, Mckay G. Pseudo-second order model for sorption processes. Process Biochemistry, 1999, 34(5): 451-465.

[254] Chen W, Yu H, Li Q, et al. Ultralight and highly flexible aerogels with long cellulose Ⅰ nanofibers. Soft Matter, 2011, 7(21): 10360-10368.

[255] Yao L, Lu Y, Wang Y, et al. Effect of graphene oxide on the solution rheology and the film structure and properties of cellulose carbamate. Carbon, 2014, 69(4): 552-562.

[256] Chook S W, Chia C H, Zakaria S, et al. A graphene oxide facilitated a highly porous and effective antibacterial regenerated cellulose membrane containing stabilized silver nanoparticles. Cellulose, 2014, 21(6): 4261-4270.

[257] Wang L, Yao Y, Zhang Z, et al. Activated carbon fibers as an excellent partner of Fenton catalyst for dyes decolorization by combination of adsorption and oxidation. Chemical Engineering Journal, 2014, 251(4): 348-354.

[258] Langmuir I. The constitution and fundamental properties of solids and liquids. Part I. Solids. Journal of the American Chemical Society, 1916, 38(11): 2221-2295.

[259] Guz L, Curutchet G, Sánchez R M T, et al. Adsorption of crystal violet on montmorillonite (or iron modified montmorillonite) followed by degradation through Fenton or photo-Fenton type reactions. Journal of Environmental Chemical Engineering, 2014, 2(4): 2344-2351.

[260] Oksman K, Aitomäki Y, Mathew A P, et al. Review of the recent developments in cellulose nanocomposite processing. Composites Part A Applied Science & Manufacturing, 2016, 83: 2-18.

[261] Reza M T, Rottler E, Tölle R, et al. Production, characterization, and biogas application of magnetic hydrochar from cellulose. Bioresource Technology, 2015, 186: 34-43.

[262] Zhu W, Ma W, Li C, et al. Well-designed multihollow magnetic imprinted microspheres based on cellulose nanocrystals (CNCs) stabilized pickering double emulsion polymerization for selective adsorption of bifenthrin. Chemical Engineering Journal, 2015, 276: 249-260.

[263] 卿彦, 蔡智勇, 吴义强, 等. 纤维素纳米纤丝研究进展. 林业科学, 2012, 48(7): 145-152.

[264] 陈文帅, 于海鹏, 刘一星, 等. 木质纤维素纳米纤丝制备及形态特征分析. 高分子学报, 2010, 1(11): 1320-1326.

[265] 李勍. 纤维素纳米纤丝高强度膜材料的制备与性能. 哈尔滨: 东北林业大学博士学位论文, 2013.

[266] Chen W, Abe K, Uetani K, et al. Individual cotton cellulose nanofibers: Pretreatment and fibrillation technique. Cellulose, 2014, 21(3): 1517-1528.

[267] Wang H, Li D, Yano H, et al. Preparation of tough cellulose Ⅱ nanofibers with high thermal stability from wood. Cellulose, 2014, 21(3): 1505-1515.

[268] Bufalino L, Neto A R D S, Tonoli G H D, et al. How the chemical nature of Brazilian hardwoods affects nanofibrillation of cellulose fibers and film optical quality. Cellulose, 2015, 22(6): 3657-3672.

[269] Fonseca C S, Silva T F D, Silva M F, et al. Eucalyptus cellulose micro/nanofibrils in extruded fiber-cement composites. Cerne, 2016, 22(1): 59-68.

[270] Abe K, Yano H. Formation of hydrogels from cellulose nanofibers. Carbohydrate Polymers, 2011, 85(4): 733-737.

[271] Baetens R, Jelle B P, Gustavsen A. Aerogel insulation for building applications: A state-of-the-art review. Energy & Buildings, 2011, 43(4): 761-769.

[272] Chin S F, Romainor A N B, Pang S C. Fabrication of hydrophobic and magnetic cellulose aerogel with high oil absorption capacity. Materials Letters, 2014, 115(2): 241-243.

[273] Carlsson D O, Nyström G, Zhou Q, et al. Electroactive nanofibrillated cellulose aerogel composites with tunable structural and electrochemical properties. Journal of Materials Chemistry, 2012, 22(36): 19014-19024.

[274] Gericke M, Trygg J, Fardim P. Functional cellulose beads: Preparation, characterization, and

applications. Chemical Reviews, 2013, 113(7): 4812-4836.

[275] Wan C, Jian L. Synthesis of well-dispersed magnetic $CoFe_2O_4$ nanoparticles in cellulose aerogels via a facile oxidative co-precipitation method. Carbohydrate Polymers, 2015, 134: 144-150.

[276] Innerlohinger J, Weber H K, Kraft G. Aerocellulose: Aerogels and aerogel-like materials made from cellulose. Macromolecular Symposia, 2006, 244(1): 126-135.

[277] Heath L, Thielemans W. Cellulose nanowhisker aerogels. Green Chemistry, 2010, 12(8): 1448-1453.

[278] Small A C, Johnston J H. Novel hybrid materials of magnetic nanoparticles and cellulose fibers. Journal of Colloid & Interface Science, 2009, 331(1): 122-126.

[279] Liu S, Yan Q, Tao D, et al. Highly flexible magnetic composite aerogels prepared by using cellulose nanofibril networks as templates. Carbohydrate Polymers, 2012, 89(2): 551-557.

[280] Olsson R T, Samir M A S A, Salazar-Alvarez G, et al. Making flexible magnetic aerogels and stiff magnetic nanopaper using cellulose nanofibrils as templates. Nature Nanotechnology, 2010, 5(8): 584-588.

[281] Nogueira R F P, Trovó A G, Silva M R A D, et al. Fundaments and environmental applications of fenton and photo-Fenton processes. Química Nova, 2007, 30: 400-408.

[282] Luo X, Zhang L. High effective adsorption of organic dyes on magnetic cellulose beads entrapping activated carbon. Journal of Hazardous Materials, 2009, 171(1-3): 340-347.

[283] Arantes A C, Almeida C D, Dauzacker L C, et al. Renewable hybrid nanocatalyst from magnetite and cellulose for treatment of textile effluents. Carbohydrate Polymers, 2017, 163: 101-107.

[284] Tonoli G H D, Holtman K M, Glenn G, et al. Properties of cellulose micro/nanofibers obtained from eucalyptus pulp fiber treated with anaerobic digestate and high shear mixing. Cellulose, 2016, 23(2): 1239-1256.

[285] Schwertmann H C U, Cornell R M. Iron oxides in the laboratory: Preparation and characterization. Clay Minerals, 1992, 27(3): 393.

[286] Nakagaito A N, Yano H. The effect of morphological changes from pulp fiber towards nano-scale fibrillated cellulose on the mechanical properties of high-strength plant fiber based composites. Applied Physics A, 2004, 78(4): 547-552.

[287] Uetani K, Yano H. Nanofibrillation of wood pulp using a high-speed blender. Biomacromolecules, 2011, 12(2): 348-353.

[288] Tonoli G H D, Fuente E, Monte C, et al. Effect of fibre morphology on flocculation of fibre-cement suspensions. Cement & Concrete Research, 2009, 39(11): 1017-1022.

[289] Tonoli G H D, Filho U P R, Savastano H, et al. Cellulose modified fibres in cement based composites. Composites Part A Applied Science & Manufacturing, 2009, 40(12): 2046-2053.

[290] Thommes M, Kaneko K, Neimark A V, et al. Physisorption of gases, with special reference to the evaluation of surface area and pore size distribution (IUPAC Technical Report). Pure and Applied Chemistry, 2015, 87(9-10): 1051-1069.

[291] Cornell R M, Schwertmann U. The Iron Oxides: Structure, Properties, Reactions, Occurences

and Uses. Hoboken: John Wiley & Sons, 2003.

[292] 邹局春, 郑志锋, 凌敏, 等. 核桃壳纤维素降解的 FTIR 特征. 林业科学, 2008, 44(3): 129-134.

[293] 胡爱华, 邢世岩, 巩其亮. 基于 FTIR 的针阔叶材木质素和纤维素特性. 东北林业大学学报, 2009, 37(9): 79-81.

[294] Sang Y O, Dong I Y, Shin Y, et al. FTIR analysis of cellulose treated with sodium hydroxide and carbon dioxide. Carbohydrate Research, 2005, 340(3): 417-428.

[295] Zugenmaier P. Crystalline Cellulose and Derivatives. Berlin: Springer Science & Business Media, 2008.

[296] Sasaki S. Radial distribution of electron density in magnetite, Fe_3O_4. Acta Crystallographica Section B: Structural Science, 2010, 53(5): 762-766.

[297] Munoz M, Pedro Z M D, Casas J A, et al. Preparation of magnetite-based catalysts and their application in heterogeneous Fenton oxidation: A review. Applied Catalysis B Environmental, 2015, 176-177: 249-265.

[298] He J, Yang X, Men B, et al. Interfacial mechanisms of heterogeneous Fenton reactions catalyzed by iron-based materials: A review. Journal of Environmental Sciences, 2016, 39: 97-109.

[299] Nidheesh P V, Gandhimathi R, Ramesh S T. Degradation of dyes from aqueous solution by Fenton processes: A review. Environmental Science & Pollution Research International, 2013, 20(4): 2099-2132.

[300] Pouran S R, Raman A A A, Wan M A W D. Review on the application of modified iron oxides as heterogeneous catalysts in Fenton reactions. Journal of Cleaner Production, 2014, 64(2): 24-35.

[301] Aksu Z. Application of biosorption for the removal of organic pollutants: A review. Process Biochemistry, 2005, 40(3-4): 997-1026.

[302] Yagub M T, Sen T K, Afroze S, et al. Dye and its removal from aqueous solution by adsorption: A review. Advances in Colloid and Interface Science, 2014, 209: 172-184.

[303] Lee C S, Robinson J, Chong M F. A review on application of flocculants in wastewater treatment. Process Safety and Environmental Protection, 2014, 92(6): 489-508.

[304] Renault F, Sancey B, Badot P-M, et al. Chitosan for coagulation/flocculation processes-An eco-friendly approach. European Polymer Journal, 2009, 45(5): 1337-1348.

[305] Oturan M A, Aaron J J. Advanced oxidation processes in water/wastewater treatment: Principles and applications. A review. Critical Reviews in Environmental Science & Technology, 2014, 44(23): 2577-2641.

[306] Zangeneh H, Zinatizadeh A A L, Habibi M, et al. Photocatalytic oxidation of organic dyes and pollutants in wastewater using different modified titanium dioxides: A comparative review. Journal of Industrial & Engineering Chemistry, 2015, 26: 1-36.

[307] 张德莉, 黄应平, 罗光富, 等. Fenton 及 Photo-Fenton 反应研究进展. 环境化学, 2006, 25(2): 121-127.

[308] 罗小叶, 洪军, 谷静丽, 等. 零价铁类Fenton试剂氧化降解废水中有机污染物的研究进展.

化工环保, 2013, 33(2): 129-133.

[309] Fenton H J H. LXXIII.-Oxidation of tartaric acid in presence of iron. Journal of the Chemical Society, Transactions, 1894, 65: 899-910.

[310] Pignatello J J, Oliveros E, Mackay A. Advanced oxidation processes for organic contaminant destruction based on the Fenton reaction and related chemistry. Critical Reviews in Environmental Science & Technology, 2006, 36(1): 1-84.

[311] Eisenhauer H R. Chemical removal of ABS from wastewater effluents. Water Pollution Control Federation, 1965, 37(11): 1567-1577.

[312] 姜波, 李芬, 刘硕, 等. 芬顿试剂处理苯酚废水的实验研究. 黑龙江环境通报, 2009, 33(4): 15-16.

[313] Neamtu M, Yediler A, Siminiceanu I, et al. Oxidation of commercial reactive azo dye aqueous solutions by the photo-Fenton and Fenton-like processes. Journal of Photochemistry & Photobiology A Chemistry, 2003, 161(1): 87-93.

[314] Haber F, Weiss J. The catalytic decomposition of hydrogen peroxide by iron salts. Proceedings of the Royal Society A Mathematical Physical & Engineering Sciences, 1934, 147(147): 332-351.

[315] Goldstein S, Dan M. Comments on the mechanism of the "Fenton-like" reaction. Accounts of Chemical Research, 1999, 32(7): 547-550.

[316] Sutton H C. Formate oxidation induced by a copper peroxo complex produced in Fenton-like reactions. Journal of the Chemical Society Faraday Transactions Physical Chemistry in Condensed Phases, 1989, 85(4): 883-893.

[317] Hug S J, Leupin O. Iron-catalyzed oxidation of arsenic(Ⅲ) by oxygen and by hydrogen peroxide: pH-dependent formation of oxidants in the Fenton reaction. Environmental Science & Technology, 2003, 37(12): 2734-2742.

[318] Babuponnusami A, Muthukumar K. A review on Fenton and improvements to the Fenton process for wastewater treatment. Journal of Environmental Chemical Engineering, 2014, 2(1): 557-572.

[319] Bagal M V, Gogate P R. Wastewater treatment using hybrid treatment schemes based on cavitation and Fenton chemistry: A review. Ultrasonics Sonochemistry, 2014, 21(1): 1-14.

[320] Laine D F, Cheng I F. The destruction of organic pollutants under mild reaction conditions: A review. Microchemical Journal, 2007, 85(2): 183-193.

[321] Pinto I S X, Pacheco P H V V, Coelho J V, et al. Nanostructured δ-FeOOH: An efficient Fenton-like catalyst for the oxidation of organics in water. Applied Catalysis B Environmental, 2012, 119-120(120): 175-182.

[322] Li Y C, Bachas L G, Bhattacharyya D. Kinetics studies of trichlorophenol destruction by chelate-based Fenton reaction. Environmental Engineering Science, 2005, 22(6): 756-771.

[323] Yoshikawa M, Miyahara S. A comparative study of several transition metals in Fenton-like reaction systems at circum-neutral pH. Acta Chimica Slovenica, 2003, 50(4): 619-632.

[324] Costa R C C, Moura F C C, Ardisson J D, et al. Highly active heterogeneous Fenton-like systems based on Fe^0/Fe_3O_4 composites prepared by controlled reduction of iron oxides.

Applied Catalysis B Environmental, 2008, 83(1): 131-139.

[325] Xu L, Wang J. Magnetic nanoscaled Fe_3O_4/CeO_2 composite as an efficient Fenton-like heterogeneous catalyst for degradation of 4-chlorophenol. Environmental Science & Technology, 2012, 46(18): 10145-10153.

[326] Moura F C C, Araujo M H, Costa R C C, et al. Efficient use of Fe metal as an electron transfer agent in a heterogeneous Fenton system based on Fe^0/Fe_3O_4 composites. Chemosphere, 2005, 60(8): 1118-1123.

[327] Garrido-Ramírez E G, Theng B K G, Mora M L. Clays and oxide minerals as catalysts and nanocatalysts in Fenton-like reactions—a review. Applied Clay Science, 2010, 47(3): 182-192.

[328] Wang N, Zheng T, Zhang G, et al. A review on Fenton-like processes for organic wastewater treatment. Journal of Environmental Chemical Engineering, 2015, 4(1): 762-787.

[329] Cleveland V, Bingham J P, Kan E. Heterogeneous Fenton degradation of bisphenol A by carbon nanotube-supported Fe_3O_4. Separation & Purification Technology, 2014, 133: 388-395.

[330] Xie H, He W, Chen G. Preparation for magnetic nanoparticles Fe_3O_4 and Fe_3O_4@SiO_2 and heterogeneous Fenton catalytic degradation of methylene blue. Journal of the Chinese Chemical Society, 2016, 62(12): 1144-1148.

[331] Zubir N A, Yacou C, Motuzas J, et al. Structural and functional investigation of graphene oxide-Fe_3O_4 nanocomposites for the heterogeneous Fenton-like reaction. Scientific Reports, 2014, 4(6179): 4594.

[332] Gu L, Zhu N, Guo H, et al. Adsorption and Fenton-like degradation of naphthalene dye intermediate on sewage sludge derived porous carbon. Journal of Hazardous Materials, 2013, 246: 145-153.

[333] Deng J, Wen X, Wang Q. Solvothermal in situ synthesis of Fe_3O_4-multi-walled carbon nanotubes with enhanced heterogeneous Fenton-like activity. Materials Research Bulletin, 2012, 47(11): 3369-3376.

[334] Hua Z, Ma W, Bai X, et al. Heterogeneous Fenton degradation of bisphenol A catalyzed by efficient adsorptive Fe_3O_4/GO nanocomposites. Environmental Science & Pollution Research, 2014, 21(12): 7737-7745.

[335] Huang J, Gu Y. Self-assembly of various guest substrates in natural cellulose substances to functional nanostructured materials. Current Opinion in Colloid & Interface Science, 2011, 16(6): 470-481.

[336] Zhao H, Weng L, Cui W W, et al. In situ anchor of magnetic Fe_3O_4 nanoparticles onto natural maifanite as efficient heterogeneous Fenton-like catalyst. Frontiers of Materials Science, 2016, 10(3): 300-309.

[337] Seyed Dorraji M S, Mirmohseni A, Carraro M, et al. Fenton-like catalytic activity of wet-spun chitosan hollow fibers loaded with Fe_3O_4 nanoparticles: Batch and continuous flow investigations. Journal of Molecular Catalysis A: Chemical, 2015, 398: 353-357.

[338] Wang Z, Fang C, Megharaj M. Characterization of iron-polyphenol nanoparticles synthesized by three plant extracts and their Fenton oxidation of azo dye. ACS Sustainable Chemistry & Engineering, 2014, 2(4): 1022-1025.

[339] Jing T, Peng D, Xia W, et al. Electrodeposition of Ag nanoparticles on conductive polyaniline/cellulose aerogels with increased synergistic effect for energy storage. Carbohydrate Polymers, 2017, 156: 19-25.

[340] Wan C, Jiao Y, Qiang T, et al. Cellulose-derived carbon aerogels supported goethite (α-FeOOH) nanoneedles and nanoflowers for electromagnetic interference shielding. Carbohydrate Polymers, 2016, 156: 427-434.

[341] Wan C, Li J. Facile synthesis of well-dispersed superparamagnetic γ-Fe_2O_3 nanoparticles encapsulated in three-dimensional architectures of cellulose aerogels and their applications for Cr(Ⅵ) removal from contaminated water. ACS Sustainable Chemistry & Engineering, 2015, 3(9): 2142-2152.

[342] Cai J, Kimura S, Wada M, et al. Nanoporous cellulose as metal nanoparticles support. Biomacromolecules, 2009, 10(1): 87-94.

[343] Wan C, Li J. Cellulose aerogels functionalized with polypyrrole and silver nanoparticles: In-situ synthesis, characterization and antibacterial activity. Carbohydrate Polymers, 2016, 146: 362-367.

[344] Wan C, Lu Y, Cao J, et al. Preparation, characterization and oil adsorption properties of cellulose aerogels from four kinds of plant materials via a NaOH/PEG aqueous solution. Fibers & Polymers, 2015, 16(2): 302-307.

[345] Deng H, Li X, Peng Q, et al. Monodisperse magnetic single-crystal ferrite microspheres. Angewandte Chemie, 2005, 117(18): 2842-2845.

[346] Liu S, Zhang L, Zhou J, et al. Structure and properties of cellulose/Fe_2O_3 nanocomposite fibers spun via an effective pathway. The Journal of Physical Chemistry C, 2008, 112(12): 4538-4544.

[347] Luo X, Liu S, Zhou J, et al. In situ synthesis of Fe_3O_4/cellulose microspheres with magnetic-induced protein delivery. Journal of Materials Chemistry, 2009, 19(21): 3538-3545.

[348] Han J, Zhou C, Wu Y, et al. Self-assembling behavior of cellulose nanoparticles during freeze-drying: Effect of suspension concentration, particle size, crystal structure, and surface charge. Biomacromolecules, 2013, 14(5): 1529-1540.

[349] Yamashita T, Hayes P. Analysis of XPS spectra of Fe^{2+} and Fe^{3+} ions in oxide materials. Applied Surface Science, 2008, 254(8): 2441-2449.

[350] Han F, Ma L J, Sun Q, et al. Rationally designed carbon-coated Fe_3O_4 coaxial nanotubes with hierarchical porosity as high-rate anodes for lithium ion batteries. Nano Research, 2014, 7(11): 1706-1717.

[351] Hu C, Duo S, Liu T, et al. Low temperature facile synthesis of anatase TiO_2 coated multiwalled carbon nanotube nanocomposites. Materials Letters, 2010, 64(22): 2472-2474.

[352] Wu Y, Yao C, Hu Y, et al. Flame retardancy and thermal degradation behavior of red gum wood treated with hydrate magnesium chloride. Journal of Industrial & Engineering Chemistry, 2014, 20(5): 3536-3542.

[353] Gaudisson T, Artus M, Acevedo U, et al. On the microstructural and magnetic properties of fine-grained $CoFe_2O_4$ ceramics produced by combining polyol process and spark plasma

sintering. Journal of Magnetism & Magnetic Materials, 2014, 370(23): 87-95.

[354] Frey N A, Peng S, Cheng K, et al. Magnetic nanoparticles: Synthesis, functionalization, and applications in bioimaging and magnetic energy storage. Chemical Society Reviews, 2009, 38(9): 2532-2542.

[355] Gijs M A M. Magnetic bead handling on-chip: New opportunities for analytical applications. Microfluidics & Nanofluidics, 2004, 1(1): 22-40.

[356] Hu X, Liu B, Deng Y, et al. Adsorption and heterogeneous Fenton degradation of 17α-methyltestosterone on nano Fe_3O_4/MWCNTs in aqueous solution. Applied Catalysis B Environmental, 2011, 107(3): 274-283.

[357] Lin S-S, Gurol M D. Catalytic decomposition of hydrogen peroxide on iron oxide: Kinetics, mechanism, and implications. Environmental Science & Technology, 1998, 32(10): 1417-1423.

第 8 章　纤维素气凝胶基电磁屏蔽材料

8.1　电磁波的危害

8.1.1　引言

随着时代的进步，科学技术的发展，人类进入了信息社会。我们身边总少不了电视机、手机、微波炉、电脑、音箱、洗衣机等。这些不仅方便了我们的生活，也让信息的传递更快捷。但有没有想过？这些物品，它们是怎么运作的？例如电视、手机、电脑，它们又是如何传递信息的呢？通过查找相关资料，知道它们靠的全是电磁波。那么电磁波又是什么呢？原来，变化的电场会引起一个变化的磁场，同时，变化的磁场亦会引起一个变化的电场，不断变化的电场和磁场，就会形成一个向空间传播的电磁波。

人们通常所说的电磁波，主要是指无线电波。然而，在经典物理学中所说的电磁波，除了无线电波之外，还包括可见光、紫外线、红外线、X 射线、γ 射线等。19 世纪 60 年代，英国物理学家麦克斯韦(J. C. Maxwell，1831～1879 年)，在前人理论和实验研究的基础上，总结提出了完整的电磁波理论，建立了电磁波的基本方程组[1]。1887 年，德国物理学家赫兹(H. R. Hertz，1857～1894 年)用振荡器产生了电磁波，并首先发现控制电磁波传播的方法，为电磁波的应用开辟了道路。1895 年，俄国物理学家波波夫(A. C. Попов，1859～1906 年)完成了无线电报的发射和接收实验。此后，电磁波开始广泛应用于无线电广播、无线电通信、卫星通信、无线电导航、雷达、电视广播等通信系统，以及高压输电网、高频淬火、焊接、熔炼、塑料热合、微波加热、微波干燥、微波治疗等工业生产、医疗卫生和科学研究等领域[2-4]。

无线电波按波长可分为长波、中波、短波、微波和混合波；按频率可分为低频、高频、超高频和特高频[5]。高频：即中波和短波，波长 10～3000m，频率 10^5～3×10^7Hz，来源包括高频淬火、熔炼、焊接、切割等感应加热设备，高频介质加热设备、塑料加工、食品烘干设备、无线电广播与通信等。超高频：即短波 1～10m，频率 3×10^7～3×10^8Hz，来源包括无线电通信、电视信号发射、医疗电器设备、电气化铁路等。特高频：即微波，波长 0.001～1m，频率 3×10^8～3×10^{10}Hz，来源包括无线电定位、导航、雷达等。变化的电场和变化的磁场相互作用时会产生一种能量流的辐射，它便是电磁辐射。当环境中电磁场强度超过一定限值时，它就是一个重要的环境污染要素，对公众的身体健康有潜在的、长期的影响；对家用电器、医疗设备、军用设施等，都有一定的干扰。所以，电磁波既是有益于社会发展的信息载体和能量流载体，又是潜在的危害身体健康的重要因素[6-9]。

8.1.2　基本概念

什么是电磁波？麦克斯韦的电磁场理论指出，如果空间某一区域内有变化的电场，那么在其邻近区域内，必将产生变化的磁场，这种变化的磁场又在较远的区域内产生新的变化电场。同样，如果空间某一区域内有变化的磁场，那么在其邻近区域内，必将产生变化的电场，这种变化的电场又在较远的区域内产生新的变化磁场。这种交替变化产生的电场和磁场，以波动方式向空间传播能量的过程，称为电磁辐射，或者电磁波。电磁波是能量在空间传播的一种形式。在传播的过程中，电场和磁场在空间里是相互垂直的，两者又都垂直于传播方向(图 8-1) [10]。

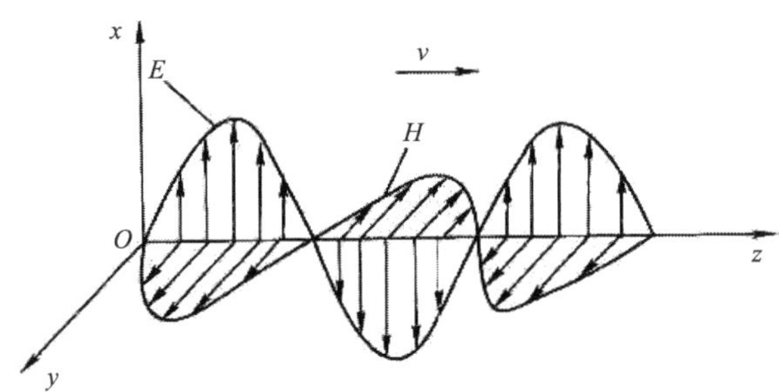

图 8-1　平面电磁波的空间传播形式

电磁波的传播速度与传播媒质有关。在真空中，电磁波的传播速度等于光速。在介质中的传播速度 v_ε 为

$$v_\varepsilon = \frac{C}{\sqrt{\varepsilon_r}} \tag{8-1}$$

式中，C 为真空中电磁波的传播速度(3×10^{-8}m/s)；ε_r 为介质的相对介电常数。空气中的相对介电常数略大于 1，因此电磁波在空气中的传播速度，略小于光速，通常近似认为等于光速。

电磁波有波长、频率和周期。在一个运动周期内，电磁波传播的距离，称为波长(λ)。电磁波传输一个波长的距离所需要的时间，称为电磁波的周期(T)。在单位时间内，电磁波在传输的距离中完成的波动周期的个数，称为电磁波的频率(f)。单位时间内，电磁波传播的距离，称为电磁波的波速。电磁波的波长、频率和传播速度之间有如下的数量关系：

$$\lambda = \frac{v}{f} \text{或} \lambda = Tv \tag{8-2}$$

式中，v 为电磁波的传播速度，单位为 m/s；f 为电磁波的传播频率，单位为 Hz；λ 为电磁波的波长，单位为 m。

按照波长(或频率)的大小，电磁波大致可以分为：无线电波、紫外线、可见光、红外线、γ 射线和 X 射线等。

无线电波。一般国家电力系统的交流电频率为 50Hz 或 60Hz。我国电力系统的交流电频率为 50Hz。当交变电流的频率达到每秒钟十万赫兹以上时，在振荡电路(发射天线)周围形成高频率变化的电磁场，这就是我们所说的高频电磁场，又称为射频电磁场。因为它们早期主要用于无线电广播，所以又称为无线电波。无线电波在电磁波谱中占有很宽的谱段。

可见光。在整个电磁波谱中，可见光只占很小一部分。人眼看到的不同颜色，实际上是不同波长的电磁波。白光是各种颜色可见光的混合体。可见光，带给人类一个光明的世界。自然界中的可见光是太阳供给我们的。

红外线。红外线是威廉·赫歇尔(William Hershel)在 1800 年发现的[11]。红外线最显著的特征，就是它的热效应。人体接收红外线照射时，会有热的感觉。通常所说的热辐射，主要就是指红外线辐射。生产和生活中常用红外线的热效应来烘烤物体，加热房间[12]。红外线还可以用于红外照相，并可以制成夜视仪，在夜间观察物体[13]。红外雷达、红外通信都是利用定向发射的红外线[14, 15]，这些仪器在军事上有重要用途。物质的化学成分和分子结构，同它所吸收的红外线的波谱有密切关系。因此，研究物质对红外线的吸收情况，可以确定物质的组成和分子结构[16-18]。红外分析，是化学工程上常用的分析方法。

紫外线。太阳光谱中，包括大量的紫外线，汞灯也辐射大量的紫外线。紫外线有明显的生理作用，可以杀死细菌，在医学上有重要应用价值[19, 20]。许多昆虫对于紫外线特别敏感，农村里常用紫外光灯(黑光灯)诱捕有害昆虫[21, 22]。

X 射线。X 射线具有很强的穿透能力，它能使照相底片感光，使荧光屏发光，利用这种性质可以透视人体内部的病变，也可以用来检查金属物体内部的缺陷。由于 X 射线的波长与晶体中原子间距线度相当，因此在科学研究中，常用 X 射线来分析晶体的结构[23-27]。

γ 射线。γ 射线是一种波长极短的电磁波。它的能量比 X 射线更大，穿透本领更强。γ 射线有多方面的用途，如用于金属物体的内部探伤等[28, 29]。研究 γ 射线，还可以帮助我们了解原子内部的结构。

8.1.3　电磁波的产生机理

电磁辐射的产生主要来源于什么？电磁辐射可以分为两种：①天然。地球热辐射、太阳热辐射、宇宙辐射、雷电等，地球本身就是一个大的磁场，太阳光也是电磁波的一个频段，还有雷电和其他星球产生的电磁波，这都是自然产生的。天然本底水平的电磁环境，对人体没有任何危害[30-32]。②人工。随着科学的发展，人类发明了许多利用电磁能工作的设施，这些设施大量地向环境中发射电磁辐射或产生电场、磁场，使环境中的电磁本底水平极大的增高，如广播电视、雷达、工业科研医疗设备等。

电磁辐射对我们的健康有哪些影响？电磁辐射是一种复合的电磁波，以相互垂直的电场和磁场随时间的变化而传递能量。人体生命活动包含一系列的生物电活动，这些生物电对环境的电磁波非常敏感，因此电磁辐射可以对人体造成影响和损害。而且，电磁辐射对人体的危害可以分为两大方面，热效应和非热效应[33-35]。热效应：当人体接收电磁辐射时，体内分子会随着电磁场的转换快速运动，使人体升温，引起中枢神经和植物精神系统的功能障碍，主要为头晕、失眠、健忘等亚健康表现。人体内所含的蛋白质和水分子等都是不均匀电介质，在变化的电磁场中，随电场的变化而不断振动，分子之间相互摩擦产生热量。一般情况下，人体对这种热量有调节和扩散功能，但如果热量产生的速度太快，超过人体正常的调节能力时，这种热量就会在人体中积累，从而使蛋白质温度升高。我们日常使用的微波炉就是利用电磁辐射热效应原理工作的。非热效应：即吸收辐射不足以引起体温升高，但也引起生理变化和反应。生活和工作在这种环境中过久，会出现头晕、疲乏无力、记忆力衰退、食欲减退等临床症状。人体如果长期处在强磁场中，则会影响神经系统正常功能，甚至导致神经紊乱等。目前科学研究，对热效应已有定量的结论。对非热效应，还没有定量的值，只有定性的结论。不同的人，对电磁辐射的抵抗能力不同；同一个人，不同的器官，抵抗能力也不同。在人为的电磁辐射中，手机和移动通信基站对人体危害的程度较为显著。

8.1.4　电磁波污染的危害

关于电磁辐射对人体健康是否有害的问题，世界卫生组织(WHO)于 1996 年启动课题研究，包括中国在内有 60 多个国家参与该项研究，历经 11 年，2006 年得出结论：过量的电磁辐射才会对人体产生危害，低频电磁辐射对人体健康影响微弱。那么多强的电磁辐射才算过量呢?基于人体安全考虑，世界卫生组织、国际非电离辐射防护委员会(ICNIRP)、美国国家标准研究院(ANSI)、电子和电气工程师协会(IEEE)等组织提出电磁辐射对人体影响的安全标准，对公众和职业暴露给出了最高频率到 300GHz 的暴露限值。目前通用标准有两个：一个是欧洲使用的 2W/kg，另一个是美国使用的 1.6W/kg。电磁波辐射看不见、摸不着、闻不到，但却无处不有。人体时时刻刻处于一定能量电磁波辐射环境中，当其频率超过 105Hz 时就对人体有害。电磁波辐射源的输出功率越大，辐射强度越大，波长越短，频率越高，距离越近，接触时间越长，环境温度越高，湿度越大，空气越不流通，则对环境污染程度越大，并且女性和儿童受危害更严重。电磁波会扰乱人体自然生理节律，导致机体平衡紊乱，引发头痛、头晕、失眠、健忘等神经衰弱症状；使人乏力、食欲不振、烦躁易怒；还能使人体热调节系统失调，导致心率加快、血压升高或降低、呼吸障碍、白细胞减少；对心血管疾病的发生及恶化起着推波助澜的作用。电磁波使体内生物电发生干扰和紊乱，导致脑电图、心电图检查异常，延误疾病诊断，影响治疗。由于电磁波的穿透力强，故不仅作用于体表，而且可深入内层组织和器官，往往人体还未感到疼痛，内层组织已受到损伤。电磁波还促使癌组织生长，致使癌发病率增高，且还会引起视力下降。当强度为 $100mW/cm^2$ 的电磁波照射眼睛时，会使晶体发生水肿，可发展成白内障，甚至会导致失明。强度为 $5\sim10mW/cm^2$ 的电磁波，人的皮肤感觉虽不明显，但可影响生育和遗传。妇女在电磁波作用下，月经周期发生明显改变，可引起孕妇流产和基因缺陷，还可增加小儿出生后癌症的发病率。长期处于强电磁波作用下的儿童，其癌症发病率比在低电磁波下的儿童高 2～5 倍，电磁波也是白血病、淋巴癌、脑肿瘤的诱因。高频焊接、高频淬火、高频熔炼、射频溅射、半导体封容、短波与微波理疗、微波加热等在工业、医疗、交通等领域广泛应用，广播电视、通信基站及信号发射台(塔)发射功率越来越大，各种移动通信基站密布，天线林立，使局部空间的电磁波强度过高。受到电磁波影响最直接最严重的是电视台、广播电台、雷达通信站(台)及发射塔周围的居民。电脑显示器所发出的电磁波辐射，长期作用，会使女性的内分泌和生殖机能产生不良影响，危害生殖细胞和早期胚胎发育，对怀孕前 3 个月胎儿所造成的危害程度比妊娠中晚期要大得多[36-40]。

中国手机用户数超过 6 亿户，庞大的数字背后无不表明手机已逐渐成为人们生活的一部分。你会发现无论身处何地，你都会看见许多人使用手机。手机传递信息靠的是移动通信基站，移动通信基站通过天线发出电磁波，便产生电磁辐射，当电磁辐射穿过人体时，其能量会被人体吸收，如果这种能量过大，将会对人体健康构成危害，人体暴露在这样的电磁辐射环境中，会产生一定的影响。而这种危害可以概括成六大方面。

危害之一：它极可能是造成儿童患白血病的原因之一。医学研究证明，长期处于高电磁辐射的环境中，会使血液、淋巴液和细胞原生质发生改变。

危害之二：能够诱发癌症并加速人体的癌细胞增殖。电磁辐射污染会影响人体的循环系统、免疫、生殖和代谢功能，严重的还会诱发癌症，并会加速人体的癌细胞增殖。瑞士的研究资料指出，周围有高压线经过的住户居民，患乳腺癌的概率比常人高 7.4 倍。美国得克萨斯州癌症医疗基金会针对一些遭受电磁辐射损伤的患者所做的抽样化验结果表明，在高压线附近工作的工人，其癌细胞生长速度比一般人要快 24 倍。

危害之三：影响人的生殖系统。主要表现为男子精子质量降低，孕妇发生自然流产和胎儿畸形等。

危害之四：可导致儿童智力残缺。据调查显示，我国每年出生的 2000 万儿童中，有 35 万为缺陷儿，其中 25 万为智力残缺，有专家认为电磁辐射也是影响因素之一。世界卫生组织认为，计算机、电视机、移动电话的电磁辐射对胎儿有不良影响。

危害之五：影响人们的心血管系统。表现为心悸，失眠，部分女性经期紊乱，心动过缓，心搏血量减少，窦性心律不齐，白细胞减少，免疫功能下降等。如果装有心脏起搏器的患者处于高电磁辐射的环境中，会影响心脏起搏器的正常使用。

危害之六：对人们的视觉系统有不良影响。由于眼睛属于人体对电磁辐射的敏感器官，过高的电磁辐射污染会引起视力下降，甚至可能会引发白内障等。高剂量的电磁辐射还会影响及破坏人体原有的生物电流和生物磁场，使人体内原有的电磁场发生异常。值得注意的是，不同的人或同一个人在不同年龄阶段对电磁辐射的承受能力是不一样的，老人、儿童、孕妇属于对电磁辐射的敏感人群。

8.1.5　电磁波污染的防护

一般来讲，共有 2 类住宅或办公场所需要注意电磁辐射防护问题。第一种是高层住宅或办公场所。对于大于 10 层以上的高层住宅，需要考虑电磁辐射问题，因为楼宇层次较高，视野比较开阔，但带来的负面影响是周围阻挡较少，加之现在的通信基站密布，高层住宅往往暴露在众多的辐射源之内，而且大多数辐射源都是通过自由空间直接传播到高层建筑，自由空间电磁波传播衰减很小，因此高层建筑辐射强度较大。据长期测试的经验来看，对于大于 10 层以上的高层建筑，若周围没有有效的建筑物阻挡，方圆 2 公里（1 公里=1km）以内的辐射源都能对其产生较大的影响，有时候在 4 公里以外的通信基站都能对高层建筑产生辐射影响。第二种是靠近辐射源的住宅或办公场所。在离通信基站直线距离 100m 范围以内，且无其他建筑物有效阻挡（也就是基站上的天线能通过自由空间直接照射到您的房间，通俗地说，你在房间透过窗户或站在阳台上能看到基站天线），此时需要考虑电磁辐射防护。不要把家用电器摆放得过于集中，以免使自己暴露在超剂量辐射的危险之中。特别是一些易产生电磁波的家用电器，如收音机、电视机、电脑、冰箱等更不宜集中摆放在卧室里。各种家用电器、办公设备、移动电话等都应尽量避免长时间操作，同时尽量避免多种办公和家用电器同时启用。

在当今的信息时代，电脑已经从工厂、机关、学校的办公室，进入千家万户。电脑被广泛应用于文字处理、信息传递、商业管理、政务管理、文化娱乐等领域，提高了工作效率，节约了工作时间，增加了效益，为社会进步和生活质量的提高，发挥了极其重要的作用。然而，对于电脑电磁辐射的危害问题，人们的了解和认识，还十分不足。工作运行中的电脑，都会发射不同波长的电磁波。一般电脑的工作频率在 150kHz～1000MHz，包括中波、短波和微波等频率的宽带辐射。电脑显示器发出的光波，会直接刺激人的眼睛，过度刺激则会导致眼酸、眼胀、眼痛，以及结膜炎、角膜炎等。电脑辐射的潜在风险是引发白内障、神经衰弱、不孕不育、胎儿畸形，乃至肿瘤、癌症等。为了预防电脑的电磁辐射伤害，人们需要了解和认识电脑使用的卫生安全常识，采取安全防护措施。电脑显示屏幕与人体的距离应不少于 75cm，大体上相当于一臂之隔。在电脑前工作，不要连续工作时间太长。工作一小时，就应该站起来，活动一下，走一走，举目远眺，或做视力保健操。优先选用液晶显示器，淘汰电子管显示器。

手机是人们生活中一类十分重要的电磁波辐射源。手机的工作频率在 800～1000MHz，辐射强度很大。尽量避免用手机进行长时间通话，暂时不用手机时，关闭电源。拨号和接收时尽量拉大与人体的距离。在手机接通或拨出的 3～5s 内，手机应该远离身体，不要马上贴耳接听。手机的电磁辐射最强的时候，是按下手机发射键，等待接通对方的时刻。只要手机接通，不管是“说”，还是“听”，手机都处于电磁波的发射状态。根据报道，北京劳动保护科学研究所对市场上的手机进行测量结果表明，一般手机的辐射强度都在几百微瓦左右，最高的达到 1.1mW。我国的电磁辐射卫生防护标准是 40μW。目前一般手机辐射强度，已经超过国家标准十倍左右。在通话过程中，也要和手机天线保持一定距离，尽可能地用有线耳机来接听电话。许多女孩子喜欢把手机挂在胸前，但是研究表明，手机挂在胸前，会对心脏和内分泌系统产生一定影响，即使在辐射较小的待机状态下，手机周围的电磁波辐射也会对人体造成伤害，心脏功能不全、心律不齐的人尤其要注意不能把手机挂在胸前。手机中一般装有屏蔽设备，可减少辐射对人体的伤害，含铝、铅等重金属的屏蔽设备防护效果较好。但女孩子为了美观，往往会选择小巧的手机，这种手机的防护功能有可能不够完善，因此女孩子最好不要把手机挂在胸前。同时，也要注意手机的摆放位置，手机不用时最好放在包里，或摆在一边，不要放在腰部或胸前。

在家庭中，要预防电磁污染，除了正确和适度应用各种电器和电子类设备之外，还要从营养保健饮食方面着手进行防治。①蔬菜类。我国科学家从十字花科植物中成功提取出一种天然污染保护剂 SP88，并通过从分子水平到整体动物、植物的一系列实验，对 SP88 的作用机理及生物功能进行了证实[41]。胡萝卜、豆芽、西红柿等富含维生素 A、维生素 C 和蛋白质，经常吃这些蔬菜均有利于抗电磁污染[42]。值得注意的是，武汉大学公共卫生学院罗琼博士等一项最新研究发现，海带的提取物海带多糖因抑制免疫细胞凋亡，恢复免疫抑制小鼠的细胞免疫、体液免疫及非特异性免疫功能而具有抗污染作用[43]。众多的实验研究表明，真菌类食物诸如金针菇、香菇、猴头菇、黑木耳也可通过增强机体免疫力起到抗电磁污染作用[44]。综上所述，为了有效预防现代家庭室内的电磁污染，在保证摄入充足的蔬菜时，应保证十字花科蔬菜、胡萝卜、豆芽、西红柿、海带及真菌类蔬菜的摄入，以增强机体抗辐射能力。②水果类。绝大多数水果都有抗污染功能，常食有益而无害。水果为什么能抗污染呢?因为水果中不仅含有丰富的维生素、粗纤维和微量元素，更为重要的是水果中含很多活性成分，正是这些活性成分在抗电磁污染过程中发挥着重要作用[45, 46]。③饮料类。在众多的茶饮料之中，绿茶具有很好的抗污染作用[47]，因为绿茶中含有效的抗氧化剂儿茶酚及维生素 C，不但可以清除体内的自由基，还能使副肾皮质分泌出对抗紧张压力的荷尔蒙。当然绿茶中所含的少量咖啡因也可以刺激中枢神经，提振精神。枸杞茶含有丰富的 β-胡萝卜素、维生素 B_1、维生素 C、钙、铁，具有补肝、益肾、明目的作用，菊花茶或者蜂蜜菊花茶都具有明目清肝养肝的作用，这三种茶对抗电磁污染尤其是对“电脑族”预防辐射和缓解眼睛疲劳作用显著[48, 49]。以往的研究还证实了，葡萄籽提取物对污染损伤的保护作用。苏联的宇航员们长期服用一种富含原花青素的植物饮料，以预防他们在太空飞行时所受到的污染损伤[50]。苏联切尔诺贝利核电站发生爆炸，造成严重核污染，当地许多人遭受核污染损伤，生活在该地区的人们就被建议喝一种名为 Crimean 的红葡萄酒。所以，建议现代都市家庭可适当饮用红葡萄酒。

电磁波是比化学污染更普遍、危害更大的物理污染因子。电磁波对环境的污染，在我国的城市已经相当普遍。由于人们对电磁波污染缺乏足够的了解和认识。许多大功率的电磁波发射设备，如果防护不当，可能造成严重的电磁波污染。有些电磁辐射源，不仅影响居民的身体健康，而且还干扰电子仪器设备的正常运行。目前，电磁波辐射装置和设备已经进入家庭，手机的使用极为广泛。如果人们不了解电磁波辐射防护常识，势必造成严重的后果。为了保护人们的身体健康，预防电磁波辐射的危害，建议加大对电磁波辐射装置和设施的监管力度，加大宣传力度，普及电磁辐射防护知识，提高公众的防护意识，避免电磁波辐射的伤害。虽然电磁辐射对人体有很大的危害，但我们不能就将其视为影响身体健康的罪魁祸首。在我们赖以生存的地球上充满着来自宇宙的电磁辐射，它一直陪伴着人类的进化和繁衍。多少年来，电磁辐射一直存在于我们的生活环境中，并深入到每一个角落，它推动着科技的发展，使我们的生活越来越方便快捷。只要我们在日常生活中，做到尽可能地少接触电磁辐射强的东西，同时大力发展电磁屏蔽效能强的高新材料，就可以减少电磁波对我们身体的危害。

8.2　电磁屏蔽机理

8.2.1　基本概念

当今社会科技的高速发展离不开现代电子设备，如移动电话、高速通信网络、军事设备和无线设备等，这些都难以避免地扩展了电磁辐射的干扰源。为了尽量减少这些电磁辐射源的影响并减少电磁辐射污染，最主要的措施就是应用电磁屏蔽材料，阻碍电磁波在空间上的传播。电磁波的传播形式与光相类似，当遇到屏蔽材料时，就会产生反射、吸收和透射。电磁波屏蔽就是利用屏蔽体对电磁辐射进行反射、吸收和引导的作用，这些作用的产生和屏蔽结构表面性能、内部感生的电荷、电流与极化现象都有相关性。屏蔽效果的好坏可用屏蔽效能来进行评价，即 *SE*(shielding effectiveness)。屏蔽效能指屏蔽体对电磁辐射的衰减程度，以分贝表示，其表达式如方程式(8-3)所示：

$$SE(\mathrm{dB}) = 10\lg\frac{P_\mathrm{i}}{P_\mathrm{a}} = 20\lg\frac{E_\mathrm{i}}{E_\mathrm{a}} = 20\lg\frac{H_\mathrm{i}}{H_\mathrm{a}} \tag{8-3}$$

式中，P_i、E_i、H_i和 P_a、E_a、H_a分别为某点在设置屏蔽前后电磁波、电场、磁场强度。分贝值越大，表示屏蔽效果越好，屏蔽效果的具体分类见表 8-1。

表 8-1　不同屏蔽效能下的电磁屏蔽效果

屏蔽效能	0dB	＜10dB	10～30dB	30～60dB	60～90dB	＞90dB
屏蔽效果	无	差	较差	中等	良好	优

通常，将屏蔽效果具体分为 0～10dB：几乎没有屏蔽作用；10～30dB：有较小的屏蔽作用；30～60dB 为中等屏蔽效果，可用于一般工业或商业用电子设备；60～90dB：屏蔽效果较高，可用于航空航天及军用仪器设备的屏蔽；90dB 以上的屏蔽材料则具有最佳屏蔽效果，适用于要求苛刻的高精度、高敏感度产品。根据实用需要，对用于大多数电子产品的屏蔽材料，在 30～1000MHz 频率范围内，其屏蔽效能 SE 至少应达到 35dB 以上(相对应的体积电阻率在 10Ω·cm 以下)，可认为是有效的屏蔽。对一般的日常生活和工作来说，具有 30～60dB 的屏蔽效能就可供实用。

根据 Schelkunoff 电磁屏蔽理论，由方程式(8-4)给出的屏蔽效能可分解为三部分之和，即反射损失、吸收损失和多次反射损失[51]，其原理示意图如图 8-2 所示。电磁波入射到材料表面后，首先在材料的表面会反射回部分电磁波，然后未反射掉的电磁波进入屏蔽材料内部而继续传播。在材料内部，电磁波又有一些被屏蔽材料内部吸收，并且在屏蔽材料内部的多个界面间产生多重反射，最终透过屏蔽材料的外表面。所以，屏蔽材料的屏蔽机理主要包含三个方面：材料表面的反射损耗、材料内部的吸收损耗及材料内部的多重反射损耗。

$$SE = SE_R + SE_A + SE_M \tag{8-4}$$

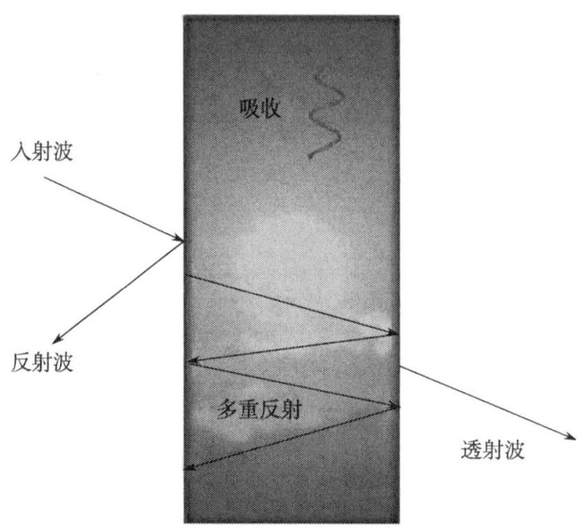

图 8-2　电磁屏蔽机理示意图

式中，SE_R 表示表面反射损耗，SE_A 表示内部吸收损耗，SE_M 表示内部多重反射损耗。其中，SE_R 是屏蔽材料表面与外部介质的阻抗不匹配而产生的；SE_A 是由于屏蔽材料内部通过导电或导磁作用而与电磁场引起热效应导致的；SE_M 是由于屏蔽材料内部的多个界面引起的。当 SE 在 10dB 以上时，一般 SE_M 值可忽略不计。电磁屏蔽效能各部分可分别用方程式(8-5)～式(8-7)表示：

$$SE_R = 168 - 10\lg(f\mu_r / \sigma_r) \tag{8-5}$$

$$SE_A = 1.314t(f\mu_r / \sigma_r)^{1/2} \tag{8-6}$$

$$SE_M = 20\lg(1 - e^{\lambda/4.3362}) \tag{8-7}$$

其中，f 为入射电磁波的频率，σ_r 为材料的电导率，μ_r 为材料的磁导率，t 为材料的厚度。吸收损耗是电偶极子与磁偶极子在交变电磁场下共同作用的结果，由方程式(8-6)可以看出，SE_A 与屏蔽材料的厚度、电导率、磁导率和频率有关。反射损耗由空间阻抗和屏蔽材料阻抗不一致引起，是自由电子和电磁场共同作用的结果，且通过方程式(8-5)得出，SE_R 主要受电导率、磁导率、频率影响，且随着磁导率、频率的增大而减小，随着电导率的增大而增大。在屏蔽材料中，当总屏蔽效能小于 10dB 时，或者是其厚度远大于电磁波能够穿透的厚度时，多次内部反射损耗可忽略不计。只有当屏蔽材料厚度较小且在所处电磁场频率较低(20kHz)时，多次内部反射损耗机理才受到重视。

8.2.2　电磁屏蔽材料

20 世纪 80 年代，美国北美航空公司研制出防止被雷达探测发现的防护衣和头盔。日本等国研究开发了用不锈钢软化纤维与织物纤维混纺织成的屏蔽织物，织成屏蔽服装用在微波防护上，如雷达防护服等。20 世纪 80 年代到 90 年代初期，西方发达国家为防止家用电器的辐射危害，特别是对孕妇与胎儿的影响，采用"主妇"穿屏蔽围裙、屏蔽大褂及青少年穿屏蔽马甲、屏蔽西服的方法。20 世纪 90 年代，日本、韩国又开始导电纤维的开发工作，日本率先研制成功金属化纤维，且已用此种纤维织物制成高档衬衣上市，但其价格昂贵。从 90 年代后电磁辐射屏蔽服开始逐步进入家庭，并成为当时全球纺织服装业的又一大市场。我国在 20 世纪 60 年代就开始研究电磁辐射与防护服，20 世纪 70 年代至 80 年代正式生产铜丝与柞蚕丝混纺布织成的屏蔽服和微波吸收防护服。此后有关不锈钢纤维屏蔽织物、特殊工艺镀膜屏蔽织物与服装也相继问世，但真正进入大众市场则是 20 世纪 90 年代中期以后。以往的这些功能防护性的服装主要用于军事、国防和特殊领域如电子、冶金、化工制造业等，很少应用于日常生活。自 20 世纪 90 年代开始，新闻媒体有关电磁波对人体影响的报道增多，有报道称长期在电脑、电信发射塔、高压电器等环境周围工作的人员，其白血病、乳腺癌、败血症和神经衰弱的发病率比正常人高 3～4 倍，电磁波辐射还会严重影响遗传基因。随着人们对自身健康的关注和环保意识加强，多功能防护服的开发和应用逐渐增多，电磁屏蔽用防护服装开始走向民用市场并得到消费者青睐。

通常来说，目前研究的电磁屏蔽材料包含三大类：铁磁材料与金属良导体材料、表层导电型屏蔽材料、填充型屏蔽复合材料[52]。

铁磁材料包括金属铁磁材料和铁氧体磁性材料[53, 54]。因磁导率较高，铁磁材料可以引导汇聚磁力线使其穿过屏蔽体，从而使周围的磁通密度减小，屏蔽电磁波。金属铁磁材料适用频率范围比较低(100kHz)，硅钢、纯铁、坡莫合金是常用的铁磁材料。铁氧体磁性材料是具有铁磁性能的金属氧化物，其电阻率较大，但因其在高频时有较好的磁导率且具备优异的介电性能被广泛应用于高频弱电领域。

表层导电型屏蔽材料通过一定工艺在树脂基体上形成一层导电层，从而起到电磁屏蔽的效果。根据工艺方法不同，可分为导电涂料、金属熔射、金属敷层屏蔽材料等。①导电涂料是利用导电微粒金属粉末和非金属粉末等掺入到各种聚合物混合制成的，将导电涂料喷涂或刷涂于塑料表面，在一定条件下固化成膜[55-58]。导电涂料作为电磁屏蔽材料的最大优势就是成本低、使用简便、适用面广泛，最大的优点在于此方法能够将屏蔽层涂敷在复杂形状上且可以批量生产，因此导电涂料成为一种方便有效的屏蔽手段。一般应用较多的是银系、镍系、铜系、碳系。银系导电涂料是最早开发的品种之一，银系电导率最高，体积电阻率为 10^{-5}～$10^{-4}\Omega\cdot cm$，电磁屏蔽效能较好，可达 65dB，但由于其成本太高，主要应用于某些特殊领域。铜系导电涂料体积电阻率为 $10^{-4}\Omega\cdot m$ 左右，是优良的导体，但由于铜的表面易被氧化，氧化薄膜的存在降低了电导率，且涂层易分层，限制了铜系涂料的应用。镍系导电涂料价格适中，吸收散射能力好，抗氧化能力比较强，具有铁磁性因而能有效抵抗电磁干扰(EMI)，目前在欧美国家的电磁屏蔽涂料中占有重要地位。碳系导电涂料的主要材料有石墨、石墨纤维、碳纤维、炭黑及碳化硅等，此类材料的优势在于价格便宜、密度小、不易沉降、耐腐蚀性强。②化学镀金，利用含有金属离子(如镍、银、铁等)的溶液经化学还原，包覆于具有催化活性的塑料基体表面，在材料表面形成一层金属镀层[59, 60]。化学镀金使材料具有 60～120dB 的电磁屏蔽效能。此方法不受零件的形状尺寸限制，镀层厚度均匀，与基体结合牢固，机械强度高且具有良好的耐腐蚀性能，因此成为目前塑料表面金属化应用最广的方法。③真空镀金是在真空条件下将低沸点的金属(如铝、铜、铬)气化后均匀沉积在绝缘体表面形成导电膜的一种方法[61-63]。此种方法适用于各种塑料，且沉积速度快，但是由于真空操作时容器的大小形状固定，对于大型制品或者表面形状复杂的塑料制品，镀层的均匀性难以控制，使真空镀金在实际应用中受到限制。④溅射镀金实施方法类似于真空镀金，在真空容器中利用高能量使氩离子冲击气化金属，从而在塑料及其织物的表面沉积上一层导电材料[53, 64, 65]。溅射镀金适用于各种塑料，与真空镀金法相比，其镀层与塑料的结合力稍强，但是溅射镀金的设备费用较高，塑料制品的大小受真空容器的限制。⑤金属熔射法是利用电弧的高温作用将金属瞬间熔化，然后立刻用高压气体将熔化的金属吹成雾状，使其到达绝缘体表面沉积[66, 67]。将金属锌经电弧高温熔化后以小颗粒粉末状态喷到绝缘体表面形成金属镀层(厚度约为 50μm)，所得试样体积电阻率为 $10^{-2}\Omega\cdot cm$，电性能优良，屏蔽效果也较好(60～120dB)，但是由于金属锌的镀层与绝缘体结合力较弱，容易受损甚至脱落，所以应用于较为特殊的熔射装置。

填充型屏蔽复合材料是由电绝缘性较好的基体和具有优良导电性能的导电填料及其他助剂所组成的电磁屏蔽材料制品。目前常用的导电填料有：碳材料，如炭黑、碳纤维、碳纳米管、石墨烯；金属材料，如金属纤维、金属片、镀金属纤维、镀金属片、超细粉末、金属合金填料等。填充型屏蔽复合材料避免了表层导电型材料表面导电层易脱落的缺陷，且具有比重小、经济实惠、加工方便，可同时完成材料成型与屏蔽的工艺步骤等优点。但导电填料在基体中的分散能力不易控制，限制了复合材料的电磁屏蔽效能，通常采取导电填料的表面改性或基体中加入纳米颗粒或纤维的方法提高电磁屏蔽效能。填充型电磁屏蔽材料的导电机理分为三种理论：一是渗流理论，二是量子力学隧道效应理论，三是场致发射效应理论。当导电填料掺加量小，填料之间不能相互搭接，形成导电通道的概率较小，由于电介质的极化作用，隧道效应起主要作用，但在外加电压较高时，场致发射机理变得显著。随着导电填料的掺加量增加，粒子之间间距缩短，高于临界值后，形成导电通道和导电网络，导电通道的作用机理占主导。

聚合物具有密度低、耐腐蚀和易加工成型等优点，因此被应用于各行各业。然而，由于自身的电绝缘性能，大多数聚合物不能阻挡或削弱通过它们的电磁波。克服这一问题的最佳方法就是在聚合物基体中有效地分散一种或多种导电填料。填充型聚合物基复合材料就是由电绝缘性能优异的基体树脂和具有优异导电性的导电填料及其他加工助剂所组成，经注塑或挤出等方法加工成型得到电磁屏蔽材料制品。因此，这类填充型聚合物复合材料相对于传统的金属型电磁屏蔽材料具有密度低、耐腐蚀、韧性高、良好加工性能和成本低等优势，已经在电磁屏蔽应用领域备受关注。如今美国、日本等国已研制出许多这一类电磁屏蔽材料。研究表明，这类复合材料的电磁屏蔽效能取决于导电填料的固有电导率、含量、比表面积、磁导率及介电常数等因素。金属纤维具有较大的长径比和接触面积，容易形成导电网络，金属纤维系填充型屏蔽复合材料具有优良的导电性能，其屏蔽效能取决于金属本身导电性及其与基体的结合情况[68, 69]。近年来，炭黑、碳纤维、单壁碳纳米管、多壁碳纳米管和石墨烯等作为导电填料已经被深入研究。碳材料具有化学成分稳定、比重小、电学性能及机械性能优良等特点，适合做电磁屏蔽材料。碳纤维是一种常用的电磁屏蔽填料，其优异的导电性、强度、耐温性、耐腐蚀性不但可以提高复合材料的导电和屏蔽效能，同时也会增强材料的力学性能[70-72]。然而，在电磁屏蔽材料的商业应用中，炭黑和碳纤维需要添加的含量非常高才能达到一定的电磁屏蔽效能，并且较多的添加填料会产生更多的缺陷而引起整个复合材料的机械性能急剧衰弱。相比之下，碳纳米管具有直径小，密度低，长径比大，非常优异的导电性能及机械性能等特点，已经被作为重要的导电纳米填料用于各种聚合物基体，如聚丙烯[73]、聚氨酯[74]、聚苯乙烯[75]和聚甲基丙烯酸甲酯[76]等。一般来说，提高材料电导率及导电填料的有效搭接效率能够有效地提高电磁屏蔽效能。例如，纳米粒子填充聚合物型复合材料可以按它们电导率值的差异，在电磁屏蔽材料方面有着不同的应用领域。然而，这类聚合物材料在应用过程中暴露出两个缺点：①大多数这类聚合物基复合材料的反射损耗大于吸收损耗，尽管这些反射损耗能够削弱电磁波进入到材料表面，但是入射到材料的电磁波很难被吸收及内部多重反射掉，因此还会继续传播，并且这些反射回去的电磁波也会干扰到其他敏感设备，如电子电路之间非干扰的电子元件。为了消除这种潜在的危害，同时又保持电磁屏蔽材料的电磁屏蔽效果，电磁波必须在材料内部被吸收或在内部被多重反射损耗掉。研究表明，为了让电磁屏蔽材料的反射损耗减少，就必须让材料的介电常数接近于空气的介电常数，而满足这一目的的直接方法就是引入泡孔来降低复合材料的介电常数，从而得到填充型聚合物泡沫材料[77]。②在这类聚合物基复合材料中，导电填料杂乱无章地分散于基体树脂中，复合材料的导电性能主要取决于导电填料的有效搭接程度。而聚合物分子阻碍了导电填料间相互搭接，为了获得优异的电导率和电磁屏蔽效能，必须在基体树脂中添加高含量且分散性良好的导电填料，才能使导电填料形成良好的导电网络。因此，为了减轻这类聚合物基复合材料的质量和导电填料的体积分数，具有泡孔结构的泡沫复合材料受到广泛关注。填充型聚合物泡沫材料是近年来电磁屏蔽材料的研究热点，除具有聚合物基复合材料的优势，还具有轻质、填料体积分数低等特点，适用于以减重作为重要因素的领域，诸如飞机和航天飞船等[78]。与此同时，由于电磁波在泡沫材料内部的孔壁处发生散射形成多重反射损耗，也可以提高电磁屏蔽效能。基于以上特点，填充型聚合物泡沫材料已然成为电磁屏蔽材料领域内的“新大陆”。

8.3　多壁碳纳米管/纤维素气凝胶复合材料及其电磁屏蔽效能

8.3.1　引言

由大量微/纳米尺寸的三维网络结构组成的纤维素气凝胶具有多种独特的性能(如超低密度、大比表面积、高孔隙率、良好的热/声/电绝缘性[79, 80]等)。目前普遍认为在植物产品领域的生物质材料是最有前景的。此外，纤维素气凝胶相互缠结的纤丝网络结构和大量的表面羟基可确保其紧密地与客体纳米颗粒结合，可有效减少由于高表面能引起的纳米颗粒团聚现象。因此，纤维素气凝胶被广泛地认为是构建功能性复合材料的合适基质模板[81]。我们之前的报道已经证明了纤维素气凝胶可作为理想的环保型基质来均匀分散纳米尺寸的α-Fe_2O_3[82]、$CoFe_2O_4$[83]、锐钛矿相 TiO_2[84]和棒状的 ZnO[85]。

碳纳米管(CNT)是一种无论从理论上还是应用上都极具吸引力的材料，在 1991 年经 Iijima 发现后随即引起巨大的关注。CNT 是一种具有特殊结构(径向尺寸为纳米量级，轴向尺寸为微米量级，管子两端基本上都封口)的一维量子材料。CNT 主要由呈六边形排列的碳原子构成数层到数十层的同轴圆管。层与层之间保持固定的距离约 0.34nm，直径一般为 2～20nm，并且根据碳六边形沿轴向的不同取向可以将其分成锯齿形、扶手椅形和螺旋形三种，其中螺旋形的 CNT 具有手性，而锯齿形和扶手椅形 CNT 没有手性。CNT 作为一维纳米材料，质量轻，六边形结构连接完美，具有许多异常的力学、电学和化学性能[86, 87]。常用的 CNT 制备方法主要有：电弧放电法、激光烧蚀法、化学气相沉积法、固相热解法、辉光放电法、气体燃烧法及聚合反应法等。电弧放电法是生产 CNT 的主要方法。1991 年，日本物理学家 Iijima 就是从电弧放电法生产的碳纤维中首次发现 CNT 的。电弧放电法的具体过程是：将石墨电极置于充满氦气或氩气的反应容器中，在两极之间激发出电弧，此时温度可以达到 4000℃左右。在这种条件下，石墨会蒸发，生成的产物有富勒烯(C_{60})、无定形碳和单壁或多壁 CNT。通过控制催化剂和容器中的氢气含量，可以调节几种产物的相对产量。使用这一方法制备 CNT 技术上比较简单,但是生成的 CNT 与 C_{60} 等产物混杂在一起,很难得到纯度较高的 CNT,并且得到的往往都是多壁 CNT(MWCNT)，而实际研究中人们往往需要的是单壁 CNT(SWCNT)。此外，该方法反应消耗能量太大。有些研究人员发现，如果采用熔融的氯化锂作为阳极，可以有效地降低反应中消耗的能量，产物纯化也比较容易。激光烧蚀法的具体过程是：在一长条石英管中间放置一根金属催化剂/石墨混合的石墨靶，该管则置于一加热炉内。当炉温升至一定温度时，将惰性气体冲入管内，并将一束激光聚焦于石墨靶上。在激光照射下生成气态碳，这些气态碳和催化剂粒子被气流从高温区带向低温区时，在催化剂的作用下生长成 CNT。固相热解法是令常规含碳亚稳固体在高温下热解生长 CNT 的新方法,这种方法过程比较稳定，不需要催化剂，并且是原位生长，但受到原料的限制，生产不能规模化和连续化。催化裂解法是在 600～1000℃的温度及催化剂的作用下，使含碳气体原料(如一氧化碳、甲烷、乙烯、丙烯和苯等)分解来制备 CNT 的一种方法，此方法在较高温度下使含碳化合物裂解为碳原子，碳原子在过渡金属催化剂作用下，附着在催化剂微粒表面上形成 CNT。催化裂解法中所使用的催化剂活性组分多为第八族过渡金属或其合金，少量加入 Cu、Zn、Mg 等可调节活性金属能量状态，改变其化学吸附与分解含碳气体的能力。催化剂前体对形成金属单质的活性有影响，金属氧化物、硫化物、碳化物及有机金属化合物也被使用过。

近些年随着 CNT 及纳米材料研究的深入，其广阔的应用前景也不断地展现出来。由于 CNT 中碳原子采取 sp^2 杂化，相比 sp^3 杂化，sp^2 杂化中 s 轨道成分比较大，使 CNT 具有高模量和高强度[88]。CNT 具有良好的力学性能，其抗拉强度达到 50～200GPa，是钢的 100 倍，密度却只有钢的 1/6，至少比常规石墨纤维高一个数量级；它的弹性模量可达 1TPa，与金刚石的弹性模量相当，约为钢的 5 倍[89]。对于具有理想结构的 SWCNT，其抗拉强度约 800GPa。CNT 的结构虽然与高分子材料的结构相似，但其结构却比高分子材料稳定得多。CNT 上碳原子的 p 电子形成大范围的离域 π 键，由于共轭效应显著，CNT 具有一些特殊的电学性质[90]。CNT 具有良好的导电性能，由于 CNT 的结构与石墨的片层结构相同，所以具有很好的电学性能。据报道，SWCNT 具有 $10^{-6}\Omega\cdot cm$ 的超低电阻率[91]。然而，由同心圆筒组成的 MWCNT，电阻率的值达 $3\times10^{-5}\Omega\cdot cm$，表明 CNT 在室温下可能具有相比于金属(如金属铜)更高的导电性。此外，CNT 具有良好的传热性能。CNT

具有非常大的长径比，因而其沿着长度方向的热交换性能很高，相对的其垂直方向的热交换性能较低，通过合适的取向，CNT 可以合成高各向异性的热传导材料[92]。另外，CNT 有着较高的热导率，只要在复合材料中掺杂微量的 CNT，该复合材料的热导率将会可能得到很大的改善。因此，上述这些性能使 CNT 具有独特的潜能用作理想的聚合物填充物。目前，已有大量研究致力于合成 CNT 基的复合材料，其选用的聚合物基质包括：热固性环氧树脂[93]、聚乙烯(PE)[94]、聚乙烯亚胺(PEI)[95]、聚环氧乙烯(PEO)[96]、聚甲基丙烯酸甲酯(PMMA)[97]、聚丙烯(PP)[98]、聚乙烯醇(PVA)[99]等。然而，随着环境污染的加剧和石化资源的日益枯竭，可持续发展、工业生态学、生态效率和绿色化学等概念将引导下一代材料的设计、生产和后处理。因此，开发新型环保的 CNT 基复合材料具有显著的实际意义。使用环境友好型基质材料(如纤维素气凝胶)来代替上述所述的石油基聚合物来合成高性能的 CNT 基复合材料是一个不错的选择[100, 101]。

本节主要介绍一种以绿色的纤维素气凝胶为基质，通过与 MWCNT 结合所制备得到的具有电磁屏蔽效应的 MWCNT/纤维素气凝胶(MWCNT/CA)复合材料。纤维素气凝胶的制备采用环保、廉价的氢氧化钠/聚乙二醇溶剂体系。使用扫描电子显微镜(SEM)、X 射线衍射(XRD)和热重分析法(TG)对 MWCNT/CA 复合材料的微观形貌、结晶结构和热稳定性进行表征分析。

8.3.2　实验部分

8.3.2.1　材料与试剂

选用滤纸作为纤维素原料的来源，将滤纸切成碎片，然后在使用前将其置于60℃下干燥 24h。MWCNT 由上海阿拉丁生化科技股份有限公司提供。MWCNT 的直径范围为 20～40nm，长度范围为 1～2μm。其他的化学试剂(分析纯)从天津科密欧化学试剂有限公司购买。

8.3.2.2　MWCNT/CA 的合成

将 MWCNT(0.10g)和十六烷基三甲基溴化铵(CTAB，0.79g)添加到 100mL 的无水乙醇中，混合物经磁力搅拌 30min 后进行超声处理 3h(宁波新芝生物科技股份有限公司，JY99-IID，900W/20kHz)。纯纤维素气凝胶(PCA)的制备流程请参见 3.2.2 节。将合成的圆柱形 PCA 样品(大约 0.3g)浸渍在上述 MWCNT 乙醇分散液中(30mL) 1h。随后，将包含样品和分散液的烧杯放置在烘箱中，经 50℃处理 12h 后即可发现 PCA 样品表面包裹有黑色的 MWCNT 薄层。重复上述浸渍和干燥过程三次，即可成功制备 MWCNT/CA 样品。对于 XRD、TG 和 EMI 屏蔽效能测试，使用纤维素气凝胶粉末代替圆柱状的纤维素气凝胶，以制备粉末状

MWCNT/CA 样品来进行测试。

8.3.2.3　表征方法

使用日立 S4800 SEM 对样品的微观形貌进行观察。使用日本理学株式会社生产的 D/MAX 2000 XRD 仪测量样品的 XRD 谱图，工作电压和电流分别设定为 40kV 和 30mA，检测范围为 5°～40°，扫描速率为 4°/min。采用同步热分析仪（美国 SDT-Q600）进行 TG 测试，加热温度范围从室温到 700℃，升温速率为 10℃/min，气体氛围为氮气。使用 PNAX 网络分析仪（N5244a）测量样品的 EMI 屏蔽效能，频率范围 8～12GHz（X 射线波段）。测量前将 40wt%的粉末状 MWCNT/CA（或 PCA）和 60wt%加热融化的石蜡均匀混合后在环状模具进行压片，模具尺寸为内径（Φ_{in}）3.0mm、外径（Φ_{out}）7.0mm、厚度（H）2.0mm。

8.3.3　结果与讨论

8.3.3.1　MWCNT/CA 的微观形貌和晶体结构

MWCNT/CA 的微观形貌由 SEM 观察得到，从图 8-3（a）中可以清楚地看到，其直径为几微米且具有相互交错的纤丝结构。多孔网络结构通常可获得较低的堆积密度，该样品的堆积密度为 58.17mg/cm^3，由质量除以圆柱形体积计算而得。由高倍率的 MWCNT/CA SEM 图像[图 8-3（b）]可以发现，纤丝结构的表面负载了大量分布均匀的 MWCNT，表明上述的干燥过程可以有效、均匀地在气凝胶的表面沉积 MWCNT。此外，浓密的 MWCNT 涂层可能有助于增强复合材料的热稳定性和 EMI 屏蔽能力。

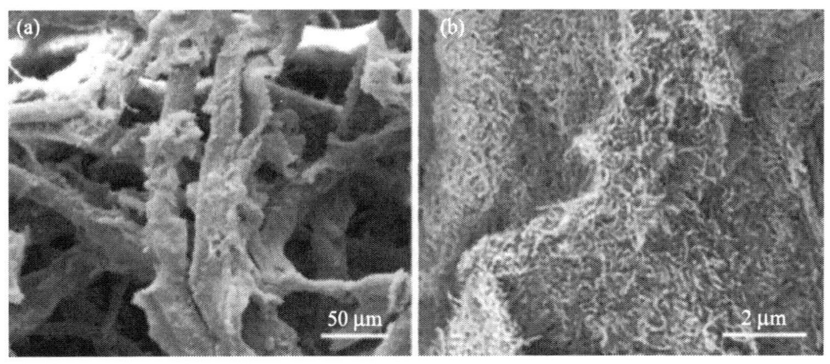

图 8-3　MWCNT/CA 的（a）低倍率和（b）高倍率 SEM 图像

采用 XRD 仪分析 MWCNT/CA 和 PCA 的晶体结构，实验得到的 XRD 谱图如图 8-4 所示。对于 PCA 来说，衍射峰主要是来源于纤维素Ⅱ型结晶结构，其衍射峰位置大约在 12.4°、20.2°和 21.9°处，分别与（$\bar{1}$10）、（110）和（200）晶面对应[102]。对于 MWCNT/CA 的 XRD 谱图，纤维素$(1\bar{1}0)$和(110)晶面对应的特征峰仍然保留(大约在 12.6°和 20.5°处)，证明浸渍和干燥工艺没有明显损伤纤维素的晶体结构。MWCNT/CA 的 XRD 谱图中 21.4°处的尖峰对应于 CTAB 的(114)晶面[103]，同时掩盖了纤维素结构(200)晶面的 XRD 峰。此外，24.5°处的 XRD 峰也可能是来自于 MWCNT(002)晶面和 CTAB(020)晶面特征峰的混合[104]。除了表面活性剂(CTAB)，MWCNT/CA 的 XRD 谱图显示出 MWCNT 和纤维素的共同存在。

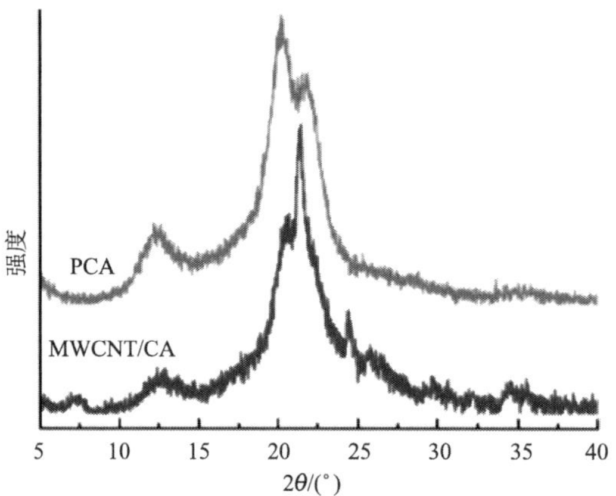

图 8-4　MWCNT/CA 和 PCA 的 XRD 谱图

8.3.3.2　MWCNT/CA 的热稳定性

为了探究掺杂的 MWCNT 成分对 MWCNT/CA 复合材料热稳定性的影响，通过 TG 和微分热重(DTG)对 MWCNT/CA 和 PCA 热稳定性进行测试。如图 8-5(a)所示，除了低于 150℃时由于吸附水的蒸发而引起的少量质量损失外，只有在 270～360℃范围内样品的质量有明显的减少，这是由于纤维素中葡萄糖单元的解聚和分解引起

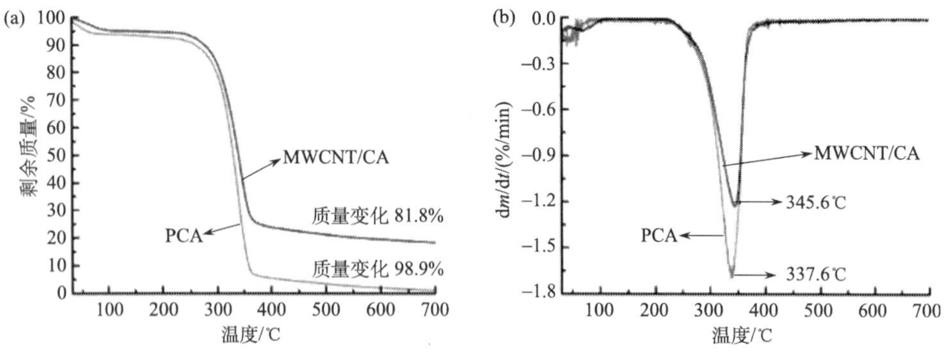

图 8-5　MWCNT/CA 和 PCA 的(a)TG 和(b)DTG 曲线

的[105]。360℃后质量缓慢损失归因于纤维素的逐渐碳化。根据 TG 曲线可知整个热解过程 MWCNT/CA 和 PCA 分别产生 81.8%和 98.9%的质量损失，证明在 MWCNT/CA 中 MWCNT 的比例大致可计算为 17.1%。此外，如图 8-5(b)所示，MWCNT/CA 在 345.6℃处的放热峰比 PCA 的放热峰峰值所在温度(337.6℃)高 8℃。温度的提高表明纤维素和 MWCNT 之间的强相互作用对复合材料的热稳定性有所改善。

8.3.3.3　MWCNT/CA 的 EMI 屏蔽能力

近年来，严重的电磁污染(尤其是在 X 射线波段)已经引起了研究者的广泛关注，因为电磁污染能影响电子设备的正常运作和危及人类健康[106]。因此，研制环保的、轻质和高效的 EMI 屏蔽材料的任务则显得非常紧迫。众所周知，由于 CNT 具有优良的电学性能、高长径比、高强度和高模量等性能，是极具潜力的 EMI 屏蔽材料[107]。因此，MWCNT/CA 在 EMI 屏蔽方面的应用潜力值得深入探究。

如图 8-6 所示，EMI 屏蔽效能(SE_{total})主要包括：材料表面的反射损耗(SE_R)、材料内部的吸收损耗(SE_A)及材料内部的多重反射损耗(SE_M)，可通过方程式(8-8)～式(8-10)进行计算[108, 109]：

$$SE_{total}(dB)=10\lg\frac{P_i}{P_t}=SE_A+SE_R+SE_M \tag{8-8}$$

$$SE_R=-10\lg(1-|S_{11}|^2) \tag{8-9}$$

$$SE_A=-10\lg\left[|S_{12}|^2/(1-|S_{11}|^2)\right] \tag{8-10}$$

式中，P_i 和 P_t 分别代表入射功率和反射功率。当 SE_{total}>10dB 时，SE_M 可忽略不计。$|S_{12}|$和$|S_{11}|$是二端口矢量网路分析系统的散射参数(S 参数)，S_{ij} 表示能量从端口 i 传输到端口 j。

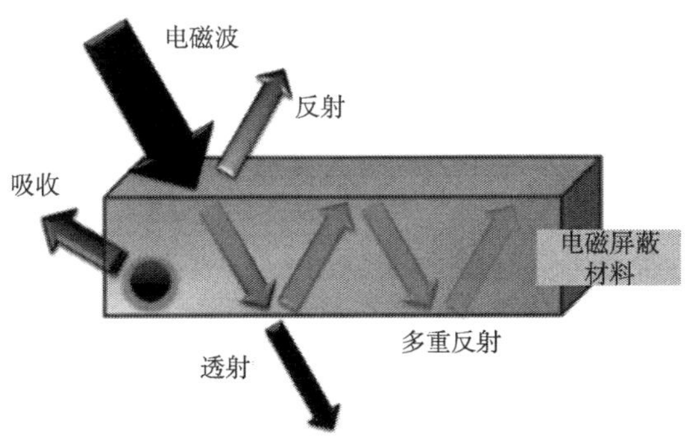

图 8-6　EMI 屏蔽机理示意图

在图 8-7 中，PCA 的 SE_{total} 值在 0～0.7dB 范围内，极低的 SE_{total} 值是由于 PCA

缺乏可以与电磁场相互作用的有效成分[110]。对于负载 MWCNT 的 PCA(即 MWCNT/CA)，它的 SE_{total} 值显著增强，主要是归因于 CNT 的电磁特性。由图可见，MWCNT/CA 的 SE_{total} 值可达 19.4dB，与常用的商业需求相近(>20dB)[111]。值得一提的是，额外的改性方法可有助于进一步提高该复合材料的 SE_{total} 值，如通过纯化 MWCNT 以增加 MWCNT 的导电性或插入一些导电聚合物/碳基材料/金属氧化物到气凝胶中。为了探究 MWCNT/CA 的 EMI 屏蔽机制，MWCNT/CA 在 8～12GHz 范围的 SE_R 和 SE_A 值如图 8-8 所示。通过对比 SE_R 和 SE_A 值，可以发现材料内部的吸收损耗是 EMI 屏蔽的主要机制。MWCNT/CA 的 SE_A 值可达到 13.3～15.6dB，是 SE_R 值(3.8～5.4dB)的 1.5～3 倍。吸收占主导地位的 EMI 屏蔽机制有助于减少二次电磁辐射，该优点是开发理想的 EMI 屏蔽材料的关键因素之一[112]。此外，从图 8-7 中可以观察到，随着频率的增加(8～12GHz)，SE_{total} 值呈现出逐渐上升的趋势，该现象与吸收占主导地位的 EMI 屏蔽机制一致[113]。

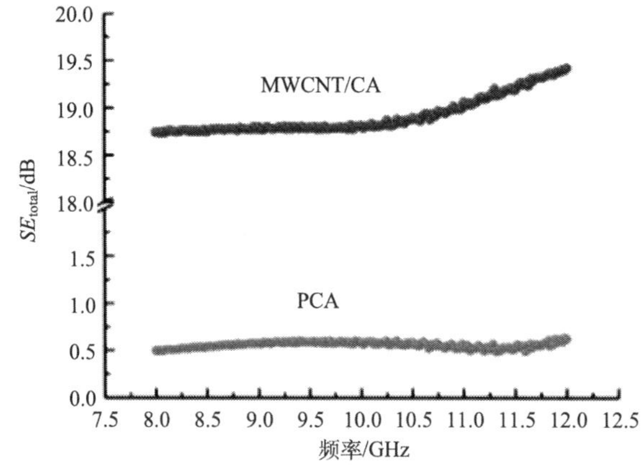

图 8-7 MWCNT/CA 和 PCA 的 SE_{total} 值随频率的变化状况

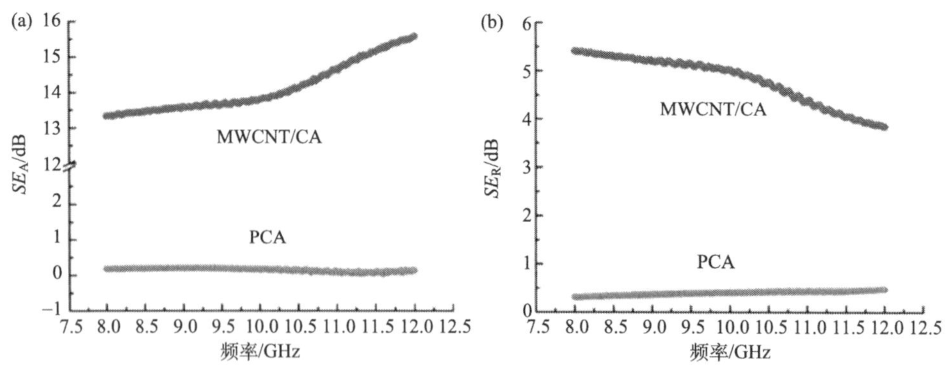

图 8-8 MWCNT/CA 和 PCA 的(a) SE_A 和(b) SE_R 值随频率的变化状况

8.3.4 小结

一种环保、轻质、高 MWCNT 负载量的 MWCNT/CA 复合材料可以通过在 MWCNT 的乙醇分散液中多次浸渍纤维素气凝胶制备而成。经 SEM 观察证明 MWCNT 均匀、密集地沉积在气凝胶的表面上，提高了 MWCNT/CA 的热稳定性。MWCNT/CA 复合材料的 SE_{total} 值最高可达 19.4dB，显著高于未掺杂 MWCNT 的 PCA 的 SE_{total} 值(0～0.7dB)。另外，MWCNT/CA 复合材料呈现出吸收占主导的 EMI 屏蔽机制，因此有利于减少二次电磁辐射。该特性是研制新型 EMI 屏蔽材料的一大关键因素。

8.4 α-Fe_2O_3/聚吡咯/纤维素衍生碳气凝胶纳米复合材料及其电磁屏蔽效能

8.4.1 引言

纳米复合材料是近年来发展起来的新型材料，被称为“21 世纪最有前途的材料”之一。纳米复合材料的概念最早是在 1984 年提出的[114]，是指由两种或两种以上的固相至少在一维以纳米级大小(1～100mm)复合而成的复合材料。由于纳米粒子的平均粒径较小、表面原子多、比表面积大、表面能高，导致其性质既不同于单个原子、分子，又不同于普通的颗粒材料，因而显示出独特的小尺寸效应[115]、表面效应[116]、宏观量子隧道效应[117]，同时赋予纳米复合材料许多特殊性能和功能，如光、电、磁、热及催化等优异性质[118]，应用领域极为广泛，因此纳米复合材料的研究成为目前材料学科研究的热点，其中有机-无机纳米复合材料正在成为一个新兴的极富生命力的研究领域，吸引着众多研究者。这种材料有别于通常的聚合物/无机填料体系，并不是无机相与有机相的简单加和，而是由无机相和有机相在纳米至亚微米范围内结合形成，两相界面间存在着较强(共价键)或较弱化学键(范德华力、氢键)。在整个体系中，一种相被称为基体，是连续相；另外一种相是增强材料，属于分散相。有机-无机纳米复合材料不仅可以克服单纯无机颗粒不易加工和有机高分子的稳定性差、强度低等缺点，还可以在两者的共同作用下，获得比无机颗粒和有机高分子更优异的性能[119-121]，因此已在各个领域吸引了越来越多的关注，如吸附剂[82, 122]、超级电容器[123]和催化剂[124]。

纤维素是地球上储量最丰富的可再生生物高分子。纤维素不溶于水及一般有机溶剂，是植物细胞壁的主要成分，占植物界碳含量的 50%以上。棉花的纤维素含量接近 100%，为天然的最纯纤维素来源。一般木材中，纤维素占 40%～50%，还有 10%～30%的半纤维素和 20%～30%的木质素。纤维素大分子的基环是 D-葡

萄糖以 β-1,4 糖苷键组成的大分子多糖。由于来源不同，纤维素分子中葡萄糖残基的数目，即聚合度(DP)在很宽的范围内[125]。近几十年来，随着人们对绿色化学和可持续发展概念越来越重视，纤维素受到越来越多的关注。纤维素气凝胶是一种重要的纤维素产品，典型的特征包括：大比表面积[126]、高孔隙率[79]和大量的表面羟基，这些特性为多种有机和无机物质的插入及新型多功能复合材料的形成奠定了基础[81, 127, 128]。纤维素气凝胶可转化为碳产品(通常被称为纤维素衍生碳气凝胶，CDCA)。纤维素气凝胶在无氧条件下经高温热解过程即可得到该碳产品，且原先的多孔结构保留良好并未发生显著破坏[101, 129]。因此，CDCA 也可作为多孔的基质来支撑多功能的客体物质。可以预测，CDCA 基复合材料不仅继承了 CDCA 基质良好的导电性和多孔特性，而且还拥有优异的附加功能，具体功能主要取决于插入的客体物质的特性。

碳气凝胶是一种轻质、多孔、非晶态、块体纳米碳材料，其连续的三维网络结构可在纳米尺度控制和剪裁。它是气凝胶的一类重要分支，孔隙率高达 80%～99%，典型的孔隙尺寸微纳米尺度，比表面积可达 600～1100m^2/g。与传统的无机气凝胶(如硅气凝胶)相比，碳气凝胶具有许多优异的性能和更加广阔的应用前景。碳气凝胶具有导电性好、比表面积大、密度变化范围广等特点，是制备双电层电容器理想的电极材料。碳气凝胶是唯一具有导电性的气凝胶。有机气凝胶及碳气凝胶具有生物机体相容性，使得其可用于制造人造生物组织、人造器官及器官组件、医用诊断剂及胃肠外给药体系的药物载体。传统碳气凝胶的制备一般可分为三个步骤：即形成有机凝胶、超临界干燥和碳化。其中有机凝胶的形成可得到具有三维空间网络状结构的凝胶；超临界干燥可以维持凝胶的织构并把孔隙内的溶剂脱除；碳化使得凝胶织构强化，增加了机械性能，并保持有机凝胶的织构[130]。这些有机气凝胶通常是由某些特定的有机单体经溶胶-凝胶缩聚所形成，如间苯二酚-甲醛[131]、苯酚-间苯二酚-甲醛[132]、苯酚-糠醛[133]和三聚氰胺-甲醛[134]。对于碳气凝胶的合成方式，相比于上述有机单体合成的有机气凝胶，纤维素气凝胶作为前驱体很明显可有效减少污染，因为以纤维素气凝胶作为前驱体不涉及上述的有毒化学物质。最近，有文章报道了一些新颖的碳气凝胶材料，这些新型的碳气凝胶材料已吸引了极大的关注。它们是由一些碳材料通过自组装而形成的，如石墨烯[135]、氧化石墨烯[136]、碳纳米管[137]或者它们的混合物[138]。然而，考虑到较高的成本和复杂的制备工艺，这些碳气凝胶可能更适用于一些先进的高精尖领域，如高性能光电器件[139]。

到目前为止，CDCA 和 CDCA 基复合材料的应用主要集中在环境修复领域(如吸附剂)[129]和储能装置(如超级电容器[140]、锌-空气电池[141]和锂离子电池[142])，所以进一步扩展 CDCA 的应用范畴具有显著的研究价值。当今，商业、军事、科学电子设备和通信仪器的广泛应用已经引起了严重的电磁污染问题[143, 144]。

CDCA 具有良好的电学性能、抗腐蚀性、抗氧化性能及理想的热稳定性，因此在抗 EMI 方面具有一定的应用潜力[145]。除了碳材料，导电聚合物[如聚吡咯(PPy)和聚苯胺(PANI)][146]、金属(如银、铜、铁、铝和镍)[112, 147, 148]和金属衍生物(如金属氧化物)[149, 150]也可用作 EMI 屏蔽材料，将这些不同类型的材料相结合发展新型高性能的电磁屏蔽产品具有重要意义。

在本节中，我们主要研究利用一种简单、廉价的过程(包括热解和气相聚合)制备负载有α-Fe_2O_3和 PPy 的 CDCA 复合材料。通过扫描电子显微镜(SEM)、能量色散 X 射线(EDX)、透射电子显微镜(TEM)、高分辨 TEM(HRTEM)、选区电子衍射(SAED)、X 射线光电子能谱(XPS)、X 射线衍射(XRD)和傅里叶变换红外光谱(FTIR)对该α-Fe_2O_3/PPy/CDCA 复合材料(标记为 FPCA)进行表征。为了研究α-Fe_2O_3 和 PPy 成分对 FPCA 的 EMI 屏蔽效能的增强效果，对 FPCA、α-Fe_2O_3/CDCA(标记为 FCA)、PPy 和酸处理的 CDCA 的 EMI 屏蔽效能进行测试和对比。

8.4.2 实验部分

8.4.2.1 材料与试剂

实验过程中所用的化学试剂包括氯化铁六水合物($FeCl_3 \cdot 6H_2O$)、硝酸铁九水合物[$Fe(NO_3)_3 \cdot 9H_2O$]、对甲苯磺酸(*p*-TSA)、盐酸(HCl)和吡咯，它们均由天津科密欧化学试剂有限公司提供。

8.4.2.2 纤维素衍生碳气凝胶(CDCA)的制备

纤维素气凝胶的制备过程请参见 3.2.2 节。CDCA 是通过将纤维素气凝胶置于管式炉中，在氮气的保护下进行热解所产生的[151]。纤维素气凝胶的热解过程简述如下：首先以 5℃/min 的加热速率加热到 500℃，在该温度下保持 1h；然后将样品以 5℃/min 的加热速率加热到 1000℃，在该温度下保持 2h 使其充分热解；此后，温度从 1000℃下降到 500℃，冷却速率为 5℃/min；当温度降至 500℃时程序立即终止，样品自然冷却到室温。

8.4.2.3 α-Fe_2O_3/PPy/CDCA(FPCA)复合材料的制备

在α-Fe_2O_3和 PPy 沉积之前，室温下使用 HNO_3 对 CDCA 处理 24h 以引入多种含氧基团来固定铁离子和吡咯单体。α-Fe_2O_3 首先通过简单的浸渍-热解方法沉积在 CDCA 基质上[152]。$Fe(NO_3)_3 \cdot 9H_2O$(50mL，0.94mol/L)水溶液首先与 500μL 的 HCl(37%)混合，将酸处理的 CDCA(0.3g)在上述溶液中浸渍 3h，然后在 50℃下干燥 3h。随后将样品转移到管式炉中，在氮气气氛下以 2℃/min 的加热速率加热到 400℃，并在该温度下保持 4h。最后经自然冷却到室温，即可获得 FCA 样品。该浸渍-热解过程共进行 2 次，以增加 FCA 样品中α-Fe_2O_3的含量。

通过气相聚合法将 PPy 负载到 FCA 上[153]。其制备过程可简述如下：0.15g FCA 首先浸渍在 1mL 含有 0.3mol/L $FeCl_3 \cdot 6H_2O$ 水溶液作为氧化剂和 0.033mol/L *p*-TSA 作为掺杂剂的混合溶液中。在浸渍之后，样品被放置在玻璃干燥器中，然后将一个装有 2mL 吡咯的小瓶子放入干燥器中。密封之后，将干燥器放置在室温下 12h。在该静置过程中，吡咯在 FCA 表面进行气相聚合。合成的样品用蒸馏水多次洗涤后置于 50℃的烘箱中干燥，随即获得 FPCA 样品。此外，PPy 粉末也通过上述的气相聚合法制备得到。

8.4.2.4　表征方法

使用配有 EDX 探测器的 Hitachi S4800 SEM 对样品进行 SEM 观察和元素分析。TEM、HRTEM 观察和 SAED 使用场发射 FEI Tecnai G2 F20 TEM 进行表征，工作电压 200kV。XPS 分析采用 Thermo Fisher Scientific 公司的 Escalab 250Xi 型 X 射线光电子能谱仪进行测试。XPS 重叠峰的分峰过程中使用软件 Origin 9.0 进行。XRD 分析使用布鲁克 D8 Advance TXS XRD 设备进行，扫描速率为 4°/min，扫描范围(2θ)为 5°～80°。FTIR 谱图通过 Nicolet Nexus 670 FTIR 设备记录，记录范围为 650～4000cm^{-1}，分辨率为 4cm^{-1}。EMI 屏蔽效能通过使用 PNA-X 网络分析仪(N5244a)进行研究，频率范围为 8～13GHz(X 射线波段)。测量的样品由 FPCA、FCA、PPy 或 CDCA 与石蜡均匀混合后压成环状(外径 7.0mm，内径 3.0mm，厚度为 2.0mm)。样品与石蜡的质量比为 1∶1。

8.4.3　结果与讨论

8.4.3.1　SEM、TEM、SAED、XPS、XRD 和 FTIR 表征结果

CDCA、FCA 和 FPCA 的微观形貌通过 SEM 进行研究，如图 8-9(a)所示，CDCA 展现出相互交联的三维(3D)网络结构，并且这种微/纳米尺寸的多孔结构为客体物质的插入提供了条件。图 8-9(b)为 FCA 的 SEM 图像，如图所示，其仍然保留 3D 网络结构，然而我们不能从网络中清晰地辨别出合成的α-Fe_2O_3纳米粒子，这可能是由于其尺寸极其小(接下来的 TEM 图像将证明这点)。FPCA 的 SEM 图像在图 8-9(c)中显示，可以观察到大量片状的 PPy 均匀地沉积在基质表面。通过较高放大倍数的 SEM 图像[图 8-9(c)的插图]可以看出，这些褶皱和弯曲的 PPy 片的厚度约为几十纳米且相互紧密地缠绕在一起。通过 EDX 分析可知 CDCA 是由 C 和 O 两种元素组成的[图 8-9(d)]。在插入α-Fe_2O_3之后，在 0.72keV、6.43keV 和 7.06keV 处出现强 Fe 峰[图 8-9(e)]。而且，C/O 的比例从 CDCA 的 18.6 下降

到 FCA 的 2.6，这归因于 HNO_3 的处理和 FCA 中 α-Fe_2O_3 的存在。对于 FPCA，除了这些属于 Fe 的强峰外，属于 N 元素的峰也被检测出来[图 8-9(f)]，其主要是来源于沉积的 PPy。此外，相比于 FCA，FPCA 的 C/O 比例增加到 3.4，这也可能是由于 PPy 的存在。

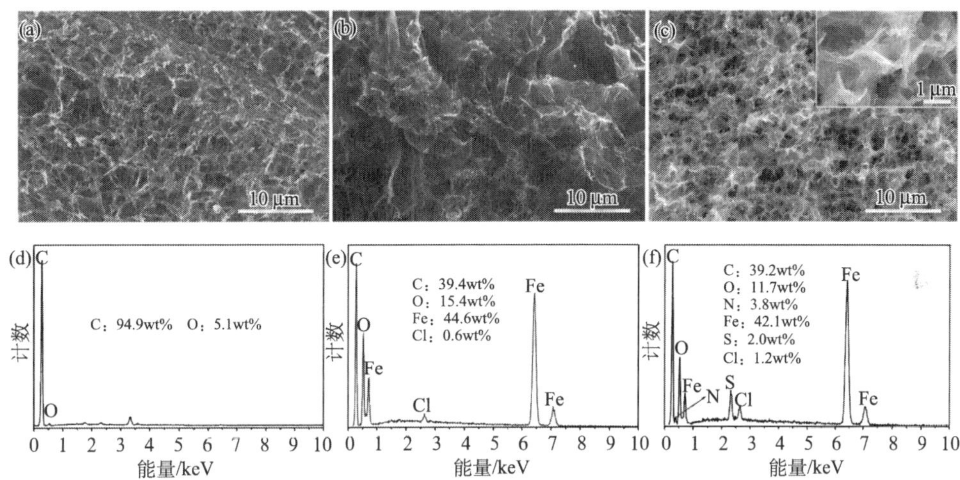

图 8-9　(a) CDCA、(b) FCA 和 (c) FPCA 的 SEM 图像，(c) 中插图显示的是 FPCA 高放大倍数的 SEM 图像；(d) CDCA、(e) FCA 和 (f) FPCA 的 EDX 谱图

图 8-10(a) 为 CDCA 的 TEM 图像，可以观察到其相互交联的多孔 3D 网络结构。图 8-10(b) 为 CDCA 的 HRTEM 图像，图中没有观察到明显的大范围的有序结构，反映了其无定形的结构特征[154]。同时，CDCA 的 SAED 谱图显示出弥散的衍射环[图 8-10(c)]，这是无定形结构的另一种表现[155]。FPCA 的 TEM 图像显示生成的片状 PPy 纳米结构具有良好的分散性，宽度可达到几百纳米[图 8-10(d)]。图 8-10(e) 和 (f) 为高放大倍数的 TEM 图像，从图中可以观察到一些纳米颗粒紧密地附着在 PPy 表面上，表明它们之间具有良好的界面结合。我们绘制了这些纳米颗粒的直径分布图[图 8-10(g)]，经计算这些纳米颗粒的平均尺寸 (d) 和标准偏差 (σ) 分别为 8.9nm 和 3.1nm。FPCA 的 HRTEM 图像显示的晶格条纹间距分别为 0.188nm、0.221nm 和 0.249nm[图 8-10(h)]，分别对应 α-Fe_2O_3 的 (024)、(113) 和 (110) 晶面的晶格间距，该结果证实 FPCA 中 α-Fe_2O_3 纳米粒子的存在。此外，如图 8-10(i) 所示，FPCA 的 SAED 谱图中显示纳米晶材料典型的衍射环，这些衍射环与 α-Fe_2O_3 的晶面一一对应。

利用 XRD 对 CDCA、FCA 和 FPCA 的晶体结构进行分析，如图 8-11(a) 所示，CDCA 在 21.1°处出现一个宽的衍射峰，它对应于纤维素热解所产生的无定形碳的 (002) 晶面。此外，从 FCA 的 XRD 谱图中可以观察到一系列的尖峰 (2θ=24.3°、

33.3°、35.8°、41.0°、49.6°、54.2°、57.7°、62.6°、64.1°、72.1°和 75.7°)，与α-Fe_2O_3晶体的标准 XRD 数据完全吻合[粉末衍射标准联合委员会(JCPDS) 33-0664 号卡片]，进一步证明α-Fe_2O_3成功制备出且与 CDCA 基质的良好结合。FPCA 的 XRD 谱图上也出现了α-Fe_2O_3的 XRD 特征峰。然而，FPCA 的 XRD 谱图中没有出现明显属于 PPy 的 XRD 峰，这可能是由于α-Fe_2O_3的尖峰屏蔽了 PPy 的 XRD 特征信号。

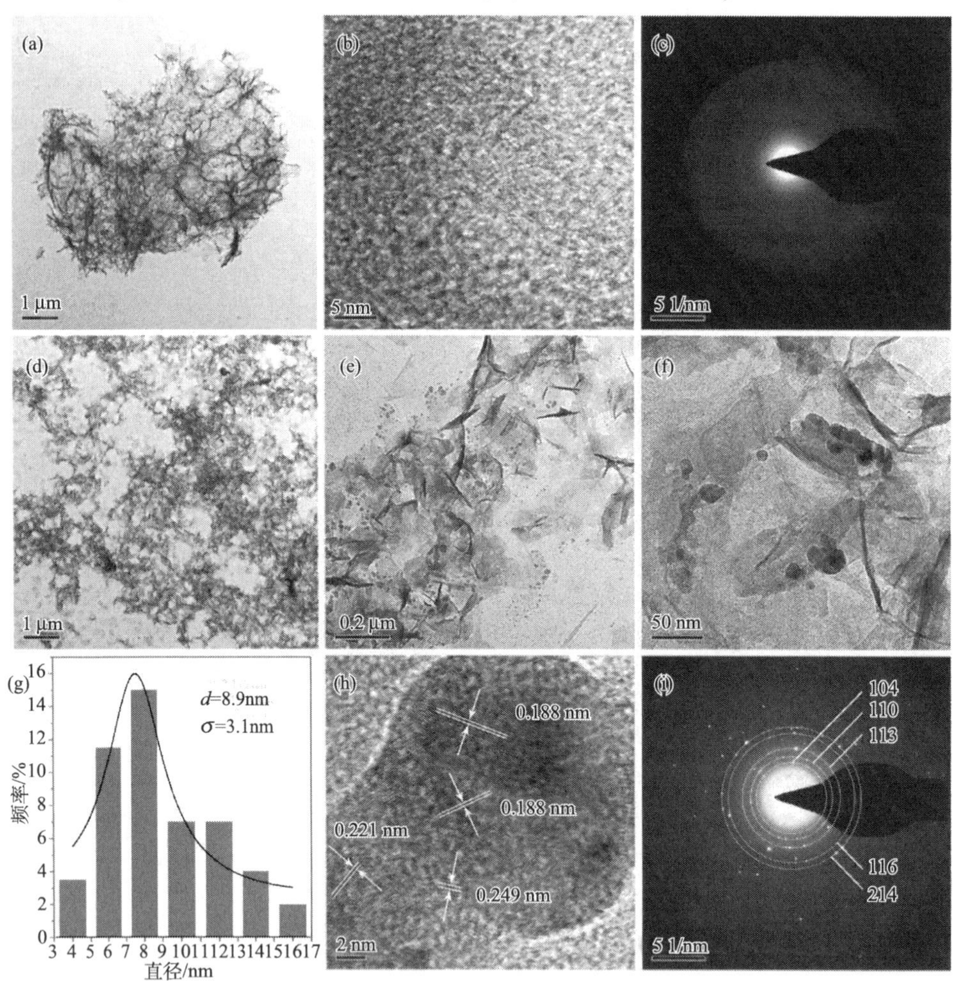

图 8-10　CDCA 的(a) TEM 图像、(b) HRTEM 图像和(c) SAED 谱图；(d)～(f) FPCA 不同放大倍数的 TEM 图像；(g) FPCA 中α-Fe_2O_3纳米粒子的尺寸分布；FPCA 的(h) HRTEM 图像和(i) SAED 谱图

HNO_3处理前后 CDCA 的 FTIR 谱图呈现在图 8-11(b)中，可以看出，CDCA 的 FTIR 谱图中没有出现任何属于纤维素基团的 FTIR 特征峰，证明热解过程破坏了纤维素的分子结构，该结果与 XRD 的分析结果相一致。在 HNO_3 处理之后，CDCA 的 FTIR 谱图在 3589cm^{-1} 和 1651cm^{-1} 处出现了 O—H 和 C—O 伸缩振动的

吸收峰[156]，证明含氧官能团成功地引入到 CDCA 的表面。在沉积α-Fe_2O_3和 PPy 之后，FPCA 的 FTIR 谱图上出现多个新峰。3355cm^{-1} 和 1614cm^{-1} 处两个宽的红外谱带主要是由于吸收水所产生的[157]。与酸处理的 CDCA 相比，对应于 O—H 伸缩振动的红外峰明显向低波数移动，这是由于 CDCA 上的羟基和 PPy 上带有孤对电子的氮原子(或者α-Fe_2O_3 中的氧原子)之间存在强烈的相互作用所致[158]。在 1182cm^{-1} 和 1036cm^{-1} 处的峰分别属于 N—C 伸缩振动和 PPy 环的 C—H 面内伸缩振动[159]。在 810cm^{-1} 和 1005cm^{-1} 处的峰也证明了 PPy 的存在[160]。另外，PPy 常见的两个 FTIR 特征峰通常在 1540cm^{-1} 和 1450cm^{-1} 附近出现，而在 FPCA 的 FTIR 谱图中没有被观察到[161]。这是因为宽的吸收水的峰(1614cm^{-1})遮蔽了这两个 PPy 的特征峰。此外，674cm^{-1} 处的 FTIR 峰来源于 Fe—O 的伸缩振动[162]。

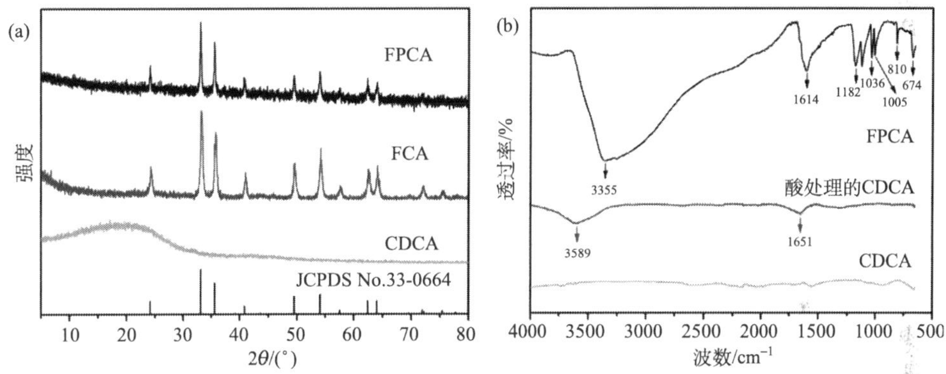

图 8-11　(a)CDCA、FCA 和 FPCA 的 XRD 谱图，底部的线为 JCPDS 卡片 No. 33-0664(α-Fe_2O_3)；(b)CDCA、酸处理的 CDCA 和 FPCA 的 FTIR 谱图

酸处理的 CDCA 和 FPCA 的 O1s 的高分辨 XPS 谱图呈现在图 8-12(a)和(b)中。酸处理的 CDCA 的 XPS 峰出现在 532.5eV 和 530.4eV 处，分别对应 C—OC 键和 C—OH 键[163]，该结果进一步证明经 HNO_3 处理后 CDCA 表面成功引入了含氧官能团。在α-Fe_2O_3 和 PPy 沉积后，与羟基对应的 XPS 峰强度明显减弱，同时结合能向高结合能方向移动，该现象主要是因为α-Fe_2O_3 和 PPy 的屏蔽作用及 CDCA 和 PPy 或α-Fe_2O_3之间存在强的相互作用，如在 PPy 上带有孤对电子的氮原子和 CDCA 基质的羟基之间存在氢键作用[164]。

Fe2p 的 XPS 谱图常用来区别 Fe^{2+}和 Fe^{3+}。如图 8-12(c)所示，711.3eV 和 724.7eV 处的 Fe2p 峰，分别与 $Fe2p_{3/2}$ 和 $Fe2p_{1/2}$ 自旋轨道峰相对应，与α-Fe_2O_3 中 Fe^{3+}的结合能值相一致[165]。$Fe2p_{3/2}$ 在 719.5eV 处的卫星峰是 Fe^{3+}存在的另一个证据[166]。关于 N1s 的 XPS 谱图[图 8-12(d)]，401.0eV 和 399.9eV 处的两个拟合峰分别对应于 PPy 结构中的—N^+—和—NH—成分[167]，这进一步证实了 PPy 的存在。

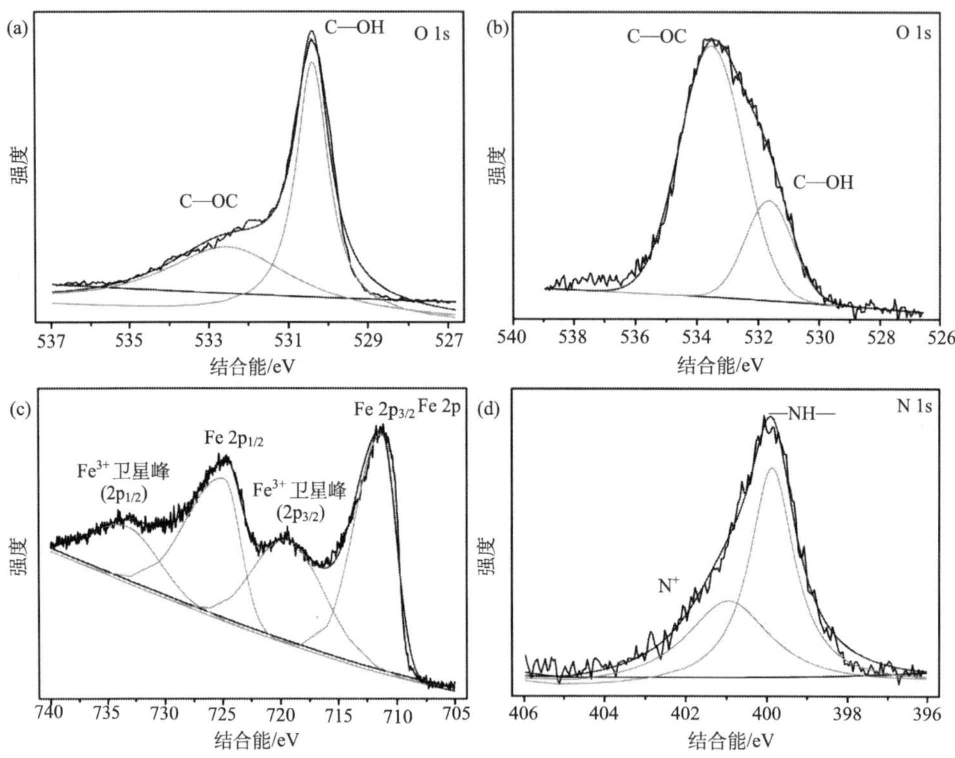

图 8-12　(a)酸处理的 CDCA 和(b)FPCA 的 O1s 的高分辨 XPS 谱图；FPCA 的(c)Fe2p 和(d)N1s 的高分辨 XPS 谱图

8.4.3.2　FPCA 的合成示意图

根据上述表征分析结果，推测出在 CDCA 基质表面沉积α-Fe_2O_3和 PPy 可能的机理如图 8-13 所示。纤维素气凝胶经热解即可获得 CDCA，热解前后相互交联的 3D 网络结构并未发生明显破坏。然而，由于热解过程破坏了纤维素的含氧官能团，因此采用浓 HNO_3 处理 CDCA 引入新的含氧官能团来固定铁离子和吡咯单体。α-Fe_2O_3 的沉积是使用浸渍-热解方法进行的，通过将酸处理的 CDCA 浸渍在 $Fe(NO_3)_3$ 和 HCl 的溶液中，CDCA 的含氧官能团与铁离子之间的强相互作用将铁离子固定在碳骨架的表面。在热解之后，在 CDCA 表面的原始结合位点上即可形成α-Fe_2O_3 纳米粒子。PPy 的沉积是由气相聚合法实现的。铁离子(氧化剂)和 *p*-TSA(掺杂剂)首先是通过浸泡过程附着在 FCA 表面上。之后，气相的吡咯单体与氧化剂和掺杂剂之间发生氧化聚合反应，导致吡咯在 FCA 的表面发生聚合，因此成功地将 PPy 沉积在 FCA 基质上。

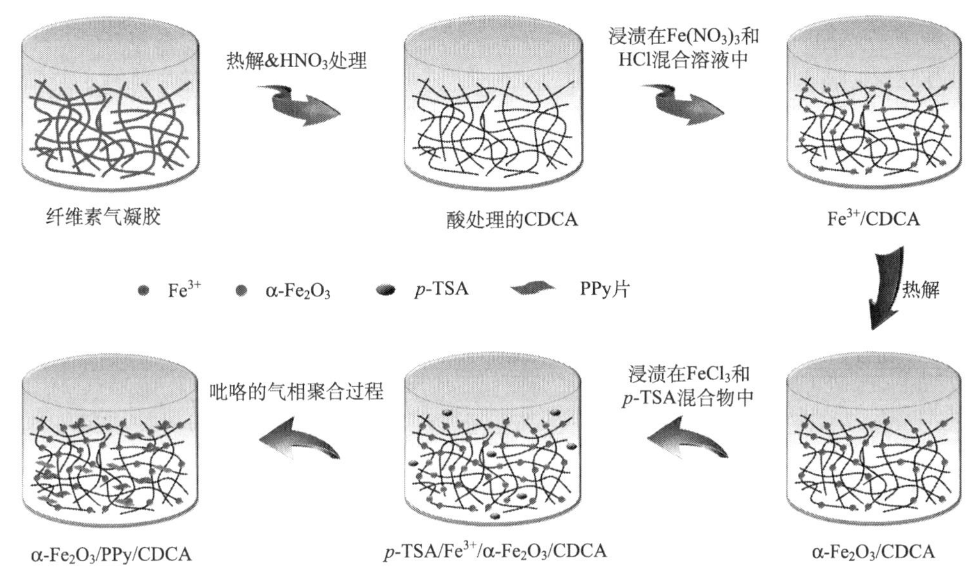

图 8-13　FPCA 的合成过程示意图

8.4.3.3　EMI 屏蔽效能

电磁污染是指天然和人为的各种电磁波的干扰及有害的电磁辐射[168, 169]。由于广播、电视、微波技术的发展，射频设备功率成倍增加，地面上的电磁辐射大幅度增加，已达到直接威胁人体健康的程度。过量的电磁辐射就造成了电磁污染。电磁污染所造成的危害是不容低估的。在现代家庭中，电磁波在为人们造福的同时，也直接或间接地危害人体健康[170]。据美国权威的华盛顿技术评定处报告，家用电器和各种接线产生的电磁波对人体组织细胞有害。因此，发展绿色、有效的 EMI 屏蔽材料则显得非常有必要。

矢量网络分析仪器是一种电磁波能量的测试设备。它既能测量单端口网络或两端口网络的各种参数幅值，又能测相位，同时矢量网络分析仪能用史密斯圆图显示测试数据。在 8～13GHz 的频率范围内，EMI 屏蔽效能用分贝(dB)来表征 EMI 屏蔽材料对电磁波的屏蔽效果。高 dB 值表示通过屏蔽材料的电磁波更少。总的 EMI 屏蔽效能(SE_{total})可以通过方程式(8-8)进行计算。SE_R 和 SE_A 分别为由于反射和吸收所产生的 EMI 屏蔽效能。SE_M 为材料内部由于多重反射所产生的 EMI 屏蔽效能。当 SE_{total}>10dB 时，SE_M 值可忽略不计。SE_R 和 SE_A 可分别通过方程式(8-9)和式(8-10)进行计算。

为了研究α-Fe_2O_3和 PPy 成分对 FPCA 的 EMI 屏蔽效能的增强效果，将 FPCA 的 EMI 屏蔽效能与 FCA、PPy(通过气相聚合法合成)和酸处理的 CDCA 的 EMI

屏蔽效能进行比较。如图 8-14(a)和(b)所示，酸处理的 CDCA 和 PPy 的 SE_{total} 值分别可达 19.3dB 和 13.6dB，接近于商业应用水平(>20dB)。与酸处理的 CDCA 相比，FCA 有明显更高的 SE_{total} 值，其值大小可达 29.3dB[图 8-14(c)]，表明α-Fe_2O_3 具有很好的 EMI 屏蔽增强效果。对于 FPCA 来说，SE_{total} 值可进一步增加到 39.4dB[图 8-14(d)]，大约分别为酸处理的 CDCA、PPy 和 FCA 的 SE_{total} 值的 2.0、2.9 和 1.3 倍。显著的增长趋势反映出，α-Fe_2O_3 和 PPy 的存在有效地促进了 FPCA 复合材料 EMI 屏蔽效能的提高。此外，不考虑同轴法和波导法之间的测量误差，FPCA 的 SE_{total} 值明显高于或接近于之前报道的厚度相同或者更大(≥2mm)的碳基 EMI 屏蔽材料的 SE_{total} 值，如多层石墨烯(12dB)[171]、碳纤维/二氧化硅(12.4dB)[172]、多壁碳纳米管/硅酸盐水泥(28dB)[173]、生物质基多孔碳(40dB)[174]和高度有序多孔碳(50dB)[175]，如表 8-2 所示。通过比较 SE_R 和 SE_A 值占 SE_{total} 值的比例对 EMI 屏蔽机制进行评估。显然，所有的样品均呈现出吸收占主导的 EMI 屏蔽机制，因为它们的 SE_A 均显著高于对应的 SE_R 值。此外，所有样品的 SE_{total} 值在整个频率范围内随着频率的增长均呈现出增长的趋势，这符合吸收占

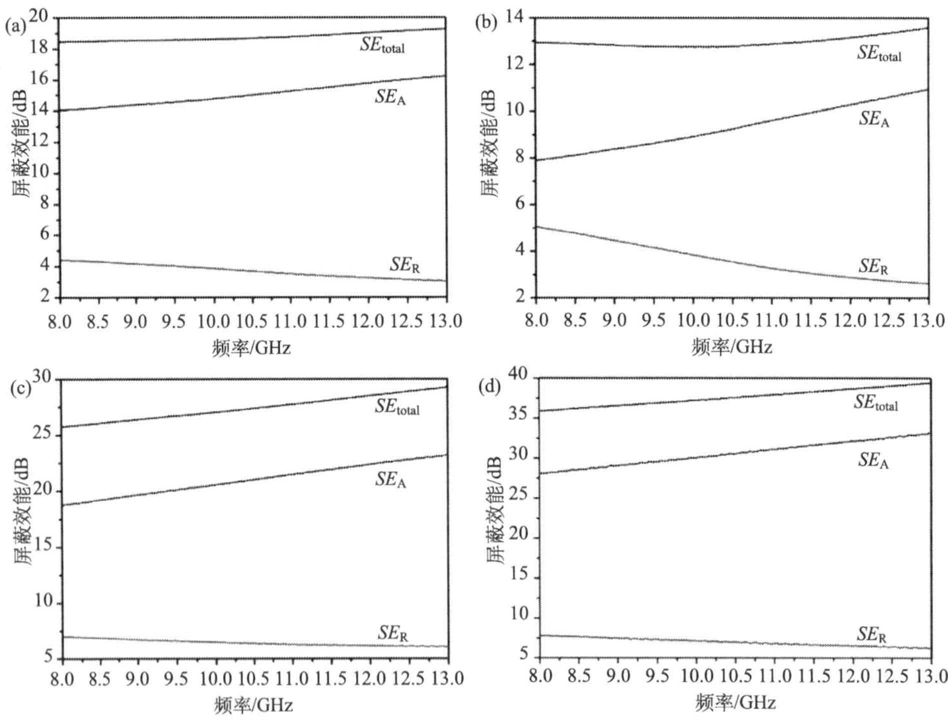

图 8-14　(a)酸处理的 CDCA、(b)PPy、(c)FCA 和(d)FPCA 的 SE_{total}、SE_A 和 SE_R 值随频率的变化情况

表 8-2　一些最近报道的用于 EMI 屏蔽的碳基复合材料

材料	方法	SE_{total} 最大值/dB	厚度/mm	频率范围/GHz
多层石墨烯	同轴法(85wt%石蜡)	12	2.5	8.2～12.4
碳纤维/二氧化硅	波导法	12.4	2.5	8.2～12.4
多壁碳纳米管/硅酸盐水泥	波导法	28	2	8.2～12.4
生物质基多孔碳	波导法	40	4	8.2～12.4
高度有序多孔碳	同轴法(80wt%石蜡)	50	2	2～18
酸处理的 CDCA	同轴法(50wt%石蜡)	19.3	2	8～13
PPy	同轴法(50wt%石蜡)	13.6	2	8～13
FCA	同轴法(50wt%石蜡)	29.3	2	8～13
FPCA	同轴法(50wt%石蜡)	39.4	2	8～13

主导的 EMI 屏蔽材料的特性[113]。对电磁辐射防护产品来说，吸收占主导的屏蔽机制是有益的，它可以减轻因为反射而造成的二次辐射。该特性是开发电磁辐射防护产品时必须要考虑的重要因素之一。

8.4.4　小结

采用热解和气相聚合等简单、低成本的合成工艺，成功地向 CDCA 基质中引入α-Fe_2O_3和 PPy 等活性成分。CDCA 是通过纤维素气凝胶经热解过程所得到的。通过浓 HNO_3 处理，可将新的含氧官能团引入到 CDCA 表面，以固定铁离子和吡咯单体。根据 SEM 和 TEM 的观察，可以发现 PPy 片和α-Fe_2O_3纳米粒子均匀地沉积在 CDCA 上。通过 FTIR 和 XPS 分析证实，CDCA 的含氧官能团与 PPy 上带有孤对电子的氮原子(或α-Fe_2O_3 的氧原子)之间存在强的相互作用。当用作 EMI 屏蔽材料时，酸处理的 CDCA、PPy 和 FCA 的 SE_{total} 值分别可达 19.3dB、13.6dB 和 29.3dB，而 FPCA 的 SE_{total} 值最高可达到 39.4dB，证明α-Fe_2O_3和 PPy 具有良好的增强 EMI 屏蔽效能的作用。此外，FPCA 具有吸收占主导的 EMI 屏蔽机制，有助于减轻反射造成的二次辐射，该特性是开发电磁辐射防护产品时必须要考虑的一大重要因素。更重要的是，这种环境友好型的多孔 CDCA 基质有望与更多的功能性物质相结合，从而发展更多新型的功能复合材料。

8.5　石墨烯/纤维素衍生碳气凝胶纳米复合材料及其电磁屏蔽效能

8.5.1　引言

2004 年，英国曼彻斯特大学物理学家安德烈·盖姆和康斯坦丁·诺沃肖洛夫成功从石墨中分离出石墨烯，证实它可以单独存在，两人也因此共同获得 2010 年诺贝尔物理学奖[176, 177]。石墨烯是从石墨材料中剥离出来、由碳原子组成的只有一层原子厚度的二维晶体。严格意义上的石墨烯原子排列与单层石墨的原子排列相同，厚度仅有一个原子尺寸，即 0.335nm，因此被称为目前世界上已知的最薄的材料。每个碳原子通过 sp^2 杂化与邻近的三个碳原子连接成键，碳碳键长为 0.142nm，连接十分牢固，是当前最坚硬的材料。石墨烯既是最薄的材料，也是最强韧的材料，断裂强度比最好的钢材还要高 200 倍。同时它又有很好的弹性，拉伸幅度能达到自身尺寸的 20%。它是目前自然界最薄、强度最高的材料，如果用一块面积为 $1m^2$ 的石墨烯做成吊床，本身质量不足 1mg 便可以承受一只 1kg 的猫。石墨烯在力学、电学、光学、热学等方面具有优异特性，因此可作为聚合物基质的填充材料。作为石墨烯的前驱体，由于在某些方面具有与石墨烯相似的优异性质，氧化石墨烯(GO)也被认为是一种良好的纳米填料。GO 的基面或边缘上存在大量的含氧官能团，因此 GO 与极性物质之间存在强相互作用，使其很容易分散在极性聚合物或极性溶剂中(如水)[178, 179]。最近十年来，大量的研究人员一直致力于发展基于 GO 或石墨烯的双组分或三组分复合材料并拓展它们在多个领域的应用。Liang 等[180]首次成功地以 GO 作为力学增强剂，制备了聚乙烯醇基纳米复合材料，仅添加 0.7wt%的 GO，该纳米复合材料的抗拉强度和杨氏模量即可分别增加 76%和 62%。Yan 等[181]合成了一种基于苯胺四聚体和 GO 的电极材料，这种电极材料展现出良好的循环稳定性和高的比电容。Barras 等[182]报道了一种金纳米粒子/钼簇/GO 三组分纳米复合材料，该材料在可见光照射下具有极高的光催化活性，可有效降解罗丹明 B 染料分子。除了上述提到的应用领域(即高强度材料、电极材料和光催化剂)之外，由于其高导电性、高比表面积等特性，GO 或石墨烯在 EMI 屏蔽方面也蕴含着巨大的应用潜力。商业、军事、科学等电子设备和通信工具的广泛使用已经产生了严重的电磁污染。电磁波不仅影响设备的正常操作，导致能量、时间和金钱的损失，甚至危害人类健康[183]。因此，为了保护人类和电子设备不受这些电磁信号的影响，开发新型、轻质、环保的 EMI 屏蔽材料迫在眉睫。到目前为止，许多聚合物(如环氧树脂[184]、酚醛树脂[185]、聚苯胺[186]、聚甲基丙烯酸甲酯[187]、聚苯乙烯[188]、聚醚酰亚胺[189]、聚氨酯[190]、聚 3,4-乙烯二氧噻吩[191]、聚偏二氟乙烯[192]）已经被报道可以用于结合石墨烯或 GO 来制备各种 EMI 屏蔽材料。

随着人们对绿色化学概念的日渐重视，一些天然的聚合物（如纤维素和甲壳素等）已经引起了研究者的广泛关注[193, 194]。这些天然可再生、可降解的聚合物被认为是理想的候选产品来替代石油聚合物。纤维素是地球上储量最丰富的天然聚合物，是由 D-葡萄糖基以 β-1,4 糖苷键连接起来的链状高分子化合物。作为一种典型的纤维素产品，纤维素气凝胶吸引了越来越多的关注。纤维素气凝胶的一些典型优点（如低密度、大比表面积和高孔隙率等）已经被许多研究者广泛验证[79, 80, 195-198]。因此，纤维素气凝胶适合用作绿色基质材料[81, 128, 199]。我们之前的工作也证明了纤维素气凝胶可以作为理想的基质材料来固定均匀分散的纳米银[200]、二氧化钛[84, 201]、棒状的氧化锌[85]、铁酸钴[83]和γ-Fe_2O_3[82]。此外，在惰性气体保护下通过热解处理可将纤维素气凝胶转化为碳气凝胶。在热解前后，气凝胶的三维多孔结构变化不大[101]；同时，碳气凝胶也具有一些纤维素气凝胶不具备的有趣性能，如高导电性、疏水性和阻燃性等[129, 202]。毫无疑问，纤维素气凝胶到碳气凝胶的转换增强了导电性，因此有利于获得更强的 EMI 屏蔽效能。与一些传统的金属基 EMI 屏蔽材料相比，与石墨烯相结合的碳气凝胶明显更加轻质且耐腐蚀。

考虑到上述这些因素，首先使用低成本的氢氧化钠/聚乙二醇（PEG）溶剂[203, 204]制备纤维素气凝胶，再将 GO 与纤维素气凝胶结合制备 GO/纤维素气凝胶（GO/CA）复合材料。GO/CA 的微观形貌、晶体结构、化学成分和热稳定性通过扫描电子显微镜（SEM）、透射电子显微镜（TEM）、拉曼光谱、X 射线衍射（XRD）和热重分析（TG）等手段进行表征测试。对于 EMI 屏蔽应用，首先采用左旋维生素 C（L-AA）还原 GO/纤维素水凝胶（GO/CH）中的 GO 成分，以增加整体的导电性；在冷冻干燥处理后，将得到的还原氧化石墨烯/纤维素气凝胶在氮气的保护下进行热解，进一步提高整体的导电性，最终制得的石墨烯纳米片/碳气凝胶（GN/CNA）复合材料呈现出良好的 EMI 屏蔽效能。此外，上述的热解过程也赋予了 GN/CNA 复合材料一些其他的有趣功能（如良好的导电性、疏水性和阻燃性）。

8.5.2　实验部分

8.5.2.1　材料与试剂

竹纤维是由浙江明通纺织科技有限公司提供的，将其用蒸馏水洗涤三次，随后在 60℃下干燥 24h。由于纤维素含量高，竹纤维可直接用作纤维素原料，不需进行任何化学提纯。GO 从南京先丰纳米材料科技有限公司购买。其他化学物质［包括：浓盐酸（HCl，37%）、氢氧化钠（NaOH），PEG-4000，叔丁醇和 L-AA 等］购自上海博伊尔化工有限公司。

8.5.2.2　GO/CA 和 GN/CNA 的制备

将洁净干燥的竹纤维与 10wt%的氢氧化钠/PEG-4000（质量比 9∶1）水溶液混合后进行磁力搅拌，室温下搅拌 5h 后即形成 1wt%的均匀纤维素溶液。将纤维素的水溶液在−15℃下冷冻 12h，在室温下解冻后剧烈搅拌 30min。使用超声波细胞破碎仪（宁波新芝生物科技股份有限公司，JY99-IID，900W/20kHz）将 GO 片超声 3h 使其在水中均匀分散，得到浓度为 2mg/mL 的 GO 分散液。将 GO 分散液按 1∶100 的 GO/纤维素质量比添加到上述解冻的纤维素溶液中，得到的混合溶液（标记为 GO/cellulose-1）磁力搅拌 30min。将混合物在−15℃下冰冻 5h 后，立即将冰冻的圆柱状样品进行再生处理，即在室温下将其浸泡在 1%的盐酸中 6h，重复浸渍过程，直到形成圆柱形水凝胶（即 GO/CH，标记为 GO/CH-1）。采用蒸馏水反复冲洗 GO/CH 水凝胶以除去不纯物，再利用叔丁醇置换去除水分子，最后在−35℃和压力 25Pa 下进行冷冻干燥处理 48h，最终获得 GO/CA 纳米复合材料（标记为 GO/CA-1）。根据上述过程，参照更高的 GO/纤维素质量比（5∶100）来制备 GO/纤维素混合溶液、GO/CH 和 GO/CA。这些混合物分别标记为 GO/cellulose-5、GO/CH-5 和 GO/CA-5。此外，根据上述过程制备纯纤维素气凝胶（标记为 PCA）。

对于 GN/CNA 的制备过程，首先将洁净的 GO/CH 样品浸渍在 100mL L-AA 水溶液（5mg/mL）中还原 GO，在搅拌 24h 后对水凝胶样品进行洗涤和冻干。随后，在氮气气流下，将还原氧化石墨烯/纤维素气凝胶置于管式炉中进行热解。样品的升温速率为 5℃/min，加热到 500℃后在该温度下维持 1h；温度以 5℃/min 的升温速率继续提高到 1000℃并在该温度下保持 2h 使样品完全热解；温度以 5℃/min 的速率下降到 500℃，随后自然冷却到室温。热解完成后即可获得 GN/CNA。经 GO/CH-1 和 GO/CH-5 获得的 GN/CNA 样品分别标记为 GN/CNA-1 和 GN/CNA-5。PCA 遵循上述热解过程所得到的样品被标记为 PCNA。

8.5.2.3　表征方法

样品的微观形貌采用扫描电镜（Hitachi，S4800）和透射电镜（FEI，Tecnai G2 F20）进行观察。利用 X 射线衍射仪（Rigaku，D/MAX 2200）分析样品的晶体结构，扫描速率为 4°/min，工作电压为 40kV，工作电流为 30mA，扫描范围为 8°～40°。使用拉曼光谱仪（Renishaw in Via，德国）记录样品的拉曼光谱，采用氦/氖激光器作为激发源（633nm）。热稳定性测定使用 TG 分析仪（TA 公司，Q600），在氮气气氛下，升温速率为 10℃/min。EMI 屏蔽效能测量使用 PNA-X 网络分析仪（N5244a），频率范围 8.2～12.4GHz（X 射线波段）。测量的试样由气凝胶样品与石蜡均匀混合后压成环状（外径 7.0mm，内径 3.0mm，厚度为 2.0mm）。样品与石蜡的质量比为 1∶1。为测量样品的电导率（σ），将气凝胶样品磨成细粉，压入一个内径为 8mm

的透明聚碳酸酯管中。管的底部使用高导电的黄铜固定，顶端是未固定的不锈钢柱塞(可自由上下移动)。在细粉填充满聚碳酸酯管后，在不锈钢柱塞顶部施加一个载荷将细粉压实，使得在细粉之间具有良好的接触。整个装置的电阻(R)在室温下使用 Elecall EM90A 数字万用表进行测量。电导率(σ)根据方程$\sigma=(1/R)L/\pi r^2$计算得出，其中 L 是聚碳酸酯管中粉末部分的长度，r 为聚碳酸酯管的半径。

8.5.3　结果与讨论

8.5.3.1　GO/CA 的制备原理图

在这项工作中，通过一系列的制备过程我们合成了一种 GO/CA 纳米复合材料，主要的合成工艺包括纤维素的溶解、纤维素溶液的冻融处理、纤维素溶液与 GO 分散液的混合、冷冻、再生处理和冷冻干燥(图 8-15)。随着再生过程引入盐

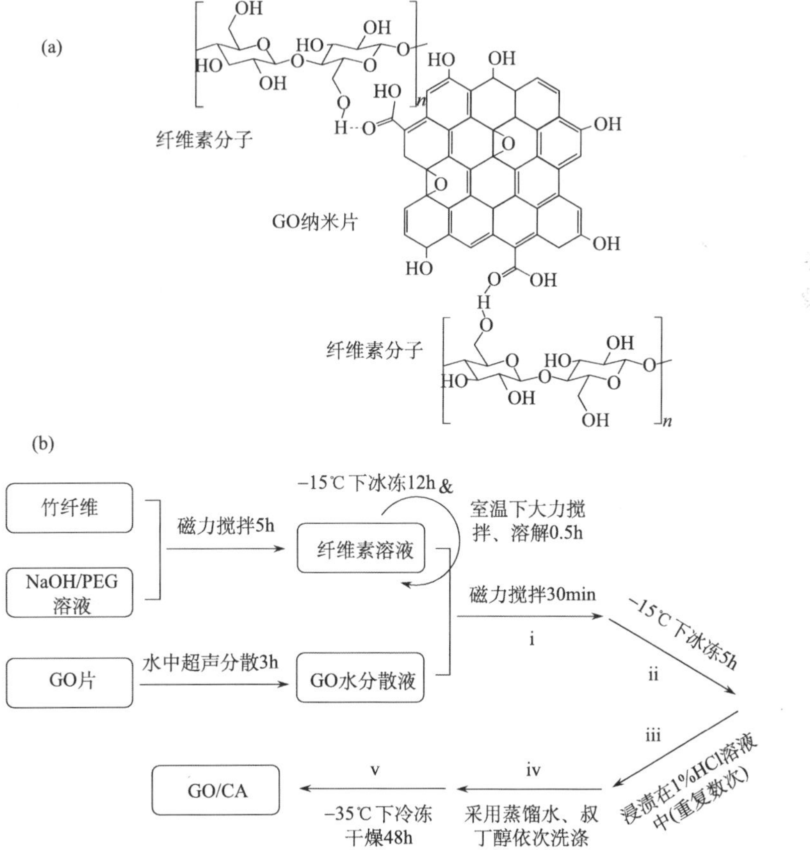

图 8-15　(a) GO 和纤维素分子之间的氢键作用和(b) GO/CA 纳米复合材料的制备过程示意图

酸将溶液中的碱性离子中和，原先由碱性离子劈裂的纤维素分子之间倾向于通过分子间氢键重新结合，该自组装过程导致 GO/CH 的形成。冷冻干燥处理方法是通过冷冻样品然后降低周围的压力，使材料中冰冻的液体直接从固态升华到气态。这种干燥方式相比空气干燥和烘箱干燥会导致更少的收缩和孔壁的塌陷，有助于维持多孔材料的孔隙结构。

8.5.3.2　GO 和纤维素溶液(或纤维素溶剂)混合物的静置稳定性

图 8-16 分别为 GO 分散液和 GO 分散液与纤维素溶液(或纤维素溶剂)混合物的静置稳定性实验。可以发现 GO 分散液可以至少稳定保持一个月[图 8-16(b)]，这是由于 GO 片的基面和边缘上含有丰富的含氧官能团，因此 GO 片彼此间形成了强静电排斥[205]。另一个有趣的现象是 GO 分散液的颜色随着时间的延长越来越黑，表明 GO 可能发生了脱氧反应[206]。图 8-16(c)和(e)显示含不同比例 GO 的 GO 分散液与纤维素溶剂(即 NaOH/PEG 溶液)的混合物，在该混合体系中，氢氧化钠的加入破坏了 GO 片彼此间的静电排斥作用，因此使得 GO 片之间发生聚合[207]。相比之下，GO 分散液和纤维素溶液的混合物可以稳定保存多天[图 8-16(a)和(d)]。随着时间的延长，对于低纤维素比例的混合物(GO/纤维素质量比为 5∶100)不到 30 天即发生相分离现象[图 8-16(d)]。然而，随着纤维素的比例提高(GO/纤维素质量比为 1∶100)，混合物在 30 天时仍然保持均匀，如图 8-16(a)所示。这些结果表明，纤维素的存在可以有效缓解 GO 在高浓度氢氧化钠中的聚集趋势。毫无疑问，均匀的 GO/纤维素混合溶液对制备结构均一的复合气凝胶非常重要。

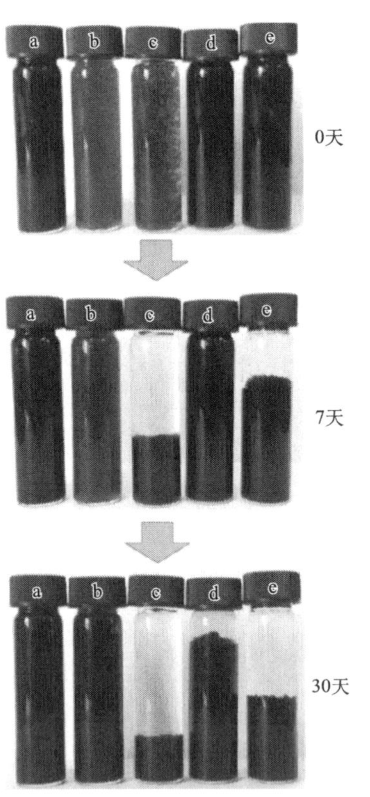

图 8-16　(a)GO/cellulose-1、(b)GO 分散液、(c)含 1wt%GO 的纤维素溶剂、(d)GO/cellulose-5 和(e)含 5wt%GO 的纤维素溶剂的静置稳定性实验

8.5.3.3　GO/CA 的微观形貌、晶体结构和热稳定性

图 8-17(a)的 TEM 图中显示了微米/亚微米尺度的透明薄片，该薄片呈现褶皱、卷曲状，这是 GO 纳米片的典型结构特征[208]，薄片下面的多孔结构可能来自于纤维素气凝胶。图 8-17(b)为 GO/CA-1 的拉曼光谱，在 1344cm^{-1} 和 1591cm^{-1} 处可以发现与 D 和 G 带分别对应的两个特征峰[209, 210]。D 带的相对强度是石墨烯结晶结构紊乱程度的反映，G 带代表一阶的散射 E_{2g} 振动模式，用来表征碳的 sp^2 键结构。D/G 强度比是无序石墨烯的测量手段。D/G 强度比(I_D∶I_G)为 1.32，高于一些以往报道的 GO 基复合材料[211, 212]，这可能是由于碱性条件下 GO 发生脱氧反应导致结构缺陷和混乱[213, 214]。此外，1100cm^{-1} 和 2899cm^{-1} 处的拟合峰来源于纤维素，分别对应 C—O—C 对称伸缩振动和 C—H 伸缩振动[215]。

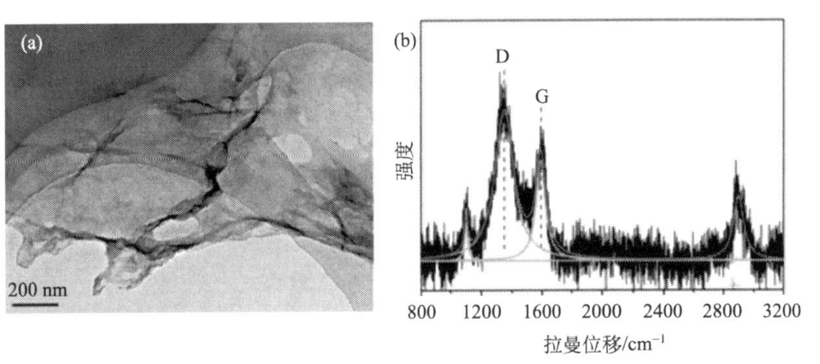

图 8-17　GO/CA-1 的(a)TEM 图像和(b)拉曼光谱

图 8-18 分别为 PCA、GO/CA-1 和 GO/CA-5 的 SEM 图像。在图 8-18(a)中可以明显观察到 PCA 的三维网络结构。与 GO 结合后，所得到的 GO/CA 复合材料在形态学上发生了明显变化。对于 GO/CA-1，它仍然保留着多孔结构，但是孔隙结构变得不那么均匀，可以发现明显的聚集现象[图 8-18(b)]。在 GO/CA-5 的 SEM 图像[图 8-18(c)]中同样可以观察到类似的聚集现象。该聚集体由大量微米尺度的片状结构构成。更高倍率的 SEM 图像进一步证实 GO/CA 中发生了聚合现象。由 PCA 的 SEM 图像中可以看到由大量直径在 10～20nm 的单根纤丝随机缠绕的网状结构[图 8-18(d)]。对于 GO/CA 复合材料而言，除了更强的聚合和缠绕导致更密集的网络结构外，随着 GO 含量的增加，纤维结构更倾向于在二维平面进行组装，形成片状结构[图 8-18(e)和(f)]。这些结果证明，即使在 GO 含量很低时，GO 的存在也可能会影响复合气凝胶的微观形貌。详细的纤维素纤丝组装机制仍有待进一步的深入探讨。关于气凝胶的堆积密度，可通过样品的质量除以体积计算而得。PCA、GO/CA-1 和 GO/CA-5 的堆积密度可分别计算为 52.1mg/cm^3、

55.3mg/cm³和56.9mg/cm³。

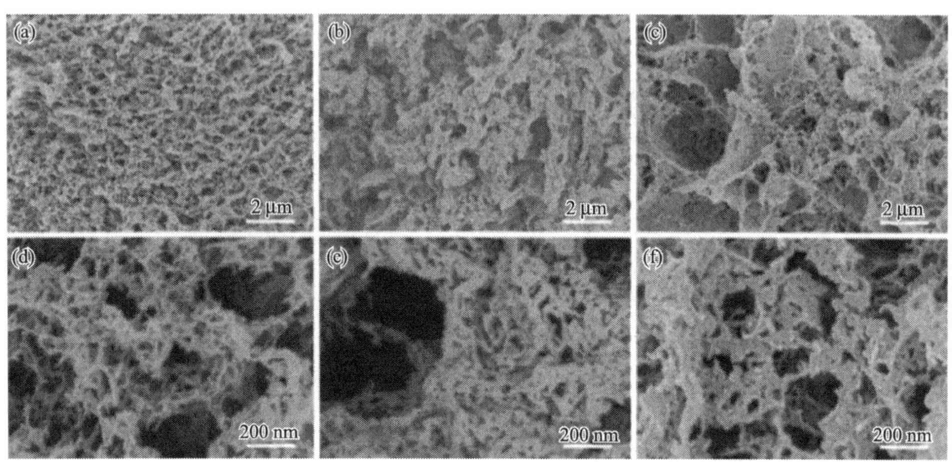

图 8-18　(a)～(c) PCA、GO/CA-1 和 GO/CA-5 的 SEM 图像；(d)～(f) 更高倍率的 SEM 图像

含不同比例 GO 的 GO/CA 的 XRD 谱图如图 8-19 所示。在 PCA 的 XRD 谱图中，在 12.1°、20.2°、21.8°和 34.8°处观察到四个特征峰，分别对应纤维素Ⅱ型结晶结构的(101)、(10$\bar{1}$)、(002)和(040)晶面[102]。在 GO/CA 的 XRD 谱图中，12°处的峰可能是来源于纤维素或 GO 或两者兼而有之。在添加 GO 后，GO/CA 的衍射峰强度与 PCA 的衍射峰强度相比变化不大。我们通过计算结晶区面积与整个区域面积的比值，可以得到样品的相对结晶度指数(C_I)。计算结果表明，PCA 的 C_I 值为 64.2%；添加 GO 之后，GO/CA-1 和 GO/CA-5 的 C_I 值分别为 67.5%和 58.6%，差距在误差范围之内，表明 GO 的存在对纤维素的结晶行为影响很小。

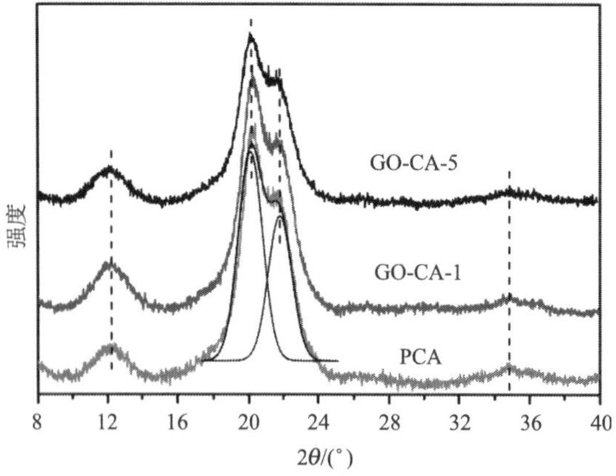

图 8-19　PCA、GO/CA-1 和 GO/CA-5 的 XRD 谱图

我们采用 TG 和微分热重分析法(DTG)对 GO/CA 和 PCA 的热稳定性进行比较，它们的 TG 曲线和 DTG 曲线如图 8-20 所示。所有样品在低于 150℃产生的质量损失是由于吸附水的蒸发而导致的。集中在 350～400℃范围内的强峰归因于纤维素成分的热解[216]。TG 和 DTG 曲线上并没有观察到与 GO 表面含氧官能团分解相关的质量损失，这可能是由于 GO 的脱氧反应和在复合材料中含量较低所导致的。此外，PCA、GO/CA-1 和 GO/CA-5 的最高降解速率对应的温度分别为 363℃、367℃和 353℃，偏差在误差范围之内，表明 GO 的插入没有明显影响气凝胶的热稳定性。

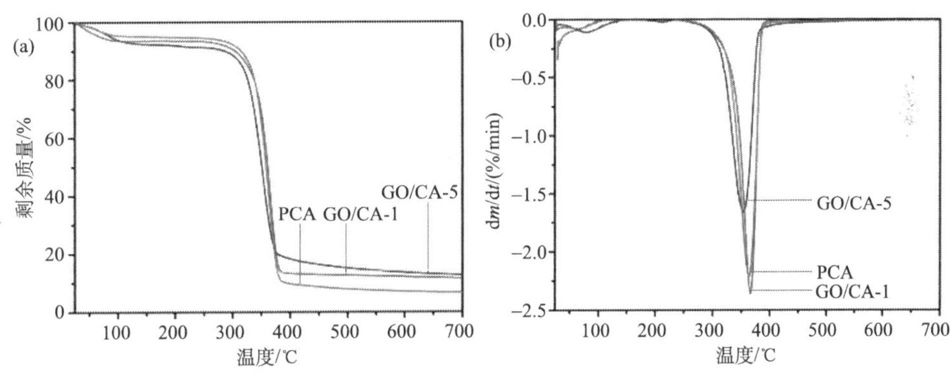

图 8-20　PCA、GO/CA-1、GO/CA-5 的(a)TG 和(b)DTG 曲线

8.5.3.4　GN/CNA 的 EMI 屏蔽效能

为了研究材料在 EMI 屏蔽方面的潜在应用，首先使用 L-AA 还原 GO 以去除 GO 表面的含氧官能团，从而改善它的导电性；冷冻干燥后，将得到的还原氧化石墨烯/纤维素气凝胶进行高温热解处理，制备含有石墨烯纳米薄片的碳气凝胶复合材料(即 GN/CNA)。矢量网络分析仪器是一种电磁波能量的测试设备，它既能测量单端口网络或两端口网络的各种参数幅值，又能测相位，同时矢量网络分析仪能用史密斯圆图显示测试数据。在 8～13GHz 的频率范围内，EMI 屏蔽效能用分贝(dB)来表征 EMI 屏蔽材料对电磁波的屏蔽效果。高 dB 值表示通过屏蔽材料的电磁波更少。总的 EMI 屏蔽效能(SE_{total})可以通过方程式(8-8)进行计算。SE_R 和 SE_A 分别为由于反射和吸收所产生的 EMI 屏蔽效能。SE_M 为材料内部由于多重反射所产生的 EMI 屏蔽效能。当 SE_{total}>10dB 时，SE_M 值可忽略不计。SE_R 和 SE_A 可分别通过方程式(8-9)和式(8-10)进行计算。

由图 8-21(a)可以看出，SE_{total} 值与石墨烯的负载量密切相关。GN/CNA-1 和 GN/CNA-5 的 SE_{total} 值大约为 39.2dB 和 58.4dB，分别比 PCNA 的 SE_{total} 值(34.1dB)

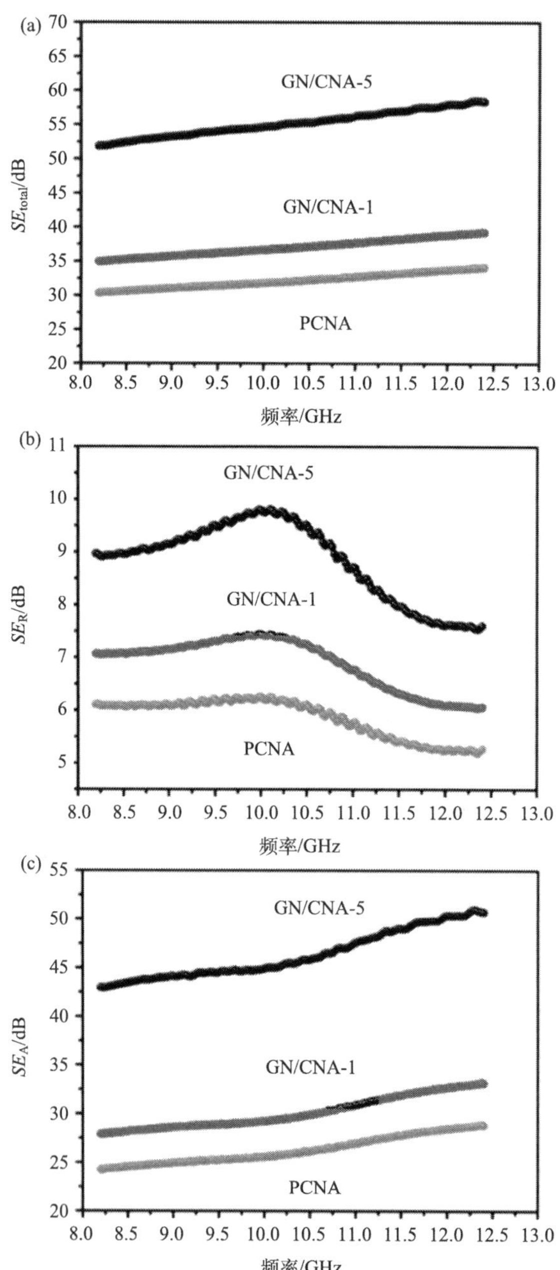

图 8-21　GN/CNA-1、GN/CNA-5 和 PCNA 的 EMI 屏蔽效能：(a) SE_{total}；(b) SE_R；(c) SE_A

高 15.0%和 71.3%。值得一提的是，这三种样品的屏蔽效能均达到了商业水平(>20dB)。不难发现石墨烯含量的增加导致 SE_{total} 值的显著提高。此外，忽略同轴法和波导法之间的测量误差，GN/CNA-5 的 SE_{total} 值明显高于之前报道的厚度相同或更大(≥2mm)的碳基 EMI 屏蔽材料的 SE_{total} 值，如多层石墨烯(12dB)[171]、碳纤维/二氧化硅(12.4dB)[172]、多壁碳纳米管/硅酸盐水泥(28dB)[173]、生物质基多孔碳(40dB)[174]和高度有序多孔碳(50dB)[175]，如表 8-3 所示。表 8-3 也列举出两种厚度仅为 1mm 的 EMI 屏蔽材料的 SE_{total} 值(即石墨烯/乙烯-醋酸乙烯共聚物[217]和多壁碳纳米管/聚甲基丙烯酸甲酯[218])。为了比较 EMI 屏蔽效能，我们采取一些经验公式来计算和预测厚度为 1mm 的 GN/CNA-5 的理论 SE_{total} 值。SE_{total} 值的计算方式取决于样品厚度(t)与趋肤深度(δ)的比值。趋肤深度(δ)，单位为 m，可由方程式(8-11)计算[219]：

$$\delta = \frac{1}{\sqrt{\pi f \mu \sigma}} \tag{8-11}$$

式中，μ 为磁导率，$\mu=\mu_0\,\mu_r$，$\mu_0=4\pi\times10^{-7}$H/m，μ_0 为真空磁导率。f 为频率(Hz)，σ 是电导率(S/m)。由于 GN/CNA-5 属于非磁性物质，因此可以设定 $\mu_r=1$。当 $t/\delta\geqslant1.3$ 时，SE_{total} 值按方程式(8-12)计算[220]：

$$SE_{total} = 20\lg\left(\frac{Z_0\delta\sigma}{2\sqrt{2}}\right) + 8.68\frac{t}{\delta} \tag{8-12}$$

其中，$Z_0=120\pi$。t 为试样厚度，单位为 m。当 $t/\delta\leqslant1.3$ 时，SE_{total} 按方程式(8-13)计算：

$$SE_{total} = 20\lg\left(1 + \frac{Z_0 t\sigma}{2}\right) \tag{8-13}$$

在本节中，频率 f 的范围为 8.2×10^9～12.4×10^9Hz，因此趋肤深度(δ)经计算得出为 1.0×10^{-3}～1.3×10^{-3}m(σ=19.1S/m)，所以 t/δ=0.8～1(t=1mm)，SE_{total} 值应当通过方程式(8-13)计算，计算结果显示 SE_{total} 值仅为 13.2dB，低于表 8-3 中列举出的厚度为 1mm 的 EMI 屏蔽材料的 SE_{total} 值。然而，考虑到实际厚度为 2mm 的 GN/CNA-5 的理论 SE_{total} 值(25dB)和实际测量值(58.4dB)之间存在较大误差值，有理由相信厚度为 1mm 的 GN/CNA-5 的实际 SE_{total} 值可能远高于上述理论值。

表 8-3　一些最近报道的用于 EMI 屏蔽的碳基复合材料

材料	方法	最高 SE_{total}/dB	厚度/nm	频率范围/GHz
碳纤维/二氧化硅	波导法	12.4	2.5	8.2～12.4
石墨烯/EVA[a] 树脂	波导法	27	1	8.2～12.4
多壁碳纳米管/硅酸盐水泥	波导法	28	2	8.2～12.4
生物质基多孔碳	波导法	40	4	8.2～12.4

续表

材料	方法	最高 SE_{total}/dB	厚度/nm	频率范围/GHz
多壁碳纳米管/PMMA[b]	波导法	58.7	1	2～18
多层石墨烯	同轴法(85wt%石蜡)	12	2.5	8.2～12.4
高度有序多孔碳	同轴法(80wt%石蜡)	50	2	2～18
GN/CAN-5	同轴法(80wt%石蜡)	58.4	2	8.2～12.4

a.乙烯-醋酸乙烯共聚物；b.聚甲基丙烯酸甲酯。

石墨烯含量的增加导致 SE_{total} 值的提高可能归因于高密度和高电导率的石墨烯纳米片的存在有助于构建更密集的导电网络并且提供更多的移动电荷载体与导电通道，因此增加了复合材料的电导率(将在 8.5.3.5 节证实)[221]。此外，根据 Wang 等[222]的研究，石墨烯上残余的缺陷和基团不仅能促进能量从连续状态向费米能级的转换[223, 224]，而且也可以引起缺陷的极化弛豫现象[225]和基团的电子偶极弛豫现象[226]，这些都有利于电磁波的穿透和吸收。

纵观 EMI 屏蔽效能，通过比较 SE_R 和 SE_A 值占 SE_{total} 值的比例可对 EMI 屏蔽机制进行评估[图 8-21(b)和(c)]。显然，所有样品的 SE_A 值均高于对应的 SE_R 值，这意味着 EMI 屏蔽机制中吸收占主导地位。毫无疑问，吸附占主导的 EMI 屏蔽机制有利于减轻反射所产生的二次辐射，这被认为是在制造理想的电磁辐射防护产品(如涂料和织物)时需要考虑的一大重要因素。此外，SE_{total} 值在整个频率范围内随着频率的增长总体呈现出增长趋势，这符合吸收占主导的 EMI 屏蔽材料的特性[227]。

8.5.3.5　GN/CNA 的导电性、疏水性和阻燃性

近年来，复合化、低维化、智能化的多功能纳米复合材料受到人们广泛的关注。这种材料既具有纳米材料的特殊性质，又能在保持功能材料原来物理、化学特性基础上，将不同材料所拥有的功能有机地结合在一起，赋予复合材料优化的光学、电学、磁学、生物学等性质；它能够充分发挥功能材料和纳米材料的优势，因而成为在生物、医药、化工、环境、能源等领域最具发展前景与应用潜力的纳米材料之一。对于 GN/CNA 复合材料，除了良好的 EMI 屏蔽效能，GN/CNA 同时还具有一些其他的有趣特性。GN/CNA-1 的电导率经计算为 8.2S/m。随着石墨烯含量增加，GN/CNA-5 的电导率增加到 19.1S/m，大概是 PCNA 电导率(5.9S/m)的三倍。因此，研究结果揭示了石墨烯片的加入大大提高了复合材料的导电性，同时也增加了复合材料的 EMI 屏蔽效能。GN/CNA 的导电性也比得上一些之前报道的碳基材料(电阻率的测量方法与本书相似)，如碳气凝胶(5～40S/m)[228]和碳纳米纤维(2～388S/m)[229]。GN/CNA 的高电导率确保它可导通电路使蓝色发光二

极管(LED)发光，如图 8-22(a)所示。此外，可以观察到 GN/CNA 具有良好的疏水性，这是由于热解过程破坏了纤维素结构上原有的亲水性基团(如羟基)。GN/CNA 可以支持水滴(为了观察清晰用甲基橙染色)稳定地停留在它的表面上[图 8-22(b)]。当 GN/CNA 浸渍在水中时，其表面出现明显的具有金属光泽的疏水层[图 8-22(c)]，这进一步证实了疏水性的形成[230]。图 8-22(d)显示 GN/CNA 在酒精灯下燃烧的过程。在整个燃烧过程中样品不仅保持了它的形状，而且也没有发生明显的被点燃或释放烟雾的现象。这些结果均证实 GN/CNA 具有良好的阻燃性。

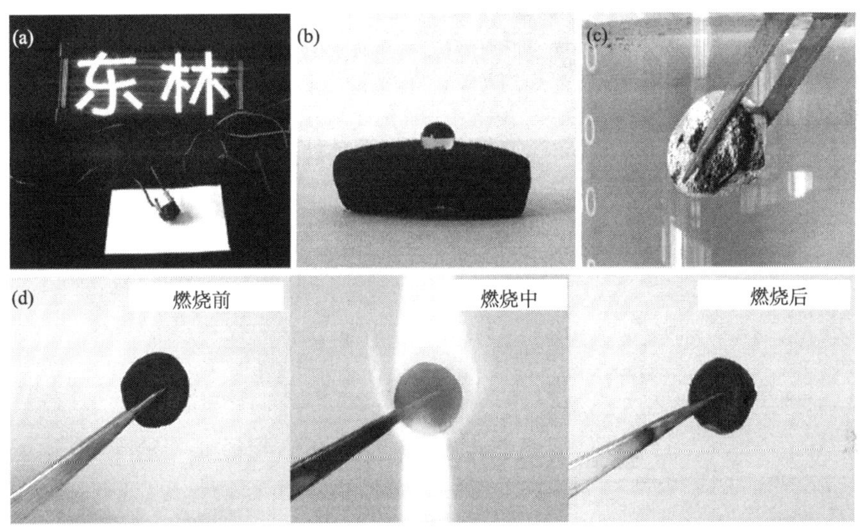

图 8-22　(a) GN/CNA 可以导通电路使得蓝色 LED 灯发光；(b) 水滴(用甲基橙染色增加清晰度)稳定地停留在 GN/CNA 的表面；(c) 当 GN/CNA 浸渍在水中时表面出现一层具有金属光泽的疏水膜；(d) GN/CNA 的阻燃性

8.5.4　小结

GO/CA 纳米复合材料通过溶液混合-再生-冷冻干燥等过程成功制备。纤维素的存在有助于减缓 GO 在高浓度氢氧化钠中的团聚趋势。此外，由于 GO 的加入，复合气凝胶的微观形态发生了显著改变，纤维素在二维平面内发生了自组装行为，详细的组装机制值得进一步深究。GO 的存在没有显著改变复合气凝胶的晶体结构和热稳定性。在 GO 的原位还原和还原氧化石墨烯/纤维素气凝胶的热解之后，所得到的 GN/CNA 复合材料具有良好的 EMI 屏蔽效能，SE_{total} 值高达 58.4dB。此外，吸收占主导的 EMI 屏蔽机制有利于减少反射所引起的二次辐射，这被认为是在制造理想的电磁辐射防护产品(如涂料和织物)时需要考虑的一大重要因素。热解过程也赋予了 GN/CNA 复合材料一系列有趣的特性(即导电性、疏水性和阻燃性)，因此也拓展了 GN/CNA 复合材料在多个领域的应用前景。

参 考 文 献

[1] 宋德生, 李国栋. 电磁学发展史. 南宁: 广西人民出版社, 1987.

[2] 陈抗生. 应用电磁学. 杭州: 浙江大学出版社, 2001.

[3] 乌拉比尹华杰. 应用电磁学基础. 北京: 人民邮电出版社, 2007.

[4] 凯尔·柯克兰德. 我们世界中的物理——电学与磁学. 上海: 上海科学技术文献出版社, 2008.

[5] 谢益溪. 无线电波传播: 原理与应用. 北京: 人民邮电出版社, 2008.

[6] 邓勤. 电磁波的危害. 价值工程, 2010, 29(12): 241-242.

[7] 圆平. 谨防家中“幽灵电波”的危害. 健康生活, 2008, 6: 24.

[8] 司马建. 电磁波的危害是否存在. 中国青年科技, 2003, 2: 36-37.

[9] 程磊. 浅谈电磁波的辐射及防护方法. 中国科技博览, 2016, 2: 238.

[10] 盛新庆. 电磁理论、计算、应用. 北京: 高等教育出版社, 2016.

[11] 李芝萍. 迅速发展的红外天文学. 现代物理知识, 1994, 6: 11-12.

[12] 黄鸣, 黎锡流, 李泽坤. 微波与远红外线加热在食品加工中的应用. 现代食品科技, 2002, 18(2): 60-63.

[13] 杨景芝. 红外夜视仪光电成像系统电路设计. 制造业自动化, 2011, 33(6): 155-157.

[14] 罗继强, 毛宏霞, 董雁冰, 等. 地面相控阵雷达天线红外辐射特性研究. 红外与激光工程, 2004, 33(6): 559-561.

[15] 黎锁平, 滕国宝, 周永强, 等. 红外线通信系统中的 GBN-ARQ 协议时延性能研究. 计算机科学, 2011, 38(2): 38-41.

[16] 徐广通, 袁洪福, 陆婉珍. 现代近红外光谱技术及应用进展. 光谱学与光谱分析, 2000, 20(2): 134-142.

[17] 陆婉珍. 现代近红外光谱分析技术. 北京: 中国石化出版社, 2007.

[18] 翁诗甫. 傅里叶变换红外光谱仪. 北京: 化学工业出版社, 2005.

[19] 西安医学院. 紫外线疗法简介. 西安: 西安医学院第二附属医院, 1973.

[20] 丁振华. 紫外辐射生物学与医学. 北京: 人民军医出版社, 2000.

[21] 朱亮, 王泽华, 宫亚军, 等. 紫外线阻断膜防控茄子害虫效果及对植株生长和果实品质的影响. 昆虫学报, 2016, 59(2): 227-238.

[22] 魏俊霞. 眼睛, 演化的奇迹: 很久以前, 哺乳动物的眼睛能看到紫外线? 科学世界, 2012, 12: 68-73.

[23] 刘粤惠. X 射线衍射分析原理与应用. 北京: 化学工业出版社, 2003.

[24] 廖立兵, 李国武. X 射线衍射方法与应用. 北京: 地质出版社, 2008.

[25] 滕凤恩, 王煜明, 龙骧. X 射线学基础与应用. 长春: 吉林大学出版社, 1991.

[26] 朱育平. 小角 X 射线散射: 理论、测试、计算及应用. 北京: 化学工业出版社, 2008.

[27] 梁敬魁. 粉末衍射法测定晶体结构: X 射线衍射在材料科学中的应用. 北京: 科学出版社, 2011.

[28] 孙世先, 张长龙. γ 射线探伤在压力容器无损检测中的应用. 品牌与标准化, 2011, 18: 52-53.

[29] 赵家海. Ir-192γ 射线探伤的应用. 石油化工建设, 1999, 6: 33-34.
[30] 岳棋柱. 天然电磁辐射测深技术的应用. 地球物理学进展, 2004, 19(4): 873-879.
[31] 吴慧山. 电磁辐射与健康. 世界核地质科学, 2004, 21(2): 121-124.
[32] 米古诺夫, 张君仪. 地震活动区的天然电磁辐射. 山西地震, 1985, 4: 36-40.
[33] 杜欣, 向阳, 张彦丽, 等. 电磁辐射对人体健康的危害及中药防护. 辽宁中医药大学学报, 2015, 10: 222-224.
[34] 王士广, 程粱. 雷达电磁辐射的危害与防护. 无线互联科技, 2015, 3: 64-65.
[35] 孟宏. 电磁辐射对人体皮肤危害及其保护研究进展. 中国化妆品, 2015, 8: 14-18.
[36] 姜槐, 许正平. 电磁辐射与人体健康. 中华劳动卫生职业病杂志, 2002, 20(4): 241-242.
[37] 郭庶, 彭晓武, 刘芸, 等. 极低频电磁场和射频电磁辐射对人体健康影响的研究进展. 环境与健康杂志, 2011, 28(5): 463-466.
[38] 陈毅然. 家用电器的电磁辐射与人体健康. 水利电力劳动保护, 2002, 24(4): 24-25.
[39] 李朝阳. 移动通信基站电磁辐射与人体健康. 数字通信世界, 2007, 31(3): 34-37.
[40] 梁金荣. 手机电磁辐射对人体健康的影响和防护. 九江学院学报(自然科学版), 2015, 30(2): 38-41.
[41] 黄德娟, 刘罗发, 王彩霞, 等. 抗辐射植物抗损伤作用研究进展. 中国辐射卫生, 2010, 19(1): 126-128.
[42] 伊凡. 巧吃蔬菜保健康. 中国保健营养, 2010, 5: 62-63.
[43] 罗琼. 常吃海带可抗辐射. 老年健康, 2007, 7: 28.
[44] 刘文魁, 李金有. 电磁辐射的风险与规避. 北京: 人民卫生出版社, 2009.
[45] 尔冬康. 防辐射 这些食物很管用. 中国健康月刊, 2010, 4: 89-90.
[46] 李艳芳. 九招对付手机辐射危害. 养生大世界, 2006, 12: 58.
[47] 熊丽萍, 邓杨健, 杨普香, 等. 绿茶保健作用研究. 现代预防医学, 2007, 34(20): 3878-3879.
[48] 宋炜. 职业电脑族不妨试试防辐射茶. 现代养生, 2011, 9: 63.
[49] 李惠明. 常用电脑的人应多喝茶. 求医问药, 2006, 3: 43.
[50] 常徽. 葡萄籽原花青素抗辐射损伤作用的实验研究. 重庆: 第三军医大学硕士学位论文, 2005.
[51] 徐立勤, 曹伟. 电磁场与电磁波理论. 北京: 科学出版社, 2006.
[52] 刘顺华, 刘军民, 董星龙. 电磁波屏蔽及吸波材料. 北京: 化学工业出版社, 2014.
[53] 陈广琦. 磁控溅射法制备 Fe-Si-Al 电磁屏蔽薄膜的性能研究. 深圳: 深圳大学硕士学位论文, 2015.
[54] 王超慧. 电沉积 FeNi/GNs 的制备和电磁屏蔽性能研究. 郑州: 郑州大学硕士学位论文, 2015.
[55] 陈锦宏, 李玮. 电磁屏蔽导电涂料. 广州化学, 2002, 27(1): 44-47.
[56] 高晓敏, 刘际伟, 刘永华. 分散助剂对丙烯酸基电磁屏蔽导电涂料性能的影响. 材料科学与工程学报, 2002, 20(3): 410-413.
[57] 杨丽宁, 章桥新, 王一龙, 等. 电磁屏蔽导电涂料的研究进展. 材料导报, 2006, 20(5): 311-313.
[58] 李周波, 张松, 黄洁. 电磁屏蔽导电涂料发展现状. 功能材料, 2016, 35(z1): 921-924.
[59] 周杲, 赵广杰. 木材表面化学镀处理技术. 木材工业, 2005, 19(3): 8-11.

[60] 谭谦. 无氰化学镀金工艺的研究. 哈尔滨: 哈尔滨工业大学硕士学位论文, 2007.

[61] 应世杰. 电子设备电磁屏蔽用真空蒸镀和导电涂料加工技术. 电子机械工程, 1985, 1(2): 11-18.

[62] 林曲. AZ31 镁合金基底真空电弧离子镀和中频磁控溅射制备氮化锆薄膜及其性能的研究. 大连: 大连理工大学硕士学位论文, 2013.

[63] 黄玉安. 磁性纳米金属/碳复合材料及其电磁屏蔽性能. 南京: 南京大学博士学位论文, 2007.

[64] 洪剑寒. 磁控溅射制备电磁屏蔽纺织材料的性能研究. 无锡: 江南大学硕士学位论文, 2007.

[65] 盛澄成, 徐阳, 乔辉, 等. ZnO/Cu 多层膜的制备及电磁屏蔽性能研究. 功能材料, 2016, 47(8): 8089-8093.

[66] 陈正江. 电弧熔射成形法快速制造模具技术研究. 大连: 大连理工大学硕士学位论文, 2006.

[67] 骆灿彬, 方建成, 徐西鹏. 熔射沉积金属与金刚石结合界面的实验. 华侨大学学报(自然版), 2007, 28(1): 5-7.

[68] 庾莉萍. 用于电磁屏蔽的金属纤维材料. 装备机械, 2009, 4: 68-73.

[69] 王建忠, 奚正平, 汤慧萍, 等. 金属纤维电磁屏蔽材料的研究进展. 稀有金属材料与工程, 2011, 40(9): 1688-1692.

[70] 陈耀庭, 周明义, 王国全, 等. 碳纤维/聚合物复合材料的导电性及电磁屏蔽性能的研究. 塑料科技, 1997, 6: 4-7.

[71] 靳武刚. 碳纤维在电磁屏蔽材料中的应用. 现代塑料加工应用, 2004, 16(1): 24-27.

[72] 庞志鹏, 孙晓刚, 程晓圆, 等. 碳纤维-碳纳米管复合导电纸的制备及电磁屏蔽性能研究. 人工晶体学报, 2015, 44(5): 1314-1319.

[73] 解孝林, 周兴平, 谭菁, 等. 马来酸酐接枝 SEBS 对聚丙烯/碳纳米管复合材料性能的影响(英文). 合成橡胶工业, 2002, 25(1): 46.

[74] 冯桓楮, 王雪力, 夏和生. 原位缩聚制备聚氨酯/碳纳米管复合泡沫材料. 高分子学报, 2009, 1(9): 953-957.

[75] 任锟, 王柯, 张琴, 等. 拉伸形变下聚苯乙烯/碳纳米管复合材料的结构-导电性能关系. 塑料工业, 2013, 41(5): 88-91.

[76] 李会会. 碳纳米管填充 LCST 型聚甲基丙烯酸甲酯/苯乙烯丙烯腈共聚物共混体系的相行为和导电行为研究. 杭州: 浙江大学硕士学位论文, 2016.

[77] 凌建强. 微孔发泡聚酰亚胺电磁屏蔽复合材料的制备与表征. 宁波: 宁波大学硕士学位论文, 2013.

[78] 赵慧慧, 姬科举, 许银松, 等. GNS/PMMA 泡沫复合材料的制备及其电磁屏蔽性能. 材料科学与工程学报, 2014, 32(3): 358-365.

[79] Liebner F, Potthast A, Rosenau T, et al. Cellulose aerogels: Highly porous, ultra-lightweight materials. Holzforschung, 2008, 62(2): 129-135.

[80] Sescousse R, Gavillon R, Budtova T. Aerocellulose from cellulose-ionic liquid solutions: Preparation, properties and comparison with cellulose-NaOH and cellulose-NMMO routes. Carbohydrate Polymers, 2011, 83(4): 1766-1774.

[81] Pääkkö M, Vapaavuori J, Silvennoinen R, et al. Long and entangled native cellulose Ⅰ nanofibers allow flexible aerogels and hierarchically porous templates for functionalities. Soft Matter, 2008, 4(12): 2492-2499.

[82] Wan C, Li J. Facile synthesis of well-dispersed superparamagnetic γ-Fe_2O_3 nanoparticles encapsulated in three-dimensional architectures of cellulose aerogels and their applications for Cr(Ⅵ) removal from contaminated water. ACS Sustainable Chemistry & Engineering, 2015, 3(9): 2142-2152.

[83] Wan C, Li J. Synthesis of well-dispersed magnetic $CoFe_2O_4$ nanoparticles in cellulose aerogels via a facile oxidative co-precipitation method. Carbohydrate Polymers, 2015, 134: 144-150.

[84] Wan C, Lu Y, Jin C, et al. A facile low-temperature hydrothermal method to prepare anatase titania/cellulose aerogels with strong photocatalytic activities for rhodamine B and methyl orange degradations. Journal of Nanomaterials, 2015, 2015: 717016.

[85] Wan C, Li J. Embedding ZnO nanorods into porous cellulose aerogels via a facile one-step low-temperature hydrothermal method. Materials & Design, 2015, 83: 620-625.

[86] Baughman R H, Zakhidov A A, Heer W A D. Carbon nanotubes-the route toward applications. Science, 2002, 297(5582): 787-792.

[87] Berber S, Kwon Y K, Tomanek D. Unusually high thermal conductivity of carbon nanotubes. Physical Review Letters, 2000, 84(20): 4613-4616.

[88] 辛浩. 石墨烯/碳纳米管力学性能的研究. 广州: 华南理工大学博士学位论文, 2010.

[89] Zhang H, Wang Z G, Zhang Z N, et al. Regenerated-cellulose/multiwalled-carbon-nanotube composite fibers with enhanced mechanical properties prepared with the ionic liquid 1-allyl-3-methylimidazolium chloride. Advanced Materials, 2007, 19(5): 698-704.

[90] 薛增泉, 刘惟敏, 侯士敏, 等. 单壁碳纳米管及其电学特性研究. 中国科学, 2000, 30(4): 352-358.

[91] Li Q W, Li Y, Zhang X F, et al. Structure-dependent electrical properties of carbon nanotube fibers. Advanced Materials, 2007, 19(20): 3358-3363.

[92] 李庆威. 碳纳米管热传导研究. 北京: 清华大学博士学位论文, 2010.

[93] Hsieh T H, Kinloch A J, Taylor A C, et al. The effect of carbon nanotubes on the fracture toughness and fatigue performance of a thermosetting epoxy polymer. Journal of Materials Science, 2011, 46(23): 7525-7535.

[94] Haggenmueller R, And J E F, Winey K I. Single wall carbon nanotube/polyethylene nanocomposites: Nucleating and templating polyethylene crystallites. Macromolecules, 2006, 39(8): 2964-2971.

[95] Muñoz E, Suh D S, Collins S, et al. Highly conducting carbon nanotube/polyethyleneimine composite fibers. Advanced Materials, 2005, 17(8): 1064-1067.

[96] Chatterjee T, Yurekli K, Hadjiev V G, et al. Single-walled carbon nanotube dispersions in poly(ethylene oxide). Advanced Functional Materials, 2010, 15(11): 1832-1838.

[97] Jin Z, Pramoda K P, Xu G, et al. Dynamic mechanical behavior of melt-processed multi-walled carbon nanotube/poly(methyl methacrylate) composites. Chemical Physics Letters, 2001, 337(1-3): 43-47.

[98] Chang T E, Jensen L R, Kisliuk A, et al. Microscopic mechanism of reinforcement in single-wall carbon nanotube/polypropylene nanocomposite. Polymer, 2005, 46 (2) : 439-444.

[99] Shaffer M S P, Windle A H. Fabrication and characterization of carbon nanotube/poly (vinyl alcohol) composites. Advanced Materials, 1999, 1512 (1) : 320-321.

[100] Li J, Wan C, Lu Y, et al. Fabrication of cellulose aerogel from wheat straw with strong absorptive capacity. Frontiers of Agricultural Science and Engineering, 2014, 1 (1) : 46-52.

[101] Wan C, Lu Y, Jiao Y, et al. Fabrication of hydrophobic, electrically conductive and flame-resistant carbon aerogels by pyrolysis of regenerated cellulose aerogels. Carbohydrate Polymers, 2015, 118: 115-118.

[102] Nishiyama Y, Langan P, Chanzy H. Crystal structure and hydrogen-bonding system in cellulose Ⅰβ from synchrotron X-ray and neutron fiber diffraction. Journal of the American Chemical Society, 2002, 124 (31) : 9074-9082.

[103] Bele M, Kodre A, Arčon I, et al. Adsorption of cetyltrimethylammonium bromide on carbon black from aqueous solution. Carbon, 1998, 36 (7) : 1207-1212.

[104] Chetty R, Kundu S, Xia W, et al. PtRu nanoparticles supported on nitrogen-doped multiwalled carbon nanotubes as catalyst for methanol electrooxidation. Electrochimica Acta, 2009, 54 (17) : 4208-4215.

[105] Wan J, Yan X, Ding J, et al. A simple method for preparing biocompatible composite of cellulose and carbon nanotubes for the cell sensor. Sensors & Actuators B Chemical, 2010, 146 (1) : 221-225.

[106] Geetha S, Satheesh Kumar K K, Rao C R K, et al. EMI shielding: Methods and materials—a review. Journal of Applied Polymer Science, 2009, 112 (4) : 2073-2086.

[107] Al-Saleh M H, Saadeh W H, Sundararaj U. EMI shielding effectiveness of carbon based nanostructured polymeric materials: A comparative study. Carbon, 2013, 60 (12) : 146-156.

[108] Liu X, Yin X, Kong L, et al. Fabrication and electromagnetic interference shielding effectiveness of carbon nanotube reinforced carbon fiber/pyrolytic carbon composites. Carbon, 2014, 68 (68) : 501-510.

[109] Hao X, Yin X, Zhang L, et al. Dielectric, electromagnetic interference shielding and absorption properties of Si_3N_4-PyC composite ceramics. Journal of Materials Science & Technology, 2013, 29 (3) : 249-254.

[110] Alimohammadi F, Gashti M P, Shamei A. Functional cellulose fibers via polycarboxylic acid/carbon nanotube composite coating. Journal of Coatings Technology & Research, 2013, 10 (1) : 123-132.

[111] Song W L, Fan L Z, Cao M S, et al. Facile fabrication of ultrathin graphene papers for effective electromagnetic shielding. Journal of Materials Chemistry C, 2014, 2 (25) : 5057-5064.

[112] Chung D D L. Materials for electromagnetic interference shielding. Journal of Materials Engineering & Performance, 2000, 9 (3) : 350-354.

[113] Zhang H B, Zheng W G, Yan Q, et al. The effect of surface chemistry of graphene on rheological and electrical properties of polymethylmethacrylate composites. Carbon, 2012, 50 (14) : 5117-5125.

[114] 张旭, 孙凤久. 有机 / 无机纳米复合材料的研究进展. 材料导报, 2006, 20(11): 212-221.

[115] 齐卫宏, 汪明朴, 徐根应. 金属纳米微粒的尺寸效应. 材料导报, 2003, 17(10): 4-6.

[116] 王补宣, 周乐平, 彭晓峰. 尺寸效应和表面效应对纳米颗粒比热容的影响. 热科学与技术, 2004, 3(1): 1-6.

[117] 马青. 纳米材料的奇异宏观量子隧道效应. 有色金属工程, 2001, 53(3): 52.

[118] 杜善义. 纳米复合材料研究进展. 上海大学学报(自然科学版), 2014, 20(1): 1-14.

[119] Kango S, Kalia S, Celli A, et al. Surface modification of inorganic nanoparticles for development of organic-inorganic nanocomposites—a review. Progress in Polymer Science, 2013, 38(8): 1232-1261.

[120] Kickelbick G. Concepts for the incorporation of inorganic building blocks into organic polymers on a nanoscale. Progress in Polymer Science, 2003, 28(1): 83-114.

[121] Sanchez C, Belleville P, Popall M, et al. Applications of advanced hybrid organic-inorganic nanomaterials: From laboratory to market. Chemical Society Reviews, 2011, 40(2): 696-753.

[122] Schumacher C, Gonzalez J, Pérez-Mendoza M, et al. Design of hybrid organic/inorganic adsorbents based on periodic mesoporous silica. Industrial & Engineering Chemistry Research, 2006, 45(16): 5586-5597.

[123] Gómez-Romero P, Chojak M, Cuentas-Gallegos K, et al. Hybrid organic-inorganic nanocomposite materials for application in solid state electrochemical supercapacitors. Electrochemistry Communications, 2003, 5(2): 149-153.

[124] And A P W, Davis M E. Design and preparation of organic-inorganic hybrid catalysts. Chemical Reviews, 2002, 102(10): 3589-3614.

[125] Klemm D, Heublein B, Fink H-P, et al. Cellulose: Fascinating biopolymer and sustainable raw material. Angewandte Chemie International Edition, 2005, 44(22): 3358-3393.

[126] Sehaqui H, Zhou Q, Berglund L A. High-porosity aerogels of high specific surface area prepared from nanofibrillated cellulose (NFC). Composites Science & Technology, 2011, 71(13): 1593-1599.

[127] Cai H, Sharma S, Liu W, et al. Aerogel microspheres from natural cellulose nanofibrils and their application as cell culture scaffold. Biomacromolecules, 2014, 15(7): 2540-2547.

[128] Olsson R T, Samir M A S A, Salazar-Alvarez G, et al. Making flexible magnetic aerogels and stiff magnetic nanopaper using cellulose nanofibrils as templates. Nature Nanotechnology, 2010, 5(8): 584-588.

[129] Wu Z Y, Li C, Liang H W, et al. Ultralight, flexible, and fire-resistant carbon nanofiber aerogels from bacterial cellulose. Angewandte Chemie International Edition, 2013, 52(10): 2007-3001.

[130] Moreno-Castilla C, Maldonado-Hódar F J. Carbon aerogels for catalysis applications: An overview. Carbon, 2005, 43(3): 455-465.

[131] Al-Muhtaseb S A, Ritter J A. Preparation and properties of resorcinol-formaldehyde organic and carbon gels. Advanced Materials, 2010, 15(2): 101-114.

[132] Wu D, Fu R, Sun Z, et al. Low-density organic and carbon aerogels from the sol-gel polymerization of phenol with formaldehyde. Journal of Non-Crystalline Solids, 2005,

351(10-11): 915-921.

[133] Wu D, Fu R. Synthesis of organic and carbon aerogels from phenol-furfural by two-step polymerization. Microporous & Mesoporous Materials, 2006, 96(1): 115-120.

[134] Friedel B, Greulich-Weber S. Preparation of monodisperse, submicrometer carbon spheres by pyrolysis of melamine-formaldehyde resin. Small, 2006, 2(7): 859-863.

[135] Zhang X, Sui Z, Xu B, et al. Mechanically strong and highly conductive graphene aerogel and its use as electrodes for electrochemical power sources. Journal of Materials Chemistry, 2011, 21(18): 6494-6497.

[136] Mi X, Huang G, Xie W, et al. Preparation of graphene oxide aerogel and its adsorption for Cu^{2+} ions. Carbon, 2012, 50(13): 4856-4864.

[137] Bryning M B, Milkie D E, Islam M F, et al. Carbon nanotube aerogels. Advanced Materials, 2007, 19(5): 661-664.

[138] Sui Z, Meng Q, Zhang X, et al. Green synthesis of carbon nanotube-graphene hybrid aerogels and their use as versatile agents for water purification. Journal of Materials Chemistry, 2012, 22(18): 8767-8771.

[139] Li X, Yang S, Sun J, et al. Tungsten oxide nanowire-reduced graphene oxide aerogel for high-efficiency visible light photocatalysis. Carbon, 2014, 78: 38-48.

[140] Hao P, Zhao Z, Tian J, et al. Hierarchical porous carbon aerogel derived from bagasse for high performance supercapacitor electrode. Nanoscale, 2014, 6(20): 12120-12129.

[141] Liang H W, Wu Z Y, Chen L F, et al. Bacterial cellulose derived nitrogen-doped carbon nanofiber aerogel: An efficient metal-free oxygen reduction electrocatalyst for zinc-air battery. Nano Energy, 2015, 11: 366-376.

[142] Wang B, Li X, Luo B, et al. Pyrolyzed bacterial cellulose: A versatile support for lithium ion battery anode materials. Small, 2013, 9(14): 2399-2404.

[143] Balmori A. Electromagnetic pollution from phone masts. Effects on wildlife. Pathophysiology, 2009, 16(2-3): 191-199.

[144] Leitgeb N, Schröttner J, Böhm M. Does "electromagnetic pollution" cause illness? Wiener Medizinische Wochenschrift, 2005, 155(9-10): 237-241.

[145] Chung D D L. Electromagnetic interference shielding effectiveness of carbon materials. Carbon, 2001, 39(2): 279-285.

[146] Wang Y, Jing X. Intrinsically conducting polymers for electromagnetic interference shielding. Polymers for Advanced Technologies, 2005, 16(4): 344-351.

[147] Lee H C, Kim J Y, Noh C H, et al. Selective metal pattern formation and its EMI shielding efficiency. Applied Surface Science, 2006, 252(8): 2665-2672.

[148] Kim J T, Park C W, Kim B J. A study on synergetic EMI shielding behaviors of Ni-Co alloy-coated carbon fibers-reinforced composites. Synthetic Metals, 2017, 223: 212-217.

[149] Xiao H M, Zhang W D, Fu S Y. One-step synthesis, electromagnetic and microwave absorbing properties of α-FeOOH/polypyrrole nanocomposites. Composites Science & Technology, 2010, 70(6): 909-915.

[150] Shen B, Zhai W, Tao M, et al. Lightweight, multifunctional polyetherimide/graphene@Fe_3O_4

composite foams for shielding of electromagnetic pollution. ACS Applied Materials & Interfaces, 2013, 5(21): 11383-11391.

[151] Wan C, Li J. Graphene oxide/cellulose aerogels nanocomposite: Preparation, pyrolysis, and application for electromagnetic interference shielding. Carbohydrate Polymers, 2016, 150: 172-179.

[152] Fei H, Li D, Li W C, et al. Nanoengineered polypyrrole-coated Fe_2O_3@C multifunctional composites with an improved cycle stability as lithium-ion anodes. Advanced Functional Materials, 2013, 23(13): 1692-1700.

[153] Winther-Jensen B, Chen J, West K, et al. Vapor phase polymerization of pyrrole and thiophene using iron(III) sulfonates as oxidizing agents. Macromolecules, 2004, 37(16): 5930-5935.

[154] Ci L, Wei B, Xu C, et al. Crystallization behavior of the amorphous carbon nanotubes prepared by the CVD method. Journal of Crystal Growth, 2001, 233(4): 823-828.

[155] Han Z J, Tay B K, Shakerzadeh M, et al. Superhydrophobic amorphous carbon/carbon nanotube nanocomposites. Applied Physics Letters, 2009, 94(22): 223106.

[156] Schwanninger M, Rodrigues J C, Pereira H, et al. Effects of short-time vibratory ball milling on the shape of FT-IR spectra of wood and cellulose. Vibrational Spectroscopy, 2004, 36(1): 23-40.

[157] Kalutskaya E P, Gusev S S. An infrared spectroscopic investigation of the hydration of cellulose. Polymer Science USSR, 1980, 22(3): 550-556.

[158] Wang H, Zhu E, Yang J, et al. Bacterial cellulose nanofiber-supported polyaniline nanocomposites with flake-shaped morphology as supercapacitor electrodes. Journal of Physical Chemistry C, 2012, 116(24): 13013-13019.

[159] Xu C, Sun J, Gao L. Synthesis of novel hierarchical graphene/polypyrrole nanosheet composites and their superior electrochemical performance. Journal of Materials Chemistry, 2011, 21(30): 11253-11258.

[160] Selvaraj V, Alagar M, Kumar K S. Synthesis and characterization of metal nanoparticles-decorated PPy-CNT composite and their electrocatalytic oxidation of formic acid and formaldehyde for fuel cell applications. Applied Catalysis B Environmental, 2007, 75(1-2): 129-138.

[161] Xu J, Zhu L, Bai Z, et al. Conductive polypyrrole-bacterial cellulose nanocomposite membranes as flexible supercapacitor electrode. Organic Electronics, 2013, 14(12): 3331-3338.

[162] Zhu H Y, Jiang R, Xiao X, et al. A novel magnetically separable gamma-Fe_2O_3/crosslinked chitosan adsorbent: Preparation, characterization and adsorption application for removal of hazardous azo dye. Journal of Hazardous Materials, 2010, 179: 251-257.

[163] Wang H, Bian L, Zhou P, et al. Core-sheath structured bacterial cellulose/polypyrrole nanocomposites with excellent conductivity as supercapacitors. Journal of Materials Chemistry A, 2012, 1(3): 578-584.

[164] Ding C, Qian X, Yu G, et al. Dopant effect and characterization of polypyrrole-cellulose composites prepared by in situ polymerization process. Cellulose, 2010, 17(6): 1067-1077.

[165] Descostes M, Mercier F, Thromat N, et al. Use of XPS in the determination of chemical environment and oxidation state of iron and sulfur samples: Constitution of a data basis in binding energies for Fe and S reference compounds and applications to the evidence of surface species of an oxidized pyrite in a carbonate medium. Applied Surface Science, 2000, 165(4): 288-302.

[166] Liu S, Zhou J, Zhang L. In situ synthesis of plate-like Fe_2O_3 nanoparticles in porous cellulose films with obvious magnetic anisotropy. Cellulose, 2011, 18(3): 663-673.

[167] Chu S Y, Peng H, Kilmartin P A, et al. Effect of deposition current density on the linear actuation behaviour of PPy(CF_3SO_3) films. Current Applied Physics, 2008, 8(3): 324-327.

[168] 郑玉玲, 于建军, 覃竞亮, 等. 电磁污染的危害与防护研究进展. 职业与健康, 2011, 27(6): 689-691.

[169] 李华芳. 我们身边不可忽视的电磁污染. 安全, 2013, 4: 27-29.

[170] 顾小成. 隐形的健康“杀手”——电磁污染. 世界环境, 2013, 1: 84-85.

[171] Song W L, Cao M S, Lu M M, et al. Alignment of graphene sheets in wax composites for electromagnetic interference shielding improvement. Nanotechnology, 2013, 24(11): 115708.

[172] Cao M S, Song W L, Hou Z L, et al. The effects of temperature and frequency on the dielectric properties, electromagnetic interference shielding and microwave-absorption of short carbon fiber/silica composites. Carbon, 2010, 48(3): 788-796.

[173] Singh A P, Gupta B K, Mishra M, et al. Multiwalled carbon nanotube/cement composites with exceptional electromagnetic interference shielding properties. Carbon, 2013, 56(5): 86-96.

[174] Liu Q, Gu J, Zhang W, et al. Biomorphic porous graphitic carbon for electromagnetic interference shielding. Journal of Materials Chemistry, 2012, 22(39): 21183-21188.

[175] Song W L, Cao M S, Fan L Z, et al. Highly ordered porous carbon/wax composites for effective electromagnetic attenuation and shielding. Carbon, 2014, 77(10): 130-142.

[176] Allen M J, Tung V C, Kaner R B. Honeycomb carbon: A review of graphene. Chemical Reviews, 2010, 110(1): 132-145.

[177] Geim A K, Novoselov K S. The rise of graphene. Nature Materials, 2007, 6(3): 183-191.

[178] Dreyer D R, Park S, Bielawski C W, et al. The chemistry of graphene oxide. Chemical Society Reviews, 2010, 39(1): 228-240.

[179] Zhu Y, Murali S, Cai W, et al. Graphene and graphene oxide: Synthesis, properties, and applications. Advanced Materials, 2010, 22(35): 3906-3924.

[180] Liang J, Huang Y, Zhang L, et al. Molecular-level dispersion of graphene into poly(vinyl alcohol) and effective reinforcement of their nanocomposites. Advanced Functional Materials, 2009, 19(14): 2297-2302.

[181] Yan J, Yang L, Cui M, et al. Aniline tetramer-graphene oxide composites for high performance supercapacitors. Advanced Energy Materials, 2014, 4(18): 1400781.

[182] Barras A, Das M R, Devarapalli R R, et al. One-pot synthesis of gold nanoparticle/molybdenum cluster/graphene oxide nanocomposite and its photocatalytic activity. Applied Catalysis B: Environmental, 2013, 130-131: 270-276.

[183] Zamanian A, Hardiman C. Electromagnetic radiation and human health: A review of sources

and effects. High Frequency Electronics, 2005, 4 (3) : 16-26.

[184] Liang J, Wang Y, Huang Y, et al. Electromagnetic interference shielding of graphene/epoxy composites. Carbon, 2009, 47 (3) : 922-925.

[185] Singh A P, Garg P, Alam F, et al. Phenolic resin-based composite sheets filled with mixtures of reduced graphene oxide, γ-Fe_2O_3 and carbon fibers for excellent electromagnetic interference shielding in the X-band. Carbon, 2012, 50 (10) : 3868-3875.

[186] Chang C-H, Huang T-C, Peng C-W, et al. Novel anticorrosion coatings prepared from polyaniline/graphene composites. Carbon, 2012, 50 (14) : 5044-5051.

[187] Zhang H-B, Yan Q, Zheng W-G, et al. Tough grapheme-polymer microcellular foams for electromagnetic interference shielding. ACS Applied Materials & Interfaces, 2011, 3 (3) : 918-924.

[188] Yan D X, Ren P G, Pang H, et al. Efficient electromagnetic interference shielding of lightweight graphene/polystyrene composite. Journal of Materials Chemistry, 2012, 22 (36) : 18772-18774.

[189] Ling J, Zhai W, Feng W, et al. Facile preparation of lightweight microcellular polyetherimide/graphene composite foams for electromagnetic interference shielding. ACS Applied Materials & Interfaces, 2013, 5 (7) : 2677-2684.

[190] Hsiao S-T, Ma C-C M, Tien H-W, et al. Using a non-covalent modification to prepare a high electromagnetic interference shielding performance graphene nanosheet/water-borne polyurethane composite. Carbon, 2013, 60: 57-66.

[191] Liu P-B, Huang Y, Sun X. Excellent electromagnetic absorption properties of poly (3, 4-ethylenedioxythiophene) -reduced graphene oxide-Co_3O_4 composites prepared by a hydrothermal method. ACS Applied Materials & Interfaces, 2013, 5 (23) : 12355-12360.

[192] Eswaraiah V, Sankaranarayanan V, Ramaprabhu S. Functionalized graphene-PVDF foam composites for EMI shielding. Macromolecular Materials & Engineering, 2011, 296 (10) : 894-898.

[193] Kumar M N R. A review of chitin and chitosan applications. Polymers, 2000, 46 (1) : 1-27.

[194] Moon R J, Martini A, Nairn J, et al. Cellulose nanomaterials review: Structure, properties and nanocomposites. Chemical Society Reviews, 2011, 40 (7) : 3941-3994.

[195] Ratke L. Monoliths and Fibrous Cellulose Aerogels. Berlin: Springer Science & Business Media, 2011.

[196] Aaltonen O, Jauhiainen O. The preparation of lignocellulosic aerogels from ionic liquid solutions. Carbohydrate Polymers, 2009, 75 (1) : 125-129.

[197] Jin H, Nishiyama Y, Wada M, et al. Nanofibrillar cellulose aerogels. Colloids and Surfaces A: Physicochemical and Engineering Aspects, 2004, 240 (1) : 63-67.

[198] Li J, Lu Y, Yang D, et al. Lignocellulose aerogel from wood-ionic liquid solution (1-allyl-3-methylimidazolium chloride) under freezing and thawing conditions. Biomacromolecules, 2011, 12 (5) : 1860-1867.

[199] Cai J, Kimura S, Wada M, et al. Nanoporous cellulose as metal nanoparticles support. Biomacromolecules, 2008, 10 (1) : 87-94.

[200] Wan C, Jiao Y, Sun Q, et al. Preparation, characterization, and antibacterial properties of silver nanoparticles embedded into cellulose aerogels. Polymer Composites, 2016, 37(4): 1137-1142.

[201] Jiao Y, Wan C, Li J. Room-temperature embedment of anatase titania nanoparticles into porous cellulose aerogels. Applied Physics A, 2015, 120(1): 341-347.

[202] Ishida O, Kim D-Y, Kuga S, et al. Microfibrillar carbon from native cellulose. Cellulose, 2004, 11(3): 475-480.

[203] Zhang S, Li F X, Yu J Y. Structure and properties of novel cellulose fibres produced from NaOH/PEG-treated cotton linters. Iranian Polymer Journal, 2010, 19(12): 949-957.

[204] Yan L, Gao Z. Dissolving of cellulose in PEG/NaOH aqueous solution. Cellulose, 2008, 15(6): 789-796.

[205] Li D, Müller M B, Gilje S, et al. Processable aqueous dispersions of graphene nanosheets. Nature Nanotechnology, 2008, 3: 101-105.

[206] Fan X, Peng W, Li Y, et al. Deoxygenation of exfoliated graphite oxide under alkaline conditions: A green route to graphene preparation. Advanced Materials, 2008, 20(23): 4490-4493.

[207] Feng Y, Zhang X, Shen Y, et al. A mechanically strong, flexible and conductive film based on bacterial cellulose/graphene nanocomposite. Carbohydrate Polymers, 2012, 87(1): 644-649.

[208] Chen Y, Song B, Tang X, et al. One-step synthesis of hollow porous Fe_3O_4 beads-reduced graphene oxide composites with superior battery performance. Journal of Materials Chemistry, 2012, 22(34): 17656-17662.

[209] Bora C, Dolui S K. Fabrication of polypyrrole/graphene oxide nanocomposites by liquid/liquid interfacial polymerization and evaluation of their optical, electrical and electrochemical properties. Polymer, 2012, 53(4): 923-932.

[210] Kudin K N, Ozbas B, Schniepp H C, et al. Raman spectra of graphite oxide and functionalized graphene sheets. Nano Letters, 2008, 8(1): 36-41.

[211] Guo Y, Sun X, Liu Y, et al. One pot preparation of reduced graphene oxide (RGO) or Au (Ag) nanoparticle-RGO hybrids using chitosan as a reducing and stabilizing agent and their use in methanol electrooxidation. Carbon, 2012, 50(7): 2513-2523.

[212] Yadav M, Rhee K Y, Jung I H, et al. Eco-friendly synthesis, characterization and properties of a sodium carboxymethyl cellulose/graphene oxide nanocomposite film. Cellulose, 2013, 20(2): 687-698.

[213] Guo S, Wang Y, Zhou D, et al. Significantly increased monounsaturated lipids relative to polyunsaturated lipids in six types of cancer microenvironment are observed by mass spectrometry imaging. Scientific Reports, 2014, 4: 5959.

[214] Bose S, Kuila T, Uddin M E, et al. In-situ synthesis and characterization of electrically conductive polypyrrole/graphene nanocomposites. Polymer, 2010, 51(25): 5921-5928.

[215] Agarwal U P, Reiner R S, Ralph S A. Cellulose Ⅰ crystallinity determination using FT-Raman spectroscopy: Univariate and multivariate methods. Cellulose, 2010, 17(4): 721-733.

[216] Xiao B, Sun X F, Sun R. Chemical, structural, and thermal characterizations of alkali-soluble lignins and hemicelluloses, and cellulose from maize stems, rye straw, and rice straw. Polymer

Degradation and Stability, 2001, 74(2): 307-319.

[217] Song W-L, Cao M-S, Lu M-M, et al. Flexible graphene/polymer composite films in sandwich structures for effective electromagnetic interference shielding. Carbon, 2014, 66: 67-76.

[218] Yuen S-M, Ma C-C M, Chuang C-Y, et al. Effect of processing method on the shielding effectiveness of electromagnetic interference of MWCNT/PMMA composites. Composites Science and Technology, 2008, 68(3): 963-968.

[219] Zhang C-S, Ni Q-Q, Fu S-Y, et al. Electromagnetic interference shielding effect of nanocomposites with carbon nanotube and shape memory polymer. Composites Science and Technology, 2007, 67(14): 2973-2980.

[220] Li Y, Chen C, Li J-T, et al. Enhanced dielectric constant for efficient electromagnetic shielding based on carbon-nanotube-added styrene acrylic emulsion based composite. Nanoscale Research Letters, 2010, 5(7): 1170-1176.

[221] Li Y, Chen C, Zhang S, et al. Electrical conductivity and electromagnetic interference shielding characteristics of multiwalled carbon nanotube filled polyacrylate composite films. Applied Surface Science, 2008, 254(18): 5766-5771.

[222] Wang C, Han X, Xu P, et al. The electromagnetic property of chemically reduced graphene oxide and its application as microwave absorbing material. Applied Physics Letters, 2011, 98(7): 072906.

[223] Watts P C P, Hsu W K, Barnes A, et al. High permittivity from defective multiwalled carbon nanotubes in the X-band. Advanced Materials, 2003, 15(7-8): 600-603.

[224] Belavin V V, Okotrub A V, Bulusheva L G. A study of the influence of structural imperfection on the electronic structure of carbon nanotubes by X-ray spectroscopy and quantum-chemical methods. Physics of the Solid State, 2002, 44(4): 663-665.

[225] Che R C, Peng L M, Duan X F, et al. Microwave absorption enhancement and complex permittivity and permeability of Fe encapsulated within carbon nanotubes. Advanced Materials, 2004, 16(5): 401-405.

[226] Paredes J I, Villar-Rodil S, Martínez-Alonso A, et al. Graphene oxide dispersions in organic solvents. Langmuir, 2008, 24(19): 10560-10564.

[227] Zhang H-B, Zheng W-G, Yan Q, et al. The effect of surface chemistry of graphene on rheological and electrical properties of polymethylmethacrylate composites. Carbon, 2012, 50(14): 5117-5125.

[228] Alegre C, Calvillo L, Moliner R, et al. Pt and PtRu electrocatalysts supported on carbon xerogels for direct methanol fuel cells. Journal of Power Sources, 2011, 196(9): 4226-4235.

[229] Sebastián D, Suelves I, Moliner R, et al. The effect of the functionalization of carbon nanofibers on their electronic conductivity. Carbon, 2010, 48(15): 4421-4431.

[230] Yao X, Yu W, Xu X, et al. Amphiphilic, ultralight, and multifunctional graphene/nanofibrillated cellulose aerogel achieved by cation-induced gelation and chemical reduction. Nanoscale, 2015, 7(9): 3959-3964.

第 9 章　纤维素气凝胶基超级电容器电极材料

9.1　超级电容器在储能系统中的定位

9.1.1　超级电容器的发展进程

由于石油资源日趋短缺，并且燃烧石油的内燃机尾气排放对环境的污染越来越严重(尤其是在大、中城市)，人们都在研究替代内燃机的新型能源装置。研究者们已经进行混合动力、燃料电池、化学电池产品及应用的研究与开发，取得了一定的成效，但是由于它们固有的使用寿命短、温度特性差、化学电池易造成环境污染、系统结构复杂、造价高昂等致命弱点，一直没有很好的解决办法。超级电容器(supercapacitor)，又名电化学电容器(electrochemical capacitor)，是一种主要依靠双电层和氧化还原赝电容电荷储存电能的新型储能装置[1, 2]。与传统的化学电源不同，超级电容器是一种介于传统电容器与电池之间的电源，具有功率密度高、充放电时间短、循环寿命长、工作温度范围宽等优势[3-5]。超级电容器以其优异的特性扬长避短，可以部分或全部替代传统的化学电池用于车辆的牵引电源和启动能源[6]，并且具有比传统的化学电池更加广泛的用途。正因为如此，世界各国(特别是西方发达国家)都不遗余力地对超级电容器进行研究与开发。

最早的电容器是“莱顿瓶”，瓶里外分别贴有锡箔，瓶里的锡箔通过金属链与金属棒连接，棒的上端是一个金属球[7, 8]。由于它是在莱顿城发明的，所以称为莱顿瓶。荷兰莱顿大学物理学教授米森布鲁克(Pieter Van Musschenbrock，1692~1761 年)于 1746 年独立研制出莱顿瓶。1746 年，荷兰莱顿大学的教授米森布鲁克在做电学实验时，无意中把一个带了电的钉子掉进玻璃瓶里，他以为要不了多久，铁钉上所带的电就会很容易跑掉的，过了一会，他想把钉子取出来，可当他一只手拿起桌上的瓶子，另一只手刚碰到钉子时，突然感到有一种电击式的振动。这到底是铁钉上的电没有跑掉呢，还是自己的神经太过敏呢？于是，他又照着刚才的样子重复了好几次，而每次的实验结果都和第一次一样，于是他非常高兴地得到一个结论：把带电的物体放在玻璃瓶子里，电就不会跑掉，这样就可把电储存起来，只是当时他并不清楚是靠瓶子还是靠瓶子里的水来起保存电的作用的。莱顿瓶很快在欧洲引起了强烈的反响，电学家们利用它做了大量的实验。1746 年，英国伦敦一名叫柯林森的物理学家，通过邮寄向美国费城的本杰明·富兰克林赠送了一只莱顿瓶，并在信中向他介绍了使用方法，这直接导致了 1752

年富兰克林著名的费城实验。他用风筝将“天电”引了下来，把天电收集到莱顿瓶中，从而弄明白了“天电”和“地电”原来是一回事。他肯定了“起储电作用的是瓶子本身”,“全部电荷是由玻璃本身储存着的”。富兰克林正确地指出了莱顿瓶的原理，后来人们发现，只要两个金属板中间隔一层绝缘体就可以做成电容器，而并不一定要做成像莱顿瓶那样的装置。

1879 年，Helmholz 发现了电化学双电层界面的电容性质，并提出了双电层理论[9]。1957 年，Becker[10]申请了第一个由高比表面积活性炭(AC)作电极材料的电化学电容器方面的专利(提出可以将小型电化学电容器用做储能器件)；1962 年美国标准石油公司(SOHIO)生产了一种以活性炭作为电极材料，以硫酸水溶液作为电解质的 6V 超级电容器，并于 1969 年首先实现了碳材料电化学电容器的商业化。后来，该技术转让给日本 NEC 公司。1979 年 NEC 公司开始生产超级电容器，用于电动汽车的启动系统，才有了超级电容器名称的由来。几乎同时，松下公司研究了以活性炭为电极材料，以有机溶液为电解质的超级电容器。20 世纪 70 年代中后期，随着激光的发明，人们设想如果将激光作为武器，将是威力强大的超级武器。接下来的问题是，激光武器需要短时释放数百 MJ 的能量，需要激光源提供甚至上百万 kW 的巨大功率[11, 12]。为如此高短时功率提供强大电能，蓄电池显得无能为力。因此，用电容器为激光武器供电成为人们的设想，并付诸实施，超级电容器应运而生，如美国的有机体系超级电容器，前苏联的以硫酸作为电解液的水系超级电容器。尽管超级电容器得以问世，但是由于超级电容器特性的种种问题，无法作为激光武器的电源。超级电容器的产业化最早开始于 1979 年 NEC/Tokin 与 1987 年松下、三菱的产品[13]。20 世纪 90 年代，Econd 和 ELIT 推出了适合于大功率启动动力场合的超级电容器。之后，随着超级电容器材料的廉价化(将金电极用活性炭电极替代)和技术解密，使得超级电容器进入商业应用。如今，松下、NEC、EPCOS、Maxwell、NESS 等公司在超级电容器方面的研究非常活跃。目前美国、日本、俄罗斯的产品几乎占据了整个超级电容器市场，各个国家的超级电容器产品在功率、容量、价格等方面都有自己的特点和优势。近年来，随着新型能源的应用，超级电容器得到了越来越多的应用[14]。

9.1.2　超级电容器的特点

超级电容器可弥补传统电容器与电池之间的空白，即超级电容器兼有电池高比能量和传统电容器高比功率的优点，从而使得超级电容器实现了电容量由微法级向法拉级的飞跃，彻底改变了人们对电容器的传统印象。表 9-1 是常用储能装置(静电电容器、超级电容器和蓄电池)的性能比较。超级电容器的一些典型优点列举如下[15-18]：

(1) 电容量高。一般双电层电容器容量很容易超过 1F，它的出现使普通电容器的容量范围骤然跃升了 3～4 个数量级。超级电容器的容量最高可达到数千法拉，目前单体超级电容器的最大电容量可达 5000F，比同体积钽电解电容器、铝电解电容器的容量高数千倍。

(2) 充放电寿命很长。超级电容器充放电过程根据其储能机理分为两种：一种情况是双电层物理过程，即充放电过程只有离子或电荷的转移，没有发生化学或电化学反应而引发电极相变；另外一种情况是电化学反应过程，这种反应过程具有良好的可逆性，不容易出现活性物质的晶型转变、脱落等影响使用寿命的现象。总而言之，无论是发生上述哪种过程，超级电容器的电容量衰减很少，循环使用次数可达数十万次，是蓄电池循环使用次数的 5～20 倍。

(3) 可以提供很高的放电电流。例如，2700F 的超级电容器额定放电电流不低于 950A，放电峰值电流可达 1680A，一般蓄电池通常不能有如此高的放电电流。一些高放电电流的蓄电池在如此高的放电电流下的使用寿命将大大缩短。

(4) 充电时间短。可以数十秒到数分钟内快速充电，而蓄电池在如此短的时间内充满电将是极危险的或几乎不可能，并且经常快速充电还会影响正常使用寿命。

(5) 工作温度范围宽。可以在很宽的温度范围内正常工作(–40～70℃)，低温性能优越。超级电容器充放电过程中发生的电荷转移大部分都在电极活性物质表面进行，所以容量随温度衰减非常小。电池在低温下容量衰减幅度却可高达 70%。

(6) 相比于铅酸蓄电池、镍镉蓄电池等，超级电容器的构成原材料、生产、使用、储存及拆解过程均污染较低，是理想的绿色环保电源。

(7) 运行可靠，免维护。超级电容器有一定的抗过充能力，短时间内对其工作不会有太大影响，可保证系统运行的可靠性。

(8) 串并联后，可以组装成耐高压、大容量的超级电容器组件，满足不同领域电子器件的需求。

表 9-1　常用储能装置(静电电容器、超级电容器和蓄电池)的性能比较

性能参数	静电电容器	超级电容器	蓄电池
放电时间	10^{-6}～10^{-3}s	1～30s	0.3～3h
充电时间	10^{-6}～10^{-3}s	1～30s	1～5h
能量密度	＜0.1W·h/kg	1～10W·h/kg	20～180W·h/kg
功率密度	＞10 000W/kg	1000～2000W/kg	50～300W/kg
循环寿命	几乎无限	＞100 000 次	500～2000 次

超级电容器的一些典型劣势列举如下：

(1) 单体工作电压低。水系电解液超级电容器单体的工作电压一般为 0～1V。超级电容器高输出电压是通过多个单体电容器串联实现的，并且要求串联电容器单体具有很好的一致性。非水系电解液超级电容器单体的工作电压可达 3.5V，但实际使用过程中最高只有 3V，同时非水系电解质纯度要求高，需要在无水、真空等装配环境下进行生产。

(2) 与电池相比，其能量密度较低，在某些需要高能量输出的应用领域，超级电容器的其他特性难以发挥。

(3) 若超级电容器的使用不当或安装位置不合理，会造成其电解液泄漏而污染环境。

(4) 与传统电容器如铝或钽电解电容器相比，超级电容器内阻较高，使得其仅限于直流电路的使用。

(5) 价格较高。超级电容器的成本远高于普通电容器。

9.1.3　超级电容器的结构与应用

9.1.3.1　超级电容器的结构

超级电容器主要由电极、电解质和隔膜组成。其中，电极包括活性材料和集流器两部分[19]。对集流器的要求是与电极接触电阻小，接触面积大，在电解液中性能稳定，不发生化学反应，耐腐蚀性强。根据所采用的电解质来选择集流器的材料。通常，酸性电解质选择钛材料，碱性电解质选择镍材料，而对有机电解质等可以选择廉价的铝材料。为了降低电容器的内阻，要求隔膜具有超薄、高孔隙率及高强度的特点，通常使用玻璃纤维和聚丙烯膜等，防止两个电极物理接触的同时允许离子通过，成品超级电容器按照不同的分装方式，可分为层叠式和卷绕式，如图 9-1 所示。两种电容器各有优缺点，层叠式电容器电极易于制备，且可以容纳大面积电极，但是封装密度较低，多个电容器单元串联时占用空间较大，难以在较小的体积内获得较高的工作电压。而卷绕式电容器的封装密度较高，便于多个电容器的串联以满足对高电压的需要，但难以容纳较大面积的电极，外壳封装过程中需要承受较大的压力。

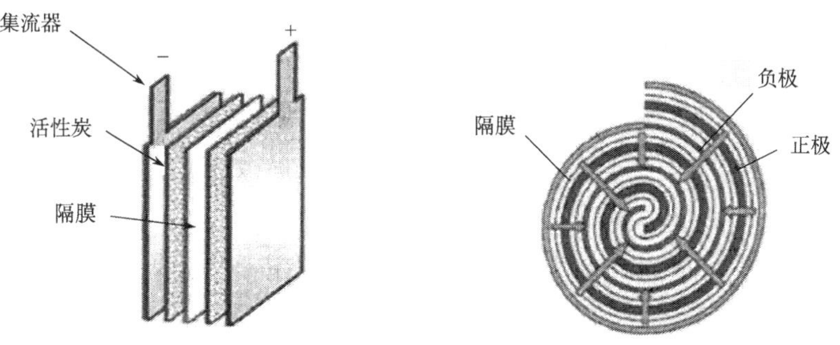

图 9-1　超级电容器的内部结构图

9.1.3.2　超级电容器的应用

由于世界人口的不断增长及社会经济的高速发展，导致人类的生存资源和能源匮乏，随之而来的是生态环境的破坏。目前不可再生资源的短缺成了人类面临的严重问题，利用多种多样的节省能源技术和开发二次能源也就越来越成为人类关注的重点。因此，发展新能源和新材料是当今世界的主要研究领域之一。就日本来说，为了减轻国内现有能源短缺问题，日本竭力发展电动汽车以及混合动力汽车。据报道日本在 2005 年就已经拥有 30 万辆的混合动力汽车，还称到 2020 年，争取将电动汽车的产量提升至 500 万辆。除此以外，世界上的各个国家也都正在竭尽全力地开发出一些可以用来代替一次能源的二次能源，如潮汐能、太阳能、风能等可利用的二次能源，这也成为大家关注的重点。在我国推行的光明工程就是一个很好的例子，开发和利用风力发电这项技术，以此来解决我国西部偏远地区数万人的用电问题，使光明普照各地。

超级电容器的应用已经日渐成熟，在工业、通信、医疗器械、军事装备和交通等领域得到广泛的应用(表 9-2)[20-25]。从小容量的应急储能到大规模的电力储能，从单独储能到与蓄电池或燃料电池组成混合储能系统，超级电容器均显示出独特的优越性。概括起来，超级电容器的应用方向可分为以下几个领域:

(1) 小功率电子设备的主电源、替换电源或后备电源。超级电容器适合应用于主电源。典型的应用有电动玩具，其作为主电源的优点是体积小、质量轻、功率密度大和能够迅速启动。同时，超级电容器也适合应用于替换电源。典型的应用有路标灯、太阳能手表、交通信号灯和公共汽车停车站时间表灯等。此外，超级电容器广泛应用于后备电源。典型的应用有车载计量器、车载计费器、无线电波接收器和照相机等。

(2) 混合电动汽车和电动汽车。由于超级电容器具有大电流和快速充放电特性，以其作为单一能源的电动汽车非常适合在短距离、线路固定的区域运行，如飞机场的采煤车、公园游览车及城市公交车等。以公交车为例，由于公交线路固定，所以公交车进站时利用乘客上下车的时间即可充电，不仅不影响乘客，又能节省成本。2006 年哈尔滨工业大学承担了一项“以电容为能源的电动车”重大项目，并推出了一款最高时速可达 52 公里的电动客车。2010 年上海世博会园区内的公交车全部采用超级电容器作为单一动力电源，积极响应了“绿色环保”的理念，并实现了“零排放”的目标。超级电容器超高功率密度可满足电动汽车在启动、加速、爬坡时对功率的需求，但由于其能量密度较为一般，无法为电动汽车远距离行驶续航，因此其可与高能量储能元件组合成混合动力电源，替代一些成本高昂、维护难度大的高功率电车。1997 年丰田公司推出了世界上第一辆混合电动汽车普锐斯，迄今各种混合电动汽车已在汽车市场上竞相绽放。另外，超级电容器具有很高的能量回收率，这是由于它能瞬间提供大功率，可避免发动机频繁启动，并对制动能量进行回收利用，可大大节约能源，并减少尾气排放，因此混合动力电源不仅成本低廉，且具有非常广阔的市场前景，一方面超级电容器可用于汽车启动、加速，另一方面动力电池能提高能量，为电动汽车远距离行驶保驾护航。

(3) 可再生能源发电系统和分布式电力系统。超级电容器可以充分发挥储能密度高、功率密度大、循环寿命长和无须维护等优点，既可以单独储存能量，又可以与其他储能系统混合储能。超级电容器可以与太阳能电池相结合，应用在路灯、交通警示牌和交通标志灯等，还可以应用于分布式发电系统，如风力发电站、水力发电站等，通过超级电容器储能可以对系统起到瞬间功率补偿的作用，用来提高供电系统的稳定性和可靠性，这种供电方式能够很好地补偿发电设备的输出功率不稳定和不可预测的特点。

(4) 能量缓冲器。能量缓冲器是由超级电容器和功率变换器组成的，它主要应用于电梯等变频驱动系统。当电梯加速上升时，能量缓冲器向驱动系统中的直流母线供电，提供电机所需的峰值功率；当电梯减速下降时，能量缓冲器吸收电机回馈的能量。

表 9-2　超级电容器的应用

应用领域	典型应用	性能要求
电力系统	静止同步补偿器、动态电压补偿器	高功率、高电压、可靠
交通运输	轨道车辆能量回收、油电混合动力	高功率
电动车		高功率、高电压
风能	风力发电机变桨系统的储能系统	高功率
太阳能	路灯、航标	长寿命
空间	能量束	高功率、高电压、可靠
军事	电子枪、消声装置	可靠
工业	工厂自动化、遥控	
记忆设备	消费电器、计算机、通信	低功率、低电压
汽车辅助装置	催化预热器、用回热器刹车、冷自动	中功率、高电压

随着超级电容器电极材料性能和制造工艺的优化，其在能量密度、安全性能、外观设计等各方面都有了很大的提升，应用领域现已拓宽至军事领域和工业领域。超级电容器作为先进武器的启动电源可加快启动，也可用作战车的动力电源，降低燃油率。在工业应用中，其主要是作为工业不间断电源(UPS)，以保证整个企业供电系统的安全运行，确保安全生产。

9.2 超级电容器的储能机理

9.2.1 引言

电化学电容器是一种介于传统电容器和电池之间的储能装置，它既有电容器可以快速充放电的特点，又有电化学电池的储能机理。由于其具有高功率和长寿命等优点，又称之为超级电容器。目前对超级电容器的研究已形成专门的技术，并正在快速的发展中。超级电容器根据电解质的具体状态如固态和液态又可分为固体电解质超级电容器及液体电解质超级电容器两类[26]。超级电容器根据储能机理的不同，可以分为双电层电容器、法拉第赝电容器及混合型超级电容器三类[16]。混合型超级电容器根据电解液性质的不同可分为四类:水系电解液系混合超级电容器、有机电解液系混合超级电容器、室温离子液体电解液系混合超级电容器和聚合物电解质系混合超级电容器。根据水系电解液系混合超级电容器中电解液的酸碱性不同，水系电解溶液体系可分为酸性体系、碱性体系及中性体系三类。在有机电解液中，锂离子电池中几乎所有的可脱嵌锂类电极材料都可作为混合型电容器电极材料，如钛酸锂、锰酸锂、钴酸锂、磷酸铁锂等电极材料。离子液体是一种液态的在室温或者近室温条件下由阴、阳两种离子构成的新型电极材料，其具有电导率高、稳定性好、电势范围宽、无污染等一些优点。由于离子液体本身具有较高的离子移动性，所以其作为电容器的电解质使用时，不需添加其他有机溶剂或导电离子，但由于离子液体成本太高及黏度太大等问题，使其目前很难走向工业化应用。聚合物电解质系混合超级电容器根据聚合物的形态分为纯固态聚合物电解质和凝胶聚合物电解质。由于纯固态聚合物电解质的离子电导率低，所以限制了它的应用。而凝胶聚合物电解质的离子电导率相对较高，所以可能实现其应用。因为离子液体电解质和凝胶聚合物电解质都存在黏度大和电导率低的问题，所以这两类混合型超级电容器仍处于研究阶段[27]。

由于储能机理的不同，人们将超级电容器分为：①基于高比表面积电极材料与溶液间界面双电层原理的双电层电容器；②基于电化学欠电位沉积或氧化还原法拉第过程的赝电容器[28, 29]。赝电容与双电层电容的形成机理不同，但并不相互排斥。大比表面积准电容电极的充放电过程会形成双电层电容，双电层电容电极(如多孔炭)的充放电过程往往伴随有赝电容氧化还原过程发生，实际的电化学电容通常是两者共存的宏观体现，要确认的只是何者占主要的问题。实践过程中，人们为了达到提高电容器的性能，降低成本的目的，经常将赝电容电极材料和双电层电容电极材料混合使用，制成所谓的混合电化学电容器。混合电化学电容器可分为两类，一类是电容器的一个电极采用赝电容电极材料，另一个电极采用双电层电容电极材料，制成不对称电容器，这样可以拓宽电容器的使用电压范围，提高能量密度；另一类是赝电容电极材料和双电层电容电极材料混合组成复合电极，制备对称电容器。

9.2.2　双电层电容器

双电层电容器是利用电极材料与电解质之间形成的界面双电层来存储能量的一种新型储能元件[30, 31]。当电极材料与电解液接触时，由于界面间存在着分子间力、库仑力或者原子间力的相互作用，会在固液界面处出现界面双电层，是一种符号相反的、稳定的双层电荷。对于一个电极-溶液体系来说，体系会因电极的电子导电和电解质溶液的离子导电而在固液界面上形成双电层。当外加电场施加在两个电极上后，溶液中的阴、阳离子会在电场的作用下分别向正、负电极迁移，而在电极表面形成所谓的双电层；当外加电场撤销后，电极上具有的正、负电荷与溶液中具有相反电荷的离子会互相吸引而使双电层变得更加稳定，这样就会在正、负极间产生稳定的电位差。在体系中对于某一电极来说，会在电极表面一定距离内产生与电极上电荷等量的异性离子电荷，来使其保持电中性；当将两极和外电源连接时，由于电极上的电荷迁移作用而在外电路中产生相应的电流，溶液中离子迁移到溶液中会呈现出电中性，这就是双电层电容器的充放电原理。从理论上说，双电层中存在的离子浓度要大于溶液本体中离子浓度，这些浓度较高的离子受到固相体系中异性电荷吸引的同时，还会有一个向溶液本体浓度较低区域扩散的趋势。电容器的这种储能过程是可逆的，因为它是通过将电解质溶液进行电化学极化实现的，整个过程并没有产生电化学反应。双电层电容器的工作原理如图 9-2 所示。

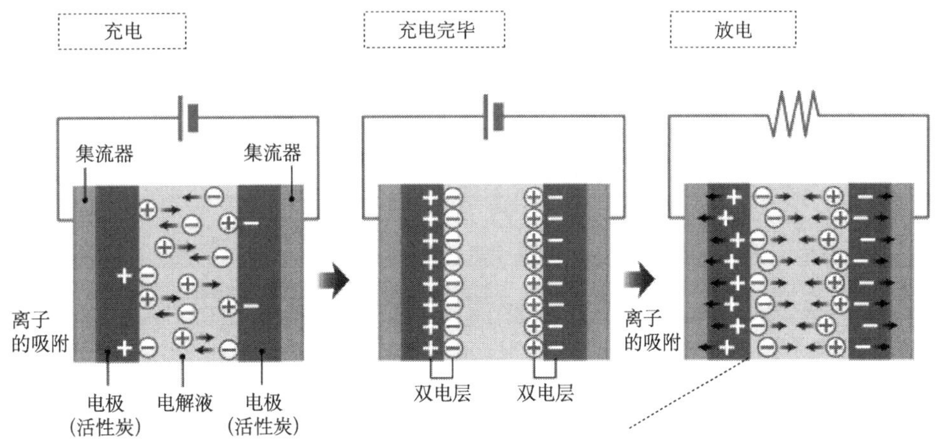

图 9-2　双电层电容器的充放电过程

对于一个对称的电容器(相同的电极材料)，电容值如方程式(9-1)所示:

$$\frac{1}{C_{\text{cell}}}=\frac{1}{C_1}+\frac{1}{C_2} \tag{9-1}$$

式中，C_1 和 C_2 分别为两个电极的电容值。单电极的电容根据方程式(9-2)计算:

$$C_{\text{dl}}=\frac{\varepsilon A}{4\pi t} \tag{9-2}$$

其中，ε 为双电层中的介电常数，A 为电极的表面积，t 是双电层的厚度。双电层的能量及功率密度可通过方程式(9-3)和式(9-4)分别计算得到(R 为等效电阻)：

$$E=\frac{CV^2}{2} \tag{9-3}$$

$$P_{\max}=\frac{V^2}{4R} \tag{9-4}$$

设备的电容很大程度上取决于电极材料的特性，尤其是表面积和孔隙大小分布[32]。由于碳材料本身的高孔隙度及低密度，通常是每一极的体电容决定了能量密度。电池电压对超级电容器的比能量和比功率也是一个重要的决定因素。超级电容器的工作电压通常取决于电解质的稳定性[33-35]。类似酸和碱等水溶液电解质具有较高的离子电导率，成本低且被广泛接受。但同时，它们也有固有的缺点，由于相对较低的分解电压，电压范围受到限制。然而，由于水性体系较高的介电常数，活性炭电极水溶液电解质超级电容器的比电容要远高于相同电极非水溶液电解质。据研究发现，各类非水溶液电解质可以实现工作电压在 2.5V 以上。由于超级电容器的比能量与工作电压的平方成正比，如碳酸丙烯酯或乙腈、含有可溶性季铵盐的烷基季铵盐等非水溶液电解质混合物已被应用于很多商用超级电容器中，尤其是那些对能量应用要求更高的电容器。然而，非水溶液电解质的电阻比水溶性电解质要高至少一个数量级，因此这类电容器通常具有更高的内阻。高内阻限制了电容器的功率能力，并且最终影响其应用。在超级电容器中，有很多因素产生内部电阻，它们被统称为等效串联电阻(ESR)。影响超级电容器的因素包括：电极材料的电阻、电极与电流集流器之间的内阻、离子在小空隙中运动的离子阻力、离子通过隔膜的阻力和电解质电阻[36]。

双电层电容器的电极材料主要集中在活性炭、模板炭、碳纳米管、碳纤维、炭黑和高活性中间相碳微球等方面[37]。受到电解液中溶剂分解电压的限制，因此目前提高能量密度是碳电极材料的研究核心，主要通过提高碳材料的比表面积、优化碳材料的孔结构及通过表面沉积或化学修饰等方法制备碳基复合材料。在各种碳材料中，活性炭制造技术成熟、工艺简单、价格较低，是双电层电容器首选的电极材料[38-41]。双电层电容器目前的研究热点为碳材料的合成新方法新工艺、处理方法、孔径及孔径分布对有机和无机电容器性能的影响，有机电解液特别是离子液体的研究及有机双电层超级电容器失效机理等。

9.2.3　法拉第赝电容器

法拉第赝电容器是电活性物质在电极表面或体相中的二维或准二维空间上进行欠电位沉积，发生高度可逆的化学吸附-脱附或氧化还原反应，产生与电极充电电位有关的电容[42-44]。其储存电荷的过程不仅包括双电层上的存储，而且包括电解液中离子在电极活性物质中发生氧化还原反应而将电荷储存于电极中。在充放电过程中，电容器的电压会随时间线性变化，当对电极加一个随时间线性变化的外电压时，可以观察到一个近乎常量的充放电电流或电容。赝电容的最大充放电性能由电活性物质表面的离子取向和电荷转移速度控制，可在短时间内进行电荷转移，因而可获得比双电层电容更高的电容量和能量密度。在相同的电极面积的情况下，容量是双电层电容的 10～100 倍。同时，在整个充放电过程中，电极上没有发生决定反应速率与限制电极寿命的电活性物质的相变化，因此具有较长的循环寿命。法拉第赝电容器主要包括两大类。一类是过渡金属氧化物(如 RuO_2 和 MnO_2 等)基赝电容器[45-47]。在充电时，电解液中的离子(一般为 H^+或 OH^-)在外加电场的作用下由溶液中扩散到电极/溶液界面，而后通过界面电化学反应进入到电极表面活性氧化物的体相中，由于电极材料多采用具有较大比表面积的氧化物，因此会有大量的电荷被存储在电极中。放电时这些进入氧化物中的离子又会重新返回到电解液中，同时所存储的电荷通过外电路而释放出来，这就是法拉第赝电容器的充放电机理。另一类是导电聚合物(如聚苯胺、聚吡咯等)基赝电容器，通过在聚合物膜中发生快速可逆 n 型和 p 型元素掺杂和去掺杂的氧化还原反应，使聚合物达到很高的电荷存储密度，产生法拉第赝电容而实现电能储存[43, 48-50]。法拉第赝电容器充电时原理图如图 9-3 所示。

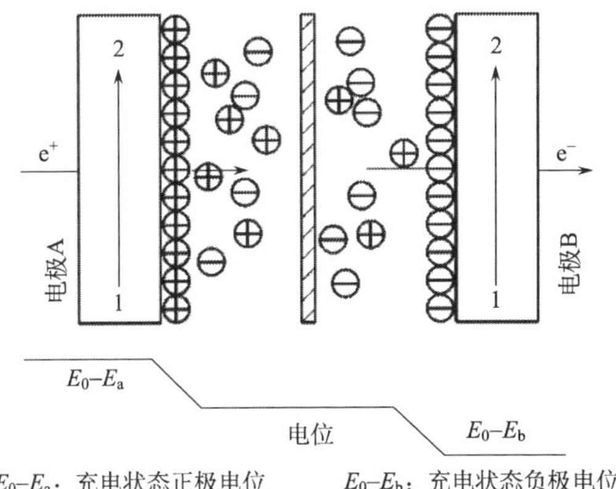

E_0−E_a：充电状态正极电位　　E_0−E_b：充电状态负极电位

图 9-3　法拉第赝电容器充电时的原理图

9.2.4　混合型超级电容器

超级电容器又可分为对称型和非对称型，其中正、负极材料的电化学储能机理相同或相近的为对称型超级电容器，如碳/碳双电层电容器和 RuO_2/RuO_2 电容器。无论是双电层电容还是法拉第赝电容，其储能过程都仅发生在电极材料的表面或近表面，而电池材料则是通过体相的氧化还原来储存能量，因此双电层电容器和法拉第赝电容器的能量密度较锂离子电池等还相对较低。为了进一步提高超级电容器的能量密度，一种新型的混合超级电容器应运而生[51]。如图 9-4 所示，一极采用锂离子嵌入化合物，通过电化学反应来储存和转化能量；另一极则采用碳材料，通过双电层来储存能量。在充放电过程中正、负极的储能机理不同，因此该混合电容器具有双电层电容器和电池的双重特征。电池电极具有高的能量密度，同时两者结合起来会产生更高的工作电压，因此混合型超级电容器的能量密度远大于双电层电容器。混合型超级电容器的充放电速度、功率密度、内阻、循环寿命等性能主要由电池电极决定，同时充放电过程中其电解液体积和电解质浓度会发生改变[52, 53]。

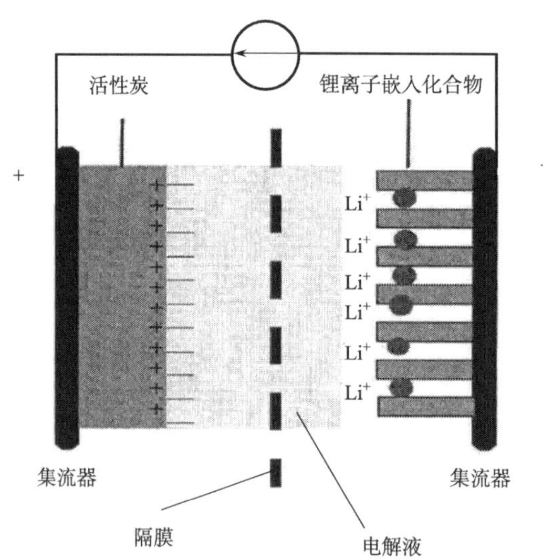

图 9-4　锂离子嵌入化合物/碳材料混合超级电容器的工作机理

目前，混合型超级电容器是电容器研究的热点。混合型超级电容器是介于超级电容器和二次电池之间的一种非常有前景的储能装置，是混合电动车等的理想电源[54-56]。相比于双电层电容器，其能量密度有显著的提高，然而同时也存在一些问题。例如，虽然其功率密度高于二次电池，但相比于传统超级电容器来说，并没有达到理想的功率密度，在大电流充放时仍有一定的容量衰减，并且由于二次电池电极的寿命及体相反应安全性的限制，混合型超级电容器的循环性能和安全性能也受到一定影响。电极材料作为决定电容器性能的关键因素之一，是目前研究的重点。因此开发具有高比电容量、高工作电压、大比功率及长循环寿命的复合电极材料以提高混合型超级电容器的能量密度和功率密度是今后努力的方向。

9.3　纤维素纳米晶气凝胶用作三维、轻质的超级电容器基质材料

9.3.1　引言

当纳米技术可以缩小器件的体积、提高器件的工作效率和简化器件的生产工艺时，那么该纳米技术的可持续性和环境友好性则会成为当下的主要关注点。纳米纤维素是一种新型的可再生、多功能纳米材料。纳米纤维素为发展下一代效率更高、更加环保的储能器件提供了新的选择。纤维素纳米晶(CNC)、纤维素纳米纤丝(CNF)、细菌纤维素(BC)是最常见的纳米纤维素类型[57-59]。这些纤维素纳米材料具有高强度、低密度、高长径比和生物相容性，是人工合成聚合物的理想代替者[60, 61]。

具有三维结构的纳米纤维素气凝胶是一种柔性、多孔材料，在减震防护设备、建筑材料、绝缘材料、能量/气体转化与储存、个人护理用品和传感器等领域都具有良好的应用前景。已有学者证实[62]，化学交联的 CNC 气凝胶具有力学强度可调和在空气/液体中压缩后可恢复形状的能力。根据纳米复合材料的概念[63]，将 CNC 气凝胶与各种电化学活性物质相结合，有利于发展轻质、自支撑、高性能的超级电容器元器件。截至目前，许多研究者在以纳米纤维素(特别是 CNF)为基质制备先进材料领域已经取得了长足的进度。与 CNF 相比，CNC 具有相对较小的长径比、更强的力学性能和更高的结晶度；同时，CNC 目前已经实现大规模量产。

纳米纤维素基功能材料通过引入碳纳米管[64-66]、石墨烯[67]或银纳米线[68]可以实现电导率可调，通过引入金纳米棒可以研制等离子体偏光器[69]，通过引入氧化石墨烯和海泡石可以实现热绝缘性和阻燃性[70]，通过引入碳纳米管[71-76]、六氰合铁酸铜[76]、石墨烯[77]、二氧化锰[78]或导电聚合物[79-82]可以研制电化学器件。

Yang 和 Cranston[62]发展了一种新型的制备 CNC 网络的方法(醛–肼交联法)，这为制备先进功能材料提供了新的契机，即可以通过在 CNC 网络的组装过程中原位嵌插入功能性纳米粒子。相对于直接向成型的纳米纤维素网络中插入纳米粒子或涂层的合成策略，这种合成策略明显更加简单。这种一步法合成复合材料的主要优势是在得到高负载量活性物质的同时能够保持 CNC 网络的形状恢复能力、

良好的力学性能和多孔特性。其他的优势包括不需要使用黏合剂，且 CNC 基质相对于碳基质或金属基质质量更轻，也使得制备的元器件的质量更轻便。

超级电容器是近年来备受关注的一种储能器件，因为它具有高电容、高功率密度和良好的循环性能[83]。超级电容器元器件的电荷储存机理主要分为两类，即双电层机理和法拉第赝电容机理。纳米尺寸的电容材料(如碳材料、导电聚合物和金属氧化物纳米粒子)通常具有高比表面积-体积比、高电导率、高电化学活性、快速电子转移速率和良好的离子扩散速率，因此已经被广泛用于制备超级电容器电极。最近所报道的一些基于这些电化学活性物质所制备的超级电容器元器件的研究成果主要是采用沉积法和悬浮浸渍法得到高密度的二维器件，这无疑限制了电解质离子接近活性材料[84]。

Yang 等[85]报道了一种简单的方法以制备三维、轻质且在高充放电速率下依然能保持优异电容特性的复合气凝胶。CNC 气凝胶可以在其组装的过程中作为一种通用的基质材料与各种各样的纳米材料相结合，如聚吡咯纳米线(PPy-NF)、聚吡咯包覆的碳纳米管(PPy-CNT)和球状的二氧化锰纳米粒子(MnO_2-NP)。这种“自下而上”的合成方法可以得到自支撑的复合材料且不需要任何的黏合剂。后续章节将主要介绍这种 CNC 气凝胶在超级电容器领域的应用潜力。

9.3.2　实验部分

9.3.2.1　制备聚吡咯纳米线(PPy-NF)

采用改进的氧化模板组装法来合成 PPy-NF[86, 87]。将 5.5g 十六烷基三甲基溴化铵(CTAB)溶解在 120mL 盐酸(HCl，1mol/L)溶液中。随后，向该混合溶液中加入 10.3g 过硫酸铵(APS)，则可立即形成白色的反应模板。在 4℃下磁力搅拌 0.5h 后，将 8.3mL 吡咯加入到上述的反应模板溶液中。反应持续 24h，最终得到黑色沉淀物，即 PPy-NF。PPy-NF 的透射电镜(TEM)图如图 9-5(a)所示。

9.3.2.2　制备聚吡咯包覆的碳纳米管(PPy-CNT)

PPy-CNT 的制备工艺参照文献[88]中的方法。0.3g 多壁碳纳米管(MWCNT)和 4.77g 十六烷基三甲基过二硫酸铵[$(CTA)_2S_2O_8$]加入到 200mL 蒸馏水中，超声 1h。该悬浮液冷却至 4℃，随后加入 200mL 吡咯(0.05mol/L)和丽春红 S(0.015mol/L)的混合物。反应在 4℃下持续 20h。得到的产物 PPy-CNT 采用蒸馏水洗涤后，置于 70℃下干燥。PPy-CNT 的 TEM 图像如图 9-5(b)和(c)所示。

9.3.2.3　制备球状的二氧化锰纳米粒子(MnO_2-NP)

MnO_2-NP 的制备工艺参照文献[89]中的方法。异丙醇用作高锰酸钾($KMnO_4$)

的还原剂。通过向 0.21mol/L $KMnO_4$ 溶液中加入 25mL 异丙醇，即可得到 MnO_2-NP。MnO_2-NP 的 TEM 图像如图 9-5(d)所示。

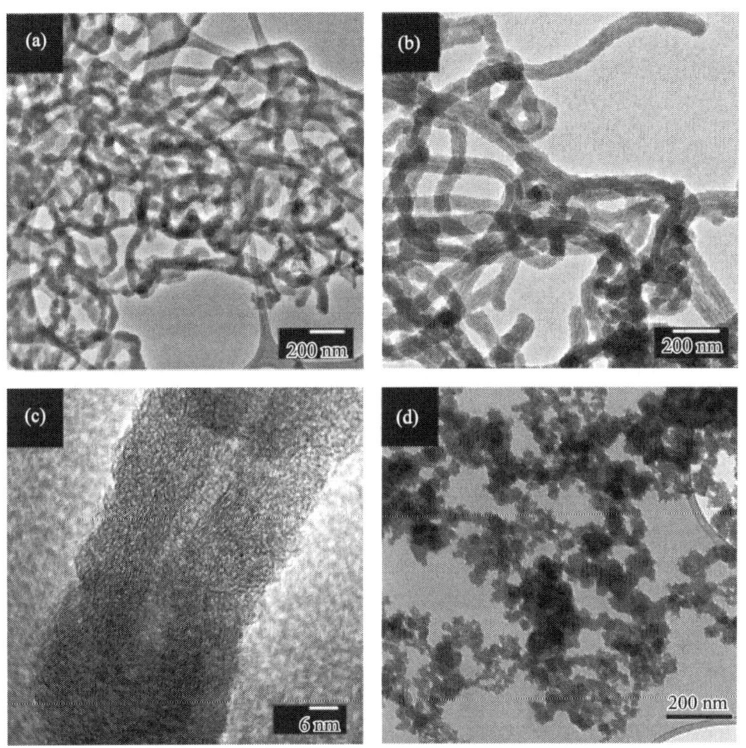

图 9-5　(a) PPy-NF 的 TEM 图像；(b)和(c)不同放大倍率 PPy-CNT 的 TEM 图像，PPy-CNT 上 PPy 包覆层的厚度约为 5nm；(d) MnO_2-NP 的 TEM 图像

9.3.2.4　制备改性的纤维素纳米晶

采用直接水基反应过程[62, 90]来合成接枝醛基的 CNC(CHO-CNC，由硫酸水解所得到)[91]和接枝肼基的 CNC($NHNH_2$-CNC，由 APS 氧化得到的 COOH-CNC 转化而来)[92]。通过电导滴定法[93, 94]，每克 CNC 上 CHO 和 $NHNH_2$ 基团的密度分别为(0.9±0.1) mmol 和(0.14±0.02) mmol。根据 TEM 图(图 9-6)，$NHNH_2$-CNC 和 CHO-CNC 的平均长度和平均宽度分别为 155nm×4.1nm 和 129nm×4.8nm。$NHNH_2$-CNC 和 CHO-CNC 以悬浮液形式(1.0wt%)储存在 4℃下待用。

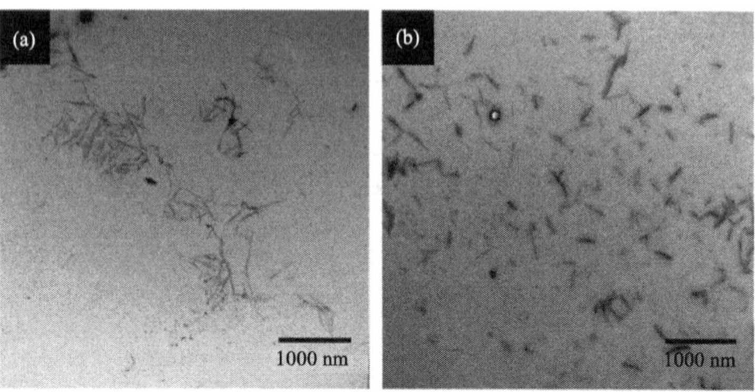

图 9-6　(a) $NHNH_2$-CNC 和 (b) CHO-CNC 的 TEM 图像，$NHNH_2$-CNC 和 CHO-CNC 的平均长度和平均宽度分别为 155nm×4.1nm 和 129nm×4.8nm

9.3.2.5　制备复合气凝胶

5mL 含有上述电化学活性纳米粒子(即 PPy-NF、PPy-CNT 和 MnO_2-NP)的悬浮液(1.5wt%)经 10min 超声处理后，与 2.5mL $NHNH_2$-CNC 悬浮液(1.0wt%)相混合。采用涡旋混合器混合 2min 后加入 2.5mL CHO-CNC 悬浮液(1.0wt%)。采用涡旋混合器继续混合 2min 后将悬浮液转移至直径为 14.5mm 的圆柱形玻璃瓶中。采用涡旋混合器继续混合 10min 后，置于–4℃下冷冻干燥器中进行冷冻干燥处理，即可得到复合气凝胶。

9.3.3　结果与讨论

采用溶胶-凝胶和冷冻干燥工艺将三种不同尺寸、形状和化学性质的电化学活性纳米粒子成功地缠结在 CNC 网络结构中(图 9-7)。当形成气凝胶骨架结构的两种主要前驱成分(即 $NHNH_2$-CNC 和 CHO-CNC)在水相中接触时，即可发生化学反应[62]。此外，值得一提的是，本节中的三种电化学活性纳米粒子(即 PPy-NF、PPy-CNT 和 MnO_2-NP)均已被证明具有优异的电容特性[87-89]。

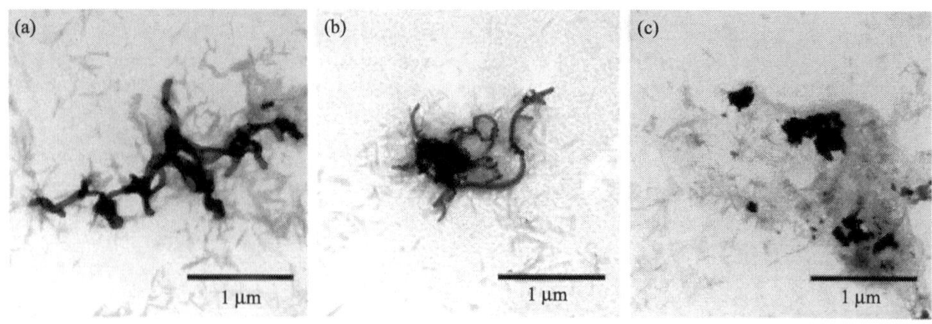

图 9-7　交联的 CNC 团簇和嵌入的 (a) PPy-NF、(b) PPy-CNT 和 (c) MnO_2-NP

图 9-8 展示了复合气凝胶的制备过程和对称的超级电容器元器件的组装过程。在首先的混合过程中，电化学活性纳米粒子与改性 CNC(即 $NHNH_2$-CNC)之间存在氢键作用[79]或非极性作用[95]。在随后加入另外一种改性 CNC(即 CHO-CNC)后，两种改性 CNC 间发生化学反应从而形成交联的团簇结构，这种结构不仅可以捕捉电化学活性纳米粒子，还能保持稳定的胶体状态[图 9-8(a)]。悬浮液随后在−4℃下冰冻，促进冰晶生长和交联的复合团簇相互聚集形成凝胶结构，最后通过冷冻干燥处理即可得到复合气凝胶[图 9-8(b)]。得到的自支撑的复合气凝胶相对均匀且呈现深色[图 9-8(c)]。

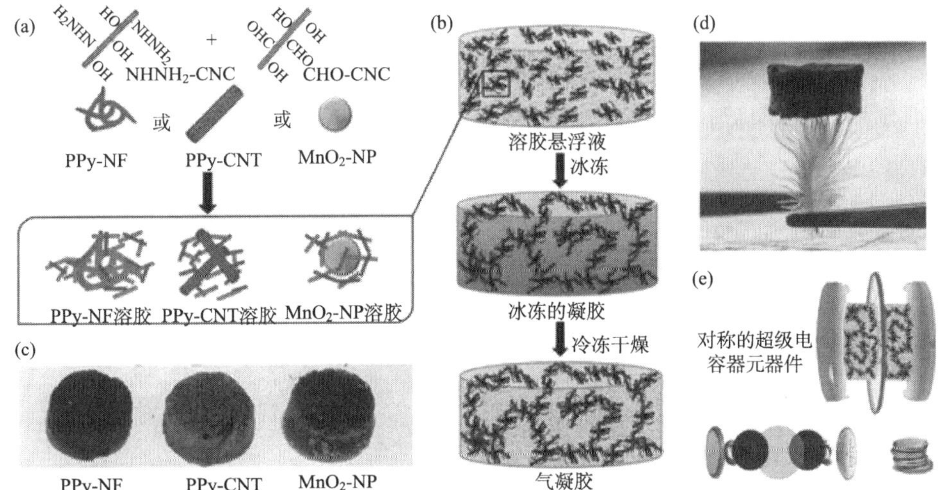

图 9-8　(a)气凝胶各组分的示意图，$NHNH_2$-CNC 和 CHO-CNC 与各种电化学活性纳米粒子结合形成交联的团簇结构；(b)经溶胶-凝胶过程和冷冻干燥过程得到复合气凝胶；(c)各种复合气凝胶的宏观形貌(直径为 1.5cm)；(d)复合气凝胶具有轻质的特性，可以稳定地站立在一根羽毛的顶端；(e)饱和 Na_2SO_4 水溶液为电解液，两个复合气凝胶分别作为正、负极材料，多孔的聚乙烯薄膜作为隔膜，组装对称的超级电容器元器件(即 CR2032 型纽扣型元件)

为了得到高度多孔的气凝胶，CNC 和电化学活性纳米粒子混合物必须在冰冻之前保持稳定的胶体状态。含两种改性 CNC 的 PPy-NF、PPy-CNT 和 MnO_2-NP 悬浮液与仅含一种改性 CNC 的 PPy-NF、PPy-CNT 和 MnO_2-NP 悬浮液相比更加稳定。沉降实验表明，将电化学活性纳米粒子首先与一种改性 CNC 混合，随后再与另一种改性 CNC 混合后，所得到的悬浮液可以稳定保存超过 96h。在气凝胶的组装过程中，为了在不影响稳定性的情况下得到最高的电化学活性，需要对气凝胶中电化学活性纳米粒子的负载量进行优化，最终确定使用电化学活性纳米粒子与 CNC 的质量比控制在 1.5∶1 来组装复合气凝胶。相比之下，许多传统元器件的活性材料与基质材料的质量比通常在 6.3×10^{-5}～1.3×10^{-2} 范围内，即 0.1mm

厚的不锈钢基质或镍泡沫基质上活性材料的面密度为 0.001～1mg/cm^2[88, 96, 97]。在维持形状、结构完整的条件下，当 CNC 悬浮液浓度为 0.5wt%时，所制备得到的 CNC 气凝胶的孔隙率最高(99.6%)且密度最低(5.6mg/cm^3)[62]。为了尽可能少地挤占 CNC 交联网络的空间从而避免降低气凝胶的孔隙率，同样需要对电化学活性材料的负载量进行选择。实验表明，采用 0.75wt%的电化学活性物质和 0.5wt%的改性 CNC 足够用于制备能够兼具形状完整和电化学性能优异的复合气凝胶。

经过材料微观结构和成分的优化，所制备得到的复合气凝胶的密度可以低至(17±1)mg/cm^3。经过冷冻干燥，所得到的复合气凝胶的皱缩率约为 20%，与 PPy-NF、PPy-CNT 和 MnO_2-NP 相结合的复合气凝胶的孔隙率分别为 98.9%、99.1%和 99.3%，计算孔隙率时所用到的这些电化学活性纳米粒子的密度来自于文献资料[98-100]。复合气凝胶具有轻质的特性，可以稳定地站立在一根羽毛的顶端［图 9-8(d)］。如图 9-9 所示，所有的复合气凝胶均呈现相似的微观形貌，与掺杂的电

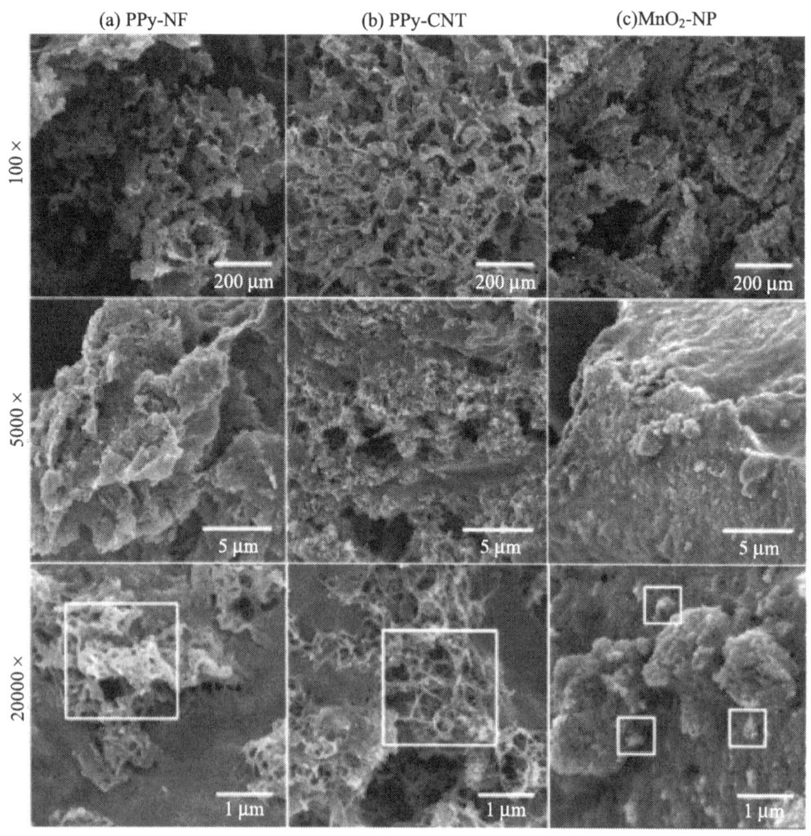

图 9-9　不同放大倍率下复合气凝胶的扫描电镜(SEM)照片(100×、5000×和 20000×)：(a)含 PPy-NF 的复合气凝胶；(b)含 PPy-CNT 的复合气凝胶；(c)含 MnO_2-NP 的复合气凝胶，白色框区域为电化学活性纳米粒子密度较高且被 CNC 片环绕的区域

化学活性纳米粒子的类型无关。在低倍率下，可以观察到大孔(冰晶生长所形成的)；在更高倍率下，可以观察到介孔(来源于化学交联的团簇结构)。高的孔隙率有助于提高电解液的扩散，有望提升整体的电化学性能。此外，可以观察到电化学活性纳米粒子均匀分散于整个 CNC 网络中，这可能是在溶胶-凝胶过程形成稳定的团簇结构时所导致的。

如图 9-10(a)所示，复合气凝胶的压缩应力-应变曲线呈现出典型的开孔泡沫的特征：①低应变区(<10%)呈现弹性特征；②中间应变区(10%～60%)发生结构崩溃；③高应变区(>60%)发生塑性密实化过程[101, 102]。应变低于 60%区域的变形机理主要是大孔的弯曲和崩溃。虽然在低应变区所有的复合气凝胶均呈现出相似的压缩模量(≈2kPa，液相中)，但是它们塑性变形的起点和最大应力值随着电化学活性纳米粒子模量的增加而发生略微增长[103-105]。

采用循环压力实验来探究复合气凝胶的形状恢复能力。实验是在 Na_2SO_4 饱和溶液中进行的，应变范围为 0%～80%，实验重复 400 次。如图 9-10(b)和(c)所示，令人惊异的是，含 PPy-NF、PPy-CNT 和 MnO_2-NP 的复合气凝胶经过 400 次循环压力实验后仍然分别能保持 90%±3%、77%±4%和 83%±3%的原始高度。形状恢复速率可以达到约 0.05cm/s，足够用于制备小型的柔性器件。在压缩测试和电化学循环测试之后，针对电解液的扫描电镜(SEM)观察、浊度测试和动态光散射测试均表明电化学活性物质并没有脱离 CNC 基质而扩散到电解液中(相关实验结果未呈现在本书中)。更重要的是，负载电化学活性纳米粒子的 CNC 复合气凝

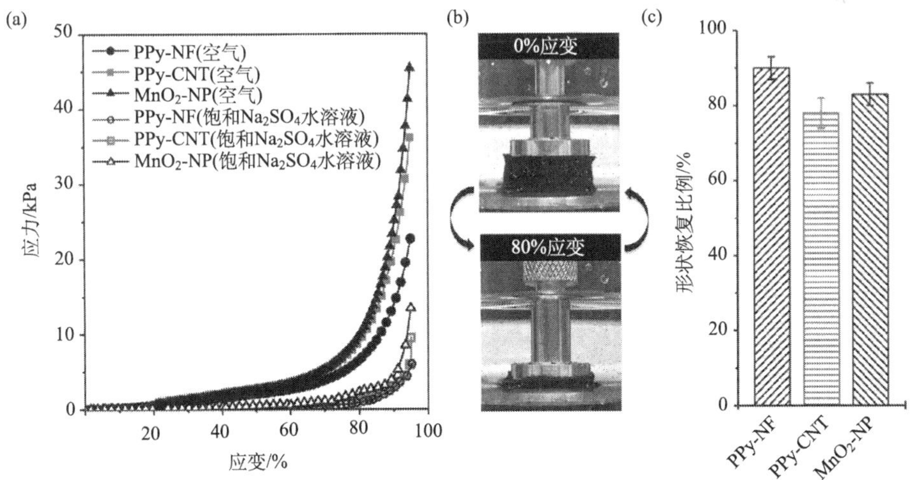

图 9-10　(a)含 PPy-NF、PPy-CNT 和 MnO_2-NP 的复合气凝胶在空气(实心符号)和饱和 Na_2SO_4 水溶液(空心符号)中的压缩应力-应变曲线；(b)在饱和 Na_2SO_4 水溶液中的循环压力实验(图中状态分别为应变为 0%和 80%)；(c)经过 400 次循环压缩(应变从 0%至 80%)，复合气凝胶的形状恢复能力

胶在空气中和水系电解液中压缩时均能保持结构完整。这种形状稳定性无疑优于传统的硅气凝胶，因为传统的硅气凝胶具有易碎性且不可被压缩[100]。此外，一些物理交联的纳米纤维素气凝胶在接触到液体后会发生重新分散[106-108]。为了在制备超级电容器元器件时实现正、负电极间的良好接触或者在制备柔性电子器件时，需要复合气凝胶具有良好的形状恢复能力和柔性，且必须要在压缩过程中保持形状完整且不发生任何破损。

对这些复合气凝胶的电化学性能进行分析测试，实验结果表明这些由复合气凝胶组装而成的超级电容器元器件在高充放电速率下依然呈现出优异的电容保持率和良好的循环稳定性。这主要是由于气凝胶的多孔结构及高的电化学活性物质与 CNC 基质比(1.5∶1，质量比，电化学活性纳米粒子也提供导电性)。对称的组扣型超级电容器的组成元件如图 9-8(e)所示，即含有两个复合气凝胶、一张多孔的聚乙烯薄膜和饱和 Na_2SO_4 水溶液电解液。图 9-11 为含有不同电化学活性纳米粒子的 CNC 气凝胶的循环伏安(CV)曲线，电势范围为 0～0.9V。由图可见，所有样品的 CV 曲线均呈现为对称的类矩形，表明其具有良好的电容特性。响应电流随着扫描速率的增加呈线性增加状态，表明其具有好的倍率特性。当扫描速率增加至 1000mV/s 时，这些复合气凝胶依然保持良好的电容行为[图 9-11(A′)～(C′)]。根据之前的研究报道[71, 73, 76, 78, 109]，纳米纤维素复合材料基超级电容器的最高扫描速率仅达到 500mV/s，且电容值相对于低扫描速率(50～100mV/s)时发

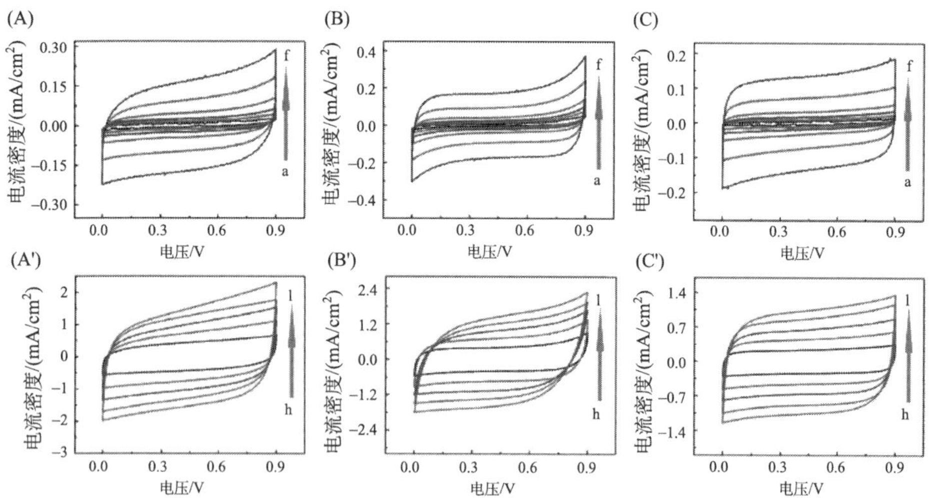

图 9-11　含(A 和 A′)PPy-NF、(B 和 B′)PPy-CNT 和(C 和 C′)MnO_2-NP 的复合气凝胶所组装而成的对称的超级电容器元器件的 CV 曲线。(a～f)分别代表扫描速率为 2mV/s、5mV/s、10mV/s、20mV/s、50mV/s 和 100mV/s 时的 CV 曲线，(h～l)分别代表扫描速率为 200mV/s、400mV/s、600mV/s、800mV/s 和 1000mV/s 时的 CV 曲线

生剧烈下降。高扫描速率下良好的电容特性主要是归因于电解液离子可以在复合气凝胶高度多孔的结构中快速扩散和迁移。

图 9-12 为复合气凝胶电极在不同压缩应变下的 CV 曲线。对于含 MnO_2-NP 的复合气凝胶的 CV 曲线，在应变为 40%、60%和 80%时，电容行为仅仅发生非常微小的变化。因此，这种优异的电容特性有利于大规模发展柔性的电子器件。此外，复合气凝胶良好的压缩特性有助于缓解电化学活性物质在循环充放电过程中发生体积变化而引起的应力变化[76]。

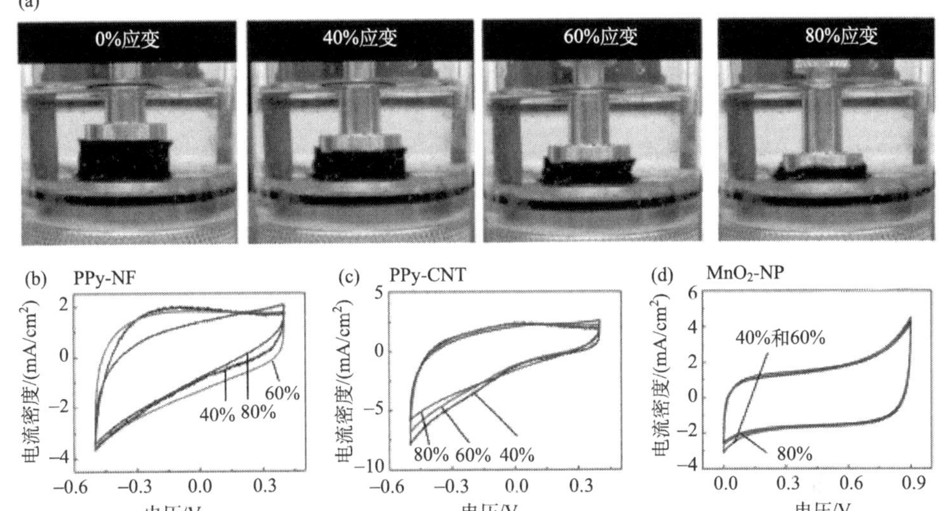

图 9-12　(a)不同压缩应变下复合气凝胶的数码照片；不同压缩状态下含(b)PPy-NF、(c)PPy-CNT 和(d)MnO_2-NP 的复合气凝胶的 CV 曲线。电化学实验在三电极体系下进行，扫描速率设定为 200mV/s

为了比较，上述超级电容器元器件在电势范围为 0.3～1.5V 内的 CV 曲线和恒流充放电(GCD)曲线如图 9-13 所示。不难发现，当电势高于 0.9V 时，CV 曲线的形状由理想的类矩形发生剧烈偏离，GCD 曲线也转变为非线性。这种偏离理想电容特性的现象主要是由于电容材料或改性 CNC 发生了不可逆的氧化还原反应和水的电化学分解反应[110]。

图 9-14(A～C)为不同扫描速率下含 PPy-NF、PPy-CNT 和 MnO_2-NP 的复合气凝胶所组装而成的对称的超级电容器元器件的面电容值(C_s)，C_s 是由 CV 曲线计算得到。扫描速率为 2mV/s 时，含 PPy-NF、PPy-CNT 和 MnO_2-NP 的元器件的 C_s 值分别为 3.32mF/cm^2、3.42mF/cm^2 和 2.14mF/cm^2。复合气凝胶电极可接近的表面电荷密度与电化学活性面积相关，可采用文献[111, 112]中的分析方法计算得到。基于该分析方法，含 PPy-NF、PPy-CNT 和 MnO_2-NP 的复合气凝胶可接近的总表面电荷

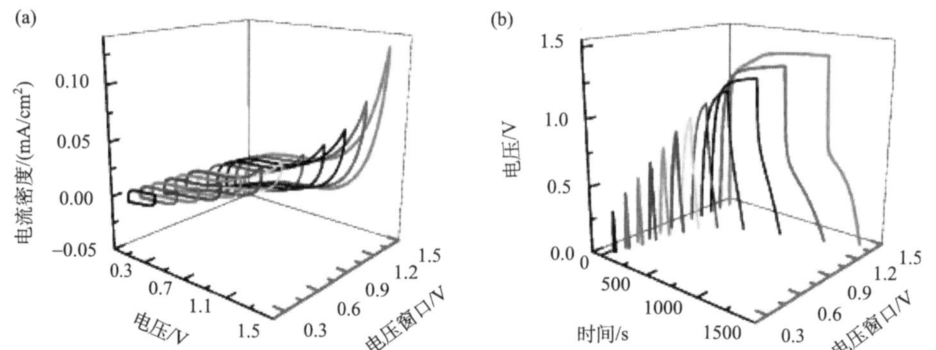

图 9-13　对称的超级电容器元器件的电容行为：(a) 扫描速率为 20mV/s 时的 CV 曲线；(b) 电流密度为 0.1mA/cm² 时的 GCD 曲线，电压窗口从 0～0.3V 逐渐增加至 0～1.4V

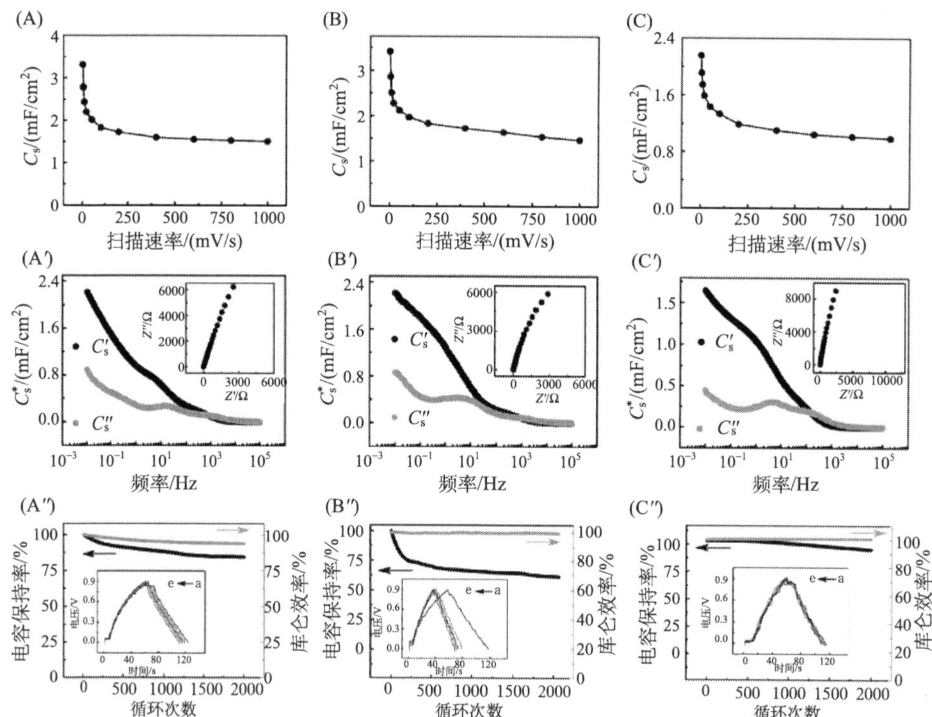

图 9-14　含 (A、A′和 A″) PPy-NF、(B、B′和 B″) PPy-CNT 和 (C、C′和 C″) MnO_2-NP 的复合气凝胶所组装而成的对称的超级电容器元器件的电容特性，(A、B 和 C) 面电容值 C_s 是根据 CV 曲线计算得到；(A′、B′和 C′) C'_s 和 C_s'' 是由交流阻抗谱图计算得到，插图为奈奎斯特图；(A″、B″和 C″) 电流密度为 0.1mA/cm² 时，电容保持率和库仑效率随充放电循环次数的变化情况，插图为充放电次数为 (a) 1、(b) 500、(c) 1000、(d) 1500 和 (e) 2000 时的 GCD 曲线

密度分别为 2.62C/g、3.11C/g 和 1.88C/g，外表面可接近的电荷密度分别为 1.68C/g、1.75C/g 和 1.18C/g。考虑到 CNC 气凝胶多孔基质的比表面积可达 $250m^2/g$（采用 Brunauer-Emmett-Teller 法计算得到）[62]，上述这些电荷密度数据是合理的。扫描速率从 2mV/s 增加至 1000mV/s 时，含 PPy-NF、PPy-CNT 和 MnO_2-NP 的复合气凝胶的电容保持率分别为 45.4%、57.3%或 45.9%。良好的电容保持率表明纤维素气凝胶发达的微观结构可以满足超级电容器元器件进行快速充放电的需求。

上述超级电容器元器件的质量比电容（C_m）和面电容（C_s）随着电流密度的变化情况如图 9-15 所示。与传统的镍泡沫或不锈钢作为基质和集流器所组装的元器件相比，CNC 气凝胶作为基质的元器件具有相对更高的质量比电容（电极质量包括活性材料的质量和非活性材料的质量），这种优势在高扫描速率条件下更加明显。因此，这种原位组装制备气凝胶基电极的方法为发展轻质的超级电容器提供了新的思路。

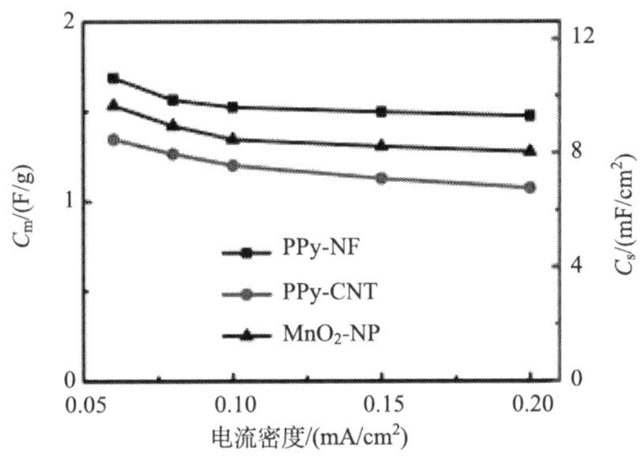

图 9-15　含 PPy-NF、PPy-CNT 和 MnO_2-NP 的复合气凝胶所组装而成的对称的超级电容器元器件的质量比电容（C_m）和面电容（C_s）随着电流密度的变化情况

交流电容（$C^*=C'_s-iC''_s$）是由交流阻抗谱计算得到的，如图 9-14（A′～C′）所示。图 9-14（A′～C′）中的插图为对称的超级电容器元器件的奈奎斯特图。在高频区域，曲线在 Z'轴的截距与超级电容器元器件的等效串联电阻（ESR）相关[113, 114]。对于含有 PPy-NF、PPy-CNT 和 MnO_2-NP 的元器件，它们的 ESR 值分别为 0.55Ω、0.59Ω 和 1.84Ω。与其他的报道[71, 73, 76]相比，这些 ESR 值明显更低，反映了电解液可以与整个三维电极材料接触良好。此外，所有元器件的奈奎斯特图的高频区中均没有出现常见的典型半圆，进一步表明元器件具有极低电阻和快速电荷转移特性。

对于这几种元器件的循环性能，如图 9-14（A″～C″）所示，经过 1000 次循环测试后，电容保持率分别为 87.81%、66.37%和 97.81%；经过 2000 次循环测试后，电容保持率分别略微降至 84.19%、61.66%和 92.28%。图 9-16 为含有 PPy-NF、PPy-CNT 和 MnO_2-NP 的元器件经过 5 次循环之后的 GCD 曲线，电流密度为 0.06mA/cm^2。对称的三角形曲线反映了理想的电容特性。重要的是，如图 9-14(A″～C″)中的插图所示，经过 2000 次充放电循环测试，充放电曲线依然保持线性(0.1mA/cm^2)，进一步证明上述元器件具有良好的循环特性。此外，这些 CNC 气凝胶基超级电容器元器件的库仑效率均保持在 94%以上。

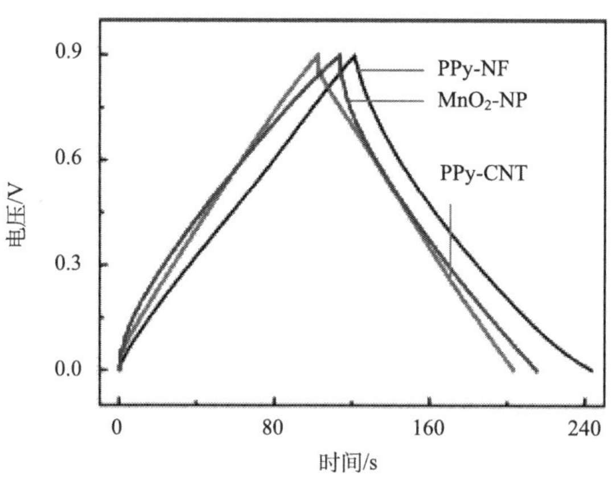

图 9-16　含有 PPy-NF、PPy-CNT 和 MnO_2-NP 的元器件经过 5 次循环之后的 GCD 曲线，电流密度为 0.06mA/cm^2

9.3.4　小结

综上所述，这种原位组装的策略可以一步将电化学活性物质(如 PPy-NF、PPy-CNT 和 MnO_2-NP)插入到纤维素气凝胶的三维网络结构中，以实现多孔气凝胶基质中电化学活性物质很容易被电解质离子接近，从而提高电荷存储和转移的能力。由于所得到的复合气凝胶具有高的电化学活性物质与基质材料的质量比，使得所组装的对称的超级电容器元器件在高充放电速率下具有优异的电容保持率。气凝胶中不同尺度的多通道结构为电子和离子的迁移提供了便利，使得该元器件在迄今为止所报道的众多的纳米纤维素基超级电容器元器件中具有最低的内阻。有理由相信，这种化学交联的 CNC 气凝胶可以作为一种通用的基质来制备高性能的复合材料，以满足研制不同电子设备(如超级电容器)的需求。

9.4　纤维素纳米纤丝/还原氧化石墨烯/碳纳米管复合气凝胶制备超级电容器电极

9.4.1　引言

可穿戴、便携式电子产品(如可卷曲的显示屏和电子纸张)市场的快速增长加速了研究者们发展高性能储能器件的步伐[115-118]。轻质、高功率密度、高能量密度、优异的耐久性、高柔性、低成本和环境友好性是这些储能器件的基本要求[115, 119, 120]。超级电容器(也称作电化学电容器)是一种特别吸引人的储能器件，因为它具有高电容、长循环寿命和宽的工作温度范围[83, 84, 120]。在过去的十年里，大量的研究人员致力于开发超薄、柔性、轻质的超级电容器[71, 121-124]。然而，一些因素(如原材料价格昂贵、制备工艺复杂等)限制了许多超级电容器的实际应用。因此，目前仍然需要大力发展原材料可持续/可再生、成本低廉的新型高性能超级电容器。

气凝胶是一种高度多孔、轻质的固体材料，是通过气体取代水凝胶中的液体，但本质上为不显著改变凝胶自身网络结构的一种特殊材料[125]。基于石墨烯和碳纳米管(CNT)所制备的碳气凝胶具有高比表面积、高电导率和超低的密度[126]。石墨烯是一种由碳原子以 sp^2 杂化方式形成的蜂窝状平面薄膜，是一种只有一个原子层厚度的准二维材料，所以又称为单原子层石墨[127, 128]。英国曼彻斯特大学物理学家安德烈·盖姆和康斯坦丁·诺沃肖洛夫，用微机械剥离法成功从石墨中分离出石墨烯，因此共同获得 2010 年诺贝尔物理学奖。由于其良好的强度、柔韧、导电、导热、光学特性，石墨烯材料在物理学、材料学、电子信息、计算机、航空航天等领域都得到了长足的发展[129, 130]。当前，石墨烯基的多孔碳材料已经被广泛用于制备超级电容器电极，因为它具有超低的密度、高比表面积、高电导率和良好的环境相容性[131-136]。然而，石墨烯复合材料制备过程中的一大挑战是石墨烯纳米片容易发生堆叠，这显著限制了电解液离子的扩散[137]。因此，有效地抑制石墨烯的团聚、减少离子扩散距离和提高石墨烯被电解液的润湿效果是提高石墨烯基超级电容器性能的关键所在[138, 139]。

纤维素是自然界中储量最丰富的天然高分子聚合物。从纤维素原材料中剥离出的纤维素纳米纤丝(CNF)具有高长径比、优异的力学性能、良好的柔性和高亲水性[140]。CNF 气凝胶具有多孔结构和高孔隙率(由超低的密度和高比表面积所致)及优异的电解液吸附效果[141-144]，在发展柔性储能器件时具有一定的潜力，因为 CNF 易于与碳基导电纳米填充物(如石墨烯和 CNT)相结合，从而可制备超薄、柔性、自支撑且无须任何黏合剂的高性能电极[145, 146]。此外，CNF 的高亲水性有利于电极材料和电解液之间的相互接触，从而为电解液离子的扩散提供通道，因此提高了超级电容器的性能[147]。

Zheng 等[148]报道了一种自支撑、轻质、柔性的全固态超级电容器元器件，其中电极材料是基于 CNF/还原氧化石墨烯(RGO)/CNT 复合气凝胶。由于高的电导率、高比表面积和高力学强度，CNT 在超级电容器领域吸引了众多的关注[147, 149]。氧化石墨烯纳米片(GONS)具有水溶性和大量的含氧官能团[128]，因此 GONS 在与 CNF 混合后易于形成均匀的水分散液。GONS 可以作为表面活性剂来分散 CNT[150, 151]，CNT 也能够均匀地分散在 CNF/GONS 水分散液中[72, 152]。CNT 的存在能够为不同的石墨烯纳米片的层间提供连续的导电路径[153]。以 CNF/RGO/CNT 气凝胶为电极所组装的全固态柔性超级电容器呈现出高的比电容和显著的循环稳定性，该电容器也呈现出高面电容、面功率密度和面能量密度。这种 CNF/RGO/CNT 气凝胶基电极材料的组成成分主要是来源于储量丰富、可再生、可降解的天然聚合物(即 CNF)及具有优异电学特性和力学特性的碳材料(即 CNT 和石墨烯)。

9.4.2 实验部分

9.4.2.1 材料与试剂

CNF 是由市售的全漂白的桉木浆所制得的。多壁 CNT(直径为 13～16nm)由 Bayer 材料科学公司(Pittsburgh)提供。2,2,6,6-四甲基-1-哌啶酮(TEMPO，98wt%)、高锰酸钾(99wt%)和浓硫酸(98wt%)购自 Sigma-Aldrich 公司。亚氯酸钠、溴化钠、磷酸和其他化学试剂购自 Fisher 科技公司。所有材料与试剂在使用前均没有经过进一步的提纯。

9.4.2.2 制备 CNF/RGO/CNT 气凝胶

为了制备 GONS 水溶液，30mg GONS 加入到 10mL 蒸馏水中，随后进行超声分散。将 10mg CNT 粉末加入到 GONS 水溶液中，随后采用探头超声波仪对混合物超声 30min(UP400S，Hielscher USA)。得到的 GONS/CNT 分散液加入到 CNF 溶液(9.23g，0.65wt%)中，随后在室温下进行连续磁力搅拌得到均匀的分散液。将水混合物的 pH 调至中性，不考虑溶液中水的质量，GONS、CNT 和 CNF 的质量分数分别为 30wt%、10wt%和 60wt%。将得到的 CNF/GONS/CNT 水混合物转移到铝皿中，随后在−78℃的干冰/丙酮溶液中进行冰冻，再通过冷冻干燥处理得到 CNF/GONS/CNT 气凝胶。将 CNF/GONS/CNT 气凝胶置于 150℃的烘箱中直接加热还原 2h，即可得到 CNF/RGO/CNT 气凝胶。

9.4.2.3 制备 H_2SO_4/聚乙烯醇(PVA)凝胶电解液

将 5mL 浓硫酸(98wt%)和 5.0g PVA 粉末加入到 50mL 蒸馏水中。随后，将混合物加热至 85℃并连续搅拌，直到混合物变清澈再停止加热和搅拌。

9.4.2.4　制备全固态超级电容器元器件

使用 1MPa 的压强将 CNF/RGO/CNT 气凝胶压缩成薄膜，用作超级电容器电极。所有的压缩过程均采用载荷为 3kN 的万能力学试验机(Instron，model 5967)来进行。采用银浆将压缩的气凝胶薄膜一侧的边缘与铝箔粘接在一起，铝箔与电化学分析仪中引出的鳄鱼夹相连接。随后，将热的 H_2SO_4/PVA 凝胶电解液缓慢地倾倒在压缩的气凝胶薄膜上，$1cm^2$ 电极上的电解液体积约为 300μL，电极的面积为(10×25) mm^2。将表面涂覆有薄电解液层的电极置于通风橱中，室温干燥 4h，通过蒸发除去电极上过量的水。最后，将两片表面涂覆有薄电解质层的电极拼合在一起，在 0.2MPa 的压强下压合 10min，即可得到全固态柔性超级电容器。该压合过程导致两个电极表面的电解质层相结合，形成一层超薄隔膜。

9.4.2.5　表征与电化学测试

采用扫描电镜(SEM，LEO GEMINI 1530)来观察气凝胶的微观结构。采用热重分析仪(TGA，Q50，美国热分析仪器公司)来分析气凝胶的热稳定性，热分析的温度范围为 30～800℃，加热速率为 10℃/min，整个热分析过程均在氮气气氛下进行。采用 X 射线光电子能谱仪分析气凝胶的表面化学价态。采用 X 射线衍射仪(XRD，美国布鲁克公司)来探究气凝胶样品的晶体结构，扫描速率为 5°/min。采用装配有 633nm 激光源的拉曼光谱仪来记录气凝胶的拉曼光谱。CNF/RGO/CNT 膜的导电性采用欧姆计测试。为了评估上述全固态超级电容器元器件的电化学性能，所有的电化学测试均采用普林斯顿 VersaSTAT 3 电化学分析仪在两电极体系下进行。循环伏安(CV)和恒流充放电(GCD)测试均在 0～1.0V 电势范围内进行。电化学阻抗谱(EIS)测试在频率为 1Hz～100kHz 范围内进行。

9.4.3　结果与讨论

9.4.3.1　CNF/RGO/CNT 气凝胶电极的制备与表征

图 9-17 为 CNF/RGO/CNT 气凝胶电极的制备过程示意图。已有研究证实 GONS 可以作为表面活性剂来分散 CNT[150, 151]。此外，在超声处理的辅助下，CNF 的存在也有助于分散 CNT[72, 152]。因此，为了有效避免石墨烯的聚集，首先将 GONS 和 CNT 分散在 CNF 分散液中，得到均匀的 CNF/GONS/CNT 分散液。然后，通过冷冻干燥和原位热还原，得到 CNF/RGO/CNT 气凝胶。与之前所报道的 GONS 的化学还原法相比，上述的热还原法不需要有毒的还原剂(如水合肼)，因此热还原法更符合绿色化学的准则。所制备的 CNF/RGO/CNT 气凝胶的颜色为黑色，密

度低至 5.5mg/mL。

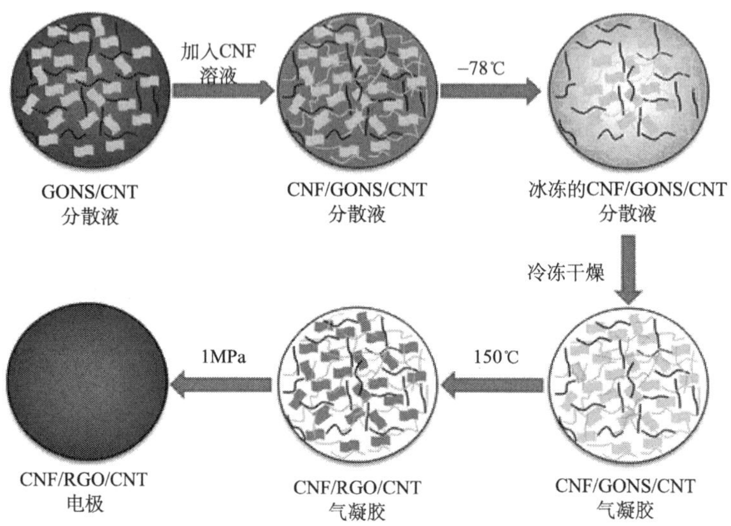

图 9-17　CNF/RGO/CNT 气凝胶电极的制备过程示意图

图 9-18 为 CNF 气凝胶、CNF/GONS/CNT 气凝胶和 CNF/RGO/CNT 气凝胶冷冻断裂面的 SEM 图像。这些气凝胶均具有高度交联的三维多孔结构。CNF 气凝胶的孔尺寸为 4～8μm[图 9-18(a)和(b)]，比 CNF/GONS/CNT 气凝胶的孔尺寸要大[2～5μm，图 9-18(c)和(d)]。该现象可能是归因于冷冻干燥过程中 CNT 和 GONS 易于与 CNF 发生缠结，从而在 CNF/GONS/CNT 气凝胶中形成新的三维网络，因此影响了冰晶的成核和生长[72]。图 9-18(e)和(f)为 CNF/RGO/CNT 气凝胶的 SEM 图像。由图可见，经过热还原后，气凝胶依然保持着三维多孔的微观结构。由于 GONS 上含氧官能团的移除，CNF/RGO/CNT 气凝胶的密度降至 4.9mg/mL。

通过 1MPa 的压强压缩 CNF/RGO/CNT 气凝胶，可以得到厚度约为 200μm 的 CNF/RGO/CNT 气凝胶薄膜。该薄膜的电导率为 12S/m，与活性炭的电导率(10～100S/m)相近[154]。如图 9-19(a)和(b)所示，虽然孔径尺寸降至纳米尺度，但 CNF/RGO/CNT 气凝胶中高度多孔的结构在压缩所得的 CNF/RGO/CNT 气凝胶薄膜中依然保留。压缩所得的 CNF/RGO/CNT 气凝胶薄膜纳米尺度高度多孔的微观结构有助于增加电解液的吸附和电解液离子在薄膜中的扩散，从而增加了超级电容器的性能。图 9-19(c)和(d)为 CNF/RGO/CNT 气凝胶薄膜横切面的 SEM 图像，从图中可以观察到大量堆叠的层状结构。

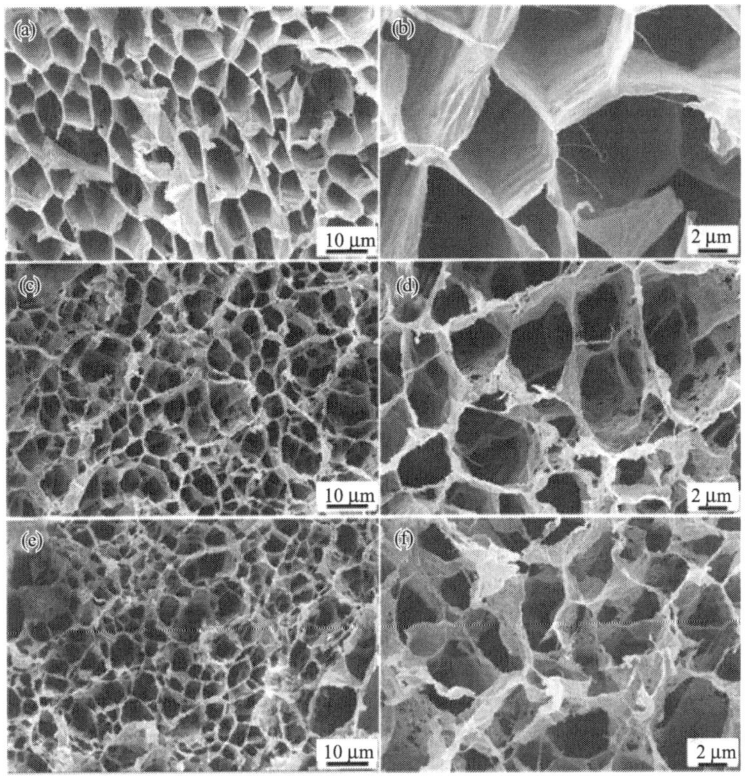

图 9-18　CNF 气凝胶(a 和 b)、CNF/GONS/CNT 气凝胶(c 和 d)和 CNF/RGO/CNT 气凝胶(e 和 f)冷冻断裂面的 SEM 图像

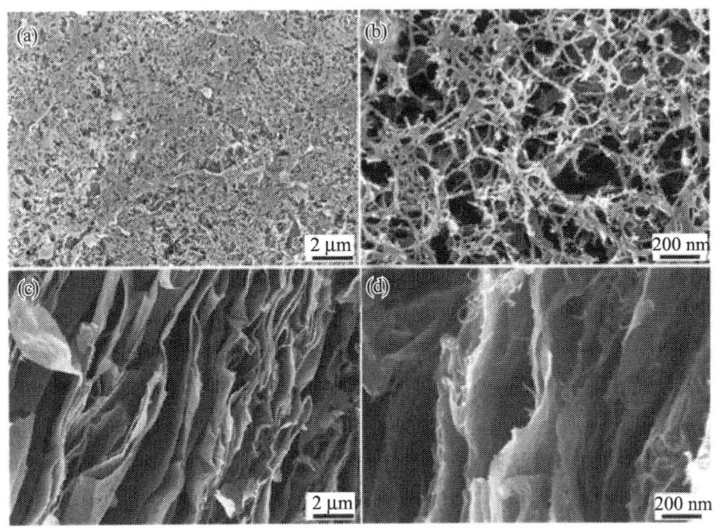

图 9-19　压缩的 CNF/RGO/CNT 气凝胶薄膜的 SEM 图像：(a)和(b)为薄膜下表面的 SEM 图；(c)和(d)为横切面的 SEM 图

CNF 气凝胶、CNF/GONS/CNT 气凝胶和 CNF/RGO/CNT 气凝胶的 XRD 谱图如图 9-20(a)所示。CNF 气凝胶在 22.5°出现的特征峰对应于纤维素Ⅰ型结晶结构的(002)晶面，14.0～17.8°范围内出现的重叠峰来源于纤维素Ⅰ型结晶结构的(101)和(10$\bar{1}$)晶面对应的特征峰的混合[155, 156]。对于 CNF/GONS/CNT 气凝胶的 XRD 谱图，10.8°出现的特征峰对应于氧化石墨烯纳米片的(002)晶面[157]，25.6°处的特征峰对应于碳纳米管的(002)晶面。然而，CNF/RGO/CNT 气凝胶的 XRD 谱图并未在 10.8°处出现峰，表明氧化石墨烯已经被大量还原。相似地，CNF/RGO/CNT 气凝胶的 XRD 谱图中 25.5°处的特征峰对应于碳纳米管和还原氧化石墨烯的(002)晶面[158]。

采用拉曼光谱来分析 CNF/GONS/CNT 气凝胶在热还原过程前后的结构变化，如图 9-20(b)所示，CNF/GONS/CNT 气凝胶和 CNF/RGO/CNT 气凝胶均在 1348cm^{-1} 和 1578cm^{-1} 处出现两个强峰，分别对应于 GONS/RGO 的 D 带和 G 带[159]。D 带由六元环中无序或 sp^3 杂化的 C 原子振动所产生，G 带代表的是 C 原子 sp^2 杂化的面内伸缩振动[160]。D 带和 G 带的强度比与 sp^3 杂化 C 和 sp^2 杂化 C 的比例相关，可以用来探究石墨烯材料的有序/无序程度[159]。如图 9-20(b)所示，CNF/RGO/CNT 气凝胶的 D 带和 G 带强度比为 1.18，高于 CNF/GONS/CNT 气凝胶(约为 1.01)。该变化主要是归因于还原之后形成的 sp^2 杂化 C 区域的尺寸相对于还原之前的 GONS 更小、数量相对于还原之前的 GONS 更多[159]。

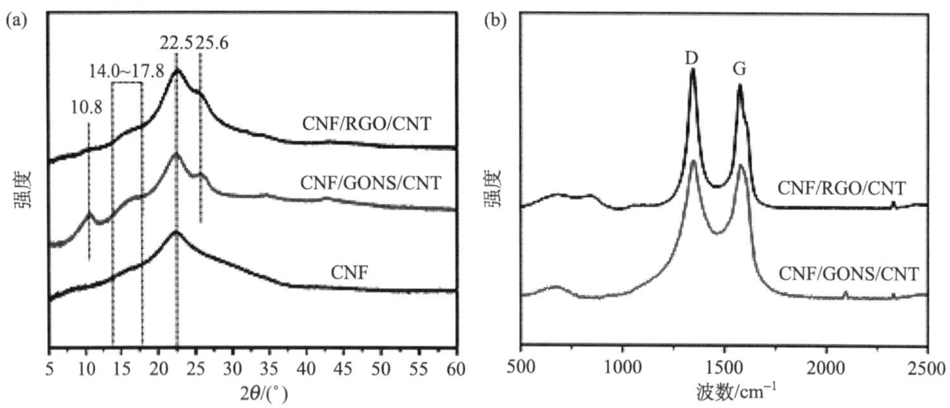

图 9-20　(a) CNF 气凝胶、CNF/GONS/CNT 气凝胶和 CNF/RGO/CNT 气凝胶的 XRD 谱图；(b) CNF/GONS/CNT 气凝胶和 CNF/RGO/CNT 气凝胶的拉曼谱图

为了进一步探究 CNF/GONS/CNT 气凝胶中的 GONS 成分在热处理过程中的还原程度，采用 XPS 技术分析热还原前后的 CNF/GONS/CNT 气凝胶。如图 9-21 所示，CNF/GONS/CNT 气凝胶的高分辨 C1s XPS 谱图证实了其表面存在四种类

型的碳原子，即六元环上未氧化的 C 原子(C═C/C—C，284.4eV)、醚碳(C—O，286.2eV)、羰基碳(C═O，287.8eV)和羧基碳(O—C═O，289.2eV)[159]。与 CNF/GONS/CNT 气凝胶相比，CNF/RGO/CNT 气凝胶的 XPS 谱图上 C═C/C—C 对应的 XPS 峰强度明显更强，表明 GONS 在热处理过程中被有效还原[159]。此外，CNF/RGO/CNT 气凝胶的 XPS 谱图上大量的含氧官能团主要是来源于气凝胶中的 CNF 成分。

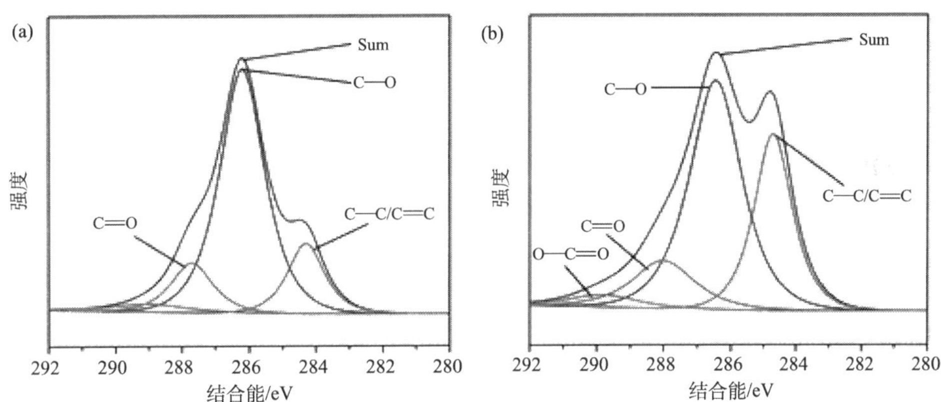

图 9-21　(a) CNF/GONS/CNT 气凝胶和(b) CNF/RGO/CNT 气凝胶的高分辨 C1s XPS 谱图

采用热重分析(TG)仪来分析 CNF 气凝胶、CNF/GONS/CNT 气凝胶和 CNF/RGO/CNT 气凝胶的热稳定性，分析温度范围为 30～800℃，整个热分析实验在氮气气氛下进行。如图 9-22(b)所示，CNF/GONS/CNT 气凝胶呈现两个主要失重阶段，144～226℃范围内的质量损失归因于 GONS 中含氧官能团的损失[159]，233～413℃范围内的质量损失归因于 CNF/GONS/CNT 气凝胶中 CNF 成分的热分

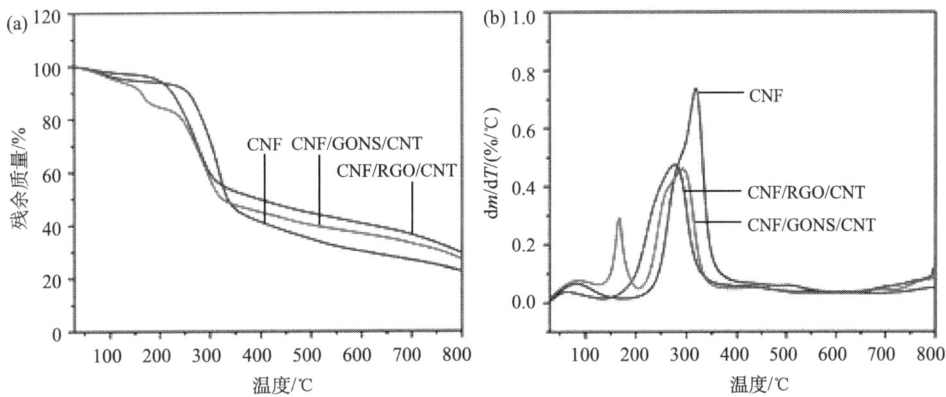

图 9-22　CNF 气凝胶、CNF/GONS/CNT 气凝胶和 CNF/RGO/CNT 气凝胶的 TG 曲线和 DTG 曲线

解，这一热分解阶段也出现在纯 CNF 气凝胶的微分热重(DTG)曲线上。此外，CNF/RGO/CNT 气凝胶的 TG 曲线只存在一个失重过程[图 9-22(a)]，该失重过程依然与 CNF 成分的热分解相关。这一现象进一步证明在经过热还原后，CNF/GONS/CNT 气凝胶中的 GONS 成分成功地被还原成 RGO。

9.4.3.2　高柔性全固态超级电容器元器件的电化学性能测试

为了探究 CNF/RGO/CNT 气凝胶在电化学储能领域的应用潜力，压缩的 CNF/RGO/CNT 气凝胶薄膜直接用作超级电容器电极，来组装对称的超级电容器元器件，整个组装过程不需要任何的黏合剂或电化学活性添加剂。H_2SO_4/PVA 凝胶电解液涂覆在两个 CNF/RGO/CNT 气凝胶薄膜的表面，干燥后直接压合作为绝缘隔膜。采用银浆将两个 CNF/RGO/CNT 气凝胶薄膜另一侧的边缘与铝箔粘接在一起，铝箔与电化学分析仪中引出的鳄鱼夹相连接。用两张超薄、柔性的聚对苯二甲酸乙二醇酯(PET)基质将上述组成部分夹在中间包裹起来。整个对称的超级电容器元器件的结构示意图如图 9-23(a)所示。此外，与水系电解液相比，H_2SO_4/PVA 凝胶电解液可以减少电极材料的厚度和质量，还可以简化制备工艺(不需要任何的封装材料)。由 CNF/RGO/CNT 气凝胶组装而成的超级电容器的电化学性能采用 CV 和 GCD 测试来表征。图 9-23(b)为不同扫描速率(5～50mV/s)下超级电容器的 CV 曲线，电势范围为 0～1V。这些曲线呈现出类矩形的形状，表明该 CNF/RGO/CNT 气凝胶组装而成的超级电容器具有优异的双电层电容效应[83]、非常快的电流响应性和低的离子转移电阻。如图 9-23(c)所示，该超级电容器元器件的 GCD 曲线在不同电流密度下均呈现出对称的近三角形形状。图 9-23(d)中的比电容是根据 GCD 曲线的放电部分计算得到。当电流密度为 0.5A/g 时，该超级电容器元器件的比电容为 252F/g，高于许多组装的石墨烯纸[139, 161, 162]和碳/纤维素复合材料[71, 75, 163]。已有研究证实，导电聚合物的添加会进一步增加超级电容器的电容值[122, 146, 164, 165]，但碳材料/导电聚合物超级电容器的使用寿命较短是一个常见缺陷。由 CNF/RGO/CNT 气凝胶组装而成的对称的超级电容器元器件的面电容可达 216mF/cm^2，高于之前报道的一些其他类型的柔性超级电容器元器件[71, 75, 166-168]。当电流密度由 0.5A/g 增加至 10A/g 时，超级电容器仍可保持 70%的初始电容(即 177F/g)，表明该电容器具有优异的电容保持特性，这主要是由于气凝胶高度多孔的结构和强的亲水性促进了电解质离子的扩散。此外，该元器件也呈现出非常高的面能量密度(28.4μW·h/cm，8.1mW·h/g)，对应的面功率密度为 9.5mW/cm^2(2.7W/g)，该值高于一些最近报道的碳基超级电容器[75, 163]。该超级电容器元器件具有如此优异的电化学活性主要是归因于以下三个原因：①由于 CNF 和 CNT 的存在有效地避免了石墨烯的团聚，良好的分散性是充分发挥电化学活性的一大关键因素；②CNF 优异的亲水性使得电极材料和聚合物凝胶电解液之间能够良好接触，另外气凝胶的多孔结构也为电解液离子的扩散提供了丰富的通道；③CNT 的存在为不同的石墨烯纳米片层之间提供了连续的导电通道。

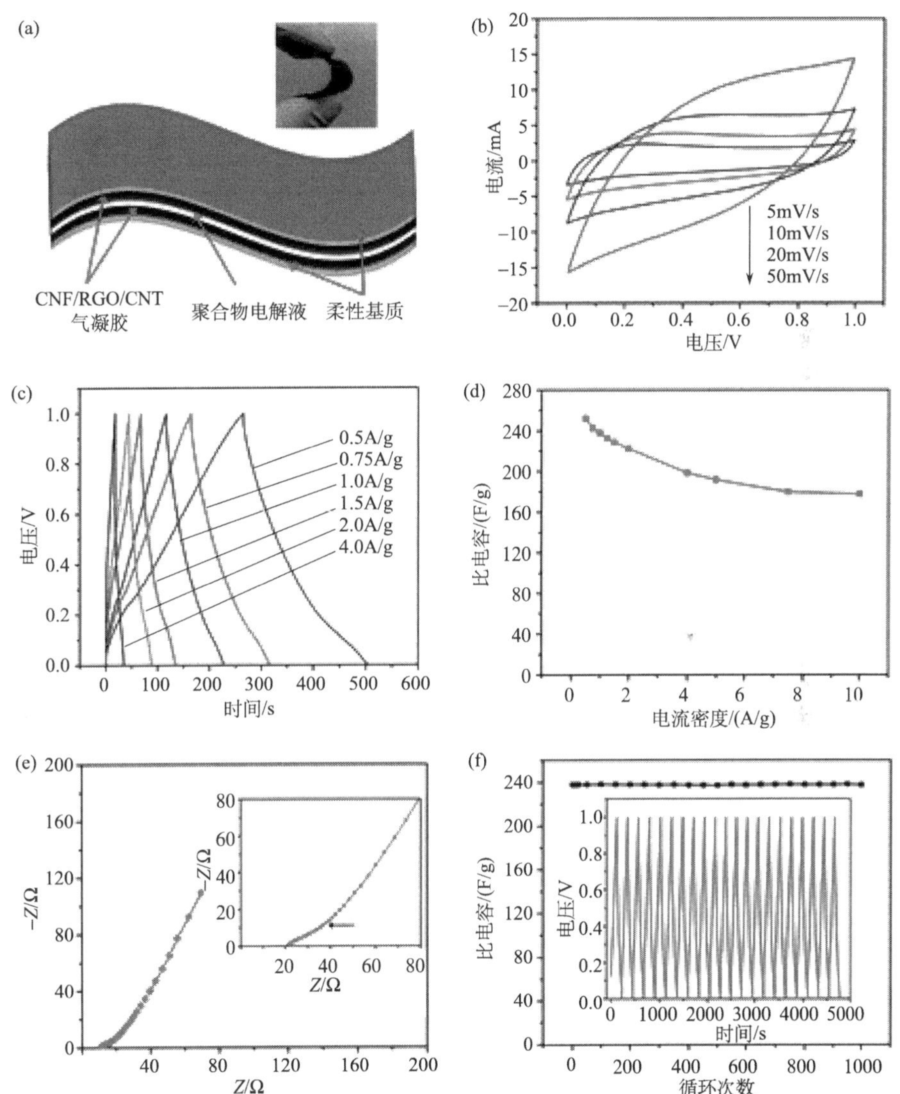

图 9-23 (a)全固态超级电容器的结构示意图,聚合物凝胶电解液直接作为隔膜，插图为该元器件的宏观照片；(b)不同扫描速率下的 CV 曲线；(c)不同电流密度下的 GCD 曲线；(d)比电容与电流密度之间的相关性；(e)超级电容器的奈奎斯特图，插图为奈奎斯特图中的高频区；(f)超级电容器在电流密度为 1A/g 时的循环稳定性，循环次数为 1000 次，其中插图为最初 20 次充放电循环的 GCD 曲线图

采用EIS探究超级电容器元器件的电荷转移电阻和等效串联电阻。图9-23(e)为该元器件的奈奎斯特图。超级电容器元器件的奈奎斯特图通常是由高频区的半圆部分和低频区的线性部分所构成[169, 170]。然而，该元器件的奈奎斯特图并没有在高频区呈现出明显的半圆部分，这可能是由于该元器件具有极低的电荷转移电阻，另一个主要原因是该元器件的电荷存储机理主要是双电层机理。该超级电容器元器件的等效串联电阻为 10.5Ω，由曲线的高频部分在实轴上的截距所得到。此外，该元器件的奈奎斯特图的低频区域的线性部分接近竖直，证明该元器件具有较理想的电容特性。CNF/RGO/CNT 电极中快速的离子扩散速率主要是由于气凝胶高度多孔的微观结构和优异的可润湿性。CNF 可以作为电解液的纳米存储器，为电解质离子的扩散提供丰富的通道，以确保电极中的活性材料(即RGO和CNT)能够与电解液直接接触，减少离子的扩散距离[75, 171]。如图9-23(e)中的插图所示，奈奎斯特图高频区的放大图像证实了在频率高于196Hz之后该超级电容器元器件呈现纯电容特性。

由CNF/RGO/CNT气凝胶组装而成的对称的超级电容器元器件的循环稳定性通过1000次重复的充放电测试来评估，电流密度设定为1A/g。如图9-23(f)所示，经过 1000 次重复的充放电测试，该元器件的电容值几乎未发生变化，表明由CNF/RGO/CNT 气凝胶组装而成的对称的超级电容器元器件具有优异的循环稳定性。图9-23(f)中的插图为最初20次充放电循环的GCD曲线图。

未来的多功能储能装置必须具有高柔性且可被自由卷曲[120]。因此，该柔性全固态超级电容器元器件在弯曲状态下的电化学稳定性则显得特别重要。图9-24(a)为超级电容器在不同弯曲状态下的 CV 曲线。由图可见，形状的弯曲并不会导致该超级电容器元器件电化学性能的下降。图 9-24(b)为该超级电容器在不同弯曲状态下的比电容值，弯曲角度为 0～180°，电流密度设定为 1A/g。随着弯曲角度的提高，比电容值并没有发生剧烈变化。这些实验结果证实了该超级电容器元器件适合用于研制柔性、可弯曲、可折叠的储能装置。

在实际应用中，储能元器件的自放电现象也是一大主要关注点。图 9-24(c)为超级电容器在 1.0V 电压下充电 10min 后的自放电现象。在最初的几分钟内，电压发生剧烈下降；在 1h 后，自放电曲线趋近平稳，后续的电压下降幅度非常微小。经过1天的自放电后，该元器件可以保持约59%的初始电势，该特性优于一些文献中所报道的结果[172, 173]。为了进一步验证该柔性全固态超级电容器元器件的实用性，将三个相同的超级电容器元器件串联在一起即可点亮红色的 LED 灯(最低工作电压为 1.65V)。实验表明，在 3.0V 电压下充电后，该元器件可以持续点亮 LED 灯约 26min，如图 9-24(d)所示。

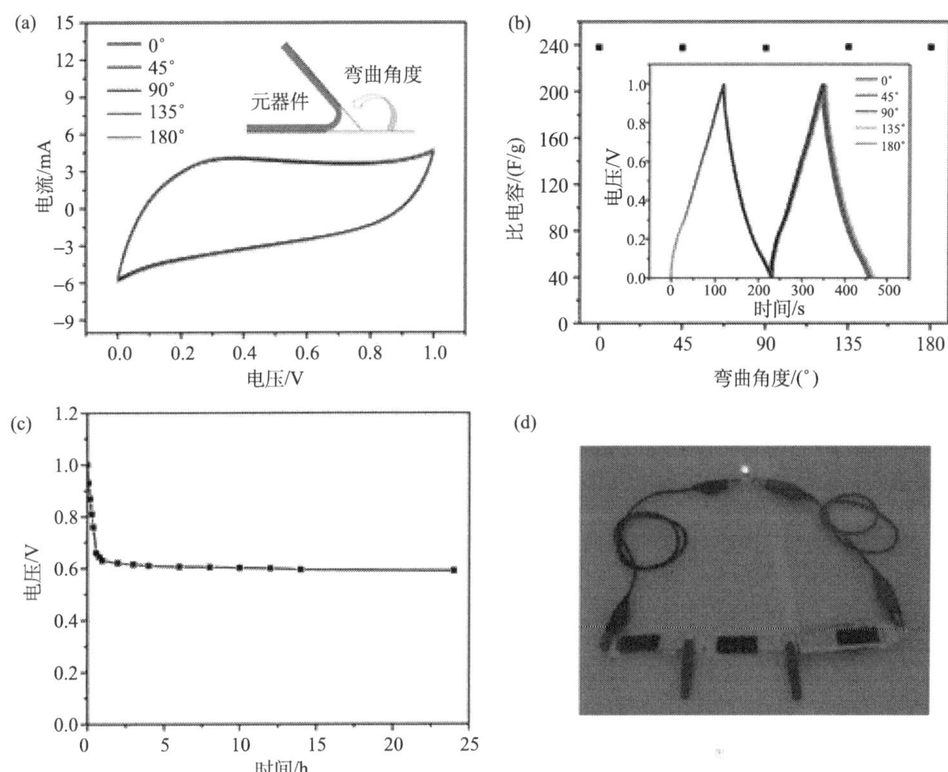

图 9-24　(a)超级电容器在不同弯曲状态下的 CV 曲线，扫描速率设定为 10mV/s；(b)超级电容器在不同弯曲状态下的比电容值，插图为超级电容器在不同弯曲状态下的 GCD 曲线，电流密度设定为 1A/g；(c)超级电容器在 1.0V 电压下充电 10min 后的自放电现象；(d)三个相同的超级电容器元器件串联在一起即可点亮红色的 LED 灯(最低工作电压为 1.65V)

9.4.4　小结

通过对 CNF/GONS/CNT 分散液进行冷冻干燥和热还原处理，可以原位制得高柔性、自支撑的 CNF/RGO/CNT 气凝胶。对 CNF/RGO/CNT 气凝胶进行压缩得到薄膜状材料，以该薄膜材料为电极组装得到柔性全固态超级电容器元器件。该超级电容器元器件呈现出良好的电化学活性，如高质量比电容/面电容(252F/g，216mF/cm^2)、高能量密度(8.1mW·h/g，28.4μW·h/cm^2)、高功率密度(2.7W/g，9.5mW/cm^2)。此外，该超级电容器元器件具有优异的循环稳定性，经过 1000 次连续的充放电测试，该元器件可保持 99.5%的初始电容。考虑到 CNF/RGO/CNT 气凝胶具有优异的电化学活性、环境友好性和简单的制备工艺，有理由相信该 CNF/RGO/CNT 气凝胶在制备轻质、柔性的可充电储能器件领域具有良好的应用前景。

9.5 层层自组装法改性纳米纤维素气凝胶制备超级电容器电极

9.5.1 引言

气凝胶是一种具有极低密度、高孔隙率和高比表面积的固体材料。这些固有特性为气凝胶研制各种各样的功能材料提供了有力支撑。许多原料可以用来制备气凝胶，如石墨烯、碳纳米管(CNT)等[174, 175]。为了扩展气凝胶材料在多个领域的实用性，可以在气凝胶的微观结构中掺杂一些特殊的活性物质，以实现不同的功能。例如，掺杂 Fe_3O_4 纳米粒子和氮元素的石墨烯气凝胶可用作高效的电催化剂进行氧化还原反应[176]；掺杂 CNT 的纳米纤维素气凝胶的电导率随压力的变化可发生规律性变化，因此可作为压力传感器[177]；掺杂铁酸钴的纤维素纳米纤丝气凝胶可作为磁响应器件[102]。从这些案例可以看出，根据具体应用场合的需求，采用自下而上加工的方法可以得到功能各异的气凝胶复合材料。将一些简单的、较小的结构单元(如原子、分子、纳米粒子等)通过弱的相互作用自组装成相对较大、较复杂的结构体系(在纳米尺度上)，人们将这种方法称之为自下而上(bottom-up)法。自组装是一种不需要人干预的，通过各种类型的相互作用力自发地将较小的结构单元如原子、分子、纳米粒子等组织成各种有序图案结构的方法。纳米结构的自组装体系过程中，最重要的驱动力是亚单元之间的相互作用能，是指通过一些非共价键，如氢键、范德华和弱的离子键、分子间的相互作用能、宏观相互作用能、疏水作用和亲水作用等协同作用把纳米尺度的物质单元连接在一起构筑成纳米结构的组装体。然而，这种自下而上加工的方法存在一些短板：①在制备复合气凝胶之前需要向气凝胶的基础原料(如纤维素)中加入活性物质，这个过程不仅可能涉及复杂的化学工艺，同时掺杂的活性物质可能并不与气凝胶的基础原料分散液相容；②难以在微观尺度上控制活性材料的厚度和构建多层的异质材料；③为了实现想要的功能，需要结合活性材料的特有性质来设计合适的制备工艺。

自 1935 年以来，功能纳米薄膜材料的制备通常以 LB(Langmuir-Blodgett)膜技术为主。此技术利用具有疏水端和亲水端的两亲性分子在气-液(一般为水溶液)界面的定向性质，在侧向施加一定压力(高于数十个大气压)后，使分子可以形成紧密定向排列的单分子膜。这种定向排列的单分子膜可通过适当的机械装置有序地、均匀地从溶液表面转到载片上，形成的膜被称作 LB 膜[178-180]。虽然 LB 膜的有序度高、结构规整，但层间是亲水/疏水弱相互作用力，因而生成的 LB 膜是一种亚稳态结构，对热、化学环境、时间及外部压力的稳定性差。同时，由于 LB 膜的制备需要昂贵的膜槽和严格的基底，因而限制了此技术的实际应用。为了克服制备 LB 膜时存在的这些缺陷，1991 年 Decher 等[181]提出了由带相反电荷的聚电解质在液/固界面通过静电作用层层交替(layer-by-layer，LBL)沉积形成多层膜的新技术。当一个基片交替地在一个阳离子聚电解质溶液和一个阴离子聚电解质溶液中浸泡时，由于阴阳离子之间的静电相互作用，阴阳离子聚电解质就会在基片上“一层一层”地组装起来。这种组装制膜的技术具有操作简单、无须特殊设备、膜组分及厚度可控等许多优点，因此一经问世就受到广泛的关注[182]。经过二十年的发展，现已成为应用非常广泛的高分子薄膜制备技术。利用这种交替沉积技术，功能性物质如蛋白质[183]、DNA[184]、无机纳米粒子[185]、有机染料小分子[186]和酶[187]等多层功能薄膜已被成功制备。因此，可以预想到，采用 LBL 这种通用技术很可能实现活性物质自组装到气凝胶的表面上。然而，截至目前，鲜有文章报道适合用于 LBL 的气凝胶材料和可行的方案将 LBL 应用到气凝胶上。将 LBL 应用在多孔材料中的案例包括：纳米管组装在大孔的碳纸上[188]，具有阻燃特性的三层结构组装在聚氨酯泡沫上[189]，纳米鞘组装在聚合物混合的多孔结构上[190]。

Hamedi 等[74]利用 LBL 将聚合物和纳米粒子负载在交联的纳米纤维素气凝胶上。该方法制得的复合气凝胶的孔隙率高达 99%，具有高力学强度，且在水中呈现出良好的形状可压缩性和可恢复性。通过 LBL 负载的薄膜状的生物分子、导电聚合物和 CNT 赋予了纳米纤维素气凝胶电学和力学特性。上述活性材料的添加也提高了气凝胶的干强度和湿强度，赋予了气凝胶机械力-电阻响应性。此外，通过 LBL 成功研制出比电容高于 400F/g 基于纳米纤维素气凝胶的超级电容器电极材料。

9.5.2　实验部分

9.5.2.1　制备交联的气凝胶

将 1,2,3,4-丁烷四羧酸(BTCA)和次磷酸钠(SHP)以不同的质量比混合于纳米纤丝化纤维素(NFC)凝胶中(含 1.84wt%NFC 的水分散液)，随后采用高速分散机搅拌 15min，转速为 10 000r/min。将混合凝胶倾倒在铝制模板中，采用液氮对其进行冰冻，随后进行冷冻干燥处理。为了实现交联效果，将冷冻干燥产物放置在 170℃下热处理 5min。采用流动的蒸馏水对气凝胶进行洗涤，确保气凝胶中的残留杂质被清洗掉。将洗涤后的气凝胶放置于 110℃下干燥 2 天。气凝胶的孔隙率通过$[1-(\rho_{气凝胶}/\rho_{纤维素})]$进行计算，$\rho_{气凝胶}$为干燥气凝胶的密度，$\rho_{纤维素}$为纤维素的密度$(1460kg/m^3)$。

9.5.2.2　LBL 技术和厚度估算

在真空压力下，使顶端流入的液体流过固定在底端的气凝胶样品，重复该过程以实现层层组装。聚乙烯二氧噻吩(PEDOT):聚苯乙烯磺酸(PSS)和聚 2, 3-噻吩乙氧基-4-丁基磺酸钠(ADS20000P)的浓度均为 1mg/mL，pH 为 4。聚乙烯亚胺(PEI)作为平衡离子，pH 为 10。透明质酸(HA)的浓度为 1mg/mL，pH 为 7，与浓度为 1mg/mL 的聚烯丙基胺盐酸盐(PAH，pH=9)混合于 10mmol/L 的 NaCl 溶液中。采用探针式超声仪将羧基功能化的单壁碳纳米管(SWCNT)分散在去离子水中，初始浓度为 1mg/mL。采用离心对该 SWCNT 洗涤 1h，离心力设定为 20 000×g。随后加入表面活性剂，得到浓度为 0.2mg/mL 的 SWCNT 分散液。0.2mg/mL 的 PEI 作为平衡离子，pH 为 10。

根据文献[175]，PAH 或 PEI 膜的密度为 1g/cm^3；根据文献[176]，得知 PAH 或 PEI 膜比表面积为 30m^2/g。根据测量得知[图 9-25(c)]，每克气凝胶所吸附的 PAH 和 PEI 的质量分别为 9mg 和 22mg。因此，平均厚度(t)可以通过 $m/(A\times\rho)$ 来粗略计算，得到 PAH 和 PEI 的厚度分别为 0.3nm 和 0.7nm。

9.5.2.3　超级电容器的设计与表征

使用负载 SWCNT 的气凝胶作为电极，电极的质量为 3.5mg，电极在三个维度上的尺寸为 12mm×5mm×0.9mm。使用石墨薄片作为集流器，10μm 厚的 NFC 纸作为隔膜。1mol/L 的 H_2SO_4 用作电解液。采用恒流充放电(GCD)和循环伏安(CV)测试来表征该超级电容器的电化学性能，电流设定为 1mA，扫描速率设定为 10mV/s。超级电容器比电容是根据 GCD 曲线放电部分的斜率进行计算的，同时要减去集流器在电化学测试过程中所产生的电容。把整个电极材料的质量考虑在内，超级电容器电极的电容值为 11.8F/g；若仅考虑活性层的质量，则超级电容器电极的比电容值可计算为(419±17) F/g。

9.5.3　结果与讨论

选择 NFC 作为气凝胶的结构单元。NFC 是一种迅速崛起的生态友善型纳米材料，为组装大量先进的微/纳米结构提供了可能[191]。通过将活性物质混入 NFC 分散液中，可以制得多种功能各异的复合材料。除了作为气凝胶的结构单元，NFC 表面存在丰富的电荷，有利于实现与活性材料之间产生强的非共价作用(如阴阳离子相互作用)。将 LBL 应用于 NFC 结构上具有一定的实际应用价值。已有文献证实，通过将 NFC 与不同种类的阳离子聚电解质相结合可以形成 LBL 结构[192]。

NFC 气凝胶是一种适用于 LBL 的理想基质。然而，由于 NFC 可分散于水中，因此 NFC 气凝胶的纳米结构在 LBL 过程中可能会发生瓦解现象。已有研究证实，共价交联的 NFC 气凝胶在水中仍能保持宏观的形状稳定性和可恢复性[193]。因此，可以预测，经过共价交联之后 NFC 气凝胶的纤丝框架结构的互锁作用甚至可以实现微/纳米尺度的形状恢复效果。

使用羧甲基化的 NFC（直径为 2～3nm，长度为 2～3μm）作为气凝胶的结构单元。首先采用一氯乙酸处理亚硫酸盐木浆以引入羧基（550μeq/g），随后采用均质机进行机械粉碎[192]。由于 BTCA 可以与纤维素上的羟基之间形成醚键[194]，因此采用 BTCA 作为交联剂。通过将 BTCA 和次磷酸钠溶解到 NFC 凝胶中（2wt%），得到的凝胶随后进行冷冻干燥，即可得到气凝胶材料。将气凝胶加热到 170℃，在干燥条件下诱发化学反应，实现交联效果。除了交联作用之外，每个 BTCA 分子还为气凝胶增加了两个额外的羧基，这也使得气凝胶表面的阴离子电荷数量增加，有利于后续的 LBL 过程。采用红外光谱和电导滴定法来表征 NFC 气凝胶的交联程度。图 9-25（b）为不同交联程度的气凝胶的表面电荷。由图可见，随着 NFC

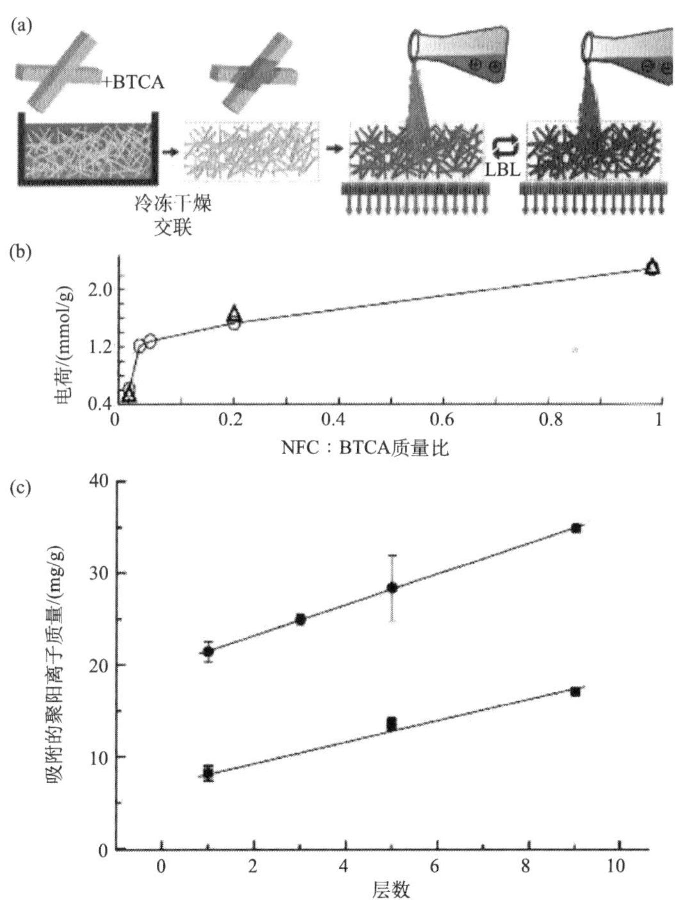

图 9-25　(a) NFC 的化学交联、NFC 气凝胶的形成和 NFC 气凝胶中 LBL 过程的示意图；(b) 电荷（△）（通过 1720cm^{-1} 处的红外峰面积计算所得）及归一化处理后的电荷（○）；(c) 每克气凝胶吸附的 PEI（●）和 PAH（■）的质量与组装层数之间的关系

和 BTCA 质量比的增加，表面电荷密度增加了 440%至 2300μmol/g（证明交联程度的显著升高）。如此高的表面电荷密度有利于该材料用于基于表面阴阳离子相互作用的 LBL 过程。此外，在室温下的水中，气凝胶表面电荷之间的平均距离小于 Bjerrum 长度，因此水溶液的一些特性（如盐浓度和 pH）将会决定 LBL 过程中气凝胶表面电荷的可及度[195]。

具有高表面电荷和水稳定性的气凝胶材料适合用于 LBL[196]。由于一些缓慢的 LBL 工艺（如浸渍涂敷）和快速的 LBL 工艺（如喷涂）通常仅适用于平整或大孔表面[189]，因此利用气凝胶具有良好形状稳定性的特点，借助于压力梯度使得聚电解质溶液流过气凝胶内样品从而实现 LBL 过程［图 9-25（a）］。实验结果表明，气凝胶整体表面能在一秒钟之内被完全覆盖，同时该过程也使得气凝胶的表面电荷正负性完全发生逆转，因此有利于继续生长相反电荷的活性层。这种快速、高表面覆盖率的实现归因于多个因素的结合。实现平衡吸附的时间很可能随着表面电荷密度的增加而减小，特别是在盐浓度较低的条件下[197]。液体流过弯曲的多孔结构时会破坏原先的线性流动，而且很可能会阻止厚的滞留层的形成而发生扩散。图 9-25（c）为 PEI 和 PAH 的吸附量（采用氮元素分析法测定）与组装层数之间的关系。与 PEI 相比，PAH 在第一层的吸附量明显更小，且两者的吸附量均随着层数的增加呈现线性增加。该增加趋势与平面上的 LBL 增长趋势相似[198]。根据 LBL 层的吸附质量，可以粗略地计算 PAH 和 PEI 的单层厚度分别为 0.3nm 和 0.7nm。这些值与平面进行 LBL 所得到的层厚相近[198]，表明 LBL 过程应该覆盖了气凝胶内部大部分的表面积。

针对 LBL 过程，采用四种不同的材料对气凝胶进行改性［图 9-26（a）］。其中包括两种水溶性的导电聚合物。一种是具有荧光性的 ADS2000P，通过共聚焦显微镜来研究改性层的三维结构。另一种是 PEDOT:PSS，这是一种高分子聚合物的水溶液，电导率很高，根据不同的配方，可以得到电导率不同的水溶液，从该化合物的名称上可以看出，该产品是由 PEDOT 和 PSS 两种物质构成，这两种物质在一起极大提高了 PEDOT 的溶解性，这种高分子聚合物的水溶液主要应用于有机发光二极管、有机太阳能电池、有机薄膜晶体管、超级电容器等的空穴传输层[199]。此外，HA 是一种在过去几年被广泛用于生物医药领域来构建多层结构的生物聚合物[200]，也在此处被用于 LBL 过程中。最后，SWCNT 作为该 LBL 过程中的第四种改性剂为气凝胶应用于电化学器件领域提供了导电性和电化学活性[201]。

宏观照片和 SEM 图像来自于针对气凝胶内部截面的观察。如图 9-26（a）所示，改性后气凝胶的内部截面均呈现出非常均一的颜色，表明 LBL 过程将改性剂均匀地分布在气凝胶的微观结构中。为了进一步研究这些改性剂层，采用共聚焦显微镜来观察涂覆有十个双层 PEI/ADS2000P［$(\text{PEI/ADS2000P})_{10}$］的气凝胶。图 9-26（b）

为荧光层三维结构的重塑图像，可以观察到图片中的整体亮度非常均匀，表明 LBL 过程将改性剂均匀地扩展到气凝胶的整体结构中，因此使得气凝胶截面颜色非常均匀。与共聚焦显微镜照片一致，SEM 照片也呈现出相似的微观结构，反映

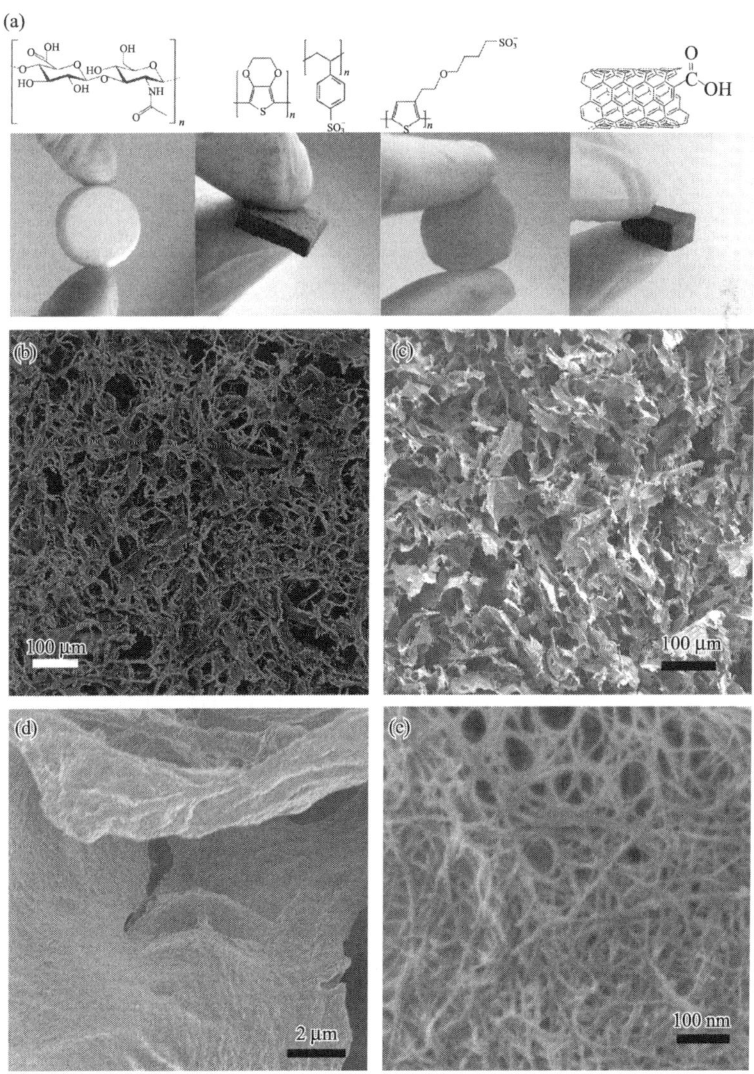

图 9-26　(a) LBL 改性气凝胶的宏观照片及对应改性剂的化学式，采用剃刀对气凝胶样品进行切割以呈现气凝胶的内部截面颜色，改性剂从左至右分别是 $(PAH/HA)_5$、$(PEI/PEDOT:PSS)_{10}$、$(PEI/ADS2000P)_{10}$ 和 $(PEI/SWCNT)_5$；(b) $(PEI/ADS2000P)_{10}$ 层的荧光共聚焦显微镜层析图像的 3D 重塑效果；(c)、(d) $(PEI/PEDOT:PSS)_{10}$ 和 (e) $(PEI/SWCNT)_5$ 改性气凝胶内部横切面的 SEM 图像

了 NFC 气凝胶的多孔骨架构造[图 9-26(c)]。涂覆有十个双层 PEI/PEDOT: PSS [$(PEI/PEDOT:PSS)_{10}$]的气凝胶更高倍率的 SEM 照片[图 9-26(d)]反映了改性后气凝胶的形貌与改性前气凝胶的形貌非常相似。该现象是由于聚合物涂层的厚度仅为几纳米且分布非常均匀，同时在每个 LBL 过程之间都将化学残留物有效洗涤掉，因此确保了聚合物涂层在纳米尺度上的光滑特性。图 9-26(e)为涂覆有五个双层 PEI/SWCNT[$(PEI/SWCNT)_5$]的气凝胶的 SEM 图像。不同于聚合物涂层，该 PEI/SWCNT 涂层清晰可见，呈现出 SWCNT 纳米线随机分布的网络状结构。

将气凝胶样品浸渍在水中来测量其在润湿状态下的压缩应力-应变特性[图 9-27(a)]。由图可见，当应变增加至 95%时，气凝胶仍然呈现出良好的形状恢复能力。在最高的压缩应变处，对应的应力值可达 1.6MPa。此外，未改性的气凝胶和$(PAH/HA)_5$ 改性的气凝胶浸渍在水中均呈现出非常高的可压缩性和形状恢复能力。在所有的应变状态下，$(PAH/HA)_5$改性的气凝胶的压缩应力的增量均非常大。当应变增加至 80%时，可以观察到应力仍在增加。考虑到 LBL 膜厚度非常薄，这种应力的增长幅度和形状恢复能力是非常惊人的。针对在干燥状态下气凝胶的力学性能分析(图 9-28)，$(PEI/SWCNT)_5$改性的气凝胶在应变高于 2%的弹性区域的斜率相对于未改性的气凝胶明显更大。此外，在应变硬化区，$(PEI/SWCNT)_5$改性的气凝胶的整体应力达到未改性的气凝胶的三倍以上。力学性能大幅度的增长反映了 SWCNT 层一定在气凝胶的骨架结构中具有极高且均匀的覆盖率。

$(PEI/PEDOT:PSS)_{10}$ 改性的气凝胶的体积电导率可达 1.4×10^{-5}S/cm。之前已有研究报道在平面上进行 LBL 可以实现体积电导率达到 10^{-3}S/cm。然而，考虑到$(PEI/PEDOT:PSS)_{10}$改性的气凝胶中约有 98%的体积被空气填充，因此可以推测活性材料在气凝胶三维结构中的覆盖率与平面时的覆盖率相差不大。随着应变的增加，相对电阻呈线性下降趋势。当应变增加至 70%时，电阻值下降至接近未压缩状态下电阻值的 1/5(图 9-29)。另外，该线性的变化趋势表明该聚合物薄层在压缩时具有柔性和一致性。$(PEI/SWCNT)_5$ 改性的气凝胶在未压缩时，体积电导率可达 1.2×10^{-3}S/cm。根据文献[202]记载，在平面上进行 LBL$(PEI/SWCNT)_5$可以实现体积电导率达到 10^{-2}S/cm。相似地，考虑到 LBL 膜所覆盖的气凝胶骨架结构仅仅占气凝胶总体积的很小一部分，大部分体积仍然被气体所填充，因此该值不仅进一步表明 CNT 在气凝胶的骨架结构中覆盖均匀、充分，同时也暗示了该工艺在处理平面基质时所得到的电导率可能比 LBL 浸涂工艺在处理平面基质时所得到的电导率更高。随着应变逐渐增加至 20%，$(PEI/SWCNT)_5$改性的气凝胶的电阻快速下降；当应变增加至 70%时，电阻值降至未压缩状态时电阻值的 1/8。根据图 9-29 插图，弹性区域内经过多次压缩循环实验，$(PEI/PEDOT:PSS)_{10}$改性的气凝胶仍呈现出良好的导电稳定性。当压力从 0kPa 增加至 15kPa 时，电阻值立即下降 30%。

为展现这些改性后气凝胶的实际应用价值，采用两个 $(PEI/SWCNT)_5$ 改性的气凝胶连接两片石墨薄片分别作为正极和负极来组装超级电容器元器件，采用一张 NFC 纸作为隔膜[图 9-27(c)]。该超级电容器元器件的 CV 曲线呈现出近乎完

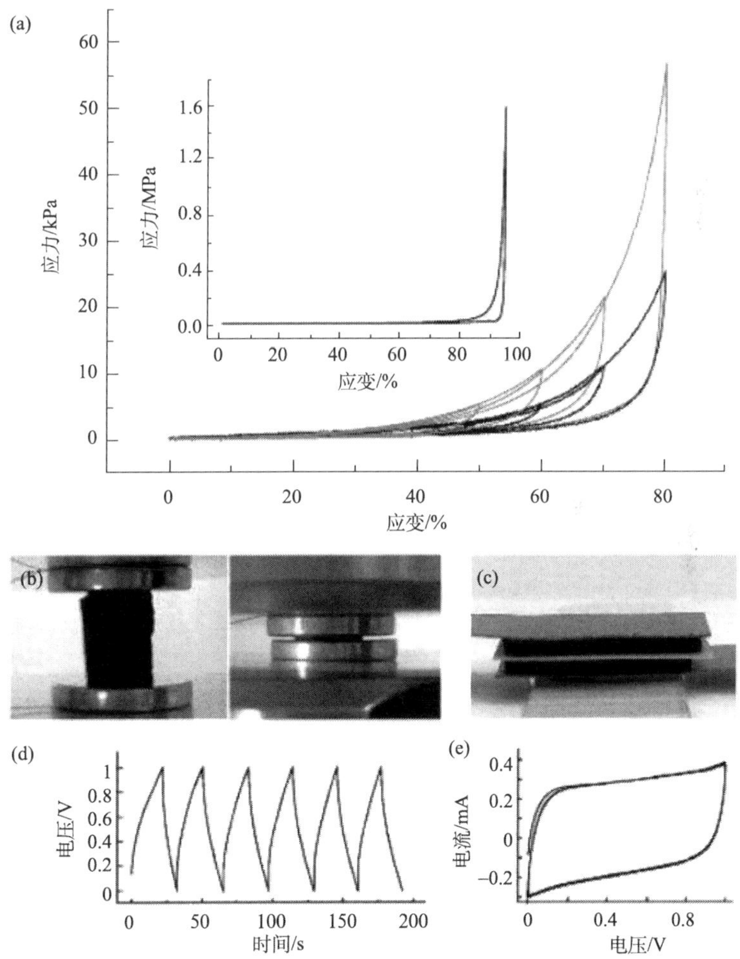

图 9-27　(a) 未改性的气凝胶(黑色线)和 $(PAH/HA)_5$ 改性的气凝胶(灰色线)在水中的可逆压缩应力-应变曲线，插图为 $(PAH/HA)_5$ 改性的气凝胶在应变达到 95%时的可逆压缩应力-应变曲线；(b) $(PAH/HA)_5$ 改性的气凝胶在压缩/电阻测试装置中的未压缩和压缩状态；(c) 两个 $(PEI/SWCNT)_5$ 改性的气凝胶连接两片石墨薄片分别作为正极和负极来组装超级电容器元器件，采用一张 NFC 纸作为隔膜；超级电容器元器件的 (d) GCD 曲线和 (e) CV 曲线

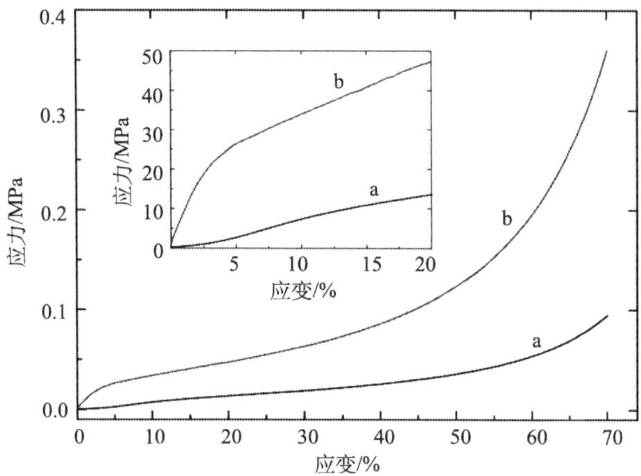

图 9-28　(a)未改性的气凝胶和(b)$(PEI/SWCNT)_5$改性的气凝胶在干燥状态下的压缩应力-应变曲线

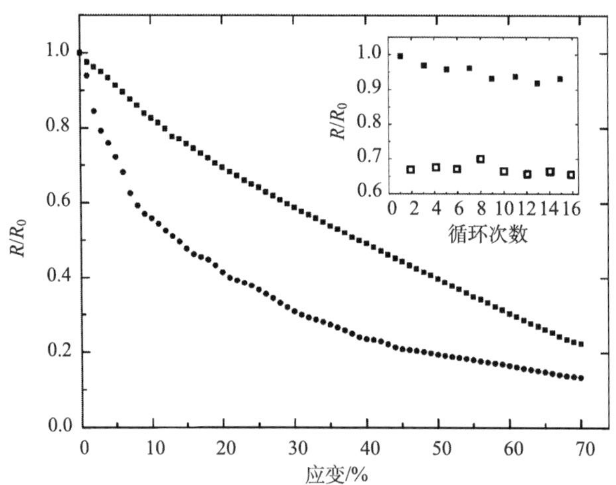

图 9-29　$(PEI/PEDOT:PSS)_{10}$(■)和$(PEI/SWCNT)_5$(●)改性的气凝胶在干燥状态下的相对电阻与压缩应变之间的关系。插图为线性应变区域内压力值为 0kPa(■)和 15kPa(□)时对应的相对电阻与压缩循环次数之间的关系

美的类矩形形状[图 9-27(e)]，表明该元器件主要为双电层电容储存机理。同时，经过多次恒流充放电循环，该元器件也呈现出稳定的 GCD 曲线[图 9-27(d)]。仅考虑活性层的质量，该超级电容器电极的比电容值高达(419±17) F/g，高于许多基于 CNT 的电极材料，如 SWCNT 基导电纸(200F/g)[203]、自支撑的 SWCNT LBL 膜(159F/g)[204]和 LBL 沉积的 MWCNT/碳纸(104F/g)[188]。通过 LBL 将 CNT 负载在气凝胶上获得高比电容值的实例说明该工艺能够借助气凝胶的网络结构构筑超薄、纳米多孔的涂层且保持良好的互通性。另外，该工艺也提高了活性物质的使

用效率。

9.5.4 小结

综上所述，具有高比表面积和高表面电荷密度的纳米纤维素气凝胶适合作为 LBL 的基质材料，来负载各种各样的活性物质。通过 LBL 可以在纳米纤维素气凝胶中沉积导电聚合物、生物分子和 CNT，同时可以实现高压缩强度、润湿状态下的高形状恢复能力、荧光性、机械力-电阻响应性和高电荷存储能力。LBL 和气凝胶基质为制备介孔功能材料提供了新的思路。潜在的应用领域包括航空航天[205]、储能器件[188]、热电材料[206]、气体传感器[207]、医疗器械[200]、药物缓释[208]、防火材料[209]、弹性材料[210]和兼具高强度和低密度的复合材料[211, 212]。

9.6 聚苯胺/纳米银/纤维素纳米纤丝复合气凝胶制备超级电容器电极

9.6.1 引言

对于当今社会，随着电子产品市场的迅猛增长，柔性和可重复利用的储能器件受到了用户群体的广泛推崇[117, 213-215]。超级电容器和电池是目前先进储能器件的典型代表。当需要高功率密度、快速的充放电速率和长的循环寿命时，超级电容器明显更加符合要求[216-219]。根据电荷储存机理，超级电容器可以分为两类，即双电层电容器(EDLC)和赝电容器。EDLC 是通过双电层来实现电荷储存，整个过程未发生化学反应[220]。相比之下，赝电容器是通过快速、可逆的氧化还原反应来实现电荷储存。由于赝电容器通常具有更高的功率密度且能提供明显相对于 EDLC 更高的比电容，因此针对赝电容器的研究正在成为一个极具吸引力的研究方向，尽管赝电容器的能量密度和循环寿命通常相对 EDLC 略微较差[17, 221]。导电聚合物[如聚苯胺(PANI)和聚吡咯(PPy)]是常见的赝电容电极材料。PANI 是一种最常用的导电聚合物，它的合成过程简单、电化学活性高、化学稳定性好、易于掺杂/去掺杂且机械柔性好[17, 222-224]。此外，当 PANI 用作电极材料时，它的电容值可以通过多种因素(如合成途径、形貌、添加剂和黏合剂的量)进行调节。已有报道证实，采用电聚合工艺制备的 PANI 的比电容值通常相比于化学氧化工艺制备的 PANI 的比电容值更高[221]。

与此同时，人们对环境问题的日渐关切促使研究者们加快发展可再生、可生物降解、环境友好的电子器件。纤维素作为日常办公纸张的主要成分，是一种储量丰富的可再生材料，可用于制备电子器件[213, 225-229]。此外，纤维素具有原料来源广泛、价格低廉、可再生、可生物降解、生物相容性和高柔性等特点[230-233]。

已有文献成功地将纤维素用于制备超级电容器。例如，Razaq 等[234]将 PPy 原位化学沉积到刚毛藻属纳米纤维素上，制得比电容可达 60～70F/g 的超级电容器复合电极。Zheng 等[235]通过将石墨涂在纤维素纸上制得面电容达 2.3mF/cm^2 的超级电容器复合电极。这些研究结果为研制纤维素基超级电容器提供了良好的参考，但上述这些超级电容器的电容值显然并不够高。许多多孔材料都可用来提高超级电容器的性能。Chen 等[236]以 MnO_2 和碳纳米管为电极材料制备了海绵状的超级电容器电极，该电极材料的比电容值高达 1230F/g。该工作证实了气凝胶能够作为超级电容器的理想基质。纤维素纳米纤丝(CNF)气凝胶具有高孔隙率、生物可降解性、大比表面积、低密度和好的碰撞缓冲能力[193, 237]。由于 CNF 具有生物可降解性，因此理论上 CNF 基的电子器件用完即可丢弃。考虑到上述独特性能，CNF 气凝胶可用作超级电容器电极的基质材料。然而，纤维素是一种绝缘材料，因此必须采用特殊的修饰工艺赋予 CNF 气凝胶导电性，其中一种简单、有效的方法是将导电材料沉积在纤维素的表面。Ag 粒子是一种高导电材料，在导线、导电黏合剂和电子元件等领域已经被广泛使用[238-240]。另外，已有研究证实，纤维素可以稳定 Ag 纳米粒子，抑制由于高表面能产生的纳米粒子团聚现象[241-244]。Ag 粒子在超级电容器领域常用作导电剂来形成电解液和电极材料之间的电子转移通道。例如，Zhang 等[245]通过将 Ag 粒子嵌插入 MnO_2 纳米片中，所得到的复合电极的电容值是纯 MnO_2 纳米片电极的 3 倍。Huang 等[246]通过向片状 CuO 中插入 Ag 纳米粒子，所得到的复合电极的电容值可达到接近纯片状 CuO 电极的 2 倍。

Zhang 等[80]将 Ag 粒子原位沉积在 CNF 气凝胶中，在气凝胶中产生了导电通道。为了实现高的电容值，将赝电容材料 PANI 进一步沉积在 Ag 粒子表面。根据上述过程制备得到的 PANI/Ag/CNF 复合气凝胶借助 PVA/H_3PO_4 凝胶电解液即可组装全固态柔性的超级电容器元器件。根据循环伏安(CV)曲线，该元器件的比电容值可达 176mF/cm^2(10mV/s)。此外，在不同的弯曲状态下，该超级电容器元器件的电化学性能几乎不变。

9.6.2　实验部分

9.6.2.1　制备 CNF 气凝胶

将漂白过的硫酸盐针叶木浆浸渍在蒸馏水中，随后采用粉碎机进行拆解。采用打浆机对木浆进行精炼，得到的纤维重新分散在水中(浓度约为 0.5wt%)，随后采用高压均质机处理三次。得到的纤维再通过高速剪切均质过程处理 30min，即可得到最终的 CNF 悬浮液。将该悬浮液浓缩至 1.5wt%，立即采用液氮进行冰冻。最后，对冰冻的 CNF 样品进行冷冻干燥处理，去除掉样品中的水分，即可得到 CNF 气凝胶。

9.6.2.2 将 Ag 粒子负载在 CNF 气凝胶上

将上述得到的 CNF 气凝胶剪成薄片状(厚度约 1mm)，取质量为 0.05g CNF 气凝胶与 1.86g 硝酸银混合于 10mL 蒸馏水中。将混合物置于冰水浴中磁力搅拌。将 0.83g 硼氢化钠加入到 10mL 蒸馏水中搅拌进行充分溶解，随后将该溶液逐滴加入到上述 CNF 气凝胶/硝酸银混合物中。在所有的硼氢化钠均加入到 CNF 气凝胶/硝酸银混合物中后让反应持续 10min。最后，将得到的 Ag/CNF 复合气凝胶取出，用蒸馏水洗涤三次，去除残留的杂质。重复上述过程 5 次，增加 Ag/CNF 复合气凝胶上 Ag 的负载量。

9.6.2.3 将 PANI 电聚合到 Ag/CNF 复合气凝胶上

PANI 的电聚合过程在 0.1mol/L 苯胺和 1mol/L 硫酸的混合溶液中进行，采用两电极体系，电流密度为 5mA/cm^2。PANI 的沉积量通过沉积时间来控制(5min、10min、15min 和 20min)。PANI 的沉积量通过总法拉第电荷来计算，假设电聚合过程中每个苯胺单体平均消耗 2.5 个电子。经过 5min、10min、15min 和 20min 的电聚合，PANI 的质量分别可计算为 0.2mg、0.41mg、0.61mg 和 0.82mg。

9.6.2.4 制备 PANI/Ag/CNF 复合气凝胶基超级电容器

PVA/H_3PO_4 凝胶电解液的制备过程可描述如下:将 3g H_3PO_4 和 3g PVA 加入到 30mL 蒸馏水中，随后加热到 85℃直到混合物变澄清。将两片 PANI/Ag/CNF 复合气凝胶电极和一片隔膜(玻璃纤维纸)浸渍在 PVA/H_3PO_4 凝胶电解液中 10min。随后将它们取出，按照图 9-30 中的结构进行组装。在电化学测试前，组装得到的超级电容器元器件在室温下进行彻夜干燥以去除水分。

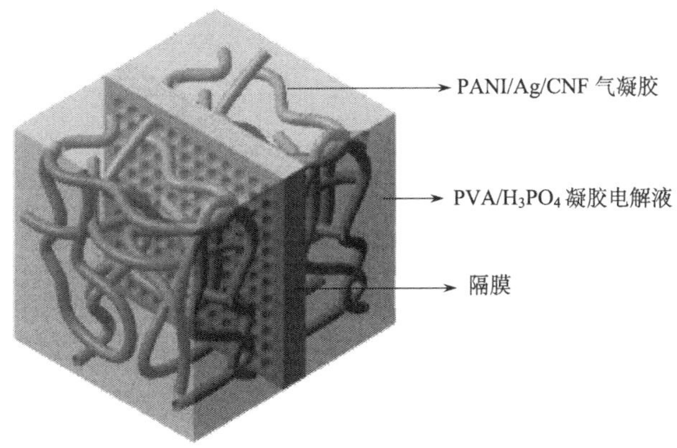

图 9-30 PANI/Ag/CNF 复合气凝胶基超级电容器元器件的结构示意图

9.6.2.5 表征方法

采用 LEO 1530 SEM 仪对样品的微观形貌进行观测，加速电压设定为 3kV。对于电化学测试，CV、恒流充放电(GCD)和电化学阻抗谱(EIS)测试是在两电极体系下进行的，采用 Pt 箔片作为集流器。电极和隔膜的电导率采用四探针电阻率测试仪进行测量。CNF 气凝胶的比表面积采用氮气吸附-脱附法进行测试。样品首先在 90℃真空状态下脱气 24h，随后在 77K 下进行氮气吸附-脱附测试。X 射线衍射(XRD)分析是采用 X'Pert Pro 系列多功能 XRD 仪进行的。

9.6.3 结果与讨论

如图 9-31 所示，PANI/Ag/CNF 复合气凝胶的制备过程主要包括三步。首先，采用冷冻干燥法将 1.5wt%的悬浮液转化为 CNF 气凝胶。经测量和计算，CNF 气凝胶的密度和比表面积分别为 1.2g/cm^3 和 30m^2/g，该比表面积值低于之前报道的同类产品(70～110m^2/g)[193]，其主要原因是在制备 CNF 气凝胶时采用的 CNF 悬浮液的浓度较高，使得制得的 CNF 气凝胶的密度更大且力学强度更高，但导致比表面积下降。将 CNF 气凝胶剪成厚度为 1mm 的薄片状，随后将 Ag 粒子原位沉积到 CNF 的表面上，赋予 CNF 气凝胶导电性。采用四探针法测量，Ag/CNF 复合气凝胶的表面电阻为 1Ω/square。以 Ag/CNF 复合气凝胶作为电极材料，采用电聚合法将 PANI 沉积到 Ag/CNF 复合气凝胶表面，形成 PANI/Ag/CNF 复合气凝胶。为了研究 PANI 负载量对超级电容器性能的影响，采用不同的电聚合时间(5min、10min、15min 和 20min)来控制 PANI 的沉积量。在制备得到 PANI/Ag/CNF 复合气凝胶后，根据图 9-30 中的结构组装柔性全固态超级电容器元器件。将两片 PANI/Ag/CNF 复合气凝胶电极和一片隔膜(玻璃纤维纸)浸渍在 PVA/H_3PO_4 凝胶电解液中 10min，使得电极材料和隔膜将电解液充分吸收至自身的孔隙结构中。将隔膜置于两片 PANI/Ag/CNF 复合气凝胶电极之间，压实后置于室温下进行干燥去除水分，即可得到该元器件。

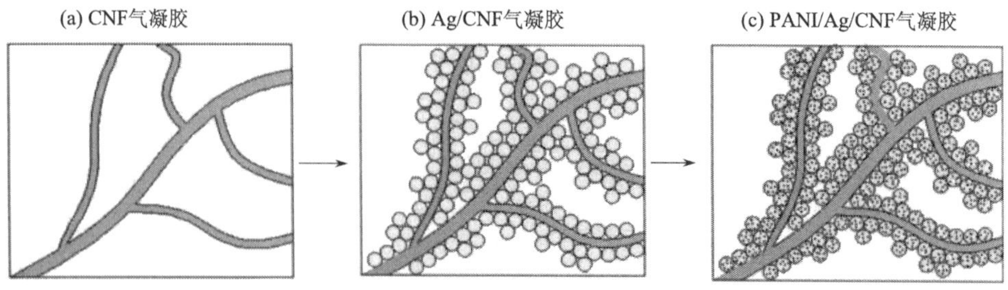

图 9-31 PANI/Ag/CNF 复合气凝胶的制备过程示意图：(a) CNF 气凝胶；(b) Ag 粒子原位沉积在 CNF 气凝胶的表面上；(c) PANI 电聚合至 Ag/CNF 复合气凝胶的表面上

图 9-32(a)和(b)分别为 CNF 气凝胶和 Ag/CNF 复合气凝胶的 SEM 图像。由图 9-32(a)可见，CNF 气凝胶呈现出高度多孔的网络结构。从图 9-32(b)中可以看出，Ag 粒子已经成功地负载到 CNF 气凝胶上，得到了 Ag/CNF 复合气凝胶。Ag 粒子的尺寸介于几十到几百纳米之间，且随机分布在气凝胶的骨架结构表面上。采用能谱(EDS)对 Ag/CNF 复合气凝胶中的 Ag 元素含量进行分析，Ag 粒子的原位沉积过程重复 5 次，以获得高的 Ag 粒子负载量，如图 9-32(c)所示，Ag 元素含量(质量分数和原子分数)随着原位沉积次数的增加而显著增加，经过 5 次沉积，Ag 元素的质量分数和原子分数分别达到 96.6wt%和 70.7%。在图 9-33(a)中可以观察到存在明显的 Ag 元素的特征峰。另外，从图 9-33(b)中可以观察到，Ag 粒子在整个 CNF 气凝胶基质中分布非常均匀。Ag/CNF 复合气凝胶的 XRD 谱图如图 9-32(d)所示，38°、44°、64°和 77°处出现的峰分别对应于 Ag 的(111)、(200)、(220)和(311)晶面[247]。

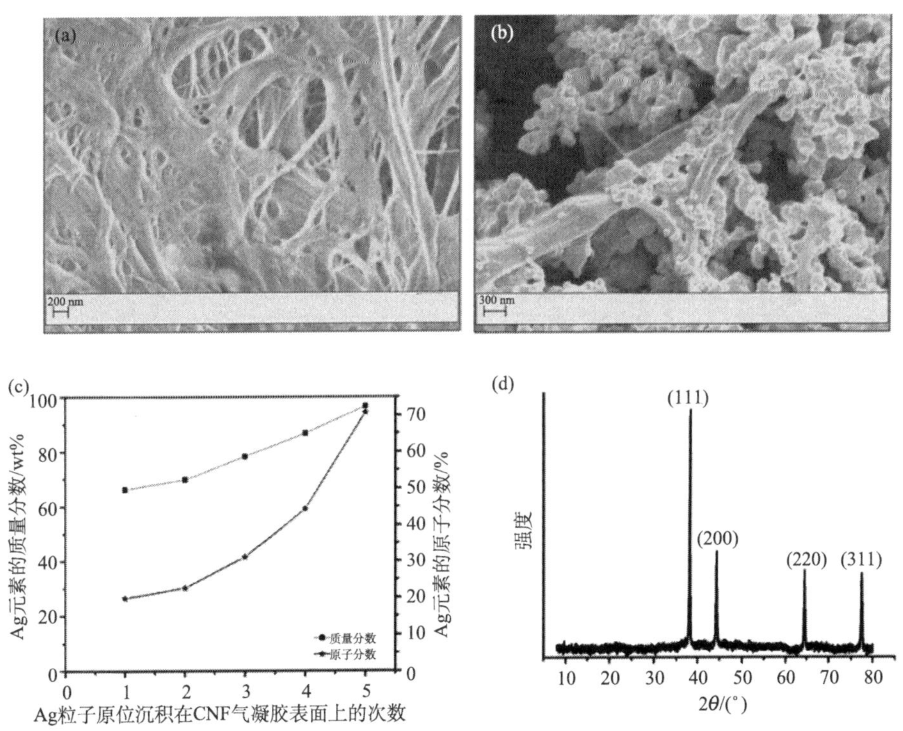

图 9-32　(a) CNF 气凝胶和(b) Ag/CNF 复合气凝胶的 SEM 图像；(c) Ag/CNF 复合气凝胶中 Ag 元素含量(质量分数和原子分数)随着原位沉积次数的变化；(d) Ag/CNF 复合气凝胶的 XRD 谱图

图 9-33　(a)Ag/CNF 复合气凝胶的 EDS 分析；(b)Ag 元素在 Ag/CNF 复合气凝胶中的分布状态(EDS 谱)

Ag/CNF 复合气凝胶经过电聚合过程即可形成 PANI/Ag/CNF 复合气凝胶。图 9-34(a)为 PANI/Ag/CNF 复合气凝胶的 SEM 图像。由图可见，纳米点状的 PANI 沉积在 Ag 粒子的表面上[图 9-34(a)中插图]，但在 CNF 表面并没有观察到 PANI 的存在。这是因为 Ag 粒子是导体而 CNF 是绝缘体，因此电聚合过程中 PANI 专一地沉积在 Ag 粒子上。电聚合法制得的 PANI/Ag/CNF 复合气凝胶依然保持良好的柔性[图 9-34(b)]，为后续组装柔性超级电容器元器件提供了有力支持。

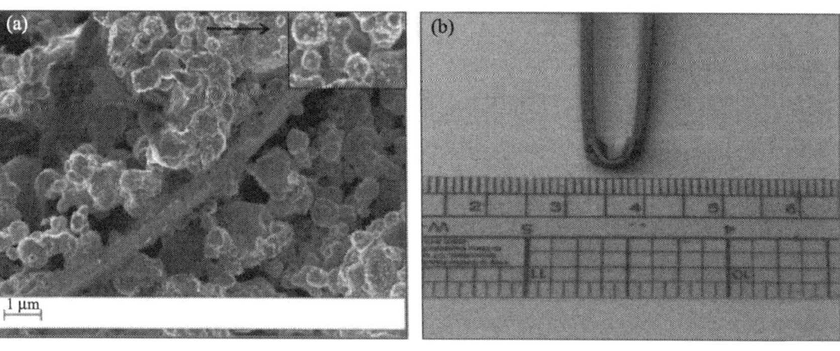

图 9-34　PANI/Ag/CNF 复合气凝胶的(a)SEM 图像和(b)宏观照片

采用 CV、GCD 和 EIS 探究 PANI/Ag/CNF 复合气凝胶所组装的超级电容器元器件的电化学性能。该元器件在 1mol/L H_2SO_4 电解液和 PVA/H_3PO_4 固态电解质中的 CV 曲线如图 9-35(a)所示，扫描速率设定为 20mV/s。其中，1mol/L H_2SO_4 电解液中的 CV 测试使用的超级电容器在组装时未采用固态电解质。由图可见，除了峰强度略微不同以外，两条曲线非常相似且接近重叠。该现象表明基于 PANI/Ag/CNF 复合气凝胶和 PVA/H_3PO_4 固态电解质所组装的超级电容器元器件的电化学性能与基于 PANI/Ag/CNF 复合气凝胶组装的超级电容器元器件在 H_2SO_4 电解液中的电化学性能相近，这反映了 PVA/H_3PO_4 固态电解质中的离子传导速率非常快。这些CV曲线上的三对可逆峰反映了PANI不同的氧化态，分别是还原态PANI、双醌式 PANI（中间氧化态）和四醌式即全氧化 PANI。Ag 粒子的存在有助于增加 CV 曲线所围成的面积，因为已有报道证明 Ag 可以通过改善电极的导电能力来提高 PANI 电极的电容值[245, 248, 249]。然而，只含有 Ag 和 CNF 两种成分的 Ag/CNF 复合气凝胶所组装的超级电容器元器件的 CV 曲线所围成的面积非常微小，几乎不能检测到它的电容值（该 CV 曲线未在本书中呈现）。

PANI/Ag/CNF 复合气凝胶（PANI 的电聚合时间为 15min）组装的超级电容器元器件在不同扫描速率（10mV/s、20mV/s、50mV/s 和 80mV/s）下的 CV 曲线如图 9-35(b)所示。随着扫描速率的增加，还原峰向正向移动而氧化峰向负向移动。所有的峰电流都随着扫描速率的增加而增加。根据方程 $C_s=\int I\mathrm{d}V/s\times\Delta V\times v$ 和 $C_m=\int I\mathrm{d}V/m\times\Delta V\times v$ 来计算超级电容器元器件的面电容（C_s）和质量比电容（C_m），其中 I 为电流，V 为电势差，s 为单个电极面积，m 为单个电极上 PANI 的质量，ΔV 为扫描电势范围，v 为扫描速率。图 9-35(c)为不同的 PANI 电聚合时间所得到的 PANI/Ag/CNF 复合气凝胶组装的超级电容器元器件的面电容与扫描速率之间的关系。电聚合时间的延长使得 PANI 的负载量增加，因此也导致 C_s 值升高。同时，随着扫描速率的下降，C_s 值也逐渐升高，这是由于在低扫描速率下法拉第反应进行得更加完全。PANI/Ag/CNF 复合气凝胶（PANI 的电聚合时间为 20min）组装的超级电容器元器件的 C_s 值可达 176mF/cm^2（扫描速率为 10mV/s），显著高于之前报道的一些柔性超级电容器的 C_s 值（0.4～109mF/cm^2）[168, 225, 235, 250-252]。图 9-35(d)为不同的 PANI 电聚合时间所得到的 PANI/Ag/CNF 复合气凝胶组装的超级电容器元器件的质量比电容与扫描速率之间的关系。图 9-35(d)中的结果与 Chen 等[236]关于碳纳米管/MnO_2 海绵超级电容器的报道相一致。对于低负载量的超级电容器，C_m 值与扫描速率紧密相关，但是对于高负载量的超级电容器，C_m 值与扫描速率之间的相关性较差。具体地，对于高负载量的超级电容器（PANI 电聚合时间达到 10min、15min 和 20min），随着扫描速率的增加 C_m 值的变化并不显著。然而，对于低负载量的超级电容器（PANI 电聚合时间仅为 5min），C_m 值显然非常易受扫描速率变化的影响。该现象主要是因为高 PANI 负载量的 PANI/Ag/CNF 复合气凝胶的导电性相对较差，因此限制了其在高扫描速率下 PANI 的充分使用[236]。相比之下，PANI 负载量较低的 PANI/Ag/CNF 复合气凝胶的导电性较强且孔隙率较高，因此提高了电子转移速率和离子可及度，也增加了 PANI 的使用效率。PANI/Ag/CNF 复合气凝胶（PANI 的电聚合时间为 5min）组装的超级电容器元器件的 C_m 值可达 212F/g（扫描速率为 10mV/s）。

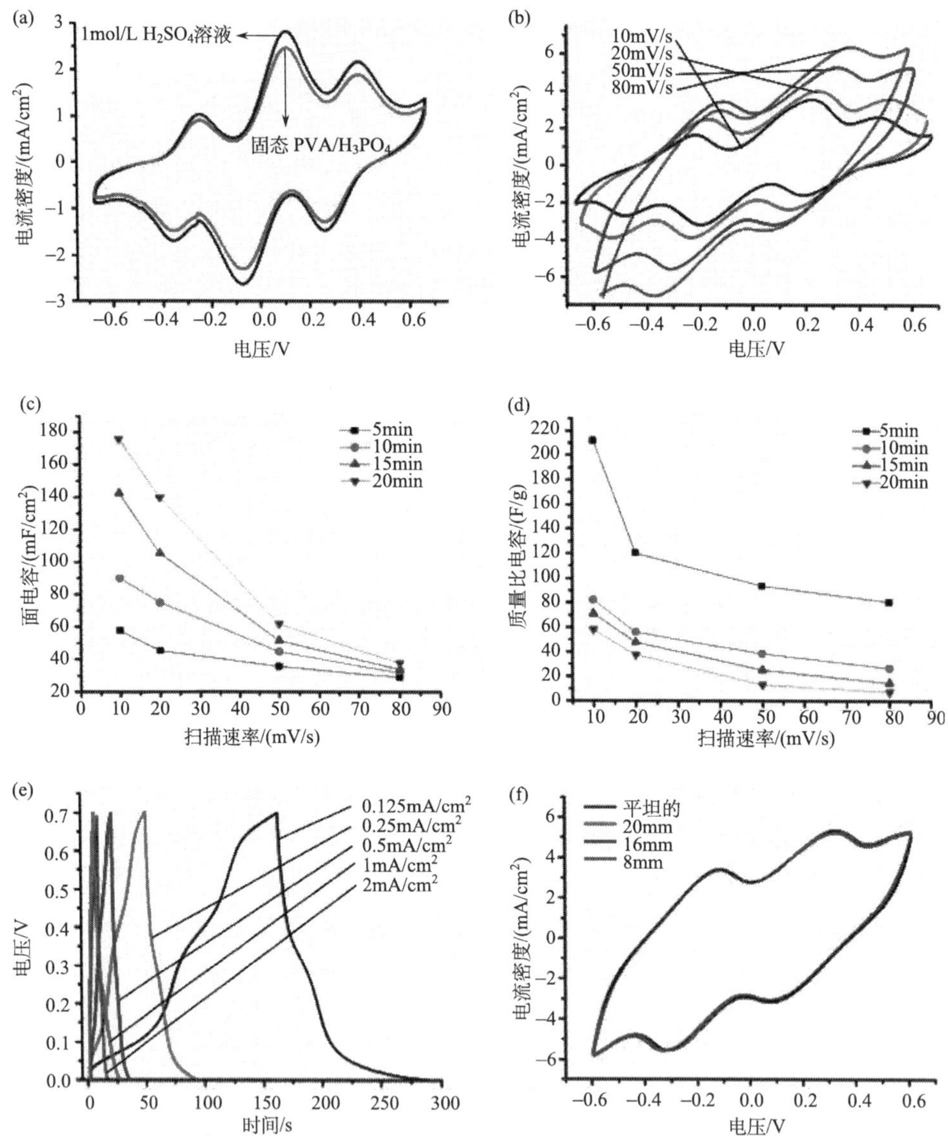

图 9-35 (a) PANI/Ag/CNF 复合气凝胶(PANI 的电聚合时间为 5min)组装的超级电容器元器件在 1mol/L H_2SO_4 电解液和 PVA/H_3PO_4 固态电解质中的 CV 曲线，扫描速率设定为 20mV/s，1mol/L H_2SO_4 电解液中的 CV 测试使用的超级电容器在组装时未采用固态电解质；(b) PANI/Ag/CNF 复合气凝胶(PANI 的电聚合时间为 15min)组装的超级电容器元器件在不同扫描速率(10mV/s、20mV/s、50mV/s 和 80mV/s)下的 CV 曲线；(c) 不同的 PANI 电聚合时间所得到的 PANI/Ag/CNF 复合气凝胶组装的超级电容器元器件的面电容与扫描速率之间的关系；(d) 不同的 PANI 电聚合时间所得到的 PANI/Ag/CNF 复合气凝胶组装的超级电容器元器件的质量比电容与扫描速率之间的关系；(e) PANI/Ag/CNF 复合气凝胶(PANI 的电聚合时间为 10min)组装的超级电容器元器件在不同电流密度下的 GCD 曲线；(f) PANI/Ag/CNF 复合气凝胶(PANI 的电聚合时间为 15min)组装的超级电容器元器件在不同弯曲状态下的 CV 曲线，超级电容器面积为 7mm×7mm

图 9-35(e)为 PANI/Ag/CNF 复合气凝胶(PANI 的电聚合时间为 10min)组装的超级电容器元器件在不同电流密度下的 GCD 曲线。面电容值根据 $C=2I/s\times \mathrm{d}V/\mathrm{d}t$ 方程进行计算，I 为电流，s 为电极面积，dV/dt 为最大电压和 1/5 的最大电压范围之间的放电曲线拟合直线的斜率。该元器件的面电容值为 42mF/cm^2(电流密度为 0.125mA/cm^2)，这与由 CV 曲线在扫描速率为 20mV/s 时计算得到的面电容值(45mF/cm^2)相近。根据 GCD 曲线，可以观察到电容值随着电流密度的降低而升高。此外，对于 PANI/Ag/CNF 复合气凝胶(PANI 的电聚合时间为 5min)组装的超级电容器元器件，它在扫描速率为 10mV/s 时的能量密度(E)和功率密度(P)分别为 10.6W·h/kg 和 225kW/kg。E 和 P 的计算方程分别为 $E=CV^2/2M$ 和 $P=V^2/4RM$，C 为电容，V 为电势差，M 为 PANI 的质量，R 为等效串联电阻。为了测试超级电容器元器件的柔性，PANI/Ag/CNF 复合气凝胶(PANI 的电聚合时间为 15min)组装的超级电容器元器件在不同弯曲状态下的 CV 曲线如图 9-35(f)所示。CV 曲线相互重叠，因此证实了在不同的弯曲状态下，该超级电容器元器件的电化学性能几乎不变。

采用 EIS 来表征不同 PANI 沉积量的 PANI/Ag/CNF 复合气凝胶组装的超级电容器元器件。图 9-36 为 PANI/Ag/CNF 复合气凝胶(PANI 的电聚合时间分别为 5min、10min、15min 和 20min)组装的超级电容器元器件的奈奎斯特图。曲线左侧的较低部分为高频区域，右侧的较高部分为低频区域。曲线的高频区域未出现明显的半圆形状，表明电极上的 PANI/Ag 成分与电解质界面之间的电荷转移电阻

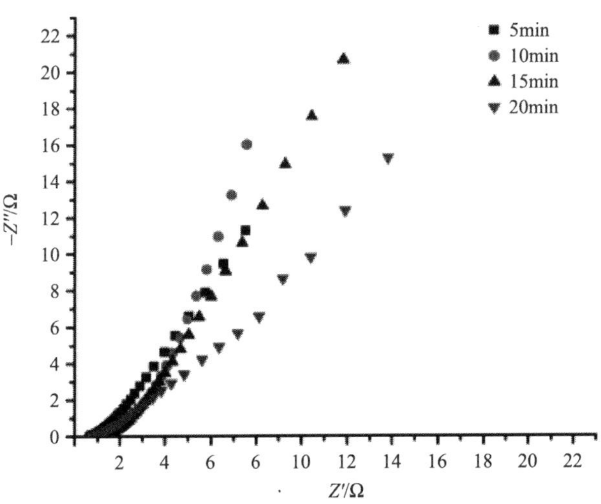

图 9-36　PANI/Ag/CNF 复合气凝胶(PANI 的电聚合时间分别为 5min、10min、15min 和 20min)组装的超级电容器元器件的奈奎斯特图

非常微小。此外，低频区域的线性部分与实轴之间明显存在一个夹角，且 PANI 的负载量越大该夹角越小。夹角越小表明离子扩散路径越长，离子由电解质扩散到电极上的阻碍越大。同时曲线高频区在实轴上的截距通常可以反映该元器件的 ESR。由图可见，所有的元器件均呈现出非常低的 ESR 值(约 1Ω)。ESR 值包括电极电阻、电解质电阻及电极和电解质之间的接触电阻。低的 ESR 值有利于获得高的功率密度。

9.6.4　小结

综上所述，采用原位还原法和电聚合工艺可以制得高柔性和高电化学活性的 PANI/Ag/CNF 复合气凝胶。CNF 气凝胶基质高度多孔的特性和 PANI 高赝电容特性均为 PANI/Ag/CNF 复合气凝胶应用于超级电容器元器件领域提供了有力支撑。同时，Ag 粒子的存在可以为电子的快速转移提供有效通道，有利于进一步提高电极的电容值。PANI/Ag/CNF 复合气凝胶(PANI 的电聚合时间为 20min)组装的超级电容器元器件的 C_s 值可达 176mF/cm^2(扫描速率为 10mV/s)。此外，在多种弯曲状态下，该元器件的电容值几乎保持不变，证明该元器件适合用于制备柔性的电子器件。有理由相信，这种 PANI/Ag/CNF 复合气凝胶组装的超级电容器元器件在研制新型的储能器件领域具有良好的参考意义。

参 考 文 献

[1] 何铁石, 金振兴, 张纯娇. 超级电容器制备与应用. 北京: 原子能出版社, 2011.
[2] 康维. 电化学超级电容器: 科学原理及技术应用. 北京: 化学工业出版社, 2005.
[3] 胡毅, 陈轩恕, 杜砚, 等. 超级电容器的应用与发展. 电力设备, 2008, 9(1): 19-22.
[4] 余丽丽, 朱俊杰, 赵景泰. 超级电容器的现状及发展趋势. 自然杂志, 2015, 37(3): 188-196.
[5] 陈俊蛟, 黄英, 黄海舰. 超级电容器电极材料研究进展. 材料开发与应用, 2015, 30(1): 90-95.
[6] 杨裕生. 我国的超级电容器与电动汽车. 电源技术, 2015, 39(1): 12-13.
[7] 丁冬. 莱顿瓶传奇. 科学 24 小时, 2000, 3: 38-39.
[8] 蔡斌. 莱顿瓶: 最原始的电容器. 供用电, 2014, 7: 74-76.
[9] 吴德明. 双电层电容器. 电子技术, 1982, 9: 7-10.
[10] Becker H I. Low voltage electrolytic capacitor: U.S. Patent, 2800616. 1957-7-23.
[11] 任国光. 高能激光武器的现状与发展趋势. 激光与光电子学进展, 2008, 45(9): 62-69.
[12] 佘辉, 谭胜. 高能激光武器的发展和应用前景. 红外与激光工程, 2002, 31(3): 267-271.
[13] 闫智刚. 国内外超级电容器的发展状况(Ⅱ). 电动自行车, 2008, 4: 32-35.
[14] 梁晰童, 潘伟, 陈昆峰, 等. 新型超级电容器的研发进展. 应用化学, 2016, 33(8): 867-875.
[15] 马仁志, 魏秉庆, 徐才录, 等. 应用于超级电容器的碳纳米管电极的几个特点. 清华大学学报(自然科学版), 2000, 40(8): 7-10.
[16] 李海生. 超级电容器的分类与优缺点分析. 通信电源技术, 2011, 28(6): 89-90.

[17] Snook G A, Kao P, Best A S. Conducting-polymer-based supercapacitor devices and electrodes. Journal of Power Sources, 2011, 196(1): 1-12.

[18] Wang Y, Shi Z, Huang Y, et al. Supercapacitor devices based on graphene materials. Journal of Physical Chemistry C, 2009, 113(30): 13103-13107.

[19] 商洪涛, 岳立平, 杨献奎, 等. 超级电容器结构及应用发展概述. 化学工程与装备, 2014, 9: 177-179.

[20] 刘春娜. 超级电容器应用展望. 电源技术, 2010, 34(9): 979-980.

[21] 张鲁滨. 超级电容器应用于汽车的优势及前景. 汽车维修与保养, 2004, 5: 53-55.

[22] 刘革菊, 董立新. 超级电容器应用介绍. 山西电子技术, 2012, 2: 38-39.

[23] 徐丽, 巩学海, 盛鹏, 等. 三维石墨烯/碳纳米管复合材料及其超级电容器应用. 功能材料, 2016, 47(S2): 112-115.

[24] Portet C, Taberna P L, Simon P, et al. High power density electrodes for carbon supercapacitor applications. Electrochimica Acta, 2005, 50(20): 4174-4181.

[25] Mishra A K, Ramaprabhu S. Functionalized graphene-based nanocomposites for supercapacitor application. Journal of Physical Chemistry C, 2011, 115(29): 14006-14013.

[26] 杨光敏. 超级电容器的分类. 科技视界, 2014, 24: 60.

[27] 倪晖. 论超级电容器的原理及应用. 科协论坛, 2013, 8: 29-30.

[28] 李晶, 赖延清, 金旭东, 等. 超级电容器的储能机理与关键材料研究进展. 科技创新导报, 2011, 1: 123-124.

[29] 刘晓臣. 超级电容器工作原理及应用. 电子产品可靠性与环境试验, 2012, 30: 111-114.

[30] 杨红生, 周啸, 冯天富, 等. 电化学电容器最新研究进展 I 双电层电容器. 电子元件与材料, 2003, 22(2): 13-16.

[31] 孟庆函, 李开喜, 凌立成. 碳基双电层电容器的结构、机理及研究进展. 化学通报, 2001, 64(11): 680-685.

[32] 许兴欣, 康丹苗, 刘庆雷, 等. 电极制备工艺对褐藻多孔碳双电层电容性能的影响. 材料科学与工艺, 2016, 24(1): 51-57.

[33] 李作鹏, 赵建国, 温雅琼, 等. 超级电容器电解质研究进展. 化工进展, 2012, 31(8): 1631-1640.

[34] 刘潇娟, 杨光, 廖红英, 等. 超级电容器电解质的研究进展. 化学试剂, 2013, 35(6): 510-514.

[35] 孙帆. 电解液对超级电容器电化学性能影响的研究. 青岛: 中国海洋大学硕士学位论文, 2013.

[36] 农谷珍. 超级电容器电极材料的制备及电化学性能研究. 大连: 大连理工大学硕士学位论文, 2009.

[37] 邓梅根, 张治安, 胡永达, 等. 双电层电容器电极材料最新研究进展. 炭素技术, 2003, 4: 25-30.

[38] 胡中华, 万翔, 刘亚菲, 等. 改性活性炭双电层电容器电极材料研究. 电子元件与材料, 2006, 25(8): 11-15.

[39] 何月德, 刘洪波, 张红波. 煤基活性炭用作双电层电容器电极材料. 电源技术, 2003, 27(3): 311-314.

[40] 曹国飞, 廖奕, 张小华, 等. 电化学双电层电容器电极材料——豌豆荚基活性炭的制备与表征. 物理化学学报, 2011, 27(7): 1679-1684.
[41] 金双玲, 邓洪贵, 詹亮, 等. 用作双电层电容器电极材料的三维层次孔结构多孔炭的合成(英文). 新型炭材料, 2012, 27(2): 87-92.
[42] 陈斌, 张剑荣, 姜立萍, 等. 氧化钌在法拉第准电容器中的应用研究进展. 电子元件与材料, 2001, 5: 28-29.
[43] 吕进玉, 林志东. 超级电容器导电聚合物电极材料的研究进展. 材料导报, 2007, 21(3): 29-31.
[44] 宋全生, 刘萍, 唐致远, 等. 氧化镍的热分解法制备及电化学电容器特性. 电源技术, 2005, 29(6): 369-371.
[45] 张强. 过渡金属氢氧化物、氧化物的合成及其电化学性能研究. 武汉: 武汉工程大学硕士学位论文, 2015.
[46] 吴雯. 金属氧化物超级电容器的研究. 上海: 复旦大学硕士学位论文, 2010.
[47] 刘国红. 三维 MoO_2@MoS_2/GO 及 NiO@NiS/GO 复合材料的制备及其超级电容性研究. 哈尔滨: 哈尔滨工业大学硕士学位论文, 2016.
[48] 丁林. 噻吩基导电聚合物复合材料的合成及其超电容性能. 南京: 南京航空航天大学硕士学位论文, 2014.
[49] 张光敏, 阎康平, 严季新. 用导电聚合物电极的超电容器研究概况. 电子元件与材料, 1999, 18(5): 42-44.
[50] 王雪. 改善导电聚合物电极材料电化学循环稳定性的方法研究. 兰州: 兰州大学博士学位论文, 2015.
[51] 刘海晶. 电化学超级电容器多孔碳电极材料的研究. 上海: 复旦大学博士学位论文, 2011.
[52] 刘海晶, 夏永姚. 混合型超级电容器的研究进展. 化学进展, 2011, 23: 595-604.
[53] 张莉. 混合型超级电容器的相关理论和实验研究. 大连: 大连理工大学博士学位论文, 2005.
[54] 宋金岩. 混合型超级电容器的建模与制备研究. 大连: 大连理工大学博士学位论文, 2010.
[55] 曲群婷. 高性能混合型超级电容器的研究. 上海: 复旦大学博士学位论文, 2010.
[56] 阮殿波, 王成扬, 王晓峰. 高比能量混合型超级电容器的研制. 电池, 2012, 42(2): 91-93.
[57] Klemm D, Kramer F, Moritz S, et al. Nanocelluloses: A new family of nature-based materials. Angewandte Chemie International Edition, 2011, 50(24): 5438-5466.
[58] 陈文帅. 纳米纤维素机械法制备与应用基础. 北京: 科学出版社, 2014.
[59] 李伟, 刘守新, 李坚. 纳米纤维素的制备与功能化应用基础. 北京: 科学出版社, 2016.
[60] Mariano M, El Kissi N, Dufresne A. Cellulose nanocrystals and related nanocomposites: Review of some properties and challenges. Journal of Polymer Science Part B: Polymer Physics, 2014, 52(12): 791-806.
[61] Roman M. Toxicity of cellulose nanocrystals: A review. Industrial Biotechnology, 2015, 11(1): 25-33.
[62] Yang X, Cranston E D. Chemically cross-linked cellulose nanocrystal aerogels with shape recovery and superabsorbent properties. Chemistry of Materials, 2014, 26(20): 6016-6025.
[63] 卢红斌. 聚合物纳米复合材料. 北京: 科学出版社, 2009.

[64] Koga H, Saito T, Kitaoka T, et al. Transparent, conductive, and printable composites consisting of TEMPO-oxidized nanocellulose and carbon nanotube. Biomacromolecules, 2013, 14(4): 1160-1165.

[65] Wang M, Anoshkin I V, Nasibulin A G, et al. Modifying native nanocellulose aerogels with carbon nanotubes for mechanoresponsive conductivity and pressure sensing. Advanced Materials, 2013, 25(17): 2428-2432.

[66] Zheng G, Cui Y, Karabulut E, et al. Nanostructured paper for flexible energy and electronic devices. MRS Bulletin, 2013, 38(4): 320-325.

[67] Yan C, Wang J, Kang W, et al. Graphene: Highly stretchable piezoresistive graphene-nanocellulose nanopaper for strain sensors. Advanced Materials, 2014, 26(13): 1950.

[68] Hu L, Zheng G, Yao J, et al. Transparent and conductive paper from nanocellulose fibers. Energy & Environmental Science, 2013, 6(2): 513-518.

[69] Querejeta-Fernández A, Chauve G, Methot M, et al. Chiral plasmonic films formed by gold nanorods and cellulose nanocrystals. Journal of the American Chemical Society, 2014, 136(12): 4788-4793.

[70] Wicklein B, Kocjan A, Salazar-Alvarez G, et al. Thermally insulating and fire-retardant lightweight anisotropic foams based on nanocellulose and graphene oxide. Nature Nanotechnology, 2015, 10(3): 277-283.

[71] Kang Y J, Chun S J, Lee S S, et al. All-solid-state flexible supercapacitors fabricated with bacterial nanocellulose papers, carbon nanotubes, and triblock-copolymer ion gels. ACS Nano, 2012, 6(7): 6400-6406.

[72] Zheng Q, Javadi A, Sabo R, et al. Polyvinyl alcohol (PVA)-cellulose nanofibril (CNF)-multiwalled carbon nanotube (MWCNT) hybrid organic aerogels with superior mechanical properties. RSC Advances, 2013, 3(43): 20816-20823.

[73] Niu Q, Gao K, Shao Z. Cellulose nanofiber/single-walled carbon nanotube hybrid non-woven macrofiber mats as novel wearable supercapacitors with excellent stability, tailorability and reliability. Nanoscale, 2014, 6(8): 4083-4088.

[74] Hamedi M, Karabulut E, Marais A, et al. Nanocellulose aerogels functionalized by rapid layer-by-layer assembly for high charge storage and beyond. Angewandte Chemie International Edition, 2013, 52(46): 12038-12042.

[75] Gao K, Shao Z, Wang X, et al. Cellulose nanofibers/multi-walled carbon nanotube nanohybrid aerogel for all-solid-state flexible supercapacitors. RSC Advances, 2013, 3(35): 15058-15064.

[76] Nyström G, Marais A, Karabulut E, et al. Self-assembled three-dimensional and compressible interdigitated thin-film supercapacitors and batteries. Nature Communications, 2015, 6: 7259.

[77] Gao K, Shao Z, Li J, et al. Cellulose nanofiber-graphene all solid-state flexible supercapacitors. Journal of Materials Chemistry A, 2012, 1(1): 63-67.

[78] Chen L F, Huang Z H, Liang H W, et al. Bacterial-cellulose-derived carbon nanofiber@MnO_2 and nitrogen-doped carbon nanofiber electrode materials: An asymmetric supercapacitor with high energy and power density. Advanced Materials, 2013, 25(34): 4746-4752.

[79] Wu X, Chabot V L, Kim B K, et al. Cost-effective and scalable chemical synthesis of conductive

cellulose nanocrystals for high-performance supercapacitors. Electrochimica Acta, 2014, 138(25): 139-147.

[80] Zhang X, Lin Z, Chen B, et al. Solid-state flexible polyaniline/silver cellulose nanofibrils aerogel supercapacitors. Journal of Power Sources, 2014, 246(3): 283-289.

[81] Wang Z, Tammela P, Zhang P, et al. Freestanding nanocellulose-composite fibre reinforced 3D polypyrrole electrodes for energy storage applications. Nanoscale, 2014, 6(21): 13068-13075.

[82] Wang Z, Carlsson D O, Tammela P, et al. Surface modified nanocellulose fibers yield conducting polymer-based flexible supercapacitors with enhanced capacitances. ACS Nano, 2015, 9(7): 7563-7571.

[83] Zhang L L, Zhao X S. Carbon-based materials as supercapacitor electrodes. Chemical Society Reviews, 2009, 38(9): 2520-2531.

[84] Wang G, Zhang L, Zhang J. A review of electrode materials for electrochemical supercapacitors. Chemical Society Reviews, 2012, 41(2): 797-828.

[85] Yang X, Shi K, Zhitomirsky I, et al. Cellulose nanocrystal aerogels as universal 3D lightweight substrates for supercapacitor materials. Advanced Materials, 2015, 27(40): 6104-6109.

[86] Liu Z, Zhang X, Poyraz S, et al. Oxidative template for conducting polymer nanoclips. Journal of the American Chemical Society, 2010, 132(38): 13158-13159.

[87] Shi K, Zhitomirsky I. Polypyrrole nanofiber-carbon nanotube electrodes for supercapacitors with high mass loading obtained using an organic dye as a co-dispersant. Journal of Materials Chemistry A, 2013, 1(38): 11614-11622.

[88] Zhu Y, Shi K, Zhitomirsky I. Polypyrrole coated carbon nanotubes for supercapacitor devices with enhanced electrochemical performance. Journal of Power Sources, 2014, 268(4): 233-239.

[89] Jacob G M, Yang Q M, Zhitomirsky I. Electrodes for electrochemical supercapacitors. Materials and Manufacturing Processes, 2009, 24(12): 1359-1364.

[90] Yang X, Bakaic E, Hoare T, et al. Injectable polysaccharide hydrogels reinforced with cellulose nanocrystals: Morphology, rheology, degradation, and cytotoxicity. Biomacromolecules, 2013, 14(12): 4447-4455.

[91] Revol J F, Bradford H, Giasson J, et al. Helicoidal self-ordering of cellulose microfibrils in aqueous suspension. International Journal of Biological Macromolecules, 1992, 14(3): 170-172.

[92] Leung A C W, Hrapovic S, Lam E, et al. Characteristics and properties of carboxylated cellulose nanocrystals prepared from a novel one-step procedure. Small, 2011, 7(3): 302-305.

[93] Beck S, Méthot M, Bouchard J. Erratum to: General procedure for determining cellulose nanocrystal sulfate half-ester content by conductometric titration. Cellulose, 2015, 22(1): 101-116.

[94] Campbell S B, Patenaude M, Hoare T. Injectable superparamagnets: Highly elastic and degradable poly(*N*-isopropylacrylamide)-superparamagnetic iron oxide nanoparticle (SPION) composite hydrogels. Biomacromolecules, 2013, 14(3): 644-653.

[95] Hamedi M M, Hajian A, Fall A B, et al. Highly conducting, strong nanocomposites based on nanocellulose-assisted aqueous dispersions of single-wall carbon nanotubes. ACS Nano, 2014, 8(3): 2467-2476.

[96] Zhu Y, Shi K, Zhitomirsky I. Anionic dopant-dispersants for synthesis of polypyrrole coated carbon nanotubes and fabrication of supercapacitor electrodes with high active mass loading. Journal of Materials Chemistry A, 2014, 2(35): 14666-14673.

[97] Liu Y, Shi K, Zhitomirsky I. New colloidal route for electrostatic assembly of oxide nanoparticle-carbon nanotube composites. Colloids & Surfaces A: Physicochemical & Engineering Aspects, 2014, 446(5): 15-22.

[98] Fonner J M, Schmidt C E, Ren P. A combined molecular dynamics and experimental study of doped polypyrrole. Polymer, 2010, 51(21): 4985-4993.

[99] Ruetschi P. Cation-vacancy model for MnO_2. Journal of the Electrochemical Society, 1984, 131(8): 2737-2744.

[100] Parmenter K E, Milstein F. Mechanical properties of silica aerogels. Journal of Non-Crystalline Solids, 1998, 223(3): 179-189.

[101] Sehaqui H, Salajková M, Zhou Q, et al. Mechanical performance tailoring of tough ultra-high porosity foams prepared from cellulose I nanofiber suspensions. Soft Matter, 2010, 6(8): 1824-1832.

[102] Olsson R T, Azizi Samir M A, Salazaralvarez G, et al. Making flexible magnetic aerogels and stiff magnetic nanopaper using cellulose nanofibrils as templates. Nature Nanotechnology, 2010, 5(8): 584-588.

[103] Ioniţă M, Prună A. Polypyrrole/carbon nanotube composites: Molecular modeling and experimental investigation as anti-corrosive coating. Progress in Organic Coatings, 2011, 72(4): 647-652.

[104] Khan M M, Ramesh S, Bang L T, et al. Effect of copper oxide and manganese oxide on properties and low temperature degradation of sintered Y-TZP ceramic. Journal of Materials Engineering & Performance, 2014, 23(12): 4328-4335.

[105] Zhao C, Wang C, Yue Z, et al. Intrinsically stretchable supercapacitors composed of polypyrrole electrodes and highly stretchable gel electrolyte. ACS Applied Materials & Interfaces, 2013, 5(18): 9008-9014.

[106] Heath L, Thielemans W. Cellulose nanowhisker aerogels. Green Chemistry, 2010, 12(8): 1448-1453.

[107] Dash R, Li Y, Ragauskas A J. Cellulose nanowhisker foams by freeze casting. Carbohydrate Polymers, 2012, 88(2): 789-792.

[108] Fumagalli M, Sanchez F, Boisseau S M, et al. Gas-phase esterification of cellulose nanocrystal aerogels for colloidal dispersion in apolar solvents. Soft Matter, 2013, 9(47): 11309-11317.

[109] Liu Y, Wang H, Zhou J, et al. Graphene/polypyrrole intercalating nanocomposites as supercapacitors electrode. Electrochimica Acta, 2013, 112(12): 44-52.

[110] Demarconnay L, Raymundo-Piñero E, Béguin F. A symmetric carbon/carbon supercapacitor operating at 1.6 V by using a neutral aqueous solution. Electrochemistry Communications, 2010, 12(10): 1275-1278.

[111] Ardizzone S, Fregonara G, Trasatti S. "Inner" and "outer" active surface of RuO_2 electrodes. Electrochimica Acta, 1990, 35(1): 263-267.

[112] Toupin M, Brousse T, Bélanger D. Influence of microstucture on the charge storage properties of chemically synthesized manganese dioxide. Chemistry of Materials, 2002, 14(9): 3946-3952.

[113] Yoon S B, Jegal J P, Roh K C, et al. Electrochemical impedance spectroscopic investigation of sodium ion diffusion in MnO_2 using a constant phase element active in desired frequency ranges. Journal of the Electrochemical Society, 2014, 161(4): 207-213.

[114] Ataherian F, Wu N L. Long-term charge/discharge cycling stability of MnO_2 aqueous supercapacitor under positive polarization. Journal of the Electrochemical Society, 2011, 158(4): A422-A427.

[115] Nishide H, Oyaizu K. Materials science-toward flexible batteries. Science, 2008, 319(5864): 737-738.

[116] Nyholm L, Nyström G, Mihranyan A, et al. Toward flexible polymer and paper-based energy storage devices. Advanced Materials, 2011, 23(33): 3751-3769.

[117] Rogers J A, Someya T, Huang Y. Materials and mechanics for stretchable electronics. Science, 2010, 327(5973): 1603-1607.

[118] Tarascon J M, Armand M. Issues and challenges facing rechargeable lithium batteries. Nature, 2001, 414(6861): 359-367.

[119] Liu C, Li F, Ma L P, et al. Advanced materials for energy storage. Advanced Materials, 2010, 22(8): E28-E62.

[120] Simon P, Gogotsi Y. Materials for electrochemical capacitors. Nature Materials, 2008, 7(11): 845-854.

[121] Kai C, Zhang Z, Xi J, et al. Freestanding graphene paper supported three-dimensional porous graphene-polyaniline nanocomposite synthesized by inkjet printing and in flexible all-solid-state supercapacitor. ACS Applied Materials & Interfaces, 2014, 6(18): 16312-16319.

[122] Shen J, Yang C, Li X, et al. High-performance asymmetric supercapacitor based on nanoarchitectured polyaniline/graphene/carbon nanotube and activated graphene electrodes. ACS Applied Materials & Interfaces, 2013, 5(17): 8467-8476.

[123] Liu L, Niu Z, Zhang L, et al. Nanostructured graphene composite papers for highly flexible and foldable supercapacitors. Advanced Materials, 2014, 26(28): 4855-4862.

[124] Zhang L L, Zhou R, Zhao X S. Graphene-based materials as supercapacitor electrodes. Journal of Materials Chemistry, 2010, 20(29): 5983-5992.

[125] Tan C, Fung B M, Newman J K, et al. Organic aerogels with very high impact strength. Advanced Materials, 2010, 13(9): 644-646.

[126] Sun H, Xu Z, Gao C. Multifunctional, ultra-flyweight, synergistically assembled carbon aerogels. Advanced Materials, 2013, 25(18): 2554-2560.

[127] Geim A K, Novoselov K S. The rise of graphene. Nature Materials, 2007, 6(3): 183-191.

[128] Zhu Y, Murali S, Cai W, et al. Graphene and graphene oxide: Synthesis, properties, and applications. Cheminform, 2010, 22(35): 3906-3924.

[129] 陈永胜, 黄毅. 石墨烯: 新型二维碳纳米材料. 北京: 科学出版社, 2013.

[130] 陈永胜, 黄毅. 纳米科学与技术: 石墨烯——新型二维碳纳米材料. 北京: 科学出版社,

2015.

[131] Pumera M. Graphene-based nanomaterials for energy storage. Energy & Environmental Science, 2011, 4(3): 668-674.

[132] Sun Y, Wu Q, Shi G. Graphene based new energy materials. Energy & Environmental Science, 2011, 4(4): 1113-1132.

[133] Xu C, Xu B, Gu Y, et al. Graphene-based electrodes for electrochemical energy storage. Energy & Environmental Science, 2013, 6(5): 1388-1414.

[134] Han S, Wu D, Li S, et al. Porous graphene materials for advanced electrochemical energy storage and conversion devices. Advanced Materials, 2014, 26(6): 849-864.

[135] You B, Jiang J, Fan S. Three-dimensional hierarchically porous all-carbon foams for supercapacitor. ACS Applied Materials & Interfaces, 2014, 6(17): 15302-15308.

[136] Zhang Z, Xiao F, Guo Y, et al. One-pot self-assembled three-dimensional TiO_2-graphene hydrogel with improved adsorption capacities and photocatalytic and electrochemical activities. ACS Applied Materials & Interfaces, 2013, 5(6): 2227-2233.

[137] Ouyang W, Sun J, Memon J, et al. Scalable preparation of three-dimensional porous structures of reduced graphene oxide/cellulose composites and their application in supercapacitors. Carbon, 2013, 62: 501-509.

[138] Su F, Poh C K, Chen J S, et al. Nitrogen-containing microporous carbon nanospheres with improved capacitive properties. Energy & Environmental Science, 2011, 4(3): 717-724.

[139] Yang X, Zhu J, Qiu L, et al. Graphene assembly: Bioinspired effective prevention of restacking in multilayered graphene films: Towards the next generation of high-performance supercapacitors. Advanced Materials, 2011, 23(25): 2771.

[140] Moon R J, Martini A, Nairn J, et al. Cellulose nanomaterials review: Structure, properties and nanocomposites. Chemical Society Reviews, 2011, 42(42): 3941-3994.

[141] Chen W, Yu H, Li Q, et al. Ultralight and highly flexible aerogels with long cellulose I nanofibers. Soft Matter, 2011, 7(21): 10360-10368.

[142] Javadi A, Zheng Q, Payen F, et al. Polyvinyl alcohol-cellulose nanofibrils-graphene oxide hybrid organic aerogels. ACS Applied Materials & Interfaces, 2013, 5(13): 5969-5975.

[143] Sehaqui H, Zhou Q, Berglund L A. High-porosity aerogels of high specific surface area prepared from nanofibrillated cellulose (NFC). Composites Science & Technology, 2011, 71(13): 1593-1599.

[144] Zheng Q, Cai Z, Gong S. Green synthesis of polyvinyl alcohol (PVA)-cellulose nanofibril (CNF) hybrid aerogels and their use as superabsorbents. Journal of Materials Chemistry A, 2014, 2(9): 3110-3118.

[145] Bao L, Li X. Towards textile energy storage from cotton T-shirts. Advanced Materials, 2012, 24(24): 3246-3252.

[146] Li S, Huang D, Zhang B, et al. Flexible supercapacitors based on bacterial cellulose paper electrodes. Advanced Energy Materials, 2014, 4(10): 867-872.

[147] Bordjiba T, Mohamedi M, Dao L H. New class of carbon-nanotube aerogel electrodes for electrochemical power sources. Advanced Materials, 2008, 20(4): 815-819.

[148] Zheng Q, Cai Z, Ma Z, et al. Cellulose nanofibril/reduced graphene oxide/carbon nanotube hybrid aerogels for highly flexible and all-solid-state supercapacitors. ACS Applied Materials & Interfaces, 2015, 7(5): 3263-3271.

[149] Futaba D N, Hata K, Yamada T, et al. Shape-engineerable and highly densely packed single-walled carbon nanotubes and their application as super-capacitor electrodes. Nature Materials, 2006, 5(12): 987-994.

[150] Cote L J, Kim J, Tung V C, et al. Graphene oxide as surfactant sheets. Pure & Applied Chemistry, 2011, 83(1): 95-110.

[151] Kim J, Cote L J, Kim F, et al. Graphene oxide sheets at interfaces. Journal of the American Chemical Society, 2010, 132(23): 8180-8186.

[152] Adsul M G, Rey D A, Gokhale D V. Combined strategy for the dispersion/dissolution of single walled carbon nanotubes and cellulose in water. Journal of Materials Chemistry, 2011, 21(7): 2054-2056.

[153] Wei H, Gu H, Guo J, et al. Electropolymerized polyaniline nanocomposites from multi-walled carbon nanotubes with tuned surface functionalities for electrochemical energy storage. Journal of the Electrochemical Society, 2013, 160(7): G3038-G3045.

[154] Chandrasekaran R, Soneda Y, Yamashita J, et al. Preparation and electrochemical performance of activated carbon thin films with polyethylene oxide-salt addition for electrochemical capacitor applications. Journal of Solid State Electrochemistry, 2008, 12(10): 1349-1355.

[155] Okita Y, Saito T, Isogai A. Entire surface oxidation of various cellulose microfibrils by TEMPO-mediated oxidation. Biomacromolecules, 2010, 11(6): 1696-1700.

[156] Tonoli G H D, Teixeira E M, Corrêa A C, et al. Cellulose micro/nanofibres from *Eucalyptus* kraft pulp: Preparation and properties. Carbohydrate Polymers, 2012, 89(1): 80-88.

[157] Compton O C, Jain B, Dikin D A, et al. Chemically active reduced graphene oxide with tunable C/O ratios. ACS Nano, 2011, 5(6): 4380-4391.

[158] Wang G, Shen X, Wang B, et al. Synthesis and characterisation of hydrophilic and organophilic graphene nanosheets. Carbon, 2009, 47(5): 1359-1364.

[159] Stankovich S, Dikin D A, Piner R D, et al. Synthesis of graphene-based nanosheets via chemical reduction of exfoliated graphite oxide. Carbon, 2007, 45(7): 1558-1565.

[160] Wu H, Zhao W, Hu H, et al. One-step in situ ball milling synthesis of polymer-functionalized graphene nanocomposites. Journal of Materials Chemistry, 2011, 21(24): 8626-8632.

[161] Yu A, Roes I, Davies A, et al. Ultrathin, transparent, and flexible graphene films for supercapacitor application. Applied Physics Letters, 2010, 96: 253105.

[162] Liu F, Song S, Xue D, et al. Folded structured graphene paper for high performance electrode materials. Advanced Materials, 2012, 24(8): 1089-1094.

[163] Weng Z, Su Y, Wang D W, et al. Graphene-cellulose paper flexible supercapacitors. Advanced Energy Materials, 2011, 1(5): 917-922.

[164] Wang D W, Li F, Zhao J, et al. Fabrication of graphene/polyaniline composite paper via in situ anodic electropolymerization for high-performance flexible electrode. ACS Nano, 2009, 3(7): 1745-1752.

[165] Zhang K, Zhang L L, Zhao X S, et al. Graphene/polyaniline nanofiber composites as supercapacitor electrodes. Chemistry of Materials, 2010, 22(4): 1392-1401.

[166] Chen J, Sheng K, Luo P, et al. Graphene hydrogels deposited in nickel foams for high-rate electrochemical capacitors. Advanced Materials, 2012, 24(33): 4569-4573.

[167] Hu L, Choi J W, Yang Y, et al. Highly conductive paper for energy-storage devices. Proceedings of the National Academy of Sciences, 2009, 106(51): 21490-21494.

[168] Pasta M, Mantia F L, Hu L, et al. Aqueous supercapacitors on conductive cotton. Nano Research, 2010, 3(6): 452-458.

[169] Wang G, Sun X, Lu F, et al. Flexible pillared graphene-paper electrodes for high-performance electrochemical supercapacitors. Small, 2012, 8(3): 452-459.

[170] Yuan L, Xiao X, Ding T, et al. Paper-based supercapacitors for self-powered nanosystems. Angewandte Chemie, 2012, 124(20): 5018-5022.

[171] Gui Z, Zhu H, Gillette E, et al. Natural cellulose fiber as substrate for supercapacitor. ACS Nano, 2013, 7(7): 6037-6046.

[172] Meng C, Liu C, Chen L, et al. Highly flexible and all-solid-state paperlike polymer supercapacitors. Nano Letters, 2010, 10(10): 4025-4031.

[173] Ganesh B, Kalpana D, Renganathan N G. Acrylamide based proton conducting polymer gel electrolyte for electric double layer capacitors. Ionics, 2008, 14(4): 339-343.

[174] Jung S M, Jung H Y, Dresselhaus M S, et al. A facile route for 3D aerogels from nanostructured 1D and 2D materials. Scientific Reports, 2012, 2(11): 849.

[175] Worsley M A, Pauzauskie P J, Olson T Y, et al. Synthesis of graphene aerogel with high electrical conductivity. Journal of the American Chemical Society, 2010, 132(40): 14067-14069.

[176] Wu Z S, Yang S, Sun Y, et al. 3D nitrogen-doped graphene aerogel-supported Fe_3O_4 nanoparticles as efficient electrocatalysts for the oxygen reduction reaction. Journal of the American Chemical Society, 2012, 134(22): 9082-9085.

[177] Zhou S, Wang M, Chen X, et al. Facile template synthesis of microfibrillated cellulose/polypyrrole/silver nanoparticles hybrid aerogels with electrical conductive and pressure responsive properties. ACS Sustainable Chemistry & Engineering, 2015, 3(12): 3346-3354.

[178] 欧阳健明. LB 膜原理与应用. 广州: 暨南大学出版社, 1999.

[179] 毕亚东, 韩恩山, 张西慧. LB 膜技术的应用研究进展. 化工进展, 2002, 21(12): 894-902.

[180] 欧阳健明. LB 膜材料及其应用. 化学世界, 2001, 42(6): 330-333.

[181] Decher G, Hong J D, Schmitt J. Layer-by-layer deposited multilayer assemblies of polyelectrolytes and proteins: From ultrathin films to protein arrays.Macromolecular Chemistry, Macromolecular Symposia, 1991, 46: 321.

[182] 吕春玲. 层层自组装法制备含能材料基础研究. 北京: 中国原子能出版社, 2011.

[183] 曾珊珊. 溶菌酶与羧甲基纤维素层层自组装的分子印迹聚合物及医用材料表面修饰研究. 武汉: 武汉理工大学硕士学位论文, 2012.

[184] 肖宜昀. 碳纳米管和金纳米粒子层层自组装 DNA 电化学传感器. 天津: 天津工业大学硕

士学位论文, 2010.
[185] 薛瑞, 康天放, 鲁理平. 层层自组装纳米金与乙酰胆碱酯酶电化学生物传感器检测有机磷农药. 分析测试学报, 2012, 31(8): 940-944.
[186] 常子山. 层层自组装可控敏化构筑染料敏化太阳能电池的研究. 北京: 北京理工大学硕士学位论文, 2015.
[187] 杨绍明, 黄爱花, 魏志鹏, 等. 层层自组装法制备碳纳米管/酶多层膜电极及其检测酚类物质. 化学学报, 2009, 67(24): 2857-2861.
[188] Kim S Y, Hong J, Kavian R, et al. Rapid fabrication of thick spray-layer-by-layer carbon nanotube electrodes for high power and energy devices. Energy & Environmental Science, 2013, 6(3): 888-897.
[189] Kim Y S, Harris R, Davis R. Innovative approach to rapid growth of highly clay-filled coatings on porous polyurethane foam. ACS Macro Letters, 2012, 1(7): 820-824.
[190] Roy X, Sarazin P, Favis B D. Ultraporous nanosheath materials by layer-by-layer deposition onto co-continuous polymer-blend templates. Advanced Materials, 2010, 18(8): 1015-1019.
[191] Klemm D D, Kramer F, Moritz S, et al. Nanocellulosen: Eine neue Familie naturbasierter Materialien. Angewandte Chemie International Edition, 2011, 123(24): 5550-5580.
[192] Wågberg L, Decher G, Norgren M, et al. The build-up of polyelectrolyte multilayers of microfibrillated cellulose and cationic polyelectrolytes. Langmuir, 2008, 24(3): 784-795.
[193] Zhang W, Zhang Y, Lu C, et al. Aerogels from crosslinked cellulose nano/micro-fibrils and their fast shape recovery property in water. Journal of Materials Chemistry, 2012, 22(23): 11642-11650.
[194] Welch C M. Formaldehyde-free durable-press finishes. Coloration Technology, 2010, 22(1): 32-41.
[195] Fall A B, Lindström S B, Sundman O, et al. Colloidal stability of aqueous nanofibrillated cellulose dispersions. Langmuir, 2011, 27(18): 11332-11338.
[196] Gaponik N, Wolf A, Marx R, et al. Three-dimensional self-assembly of thiol-capped CdTe nanocrystals: Gels and aerogels as building blocks for nanotechnology. Advanced Materials, 2008, 20(22): 4257-4262.
[197] Stuart M A C, Hoogendam C W, Keizer A D. Kinetics of polyelectrolyte adsorption. Journal of Physics: Condensed Matter, 1997, 9(37): 7767.
[198] Marais A, Utsel S, Gustafsson E, et al. Towards a super-strainable paper using the layer-by-layer technique. Carbohydrate Polymers, 2014, 100(2): 218-224.
[199] Kirchmeyer S, Reuter K. Scientific importance, properties and growing applications of poly(3, 4-ethylenedioxythiophene). Journal of Materials Chemistry, 2005, 15(21): 2077-2088.
[200] Boudou T, Crouzier T, Nicolas C, et al. Polyelectrolyte multilayer nanofilms used as thin materials for cell mechano-sensitivity studies. Macromolecular Bioscience, 2011, 11(1): 77-89.
[201] Volder M F L D, Tawfick S H, Baughman R H, et al. Carbon nanotubes: Present and future commercial applications. Science, 2013, 339(6119): 535-539.

[202] Tian Y, Park J G, Cheng Q, et al. The fabrication of single-walled carbon nanotube/polyelectrolyte multilayer composites by layer-by-layer assembly and magnetic field assisted alignment. Nanotechnology, 2009, 20(33): 335601.

[203] Hu L, Choi J W, Yang Y, et al. Highly conductive paper for energy-storage devices. Proceedings of the National Academy of Sciences of the United States of America, 2009, 106(51): 21490-21494.

[204] Lee S W, Kim B S, Chen S, et al. Layer-by-layer assembly of all carbon nanotube ultrathin films for electrochemical applications. Journal of the American Chemical Society, 2009, 131(2): 671-679.

[205] Randall J P, Meador M A, Jana S C. Tailoring mechanical properties of aerogels for aerospace applications. ACS Applied Materials & Interfaces, 2011, 3(3): 613-626.

[206] He M, Qiu F, Lin Z. Towards high-performance polymer-based thermoelectric materials. Energy & Environmental Science, 2013, 6(5): 1352-1361.

[207] Ji Q, Honma I, Paek S M, et al. Layer-by-layer films of graphene and ionic liquids for highly selective gas sensing. Angewandte Chemie International Edition, 2010, 49(50): 9731-9933.

[208] De Cock L J, De Koker S, De Geest B G, et al. Wirkstoffverabreichung mithilfe polymerer mehrschichtkapseln. Angewandte Chemie, 2010, 122(39): 7108-7127.

[209] Wu Z Y, Li C, Liang H W, et al. Ultralight, flexible, and fire-resistant carbon nanofiber aerogels from bacterial cellulose. Angewandte Chemie International Edition, 2013, 125(10): 2997-3001.

[210] Gill R, Mazhar M, Félix O, et al. Covalent layer-by-layer assembly and solvent memory of multilayer films from homobifunctional poly(dimethylsiloxane). Angewandte Chemie International Edition, 2010, 122(35): 6252-6255.

[211] Mamedov A A, Kotov N A, Prato M, et al. Molecular design of strong single-wall carbon nanotube/polyelectrolyte multilayer composites. Nature Materials, 2002, 1(3): 190-194.

[212] Podsiadlo P, Michel M, Critchley K, et al. Diffusional self-organization in exponential layer-by-layer films with micro- and nanoscale periodicity. Angewandte Chemie International Edition, 2009, 121(38): 7207-7211.

[213] Tobjork D, Osterbacka R. Paper electronics. Advanced Materials, 2011, 23(17): 1935-1961.

[214] Forrest S R. The path to ubiquitous and low-cost organic electronic appliances on plastic. Nature, 2004, 428(6986): 911-918.

[215] Gaikwad A M, Whiting G L, Steingart D A, et al. Highly flexible, printed alkaline batteries based on mesh-embedded electrodes. Advanced Materials, 2011, 23(29): 3251-3255.

[216] Miller J R, Simon P. Electrochemical capacitors for energy management. Science, 2008, 321(5889): 651-652.

[217] Frackowiak E, Béguin F. Carbon materials for the electrochemical storage of energy in capacitors. Carbon, 2001, 39(6): 937-950.

[218] Kötz R, Carlen M. Principles and applications of electrochemical capacitors. Electrochimica Acta, 2000, 45(15-16): 2483-2498.

[219] Lin Z, Liu Y, Yao Y, et al. Superior capacitance of functionalized graphene. The Journal of

Physical Chemistry C, 2011, 115(14): 7120-7125.

[220] Ghosh A, Lee Y H. Carbon-based electrochemical capacitors. ChemSusChem, 2012, 5(3): 480-499.

[221] Lokhande C D, Dubal D P, Joo O S. Metal oxide thin film based supercapacitors. Current Applied Physics, 2011, 11(3): 255-270.

[222] Yuan L, Xiao X, Ding T, et al. Paper-based supercapacitors for self-powered nanosystems. Angewandte Chemie International Edition, 2012, 51(20): 4934-4938.

[223] Liu Q, Nayfeh M H, Yau S T. Brushed-on flexible supercapacitor sheets using a nanocomposite of polyaniline and carbon nanotubes. Journal of Power Sources, 2010, 195(21): 7480-7483.

[224] Jin Y, Chen H Y, Chen M H, et al. Carbon nanotube/polyaniline/graphene composite paper and its electrochemical capacitance behaviors. Acta Physico-Chimica Sinica, 2012, 28(3): 609-614.

[225] Kang Y J, Chung H, Han C H, et al. All-solid-state flexible supercapacitors based on papers coated with carbon nanotubes and ionic-liquid-based gel electrolytes. Nanotechnology, 2012, 23(6): 065401.

[226] Berggren M, Nilsson D, Robinson N D. Organic materials for printed electronics. Nature Materials, 2007, 6(1): 3-5.

[227] Hu S, Rajamani R, Yu X. Flexible solid-state paper based carbon nanotube supercapacitor. Applied Physics Letters, 2012, 100(10): 104103.

[228] Liu Y, Skorobogatiy M. Flexible, solid electrolyte-based lithium battery composed of $LiFePO_4$ cathode and $Li_4Ti_5O_{10}$ anode for applications in smart textiles. Journal of the Electrochemical Society, 2012, 159(4): A349-A356.

[229] Zhang W, Zhang X, Lu C, et al. Flexible and transparent paper-based ionic diode fabricated from oppositely charged microfibrillated cellulose. Journal of Physical Chemistry C, 2012, 116(16): 9227-9234.

[230] Habibi Y, Lucia L A, Rojas O J. Cellulose nanocrystals: Chemistry, self-assembly, and applications. Chemical Reviews, 2010, 110(6): 3479-3500.

[231] Eichhorn S J. Cellulose nanowhiskers: Promising materials for advanced applications. Soft Matter, 2011, 7(2): 303-315.

[232] Roy D, Semsarilar M, Guthrie J T, et al. Cellulose modification by polymer grafting: A review. Chemical Society Reviews, 2009, 38(7): 2046-2064.

[233] Eichhorn S J, Dufresne A, Aranguren M, et al. Review: Current international research into cellulose nanofibres and nanocomposites. Journal of Materials Science, 2010, 45(1): 1-33.

[234] Razaq A, Nyholm L, Sjödin M, et al. Paper-based energy-storage devices comprising carbon fiber-reinforced polypyrrole-cladophora nanocellulose composite electrodes. Advanced Energy Materials, 2012, 2(4): 445-454.

[235] Zheng G, Hu L, Wu H, et al. Paper supercapacitors by a solvent-free drawing method. Energy & Environmental Science, 2011, 4(9): 3368-3373.

[236] Chen W, Rakhi R B, Hu L, et al. High-performance nanostructured supercapacitors on a sponge. Nano Letters, 2011, 11(12): 5165-5172.

[237] Pääkkö M, Vapaavuori J, Silvennoinen R, et al. Long and entangled native cellulose I nanofibers allow flexible aerogels and hierarchically porous templates for functionalities. Soft Matter, 2008, 4(12): 2492-2499.

[238] Chung W H, Hwang H J, Lee S H, et al. In situ monitoring of a flash light sintering process using silver nano-ink for producing flexible electronics. Nanotechnology, 2013, 24(3): 035202.

[239] Ankireddy K, Vunnam S, Kellar J, et al. Highly conductive short chain carboxylic acid encapsulated silver nanoparticle based inks for direct write technology applications. Journal of Materials Chemistry C, 2013, 1(3): 572-579.

[240] Nam S, Cho H W, Lim S, et al. Enhancement of electrical and thermomechanical properties of silver nanowire composites by the introduction of nonconductive nanoparticles: Experiment and simulation. ACS Nano, 2013, 7(1): 851-856.

[241] Wu J, Zhao N, Xu J. Cellulose/silver nanoparticles composite microspheres: Eco-friendly synthesis and catalytic application. Cellulose, 2012, 19(4): 1239-1249.

[242] Yang G, Xie J, Deng Y, et al. Hydrothermal synthesis of bacterial cellulose/AgNPs composite: A "green" route for antibacterial application. Carbohydrate Polymers, 2012, 87(4): 2482-2487.

[243] Montazer M, Alimohammadi F, Shamei A, et al. In situ synthesis of nano silver on cotton using Tollens' reagent. Carbohydrate Polymers, 2012, 87(2): 1706-1712.

[244] Yang G, Xie J, Hong F, et al. Antimicrobial activity of silver nanoparticle impregnated bacterial cellulose membrane: Effect of fermentation carbon sources of bacterial cellulose. Carbohydrate Polymers, 2012, 87(1): 839-845.

[245] Zhang G, Zheng L, Zhang M, et al. Preparation of Ag-nanoparticle-loaded MnO_2 nanosheets and their capacitance behavior. Energy & Fuels, 2012, 26(1): 618-623.

[246] Huang J, Wu H, Cao D, et al. Influence of Ag doped CuO nanosheet arrays on electrochemical behaviors for supercapacitors. Electrochimica Acta, 2012, 75(4): 208-212.

[247] Yang Y, Liu S, Kimura K. Superlattice formation from polydisperse ag nanoparticles by a vapor-diffusion method. Angewandte Chemie International Edition, 2010, 118(34): 5790-5793.

[248] Sawangphruk M, Kaewsongpol T. Direct electrodeposition and superior pseudocapacitive property of ultrahigh porous silver-incorporated polyaniline films. Materials Letters, 2012, 87(1): 142-145.

[249] Gao Y, Shan D, Cao F, et al. Silver/polyaniline composite nanotubes: One-step synthesis and electrocatalytic activity for neurotransmitter dopamine. Journal of Physical Chemistry C, 2009, 113(34): 15175-15181.

[250] Bae J, Song M K, Park Y J, et al. Fiber supercapacitors made of nanowire-fiber hybrid structures for wearable/flexible energy storage. Angewandte Chemie International Edition, 2011, 50(7): 1683-1687.

[251] In H J, Kumar S, Yang S H, et al. Origami fabrication of nanostructured, three-dimensional devices: Electrochemical capacitors with carbon electrodes. Applied Physics Letters, 2006, 88(8): 358-362.

[252] Kaempgen M, Chan C K, Ma J, et al. Printable thin film supercapacitors using single-walled carbon nanotubes. Nano Letters, 2009, 9(5): 1872-1876.